623047 Física Contexto & Aplicações Vol.3 ALUNO

FÍSICA

CONTEXTO & APLICAÇÕES

Antônio Máximo Ribeiro da Luz

Licenciado e bacharel em Ciências-Física pela Universidade Federal de Minas Gerais (UFMG).

Professor adjunto do Departamento de Física da UFMG.

Beatriz Alvarenga Álvares

Engenheira civil pela Universidade Federal de Minas Gerais (UFMG).

Professora emérita do Departamento de Física da UFMG.

Carla da Costa Guimarães

Licenciada e bacharela em Ciências-Física pela Universidade de São Paulo (USP).

Professora do Departamento de Engenharia da Pontifícia Universidade Católica de São Paulo (PUC-SP).

Professora do Departamento de Ciências Sociais do Instituto Presbiteriano Mackenzie, São Paulo (SP).

3

2ª EDIÇÃO
SÃO PAULO
2017

editora scipione

editora scipione

Direção de inovação e conteúdo: Guilherme Luz
Direção editorial: Luiz Tonolli e Renata Mascarenhas
Gestão de projeto editorial: Viviane Carpegiani
Gestão e coordenação de área: Julio Cesar Augustus de Paula Santos e Juliana Grassmann dos Santos
Edição: Alexandre Braga D'Avila, Andrezza Cacione, Marcela Muniz e Mateus Carneiro Alves
Gerência de produção editorial: Ricardo de Gan Braga
Planejamento e controle de produção: Paula Godo, Roseli Said e Marcos Toledo
Revisão: Hélia de Jesus Gonsaga (ger.), Kátia Scaff Marques (coord.), Rosângela Muricy (coord.), Ana Curci, Brenda Morais, Claudia Virgilio, Luís Maurício Boa Nova e Patrícia Travanca
Edição de arte: André Gomes Vitale (coord.), Claudemir Camargo Barbosa e Christine Getschko (edição de arte)
Diagramação: MRS Editorial e Casa de Tipos
Iconografia e licenciamento de texto: Sílvio Kligin (superv.), Roberto Silva (coord.) e Roberta Freire Lacerda Santos (pesquisa iconográfica)
Tratamento de imagem: Cesar Wolf e Fernanda Crevin
Ilustrações: Alex Argozino, Antonio Robson, Formato Comunicação, G. Gamow, João X. de Campos, Jonatan Sarmento, Paulo César Pereira, Paulo Manzi e Tânia Ricci
Cartografia: Eric Fuzii (coord.) e Márcio Souza
Capa: Gláucia Correa Koller (coord.) e Adilson Casarotti
Foto de capa: Detalhe de placa de circuitos impressos. John W Banagan/Getty Images
Projeto gráfico de miolo: Gláucia Correa Koller (coord.), Aurelio Gadini Camilo e A+ Comunicação

Avenida das Nações Unidas, 7221, 1º andar, Setor D
Pinheiros – São Paulo – SP – CEP 05425-902
Tel.: 4003-3061
www.scipione.com.br / atendimento@scipione.com.br

Dados Internacionais de Catalogação na Publicação (CIP)
(Câmara Brasileira do Livro, SP, Brasil)

Luz, Antônio Máximo Ribeiro da
Física : contexto & aplicações, 3 : ensino médio / Antônio Máximo Ribeiro da Luz, Beatriz Alvarenga Álvares, Carla da Costa Guimarães. -- 2. ed. -- São Paulo : Scipione, 2017.

ISBN: 978-85-474-0064-4 (aluno)
ISBN: 978-85-474-0065-1 (professor)

1. Física (Ensino médio) I. Álvares, Beatriz Alvarenga. II. Guimarães, Carla da Costa. III. Título.

17-07843 CDD-530.7

Índices para catálogo sistemático:

1. Física : Ensino médio 530.7

2017
ISBN 978 85 474 0064 4 (AL)
ISBN 978 85 474 0065 1 (PR)
Código da obra CL 740256
CAE 623047 (AL) / 623048 (PR)
2ª edição
1ª impressão

Impressão e acabamento: Brasilform Editora e Ind. Gráfica

Uma publicação SOMOS EDUCAÇÃO

Apresentação

Caro aluno,

Ao elaborar esta coleção, uma de nossas maiores preocupações foi tornar o estudo da Física interessante e agradável, por isso optamos por uma linguagem que fosse acessível e que não exagerasse no formalismo matemático. Além disso, procuramos ilustrar, por meio de seções específicas e exemplos diversificados, como essa ciência se relaciona com a sua realidade. Assim, esperamos que os conteúdos estejam apresentados de uma forma atraente e motivadora, mesmo para aqueles que têm preferências por outras áreas do conhecimento.

A aprendizagem das leis e fenômenos físicos pode trazer um complemento importante para sua formação cultural e intelectual, não apenas pela relação que apresentam com o desenvolvimento tecnológico do mundo moderno, mas também porque nosso cotidiano está "repleto de Física". Ao estudar os assuntos do livro, você vai perceber que essa ciência pode ser usada para explicar muito daquilo que acontece ao nosso redor, desde coisas aparentemente simples, como a água fervendo em uma panela, até outras que parecem mais complexas, como a formação de um arco-íris ou um trem levitando sobre os trilhos.

Com a orientação de seu professor, lendo com atenção os textos de cada capítulo, discutindo com seus colegas e procurando realizar as atividades sugeridas, esperamos que, ao final do curso, você tenha conseguido compreender as leis fundamentais da Física. É possível que essa compreensão faça crescer dentro de você uma admiração pelos fenômenos naturais, bem como respeito pelos grandes cientistas que, por meio de vidas inteiras dedicadas à pesquisa, edificaram esse importante ramo do conhecimento humano.

Os autores

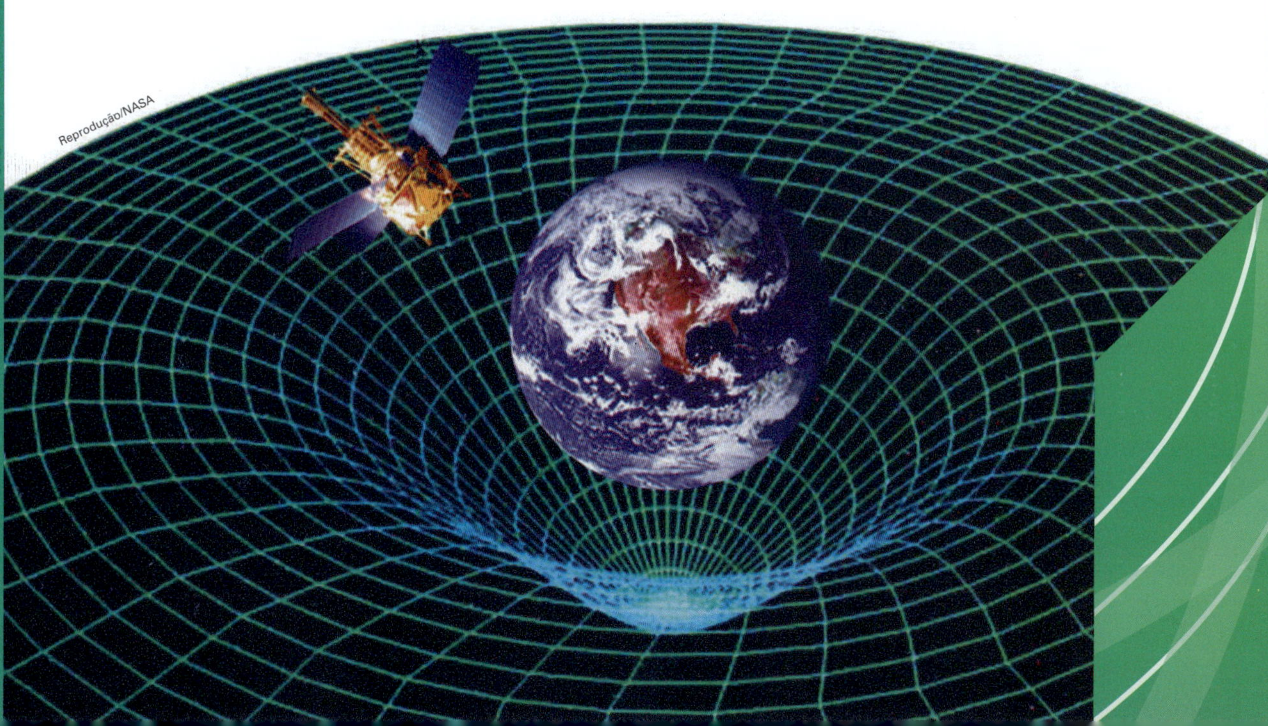

Conheça seu livro

A obra abrange os temas centrais da Física clássica e da Física contemporânea, além de suas relações com o desenvolvimento tecnológico e outras áreas do conhecimento.

PARA INICIAR A CONVERSA

Após a leitura do texto que abre o capítulo, são propostas três questões com o objetivo de:

- verificar o conhecimento de temas gerais da Física;
- avaliar os conhecimentos prévios sobre o assunto que será abordado;
- estimular a busca de informações e conteúdos.

LEITURAS

As leituras são apresentadas nos três boxes descritos a seguir, que aparecem intercalados com o desenvolvimento do conteúdo e que têm como objetivo ampliar os conceitos físicos vistos no capítulo.

Aplicações da Física

Seção que traz exemplos de aplicações tecnológicas que utilizam o desenvolvimento científico da Física. Além disso, apresenta propostas de pesquisas e debates.

Física no contexto

Leituras que complementam os conhecimentos abordados e mostram como a Física estudada no capítulo pode fornecer explicações para situações conhecidas do aluno. Além disso, apresenta passagens históricas, procurando relacionar esses acontecimentos com o avanço da Física e de outras ciências.

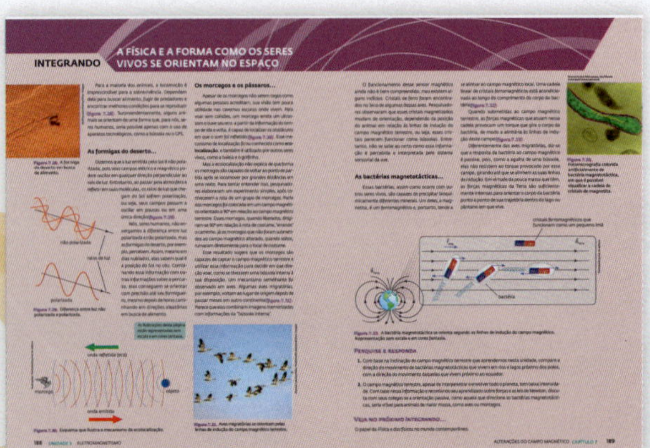

Integrando...

Tem por objetivo proporcionar uma visão mais abrangente de um assunto estudado no capítulo. Para tanto, relaciona conceitos comuns à Física e a outras áreas do conhecimento, como Matemática, Química e Biologia. Além disso, propõe questões e pesquisas relacionadas ao texto.

INFOGRÁFICO

Cada Unidade é finalizada com uma proposta de leitura e análise de um infográfico que apresenta conceitos abordados em seus capítulos. As questões propostas exercitam a interpretação de imagens e textos e complementam o que foi estudado na Unidade.

ATIVIDADES

Estão divididas nas seções a seguir e distribuídas em níveis de dificuldade crescente.

Verifique o que aprendeu

Exercícios propostos que têm por finalidade auxiliar a compreensão dos conceitos vistos em cada um dos tópicos do capítulo.

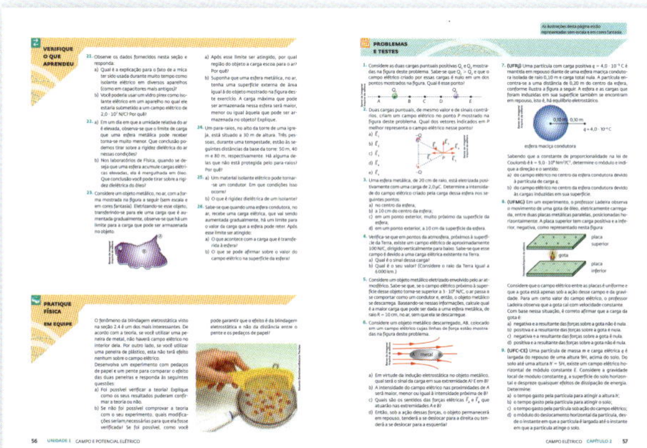

Problemas e testes

Problemas e testes variados de diferentes níveis em que o estudante terá a oportunidade de aplicar as leis e os conceitos tratados em todos os tópicos do capítulo. Inclui questões de vestibular e questões do Enem.

Pratique Física

Seção que traz propostas de observação e de atividades experimentais de cunho investigativo. As atividades sugeridas não demandam material sofisticado nem oferecem periculosidade, por isso podem ser realizadas tanto na escola quanto em casa.

EXERCÍCIOS DE APROFUNDAMENTO E REVISÃO

Ao final de cada volume, há uma proposta de estudo continuado, com exercícios autorais específicos e questões do Enem e de vestibulares.

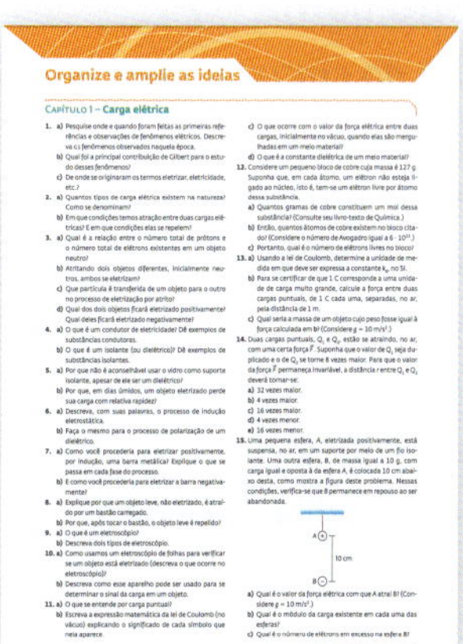

Organize e amplie as ideias

Exercícios autorais que fornecem um amplo espectro de situações e problemas a fim de estimular uma reflexão mais profunda sobre os assuntos e um domínio maior sobre os conteúdos.

Enem e vestibulares

Traz resumos dos principais conceitos apresentados ao longo do livro, seguidos por questões do Enem e dos principais vestibulares do país.

Sumário

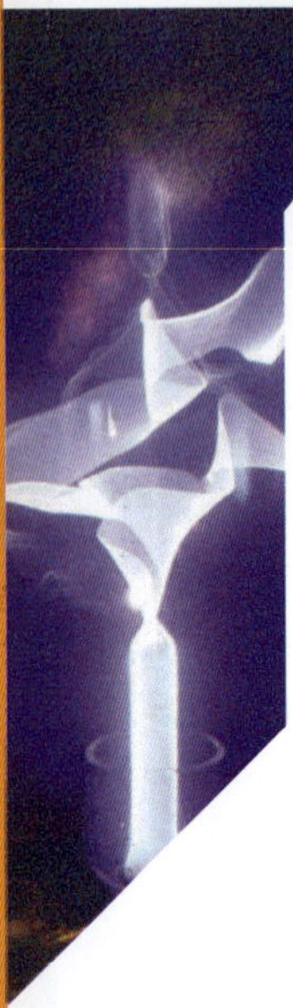

UNIDADE 1 Campo e potencial elétrico

UNIDADE 2 Circuitos elétricos de corrente contínua

UNIDADE

Eletromagnetismo 3

UNIDADE

Física contemporânea 4

UNIDADE 1

Campo e potencial elétrico

A Química e a Física são duas ciências que se desenvolveram lado a lado, beneficiando-se mutuamente de suas descobertas, principalmente quando se dedicaram a estudar a teoria atômica da matéria a partir do século XIX.

A formulação e a transformação dos modelos atômicos de Thomson, Rutherford e Bohr se deram basicamente por meio dos resultados obtidos nos experimentos de descargas elétricas em gases rarefeitos e de radioatividade.

Dessa forma, ao longo dos nossos estudos sobre Eletricidade, utilizaremos conceitos comuns, como carga elementar do elétron, íons (positivos e negativos), potencial e corrente elétrica.

Ao tocar uma lâmpada de plasma, uma pessoa se torna um condutor elétrico, induzindo corrente elétrica na ponta dos dedos.

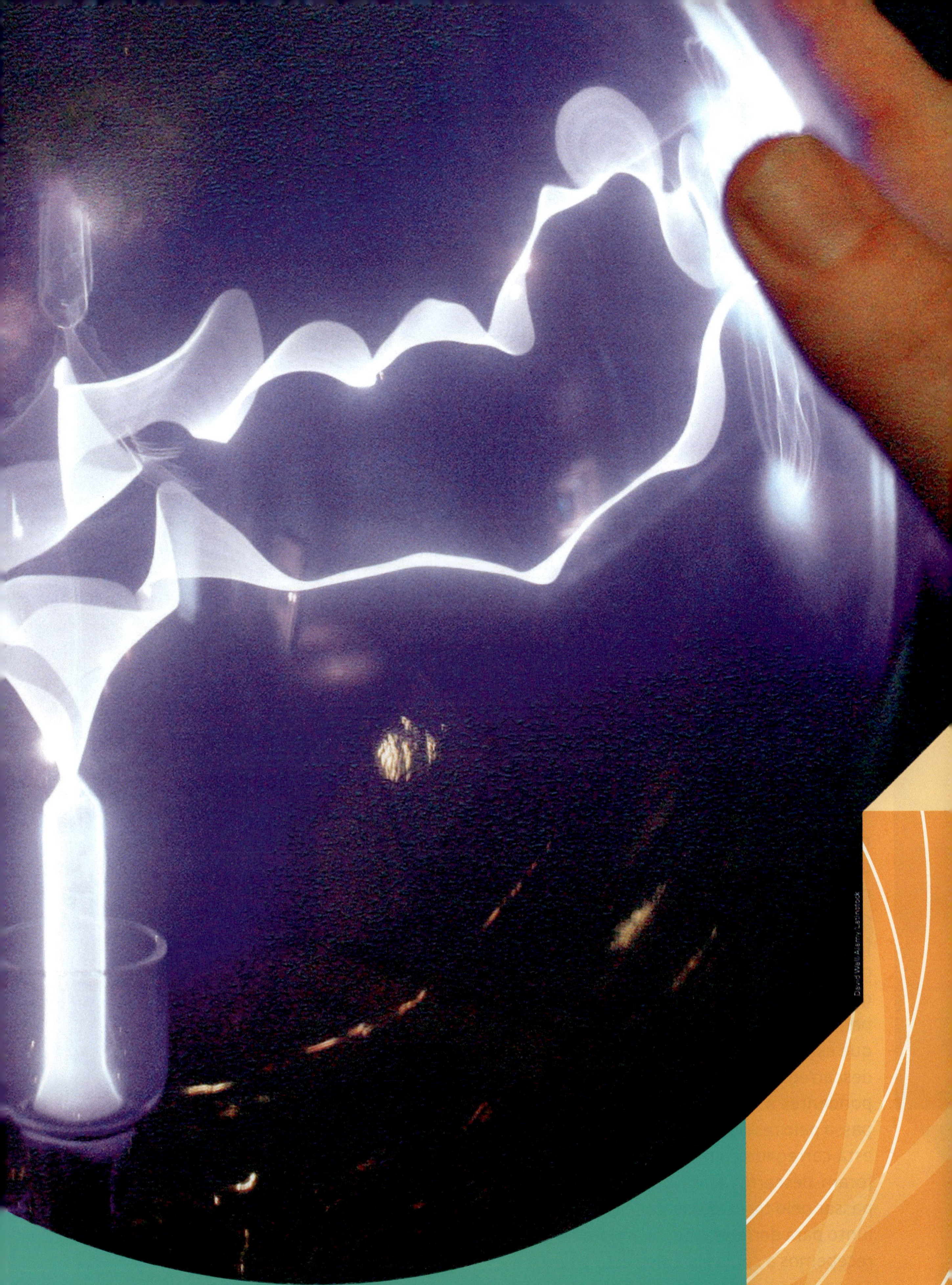

David Wall/Alamy/Latinstock

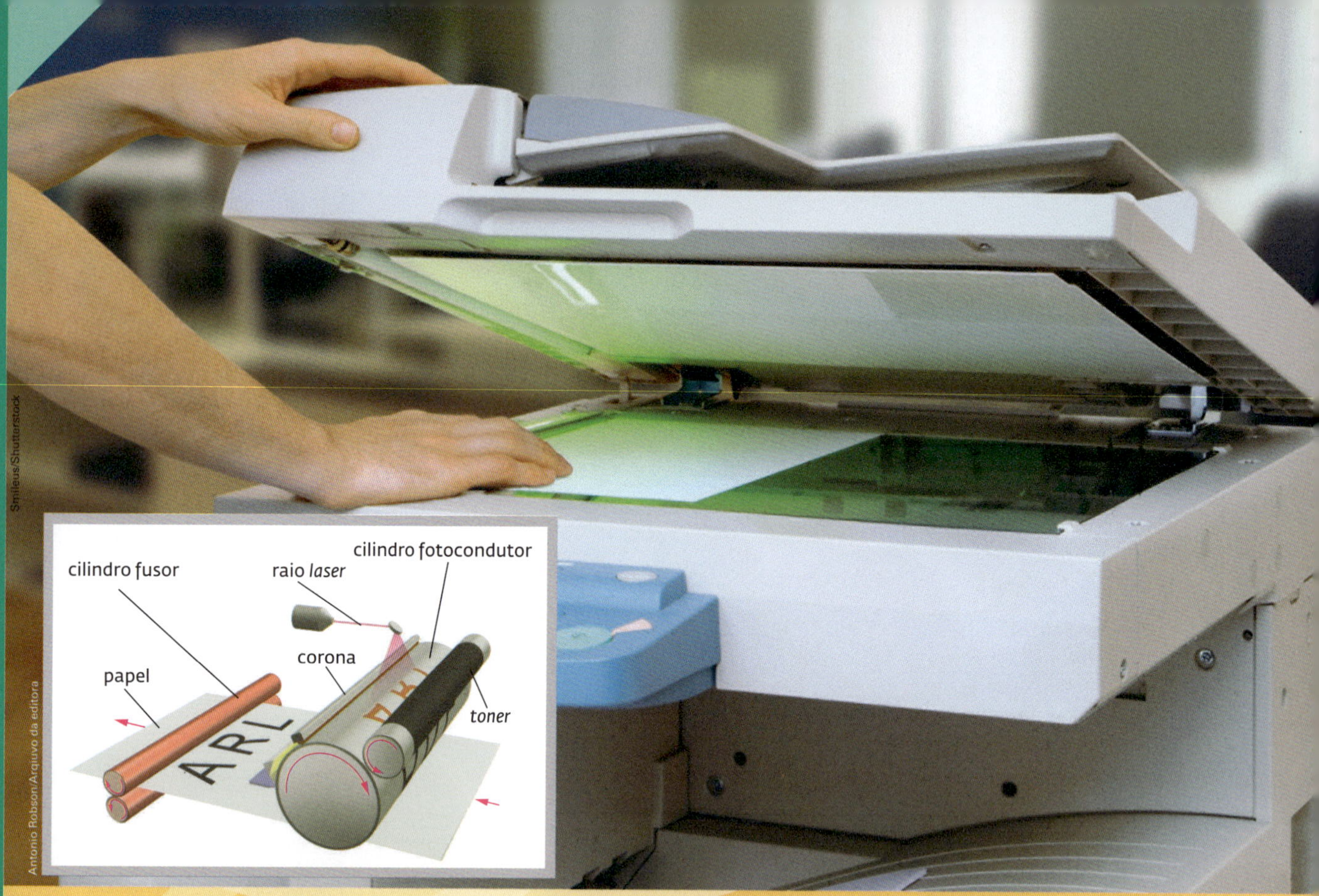

Smileus/Shutterstock

Antonio Robson/Arquivo da editora

Impressora a *laser* e seu esquema de funcionamento (sem escala e em cores fantasia).

CAPÍTULO 1

Carga elétrica

O método de copiar um documento nas impressoras a *laser* monocromáticas é uma interessante forma de entender a aplicação da eletricidade estática. A superfície do cilindro fotocondutor é recoberta com material fotossensível, que é um isolante e retém carga elétrica na ausência de luz, mas ao ser iluminado se descarrega facilmente. Quando esse cilindro é posto a girar, um dos lados do cilindro encontra-se sob um fio, chamado corona, que está carregado com carga negativa e induzirá cargas positivas apenas na superfície do cilindro fotocondutor que está sob o fio. Essa região, que está carregada positivamente, será atingida pela luz *laser* que descarregará pontos específicos da superfície do cilindro correspondentes à imagem ou ao texto. Na sequência, o cilindro gira e passa pelo reservatório do *toner* e dele atrai um pó preto e fino, que está carregado com carga positiva, para as partes do cilindro que foram descarregadas superficialmente pelo *laser*. O papel, após passar pelo *toner*, passa por cilindros fusores, que aquecem o conjunto para derreter o pó, fixando-o no papel. É por isso que quando recebemos a cópia ela ainda está quente.

PARA INICIAR A CONVERSA

O que acontece quando aproximamos objetos carregados com cargas elétricas de sinais opostos? E com cargas de mesmo sinal?

Tanto o cilindro fotocondutor quanto o papel que recebe a cópia são eletrizados pelo mesmo processo. Como se chama esse processo de eletrização e no que ele difere dos outros processos?

Se o fotocondutor funcionasse de forma oposta, ou seja, não permitisse a passagem de corrente quando nele incide luz, como ficariam impressas as cópias no papel?

1.1 Eletrização

Não é possível conceber o mundo atual sem o uso da eletricidade. Desde os celulares, passando pelas pranchas para cabelos, televisores, refrigeradores, automóveis, entre outros aparelhos elétricos, nossa vida diária está intimamente relacionada com os fenômenos elétricos **(figura 1.1)**.

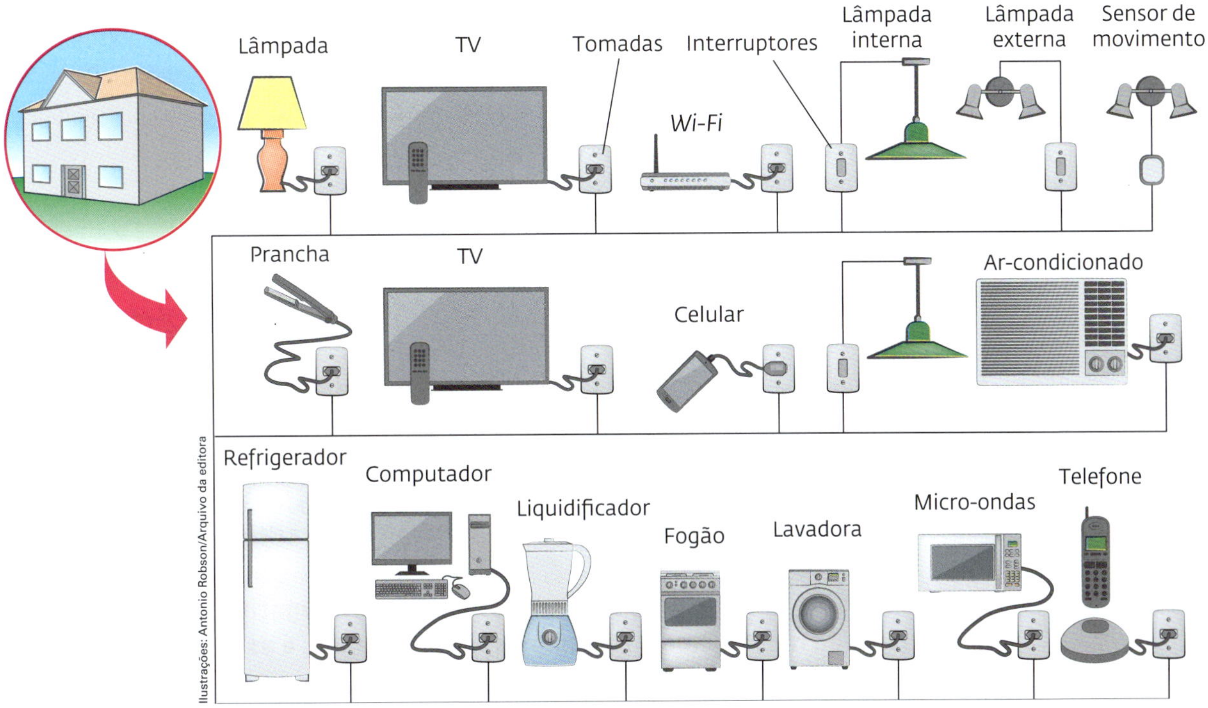

Figura 1.1. Nossa vida está intimamente relacionada com os fenômenos de natureza elétrica. Representação sem escala e em cores fantasia.

Sugestão de leitura: ASSIS, A. K. T. *Os fundamentos experimentais e históricos da eletricidade*. São Paulo: Livraria da Física, 2011.

Com o objetivo de aproximar o aluno da experimentação, a obra aborda os fundamentos da eletricidade mantendo um interessante enfoque experimental e histórico, possibilitando ao leitor realizar os experimentos sugeridos com materiais de baixo custo e fácil aquisição e manipulação.

As primeiras descobertas relacionadas com fenômenos elétricos das quais se tem notícia foram feitas pelos gregos, na Antiguidade.

Desde Platão, 428-348 a.C., sabe-se que um pedaço de âmbar[1], após ser atritado, adquiria a propriedade de atrair corpos leves que estivessem ao seu redor, como palhas e plumas.

Somente em 1600 d.C. William Gilbert publica seu livro chamado *Sobre os ímãs e corpos magnéticos e sobre o grande ímã, a Terra*, que descreve diversas experiências de eletrostática associados ao âmbar com o intuito de distingui-las dos fenômenos magnéticos. Como a palavra grega correspondente a âmbar é *elektron*, Gilbert passou a usar o termo "elétrico" ao se referir aos corpos que se comportavam como o âmbar. Várias outras palavras utilizadas atualmente têm aí sua origem: "eletrização", "eletricidade", "elétron", "eletrodo", etc. Somente na década de 1770 abandonou-se a separação dos corpos entre materiais "elétricos" e "não elétricos" de Gilbert, adotando-se a classificação que conhecemos atualmente por condutores e isolantes, que abordaremos mais adiante.

Em 1733, Charles François de Cistenay Du Fay foi o primeiro a afirmar que, a partir de resultados experimentais, há dois tipos de eletricidade: positiva e negativa. Sendo assim, Du Fay separou experimentalmente os corpos eletrizados nestes dois grupos distintos.

[1] O âmbar é uma pedra amarelada que se origina da fossilização de resinas provenientes de árvores de madeira macia.

Carga elétrica positiva e carga elétrica negativa

- **1º grupo:** é constituído pelos objetos que se comportam como uma barra de vidro atritada com seda. Verifica-se que todos os objetos eletrizados desse grupo repelem-se uns aos outros. Dizemos que esses objetos estão **eletrizados positivamente** ou que, ao serem atritados, adquiriram uma **carga elétrica positiva** (figura 1.2).
- **2º grupo:** é constituído pelos objetos que se comportam como uma barra de borracha atritada com um pedaço de lã. Verifica-se também que todos os objetos desse grupo repelem-se uns aos outros, mas atraem os objetos do grupo anterior. Dizemos que os objetos deste 2º grupo estão **eletrizados negativamente** ou que possuem **carga elétrica negativa** (figura 1.3).

As ilustrações desta página estão representadas sem escala e em cores fantasia.

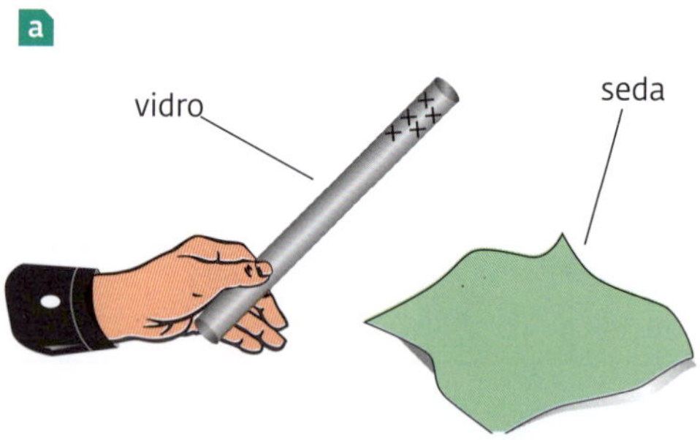

Figura 1.2. Quando uma barra de vidro é atritada com seda, fica eletrizada positivamente.

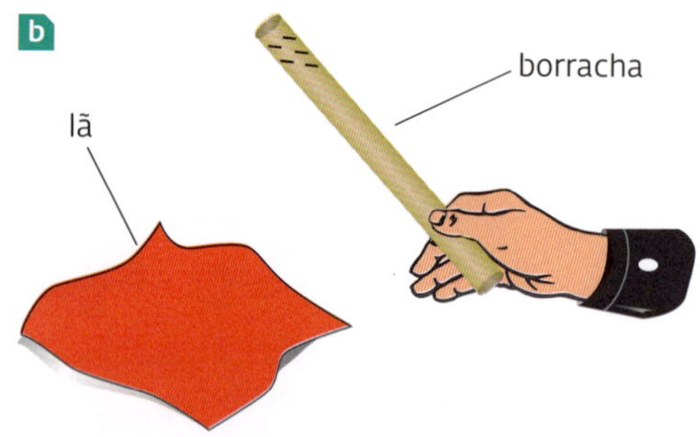

Figura 1.3. Quando uma barra de borracha é atritada com lã, fica eletrizada negativamente.

Paulo César Pereira/Arquivo da editora

Existem dois tipos de cargas elétricas: positivas e negativas. As cargas elétricas de mesmo nome (mesmo sinal) se repelem, e as cargas de nomes contrários (sinais contrários) se atraem (figuras 1.4 e 1.5).

Ilustrações: Banco de imagens/Arquivo da editora

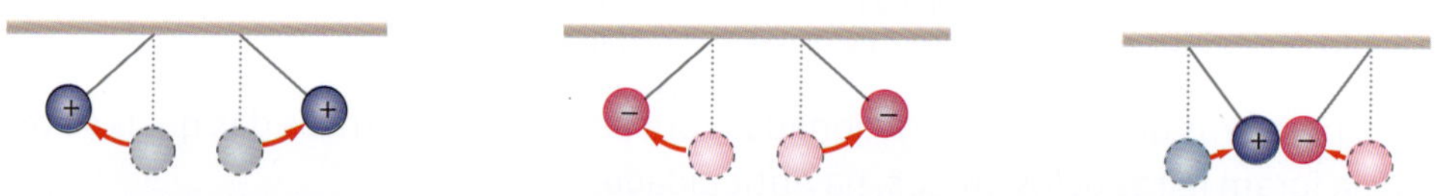

Figura 1.4. Objetos eletrizados com carga de nomes (sinais) iguais se repelem e de nomes (sinais) contrários se atraem.

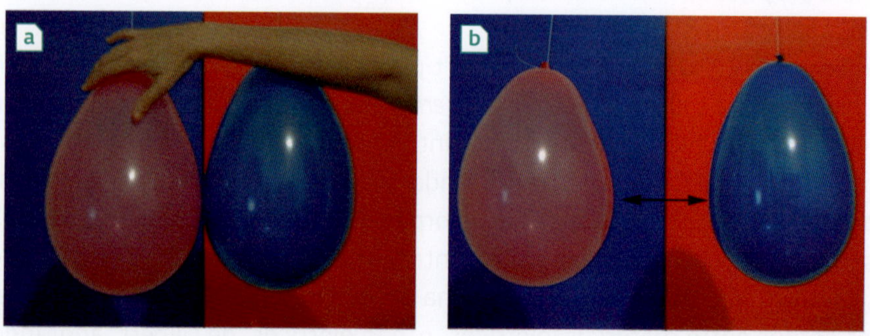

Figura 1.5. Os balões, após serem atritados com náilon, são aproximados um do outro (**a**). Ao serem abandonados, eles se repelem (**b**).

Profª Drª Marisa A. Cavalcante/Gopef/PUC-SP

A carga elétrica e é a menor quantidade de carga encontrada na natureza e seu módulo é conhecido como carga elementar. A unidade da carga elétrica no SI é o Coulomb (C). Seu valor é:

$$e = 1{,}6 \cdot 10^{-19}\,\text{C}$$

A quantidade de carga elétrica de um corpo é dada por:

$$Q = n \cdot e$$

em que n é o número de elétrons que estão em excesso ou em falta.

Eletrização por atrito

Charles François de Cisternay Du Fay, em seus trabalhos experimentais, já sabia que todos os materiais poderiam ser eletrizados ao serem atritados com outros materiais. Por exemplo: uma régua de plástico se eletriza ao ser atritada com seda e atrai uma bola de isopor **(figura 1.6.a)**; um pente se eletriza ao ser atritado nos cabelos de uma pessoa e passa a atrair esses cabelos **(figura 1.6.b)** ou um filete de água **(figura 1.6.c)**; uma roupa de náilon se eletriza ao se atritar com o corpo; um automóvel em movimento se eletriza pelo atrito com o ar; etc.

As ilustrações desta página estão representadas sem escala e em cores fantasia.

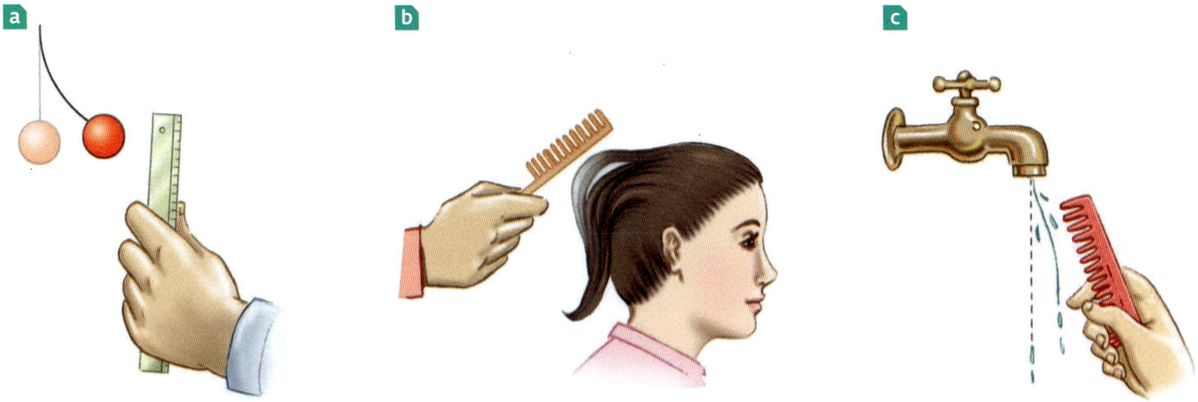

Ilustrações: Paulo César/Arquivo da editora

Figura 1.6. Qualquer material pode ser eletrizado ao ser atritado com outro.

Por que um objeto se eletriza

Para explicar por que um corpo se eletriza devemos relembrar que toda a matéria é constituída de átomos. Ao longo da história da Ciência, desde a época dos gregos, foram vários os cientistas que propuseram modelos atômicos para explicar a constituição da matéria. Consideraremos o modelo atômico de Bohr, proposto em 1913. Nesse modelo, os elétrons, portadores de carga elétrica negativa, encontram-se em órbitas circulares ao redor do núcleo **(figura 1.7)**. No núcleo, região central do átomo, estão os prótons, portadores de cargas elétricas positivas, e os nêutrons, que não têm carga elétrica.

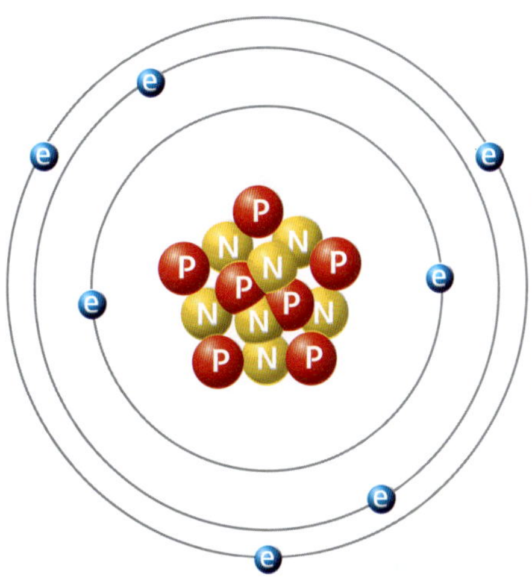

Alex Argonizo/Arquivo da editora

Figura 1.7. Modelo atômico de Bohr para um átomo de nitrogênio.

Dizemos que um corpo é neutro se ele não estiver eletrizado, ou seja, se o número de prótons for igual ao número de elétrons. Sabe-se desde a época de Du Fay que, ao atritarmos dois corpos entre si, há transferência de elétrons de um corpo para outro. Aquele que perde elétrons apresenta-se com excesso de prótons, ou seja, fica eletrizado positivamente, e aquele que ganha elétrons fica eletrizado negativamente, pois está com excesso de elétrons.

Podemos, então, destacar:

Um objeto em seu estado normal, não eletrizado, possui um número de prótons igual ao número de elétrons. Se esse objeto perder elétrons, ficará com excesso de prótons, isto é, se apresentará eletrizado positivamente. Se ele receber elétrons, possuirá um excesso dessas partículas e se apresentará eletrizado negativamente.

Comentários

1) No processo de eletrização, o número total de prótons e elétrons não se altera, havendo apenas uma separação das cargas elétricas. Não há, portanto, criação nem destruição de carga elétrica, isto é, a carga total é conservada.

2) Os prótons e os nêutrons estão localizados no núcleo do átomo **(figura 1.7)** e não podem ser deslocados de suas posições pelo simples atrito de um objeto com outro. Pelo atrito, apenas os elétrons podem ser trocados entre os dois objetos.

3) O atrito entre os objetos é uma maneira de fazer com que eles se aproximem bastante para que os átomos de um possam interagir com os átomos do outro. Perderá elétrons o átomo que exercer menor força sobre o elétron.

Assim, um mesmo objeto poderá se eletrizar positiva ou negativamente, dependendo do objeto com o qual for atritado. Por exemplo: a seda – que atritada com vidro adquire carga negativa porque retira elétrons do vidro –, quando atritada com borracha, adquire carga positiva, pois perde elétrons para a borracha.

Du Fay apresentou uma sequência chamada de série triboelétrica, cujo prefixo "tribo" vem do grego e significa atrito, que indica os tipos de eletrização obtidos por atrito. Pode-se descobrir qual dos corpos ganha ou perde elétrons durante a eletrização por atrito a partir da **tabela 1.1**, na qual um material adquire carga positiva quando atritado com os materiais que o seguem e adquire carga negativa quando atritado com os que o precedem. Quanto mais afastados estiverem na lista dessa tabela, maior será a eficiência na eletrização. Além disso, materiais idênticos e metais não se eletrizam por atrito.

É importante observar que as séries triboelétricas na literatura podem diferir ligeiramente entre si, devido às características próprias de cada material. O vidro, por exemplo, tem diferentes composições químicas na sua constituição que podem afetar sua capacidade de adquirir carga negativa e positiva.

Tabela 1.1

Série triboelétrica de Du Fay

Materiais
cabelo
vidro liso
pele humana
poliamida
algodão
seda
papel ou papelão
couro
porcelana
papel-alumínio
madeira
rolha
pano de acrílico
isopor
saco plástico
canudo plástico
acrílico rígido
tubo de PVC
borracha dura

ASSIS, A. K. T. *Os fundamentos experimentais e históricos da eletricidade*. Montreal: C. Roy Keys Inc., 2010.

Verifique o que aprendeu

1. Duas folhas de um mesmo tipo de papel são atritadas entre si. Elas ficarão eletrizadas? E se atritarmos duas barras feitas de um mesmo tipo de plástico? Explique.

2. Considerando a **figura 1.3**, responda:

a) O pedaço de lã ficou eletrizado?

b) Qual é o sinal da carga no pedaço de lã?

c) Qual dos dois objetos recebeu elétrons?

d) Qual dos dois objetos ficou com excesso de prótons?

3. No processo de eletrização em que uma barra de vidro é atritada com seda, o número de elétrons em excesso na seda (módulo da carga na seda) é maior, menor ou igual ao número de prótons em excesso no vidro (quantidade de carga no vidro)?

4. Um pedaço de algodão é atritado com uma folha de papel.

a) Qual é o sinal da carga elétrica que cada um adquire (consulte a **tabela 1.1**)?

b) Qual deles perdeu elétrons?

5. Uma barra de poliamida é atritada com um saco plástico e um tubo de PVC é atritado com uma folha de papel-alumínio. Consultando a **tabela 1.1**, responda se a barra de poliamida vai atrair ou repelir:

a) a folha de papel-alumínio;

b) o tubo de PVC.

1.2 Condutores e isolantes

As ilustrações desta página estão representadas sem escala e em cores fantasia.

O que é um condutor de eletricidade

Conforme vimos, os objetos são constituídos de átomos e estes possuem partículas eletrizadas (prótons e elétrons).

Um átomo isolado de um metal, como o alumínio (Al), por exemplo, é eletricamente neutro. O número atômico do alumínio é 13, o que significa que o átomo tem 13 prótons no núcleo e 13 elétrons distribuídos nas camadas eletrônicas da eletrosfera **(figura 1.8)**. Quando um átomo tem um, dois ou três elétrons de valência, ou seja, elétrons na camada externa, a ligação entre esses elétrons e o núcleo é fraca e estes elétrons não permanecem ligados aos respectivos átomos. Esses elétrons são denominados elétrons livres.

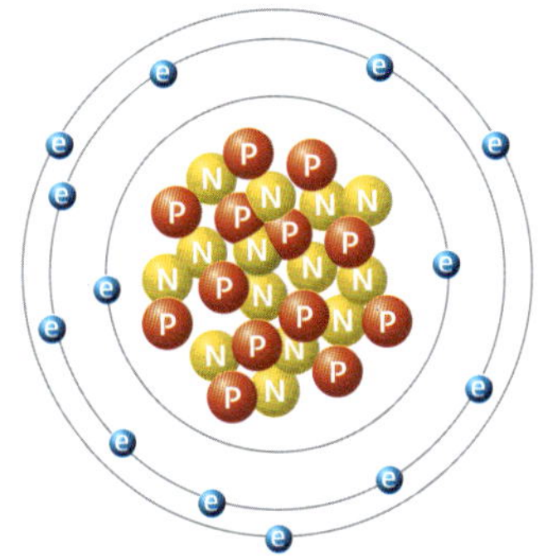

Ilustrações: Alex Argonizo/Arquivo da editora

Figura 1.8. Átomo de alumínio com 13 prótons e 13 elétrons. Nos metais, os elétrons das órbitas mais externas não permanecem ligados aos átomos e são denominados elétrons livres.

Quando vários átomos se reúnem para formar certos sólidos, como um bloco de metal, os elétrons de valência adquirem liberdade para se movimentar no interior do sólido **(figura 1.9)**. Nesse arranjo, os elétrons de valência têm considerável mobilidade e são capazes de conduzir eletricidade facilmente. No interior dos metais, quando um átomo perde os elétrons de valência, há falta de elétrons, e o átomo se torna um íon positivo; quando o átomo ganha elétrons, há excesso de elétrons, e o átomo é denominado íon negativo.

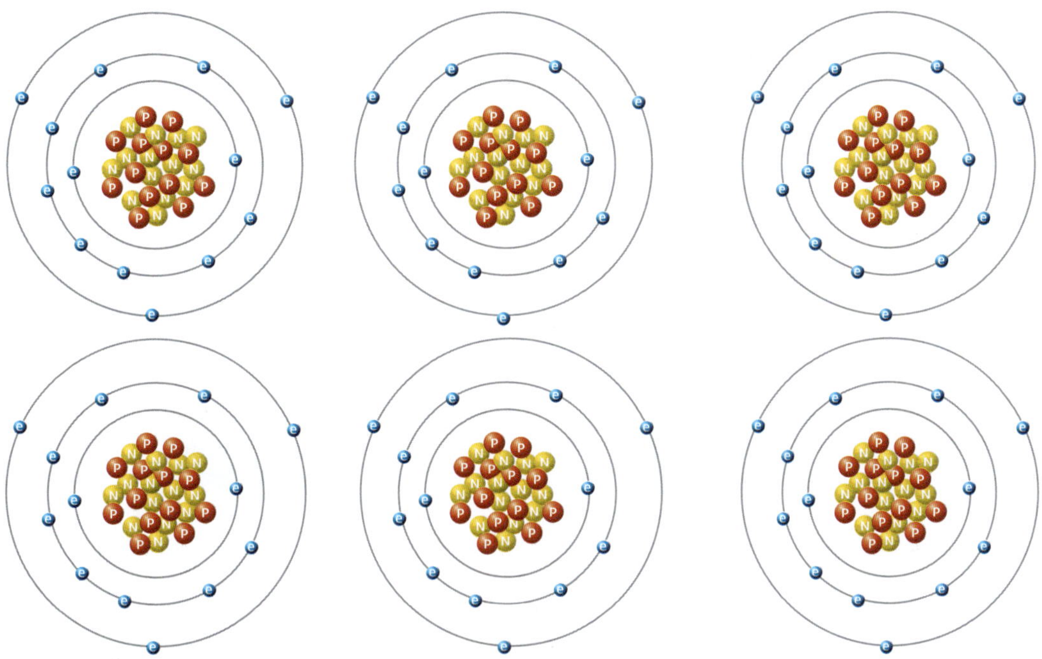

Figura 1.9. Íons de alumínio em um bloco de metal. Os elétrons livres podem se deslocar pelos espaços vazios entre os íons.

À temperatura ambiente, os íons estão em movimento oscilatório ao redor de sua posição de equilíbrio, enquanto os elétrons livres estão em movimento aleatório ou desordenado. Portanto, nos sólidos que possuem elétrons livres, é possível que a carga elétrica seja transportada através deles e, por isso, dizemos que esses materiais são condutores de eletricidade. Os metais, o carvão, o solo e o corpo humano são exemplos de materiais condutores.

Por exemplo: se ligarmos os polos de uma bateria por meio de um fio de cobre, os elétrons livres do metal, que têm movimento aleatório de origem térmica **(figura 1.10.a)**, entrarão em movimento ordenado, deslocando-se de um polo para o outro **(figura 1.10.b)**. Assim, as cargas elétricas estarão se deslocando pelo fio, constituindo uma corrente elétrica (que estudaremos mais adiante).

As ilustrações desta página estão representadas sem escala e em cores fantasia.

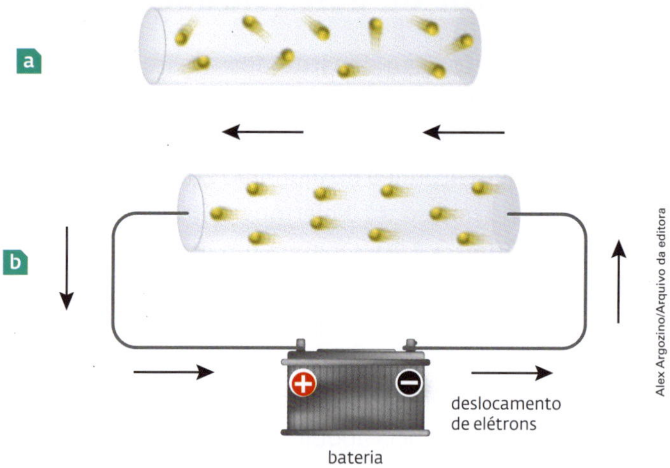

Figura 1.10. Elétrons em movimento desordenado ou aleatório dentro de um fio metálico devido à temperatura ambiente (**a**). Quando os polos de uma bateria são ligados ao fio metálico, os elétrons livres no interior do fio entram em movimento ordenado (**b**).

Os sólidos que possuem elétrons livres em seu interior permitem o deslocamento de carga elétrica através deles, sendo, por esse motivo, denominados condutores de eletricidade.

O que é um dielétrico

Como cargas de mesmo sinal se repelem, quando um condutor for eletrizado, haverá repulsão entre suas cargas, fazendo com que estas fiquem o mais distante possível umas das outras. As cargas elétricas em um condutor eletrizado se distribuem em sua superfície **(figura 1.11)**.

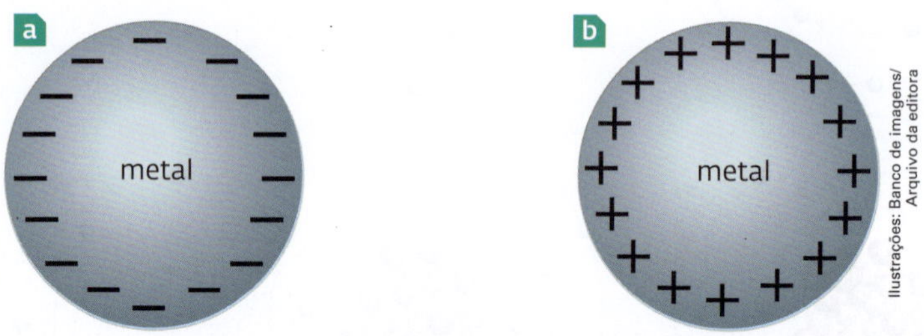

Figura 1.11. Distribuição final das cargas em um condutor carregado.

Ao contrário dos condutores, existem sólidos nos quais os elétrons estão firmemente ligados aos respectivos átomos, isto é, essas substâncias não possuem elétrons livres, ou o número de elétrons livres é relativamente pequeno. Assim, não será possível o deslocamento de carga elétrica através desses objetos, que são denominados **isolantes elétricos** ou **dielétricos**. Apesar de não haver deslocamento de carga elétrica nos isolantes, esse tipo de material pode ser eletrizado. A diferença é que nos condutores as cargas elétricas se localizam na superfície do material e, nos isolantes, elas permanecem na região em que apareceram. A porcelana, a borracha, o vidro, o plástico, o papel, a madeira, etc. são exemplos de substâncias isolantes. Assim, na **figura 1.11**, se usássemos qualquer uma dessas substâncias para ligar os polos da bateria entre si, não seria observado nenhum movimento de cargas elétricas nessa ligação, isto é, não haveria corrente elétrica através da substância. Os condutores e isolantes são velhos conhecidos dos cientistas e foram estudados inicialmente por Stephen Gray em 1729.

Comentários

1) Considere um objeto metálico, carregado negativamente, apoiado em um suporte isolante **(figura 1.12.a)**. Suponha que esse objeto seja ligado à terra por meio de um condutor, por exemplo, um fio de cobre (observe, na **figura 1.12.a**, como se representa a ligação à terra em diagramas elétricos). Nessas condições, os elétrons que estão em excesso no objeto metálico escoarão para a terra através do condutor, fazendo com que o objeto perca sua carga negativa, passando ao estado neutro.
   Na **figura 1.12.b** está representado o que aconteceria se o objeto metálico estivesse eletrizado positivamente: elétrons livres da terra passariam através do condutor até que a carga positiva do objeto metálico fosse neutralizada. Vemos, portanto, que um objeto metálico eletrizado, ao ser ligado à terra por meio de um condutor, perde ou ganha elétrons, tornando-se neutro.
2) Na **figura 1.12**, se em lugar do fio condutor fosse usado um fio isolante (de plástico, por exemplo) para estabelecer a ligação com a terra, não haveria movimento de elétrons através desse fio. Dessa maneira, o objeto metálico não se descarregaria, permanecendo eletrizado.
3) Ainda na **figura 1.12**, se o suporte isolante que sustenta o objeto metálico fosse de vidro, esse objeto poderia se descarregar mesmo se não estivesse ligado à terra pelo fio condutor. Isso ocorre porque, geralmente, uma camada de vapor de água se forma sobre a superfície do vidro. Essa camada, sendo condutora, estabelece o contato elétrico do objeto metálico com a terra e, por isso, ele se descarrega.
   De maneira geral, em regiões de clima úmido, um objeto metálico eletrizado, mesmo apoiado por isolantes, acaba se descarregando depois de certo tempo. Embora o ar atmosférico seja isolante, a presença de umidade faz com que ele se torne condutor. Assim, o objeto eletrizado perde sua carga para a terra através do ar.

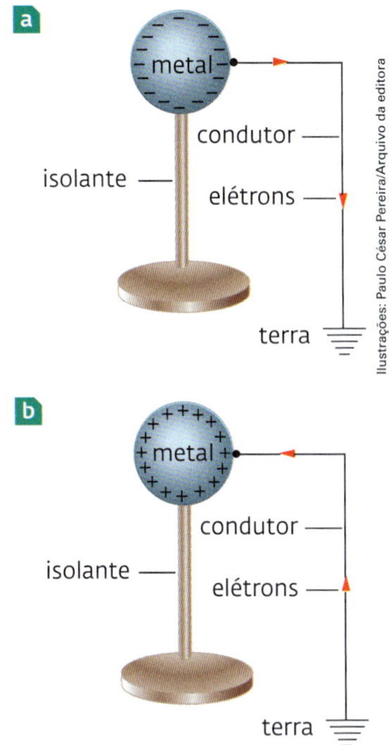

Figura 1.12. Um objeto eletrizado, ao ser ligado à terra por meio de um condutor, perde sua carga, tornando-se neutro.

As ilustrações desta página estão representadas sem escala e em cores fantasia.

Note que não há condutores perfeitos ou isolantes perfeitos, apenas bons condutores e maus condutores.

Além dos condutores e isolantes, existem os **semicondutores**, materiais que, dependendo do arranjo de seus átomos, podem se comportar como isolantes ou condutores. A configuração desses arranjos é obtida através de uma dopagem de materiais, e esta pode ocorrer de duas maneiras: dopagem tipo **p**, em que é inserido um material no cristal de modo que ele fique com ausência de elétrons, provocando uma lacuna (ou buraco) no cristal e permitindo que os elétrons da vizinhança migrem para ocupá-la e, dessa forma, há condução da eletricidade. E a dopagem do tipo **n**, em que um material com excesso de elétrons é inserido no cristal até que ele fique com excesso de elétrons disponíveis para se deslocar ao longo da rede cristalina e, portanto, conduzir eletricidade.

Eletrização por contato

Quando colocamos dois materiais condutores em contato, como na **figura 1.13**, um estando neutro, *A*, e outro eletrizado negativamente, *B*, o condutor neutro, após a separação dos corpos, ficará com carga de mesmo sinal do corpo carregado, ou seja, ambos estarão carregados negativamente. Caso o corpo *B* fosse carregado positivamente, quando colocado em contato com o corpo neutro *A*, os elétrons livres iriam se deslocar de *A* para *B* e ambos os corpos estariam carregados positivamente. Se *A* fosse isolante, a carga se conservaria na posição de contato.

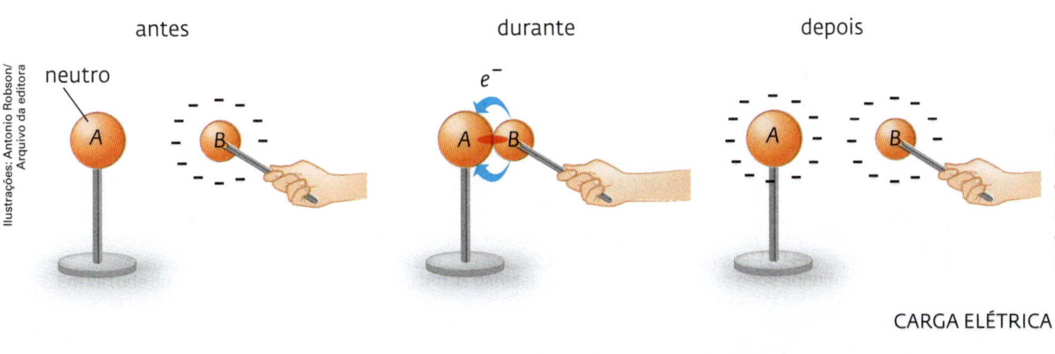

Figura 1.13. Eletrização por contato de um corpo neutro, *A*, e outro carregado negativamente, *B*.

VERIFIQUE O QUE APRENDEU

6. Sabe-se que o corpo humano é capaz de conduzir cargas elétricas. Explique, então, por que uma pessoa, segurando uma barra metálica em suas mãos, não consegue eletrizá-la por atrito.
7. Um ônibus, em movimento, adquire carga elétrica em virtude do atrito com o ar.
   a) Se o clima estiver seco, o ônibus permanecerá eletrizado? Explique.
   b) Ao segurar nesse ônibus para subir, uma pessoa tomará um choque. Por quê?
   c) Esse fato não é comum em nosso clima. Por quê?
8. Para evitar a formação de centelhas elétricas, os caminhões transportadores de gasolina costumam andar com uma corrente metálica arrastando-se pelo chão. Explique.

1.3 Indução e polarização

Eletrização por indução eletrostática

Ilustrações: Paulo César Pereira/Arquivo da editora

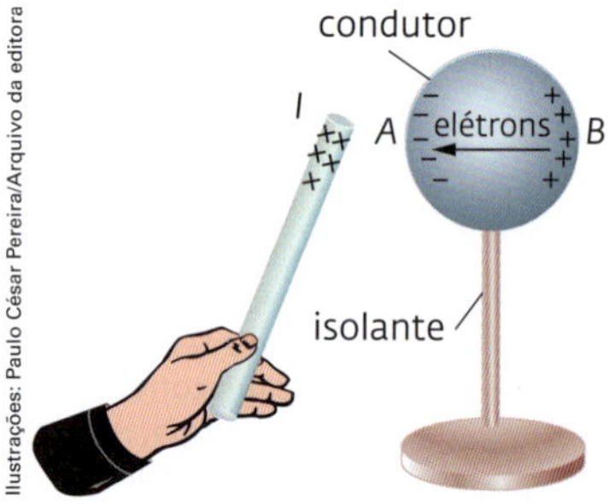

Figura 1.14. Ao aproximarmos um objeto eletrizado de um condutor, observamos nesse condutor uma separação de cargas.

Consideremos um condutor *AB*, no estado neutro (não eletrizado), apoiado em um suporte isolante. Aproximemos do condutor, sem tocá-lo, um objeto, *I*, eletrizado positivamente **(figura 1.14)**. Os elétrons livres, existentes em grande quantidade no condutor, são atraídos pela carga positiva do objeto *I*, acumulando-se na extremidade *A*. Como consequência desse deslocamento das cargas negativas para *A*, a extremidade *B* apresentará um excesso de cargas positivas, como mostra a **figura 1.14**.

A aproximação do indutor carregado provocou, no condutor, uma separação de cargas (cargas induzidas), de forma que, se considerarmos o condutor como um todo, sua carga total seja nula. Essa separação de cargas em um condutor, induzida pela aproximação de um objeto eletrizado, é denominada **indução eletrostática**.

Suponha que, mantendo o indutor fixo em sua posição, liguemos à terra, por meio de um fio metálico, o condutor **(figura 1.15)**. Essa ligação fará com que elétrons livres passem da terra para o condutor, de maneira semelhante ao que está mostrado na **figura 1.12.b**. Esses elétrons neutralizarão a carga positiva induzida localizada na extremidade *B* do condutor **(figura 1.15)**.

Se desfizermos a ligação com a terra e, em seguida, afastarmos o indutor, a carga negativa induzida, que estava localizada na extremidade *A*, se distribuirá pela superfície do condutor, como mostra a **figura 1.16**. Observe, então, que o condutor adquire uma carga negativa, isto é, uma carga de sinal contrário ao da carga do indutor. Esse, por sua vez, não perde nem recebe carga durante o processo. Essa maneira de eletrizar um condutor é denominada **eletrização por indução**.

As ilustrações desta página estão representadas sem escala e em cores fantasia.

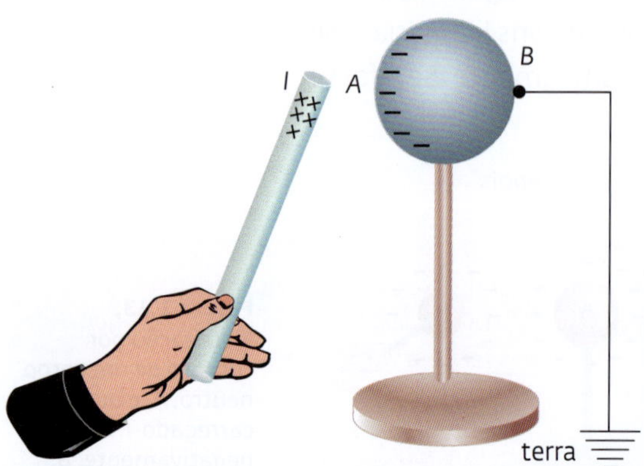

Figura 1.15. Ao ser ligado à terra, o condutor que sofreu indução fica eletrizado negativamente, porque elétrons livres da terra passam para ele, neutralizando a carga positiva repelida pelo bastão.

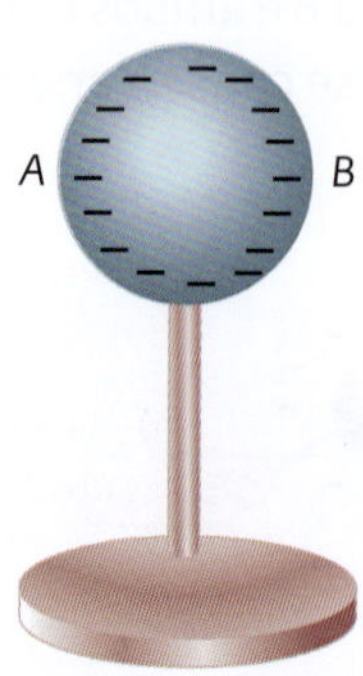

Figura 1.16. A carga negativa, induzida no condutor, distribui-se por sua superfície.

Polarização de um isolante

Como você já deve ter estudado em seu curso de Química, algumas substâncias (a água, por exemplo) apresentam moléculas denominadas **moléculas polares**. Nessas moléculas, o centro das cargas positivas não coincide com o centro das cargas negativas, havendo, portanto, um deslocamento da nuvem eletrônica, como procuramos ilustrar na **figura 1.17.a**. O conjunto de duas cargas de sinais contrários e mesmo valor absoluto também é conhecido como **dipolo elétrico**. As substâncias cujas moléculas possuem as cargas elétricas distribuídas simetricamente são denominadas **apolares** (**figura 1.17.b**).

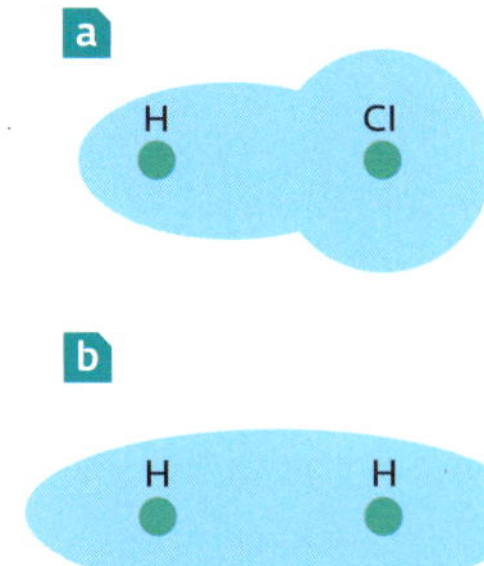

Figura 1.17. Representação de uma molécula polar (**a**) e de uma molécula apolar (**b**).

As ilustrações desta página estão representadas sem escala e em cores fantasia.

Consideremos um dielétrico *AB*, não eletrizado, cujas moléculas são polares, afastado de influências elétricas externas. Nessas condições, as moléculas dessa substância estão distribuídas ao acaso, como está representado na **figura 1.18.a**. Aproximando-se desse dielétrico um indutor eletrizado, com carga positiva, os dipolos elétricos se alinharão da maneira mostrada na **figura 1.18.b**. Quando isso ocorre, dizemos que o dielétrico está **polarizado**. Observe, na **figura 1.18.c**, que o efeito final dessa **polarização** é alinhar os dipolos elétricos sem deslocamento de elétrons. A polarização é um fenômeno que ocorre em isolantes, enquanto a indução eletrostática ocorre nos condutores.

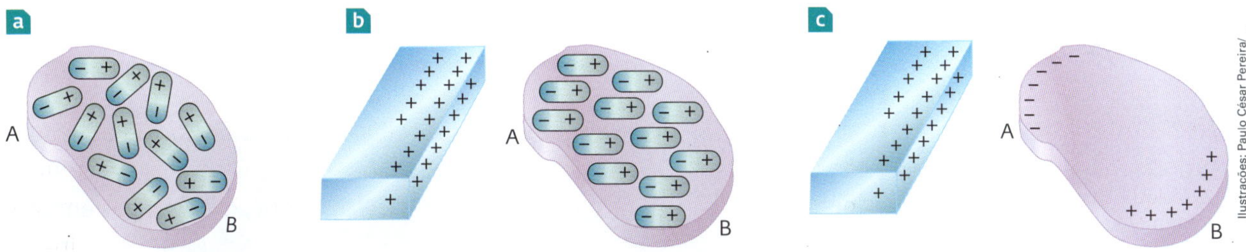

Figura 1.18. A polarização no dielétrico faz com que os dipolos elétricos se alinhem (**c**).

Devemos notar que, embora a carga total no dielétrico seja nula, a polarização faz aparecer cargas elétricas de sinais contrários nas extremidades *A* e *B*, de maneira semelhante ao que ocorria na indução eletrostática de um condutor.

Se o dielétrico *AB* fosse constituído por moléculas apolares, o mesmo efeito final seria observado, pois, com a aproximação do objeto eletrizado, as moléculas se tornariam polares e, consequentemente, se alinhariam da maneira mostrada na **figura 1.18.c**.

VERIFIQUE O QUE APRENDEU

9. Uma barra eletrizada negativamente é colocada próxima de um dielétrico *AB* (não eletrizado), como mostra a figura abaixo.

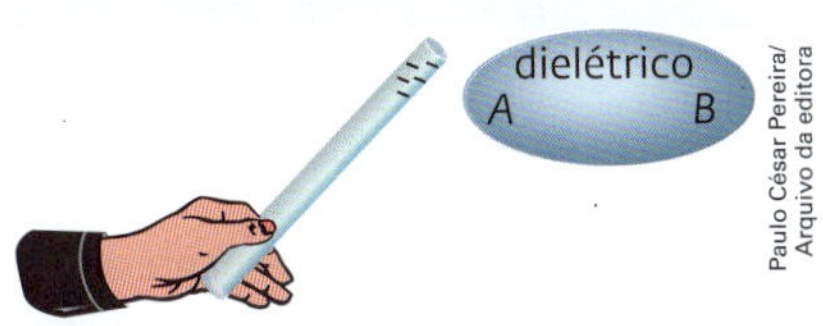

a) Haverá movimento de elétrons livres no objeto *AB*?
b) Descreva o que se passa com as moléculas desse dielétrico (faça um desenho no caderno ilustrando sua resposta).
c) Então, qual é o sinal da carga elétrica que aparece na extremidade *A* do isolante? E em *B*?
d) Como se denomina esse fenômeno que ocorre no dielétrico *AB*?

10. Suponha, agora, que o objeto *AB* do exercício anterior seja um metal. Considere que a extremidade *B* desse objeto seja ligada à terra por meio de um fio condutor.

a) Descreva o movimento de cargas que ocorrerá em virtude dessa ligação.
b) Desfazendo-se a ligação de *AB* com a terra e afastando-se o indutor, o objeto metálico ficará eletrizado? Qual é o sinal de sua carga?

APLICAÇÕES DA FÍSICA

Pintura eletrostática a pó

Uma técnica aplicada na indústria desde a década de 1980 para colorir metais é a pintura eletrostática. Apesar de a ideia geral de seu funcionamento ser bastante simples, o principal desafio no processo de pintura é conseguir a aderência do pigmento ao material a ser pintado. Diferentemente do que ocorre com as tintas líquidas, que utilizam solventes à base de óleo ou água para fazer a aderência, a pintura eletrostática usa a propriedade de atração entre cargas elétricas opostas.

No caso das peças metálicas, após estarem limpas e secas, carrega-se eletricamente a peça a ser pintada, por exemplo, a porta de um carro ou de uma geladeira, e a seguir utiliza-se uma pistola para borrifar o pó sobre a peça **(figura 1.19)**. As partículas sólidas de tinta que saem da pistola estão carregadas com cargas de sinal oposto ao da peça. Com isso, as partículas sólidas são atraídas para o material e aderem facilmente à superfície, inclusive nos cantos muito difíceis de ser alcançados.

Posteriormente, a peça é aquecida para que as partículas de tinta, que são constituídas de diferentes tipos de materiais plásticos, derretam e permaneçam unidas à superfície do material. Com essa técnica de pintura, é possível obter camadas mais espessas sem que ocorra o aparecimento de gotas, como as que surgem quando se aplicam tintas líquidas.

Rosenfeld/Corbis/Latinstock

Figura 1.19. Porta de carro na cabina de pintura eletrostática a pó. A atração entre o pó e a peça reduz as perdas durante o processo de pintura.

QUESTÕES

1. As máquinas fotocopiadoras utilizam um sistema semelhante ao da pintura eletrostática para o desenho e a aderência do *toner* no papel. Com seus colegas, pesquise o funcionamento da tecnologia dessas máquinas e explique quais são as diferenças e semelhanças entre esses dois sistemas.

2. Pesquise as vantagens que a técnica da pintura eletrostática possui em comparação com a técnica tradicional de uso de tintas líquidas.

1.4 Eletroscópios

As ilustrações desta página estão representadas sem escala e em cores fantasia.

Por que um objeto neutro é atraído por um objeto eletrizado

Suponha um objeto eletrizado positivamente, sendo aproximado de um objeto isolante, como um pedaço de papel, que está neutro. A presença da carga no indutor provoca polarização do isolante **(figura 1.20.a)**.

Assim, haverá entre o indutor e a extremidade negativa do isolante uma força de atração, representada por $\vec{F}_1$, e entre o indutor e a extremidade positiva do isolante, uma força de repulsão $\vec{F}_2$. Como a extremidade negativa está mais próxima do indutor, o valor de $\vec{F}_1$ é maior do que o de $\vec{F}_2$ e, consequentemente, o isolante será atraído para o indutor.

Se o isolante não for muito pesado, ele se deslocará, entrando em contato com o indutor **(figura 1.20.b)**. Quando isso ocorrer, o isolante neutralizará parte da carga positiva do isolante. Nessas condições, ambos os corpos possuirão cargas de mesmo sinal e, então, o dielétrico será repelido pelo indutor.

Uma análise semelhante nos permite concluir que, se o indutor estiver eletrizado negativamente, o isolante será, da mesma forma, atraído por ele, podendo ainda ser repelido após entrar em contato com o indutor.

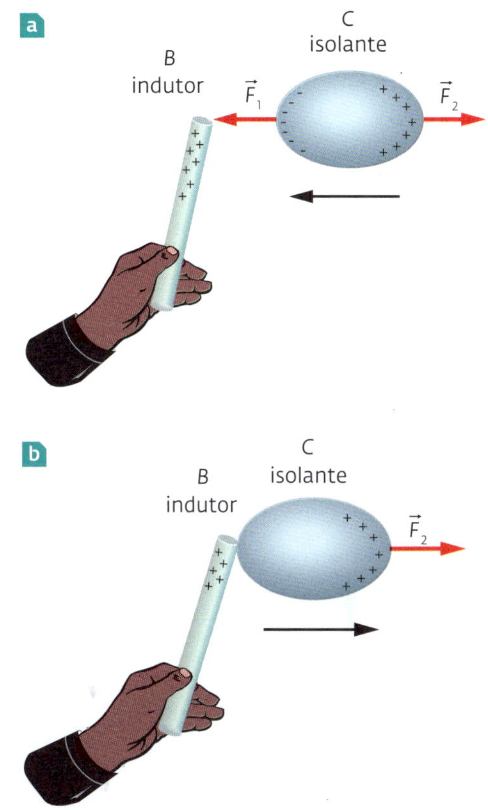

Ilustrações: Paulo César Pereira/Arquivo da editora

Figura 1.20. Quando um objeto eletrizado é aproximado de um pequeno objeto isolante, um pedaço de papel, por exemplo, este se polariza e é atraído pelo objeto eletrizado.

Se o objeto isolante fosse substituído por um condutor (um pequeno pedaço de metal, por exemplo), os mesmos fenômenos seriam observados. Deve-se apenas salientar que a separação de cargas mostrada na **figura 1.20.a** seria, nesse caso, provocada por indução eletrostática e não por polarização.

O que é um eletroscópio

O eletroscópio é um dispositivo que nos permite verificar se um objeto está eletrizado. Um tipo de eletroscópio muito simples é constituído por um pequeno objeto leve (uma bolinha de isopor, por exemplo) suspenso na extremidade de um fio. Esse eletroscópio costuma ser denominado **pêndulo elétrico**. A descrição mais antiga do pêndulo elétrico foi dada por Stephen Gray (1720).

Se aproximarmos do eletroscópio um objeto eletrizado, positiva ou negativamente, este atrairá a bolinha suspensa **(figura 1.21.b)**. O fato de a bolinha ser atraída pelo objeto nos mostra que ele está eletrizado, embora não possamos determinar qual é o sinal de sua carga elétrica.

Para que pudéssemos determinar, com esse eletroscópio, o sinal da carga de um objeto, seria necessário que a bolinha estivesse eletrizada com uma carga de sinal conhecido. Por exemplo: se a bolinha estiver eletrizada positivamente e for repelida por um certo objeto, podemos concluir que esse objeto está eletrizado também positivamente, mas, se ela for atraída, o objeto estará carregado negativamente.

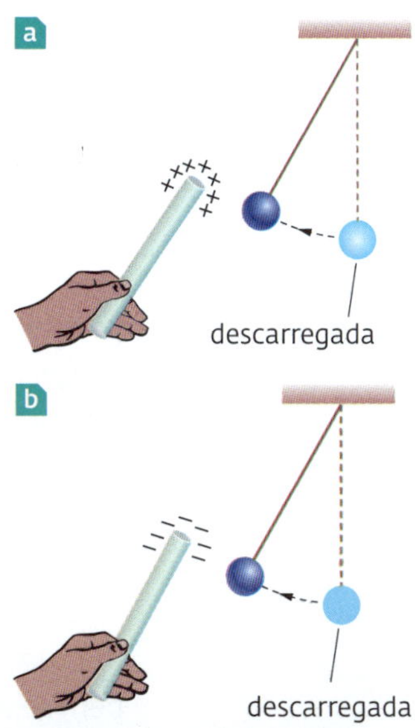

Figura 1.21. Um eletroscópio simples é constituído por uma pequena esfera leve, suspensa por um fio isolante.

Eletroscópio de folhas

Outro tipo de eletroscópio muito comum é o **eletroscópio de folhas**. Esse aparelho consiste essencialmente de uma haste metálica (condutora) tendo, em sua extremidade superior, uma esfera também metálica e, na extremidade inferior, duas folhas metálicas leves, sustentadas de modo que possam se abrir e se fechar livremente **(figura 1.22)**.

Figura 1.22. Eletroscópio de folhas carregado.

O conjunto é envolvido por um recipiente de vidro, de forma que a haste não toque na superfície de vidro.

Aproximando-se da esfera do eletroscópio, sem tocá-la, um indutor eletrizado positivamente, haverá indução eletrostática na parte metálica do aparelho: os elétrons livres serão atraídos para a esfera, fazendo aparecer nas folhas um excesso de cargas positivas. A folha, estando eletrizada com cargas de mesmo sinal, se abrirá em virtude da força de repulsão entre elas.

Portanto, a abertura da folha do eletroscópio, quando aproximamos um objeto de sua esfera, indica-nos que este está eletrizado. Ao afastarmos o indutor, os elétrons da esfera serão atraídos para a folha, neutralizando a carga positiva aí existente e fazendo com que ela se feche.

Se o indutor estivesse eletrizado negativamente, observaríamos, da mesma forma, uma indução eletrostática no eletroscópio e, consequentemente, a folha também se abriria (agora, eletrizada negativamente). Então, o fato de a folha se abrir indica apenas que o indutor está eletrizado, mas não nos permite determinar o sinal da carga nele. Para que isso seja possível, é preciso que o eletroscópio esteja previamente eletrizado com uma carga de sinal conhecido, como veremos a seguir.

Comentários

Podemos eletrizar um eletroscópio de duas maneiras: por indução eletrostática ou por contato com um objeto eletrizado.

1) Para eletrizar o eletroscópio por indução, devemos proceder da maneira descrita na seção 1.3: um objeto eletrizado é aproximado da esfera, em seguida o eletroscópio é ligado à terra e, sendo desfeita essa ligação e afastando o objeto indutor, o eletroscópio ficará eletrizado com uma carga de sinal contrário à desse indutor.

2) A eletrização por contato é obtida encostando-se um objeto eletrizado na esfera do eletroscópio. Por exemplo: se o indutor da **figura 1.23.a** for encostado na esfera, os elétrons aí presentes serão transferidos para o indutor, neutralizando parte da carga positiva desse objeto. Como o eletroscópio perde elétrons, ele ficará eletrizado positivamente. Afastando-se o indutor, verifica-se que temos apenas a carga positiva no eletroscópio. Observe que o eletroscópio fica eletrizado com carga de sinal igual à do objeto com o qual entrou em contato e, consequentemente, suas folhas apresentam uma certa abertura **(figura 1.23.b)**.

3) Vejamos, agora, como podemos usar um eletroscópio carregado com carga de sinal conhecido para determinar qual é o sinal da carga existente em um objeto eletrizado. Suponha um eletroscópio carregado positivamente. Se, ao aproximarmos um indutor de carga desconhecida da esfera do eletroscópio, observarmos que as folhas (que estavam abertas) se aproximam, dessa forma podemos concluir que a carga do indutor é negativa. De fato, sendo negativa a carga do indutor, elétrons livres da esfera serão repelidos e se deslocarão para as folhas. Esses elétrons neutralizarão parte da carga positiva aí existente e, por isso, o afastamento entre as folhas diminuirá. Com raciocínio análogo, podemos concluir que, se o afastamento das folhas for aumentado pela aproximação do indutor, o sinal da carga nesse objeto será positivo.

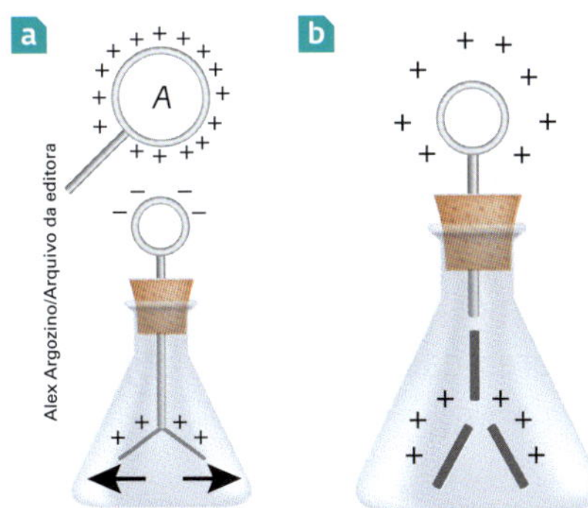

Figura 1.23. Quando um objeto eletrizado positivamente é encostado na esfera do eletroscópio, este também fica eletrizado positivamente. Representação sem escala e em cores fantasia.

VERIFIQUE O QUE APRENDEU

11. Suponha que, na figura 1.20, o bastão estivesse eletrizado negativamente.
a) Faça um desenho em seu caderno mostrando as cargas que apareceriam nas extremidades do objeto *C* em virtude da aproximação do bastão eletrizado negativamente.
b) Qual extremidade de *C* seria atraída por *B*? Qual seria repelida?
c) O objeto *C* seria atraído para *B*? Por quê?
d) Descreva o que ocorreria com o objeto *C* após tocar o bastão *B*.

12. Um objeto eletrizado com carga positiva é aproximado da bolinha de um pêndulo elétrico (eletroscópio).
a) Se a bolinha for atraída pelo objeto, podemos concluir que ela está eletrizada negativamente?
b) Se a bolinha for repelida, podemos concluir que ela possui carga positiva?

13. Na **figura 1.23.a**, suponha que o indutor estivesse eletrizado negativamente.
a) Qual é o sinal da carga que apareceria na esfera do eletroscópio? E em suas folhas?
b) As folhas do eletroscópio se abririam?
c) Descreva a transferência de cargas que ocorreria se o indutor encostasse na esfera.
d) Afastando-se o indutor, qual seria o sinal da carga que ficaria distribuída no eletroscópio?

14. Um eletroscópio de folhas encontra-se eletrizado negativamente. Aproximamos da esfera desse eletroscópio um indutor.
a) Se verificarmos que as folhas do eletroscópio têm sua separação aumentada, qual será o sinal da carga no indutor? Explique.
b) Se a carga do indutor fosse positiva, o que ocorreria com a separação entre as folhas do eletroscópio? Por quê?

1.5 Lei de Coulomb

Medida da carga elétrica

Vimos que, quando um objeto está eletrizado, ele possui um excesso de prótons (carga positiva) ou um excesso de elétrons (carga negativa). Por esse motivo, o **valor da carga** de um objeto, que vamos representar por Q ou q, pode ser medido pelo número de elétrons que ele perdeu ou ganhou. Entretanto, essa maneira de expressar o valor da carga não é prática, pois se sabe que, em um processo comum de eletrização (atrito, por exemplo), o objeto perde ou ganha um número muito elevado de elétrons. Assim, os valores de Q ou q seriam expressos por números extremamente grandes.

Reprodução/Arquivo da editora

CHARLES-AUGUSTIN DE COULOMB (1736-1806)
Coulomb nasceu em Angoulême, na França, e dedicou-se às pesquisas científicas, tendo inventado a balança de Coulomb, dispositivo que lhe permitiu medir as forças elétricas com precisão, levando-o a estabelecer a célebre lei que ficou conhecida como "lei de Coulomb".

Na prática, procura-se então usar uma unidade de carga que seja mais apropriada. No Sistema Internacional (SI), a unidade de carga elétrica é denominada **1 coulomb = 1 C**, em homenagem ao físico francês Charles A. Coulomb. Esse cientista, analisando as forças de interação entre cargas elétricas, chegou a uma importante lei, que estudaremos nesta seção.

Quando dizemos que um objeto possui uma carga de 1 C, modernamente, após o estabelecimento do valor da carga fundamental, entendemos que esse objeto perdeu ou ganhou $6{,}25 \cdot 10^{18}$ elétrons, isto é:

1 C corresponde a $6{,}25 \cdot 10^{18}$ elétrons em excesso (se a carga do objeto for negativa) ou em falta (se a carga do objeto for positiva).

Na Eletrostática, geralmente lidamos com cargas elétricas muito menores do que 1 C. É costume expressar os valores das cargas dos objetos eletrizados em mC ($1 \text{ mC} = 10^{-3}$ C) ou em μC ($1\ \mu\text{C} = 10^{-6}$ C).

A força elétrica é proporcional às cargas

Consideremos dois objetos eletrizados com cargas Q_1 e Q_2, separados de uma distância r, como mostra a **figura 1.24**.

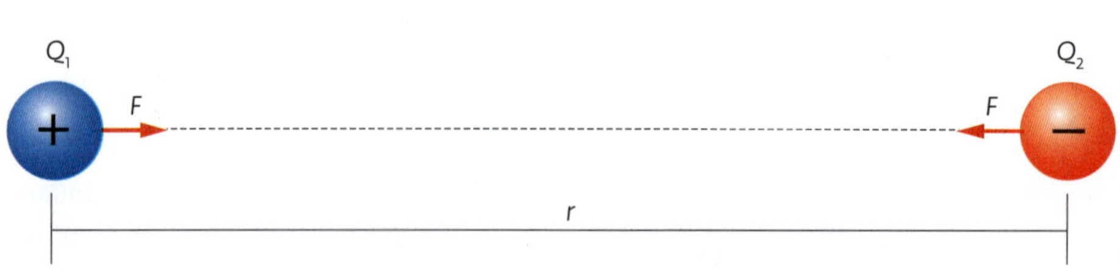

Banco de imagens/Arquivo da editora

Figura 1.24. Força de atração entre duas cargas puntuais, de sinais contrários, separadas pela distância r. Representação sem escala e em cores fantasia.

Vamos supor que o tamanho desses objetos eletrizados seja muito pequeno em relação à distância r entre eles. Nessas condições, consideramos as dimensões desses objetos desprezíveis e nos referimos a eles como **cargas puntuais**.

Uma carga puntual é aquela que está distribuída em um objeto cujas dimensões são desprezíveis em comparação com as demais dimensões envolvidas no problema.

No século XVIII, Coulomb realizou uma série de medidas cuidadosas das forças entre duas cargas puntuais, utilizando uma balança de torção semelhante àquela usada por Cavendish para comprovar a lei de gravitação universal. Por meio dessas medidas, Coulomb chegou a algumas conclusões, válidas tanto para forças de atração quanto para forças de repulsão, que analisaremos a seguir.

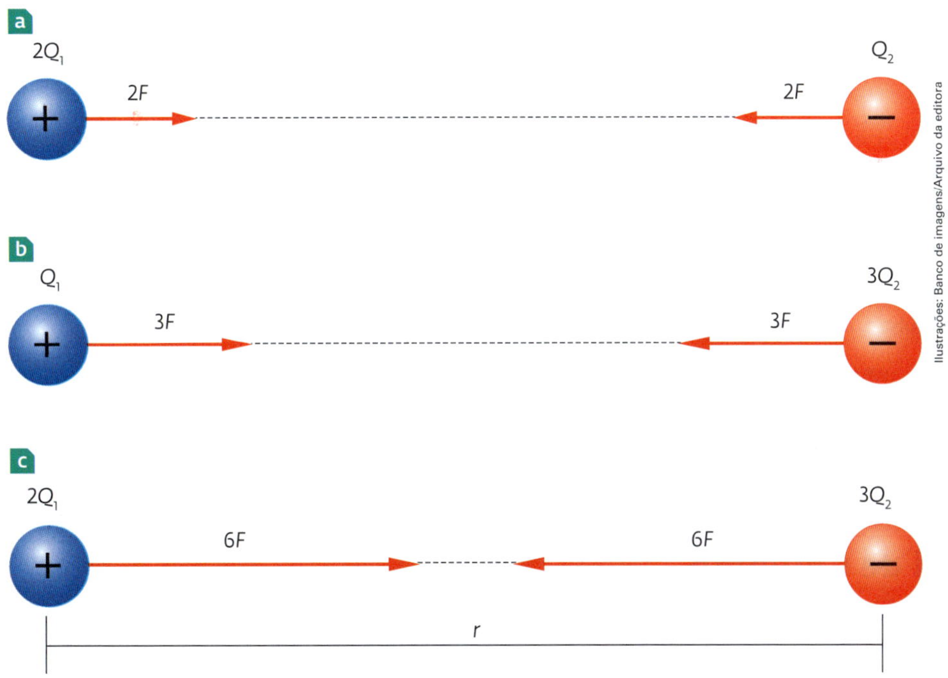

Figura 1.25. A força de interação entre duas cargas puntuais, separadas por uma distância *r*, é diretamente proporcional ao produto dessas cargas. Representação sem escala e em cores fantasia.

Na **figura 1.24**, designamos por *F* o módulo da força entre as cargas Q_1 e Q_2. Coulomb verificou que, se a carga Q_1 for duplicada (ou triplicada, quadruplicada, etc.), o valor da força entre as cargas também duplicará (ou triplicará, quadruplicará, etc.), como está mostrado na **figura 1.25.a**. Então, ele concluiu que o valor da força é proporcional à carga Q_1, isto é:

$$F \propto Q_1$$

Se o valor de Q_1 não fosse alterado e o valor de Q_2 fosse duplicado (ou triplicado, etc.), o módulo da força também duplicaria (ou triplicaria, etc.), como está representado na **figura 1.25.b**. Então, podemos escrever que também se tem:

$$F \propto Q_2$$

Logo, como $F \propto Q_1$ e $F \propto Q_2$, vem $F \propto Q_1Q_2$, ou seja:

A força de interação entre duas cargas elétricas puntuais é proporcional ao produto dessas cargas.

Assim, supondo, por exemplo, que o valor de Q_1 fosse duplicado e o de Q_2 fosse triplicado, o valor da força entre essas cargas se tornaria 6 vezes maior **(figura 1.25.c)**.

A força elétrica depende da distância entre as cargas

O fato de que a força entre objetos eletrizados diminui quando aumentamos a distância entre eles é conhecido há muitos séculos.

Entretanto, o estabelecimento da relação quantitativa entre a força *F* (que uma carga puntual exerce sobre outra) e *r* (distância entre as cargas) só veio a ser feito por Coulomb em suas experiências com a balança de torção. Ele verificou que:

- duplicando *r*, *F* torna-se 4 vezes menor;
- triplicando *r*, *F* torna-se 9 vezes menor;
- quadruplicando *r*, *F* torna-se 16 vezes menor, etc.

Assim, Coulomb observou que, quando a distância *r* é multiplicada por um número, a força *F* entre as cargas fica dividida pelo **quadrado** desse número **(figura 1.26)**.

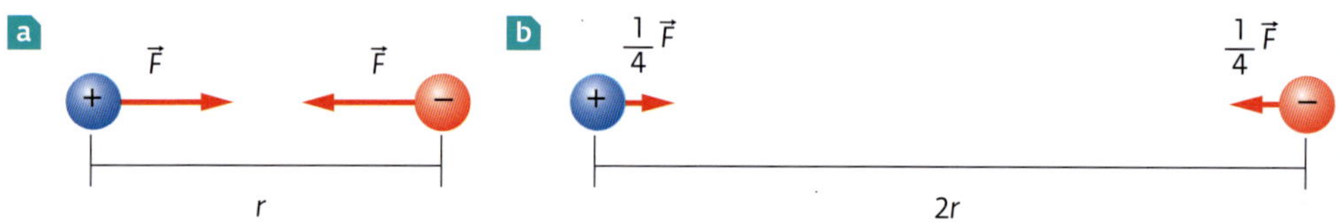

Ilustrações: Banco de imagens/Arquivo da editora

Figura 1.26. A lei do inverso do quadrado da distância é observada nas forças elétricas da atração e repulsão. Representação sem escala e em cores fantasia.

A força *F*, de atração ou repulsão entre duas cargas puntuais, é inversamente proporcional ao quadrado da distância, *r*, entre elas, isto é:

$$F \propto \frac{1}{r^2}$$

Lei de Coulomb

Entre a força *F* e as cargas Q_1 e Q_2 existe a relação:

$$F \propto Q_1 Q_2$$

e entre essa mesma força e a distância *r* tem-se:

$$F \propto \frac{1}{r^2}$$

podemos associar essas relações, obtendo:

$$F \propto \frac{Q_1 Q_2}{r^2}$$

Essa relação poderá ser transformada em uma igualdade introduzindo-se nela uma constante de proporcionalidade adequada. Consideremos, inicialmente, as cargas Q_1 e Q_2 **situadas no vácuo**. Nessa situação, vamos designar por k_0 a constante de proporcionalidade a ser introduzida na relação anterior. Teremos, então, para as cargas no vácuo:

$$F = k_0 \frac{Q_1 Q_2}{r^2}$$

Chegamos, assim, à expressão matemática da lei de Coulomb para o vácuo. O valor da constante k_0 pode ser obtido experimentalmente. No SI, em que *F* é medida em newtons, Q_1 e Q_2 em coulombs e *r* em metros, o valor de k_0 é:

$$k_0 = 9{,}0 \cdot 10^9 \ \frac{N \cdot m^2}{C^2}$$

Influência do meio

Suponhamos, agora, que as cargas Q_1 e Q_2 fossem colocadas no interior de um meio material qualquer (água, óleo, etc.). Verifica-se, nesse caso, que a força de interação entre elas **sofre uma redução**, maior ou menor, dependendo do meio. Esse fator de redução denomina-se **constante dielétrica do meio**, representada por *k*. A figura 1.27 ilustra a rede cristalina do cloreto de sódio; porém, quando o sal é colocado em água, a força elétrica entre os íons torna-se muito fraca (80 vezes menor) e, por isso, a rede cristalina se desfaz.

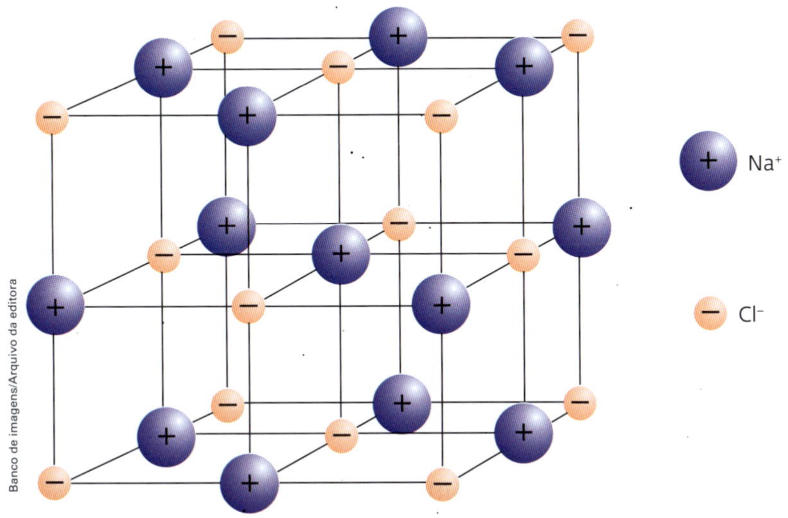

Figura 1.27. A intensidade das forças elétricas responsáveis pela estrutura cristalina em sólidos iônicos como o cloreto de sódio (NaCl) sofre redução em presença de água. Por esse motivo, os sólidos iônicos são facilmente dissociados em água. Representação sem escala e em cores fantasia.

A tabela 1.2 apresenta os valores da constante dielétrica, *k*, para alguns meios materiais. Observando a tabela, podemos concluir que o valor da força entre duas cargas praticamente não se altera quando elas passam do vácuo para o ar. Por outro lado, se elas forem mergulhadas em óleo, por exemplo, a força torna-se 4,6 vezes menor. Deve-se destacar o elevado valor da constante dielétrica da água: se mergulharmos Q_1 e Q_2 nesse líquido, a força de interação entre elas enfraquece acentuadamente, tornando-se 81 vezes menor do que no vácuo.

Em resumo, podemos então apresentar a lei de Coulomb do seguinte modo:

Tabela 1.2

Valores de *k* para alguns meios materiais

Meio material	Constante dielétrica (*k*)
Vácuo	1,0000
Ar	1,0005
Benzeno	2,3
Âmbar	2,7
Vidro	4,5
Óleo	4,6
Mica	5,4
Glicerina	43
Água	81

Lei de Coulomb

Duas cargas puntuais, Q_1 e Q_2, separadas por uma distância *r*, situadas no vácuo, se atraem ou se repelem com uma força F dada por:

$$F = k_0 \frac{Q_1 \cdot Q_2}{r^2}$$ **, em que k_0, no SI, tem o valor:**

$$k_0 = 9{,}0 \cdot 10^9 \frac{N \cdot m^2}{C^2}$$

Se essas cargas forem mergulhadas em um meio material, o valor das forças entre elas será *k* vezes menor, em que *k* é a constante dielétrica desse meio.

Exemplo

Uma carga puntual positiva, $Q_1 = 0{,}23\ \mu C$, é colocada a uma distância $r = 3{,}0$ cm de outra carga também puntual, negativa, $Q_2 = -0{,}60\ \mu C$ (figura 1.28).

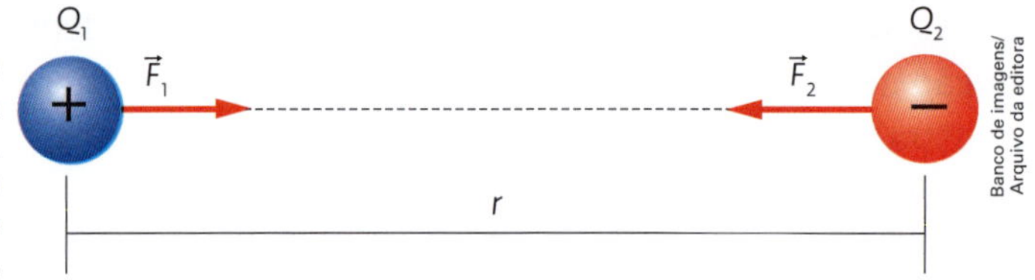

Figura 1.28. Para o exemplo da seção 1.5. Representação sem escala e em cores fantasia.

a) Supondo que as cargas Q_1 e Q_2 estejam no ar, calcule o valor da força F_1 que Q_2 exerce sobre Q_1.

Como a força entre duas cargas elétricas situadas no vácuo ou no ar é praticamente a mesma, o valor de $\vec{F}_1$ será dado por:

$$F_1 = k_0 \frac{Q_1 \cdot Q_2}{r^2}$$

em que se tem, no SI:

$$k_0 = 9{,}0 \cdot 10^9\ \frac{\text{N} \cdot \text{m}^2}{\text{C}^2}$$

$$Q_1 = 0{,}23\ \mu\text{C} = 2{,}3 \cdot 10^{-7}\ \text{C}$$

$$Q_2 = -0{,}60\ \mu\text{C} = -6{,}0 \cdot 10^{-7}\ \text{C}$$

$$r = 3{,}0\ \text{cm} = 3{,}0 \cdot 10^{-2}\ \text{m}$$

Substituindo esses valores na expressão da lei de Coulomb, obteremos o valor de F_1 (não é necessário levar em conta o sinal das cargas, pois, desejamos calcular apenas o seu módulo).

Teremos, então:

$$F_1 = 9{,}0 \cdot 10^9 \cdot \frac{(2{,}3 \cdot 10^{-7} \cdot 6{,}0 \cdot 10^{-7})}{(3{,}0 \cdot 10^{-2})^2}$$

$$\therefore\ F_1 = 1{,}38\ \text{N}$$

b) O valor da força $\vec{F}_2$ que a carga Q_1 exerce sobre a carga Q_2 é maior, menor ou igual ao valor de $\vec{F}_2$?

Pela terceira lei de Newton sabemos que, se a carga Q_2 atrai a carga Q_1, essa carga Q_1 atrairá a carga Q_2 com uma força igual e contrária. Em outras palavras, as forças $\vec{F}_1$ e $\vec{F}_2$ mostradas na figura 1.28 constituem um par de ação e reação e, portanto, seus módulos são iguais, isto é:

$$F_2 = 1{,}38\ \text{N}$$

c) Se as cargas Q_1 e Q_2 estivessem mergulhadas em benzeno, qual seria o módulo da força de atração entre elas?

O módulo da força de atração tornar-se-ia k vezes menor, sendo k a constante dielétrica do benzeno.

Pela tabela 1.2 vemos que, nesse caso, temos $k = 2{,}3$. Então, no interior do benzeno, as cargas Q_1 e Q_2 se atrairiam com uma força $\vec{F}$ cujo módulo seria:

$$F = \frac{1{,}38}{2{,}3}$$

$$\therefore\ F = 0{,}60\ \text{N}$$

FÍSICA NO CONTEXTO

As experiências de Coulomb com a balança de torção

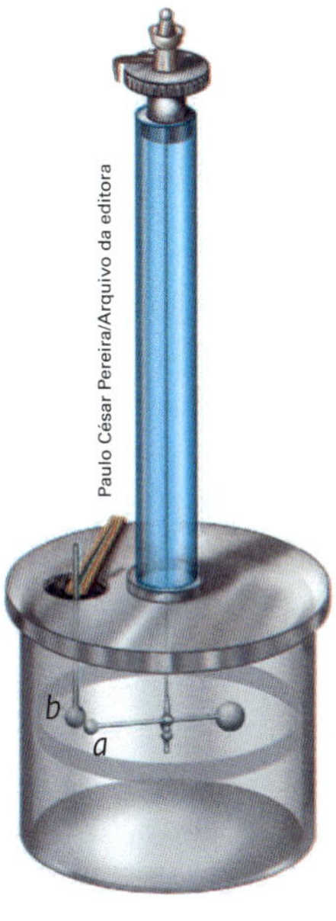

Figura 1.29. Reprodução do desenho da balança de torção de Coulomb, feito pelo seu inventor.

Até a época dos trabalhos de Franklin e Du Fay (meados do século XVIII), apenas os aspectos qualitativos dos fenômenos elétricos tinham sido abordados. Os cientistas sentiam que, para o progresso dos estudos relacionados com a Eletricidade, era necessário estabelecer relações **quantitativas** entre as grandezas envolvidas nos fenômenos.

Em particular, houve uma preocupação em relacionar quantitativamente a força elétrica, F, entre dois objetos com a distância, r, entre eles. Joseph Priestley, percebendo que havia certa semelhança entre a atração elétrica e a gravitacional (cujo estudo já havia sido desenvolvido por Newton), no final do século XVIII lançou a hipótese de que a força elétrica poderia, também, variar com o inverso do quadrado da distância entre os objetos, isto é, $F \propto \frac{1}{r^2}$. Entretanto, era necessário que fossem realizadas medidas cuidadosas para verificar se essa hipótese era verdadeira.

Entre os diversos trabalhos que foram desenvolvidos pelos cientistas com esse objetivo, destacam-se as experiências realizadas por Coulomb, que, em 1785, apresentou à Academia de Ciências da França um relatório de seus trabalhos. Coulomb construiu um aparelho, denominado **balança de torção**, com o qual se podia medir diretamente as forças de atração e repulsão entre objetos eletrizados. A **figura 1.29** representa uma cópia do desenho dessa balança, feito pelo próprio Coulomb no relatório enviado à Academia de Ciências. Observe, no desenho, que duas esferas estão equilibradas nas extremidades de uma haste horizontal, suspensa por um fio. A esfera *a* está eletrizada e a esfera *b*, também eletrizada, é aproximada de *a*. Em virtude da força elétrica que se manifesta entre *a* e *b*, a haste gira, provocando uma torção no fio. Medindo o ângulo de torção do fio, Coulomb conseguia determinar o valor da força entre as esferas.

Coulomb demonstrou que a força de atração (ou repulsão) entre dois objetos eletricamente carregados obedece a uma lei do inverso do quadrado da distância. Do ponto de vista matemático, era a mesma lei demonstrada por Newton para a gravidade.

Verifique o que aprendeu

15. Duas cargas puntuais negativas, cujos módulos são $Q_1 = 4{,}3\ \mu C$ e $Q_2 = 2{,}0\ \mu C$, estão situadas no ar, separadas por uma distância $r = 30$ cm.

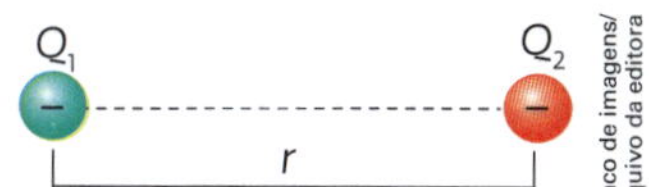

a) Desenhe, em uma cópia da figura no caderno, a força que Q_1 exerce sobre Q_2. Qual é o valor dessa força?

b) Desenhe, no caderno, a força que Q_2 exerce sobre Q_1. Qual é o valor dessa força?

16. Suponha que, no exercício anterior, o valor da carga Q_1 tenha se tornado 10 vezes maior, que o valor de Q_2 tenha sido reduzido à metade e que a distância entre elas tenha se mantido constante.

a) Por qual fator ficará multiplicado o valor da força entre as cargas?

b) Qual será o novo valor dessa força?

17. Considere, ainda, o exercício 15 e suponha que os valores de Q_1 e Q_2 tenham, agora, se mantido constantes.

a) Se a distância entre essas cargas se tornar 5 vezes maior, a força entre elas aumentará ou diminuirá? Quantas vezes?

b) Se a distância entre essas cargas for reduzida à metade, a força entre elas aumentará ou diminuirá? Quantas vezes?

18. Suponha, agora, que as cargas elétricas do exercício 15 tenham sido mergulhadas em glicerina, conservando os valores de Q_1, Q_2 e r mencionados naquele exercício.

a) Nesse caso, o valor da força entre as cargas aumentará ou diminuirá? Quantas vezes? (Consulte a **tabela 1.2**.)

b) Qual será o valor da força entre Q_1 e Q_2 quando mergulhadas na glicerina?

As ilustrações desta página estão representadas sem escala e em cores fantasia.

A força de natureza elétrica mantém unidas as partículas do nosso corpo e dos objetos que nos rodeiam (figura 1.30). É essa força que não deixa os objetos se desmancharem, ou seja, se desfazerem. Ela é a "cola" invisível de toda a matéria. Neste *Integrando* mostraremos alguns exemplos de como isso ocorre. Ao final do texto, veremos também casos em que a repulsão da força elétrica faz justamente o oposto, ou seja, mantém a matéria separada.

Tânia Ricci/Arquivo da editora

Figura 1.30. Os objetos que conhecemos têm suas partículas ligadas pela força elétrica. As imagens estão representadas fora de proporção.

A força de natureza elétrica está presente:

- **na formação dos átomos**
  De acordo com o modelo atômico atual, a força de atração que mantém os elétrons (carga elétrica negativa) "presos" ao redor do núcleo (carga elétrica positiva) é de natureza elétrica, ou seja, é essa força que possibilita a existência de qualquer átomo.
- **na formação das moléculas**
  A ligação covalente é a ligação que ocorre entre os átomos para formar uma molécula. Sua existência se deve, em grande parte, à interação de natureza elétrica entre os átomos ligados por ela. É esse tipo de ligação que forma as moléculas de água, da maioria dos gases e de muitas moléculas orgânicas.
- **na geometria da molécula de água**
  Na molécula de água, os átomos H e O não estão alinhados, ou seja, a molécula de água não é linear, e sim angular. Essa conformação também é causada por forças de natureza elétrica.
- **na união das moléculas de água**
  A interação entre as moléculas de água também se dá por forças de natureza elétrica, que nesse caso são conhecidas por ligação de hidrogênio. As ligações de hidrogênio, bem como a conformação angular de sua molécula, conferem à água algumas de suas principais propriedades, tais como seu comportamento anômalo e sua tensão superficial elevada. A título de curiosidade, seu comportamento anômalo não existiria caso a força de natureza elétrica que dá origem às ligações de hidrogênio fosse apenas 2% mais fraca do que é.
- **na formação dos metais**
  A força de natureza elétrica também mantém unidos os átomos de um metal por meio da chamada *ligação metálica*. São essas ligações de natureza elétrica que mantêm um "mar" de elétrons livres (carga negativa), "circundando" um cristal de cátions metálicos (carga positiva).
- **na formação dos sais**
  Também é a força de natureza elétrica que mantém unidos os íons positivos e os íons negativos, formando uma ligação iônica. É esse tipo de ligação que forma os compostos iônicos, como, por exemplo, o sal de cozinha. Também os metais e não metais se ligam por meio de combinação de íons. Como exemplo, podemos citar o fluoreto de lítio (LiF), em que o metal Li perde um elétron e forma um cátion (íon) ao se juntar com o não metal flúor (F). O LiF é utilizado em vidros, cerâmica vitrificada, vernizes e esmaltes, e é matéria-prima para fabricação de lentes ópticas e prismas.
- **na união das partículas**
  As forças que mantêm os elétrons nos átomos, bem como as que mantêm os átomos nas moléculas, nos metais e nos compostos iônicos, são de origem elétrica. Uma vez que tudo ao nosso redor, como uma cadeira, o sal que usamos para temperar nossos alimentos, os fios que usamos para ligar nossos computadores, etc., é composto por átomos, podemos dizer que é a força elétrica que mantém nosso mundo "unido" como o conhecemos.
  A força elétrica só não é a força principal quando pensamos em termos subatômicos (por exemplo, a força que mantém os prótons e os nêutrons no núcleo atômico não é de origem elétrica) ou na escala galáctica, como na união de partículas para formar os planetas, as estrelas e outros corpos celestes. Apenas nesses dois casos extremos é que outras forças desempenham um papel mais importante do que a força elétrica.
- **nas forças que mantêm separados os corpos**
  Também é a interação de natureza elétrica, nesse caso de repulsão, que dá origem à força normal de contato. Por exemplo, quando um livro está apoiado em uma mesa, em nível atômico, é a repulsão de origem elétrica entre os átomos da superfície da mesa e da superfície do livro que dá origem à força que, em nível macroscópico, é chamada de *força normal de contato*.

É esse tipo de força que impede que os objetos se interpenetrem, ou seja, esse é um caso em que a força elétrica mantém os corpos separados.

- **na formação das proteínas**

Uma proteína é formada por longas cadeias de aminoácidos (cadeia peptídica). As forças que provocam a torção de uma proteína, ou seja, as forças que determinam a estrutura, são causadas, em parte, pelas interações eletrostáticas que ocorrem entre cargas positivas e negativas nos aminoácidos da proteína. Há três tipos principais de forças eletrostáticas que atuam em proteínas: interação entre grupos iônicos de carga oposta; interação de grupos de proteínas ionizados com o dipolo da água e interação entre associações de aminoácidos não covalentes com moléculas neutras (força de Van der Waals) **(figura 1.31)**.

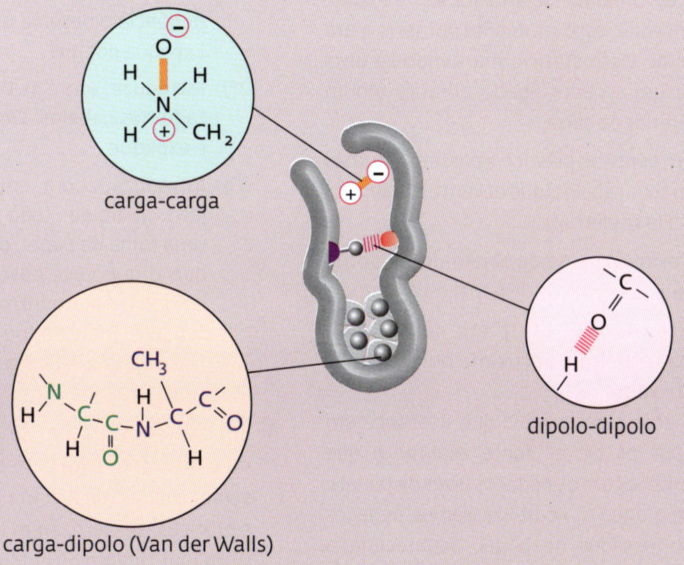

Antonio Robson/Arquivo da editora

Figura 1.31. Exemplos de interações eletrostáticas em proteínas. Representação sem escala e em cores fantasia.

Pesquise e responda

1. Faça uma pesquisa na internet para descobrir:
   - a massa do elétron;
   - a massa do próton;
   - o raio do átomo de hidrogênio.

2. Calcule a força de atração elétrica entre o próton e o elétron no átomo de hidrogênio.

$$\left(\text{Use } k_0 = 9{,}0 \cdot 10^9 \frac{\text{N} \cdot \text{m}^2}{\text{kg}^2} \text{ e } q = 1{,}6 \cdot 10^{-19}\,\text{C.}\right)$$

3. Calcule a força de atração gravitacional na situação anterior. $\left(\text{Use } G = 6{,}7 \cdot 10^{-11} \frac{\text{N} \cdot \text{m}^2}{\text{kg}^2}.\right)$

4. Compare as ordens de grandeza dos resultados encontrados nos exercícios 2 e 3 e decida qual deles tem real importância para manter unidos o próton e o elétron no átomo de hidrogênio.

5. Supondo que as células vermelhas do sangue (hemácias) sejam cargas puntuais, determine a força elétrica entre duas células, sabendo que ambas se repelem mutuamente devido à carga negativa ($2{,}5 \cdot 10^{-2}$ C) presente em sua superfície. Adote a distância entre duas células como sendo $20 \cdot 10^{-6}$ m.

Veja no próximo Integrando...

A relação entre o gerador de força eletromotriz e a pilha de Daniell.

PRATIQUE FÍSICA

EM EQUIPE

Observação

Antes de iniciar as experiências seguintes, você deve verificar se os objetos que vão ser utilizados estão bem limpos e secos. Essa é uma condição necessária para que eles se eletrizem e conservem sua carga. Se você perceber que isso não está ocorrendo, procure limpar e secar os objetos colocando-os próximos de um dispositivo aquecido (**tenha cuidado!**), como um forno ou uma lâmpada acesa. Além disso, em dias úmidos, para que as experiências possam dar bons resultados, elas devem ser realizadas no interior de uma caixa em que o grau de umidade seja bastante reduzido. Pode-se conseguir esse ambiente, próprio para experiências de Eletrostática, mantendo-se uma lâmpada ou um secador ligado durante algum tempo no interior da caixa.

1. Pegue um pente de plástico e passe-o algumas vezes em seus cabelos (que devem estar limpos e secos). Ele se eletrizará.

1º) Aproxime o pente de objetos leves, como pequenos pedaços de papel ou de isopor.

2º) Deixe escorrer um filete de água de uma torneira e aproxime dela o pente eletrizado.

Observe e descreva o que acontece em ambos os casos. Tente explicar o que acontece com os pedaços leves de papel e com a água. E se utilizássemos pedaços mais pesados de papel, aconteceria a mesma coisa? Por quê?

As ilustrações desta página estão representadas sem escala e em cores fantasia.

2. Usando papel-alumínio faça uma pequena esfera e prenda-a na extremidade de um fio de linha de costura. Suspendendo a outra extremidade desse fio em um suporte isolante (no alto do batente de madeira de uma porta ou, melhor ainda, em uma placa de isopor), você obtém um eletroscópio simples denominado **pêndulo elétrico**. Eletrizando um pente, da maneira descrita na experiência anterior, aproxime-o da bolinha do eletroscópio. Observe que a bolinha é, inicialmente, atraída pelo pente. Entretanto, após encostar nele, ela é repelida.

Responda às seguintes questões:

a) A bolinha estava inicialmente eletrizada? Então, por que ela é atraída pelo pente?

b) Por que, após encostar no pente, a bolinha é repelida por ele?

3. Procure obter um pedaço de plástico leve, desses usados na fabricação de saquinhos para embalagem de roupas ou alimentos. Corte duas tiras desse plástico, cada uma com cerca de 5 cm de largura e 25 cm de comprimento.

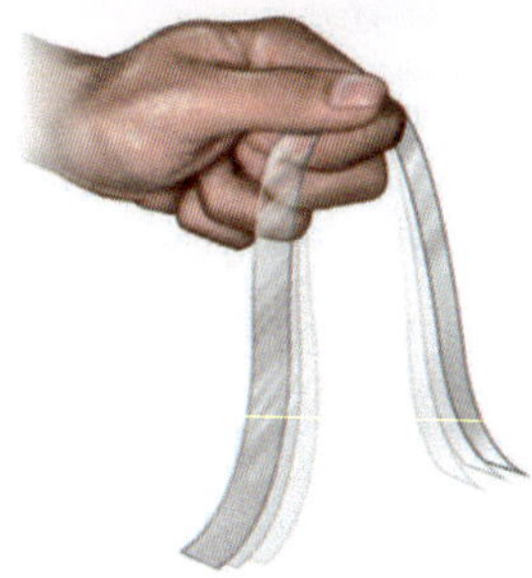

Ilustrações: Paulo César Pereira/Arquivo da editora

1º) Atrite essas tiras com um pedaço de lã ou com as próprias mãos. Suspenda as tiras da maneira mostrada na figura desta experiência e observe que elas se repelem. Explique por quê.

2º) Introduza, entre as tiras, um pente atritado nos cabelos. Observe o que ocorre e explique.

3º) Introduza, agora, entre as tiras, um objeto qualquer (não eletrizado, como uma folha de papel, por exemplo). Explique o que você observa, lembrando-se de que o objeto introduzido entre as tiras sofre indução (ou polarização). Retire o objeto e veja o que acontece com as tiras. Explique.

4. Em diversas situações, principalmente quando o ambiente está bem seco, é possível observar roupas (de náilon ou de outros tecidos sintéticos) se eletrizarem no contato com determinado objeto ou em função do atrito com o ar. Esse fenômeno é mais frequente em cidades afastadas do mar, durante o inverno ou em ambientes climatizados.

Em um quarto escuro, procure escutar os pequenos estalos e observar as pequenas centelhas que ocorrem quando tiramos a roupa feita com esses tecidos (esses estalos e centelhas ocorrem quando a carga elétrica do tecido salta da roupa para nosso corpo).

5. Orientando-se pela descrição feita na seção 1.4 e pela figura abaixo, procure construir um **eletroscópio de folhas**. Não se esqueça de limpar e secar bem todas as peças que constituem o aparelho.

Usando o eletroscópio que você construiu, faça as experiências descritas na seção 1.4.

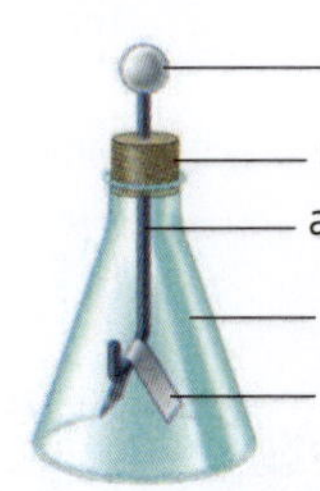

PROBLEMAS E TESTES

1. Sejam $\vec{F}_1$ e $\vec{F}_2$ as forças de atração ou repulsão entre duas cargas elétricas.

É correto afirmar que os sentidos das forças $\vec{F}_1$ e $\vec{F}_2$:

a) serão opostos somente quando as cargas tiverem sinais opostos.

b) serão iguais somente quando as cargas tiverem sinais iguais.

c) serão opostos somente quando as cargas tiverem sinais iguais.

d) serão iguais somente quando as cargas tiverem sinais opostos.

e) serão sempre opostos, quaisquer que sejam os sinais das cargas.

2. Considere quatro objetos eletrizados, *A*, *B*, *C* e *D*. Verifica-se que *A* repele *B* e atrai *C*. Por sua vez, *C* repele *D*. Sabendo-se que *D* está eletrizado positivamente, qual é o sinal da carga de *B*?

3. Três blocos metálicos, *A*, *B* e *C*, encontram-se em contato, apoiados sobre uma mesa de material isolante. Dois bastões, P_1 e P_2, eletrizados positivamente, são colocados próximos às extremidades dos blocos *A* e *C*, como mostra a figura abaixo.

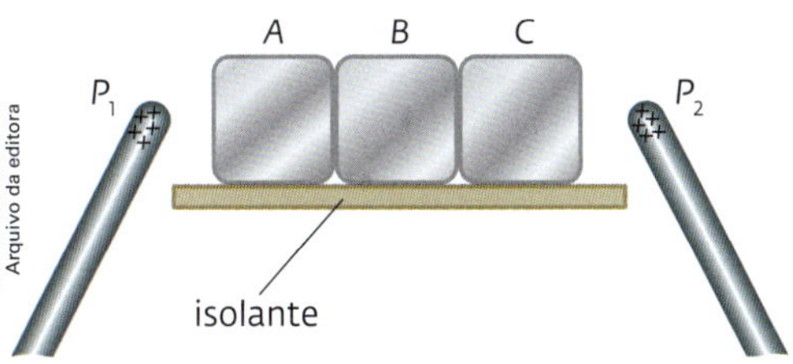

Paulo César Pereira/Arquivo da editora

Uma pessoa (usando luvas isolantes) separa os blocos entre si e, em seguida, afasta os bastões eletrizados.

a) Descreva o movimento de elétrons livres nos blocos, causado pela aproximação dos bastões P_1 e P_2.

b) Diga qual é o sinal da carga de cada bloco após serem separados.

4. Para evitar a formação de centelhas elétricas, os caminhões-tanque que transportam gasolina para os postos de combustível, antes de descarregar o combustível devem instalar cones e placas de sinalização (Perigo! Não fume! Afaste-se!) e ligar o cabo terra ao ponto de aterramento indicado do posto; em seguida, ligar a outra extremidade à placa de aterramento do caminhão, conforme figura abaixo. Explique por que esse procedimento deve ser realizado.

Antonio Robson/Arquivo da editora

5. Seja *F* o módulo da força entre duas cargas puntuais, separadas de uma distância *r*. Entre os gráficos mostrados na figura deste problema, indique aquele que melhor representa a relação entre *F* e *r*.

a)
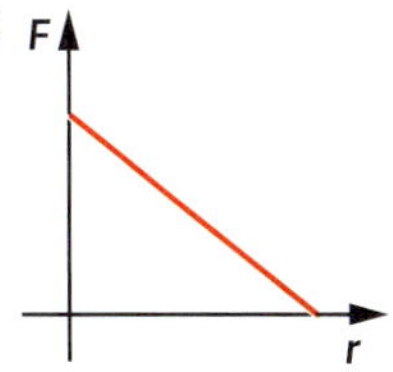

d)
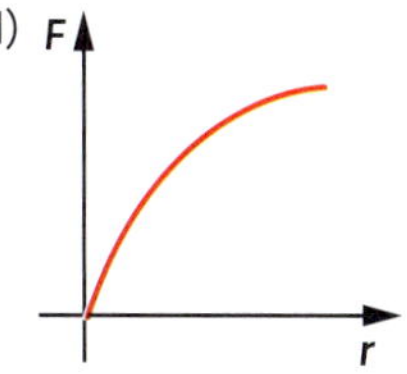

b)
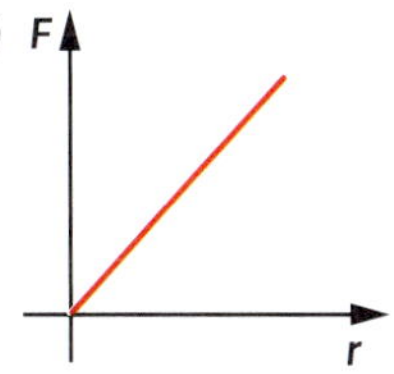

e)
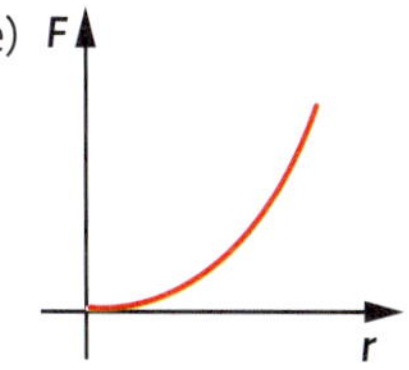

c)
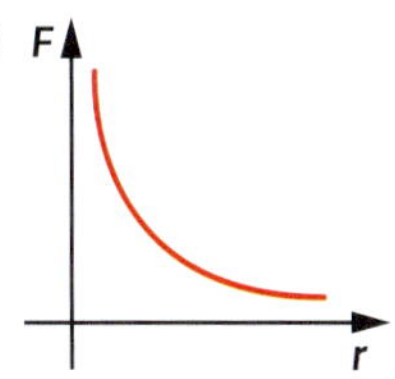

Ilustrações técnicas desta página: Banco de imagens/Arquivo da editora

As ilustrações desta página estão representadas sem escala e em cores fantasia.

6. Duas cargas elétricas puntuais estão separadas por uma distância de $4{,}0 \cdot 10^{-2}$ m e se repelem com uma força de $27 \cdot 10^{-4}$ N. Suponha que a distância entre elas tenha sido aumentada para $12 \cdot 10^{-2}$ m.

a) Quantas vezes tornou-se maior a distância entre as cargas?

b) A força entre as cargas aumentou ou diminuiu? Quantas vezes?

c) Então, qual é o novo valor da força de repulsão entre as cargas?

7. A figura deste problema mostra duas cargas puntuais, Q_1 e Q_2, ambas positivas e tais que o módulo de Q_1 é maior do que o de Q_2.

Banco de imagens/Arquivo da editora

Deseja-se colocar uma carga *q*, também puntual, na reta que passa por Q_1 e Q_2, de tal modo que ela fique em equilíbrio. Para isso, a carga *q* deve ser colocada:

a) à esquerda de Q_1.

b) no ponto médio entre Q_1 e Q_2.

c) entre Q_1 e Q_2 e mais próxima de Q_1.

d) entre Q_1 e Q_2 e mais próxima de Q_2.

e) à direita de Q_2.

8. (**UFSC**) A eletricidade estática gerada por atrito é fenômeno comum no cotidiano. Pode ser observada ao pentearmos o cabelo em um dia seco, ao retirarmos um casaco de lã ou até mesmo ao caminharmos sobre um tapete. Ela ocorre porque o atrito entre materiais gera desequilíbrio entre o número de prótons e elétrons de cada material, tornando-os carregados positivamente ou negativamente. Uma maneira de identificar qual tipo de carga um material adquire quando atritado com outro é consultando uma lista elaborada experimentalmente, chamada série triboelétrica, como a mostrada abaixo. A lista está ordenada de tal forma que qualquer material adquire carga positiva quando atritado com os materiais que o seguem.

	Materiais
1	Pele humana seca
2	Couro
3	Pele de coelho
4	Vidro
5	Cabelo humano
6	Náilon
7	Chumbo
8	Pele de gato
9	Seda
10	Papel
11	Madeira
12	Latão
13	Poliéster
14	Isopor
15	Filme de PVC
16	Poliuretano
17	Polietileno
18	Teflon

Com base na lista triboelétrica, assinale a soma da(s) proposição(ões) CORRETA(S).

01) A pele de coelho atritada com teflon ficará carregada positivamente, pois receberá prótons do teflon.

02) Uma vez eletrizados por atrito, vidro e seda, quando aproximados, irão se atrair.

04) Em processo de eletrização por atrito entre vidro e papel, o vidro adquire carga de +5 unidades de carga, então o papel adquire carga de − 5 unidades de carga.

08) Atritar couro e teflon irá produzir mais eletricidade estática do que atritar couro e pele de coelho.

16) Dois bastões de vidro aproximados depois de atritados com pele de gato irão se atrair.

32) Um bastão de madeira atritado com outro bastão de madeira ficará eletrizado.

9. (**IFCE**) Três esferas metálicas idênticas, *A*, *B* e *C*, se encontram isoladas e bem afastadas umas das outras. A esfera *A* possui carga Q e as outras estão neutras. Faz-se a esfera *A* tocar primeiro a esfera *B* e depois a esfera *C*. Em seguida, faz-se a esfera *B* tocar a esfera *C*. No final desse procedimento, as cargas das esferas *A*, *B* e *C* serão, respectivamente,

a) $\frac{Q}{2}$, $\frac{Q}{2}$ e $\frac{Q}{8}$.

b) $\frac{Q}{4}$, $\frac{Q}{8}$ e $\frac{Q}{8}$.

c) $\frac{Q}{2}$, $\frac{3Q}{8}$ e $\frac{3Q}{8}$.

d) $\frac{Q}{2}$, $\frac{3Q}{8}$ e $\frac{Q}{8}$.

e) $\frac{Q}{4}$, $\frac{3Q}{8}$ e $\frac{3Q}{8}$.

10. (**UFRGS-RS**) Um dos grandes problemas ambientais decorrentes do aumento da produção industrial mundial é o aumento da poluição atmosférica. A fumaça, resultante da queima de combustíveis fósseis como carvão ou óleo, carrega partículas sólidas quase microscópicas contendo, por exemplo, carbono, grande causador de dificuldades respiratórias. Faz-se então necessária a remoção destas partículas da fumaça, antes de ela chegar à atmosfera.

Um dispositivo idealizado para esse fim está esquematizado na figura abaixo.

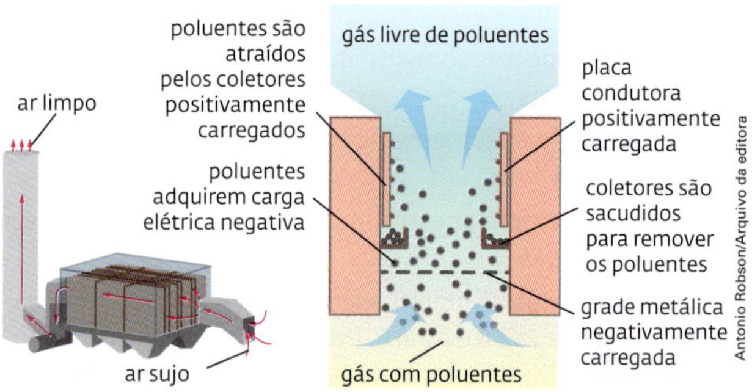

Representação sem escala e em cores fantasia.

A fumaça poluída, ao passar pela grade metálica negativamente carregada, é ionizada e posteriormente atraída pelas placas coletoras positivamente carregadas. O ar emergente fica até 99% livre de poluentes. A filtragem do ar idealizada neste dispositivo é um processo fundamentalmente baseado na

a) eletricidade estática.

b) conservação da carga elétrica.

c) conservação da energia.

d) força eletromotriz.

e) conservação da massa.

11. (**UFRGS-RS**) Um aluno recebe um bastão de vidro e um pedaço de seda para realizar uma demonstração de eletrização por atrito. Após esfregar a seda no bastão, o aluno constata que a parte atritada do bastão ficou carregada positivamente.

Nesse caso, durante o processo de atrito, cargas elétricas:

a) positivas foram transferidas da seda para o bastão.

b) negativas foram transferidas do bastão para a seda.

c) negativas foram repelidas para a outra extremidade do bastão.

d) negativas foram destruídas no bastão pelo calor gerado pelo atrito.

e) positivas foram criadas no bastão pelo calor gerado pelo atrito.

12. (**OBF**) Duas esferas condutoras de raios $R_1 \neq R_2$ estão carregadas com cargas Q_1 e Q_2, respectivamente. Ao conectá-las por um fio condutor fino, é correto afirmar que:

a) suas cargas serão iguais.

b) a esfera de menor raio terá maior carga.

c) as cargas nas esferas serão proporcionais ao inverso de seus raios.

d) a diferença de potencial entre as esferas será nula.

e) o potencial é maior na esfera de raio menor.

Reinhard Dirscherl/Alamy/Latinstock

Os tubarões e as arraias, por meio da ampola de Lorenzini, podem localizar presas a curta distância a partir dos campos elétricos extremamente sutis que são emitidos pelas presas. Fotografia feita no oceano Pacífico.

CAPÍTULO 2

Campo elétrico

Além dos cinco sentidos que possuímos – visão, olfato, paladar, tato e audição –, alguns animais aquáticos, como os tubarões e as arraias, possuem um sexto sentido que detecta o campo elétrico.

Os tubarões possuem canais isolantes preenchidos com um tipo de gel que conectam poros da pele com estruturas chamadas de ampolas de Lorenzini. Quando há campo elétrico próximo ao tubarão, como o produzido por células de animais em água salgada, esse gel conduz eletricidade até as células nervosas, que enviam ao cérebro do tubarão informações sobre a presença do campo elétrico.

Apesar de serem descritas pelo anatomista Lorenzini no século XVII, apenas nos anos 1980 é que se descobriu que essas estruturas permitem ao tubarão sentir campos elétricos.

Esses receptores eletrossensíveis auxiliam os tubarões durante a atividade de caça, principalmente quando as condições de água dificultam o uso dos outros cinco sentidos, e até permitem ao tubarão encontrar presas enterradas na areia.

PARA INICIAR A CONVERSA

Como um tubarão consegue encontrar um animal que esteja coberto de areia?

Sobre qualquer objeto situado em um ponto da Terra atuará uma força de atração devido ao campo gravitacional. Assim como a massa se relaciona ao campo gravitacional, qual grandeza se relaciona ao campo elétrico?

Pesquise as possíveis causas do elevado número de ataques de tubarão em praias de Pernambuco.

2.1 O conceito de campo elétrico

O que se entende por campo elétrico

O conceito de campo elétrico, apesar de abstrato, é um dos conceitos físicos de maior importância no cotidiano. Podemos entender a ideia de campo elétrico fazendo uma analogia com o campo gravitacional criado pela Terra em torno de si. Quando um corpo é colocado nas proximidades da Terra, o campo gravitacional agirá sobre ele dando origem à força gravitacional, ou peso. Assim, o peso dos objetos que estão na superfície da Terra é devido à ação do campo gravitacional terrestre **(figura 2.1)**. Quando temos cargas elétricas individuais ou um sistema de cargas elétricas em determinado ponto do espaço, estabelece-se ao redor dessas cargas um campo elétrico que preencherá todo o espaço ao seu redor. O mesmo ocorre quando ligamos um fio elétrico na tomada e todo o interior do fio é preenchido por um campo elétrico.

As ilustrações desta página estão representadas sem escala e em cores fantasia.

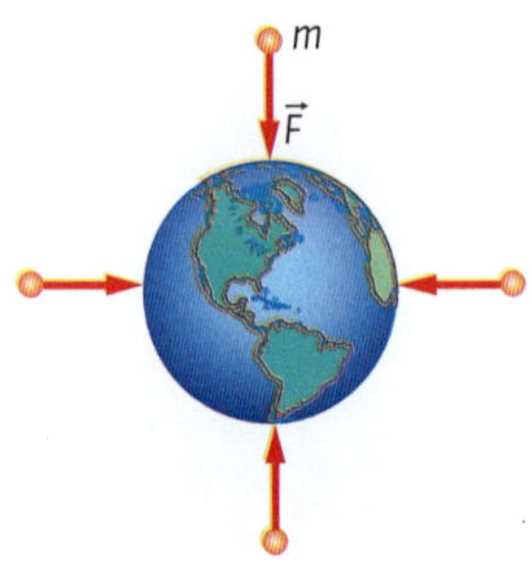

Ilustrações: Paulo César Pereira/Arquivo da editora

Figura 2.1. Em torno da Terra (ou de qualquer objeto) existe um campo gravitacional.

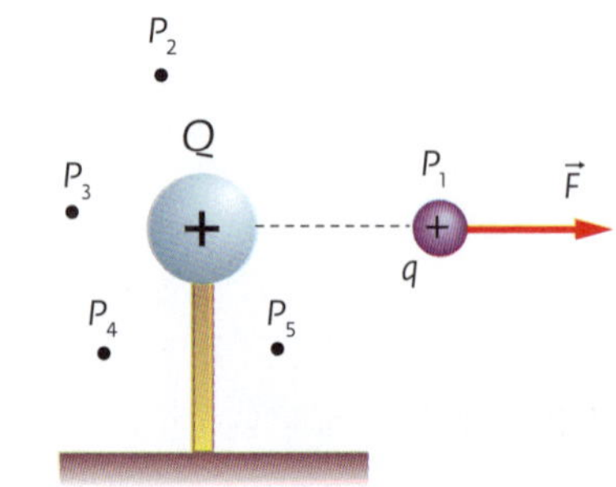

Figura 2.2. Em torno de uma carga elétrica, Q, existe um campo elétrico criado por essa carga.

Considere uma carga Q fixa em uma determinada posição, como mostra a **figura 2.2**. Se uma outra carga q, denominada carga de prova, for colocada em um ponto P_1, a certa distância de Q, aparecerá uma força elétrica $\vec{F}$ atuando sobre q **(figura 2.2)**.

Suponha, agora, que a carga q fosse deslocada, em torno de Q, para outros pontos quaisquer, tais como P_2, P_3, etc. Em cada um desses pontos estaria também atuando sobre q uma força elétrica, exercida por Q.

Dizemos que a carga Q cria um campo elétrico nos pontos do espaço em torno dela e que esse campo elétrico é o responsável pelo aparecimento da força elétrica sobre a carga q colocada naqueles pontos. Em outras palavras, consideramos que a força elétrica que atua sobre q **é devida à ação do campo elétrico** e não à ação direta de Q sobre q.

Para descrever esse fato, dizemos que em qualquer ponto do espaço em torno de Q **existe um campo elétrico** criado por essa carga. Podemos então destacar:

> **A presença de uma carga elétrica Q em uma região do espaço produz um campo elétrico em cada ponto dele, e a existência deste campo pode ser verificada através da força exercida em uma carga de prova *q* quando esta é colocada nesta região.**

Observe que a existência do campo elétrico se deve à presença da carga elétrica Q, não dependendo da carga de prova q. Ao ser deslocada de um ponto a outro, a carga de prova permite apenas verificar se existe ou não, nesses pontos, um campo elétrico. O mesmo aconteceria se a carga Q fosse negativa. É desejável que o valor da carga de prova seja tão pequeno quanto possível, de forma que o campo elétrico gerado pela carga de prova não altere o campo elétrico da carga Q.

De um modo geral, os valores de algumas grandezas físicas podem variar em função de outra. Por exemplo, uma propriedade que se estende por uma região do espaço e é descrita por uma função da posição pelo tempo é chamada de **campo**. Esse campo poderá ser **escalar** ou **vetorial**. Temos um **campo escalar** quando a grandeza física que o define for representada em cada ponto do espaço por um valor escalar. Nesse caso, podemos citar como exemplo o campo de temperaturas, pois para cada ponto do ambiente temos uma temperatura bem determinada, própria do ponto. Por outro lado, temos um **campo vetorial** quando a grandeza física que o define for representada em cada ponto do espaço por um vetor, ou seja, a grandeza física tem módulo, direção e sentido. O campo gravitacional e o campo elétrico são exemplos de campo vetorial.

O vetor campo elétrico

O campo elétrico pode ser representado, em cada ponto do espaço, por um vetor simbolizado por $\vec{E}$ e denominado **vetor campo elétrico**. Esse vetor possui módulo, direção e sentido.

O **módulo do vetor** $\vec{E}$, em um dado ponto, é denominado **intensidade do campo elétrico** nesse ponto e é dado pela força por unidade de carga. Vimos que uma carga Q, mostrada na **figura 2.2**, cria um campo elétrico no espaço em torno dela. Colocando-se uma carga de prova q em um ponto qualquer, como o ponto P_1, por exemplo, uma força elétrica $\vec{F}$ atuará sobre essa carga de prova. O mesmo acontecerá se q for colocada nos demais pontos P_2, P_3, etc. A intensidade do campo elétrico em P_1 será, por definição, dada pela expressão:

$$E = \frac{F}{q}$$

A unidade para a medida de E é, no SI, 1 N/C (1 newton por coulomb).

Observe que, de $E = \frac{F}{q}$, obtemos:

$$F = qE$$

Isto é, se conhecermos a intensidade, E, do campo elétrico em um ponto, poderemos calcular, usando a expressão anterior, o módulo da força que atua em uma carga qualquer, q, colocada naquele ponto.

A **direção e o sentido do vetor** campo elétrico em um ponto são, por definição, dados pela direção e pelo sentido da força que atua em uma carga de prova **positiva** colocada no ponto.

Se uma carga de prova positiva fosse colocada em P_1**(figura 2.3)**, ela seria repelida por Q com uma força horizontal para a direita. Portanto, o vetor campo elétrico $\vec{E}_1$, naquele ponto, seria também horizontal e dirigido para a direita, ou seja, o campo elétrico $\vec{E}_1$ produzido em cada ponto por uma carga Q positiva é de afastamento. A direção da força e a do campo, em um ponto qualquer, são as mesmas. Da mesma forma, podemos concluir que em P_2, P_3 e P_4, os vetores $\vec{E}_2$, $\vec{E}_3$ e $\vec{E}_4$ têm as direções e os sentidos indicados na **figura 2.3**.

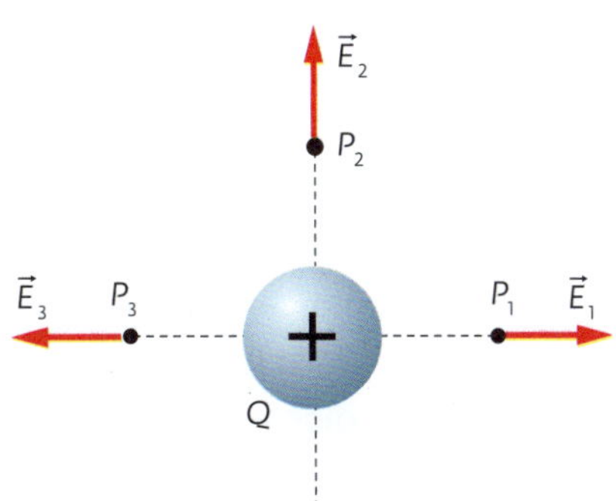

Banco de imagens/Arquivo da editora

Figura 2.3. A carga Q, positiva, cria nos pontos P_1, P_2, P_3 e P_4 os vetores campos elétricos $\vec{E}_1$, $\vec{E}_2$, $\vec{E}_3$ e $\vec{E}_4$, com as direções e os sentidos indicados. Representação sem escala e em cores fantasia.

Suponha, agora, que a carga que cria o campo seja negativa, como mostra a **figura 2.4**. Nesse caso, se colocássemos a carga de prova **positiva** em P_1, ela seria atraída por Q com uma força para a esquerda. Portanto, o vetor campo elétrico estaria agora dirigido para a esquerda (sempre no mesmo sentido da força que atua na carga de prova positiva). Seguindo essa orientação, você poderá concluir que em P_2, P_3 e P_4 o vetor campo elétrico será representado pelos vetores $\vec{E}_2$, $\vec{E}_3$ e $\vec{E}_4$ mostrados na **figura 2.4**, ou seja, o campo elétrico produzido em cada ponto por uma carga Q negativa é de aproximação.

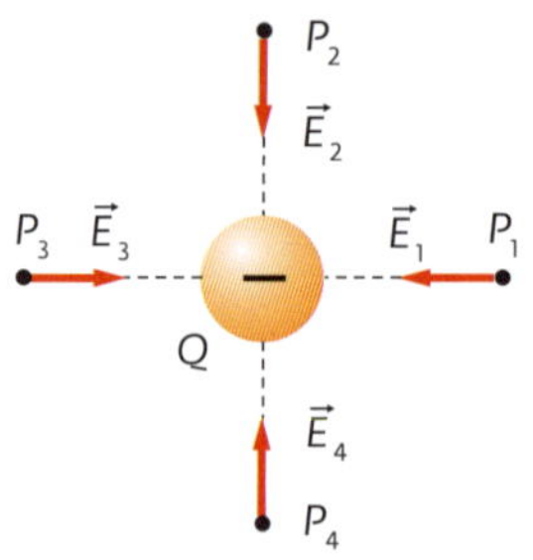

Figura 2.4. A carga Q, negativa, cria nos pontos P_1, P_2, P_3 e P_4 os vetores campos elétricos $\vec{E}_1$, $\vec{E}_2$, $\vec{E}_3$ e $\vec{E}_4$, com as direções e os sentidos indicados. Representação sem escala e em cores fantasia.

Resumindo, temos:

Sendo F o módulo da força elétrica que atua em uma carga de prova q, colocada em um ponto do espaço, o vetor campo elétrico $\vec{E}$ nesse ponto tem uma intensidade obtida pela relação:

$$E = \frac{F}{q}$$

A direção e o sentido do vetor $\vec{E}$ são dados pela direção e pelo sentido da força que atua na carga de prova positiva colocada no ponto, ou seja:

- **se $q > 0$, o campo elétrico $\vec{E}$ e a força $\vec{F}$ têm mesmo sentido;**
- **se $q < 0$, o campo elétrico $\vec{E}$ e a força $\vec{F}$ têm sentidos opostos.**

Movimento de cargas em um campo elétrico

O comportamento de uma carga de prova q quando colocada em um ponto do espaço indica a existência ou não do campo. Dessa forma, se a carga q ficar em repouso, isso significa que a intensidade do campo naquele ponto é zero. Assim, se uma carga **positiva** q for colocada no ponto P_1 da **figura 2.3**, no qual existe um campo elétrico $\vec{E}_1$ criado por Q, a carga q será repelida por Q com uma força dirigida para a direita e tenderá a se deslocar no sentido dessa força. Já que o vetor $\vec{E}_1$ tem o mesmo sentido dessa força, concluímos que a carga positiva q tende a se deslocar no sentido do campo elétrico. Se essa mesma carga positiva q for colocada no ponto P_1 da **figura 2.4** (campo criado por carga negativa), ela será atraída pela carga Q e será deslocada no sentido do campo elétrico $\vec{E}_1$. De maneira geral podemos verificar que, em qualquer ponto que a carga positiva q for abandonada, ela tenderá a se deslocar no sentido do vetor campo elétrico existente naquele ponto.

Imagine, agora, que coloquemos no ponto P_1 da **figura 2.3** uma carga **negativa** q onde existe um campo elétrico $\vec{E}_1$ dirigido para a direita, produzido pela carga Q. A carga q será atraída por Q e tenderá, então, a se deslocar em sentido **contrário** ao campo $\vec{E}_1$. Se colocarmos a carga negativa q no ponto P_1 da **figura 2.4**, ela será repelida pela carga negativa Q e, da mesma maneira, tenderá a se deslocar em sentido contrário ao do vetor $\vec{E}_1$.

Em resumo:

Uma carga positiva colocada em um ponto onde existe um campo elétrico $\vec{E}$ tende a se deslocar no sentido desse campo, e uma carga negativa tende a se deslocar em sentido contrário ao do campo.

EXEMPLO

Uma pessoa verificou que, no ponto P da figura 2.5, existe um campo elétrico $\vec{E}$, horizontal, para a direita, criado pelo objeto eletrizado mostrado nessa figura.

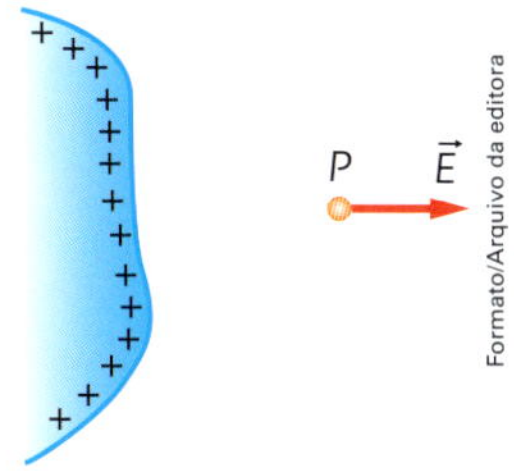

Figura 2.5. Para o exemplo da seção 2.1.

As ilustrações desta página estão representadas sem escala e em cores fantasia.

a) Desejando medir a intensidade do campo em P, a pessoa colocou, nesse ponto, uma carga $q = 2{,}0 \cdot 10^{-7}$ C e verificou que sobre ela atuava uma força $F = 5{,}0 \cdot 10^{-2}$ N. Qual é, então, a intensidade do campo em P?

Como a intensidade do campo elétrico em um ponto qualquer é dada por $E = \frac{F}{q}$, temos:

$$E = \frac{F}{q} = \frac{5{,}0 \cdot 10^{-2}}{2{,}0 \cdot 10^{-7}} \quad \therefore \quad E = 2{,}5 \cdot 10^{5}\ \text{N/C}$$

b) Retirando-se a carga q e colocando-se em P uma carga positiva $q_1 = 3{,}0 \cdot 10^{-7}$ C, qual será o módulo da força $\vec{F}_1$ que atuará nessa carga e qual o sentido do movimento que ela tenderá a adquirir?

De $E = \frac{F}{q}$, temos $F = qE$. Logo:

$$F_1 = q_1 E = 3{,}0 \cdot 10^{-7} \cdot 2{,}5 \cdot 10^{5} \quad \therefore \quad F_1 = 7{,}5 \cdot 10^{-2}\ \text{N}$$

Como a carga q_1 é positiva, sabemos que ela tenderá a se deslocar no mesmo sentido do vetor $\vec{E}$, isto é, ela tenderá a se deslocar para a direita na figura 2.5.

c) Responda à questão anterior supondo que colocássemos em P uma carga negativa cujo módulo é $q_2 = 3{,}0 \cdot 10^{-7}$ C.

Como os valores das cargas q_1 e q_2 são iguais, o módulo da força $\vec{F}_2$ que atuará em q_2 será igual ao da força $\vec{F}_1$ que atuava em q_1, ou seja, $F_2 = 7{,}5 \cdot 10^{-2}$ N. Entretanto, sendo q_2 uma carga negativa, ela tenderá a se deslocar para a esquerda, isto é, em sentido contrário ao do campo elétrico (nesse caso a força $\vec{F}_2$ aponta para a esquerda na figura 2.5).

VERIFIQUE O QUE APRENDEU

1. Uma carga positiva Q está fixa no centro de uma mesa horizontal, como mostra a figura deste exercício. Uma pessoa, desejando verificar se existe um campo elétrico em P_1, coloca, nesse ponto, uma carga q.

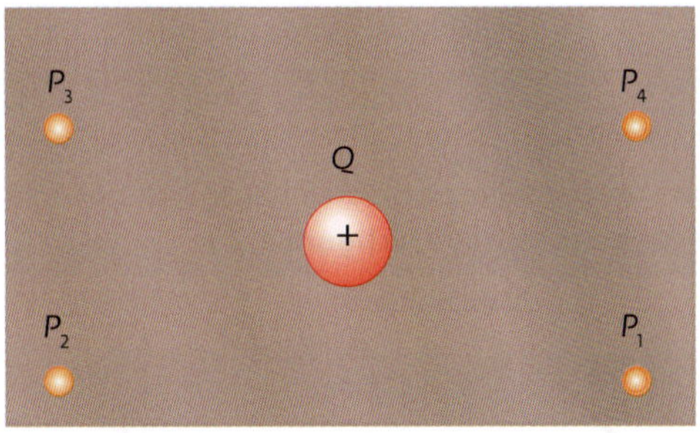

Ilustrações: Formato/Arquivo da editora

a) Por que a pessoa poderá concluir que existe um campo elétrico em P_1?

b) Qual é a carga que criou o campo elétrico em P_1?

c) Como se denomina a carga q colocada em P_1?

d) Retirando-se a carga q do ponto P_1, o campo elétrico continuará existindo nesse ponto?

2. Verifica-se que uma carga positiva $q = 1{,}5\ \mu$C, colocada em um ponto P, fica sujeita a uma força elétrica $F = 0{,}60$ N, vertical, para baixo (veja a figura a seguir).

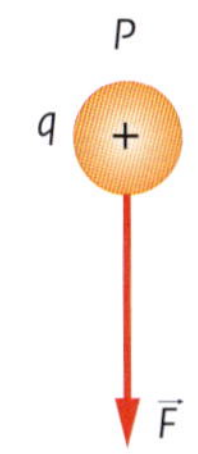

a) Qual é a intensidade do campo elétrico no ponto P?

b) Mostre, em uma cópia da figura no caderno, a direção e o sentido do vetor $\vec{E}$ em P.

3. Em um ponto do espaço existe um campo elétrico $E = 5{,}0 \cdot 10^{4}$ N/C, horizontal, para a esquerda. Colocando-se uma carga q nesse ponto, verifica-se que ela tende a se mover para a direita, sujeita a uma força elétrica de módulo $F = 0{,}20$ N.

a) Qual é o sinal da carga q?

b) Determine, em μC, o valor de q.

2.2 Campo elétrico criado por cargas puntuais

Campo de uma carga puntual

Vamos estudar um caso particular, no qual a carga que cria o campo é puntual.

Consideremos uma carga puntual Q, no ar, e um ponto situado a uma distância r dessa carga **(figura 2.6)**. Se colocarmos uma carga de prova q nesse ponto, ela ficará sujeita a uma força elétrica $\vec{F}$, cujo módulo poderá ser calculado pela lei de Coulomb, isto é:

$$F = k_0 \frac{Qq}{r^2}$$

Como $E = \frac{F}{q}$, obteremos:

$$E = k_0 \frac{Q}{r^2}$$

Paulo César Pereira/Arquivo da editora

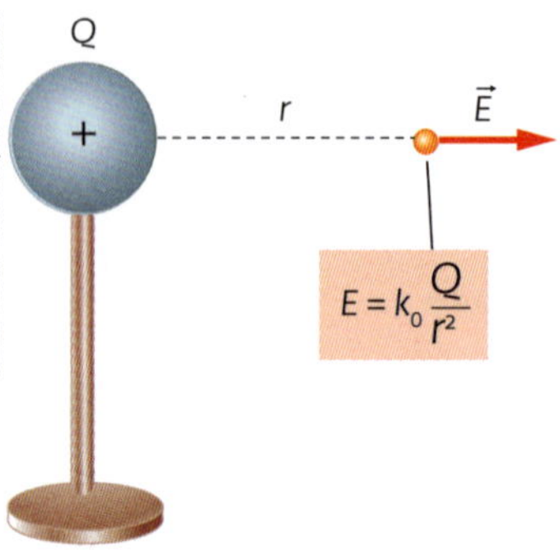

Figura 2.6. Módulo, direção e sentido do vetor campo elétrico, criado pela carga puntual Q, em um ponto cuja distância à carga é igual a r. Representação sem escala e em cores fantasia.

em que k_0 é a constante eletrostática, ou constante de Coulomb, $9 \cdot 10^9 \text{ N} \cdot \text{m}^2/\text{C}^2$.

Portanto, essa expressão nos permite calcular a intensidade do campo em um certo ponto, quando conhecemos o valor da carga puntual Q que criou esse campo e a distância do ponto a essa carga. Observe, entretanto, que essa expressão só pode ser usada para um campo criado por uma carga puntual. Para cargas não puntuais existem expressões apropriadas a cada caso e que não serão analisadas em nosso curso.

Comentários

Analisando a expressão $E = k_0 \frac{Q}{r^2}$, podemos fazer as seguintes observações:

1) Como a carga de prova q não aparece nessa expressão, concluímos que a intensidade do campo elétrico em um ponto **não** depende da carga de prova q.

2) A intensidade E, em um dado ponto, é diretamente proporcional à carga Q que cria o campo. Então, na **figura 2.7**, fazendo variar o valor de Q, a intensidade do campo, no ponto mostrado, variará de tal modo que o gráfico $E \times Q$ terá o aspecto mostrado na **figura 2.7.a**.

3) A expressão nos mostra, também, que no campo elétrico de dada carga Q o valor de E será tanto menor quanto maior for a distância r entre o ponto e a carga Q. Na realidade, tem-se $E \propto \frac{1}{r^2}$, isto é, a intensidade do campo é inversamente proporcional ao quadrado da distância r. Sendo assim, temos um gráfico $E \times r$ como o mostrado na **figura 2.7.b**.

Ilustrações: Banco de imagens/Arquivo da editora

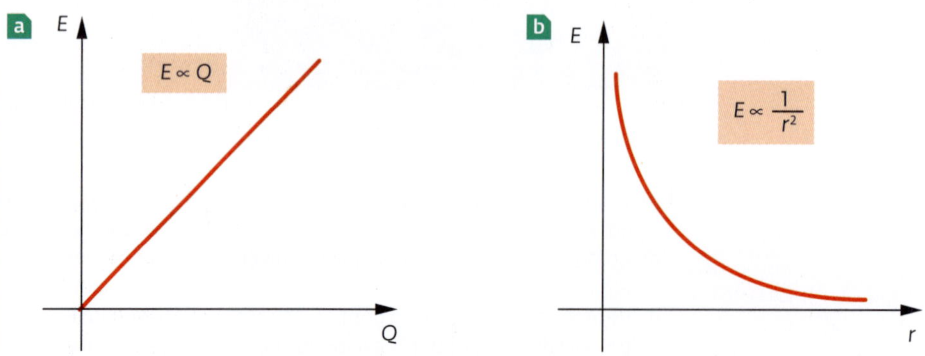

Figura 2.7. Aspectos dos gráficos $E \times Q$ (**a**) e $E \times r$ (**b**).

Campo de várias cargas puntuais

Consideremos várias cargas elétricas puntuais Q_1, Q_2, Q_3, etc., como mostra a **figura 2.8**. Suponhamos que queiramos calcular o campo elétrico que o conjunto dessas cargas cria em um ponto *P* qualquer do espaço. Para isso devemos calcular, inicialmente, o campo $\vec{E}_1$ criado em *P* apenas pela carga Q_1.

Como Q_1 é uma carga puntual, o valor de E_1 poderá ser calculado usando-se a expressão $E = k_0 \frac{Q}{r^2}$. A direção e o sentido de $\vec{E}_1$ estão representados na **figura 2.8**.

A seguir, de maneira análoga, determinamos o campo $\vec{E}_2$, criado por Q_2, o campo $\vec{E}_3$, criado por Q_3, etc.

Então, o campo elétrico $\vec{E}$, criado por várias cargas puntuais, é obtido por meio de uma soma vetorial.

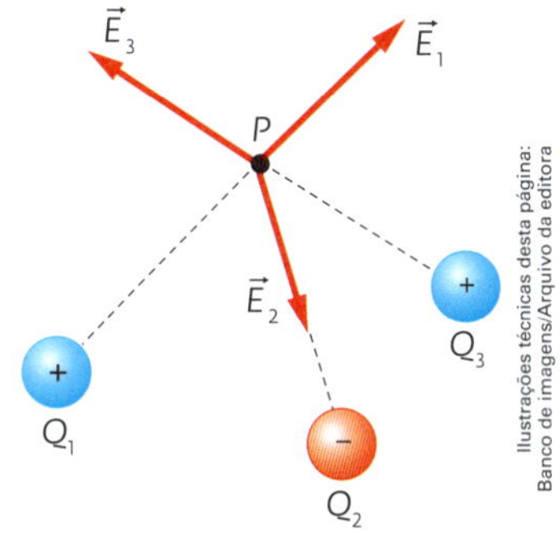

Figura 2.8. As cargas Q_1, Q_2 e Q_3 criam no ponto *P* os vetores campos elétricos E_1, E_2 e E_3.

O campo elétrico $\vec{E}$, existente no ponto *P*, é dado pela resultante dos campos $\vec{E}_1$, $\vec{E}_2$, $\vec{E}_3$, etc., produzidos separadamente pelas cargas Q_1, Q_2, Q_3, etc., isto é:

$$\vec{E} = \vec{E}_1 + \vec{E}_2 + \vec{E}_3 + ...$$

As ilustrações desta página estão representadas sem escala e em cores fantasia.

Campo de uma esfera

Imagine, agora, que tivéssemos uma esfera eletrizada, possuindo uma carga Q distribuída uniformemente em sua superfície. Supondo que o raio dessa esfera não fosse desprezível, teríamos uma carga Q **não puntual**, criando um campo elétrico no espaço em torno dela.

Para calcular o campo elétrico em um ponto *P* externo à esfera **(figura 2.9.a)**, devemos imaginar a esfera dividida em pequenas porções, de tal modo que a carga ΔQ existente em cada porção pudesse ser considerada uma carga puntual. Cada uma dessas pequenas cargas ΔQ criaria em *P* um pequeno campo $\Delta\vec{E}$ **(figura 2.9.a)**. O campo em *P*, devido à carga total, Q, da esfera seria obtido somando-se vetorialmente esses pequenos campos.

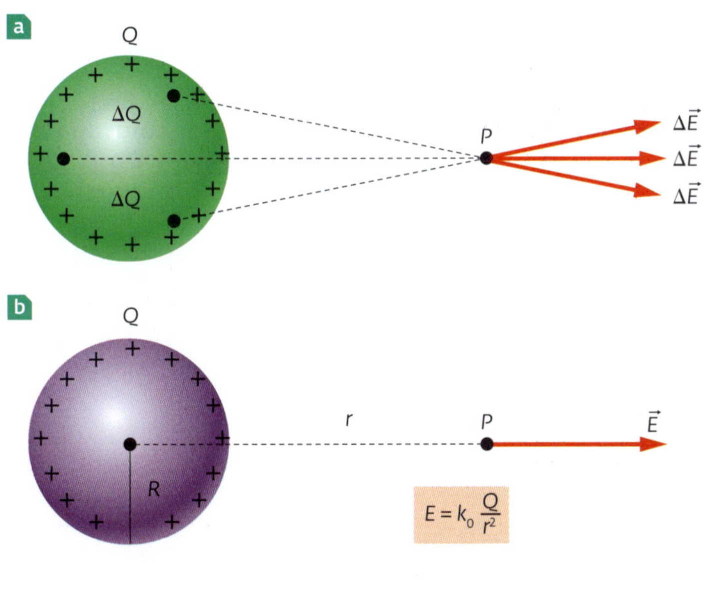

Figura 2.9. Vetor campo elétrico $\vec{E}$, criado por uma esfera eletrizada, em um ponto *P*, situado a uma distância *r* do centro da esfera.

Se na figura 2.9.b considerássemos um ponto situado bem próximo à superfície da esfera, sua distância ao centro dela seria praticamente igual ao raio da esfera, R.

Portanto, o campo nesse ponto seria dado por:

$$E = k_0 \frac{Q}{R^2}$$

A análise que acabamos de fazer só é válida para pontos exteriores à esfera. A determinação do campo elétrico em pontos no interior da esfera será estudada na seção 2.4.

Exemplo

Uma esfera de raio $R = 8{,}0$ cm está eletrizada negativamente com uma carga de valor $Q = 3{,}2\ \mu C$, uniformemente distribuída em sua superfície (figura 2.10).

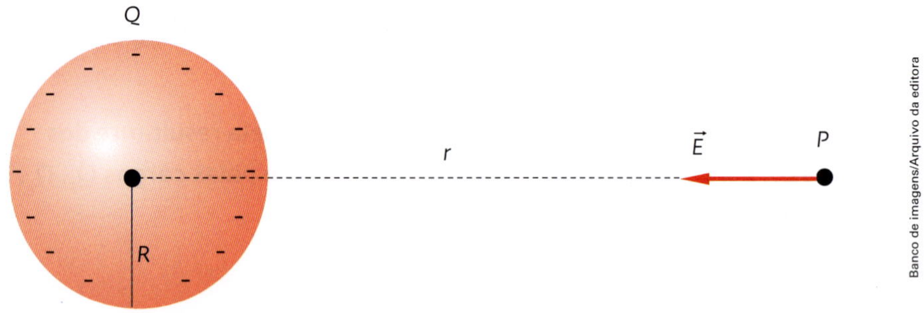

Figura 2.10. Para o exemplo da seção 2.2. Representação sem escala e em cores fantasia.

Considere um ponto P situado a 4,0 cm da superfície da esfera.

a) Qual será o sentido do campo elétrico criado pela esfera no ponto P?

O campo criado por uma carga negativa está sempre voltado para essa carga. Logo, o vetor $\vec{E}$ no ponto P terá a direção e o sentido mostrados na figura 2.10.

b) Supondo a esfera no ar, qual será a intensidade do campo elétrico no ponto P?

A intensidade do campo elétrico criado por uma esfera será dada por $E = k_0 \frac{Q}{r^2}$, em que r é a distância do ponto ao centro da esfera. Logo, teremos:

$$r = 8{,}0 \text{ cm} + 4{,}0 \text{ cm} = 12 \text{ cm}$$

$$r = 12 \cdot 10^{-2} \text{ m}$$

Como $Q = 3{,}2\ \mu C = 3{,}2 \cdot 10^{-6}$ C, temos:

$$E = k_0 \frac{Q}{r^2} = 9{,}0 \cdot 10^9 \cdot \frac{3{,}2 \cdot 10^{-6}}{(12 \cdot 10^{-2})^2}$$

$$E = 2{,}0 \cdot 10^6 \text{ N/C}$$

c) Se uma carga puntual negativa, de valor $q = 3{,}5 \cdot 10^{-7}$ C, for colocada em P, quais serão o módulo, a direção e o sentido da força elétrica $\vec{F}$ que atuará sobre ela?

Como q é uma carga negativa, ela ficará sujeita a uma força em sentido contrário ao do campo elétrico existente no ponto.

Logo, quando q for colocada no ponto P da figura 2.10, atuará sobre ela uma força $\vec{F}$ dirigida para a direita.

O módulo dessa força poderá ser calculado por $F = qE$. Então:

$$F = qE = 3{,}5 \cdot 10^{-7} \cdot 2{,}0 \cdot 10^6$$

$$F = 0{,}70 \text{ N}$$

VERIFIQUE O QUE APRENDEU

As ilustrações desta página estão representadas sem escala e em cores fantasia.

4. Uma carga elétrica puntual positiva, $Q = 4{,}5\,\mu C$, encontra-se no ar. Considere um ponto P situado a uma distância $r = 30$ cm de Q.

a) Qual é a intensidade do campo elétrico criado por Q em P?

b) Se o valor de Q fosse duplicado, quantas vezes maior se tornaria a intensidade do campo em P?

c) Então, qual seria o novo valor do campo em P?

5. No exercício anterior, após duplicar o valor de Q, considere um ponto P' situado a 90 cm dessa carga.

a) A distância de P' a Q é quantas vezes maior que a distância de P a Q?

b) Então, a intensidade do campo em P' é quantas vezes menor do que em P?

c) Logo, qual é a intensidade do campo em P'?

6. Considerando ainda o exercício 4, após duplicar o valor de Q, imagine que essa carga e o ponto P estivessem mergulhados em água. (Considere a constante dielétrica da água igual a 80.)

a) O valor do campo elétrico em P seria maior ou menor do que no ar? Quantas vezes?

b) Então, qual seria a intensidade do campo em P?

7. Duas cargas puntuais, $Q_1 = 8{,}0 \cdot 10^{-7}$ C e $Q_2 = -8{,}0 \cdot 10^{-7}$ C, encontram-se no ar, separadas por uma distância de 20 cm (veja a figura a seguir).

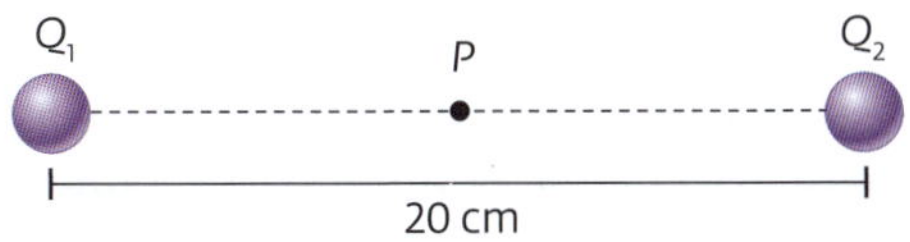

a) Desenhe, em uma cópia da figura no caderno, o vetor campo elétrico $\vec{E}_2$ criado pela carga Q_1 no ponto P, situado no meio da distância entre as duas cargas.

b) Qual é a intensidade desse campo $\vec{E}_2$?

8. Faça em seu caderno.

a) Na cópia da figura do exercício anterior, desenhe o vetor $\vec{E}_2$ criado por Q_2 no ponto P.

b) Qual é a intensidade desse campo $\vec{E}_2$?

c) Determine, então, o campo elétrico resultante criado por Q_1 e Q_2 em P.

9. Uma esfera uniformemente eletrizada cria, em um ponto P exterior a ela, um campo elétrico $E = 1{,}5 \cdot 10^4$ N/C, cuja direção e sentido estão mostrados na figura a seguir. A distância de P à superfície da esfera é igual ao próprio raio da esfera.

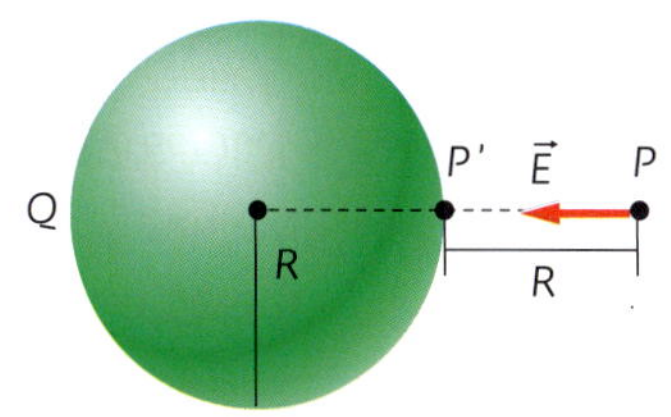

Ilustrações técnicas desta página: Banco de imagens/Arquivo da editora

a) Qual é o sinal da carga na esfera?

b) Considere um ponto P' muito próximo da superfície da esfera. A distância de P' ao centro da esfera é quantas vezes menor que a distância de P a esse centro?

c) Então, a intensidade do campo em P' é maior ou menor do que em P? Quantas vezes?

d) Logo, qual é a intensidade do campo em qualquer ponto próximo à superfície dessa esfera?

10. Nos vértices de um quadrado, de lado igual a 1,0 m, são colocadas cargas elétricas Q_1, Q_2, Q_3 e Q_4 da maneira mostrada na figura deste problema. Sabendo-se que $Q_1 = +1{,}0 \cdot 10^{-7}$ C, $Q_2 = +2{,}0 \cdot 10^{-7}$ C, $Q_3 = -1{,}0 \cdot 10^{-7}$ C e $Q_4 = -2{,}0 \cdot 10^{-7}$ C, calcule a intensidade do campo elétrico no centro do quadrado (suponha as cargas no ar).

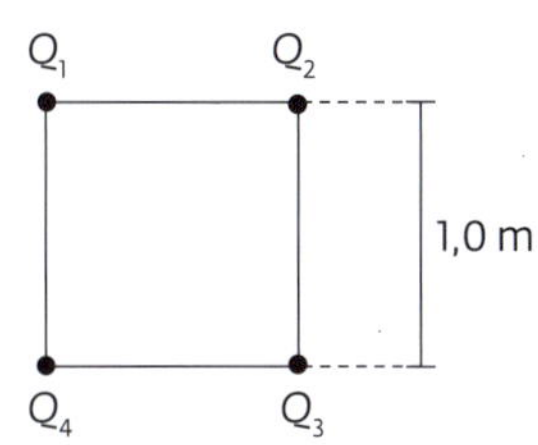

11. Duas cargas elétricas puntuais, de mesmo módulo e com sinais opostos, encontram-se em dois dos vértices de um triângulo equilátero. No ponto médio entre esses dois vértices, o módulo do campo elétrico resultante em razão das duas cargas vale E_0. Qual é o módulo do campo elétrico, E, criado por essas cargas no terceiro vértice do triângulo? (Apresente a resposta em função de E_0.)

12. Na figura deste problema, Q_1 e Q_2 representam duas cargas puntiformes de mesmo sinal. Sabendo-se que o vetor campo elétrico resultante produzido por essas cargas em O é nulo, determine a relação entre os valores de Q_1 e Q_2.

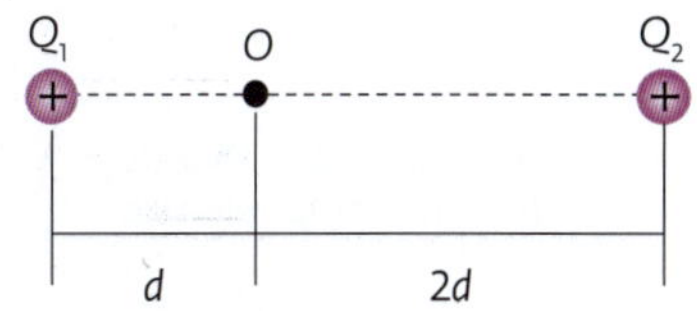

2.3 Linhas de força

O que são linhas de força

O conceito de linhas de força ou linhas de campo foi introduzido pelo físico inglês Michael Faraday, no século XIX, com a finalidade de representar o campo elétrico por meio de diagramas.

Para que possamos compreender essa concepção de Faraday, suponhamos uma carga puntual positiva, Q, criando um campo elétrico no espaço em torno dela. Em cada ponto desse espaço temos um vetor $\vec{E}$, cujo módulo diminui à medida que nos afastamos da carga. Na **figura 2.11.a** estão representados esses vetores em alguns pontos em torno de Q. Consideremos os vetores $\vec{E}_1$, $\vec{E}_2$, $\vec{E}_3$, etc., que têm a mesma direção, e tracemos uma linha passando por esses vetores e orientada no mesmo sentido deles, como mostra a **figura 2.11.b**. Essa linha é, então, tangente a cada um dos vetores $\vec{E}_1$, $\vec{E}_2$, $\vec{E}_3$, etc. Cada uma dessas linhas é denominada **linha de força** do campo elétrico. De maneira semelhante, podemos traçar várias outras linhas de força do campo elétrico criado pela carga Q, como foi feito na **figura 2.11.b**. Essa figura nos fornece uma representação do campo elétrico da maneira proposta por Faraday.

As ilustrações desta página estão representadas sem escala e em cores fantasia.

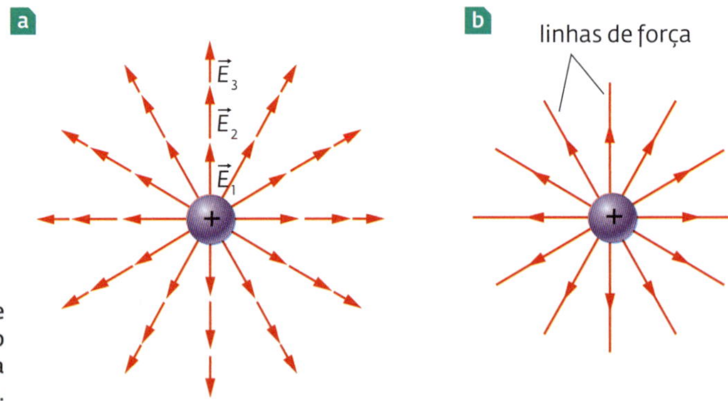

Ilustrações técnicas desta página: Banco de imagens/Arquivo da editora

Figura 2.11. Linhas de força do campo elétrico criado por uma carga puntual positiva.

Se a carga criadora do campo for puntual negativa, o vetor $\vec{E}$, em cada ponto do espaço, estará dirigido para essa carga, como mostra a **figura 2.12.a**. Podemos traçar, também nesse caso, as linhas de força que representarão esse campo elétrico. Observe, na **figura 2.12.b**, que a configuração dessas linhas de força é idêntica àquela que representa o campo elétrico da carga positiva, diferindo no sentido de orientação das linhas de força: no campo da carga positiva, as linhas divergem a partir da carga e, no campo de uma carga negativa, elas convergem para a carga.

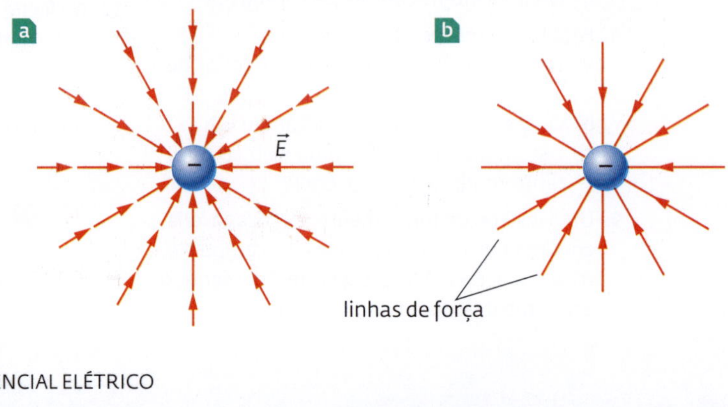

Figura 2.12. Linhas de força do campo elétrico criado por uma carga puntual negativa.

COMENTÁRIOS

1) As linhas de força dos campos que acabamos de estudar apresentam uma configuração relativamente simples. Outras distribuições de cargas criam campos cujas linhas de força podem apresentar formas mais complicadas. Por exemplo: na **figura 2.13.a** mostramos as linhas de força do campo elétrico criado por duas cargas puntuais de mesmo módulo, mas de sinais contrários; e na **figura 2.13.b** vemos a configuração das linhas de força para o caso em que as duas cargas têm o mesmo sinal. Em todos os casos, cada linha de força deve ser traçada de maneira tal que, em cada ponto, o vetor $\vec{E}$ seja tangente a ela.

2) As linhas de força podem ser traçadas de modo a nos dar informações não só sobre a direção e o sentido do vetor $\vec{E}$, mas também sobre o módulo desse vetor. Para isso, convenciona-se traçar as linhas de força mais próximas umas das outras nas regiões onde a intensidade do campo for maior; portanto, as linhas deverão estar mais separadas nos pontos onde a intensidade do campo for menor.
Por exemplo: observando as **figuras 2.11.b** e **2.12.b**, vemos que as linhas de força estão mais juntas nas proximidades das cargas, indicando que o campo é mais intenso nessas regiões. Observe também que, nessas figuras, à medida que nos afastamos das cargas, as linhas se apresentam mais separadas, mostrando que a intensidade do campo está diminuindo.

3) As linhas de força fornecem um diagrama capaz de representar o campo elétrico, como desejava Faraday.

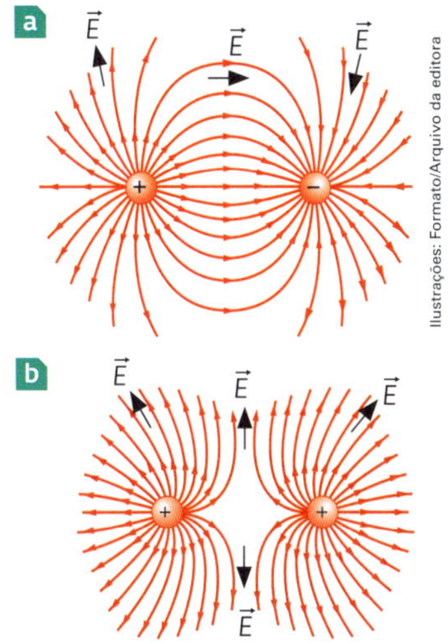

Figura 2.13. Linhas de força do campo elétrico criado por duas cargas de sinais contrários (a) e por duas cargas de sinais iguais (b).

De fato:

- **sendo uma linha de força traçada de tal modo que, em cada ponto, o vetor $\vec{E}$ seja tangente a ela, é possível determinar a direção e o sentido do campo em um ponto quando conhecemos a linha de força que passa por esse ponto;**
- **como as linhas de força são traçadas mais próximas umas das outras nas regiões onde o campo elétrico é mais intenso, observando a separação entre essas linhas, é possível obter informações sobre o módulo do vetor, campo elétrico.**

As ilustrações desta página estão representadas sem escala e em cores fantasia.

Campo elétrico uniforme

Consideremos duas placas planas, paralelas, separadas por uma distância pequena em relação às suas dimensões e que estejam uniformemente eletrizadas com cargas de mesmo módulo e de sinais contrários, como mostra a **figura 2.14**.

Se colocarmos uma carga de prova positiva q em um ponto P_1 situado entre as placas **(figura 2.14)**, essa carga ficará sujeita à ação de uma força $\vec{F}$, em razão do campo elétrico criado pelas placas no espaço entre elas. A força $\vec{F}$ é perpendicular às placas e está orientada da placa positiva para a negativa. Deslocando-se a carga de prova q para outro ponto qualquer entre as placas (como o ponto P_2, ou P_3, etc.), verifica-se que atuará sobre q uma força $\vec{F}$ de mesmo módulo, mesma direção e mesmo sentido que aquela que atuava quando q se encontrava em P_1.

Concluímos, então, que o campo elétrico existente entre essas placas é um campo uniforme e, em qualquer ponto, tem o mesmo módulo (lembre-se de que $E = \frac{F}{q}$), a mesma direção e o mesmo sentido e pode ser representado por um vetor $\vec{E}$, como aquele indicado no ponto P da **figura 2.14**.

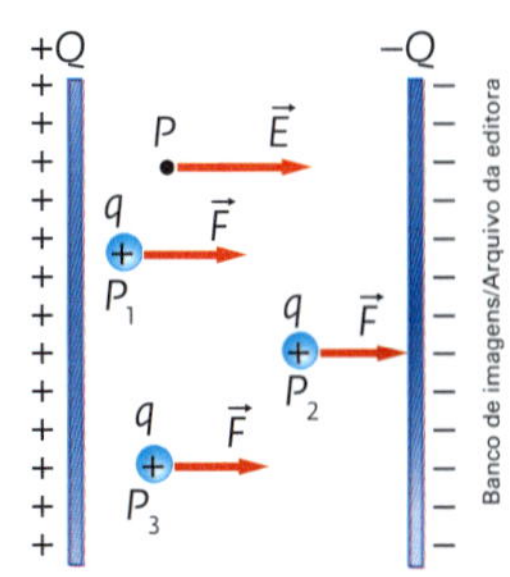

Figura 2.14. Duas placas planas, paralelas, eletrizadas uniformemente com cargas de sinais contrários, criam um campo uniforme no espaço entre elas.

Dizemos que um campo elétrico é uniforme, em uma dada região do espaço, quando ele apresenta o mesmo módulo, a mesma direção e o mesmo sentido em todos os pontos dessa região. A figura 2.14 representa uma das maneiras de obter um campo elétrico uniforme: entre as duas placas, o vetor $\vec{E}$ não varia ao passarmos de um ponto para outro, estando sempre orientado da placa positiva para a negativa.

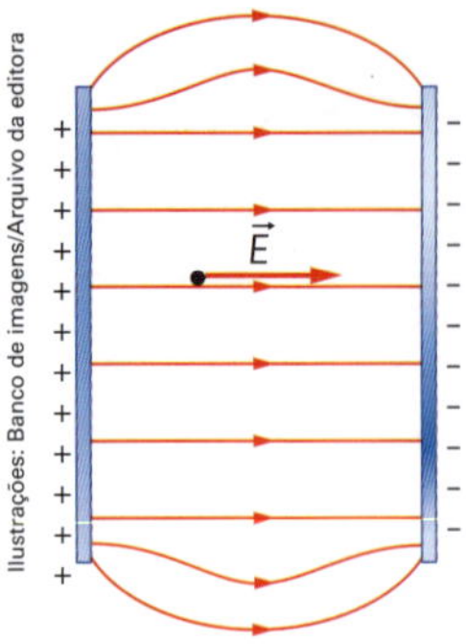

Figura 2.15. Linhas de força do campo uniforme existentes entre duas placas eletrizadas com cargas de sinais contrários.

Na **figura 2.15** estão traçadas as linhas de força do campo existente entre as duas placas. Observe que essas linhas são paralelas (a direção de $\vec{E}$ não varia) e igualmente espaçadas (o módulo de $\vec{E}$ é constante), indicando que o campo elétrico, nessa região, é uniforme. Note que essas considerações não são válidas para pontos muito próximos das extremidades das placas. Como representado na **figura 2.15**, nessas extremidades as linhas de força são curvas, indicando que aí o campo deixa de ser uniforme.

As fotografias da **figura 2.16** foram obtidas colocando-se partículas de fubá em uma cuba entre duas placas eletrizadas com cargas de sinais contrários. Como podemos observar, essas partículas se orientam na direção do campo elétrico, apresentando, assim, uma configuração igual à das linhas de força. Esse artifício constitui, portanto, uma "materialização" das linhas de força, possibilitando-nos "enxergar" o campo uniforme entre as placas.

Se, em vez de duas placas paralelas, tivermos duas cargas elétricas no espaço, o campo elétrico será resultante dos campos criados por cada carga individualmente, conforme **figura 2.13.a**, em que temos duas cargas de mesmo módulo e de sinais opostos, ou conforme **figura 2.13.b**, em que temos duas cargas positivas de mesmo módulo.

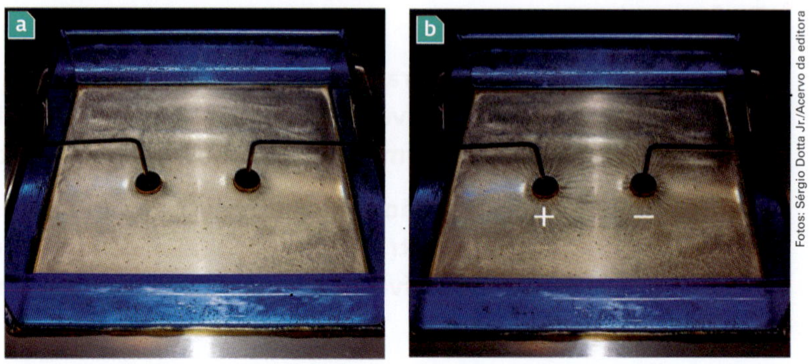

Figura 2.16. Recipiente com partículas de fubá (**a**). Os terminais estão ligados a uma fonte de alta tensão. Quando a fonte é ligada, os terminais adquirem cargas iguais com sinais opostos (**b**). O campo elétrico criado pelas cargas elétricas modifica as posições das partículas, mostrando o mapeamento das linhas do campo elétrico entre os terminais.

Exemplo

O campo elétrico entre as placas mostradas na figura 2.17 vale $E = 2{,}0 \cdot 10^4$ N/C e a distância entre elas é $d = 7{,}0$ mm. Suponha que um elétron seja liberado, a partir do repouso, nas proximidades da placa negativa.

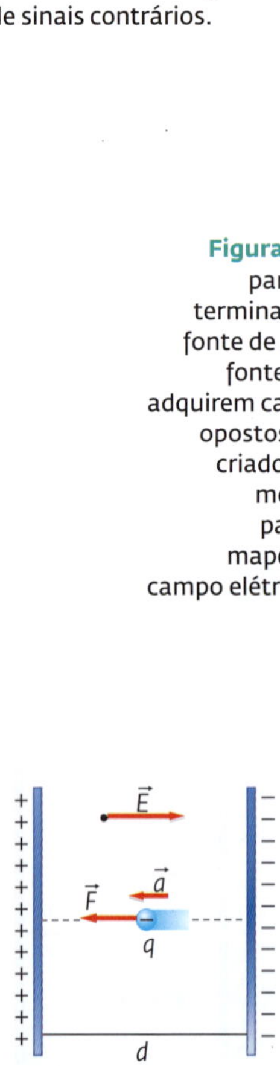

Figura 2.17. Para o exemplo da seção 2.3.

As ilustrações desta página estão representadas sem escala e em cores fantasia.

a) Quais serão o módulo, a direção e o sentido da força elétrica $\vec{F}$ que atua no elétron?

O elétron tem carga negativa. Então, a força $\vec{F}$ que atuará sobre ele terá a mesma direção e o sentido contrário ao do campo elétrico $\vec{E}$, isto é, a força $\vec{F}$ estará orientada da placa negativa para a positiva, como mostra a **figura 2.17**.

O módulo de $\vec{F}$ será dado por $F = qE$, em que q é a carga do elétron cujo valor consta na tabela que se encontra no final deste volume: $q = 1{,}6 \cdot 10^{-19}$ C. Logo:

$$F = qE = 1{,}6 \cdot 10^{-19} \cdot 2{,}0 \cdot 10^4 \quad \therefore \quad F = 3{,}2 \cdot 10^{-15}\ \text{N}$$

b) Sabendo-se que o peso do elétron é desprezível em comparação com a força elétrica que atua sobre ele, diga qual é o tipo de movimento que essa partícula descreverá.

Como o campo entre as placas é uniforme, a força elétrica $\vec{F}$ que atua no elétron permanece constante enquanto ele se desloca. Logo, essa força imprimirá ao elétron uma aceleração também constante, isto é, o movimento do elétron será retilíneo e uniformemente acelerado.

c) Qual é o valor da aceleração adquirida pelo elétron?

Essa aceleração poderá ser calculada pela segunda lei de Newton, $F = ma$, em que m é a massa do elétron, também encontrada na tabela no final deste volume: $m = 9{,}1 \cdot 10^{-31}$ kg. Logo:

$$a = \frac{F}{m} = \frac{3{,}2 \cdot 10^{-15}}{9{,}1 \cdot 10^{-31}} \quad \therefore \quad a = 3{,}5 \cdot 10^{15}\ \text{m/s}^2$$

Observe que, embora a força sobre o elétron seja relativamente pequena, ele adquire uma aceleração de valor extremamente elevado.

d) Quanto tempo o elétron gastará para se deslocar da placa negativa até a placa positiva?

Como o movimento é uniformemente acelerado, o espaço percorrido pelo elétron será dado por $\Delta S = \left(\frac{1}{2}\right)at^2$ (lembre-se de que $v_0 = 0$). Em nosso caso, teremos $\Delta S = 7{,}0\ \text{mm} = 7{,}0 \cdot 10^{-3}$ m e $a = 3{,}5 \cdot 10^{15}\ \text{m/s}^2$. Então:

$$t = \sqrt{\frac{2\Delta S}{a}} = \sqrt{\frac{2 \cdot 7{,}0 \cdot 10^{-3}}{3{,}5 \cdot 10^{15}}} \quad \therefore \quad t = 2{,}0 \cdot 10^{-9}\ \text{s}$$

e) Qual é a velocidade do elétron ao chegar à placa positiva?

No movimento uniformemente acelerado, com $v_0 = 0$, sabemos que $v = at$. Assim:

$$v = 3{,}5 \cdot 10^{15} \cdot 2{,}0 \cdot 10^{-9} \quad \therefore \quad v = 7{,}0 \cdot 10^{6}\ \text{m/s}$$

VERIFIQUE O QUE APRENDEU

As ilustrações desta página estão representadas sem escala e em cores fantasia.

13. Na figura abaixo suponha que uma das cargas seja $+Q$ e a outra $+2Q$. Faça no caderno um esquema das linhas de força do campo elétrico criado por essas cargas.

14. a) Na figura abaixo, seja r a distância do ponto P_2 à placa positiva. O valor do campo nesse ponto poderia ser calculado usando-se a expressão $E = k_0\frac{Q}{r^2}$? Por quê?

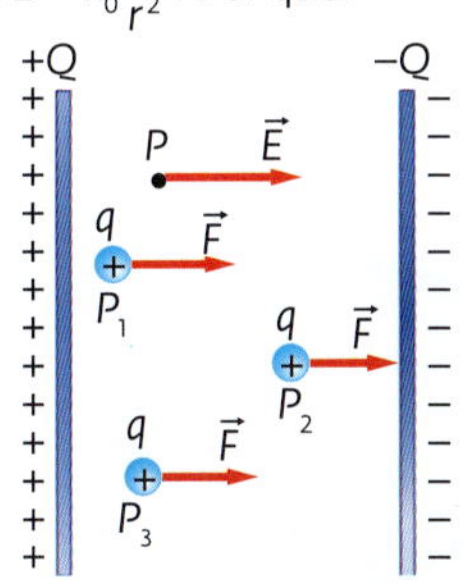

Ilustrações: Banco de imagens/Arquivo da editora

b) O valor do campo em P_2 poderia ser calculado pela relação $E = \frac{F}{q}$? Por quê?

15. Suponha que, em lugar do elétron da figura a seguir, fosse abandonado um próton nas proximidades da placa positiva.

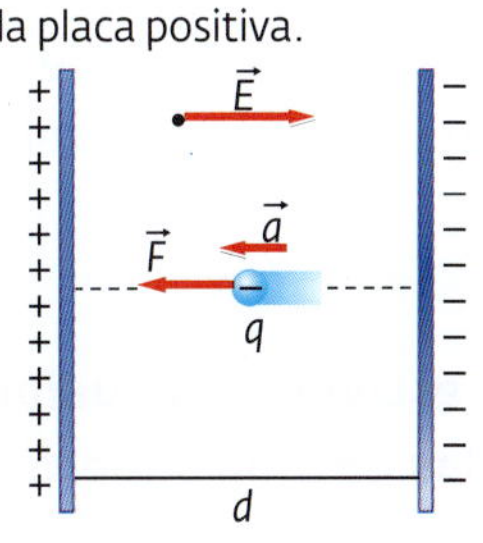

a) Qual seria o sentido da força elétrica que atuaria no próton?

b) O valor da força no próton seria maior, menor que o da força que atuou no elétron ou igual a ele? Por quê?

c) À medida que o próton se deslocasse, a força elétrica sobre ele aumentaria, diminuiria ou permaneceria constante?

d) Então, que tipo de movimento seria descrito pelo próton?

16. Um feixe de partículas, constituído de prótons, nêutrons e elétrons, penetra em um campo uniforme criado entre duas placas eletrizadas. Observa-se que o feixe se divide em três outros, *A*, *B* e *C*, como mostra a figura:

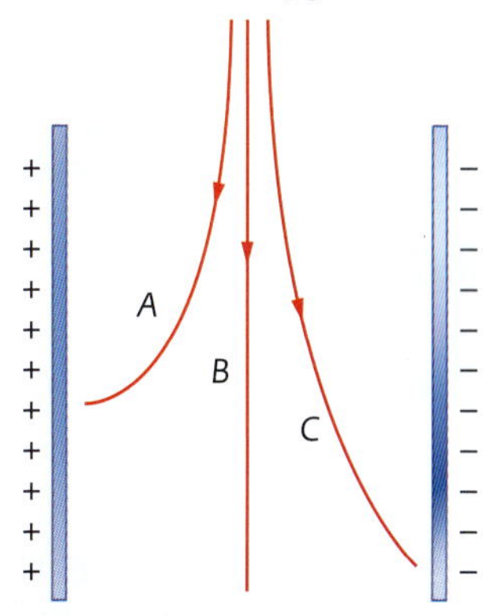

a) Qual das partículas citadas constitui o feixe *A*? E o feixe *B*? E o feixe *C*?

b) Por que a curvatura do feixe *A* é mais acentuada que a do feixe *C*?

2.4 Comportamento de um condutor eletrizado

Westend61 GmbH/Alamy/Latinstock

Figura 2.18. A placa metálica, ao ser atritada em um esmeril, adquire cargas negativas.

A carga se distribui na superfície do condutor

Suponha que um objeto condutor, como um bloco metálico, seja atritado em uma determinada região de sua superfície, adquirindo cargas negativas. Essas cargas aparecem na região em que o atrito ocorreu, como mostra a **figura 2.18**.

A repulsão entre essas cargas, constituídas por um excesso de elétrons, atua sobre os elétrons livres do condutor, fazendo com que eles se desloquem até atingir uma distribuição final, denominada **situação de equilíbrio eletrostático**, na qual as cargas no condutor apresentam-se em repouso. No equilíbrio eletrostático, que ocorre em um intervalo de tempo extremamente pequeno, verifica-se experimentalmente que a carga negativa adquirida pelo condutor apresenta-se distribuída em sua superfície **(figura 2.19)**.

Se o condutor é eletrizado positivamente, observamos o mesmo resultado final. A carga positiva, adquirida pelo condutor em uma dada região de sua superfície **(figura 2.20)**, atrai elétrons livres desse objeto. Esses elétrons se deslocam até ser atingido o equilíbrio eletrostático, quando, então, a carga positiva se apresentará distribuída na superfície do condutor **(figura 2.20)**.

Banco de imagens/Arquivo da editora

Figura 2.19. Distribuição de carga negativa na superfície do condutor.

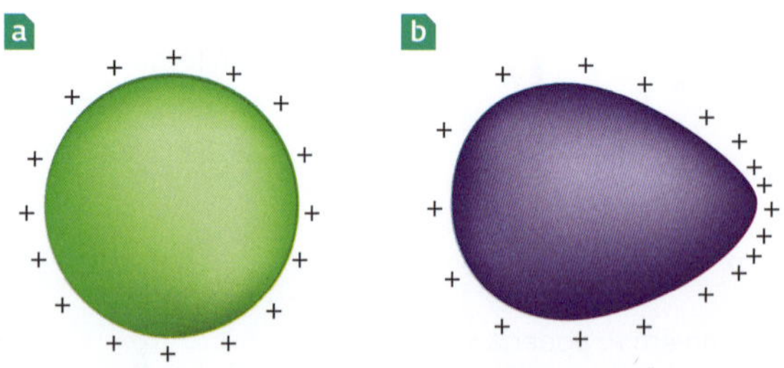

Antonio Robson/Arquivo da editora

Figura 2.20. Distribuição de carga positiva na superfície do condutor. A distribuição de carga é homogênea apenas quando o objeto é regular; no caso de um objeto irregular, a concentração de carga será assimétrica devido ao poder das pontas, que estudaremos a seguir.

As ilustrações desta página estão representadas sem escala e em cores fantasia.

Esse comportamento é característico de um condutor. Se um isolante for atritado em uma determinada região de sua superfície, a carga por ele adquirida não se espalhará, permanecendo em equilíbrio na região onde ela foi gerada. Isso ocorre porque o isolante não possui elétrons livres e, consequentemente, as cargas elétricas não podem se deslocar nesse material.

Vimos, portanto, que:

Se um condutor eletrizado estiver em equilíbrio eletrostático, as cargas elétricas estarão distribuídas em sua superfície.

Campo no interior e na superfície do condutor

Quando o equilíbrio eletrostático é atingido, as cargas elétricas em um condutor estão distribuídas em sua superfície.

Nessas condições, como as cargas no condutor estão em repouso, o campo elétrico em qualquer ponto do interior do condutor é nulo, pois, se esse campo elétrico fosse diferente de zero, os elétrons livres existentes nele entrariam em movimento sob a ação desse campo. Como as cargas no condutor estão em equilíbrio, esse movimento não pode existir e, portanto, **o campo elétrico deve ser nulo no interior do condutor**.

Vamos analisar, agora, o que ocorre em pontos da superfície do condutor em equilíbrio eletrostático. Nesses pontos, é possível existir um campo elétrico, sem que isso altere a condição de equilíbrio eletrostático, desde que o vetor $\vec{E}$ seja perpendicular à superfície do condutor, como está mostrado nos pontos *B*, *C* e *D* da **figura 2.21**.

Se o campo elétrico não fosse perpendicular à superfície, como está desenhado no ponto *A* da **figura 2.21**, ele teria uma componente $\vec{E}_t$ tangente à superfície do condutor. Se essa componente existisse, os elétrons livres ali presentes estariam em movimento sob a ação de $\vec{E}_t$. Logo, essa componente não pode existir, pois o condutor está em equilíbrio eletrostático. Não existindo uma componente tangencial, o vetor $\vec{E}$ terá que ser perpendicular à superfície do condutor. Atuando nessa direção, o campo não poderá provocar movimento de cargas porque o condutor está envolvido pelo ar, que é um isolante.

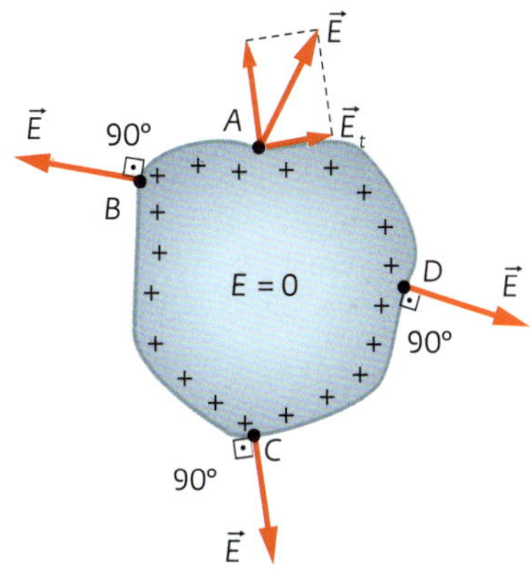

Ilustrações técnicas desta página: Banco de imagens/Arquivo da editora

Figura 2.21. O vetor campo elétrico na superfície de um condutor eletrizado, em equilíbrio eletrostático, é perpendicular à superfície desse condutor.

Se um condutor eletrizado estiver em equilíbrio eletrostático, o campo elétrico será nulo em todos os pontos do seu interior, e em pontos da superfície desse condutor $\vec{E}$ será perpendicular a ela (figura 2.21).

Blindagem eletrostática

Se um condutor oco, isto é, que apresenta uma cavidade interna, é eletrizado, as cargas elétricas tendem rapidamente a se localizar em sua superfície externa e o campo elétrico é nulo em todos os pontos do interior do condutor, quer na parte material do bloco, quer em sua cavidade, como mostra a **figura 2.22**.

As ilustrações desta página estão representadas sem escala e em cores fantasia.

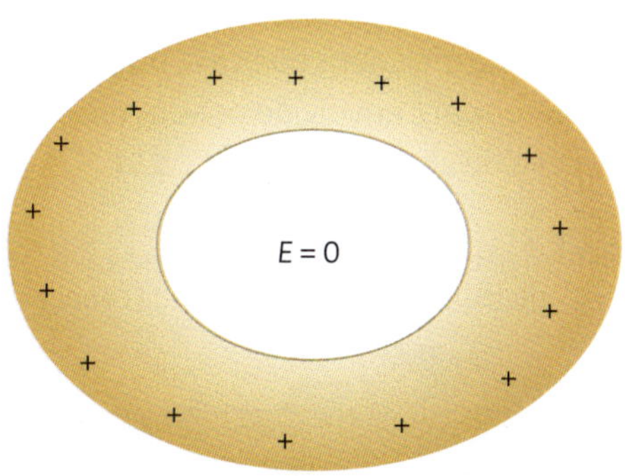

Figura 2.22. O campo elétrico no interior de um condutor oco eletrizado, em equilíbrio eletrostático, é nulo.

Dessa maneira, uma cavidade no interior de um condutor é uma região que não sofre efeitos elétricos produzidos externamente, pois o campo elétrico nessa cavidade é sempre nulo e não há carga elétrica distribuída em sua parede (a carga se localiza na superfície externa do condutor). Por esse motivo, um condutor oco pode ser usado

Figura 2.23. Avião sendo atingido por um raio. Flórida, Estados Unidos.

para produzir uma **blindagem eletrostática**: quando queremos proteger um aparelho qualquer contra influências elétricas, nós o envolvemos com uma capa metálica, isto é, nós o colocamos em uma cavidade no interior de um condutor. Nessas condições, dizemos que o aparelho está **blindado**, porque nenhum fenômeno elétrico externo afetará o seu funcionamento. Pessoas que estejam dentro de um avião que é atingido por um raio não serão eletrocutadas, pois a carcaça metálica do avião isola o seu interior das influências externas (figura 2.23).

O poder de blindagem de uma capa metálica já era conhecido por Faraday, que, para comprová-lo experimentalmente, realizou uma experiência que se tornou bastante conhecida.

Tendo em suas mãos um eletroscópio, Faraday entrou no interior de uma gaiola metálica, a qual foi, a seguir, altamente eletrizada por seu auxiliar. Apesar de a superfície da gaiola não ser contínua, ela constitui uma blindagem bastante eficaz, de modo que Faraday nada sofreu nem observou qualquer deflexão nas folhas do eletroscópio (figura 2.24).

A fotografia da figura 2.24 mostra uma blindagem eletrostática. Uma máquina elétrica lança um poderoso raio sobre a gaiola, mas a pessoa, no interior, encontra-se totalmente protegida contra os efeitos desse raio artificial, pois a carga elétrica se distribui na superfície e o campo magnético é nulo em seu interior.

As imagens desta página estão representadas fora de proporção.

Sugestão de leitura: BRAGA, M.; REIS, J. C.; GUERRA, A. *Faraday e Maxwell* – Eletromagnetismo: da indução aos dínamos. São Paulo: Atual, 2004.

Com o objetivo de apresentar as teorias do eletromagnetismo desenvolvidas no século XIX, a obra destaca, em particular, a importância dos trabalhos de Faraday e de Maxwell no desenvolvimento de motores elétricos que seriam essenciais para permitir o desenvolvimento tecnológico nas fábricas a partir da geração de energia elétrica.

Figura 2.24. Uma estrutura metálica isola o interior da gaiola protegendo as pessoas contra efeitos elétricos externos. Faraday foi o primeiro a comprovar esse efeito da blindagem eletrostática mantendo-se no interior de uma gaiola metálica altamente eletrizada.

A blindagem eletrostática também é utilizada em cabos coaxiais, utilizados em transmissão de sinais de TV. O fio interno do cabo coaxial é envolvido por um tecido entremeado com finos fios metálicos, além de uma capa de alumínio (figura 2.25).

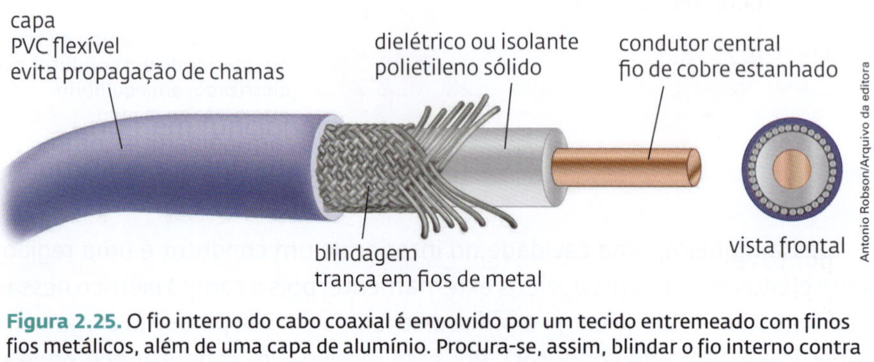

Figura 2.25. O fio interno do cabo coaxial é envolvido por um tecido entremeado com finos fios metálicos, além de uma capa de alumínio. Procura-se, assim, blindar o fio interno contra efeitos elétricos externos. Representação sem escala e em cores fantasia.

Uma gaiola de Faraday pode ser utilizada para bloquear ondas eletromagnéticas emitidas pelos celulares (figura 2.26). Isso acontece porque essas ondas são constituídas de campos elétricos e magnéticos. Para que haja isolamento eletromagnético, ou seja, para que a gaiola bloqueie tanto os sinais internos emitidos quanto os externos, os comprimentos de onda devem ser superiores ao tamanho da malha da grade. Caso o comprimento de onda seja próximo do tamanho da malha da grade, o fenômeno não acontecerá, como é o caso da luz, que também é uma onda eletromagnética, mas consegue entrar na gaiola e nos permite enxergar o celular que está lá dentro.

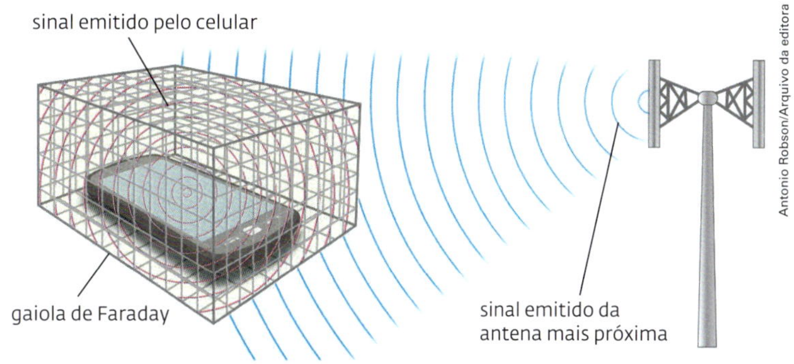

Figura 2.26. A gaiola de Faraday bloqueia o sinal emitido pelo celular e o sinal externo enviado pela antena mais próxima.

Exemplo

Uma esfera metálica oca, de raio R, encontra-se no ar, eletrizada positivamente com uma carga Q.

a) Desenhe o vetor campo elétrico em um ponto externo bem próximo da superfície dessa esfera.

O campo elétrico próximo à superfície de um condutor é perpendicular a essa superfície. Então, no caso da esfera, o vetor $\vec{E}$ deve ter a direção radial, como mostra a figura 2.27.

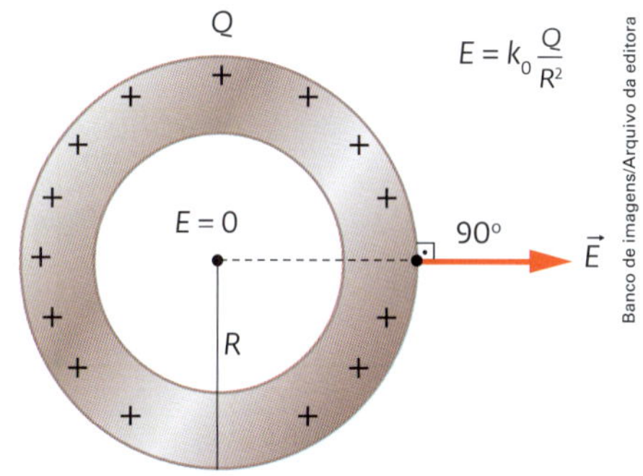

Figura 2.27. Para o exemplo da seção 2.4.

b) Qual é a expressão que nos permite calcular a intensidade do campo elétrico em um ponto externo próximo à superfície da esfera?

Para pontos exteriores à esfera, tudo se passa como se sua carga estivesse concentrada em seu centro, isto é, para esses pontos é válida a expressão $E = k_0 \frac{Q}{r^2}$, em que r é a distância do ponto ao centro da esfera. Então, em um ponto próximo à superfície, temos $r = R$. Assim, nesse ponto, a intensidade do campo é:

$$E = k_0 \frac{Q}{R^2}$$

As ilustrações desta página estão representadas sem escala e em cores fantasia.

c) Qual é o valor do campo elétrico em pontos do interior da esfera?

Nesses pontos, a expressão $E = k_0 \frac{Q}{r^2}$ não é mais válida, pois, no interior de um objeto metálico qualquer (em equilíbrio eletrostático), temos $E = 0$.

d) Mostre, em um diagrama, o aspecto do gráfico $E \times r$, em que E é a intensidade do campo criado pela esfera e r é a distância do ponto ao centro da esfera.

Esse diagrama tem o aspecto mostrado na figura 2.28. Observe que, de $r = 0$ a $r = R$ (interior da esfera), temos $E = 0$. Para pontos exteriores, o campo tem o valor $E = k_0 \frac{Q}{R^2}$ próximo à superfície e diminui à medida que r aumenta (inversamente proporcional ao quadrado de r).

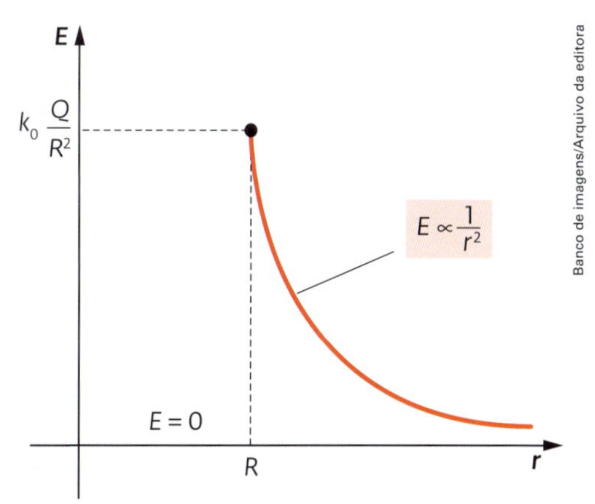

Figura 2.28. Para o exemplo da seção 2.4.

VERIFIQUE O QUE APRENDEU

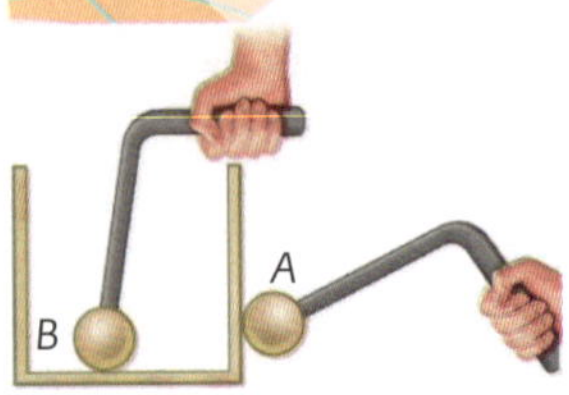

Paulo César Pereira/Arquivo da editora

17. Um recipiente metálico, de forma cilíndrica, está eletrizado positivamente. Uma pessoa, segurando por meio de um cabo isolante uma pequena esfera também metálica, encosta essa esfera nos pontos *A* e *B* do recipiente, como mostra a figura ao lado.

a) Quando o contato é feito em *A*, a esfera se eletriza positivamente, negativamente ou não adquire carga elétrica?

b) Quando o contato é feito em *B*, a esfera se eletriza? Por quê?

18. Uma gaiola metálica possui uma carga em equilíbrio eletrostático. Duas pessoas, *A* e *B*, encontram-se em contato com a gaiola nas posições mostradas na figura a seguir.

João X. de Campos/Arquivo da editora

a) Por que os cabelos de *A* se apresentam eriçados?

b) Por que em *B* esse efeito não é observado?

19. Um estudante verificou que a presença de uma carga Q estava perturbando o funcionamento de um aparelho elétrico *P* (próximo de Q). Desejando evitar a perturbação, ele envolveu a carga Q com uma cúpula metálica, como mostra a figura deste exercício. Agindo dessa maneira, ele não conseguiu seu objetivo. Como ele deveria ter procedido (sem afastar Q do aparelho)?

João X. de Campos/Arquivo da editora

20. Um pedaço de borracha é atritado em certa região de sua superfície, adquirindo uma carga negativa naquela região. Essa carga se distribuirá na superfície de borracha? Por quê?

2.5 Rigidez dielétrica – poder das pontas

Um isolante pode se tornar condutor

Os dielétricos, ou isolantes, são substâncias nas quais os elétrons estão fortemente ligados aos núcleos dos átomos, isto é, não existem cargas livres na estrutura interna desses materiais.

Suponha, entretanto, que um campo elétrico seja aplicado a um objeto isolante colocando-o, por exemplo, entre duas placas eletrizadas, como mostra a **figura 2.29**. Nessas condições, uma força elétrica atuará sobre todos os elétrons do isolante, tendendo a arrancá-los de seus átomos. Se a intensidade do campo elétrico não for muito grande, os elétrons continuarão ligados aos núcleos de seus átomos e a força elétrica provocará apenas uma polarização do dielétrico.

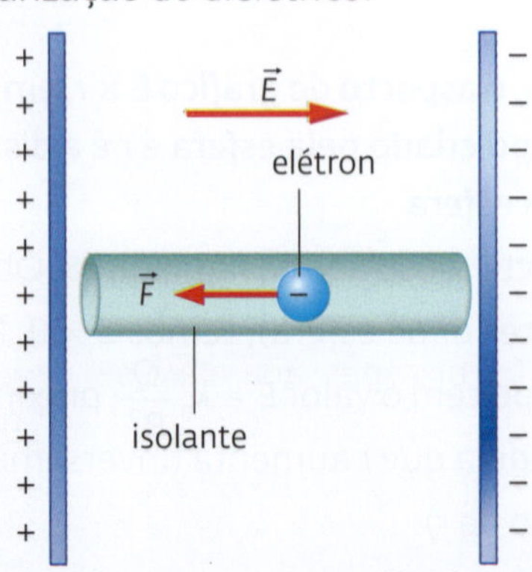

Banco de imagens/Arquivo da editora

Figura 2.29. Substância isolante colocada em um campo elétrico uniforme. Representação sem escala e em cores fantasia.

Aumentando-se a intensidade do campo aplicado ao isolante, o valor da força que atuará nos elétrons também aumentará. Para certo valor do campo elétrico, essa força será suficiente para arrancar um ou mais elétrons de cada átomo e eles passarão a ser elétrons livres. Então, como o material possui agora um número muito grande de elétrons livres em sua estrutura, ele terá se transformado em um bom condutor de eletricidade. Esse processo pode ocorrer com qualquer isolante, dependendo apenas do valor do campo elétrico aplicado, como veremos a seguir.

O que é rigidez dielétrica

O maior valor do campo elétrico que pode ser aplicado a um isolante sem que ele se torne condutor é denominado **rigidez dielétrica do material**. A rigidez dielétrica varia de um material para outro, pois, como era de esperar, alguns materiais suportam campos muito intensos mantendo-se ainda como isolantes, enquanto outros tornam-se condutores mesmo sob a ação de campos elétricos de intensidades relativamente baixas.

Assim, verifica-se experimentalmente que a rigidez dielétrica do vidro pirex é $14 \cdot 10^6$ N/C, enquanto a da mica (malacacheta) pode atingir $100 \cdot 10^6$ N/C. Já a rigidez dielétrica do ar é bem menor, valendo cerca de $3 \cdot 10^6$ N/C. Enquanto a intensidade do campo elétrico aplicado a uma massa de ar for inferior a $3 \cdot 10^6$ N/C, esse ar será isolante. Quando o campo aplicado ultrapassar esse valor, o ar se tornará um condutor.

A centelha elétrica

As ideias mencionadas anteriormente permitem-nos entender por que uma centelha elétrica salta de um objeto eletrizado para outro colocado próximo a ele.

Consideremos, por exemplo, um distúrbio na rede elétrica que provoque um arco elétrico, seguido da interrupção do fornecimento de energia elétrica. O arco elétrico é formado em um meio isolante, como uma camada de ar, somente se o campo elétrico criado entre os fios for superior a $3 \cdot 10^6$ N/C, isto é, se a intensidade do campo ultrapassar o valor da rigidez dielétrica do ar, este se tornará condutor. Caso o valor seja inferior, o ar entre os fios permanecerá isolante e impedirá que haja passagem de carga de um fio para outro. Quando o ar se torna um condutor, este possui um grande número de elétrons livres, apresentando íons positivos e negativos. Esses íons são atraídos pelo fio e movimentam-se através do ar fazendo com que haja uma descarga elétrica **(figura 2.30)**. Essa descarga vem acompanhada de uma centelha (emissão de luz) e de um ruído (estalo) causado pela expansão do ar, que se aquece com a descarga.

Portanto, sempre que observamos uma "faísca elétrica" saltar de um objeto para outro (do pente para o cabelo, de uma roupa de náilon para o corpo, entre os terminais de um interruptor elétrico, etc.), podemos concluir que a rigidez dielétrica do ar situado entre esses objetos foi ultrapassada e ele se tornou condutor.

Figura 2.30. Arco elétrico formado na rede elétrica por curto-circuito.

O que é "poder das pontas"

Um fenômeno interessante, relacionado com o conceito de rigidez dielétrica, denomina-se **poder das pontas**. Há mais de duzentos anos os cientistas observaram que um condutor que apresenta em sua superfície uma região pontiaguda dificilmente se mantém eletrizado, pois a carga elétrica fornecida a ele escapa através da ponta.

O fenômeno do poder das pontas ocorre porque, em um condutor eletrizado, a carga tende a se acumular nas regiões pontiagudas. Na **figura 2.31**, temos um bloco metálico com uma carga elétrica que se distribui em sua superfície.

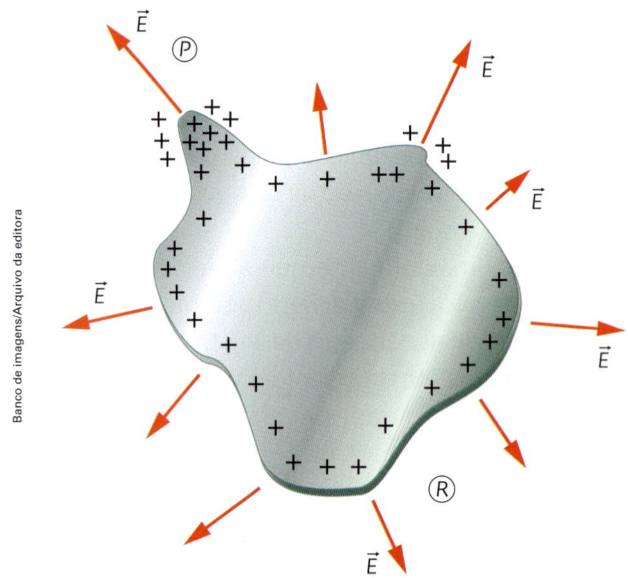

Figura 2.31. O campo elétrico nas pontas de um condutor eletrizado é maior do que nas regiões mais planas. Representação sem escala e em cores fantasia.

Observe, entretanto, que essa distribuição não é uniforme: em *P*, onde há uma ponta acentuada, há um grande acúmulo de cargas elétricas e em *R*, que é uma região quase plana, a concentração de cargas é muito menor. Em virtude dessa distribuição, o campo elétrico próximo às pontas do condutor é muito mais intenso do que nas proximidades das regiões mais planas. Na **figura 2.31**, os vetores que representam o campo elétrico em cada ponto próximo ao condutor foram traçados de acordo com esse resultado.

Assim, se aumentarmos continuamente a carga elétrica no condutor, a intensidade do campo elétrico em torno dele aumentará também de forma gradativa. Na região mais pontiaguda (como *P*, na **figura 2.31**), o valor da rigidez dielétrica do ar será ultrapassado antes que isso ocorra nas demais regiões. Portanto, será nas proximidades da região pontiaguda que o ar se tornará condutor e, consequentemente, será através da ponta que a carga do bloco metálico se escoará.

Mesmo que um objeto metálico esteja pouco eletrizado, o campo elétrico próximo a uma ponta pode ser muito elevado. É por isso que, quando um condutor possui uma ponta muito acentuada, não conseguimos dar a ele uma carga apreciável, pois o campo elétrico próximo a essa ponta facilmente ultrapassa a rigidez dielétrica do ar. Para que isso não ocorra, quando desejamos acumular uma certa carga elétrica na superfície de um condutor, devemos dar a ele uma forma arredondada (sem pontas), como a bola de plasma apresentada na abertura desta unidade.

APLICAÇÕES DA FÍSICA

Como funcionam os para-raios?

O poder das pontas encontra uma importante aplicação na construção dos para-raios, os quais foram inventados pelo cientista americano Benjamin Franklin no século XVIII. Ele observou que os relâmpagos eram muito semelhantes às centelhas elétricas que ele via saltar entre dois objetos eletrizados em seu laboratório. Suspeitou, então, de que os raios fossem enormes centelhas causadas por eletricidade que, por algum processo, desenvolvia-se nas nuvens. Para verificar sua hipótese, ele realizou uma perigosa experiência, que se tornou famosa.

Conta-se que, durante uma tempestade, Franklin empinou uma pipa de seda presa em uma linha que possuía uma chave de metal na tentativa de transferir a eletricidade, que ele acreditava existir nas nuvens, para alguns aparelhos de seu laboratório.

Alguns historiadores acreditam que, devido aos riscos do experimento previamente conhecidos por Franklin, possivelmente ele não fizera o experimento exatamente do jeito que descreveu. De qualquer forma, a descoberta de Franklin sobre a natureza elétrica dos raios é fruto de seus estudos, cujos registros são anteriores à realização do experimento da pipa proposto em 1752.

O para-raios consiste essencialmente em uma ou várias pontas metálicas e deve ser colocado no ponto mais elevado do local a ser protegido (figura 2.32). O para-raios é ligado à terra por meio de um bom condutor (fio metálico grosso), que normalmente termina em uma grande placa enterrada no solo, como mostra a figura 2.33.a.

Quando uma nuvem eletrizada passa sobre o local onde o para-raios foi colocado, o campo elétrico estabelecido entre a nuvem e a terra torna-se muito intenso nas proximidades de suas pontas (figura 2.33.b). Então, o ar em torno das pontas ioniza-se, tornando-se condutor e fazendo com que a descarga elétrica se processe através dessas pontas. Em outras palavras, há maior probabilidade de o raio "cair" (como se diz popularmente) no para-raios do que em outro local da vizinhança. Naturalmente, como o para-raios está ligado ao solo, a carga elétrica que ele recebe da nuvem é transferida para a terra sem causar danos. Estudos estatísticos mostram que a ação protetora do para-raios se estende a uma distância aproximadamente igual ao dobro de sua altura.

Figura 2.32. Para-raios instalado no ponto mais alto do local a ser protegido. Nova York, Estados Unidos, 2014.

QUESTÕES

1. Baseando-se nas informações desta seção, podemos inferir que é extremamente perigoso ficar em um campo aberto ou próximo a estruturas metálicas durante uma tempestade de raios. Existe uma lenda que relata que espelhos dentro de casa atraem raios, por isso se devem manter fechadas as cortinas durante as tempestades de raios. Faz algum sentido essa preocupação?
2. Há uma crença popular segundo a qual "um raio nunca cai duas vezes em um mesmo lugar". Lembrando-se do "poder das pontas" e do que estudou nesta seção sobre a formação dos raios, você julga que essa crença tem algum fundamento científico?

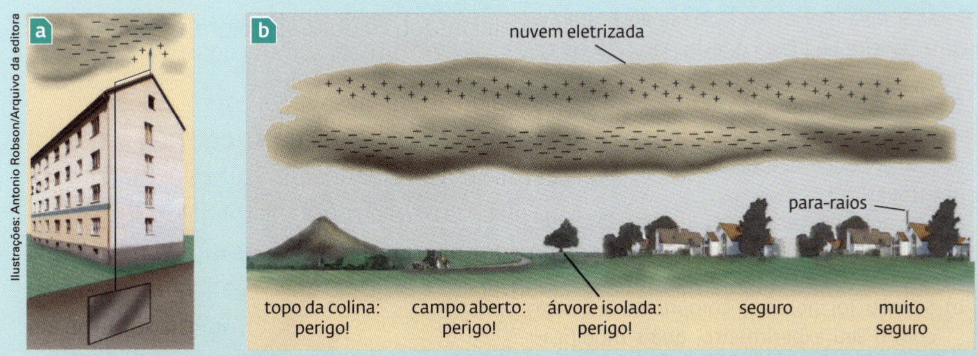

Figura 2.33. O para-raios exerce ação protetora contra os danos causados pelos raios. Representação sem escala e em cores fantasia.

VERIFIQUE O QUE APRENDEU

21. Observe os dados fornecidos nesta seção e responda:

a) Qual é a explicação para o fato de a mica ter sido usada durante muito tempo como isolante elétrico em diversos aparelhos (como em capacitores mais antigos)?

b) Você poderia usar um vidro pirex como isolante elétrico em um aparelho no qual ele estaria submetido a um campo elétrico de $2,0 \cdot 10^7$ N/C? Por quê?

22. a) Em um dia em que a umidade relativa do ar é elevada, observa-se que o limite de carga que uma esfera metálica pode receber torna-se muito menor. Que conclusão podemos tirar sobre a rigidez dielétrica do ar nessas condições?

b) Nos laboratórios de Física, quando se deseja que uma esfera acumule cargas elétricas elevadas, ela é mergulhada em óleo. Que conclusão você pode tirar sobre a rigidez dielétrica do óleo?

23. Considere um objeto metálico, no ar, com a forma mostrada na figura a seguir (sem escala e em cores fantasia). Eletrizando-se esse objeto, transferindo-se para ele uma carga que é aumentada gradualmente, observa-se que há um limite para a carga que pode ser armazenada no objeto.

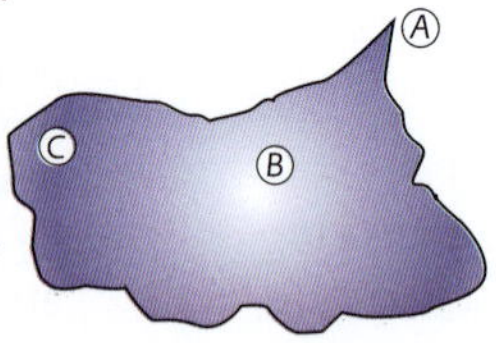

Banco de imagens/Arquivo da editora

a) Após esse limite ser atingido, por qual região do objeto a carga escoa para o ar? Por quê?

b) Suponha que uma esfera metálica, no ar, tenha uma superfície externa de área igual à do objeto mostrado na figura deste exercício. A carga máxima que pode ser armazenada nessa esfera será maior, menor ou igual àquela que pode ser armazenada no objeto? Explique.

24. Um para-raios, no alto da torre de uma igreja, está situado a 30 m de altura. Três pessoas, durante uma tempestade, estão às seguintes distâncias da base da torre: 50 m, 40 m e 80 m, respectivamente. Há alguma delas que não está protegida pelo para-raios? Por quê?

25. a) Um material isolante elétrico pode tornar-se um condutor. Em que condições isso ocorre?

b) O que é rigidez dielétrica de um isolante?

26. Sabe-se que quando uma esfera condutora, no ar, recebe uma carga elétrica, que vai sendo aumentada gradualmente, há um limite para o valor da carga que a esfera pode reter. Após esse limite ser atingido:

a) O que acontece com a carga que é transferida à esfera?

b) O que se pode afirmar sobre o valor do campo elétrico na superfície da esfera?

PRATIQUE FÍSICA

EM EQUIPE

O fenômeno da blindagem eletrostática visto na seção 2.4 é um dos mais interessantes. De acordo com a teoria, se você utilizar uma peneira de metal, não haverá campo elétrico no interior dela. Por outro lado, se você utilizar uma peneira de plástico, esta não terá efeito nenhum sobre o campo elétrico.

Desenvolva um experimento com pedaços de papel e um pente para comparar o efeito das duas peneiras e responda às seguintes questões:

a) Foi possível verificar a teoria? Explique como os seus resultados puderam confirmar a teoria ou não.

b) Se não foi possível comprovar a teoria com o seu experimento, quais modificações seriam necessárias para que ela fosse verificada? Se foi possível, como você pode garantir que o efeito é da blindagem eletrostática e não da distância entre o pente e os pedaços de papel?

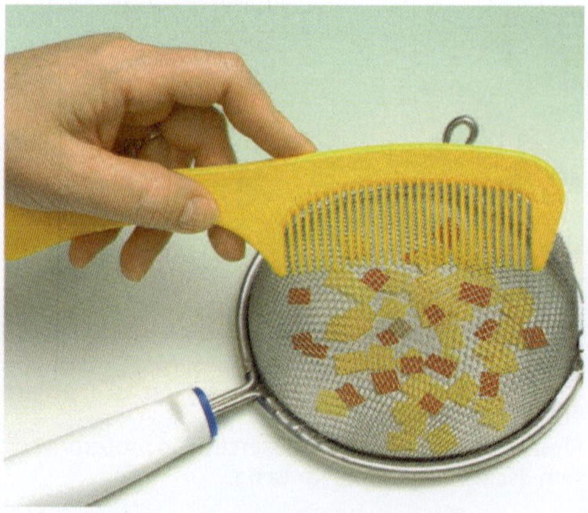

Eduardo Santaliestra/Estúdio Paulista

As ilustrações desta página estão representadas sem escala e em cores fantasia.

PROBLEMAS E TESTES

1. Considere as duas cargas puntuais positivas Q_1 e Q_2 mostradas na figura deste problema. Sabe-se que $Q_1 > Q_2$ e que o campo elétrico criado por essas cargas é nulo em um dos pontos mostrados na figura. Qual é esse ponto?

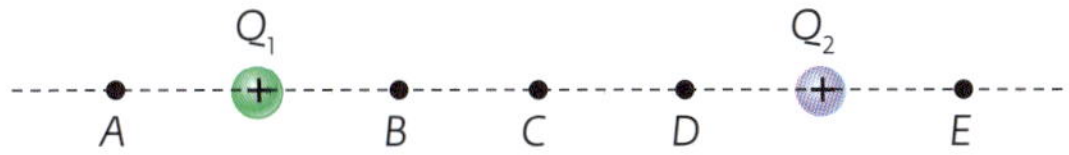

Banco de imagens/Arquivo da editora

2. Duas cargas puntuais, de mesmo valor e de sinais contrários, criam um campo elétrico no ponto *P* mostrado na figura deste problema. Qual dos vetores indicados em *P* melhor representa o campo elétrico nesse ponto?

a) $\vec{E}_1$

b) $\vec{E}_2$

c) $\vec{E}_3$

d) $\vec{E}_4$

e) $\vec{E}_5$

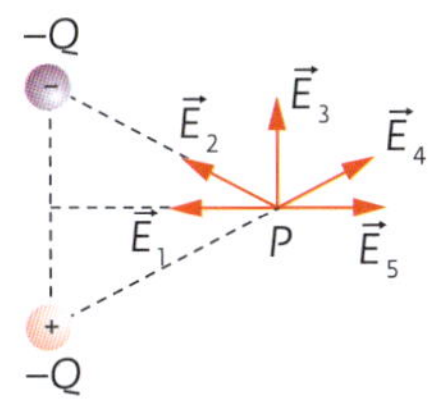

Banco de imagens/Arquivo da editora

3. Uma esfera metálica, de 20 cm de raio, está eletrizada positivamente com uma carga de 2,0 μC. Determine a intensidade do campo elétrico criado pela carga dessa esfera nos seguintes pontos:

a) no centro da esfera;

b) a 10 cm do centro da esfera;

c) em um ponto exterior, muito próximo da superfície da esfera;

d) em um ponto exterior, a 10 cm da superfície da esfera.

4. Verifica-se que em pontos da atmosfera, próximos à superfície da Terra, existe um campo elétrico de aproximadamente 100 N/C, dirigido verticalmente para baixo. Sabe-se que esse campo é devido a uma carga elétrica existente na Terra.

a) Qual é o sinal dessa carga?

b) Qual é o seu valor? (Considere o raio da Terra igual a 6 000 km.)

5. Considere um objeto metálico eletrizado envolvido pelo ar atmosférico. Sabe-se que, se o campo elétrico próximo à superfície desse objeto torna-se superior a $3 \cdot 10^6$ N/C, o ar passa a se comportar como um condutor e, então, o objeto metálico se descarrega. Baseando-se nessas informações, calcule qual é a maior carga que pode ser dada a uma esfera metálica, de raio $R = 10$ cm, no ar, sem que ela se descarregue.

6. Considere um objeto metálico descarregado, *AB*, colocado em um campo elétrico cujas linhas de força estão mostradas na figura deste problema.

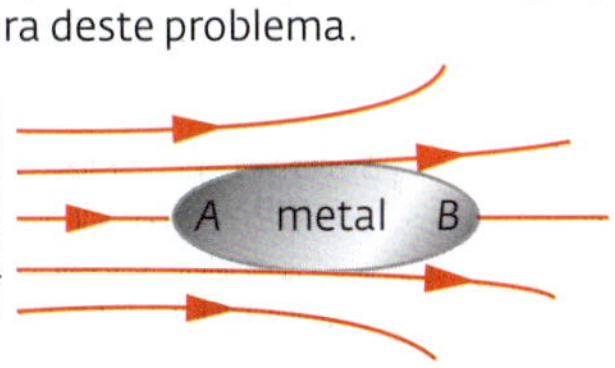

Banco de imagens/Arquivo da editora

a) Em virtude da indução eletrostática no objeto metálico, qual será o sinal da carga em sua extremidade *A*? E em *B*?

b) A intensidade do campo elétrico nas proximidades de *A* será maior, menor ou igual à intensidade próxima de *B*?

c) Quais são os sentidos das forças elétricas $\vec{F}_A$ e $\vec{F}_B$ que atuarão nas extremidades *A* e *B*?

d) Então, sob a ação dessas forças, o objeto permanecerá em repouso, tenderá a se deslocar para a direita ou tenderá a se deslocar para a esquerda?

7. **(UFRJ)** Uma partícula com carga positiva $q = 4{,}0 \cdot 10^{-6}$ C é mantida em repouso diante de uma esfera maciça condutora isolada de raio 0,10 m e carga total nula. A partícula encontra-se a uma distância de 0,20 m do centro da esfera, conforme ilustra a figura a seguir. A esfera e as cargas que foram induzidas em sua superfície também se encontram em repouso, isto é, há equilíbrio eletrostático.

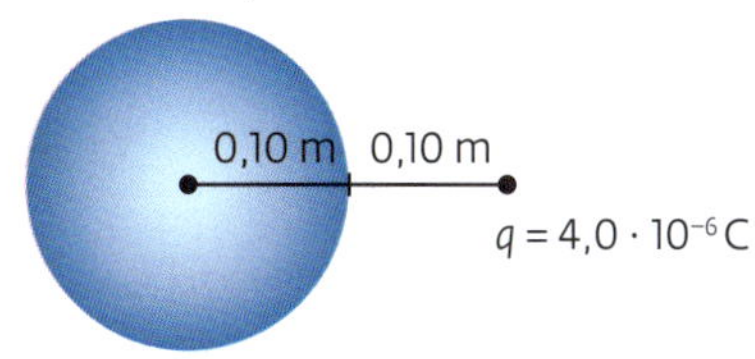

Banco de imagens/Arquivo da editora

esfera maciça condutora

Sabendo que a constante de proporcionalidade na lei de Coulomb é $k = 9{,}0 \cdot 10^9$ Nm²/C², determine o módulo e indique a direção e o sentido:

a) do campo elétrico no centro da esfera condutora devido à partícula de carga *q*;

b) do campo elétrico no centro da esfera condutora devido às cargas induzidas em sua superfície.

8. **(UFMG)** Em um experimento, o professor Ladeira observa o movimento de uma gota de óleo, eletricamente carregada, entre duas placas metálicas paralelas, posicionadas horizontalmente. A placa superior tem carga positiva e a inferior, negativa, como representado nesta figura:

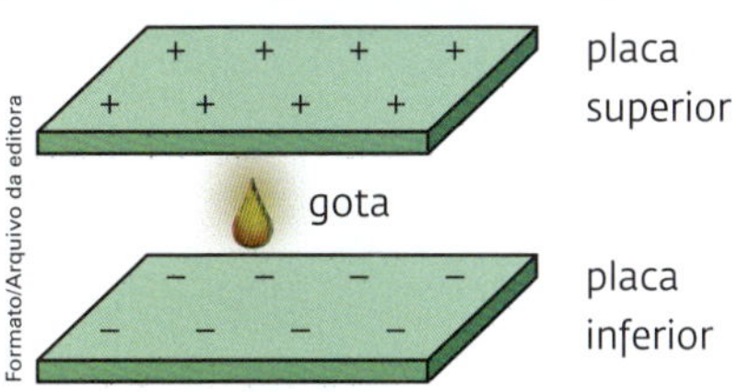

Formato/Arquivo da editora

Considere que o campo elétrico entre as placas é uniforme e que a gota está apenas sob a ação desse campo e da gravidade. Para um certo valor do campo elétrico, o professor Ladeira observa que a gota cai com velocidade constante.

Com base nessa situação, é correto afirmar que a carga da gota é:

a) negativa e a resultante das forças sobre a gota não é nula.

b) positiva e a resultante das forças sobre a gota é nula.

c) negativa e a resultante das forças sobre a gota é nula.

d) positiva e a resultante das forças sobre a gota não é nula.

9. **(UFC-CE)** Uma partícula de massa *m* e carga elétrica *q* é largada do repouso de uma altura 9*H*, acima do solo. Do solo até uma altura $h' = 5H$, existe um campo elétrico horizontal de módulo constante *E*. Considere a gravidade local de modulo constante *g*, a superfície do solo horizontal e despreze quaisquer efeitos de dissipação de energia. Determine:

a) o tempo gasto pela partícula para atingir a altura *h'*;

b) o tempo gasto pela partícula para atingir o solo;

c) o tempo gasto pela partícula sob ação do campo elétrico;

d) o módulo do deslocamento horizontal da partícula, desde o instante em que a partícula é largada até o instante em que a partícula atinge o solo.

Rogério Reis/Pulsar Imagens

Os eletricistas que fazem reparos nas redes elétricas trabalham com equipamentos de segurança apropriados para evitar choques elétricos.

CAPÍTULO 3

Potencial elétrico

Infelizmente, um tipo específico de crime comumente recebe destaque na imprensa nacional: o roubo de fios e cabos das redes elétricas e telefônicas. Os fios e cabos são feitos de cobre, metal de grande valor no mercado.

Segundo as reportagens, só na cidade de São Paulo, mais de 700 mil quilômetros de fios e cabos são roubados por ano. Quem rouba, vende esse produto nos comércios de sucata e ferro-velho. Por sua vez, esses comerciantes repassam o cobre para as indústrias de pequeno e médio portes.

Nessa atividade ilícita há sempre o risco de os criminosos, principalmente aqueles que roubam fios elétricos energizados, morrerem eletrocutados, pois, sem utilizar equipamentos de segurança, como luvas e botas de borracha, além de ferramentas adequadas, a probabilidade de ocorrer um acidente é muito grande, em razão da diferença de potencial elétrico dos fios e cabos.

PARA INICIAR A CONVERSA

Qual é o metal utilizado na fabricação de fios e cabos elétricos?

Por que é obrigatória a utilização de luvas, botas de borracha e ferramentas adequadas para os profissionais que exercem atividades que envolvam eletricidade?

Além da rede elétrica, onde mais é possível medir a diferença de potencial?

3.1 Diferença de potencial

O que é voltagem

Suponha um objeto eletrizado criando um campo elétrico no espaço à sua volta. Considere dois pontos, *A* e *B*, nesse campo elétrico, como mostra a **figura 3.1**. Se colocarmos uma carga de prova positiva *q* em *A*, atuará sobre ela uma força elétrica $\vec{F}$ de repulsão devida ao campo que deslocará a carga de *A* para *B*.

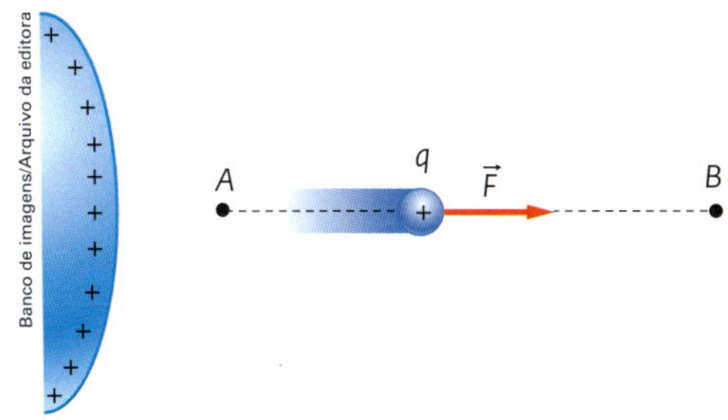

Figura 3.1. A diferença de potencial entre os pontos *A* e *B* é dada pela expressão $V_A - V_B = \frac{\mathcal{T}_{AB}}{q}$. Representação sem escala e em cores fantasia.

Nesse deslocamento a força elétrica estará **realizando um trabalho**, que vamos designar por $\mathcal{T}_{AB}$. Em outras palavras, o trabalho, $\mathcal{T}_{AB}$, representa uma certa quantidade de energia que a força elétrica $\vec{F}$ transfere para a carga *q* em seu deslocamento de *A* para *B*.

Uma grandeza muito importante no estudo dos fenômenos elétricos está relacionada com esse trabalho. Essa grandeza é denominada **diferença de potencial entre os pontos *A* e *B***, sendo representada por $V_A - V_B$ e definida pela seguinte relação:

$$V_A - V_B = \frac{\mathcal{T}_{AB}}{q}$$

A diferença de potencial ddp também é denominada **voltagem** ou **tensão** entre dois pontos, podendo ser representada por V_{AB} ou simplesmente por *V*. Assim, quando se diz que a voltagem V_{AB} entre dois pontos é muito grande (alta voltagem) significa que o campo elétrico realiza um grande trabalho sobre uma dada carga que se desloca entre esses pontos, ou seja, a carga recebe do campo grande quantidade de energia em seu deslocamento. Entre os terminais de uma bateria, por exemplo, temos ddp de 12 volts, enquanto a tomada de uma residência pode ter 110 ou 220 volts.

Observe que, como $\mathcal{T}_{AB}$ e *q*, a diferença de potencial V_{AB} é também uma grandeza escalar.

Da equação $V_{AB} = \frac{\mathcal{T}_{AB}}{q}$, podemos afirmar que, no SI, a unidade de medida da voltagem é 1 J/C. Essa unidade é denominada 1 volt = 1 V, em homenagem ao físico italiano Alessandro Volta, que desenvolveu a primeira pilha. Portanto:

$$1\,\text{V} = 1\,\frac{\text{J}}{\text{C}}$$

Em resumo:

Quando um campo elétrico realiza um trabalho $\mathcal{T}_{AB}$ sobre uma carga de prova positiva *q*, que se desloca de um ponto *A* para um ponto *B*, a diferença de potencial (ou voltagem) V_{AB} entre esses pontos é obtida dividindo-se o trabalho realizado pelo valor da carga que foi deslocada, isto é:

$$V_{AB} = \frac{\mathcal{T}_{AB}}{q}$$

Na **figura 3.1**, suponha que a carga *q* se deslocasse de *A* para *B* seguindo uma trajetória qualquer, diferente daquela mostrada na figura. Se calculássemos o trabalho que a força elétrica realiza sobre a carga ao longo desse novo caminho, verificaríamos que esse trabalho seria o mesmo que o realizado na primeira trajetória. Portanto, o trabalho realizado pela força elétrica entre dois pontos é o mesmo, qualquer que seja a trajetória seguida pela carga; quando isso acontece, dizemos que a força é conservativa (como é o caso do peso de um objeto e da força elástica de uma mola). Logo, a força elétrica é um exemplo de força conservativa.

Consequentemente, a diferença de potencial entre dois pontos, em um dado campo elétrico, tem um valor único, qualquer que seja a trajetória seguida pela carga de prova usada para calcular essa diferença.

Comentário

O conceito de voltagem está muito relacionado com nossa vida diária. Você já deve ter ouvido falar, por exemplo, que nas residências existem tomadas elétricas de 110 V ou 220 V. Assim, sendo 110 V = 110 J/C, se um aparelho elétrico for ligado nessa tomada **(figura 3.2.a)**, cada carga de 1 C que se deslocar de um terminal para outro (de *A* para *B*) receberá 110 J de energia do campo elétrico existente na tomada (a carga, por sua vez, transfere ao aparelho essa energia que recebeu do campo elétrico).

Se a tomada for de 220 V, podemos concluir que cada 1 C receberá 220 J de energia ao se deslocar de um terminal para outro. Do mesmo modo, quando dizemos que a bateria de um automóvel apresenta uma voltagem de 12 V, teremos uma energia de 12 J transferida para cada 1 C que se desloca de um polo para outro dessa bateria **(figura 3.2.b)**.

As imagens desta página estão representadas fora de proporção.

Figura 3.2. Em **a**, uma tomada de 110 V e outra de 220 V, identificada em vermelho para evitar problemas ao ligar os equipamentos à rede elétrica. Em **b**, uma bateria de 12 V utilizada em automóveis.

a

aimy27feb/Shutterstock

b

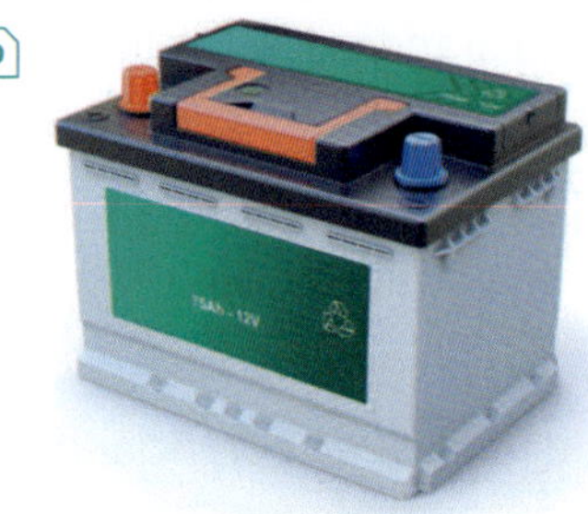

Slavoljub Pantelic/Shutterstock

Sentido do movimento de uma carga

Consideremos dois pontos *A* e *B* dentro de um campo elétrico criado por um objeto eletrizado **(figura 3.1)**. Abandonando uma carga positiva em *A*, a força elétrica $\vec{F}$ que atua sobre ela estará dirigida para *B*. Logo, quando essa carga se deslocar de *A* para *B*, a força elétrica $\vec{F}$ realizará, sobre ela, um trabalho positivo, isto é, $\tau_{AB} > 0$. Como $V_A - V_B = \frac{\tau_{AB}}{q}$, concluímos que a diferença de potencial entre *A* e *B* também é positiva, ou seja, $V_A - V_B > 0$. Nessas condições, dizemos que "o potencial de *A* é maior que o de *B*".

Portanto, podemos observar, na **figura 3.1**, que a carga positiva se desloca, sob a ação da força elétrica, do ponto *A*, onde o potencial é maior, para o ponto *B*, onde o potencial é menor. Se abandonássemos uma carga negativa entre os pontos *A* e *B* da **figura 3.1**, ela se deslocaria, sob a ação da força elétrica (atraída pelo objeto eletrizado), no sentido de *B* para *A*. Em outras palavras, a carga negativa tende a se deslocar de pontos onde o potencial é menor para pontos onde ele é maior.

Assim, podemos destacar:

Uma carga positiva abandonada em um campo elétrico tende a se deslocar de pontos onde o potencial é maior para pontos onde ele é menor. Uma carga negativa tenderá a se mover em sentido contrário, isto é, de pontos onde o potencial é menor para pontos onde ele é maior.

Exemplo

a) Suponha que, na figura 3.1, uma carga positiva $q = 2{,}0 \cdot 10^{-7}$ C se deslocasse de *A* para *B* e que o trabalho realizado pela força elétrica sobre ela fosse $\mathcal{T}_{AB} = 5{,}0 \cdot 10^{-3}$ J. Qual seria a diferença de potencial V_{AB} entre *A* e *B*?

A diferença de potencial entre *A* e *B* é dada por:

$$V_{AB} = \frac{\mathcal{T}_{AB}}{q} = \frac{5{,}0 \cdot 10^{-3}}{2{,}0 \cdot 10^{-7}}$$

$$V_{AB} = 2{,}5 \cdot 10^{4}\ \text{V}$$

Observe que, como $\mathcal{T}_{AB}$ foi expresso em joule e q em coulomb, temos V_{AB} expresso em volt (lembre-se de que 1 V = 1 J/C).

b) Se uma carga positiva $q = 6{,}0 \cdot 10^{-6}$ C for abandonada no ponto *A* da figura 3.1, qual será o trabalho que a força elétrica realizará sobre essa carga ao deslocá-la de *A* para *B*?

Da expressão $V_{AB} = \frac{\mathcal{T}_{AB}}{q}$, obtemos: $\mathcal{T}_{AB} = qV_{AB}$

Como já determinamos o valor de V_{AB}, teremos:

$$\mathcal{T}_{AB} = qV_{AB} = 6{,}0 \cdot 10^{-6} \cdot 2{,}5 \cdot 10^{4}$$

$$\mathcal{T}_{AB} = 0{,}15\ \text{J}$$

c) Ainda na figura 3.1, considere uma carga negativa deslocando-se, sob a ação da força elétrica, de *B* para *A*. O trabalho realizado por essa força sobre a carga será positivo ou negativo?

A força elétrica que atua nessa carga negativa está dirigida de *B* para *A* e o deslocamento da carga também se efetua nesse sentido. Então, como a força e o deslocamento têm o mesmo sentido, o trabalho realizado será positivo.

Verifique o que aprendeu

As ilustrações desta página estão representadas sem escala e em cores fantasia.

Ilustrações: Banco de imagens/Arquivo da editora

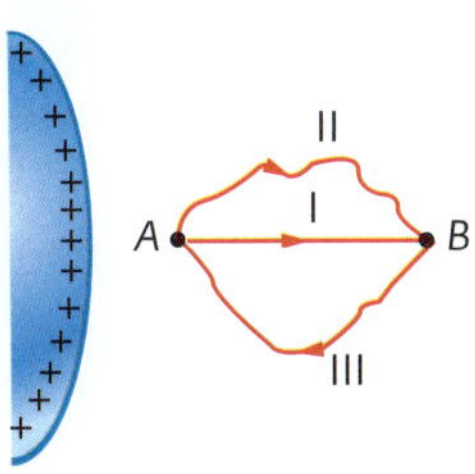

1. Considere uma lâmpada ligada à tomada elétrica de uma residência. Verifica-se que um trabalho de 44 J é realizado sobre uma carga de 0,20 C que passa, através da lâmpada, de um terminal a outro dessa tomada.

a) Qual é a diferença de potencial entre os terminais da tomada?

b) Um aparelho é ligado a essa tomada durante um certo tempo, recebendo 1 100 J de energia das cargas elétricas que passam através dele. Qual é o valor total dessas cargas?

2. a) Quando uma carga *q* se desloca de *A* para *B* ao longo da trajetória I mostrada na figura, o campo elétrico realiza sobre ela um trabalho de $1{,}5 \cdot 10^{-3}$ J. Se essa carga *q* se deslocasse de *A* para *B* ao longo da trajetória II, o trabalho realizado pelo campo elétrico sobre ela seria maior, menor ou igual a $1{,}5 \cdot 10^{-3}$ J?

b) Se a carga *q* fosse transportada de *B* para *A*, ao longo da trajetória III (veja a figura), qual trabalho seria realizado sobre ela pelo campo elétrico?

c) Então, qual é o trabalho que o campo elétrico realiza sobre uma carga que sai de um certo ponto e volta novamente a ele após percorrer uma trajetória qualquer (trajetória fechada)?

3. Considere os pontos *A* e *B* no campo elétrico criado por um objeto eletrizado negativamente, como mostra a figura.

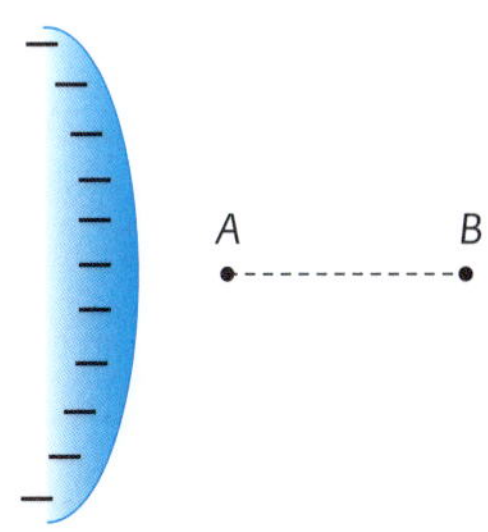

a) Uma carga positiva *q* é abandonada em um ponto situado entre *A* e *B*. Sob a ação da carga criadora do campo, a carga *q* tende a se deslocar para *A* ou para *B*?

b) Então, podemos concluir que o potencial de *A* é maior ou menor que o de *B*? Explique.

3.2 Voltagem em um campo uniforme

As ilustrações desta página estão representadas sem escala e em cores fantasia.

Cálculo de V_{AB} em um campo uniforme

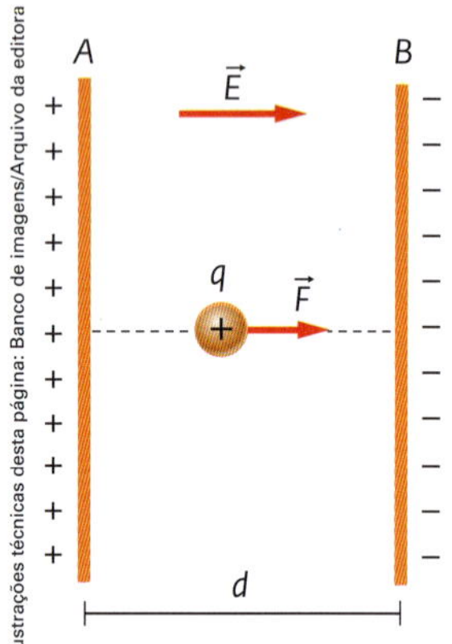

Figura 3.3. No campo elétrico uniforme, a diferença de potencial é dada por $V_{AB} = Ed$.

A **figura 3.3** representa duas placas paralelas, separadas por uma distância d e eletrizadas com cargas iguais e de sinais contrários. Entre elas existe um campo uniforme $\vec{E}$, dirigido da placa positiva A para a placa negativa B.

Para calcularmos a diferença de potencial entre essas duas placas, abandonamos uma carga de prova positiva q junto à placa A e determinamos o trabalho $\mathcal{T}_{AB}$ que o campo realiza sobre essa carga ao deslocá-la até a placa B. A voltagem procurada será dada por $V_{AB} = \dfrac{\mathcal{T}_{AB}}{q}$.

Quando o campo é uniforme, a força elétrica $\vec{F}$ que atua em q permanece constante enquanto essa carga se desloca. Como $\vec{F} = q\vec{E}$ e $\vec{E}$ não varia, concluímos que $\vec{F}$ também será constante. Nessas condições, como a força $\vec{F}$ tem a mesma direção e o mesmo sentido do deslocamento, temos:

$$\mathcal{T}_{AB} = Fd \quad \text{ou} \quad \mathcal{T}_{AB} = qEd$$

Então, a voltagem V_{AB} entre as placas será:

$$V_{AB} = \frac{\mathcal{T}_{AB}}{q} = \frac{qEd}{q} \quad \therefore \quad \boxed{V_{AB} = Ed}$$

No SI, a grandeza V_{AB} é dada em volts, q em Coulomb, d em metros e F em newtons.

Essa expressão nos permite calcular a diferença de potencial entre dois pontos quaisquer de um campo uniforme. Deve-se observar, entretanto, que a distância d entre os dois pontos deve ser tomada na direção paralela ao vetor $\vec{E}$. Assim, na **figura 3.4.a**, para calcularmos a diferença de potencial entre os pontos M e N, usamos a expressão $V_{MN} = Ed$, em que d é a distância indicada nessa figura.

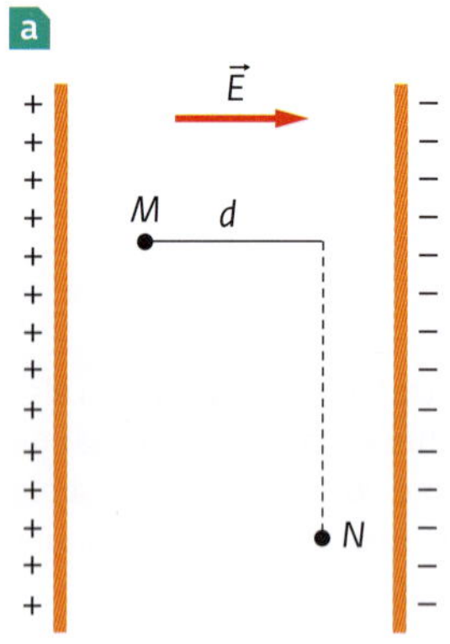

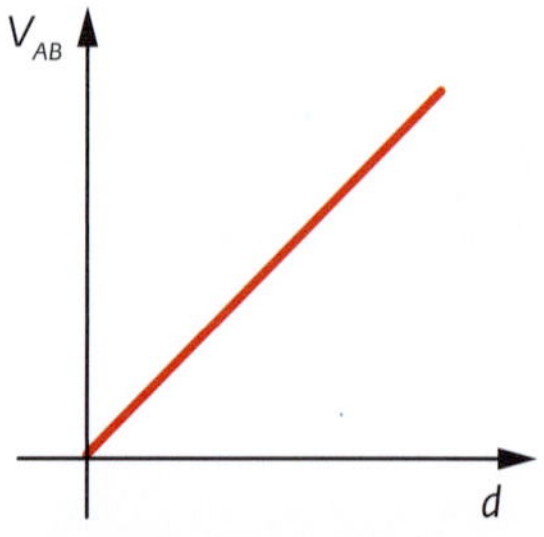

Figura 3.4. Diferença de potencial entre dois pontos, M e N, de um campo elétrico uniforme (**a**) e diagrama $V_{AB} \times d$ (**b**).

Comentários

1) A expressão $V_{AB} = Ed$ nos mostra que a voltagem entre dois pontos em um campo uniforme será tanto maior quanto maior for a intensidade desse campo. Além disso, para um dado valor de $\vec{E}$, vemos que V_{AB} será diretamente proporcional à distância d entre os dois pontos (distância medida na direção de $\vec{E}$). Nesse caso, o gráfico $V_{AB} \times d$ será como aquele mostrado na **figura 3.4.b**.

2) Da relação $V_{AB} = Ed$, obtemos:

$$E = \frac{V_{AB}}{d}$$

que nos permite obter o valor do campo elétrico através da medida da voltagem V_{AB}. A voltagem pode ser obtida no laboratório, por meio de medidas diretas com aparelhos apropriados (voltímetros). Por outro lado, não existem aparelhos que nos permitem medir diretamente a intensidade do campo.

3) Vimos no capítulo anterior que, no SI, a unidade de campo elétrico é 1 N/C. Entretanto, pela expressão $E = \dfrac{V_{AB}}{d}$, vemos que é possível medir o valor de E usando a unidade 1 V/m. Essas unidades são equivalentes, isto é, 1 V/m = 1 N/C.
Assim, quando dizemos que a intensidade de um certo campo elétrico é, por exemplo, $E = 500$ V/m, significa que temos $E = 500$ N/C.

Exemplo

Usando um voltímetro, mediu-se a diferença de potencial entre as placas mostradas na figura 3.3, encontrando-se $V_{AB} = 300$ V. Verificou-se, também, que a distância entre A e B era $d = 5{,}0$ mm.

a) Calcule a intensidade do campo entre as placas.

Temos $E = \frac{V_{AB}}{d}$. Como $V_{AB} = 300$ V, vem:

$$d = 5{,}0 \text{ mm} = 5{,}0 \cdot 10^{-3} \text{ m}$$

Logo:

$$E = \frac{V_{AB}}{d} = \frac{300}{5{,}0 \cdot 10^{-3}} \quad \therefore \quad E = 6{,}0 \cdot 10^{4} \text{ V/m}$$

Poderíamos, também, escrever $E = 6{,}0 \cdot 10^4$ N/C.

b) Suponha que a carga q mostrada na figura 3.3 tenha o valor $q = 2{,}0 \cdot 10^{-7}$ C. Qual é o valor da força elétrica $\vec{F}$ que atua nessa carga?

A força elétrica que atua sobre uma carga q, colocada em um campo elétrico $\vec{E}$, é dada por:

$$F = qE = 2{,}0 \cdot 10^{-7} \cdot 6{,}0 \cdot 10^{4} \quad \therefore \quad F = 1{,}2 \cdot 10^{-2} \text{ N}$$

c) Qual o trabalho τ_{AB} que o campo elétrico realiza sobre a carga q ao deslocá-la da placa A para a placa B?

Para o trabalho:

$$\tau_{AB} = Fd = 1{,}2 \cdot 10^{-2} \cdot 5{,}0 \cdot 10^{-3} \quad \therefore \quad \tau_{AB} = 6{,}0 \cdot 10^{-5} \text{ J}$$

ou $V_{AB} = \frac{\tau_{AB}}{q}$:

$$\tau_{AB} = qV_{AB} = 2{,}0 \cdot 10^{-7} \cdot 300 \quad \therefore \quad \tau_{AB} = 6{,}0 \cdot 10^{-5} \text{ J}$$

Em ambos os casos obtemos o mesmo valor para τ_{AB}.

Potencial em um ponto

O potencial em um ponto é a diferença de potencial entre esse ponto e um outro, tomado como referência. Por exemplo, para calcularmos o potencial em um ponto A devemos escolher, arbitrariamente, um outro ponto P, denominado nível de potencial, ao qual se atribui um potencial nulo ($V_P = 0$). Em seguida, calcula-se a diferença de potencial entre A e P e obtemos o potencial de A (V_A) em relação a P.

Exemplo

Consideremos que entre as duas placas da figura 3.3 existe uma diferença de potencial $V_A = V_B = 300$ V. Qual o potencial de A em relação a B? E o potencial de B em relação a A?

Se escolhermos a placa B como nível de potencial, teremos $V_B = 0$ e, então, $V_A = 300$ V, isto é, o potencial de A é 300 V em relação a B (o potencial de A está 300 V acima do potencial de B). Poderíamos, contudo, ter escolhido a placa A como referência para cálculo dos potenciais. Nesse caso, teríamos $V_A = 0$ (nível) e, então, $V_B = -300$ V, isto é, o potencial de B, em relação à placa A, é -300 V (o potencial de B está 300 V abaixo do nível). Observe que o potencial em um ponto não tem um valor único. Esse valor depende do nível escolhido como referência.

VERIFIQUE O QUE APRENDEU

4. Ligando-se os polos de uma bateria a duas placas metálicas paralelas *M* e *N* (veja a figura a seguir), ficará estabelecida, entre essas placas, uma voltagem $V_{MN} = 12\,V$.

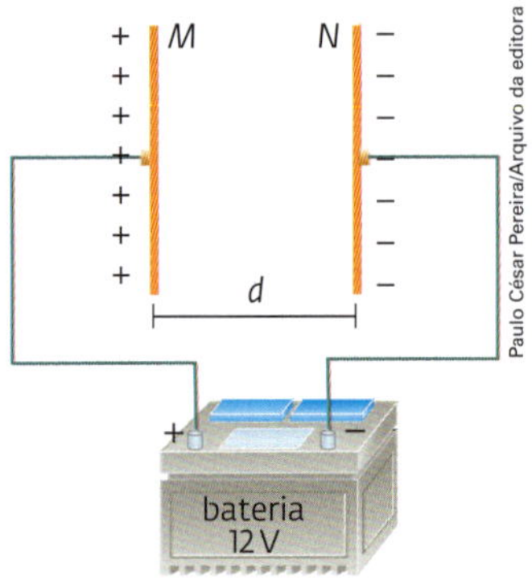

a) Desenhe no caderno uma cópia da figura deste exercício e o vetor $\vec{E}$, que representa o campo entre as placas.

b) Supondo que a distância entre *M* e *N* seja $d = 2{,}0$ mm, calcule a intensidade do campo entre elas.

5. A figura ao lado mostra as linhas de força de um campo elétrico uniforme, cuja intensidade vale $E = 1{,}5 \cdot 10^4$ N/C.

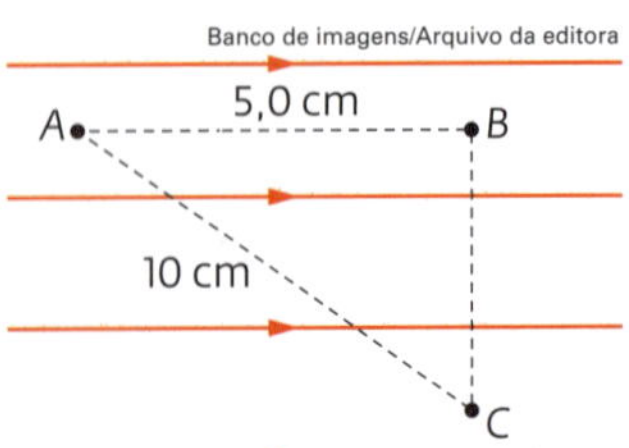

Observe a figura e determine:

a) V_{AB} b) V_{BC} c) V_{AC}

6. Verifica-se que, aumentando a distância *d* entre duas placas metálicas eletrizadas (de tal modo que o valor de *d* permaneça pequeno em relação ao tamanho das placas), o campo elétrico entre elas não se altera. Entretanto, a relação $V_{AB} = Ed$ nos mostra que V_{AB} cresce à medida que *d* aumenta.

No quadro seguinte são apresentados valores de V_{AB} entre duas placas metálicas, medidos em um laboratório, enquanto a distância *d* entre as placas era aumentada:

d **(mm)**	V_{AB} **(V)**
2,0	100
4,0	200
6,0	300

a) Com os dados da tabela, construa no caderno o gráfico $V_{AB} \times d$. O aspecto do gráfico que você obteve era o esperado?

b) Qual é a grandeza representada pela inclinação desse gráfico?

7. a) Calcule, em V/mm, a inclinação do gráfico obtido no exercício anterior.

b) Expresse, em V/m e em N/C, a intensidade do campo entre as placas.

3.3 Voltagem no campo de uma carga puntual

Valor do potencial criado por uma carga puntual

Suponhamos que desejássemos calcular a voltagem V_{AB} entre dois pontos *A* e *B* do campo criado por uma carga puntual *Q* (**figura 3.5**). Isso poderia ser feito usando-se a expressão $V_{AB} = \frac{\mathcal{T}_{AB}}{q}$, que é a equação que define a diferença de potencial entre dois pontos, sendo válida, portanto, em qualquer situação.

Ao tentarmos calcular o trabalho $\mathcal{T}_{AB}$ realizado pela força elétrica sobre a carga de prova, encontraremos uma dificuldade: essa força elétrica varia enquanto a carga de prova se desloca de *A* para *B*, pois o campo criado pela carga puntual *Q* **não é** um campo uniforme. Quando $\vec{F}$ não é constante, o cálculo do trabalho $\mathcal{T}_{AB}$ só pode ser feito usando-se métodos matemáticos que serão estudados apenas em cursos mais avançados.

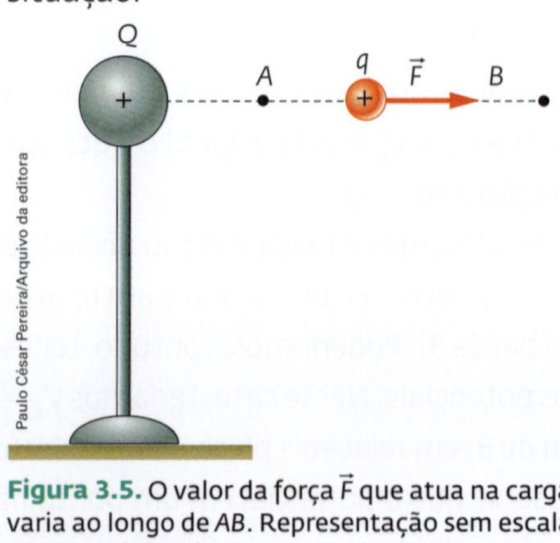

Figura 3.5. O valor da força $\vec{F}$ que atua na carga *q* varia ao longo de *AB*. Representação sem escala e em cores fantasia.

Fazendo uso de tais métodos, podemos mostrar que uma carga puntual Q, no ar, estabelece em um ponto *P*, situado a uma distância *r* dessa carga, um potencial *V* dado por **(figura 3.6)**:

$$V = k_0 \frac{Q}{r}$$

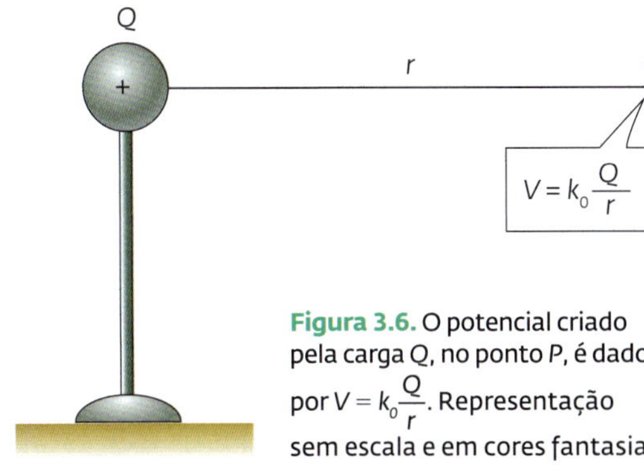

Figura 3.6. O potencial criado pela carga Q, no ponto *P*, é dado por $V = k_0 \frac{Q}{r}$. Representação sem escala e em cores fantasia.

Essa expressão para o valor do potencial foi obtida considerando-se como referência um ponto muito afastado da carga Q ou, como costumamos dizer, essa expressão fornece o valor do potencial em relação a um nível no infinito.

Ao usarmos a expressão $V = k_0 \frac{Q}{r}$, é importante observar que o sinal da carga Q deve ser levado em consideração. Assim, quando Q é positiva, o potencial em *P* será também positivo e, se Q for uma carga negativa, o valor de *V* em *P* será negativo.

No SI a unidade do potencial elétrico é o volt (V), mas existe outra unidade de energia, que não pertence ao SI, chamada elétron-volt (eV) que costuma ser empregada.

$$1 \text{eV} = 1{,}6 \cdot 3 \cdot 10^{-6} \text{ J}$$

Um elétron-volt corresponde à energia que um elétron adquire ao atravessar uma ddp de 1 V, no vácuo.

O potencial elétrico pode ser representado graficamente. Veja o gráfico de *V* em função da carga Q positiva ($Q > 0$) **(figura 3.7.a)** e em função da carga Q negativa ($Q < 0$) **(figura 3.7.b)**.

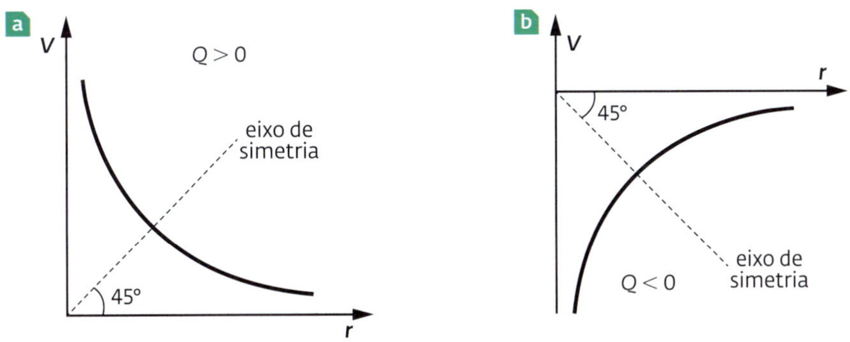

Figura 3.7. Gráficos do potencial elétrico, com nível de referência no infinito, em função da distância *r* no campo de uma carga positiva (**a**) e negativa (**b**).

Exemplo

Suponha que na figura 3.6 o valor da carga Q seja 2,0 μC. Suponha, ainda, que as distâncias da carga Q aos pontos *A* e *B* sejam $r_A = 20$ cm e $r_B = 60$ cm. Calcule a diferença de potencial V_{AB}.

Como vimos, devemos inicialmente calcular, usando a expressão $V = k_0 \frac{Q}{r}$, os potenciais V_A e V_B dos pontos *A* e *B*. Trabalhando com unidades do SI, temos $Q = 2{,}0 \cdot 10^{-6}$ C, $r_A = 0{,}20$ m e $r_B = 0{,}60$ m. Então:

$$V_A = k_0 \frac{Q}{r_A} = 9{,}0 \cdot 10^9 \cdot \frac{2{,}0 \cdot 10^{-6}}{0{,}20} \quad \therefore \quad V_A = 9{,}0 \cdot 10^4 \text{ V}$$

$$V_B = k_0 \frac{Q}{r_B} = 9{,}0 \cdot 10^9 \cdot \frac{2{,}0 \cdot 10^{-6}}{0{,}60} \quad \therefore \quad V_B = 3{,}0 \cdot 10^4 \text{ V}$$

Portanto, a diferença de potencial entre *A* e *B* será:

$$V_{AB} = V_A - V_B = 9{,}0 \cdot 10^4 - 3{,}0 \cdot 10^4 \quad \therefore \quad V_{AB} = 6{,}0 \cdot 10^4 \text{ V}$$

Potencial estabelecido por várias cargas puntuais

O potencial elétrico em um ponto *P*, V_P, quando temos vários campos elétricos originados por várias cargas puntuais, Q_1, Q_2 e Q_3, é a soma algébrica dos potenciais V_1, V_2 e V_3 produzidos separadamente por cada carga. Logo:

$$V_P = V_1 + V_2 + V_3$$

Ilustrações técnicas desta página: Banco de imagens/Arquivo da editora

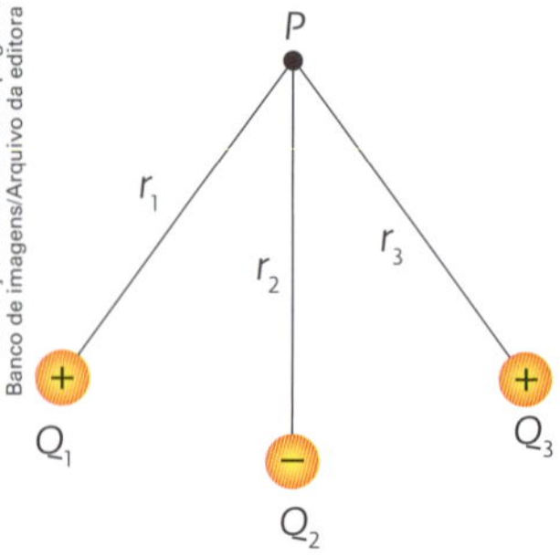

Figura 3.8. O potencial no ponto *P*, estabelecido simultaneamente pelas cargas Q_1, Q_2 e Q_3, é igual à soma algébrica dos potenciais que cada carga produz naquele ponto.

Para calcular o potencial V_1 que a carga Q_1 estabelece em *P*, usamos a expressão $V_1 = k_0 \frac{Q_1}{r_1}$. De modo análogo, calculamos os potenciais V_2 e V_3 que as cargas Q_2 e Q_3 estabelecem em *P*.

Observe que devemos realizar uma soma algébrica porque o potencial é uma **grandeza escalar**. Como vimos no capítulo anterior, se desejássemos calcular o campo elétrico *E* no ponto *P* da **figura 3.8**, deveríamos efetuar uma **soma vetorial**, que é uma operação mais trabalhosa do que a soma algébrica.

Potencial de uma esfera eletrizada

No cálculo do campo elétrico criado por uma esfera uniformemente eletrizada, em pontos exteriores a ela, tudo se passa como se a carga da esfera estivesse concentrada em seu centro. Por esse motivo, quando vamos calcular o potencial estabelecido por uma esfera eletrizada, em um ponto exterior a ela, usamos também a expressão que nos fornece o potencial criado por uma carga puntual.

Assim, na **figura 3.9**, a carga *Q*, distribuída na esfera, estabelece no ponto *P* um potencial (em relação a um nível no infinito) dado por:

$$V = k_0 \frac{Q}{r}$$

em que *r* é a distância de *P* ao centro da esfera.

As ilustrações desta página estão representadas sem escala e em cores fantasia.

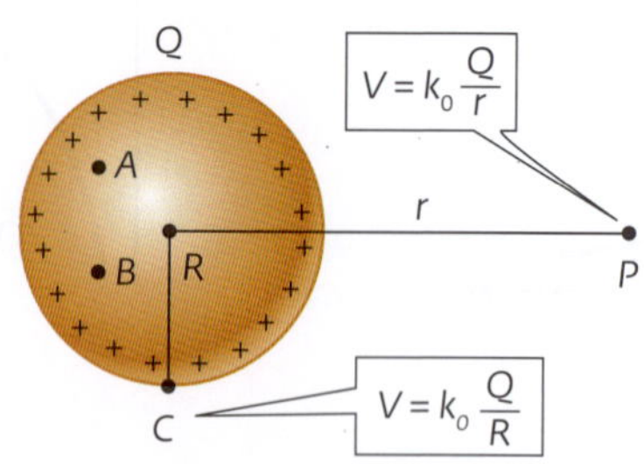

Figura 3.9. O potencial estabelecido pela esfera eletrizada com carga *Q*, no ponto *P*, externo a ela, é dado por $V = k_0 \frac{Q}{r}$.

Se o ponto estiver situado bastante próximo da superfície da esfera, como o ponto *C* mostrado na **figura 3.9**, teremos $r = R$, sendo *R* o raio da esfera.

Dessa maneira, o potencial de qualquer ponto da superfície dessa esfera será dado pela expressão:

$$V = k_0 \frac{Q}{r}$$

Vejamos agora o que se passa com o potencial de pontos interiores à esfera. Supondo que a esfera seja metálica (em equilíbrio eletrostático), o campo elétrico é nulo em seu interior. Então, se imaginarmos uma carga de prova sendo deslocada de *A* para *B*, o trabalho τ_{AB}, realizado pelo campo elétrico sobre ela, será nulo, pois não há força elétrica atuando na carga. Portanto, como $\tau_{AB} = 0$, virá:

$$V_A - V_B = \frac{\tau_{AB}}{q} \quad \therefore \quad V_A - V_B = 0 \quad \text{ou} \quad V_A = V_B$$

isto é, os pontos situados no interior de uma esfera metálica eletrizada estão todos no mesmo potencial.

Se uma carga de prova fosse deslocada de *A* para *C*, não haveria, pelo mesmo motivo, realização de trabalho, ou seja, $\mathcal{T}_{AC} = 0$ e, então, $V_A = V_C$. Podemos assim concluir que **todos** os pontos da esfera, quer estejam em seu interior, quer estejam em sua superfície, estão em um mesmo potencial. Portanto, como a expressão:

$$V = k_0 \frac{Q}{R}$$

nos fornece o potencial em um ponto da superfície, poderemos usá-la para calcular o potencial em **qualquer** ponto da esfera.

Exemplo

Considere uma esfera metálica, de raio *R*, eletrizada com uma carga positiva *Q*. Sendo *V* o potencial estabelecido pela carga da esfera e *r* a distância de um ponto qualquer ao seu centro, faça um desenho mostrando o aspecto do gráfico $V \times r$ para pontos do interior e do exterior da esfera (de $r = 0$ até $r \to \infty$).

Todos os pontos do interior e da superfície da esfera têm o mesmo potencial, dado por $V = k_0 \frac{Q}{R}$. Portanto, quando *r* varia de 0 até *R*, o potencial *V* permanece constante, como está mostrado no gráfico da **figura 3.10**. Para pontos exteriores à esfera ($r > R$), o potencial é dado por $V = k_0 \frac{Q}{r}$, isto é, *V* é inversamente proporcional a *r*, enquanto *r* cresce, *V* diminui na mesma proporção. Então, para $r > R$, o gráfico $V \times r$ será uma curva com o aspecto mostrado na **figura 3.10** (essa curva é denominada **hipérbole**).

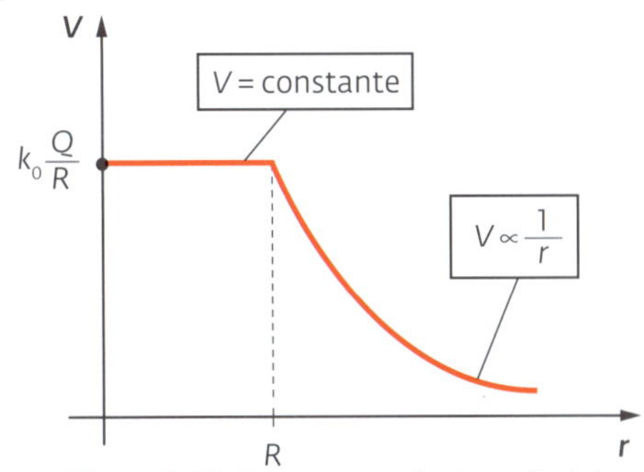

Figura 3.10. Para o exemplo da seção 3.3.

Ilustrações técnicas desta página: Banco de imagens/Arquivo da editora

Verifique o que aprendeu

As ilustrações desta página estão representadas sem escala e em cores fantasia.

8. Considere um ponto situado a uma distância *r* de uma carga puntual positiva *Q*. Sendo *V* o valor do potencial estabelecido por *Q* nesse ponto, faça o que se pede.

a) Duplicando-se *r*, quantas vezes menor torna-se o potencial *V*?

b) E se o valor de *r* for triplicado?

c) Então, faça um desenho no caderno mostrando o aspecto do gráfico $V \times r$. Como se denomina essa curva?

9. A carga puntual *Q*, mostrada na figura abaixo, vale $Q = 3{,}0\ \mu C$, e as distâncias dos pontos *A* e *B* a essa carga são $r_A = 15$ cm e $r_B = 45$ cm.

Suponha a carga no ar e determine:

a) o potencial em *A*;

b) o potencial em *B*;

c) a diferença de potencial V_{BA}.

10. Considere as cargas puntuais Q_1 e Q_2, tendo ambas módulo igual a $5{,}0\ \mu C$, porém de sinais contrários.

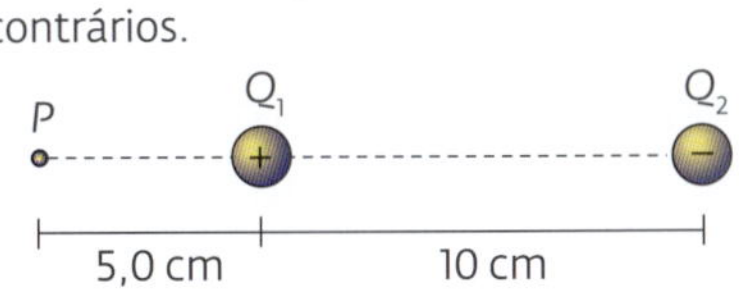

a) Qual é o potencial V_1 que Q_1 estabelece em *P*?

b) Qual é o potencial V_2 que Q_2 estabelece em *P*?

c) Então, qual o valor do potencial *V* no ponto *P*?

11. A figura representa uma esfera metálica eletrizada, em equilíbrio eletrostático.

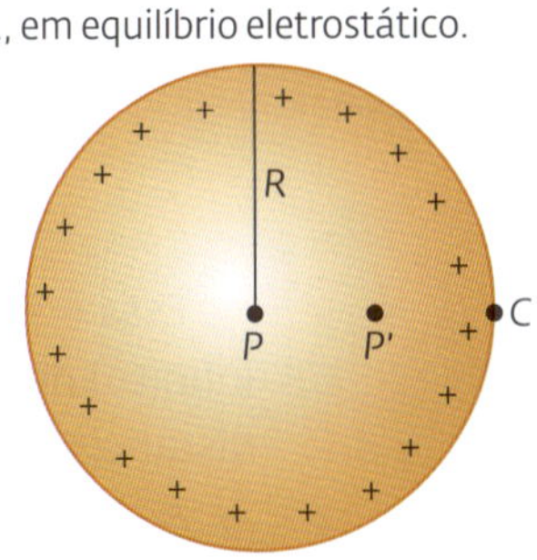

Considerando os pontos *P* e *P'* mostrados na figura, responda:

a) Qual é o valor da intensidade do campo elétrico em *P*?

b) O potencial em *P* é nulo ou diferente de zero?

c) E a diferença de potencial entre *P* e *P'*, é nula ou diferente de zero?

12. Suponha que o valor da carga na esfera do exercício anterior seja $Q = 1{,}5\ \mu C$ e que o seu raio seja $R = 30$ cm. Considerando a esfera no ar:

a) Calcule o potencial do ponto *C*, situado na superfície da esfera.

b) Então, qual é o potencial do ponto *P*? E do ponto *P'*?

3.4 Energia potencial elétrica

Ilustrações técnicas desta página: Banco de imagens/Arquivo da editora

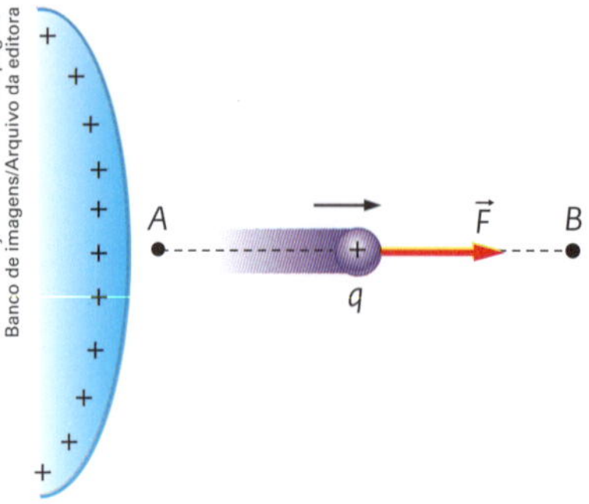

Figura 3.11. Carga q se deslocando de A para B.

A diferença de potencial entre dois pontos em um campo elétrico é dada por:

$$V_A - V_B = \frac{\tau_{AB}}{q}$$

O trabalho que o campo realiza sobre a carga q, deslocando-se de A para B, como na **figura 3.11**, é:

$$\tau_{AB} = qV_A - qV_B$$

Esse trabalho não depende do caminho que a carga percorrerá de A para B, isto é, o campo elétrico é um campo conservativo. E, quando uma força é conservativa, existe sempre associada a ela uma energia potencial E_p que se relaciona com o trabalho dessa força da seguinte maneira:

$$\tau_{AB} = E_{pA} - E_{pB}$$

Essa relação é verdadeira para a força gravitacional, para a força elástica e para qualquer força conservativa. Como a energia potencial em cada ponto tem um valor bem definido, identificando as expressões:

$$\tau_{AB} = qV_A - qV_B \quad \text{e} \quad \tau_{AB} = E_{pA} - E_{pB} \quad \therefore \quad E_{pA} = qV_A \quad \text{e} \quad E_{pB} = qV_B$$

De modo geral, podemos dizer que:

Se uma carga q é colocada em um ponto onde o potencial elétrico é V, ela possui nessa posição uma energia potencial elétrica:

$$E_p = qV$$

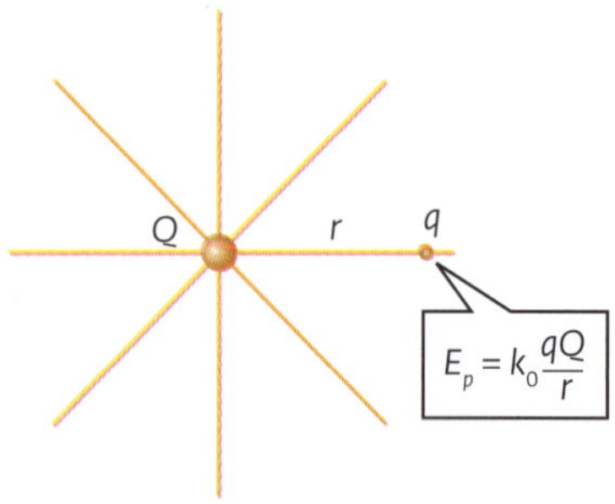

Figura 3.12. Representação da distância r entre as cargas Q e q.

Analisaremos a situação representada na **figura 3.12**. Consideremos uma carga puntual Q, estabelecendo um campo elétrico, no qual é colocada uma carga, também puntual, q, a uma distância r de Q. O potencial estabelecido por Q à distância r é $V = k_0\frac{qQ}{r}$. Portanto, a energia potencial de q, naquele ponto, é dada por:

$$E_p = qV \quad \therefore \quad E_p = k_0\frac{qQ}{r}$$

Essa é, então, a expressão que fornece a energia potencial elétrica (em relação ao infinito) de uma carga puntual q, no campo criado por uma carga puntual Q, a uma distância r dessa carga.

Ao usar essa equação, os sinais de Q e q precisam ser levados em consideração. Por exemplo, supondo $Q = +5{,}0\ \mu C$, $q = +2{,}0\ \mu C$ e $r = 10$ cm, temos:

$$E_p = k_0\frac{qQ}{r} = 9 \cdot 10^9 \cdot \frac{5{,}0 \cdot 10^{-6} \cdot 2{,}0 \cdot 10^{-6}}{0{,}10} \quad \therefore \quad E_p = 0{,}9\ J$$

As ilustrações desta página estão representadas sem escala e em cores fantasia.

Esse resultado significa que a carga q possui uma E_p de 0,9 J acima do valor em pontos muito distantes (infinito, em que $E_p = 0$). Portanto, se q for abandonada daquela posição e Q for mantida fixa, a carga q será repelida e alcançará um ponto no infinito com energia cinética $E_c = 0{,}9$ J (supondo desprezíveis outras forças que atuam em q).

Se o sinal da carga q for negativo, teremos $E_p = -0{,}9$ J. Então, a energia dessa carga será menor do que a que ela teria no infinito (em que $E_p = 0$). Essa carga, sendo atraída por Q, só poderá ser transportada para um ponto muito afastado se uma força externa realizar sobre ela um trabalho mínimo igual a 0,9 J (nesse caso, ela alcançaria o infinito com $E_c = 0$).

FÍSICA NO CONTEXTO

Napoleão Bonaparte e o conde Alessandro Volta

Pávia: localização

Atlante geografico metodico De Agostini 2008-2009. Novara: Istituto Geografico De Agostini, 2008. Adaptado.

Figura 3.13. Região da Lombardia, com destaque para o local onde está a cidade de Pávia.

Desde épocas remotas observa-se que existe uma relação entre ciência e poder. Os avanços científicos advindos de uma guerra, por exemplo, frequentemente tiveram sua origem nas ideologias de cientistas que colaboraram direta ou indiretamente para o avanço da tecnologia.

As condições históricas por que passou o italiano Alessandro Volta não foram diferentes. Além de inventar diversos instrumentos para medição da eletricidade, é notório que a invenção de Volta que mais lhe trouxe crédito foi a pilha. O primeiro informe de sua invenção foi feito na Royal Society, britânica, em 1800. Sem dúvida a pilha elétrica era um instrumento fantástico, que produzia corrente elétrica de forma contínua, o que a diferia da tradicional forma de produção de corrente através de descargas elétricas que era utilizada naquela época. Nessa época, Volta era professor da Universidade de Pávia, que está situada na Lombardia (figura 3.13), e a Áustria, aliada dos britânicos, havia recuperado momentaneamente o controle da região na Guerra Revolucionária Francesa.

Em 1801, Volta apresentou seus resultados experimentais no Institut de France, em Paris. O próprio Napoleão Bonaparte (figura 3.14), que naquele momento era o primeiro cônsul da França, assistiu entusiasmadamente às apresentações de Volta e, além de pagar as despesas pessoais da viagem, lhe outorgou medalha de ouro em reconhecimento a seus méritos científicos. Mais tarde, Volta viria a receber de Napoleão outras condecorações, como as cruzes da Legião de Honra e da Coroa de Ferro e o título de conde. Com isso, Napoleão deixou a marca na História de ser um homem da cultura e um benfeitor da ciência. E, mesmo após sua queda em 1815, Volta ainda se manteve em evidência entre a ciência e a política. Em 1881, por exemplo, a unidade elétrica volt recebeu este nome em sua homenagem.

Akg-Images/Latinstock

Figura 3.14. Alessandro Volta apresenta a pilha a Napoleão Bonaparte (1801).

3.5 Superfície equipotencial em uma carga

O que é uma superfície equipotencial

Em um campo elétrico, uma superfície equipotencial é toda superfície em que seus pontos se encontram em um potencial elétrico constante. As superfícies equipotenciais são perpendiculares às linhas de força em qualquer campo elétrico e, consequentemente, são perpendiculares ao vetor campo elétrico. Em campos elétricos de uma carga puntual, positiva ou negativa, as superfícies equipotenciais são superfícies esféricas concêntricas, conforme **figura 3.15**. Para a carga elétrica positiva, o potencial elétrico V_A no ponto *A* **(figura 3.15.a)** é maior do que o potencial elétrico V_B no ponto *B*, isto é, $V_A > V_B$. Se a carga elétrica for negativa, o potencial de cada superfície diminui à medida que se afasta da carga, ou seja, $V_A < V_B$ **(figura 3.15.b)**.

As ilustrações desta página estão representadas sem escala e em cores fantasia.

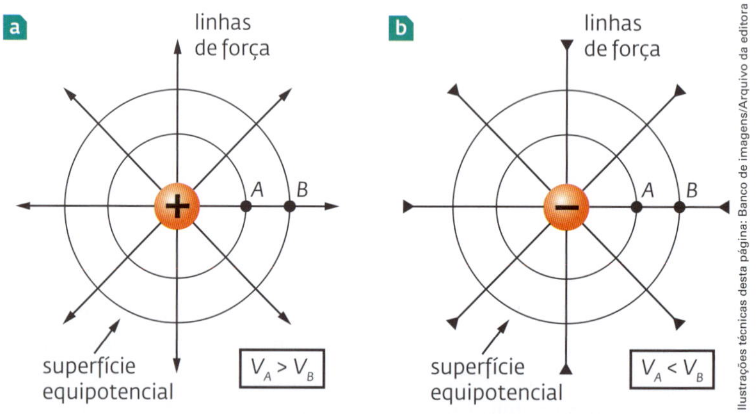

Figura 3.15. Superfícies equipotenciais esféricas no campo de uma carga puntual positiva (**a**) e negativa (**b**).

Superfícies equipotenciais em um campo uniforme

Consideremos um ponto *P* na **figura 3.16**, em um campo elétrico uniforme criado pelas placas *A* e *B*. A diferença de potencial entre a placa *A* e o ponto *P* é dada por:

$$V_A - V_P = Ed$$

O potencial do ponto *P*, em relação à placa *A*, depende apenas de sua distância *d* à placa (lembre-se de que a intensidade do campo é constante). Assim, os pontos *P*, *P'*, *P''*, etc., situados à mesma distância da placa *A*, possuem o mesmo potencial, pois uma superfície plana paralela às placas, como a S_1 mostrada na **figura 3.16**, será uma superfície equipotencial. Da mesma forma, S_2 (ou S_3) também será uma superfície equipotencial, cujo potencial, entretanto, é diferente do de S_1.

Algumas linhas de força do campo uniforme, criado pelas placas, estão representadas na **figura 3.16**. Observe que essas linhas são perpendiculares às superfícies equipotenciais, em concordância com o que afirmamos anteriormente.

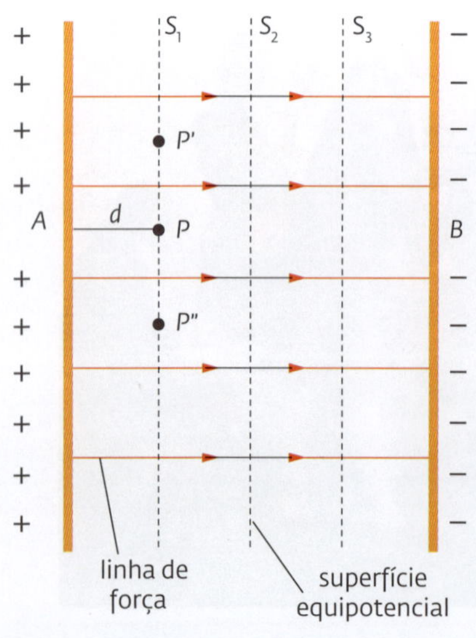

Figura 3.16. As superfícies equipotenciais, S_1, S_2, S_3, são perpendiculares às linhas de força do campo elétrico.

VERIFIQUE O QUE APRENDEU

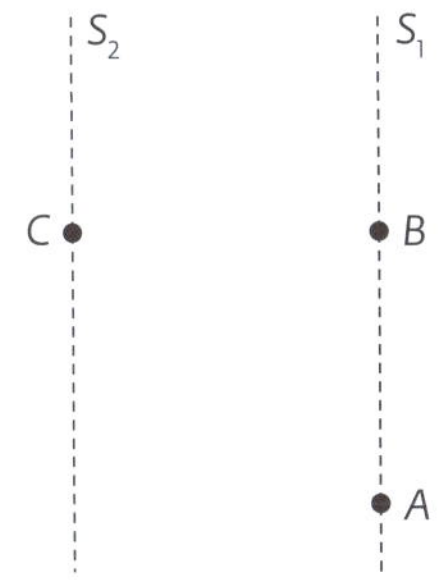

13. Na figura ao lado, S_1 e S_2 representam duas superfícies equipotenciais em uma região onde existe um campo elétrico uniforme. Sabe-se que o potencial de S_1 é $V_1 = 500$ V e o de S_2 é $V_2 = 300$ V (ambos em relação a um mesmo nível).

a) Abandonando-se uma carga de prova positiva em um ponto situado entre S_1 e S_2, qual é o sentido de movimento dessa carga?

b) Desenhe no caderno a figura ao lado e algumas linhas de força do campo elétrico existente na região (não se esqueça de indicar o sentido dessas linhas).

c) Qual é a diferença de potencial entre os pontos *A* e *B*? E entre *A* e *C*?

14. Considere um bloco metálico, eletrizado positivamente, em equilíbrio eletrostático. Os pontos *A* e *B* estão situados na superfície desse bloco e *C* é um ponto de seu interior (veja a figura abaixo).

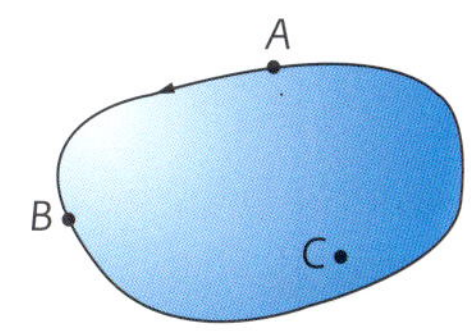

Sabendo-se que o potencial de *A*, em relação a um certo nível, vale $V_A = 800$ V, responda:

a) Qual é o potencial do ponto *B* (em relação ao mesmo nível)?

b) E o potencial do ponto *C* (considere ainda o mesmo nível)?

c) Se uma carga de prova for transportada de *A* para *B*, qual será o trabalho τ_{AB} realizado pelo campo elétrico sobre ela?

3.6 O gerador de Van de Graaff

Princípio de funcionamento do gerador de Van de Graaff

As ilustrações desta página estão representadas sem escala e em cores fantasia.

Um dispositivo que permite obter voltagens muito elevadas para serem usadas nas experiências de Física contemporânea, como as que aceleram partículas atômicas eletrizadas (prótons, elétrons, íons, etc.), fazendo com que elas adquiram grandes velocidades, é o gerador de Van de Graaff. A seguir, apresentaremos os princípios físicos nos quais se baseia seu funcionamento.

Um objeto metálico, *C*, eletrizado e colocado em contato com outro objeto, *D*, também metálico, inicialmente descarregado, transfere apenas parte da carga de *C* para *D* (veja a **figura 3.17**). A transferência de carga é parcial porque ela será interrompida quando os potenciais dos dois objetos se igualarem.

Suponha agora que, na cavidade do objeto *D*, fosse introduzido o objeto *C* (**figura 3.18**). Nessas condições, a carga de *C* induziria cargas elétricas nas superfícies interna e externa de *D*. No caso da **figura 3.18**, a superfície interna fica eletrizada negativamente e a superfície externa, positivamente. Verifica-se que a carga induzida nas paredes tem o mesmo módulo da carga no objeto *C* (que provocou a indução).

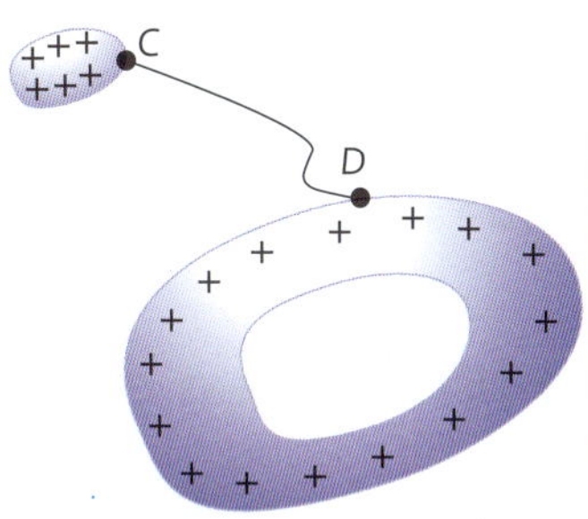

Ilustrações técnicas desta página: Banco de imagens/Arquivo da editora

Figura 3.17. Quando o objeto metálico **C** eletrizado, externo a **D**, é colocado em contato com o condutor **D** (descarregado), apenas parte da carga de **C** passa para **D**.

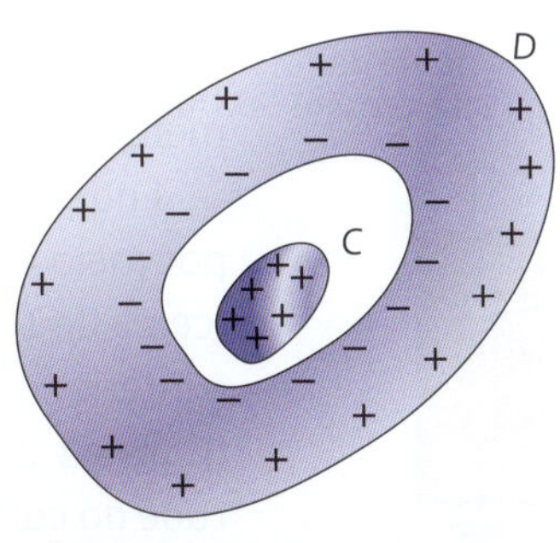

Figura 3.18. Um condutor eletrizado **C**, no interior do condutor inicialmente descarregado **D**, faz aparecer cargas induzidas nas superfícies interna e externa de **D**.

Reprodução/Arquivo da editora

ROBERT J. VAN DE GRAAFF (1901-1967)

Engenheiro estadunidense que, após assistir a conferências de Marie Curie, passou a se dedicar à pesquisa no campo da Física atômica. Para desenvolver suas pesquisas, sentiu a necessidade de uma fonte de partículas subatômicas de alta energia. Criou então o gerador de Van de Graaff, um acelerador de partículas que encontrou larga aplicação na Física atômica, na Medicina e na indústria. Depois de se dedicar à pesquisa durante certo tempo, montou nos Estados Unidos uma indústria para fabricar exemplares de seu gerador.

Então, se esse objeto for colocado em contato com a parede interna de *D* **(figura 3.19)**, a carga induzida nessa parede será neutralizada pela carga de *C*. Podemos ver, pela **figura 3.19**, que, como consequência disso, o objeto *D* fica eletrizado com uma carga de mesmo sinal e de mesmo módulo que a carga inicial do objeto *C*. Em outras palavras, tudo se passa como se a carga de *C* fosse **integralmente** transferida para *D*.

As ilustrações desta página estão representadas sem escala e em cores fantasia.

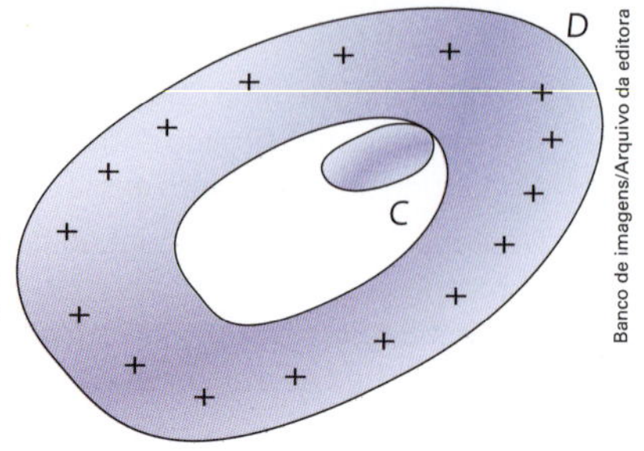

Figura 3.19. Quando o objeto metálico *C* eletrizado, no interior de *D*, é posto em contato com *D*, toda a carga de *C* passa para *D*.

Portanto, quando um objeto metálico eletrizado é colocado em contato interno com outro, da maneira mostrada na **figura 3.19**, toda sua carga é transferida para esse outro. Lembre-se de que isso não acontece quando o contato é feito externamente **(figura 3.17)**.

Quando há contato interno, a transferência de carga do objeto que está dentro da cavidade para o objeto externo é integral, mesmo que este já possua uma carga inicial. Assim, na **figura 3.19**, se o objeto *C* for novamente eletrizado e outra vez ligado internamente ao objeto *D*, sua carga se transferirá totalmente para *D*.

Essa operação pode ser repetida várias vezes e, assim, é possível acumular em *D* uma quantidade de carga cada vez maior. A quantidade de carga em *D*, naturalmente, é limitada pela rigidez dielétrica do ar que o envolve. Se a rigidez dielétrica do ar for ultrapassada, parte da carga acumulada em *D* tende a escoar e, portanto, a carga máxima que pode existir em *D* é aquela que cria um campo igual à rigidez dielétrica do ar.

Como funciona o gerador de Van de Graaff

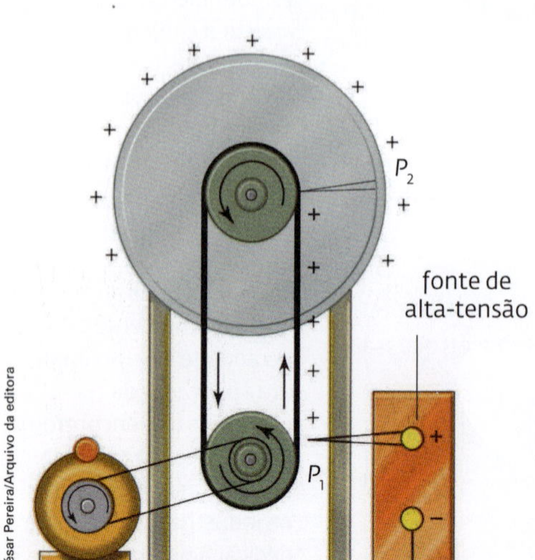

Figura 3.20. Esquema do gerador de Van de Graaff. As cargas transportadas pela correia para o interior da esfera metálica são totalmente transferidas para ela, acumulando-se em sua superfície externa.

O fato de a carga elétrica se transferir integralmente de um objeto para outro, quando há contato interno, constitui o princípio básico de funcionamento do gerador de Van de Graaff.

Esse aparelho, representado esquematicamente na **figura 3.20**, é constituído por uma correia que passa por duas polias, uma delas acionada por um motor elétrico que faz a correia se movimentar. A segunda polia encontra-se no interior de uma esfera metálica oca, que está apoiada em duas colunas isolantes.

Enquanto a correia se movimenta, ela recebe carga elétrica por meio de uma ponta, P_1, ligada a uma fonte de alta-tensão (cerca de 10 000 V). Essa carga é transportada pela correia para o interior da esfera metálica. Uma ponta, P_2, ligada a essa esfera **(figura 3.20)** recolhe a carga transportada pela correia. Em virtude do contato interno, essa carga se transfere integralmente para a superfície externa da esfera do gerador.

Como as cargas são transportadas continuamente pela correia, elas vão se acumulando na esfera até que a rigidez dielétrica do ar seja atingida.

Existem variações do gerador de Van de Graaff (figura 3.21), como o Pelletron, que é um acelerador eletrostático de 8 MV, que foi construído no Instituto de Física da Universidade de São Paulo (USP) em 1972. Esse acelerador de partículas produz feixes de íons (átomos que perderam ou ganharam elétrons) que são acelerados por campos eletromagnéticos, aumentando sua velocidade até colidirem contra um alvo, onde existem detectores que registrarão as informações provenientes da colisão entre o íon e o material do alvo. A partir dessas colisões é possível, por exemplo, estudar a constituição do núcleo dos átomos e produzir elementos químicos radioativos para serem empregados nas áreas de medicina, biologia e agricultura.

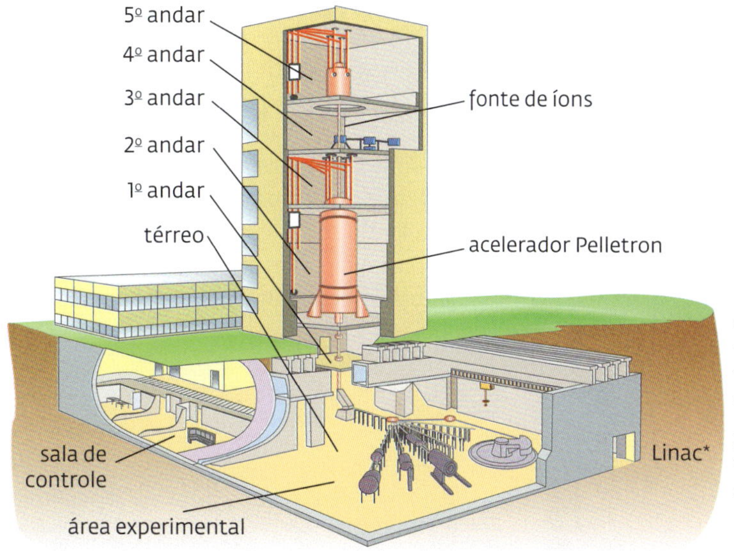

*Sigla em inglês de *Linear Particle Accelerator* (Acelerador de Partículas Linear).

Figura 3.21. Esquema do acelerador Pelletron, construído no Instituto de Física da Universidade de São Paulo (SP) em 1972 e que funciona até os dias de hoje. Representação sem escala e em cores fantasia.

FÍSICA NO CONTEXTO

POR QUE OS PÁSSAROS NÃO TOMAM CHOQUE AO POUSAR NOS FIOS?

Você já deve ter se perguntado por que os pássaros pousam sobre os fios e não são eletrocutados. O choque é a sensação causada pela passagem da corrente elétrica (que estudaremos a seguir) pelo corpo. Os pássaros não sentem o choque elétrico, pois são pequenos e ao pousarem na rede elétrica tocam em apenas um fio (figura 3.22.a). Para sentirem o choque, deve existir uma diferença de potencial elétrico (ddp) entre dois pontos do corpo do pássaro. Quando o pássaro está sobre um fio, os dois (pássaro e fio) estão submetidos ao mesmo potencial elétrico.

Mas, infelizmente, para alguns pássaros de maior porte não é possível ocupar uma posição com mesmo potencial elétrico, devido ao tamanho do espaço que ocupam. Por exemplo, as asas do tuiuiú (figura 3.22.b), ave-símbolo do Pantanal, podem atingir 1,4 metro de comprimento fazendo com que durante o pouso ou o voo próximo da rede elétrica, ele toque dois fios da rede elétrica ao mesmo tempo provocando uma ddp e sua eletrocussão.

As imagens desta página estão representadas fora de proporção.

Figura 3.22. Em **a** os pássaros se apoiam lado a lado em fios elétricos. Em **b**, tuiuiú, ave do Pantanal brasileiro.

APLICAÇÕES DA FÍSICA

Diferença de potencial na medicina

Os médicos avaliam a saúde cardíaca através de um exame chamado eletrocardiograma (ECG), que estuda os sinais elétricos resultantes das cargas que estão distribuídas no tecido muscular do coração, resultantes das diferenças na composição iônica desse tecido. As fibras cardíacas quando estão em repouso apresentam diferença de potencial (ddp) através de sua membrana, chamado de potencial de repouso transmembrana (PRT).

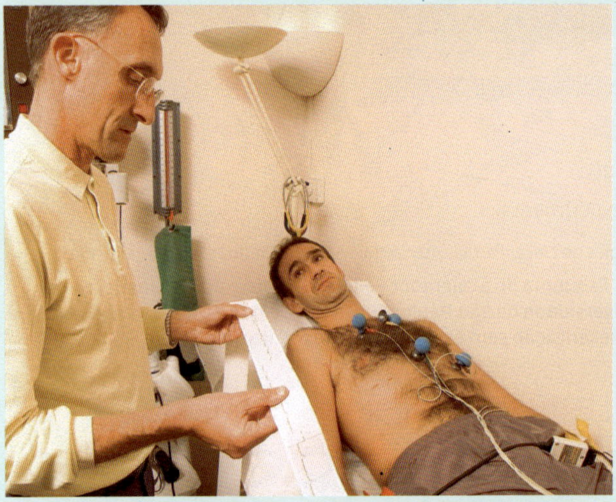
BSIP SA/Alamy/Latinstock

Figura 3.23. Pessoa realizando um eletrocardiograma (ECG).

Os eletrodos podem detectar os sinais elétricos que são conduzidos pela superfície do corpo e, quando colocados ambos do lado de fora ou ambos do lado de dentro da membrana, não haverá ddp; entretanto, quando os eletrodos são posicionados um do lado de fora e outro do de dentro, haverá uma ddp, ou seja, teremos o sinal PRT que é comparado com um sinal padrão normal. O ECG é utilizado para detectar arritmias, aumento de cavidades cardíacas, patologias coronarianas, infarto do miocárdio, entre outros diagnósticos. Este exame é realizado em um eletrocardiógrafo, aplicando-se eletrodos condutores em posições específicas do corpo (punhos, tornozelos e superfície torácica), conforme **figura 3.23**, que registrarão alterações de potencial elétrico entre dois pontos do coração dentro do campo elétrico gerado pelos músculos cardíacos ao longo do ciclo cardíaco.

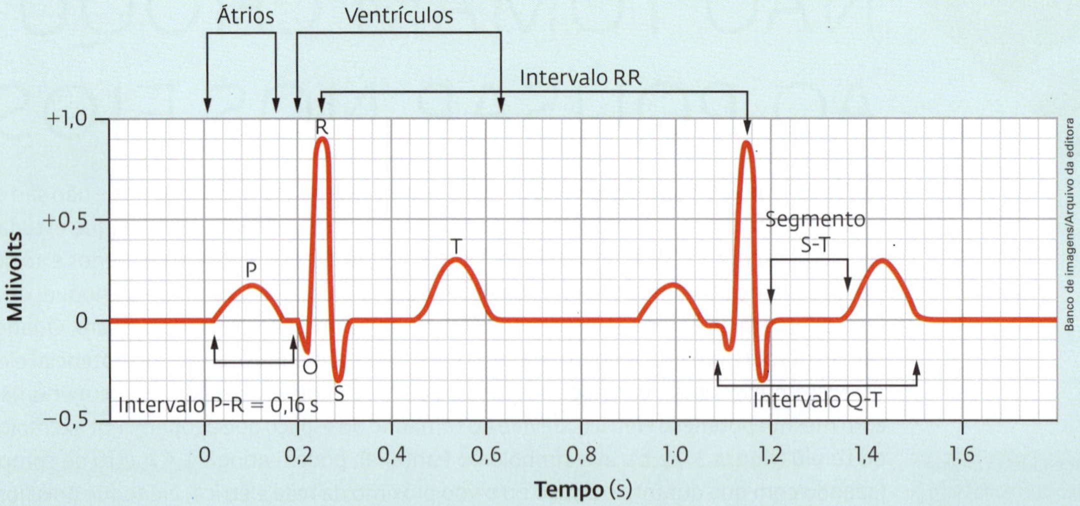

GUYTON, A.C.; HALL, J.E. *Tratado de fisiologia médica*. 12. ed. Rio de Janeiro: Elsevier, 2011.

QUESTÕES

1. O ECG é um exame que não exige previamente nenhum cuidado específico, como, por exemplo, jejum do paciente. Entretanto, em todos os pacientes é necessário fazer assepsia com álcool na região onde serão aplicados os eletrodos, aplicar gel no local ou utilizar ventosas que são fornecidas junto com o aparelho. Além disso, em alguns pacientes do sexo masculino poderá ser necessário raspar os pelos do tórax (tricotomia). Explique quais as razões desse procedimento.
2. Na figura acima temos um eletrocardiograma normal realizado em um papel milimetrado, no qual cada quadradinho corresponde a 1 mm. Sabendo que cada intervalo RR corresponde a um batimento cardíaco e o pico máximo representa a fase final da diástole, encontre a frequência cardíaca, em batimentos por minuto, deste paciente.

VERIFIQUE O QUE APRENDEU

15. Para que um próton consiga penetrar no núcleo de um átomo de ouro, ele deverá ter uma energia cinética mínima próxima de $E_c = 8 \cdot 10^{-12}$ J. Essa energia cinética é fornecida ao próton por dispositivos conhecidos como **aceleradores de partículas**, que aplicam a ele uma diferença de potencial V_{AB}. Determine o valor de V_{AB}.

16. Dez pequenas esferas metálicas, cada uma com carga de 0,1 μC, são usadas para eletrizar uma esfera metálica oca maior. Isso é feito tocando-a sucessivamente com cada uma das pequenas esferas. Diga se a carga final na esfera grande será menor ou igual a 1 μC, supondo que os contatos sucessivos foram feitos:

a) internamente;

b) externamente.

17. Os geradores de Van de Graaff permitem obter potenciais de até 10 milhões de volts. Suponha que a esfera de um certo gerador tenha um raio R = 1,8 m.

a) Qual carga deve ser fornecida a essa esfera para que ela adquira aquele potencial?

b) Se a esfera estivesse no ar, em condições normais, seria possível que ela adquirisse aquele potencial? Explique.

18. Suponha que a correia do gerador de Van de Graaff do exercício anterior transporte cargas para sua esfera com uma taxa de 50 μC/s. Quanto tempo seria necessário para o gerador de Van de Graaff atingir o potencial considerado de $10 \cdot 10^6$ V?

19. No exercício anterior, considere que o potencial da esfera do gerador de Van de Graaff tenha atingido $10 \cdot 10^6$ V e que, em virtude de "fugas de cargas" para o ar, esse potencial se mantenha constante, apesar de a correia continuar a transportar cargas para a esfera. Qual deve ser a potência do motor que movimenta a correia para manter a situação descrita? (Despreze as forças de atrito.)

PRATIQUE FÍSICA

EM EQUIPE

Para realizar esta experiência você precisará de uma lâmpada de lanterna (1,5 V ou 3 V), três pedaços de fios de cobre com 15 cm cada desencapados nos terminais, uma régua de plástico, um pedaço de madeira, uma placa de metal e uma pilha AA (ou qualquer outra de 1,5 V). **Observação**: você pode testar outros materiais como grampos, clipes, suco de limão (sem açúcar), água pura, água com bastante sal e vinagre, moedas, etc.

1. A primeira atividade é acender a lâmpada. Faça combinações possíveis entre a lâmpada, dois dos fios de cobre e a pilha. Desenhe essa combinação no caderno.

2. Após descobrir como acender a lâmpada, vamos montar um novo arranjo experimental no qual a régua, a madeira e a placa de metal (um de cada vez) e o fio de cobre, que não havia sido utilizado, devem estar presentes; ou seja, você deve montar um novo arranjo experimental com esses materiais de forma que a lâmpada novamente acenda. Após ter sucesso, desenhe a combinação que acende a lâmpada no caderno.
Responda: Quais desses materiais são condutores e quais são isolantes?

PROBLEMAS E TESTES

1. **(UEM-PR)** Assinale o que for correto.

01) Cargas elétricas positivas, abandonadas em repouso em uma região do espaço, onde existe um campo elétrico uniforme, deslocam-se para a região de menor potencial elétrico.

02) Cargas elétricas negativas, abandonadas em repouso em uma região do espaço, onde existe um campo elétrico uniforme, movem-se na direção e no sentido do campo.

04) Linhas de força de campo elétrico são sempre perpendiculares às superfícies equipotenciais.

08) Aos campos de forças conservativas, como o campo elétrico, associa-se o conceito de potencial.

16) Em um campo conservativo, como o campo elétrico, o trabalho realizado por uma força conservativa para deslocar uma partícula de um ponto a outro do campo independe da trajetória da partícula.

2. (Unesp-SP) Uma esfera condutora descarregada (potencial elétrico nulo), de raio $R_1 = 5{,}0$ cm, isolada, encontra-se distante de outra esfera condutora, de raio $R_2 = 10{,}0$ cm, carregada com carga elétrica $Q = 3{,}0\ \mu C$ (potencial elétrico não nulo), também isolada.

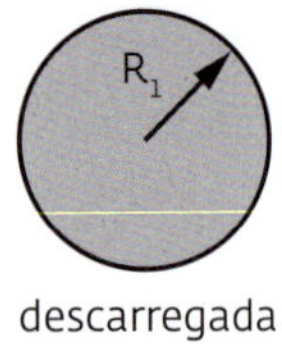

As ilustrações desta página estão representadas sem escala e em cores fantasia.

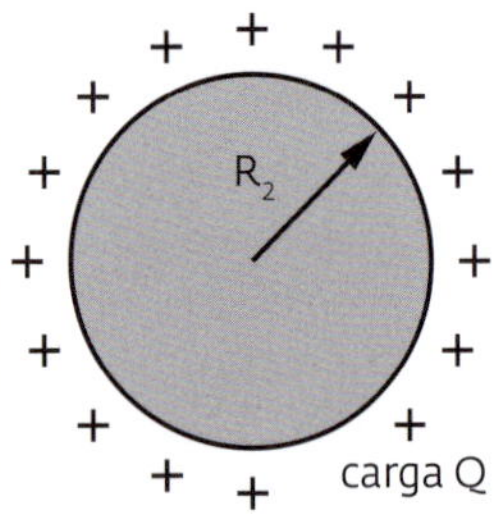

Ilustrações técnicas desta página: Banco de imagens/Arquivo da editora

Em seguida, liga-se uma esfera à outra, por meio de um fio condutor longo, até que se estabeleça o equilíbrio eletrostático entre elas. Nesse processo, a carga elétrica total é conservada e o potencial elétrico em cada condutor esférico isolado descrito pela equação $V = k \cdot \frac{q}{R}$, onde k é a constante de Coulomb, q é a sua carga elétrica e r o seu raio.

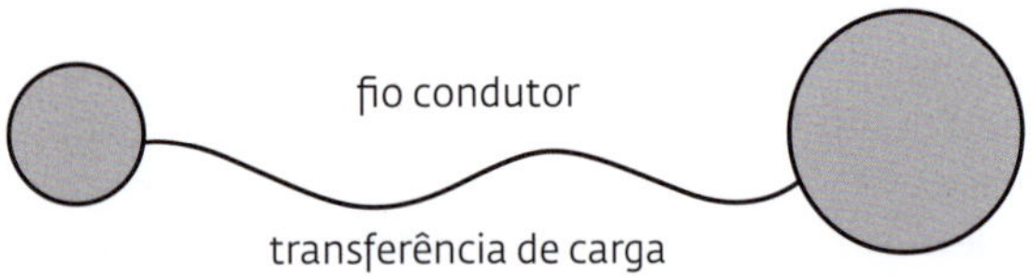

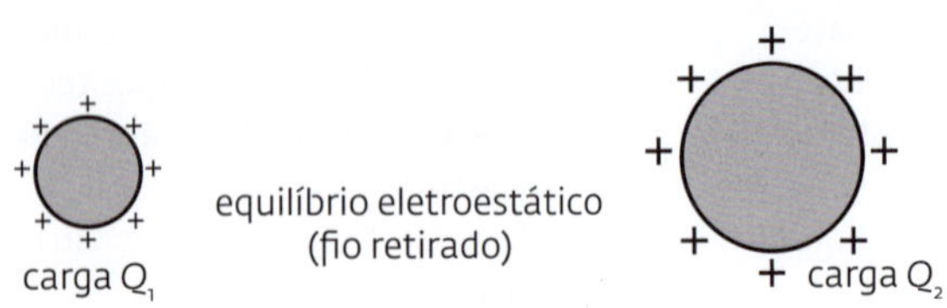

Supondo que nenhuma carga elétrica se acumule no fio condutor, determine a carga elétrica final em cada uma das esferas.

3. (UCS) O transistor MOSFET é um componente muito importante na eletrônica atual, sendo o elemento essencial, por exemplo, na composição dos processadores de computador. Ele é classificado como um transistor de Efeito de Campo, pois, sobre uma parte dele, chamada porta, atua um campo que provoca uma diferença de potencial cujo papel é regular a intensidade da passagem de corrente elétrica entre as duas outras partes do MOSFET, a fonte e o dreno. O campo em questão é o

a) magnético.

b) de frequências.

c) gravitacional.

d) nuclear.

e) elétrico.

4. A figura a seguir mostra duas grandes placas metálicas, A e D, e uma caixa metálica oca cujas faces B e C são paralelas às placas. Duas baterias, de 300 V cada uma, são ligadas às placas e à caixa, da maneira mostrada na figura.

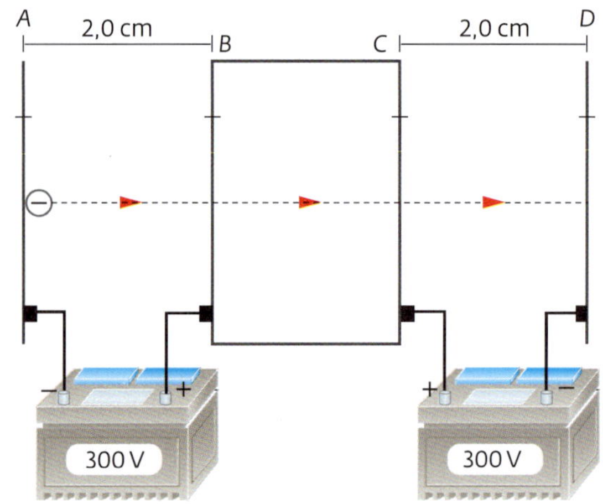

Paulo César Pereira/Arquivo da editora

Considerando a placa A como nível de potencial, indique, entre as afirmativas seguintes, aquelas que estão corretas:

a) O campo elétrico entre A e B está dirigido de B para A e vale $1{,}5 \cdot 10^4$ V/m.

b) O campo elétrico entre B e C é nulo.

c) O campo elétrico entre C e D está dirigido de C para D e vale $1{,}5 \cdot 10^4$ V/m.

d) Os potenciais das faces B e C são ambos iguais a 300 V.

e) O potencial da placa D é zero.

5. Um elétron, abandonado (em repouso) próximo à placa A, segue a trajetória mostrada na figura do problema anterior, passando através de pequenos orifícios existentes em B e C. Analise as afirmativas seguintes e indique aquelas que estão **incorretas**:

a) Entre A e B o movimento do elétron é retilíneo uniforme.

b) Entre B e C a energia cinética do elétron não varia.

c) Entre C e D o movimento do elétron é uniformemente retardado.

d) Ao atingir a placa D a velocidade do elétron é nula.

e) A velocidade do elétron aumenta continuamente desde A até D.

6. Se o valor do potencial é constante em todos os pontos de uma certa região do espaço, o que se pode concluir sobre a intensidade do campo elétrico $\vec{E}$ nessa região?

7. Duas cargas puntuais $Q_1 = 5{,}0\ \mu C$ e $Q_2 = 2{,}0\ \mu C$, colocadas no ar, estão separadas por 10 cm (veja a figura abaixo).

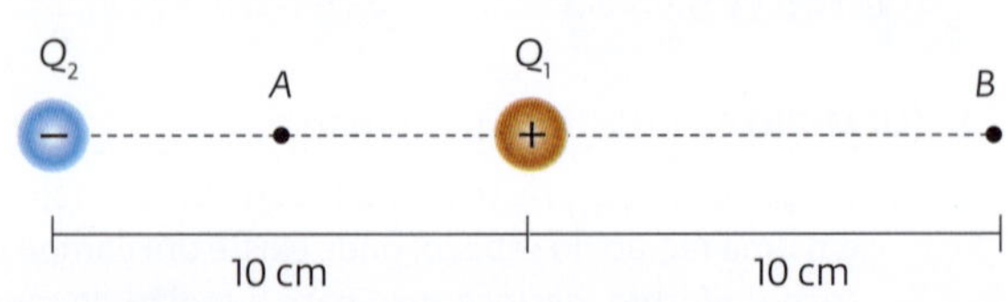

Sabendo-se que o ponto A está situado no meio do segmento que une Q_1 a Q_2 e que o ponto B dista 10 cm de Q_1, calcule:

a) o potencial do ponto A;

b) o potencial do ponto B;

c) a diferença de potencial entre A e B.

8. Um conjunto de baterias especiais está ligado a duas placas metálicas, estabelecendo entre elas uma diferença de potencial $V_{AB} = 3\,600$ V.

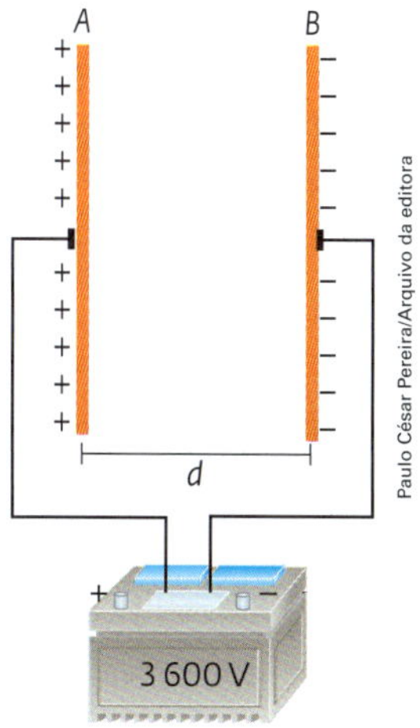

Paulo César Pereira/Arquivo da editora

representação de um conjunto de baterias

Sabe-se que a voltagem mantida pelas baterias é sempre a mesma, qualquer que seja a distância entre as placas.

a) Se aproximarmos uma placa da outra, o que ocorrerá com a intensidade do campo entre elas?

b) Verifica-se que, se o campo entre as placas alcança o valor de $3 \cdot 10^6$ N/C, o ar entre elas se torna condutor e observa-se que uma faísca elétrica salta de uma placa para a outra. Então, aproximando-se a placa *A* da placa *B*, para qual valor de *d* uma faísca elétrica saltará entre elas?

9. Um ponto *P* encontra-se à mesma distância de duas cargas puntuais $+Q$ e $-Q$.

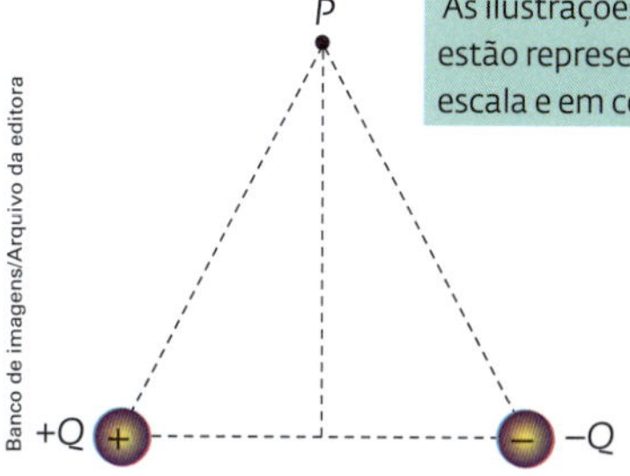

Banco de imagens/Arquivo da editora

As ilustrações desta página estão representadas sem escala e em cores fantasia.

Sendo *E* a intensidade do campo criado por essas cargas em *P* e *V* o potencial que elas estabelecem nesse ponto, é correto afirmar que:

a) $E = 0$ e $V = 0$.

b) $E \neq 0$ e $V = 0$.

c) $E = 0$ e $V \neq 0$.

d) $E \neq 0$ e $V \neq 0$.

10. Uma esfera metálica encontra-se eletrizada positivamente, em equilíbrio eletrostático. Sabe-se que o potencial de um ponto da superfície dessa esfera vale 800 V e que seu raio é $R = 10$ cm. Podemos, então, concluir que a intensidade do campo *E* e o potencial *V* no centro da esfera valem:

a) $E = 0$ e $V = 800$ V.

b) $E = 0$ e $V = 0$.

c) $E = 80$ V/cm e $V = 800$ V.

d) $E = 8{,}0 \cdot 10^3$ V/m e $V = 0$.

e) $E = 800$ V/m e $V = 800$ V.

11. Consideremos quatro cargas puntuais, todas de mesmo módulo Q, sendo duas positivas e duas negativas. Descreva como devemos distribuir essas cargas nos vértices do quadrado *ABCD*, mostrado na figura abaixo, de tal modo que a intensidade do campo e o potencial no centro do quadrado sejam ambos nulos.

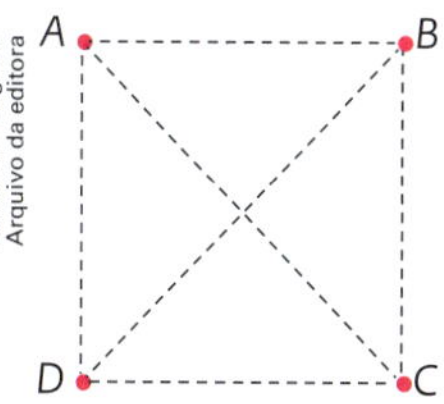

Banco de imagens/Arquivo da editora

12. Ao se carregar uma bateria, uma carga elétrica total de $2 \cdot 10^5$ C é transportada de um polo para o outro, entre os quais existe uma diferença de potencial de 12 V.

a) Qual é a quantidade de energia armazenada nessa bateria?

b) Sabendo-se que a massa da bateria é de 20 kg, a que altura ela poderia ser elevada se toda a energia que armazena fosse usada para realizar esse trabalho? (Considere $g = 10$ m/s^2.)

13 (Unesp-SP) Modelos elétricos são frequentemente utilizados para explicar a transmissão de informações em diversos sistemas do corpo humano. O sistema nervoso, por exemplo, é composto por neurônios (figura 1), células delimitadas por uma fina membrana lipoproteica que separa o meio intracelular do meio extracelular. A parte interna da membrana é negativamente carregada e a parte externa possui carga positiva (figura 2), de maneira análoga ao que ocorre nas placas de um capacitor.

Figura 1

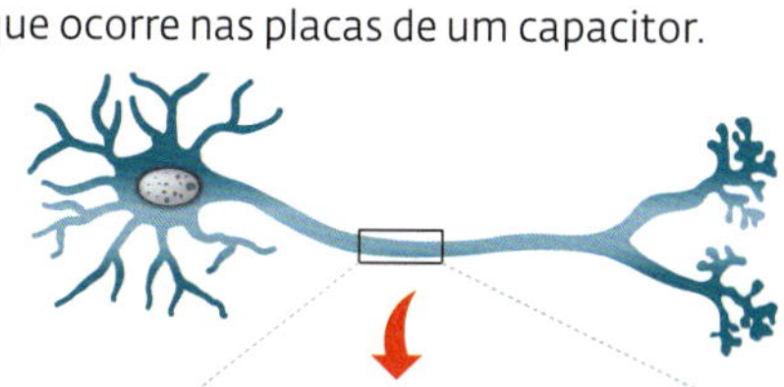

Figura 2

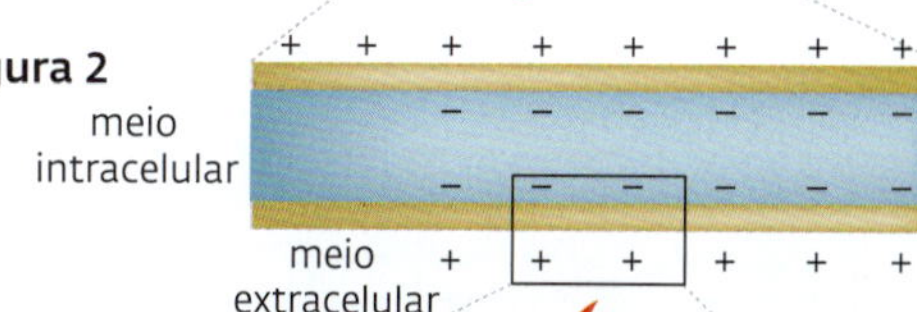

Figura 3

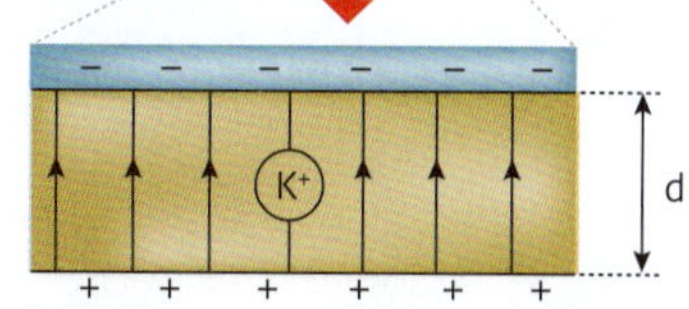

Alex Argozino/Arquivo da editora

A figura 3 representa um fragmento ampliado dessa membrana, de espessura *d*, que está sob a ação de um campo elétrico uniforme, representado na figura por suas linhas de força paralelas entre si e orientadas para cima. A diferença de potencial entre o meio intracelular e o extracelular é *V*. Considerando a carga elétrica elementar como e, o íon de potássio K^+, indicado na figura 3, sob a ação desse campo elétrico, ficaria sujeito a uma força elétrica cujo módulo pode ser escrito por

a) $e \cdot V \cdot d$

b) $\dfrac{e \cdot d}{V}$

c) $\dfrac{V \cdot d}{e}$

d) $\dfrac{e}{V \cdot d}$

e) $\dfrac{e \cdot V}{d}$

INFOGRÁFICO

Conheça um modelo de carro elétrico com um motor movido a hidrogênio, que não faz barulho e elimina água pelo escapamento.

O infográfico desta unidade apresenta as principais informações sobre o funcionamento de um modelo de carro elétrico. Antes de responder às questões, faça a leitura deste infográfico observando como os textos e as imagens se relacionam e permitem a compreensão das informações referentes à geração e ao armazenamento de corrente elétrica em baterias, assuntos abordados nesta unidade.

1. Qual é a diferença entre o tanque de combustível de um carro elétrico e o de um carro comum?

2. O que é a célula combustível num carro elétrico?

3. Como a origem de energia é controlada em um carro elétrico?

4. Qual é o destino da energia produzida na célula combustível?

5. Qual é a autonomia de um carro elétrico?

6. O que é o freio regenerativo presente nos carros elétricos?

COMO FUNCIONA O CARRO ELÉTRICO?

Uma das peças exclusivas – e mais caras – do carro elétrico é o **sistema eletrônico**, que controla a origem de energia. Ele decide, em cada momento, se a eletricidade do motor deve vir das baterias, dos capacitores ou da célula combustível, de acordo com a aceleração e o tipo de movimento – partida, subida, etc.

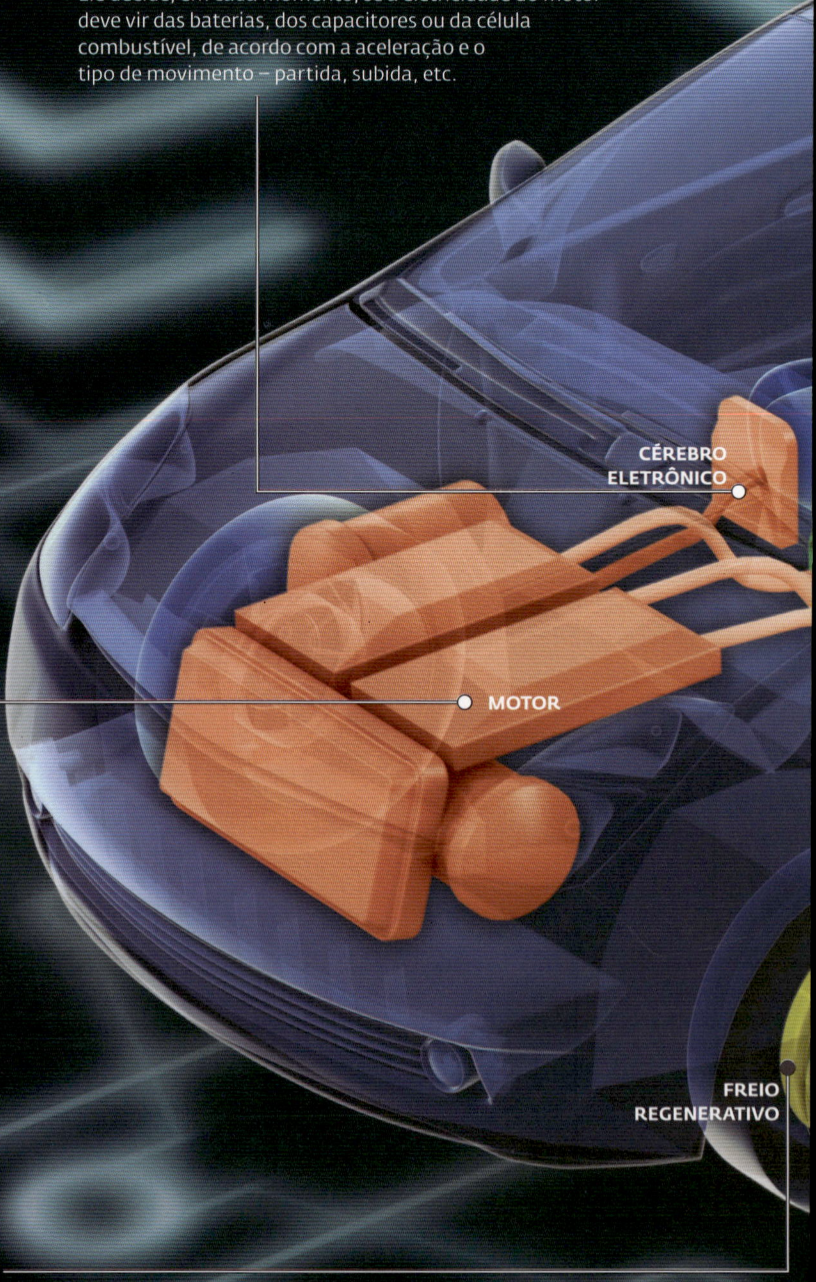

No lugar da energia liberada pela combustão de gasolina ou de outro combustível, o motor consome a eletricidade vinda do hidrogênio. Como não precisa das explosões, o motor **não faz nenhum barulho**!

Um equipamento comum nos carros elétricos é o **freio regenerativo**: ele transforma a energia mecânica do movimento das rodas em eletricidade para recarregar as baterias. Se você descer uma serra, por exemplo, pode chegar lá embaixo com a bateria mais carregada que no início da viagem.

A eletricidade produzida na célula pode ir direto para o motor ou recarregar duas reservas de energia do carro: **baterias e ultracapacitores**. As primeiras são como baterias de celulares e dão uma carga extra para o carro subir uma ladeira, por exemplo. Os ultracapacitores fazem o mesmo, só que mais rápido, numa acelerada repentina.

A energia para o motor vem do hidrogênio gasoso, estocado num **tanque** parecido com o de gás natural veicular. A diferença consiste em que o tanque é feito de fibra de carbono, que é mais leve e suporta cem vezes mais pressão. Como o hidrogênio é pouco denso, é necessário armazená-lo sob alta pressão, para que uma grande quantidade de gás caiba no pequeno espaço do tanque.

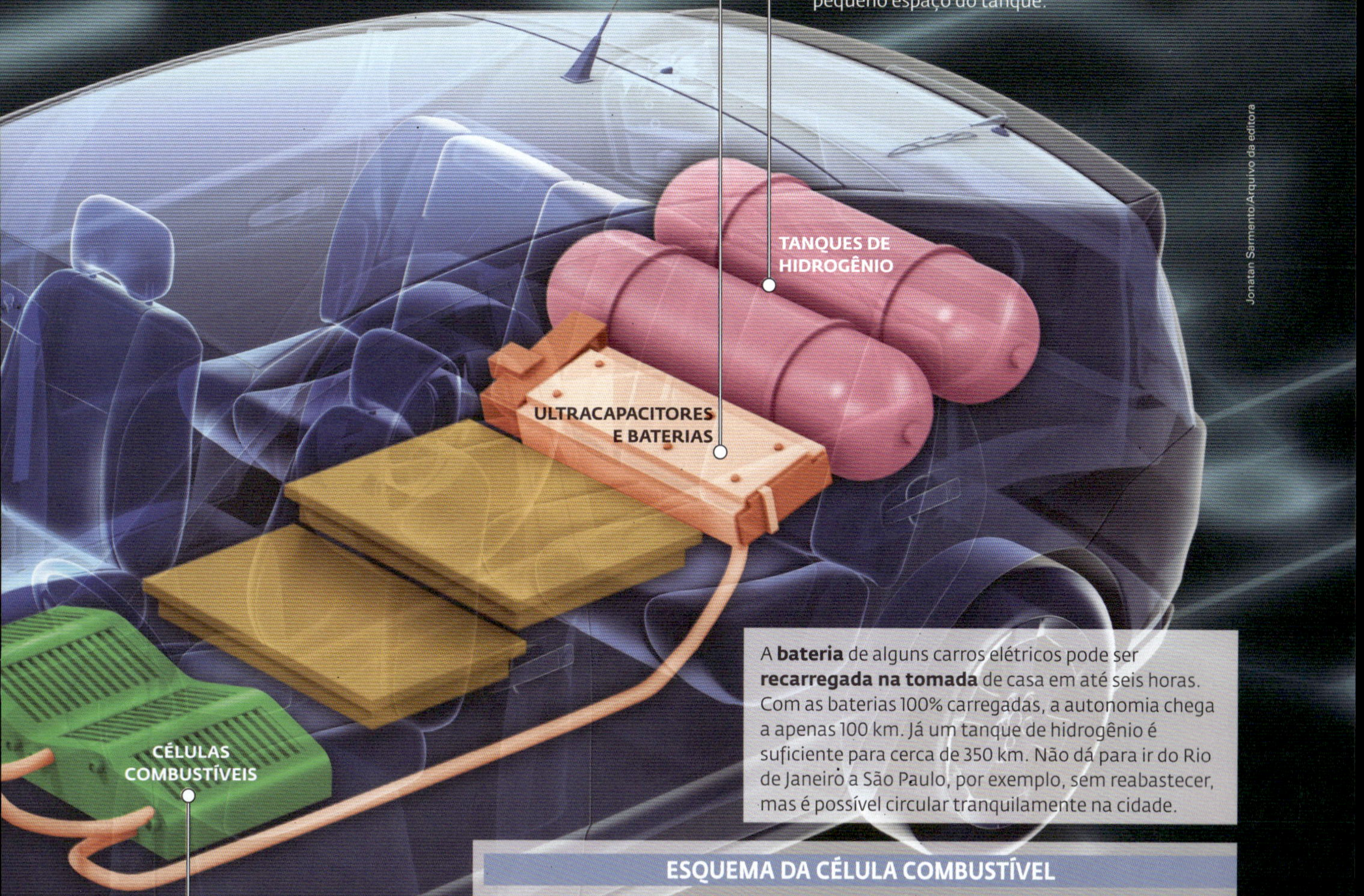

Jonatan Sarmento/Arquivo da editora

A **bateria** de alguns carros elétricos pode ser **recarregada na tomada** de casa em até seis horas. Com as baterias 100% carregadas, a autonomia chega a apenas 100 km. Já um tanque de hidrogênio é suficiente para cerca de 350 km. Não dá para ir do Rio de Janeiro a São Paulo, por exemplo, sem reabastecer, mas é possível circular tranquilamente na cidade.

ESQUEMA DA CÉLULA COMBUSTÍVEL

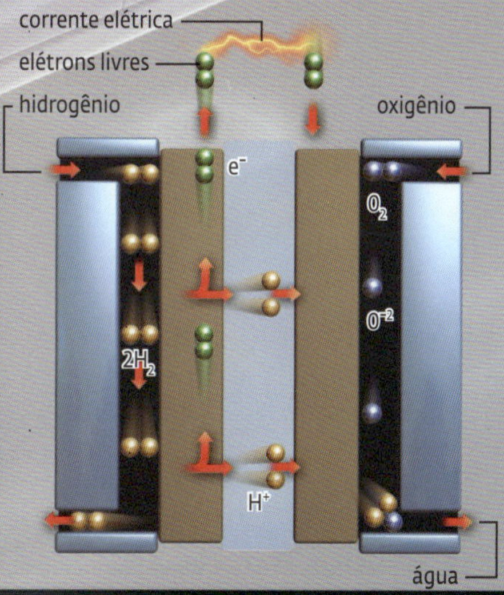

As moléculas de hidrogênio dividem-se em íons de hidrogênio (H^+) e elétrons livres (e^-).

Os íons de hidrogênio atravessam uma membrana úmida, onde se encontram com moléculas de O_2 que foram quebradas em íons (O^{-2}) para formar água.

A membrana não deixa os elétrons passarem e os faz pegar outro caminho: é assim que se forma a corrente elétrica.

A **célula combustível** é a peça que transforma o hidrogênio em energia. Ela usa um princípio descoberto há quase 200 anos para produzir eletricidade a partir da reação química do gás hidrogênio com o oxigênio do ar. O único subproduto da reação é a água.

Fonte dos dados: SALAODOCARRO.COM. *Como funcionam os carros elétricos*. Disponível em: <https://salaodocarro.com.br/como-funciona/carros-eletricos.html>. Acesso em: 28 maio 2016.

UNIDADE

2 Circuitos elétricos de corrente contínua

No início da modernização das cidades, as modificações da infraestrutura urbana passaram a ser impulsionadas por eletricidade e delineavam o avanço pelo qual passava a sociedade.

Atualmente, a eletricidade pode ser considerada um bem essencial e indispensável. Portanto, para além da possibilidade de criação dos mais diversos dispositivos eletrônicos aos quais temos acesso, a compreensão e a manipulação dos circuitos de tais aparelhos se apresentam como uma das mais proeminentes características da revolução tecnológica de nossa era.

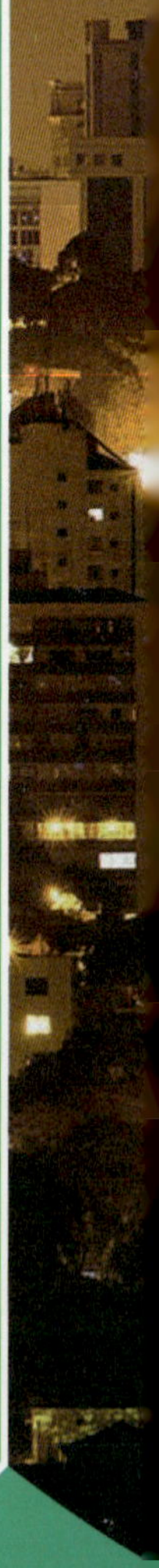

Fios condutores transportam correntes elétricas alternadas entre uma usina geradora de eletricidade e os consumidores. São Paulo (SP), 2014.

Alexandre Cappi/Pulsar Imagens

Archives du 7eme Art/Photos 12/ Alamy/Other Images

Cena do filme *Apollo 13*. O filme mostra a história real da falha elétrica na espaçonave.

CAPÍTULO 4

Corrente elétrica

O filme *Apollo 13* conta a história verídica da difícil missão de trazer de volta à Terra, após um grave problema técnico, três astronautas estadunidenses que fariam o terceiro pouso lunar da história. O enorme esforço combinado da equipe terrestre com a lunar fez com que tudo terminasse bem, e os astronautas foram resgatados com vida.

No filme, um dos maiores desafios entre os envolvidos era usar sabiamente a reserva de energia elétrica que a nave possuía. Por exemplo, nos diálogos sobre a temperatura no interior da nave, o chefe da missão, Jim Lovell (interpretado pelo ator Tom Hanks), é categórico: "Nós vamos precisar desses ampères! E o ar-condicionado permanece desligado."

Em sua fala, o ator utiliza o termo "ampère", que é a unidade de corrente elétrica. No filme, a preocupação em economizar energia elétrica era fundamental para manter em funcionamento o computador que gerenciava a trajetória e a reentrada da nave na atmosfera terrestre, bem como o acionamento do paraquedas que faria a frenagem final para o pouso.

Isso nos faz pensar em como usamos a energia elétrica no nosso cotidiano. Se fôssemos limitados a usar alguns ampères por dia, quais seriam as nossas reais prioridades?

PARA INICIAR A CONVERSA

Durante o resgate da tripulação da Apollo 13, ligar o ar-condicionado não era uma opção. Por quê?

Como é formada a corrente elétrica nos fios e nos cabos elétricos?

Nas residências existem disjuntores ou fusíveis ligados em série aos circuitos elétricos das tomadas e interruptores. Qual é a função desses dispositivos?

4.1 Corrente elétrica

O que é corrente elétrica?

Em um fio metálico existe grande número de elétrons que estão fracamente ligados ao núcleo do átomo. Os átomos de cobre, por exemplo, tipo de fio amplamente utilizado nas redes elétricas, têm o total de 29 prótons no núcleo, rodeados por 29 elétrons quando estão eletricamente neutros. No interior do fio de cobre, cada átomo pode formar um íon positivo ao perder um ou dois elétrons. Esses elétrons podem se deslocar por todo o interior do fio sendo chamados de elétrons livres. À temperatura ambiente, os elétrons livres estão em movimento desordenado dentro do fio. Quando é estabelecido um campo elétrico sobre o fio, ligando-o às extremidades de uma pilha ou bateria, os elétrons livres, sob a ação de uma força elétrica devida ao campo, entram imediatamente em movimento ordenado, formando a **corrente elétrica**.

Como os elétrons possuem carga negativa, esse movimento terá sentido contrário ao do campo aplicado, como representado na **figura 4.1**. Os íons positivos também sofrem a influência do campo elétrico, mas devido à interação entre si e à sua grande massa, eles praticamente não se movem.

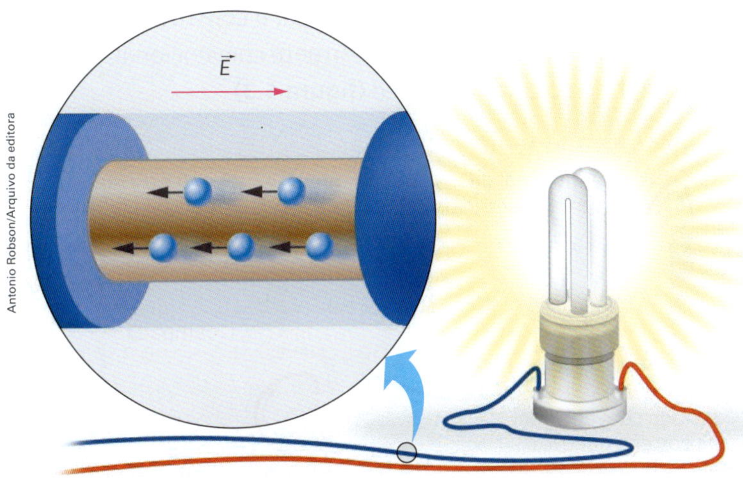

As ilustrações desta página estão representadas sem escala e em cores fantasia.

Figura 4.1. Representação de um metal percorrido por uma corrente elétrica constituída por elétrons que se movem em sentido contrário ao do campo aplicado.

Uma corrente elétrica pode ser estabelecida também em condutores líquidos. Consideramos, por exemplo, uma solução de NaCl em água que dá origem a íons positivos (Na^+) e íons negativos (Cl^-) que ficam livres, podendo se deslocar no interior do líquido. Estabelecendo-se um campo elétrico na solução (isso pode ser obtido introduzindo-se nela duas placas metálicas ligadas a uma bateria), os íons positivos passam a se deslocar no sentido do vetor $\vec{E}$ e os íons negativos em sentido contrário **(figura 4.2)**. Portanto, a corrente elétrica em um condutor líquido é constituída pelo movimento de íons positivos e negativos, deslocando-se em sentidos contrários.

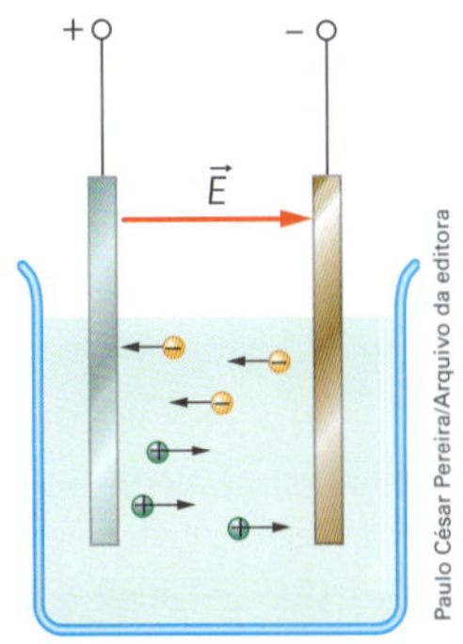

Figura 4.2. Em um condutor líquido, temos íons positivos movimentando-se no sentido do campo e íons negativos em sentido contrário.

É possível, ainda, estabelecer correntes elétricas nos gases, como acontece nas lâmpadas de vapor de mercúrio, presentes nos postes de iluminação pública, por exemplo, ou quando uma faísca elétrica salta de um objeto para outro através do ar. Nesses casos, a corrente é constituída pelo movimento de íons positivos, de íons negativos e também de elétrons livres.

Em resumo, podemos então dizer:

Quando um campo elétrico é estabelecido em um condutor qualquer, as cargas livres aí presentes entram em movimento sob a ação desse campo. Dizemos que esse deslocamento de cargas constitui uma corrente elétrica. Nos metais, a corrente elétrica é constituída por elétrons fracamente ligados, denominados elétrons livres em movimento. Nos líquidos, as cargas livres que se movimentam são íons positivos e negativos, enquanto, nos gases, são íons positivos, íons negativos e também elétrons livres.

Sentido da corrente elétrica

Em um condutor sólido, o sentido real da corrente elétrica corresponde ao sentido dos elétrons que estão se movendo com certa velocidade. Essa corrente é do polo negativo (potencial menor) para o polo positivo (potencial maior). Entretanto, quando estudamos corrente elétrica, adotamos o sentido convencional da corrente elétrica, que corresponde ao movimento de uma carga positiva, de mesmo valor, deslocando-se com a mesma velocidade, porém em sentido contrário. Isso se deve ao fato de que, historicamente, o sentido convencional foi estabelecido antes da descoberta de qual das cargas, positiva ou negativa, se deslocava dentro dos condutores sólidos. Os cientistas consideraram que seria uma complicação desnecessária adotar o sentido real para a corrente nos sólidos, pois teriam que modificar todas as leis estabelecidas até então. Assim, em um condutor metálico, apesar de sabermos que a corrente real é constituída por elétrons em movimento, vamos imaginá-la composta pela corrente convencional, de cargas positivas, movendo-se no sentido do campo elétrico **(figura 4.3)**.

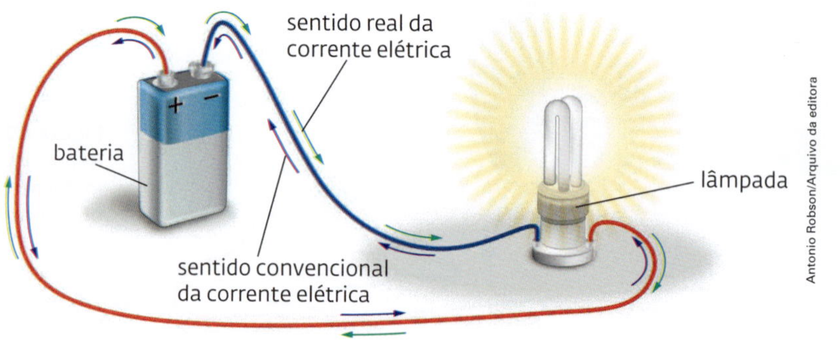

Figura 4.3. Corrente real em um fio metálico e corrente convencional equivalente.

A **figura 4.4** mostra a corrente elétrica real em um líquido, na qual temos íons positivos e negativos em movimento, e a corrente convencional (imaginária) equivalente à real, constituída apenas por cargas positivas em movimento.

As ilustrações desta página estão representadas sem escala e em cores fantasia.

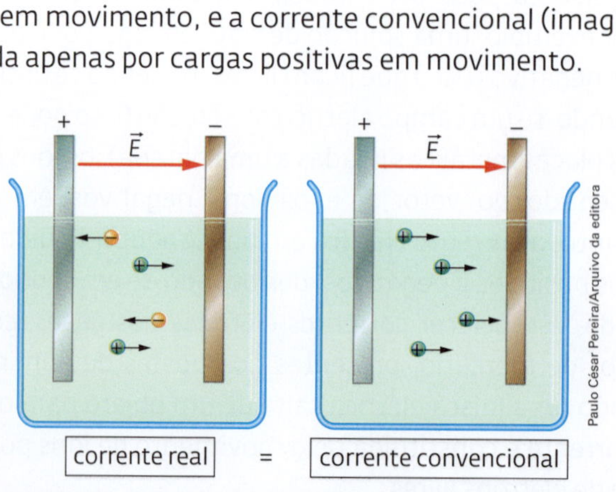

Figura 4.4. Corrente real em um líquido e corrente convencional equivalente.

Em um condutor metálico, sabemos que a corrente real é constituída por elétrons em movimento. Entretanto, vamos imaginá-la substituída pela corrente convencional, de cargas positivas, movendo-se no sentido do campo elétrico, como mostra a **figura 4.5**.

Assim, fica estabelecido que, quando nos referirmos a uma corrente elétrica, estaremos tratando da corrente convencional, a não ser que seja especificado o contrário.

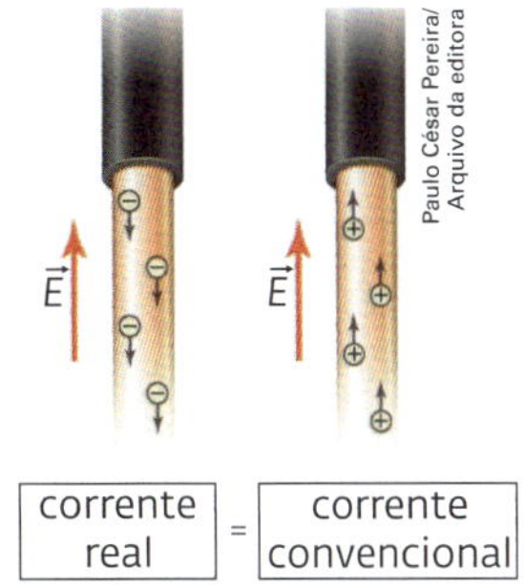

Figura 4.5. Corrente real em um sólido metálico e corrente convencional equivalente.

As ilustrações desta página estão representadas sem escala e em cores fantasia.

Intensidade da corrente

Na **figura 4.6** está representado um fio condutor no qual foi estabelecida uma corrente elétrica (na figura está representada a corrente convencional).

Considere uma seção *S* qualquer do condutor e suponha que uma pessoa observe, durante um intervalo de tempo Δt, a quantidade de carga que passa através dessa seção. Representemos por ΔQ essa quantidade de carga. Denomina-se **intensidade da corrente** através da seção *S* a relação entre a quantidade de carga ΔQ e o intervalo de tempo Δt. Designando por *i* essa grandeza, temos, então:

$$i = \frac{\Delta Q}{\Delta t}$$

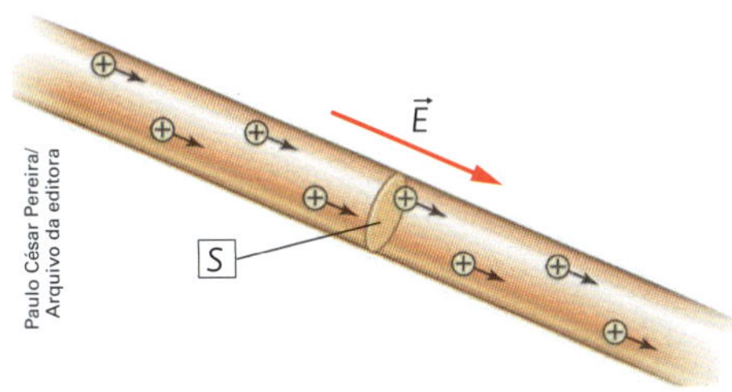

Figura 4.6. A intensidade da corrente elétrica é a medida da quantidade de carga que passa, por unidade de tempo, através de uma seção *S* do condutor.

Observe que quanto maior for a quantidade de carga que passar através da seção, durante um certo tempo, maior será a intensidade da corrente naquela seção. Em outras palavras, a intensidade da corrente nos informa sobre a quantidade de carga que passa na seção por unidade de tempo.

No SI, a unidade de intensidade da corrente será 1 C/s. Essa unidade é denominada 1 ampère = 1 A, em homenagem ao físico francês André-Marie Ampère, que viveu no século XIX e contribuiu significativamente para o desenvolvimento do Eletromagnetismo. Assim, temos:

$$1\,\frac{C}{s} = 1 \text{ ampère} = 1\text{ A}$$

Portanto, se em uma seção de um condutor tivermos uma corrente de 1 A, significa que, nessa seção, estará passando uma carga de 1 C durante 1 s.

É importante, pois, destacar:

Quando uma quantidade de carga ΔQ passa através da seção de um condutor, durante um intervalo de tempo Δt, a intensidade *i* da corrente nessa seção é a relação entre ΔQ e Δt, ou seja:

$$i = \frac{\Delta Q}{\Delta t}$$

ANDRÉ-MARIE AMPÈRE (1775-1836)

Físico francês, nascido em Lyon, foi um dos precursores do Eletromagnetismo. Tornou-se professor de Matemática, além de também lecionar Física e Química em escolas superiores de seu país. Embora não fosse um estudioso sistemático, Ampère desenvolveu uma grande obra. Além de estabelecer uma lei fundamental para o Eletromagnetismo (a lei de Ampère), realizou várias experiências que permitiram desenvolver a teoria matemática dos fenômenos eletromagnéticos já observados e a previsão de outros fenômenos. Foi o primeiro a utilizar técnicas de medidas elétricas, tendo construído um instrumento que foi o precursor dos aparelhos de medida hoje conhecidos.

Corrente contínua e corrente alternada

A aplicação de um campo elétrico $\vec{E}$ em um fio condutor estabelece nesse fio uma corrente elétrica, cujo sentido (convencional) é o mesmo do vetor $\vec{E}$. Então, se o sentido do campo elétrico aplicado permanecer sempre o mesmo, o sentido da corrente também se manterá inalterado, isto é, as cargas se deslocarão sempre em um mesmo sentido ao longo do fio. Uma corrente elétrica como essa é denominada **corrente contínua (C. C.)** **(figura 4.7.a)**.

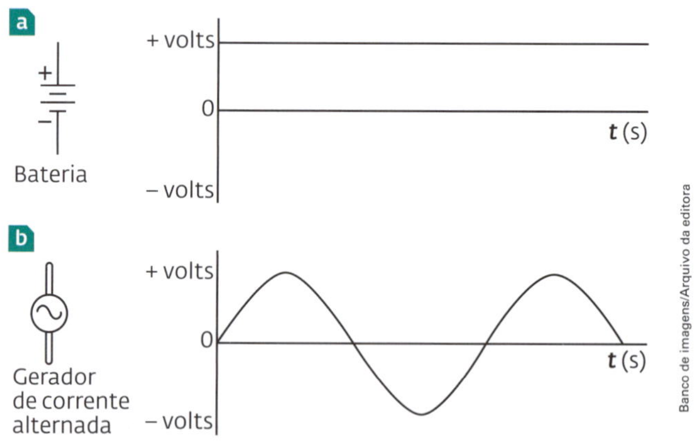

Figura 4.7. Gráfico da corrente contínua (**a**) e da corrente alternada (**b**) em função do tempo. Na lateral esquerda, temos os símbolos utilizados para representar uma bateria e um gerador de corrente alternada. Note que no símbolo da bateria o polo positivo é representado pelo traço maior, enquanto o traço menor representa o polo negativo.

As correntes contínuas são fornecidas, por exemplo, pelas pilhas (usadas em lanternas, rádios, etc.) ou pelas baterias de automóvel.

Entretanto, as correntes elétricas distribuídas pelas concessionárias de distribuição de energia elétrica, em quase todas as cidades do mundo, são **correntes alternadas (C. A.)**. Quando você liga um aparelho elétrico em uma tomada de sua casa, o campo elétrico estabelecido no fio condutor muda periodicamente de sentido **(figura 4.7.b)**.

Consequentemente, as cargas elétricas no fio oscilam, deslocando-se ora em um sentido, ora em sentido contrário. Então, tanto a corrente elétrica como o campo elétrico mudam periodicamente de sentido.

A frequência de uma corrente alternada em vários países é igual a 60 hertz, o que equivale a dizer que as cargas elétricas no condutor executam 60 vibrações completas (60 ciclos) em cada segundo, sendo 30 em um sentido e 30 em outro.

No capítulo 8 veremos por que a distribuição de energia pelas companhias de eletricidade é feita por meio de correntes alternadas e aprenderemos como esse tipo de corrente é produzido nos geradores das grandes usinas (geradores de corrente alternada).

Uma corrente alternada pode ser transformada em corrente contínua por meio de dispositivos especiais, denominados **retificadores**. Esses dispositivos são representados pelo símbolo mostrado na **figura 4.8** e, quando são introduzidos em um fio condutor no qual existe uma corrente alternada, esta se transforma em uma corrente contínua.

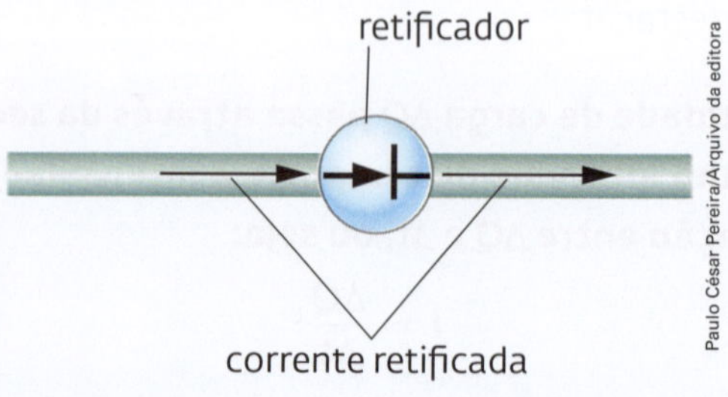

Figura 4.8. Representação esquemática de um retificador de corrente.

FÍSICA NO CONTEXTO

EFEITOS DA CORRENTE ELÉTRICA

Quando uma corrente elétrica atravessa um condutor, ela pode provocar efeitos térmico, químico, magnético e fisiológico.

O **efeito térmico**, também chamado de efeito Joule, é provocado por colisões entre os elétrons livres e os átomos do condutor. Esse efeito está presente principalmente nos aparelhos resistivos, como chuveiros, pranchas de cabelo e ferros de passar roupa.

O **efeito químico** ocorre quando a corrente elétrica atravessa soluções eletrolíticas, provocando reações químicas. Um exemplo de aplicação desse efeito é o processo de eletrólise, muito utilizado na galvanoplastia, em que objetos são recobertos com uma fina camada de metal (cromo, prata, níquel, etc.).

O **efeito magnético** corresponde ao campo magnético que é criado na região em torno da corrente elétrica. Esse efeito está presente nos transformadores e motores e será estudado mais adiante.

O **efeito fisiológico** ocorre quando a corrente elétrica atravessa o corpo humano. Esse processo é conhecido como choque elétrico. O choque elétrico pode ocorrer devido à descarga elétrica de um corpo carregado colocado em contato com o corpo humano. Em dias secos, os veículos podem acumular cargas em sua lataria devido ao atrito entre o veículo e o ar. No instante em que uma pessoa toca o veículo poderá haver produção de faísca ou choque.

O choque elétrico pode ocorrer quando uma pessoa toca acidentalmente uma parte de um condutor energizado (**figura 4.9**). O choque elétrico também pode ocorrer quando uma pessoa é atingida por uma descarga elétrica como um raio.

Os efeitos causados no corpo humano dependem do trajeto da corrente elétrica nele, da intensidade, do tempo de duração do choque, entre outros fatores. Na **tabela 4.1** temos alguns efeitos fisiológicos.

Tabela 4.1

EFEITO FISIOLÓGICO DA CORRENTE ELÉTRICA

Corrente elétrica	Efeito fisiológico
Menos de 1 mA	Não percebido.
1 mA a 2 mA	Limiar de percepção. Ligeiro formigamento.
2 mA a 4 mA	Choque brando.
4 mA a 10 mA	Choque grave com dor.
10 mA a 20 mA	Incapacidade de movimentar-se.
20 mA a 50 mA	Paralisação da respiração.
Mais de 50 mA	Fibrilação ventricular do músculo cardíaco. (Movimento desordenado das paredes do coração.)

TOOLEY, M. *Circuitos eletrônicos:* fundamentos e aplicações. Rio de Janeiro. Elsevier, 2008.

foamfoto/Shutterstock

Figura 4.9. Tocar nas partes internas de tomadas com os dedos ou objetos pontiagudos pode provocar choque. Casas com crianças devem ter as tomadas protegidas para evitar choque elétrico.

VERIFIQUE O QUE APRENDEU

1. Um campo elétrico $\vec{E}$, apontando para a esquerda, é aplicado em um fio condutor, como mostra a figura.

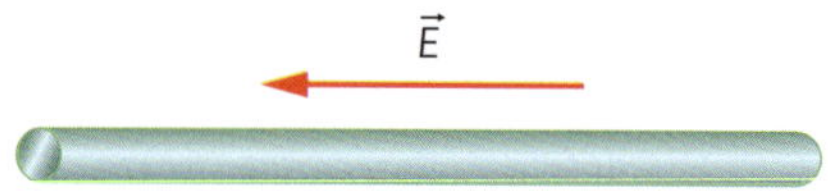

a) Qual é o sentido da corrente de elétrons no fio?

b) Qual é o sentido da corrente convencional nesse fio?

2. Suponha que seja possível contar o número de elétrons que passam através de uma seção de um condutor no qual se estabeleceu uma corrente elétrica. Se durante um intervalo de tempo $\Delta t = 10$ s passam $2{,}0 \cdot 10^{20}$ elétrons nessa seção, determine:

a) a quantidade de carga ΔQ, em coulombs, que corresponde a esse número de elétrons (carga do elétron: $1{,}6 \cdot 10^{-19}$ C);

b) a intensidade da corrente (em ampère) que passa na seção do condutor.

3. A intensidade da corrente que foi estabelecida em um fio metálico é $i = 400$ mA (1 mA = 1 miliampère = 10^{-3} A). Supondo que essa corrente foi mantida no fio durante 10 minutos, calcule:

a) a quantidade total de carga que passou através de uma seção do fio;

b) o número de elétrons que passou através dessa seção.

4.2 Circuitos simples

Pilha seca

Dissemos, na seção anterior, que um campo elétrico pode ser estabelecido no interior de um fio condutor ligando-se as extremidades desse fio aos polos de uma pilha. Isso ocorre porque a pilha é um dispositivo capaz de manter uma diferença de potencial entre esses polos, devido a reações químicas que se processam em seu interior.

Por exemplo, em uma pilha seca comum, usada em lanternas, rádios, etc., a extremidade *A* mostrada na **figura 4.10.a** encontra-se em um potencial mais alto do que a base *B* dessa pilha. A diferença de potencial entre esses pontos, nessa pilha, é cerca de 1,5 V. A extremidade *A* é denominada **polo positivo** (potencial mais alto), enquanto a base *B* é o **polo negativo** (potencial mais baixo). Na representação da **figura 4.10.b**, temos um "corte" de uma pilha seca, no qual destacamos alguns de seus componentes. Observe que o polo positivo é um bastão de carvão e o polo negativo é o invólucro de zinco.

Na **figura 4.10.c** mostramos o símbolo usado para representar uma pilha qualquer: o polo positivo é representado pelo traço maior, enquanto o traço menor representa o polo negativo.

As ilustrações desta página estão representadas sem escala e em cores fantasia.

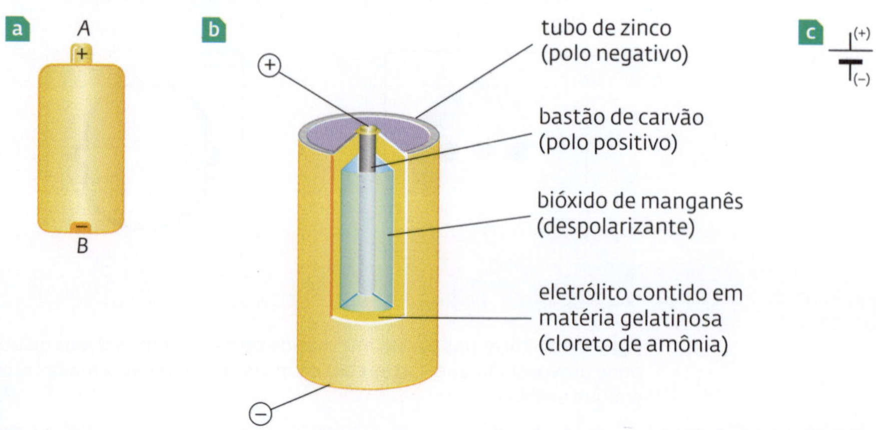

Ilustrações: Paulo César Pereira/ Arquivo da editora

Figura 4.10. A representação da pilha seca mostrada em **a** e **b** está ilustrada em **c**.

As pilhas, que obtêm energia elétrica a partir de reações químicas espontâneas, tiveram origem nas pesquisas de Luigi Galvani, Alessandro Volta, Giovanni Valentino e John Frederic Daniell. A pilha química é apenas um dos tipos de geradores de eletricidade, dispositivos que transformam alguma outra forma de energia em energia elétrica.

Associação de pilhas

A diferença de potencial fornecida por uma pilha seca é 1,5 V. Entretanto, é possível associar várias pilhas secas de modo a obter uma diferença de potencial mais elevada. Essa associação é obtida ligando-se as pilhas da maneira mostrada na **figura 4.11.a**: o polo positivo da pilha 1 é ligado ao polo negativo da pilha 2; o polo positivo desta é, por sua vez, ligado ao polo negativo da pilha 3, e assim sucessivamente. Quando várias pilhas são ligadas dessa maneira, dizemos que elas estão **associadas em série**.

Com essa associação, conseguimos obter diferenças de potencial mais elevadas. Na **figura 4.11.a**, ao passarmos do polo (−) da pilha 1 para o seu polo (+), o potencial se eleva de 1,5 V. Como esse polo está em contato com o polo (−) da pilha 2, eles estarão no mesmo potencial. Assim, ao passarmos para o polo (+) da pilha 2, teremos uma elevação adicional de 1,5 V no potencial. Do mesmo modo, o polo (+) da pilha 2 está no mesmo potencial que o polo (−) da pilha 3 (estão em contato). Como o potencial se eleva de 1,5 V ao atravessarmos a pilha 3, a diferença de potencial entre os pontos *A* e *B* da **figura 4.11.a** será:

$$V_{AB} = 1{,}5\text{ V} + 1{,}5\text{ V} + 1{,}5\text{ V} \quad \therefore \quad V_{AB} = 4{,}5\text{ V}$$

Uma associação em série de pilhas é representada em um circuito elétrico como o da **figura 4.11.b**. Você certamente já teve oportunidade de montar uma associação desse tipo em lanternas, rádios, brinquedos elétricos, etc., cujo funcionamento exige uma diferença de potencial superior a 1,5 V.

Antonio Robson/Arquivo da editora

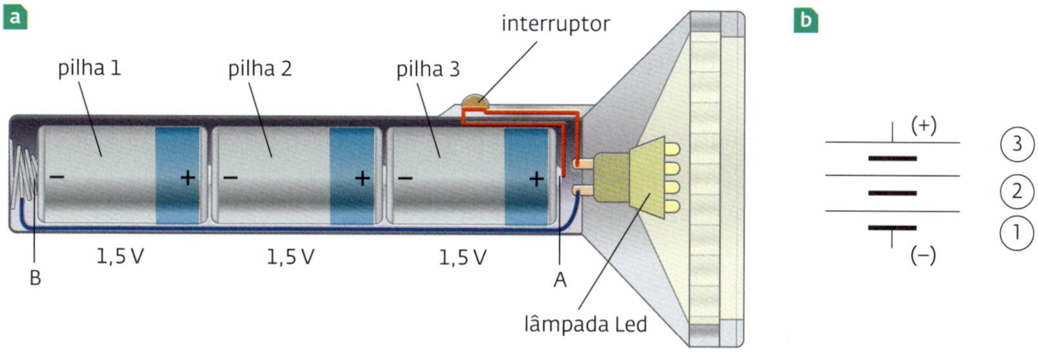

Figura 4.11. Associação de pilhas em série em uma lanterna para obter voltagem mais elevada (**a**) e o símbolo utilizado para representar a associação de pilhas em série em um circuito elétrico (**b**). Representação sem escala e em cores fantasia.

Bateria de automóvel

As baterias de automóvel são associações semelhantes àquela que acabamos de analisar. Entretanto, os polos das pilhas usadas nessa associação são placas de chumbo mergulhadas em uma solução de ácido sulfúrico. A diferença de potencial entre esses polos é aproximadamente igual a 2 V. Pode-se construir uma bateria associando-se, em série, algumas dessas pilhas e colocando-as no interior de um invólucro resistente.

Na **figura 4.12.a** representamos, esquematicamente, uma bateria constituída por três pilhas com voltagem de 2 V cada uma, e na **figura 4.12.b** temos uma bateria que contém seis pilhas, fornecendo voltagem de 12 V, associadas de maneira semelhante ao que foi feito na **figura 4.12.a**.

As ilustrações desta página estão representadas sem escala e em cores fantasia.

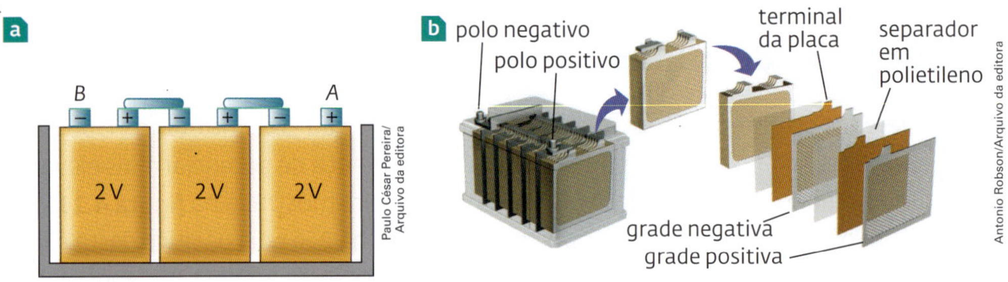

Figura 4.12. A bateria usada nos automóveis é uma associação de pilhas de chumbo.

Circuito elétrico simples

Na **figura 4.13.a** apresentamos uma bateria cujos polos foram ligados por meio de um fio condutor. Quando fazemos uma ligação como essa, dizemos que construímos um **circuito elétrico**, cuja representação esquemática está mostrada na **figura 4.13b**.

Como existe uma diferença de potencial entre os polos da bateria, essa diferença de potencial será estabelecida nas extremidades do fio. Nessas condições, um campo elétrico será criado dentro do condutor, gerando uma corrente elétrica no fio. O sentido (convencional) dessa corrente no fio será aquele indicado na **figura 4.13.b**, pois as cargas positivas tendem a se deslocar de onde o potencial é maior para onde ele é menor. Portanto, sempre que ligamos os polos de uma pilha ou bateria por meio de um condutor, é estabelecida, nesse condutor, uma corrente, cujo sentido (convencional) é do polo positivo para o polo negativo.

Quando a corrente chega ao polo negativo, as cargas são forçadas, em virtude de reações químicas, a se deslocar no interior da bateria, passando para o polo positivo, o que completa o circuito. Prosseguindo em seu movimento, as cargas continuam a se deslocar no fio, indo novamente do polo positivo para o negativo. Enquanto as reações químicas mantiverem a diferença de potencial entre os polos da bateria, teremos uma corrente circulando continuamente da maneira que acabamos de descrever.

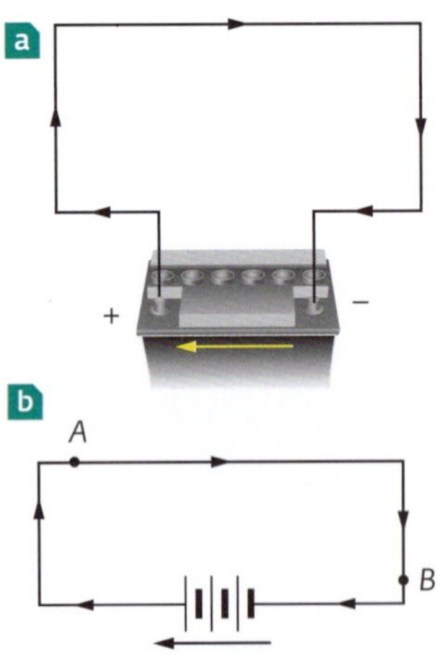

Figura 4.13. Quando ligamos os polos de uma bateria por um fio condutor, uma corrente elétrica é estabelecida nesse fio.

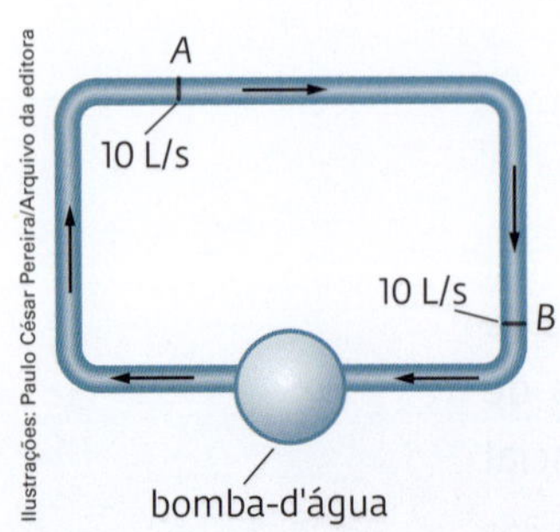

Figura 4.14. A vazão de água no cano é a mesma em qualquer seção do condutor.

Comentários

1) Consideremos, no circuito mostrado na **figura 4.13b**, duas seções quaisquer, *A* e *B*, do fio. Designando por i_A e i_B a intensidade da corrente nessas seções, verifica-se que elas são iguais, isto é:

$$i_B = i_A$$

Esse resultado é justificado, uma vez que, no deslocamento de *A* para *B*, não há desvio nem acúmulo de cargas. Logo, o número de elétrons que passa em *A*, durante 1 segundo, deve ser igual ao número de elétrons que passa em *B* nesse mesmo intervalo de tempo. Pode-se entender melhor essa afirmação fazendo-se uma analogia com o escoamento de água em uma tubulação. Suponha uma bomba produzindo uma circulação de água em um tubo, como mostra a **figura 4.14**. Se em uma certa seção *A* do tubo tivermos um fluxo de água igual a 10 L/s, o valor do fluxo desse líquido nesse mesmo instante, através da seção *B*, terá que ser também igual a 10 L/s (a não ser que o tubo esteja furado).

Portanto, retornando à **figura 4.13**, podemos concluir que a intensidade da corrente tem o mesmo valor em qualquer seção do circuito.

2) Algumas pessoas costumam dizer que um aparelho elétrico em funcionamento "consome corrente elétrica". Podemos perceber que essa afirmação não está correta. De fato, se uma lâmpada, por exemplo, for ligada a uma bateria **(figura 4.15)**, a corrente terá um valor único em todas as seções do fio. Logo, a intensidade da corrente será a mesma, antes e depois de atravessar a lâmpada. Portanto, a lâmpada não "consome" corrente elétrica. Na realidade, ao passar pela lâmpada, a corrente perde **energia**, que se converte em outras formas de energia (como estudaremos no final deste capítulo). Assim, quando uma corrente elétrica passa por um aparelho, há uma variação na energia dessa corrente, mas sua intensidade não se modifica.

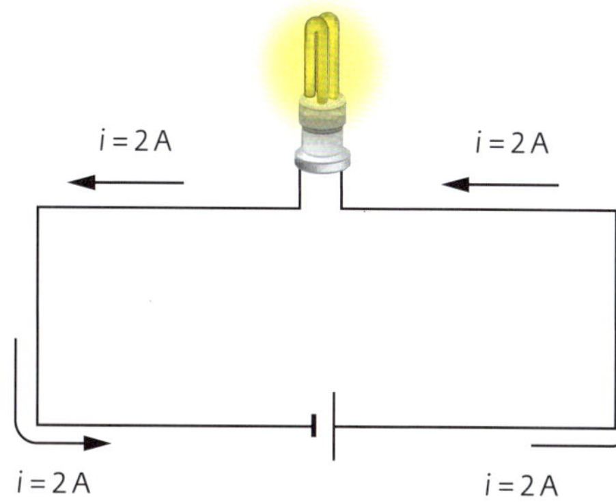

Antonio Robson/Arquivo da editora

Figura 4.15. A intensidade da corrente é a mesma em qualquer ponto do fio.

VERIFIQUE O QUE APRENDEU

4. Um estudante possui um rádio que funciona com uma diferença de potencial constante de 6 V.

a) Quantas pilhas secas o estudante deve associar em série para fazer funcionar o seu rádio?

b) Faça um desenho no caderno mostrando como deve ser a disposição das pilhas na associação feita pelo estudante.

5. Suponha que o estudante do exercício anterior tivesse associado suas pilhas secas da maneira mostrada na figura.

Paulo César Pereira/Arquivo da editora

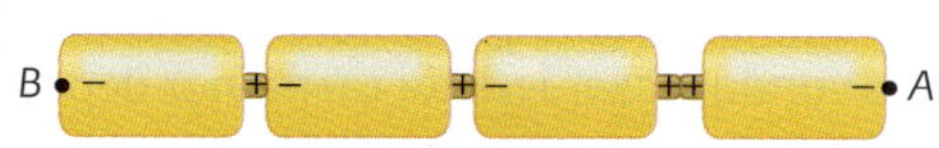

a) Com essa montagem ele conseguiria obter a diferença de potencial desejada?

b) Qual a diferença de potencial V_{AB} entre os pontos A e B da figura?

As ilustrações desta página estão representadas sem escala e em cores fantasia.

6. Na associação de baterias mostrada na figura abaixo, os polos B e C, D e E e F e G estão ligados por chapas metálicas espessas (tudo se passa, então, como se esses polos estivessem em contato um com o outro).

Paulo César Pereira/Arquivo da editora

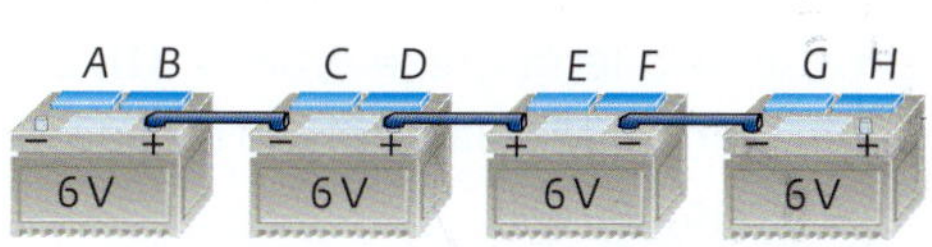

Analisando a associação, responda:

a) Qual é a diferença de potencial entre B e C? E entre D e E? E entre F e G?

b) Ao passarmos de C para D, o valor do potencial aumenta ou diminui? De quanto?

c) Ao passarmos de E para F, o valor do potencial aumenta ou diminui? De quanto?

7. Considerando a associação do exercício anterior, diga qual é o valor da diferença de potencial:

a) entre A e E;

b) entre A e H.

8. Na bateria esquematizada na figura abaixo, a diferença de potencial entre os pontos A e B (V_{AB}) vale 12 V.

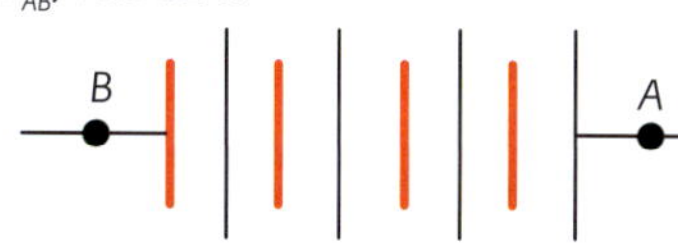

Banco de imagens/Arquivo da editora

Lembre-se do início do capítulo 3, quando vimos que a diferença de potencial entre os pontos A e B é definida como $V_{AB} = V_A - V_B$. Com base nas informações acima, calcule:

a) V_{BA};

b) V_A, no caso em que $V_B = 10$ V;

c) V_A, no caso em que $V_B = 0$ V.

9. Uma lâmpada e um motor elétrico foram ligados a uma bateria, originando o circuito mostrado na figura abaixo.

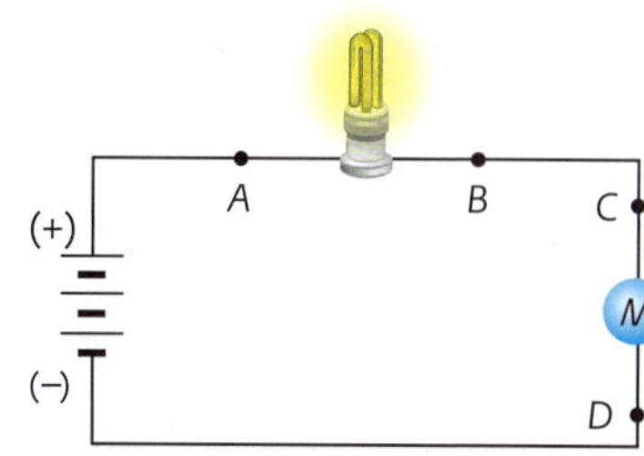

Antonio Robson/Arquivo da editora

Indique, em uma cópia da figura no seu caderno, o sentido da corrente no circuito e responda:

a) O sentido da corrente na lâmpada é de A para B ou de B para A?

b) O sentido da corrente no motor é de C para D ou de D para C?

c) E qual é o sentido da corrente no interior da bateria?

10. Sabendo-se que, no circuito do exercício anterior, a intensidade da corrente que passa pela seção A do fio é 1,2 A, diga qual é a intensidade da corrente:

a) que passa por B;

b) que passa através do motor;

c) que passa no interior da bateria.

4.3 Resistência elétrica

SPL/Latinstock

GEORG SIMON OHM (1787-1854)

Em 1827, Ohm publicou o resultado de seu trabalho mais importante em um folheto *"O circuito galvânico examinado matematicamente"*. Nessa publicação ele apresentava a lei sobre a resistência dos condutores, que mais tarde foi denominada lei de Ohm. Embora esses estudos tenham sido uma colaboração importante na teoria dos circuitos elétricos e suas aplicações, na época eles foram recebidos com frieza pela comunidade científica. Esse fato levou Ohm a se demitir do cargo que ocupava em Colônia. Em 1833, entretanto, ele se reintegrou nas atividades científicas aceitando um cargo na Escola Politécnica de Nuremberg, Alemanha. Seu trabalho foi finalmente reconhecido, tendo, então, recebido uma medalha da Real Sociedade de Londres, na Inglaterra.

O que é resistência elétrica?

Resistência elétrica é a capacidade de oposição que um condutor oferece à passagem de corrente elétrica através dele, mesmo quando uma diferença de potencial é aplicada sobre ele. Na **figura 4.16** temos um trecho de um fio condutor *AB* ligado a uma bateria, que vai estabelecer uma diferença de potencial V_{AB} nas extremidades desse condutor.

Suponha um condutor *AB* ligado a uma bateria, como mostra a **figura 4.16**. Sabemos que a bateria estabelece uma diferença de potencial V_{AB} nas extremidades desse condutor e, consequentemente, uma corrente *i* passará através dele.

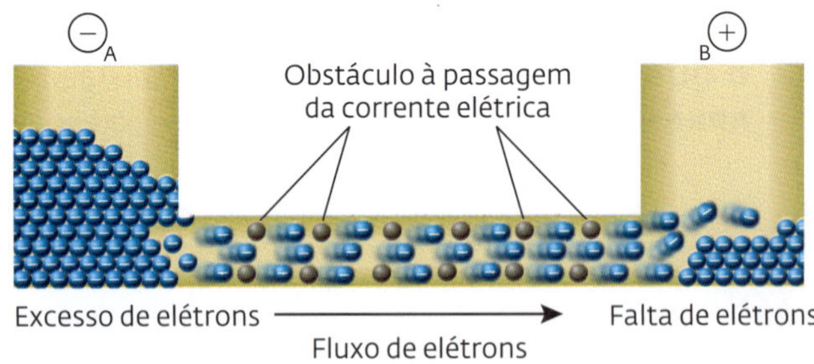

Figura 4.16. A intensidade da corrente que passa por um condutor, nos extremos do qual é estabelecida uma diferença de potencial V_{AB}, depende da resistência desse condutor. A figura representa, sem escala e em cores fantasia, um trecho de um fio condutor que é estável.

As cargas móveis que constituem a corrente elétrica, aceleradas pela diferença de potencial V_{AB}, realizarão colisões contra os átomos ou moléculas do condutor, havendo uma oposição oferecida pelo fio à passagem da corrente elétrica através dele. Essa oposição poderá ser maior ou menor, dependendo da natureza do condutor que foi ligado entre *A* e *B*. A corrente *i* no condutor será maior ou menor dependendo dessa oposição.

Para caracterizar a oposição que um condutor oferece à passagem de corrente através dele, define-se uma grandeza, denominada **resistência elétrica**, *R*, do condutor, por:

$$R = \frac{V_{AB}}{i}$$

Vemos que, para um dado valor de V_{AB}, quanto maior o valor de *R*, menor será o valor da corrente *i*, isto é, maior será a oposição que o condutor oferece à passagem de corrente através dele.

A unidade dessa grandeza, no SI, será 1 volt/ampère = 1 V/A. Essa unidade é denominada 1 ohm (representa-se pela letra grega ômega, Ω), em homenagem ao físico alemão do século XIX, Georg Ohm, que colaborou no estudo de fenômenos relacionados com a corrente elétrica. Logo, temos:

$$1\,\frac{V}{A} = 1 \text{ ohm} = 1\,\Omega$$

Em resumo, podemos destacar:

Quando uma diferença de potencial V_{AB} é aplicada nas extremidades de um condutor, estabelecendo nele uma corrente elétrica *i*, a resistência desse condutor é dada pela relação:

$$R = \frac{V_{AB}}{i}$$

Quanto maior for o valor de *R*, maior será a oposição que o condutor oferecerá à passagem da corrente.

Exemplo

Ligando-se uma lâmpada à tomada de uma residência, uma diferença de potencial de 120 V será aplicada às extremidades do filamento da lâmpada. Verifica-se, então, que uma corrente de 2,0 A passa pelo filamento.

a) Qual é o valor da resistência desse filamento?

O valor de R será dado por $R = \frac{V_{AB}}{i}$, em que temos $V_{AB} = 120$ V e $i = 2{,}0$ A. Assim:

$$R = \frac{V_{AB}}{i} = \frac{120}{2{,}0} \quad \therefore \quad R = 60\ \Omega$$

b) Se essa lâmpada for ligada aos polos de uma bateria que aplica, no filamento, uma diferença de potencial de 12 V, qual será a corrente que passará através dele? (Suponha que a resistência do filamento permaneça constante.)

Da relação $R = \frac{V_{AB}}{i}$, obtemos:

$$i = \frac{V_{AB}}{R} = \frac{12}{60} \quad \therefore \quad i = 0{,}20\ \text{A}$$

c) Quando a lâmpada é ligada a uma outra bateria, verifica-se que uma corrente de 1,5 A passa pelo filamento. Qual é a diferença de potencial que essa bateria está aplicando à lâmpada?

De $R = \frac{V_{AB}}{i}$, temos:

$$V_{AB} = Ri = 60 \cdot 1{,}5 \quad \therefore \quad V_{AB} = 90\ \text{V}$$

Comentários

1) Quando um condutor apresenta uma resistência elétrica, ele é denominado um **resistor**. Entretanto, é comum usar-se o termo "resistência" como sinônimo de "resistor". Nos diagramas de circuitos elétricos, um resistor é representado como na **figura 4.17**.

2) Se um trecho de um circuito possuir uma resistência elétrica muito pequena (desprezível), será representado, nos diagramas, por linhas cheias (não quebradas), como os trechos AB e CD da **figura 4.18**. Nessa figura, as resistências R_{AB} e R_{CD} dos fios que ligam as extremidades da resistência R à bateria são desprezíveis. Então, podemos considerar $R_{AB} = 0$ e $R_{CD} = 0$. Deve-se observar que a resistência R ligada entre B e C tem um valor apreciável, que não pode ser desprezado.

3) Na **figura 4.18**, designemos por i a corrente que está passando no circuito. Lembrando da definição de resistência elétrica, podemos escrever, para o trecho AB do circuito, a seguinte relação:

$$V_{AB} = R_{AB}i \quad \text{ou} \quad V_A - V_B = R_{AB}i$$

Como $R_{AB} = 0$, teremos $V_A - V_B = 0$ ou $V_A = V_B$. Logo, dois pontos situados sobre um trecho de resistência desprezível possuem o mesmo potencial.

Ao passarmos de B para C, haverá uma queda no potencial, pois a resistência R do trecho BC não é desprezível. A diferença de potencial entre B e C será dada por:

$$V_B - V_C = Ri$$

Logo, teremos $V_B > V_C$, isto é, o potencial decrescerá ao longo da resistência, desde o valor V_B até o valor V_C.

Do mesmo modo que no trecho AB, no trecho CD não haverá variação no potencial porque $R_{CD} = 0$. Então, teremos $V_C = V_D$.

Podemos concluir que o gráfico da variação do potencial V, ao longo do circuito, desde A até D, terá o aspecto mostrado na **figura 4.19**.

Figura 4.17. Um resistor de resistência R é representado, em diagramas de circuitos elétricos, da maneira representada na figura.

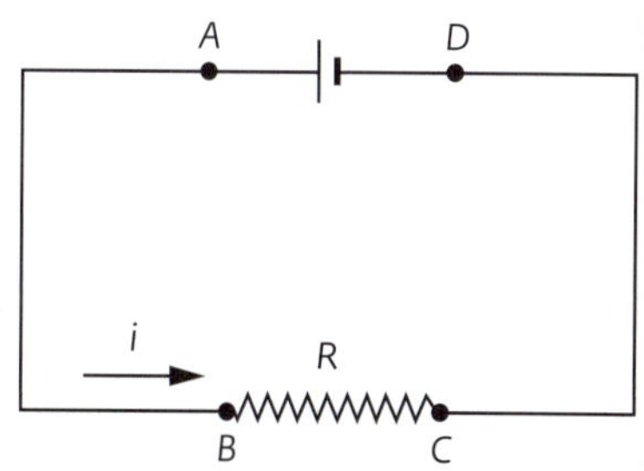

Figura 4.18. Os fios de ligação cuja resistência é desprezível são representados por linhas retas.

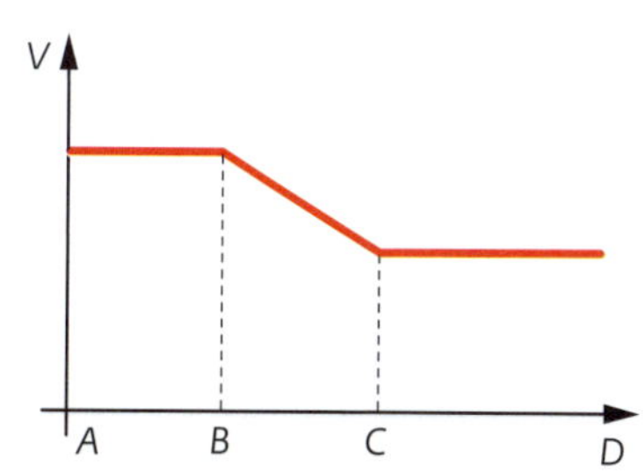

Figura 4.19. Gráfico da variação do potencial ao longo do circuito mostrado na **figura 4.18**.

Ilustrações técnicas desta página: Banco de imagens/Arquivo da editora

Fatores que influenciam no valor de uma resistência de um condutor

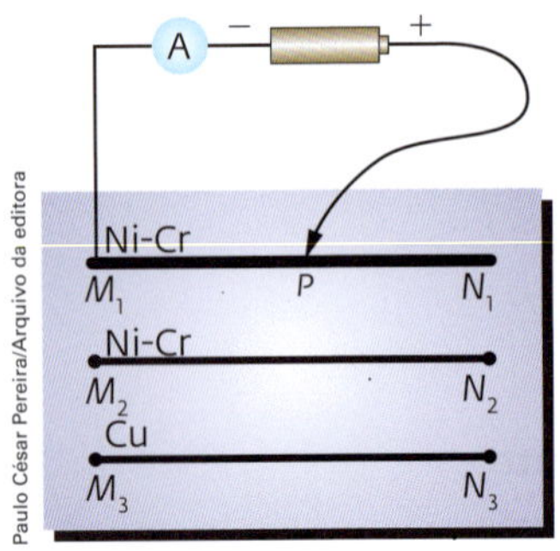

Figura 4.20. Esquema de montagem que nos permite identificar os fatores que influenciam na resistência elétrica de um condutor.

Para analisar os fatores que influem no valor da resistência de um fio metálico, consideremos a montagem mostrada na **figura 4.20**: três fios, de mesmo comprimento, são fixados sobre um suporte de madeira, sendo M_1N_1 e M_2N_2 feitos de um mesmo material (uma liga de níquel e cromo) e M_3N_3, de cobre. Além disso, a área da seção reta de M_1N_1 é maior que as áreas de M_2N_2 e de M_3N_3, que são iguais entre si (isto é, M_1N_1 é mais grosso que os outros dois).

Se ligarmos uma pilha e um amperímetro A ao fio M_1N_1 (**figura 4.20**), apenas a resistência do trecho M_1P será percorrida pela corrente fornecida pela pilha e indicada pelo amperímetro. Se deslocarmos o contato móvel P ao longo de M_1N_1, aproximando-o de N_1, observaremos que a leitura do amperímetro vai tornar-se cada vez menor. Como a diferença de potencial da pilha é sempre a mesma, concluímos que a resistência do trecho M_1P aumenta à medida que aumentamos seu comprimento. Esta experiência nos mostra uma propriedade válida para qualquer condutor:

A resistência de um condutor é tanto maior quanto maior for seu comprimento.

Suponha, agora, que a pilha e o amperímetro sejam ligados às extremidades M_1 e N_1 e que anotemos a indicação do amperímetro. Se, em seguida, essa ligação fosse feita em M_2 e N_2, isto é, nas extremidades do fio mais fino de níquel-cromo, observaríamos uma diminuição na leitura do amperímetro. Portanto, a resistência de M_2N_2 é maior que a de M_1N_1. Lembrando que esses dois fios têm o mesmo comprimento, vemos que eles diferem apenas pela área de sua seção reta. Assim, chegamos à seguinte propriedade, válida para os condutores em geral:

A resistência de um condutor é tanto maior quanto menor for a área de sua seção reta, isto é, quanto mais fino for o condutor.

Por fim, se ligarmos o amperímetro e a pilha às extremidades do fio de cobre M_3N_3, perceberemos que a indicação do amperímetro é maior que a da ligação feita em M_2N_2, isto é, a resistência do fio M_3N_3 é menor que a de M_2N_2. Como esses fios têm o mesmo comprimento e a mesma área da seção reta, concluímos que:

A resistência de um condutor depende do material de que ele é feito.

Portanto, alguns materiais são melhores condutores que outros. Na experiência que acabamos de descrever, concluímos que o cobre é melhor condutor que o níquel-cromo. Na **tabela 4.2**, mostramos alguns metais, colocados em ordem do melhor condutor (prata) para o pior (níquel-cromo).

Tabela 4.2

CONDUTIVIDADE ELÉTRICA
Prata
Cobre
Alumínio
Tungstênio
Ferro
Chumbo
Mercúrio
Níquel-cromo

↑ melhor condutor — pior condutor

FÍSICA NO CONTEXTO

O EFEITO JOULE NO COTIDIANO DO SER HUMANO

Existem diversos dispositivos elétricos que facilitam as nossas atividades diárias. Quando perguntado aos usuários desses dispositivos, raramente eles responderão que os responsáveis pelos efeitos dos quais fazemos uso são os resistores. Isso ocorre porque na maioria das vezes nós não percebemos o quanto os resistores fazem parte do nosso cotidiano. A função básica de um resistor é oferecer uma oposição à passagem de corrente elétrica, que é chamada de resistência. Como uma consequência direta dessa função, os resistores transformam energia elétrica em energia térmica, conhecido como efeito térmico ou **efeito Joule**. Essa elevação de temperatura do condutor por onde passa a corrente elétrica ocorre devido às colisões dos elétrons do condutor, que se deslocam vibrando intensamente. Com esse tipo de resistor em aparelhos elétricos é possível, por exemplo, grelhar carnes, tostar fatias de pão, usar secador de cabelos, tomar banho quente, ferver a água usando um ebulidor, usar aquecedor de ar, passar roupa, etc.

O corpo humano também é um condutor elétrico e sua resistência elétrica varia conforme o tipo e as condições em que a pele de cada pessoa se encontra (caso ela esteja seca ou molhada). O efeito Joule é um dos principais efeitos térmicos utilizado em tratamentos estéticos e de fisioterapia. A eletrolipoforese ou eletrolipólise **(figura 4.21.a)**, por exemplo, emprega correntes de baixa frequência (5 a 50 Hz) que atuam no corpo humano nas células de gordura (adipócitos) e lipídios. O efeito Joule provoca o aumento do fluxo sanguíneo na região através da vasodilatação do tecido, com consequente melhora na oxigenação local e no aumento do metabolismo celular. Entretanto, o efeito Joule também pode provocar queimaduras por meio de choque elétrico **(figura 4.21.b)** quando a corrente elétrica que percorrer o corpo humano for muito intensa ou o tempo de contato for muito longo. Nesse caso, os danos causados ao corpo humano podem ser devastadores e vão desde dormência da pele até perda dos sentidos ou até mesmo a morte.

a

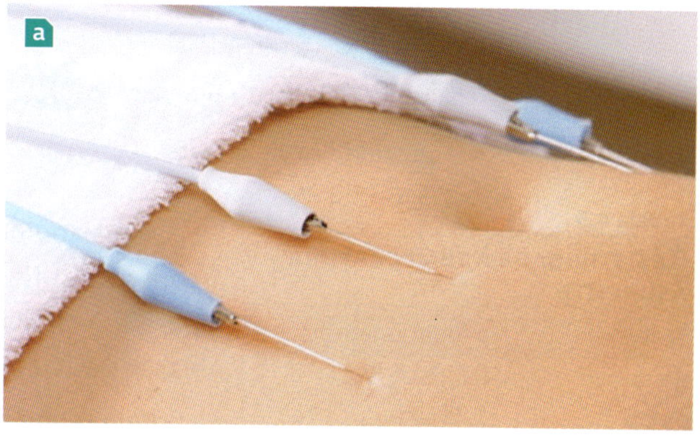

Reprodução/<http://www.movimentocorporal.com.br/>

b

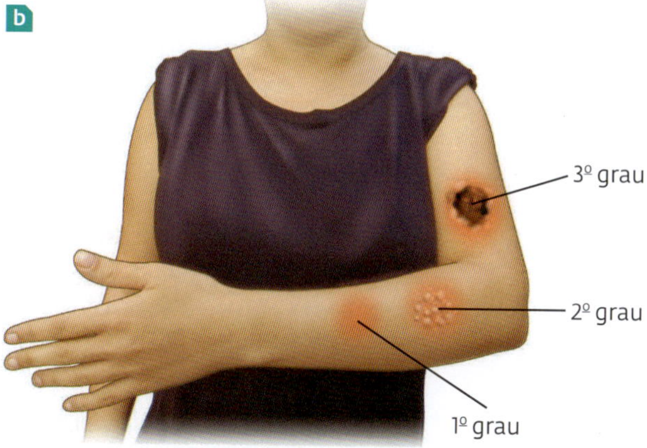

Paulo César Pereira/Arquivo da editora

Sugestão de leitura: Texto complementar 3: Choque elétrico no corpo humano. In: *Física 3*: eletromagnetismo. GREF. São Paulo: Editora da USP, 2005.

Figura 4.21. Fotografia de eletrolipoforese ou eletrolipólise com agulhas (**a**). Representação artística de queimadura por choque elétrico (**b**).

Resistividade de um material

Georg Simon Ohm (1789-1854), físico e matemático alemão, comprovou que se tomarmos um fio condutor, como o da **figura 4.22**, o valor de sua resistência dependerá de seu comprimento e da área de sua seção reta.

Realizando-se medidas cuidadosas, verifica-se que a resistência, R, do fio é diretamente proporcional ao seu comprimento, L, isto é:

$$R \propto L$$

Por outro lado, verifica-se que a resistência do fio é inversamente proporcional à área, A, de sua seção reta, ou seja:

$$R \propto \frac{1}{A}$$

Portanto, quanto mais grosso for o fio, menor será a sua resistência. Associando-se esses dois resultados, podemos escrever que:

$$R \propto \frac{L}{A}$$

Vemos que, se quisermos obter um fio condutor de baixa resistência, ele deve ser de pequeno comprimento e possuir grande área de seção reta (ser grosso). Introduzindo uma constante de proporcionalidade apropriada, podemos transformar a relação anterior em uma igualdade. Essa constante, que se representa pela letra grega ρ (lê-se rô), é denominada **resistividade**. Virá, então:

$$R = \rho \frac{L}{A}$$

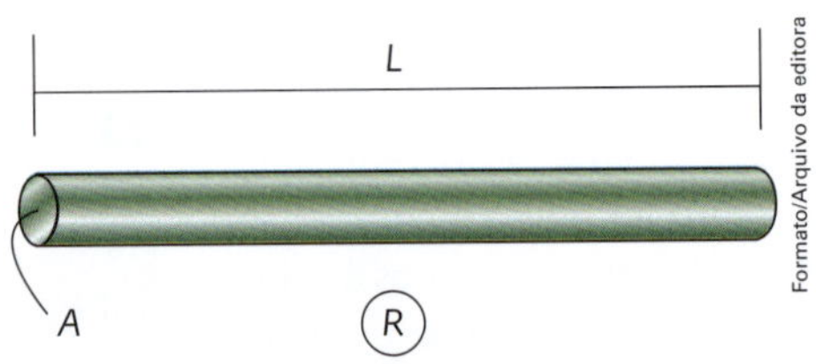

Figura 4.22. A resistência de um condutor é dada por $R = \rho \frac{L}{A}$, em que ρ é a resistividade do material.

Tabela 4.3

RESISTIVIDADE À TEMPERATURA AMBIENTE	
Material	ρ (ohm · metro)
Prata	$1{,}5 \cdot 10^{-8}$
Cobre	$1{,}7 \cdot 10^{-8}$
Alumínio	$2{,}6 \cdot 10^{-8}$
Tungstênio	$5{,}5 \cdot 10^{-8}$
Ferro	$10 \cdot 10^{-8}$
Chumbo	$22 \cdot 10^{-8}$
Mercúrio	$94 \cdot 10^{-8}$
Níquel-cromo	$100 \cdot 10^{-8}$

A resistividade é uma grandeza característica do material que constitui o fio, isto é, cada substância possui um valor diferente para a resistividade ρ. Na **tabela 4.3** são apresentados os valores das resistividades de algumas substâncias.

Pela relação $R = \rho \frac{L}{A}$, podemos ver que, tomando-se vários fios de mesmo comprimento e de mesma área, porém feitos de materiais diferentes, apresentará menor resistência aquele que possuir menor resistividade. Concluímos, então, que, quanto menor for a resistividade ρ de um material, menor será a oposição que esse material oferecerá à passagem de corrente através dele. Assim:

Uma substância será tanto melhor condutora elétrica quanto menor for o valor de sua resistividade.

Observando a **tabela 4.3**, vemos que todas as substâncias nela apresentadas são boas condutoras elétricas, pois possuem resistividades muito pequenas. Essa constatação poderia ser prevista, pois as substâncias apresentadas na tabela são metálicas e os metais são bons condutores elétricos.

O que é um reostato

Às vezes é necessário variar a resistência de um circuito, por exemplo, quando queremos aumentar o volume do rádio ou obter um maior aquecimento da água nos chuveiros elétricos. Nesses casos devemos utilizar um **reostato**, que são resistores que permitem aumentar ou diminuir a intensidade da corrente em um circuito.

Existem diversos tipos de reostato.

Na **figura 4.23.a** apresentamos um tipo muito comum de reostato, constituído por um comprido fio *AB*, de resistência variável, e um cursor *C*, que pode ser deslocado ao longo desse fio, estabelecendo contato em qualquer ponto entre *A* e *B*. Observe que a corrente que sai do polo positivo da bateria percorre o trecho *AC* do reostato, prosseguindo através do cursor até o polo negativo da bateria. Não há corrente passando no trecho *CB*, pois estando o circuito interrompido em *B*, a corrente não poderá prosseguir através desse trecho.

A resistência elétrica pode assumir valores entre zero e o valor total da resistência do fio. À medida que o cursor segue para o ponto *A*, o valor da resistência vai diminuindo e, quando atingir zero, terá um valor de corrente elétrica tendendo ao infinito. Nessa situação, temos uma **corrente de curto-circuito**.

Na **figura 4.23.b** temos um potenciômetro. Note que a diferença entre o reostato e o potenciômetro se deve ao número de conexões. O reostato tem duas conexões **(figura 4.23.a)** e o potenciômetro, três **(figura 4.23.b)**. Ao girar o volante do potenciômetro, o cursor se desloca ao longo de um fio condutor, variando seu comprimento e, assim, fazendo variar a resistência do circuito. Na **figura 4.23.c** temos o símbolo que representa um reostato em um diagrama de circuito elétrico.

A **figura 4.24** é uma fotografia de um reostato de cursor muito usado nos laboratórios de eletricidade. A **figura 4.25** mostra o esquema e a fotografia de outro modelo comum de reostato.

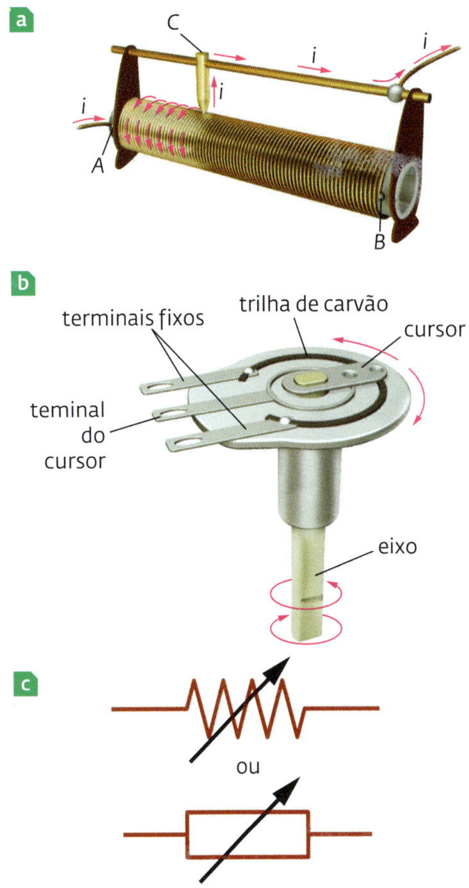

Ilustrações: Antonio Robson/Arquivo da editora

Figura 4.23. Reostato de cursor (**a**), potenciômetro (**b**) e símbolo do reostato em circuitos elétricos (**c**).

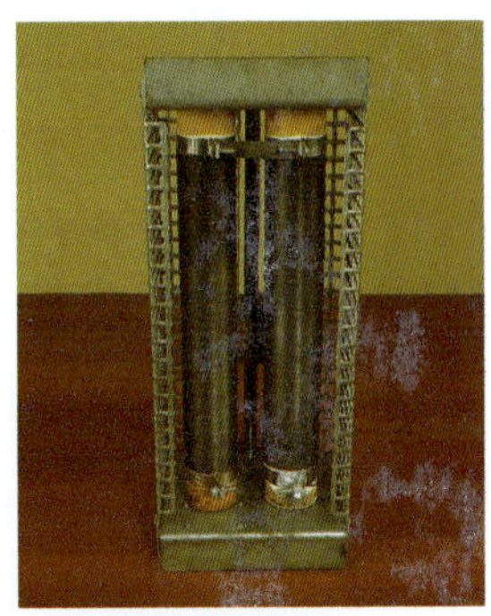

Sérgio/Quim/SOI Studios

Figura 4.24. Fotografia de um reostato de cursor.

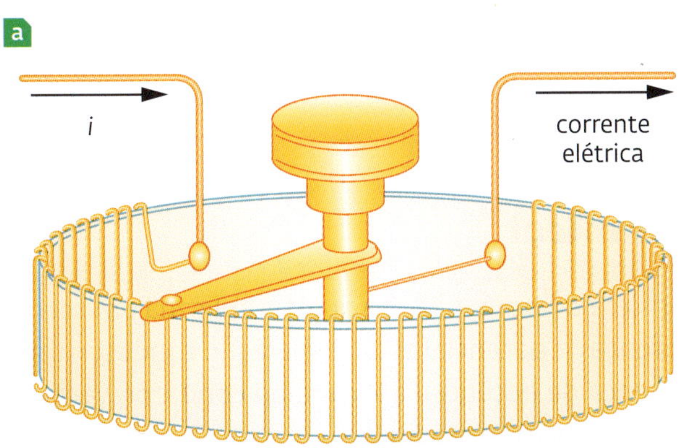

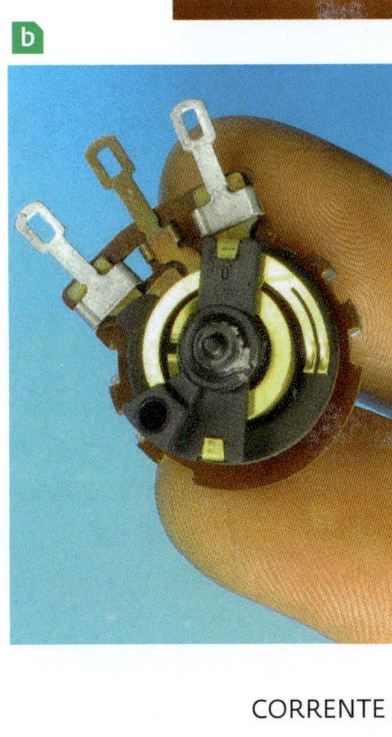

Eduardo Santaliestra/Estúdio Paulista

Figura 4.25. Esquema (**a**) e fotografia (**b**) de um reostato muito usado em circuitos elétricos. Ao girar o volante do dispositivo, o cursor se desloca ao longo de um fio condutor, variando seu comprimento e, assim, fazendo variar a resistência do circuito.

As imagens desta página estão representadas fora de proporção.

As ilustrações desta página estão representadas sem escala e em cores fantasia.

VERIFIQUE O QUE APRENDEU

11. Quando uma dada lâmpada é ligada a uma bateria que lhe aplica uma diferença de potencial $V_{AB} = 6,0$ V, verifica-se que o filamento dessa lâmpada é percorrido por uma corrente $i = 2,0$ A.

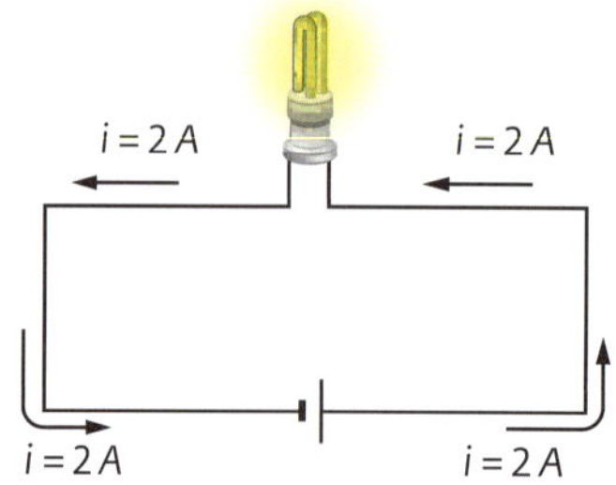

Antonio Robson/Arquivo da editora

a) Qual é a resistência, R, desse filamento?

b) Se essa lâmpada for ligada a uma pilha, que lhe aplica uma diferença de potencial de 1,5 V, qual será a corrente que passará em seu filamento? (Suponha que a resistência do filamento não se modifica.)

c) Quando essa lâmpada é ligada a certa bateria, uma corrente de 1,5 A passa por seu filamento. Qual é a diferença de potencial que essa bateria aplica na lâmpada?

12. Observe o circuito mostrado na figura.

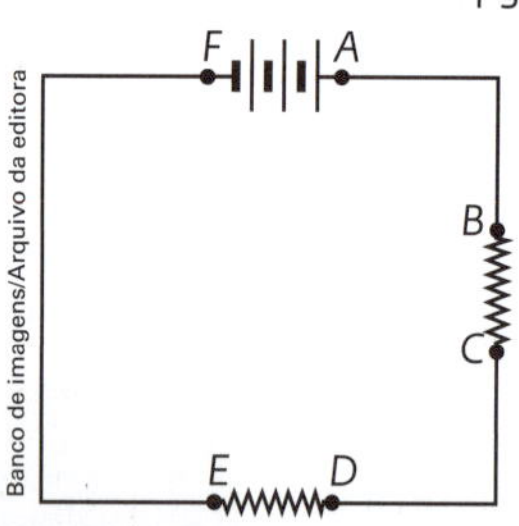

Banco de imagens/Arquivo da editora

Lembrando-se da convenção para representar resistências elétricas, responda:

a) Quais trechos do circuito têm resistências desprezíveis?

b) Quais os trechos cujas resistências não podem ser desprezadas?

c) Quais os valores das diferenças de potencial V_{AB}, V_{CD} e V_{EF}?

13. No circuito do exercício anterior, suponha que a corrente que passa pela seção A seja de 0,30 A e que as resistências de BC e DE sejam $R_{BC} = 15\ \Omega$ e $R_{DE} = 25\ \Omega$.

a) Qual é a intensidade da corrente que passa na resistência BC? E na resistência DE?

b) Determine os valores das voltagens V_{BC} e V_{DE}.

c) Quais são os valores das diferenças de potencial V_{AD} e V_{AF}?

14. Uma bateria mantém uma diferença de potencial constante em um fio de cobre no qual é estabelecida uma corrente de 2,0 A. Esse fio é substituído por outro, também de cobre, de mesmo comprimento, mas de diâmetro duas vezes maior que o primeiro.

a) A resistência do segundo fio é maior ou menor do que a do primeiro? Quantas vezes?

b) Qual é a intensidade da corrente que passará no segundo fio?

15. Consultando a tabela ilustrada abaixo, responda:

a) Considerando o cobre e o tungstênio, qual deles é melhor condutor de eletricidade?

b) Suponha que o único critério para a escolha do material a ser usado na confecção dos fios de ligação seja o fato de ele ser bom condutor.
Nesse caso, qual é o material da fiação elétrica de nossas residências?

Material	ρ (ohm · metro)
Alumínio	$2,6 \cdot 10^{-8}$
Cobre	$1,7 \cdot 10^{-8}$
Níquel-cromo	$100 \cdot 10^{-8}$
Chumbo	$22 \cdot 10^{-8}$
Ferro	$10 \cdot 10^{-8}$
Mercúrio	$94 \cdot 10^{-8}$
Prata	$1,5 \cdot 10^{-8}$
Tungstênio	$5,5 \cdot 10^{-8}$

4.4 A lei de Ohm

O que é um condutor ôhmico?

Consideremos um condutor, como o da **figura 4.16**, ao qual foi aplicada uma certa diferença de potencial V_{AB}. Essa diferença de potencial estabelecerá, no condutor, uma corrente i. Variando o valor da diferença de potencial aplicada ao condutor, verificamos que a corrente que passa por ele também se modifica.

Por exemplo, uma diferença de potencial $(V_{AB})_1$ provoca uma corrente i_1; uma diferença de potencial $(V_{AB})_2$ provoca uma corrente i_2; uma voltagem $(V_{AB})_3$ provoca uma corrente i_3; etc.

O cientista alemão Georg Ohm realizou várias experiências, medindo cada diferença de potencial (e as correntes correspondentes) quando aplicadas em diversos condutores feitos de substâncias diferentes. Verificou então que, para muitos materiais, principalmente os metais, a relação entre a diferença de potencial e a corrente mantinha-se constante, isto é:

$$\frac{(V_{AB})_1}{i_1} = \frac{(V_{AB})_2}{i_2} = \frac{(V_{AB})_3}{i_3} = \dots$$

ou seja,

$$\frac{V_{AB}}{i} = \text{constante}$$

Mas $\frac{V_{AB}}{i}$ representa o valor da resistência R do condutor. Então, Ohm concluiu que para aqueles condutores tinha-se R = constante **(figura 4.26)**.

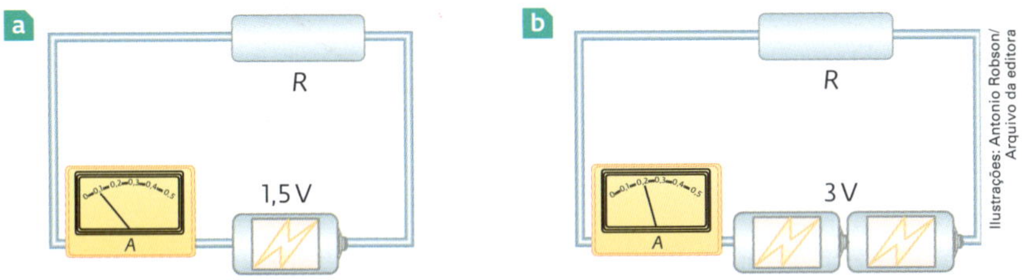

As ilustrações desta página estão representadas sem escala e em cores fantasia.

Figura 4.26. A resistência *R* obedece à lei de Ohm.

Esse resultado é conhecido como **lei de Ohm** e pode ser sintetizado da seguinte maneira:

> **Para um grande número de condutores (principalmente os metais), o valor da resistência permanece constante, não dependendo da diferença de potencial aplicada ao condutor.**

Os resistores para os quais a resistência se mantém constante são denominados resistores ôhmicos. Os demais resistores são chamados de resistores não ôhmicos. Na **figura 4.27** estão alguns resistores **(figura 4.27.a)** e o símbolo que é utilizado nos circuitos elétricos **(figura 4.27.b)**.

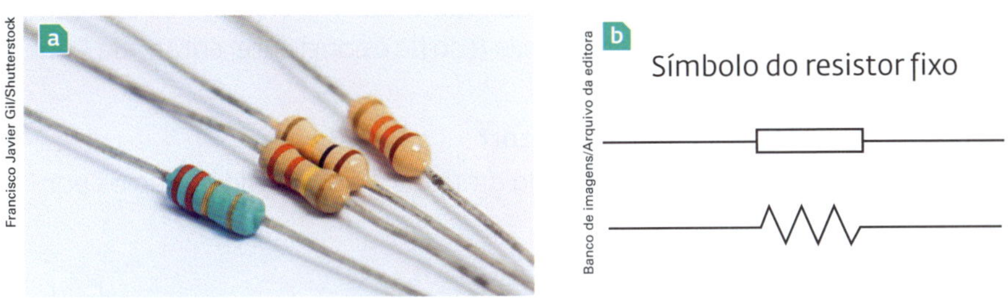

Figura 4.27. Resistores fixos comercializados (**a**) e símbolo do resistor nos circuitos elétricos (**b**).

Comentários

1) Os condutores que obedecem a essa lei são denominados **condutores ôhmicos**. Não devemos nos esquecer, porém, de que existem materiais que não obedecem à lei de Ohm, isto é, modificando-se a diferença de potencial que é aplicada a um dado condutor, feito com material desse tipo, modifica-se o valor da resistência desse condutor (a resistividade do material é alterada pela modificação na diferença de potencial).

2) A expressão $V_{AB} = Ri$ é válida, quer o condutor obedeça ou não à lei de Ohm. Se o condutor for ôhmico, o valor de R nessa expressão será sempre o mesmo, enquanto, para um condutor não ôhmico, o valor de R variará conforme a diferença de potencial V_{AB} aplicada. Em nosso curso, salvo se for dito o contrário, vamos lidar apenas com os condutores que obedecem à lei de Ohm.

O gráfico $V_{AB} \times i$

Para os condutores ôhmicos, a expressão $V_{AB} = Ri$ nos mostra que $V_{AB} \propto i$, pois o valor de R permanece constante. Portanto, se construirmos o gráfico $V_{AB} \times i$ para um condutor ôhmico, obteremos uma reta passando pela origem (figura 4.28.a). A inclinação desse gráfico nos fornece o valor da resistência R do condutor.

Se o condutor não obedecer à lei de Ohm, o gráfico $V_{AB} \times i$ não será retilíneo, podendo apresentar diversos aspectos, dependendo da natureza do condutor. Na figura 4.28.b apresentamos duas formas possíveis do gráfico $V_{AB} \times i$ para dois condutores, (1) e (2), que não obedecem à lei de Ohm.

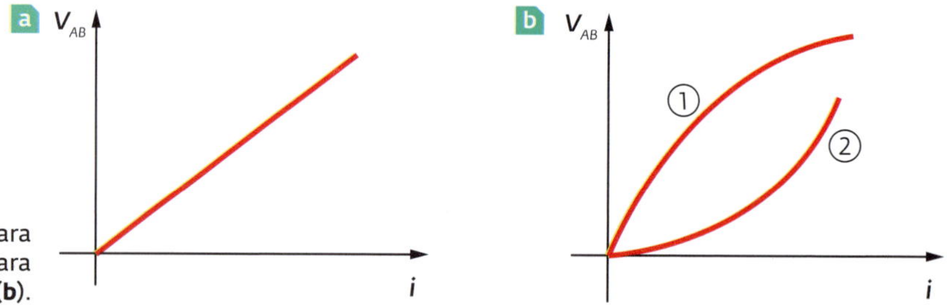

Figura 4.28. Gráfico $V_{AB} \times i$ para um condutor ôhmico (**a**) e para condutores não ôhmicos (**b**).

Ilustrações técnicas desta página: Banco de imagens/Arquivo da editora

Exemplo

Em um laboratório, um fio condutor foi submetido a diversas diferenças de potencial. Medindo-se os valores dessas diferenças de potencial e da corrente que cada uma delas estabeleceu no condutor, obteve-se a tabela seguinte:

V_{AB} (V)	5,0	10	15	20
i (A)	0,20	0,40	0,60	0,80

a) Construa o gráfico $V_{AB} \times i$ para esse condutor.

Usando os dados da tabela, obtemos o gráfico mostrado na figura 4.29.

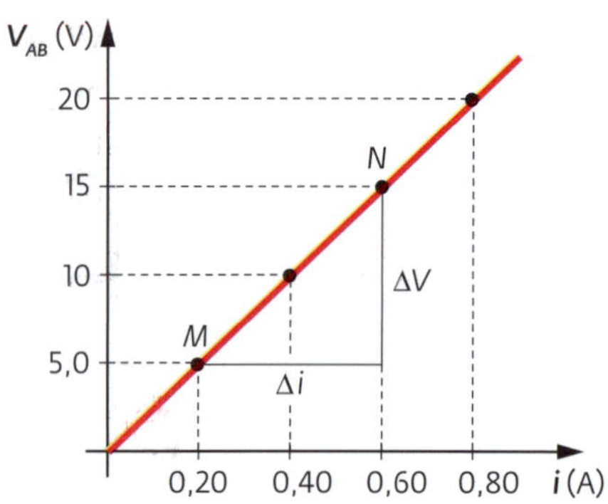

Figura 4.29. Gráfico para o exemplo da seção 4.4.

b) Esse condutor obedece à lei de Ohm?

Sim, pois o gráfico $V_{AB} \times i$ é uma reta passando pela origem, portanto, $V_{AB} \propto i$. Isso poderia ser constatado, também, pelos valores da tabela, pois vemos aí que, dobrando V_{AB}, o valor de i também dobra, etc. Logo, a resistência R do fio é constante, então, ele é um condutor ôhmico.

c) Qual é o valor da resistência R desse condutor?

O valor de R pode ser obtido pela inclinação do gráfico $V_{AB} \times i$. Considerando os pontos M e N da figura 4.29, temos:

$$\Delta V = 10 \text{ V} \quad \text{e} \quad \Delta i = 0{,}40 \text{ A}$$

Logo, a inclinação do gráfico é:

$$\frac{\Delta V}{\Delta i} = \frac{10}{0{,}40} = 25$$

Então, o valor da resistência do fio é $R = 25\ \Omega$. Deve-se observar que o valor de R poderia ser obtido também a partir da tabela fornecida, dividindo qualquer valor de V_{AB} pelo correspondente valor de i, isto é:

$$R = \frac{V_{AB}}{i} = \frac{5{,}0}{0{,}20} = \frac{10}{0{,}40} = \frac{15}{0{,}60} = \frac{20}{0{,}80} \text{ ou } R = 25\ \Omega$$

VERIFIQUE O QUE APRENDEU

Ilustrações técnicas desta página: Banco de imagens/Arquivo da editora

16. A figura deste exercício mostra o gráfico $V_{AB} \times i$ para um certo resistor.

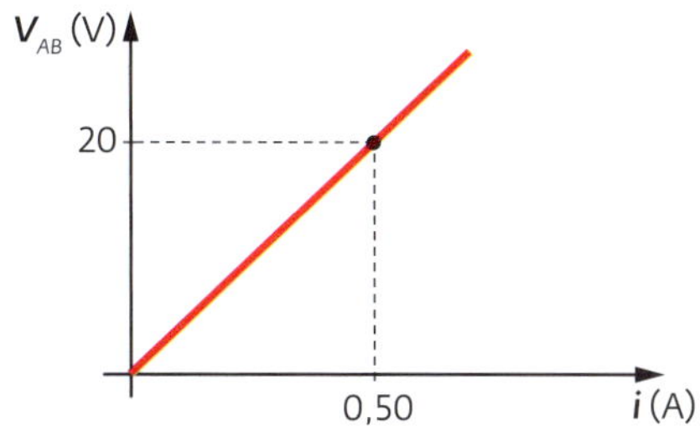

a) Esse resistor é ôhmico?

b) Qual é o valor de sua resistência quando submetido a uma voltagem de 20 V?

17. Considerando o resistor do exercício anterior, responda:

a) Duplicando-se a voltagem nele aplicada, o que ocorre com o valor da corrente que passa no resistor?

b) Duplicando-se a voltagem nele aplicada, o que ocorre com o valor de sua resistência?

c) Qual voltagem deve ser aplicada no resistor para que ele seja percorrido por uma corrente de 2,0 A?

18. Para um certo resistor, obtivemos o gráfico $V_{AB} \times i$ mostrado na figura deste exercício.

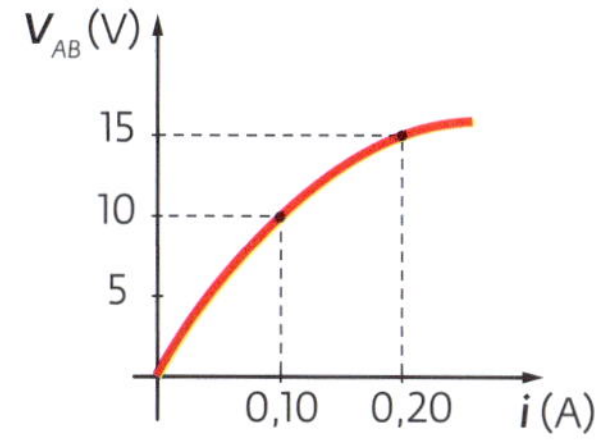

a) Esse resistor é ôhmico?

b) Qual é o valor de sua resistência quando submetido a uma voltagem de 10 V?

c) E qual é o valor de sua resistência quando a voltagem é de 15 V?

19. Diferenças de potencial, mesmo que pequenas, podem causar graves danos, dependendo da resistência do corpo humano. O valor dessa resistência pode variar entre, aproximadamente, 100 000 Ω, para pele seca, e cerca de 1 000 Ω, para pele molhada. Qual é a corrente que atravessará o corpo da pessoa em cada caso e quais serão as possíveis consequências fisiológicas (consulte a **tabela 4.1**)?

FÍSICA NO CONTEXTO

Analogia mecânica para a Primeira Lei de Ohm

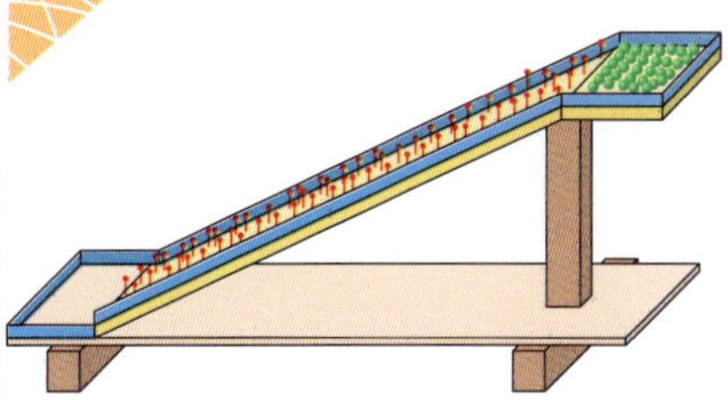

Formato/Arquivo da editora

Figura 4.30. Bolinhas de gude (elétrons) que irão descer uma rampa (condutor). Representação sem escala e em cores fantasia.

Nesta analogia, a **rampa** corresponde ao **condutor metálico**. As **bolinhas de gude** representam os **elétrons livres** da corrente elétrica. Os **pregos** representam os íons da rede que formam o próprio condutor e que oferecem oposição à passagem das bolinhas, assim, os pregos estão associados à **resistência elétrica** R do condutor **(figura 4.30)**. Quanto maior a velocidade de descida das bolinhas, maior o número de elétrons livres que passam por uma seção da rampa (condutor), deste modo, **a velocidade de descida** é proporcional à intensidade da **corrente elétrica** i. Nesta analogia, a **altura vertical** da rampa é proporcional à **diferença de potencial elétrico** V_{AB}.

Vamos testar a analogia para a Lei de Ohm: $R = \frac{V_{AB}}{i}$ = constante.

Para R constante (supondo condutor ôhmico), as grandezas V_{AB} e i são diretamente proporcionais, ou seja, o aumento de V_{AB} implica o aumento de i. Isto concorda com nossa analogia, pois aumentar V_{AB} significa aumentar a altura da rampa. Maior altura, maior inclinação. Maior inclinação, maior velocidade de descida, portanto, maior corrente elétrica i.

Atente, no entanto, para os limites da analogia! Apenas para que conste um de seus limites, chamamos a atenção para o fato de os pregos estarem parados, o que não é análogo ao movimento oscilatório real dos íons do metal.

4.5 Associação de resistores

Resistores ligados em série

Muitas vezes, nos circuitos elétricos, aparecem resistores ligados um em seguida do outro. Quando isso acontece, dizemos que os resistores estão **associados em série**. As lâmpadas usadas na decoração das árvores de Natal, por exemplo, geralmente são associadas dessa maneira (figura 4.31).

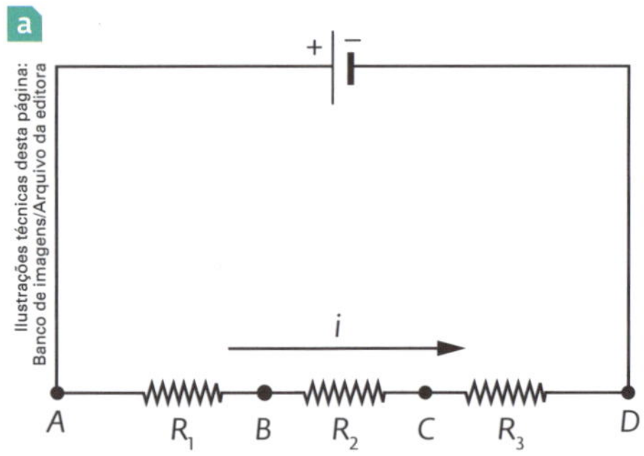

Ilustrações técnicas desta página: Banco de imagens/Arquivo da editora

João X. de Campos/Arquivo da editora

Figura 4.31. Em **a**, resistores associados em série. Na iluminação de uma árvore de Natal, como em **b**, geralmente as lâmpadas estão associadas em série.

Se uma diferença de potencial for aplicada às extremidades *A* e *D* da associação apresentada na figura 4.31, uma corrente elétrica passará pelos resistores dessa associação. Como a intensidade *i* dessa corrente terá o mesmo valor em qualquer seção do circuito, os resistores de resistências R_1, R_2 e R_3 serão percorridos pela mesma corrente mesmo que R_1, R_2 e R_3 tenham valores diferentes.

Designando por V_{AB}, V_{BC} e V_{CD} as diferenças de potencial em R_1, R_2 e R_3, respectivamente, temos, pela figura 4.31:

$$V_{AB} + V_{BC} + V_{CD} = V_{AD}$$

Como o valor de *i* é igual nos três resistores, podemos escrever:

$$V_{AB} = R_1 i \qquad V_{BC} = R_2 i \qquad V_{CD} = R_3 i$$

Podemos concluir que no resistor de resistência de maior valor será observada a maior queda de potencial. No caso particular da foto da figura 4.32, as lâmpadas são idênticas; portanto, experimentam a mesma queda de potencial.

Eduardo Santaliestra/Estúdio Paulista

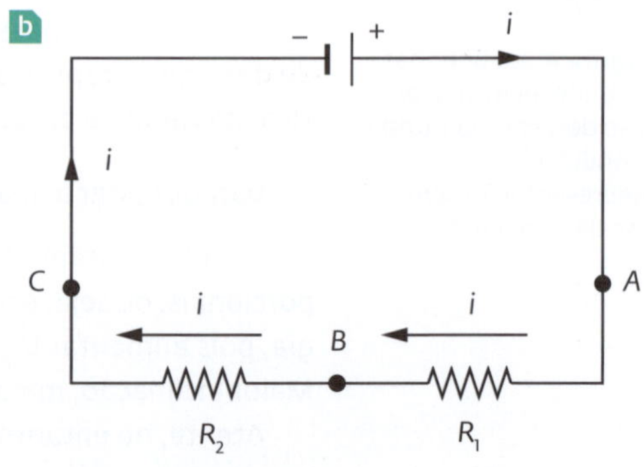

Figura 4.32. (**a**) Circuito de duas lâmpadas associadas em série e ligadas a uma pilha. (**b**) Diagrama representando o circuito mostrado em **a**.

Resistores ligados em paralelo

Os resistores elétricos podem também ser ligados, em um circuito, da maneira mostrada na **figura 4.33**. Nesse tipo de ligação, dizemos que os resistores estão **associados em paralelo**. Os dois faróis de um automóvel e as lâmpadas em uma residência são exemplos de resistores ligados em paralelo.

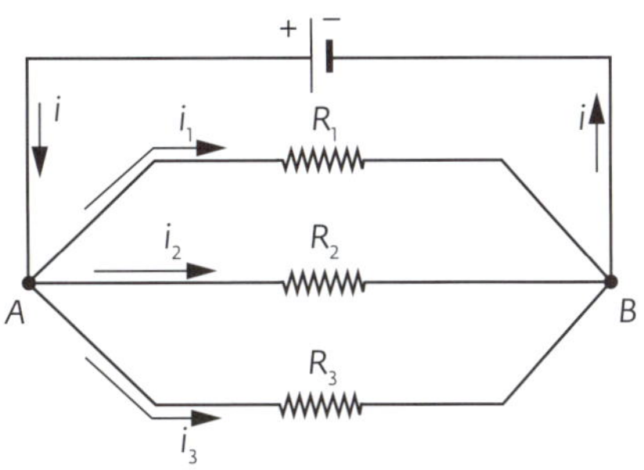

Ilustrações técnicas desta página: Banco de imagens/Arquivo da editora

Figura 4.33. Resistores associados em paralelo.

Pela **figura 4.33** observamos que os resistores de R_1, R_2 e R_3 estão ligados, cada um, entre os mesmos pontos *A* e *B*. Dessa maneira, a mesma diferença de potencial V_{AB} estará aplicada em cada um desses resistores. Por exemplo, se a diferença de potencial V_{AB} fornecida pela bateria for de 12 V, teremos tanto R_1 quanto R_2 e R_3 submetidas, cada uma, a essa diferença de potencial. Note que a corrente total *i*, fornecida pela bateria, se distribui pelos resistores, passando uma corrente i_1 em R_1, i_2 em R_2 e i_3 em R_3. Observe, pela figura acima, que $i_1 + i_2 + i_3 = i$ e, além disso (lembrando-se da relação $i = \frac{V_{AB}}{R}$), teremos:

$$i_1 = \frac{V_{AB}}{R_1} \qquad i_2 = \frac{V_{AB}}{R_2} \qquad i_3 = \frac{V_{AB}}{R_3}$$

Como nas três equações acima a diferença de potencial V_{AB} é a mesma, concluímos que, nesse tipo de ligação, quanto menor o valor de *R*, maior será o valor de *i*.

Imagine a situação que propusemos anteriormente, ou seja, $V_{AB} = 12$ V. Imagine ainda que $R_1 = 2\ \Omega$, $R_2 = 3\ \Omega$ e $R_3 = 6\ \Omega$. Pelas equações acima, teremos: $i_1 = 6$ A; $i_2 = 4$ A; $i_3 = 2$ A. Assim, $R_1 < R_2 < R_3$, porém, $i_1 > i_2 > i_3$.

Quando vários resistores estão ligados em paralelo, o resistor de menor resistência será percorrido pela corrente de maior intensidade.

No caso particular da foto da **figura 4.34**, as lâmpadas são idênticas, e suas resistências elétricas *R* têm o mesmo valor. Esse é um caso em que as resistências são percorridas por correntes elétricas de mesma intensidade, ainda que estejam em paralelo.

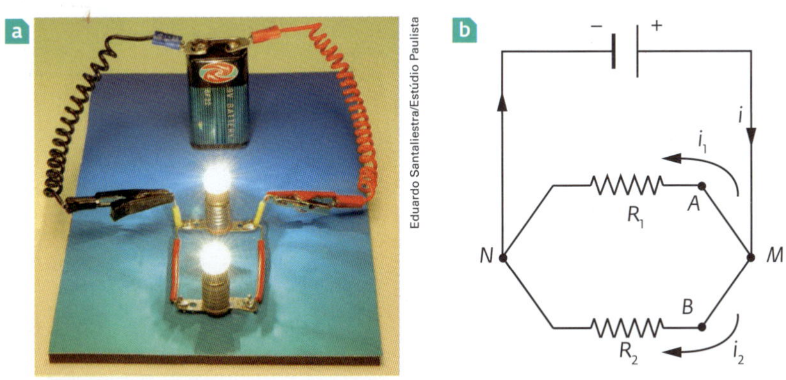

Figura 4.34. **(a)** Circuito de duas lâmpadas associadas em paralelo e ligadas a uma pilha. **(b)** Diagrama representando o circuito mostrado em **a**.

Resistência equivalente para resistores em série

Na **figura 4.31** podemos trocar o conjunto de resistores com resistências R_1, R_2 e R_3 por um resistor de resistência única, R, capaz de substituir a associação. Essa resistência é denominada **resistência equivalente** da associação.

A seguir, obteremos uma relação que nos permite calcular o valor da resistência equivalente da ligação em série. Para isso, observemos que na **figura 4.31** a resistência equivalente, R, deve ser tal que, sendo ligada entre os pontos A e D, isto é, sendo submetida à diferença de potencial V_{AD}, ela seja percorrida pela mesma corrente i que passa pela associação.

Portanto, podemos escrever para a resistência equivalente R:

$$R = \frac{V_{AD}}{i}$$

Lembrando dos conceitos que vimos na associação em série, temos:

$$R = \frac{V_{AD}}{i} \Rightarrow R = \frac{V_{AB} + V_{BC} + V_{CD}}{i} \Rightarrow R = \frac{R_1 i + R_2 i + R_3 i}{i} \Rightarrow R = \frac{(R_1 i + R_2 i + R_3)\cancel{i}}{\cancel{i}}$$

$$\therefore \quad R = R_1 + R_2 + R_3$$

Assim, concluímos que a resistência equivalente a um conjunto de resistores ligados em série é dada pela soma das resistências que constituem a associação.

Em resumo:

> **Quando vários resistores de resistência R_1, R_2, R_3, etc. são associados em série, todos eles são percorridos pela mesma corrente, e a resistência equivalente da associação é dada por:**
>
> $$\mathbf{R + R_1 + R_2 + R_3 + ...}$$

Uma consequência importante desse resultado é que, quanto **maior** for o número de resistores que associamos em série, **maior** será o valor da resistência total ou equivalente.

Portanto, no caso de a **diferença de potencial se manter inalterada**, quanto mais resistores em série associarmos, **menor** será o valor da corrente elétrica i que percorre o circuito. O esquema da **figura 4.35** ilustra esse raciocínio.

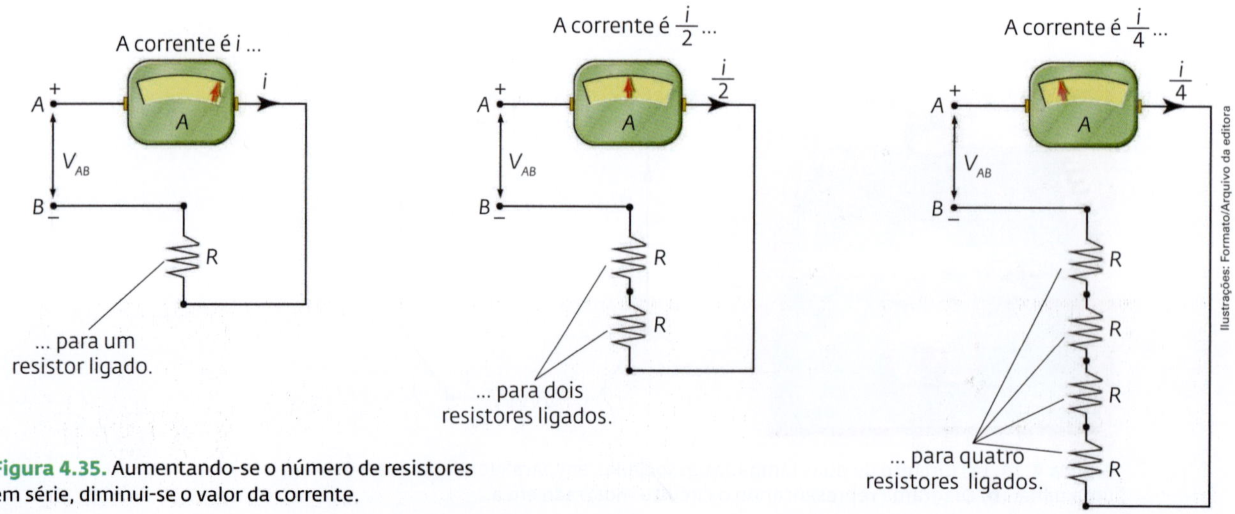

Figura 4.35. Aumentando-se o número de resistores em série, diminui-se o valor da corrente.

Resistência equivalente para resistores em paralelo

Da mesma forma que fizemos para o caso dos resistores em série, também podemos substituir resistores ligados em paralelo por um resistor com **resistência equivalente**. Observe a **figura 4.36** e lembre-se de que os resistores em paralelo estão todos ligados aos mesmos pontos A e B e, portanto, estão todos submetidos à mesma diferença de potencial V_{AB}.

Podemos mostrar, com um procedimento semelhante àquele que fizemos no caso da associação em série, que, para um conjunto de resistores ligados em paralelo **(figura 4.36)**, a resistência equivalente, R, é dada pela expressão:

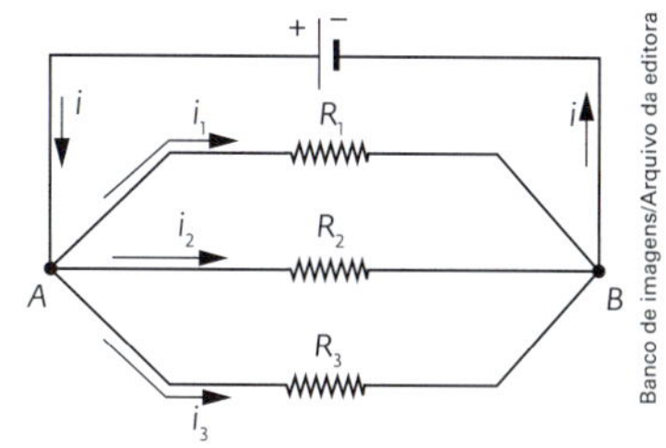

Figura 4.36. Associação de resistores em paralelo.

$$\frac{1}{R} = \frac{1}{R_1} + \frac{1}{R_2} + \frac{1}{R_3}$$

Isto é, o inverso da resistência equivalente é igual à soma dos inversos das resistências associadas.

Em resumo:

> **Quando vários resistores de resistência R_1, R_2, R_3, etc. são associados em paralelo, todos eles ficam submetidos à mesma diferença de potencial, e a resistência equivalente da associação é dada por:**
>
> $$\frac{1}{R} = \frac{1}{R_1} + \frac{1}{R_2} + \frac{1}{R_3} + \dots$$

Uma consequência importante desse resultado é que, quanto **maior** for o número de resistores que associamos em paralelo, **menor** será o valor da resistência total ou equivalente. Portanto, no caso de a **diferença de potencial se manter inalterada**, quanto mais resistores em paralelo associarmos, **maior** será o valor da corrente elétrica i que percorre o circuito. O esquema da **figura 4.37** ilustra esse raciocínio.

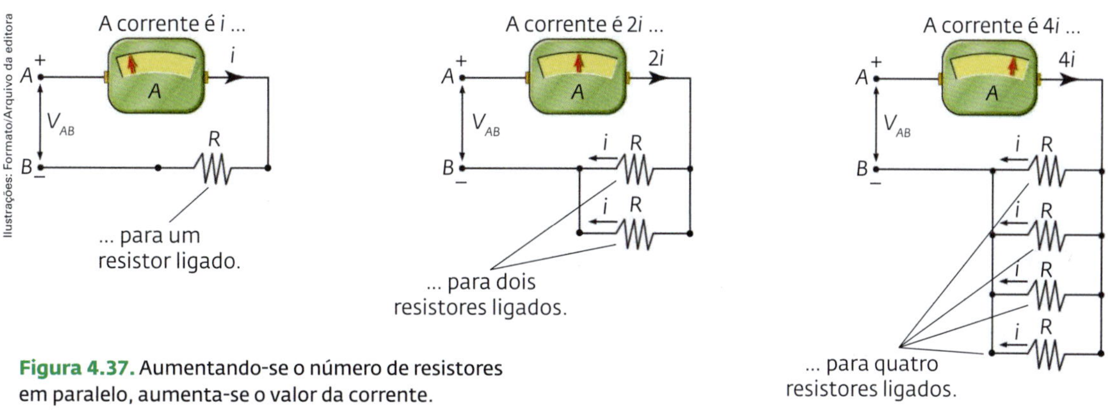

Figura 4.37. Aumentando-se o número de resistores em paralelo, aumenta-se o valor da corrente.

Exemplo

Suponha que os resistores ligados em paralelo na figura 4.33 tenham os seguintes valores de resistência elétrica: $R_1 = 40\ \Omega$, $R_2 = 60\ \Omega$ e $R_3 = 120\ \Omega$.

a) Qual é o valor da resistência equivalente dessa associação?

Vimos que, na associação em paralelo, a resistência equivalente, R, é dada por:

$$\frac{1}{R} = \frac{1}{R_1} + \frac{1}{R_2} + \frac{1}{R_3}$$

Então, temos:

$$\frac{1}{R} = \frac{1}{40} + \frac{1}{60} + \frac{1}{120} = \frac{3 + 2 + 1}{120} = \frac{6}{120} \therefore R = 20\ \Omega$$

b) Considerando que a diferença de potencial estabelecida pela bateria seja $V_{AB} = 12$ V, calcule a corrente que passa em cada um dos resistores.

Como os resistores estão ligados em paralelo, cada um deles está submetido a uma diferença de potencial $V_{AB} = 12$ V. Os valores de i_1, i_2 e i_3 são, assim, dados por:

$$i_1 = \frac{V_{AB}}{R_1} = \frac{12}{40} \quad \therefore \quad i_1 = 0{,}30 \text{ A}$$

$$i_2 = \frac{V_{AB}}{R_2} = \frac{12}{60} \quad \therefore \quad i_2 = 0{,}20 \text{ A}$$

$$i_3 = \frac{V_{AB}}{R_3} = \frac{12}{120} \quad \therefore \quad i_3 = 0{,}10 \text{ A}$$

c) Qual é o valor da corrente total *i* fornecida pela bateria?

O valor dessa corrente total é:

$$i = i_1 + i_2 + i_3 = 0{,}30 + 0{,}20 + 0{,}10 \quad \therefore \quad i = 0{,}60 \text{ A}$$

Outra maneira de calcular essa corrente total seria supor que os resistores em paralelo fossem substituídos por um único resistor de resistência equivalente, isto é, imaginar que entre os pontos *A* e *B* tivéssemos um resistor de 20 Ω de resistência (resistência equivalente). Nesse resistor passaria a corrente total *i* dada por:

$$i = \frac{V_{AB}}{R} = \frac{12}{20} \quad \therefore \quad i = 0{,}60 \text{ A}$$

Observe que as duas maneiras de calcular a corrente total conduziram ao mesmo resultado.

Quando os elementos de um circuito elétrico estão todos ligados em série, a interrupção da corrente em qualquer ponto fará com que essa corrente seja interrompida em todos os elementos do circuito.

As lâmpadas de uma árvore de Natal, por exemplo, são ligadas em série; por isso, quando qualquer uma delas se queima, todas as demais se apagam, pois a corrente deixará de circular em todas elas.

Entretanto, em nossas residências, sabemos que é possível apagar uma lâmpada qualquer sem que os demais aparelhos elétricos sejam desligados. Isso ocorre porque esses aparelhos estão ligados **em paralelo**.

A **figura 4.38** mostra, de maneira simplificada, o esquema da rede elétrica de uma residência. Entre os fios *A* e *B* é mantida uma diferença de potencial cujo valor, normalmente, é de 127 V ou de 220 V.

Vemos, pela figura, que os aparelhos elétricos são ligados em paralelo entre esses dois fios e estão, portanto, todos eles submetidos à mesma diferença de potencial.

Observe que uma das lâmpadas está apagada (a chave C está aberta) e, no entanto, todos os demais aparelhos estão funcionando normalmente.

Devemos notar que, quanto maior for o número de aparelhos elétricos ligados, menor será a resistência equivalente do conjunto, pois eles estão associados em paralelo. Consequentemente, maior será a corrente total que passará pelo medidor de energia elétrica situado na "entrada" da residência.

João X. de Campos/Arquivo da editora

Figura 4.38. Os aparelhos elétricos em uma residência são ligados em paralelo. Observe que todos eles são submetidos à mesma diferença de potencial.

Associação mista de resistores

Um circuito pode apresentar, ao mesmo tempo, resistores associados em série e em paralelo. Quando isso ocorre, dizemos se tratar de uma associação mista de resistores. Na **figura 4.39** apresentamos um exemplo de associação mista de resistores. A análise de um circuito desse tipo pode ser entendida acompanhando-se o exemplo a seguir.

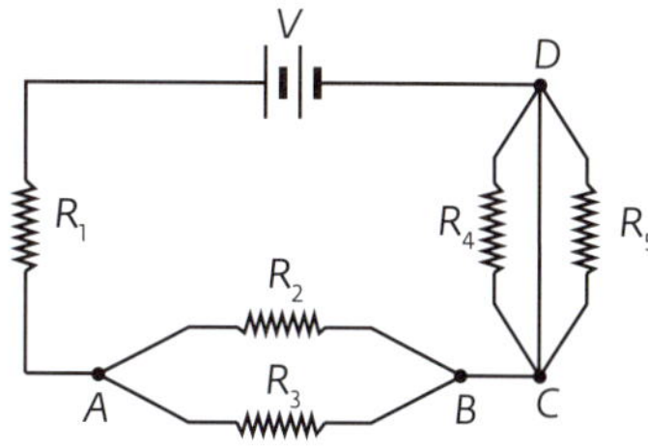

Figura 4.39. Associação mista de resistores.

Exemplo

Considere os seguintes valores de resistência para os resistores do circuito da figura 4.39: $R_1 = 30\ \Omega$; $R_2 = 30\ \Omega$; $R_3 = 60\ \Omega$; $R_4 = 20\ \Omega$; $R_5 = 15\ \Omega$. Os pontos *C* e *D* estão ligados por um fio de resistência desprezível (resistência nula).

a) Determine a resistência equivalente desse circuito.

Como R_2 e R_3 estão ligados em paralelo, a resistência R_{AB}, entre *A* e *B*, é dada por:

$$\frac{1}{R_{AB}} = \frac{1}{R_2} + \frac{1}{R_3} = \frac{1}{30} + \frac{1}{60} \quad \therefore \quad R_{AB} = 20\ \Omega$$

Os resistores R_4, R_5 e o fio de ligação entre *C* e *D* estão também em paralelo. Como o fio de ligação não oferece nenhuma resistência à passagem da corrente, toda a corrente que chegar a *C* passa por esse fio, isto é, não há corrente nos resistores R_4 e R_5. Então, a resistência total entre *C* e *D* é nula e o circuito da **figura 4.39** é equivalente ao mostrado na **figura 4.40**. Vemos, então, que a resistência total desse circuito é:

$$R = R_1 + R_{AB} + R_{CD} = 30 + 20 \quad \therefore \quad R = 50\ \Omega$$

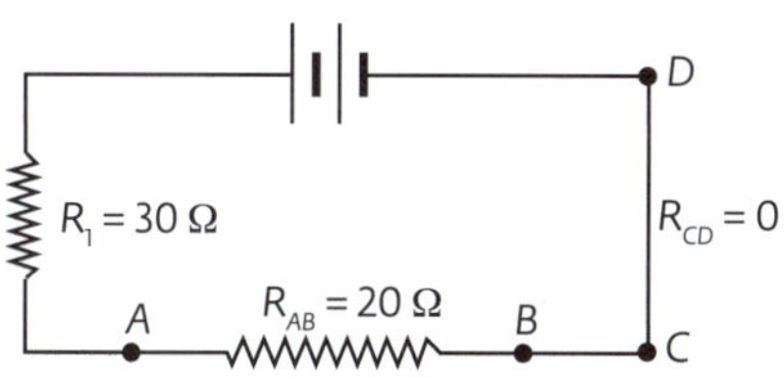

Figura 4.40. Circuito equivalente da associação mista de resistores da **figura 4.39**.

b) Calcule a corrente em cada um dos resistores do circuito original, supondo que a bateria aplique ao circuito uma diferença de potencial $V = 12$ V.

A corrente total *i*, fornecida pela bateria, é a mesma que passa pelo resistor R_1. Seu valor é:

$$i = \frac{V}{R} = \frac{12}{50} \quad \therefore \quad i = 0{,}24\ \text{A}$$

Para calcular as correntes i_2, em R_2, e i_3, em R_3, devemos determinar, inicialmente, a diferença de potencial V_{AB} entre *A* e *B*. Na **figura 4.40**, temos:

$$V_{AB} = R_{AB} \cdot i = 20 \cdot 0{,}24 \quad \therefore \quad V_{AB} = 4{,}8\ \text{V}$$

Então, pela **figura 4.39**, temos:

$$i_2 = \frac{V_{AB}}{R_2} = \frac{4{,}8}{30} \quad \therefore \quad i_2 = 0{,}16\ \text{A} \qquad\qquad i_3 = \frac{V_{AB}}{R_3} = \frac{4{,}8}{60} \quad \therefore \quad i_3 = 0{,}08\ \text{A}$$

O valor de i_3 poderia, também, ter sido obtido da seguinte maneira:

$$i = i_2 + i_3 \Rightarrow 0{,}24 = 0{,}16 + i_3 \quad \therefore \quad i_3 = 0{,}08\ \text{A}$$

Os valores das correntes em R_4 e R_5, como já vimos, são nulos.

Comentário

Toda vez que dois pontos de um trecho de circuito estiverem ligados por um fio de resistência desprezível, como ocorre no trecho *CD* da **figura 4.40**, a resistência equivalente **desse trecho** será nula, e dizemos que esse trecho do circuito está em curto-circuito. Tudo se passa como se não existissem outros resistores ligados entre esses pontos. Apesar de não existirem fios de resistência exatamente nula no dia a dia, os fios de cobre, por terem baixa resistividade elétrica, ρ, podem apresentar resistências bem menores do que as resistências de outros elementos do circuito.

FÍSICA NO CONTEXTO

Curto-circuito

Um curto-circuito acontece quando dois pontos de um circuito são ligados por um condutor de resistência desprezível, o que equivale a dizer que os dois pontos do circuito têm o mesmo potencial.

Observe na **figura 4.41**, que no instante em que o condutor metálico é ligado nos pontos *A* e *B*, em paralelo com a lâmpada L_1, a lâmpada entra em curto-circuito, apagando. A corrente que percorre o circuito aumentará abruptamente, aumentando a temperatura dos condutores. Esse acréscimo da temperatura pode derreter o isolamento plástico que envolve os condutores e, caso o circuito não tenha proteção, pode desencadear um incêndio. Além disso, o brilho da lâmpada L_2 vai aumentar quando a intensidade da corrente elétrica aumentar.

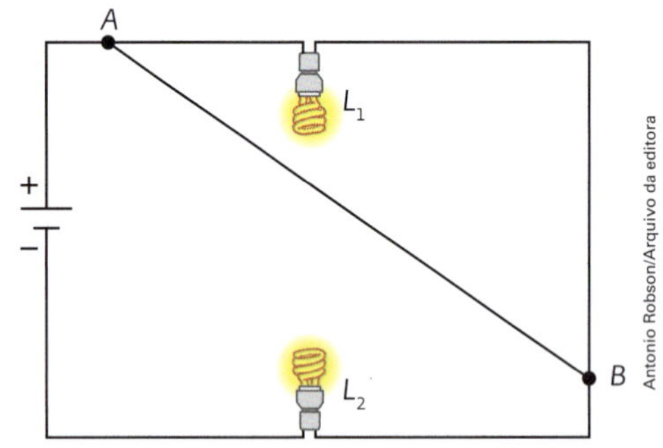

Figura 4.41. A lâmpada L_1 está em curto-circuito.

Para evitar os transtornos que um aquecimento indesejado dos condutores poderia causar, é usual empregar dispositivos de segurança como um **fusível (figura 4.42)** ou um **disjuntor (figura 4.43)**. O fusível é colocado em série com os aparelhos de um circuito elétrico; em caso de excesso de corrente elétrica no circuito, o fusível se funde, interrompendo a passagem da corrente elétrica.

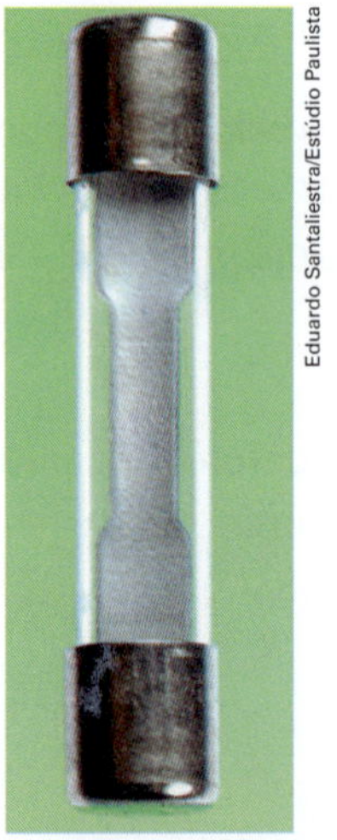

Figura 4.42. Exemplo de fusível que funciona por efeito Joule.

Figura 4.43. Exemplo de disjuntor encontrado nas caixas de força das residências.

As imagens desta página estão representadas fora de proporção.

Atualmente, a maior parte dos fusíveis foi substituída pelos disjuntores, que é uma chave magnética que desliga automaticamente quando há aumento excessivo da corrente elétrica.

A vantagem do disjuntor é que, caso ele seja acionado, desligando-se, à medida que o motivo que provocou o seu desligamento for solucionado, basta ligá-lo novamente para que a corrente elétrica se restabeleça. Por outro lado, se tivéssemos um fusível queimado no circuito, deveríamos comprar um novo para substituí-lo.

VERIFIQUE O QUE APRENDEU

As ilustrações desta página estão representadas sem escala e em cores fantasia.

20. A figura abaixo mostra duas lâmpadas, cujos filamentos possuem resistências R_1 e R_2, ligadas aos polos de uma bateria. Observando a figura, responda:

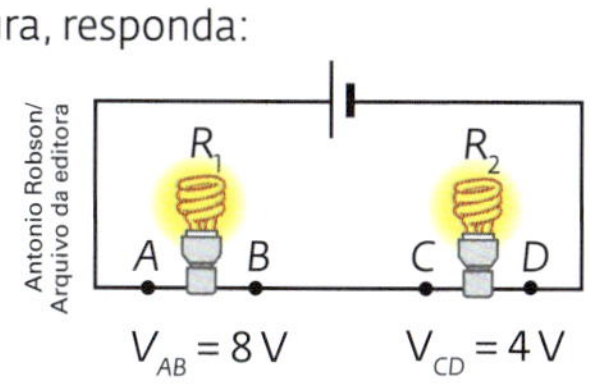

a) A corrente que passa em R_1 é maior, menor que a que passa em R_2 ou igual a ela?

b) O valor da resistência R_1 é maior, menor que o da resistência R_2 ou igual a ele?

c) Qual é o valor da voltagem entre os polos da bateria?

21. As duas lâmpadas do exercício anterior foram ligadas, da maneira mostrada na figura abaixo, a uma bateria que mantém entre seus polos uma diferença de potencial de 6 V.

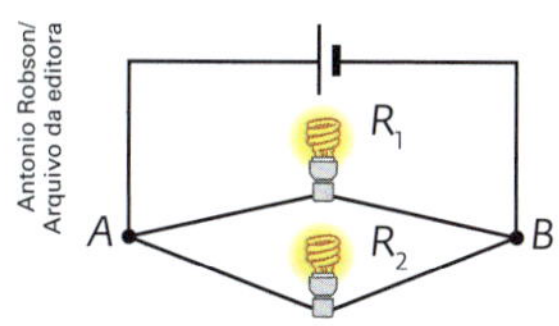

a) Qual a voltagem que está aplicada em R_1? E em R_2?

b) A corrente que passa em R_1 é maior, menor que a que passa em R_2 ou igual a ela?

22. Considerando o circuito mostrado na figura abaixo, dizer quais das lâmpadas L_1, L_2 e L_3 se apagarão ao desligarmos:

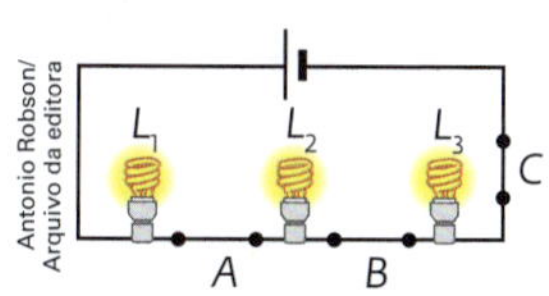

a) apenas a chave *A*;

b) apenas a chave *B*;

c) apenas a chave *C*.

23. Responda às questões do exercício anterior supondo que as lâmpadas L_1, L_2 e L_3 tenham sido ligadas, agora, da maneira mostrada na figura abaixo.

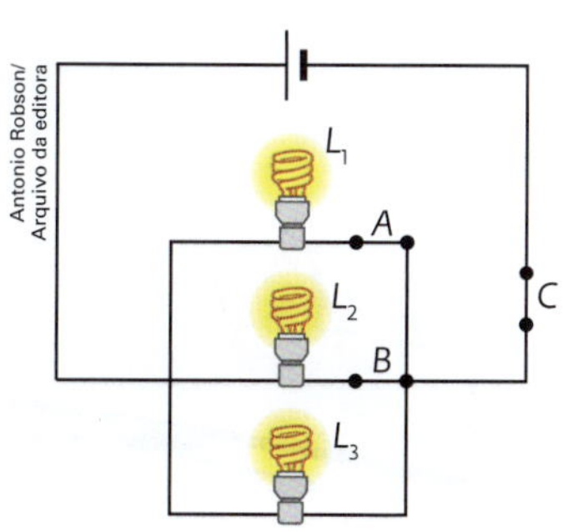

24. Dois resistores R_1 e R_2, sendo $R_1 = R_2 = 12\ \Omega$, são ligadas em paralelo a uma bateria que estabelece, na associação, uma voltagem de 24 V, como pode ser visto na figura abaixo.

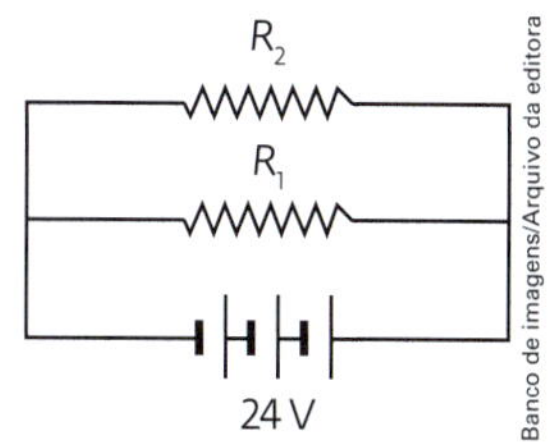

a) Qual é a resistência equivalente da associação?

b) Qual é a corrente que passa em R_1? E em R_2?

c) Qual é a corrente total fornecida pela bateria?

25. Suponha que, em uma residência, cuja instalação elétrica é de 120 V, esteja acesa apenas uma lâmpada de resistência igual a 240 Ω.

a) Qual é o valor da corrente que passa nessa lâmpada?

b) Se acendermos uma segunda lâmpada, idêntica à primeira, a resistência elétrica da instalação da residência aumentará ou diminuirá?

c) Com as duas lâmpadas acesas, qual é o valor da corrente que está passando pelo medidor na entrada de eletricidade da residência?

d) Sabe-se que a chave automática existente na entrada de eletricidade da residência é de 30 A, isto é, ela se desliga se for percorrida por uma corrente superior a 30 A. Então, quantas lâmpadas (idênticas àquela citada), no máximo, poderão ser ligadas simultaneamente nessa residência?

26. Considerando o circuito mostrado na figura deste exercício e sabendo-se que a voltagem entre os polos da pilha é de 1,5 V, determine:

a) a resistência equivalente à associação das resistências R_2 e R_3;

b) a resistência total equivalente à associação de R_1, R_2 e R_3;

c) a corrente que a pilha está fornecendo ao circuito.

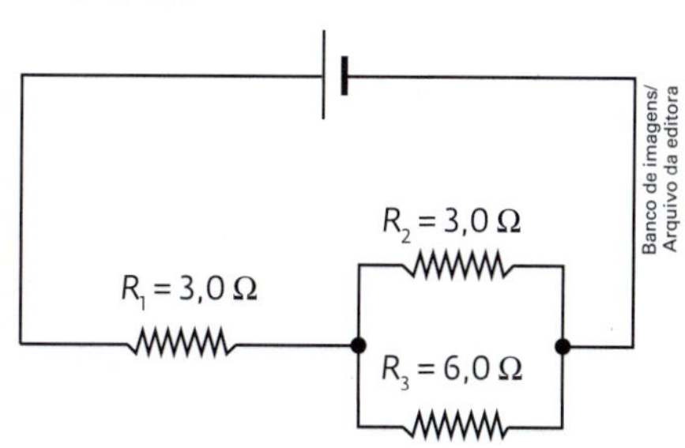

4.6 Potência em um elemento do circuito

Transformação de energia elétrica

Os aparelhos elétricos são dispositivos que transformam energia elétrica em outra forma de energia. Em um motor elétrico, a energia elétrica é transformada em energia mecânica de rotação; em um aquecedor, a energia elétrica é transformada em calor; em uma lâmpada, a energia elétrica é transformada em energia luminosa, etc.

Para melhor entender essas transformações, consideremos o circuito mostrado na **figura 4.44**, no qual uma bateria estabelece uma diferença de potencial V_{AB} entre os pontos *A* e *B*. Suponha que entre esses pontos esteja ligado um aparelho elétrico como representado na **figura 4.44**. Sendo $V_A > V_B$, uma corrente elétrica *i* passará, de *A* para *B*, através do aparelho. As cargas elétricas que constituem a corrente estarão, então, passando de um ponto no qual elas possuem maior energia elétrica (ponto *A*) para outro onde elas possuem menor energia (ponto *B*). Em outras palavras, as cargas elétricas **estarão perdendo energia elétrica** ao passarem de *A* (potencial maior) para *B* (potencial menor). Essa energia que as cargas perdem não desaparece: ela é transferida para o aparelho, aparecendo sob outra forma de energia. A forma de energia na qual a energia elétrica é transformada dependerá do aparelho que estiver intercalado entre *A* e *B*.

As imagens desta página estão representadas fora de proporção.

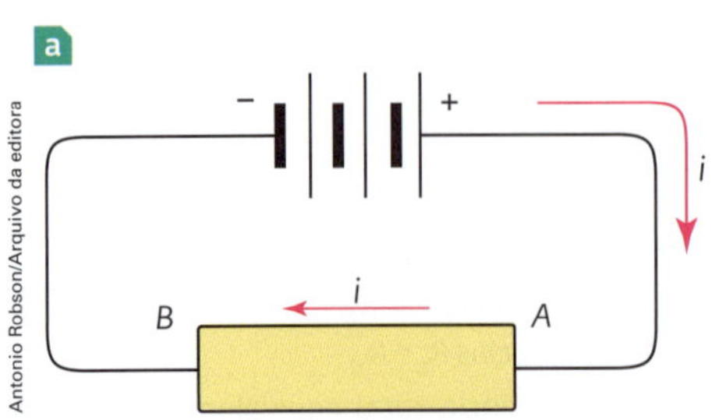

Figura 4.44. Em **a**, as cargas passam de *A* para *B*, perdendo energia elétrica, que aparece sob outra forma de energia no aparelho (**b**) intercalado entre *A* e *B*.

Potência desenvolvida em um aparelho elétrico

Vamos calcular a quantidade de energia elétrica que é transferida ao aparelho ligado entre os pontos A e B da **figura 4.44**. Considerando a corrente i que passa no aparelho durante um intervalo de tempo Δt, teremos uma carga $\Delta q = i\Delta t$ deslocando-se de A para B. O campo elétrico existente entre A e B realizará, sobre a carga Δq, um trabalho $\tau_{AB} = \Delta q \cdot V_{AB}$. Portanto, a carga Δq receberá, do campo elétrico, uma quantidade de energia ΔE igual a esse trabalho, isto é, $\Delta E = \Delta q \cdot V_{AB}$. Como não há aumento na energia cinética da carga, concluímos que a energia ΔE recebida por Δq será transferida para o aparelho. Então, a quantidade de energia que aparece no aparelho ligado entre A e B, durante o intervalo de tempo Δt, é dada por:

$$\Delta E = \Delta q \cdot V_{AB}$$

A **potência**, P, desenvolvida pelo aparelho elétrico, que é dada por $P = \frac{\Delta E}{\Delta t}$, pode ser obtida dividindo-se, então, os dois membros da equação $\Delta E = \Delta q \cdot V_{AB}$ por Δt:

$$\frac{\Delta E}{\Delta t} = \frac{\Delta q}{\Delta t} \cdot V_{AB}$$

ou $$P = iV_{AB}$$

Chegamos, portanto, ao seguinte resultado:

Se um aparelho elétrico, ao ser submetido a uma diferença de potencial V_{AB}, for percorrido por uma corrente i, a potência desenvolvida nesse aparelho será dada por:

$$P = iV_{AB}$$

Exemplo

A bateria de um automóvel aplica uma diferença de potencial $V_{AB} = 12$ V nos terminais do seu motor de arranque, o qual, ao ser acionado, é percorrido por uma corrente $i = 50$ A. Qual é, então, a potência desenvolvida por esse motor elétrico?

Essa potência será:

$$P = iV_{AB} = 50 \cdot 12$$

$$P = 600 \text{ W}$$

Como i e V_{AB} foram expressas em unidades do SI, evidentemente o valor de P será expresso em watts. Podemos verificar que isso realmente ocorre, lembrando que:

$$1\text{ A} = 1\frac{\text{C}}{\text{s}} \quad \text{e} \quad 1\text{ V} = 1\frac{\text{J}}{\text{C}}$$

Então:

$$1\text{ A} \cdot 1\text{ V} = 1\frac{\text{C}}{\text{s}} \cdot \frac{\text{J}}{\text{C}} = 1\frac{\text{J}}{\text{s}} = 1\text{ watt} = 1\text{ W}$$

Portanto, o resultado $P = 600$ W significa que, a cada 1 s, 600 J de energia elétrica são transformados em energia mecânica de rotação do motor. Note que estamos desprezando as perdas por aquecimento no motor.

APLICAÇÕES DA FÍSICA

Medida da energia elétrica usada em uma residência

Na entrada de eletricidade de uma residência, existe um medidor, instalado pela companhia de eletricidade (observe o medidor de sua residência). A **figura 4.45** mostra a foto de um medidor desse tipo. O objetivo desse aparelho é medir a quantidade de energia elétrica usada na residência durante um certo tempo (normalmente 30 dias). Sendo:

$$\text{Potência} = \frac{\text{energia}}{\text{tempo}}$$

$$\text{energia} = \text{potência} \cdot \text{tempo, isto é:}$$

$$E = P \cdot t$$

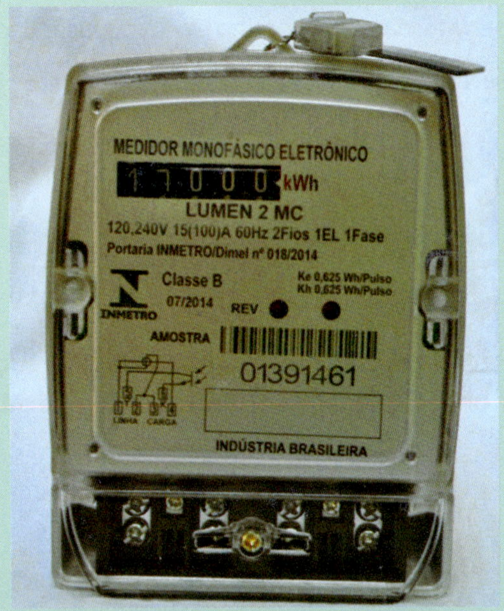

Figura 4.45. Medidor de energia elétrica de uma residência.

Portanto, quanto maior for a potência de um aparelho eletrodoméstico e quanto maior for o tempo que ele permanecer ligado, maior será a quantidade de energia elétrica que ele utilizará (transformando-a em outras formas de energia). O valor registrado no medidor equivale à soma das energias utilizadas, durante um certo período, pelos diversos aparelhos instalados na casa.

Essa energia poderia ser medida em joules (unidade do SI). Em praticamente todos os países do mundo, entretanto, as companhias de eletricidade usam medidores calibrados em kWh (quilowatt-hora). Sabe-se que 1 kWh é uma unidade de energia equivalente a 3 600 000 J.

QUESTÕES

1. a) Em uma casa há um aquecedor elétrico de água, cuja potência é $P = 500$ W e que permanece ligado durante um tempo $t = 4$ h diariamente. Determine, em kWh, a quantidade de energia elétrica que esse aquecedor utiliza por dia.

b) Sabendo-se que o custo de 1 kWh de energia elétrica é R$ 0,50, quanto deveria ser pago à companhia de eletricidade pelo funcionamento desse aquecedor, nas condições mencionadas, durante 30 dias?

2. a) Considere um chuveiro elétrico com potência de 5 000 W que fica ligado 1 hora por dia. Nessas condições qual seria o consumo mensal de energia e o valor pago mensalmente à companhia de energia elétrica? (Consulte em sua "conta de luz" o valor do kWh da concessionária de energia de sua região e considere R$ 0,50 o custo de 1 kWh.)

b) Quais medidas poderiam ser adotadas para reduzir o consumo mensal de energia do chuveiro elétrico?

Efeito Joule

Se o aparelho ligado entre os pontos *A* e *B* da **figura 4.44** fosse uma resistência elétrica *R*, a energia elétrica perdida pelas cargas, ao passarem de *A* para *B*, se transformaria integralmente em **energia térmica**, isto é, a resistência se aqueceria, podendo-se observar uma transferência de energia na forma de calor do resistor para o meio ambiente **(figura 4.46)**. Esse fenômeno foi estudado, no século XIX, por Joule e, em homenagem a ele, é denominado **efeito Joule**.

Figura 4.46. Ao passar por um resistor, as cargas perdem energia elétrica, que se transforma totalmente em calor. Esse fenômeno é denominado efeito Joule.

Houve uma grande e gradativa substituição dos tipos de lâmpadas disponíveis para consumo, as lâmpadas do tipo incandescente foram substituídas por lâmpadas mais econômicas, como as fluorescentes **(figura 4.47.a)** e as LED (do inglês *Light Emitting Diode* que significa 'diodo emissor de luz') **(figura 4.47.b)**. As lâmpadas fluorescentes possuem um par de eletrodos dentro de um tubo de vidro selado. A parte interna do tubo é revestida de um material à base de fósforo. O tubo contém uma pequena quantidade de mercúrio e gás inerte, mantidos a baixa pressão. Quando a lâmpada é acesa, os elétrons em movimento colidem com os átomos dos gases do tubo, aumentando a energia de vibração desses átomos e emitindo luz. A lâmpada LED é formada por um conjunto de diodos emissores de luz. O LED é um semicondutor que, ao ser percorrido por corrente elétrica, emite luz em uma dada frequência. Apesar de ter maior durabilidade em ambientes onde se acende e apaga com frequência, o rendimento das lâmpadas incandescentes é muito baixo quando comparado com os novos tipos de lâmpada.

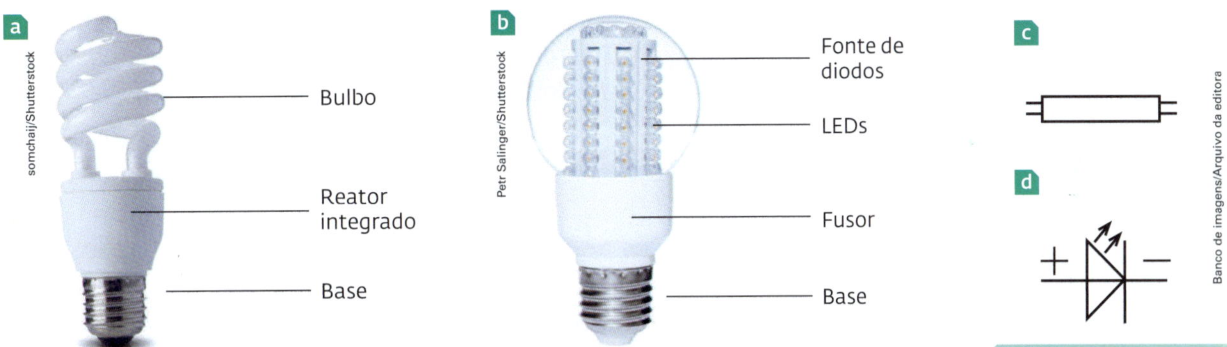

Figura 4.47. Lâmpada fluorescente (**a**) e lâmpada LED (**b**). Símbolos empregados nos circuitos elétricos para representar a lâmpada fluorescente (**c**) e a lâmpada LED (**d**).

As ilustrações desta página estão representadas sem escala e em cores fantasia.

A potência desenvolvida em um aparelho, pela passagem de uma corrente elétrica através dele, é dada por $P = iV_{AB}$. No caso particular do efeito Joule, temos $V_{AB} = Ri$, uma vez que é um resistor de resistência *R* que está intercalado entre *A* e *B*. Então, a potência poderá ser também expressa da seguinte maneira:

$$P = iV_{AB} = i \cdot Ri \quad \text{ou} \quad P = Ri^2$$

Em resumo, podemos escrever:

O efeito Joule consiste na transformação de energia elétrica em energia térmica (calor) em um resistor percorrido por uma corrente elétrica. Sendo *R* o valor da resistência, V_{AB} a diferença de potencial nela aplicada e *i* a corrente que a percorre, a potência desenvolvida, por efeito Joule, nesse resistor, pode ser calculada pelas expressões:

$$P = iV_{AB} \quad \text{ou} \quad P = Ri^2$$

É importante observar que as expressões $P = iV_{AB}$ e $P = Ri^2$ fornecem a **potência** desenvolvida no aparelho, isto é, a quantidade de energia produzida por **unidade de tempo**. Se o aparelho permanecer ligado durante um intervalo de tempo Δt e desejarmos calcular a energia total ΔE nele desenvolvida durante esse tempo, devemos multiplicar a potência P pelo intervalo de tempo Δt, isto é, $\Delta E = P \cdot \Delta t$.

Figura 4.48. Lâmpada fluorescente de 20 W e 120 V.

Exemplo

Em uma lâmpada encontramos as seguintes especificações do fabricante: 20 W; 120 V (figura 4.48).

a) Qual é o significado dessas especificações?

A especificação 120 V indica que a lâmpada deverá ser submetida a uma diferença de potencial com esse valor.

Nessas condições, a lâmpada dissipará uma potência de 20 W, como indica a outra especificação.

Se a lâmpada for ligada em uma diferença de potencial superior a 120 V (por exemplo, em uma tomada de 220 V), ela dissipará uma potência maior do que 20 W e, provavelmente, se queimará.

Por outro lado, se a diferença de potencial aplicada à lâmpada for inferior a 120 V, ela apresentará um brilho inferior ao normal, pois estará dissipando uma potência menor do que 20 W.

b) Supondo que essa lâmpada esteja ligada a uma diferença de potencial adequada (120 V), determine a intensidade da corrente que passa por ela.

A expressão $P = iV_{AB}$ nos permite determinar o valor de i, pois conhecemos $P = 20$ W e $V_{AB} = 120$ V. Então:

$$i = \frac{P}{V_{AB}} = \frac{20}{120}$$

$$i = 0{,}17\ \text{A}$$

c) Qual é a resistência dessa lâmpada?

Lembrando da definição de resistência, teremos:

$$R = \frac{V_{AB}}{i} = \frac{120}{0{,}17}$$

$$R = 706\ \Omega$$

d) Se essa lâmpada for ligada a uma diferença de potencial tal que a corrente que a atravessa seja $i = 0{,}08$ A, qual será a potência que ela dissipará?

Supondo constante a resistência, a expressão $P = Ri^2$ nos fornecerá essa potência:

$$P = Ri^2 = 706 \cdot (0{,}08)^2$$

$$P = 4{,}5\ \text{W}$$

Observe que o fato de a corrente ter sido reduzida à metade (de 0,17 A para 0,08 A) fez com que a potência da lâmpada se tornasse cerca de 4 vezes menor (de 20 W para 4,5 W).

Esse resultado já era esperado porque a potência dissipada em uma resistência constante é proporcional ao quadrado da corrente ($P = Ri^2$).

FÍSICA NO CONTEXTO

RISCOS E CUIDADOS NAS INSTALAÇÕES ELÉTRICAS

Os fios de cobre (figura 4.49) utilizados nas instalações elétricas residenciais e comerciais (fios de ligação) são encontrados nas lojas especializadas com diferentes seções retas. Cada um deles costuma ser identificado por um número, como está mostrado na tabela 4.4. Essa numeração não é fixa, pois cada país adota o próprio código.

No Brasil, atualmente, os fios são identificados pelos valores de suas seções retas. Entretanto, os técnicos e engenheiros ainda se referem aos números que aparecem na tabela, os quais correspondem aproximadamente àqueles de um código muito difundido nos Estados Unidos. Observe que o número de um fio é tanto menor quanto maior for sua seção reta (por exemplo, o fio 14 é mais fino do que o fio 12).

Sérgio Dotta/Arquivo da editora

Figura 4.49. Observe na tarja preta de cada uma das embalagens a indicação da seção de cada um dos fios. O fio preto é de seção 1,5 mm², o azul é de 2,5 mm² e o verde é de 4 mm².

Quando um engenheiro projeta a instalação elétrica de uma residência conhecendo a corrente que vai passar em cada aparelho e, consequentemente, a corrente total na ligação principal, ele deverá escolher adequadamente a seção (ou número) de cada fio que vai usar. Se o fio escolhido para a linha principal for muito fino (resistência grande), quando a corrente que por ele passa for aumentando, em virtude de vários aparelhos serem ligados à rede, a queda de tensão nesse fio poderá não ser desprezível. Isso costuma acarretar um mau funcionamento dos aparelhos, pois eles ficarão submetidos a uma voltagem inferior àquela para a qual foram projetados.

Você já deve ter observado esse efeito, em uma residência, quando o brilho das lâmpadas diminui, ao ser ligado um chuveiro elétrico, por exemplo. Quando a escolha é bem-feita, sendo usado um fio de ligação com seção maior (menor resistência), a queda de tensão nele torna-se desprezível, e não há alteração sensível em um aparelho quando outros são ligados à rede. Evidentemente, esses cuidados devem ser tomados em qualquer instalação elétrica, incluindo os fios que ligam uma residência à rede elétrica da rua.

A tabela 4.4 apresenta também o valor máximo da corrente que cada fio pode transportar, sem aquecimento excessivo que possa comprometer seu isolamento, isto é, sem danificar a capa de plástico que o envolve. A danificação desse isolamento pode trazer sérias consequências (curto-circuitos, com possibilidades de incêndios).

Tabela 4.4

CORRENTE MÁXIMA PARA FIOS DE COBRE DE DIFERENTES SEÇÕES RETAS

Nº do fio	Seção (mm²)	$i_{máx.}$ (A)
14	1,5	15
12	2,5	20
10	4,0	30
8	6,0	40

VERIFIQUE O QUE APRENDEU

27. Uma bomba-d'água é ligada a uma tomada que lhe aplica uma diferença de potencial $V_{AB} = 120\,V$. Sabe-se que, em funcionamento, o motor da bomba é percorrido por uma corrente $i = 2{,}5\,A$.

a) As cargas elétricas, ao atravessarem o motor da bomba, perdem ou ganham energia elétrica?

b) Para onde se transfere essa energia perdida pelas cargas?

c) Qual é a potência desenvolvida nesse motor?

d) Se a bomba funcionar durante 10 minutos, qual é a quantidade de energia que será desenvolvida nessa bomba?

Considere a ilustração a seguir para as resoluções dos exercícios 28 e 29.

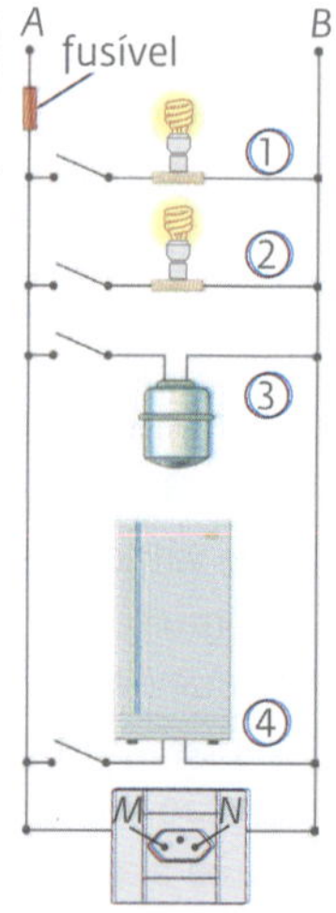

Paulo César Pereira/Arquivo da editora

28. No circuito mostrado na figura, o fusível instalado é de 30 A, isto é, ele queima se for percorrido por uma corrente superior a 30 A. Suponha que as correntes que passam nos aparelhos mostrados sejam as seguintes:
lâmpadas: 2,0 A em cada uma / chuveiro: 25 A/ geladeira: 2,5 A

a) À medida que aumentamos o número de aparelhos ligados na instalação, a resistência total do circuito aumenta ou diminui?

b) Nessas condições, a corrente que passa no fusível aumenta ou diminui?

c) O fusível queimará se ligarmos apenas o chuveiro e uma das lâmpadas?

d) O fusível queimará se todos os aparelhos forem ligados simultaneamente?

29. Suponha que a diferença de potencial entre os pontos A e B na figura seja $V_{AB} = 120\,V$ e que o fusível seja de 30 A. Qual é o menor valor que pode adquirir a resistência total dos aparelhos ligados sem que o fusível queime?

30. Uma pessoa verifica que o chuveiro elétrico de sua residência não está aquecendo suficientemente a água. Sabendo-se que a diferença de potencial V_{AB} aplicada ao chuveiro é constante e lembrando-se da relação $P = iV_{AB}$, responda:

a) Para aumentar a potência do chuveiro, a corrente que passa através dele deve ser aumentada ou diminuída?

b) Então, para que haja maior aquecimento da água, a pessoa deverá aumentar ou diminuir o resistor do chuveiro?

c) Assim, quando a chave de um chuveiro é deslocada da indicação inverno para verão, estamos aumentando ou diminuindo sua resistência?

31. Um certo chuveiro elétrico funcionando a uma diferença de potencial constante de 220 V dissipa, na posição inverno, uma potência elétrica de 4 400 W. Supondo que o mês tenha 30 dias e que o chuveiro seja utilizado diariamente por 20 minutos, determine:

a) a resistência elétrica do chuveiro nesta posição;

b) a energia consumida pelo chuveiro, em kWh, em um mês de inverno.

32. Duas resistências, R_1 e R_2, tais que $R_1 > R_2$, são ligadas em série. Lembre-se da relação $P = Ri^2$ e responda:

a) A corrente que passa em R_1 é maior, menor que a corrente em R_2 ou igual a ela?

b) Então, em qual das duas resistências haverá maior dissipação de calor pelo efeito Joule?

4.7 Instrumentos elétricos de medida

Trabalhando com circuitos elétricos nos laboratórios, temos frequentemente necessidade de conhecer valores de várias grandezas neles envolvidas. A seguir, aprendemos como medir, usando aparelhos apropriados, três grandezas importantes em um circuito elétrico: a intensidade da corrente, a diferença de potencial e a resistência elétrica.

Medida de corrente elétrica

Qualquer aparelho que indique a presença de corrente elétrica em um circuito é denominado **galvanômetro**. Quando a escala desse aparelho for graduada de tal maneira que seja possível medir uma corrente elétrica mais intensa, o aparelho receberá o nome de **amperímetro**. Para medir esse tipo de grandeza nos laboratórios, normalmente utiliza-se um aparelho chamado **multímetro**. Trata-se de um instrumento multiteste que dispõe de um amperímetro para medir corrente elétrica, um voltímetro para medir tensão contínua ou alternada, um ohmímetro para medir resistência elétrica, etc. Nas **figuras 4.50.a** e **4.50.b** vemos um multímetro analógico e um multímetro digital usados em laboratórios de ensino, de pesquisa e de trabalhos técnicos em eletricidade.

A **figura 4.51** mostra os símbolos do amperímetro, do voltímetro e do ohmímetro nos circuitos elétricos. Existem amperímetros destinados a medir correntes de valores mais elevados. Nesse caso, a escala do aparelho é graduada em ampères. Outros amperímetros são mais sensíveis e podem medir correntes de menor valor, sendo, então, suas escalas graduadas em miliampères ($1\ mA = 10^{-3}\ A$). Esses aparelhos costumam ser denominados **miliamperímetros**.

Quando desejamos medir a corrente que passa, por exemplo, em certo resistor, devemos ligar o amperímetro no circuito da maneira mostrada na **figura 4.52**: o amperímetro é ligado **em série** com a resistência e, portanto, toda a corrente que passa nela passará através do aparelho. Nessas condições, o ponteiro se deslocará ao longo da escala, indicando diretamente o valor dessa corrente.

A **figura 4.53** representa dois amperímetros sendo usados para mostrar que a intensidade da corrente elétrica tem o mesmo valor antes e depois da lâmpada.

No interior do amperímetro existem fios condutores que devem ser percorridos pela corrente elétrica, para que o aparelho indique o valor dessa corrente. Esses fios apresentam certa resistência elétrica, que é denominada **resistência interna** do amperímetro. Assim, ao introduzirmos um amperímetro em um circuito (como na **figura 4.52**), sua resistência interna será acrescentada à resistência do circuito. Para que a perturbação causada por essa introdução seja desprezível, o amperímetro deve ser construído de tal modo que sua resistência interna seja **a menor possível**.

a

Antonio Gravante/Shutterstock

b

a_v_d/Shutterstock

Figura 4.50. Foto de um multímetro analógico (**a**) e um multímetro digital (**b**).

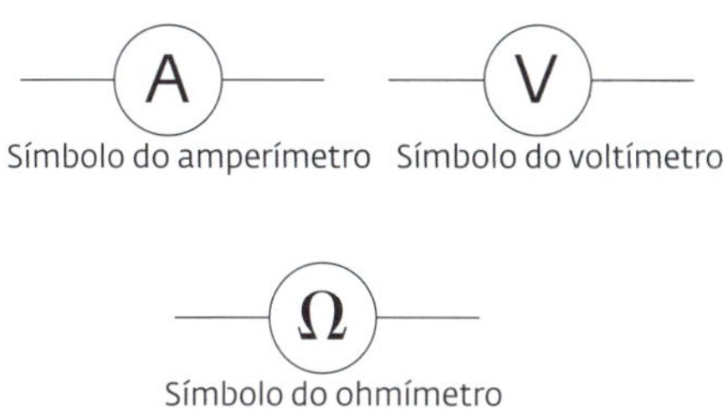

Figura 4.51. Representação simbólica dos medidores amperímetro, voltímetro e ohmímetro em circuitos elétricos.

As imagens desta página estão representadas fora de proporção.

As ilustrações desta página estão representadas sem escala e em cores fantasia.

Ilustrações: Paulo César Pereira/ Arquivo da editora

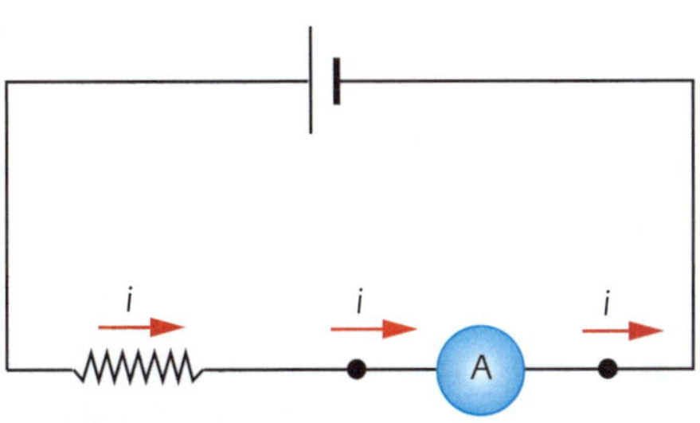

Figura 4.52. O amperímetro deve ser colocado em série no circuito para indicar a corrente que o atravessa.

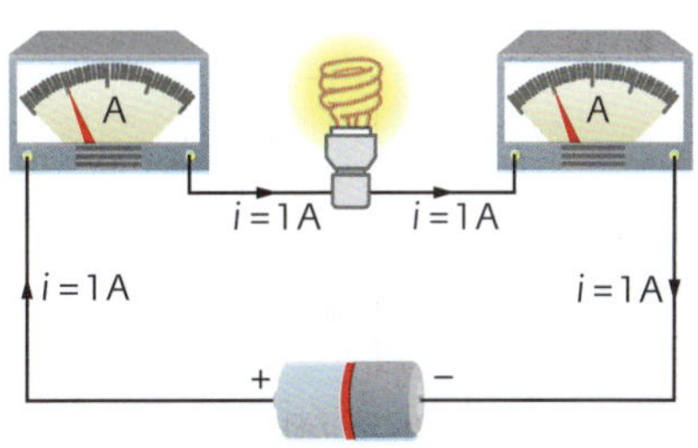

Figura 4.53. Lâmpada intercalada por dois amperímetros em série.

Medida da diferença de potencial

A medida da diferença de potencial entre dois pontos é feita por aparelhos denominados **voltímetros**. A figura 4.54 mostra a maneira de representar esse aparelho nos diagramas de circuitos elétricos.

Se desejarmos medir a diferença de potencial que existe, por exemplo, entre as extremidades de uma resistência, devemos ligar um voltímetro da maneira mostrada na figura 4.54. O voltímetro deve ser ligado **em paralelo** com a resistência. Assim, parte da corrente que chega ao ponto *A* (veja a figura 4.54) se desvia, passando pelo voltímetro, o que faz com que o ponteiro se desloque ao longo da escala do aparelho e indique diretamente o valor da diferença de potencial V_{AB}.

Assim como o amperímetro, o voltímetro possui também uma **resistência interna**. É desejável que a corrente que se desvia para o voltímetro seja a menor possível, para que a perturbação causada no circuito, pela introdução do aparelho, seja desprezível. Essa corrente será tanto menor quanto maior for a resistência do voltímetro. Por esse motivo, esse aparelho deve ser fabricado de tal modo que sua resistência interna seja **a maior possível**.

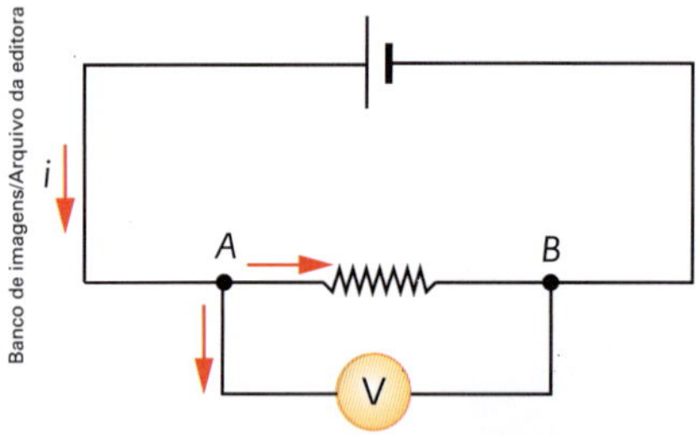

Figura 4.54. O voltímetro ligado em paralelo nos extremos da resistência fornece a voltagem aplicada a ela.

Medida de resistência

A medida direta do valor de uma resistência elétrica *R* pode ser feita por meio de aparelhos denominados **ohmímetros**. Quando o multímetro está posicionado para operar como um ohmímetro, basta ligar o resistor de resistência *R* desconhecida aos terminais *A* e *B* do aparelho (como mostra a figura 4.55) para obter o seu valor. A simples leitura da posição do ponteiro sobre a escala nos fornecerá o valor de *R*.

A medida de uma resistência poderá também ser feita usando-se um voltímetro e um amperímetro. Nesse caso, esses aparelhos devem ser ligados da maneira representada na figura 4.56. O voltímetro nos fornece o valor da diferença de potencial V_{AB} entre os extremos da resistência *R*. No caso da corrente desviada para o voltímetro ser desprezível em relação à corrente que percorre a resistência, o amperímetro indicará o valor da corrente *i* que passa por essa resistência. Nessa situação, o valor de *R* será obtido pela relação $R = \frac{V_{AB}}{i}$.

As ilustrações desta página estão representadas sem escala e em cores fantasia.

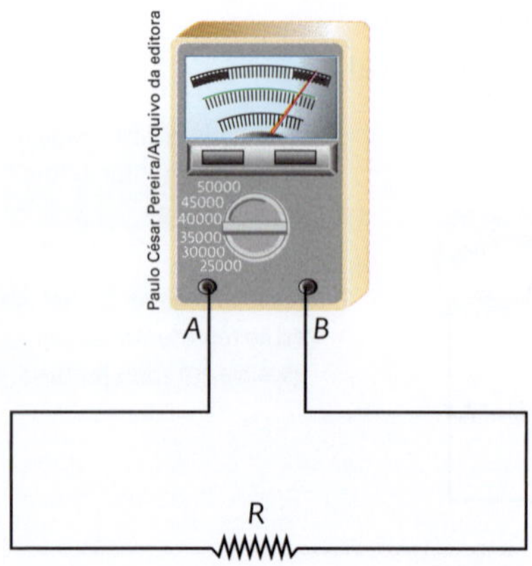

Figura 4.55. Esquema de um multímetro sendo usado como ohmímetro.

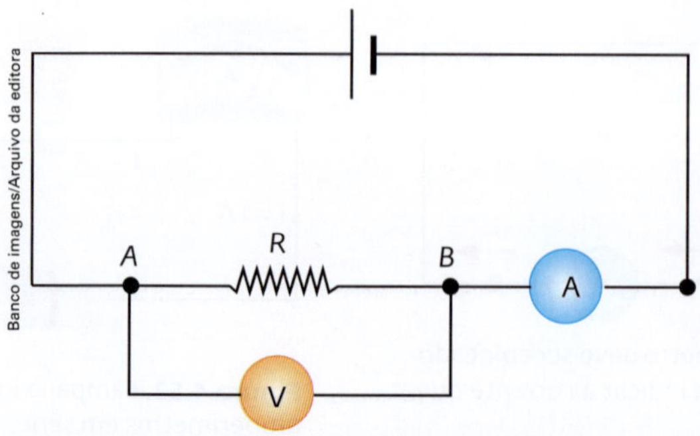

Figura 4.56. Montagem de um circuito com amperímetro e voltímetro. Conhecendo-se a diferença de potencial V_{AB} e a corrente *i* que passa na resistência, podemos calcular o seu valor pela relação $R = \frac{V_{AB}}{i}$.

VERIFIQUE O QUE APRENDEU

As ilustrações desta página estão representadas sem escala e em cores fantasia.

33. As questões seguintes referem-se ao circuito mostrado na figura abaixo.

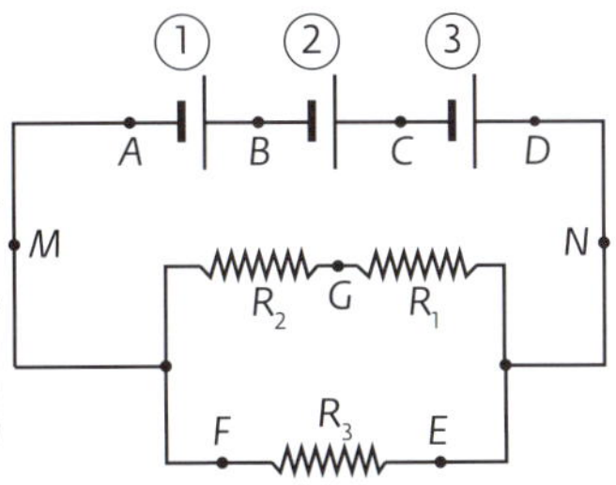

Ilustrações técnicas desta página: Banco de imagens/Arquivo da editora

a) Reproduza a figura acima no caderno e desenhe nela como você deverá ligar um voltímetro para medir a diferença de potencial entre os polos da pilha 1.

b) Desenhe, agora, a ligação que deve ser feita com o voltímetro para medir a voltagem que a associação de pilhas está aplicando no circuito.

c) Entre os pontos assinalados na figura, indique aqueles em que deveria ser ligado um amperímetro para medir a corrente que passa na resistência R_1 e na resistência R_2.

d) Considerando os pontos *A*, *E*, *F*, *G*, *M* e *N*, em quais deles poderia ser colocado um amperímetro para medir a corrente que passa em R_3?

e) Considerando os pontos da questão anterior, em quais deles poderia ser colocado um amperímetro para medir a corrente total fornecida pelas pilhas ao circuito?

34. Suponha que você tenha uma pilha, um amperímetro, um voltímetro e um resistor de resistência desconhecida *R*.

a) Faça um desenho no caderno mostrando como você ligaria esses elementos para obter dados que lhe permitam determinar o valor de *R*.

b) Ligando-se corretamente os elementos, se a leitura do voltímetro fosse 1,5 V e a do amperímetro 0,10 A, qual seria o valor de *R*?

35. A figura abaixo mostra quatro pilhas, uma lâmpada e dois multímetros.

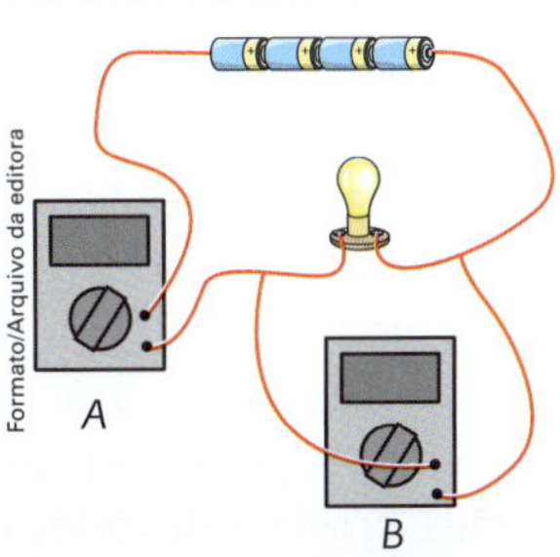

Formato/Arquivo da editora

Supondo que os multímetros estejam ligados corretamente e que a lâmpada desempenhe o papel da resistência do circuito:

a) determine a função do multímetro *A* no circuito;

b) determine a função do multímetro *B* no circuito;

c) faça um diagrama representativo deste circuito em seu caderno.

36. Em um ebulidor são encontradas as seguintes especificações: 960 W, 120 V. Sua resistência elétrica é, então, de 15 Ω. Uma pessoa, usando uma pilha seca, aplicou uma tensão de 1,5 V a esse ebulidor (evidentemente, desligado da tomada) e verificou que, nessa experiência, ele era percorrido por uma corrente de 0,30 A. Que valor da resistência do ebulidor a pessoa encontrou nessa experiência?

37. A temperatura de transição do chumbo é 7,2 K. Então, se um fio de chumbo estiver em temperatura inferior a esse valor:

a) Qual será o valor de sua resistência elétrica?

b) Como se denomina um material qualquer em condições semelhantes à do chumbo nessa situação?

38. Considere uma usina hidrelétrica gerando uma potência de 700 000 kW. Essa potência é levada, por uma extensa rede de transmissão, até uma cidade, onde é utilizada.

a) Explique por que a potência elétrica que chega à cidade é inferior a 700 000 kW.

b) Qual a potência que chegaria à cidade, se a rede de transmissão fosse feita com cabos supercondutores?

c) Qual é a grande dificuldade que existe, na atualidade, para que possam ser instaladas as redes supercondutoras?

39. Uma pessoa, desejando medir a diferença de potencial e a corrente em uma resistência, ligou o voltímetro de maneira incorreta, como mostra a figura. Nessas condições, qual será a leitura do amperímetro? Por quê?

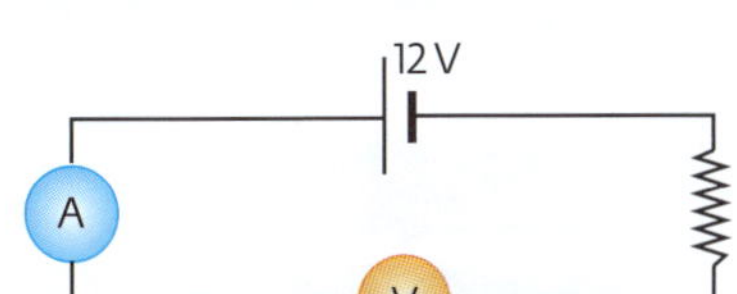

40. Considere duas resistências R_1 e R_2, tais que $R_1 > R_2$, ligadas em paralelo. Lembrando-se da relação $P = iV_{AB}$, responda:

a) A diferença de potencial aplicada em R_1 é maior, menor que a aplicada em R_2 ou igual a ela?

b) A corrente que passa em R_1 é maior, menor que a corrente em R_2 ou igual a ela?

c) Então, em qual das duas resistências haverá maior dissipação de calor pelo efeito Joule?

FÍSICA NO CONTEXTO

SUPERCONDUTIVIDADE A ALTAS TEMPERATURAS

As imagens desta página estão representadas fora de proporção.

Desde a descoberta de Kamerlingh Onnes em 1911, os cientistas se preocuparam em descobrir novas substâncias que pudessem apresentar supercondutividade a temperaturas mais elevadas do que aquelas com as quais se viam obrigados a trabalhar no início desses estudos. Apesar desses esforços, até o início da década de 1980, as temperaturas de transição mais elevadas que conseguiram obter estavam em torno de 25 K. Assim, para tornar os fios dos materiais descobertos supercondutores, eles deveriam ser mantidos imersos em hélio líquido, cuja temperatura de ebulição é de apenas 4 K. Essa era a única maneira de manter os fios naquelas baixas temperaturas exigidas para a supercondutividade. A **figura 4.57**, por exemplo, é uma fotografia da década de 1960 que mostra dois recipientes cilíndricos, contendo hélio líquido, nos quais estão mergulhadas duas bobinas de material supercondutor. Os fios dessas bobinas são percorridos por correntes de intensidade muito elevada, sem dissipação de calor, já que sua resistência, nessas condições, é nula (deve-se observar que, se esses fios estivessem à temperatura ambiente, eles se fundiriam ao serem percorridos por correntes tão intensas). Essas bobinas comportam-se, então, como poderosos eletroímãs, que são capazes de orientar grandes pregos de ferro, colocados sobre a mesa (o efeito magnético da corrente será analisado no Capítulo 7). Em virtude de o processo de obtenção do hélio líquido ser complexo e apresentar custo elevado, experiências como essa só podiam ser realizadas em laboratórios de pesquisas sofisticados.

Bettmann/Corbis/Latinstock

Figura 4.57. No interior dos cilindros há bobinas de material supercondutor mergulhadas em hélio líquido.

Em 1986, uma nova classe de materiais supercondutores foi descoberta: uma **cerâmica**, em cuja composição estão presentes óxidos de cobre, misturados com lantânio ou ítrio, e cuja temperatura de transição é de 125 K. Essa descoberta se apresentou como uma grande surpresa para os cientistas, pois as cerâmicas, de maneira geral, não são boas condutoras de eletricidade.

A grande vantagem dessa cerâmica é possuir uma temperatura de transição superior à temperatura de ebulição do nitrogênio (78 K). O nitrogênio, além de ser muito abundante, pode ser liquefeito com relativa facilidade, possibilitando manter a cerâmica no estado supercondutor com poucos gastos e com equipamentos acessíveis a laboratórios mais modestos. No Brasil existem muitas pesquisas sendo feitas nessa área, como também na produção e nos estudos de novos materiais e supercondutores. O grande objetivo dessas pesquisas, ainda remoto, é obter materiais que apresentem supercondutividade a temperaturas próximas da temperatura ambiente, que possam ser alcançadas pelos processos comuns de refrigeração.

Gabe Palmer/Corbis/Latinstock

Figura 4.58. Um pequeno ímã, em forma de disco, levitando sobre um material mantido no estado supercondutor pelo resfriamento propiciado por nitrogênio líquido (envolvendo o material).

Se esse objetivo for alcançado, as perdas nas transmissões de energia elétrica serão anuladas, o que traria um grande aumento (em torno de 30%) da energia elétrica disponível em todo o mundo. Além dessa vantagem, outras aplicações podem ser pensadas para os supercondutores. Uma delas é baseada na propriedade desses materiais de repelirem o polo de um ímã que deles é aproximado. A **figura 4.58**, que mostra um ímã suspenso em equilíbrio (no ar), a uma certa altura acima de uma placa de cerâmica supercondutora, é uma ilustração dessa propriedade. Esse efeito poderá ser usado, no futuro, para a construção de trens de alta velocidade, nos quais os vagões, providos de fortes ímãs, são mantidos em levitação sobre trilhos supercondutores. No Japão, já existe protótipo desse trem, que chega a alcançar velocidade de aproximadamente 530 km/h.

PRATIQUE FÍSICA

EM EQUIPE

1. Nesta montagem experimental vamos investigar a condutibilidade elétrica de algumas misturas. Para isso, realizem a montagem ilustrada a seguir.

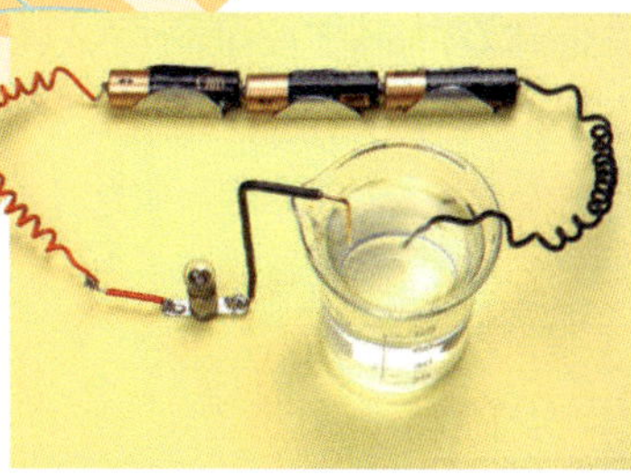

Eduardo Santaliestra/Estúdio Paulista

Primeiro, você deve testar a água pura. Posteriormente, água e sal e por último água e açúcar. Descreva o que aconteceu com a lâmpada em cada uma das situações e apresente as explicações. A quantidade de sal ou açúcar em cada uma das misturas pode alterar os resultados? Por quê?

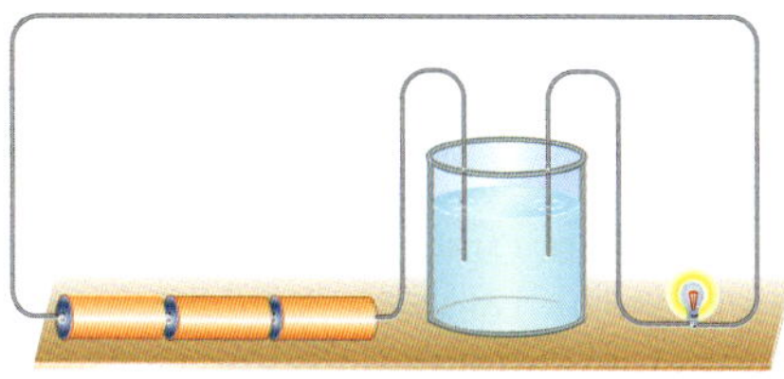

Ilustrações: Paulo César Pereira/Arquivo da editora

2. Para realizar esta experiência, você vai necessitar de duas pilhas secas comuns, três lâmpadas de lanterna (de 3 V cada uma) e fios de ligação.

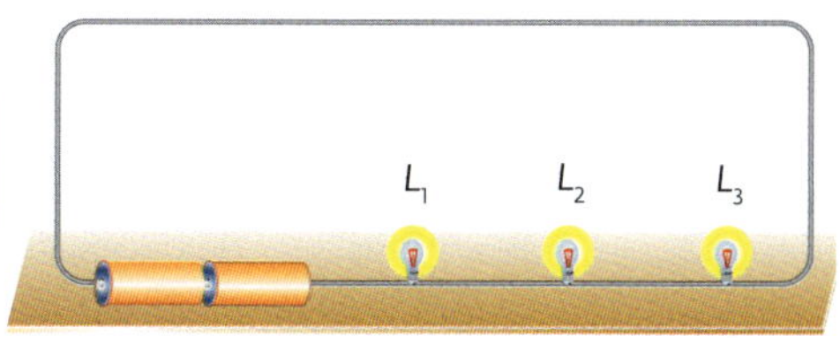

As ilustrações desta página estão representadas sem escala e em cores fantasia.

1º) Associe as pilhas em série, como mostra a figura desta experiência. Ligue uma das lâmpadas (L_1 apenas) diretamente às pilhas e observe seu brilho.

2º) Abra o circuito e introduza uma outra lâmpada, L_2, em série com L_1 e, fechando novamente o circuito, observe o brilho de ambas as lâmpadas. Tendo em vista suas observações, responda: a corrente fornecida pelas pilhas aumentou, diminuiu ou não se alterou quando a lâmpada L_2 foi introduzida no circuito? Então, a resistência do circuito aumentou ou diminuiu quando a lâmpada L_2 foi associada em série com L_1?

3º) Introduza, agora, uma terceira lâmpada, L_3, em série com L_1 e L_2 (veja a figura desta experiência). Observe novamente o brilho das lâmpadas e diga o que aconteceu com o valor da corrente fornecida pelas pilhas e com o valor da resistência total do circuito devido à introdução de L_3.

4º) Desligue a lâmpada L_3 e observe o que ocorre com L_1 e L_2. Repita sua observação desligando apenas L_2 e, em seguida, apenas L_1. Então, quando temos vários aparelhos ligados em série, se a corrente em um deles for interrompida, o que acontecerá com a corrente nos demais?

PROBLEMAS E TESTES

1. Entre os pontos *A* e *B* da tomada mostrada na figura é mantida uma diferença de potencial $V_{AB} = 120$ V.

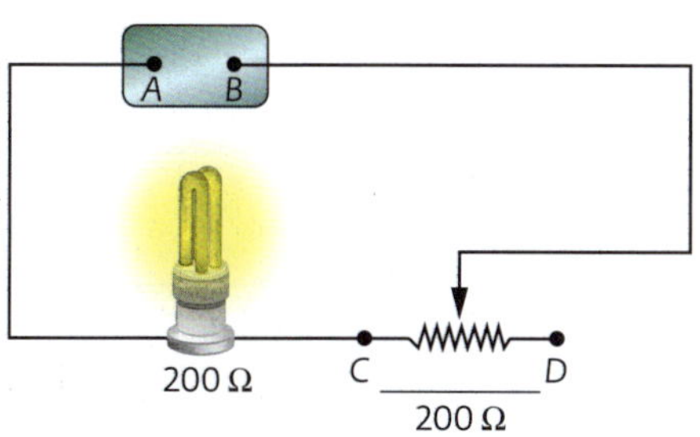

Antonio Robson/Arquivo da editora

Calcule a corrente que passa na lâmpada para as seguintes posições do cursor do reostato:

a) Cursor em *C*.

b) Cursor no meio de *CD*.

c) Cursor em *D*.

2. Um fio tem 10,0 m de comprimento e 3,0 mm² de área da seção reta. Medindo-se a resistência elétrica desse fio, verificou-se que seu valor é $5{,}7 \times 10^{-2}$ Ω. De que material você julga ser feito esse fio?

3. Os fios *AB* e *BC* mostrados na figura são feitos do mesmo material e têm o mesmo comprimento, mas *BC* é mais grosso do que *AB*.

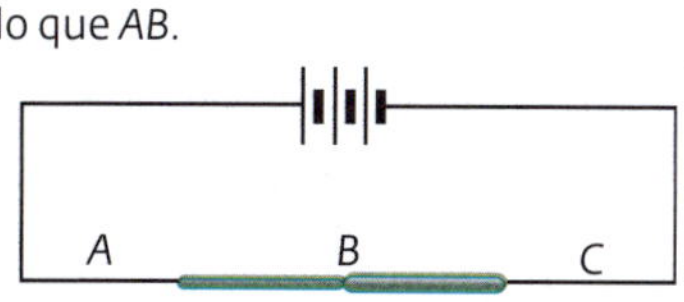

Banco de imagens/Arquivo da editora

Entre as afirmativas seguintes, indique aquela que está correta:

a) A resistividade de *AB* é maior do que a de *BC*.

b) A resistência elétrica de *AB* é igual à de *BC*.

c) A corrente elétrica que passa em *AB* é igual à que passa em *BC*.

d) A tensão V_{AB} é menor do que a tensão V_{BC}.

e) O campo elétrico é nulo no interior dos condutores *AB* e *BC*.

4. Uma lâmpada de filamento comum apresenta as seguintes especificações: 330 W; 220 V. Supondo que essa lâmpada esteja ligada na voltagem especificada, determine:

a) o valor da corrente que passa em seu filamento;

b) o valor da resistência desse filamento.

5. Analise a associação de resistências mostrada na figura:

Ilustrações técnicas desta página: Banco de imagens/Arquivo da editora

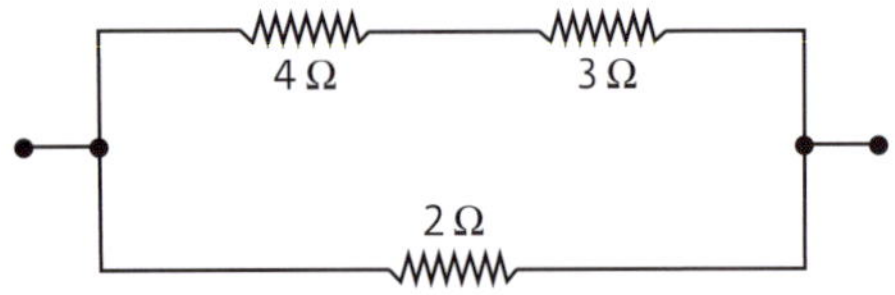

Sem calcular a resistência equivalente dessa associação, podemos afirmar que o seu valor:

a) está compreendido entre 7 Ω e 2 Ω.

b) é menor do que 2 Ω.

c) está compreendido entre 9 Ω e 7 Ω.

d) é igual a 9 Ω.

e) é maior do que 9 Ω.

6. Considere o circuito elétrico analisado no exercício 26 da seção *Verifique o que aprendeu* deste capítulo.

a) Calcule a voltagem a que está submetida cada uma das resistências do circuito.

b) Qual é o valor da corrente que passa em cada uma dessas resistências?

7. Na associação de resistências mostrada na figura, temos: $R_1 = 3{,}0\ \Omega$ e $R_2 = R_3 = R_4 = R_5 = 6{,}0\ \Omega$. A tensão aplicada entre *A* e *B* é de 24 V.

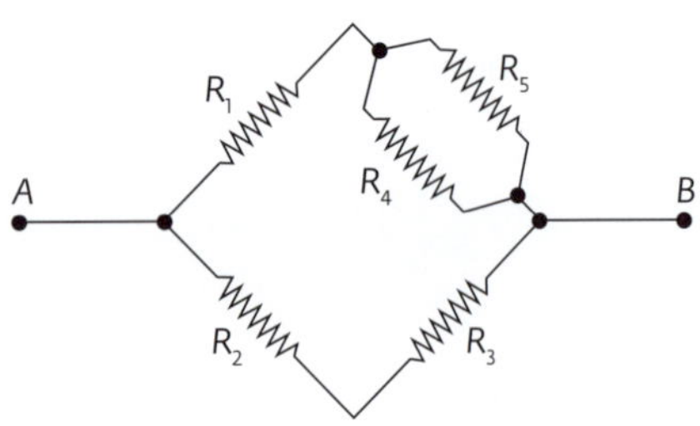

Calcule:

a) a resistência equivalente da associação;

b) a corrente total que passa de *A* para *B*;

c) a corrente que passa em cada resistência.

8. Em uma residência, na qual a voltagem é de 120 V, está instalado um fusível de 25 A. Nessa residência são utilizados eventualmente diversos aparelhos eletrodomésticos, nos quais encontra-se especificada a potência de cada um:

- chuveiro: 2 400 W
- televisor: 120 W
- liquidificador: 240 W
- ebulidor: 840 W
- lâmpadas: 60 W (cada uma)

O fusível queimará se forem ligados simultaneamente:

a) o chuveiro, o televisor e o liquidificador.

b) o chuveiro e o ebulidor.

c) o ebulidor, o liquidificador e o televisor.

d) dez lâmpadas, o televisor e o chuveiro.

e) o ebulidor, o televisor, o liquidificador e cinco lâmpadas.

9. A figura a seguir representa o circuito utilizado em determinados tipos de chuveiro elétrico. A chave C pode ser deslocada da posição (1) para a posição (2) e vice-versa. Para qual posição da chave o chuveiro está no inverno? Explique.

Paulo César Pereira/Arquivo da editora

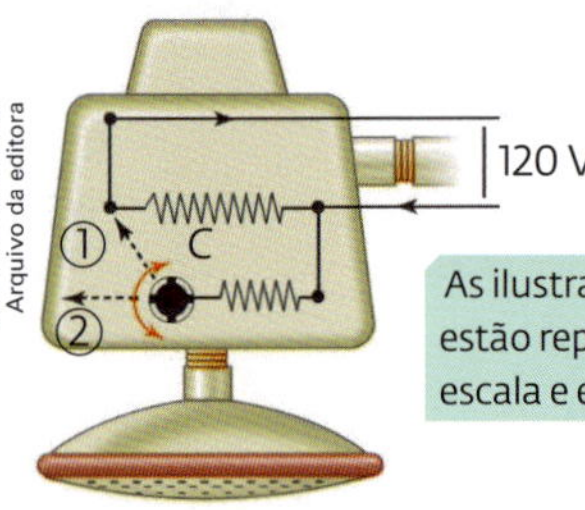

As ilustrações desta página estão representadas sem escala e em cores fantasia.

10. O proprietário de uma cantina verificou que os alimentos colocados no interior de uma estufa elétrica não eram suficientemente aquecidos.

Para aumentar a temperatura dessa estufa, ele poderá fazer várias modificações no resistor que a aquece.

Entre as opções seguintes, indique aquela que **não** o levará a obter o resultado desejado.

a) Cortar um pedaço da resistência.

b) Ligar outra resistência em paralelo com a primeira.

c) Ligar outra resistência em série com a primeira.

d) Substituir a resistência por outra de mesmo comprimento e mesma seção, feita com um material de menor resistividade.

e) Substituir a resistência por outra de mesmo material e mesmo comprimento e de maior área de seção reta.

11. A figura abaixo mostra um motor elétrico *M*, ligado a uma bateria que lhe aplica uma diferença de potencial $V_{AB} = 12$ V, fornecendo-lhe uma corrente $i = 5{,}0$ A. O motor possui uma resistência interna $R = 0{,}20\ \Omega$. Em virtude dessa resistência, parte da energia fornecida ao motor pela bateria é transformada em calor (o motor se aquece), sendo a energia restante transformada em energia mecânica de rotação do motor.

Paulo César Pereira/Arquivo da editora

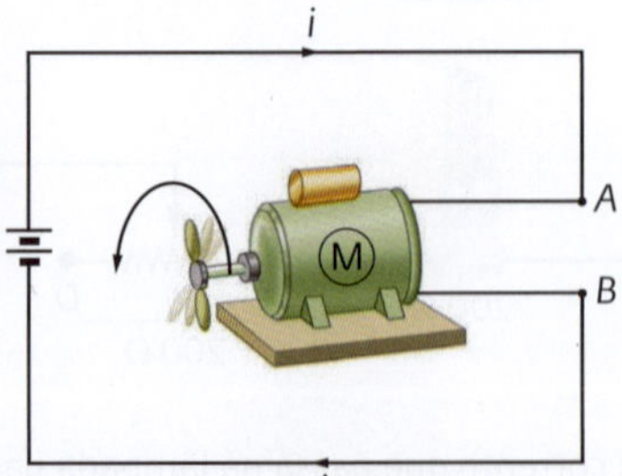

Baseando-se nessas informações, determine:

a) a potência total desenvolvida no motor;

b) a potência dissipada por efeito Joule no interior do motor;

c) a potência mecânica de rotação do motor.

12. Analisando o circuito representado na figura abaixo, responda no caderno:

a) Qual é a leitura do voltímetro V_1? E de V_2?

b) Em qual das lâmpadas passa a maior corrente?

c) Retirando-se do circuito a lâmpada de 25 W, a leitura do amperímetro aumenta, diminui ou não se altera? E a resistência total do circuito?

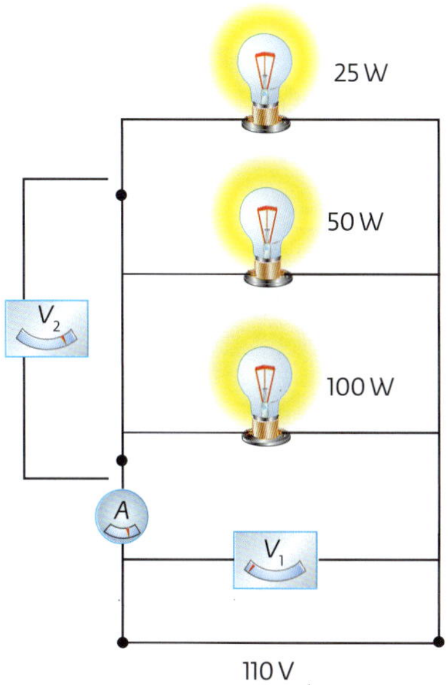

Paulo César Pereira/Arquivo da editora

13. **(Enem)** Um curioso estudante, empolgado com a aula de circuito elétrico que assistiu na escola, resolve desmontar sua lanterna. Utilizando-se da lâmpada e da pilha, retiradas do equipamento, e de um fio com as extremidades descascadas, faz as seguintes ligações com a intenção de acender a lâmpada:

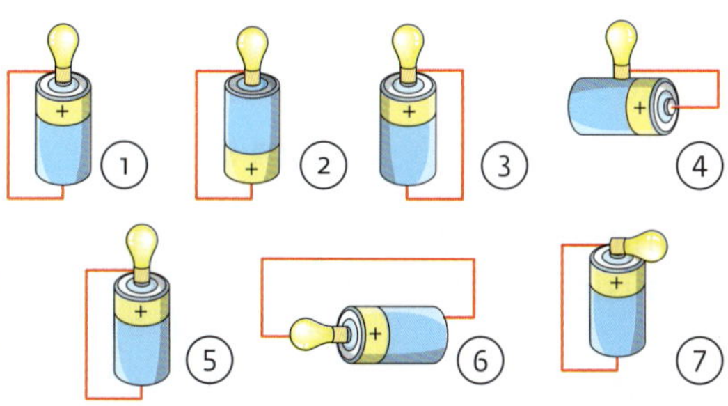

Ilustrações: Formato/Arquivo da editora

GONÇALVES FILHO, A.; BAROLLI, E. *Instalação Elétrica*: investigando e aprendendo. São Paulo: Scipione, 1997 (adaptado).

Tendo por base os esquemas mostrados, em quais casos a lâmpada acendeu?

a) (1), (3), (6)

b) (3), (4), (5)

c) (1), (3), (5)

d) (1), (3), (7)

e) (1), (2), (5)

14. **(Enem)** Para ligar ou desligar uma mesma lâmpada a partir de dois interruptores, conectam-se os interruptores para que a mudança de posição de um deles faça ligar ou desligar a lâmpada, não importando qual a posição do outro. Essa ligação é conhecida como interruptores paralelos. Esse interruptor é uma chave de duas posições constituída por um polo e dois terminais, conforme mostrado nas figuras de um mesmo interruptor. Na Posição I a chave conecta o polo ao terminal superior, e na Posição II a chave o conecta ao terminal inferior.

Posição I Posição II

O circuito que cumpre a finalidade de funcionamento descrita no texto é:

a)

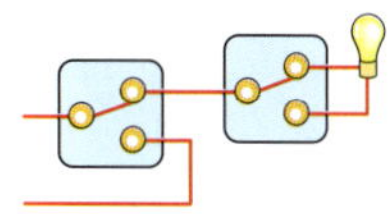

Ilustrações: Formato/Arquivo da editora

As ilustrações desta página estão representadas sem escala e em cores fantasia.

b)

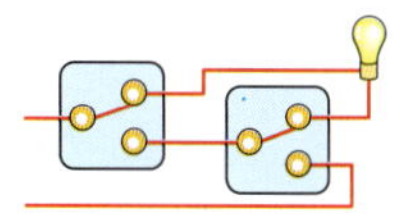

c)

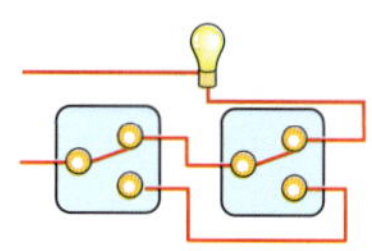

d)

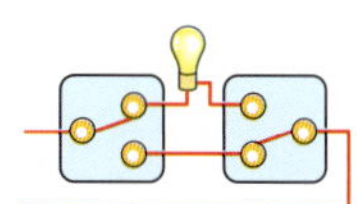

e)

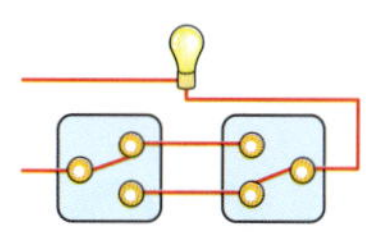

15. **(Uece)** Uma corrente elétrica de 3,0 A percorre um fio de cobre. Sabendo-se que a carga de um elétron é igual a $1{,}6 \cdot 10^{-19}$ C, o número de elétrons que atravessa, por minuto, a seção reta desse fio é, aproximadamente:

a) $1{,}1 \cdot 10^{21}$

b) $3{,}0 \cdot 10^{6}$

c) $2{,}0 \cdot 10^{10}$

d) $1{,}8 \cdot 10^{11}$

16. **(Udesc)** A tabela a seguir fornece os comprimentos, as áreas da seção transversal e as resistividades para fios de cinco materiais diferentes. A resistência desses fios não depende da tensão aplicada.

Material	Comprimento	Área	Resistividade
A	*L*	3*A*	ρ
B	3*L*	*A*	2ρ
C	2*L*	2*A*	3ρ
D	*L*	3*A*	3ρ
E	*L*	4*A*	2ρ

A partir desses dados, indique a alternativa que contém o fio referente ao material que transforma mais energia por unidade de tempo quando todos estão individualmente submetidos à mesma diferença de potencial em suas extremidades.

a) *C* b) *B* c) *A* d) *D* e) *E*

Imaginechina/Corbis/Latinstock

O desenvolvimento de novos modelos de bateria possibilita aos usuários explorarem diferentes funções dos celulares, além de proporcionar intervalos maiores entre as recargas.

CAPÍTULO 5

Força eletromotriz – Equação do circuito

O telefone celular pode ser considerado a invenção do século XX que mais sofreu transformações. A tecnologia empregada nesse equipamento fez com que ele se tornasse cada vez menor, mais leve e incorporasse funções que não eram atribuídas inicialmente aos telefones, como câmeras de foto e vídeo, jogos, música e processamento de dados.

A bateria do telefone celular também precisou ser melhorada para prover energia elétrica para todas essas funções. As principais queixas dos usuários eram de que as baterias dos modelos antigos descarregavam muito rapidamente, demoravam a carregar, esquentavam em excesso e tornavam o equipamento pesado. Algumas opções foram testadas e hoje o mercado conta com novos recursos que solucionam esses problemas e garantem às baterias maior vida útil e menor impacto ambiental ao serem descartadas.

À medida que os usuários vão entendendo as funções de seus equipamentos, também vão aprendendo formas para economizar a energia de suas baterias: desligar as funções de compartilhamento de arquivos e dados quando não há necessidade, não utilizar em conjunto a função de toque com a de vibração, reduzir a intensidade luminosa de tela e teclado durante o dia, entre outras.

PARA INICIAR A CONVERSA

Compare a configuração atual do seu celular, ou o de algum colega, com as dicas que o texto oferece de como poupar energia. Quais delas você já adota e quais adotará para economizar bateria?

Por que as baterias dos celulares esquentam?

Pesquise como as baterias dos celulares podem impactar o meio ambiente.

5.1 Força eletromotriz

O que é um gerador de força eletromotriz

Já vimos que uma pilha ou uma bateria estabelecem e mantêm uma diferença de potencial entre seus polos. Por exemplo, temos uma diferença de potencial entre os pontos *A* e *B*, que são os polos positivo e negativo da bateria **(figura 5.1)**. Portanto, se ligarmos um motor elétrico *M* a esses polos, uma corrente elétrica circulará no circuito de *A* para *B*, como mostra a figura, fazendo funcionar o motor.

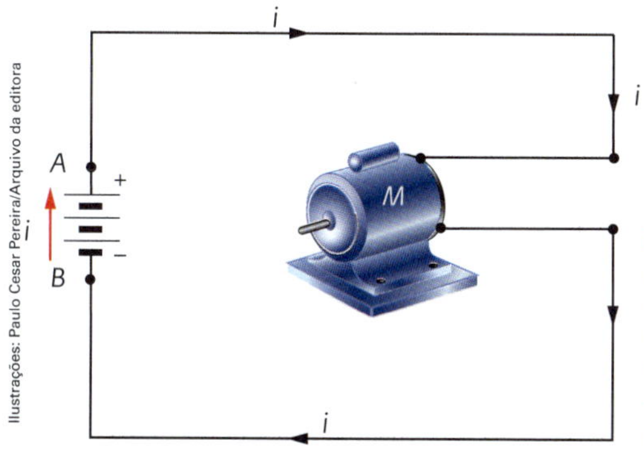

Figura 5.1. A bateria é um dispositivo que consome energia química para realizar um trabalho sobre as cargas elétricas, elevando o potencial destas.

As ilustrações desta página estão representadas sem escala e em cores fantasia.

No exterior da bateria, as cargas elétricas que constituem a corrente deslocam-se naturalmente do polo positivo (potencial maior) para o polo negativo (potencial menor). Entretanto, ao chegarem a *B*, para completar o circuito, essas cargas devem ser transportadas no interior da bateria de *B* para *A*. Esse deslocamento de cargas **não** se faz naturalmente, pois o potencial de *B* é menor que o de *A*. O deslocamento de *B* para *A* ocorre porque, no interior da bateria, devido a reações químicas, as cargas são forçadas a se deslocar de *B* para *A*, completando o circuito e voltando a circular, de *A* para *B*, no exterior da bateria. Em outras palavras, a bateria é um dispositivo que, consumindo energia química, realiza um trabalho sobre as cargas, entregando a elas uma certa quantidade de energia (energia elétrica) ao elevar o potencial dessas cargas no deslocamento do polo negativo para o positivo.

O funcionamento de uma bateria pode ser comparado ao de uma bomba-d'água. Considerando o circuito hidráulico mostrado na **figura 5.2**, sabemos que a água passa naturalmente do alto do edifício (maior energia potencial) para sua base (menor energia potencial), realizando certo trabalho (mover uma roda-d'água, por exemplo). Isso equivale, no caso do circuito da **figura 5.1**, ao deslocamento da corrente de *A* para *B*, movimentando o motor. Na **figura 5.2**, para que a água se desloque de *B* para *A*, atingindo o alto do edifício e voltando a circular, é necessária uma bomba-d'água. Essa bomba desempenha um papel semelhante ao da bateria, pois realiza um trabalho sobre a água, aumentando sua energia potencial no deslocamento de *B* para *A*.

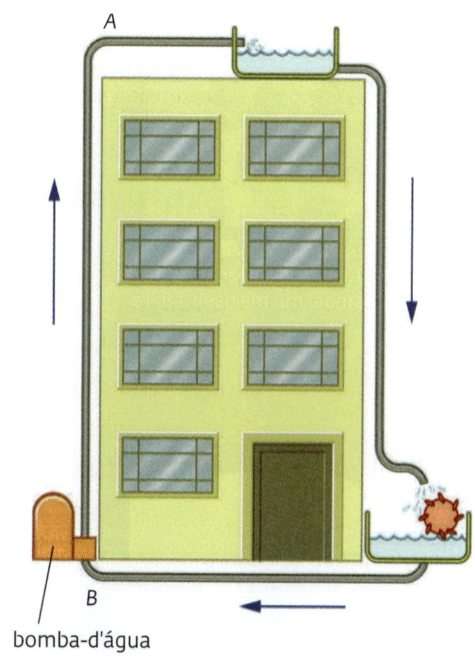

Figura 5.2. O funcionamento de uma bateria pode ser comparado ao de uma bomba-d'água.

Existem vários outros dispositivos elétricos que, como uma bateria, são capazes de realizar um trabalho sobre as cargas elétricas que passam através deles, aumentando o potencial dessas cargas. Tais dispositivos são denominados **geradores de corrente** ou **geradores de força eletromotriz** (geradores de f.e.m.). Assim, uma pilha (ou uma bateria) é um gerador de f.e.m., pois utiliza energia química, que é transferida para as cargas sob a forma de energia elétrica.

Do mesmo modo, um dínamo, uma termopilha, uma bateria solar, etc. são geradores de f.e.m., pois, utilizando outras formas de energia (mecânica, térmica, etc.), realizam trabalho sobre as cargas, aumentando sua energia elétrica (figura 5.3) e sendo, portanto, capazes de gerar uma corrente elétrica.

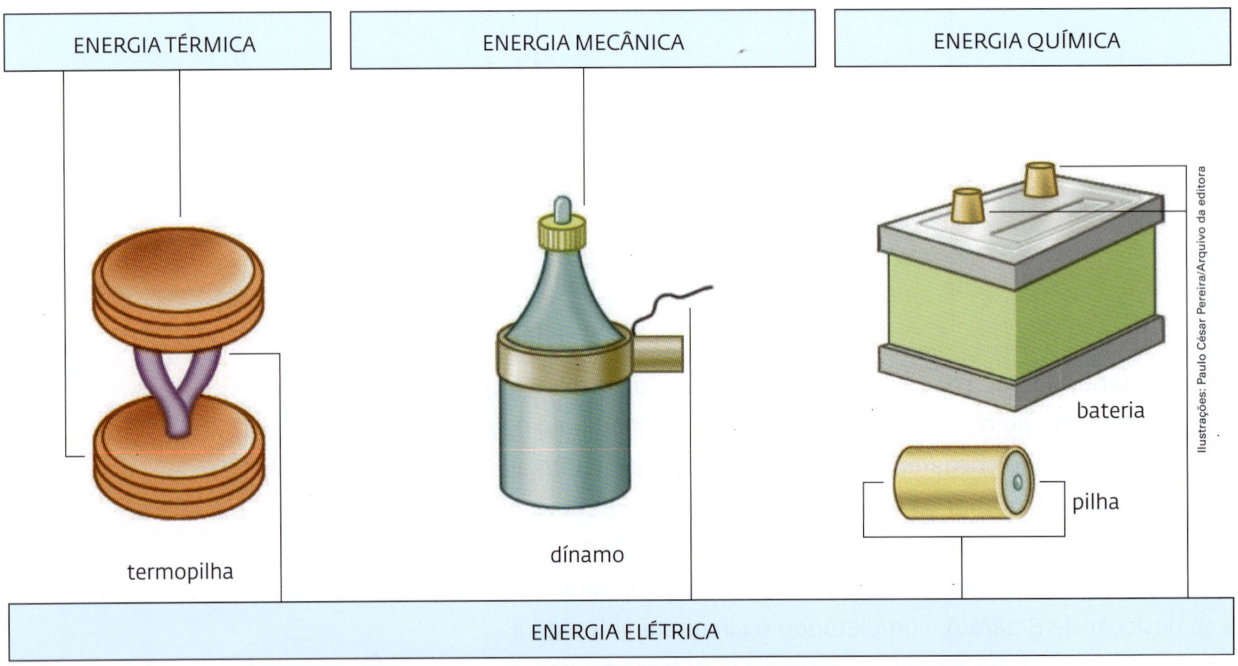

Figura 5.3. Nos geradores de força eletromotriz, diversas formas de energia são utilizadas para realizar trabalho sobre as cargas elétricas que passam através deles. Representação sem escala e em cores fantasia.

Expressão matemática da força eletromotriz

Voltando à figura 5.1, consideremos uma carga Δq sendo transportada de B para A no interior da bateria. Seja $\mathcal{T}$ o trabalho que a bateria realiza sobre essa carga, elevando o valor de sua energia potencial elétrica. Em outras palavras, $\mathcal{T}$ representa a energia que é transferida à carga Δq pela bateria.

A relação entre essas duas grandezas é denominada **força eletromotriz** (f.e.m.) ou **eletromotância** da bateria, e é representada por ε. Portanto, temos:

$$\varepsilon = \frac{\mathcal{T}}{\Delta q}$$

Por meio dessa relação, percebemos que a unidade de medida da f.e.m., no SI, será:

$$1\,\frac{\text{J}}{\text{C}} = 1\text{ volt} = 1\text{ V}$$

Note que, apesar de a unidade de f.e.m. ser a mesma usada para a medida de diferença de potencial, os conceitos de diferença de potencial e de f.e.m. são diferentes.

Assim, quando dizemos que a f.e.m. de uma bateria vale, por exemplo, $\varepsilon = 12$ V (isto é, $\varepsilon = 12$ J/C), significa que essa bateria realiza um trabalho de 12 J sobre cada 1 C que se desloca de seu polo negativo para seu polo positivo.

Podemos, então, generalizar:

Se um gerador realizar um trabalho $\mathcal{T}$ ao transportar uma carga Δq de seu polo negativo para o seu polo positivo, a força eletromotriz (ou eletromotância) desse gerador será dada por:

$$\varepsilon = \frac{\mathcal{T}}{\Delta q}$$

O que é um gerador de força contraeletromotriz

Quando as cargas elétricas passam através do **motor** da figura 5.1, elas **perdem** energia elétrica, que se transforma em energia mecânica. Portanto, um motor elétrico, ao contrário de um gerador de f.e.m., **retira** energia das cargas elétricas e, por esse motivo, é denominado um **receptor** ou um **gerador de força contraeletromotriz** (f.c.e.m.).

De maneira geral, qualquer aparelho no qual a energia elétrica se transforma em outro tipo de energia, que não seja a energia térmica, é denominado um gerador de f.c.e.m. (receptor) (figura 5.4). A transformação de energia elétrica em calor ocorre nas resistências elétricas (efeito Joule), que já estudamos anteriormente.

A definição de f.c.e.m. de um receptor é dada pela mesma expressão que define a f.e.m. de um gerador $\left(\varepsilon = \frac{\mathcal{T}}{\Delta q}\right)$. Deve-se apenas observar que, no caso de um receptor, $\mathcal{T}$ representa a energia **retirada** da carga Δq que atravessou o aparelho.

Então, em resumo, temos:

Um gerador de f.e.m. transfere energia às cargas que passam através dele, transformando um tipo qualquer de energia em energia elétrica. Um gerador de f.c.e.m. (um receptor) recebe energia das cargas que passam através dele, transformando energia elétrica em outro tipo de energia (exceto energia térmica).

Iara Venanzi/kino.com.br

Superstock/Keystone

As imagens desta página estão representadas fora de proporção.

Figura 5.4. Exemplos de receptores elétricos acionados por motores elétricos: batedeira e furadeira.

Uma bateria recebendo carga

O motor elétrico é um gerador de f.c.e.m. Outro exemplo de receptor é uma bateria sendo carregada. Nesse caso, a energia elétrica das cargas que passam através da bateria é transformada em energia química, que fica armazenada na própria bateria.

Devemos notar que, quando uma bateria funciona como gerador de corrente, isto é, quando ela está se descarregando, a corrente dentro da bateria passa do polo negativo para o positivo. Observe que isso ocorre, por exemplo, na bateria da **figura 5.1**, que está gerando a corrente que aciona o motor. No entanto, para dar carga a uma bateria, ela deve ser ligada a um gerador que faça uma corrente passar, dentro dela, do polo positivo para o negativo (ao contrário do que acontece quando a bateria está gerando a corrente).

Na prática, isso é feito comumente através de um carregador de baterias. Esse dispositivo é um gerador que produz corrente contínua quando ligado em uma tomada elétrica comum. Observe, na **figura 5.5**, que a corrente fornecida pelo carregador penetra no polo positivo da bateria, passa através dela e sai pelo polo negativo. Portanto, essa bateria está recebendo carga (o reostato na figura é usado simplesmente para controlar a intensidade da corrente). Na **figura 5.6** mostramos o diagrama do circuito da **figura 5.5**, em que ε representa a f.e.m. do gerador (carregador) e ε', a f.c.e.m. do receptor (bateria recebendo carga).

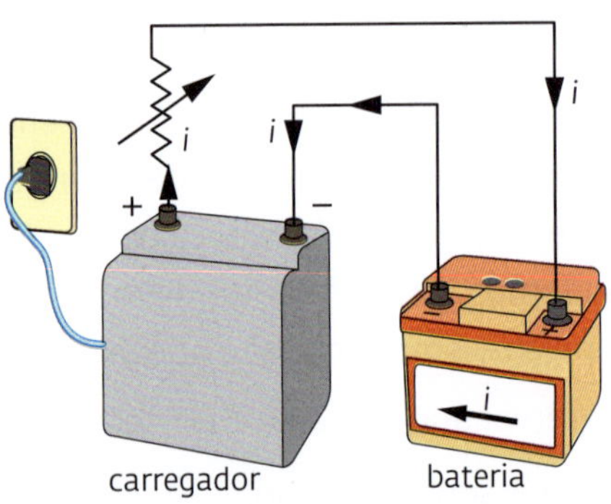

Figura 5.5. Quando uma bateria está sendo carregada, ela está funcionando como um aparelho de força contraeletromotriz. Representação sem escala e em cores fantasia.

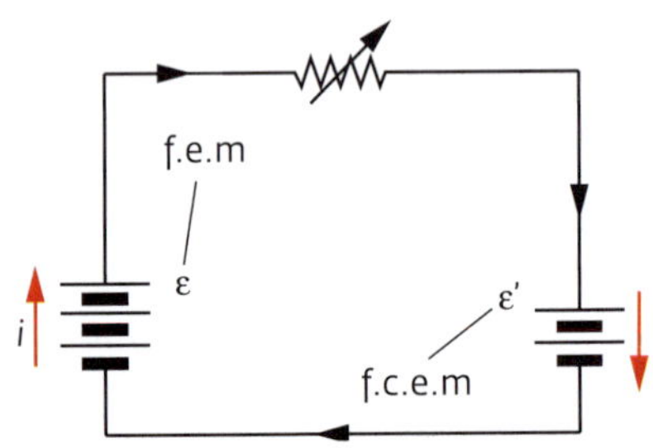

Figura 5.6. Diagrama do circuito elétrico mostrado na **figura 5.5**.

Ilustrações: Paulo Cesar Pereira/ Arquivo da editora

Potência fornecida por um gerador

Da expressão $\varepsilon = \dfrac{\tau}{\Delta q}$, que define a f.e.m. de um gerador, obtemos:

$$\tau = \varepsilon \Delta q$$

Essa expressão nos fornece o trabalho τ realizado por um gerador de f.e.m. ε ao transportar uma carga Δq de seu polo negativo para seu polo positivo. Dividindo os dois membros dessa equação pelo intervalo de tempo Δt, durante o qual o trabalho τ foi realizado pelo gerador, temos:

$$\frac{\tau}{\Delta q} = \varepsilon \frac{\Delta q}{\Delta t}$$

Como $\dfrac{\tau}{\Delta q}$ é a potência P desenvolvida pelo gerador e $\dfrac{\Delta q}{\Delta t}$ representa a intensidade da corrente fornecida por ele, vem:

$$P = \varepsilon i$$

Portanto, a potência desenvolvida por um gerador é obtida multiplicando-se sua f.e.m. pela corrente que ele fornece. Essa mesma expressão nos permite calcular a potência desenvolvida em um receptor. Nesse caso, ε representa a f.c.e.m. do receptor e i representa a corrente que passa através dele.

EXEMPLO

No circuito da figura 5.7, uma bateria de f.e.m. $\varepsilon = 12$ V estabelece uma corrente $i = 0{,}40$ A, que passa através de um resistor de resistência $R = 10\ \Omega$ e coloca em movimento um motor cuja f.c.e.m. é $\varepsilon' = 8{,}0$ V.

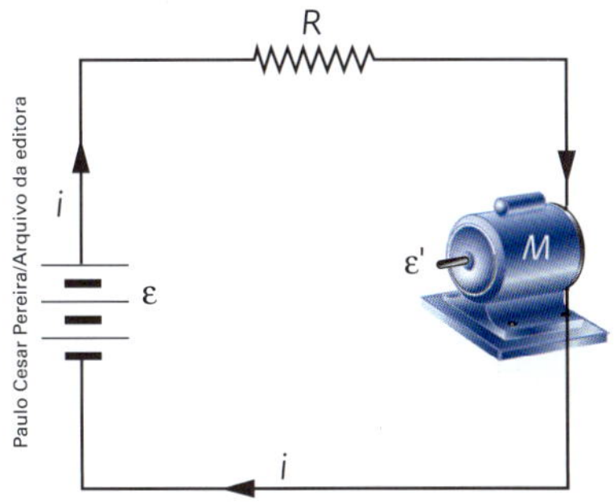

Figura 5.7. Para o exemplo da seção 5.1. Representação sem escala e em cores fantasia.

a) Qual é a energia que a bateria transfere a uma carga $\Delta q = 20$ C que passa através dela?

Essa energia é fornecida pelo trabalho $\mathcal{T}$ que a bateria realiza sobre a carga Δq. De $\varepsilon = \dfrac{\mathcal{T}}{\Delta q}$, obtemos:

$$\mathcal{T} = \varepsilon \Delta q = 12 \cdot 20 \quad \therefore \quad \mathcal{T} = 240 \text{ J}$$

b) Quando a carga $\Delta q = 20$ C passa através do motor, qual é a quantidade de energia elétrica que se transforma em energia mecânica?

Representando por $\mathcal{T}'$ essa quantidade de energia, sabemos que $\varepsilon' = \dfrac{\mathcal{T}'}{\Delta q}$. Logo:

$$\mathcal{T}' = \varepsilon' \Delta q = 8{,}0 \cdot 20 \quad \therefore \quad \mathcal{T}' = 160 \text{ J}$$

c) Baseando-se no princípio de conservação da energia, determine a quantidade de calor ΔQ que é desenvolvida na resistência R quando a carga Δq passa por ela.

A quantidade de energia que a carga Δq recebe na bateria deve ser igual à soma da quantidade de calor desenvolvida em R com a quantidade de energia que essa carga perde ao passar pelo motor. Então:

$$240 = \Delta Q + 160 \quad \therefore \quad \Delta Q = 240 - 160 \quad \text{ou} \quad \Delta Q = 80 \text{ J}$$

d) Calcule a potência P desenvolvida pela bateria e a potência P' do motor.

Temos:

$$P = \varepsilon i = 12 \cdot 0{,}40 \quad \therefore \quad P = 4{,}8 \text{ W}$$

$$P' = \varepsilon' i = 8{,}0 \cdot 0{,}40 \quad \therefore \quad P' = 3{,}2 \text{ W}$$

e) Determine a potência dissipada, por efeito Joule, na resistência R.

Pela conservação da energia, essa potência, P_R, deve ser igual à diferença entre P e P', isto é:

$$P_R = P - P' = 4{,}8 - 3{,}2 \quad \therefore \quad P_R = 1{,}6 \text{ W}$$

Por outro lado, P_R pode também ser obtida pela expressão $P_R = Ri^2$, que estudamos no capítulo anterior. Então:

$$P_R = Ri^2 = 10 \cdot (0{,}40)^2 \quad \therefore \quad P_R = 1{,}6 \text{ W}$$

Observe que em ambos os processos obtivemos o mesmo valor de P_R, como não podia deixar de ser.

VERIFIQUE O QUE APRENDEU

As informações seguintes se referem aos exercícios 1, 2, 3 e 4.

Nos automóveis existe um gerador (dínamo) que, acionado pelo motor do carro, produz uma corrente contínua usada para manter a bateria constantemente carregada.

Sérgio Dotta Jr./Arquivo da editora

Dínamo

A figura abaixo representa um gerador desse tipo, *G*, estabelecendo uma corrente em um circuito em que existe uma resistência *R* e uma bateria recebendo carga.

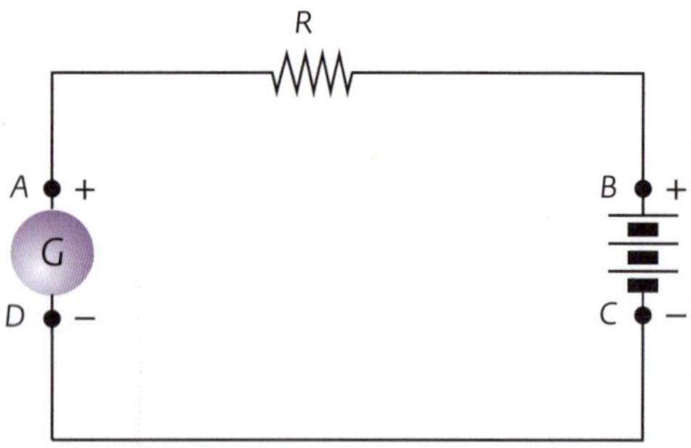

Banco de imagens/Arquivo da editora

As ilustrações desta página estão representadas sem escala e em cores fantasia.

1. a) Indique, em uma cópia da figura no caderno, o sentido da corrente no circuito.

b) Ao passarem no interior do gerador, as cargas elétricas perdem ou ganham energia?

c) E ao passarem no interior da bateria?

2. a) No gerador, qual é o tipo de energia que se transforma em energia elétrica?

b) Qual é a transformação de energia que ocorre na bateria?

3. Suponha que a f.e.m. do gerador seja $\varepsilon = 15$ V e a f.c.e.m. da bateria seja $\varepsilon' = 12$ V. Considerando uma carga de 1 C passando pelo circuito, responda:

a) Qual é a quantidade de energia que essa carga recebe ao passar no gerador?

b) Qual é a quantidade de energia que essa carga perde ao passar na bateria?

c) Qual é a quantidade de energia que essa carga perde ao passar pela resistência? (Lembre-se do princípio de conservação da energia.)?

4. Sabe-se que a intensidade da corrente no circuito é $i = 5{,}0$ A. Nessas condições:

a) Qual é a potência que o gerador fornece às cargas?

b) Qual é a potência que a bateria retira da corrente?

c) Então, qual é a potência dissipada por efeito Joule na resistência?

5. Usando as convenções para representar os diversos elementos que constituem um circuito elétrico, faça em seu caderno um diagrama que corresponda ao circuito desenhado na figura abaixo.

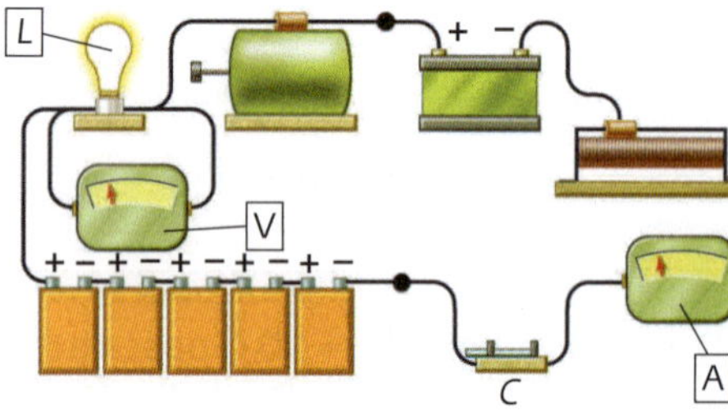

Antonio Robson/Arquivo da editora

6. Até agora vimos alguns exemplos de dispositivos que funcionam com eletricidade. Os geradores transformam algum tipo de energia não elétrica em energia elétrica e a direcionam para os resistores e receptores do circuito. Já os resistores transformam toda a energia elétrica que recebem de um gerador em energia térmica. Os receptores, por sua vez, transformam a energia elétrica que recebem dos geradores em energia não elétrica e não térmica. Associe os aparelhos elétricos listados a seguir à função (elétrica) que geralmente desempenham no dia a dia: liquidificador, ventilador, pilha alcalina, bateria de celular, chuveiro elétrico, ferro elétrico de passar roupa.

7. Na montanha-russa dos parques de diversão existe uma esteira, ligada a um motor, que eleva um carrinho a muitos metros de altura. O carrinho abandonado do topo da montanha-russa desce a pista, espontaneamente, pela ação da gravidade. Ao chegar à base da pista, a esteira motorizada ergue novamente o carrinho até o topo da montanha-russa, e a descida veloz é retomada. Imagine que a pista completa dessa montanha-russa represente um circuito elétrico. Nessa analogia, responda:

a) O carrinho representa que elemento de circuito?

b) A esteira motorizada representa que elemento de circuito?

5.2 A equação do circuito

Resistência interna

Sempre que uma corrente elétrica passa por um condutor, ele oferece uma certa oposição à essa passagem. Em outras palavras, todo condutor possui uma certa **resistência elétrica**. Quando uma corrente elétrica passa através de um motor, por exemplo, ela é obrigada a percorrer vários fios existentes no interior desse motor. Então, esses fios apresentam uma certa resistência à passagem da corrente, que é denominada **resistência interna** do motor. É por esse motivo que, quando um motor está em funcionamento, percebe-se um aquecimento do aparelho em virtude do calor que é gerado por efeito Joule em sua resistência interna. Assim, uma bateria ou outro gerador qualquer oferecem uma oposição à passagem da corrente através deles, isto é, esses aparelhos também possuem uma resistência interna. Quando uma bateria é bem construída e possui pouco tempo de uso (bateria nova), sua resistência interna é muito pequena. Entretanto, à medida que ela vai sendo usada, a resistência interna aumenta, podendo alcançar valores bastante elevados. Nessas condições, o calor gerado por efeito Joule no interior da bateria torna-se apreciável, fazendo com que ela perca sua utilidade como gerador de corrente.

Análise de um circuito série

O circuito elétrico mostrado na **figura 5.8** contém uma bateria de f.e.m. ε e cuja resistência interna vamos designar por r. Essa bateria está ligada a um motor de f.c.e.m. ε', que apresenta resistência interna r', e a uma resistência externa R (uma lâmpada ou um aquecedor, por exemplo). Observe que todos os elementos desse circuito estão ligados **em série** entre si, e, por isso, ele é denominado **circuito série**. No lugar da bateria poderíamos ter um outro gerador qualquer e, no lugar do motor, poderia existir um receptor qualquer de f.c.e.m. (uma bateria recebendo carga, por exemplo). Pela polaridade da bateria, podemos concluir que há uma corrente elétrica passando no circuito no sentido mostrado na **figura 5.8**. Então, no interior dessa bateria, as cargas elétricas recebem energia ao passarem do polo negativo para o positivo, isto é, há transformação da energia química da bateria em energia elétrica das cargas. À medida que essas cargas circulam, transferem essa energia recebida aos diversos elementos do circuito. Assim, quando as cargas passam através do motor, parte de sua energia se transforma em energia mecânica de rotação do motor (força contraeletromotriz) e parte se transforma em calor, por efeito Joule, em sua resistência interna r'. Na resistência externa R há também transformação de parte da energia das cargas em calor. Isso ocorre, ainda, no interior da própria bateria, em virtude de sua resistência interna r. Em resumo, temos então:

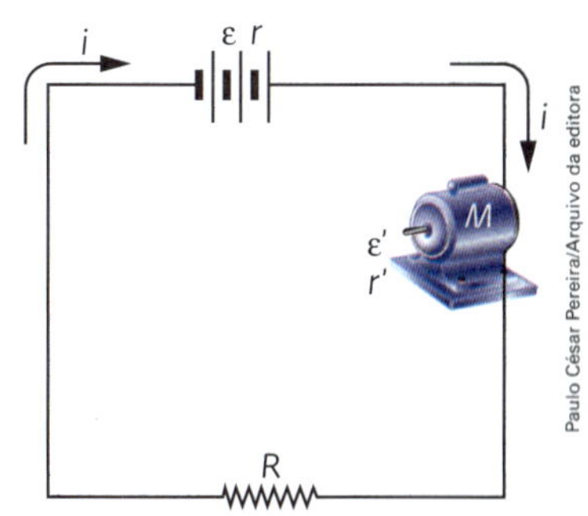

Figura 5.8. Diagrama de um circuito em série simples. Representação sem escala e em cores fantasia.

- Na bateria, as cargas:
  recebem energia (energia química se transforma em energia elétrica);
  perdem energia (energia elétrica se transforma em calor na resistência interna).
- No motor, as cargas:
  perdem energia (energia elétrica se transforma em energia mecânica);
  perdem energia (energia elétrica se transforma em calor na resistência interna).
- Na resistência R, as cargas:
  perdem energia (energia elétrica se transforma em calor).

A equação do circuito série

Observando que, em um intervalo de tempo Δt, uma carga Δq passa em qualquer elemento do circuito, vamos expressar matematicamente as quantidades de energia que a carga Δq ganha ou perde ao longo do circuito.

Para isso, vamos lembrar das expressões que vimos no capítulo 4 e no início deste capítulo:

$$\varepsilon = \frac{\mathcal{T}}{\Delta q}, \; P = \frac{\Delta E}{\Delta t} \; \text{e} \; P = Ri^2$$

Note que, nas equações acima, o trabalho $\mathcal{T}$ representa a quantidade de energia perdida ou recebida pela carga Δq. Portanto, teremos que:

- energia recebida na bateria: $\varepsilon\Delta q$;
- energia perdida na resistência interna da bateria: $ri^2\Delta t$;
- energia perdida para fazer girar o motor: $\varepsilon'\Delta q$;
- energia perdida na resistência interna do motor: $r'i^2\Delta t$;
- energia perdida na resistência externa: $Ri^2\Delta t$.

Pelo princípio de conservação da energia, a quantidade de energia que a carga ganha na bateria deve ser igual à soma das energias que ela transfere aos elementos do circuito (estamos desprezando a energia perdida nos fios de ligação, pois eles possuem resistência praticamente nula).

Podemos, então, escrever:

$$\varepsilon\Delta q = ri^2\Delta t + \varepsilon'\Delta q + r'i^2\Delta t + Ri^2\Delta t$$

Sendo $i = \frac{\Delta q}{\Delta t}$, temos $\Delta q = i\Delta t$, e substituindo essa relação na expressão anterior, vem:

$$\varepsilon i\Delta t = ri^2\Delta t + \varepsilon' i\Delta t + r'i^2\Delta t + Ri^2\Delta t \quad \therefore \quad \varepsilon = ri + \varepsilon' + r'i + Ri \quad \text{ou} \quad \varepsilon - \varepsilon' = i(r + r' + R)$$

Portanto, obtemos o valor da intensidade da corrente no circuito:

$$i = \frac{\varepsilon - \varepsilon'}{r + r' + R}$$

Observe que o numerador dessa expressão representa a soma algébrica das f.e.m. que aparecem no circuito (considerando negativa a f.c.e.m.) e o denominador, a soma de todas as resistências (internas e externas) desse circuito.

De modo geral, podemos então destacar:

Quando em um circuito existem vários geradores de f.e.m., ligados em série a vários receptores (aparelhos que apresentam f.c.e.m.) e a várias resistências elétricas, a intensidade da corrente nesse circuito é dada por:

$$i = \frac{\Sigma\varepsilon}{\Sigma R}$$

em que $\Sigma\varepsilon$ representa a soma algébrica das f.e.m. e f.c.e.m. (sendo essas últimas tomadas com sinal negativo) e ΣR representa a soma de todas as resistências internas e externas. A equação $i = \frac{\Sigma\varepsilon}{\Sigma R}$ é denominada "equação do circuito série".

Comentários

1) A equação do circuito é de grande utilidade porque nos permite calcular o valor da corrente que passa em um circuito série, quando conhecemos os valores da f.e.m., f.c.e.m. e resistências existentes nesse circuito. Conhecendo o valor de i, podemos facilmente obter os valores de várias outras grandezas envolvidas no circuito, tais como a diferença de potencial entre dois pontos ($V_{AB} = Ri$), a potência desenvolvida por efeito Joule ($P = Ri^2$), etc.

2) A equação $i = \frac{\Sigma\varepsilon}{\Sigma R}$ aplica-se apenas aos circuitos de elementos ligados em série. Entretanto, existem certos circuitos, como o da **figura 5.9.a**, que, embora possuam resistores dispostos em paralelo, podem facilmente ser reduzidos a um circuito série. Para o circuito da **figura 5.9.a**, por exemplo, calculamos a resistência R_{12} equivalente às resistências dos resistores R_1 e R_2 e obtemos o circuito série da **figura 5.9.b**, que é equivalente ao anterior. Para esse circuito da **figura 5.9.b**, a equação $i = \frac{\Sigma\varepsilon}{\Sigma R}$ pode ser aplicada.

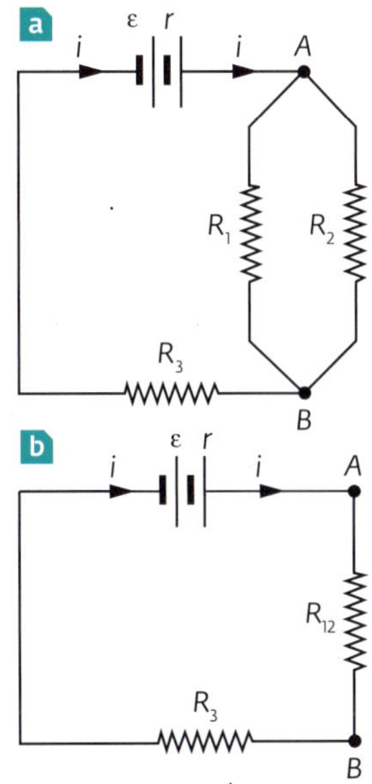

Figura 5.9. O circuito mostrado em **a** é equivalente ao circuito série apresentado em **b**.

Exemplo

No circuito mostrado na figura 5.10, temos duas baterias cujas f.e.m. são $\varepsilon_1 = 6{,}0$ V e $\varepsilon_2 = 24$ V e cujas resistências internas de seus resistores são $r_1 = 1{,}0\ \Omega$ e $r_2 = 2{,}0\ \Omega$. Existe, ainda, nesse circuito um resistor de resistência externa $R = 6{,}0\ \Omega$.

a) Qual é o sentido da corrente que passa no circuito?

De modo geral, um gerador tende a produzir uma corrente que sai de seu polo positivo. Então, a bateria ε_1 tende a produzir uma corrente no sentido horário e a bateria ε_2, no sentido anti-horário. O sentido da corrente é determinado pela f.e.m. de maior valor. Como $\varepsilon_2 > \varepsilon_1$, temos, no circuito, uma corrente no sentido anti-horário **(figura 5.10)**.

b) Qual das duas baterias está funcionando como gerador de corrente? E qual está funcionando como receptor?

Vimos que o sentido da corrente é determinado pela bateria ε_2, isto é, no seu interior a corrente está passando do polo negativo para o positivo. Logo, essa bateria é o gerador de f.e.m. do circuito (bateria descarregando).

Observe, na **figura 5.10**, que no interior da bateria ε_1 a corrente está passando do polo positivo para o negativo. Sabemos que, nessas condições, ε_1 está recebendo carga, isto é, ela está funcionando como um receptor (gerador de f.c.e.m.).

c) Calcule a intensidade da corrente no circuito.

A intensidade da corrente é dada pela equação do circuito série. Como ε_2 é uma f.e.m. e ε_1 é uma f.c.e.m., temos:

$$i = \frac{\Sigma\varepsilon}{\Sigma R} = \frac{\varepsilon_2 - \varepsilon_1}{R + r_1 + r_2} = \frac{24 - 6{,}0}{6{,}0 + 1{,}0 + 2{,}0} \quad \therefore \quad i = 2{,}0 \text{ A}$$

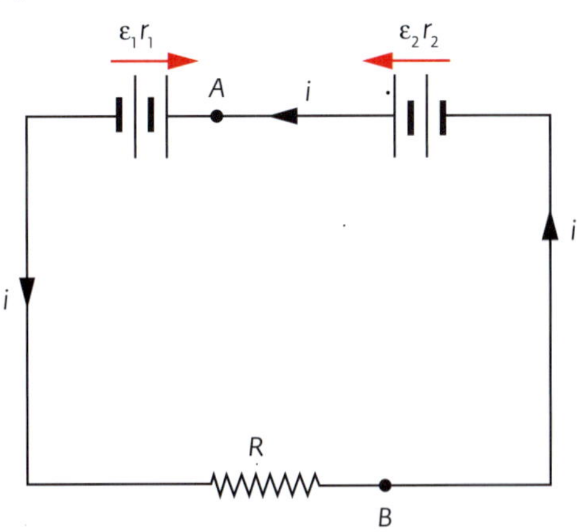

Figura 5.10. Para o exemplo da seção 5.2.

d) Verifique se a potência transferida às cargas pelo gerador de f.e.m. é igual à soma das potências que as cargas transferem aos elementos do circuito.

A potência é transferida às cargas pela bateria ε_2. Essa potência vale:

$$P_2 = \varepsilon_2 i = 24 \cdot 2{,}0 \quad \therefore \quad P_2 = 48 \text{ W}$$

As cargas transferem uma potência P_1 ao receptor de f.c.e.m. ε_1 e uma potência P_R a todas as resistências do circuito (efeito Joule). Temos:

$$P_1 = \varepsilon_1 i = 6{,}0 \cdot 2{,}0 \quad \therefore \quad P_1 = 12 \text{ W}$$

$$P_R = (R + r_1 + r_2)i^2 = (6{,}0 + 1{,}0 + 2{,}0) \cdot (2{,}0)^2 \quad \therefore \quad P_R = 36 \text{ W}$$

Portanto, $P_2 = P_1 + P_R$, isto é, como não podia deixar de ser, o princípio de conservação da energia foi verificado.

Cálculo de diferença de potencial entre dois pontos de um circuito

Suponha que queiramos calcular a diferença de potencial entre dois pontos, *A* e *B*, de um circuito qualquer (considere, por exemplo, o circuito mostrado na **figura 5.10**).

Para obter esse valor, devemos imaginar que estamos nos deslocando de *A* para *B*, ao longo do circuito, tanto no sentido da corrente quanto no sentido contrário a ela. Nesse deslocamento, ao passarmos por elementos do circuito, o potencial pode aumentar, diminuir ou não variar, dependendo dos dispositivos presentes no circuito. Podem ocorrer, então, as seguintes situações:

1ª) Ao passarmos por um gerador, de seu polo negativo para o positivo, o potencial aumentará de um valor igual a ε. Se a passagem ocorrer em sentido contrário, o potencial diminuirá da mesma quantidade ε.

2ª) Ao passarmos por uma resistência *R* (incluindo a resistência interna do gerador), no mesmo sentido da corrente *i*, o potencial diminuirá de um valor que corresponde a *Ri*. Se a passagem ocorrer em sentido contrário, o potencial aumentará da mesma quantidade *Ri*.

3ª) Ao passarmos por um fio de resistência desprezível (fio de ligação), não haverá variação do potencial.

O valor da diferença de potencial entre dois pontos quaisquer, *A* e *B*, será obtido somando-se algebricamente ao potencial de *A* (V_A) as variações de potencial que ocorrem no percurso de *A* para *B*, tomando-se os aumentos com sinal positivo e as diminuições com sinal negativo e igualando-se essa soma ao potencial de *B* (V_B). O exemplo seguinte ilustrará esse procedimento.

Exemplo

Na figura 5.10, vamos percorrer o circuito de *A* para *B*, inicialmente no sentido da corrente.

Temos as seguintes variações do potencial:

- na bateria ε_1, o potencial **diminui** de $\varepsilon_1 = 6{,}0$ V;
- na resistência interna r_1 (da bateria), o potencial **diminui** de $r_1 i = 1{,}0 \cdot 2{,}0$ ou $r_1 i = 2{,}0$ V;
- na resistência *R*, o potencial **diminui** de $Ri = 6{,}0 \cdot 2{,}0$ ou $Ri = 12$ V.

Podemos, portanto, escrever:

$$V_A - 6{,}0 - 2{,}0 - 12 = V_B$$

e obtemos:

$$V_A - V_B = 20\ \text{V}$$

Alternativamente, podemos percorrer o circuito de *A* para *B* em sentido contrário ao da corrente, e o mesmo resultado para o valor de $V_A - V_B$ é obtido.

Temos:

- na bateria ε_2, o potencial diminui de $\varepsilon_2 = 24$ V;
- na resistência interna r_2, o potencial aumenta de $r_2 i = 2{,}0 \cdot 2{,}0$ ou $r_2 i = 4{,}0$ V.

Logo:

$$V_A - 24 + 4{,}0 = V_B$$

e obtemos:

$$V_A - V_B = 20\ \text{V}$$

VERIFIQUE O QUE APRENDEU

8. Uma bateria, cuja f.e.m. é $\varepsilon = 6{,}0$ V e cuja resistência interna vale $r = 0{,}20\ \Omega$, está ligada a uma lâmpada, fornecendo-lhe uma corrente $i = 5{,}0$ A.

a) Qual é a potência que a bateria transfere às cargas que passam através dela?

b) Qual é a potência dissipada por efeito Joule no interior da bateria?

c) Então, qual é a potência que a bateria está fornecendo à lâmpada?

9. Observe o circuito mostrado na figura ao lado e determine:

a) a resistência R equivalente à associação de R_1, R_2 e R_3 (faça um desenho no caderno do circuito série correspondente ao apresentado);

b) a intensidade da corrente fornecida pela bateria;

c) a diferença de potencial entre os pontos A e B;

d) as correntes i_1, i_2 e i_3 que passam nas resistências R_1, R_2 e R_3.

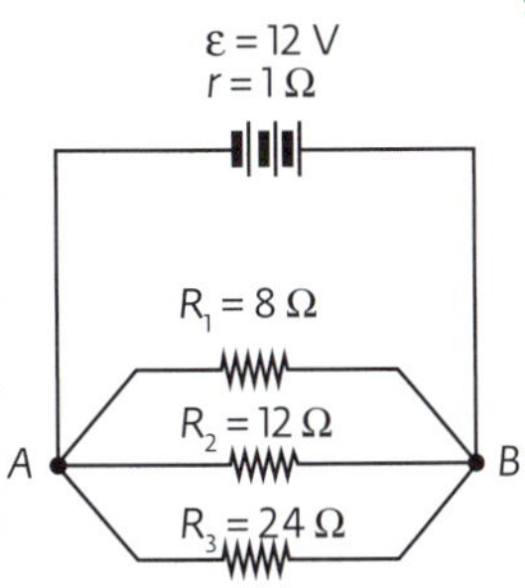

Banco de imagens/Arquivo da editora

10. A figura abaixo mostra um circuito no qual uma bateria está ligada em série com duas resistências, R_1 e R_2, e com um motor elétrico M. Observando os valores indicados na figura, determine:

a) a leitura do amperímetro;

b) a leitura de cada um dos voltímetros.

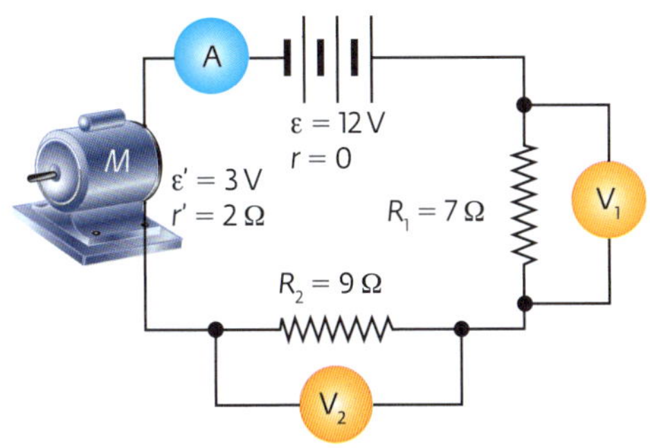

Ilustrações: Paulo César Pereira/Arquivo da editora

5.3 Diferença de potencial nos terminais de um gerador

Consideremos um gerador qualquer, de f.e.m. ε e resistência interna r; por exemplo, a bateria mostrada na **figura 5.11**.

Ligando-se esse gerador a um circuito externo (uma resistência R, por exemplo), ele fará passar no circuito uma corrente i.

Essa corrente é estabelecida porque existe uma diferença de potencial entre os polos (ou terminais) do gerador.

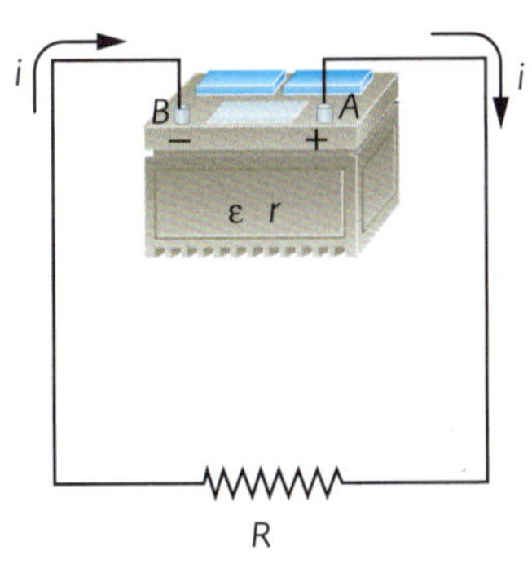

Figura 5.11. A diferença de potencial V_{AB} nos polos da bateria é dada pela expressão $V_{AB} = \varepsilon - ri$, em que r é a resistência interna da bateria e ε, sua f.e.m.

As ilustrações desta página estão representadas sem escala e em cores fantasia.

No circuito mostrado na **figura 5.11**, a bateria estabelece uma diferença de potencial V_{AB} entre seus polos (o polo positivo A e o polo negativo B), isto é, V_{AB} representa a diferença de potencial que a bateria aplica no circuito externo.

Nessas condições, o gerador transfere ao circuito externo uma potência, cuja expressão é $P = iV_{AB}$.

Algumas pessoas costumam confundir os conceitos de f.e.m. e diferença de potencial, acreditando que a diferença de potencial V_{AB}, existente entre os polos de um gerador, é sempre igual à sua f.e.m., ε. Entretanto, isso não é verdade, como veremos na análise a seguir.

Expressão da diferença de potencial entre os polos de um gerador

As cargas elétricas que passam no interior da bateria, deslocando-se do polo negativo B para o polo positivo A **(figura 5.11)**, recebem, em virtude da f.e.m. do gerador, uma potência εi.

Entretanto, em consequência da resistência interna, parte dessa potência é dissipada, por efeito Joule, no interior do próprio gerador.

Essa potência dissipada é expressa por ri^2.

Portanto, a potência disponível, que será entregue pelo gerador ao circuito externo, é igual à diferença $\varepsilon i - ri^2$.

Mas a potência transferida ao circuito externo é também dada por iV_{AB}. Então, temos:

$$iV_{AB} = \varepsilon i - ri^2 \quad \therefore \quad V_{AB} = \varepsilon - ri$$

Observando essa expressão, vemos que a diferença de potencial nos polos de um gerador nem sempre é igual ao valor de sua f.e.m.

Na expressão de V_{AB}, o termo ri aparece para explicar a potência dissipada no interior do gerador, o que torna o valor da diferença de potencial **menor** do que sua f.e.m.

Comentários

João X. de Campos/Arquivo da editora

Figura 5.12. Quando um voltímetro de grande resistência é ligado aos polos de uma bateria, sua leitura V_{AB} é igual à f.e.m. da bateria.

1) Verifica-se que, nas baterias e pilhas, o valor da f.e.m. é uma característica do aparelho, dependendo apenas dos elementos químicos que entram em sua composição. Uma pilha seca comum, por exemplo, possui uma f.e.m. cujo valor é $\varepsilon = 1{,}5$ V, quer ela esteja nova, quer já tenha sido usada durante um tempo qualquer. Com o uso prolongado, o que se observa é um aumento na resistência interna r da pilha ou da bateria. A relação $V_{AB} = \varepsilon - ri$ nos mostra, então, que a diferença de potencial V_{AB} diminui e, portanto, a potência que a pilha ou bateria é capaz de fornecer ao circuito externo também diminui, apesar de sua f.e.m. não se modificar.

2) Se um gerador não estiver fornecendo corrente, isto é, se seus polos não estiverem ligados por um condutor, dizemos que ele está em circuito aberto. Então, sendo $i = 0$, a expressão $V_{AB} = \varepsilon - ri$ nos mostra que, nessa situação, temos:

$$V_{AB} = \varepsilon$$

Portanto, nesse caso particular, a diferença de potencial entre os polos de um gerador é igual ao valor de sua f.e.m.

Uma maneira simples, usada na prática, para se medir a f.e.m. de um gerador, é baseada nesse fato. Quando ligamos apenas um voltímetro diretamente aos terminais de um gerador **(figura 5.12)**, sua leitura nos fornece o valor de V_{AB}. Entretanto, como a resistência do voltímetro é muito grande, a corrente fornecida pelo gerador é praticamente nula. Então, temos $V_{AB} = \varepsilon$, ou seja, a leitura do voltímetro nos fornece diretamente a f.e.m. do gerador.

3) Quando uma pilha ou bateria está nova, sua resistência interna é muito pequena, podendo-se considerar $r = 0$. A expressão $V_{AB} = \varepsilon - ri$ nos mostra que, também nesse caso, temos:

$$V_{AB} = \varepsilon$$

Portanto, uma bateria nova ($r = 0$) mantém constante a diferença de potencial entre seus polos (igual a ε), mesmo que esteja fornecendo correntes muito intensas ao circuito.

4) Após certo tempo de uso, a resistência interna da bateria adquire um valor que não pode mais ser desprezado. Nesse caso, a diferença de potencial V_{AB} entre os polos da bateria será tanto menor quanto maior for a corrente que ela estiver fornecendo ao circuito (conforme se percebe pela relação $V_{AB} = \varepsilon - ri$). O gráfico $V_{AB} \times i$ terá o aspecto mostrado na **figura 5.13**. No exemplo discutido a seguir você encontrará uma análise dessa situação.

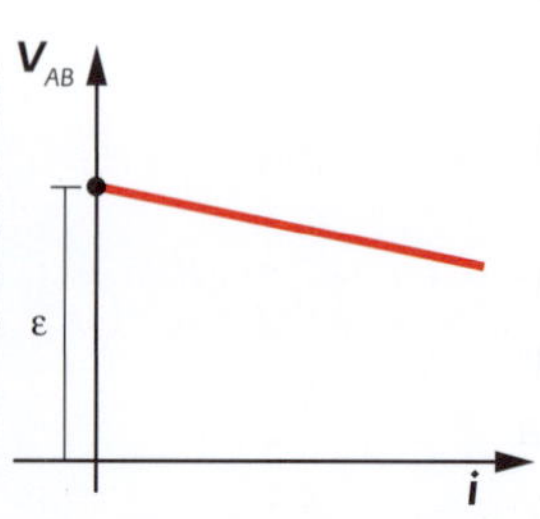

Banco de imagens/Arquivo da editora

Figura 5.13. Gráfico $V_{AB} \times i$ para uma bateria de resistência interna não desprezível.

Exemplo

Em um laboratório, uma bateria foi ligada a um reostato, como mostra a figura 5.14. Um voltímetro, ligado entre os polos *A* e *B*, fornecia o valor da diferença de potencial V_{AB} entre esses polos e um amperímetro permitia determinar o valor da corrente *i* fornecida pela bateria. Diminuindo-se gradativamente a resistência externa por meio do reostato, o amperímetro acusava um aumento em *i*, enquanto o voltímetro mostrava que V_{AB} diminuía. O gráfico da figura 5.15 apresenta alguns valores de *i* e V_{AB} obtidos dessa maneira. Observe que sua forma é semelhante ao gráfico da figura 5.13, mostrando que V_{AB} diminui linearmente à medida que aumenta a corrente fornecida pela bateria.

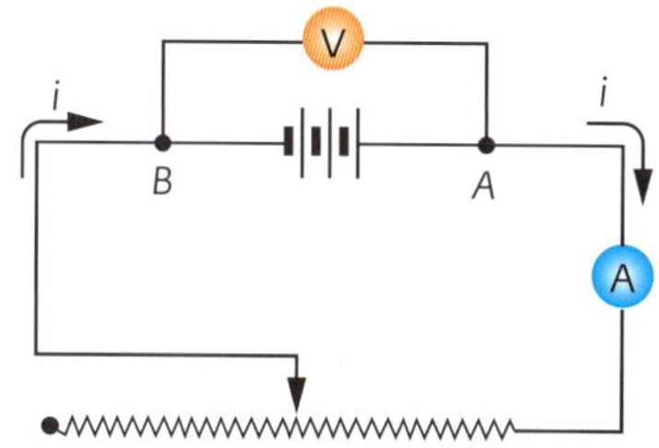

Figura 5.14. Para o exemplo da seção 5.3.

a) Qual é o valor da f.e.m. da bateria?

A f.e.m. ε de uma bateria é igual ao valor da diferença de potencial V_{AB} entre seus polos quando ela não está fornecendo corrente (circuito aberto). Pelo gráfico, vemos que, quando $i = 0$, temos $V_{AB} = 6{,}0$ V. Logo, $\varepsilon = 6{,}0$ V.

b) Qual é o valor da resistência interna da bateria?

Pelo gráfico vemos, por exemplo, que, quando $i = 8{,}0$ A, temos $V_{AB} = 2{,}0$ V. Lembrando que $\varepsilon = 6{,}0$ V e substituindo esses valores em $V_{AB} = \varepsilon - ri$, vem:

$$2{,}0 = 6{,}0 - r \cdot 8{,}0 \quad \therefore \quad r = 0{,}50\ \Omega$$

Esse mesmo resultado seria obtido qualquer que fosse o par de valores de *i* e V_{AB} que usássemos na expressão $V_{AB} = \varepsilon - ri$.

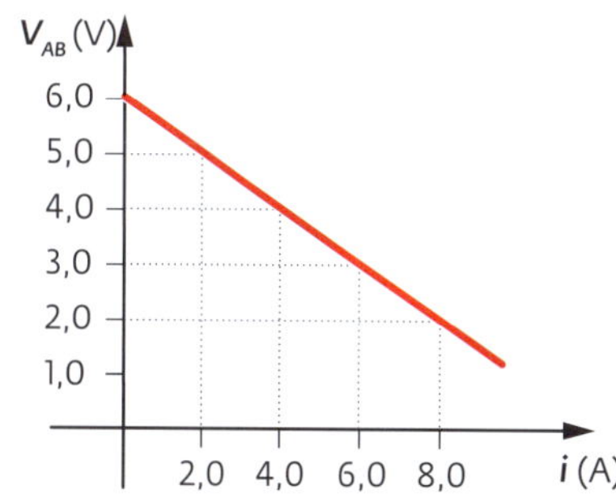

Figura 5.15. Para o exemplo da seção 5.3.

Verifique o que aprendeu

11. Uma pilha de lanterna possui uma f.e.m. $\varepsilon = 1{,}5$ V e sua resistência interna vale $r = 0{,}1\ \Omega$.

a) Qual é a diferença de potencial entre os polos dessa pilha quando ela se encontra em circuito aberto?

b) Qual será a diferença de potencial entre os polos dessa pilha se ela fornecer uma corrente de 2,0 A a uma lâmpada?

c) Ligando-se à pilha uma lâmpada de menor resistência, ela passa a fornecer uma corrente de 4,0 A a essa lâmpada. Qual é, nesse caso, a diferença de potencial entre os polos da pilha?

12. a) Usando os valores obtidos no exercício anterior, construa o gráfico da diferença de potencial entre os polos da pilha em função da corrente que ela fornece.

b) Faça um desenho no caderno mostrando como seria o aspecto do gráfico da questão **a** se a resistência interna da pilha fosse nula.

13. Uma lâmpada ligada a uma pilha apresentava uma certa intensidade luminosa. Verificou-se, com o decorrer do tempo, que a intensidade da lâmpada diminuiu gradualmente. Baseando-se nessa informação, diga se cada uma das seguintes grandezas aumentou, diminuiu ou não se alterou com o decorrer do tempo:

a) A f.e.m. da pilha.

b) A resistência interna da pilha.

c) A diferença de potencial que a pilha aplicava à lâmpada.

d) A corrente que a pilha fornecia à lâmpada.

14. No circuito mostrado na figura abaixo, verifica-se que, quando a chave C está aberta, a leitura do voltímetro é 4,5 V.

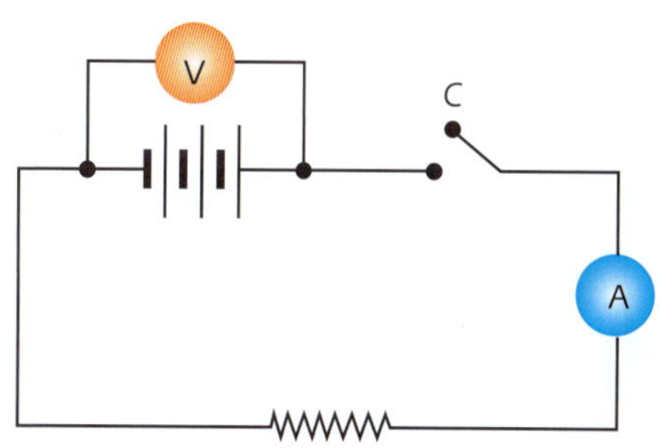

Ligando-se a chave C, o amperímetro indica 1,5 A e o voltímetro passa a indicar 4,2 V. A partir desses dados, determine:

a) a f.e.m. da bateria;

b) a resistência interna da bateria.

5.4 Os semicondutores e o transistor

Semicondutores tipos *n* e *p*

Spbphoto/Dreamstime.com/Isuzu Imagens

Figura 5.16. Válvulas eletrônicas utilizadas entre os anos 1930 e 1960.

As ilustrações desta página estão representadas sem escala e em cores fantasia.

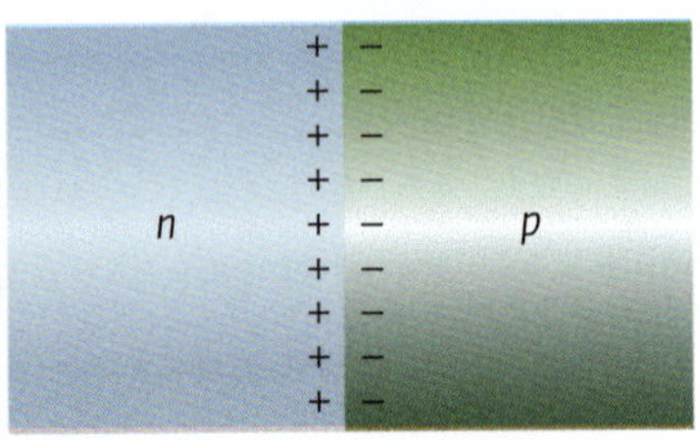

Ilustrações técnicas desta página: Banco de imagens/Arquivo da editora

Figura 5.17. Junção de um semicondutor de tipo *n* com um de tipo *p*.

As válvulas eletrônicas da **figura 5.16** são dispositivos que foram bastante usados entre os anos 1930 e 1960 para controlar a tensão, por meio de um eletrodo, em rádios, TV e em outros aparelhos elétricos. Elas foram substituídas por dispositivos muito menores, mais econômicos e mais duráveis, construídos com o auxílio de materiais semicondutores.

Um semicondutor é uma substância cuja resistência diminui rapidamente à medida que aumentamos sua temperatura. O silício, como dissemos, é um exemplo típico de material semicondutor.

Os cientistas verificaram que, adicionando a um semicondutor quantidades muito pequenas de certas substâncias (chamadas impurezas), as propriedades elétricas dele sofrem consideráveis modificações. Assim, adicionando-se uma pequena quantidade de arsênio a uma amostra de silício, obtém-se um condutor elétrico semelhante a um metal, isto é, a condução elétrica nessa substância é feita por meio de elétrons livres. Dizemos que um semicondutor como esse é do tipo *n* (condução feita por cargas negativas).

Por outro lado, se uma pequena quantidade de boro é adicionada ao silício puro, verifica-se que ele também conduz eletricidade, mas tudo se passa como se a corrente elétrica fosse constituída pelo movimento de cargas positivas. Por esse motivo, dizemos que o silício dopado com boro é um semicondutor do tipo *p* (condução por cargas positivas).

Junções *n*-*p* e *p*-*n* usadas como retificadores

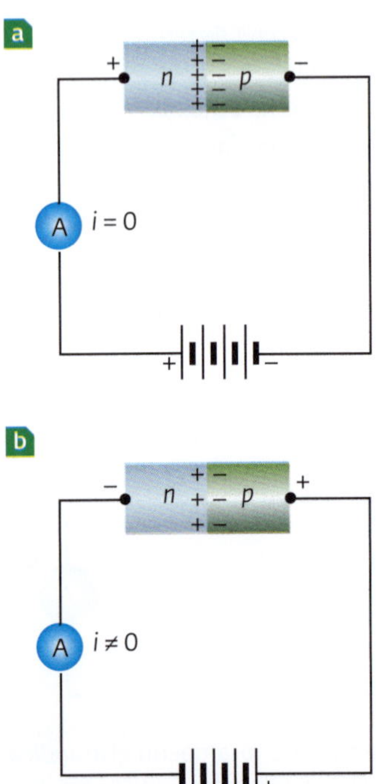

Figura 5.18. No circuito da figura **a** a corrente é nula e, em **b**, há passagem de corrente.

Suponha que um cristal fosse obtido fazendo-se a junção de um semicondutor do tipo *n* com outro do tipo *p*, como representado na **figura 5.17**. É possível verificar que haverá uma troca de cargas elétricas entre eles, fazendo com que, de um lado e de outro da superfície de contato, apareçam cargas positivas e negativas, distribuídas da maneira apresentada na **figura 5.17**.

Ligando-se uma bateria a um cristal *n*-*p*, de modo que o contato do polo positivo dessa bateria seja feito com o lado *n* e o do polo negativo, com o lado *p*, obtemos o circuito mostrado na **figura 5.18.a**. Ao ser estabelecida essa ligação, observa-se um grande aumento das cargas positivas e negativas da junção. Esse fato impede que a corrente passe através do cristal *n*-*p* (ele se comporta como se fosse um material de resistência muito elevada) e, consequentemente, não há corrente no circuito.

Invertendo-se a polaridade da bateria (o polo positivo ligado ao lado *p* e o negativo, ao lado *n*) haverá uma diminuição considerável das cargas elétricas na junção **(figura 5.18.b)**. Nessas condições, a corrente elétrica pode passar facilmente pelo cristal *n*-*p* e o amperímetro acusará a existência de uma corrente no circuito.

Essa análise mostra que um cristal de junção *n-p* se comporta como uma válvula diodo: deixa a corrente elétrica fluir através dele em um sentido (de *p* para *n*), mas impede a passagem no sentido contrário (de *n* para *p*). Então, um cristal *n-p*, do mesmo modo que uma válvula diodo, poderá ser usado como retificador de corrente, isto é, ele é um diodo semicondutor. Em virtude de não necessitarem de aquecimento, os diodos semicondutores são bem mais econômicos do que as válvulas comuns, não provocam aquecimentos inconvenientes dos aparelhos e começam a funcionar prontamente quando são ligados (observe que os aparelhos a válvula, ao serem ligados, somente começam a funcionar depois de um certo tempo, necessário para os filamentos se aquecerem). Além disso, eles apresentam uma série de outras vantagens (custo, tamanho, durabilidade, etc.) que os torna muito mais convenientes do que a válvula de filamento.

O que é um transistor

As ilustrações desta página estão representadas sem escala e em cores fantasia.

Não são apenas as válvulas diodo que foram substituídas, com grandes vantagens, por dispositivos construídos à base de semicondutores. Também a válvula triodo, usada com o objetivo de amplificar sinais elétricos, está sendo substituída por um cristal constituído por junções de semicondutores. Em 1948, três cientistas americanos descobriram que um cristal de semicondutores apresentando duas junções (como mostra a **figura 5.19**) é capaz de produzir amplificações semelhantes àquelas obtidas com uma válvula triodo. Essas junções podem ser do tipo *n-p-n* **(figura 5.19.a)** ou *p-n-p* **(figura 5.19.b)**.

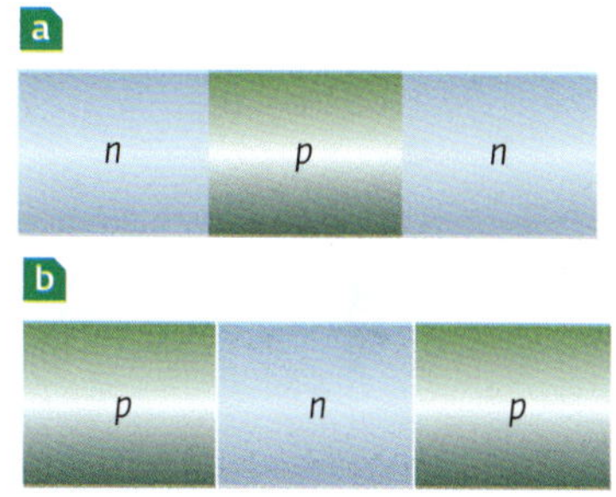

Figura 5.19. Um transistor pode ser obtido por uma junção ***n-p-n*** (**a**) ou ***p-n-p*** (**b**).

Em qualquer um desses casos, o cristal obtido é denominado transistor, constituindo-se em um dos dispositivos mais empregados nos modernos circuitos eletrônicos. Graças ao grande avanço tecnológico possibilitado pelo transistor, seus inventores receberam o Prêmio Nobel de Física em 1956 **(figura 5.20)**.

Emilio Segrè Visual Archives/American Institute of Physics/SPL/Latinstock

Figura 5.20. Os cientistas americanos W. Shockley, W. Brattain e J. Bardeen em um laboratório (1948).

O uso de cristais retificadores (junção *n-p*) e de transistores nos circuitos de rádios, TVs, gravadores, computadores, etc. permitiu uma redução considerável no tamanho e no peso desses aparelhos. Os antigos rádios a válvula, por exemplo, eram muito maiores do que os modernos rádios transistorizados **(figura 5.21)**.

Mesmo com válvulas em miniatura, o máximo que se conseguia ligar em circuitos eletrônicos era 1 elemento por centímetro cúbico. Com o uso dos cristais semicondutores, ligados em um circuito impresso, conseguiu-se colocar uma média de até 3 elementos por centímetro cúbico (nos circuitos impressos, os fios de ligação são substituídos por conexões metálicas impressas em uma chapa isolante, na qual os elementos são soldados).

O avanço da eletrônica fez com que a densidade de elementos ligados em um circuito se tornasse cada vez maior. Atualmente, com o uso dos modernos circuitos integrados (vários elementos, como resistências, transistores, etc., agrupados em uma única peça muito pequena), foi possível atingir a fantástica cifra de 30 000 elementos por centímetro cúbico. Sem esse desenvolvimento tecnológico, que permitiu tal miniaturização dos circuitos eletrônicos, um computador moderno teria dimensões tão exageradas que sua construção seria inviável.

Figura 5.21. Os rádios transistorizados (**b**) são muito menores do que os antigos rádios a válvula (**a**).

Figura 5.22. *Microchip* de silício na ponta do dedo de uma pessoa.

Icefront/Dreamstime.com/Isuzu

O circuito integrado costuma ser designado, na linguagem dos técnicos em eletrônica, pelo termo *chip*, palavra de origem inglesa que significa "pequena lasca". Essa denominação tem sua origem na maneira pela qual se obtém um *chip*: uma pequena placa (lasca) é cortada de um cristal de silício e mínimas quantidades de impurezas são colocadas em determinadas posições dessa placa. Essas impurezas são dispostas de maneira que deem origem a diodos, transistores, resistores e, até mesmo, capacitores e indutores (componentes do circuito, que serão analisados posteriormente). Assim, os componentes tradicionais dos circuitos são substituídos por seus equivalentes criados na própria placa do *chip*, tornando possível a miniaturização dos circuitos eletrônicos. Um *chip* de apenas 1 cm de lado pode conter centenas de milhares de transistores e seu custo é praticamente igual ao de um único transistor isolado **(figura 5.22)**.

PRATIQUE FÍSICA

EM EQUIPE

As ilustrações desta página estão representadas sem escala e em cores fantasia.

O primeiro dispositivo com o qual se conseguiu obter uma corrente elétrica de duração apreciável foi a pilha de Volta, inventada, em 1800, pelo cientista italiano Alessandro Volta. Essa pilha era constituída por duas placas, uma de zinco e outra de cobre, separadas por tecido embebido em uma solução de ácido sulfúrico.

Nesta experiência, vamos construir algumas pilhas semelhantes à de Volta, mas usaremos outras substâncias em lugar do ácido sulfúrico, uma vez que esse ácido exige certo cuidado em seu manuseio.

1º) Para verificar que a f.e.m. da pilha depende da solução na qual as placas estão mergulhadas, introduza as placas de cobre e zinco em um limão, como mostra a figura **a** abaixo. Usando um voltímetro, meça e anote a f.e.m. dessa pilha.

a

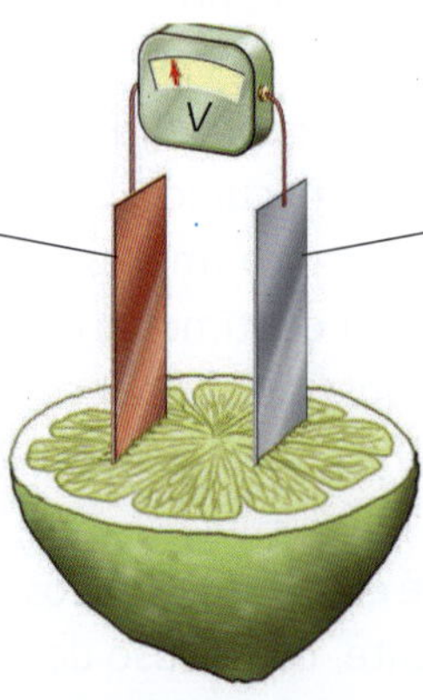

2º) Em seguida, introduza as placas de cobre e zinco em uma solução de sal de cozinha (NaCl), como mostra a figura **b**. Meça, com o voltímetro, a f.e.m. dessa pilha e verifique se ela, de fato, é diferente da f.e.m. obtida no 1º item.

b

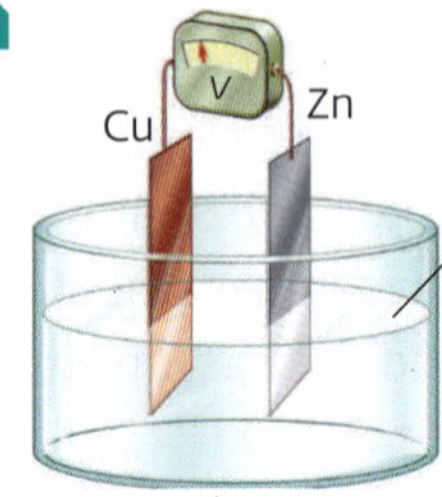

Ilustrações: Paulo César Pereira/Arquivo da editora

3º) Verifique, agora, que a f.e.m. depende também do material que constitui cada placa. Para isso, substitua a placa de zinco por uma de ferro (na solução de NaCl) e meça a f.e.m. dessa nova pilha. Compare com os resultados anteriores.

4º) Você pode construir uma bateria, semelhante àquela feita por Volta, empilhando pequenos discos de ferro (arruelas, por exemplo) e cobre, separados por um papel poroso embebido em água com sal de cozinha (solução de NaCl). Esse empilhamento deve ser feito na ordem indicada na figura **c** desta experiência. Usando um voltímetro, meça a f.e.m. de cada elemento (ferro, papel e cobre) e também a f.e.m. do conjunto que constitui a bateria.

5º) Agora que você já fez uma bateria ligada em série, tente ligar um relógio digital, desses que funcionam com uma pilha de 1,5 V apenas, utilizando as placas de zinco e de cobre e um limão. Quantos limões foram necessários para que o relógio funcionasse?

c

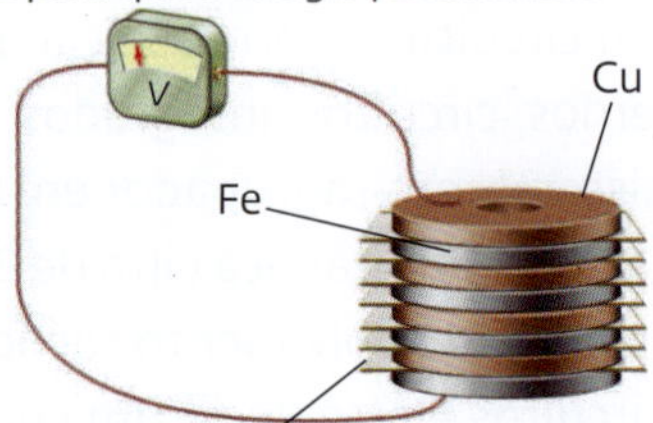

PROBLEMAS E TESTES

1. Em uma pequena lanterna é usada uma pilha de f.e.m. 1,5 V, que fornece à lâmpada uma corrente constante de 200 mA.

Supondo que a lâmpada permaneça acesa durante 5,0 horas, determine:

a) a potência que a pilha transfere às cargas que passam em seu interior;

b) a energia química da pilha que se transforma em energia elétrica durante esse tempo.

2. Uma pessoa possui duas pilhas secas comuns, uma pequena e uma grande. Os elementos empregados na construção dessas pilhas, como você sabe, são os mesmos.

a) A f.e.m. da pilha grande é maior, menor ou igual à da pilha pequena?

b) Ligando-se uma lâmpada à pilha grande, o brilho que ela apresentará será maior, menor ou igual ao que ela apresenta quando é ligada à pilha pequena? (Considere desprezíveis as resistências internas das pilhas.)

c) Qual das duas pilhas será capaz de manter a lâmpada brilhando durante mais tempo?

3. Considerando os dados apresentados na figura, determine as leituras do amperímetro e do voltímetro mostrados.

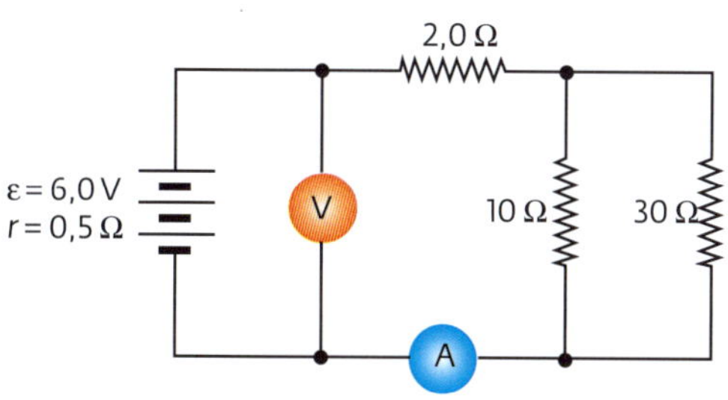

4. As afirmativas seguintes estão relacionadas com o circuito apresentado na figura abaixo.

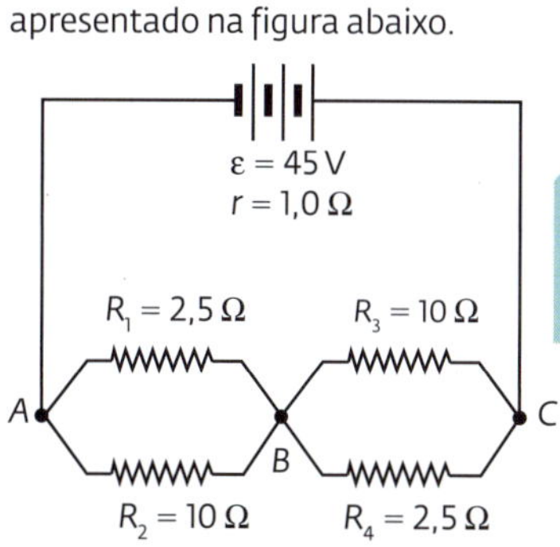

As ilustrações desta página estão representadas sem escala e em cores fantasia.

Indique aquelas que estão corretas.

a) A resistência equivalente do circuito externo é 4,0 Ω.

b) A corrente que passa pela bateria vale 9,0 A.

c) A diferença de potencial V_{AB} é igual à diferença de potencial V_{BC}.

d) A corrente em R_1 é igual à corrente em R_4.

e) A corrente em R_1 é quatro vezes a corrente em R_3.

5. **(Uece)** Uma pilha de f.e.m. igual a 3,6 V tem uma carga inicial de 600 mAh. Supondo que a diferença de potencial entre os polos da pilha permaneça constante até que a pilha esteja completamente descarregada, o tempo (em horas) que ela poderá fornecer energia à taxa constante de 1,8 W é de:

a) 2,4. b) 1,2. c) 3,6. d) 7,2.

6. Observe com atenção o circuito apresentado na figura. Ligando-se a chave C para acender a lâmpada L_2, responda:

a) A leitura de V aumenta, diminui ou não se altera?

b) A leitura de A_2 aumenta, diminui ou não se altera?

c) A leitura de A_1 aumenta, diminui ou não se altera?

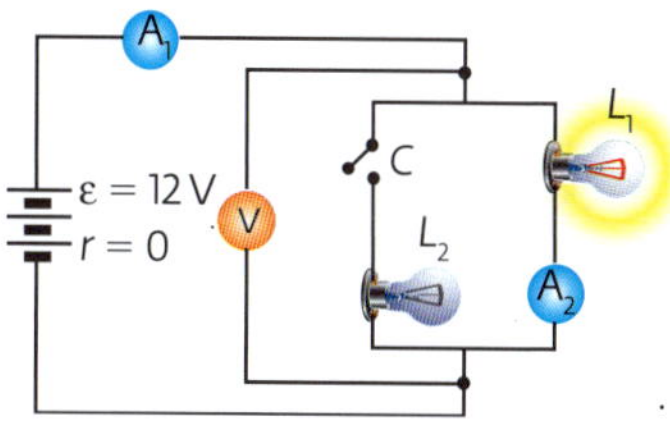

Paulo César Pereira/Arquivo da editora

7. **(UFMS)** O circuito a seguir apresenta um gerador de força eletromotriz ε e resistência interna *r*, associado a dois resistores de resistências 12*R* e 6*R*, controlados por uma chave *K*. É correto afirmar que:

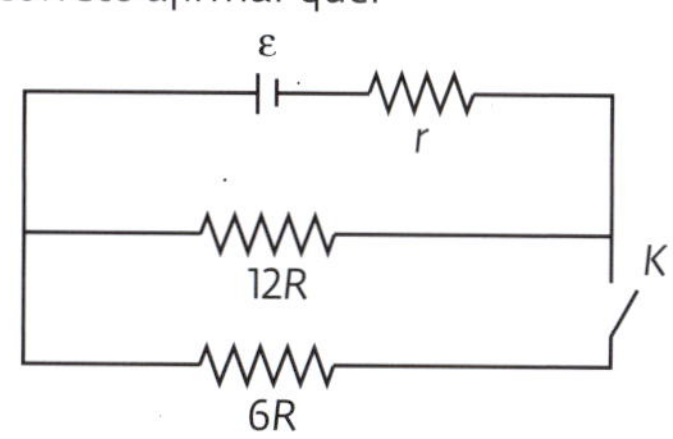

Ilustrações técnicas desta página: Banco de imagens/Arquivo da editora

a) a resistência elétrica do circuito será igual a $6R + r$, com a chave *K* aberta.

b) a resistência elétrica do circuito será igual a $2R + r$, com a chave *K* fechada.

c) a máxima intensidade de corrente no circuito será igual a $\varepsilon/6r$.

d) a intensidade de corrente na chave *K* fechada será igual a $\varepsilon/(4R + r)$.

e) a potência dissipada na associação das resistências 12*R* e 6*R* será máxima se $R = r/4$, com a chave *K* fechada.

8. **(ITA-SP)** Quando se acendem os faróis de um carro cuja bateria possui resistência interna $r(i) = 0{,}050\ \Omega$, um amperímetro indica uma corrente de 10 A e um voltímetro, uma voltagem de 12 V. Considere desprezível a resistência interna do amperímetro. Ao ligar o motor de arranque, observa-se que a leitura do amperímetro é de 8,0 A e que as luzes diminuem um pouco de intensidade. Calcule a corrente que passa pelo motor de arranque quando os faróis estão acesos.

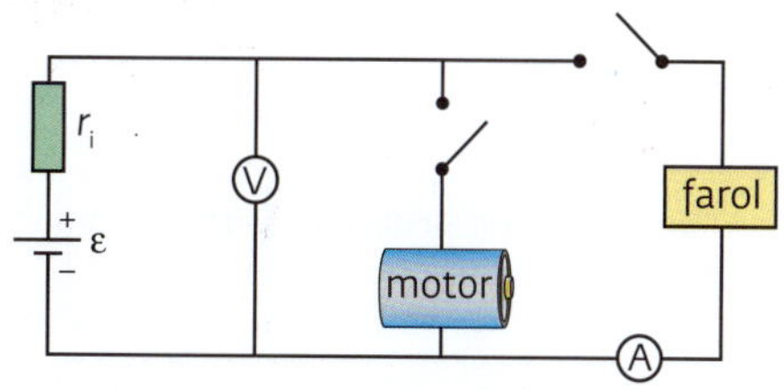

Formato/Arquivo da editora

INTEGRANDO A PILHA DE DANIELL E O GERADOR

As pilhas são estudadas nas aulas de Física como exemplo de gerador de força eletromotriz. Elas também aparecem nas aulas de Química, durante o estudo da Eletroquímica. Você já parou para pensar nas diferenças e semelhanças entre elas? Na realidade, trata-se da mesma pilha, mas a diferença está na abordagem que cada ciência usa para descrever o mesmo fenômeno.

Para entender como podemos relacionar essas duas abordagens, vamos comparar o modelo de gerador descrito neste capítulo com o modelo de pilha de Daniell visto nas aulas de Química. Para essa comparação, usaremos a pilha de Daniell com os eletrodos de cobre e zinco.

Na **figura 5.23**, a pilha de Daniell, à esquerda, é formada pelas soluções e pela ponte salina, que corresponde, à direita, à região delimitada pelo pontilhado. Os fios e a lâmpada são externos à pilha e, na figura da direita, correspondem aos fios e à resistência externa que o gerador alimenta.

Vimos que gerador de força eletromotriz é qualquer dispositivo que transforma energia não elétrica em energia elétrica. A pilha de Daniell é um gerador desse tipo, já que, em seu interior, energia química (não elétrica) é transformada em energia elétrica. Isso explica por que as pilhas aparecem nas duas disciplinas: em Química a ênfase é dada às reações de oxirredução que liberam energia; em Física, nos preocupamos em entender e quantificar as diferenças de potencial e corrente associadas a essa energia.

Vejamos a seguir algumas relações entre essas abordagens.

As ilustrações desta página estão representadas sem escala e em cores fantasia.

Ilustrações: Formato/Arquivo da editora

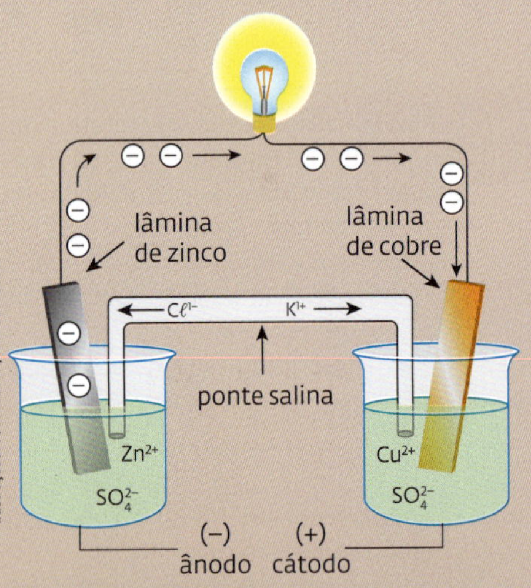

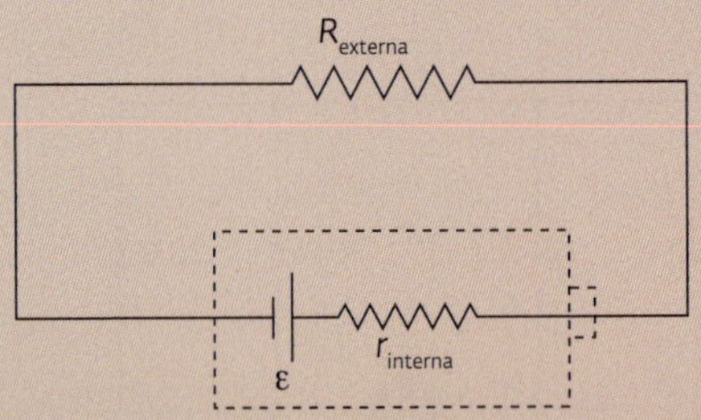

Figura 5.23. Pilha de Daniell com eletrodos de cobre e zinco acendendo uma lâmpada e um gerador alimentando um resistor externo.

A PILHA DE DANIELL ZINCO-COBRE E O GERADOR DE FORÇA ELETROMOTRIZ

	Abordagem na Química	**Abordagem na Física**
Corrente elétrica (i)	– Movimento dos elétrons originados a partir das reações abaixo. $Zn^0 \rightarrow Zn^{2+} + 2\,e^{2+}$ (ânodo) $2\,e^{2+} + Cu^{2+} \rightarrow Cu^0$ (cátodo)	– Movimento dos portadores de carga elétrica.
Diferença de potencial (U)	– Tem o mesmo valor da força eletromotriz (ε).	– Diferença entre o potencial elétrico do polo positivo e do polo negativo. – Pode ser calculado como: $U = \varepsilon - r \cdot i$

A pilha de Daniell zinco-cobre e o gerador de força eletromotriz

	Abordagem na Química	Abordagem na Física
Força eletromotriz (ε)	– Depende dos metais, da concentração das soluções e da temperatura. – Diminui em função do tempo de uso. – Medida experimental indireta. 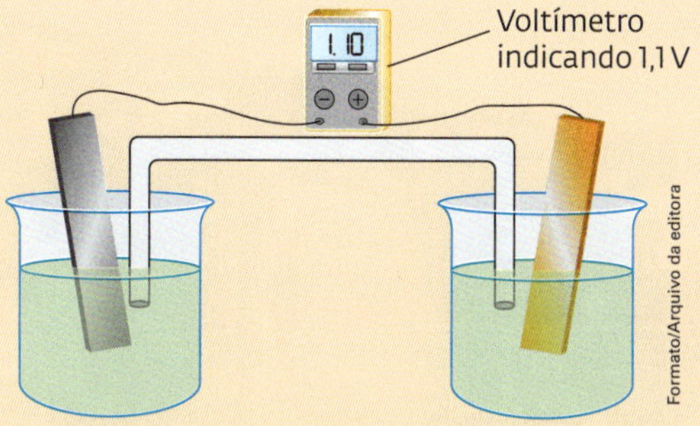 **Figura 5.24.** O valor indicado pelo voltímetro é de 1,1 V (soma dos potenciais-padrão do zinco e do cobre). Representação sem escala e em cores fantasia.	– Valor teórico que coincide com o valor da diferença de potencial estabelecida entre os polos da pilha quando não existe passagem de corrente elétrica ($i = 0$): $U = \varepsilon - r \cdot i \Rightarrow U = \varepsilon - r \cdot 0 \Rightarrow U = \varepsilon$
Resistência interna (r)	– Não é levada em consideração.	– Grandeza que expressa oposição da passagem da corrente elétrica pelo interior da pilha.

Mas será que o valor da força eletromotriz obtido experimentalmente é numericamente igual ao obtido aplicando as fórmulas deduzidas em Física?

Definimos a força eletromotriz como a razão entre o trabalho realizado pela pilha por unidade de carga elétrica que ela transporta entre seus polos: $\varepsilon = \frac{\mathcal{T}}{\Delta q}$. Portanto, se uma pilha apresenta força eletromotriz de 9 V, por exemplo, isso quer dizer que cada 1 C de carga elétrica, que é transportada do polo negativo para o positivo, teria sua energia aumentada em 9 J.

Mas por que "teria" em vez de "tem"?

Porque quando a carga elétrica é de fato transportada entre os polos da pilha, ela "perde" parte dessa energia em razão da resistência que o próprio material da pilha oferece à sua passagem (resistência interna). Essa energia "perdida" é, na realidade, transformada em energia térmica pelo efeito Joule (por isso a pilha esquenta durante o uso) e é então dissipada na forma de calor.

Quando a força eletromotriz é obtida experimentalmente **(figura 5.24)**, existe carga elétrica se movimentando e perdendo energia no interior da pilha, pois a corrente elétrica não é nula. Desse modo, a diferença de potencial medida pelo voltímetro é um pouco menor do que a força eletromotriz da abordagem da Física. Matematicamente, essa perda é expressa pelo produto ri da equação $U = \varepsilon - r \cdot i$.

No estudo da pilha feito com a abordagem química, a resistência interna é desprezada. Sendo assim, essa abordagem considera que, no caso da pilha de Daniell visto acima, o valor de 1,1 J é o máximo que 1 C de carga elétrica pode ganhar de energia ao ser transportada entre os polos. É curioso notar, portanto, que, utilizando os cálculos que vimos em Física, a força eletromotriz da pilha zinco-cobre seria ligeiramente superior a 1,1 V. Cada 1 C de carga elétrica que transita no interior da pilha de zinco-cobre, em princípio, poderia receber um pouco mais do que 1,1 J de energia.

Pesquise e responda

Pesquise na internet valores típicos para a resistência interna de pilhas comuns ou de pilhas alcalinas comerciais. Supondo que a corrente elétrica que circula no interior dessas pilhas seja aproximadamente 10^{-2} A, calcule o produto $r \cdot i$ e compare ao valor da indicação da força eletromotriz na pilha. Decida se seria válido dizer que, nessa situação, $U \approx \varepsilon$.

Veja no próximo *Integrando*...

Como o campo magnético terrestre auxilia a orientação espacial de alguns seres vivos.

INFOGRÁFICO

O infográfico desta unidade apresenta as principais informações sobre como funciona o computador. Antes de responder às questões, faça a leitura deste infográfico observando como os textos e as imagens se relacionam e permitem a compreensão de algumas informações referentes aos tópicos abordados nesta unidade.

1. A placa-mãe é uma placa de circuito impresso que tem como finalidade básica a conexão dos componentes de um computador. Cite alguns componentes que fazem parte da placa-mãe de um computador e sua respectiva finalidade.
2. Que unidade do computador é responsável pelo armazenamento de dados e informações, além de conter o sistema operacional (*software* indispensável para o correto funcionamento do computador)?
3. Qual é a função do processador no computador?
4. Qual é o papel da memória RAM no computador?
5. Quais são os dispositivos que permitem a entrada de dados no computador?
6. De que modo os dispositivos externos, como impressoras, teclado, *mouse* e monitor, são ligados a um computador?
7. Os componentes internos, as placas e a fonte de energia são dispositivos eletroeletrônicos que ficam acondicionados no interior do gabinete. Enquanto um computador está funcionando, é possível sentir a ventoinha em funcionamento. Explique qual é a função desse dispositivo.

COMO FUNCIONA O COMPUTADOR?

NÃO É MAGIA, É TECNOLOGIA
Caixa tem dispositivos para armazenar informação, conectores para periféricos e *chips* de cálculo.

PLACA-MÃE

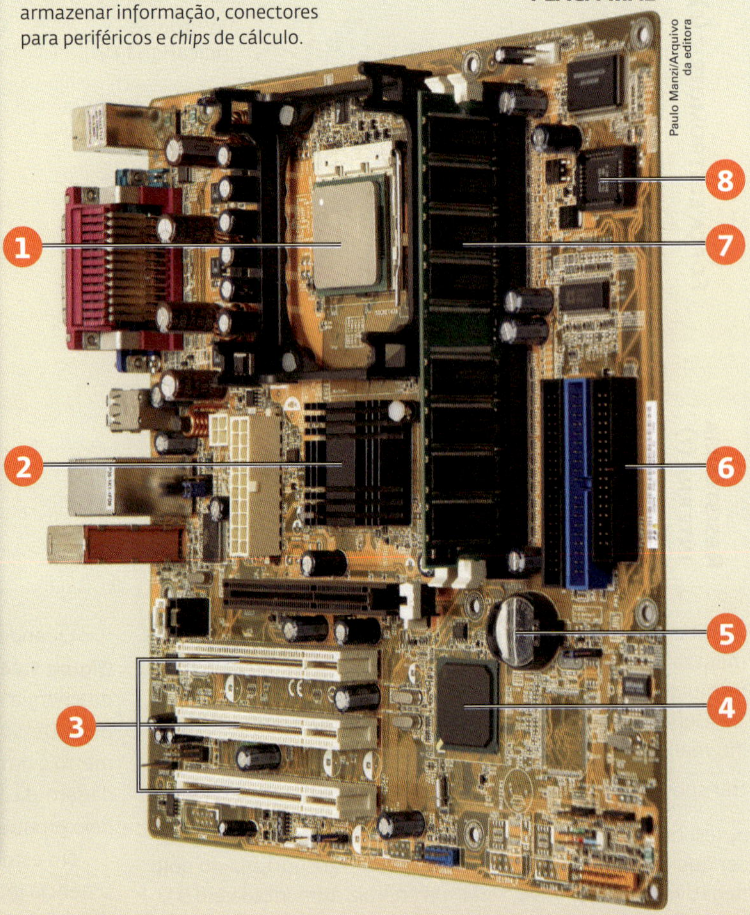

Paulo Manzi/Arquivo da editora

1 PROCESSADOR
Também conhecido como CPU (*central processing unit* ou unidade central de processamento), este *chip* de silício é o "cérebro" do computador: ele faz cálculos e determina a capacidade de processamento e os programas que a máquina é capaz de executar.

2 *CHIPSET NORTHBRIDGE*
Este componente liga o processador ao resto do micro. É formado por dois *chips*. Este aqui, o *northbridge*, controla a velocidade com que o processador se comunica com os outros componentes. É um trabalho pesado, por isso, o *northbridge* aquece muito e precisa de um dissipador de calor.

3 BARRAMENTOS DE EXPANSÃO
São componentes que permitem a interligação entre a placa-mãe e as placas de vídeo, som, escâner e *fax modem*. A quantidade de informação que eles transmitem é proporcional à quantidade de pinos.

4 *CHIPSET SOUTHBRIDGE*
Segunda parte da conexão entre o processador e os outros componentes, o *southbridge* controla as ligações com os chamados "dispositivos de entrada ou saída": HD, *driver* de CD-ROM, *driver* de DVD-ROM, teclado, *mouse*, portas seriais e saídas paralelas.

5 BATERIA DO BIOS
Esta fonte de energia é exclusiva do bios. É ela que mantém a configuração do programa com todos os dados necessários para inicializar o computador corretamente, inclusive a hora e a data.

6 ENTRADAS DE HD, DVD E USB
São conectores cheios de pinos onde se encaixam os cabos que ligam o HD e os *drivers* de CD e DVD à placa-mãe.

7 MEMÓRIA RAM
Armazena os dados mais acessados, dando rapidez às operações. Por exemplo, quando entramos em algum programa ao ligar o micro, o processador "puxa" o programa do HD para a memória RAM. Da segunda vez que entramos no programa, o acesso é muito mais rápido, pois ele já está na RAM, e lá fica até o desligamento, quando a RAM é apagada.

8 BIOS
Gravado em uma memória permanente, o *basic input-output system* (sistema básico de entrada e saída) é o programa que inicializa o computador, checando se está tudo em ordem com o HD, com a memória RAM, o vídeo, etc. O "bip" na hora de ligar é o bios informando que a máquina está em boas condições.

***HARD DISK* (HD)**
Neste disco rígido de metal ficam armazenados todos os programas e arquivos de um computador, até o próprio sistema operacional. O processo de gravação é feito com base em alterações do campo magnético gerado por microímãs que revestem o HD.

Fonte de dados: Como funciona o computador. MUNDO ESTRANHO. Disponível em: <http://mundoestranho.abril.com.br/materia/como-funciona-o-computador>. Acesso em: 14 mar. 2016.

UNIDADE 3

Eletromagnetismo

Conhece-se por Eletromagnetismo a relação mútua existente entre os efeitos elétricos e magnéticos. A aplicação tecnológica dos conhecimentos dessa área é muito ampla, desde aplicações diretas na vida das pessoas, como na medicina (por exemplo, no diagnóstico de doenças através de exames de ressonância magnética) e em tratamentos que utilizam técnicas de Estimulação Magnética Transcraniana (EMT ou TMS), até aplicações indiretas, como nos mais complexos sistemas de aceleradores de partículas e usinas hidrelétricas.

Nas ramificações da informática e telefonia móvel, o Eletromagnetismo também está presente, seja no sistema de gravação de dados no disco rígido ou na memória dos *chips*, seja nas comunicações entre aparelhos via *bluetooth*, infravermelho ou *wi-fi*.

A EMT é uma técnica de tratamento que estimula a atividade elétrica no cérebro por meio de um campo magnético. É indicada para tratamentos de diversas doenças, entre elas depressão, reabilitação do Acidente Vascular Cerebral (AVC), ansiedade e doença de Parkinson. Concepção artística.

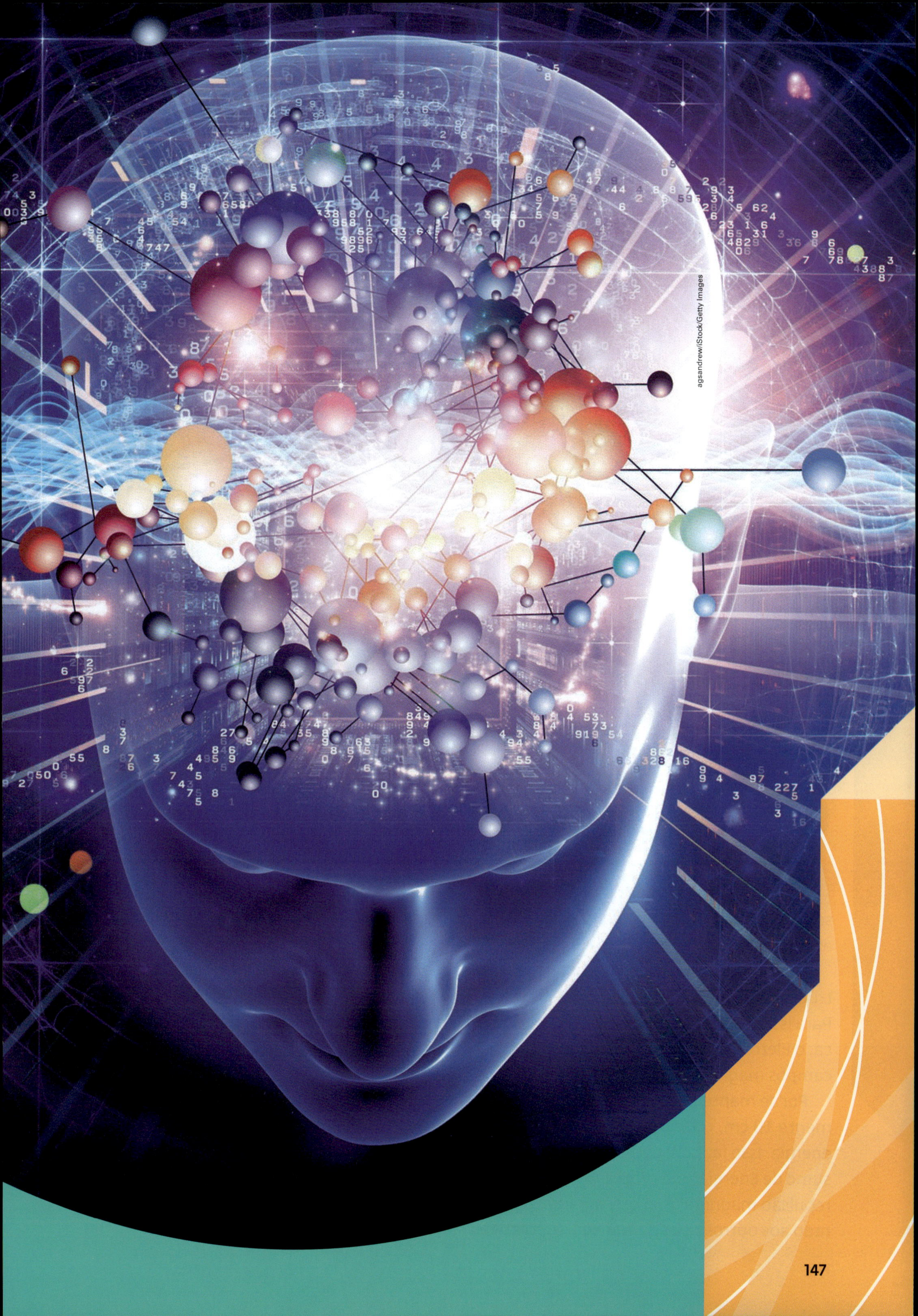

agsandrew/iStock/Getty Images

Rafael Ben-Ari/Alamy/Latinstock

O *Shangai Maglev Transrapid* opera em Xangai, China. Sua velocidade máxima comercial pode alcançar 431 km/h. Fotografia de 2015.

CAPÍTULO 6

O campo magnético

Muitas vezes o conhecimento científico é tão extraordinário que se confunde com o universo da ficção científica e da fantasia. Um exemplo é a levitação.

Sem entrar em detalhes sobre como os mágicos realizam seus truques de levitação, fisicamente é possível fazer um objeto levitar. Para isso é necessário empregar conhecimentos de um ramo da Física: o Eletromagnetismo. O Maglev é um trem que levita por meio de campos magnéticos.

Por se manter afastado do chão a uma distância de aproximadamente 10 cm, o Maglev tem o ar como único agente dissipador de energia. Isso faz com que ele atinja altas velocidades com baixo consumo de energia. Sua propulsão se dá através de forças de atração e repulsão magnéticas, o que minimiza o impacto ambiental comparado aos outros tipos de transporte coletivo.

PARA INICIAR A CONVERSA

- Alguns países utilizam o Maglev em seu sistema viário. Enumere algumas vantagens de possuir esse meio de transporte, do ponto de vista tecnológico e ambiental.
- O Maglev levita sobre os trilhos. Como é possível explicar essa levitação por meio dos conceitos magnéticos?
- Se houver queda de energia elétrica, o Maglev funcionará?

6.1 Magnetismo

As primeiras observações de fenômenos magnéticos são muito antigas. Acredita-se que essas observações foram realizadas pelos gregos, em uma região da Ásia Menor denominada Magnésia. Eles verificaram que nessa região existia um tipo de pedra capaz de atrair pedaços de ferro. Sabe-se atualmente que essas pedras, denominadas **ímãs naturais**, são constituídas por certo óxido de ferro.

O termo "magnetismo" foi usado para designar o estudo das propriedades desses ímãs, por causa do local onde foram descobertos.

A propriedade magnética de atrair pedaços de ferro foi mencionada pelos gregos Tales de Mileto, Platão, Sócrates, entre outros. Os fenômenos magnéticos sempre foram confundidos com os fenômenos elétricos, por seus efeitos semelhantes. O primeiro a diferenciá-los foi Girolano Cardano (1501-1576), que estudou as propriedades magnéticas de atração e repulsão do âmbar **(figura 6.1)**.

© Universal Images Group North America LLC/Alamy/Latinstock

Figura 6.1. Rocha típica de âmbar da região báltica, na Europa. Tales de Mileto atribuía as propriedades dessa rocha ao fato de ela ter "alma".

Observou-se que um pedaço de ferro, colocado nas proximidades de um ímã natural, adquiria as mesmas propriedades desse ímã. Assim, foi possível obter ímãs não naturais (ímãs artificiais) de várias formas e tamanhos utilizando pedaços de ferro de formas e tamanhos variados **(figura 6.2)**.

As imagens desta página estão representadas fora de proporção.

Com o decorrer do tempo, várias outras propriedades dos ímãs foram sendo descobertas, algumas das quais descreveremos a seguir.

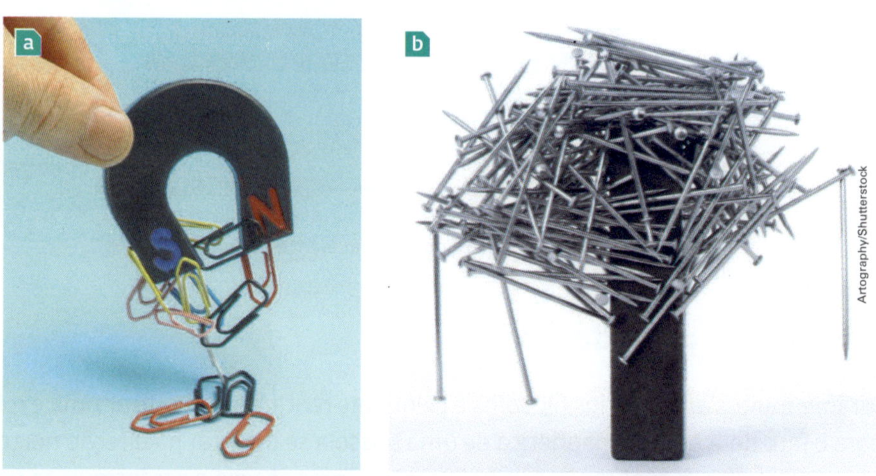

Eduardo Santaliestra/Estúdio Paulista

Artography/Shutterstock

Figura 6.2. Independentemente do seu formato, se em formato de U (**a**) ou formato de barra (**b**), todo ímã possui dois polos: norte e sul.

Polos de um ímã

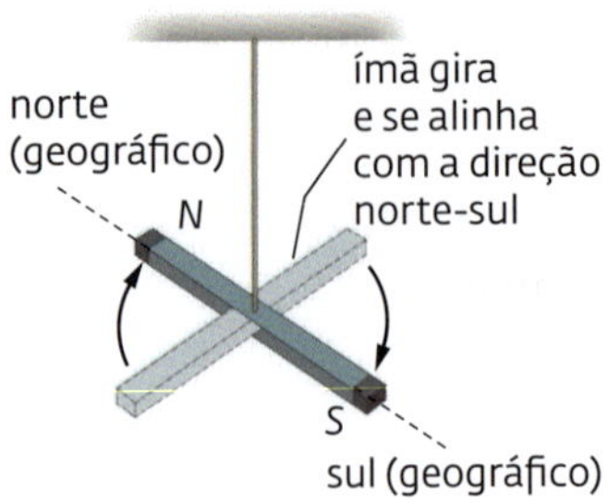

Figura 6.3. Um ímã (ou agulha magnética) suspenso orienta-se na direção norte-sul.

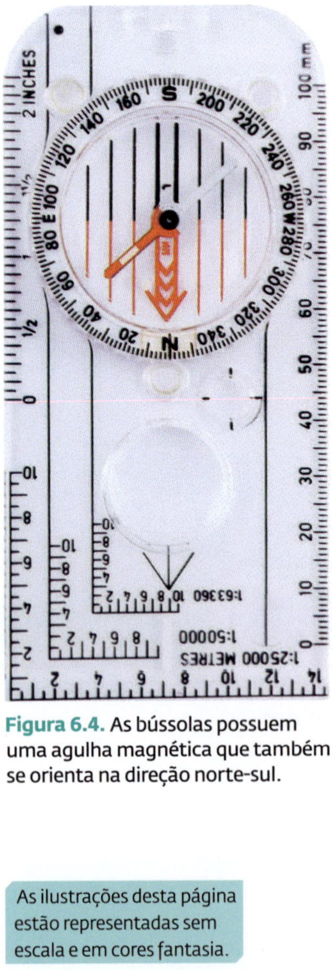

StockPhotosArt/Alamy/Latinstock

Figura 6.4. As bússolas possuem uma agulha magnética que também se orienta na direção norte-sul.

As ilustrações desta página estão representadas sem escala e em cores fantasia.

Verificou-se que os pedaços de ferro eram atraídos com maior intensidade por certas partes do ímã, as quais foram denominadas **polos do ímã**. Se tomarmos, por exemplo, um ímã em forma de barra e aproximarmos pregos ou pequenos pedaços de ferro dele, notaremos que esses objetos se acumularão nas extremidades da barra (figura 6.2.b), isto é, eles serão atraídos com maior intensidade para essas extremidades. Portanto, um ímã em forma de barra possui dois polos, situados em suas extremidades.

Suspendendo-se um ímã em forma de barra de modo que ele possa girar livremente em torno de seu centro, observa-se que ele se orienta sempre ao longo de uma mesma direção (figura.6.3). Tal direção coincide aproximadamente com a direção norte-sul da Terra. Essa propriedade dos ímãs foi utilizada na construção das bússolas magnéticas (figura 6.4), as quais tornaram possível a realização de viagens marítimas desde tempos remotos. Esses instrumentos continuam sendo amplamente empregados até os dias atuais.

Os polos de um ímã recebem as denominações de "polo norte magnético" e "polo sul magnético" de acordo com a seguinte convenção:

Polo norte de um ímã é aquela extremidade que, quando o ímã pode girar livremente, aponta para o norte geográfico da Terra. A extremidade que aponta para o sul geográfico da Terra é o polo sul do ímã (figura 6.3).

Se tentarmos aproximar o polo norte de um ímã do polo norte de outro ímã, notaremos que há uma força magnética de repulsão entre esses polos (figura 6.5.a). Do mesmo modo, há uma força de repulsão entre os polos sul de dois ímãs (figura 6.5.b). Por outro lado, se aproximarmos o polo norte de um ímã e o polo sul de outro, veremos que há uma força de atração magnética (figura 6.5.c). Em resumo:

Polos magnéticos iguais se repelem e polos magnéticos diferentes se atraem.

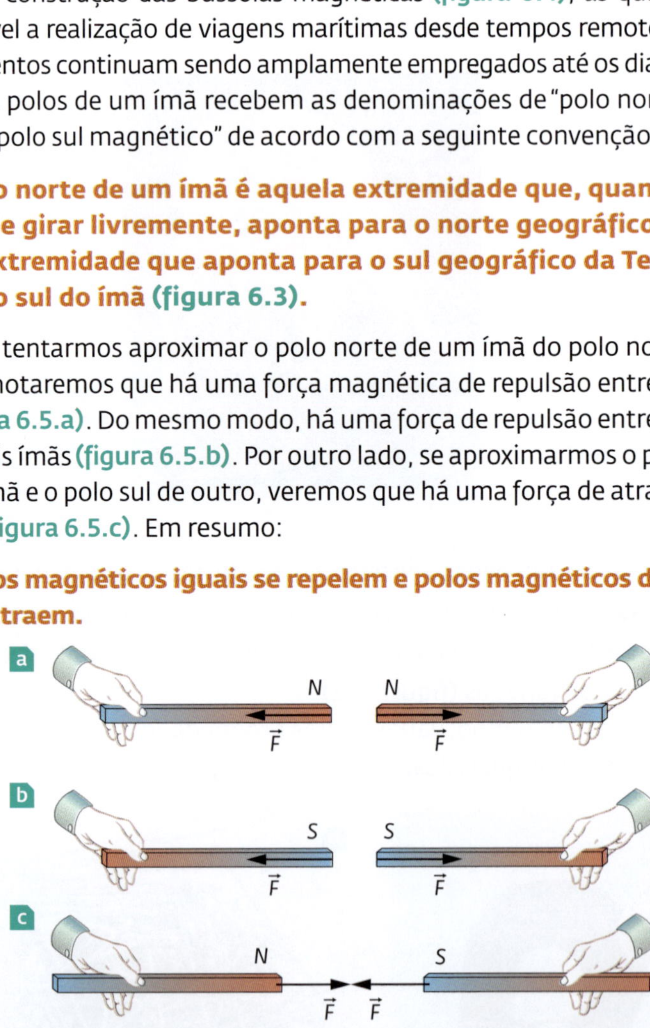

Ilustrações: Paulo César Pereira/Arquivo da editora

Figura 6.5. Polos magnéticos iguais se repelem e polos magnéticos diferentes se atraem.

A Terra é um grande ímã

Durante muitos anos, vários filósofos e cientistas tentaram encontrar uma explicação para o fato de a agulha magnética de uma bússola se orientar na direção norte-sul da Terra. Entretanto, a explicação que hoje conhecemos só veio a ser formulada no século XVII, por William Gilbert, cientista cujos trabalhos no campo da Eletricidade já nos referimos no Capítulo 1. Em sua obra, denominada *De magnete, magneticisque corporibus et de magno magnete tellure* (Sobre os ímãs, os corpos magnéticos e o grande ímã terrestre) e publicada em 1600, Gilbert descreve um grande número de propriedades dos ímãs, observadas experimentalmente por ele, e formula hipóteses procurando explicar essas propriedades.

Uma das principais ideias que ele apresenta em sua obra é a de que a orientação de uma agulha magnética se deve ao fato de a Terra se comportar como um grande ímã. Com base em seus estudos, convencionou-se que a extremidade da agulha magnética da bússola que é atraída para o norte geográfico da Terra seria chamada de *polo norte da bússola*, enquanto sua outra extremidade, que é atraída para o sul geográfico da Terra, seria chamada de *polo sul da bússola*. Mas a atração magnética se dá por polos opostos, portanto a convenção acima se torna correta somente se o polo norte magnético da Terra estiver localizado em seu polo sul geográfico, pois é para essa direção que aponta o polo sul da bússola. Resumindo:

As ilustrações desta página estão representadas sem escala e em cores fantasia.

No polo sul geográfico da Terra encontra-se seu polo norte magnético e vice-versa.

No entanto, como pode ser observado na **figura 6.6**, as posições dos polos geográficos e magnéticos não são exatamente coincidentes, o que acaba determinando uma ligeira inclinação entre as direções norte-sul geográfica e norte-sul magnética da Terra.

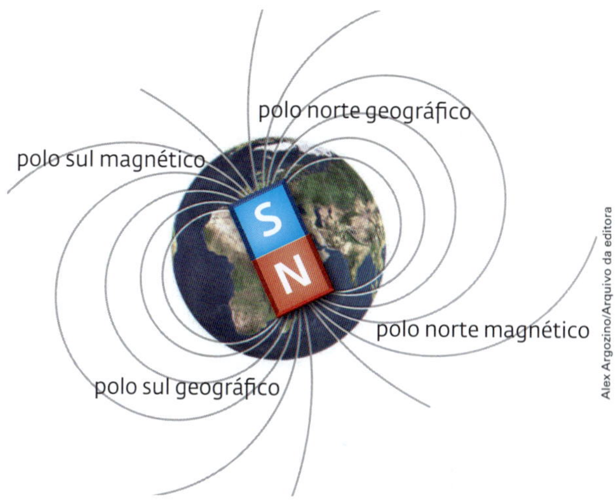

Figura 6.6. O norte geográfico da Terra é um polo sul magnético, e o sul geográfico da Terra é um polo norte magnético.

Inseparabilidade dos polos

Outra propriedade interessante dos ímãs consiste na inseparabilidade de seus polos. Verificou-se experimentalmente que não se consegue obter um polo magnético isolado, ou seja, qualquer ímã apresenta sempre, no mínimo, dois polos.

Se tomarmos um ímã em forma de barra, como o ímã *AB* da **figura 6.7**, e o partirmos em dois pedaços, obteremos dois novos ímãs, como mostra a figura. Observe que as extremidades *A* e *B* continuam a se comportar como um polo sul e um polo norte, respectivamente. Na região em que o ímã foi cortado, aparecerão dois novos polos: em *C* um polo norte (originando um ímã *AC*) e em *D* um polo sul (originando um ímã *DB*).

Apesar de não haver experimentos que comprovem a existência de monopólios magnéticos, desde 1931, quando Dirac, um físico de renome da época, propôs sua existência teórica, há cientistas que buscam monopólios magnéticos.

Figura 6.7. Quando partimos ao meio um ímã em barra, obtemos dois novos ímãs, ambos com polos norte e sul.

VERIFIQUE O QUE APRENDEU

As ilustrações desta página estão representadas sem escala e em cores fantasia.

1. Sabendo que o Sol mostrado na figura deste exercício está nascendo, responda:

a) Entre os pontos *M*, *P*, *Q* e *R*, qual indica o sentido do norte geográfico?

b) Observe os pontos *A* e *B* indicados na bússola e diga qual deles é o polo norte e qual é o polo sul da agulha magnética.

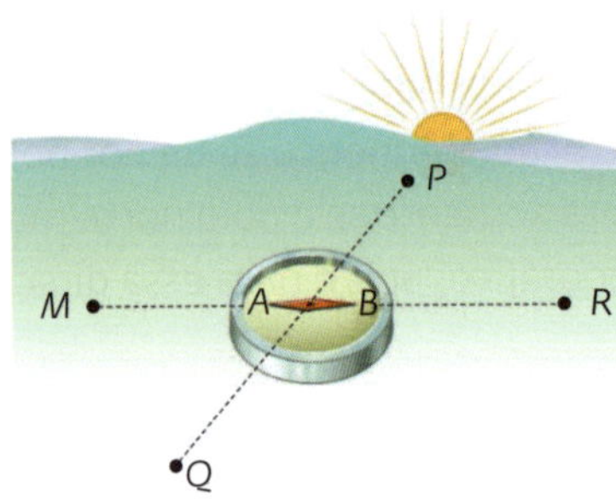

Ilustrações: Paulo César Pereira/Arquivo da editora

2. Suponha que você possua alguns ímãs nos quais assinalou quatro polos com as letras *A*, *B*, *C* e *D*. Você verifica que:

– o polo *A* repele o polo *B*;

– o polo *A* atrai o polo *C*;

– o polo *C* repele o polo *D*.

Sabendo que o polo *D* é um polo norte, você pode concluir que *B* é um polo norte ou um polo sul?

3. Um ímã *AB* é partido em três pedaços (figura a seguir), originando os ímãs *AC*, *DE* e *FB*. Indique, no caderno, em uma cópia da figura deste exercício, o nome (norte ou sul) de cada um dos polos *A*, *C*, *D*, *E*, *F* e *B* assim obtidos.

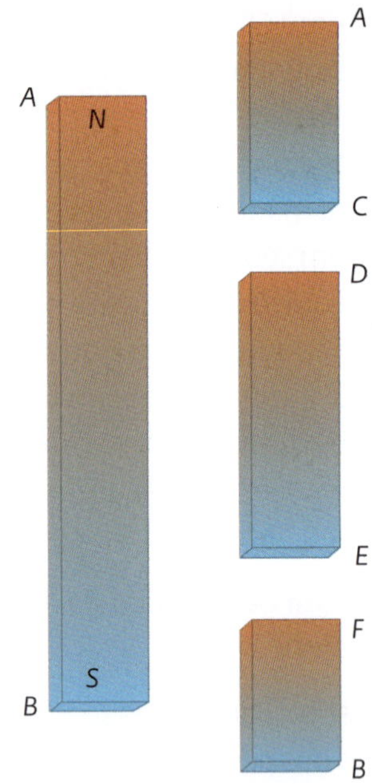

4. a) O polo norte de uma agulha magnética é atraído ou repelido pelo polo norte geográfico da Terra?

b) Então, o polo norte geográfico da Terra é um polo norte ou um polo sul magnético?

5. Uma bússola está apoiada sobre uma mesa horizontal. Na posição em que se encontra, ela é atravessada pela linha do equador. Qual o valor aproximado do ângulo formado entre o ponteiro da bússola e a linha do equador?

6.2 Eletromagnetismo

O Magnetismo foi se desenvolvendo com o estudo das propriedades dos ímãs, algumas das quais já descrevemos na seção anterior. Não se suspeitava, no entanto, que pudesse existir qualquer relação entre os fenômenos magnéticos e os fenômenos elétricos. Em outras palavras, o Magnetismo e a Eletricidade eram considerados dois ramos da Física totalmente independentes e distintos um do outro.

Um dos motivos para considerá-los fenômenos distintos devia-se ao fato de, apesar de os fenômenos magnéticos também apresentarem propriedades de atração e repulsão, todos os fenômenos magnéticos estarem relacionados apenas com os ímas naturais, enquanto as atrações e repulsões elétricas apareciam em várias situações distintas. O âmbar, por exemplo, quando atritado, atraía diversos materiais leves ao seu redor, enquanto os fenômenos magnéticos eram observados para uma pequena categoria de materiais. Além disso, não havia como isolar um polo magnético, o que era possível fazer com cargas elétricas.

Entretanto, no início do século XIX, um fato notável determinou uma mudança radical nesse ponto de vista. Esse fato, observado pelo professor dinamarquês H. C. Oersted, mostrou que há uma íntima relação entre a Eletricidade e o Magnetismo, ao contrário do que se pensava até então.

A experiência de Oersted

Em 1820, trabalhando em seu laboratório, Oersted montou um circuito elétrico e colocou perto dele uma agulha magnética. Não havendo corrente no circuito (circuito aberto), a agulha magnética se orientava na direção norte-sul. A montagem representada na **figura 6.8.a** é semelhante à feita por Oersted. Observe que um dos ramos do circuito (o fio *AB*) deve ser colocado paralelamente à agulha, isto é, deve ser orientado também na direção norte-sul.

Ao estabelecer uma corrente no circuito, Oersted observou que a agulha magnética se desviava, tendendo a se orientar em uma direção perpendicular ao fio *AB* (**figura 6.8.b**). Interrompendo-se a corrente, a agulha retornava à sua posição inicial, ao longo da direção norte-sul. Essas observações realizadas por Oersted mostravam que uma corrente elétrica podia atuar como se fosse um ímã, provocando desvios em uma agulha magnética. Verificava-se, assim, pela primeira vez, que existe uma relação entre a Eletricidade e o Magnetismo: **uma corrente elétrica é capaz de produzir efeitos magnéticos**.

Oersted divulgou sua descoberta, atraindo a atenção de grandes cientistas da época. Alguns deles passaram a desenvolver pesquisas relacionadas com o fenômeno, destacando-se o trabalho de Ampère. Em pouco tempo verificou-se que qualquer fenômeno magnético era provocado por correntes elétricas, isto é, conseguia-se a unificação do Magnetismo e da Eletricidade, originando o ramo da Física denominado Eletromagnetismo.

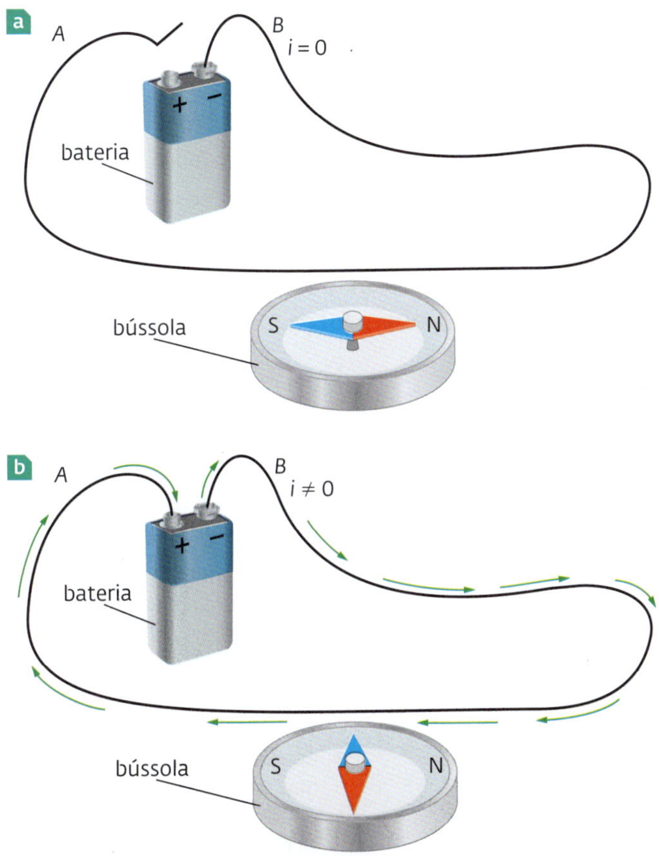

Ilustrações: Antonio Robson/Arquivo da editora

Figura 6.8. Uma agulha magnética colocada nas proximidades de um fio que conduz uma corrente elétrica tende a se posicionar perpendicularmente ao fio (**b**). Representações sem escala e em cores fantasia.

SPL/Latinstock

HANS CHRISTIAN OERSTED (1777-1851)

Físico dinamarquês que, em 1806, se tornou professor da Universidade de Copenhague, Dinamarca, onde desenvolveu várias pesquisas no campo da Física e da Química. Em um ensaio publicado em 1813, previu que deveria existir uma ligação entre a Eletricidade e o Magnetismo. Em 1820, durante uma aula, descobriu que uma agulha magnética é desviada quando colocada nas proximidades de um condutor de corrente elétrica, assim confirmando experimentalmente sua previsão. Oersted foi professor e conferencista conceituado, dedicando-se, ainda, a escrever alguns artigos sobre filosofia. Em 1824, fundou uma sociedade para divulgar os conhecimentos científicos para o povo.

A relação entre a eletricidade e o magnetismo

Como resultado dos estudos de Oersted, foi possível estabelecer que: **quando duas cargas elétricas estão em movimento, aparece entre elas uma força que é denominada força magnética.**

Quando duas cargas elétricas estão em repouso, existe entre elas uma força, denominada força eletrostática, que pode ser calculada pela lei de Coulomb. Quando as duas cargas estão se movendo, além da força eletrostática, aparece entre elas a força magnética.

Uma carga Q em movimento exerce sobre a carga q, também em movimento, além da força eletrostática, uma força magnética $\vec{F}$, como está indicado na **figura 6.9**.

As ilustrações desta página estão representadas sem escala e em cores fantasia.

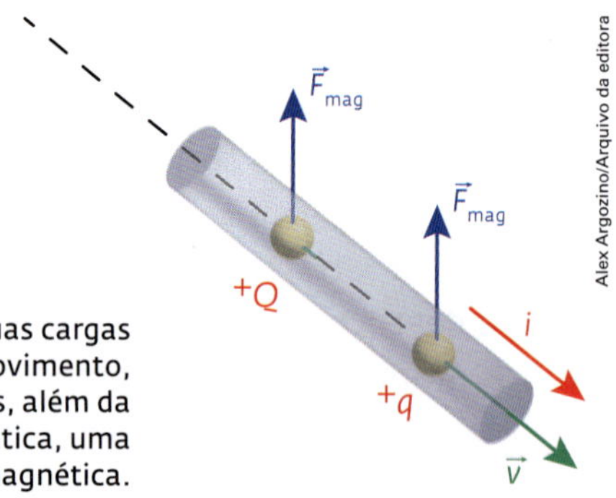

Figura 6.9. Quando duas cargas elétricas estão em movimento, manifesta-se entre elas, além da força eletrostática, uma força magnética.

Todas as manifestações de fenômenos magnéticos são explicadas por meio dessa força entre cargas em movimento. Assim, o desvio da agulha na experiência de Oersted é causado pela existência dessa força. Ela também é a responsável pela orientação da agulha magnética na direção norte-sul e pela atração e repulsão entre os polos de ímãs. Conforme veremos no capítulo seguinte, existem cargas em movimento na estrutura atômica de um ímã que são responsáveis pelas propriedades magnéticas que ele apresenta.

Em resumo:

Quando duas cargas elétricas estão em movimento, manifesta-se entre elas, além da força eletrostática, uma outra força, denominada força magnética.

VERIFIQUE O QUE APRENDEU

6. Na figura a seguir, uma corrente de grande intensidade está passando por um fio, situado acima de uma agulha magnética. Há um erro nessa figura. Qual é esse erro?

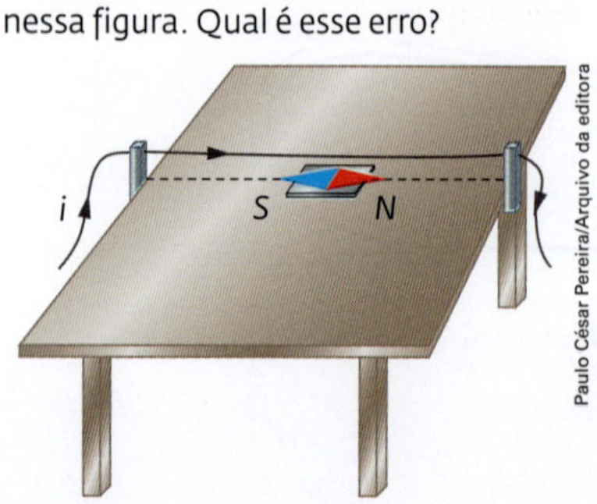

7. Uma pessoa está usando uma bússola magnética para se orientar. Entretanto, existe nas proximidades um fio no qual passa uma corrente contínua de grande intensidade. Você acha que a bússola indicará à pessoa a orientação correta?

8. Um fio condutor de eletricidade está embutido em uma parede. Uma pessoa deseja saber se existe, ou não, uma corrente contínua passando pelo fio. Explique como ela poderá verificar esse fato usando uma agulha magnética.

9. Considere duas cargas elétricas Q_1 e Q_2, próximas uma da outra. Diga se existirá entre elas uma força eletrostática e uma força magnética em cada um dos seguintes casos:

a) Q_1 e Q_2 estão em repouso.

b) Q_1 está em movimento e Q_2 está em repouso.

c) Q_1 e Q_2 estão em movimento.

6.3 Campo magnético

O que se entende por campo magnético

Vimos que uma carga elétrica em movimento exerce uma força magnética sobre outra carga que também esteja se movendo. Podemos ainda descrever esse fato dizendo que uma carga em movimento cria no espaço em torno dela um **campo magnético**, o qual atua sobre a outra carga também em movimento (figura 6.9).

Quando estudamos o **campo elétrico** e analisamos a interação eletrostática entre duas cargas Q e q, vimos que a carga Q cria um campo elétrico, o qual exerce uma força eletrostática sobre q.

Assim, na figura 6.9, podemos dizer que a carga Q, em movimento, cria um campo magnético no espaço em torno dela e esse campo atua sobre a carga q, também em movimento. Portanto, dentro desse ponto de vista, a força magnética em q é causada pela existência do campo magnético criado por Q.

Podemos, pois, destacar:

> **Uma carga em movimento cria, no espaço em torno dela, um campo magnético que atuará sobre outra carga, também em movimento, exercendo sobre ela uma força magnética.**

Deve-se observar então que, se existir uma corrente elétrica passando por um fio, haverá um campo magnético no espaço em torno desse fio, pois uma corrente elétrica é constituída por cargas elétricas em movimento. Da mesma forma, no espaço em torno de um ímã também existe um campo magnético, pois no interior dos átomos que constituem um ímã temos cargas elétricas em movimento que estabelecem esse campo (figura 6.10).

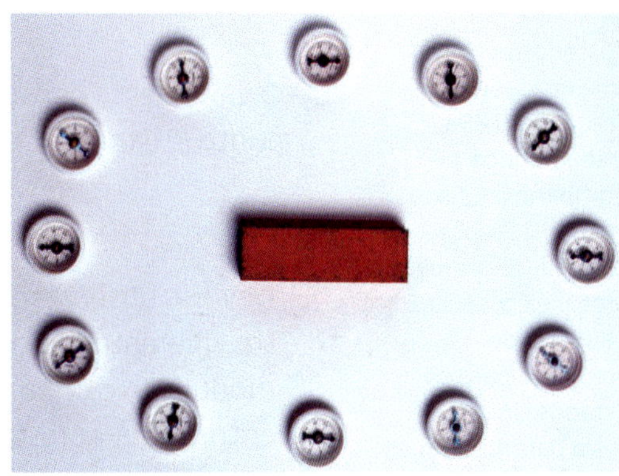
sciencephotos/Alamy/Latinstock

Figura 6.10. A agulha magnética da bússola indica, em cada posição, a direção e o sentido do campo magnético criado pelo ímã.

O vetor campo magnético

Consideremos uma região do espaço na qual existe um campo magnético. Esse campo pode ter sido criado tanto por uma corrente em um fio quanto por um ímã.

Vamos definir um vetor, representado por $\vec{B}$ e denominado **vetor campo magnético** (ou **vetor indução magnética**), que será usado para caracterizar o campo magnético em cada ponto do espaço. O campo magnético $\vec{B}$ será definido em termos da força que ele deriva, de maneira análoga à maneira como definimos o campo elétrico.

1) **Direção e sentido de $\vec{B}$** — O ímã cujo polo norte está mostrado na figura 6.11 cria um campo magnético no espaço em torno dele. Colocando-se no ponto P_1 uma pequena agulha magnética, o campo magnético aí existente atuará sobre as cargas móveis dessa agulha, fazendo com que ela tome uma certa orientação. A direção do vetor campo magnético $\vec{B}_1$ nesse ponto é, por definição, a direção na qual a agulha se orienta, e o seu sentido é aquele para o qual aponta o polo norte da agulha. Observe então, na figura, o vetor $\vec{B}_1$, que representa o campo magnético existente em P_1.

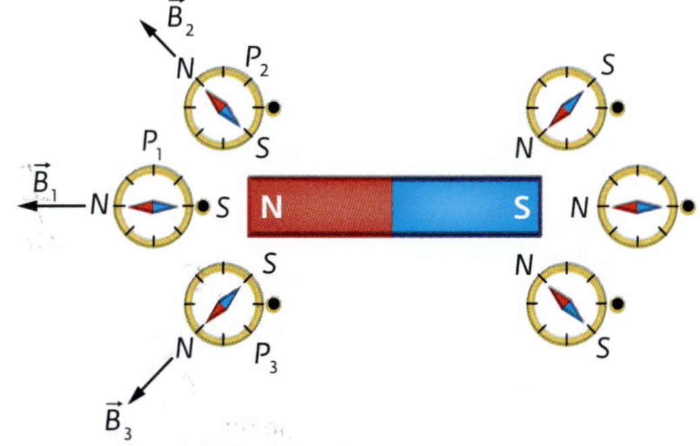

Alex Argozino/Arquivo da editora

Figura 6.11. O polo norte do ímã cria um campo magnético cuja direção e cujo sentido podem ser observados pela orientação de pequenos ímãs colocados em diversos pontos do campo magnético. Representação sem escala e em cores fantasia.

De maneira análoga podemos colocar pequenas agulhas magnéticas nos pontos P_2, P_3, etc. e assim obter a direção e o sentido dos vetores campo magnético $\vec{B}_2$, $\vec{B}_3$, etc. em cada um desses pontos.

2) **Módulo do vetor $\vec{B}$** — Suponhamos que no ponto P, mostrado na **figura 6.12**, exista um campo magnético $\vec{B}$ com a direção e o sentido indicados. Se uma partícula, eletrizada com uma carga positiva q, for lançada de maneira a passar no ponto P com uma velocidade $\vec{v}$, o campo magnético exercerá sobre essa carga uma força magnética $\vec{F}$. Essa força é perpendicular ao plano determinado pelos vetores $\vec{v}$ e $\vec{B}$, como está representado na **figura 6.12**, e sua magnitude é proporcional à carga e à intensidade do campo magnético $\vec{B}$, conforme estudos de Hendrik Lorentz, no século XIX.

Realizando medições cuidadosas, Lorentz verificou que o módulo da força magnética $\vec{F}$ depende do valor da carga q, do módulo da velocidade $\vec{v}$ e do ângulo θ formado pelos vetores $\vec{v}$ e $\vec{B}$ **(figura 6.12)**, tendo sido obtidas as seguintes relações:

$$F \propto q \qquad F \propto v \qquad F \propto \text{sen}\,\theta$$

Foi possível, então, concluir que:

$$F \propto qv\,\text{sen}\,\theta \quad \therefore \quad \frac{F}{qv\,\text{sen}\,\theta} = \text{constante}$$

O valor dessa constante foi tomado, por definição, como sendo o módulo de $\vec{B}$ no ponto P, isto é:

$$\frac{F}{qv\,\text{sen}\,\theta} = B \quad \text{ou} \quad F = Bqv\,\text{sen}\,\theta$$

Deve-se observar que o valor de $\vec{B}$ é constante para um dado ponto, mas para pontos diferentes teremos, em geral, valores diferentes de $\vec{B}$. Em outras palavras, o módulo do campo magnético é bem determinado para um dado ponto, podendo, entretanto, apresentar valores diferentes em diversos pontos do espaço, da mesma forma que ocorre com a intensidade de um campo elétrico.

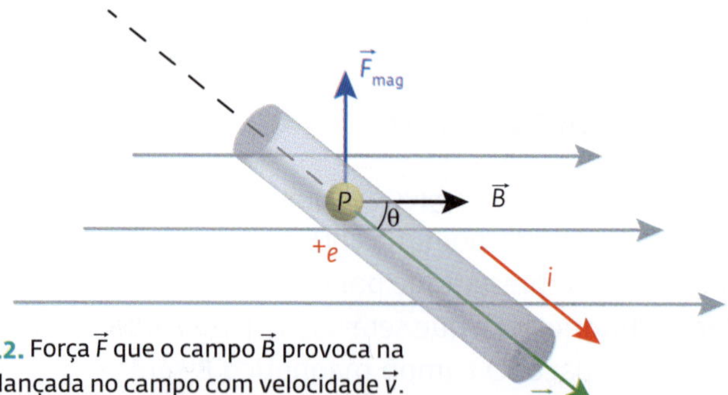

Figura 6.12. Força $\vec{F}$ que o campo $\vec{B}$ provoca na carga q, lançada no campo com velocidade $\vec{v}$. Representação sem escala e em cores fantasia.

Da definição do módulo do vetor $\vec{B}$:

$$B = \frac{F}{qv\,\text{sen}\,\theta}$$

podemos obter sua unidade de medida no SI. A partir dessa expressão e lembrando que sen θ é adimensional (não possui unidades), teremos:

$$1\,\frac{\text{N}}{\text{C}\cdot(\text{m/s})} = 1\,\frac{\text{N}}{(\text{C/s})\cdot\text{m}} = 1\,\frac{\text{N}}{\text{A}\cdot\text{m}}$$

Essa unidade é denominada 1 tesla = 1 T, em homenagem ao cientista sérvio Nikola Tesla, responsável por importantes descobertas tecnológicas no campo do Eletromagnetismo.

NIKOLA TESLA (1856-1943)

Nasceu no então império Austro-Húngaro, atual Croácia, mas de etnia sérvia. Foi educado na Universidade Técnica da Áustria e posteriormente na Universidade de Praga. Em 1883, trabalhando na Companhia Edison, em Paris, França, construiu o primeiro motor elétrico. Em 1885, tendo emigrado para os Estados Unidos, Tesla patenteou suas invenções: dínamo de corrente alternada, transformador e motores, estabelecendo, então, seu próprio laboratório. Daí por diante Tesla, que era uma pessoa muito dinâmica, teve oportunidade de desenvolver várias outras invenções, entre elas a **bobina de Tesla**, um barco guiado por controle remoto e outros dispositivos controlados a distância.

FÍSICA NO CONTEXTO

RECURSO DE INCLUSÃO SOCIAL PARA DEFICIENTES AUDITIVOS

Uma das desvantagens dos aparelhos auditivos utilizados por deficientes auditivos que fazem uso de próteses e implantes é a dificuldade em compreender palestras, ouvir uma peça de teatro ou comunicados feitos por sistemas de alto-falantes em espaços públicos com ruído do ambiente elevado. Os ruídos de fundo e a reverberação reduzem o entendimento da pessoa com deficiência. O amplificador de indução magnética, mais conhecido como anel ou aro magnético, é um sistema de transmissão sonora composto de uma bobina condutora, um amplificador e um microfone, comumente instalado em espaços públicos em países como Austrália, Inglaterra, Alemanha, Holanda e França para captar o som na fonte e transmiti-lo diretamente para os aparelhos auditivos do usuário. Recentemente instalado em alguns ambientes no Brasil, como salas de espetáculos e na Câmara dos Deputados (Brasília), esse dispositivo oferece às pessoas com dificuldades auditivas as mesmas oportunidades das pessoas com uma audição normal. Em lugares onde existe o sistema de anel magnético, usualmente coloca-se o símbolo internacional da surdez (**figura 6.13.a**). A **figura 6.13.b** apresenta um exemplo da instalação do aparelho em uma sala de conferência. Um microfone (1) instalado próximo ao orador converte um sinal sonoro em um sinal elétrico e o envia para um amplificador (2) que controla a corrente transmitida para o anel magnético (3). Essa corrente transmitida vai induzir um campo magnético (4) no espaço, que será captado por uma bobina (5) que costuma fazer parte de aparelhos e implantes (6). O circuito no aparelho ou implante auditivo converte a variação de corrente novamente em som de boa qualidade, sem ruídos de fundo e sem a necessidade de utilizar um receptor extra.

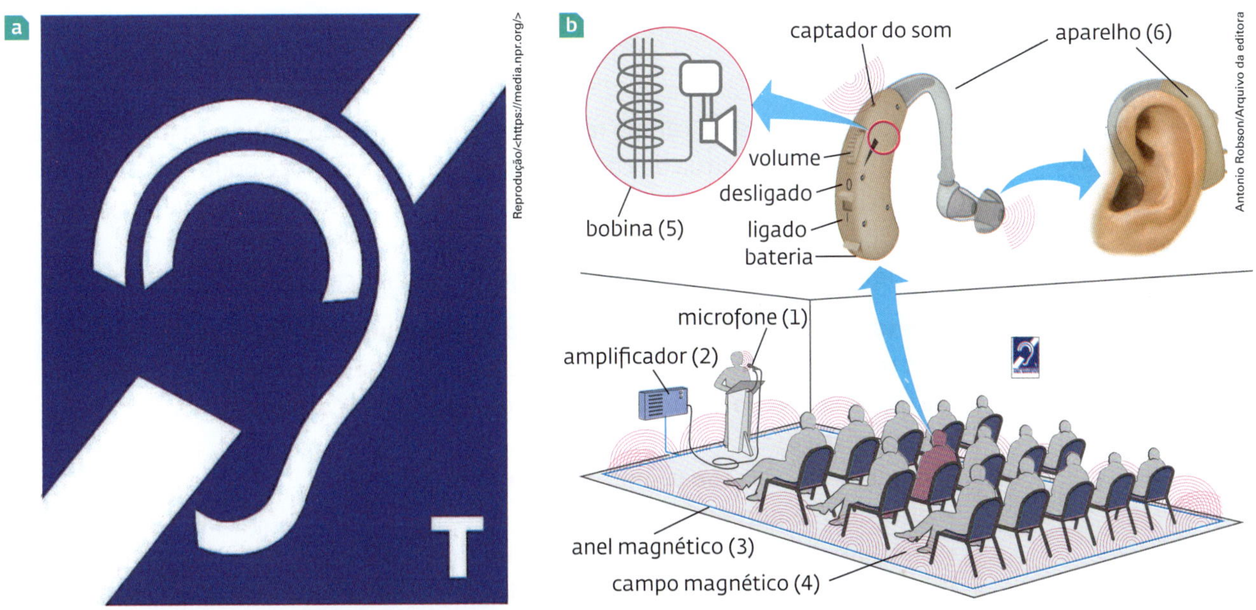

Figura 6.13. Símbolo internacional da surdez (**a**) e representação (sem escala e em cores fantasia) de um ambiente onde o anel magnético foi instalado (**b**).

QUESTÕES

1. Explique o funcionamento do anel magnético relacionando-o com a lei de indução de Faraday.
2. Qual a vantagem de utilizar o anel magnético?

Direção e sentido da força magnética

Na **figura 6.12** vimos que a direção da força que um campo magnético exerce sobre uma carga em movimento é perpendicular ao plano determinado pelos vetores $\vec{v}$ e $\vec{B}$. Logo, a força magnética $\vec{F}$ é perpendicular a cada um desses vetores, isto é:

$$\vec{F} \perp \vec{v} \quad \text{e} \quad \vec{F} \perp \vec{B}$$

Quanto ao sentido da força $\vec{F}$, existem várias regras práticas que nos permitem determiná-lo. Vamos descrever uma delas.

Para obtermos o sentido da força magnética que atua em uma carga positiva em movimento, devemos proceder da seguinte maneira: dispomos a mão direita aberta da maneira mostrada na **figura 6.14**, com o dedo polegar dirigido ao longo do vetor $\vec{v}$ e os demais dedos orientados ao longo do campo magnético $\vec{B}$; o sentido de $\vec{F}$ é aquele para onde fica voltada a palma da mão, isto é, o sentido do movimento que deveria ser feito para empurrar a palma da mão direita para cima **(figura 6.14)**.

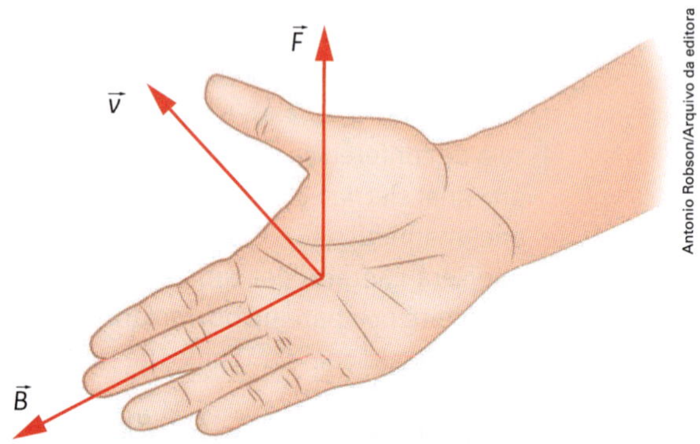

Figura 6.14. Disposição da mão direita para obter o sentido da força magnética. Representação sem escala e em cores fantasia.

Se a carga lançada no campo magnético for negativa, o sentido da força será contrário ao da força que atua na carga positiva. Nesse caso, você pode ainda usar a disposição representada na **figura 6.14**, mas não deve se esquecer de inverter o sentido indicado por ela.

Resumindo o que estudamos sobre a força magnética, temos:

> **Quando uma partícula eletrizada positivamente com uma carga q passa com uma velocidade $\vec{v}$ em um ponto onde existe um campo magnético $\vec{B}$, ela fica sob a ação de uma força magnética $\vec{F}$ com as seguintes características:**
> - **módulo: $F = Bqv \operatorname{sen} \theta$, onde θ é o ângulo de $\vec{v}$ com $\vec{B}$**
> - **direção: $\vec{F}$ é perpendicular a $\vec{v}$ e $\vec{B}$**
> - **sentido: dado pela regra ilustrada na figura 6.14**
>
> **Se a carga q for negativa, o sentido da força magnética será contrário àquele que é observado para a carga positiva.**

Exemplo

Sabe-se que no ponto P da figura 6.15.a existe um campo magnético $\vec{B}$ na direção da reta CD. Quando um próton passa nesse ponto P com uma velocidade $v = 2{,}0 \cdot 10^6$ m/s, mostrada na figura (sem escala e em cores fantasia), atua sobre ele uma força magnética $F = 4{,}8 \cdot 10^{-15}$ N, perpendicular ao plano da folha do desenho e penetrando nela.

a) **Determine o sentido do campo magnético $\vec{B}$ existente no ponto *P*.**

Para determinar o sentido de $\vec{B}$ usaremos a regra representada na **figura 6.15.b**, em que o polegar da mão direita aponta ao longo do vetor $\vec{v}$ e a palma da mão está voltada na direção e no sentido da força (penetrando no papel). Nessas condições, os demais dedos indicarão o sentido do campo magnético. Logo, o vetor $\vec{B}$ tem o sentido de *P* para *D*, como está representado na figura.

b) **Determine o módulo de $\vec{B}$.**

A expressão $F = Bqv \text{ sen } \theta$ nos permitirá determinar o módulo de $\vec{B}$, isto é:

$$B = \frac{F}{qv \text{ sen } \theta}$$

Observando, na **figura 6.15.b**, que $\vec{v}$ é perpendicular a $\vec{B}$, temos $\theta = 90°$ e, então, sen $\theta = 1$. Substituindo os valores $q = 1{,}6 \cdot 10^{-19}$ C (carga do próton), $v = 2{,}0 \cdot 10^6$ m/s e $F = 4{,}8 \cdot 10^{-15}$ N (todos já estão expressos no SI), virá:

$$B = \frac{F}{qv} = \frac{4{,}8 \cdot 10^{-15}}{1{,}6 \cdot 10^{-19} \cdot 2{,}0 \cdot 10^{6}} \quad \therefore \quad B = 1{,}5 \cdot 10^{-2}\ \text{T}$$

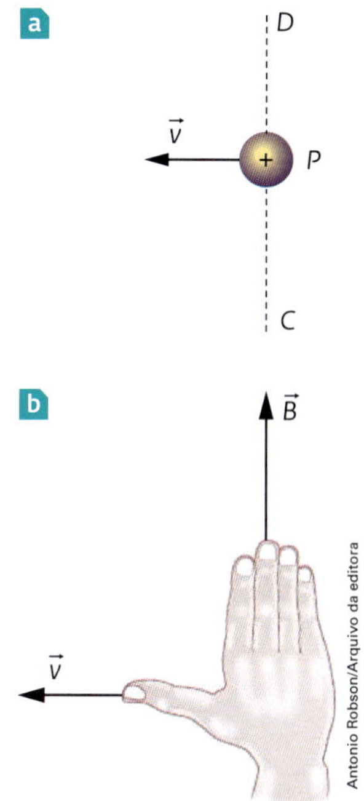

Figura 6.15. Para o exemplo da seção 6.3.

Suponha que uma carga *q* seja lançada em um campo magnético de tal modo que a direção de sua velocidade $\vec{v}$ coincida com a direção de $\vec{B}$. Se o sentido de $\vec{v}$ for o mesmo de $\vec{B}$ **(figura 6.16.a)**, teremos $\theta = 0$ e, se $\vec{v}$ tiver sentido contrário a $\vec{B}$ **(figura 6.16.b)**, teremos $\theta = 180°$. Em ambos os casos tem-se sen $\theta = 0$, e a expressão $F = Bqv \text{ sen } \theta$ nos mostra que a força magnética sobre a partícula será nula. Portanto, um campo magnético não atua em uma carga quando ela está se movendo paralelamente ao vetor $\vec{B}$.

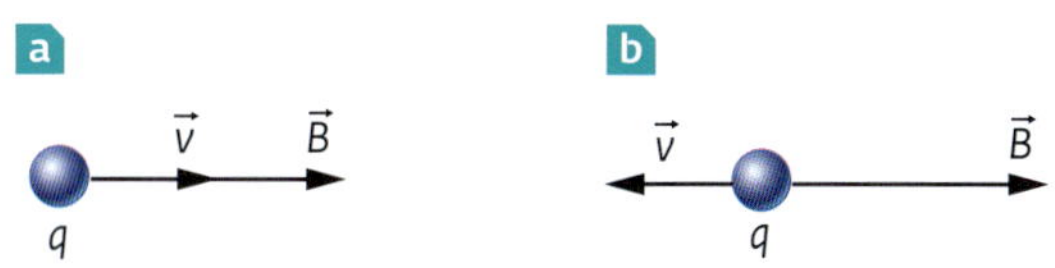

Figura 6.16. Um campo magnético não atua em uma carga que se move paralelamente a $\vec{B}$.

As ilustrações desta página estão representadas sem escala e em cores fantasia.

Linhas de indução

De maneira semelhante ao que foi feito no Capítulo 2, quando representamos o campo elétrico por meio de linhas de força, também é comum traçar linhas para representar o campo magnético. Essas linhas, denominadas **linhas de indução**, devem ser traçadas de tal modo que o vetor $\vec{B}$ seja sempre tangente a elas em qualquer um de seus pontos **(figura 6.17)**. Além disso, nas regiões onde o campo magnético é mais intenso, as linhas de indução devem ser traçadas mais próximas umas das outras. Lembre-se de que essas mesmas convenções eram adotadas para se traçar as linhas de força de um campo elétrico.

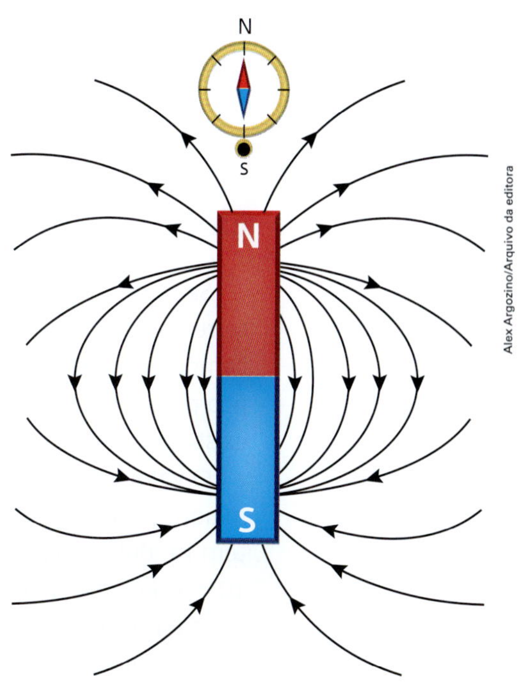

Figura 6.17. A direção e o sentido das linhas de indução de um campo magnético são indicados pela orientação de agulhas magnéticas colocadas em diversos pontos do campo.

Na **figura 6.18** mostramos as linhas de indução do campo magnético criado por um ímã em forma de barra. Deve-se observar que, ao contrário das linhas de força, as linhas de indução são fechadas: elas emergem do polo norte, penetram no polo sul e se fecham passando pelo interior do ímã. Observe, ainda, que elas estão mais juntas umas das outras nas regiões próximas aos polos do ímã, indicando que o campo magnético é mais intenso nessas regiões.

É possível obter experimentalmente a configuração das linhas de indução de um campo magnético espalhando-se limalha de ferro nas regiões onde o campo atua. Cada uma das pequenas partículas de ferro da limalha se orienta na direção do vetor $\vec{B}$ (**figura 6.18**), e assim, em conjunto, elas adquirem a configuração das linhas de indução.

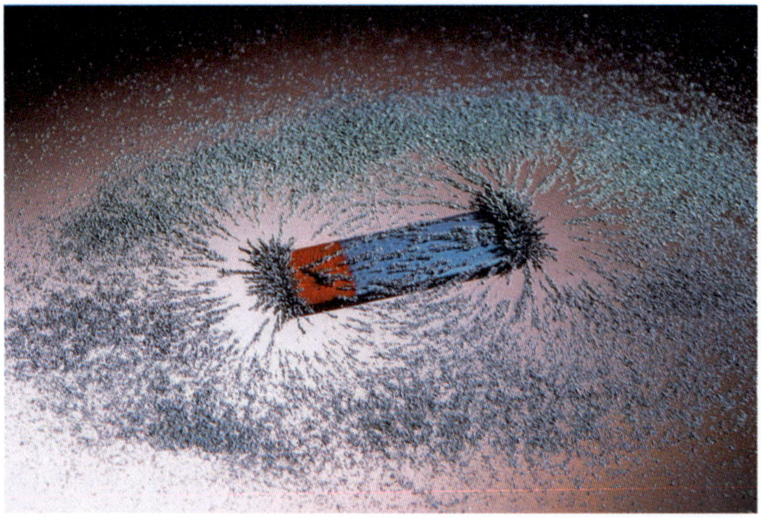
Ted Foxx/Alamy/Latinstock

Figura 6.18. Linhas de indução do campo magnético criado por um ímã em forma de barra.

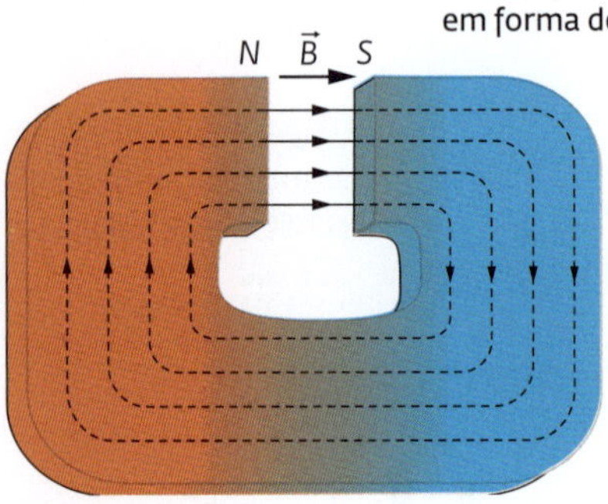

Banco de imagens/Arquivo da editora

Figura 6.19. Entre os polos deste ímã, o campo magnético é praticamente uniforme. Representação sem escala e em cores fantasia.

Se o vetor $\vec{B}$ apresentar, em todos os pontos, o mesmo módulo, a mesma direção e o mesmo sentido, dizemos que o campo magnético é **uniforme**. Um ímã com a forma mostrada na **figura 6.19** nos fornece um campo magnético praticamente uniforme na região entre seus polos. Observe que, para isso, os polos do ímã devem ser formados por planos paralelos e separados por uma distância não muito grande em relação aos seus tamanhos. Observe também que as linhas de indução de um campo magnético uniforme são paralelas e igualmente espaçadas.

Linhas de indução do campo magnético terrestre

Sabemos que uma agulha magnética, colocada em qualquer ponto da superfície terrestre, orienta-se na direção norte-sul. Assim, podemos concluir que existe um campo magnético em todos os pontos da superfície da Terra, orientado do sul geográfico para o norte geográfico. Esse campo, denominado campo magnético terrestre, existe pelo fato de a Terra se comportar como um grande ímã.

O valor do campo magnético criado pela Terra é pequeno, comparado com o da maioria dos ímãs com os quais geralmente lidamos. O campo magnético terrestre tem módulos diferentes em diversas regiões, apresentando um valor em torno de 10^{-5} tesla. Apesar de não ser muito intenso, não devemos nos esquecer de que o campo magnético da Terra é suficiente para atuar sobre as agulhas magnéticas, orientando-as na direção norte-sul.

Como a Terra se comporta como um grande ímã que está ligeiramente desalinhado com a direção norte-sul geográfica, é comum que se represente suas linhas de indução **(figura 6.20)** da mesma maneira que as linhas de indução de um ímã. O uso da bússola para navegação pode levar alguém a acreditar que as linhas de indução do campo magnético terrestre seriam paralelas à superfície do globo. No entanto, não é isso que ocorre. Pela **figura 6.20** nota-se que, em geral, o vetor campo magnético terrestre (em vermelho) é inclinado em relação à horizontal na maior parte da superfície terrestre. O ângulo de inclinação com a horizontal é denominado **inclinação magnética**. Por essa figura ainda é possível perceber que, à medida que nos afastamos do equador em direção aos polos, o módulo desse ângulo aumenta, tornando-se praticamente 90° quando chegamos aos polos.

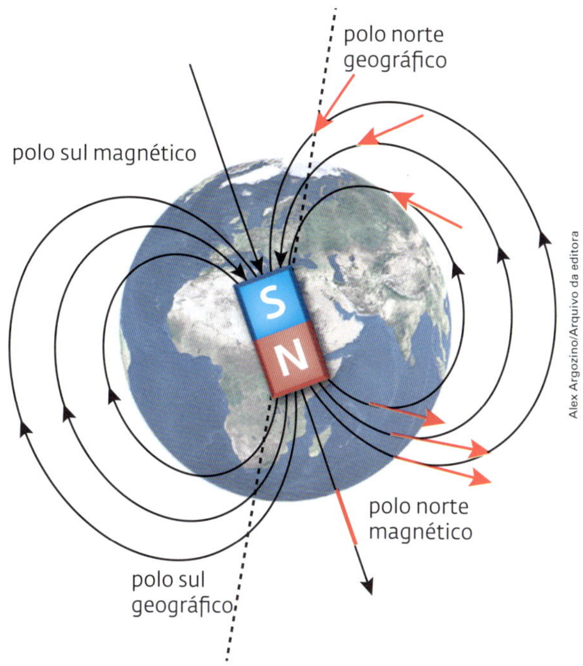

Figura 6.20. Representação da inclinação do campo magnético terrestre.

VERIFIQUE O QUE APRENDEU

10. A figura abaixo apresenta algumas linhas de indução do campo magnético terrestre. Mostre, em uma cópia da figura, o sentido dessas linhas e responda: no polo norte geográfico elas estão entrando na superfície da Terra ou saindo dela? Explique.

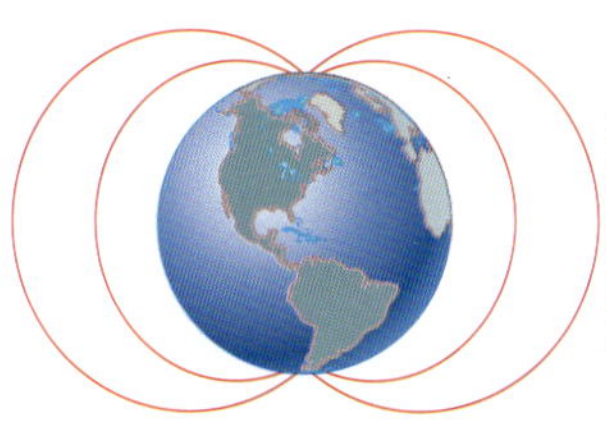

Ilustrações: Formato/Arquivo da editora

11. Nos pontos P_1, P_2 e P_3 existe um campo magnético criado pelo ímã cujo polo sul está mostrado na figura abaixo. Observe as orientações das pequenas agulhas magnéticas colocadas nesses pontos e desenhe, em uma cópia da figura, no caderno, o vetor que representa o campo magnético em P_1, em P_2 e em P_3. Despreze o campo magnético da Terra.

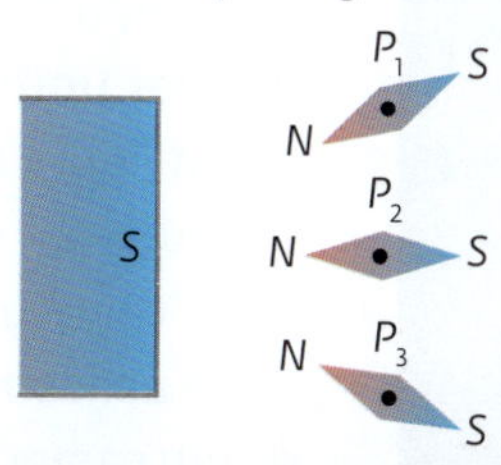

12. Suponha que no chão de uma sala estejam traçadas duas linhas perpendiculares, *CD* e *EF*, e que *EF* indique a direção oeste-leste (veja a figura). Desenhe, em uma cópia da figura, no caderno, o vetor que representa o campo magnético da Terra no ponto *P*.

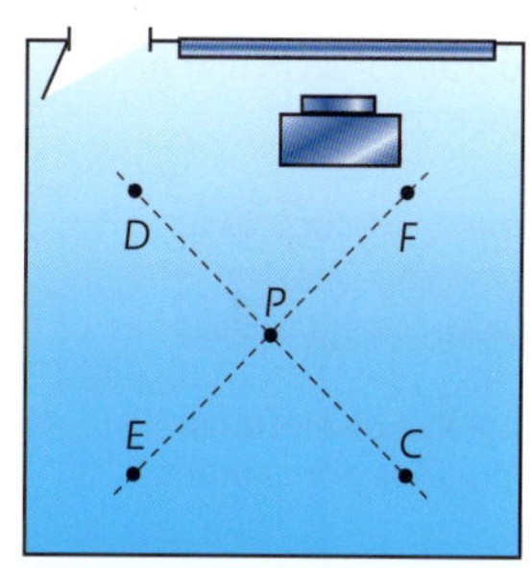

13. Uma partícula é lançada em um campo magnético uniforme com uma velocidade $\vec{v}$, formando um ângulo θ com o vetor $\vec{B}$. Diga qual deve ser o valor de θ para que a força magnética na partícula seja:

a) nula;

b) máxima.

14. Uma partícula de carga $q = 2{,}0 \cdot 10^{-6}$ C é lançada em um campo magnético uniforme $B = 0{,}30$ T, com uma velocidade $v = 5{,}0 \cdot 10^3$ m/s, que forma um ângulo θ com $\vec{B}$. Calcule o valor da força magnética $\vec{F}$ que atuará na partícula supondo que o valor de θ seja:

a) 0°;
b) 30°;
c) 90°;
d) 180°.

15. Compare os campos elétricos e magnéticos quanto às características abaixo:

a) como são gerados;

b) configuração das linhas de força do campo elétrico e das linhas de indução do campo magnético.

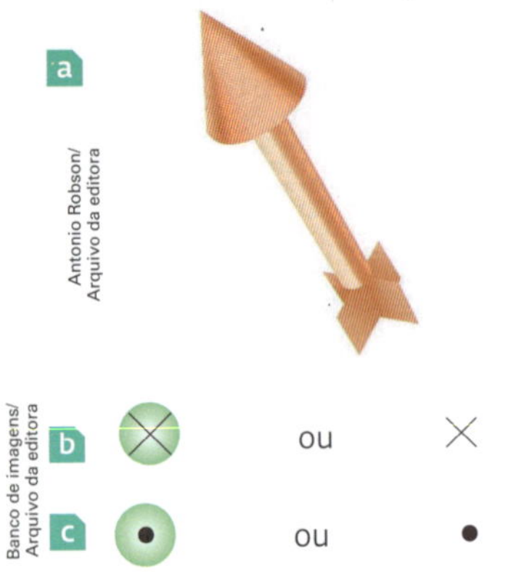

Figura 6.21. Em **a**, seta que representa os vetores campo magnético perpendiculares à folha de papel; em **b** penetrando na folha e em **c** saindo dela.

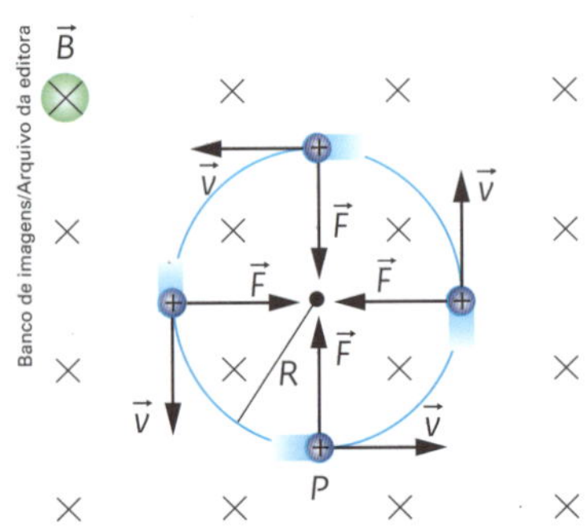

Figura 6.22. Partícula eletrizada descrevendo trajetória circular no campo magnético.

As ilustrações desta página estão representadas sem escala e em cores fantasia.

Figura 6.23. Feixe de elétrons sendo manipulados por campos magnéticos.

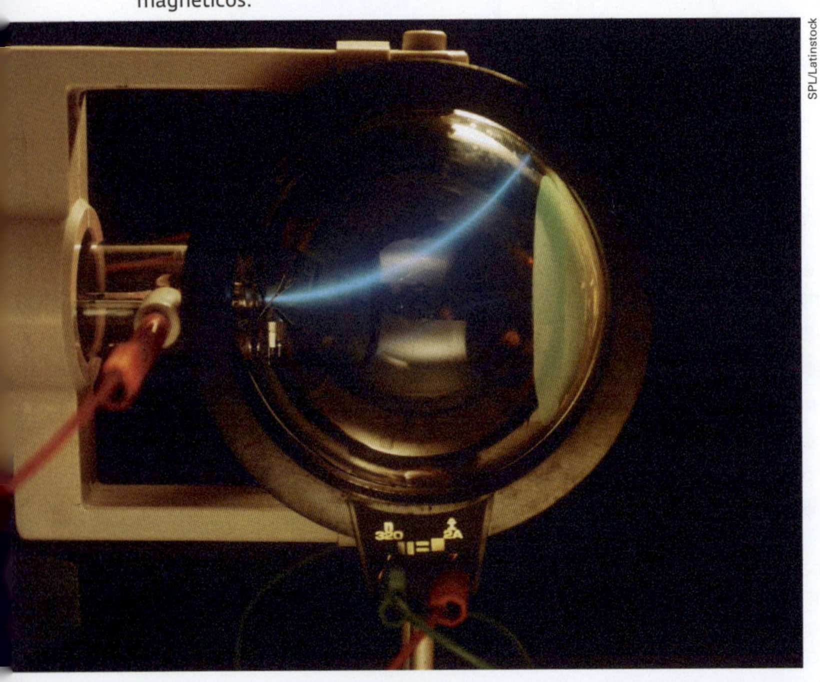

6.4 Movimento circular em um campo magnético

Frequentemente trabalhamos com vetores perpendiculares a um certo plano que podem estar penetrando nele ou saindo dele. Na seção anterior, encontramos situações nas quais ora um vetor, ora uma força, ora uma velocidade, ora um campo magnético se apresentava perpendicular ao plano da folha de papel.

Nessas condições, os vetores costumam ser representados da maneira indicada na **figura 6.21**. A **figura 6.21.b** está representando um vetor perpendicular ao plano da folha de papel e penetrando nela. Essa maneira de representar procura dar a ideia de uma flecha vista pela sua parte posterior **(figura 6.21.a)**, isto é, se afastando do leitor. Na **figura 6.21.c** está representado um vetor saindo da folha de papel, isto é, procura-se dar a ideia da ponta de uma flecha que está voltada para o leitor **(figura 6.21.a)**.

Carga lançada com $\vec{v}$ perpendicular a $\vec{B}$

Na **figura 6.22** representamos um campo magnético uniforme $\vec{B}$ usando a convenção que acabamos de descrever. Observe que esse campo está penetrando na folha de papel.

Uma partícula eletrizada positivamente com uma carga q é lançada, do ponto P, no interior do campo, com uma velocidade $\vec{v}$. Como mostra a **figura 6.22**, essa velocidade, estando no plano do papel, é perpendicular ao campo magnético, isto é, o vetor $\vec{v}$ é perpendicular ao vetor $\vec{B}$.

Usando a regra descrita na seção anterior, verifica-se que a força magnética $\vec{F}$ que atua sobre a partícula no ponto P tem o sentido mostrado na figura. Essa força é sempre perpendicular ao vetor $\vec{v}$. Então, a força $\vec{F}$ provocará uma modificação na direção da velocidade da partícula sem, entretanto, alterar o seu módulo. Assim, a partícula descreverá uma trajetória curva e a força magnética atuará continuamente sobre ela, mantendo-se sempre perpendicular à sua velocidade. Como consequência disso, sob a ação apenas da força magnética, a trajetória da partícula será uma circunferência, isto é, o movimento dessa partícula, dentro do campo magnético, será um **movimento circular uniforme (figura 6.22)**.

Na **figura 6.23** vemos um feixe de elétrons lançados por um dispositivo especial denominado "canhão eletrônico".

Se aplicarmos, na região onde existe o feixe, um campo magnético uniforme, perpendicular ao plano da fotografia, o feixe se curvará, e os elétrons passarão a descrever um movimento circular.

Raio da trajetória descrita pela carga

Podemos calcular o raio R da trajetória circular que a partícula eletrizada descreve dentro de um campo magnético uniforme. Para isso, basta observar que a força magnética $\vec{F}$ proporciona a força centrípeta necessária para a partícula descrever o movimento circular. Então, podemos escrever:

$$F = m\frac{v^2}{R}$$

em que m é a massa da partícula.

Sabemos que a força magnética é dada por $F = Bqv \operatorname{sen} \theta$. Como nesse caso tem-se $\theta = 90°$, pois $\vec{v}$ é perpendicular a $\vec{B}$, virá:

$$F = Bqv$$

Igualando essas duas expressões de F, teremos:

$$m\frac{v^2}{R} = Bqv \quad \therefore \quad \boxed{R = \frac{mv}{Bq}}$$

Isolando-se v, temos:

$$v = \frac{Rqb}{m}$$

A velocidade em um movimento circular uniforme pode ser calculada pela expressão $v = \dfrac{2\pi R}{T}$, em que T é o período do movimento circular, ou seja, o tempo transcorrido para se completar uma volta.

Igualando as duas expressões, temos:

$$\frac{Rqb}{m} = \frac{2\pi R}{T} \Rightarrow \frac{R\cancel{q}B}{m} = \frac{2\pi \cancel{R}}{T} \Rightarrow T = \frac{2\pi m}{qB}$$

As equações acima representam o raio e o período do movimento circular uniforme executado por uma carga lançada perpendicularmente a um campo magnético de intensidade B. Por elas podemos notar que, **para valores constantes de *m*, *B* e *q***, o raio da trajetória aumenta linearmente com a velocidade; no entanto, o mesmo não ocorre com o período, que permanece inalterado qualquer que seja o valor da velocidade.

Exemplo

Suponha que o raio da trajetória descrita pelos elétrons na figura 6.23 seja $R = 5{,}0$ cm. Sabendo-se que o módulo do campo magnético aplicado ao feixe é $B = 6{,}0 \cdot 10^{-4}$ T, determine a velocidade com que os elétrons são emitidos pelo canhão eletrônico.

Essa velocidade é a mesma que os elétrons possuem ao descrever o movimento circular. Assim, da expressão:

$$R = \frac{mv}{Bq} \quad \text{temos} \quad v = \frac{BqR}{m}$$

Considerando os valores da carga q e a massa m do elétron:

$$q = 1{,}6 \cdot 10^{-19}\,\text{C} \quad \text{e} \quad m = 9{,}1 \cdot 10^{-31}\,\text{kg}$$

Teremos, então:

$$v = \frac{BqR}{m} = \frac{6{,}0 \cdot 10^{-4} \cdot 1{,}6 \cdot 10^{-19} \cdot 5{,}0 \cdot 10^{-2}}{9{,}1 \cdot 10^{-31}} \quad \therefore \quad v = 5{,}2 \cdot 10^{6}\,\text{m/s}$$

Note que a velocidade dos elétrons, nessa experiência, é muito elevada.

VERIFIQUE O QUE APRENDEU

As ilustrações desta página estão representadas sem escala e em cores fantasia.

16. Analise os diagramas apresentados na figura abaixo e responda:

a

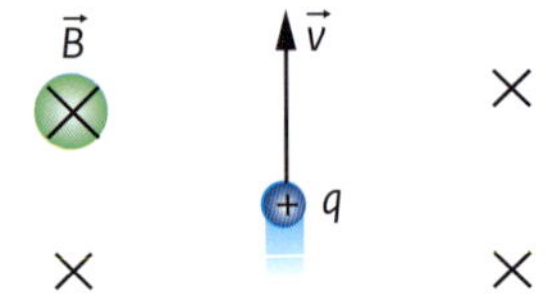

b

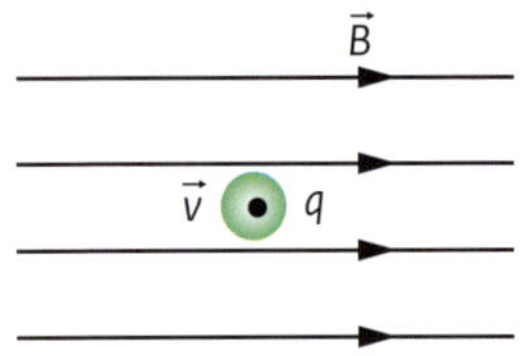

c

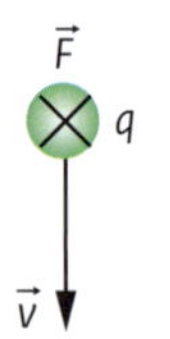

a) Quais são a direção e o sentido da força magnética que atua na carga q positiva, movendo-se com a velocidade $\vec{v}$ no campo magnético $\vec{B}$ mostrado no diagrama **a**?

b) Quais são a direção e o sentido da força magnética que atua na carga q negativa, movendo-se com a velocidade $\vec{v}$ no campo magnético $\vec{B}$ mostrado no diagrama **b**?

c) Quais são a direção e o sentido do campo magnético que exerce na carga positiva q a força magnética $\vec{F}$ mostrada no diagrama **c**?

Sabe-se que $\vec{B}$ é perpendicular à velocidade $\vec{v}$ da carga q.

17. Uma partícula eletrizada positivamente, colocada em um campo magnético uniforme, é lançada para a direita com uma velocidade $\vec{v}$, como mostra a figura. Desenhe, em uma cópia da figura, no caderno, a trajetória que a partícula descreverá.

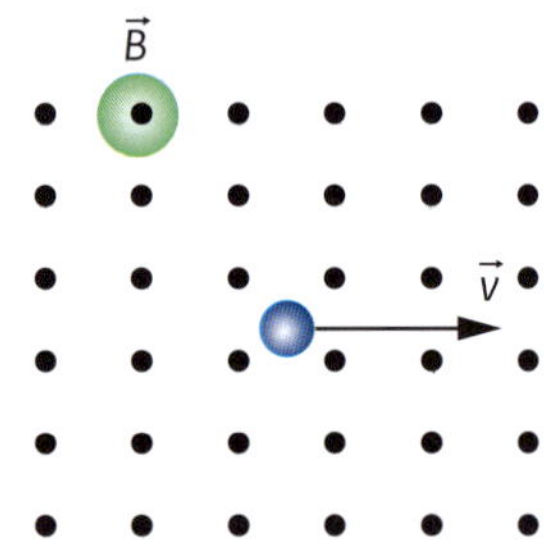

Ilustrações técnicas desta página: Banco de imagens/Arquivo da editora

18. No desenho feito no caderno para o exercício anterior, desenhe a trajetória da partícula supondo que sua carga seja negativa.

19. Uma partícula de carga q e massa m é lançada com velocidade de módulo v perpendicularmente a um campo magnético de intensidade B. Nessa situação, ela descreve um movimento circular uniforme de raio R e período T. Expresse, em função de R e T, os novos valores do raio e do período para as seguintes situações:

a) a velocidade de lançamento dobra de valor sem alterações em m, q ou B;

b) a intensidade de B dobra de valor sem alterações em m, q ou v.

6.5 Força magnética em um condutor

Fio condutor em um campo magnético

Consideremos um fio retilíneo, de comprimento L, percorrido por uma corrente i, colocado em um campo magnético em uma direção perpendicular ao vetor $\vec{B}$, como mostra a **figura 6.24**. Sabemos que a corrente elétrica no fio pode ser considerada, para todos os efeitos, como sendo constituída por cargas positivas em movimento.

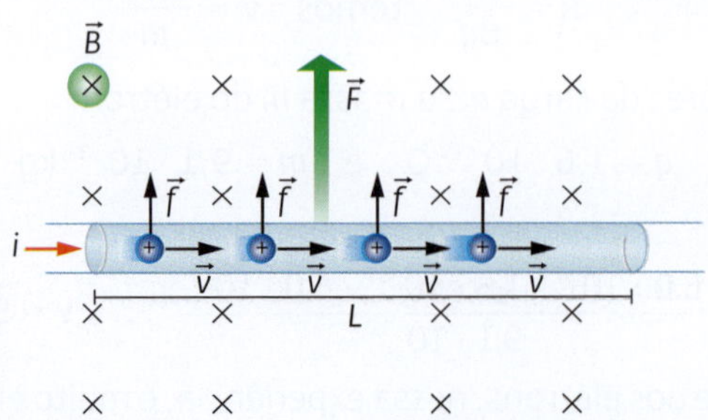

Figura 6.24. Fio conduzindo corrente elétrica colocado em um campo magnético.

Então, o campo magnético $\vec{B}$ atuará sobre essas cargas móveis, cuja velocidade $\vec{v}$ está representada na **figura 6.24**, exercendo em cada uma a pequena força $\vec{f}$. Usando a regra descrita nas últimas seções, você poderá encontrar o sentido de $\vec{f}$. Aplicando essa regra à situação mostrada na **figura 6.24**, você verificará que a força que atua em cada carga móvel da corrente tem o sentido ali indicado.

Como consequência dessa ação do campo magnético sobre as cargas que constituem a corrente, atuará sobre o condutor uma força $\vec{F}$, que é a resultante das forças $\vec{f}$. Observe a força $\vec{F}$, também indicada na **figura 6.25**.

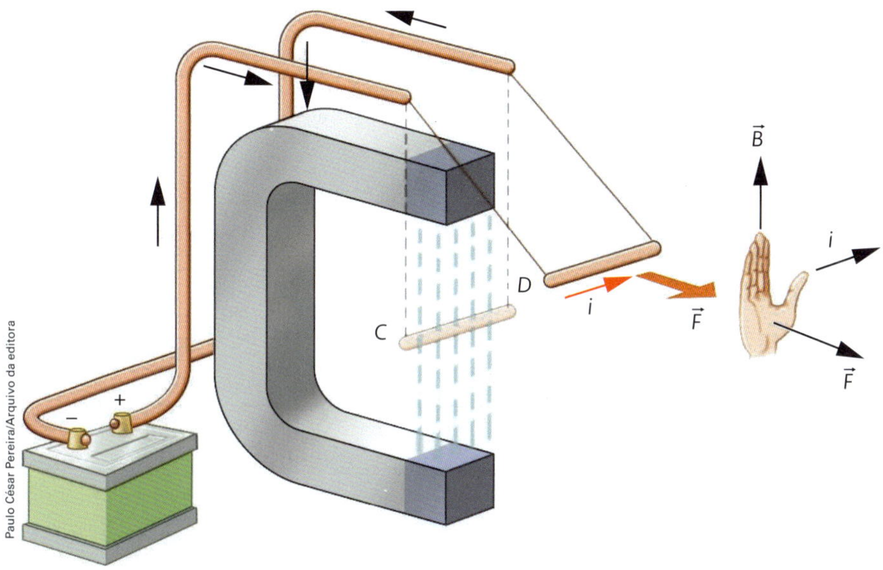

Figura 6.25. A regra descrita pode ser utilizada para determinar o sentido da força que atua sobre uma barra metálica que conduz uma corrente elétrica, colocada em um campo magnético. Representação sem escala e em cores fantasia.

A **figura 6.25** apresenta uma experiência simples que ilustra a existência dessa força magnética sobre o condutor: *uma barra metálica CD*, suspensa entre os polos de um ímã, ao ser percorrida por uma corrente, é deslocada lateralmente pela força magnética $\vec{F}$. Observe que o sentido dessa força pode ser determinado, como está indicado na figura (o dedo polegar deve apontar no sentido da corrente convencional, isto é, no sentido do movimento das cargas positivas).

Cálculo da força que atua no condutor

Na **figura 6.24**, seja q a carga de cada partícula móvel da corrente e $\vec{v}$ a sua velocidade. Como o fio foi colocado perpendicularmente ao campo $\vec{B}$, o valor da força $\vec{f}$ que atua em cada partícula será:

$$f = Bqv \quad (\text{pois } \theta = 90°)$$

Sendo N o número de cargas móveis existentes no comprimento L do fio, temos que o valor de $\vec{F}$ será:

$$F = Nf \quad \text{ou} \quad F = NBqv = B(Nq)v$$

Deve-se observar que Nq representa a carga móvel total, Δq, existente no comprimento L. Então, sendo Δt o tempo que essa carga gasta para se deslocar de uma distância L, podemos concluir que a intensidade da corrente no fio é dada por:

$$i = \frac{\Delta q}{\Delta t} \quad \therefore \quad Nq = i\,\Delta t$$

Mas, sendo $\vec{v}$ a velocidade de cada partícula, temos que o comprimento do fio L, onde encontram-se as Nq cargas, é dado por:

$$L = v\Delta t \quad \therefore \quad v = \frac{L}{\Delta t}$$

Levando as expressões de Nq e v na equação $F = B(Nq)v$, teremos:

$$F = B(i\Delta t)\,\frac{L}{\Delta t} \quad \therefore \quad F = BiL$$

Essa expressão foi obtida para o caso em que o condutor se encontra perpendicular ao campo magnético. Se o fio estiver formando um ângulo θ com $\vec{B}$ **(figura 6.26)**, teremos a seguinte expressão para a força no condutor:

$$F = BiL \operatorname{sen} \theta$$

As ilustrações desta página estão representadas sem escala e em cores fantasia.

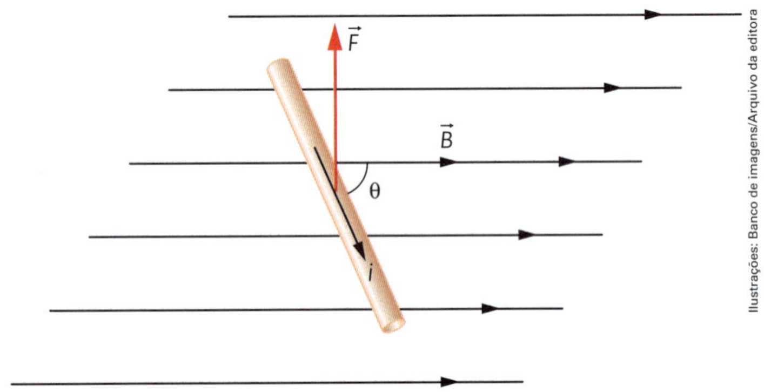

Figura 6.26. Fio percorrido por corrente elétrica i, formando um ângulo θ com o campo magnético $\vec{B}$. A força magnética $\vec{F}$ é perpendicular ao plano que contém o fio e o vetor $\vec{B}$.

Assim, em resumo, podemos dizer que:

Se um fio retilíneo, de comprimento L, percorrido por uma corrente i, for colocado em um campo magnético uniforme $\vec{B}$, sobre esse fio atuará uma força magnética $\vec{F}$ dada por:

$$F = BiL \operatorname{sen} \theta$$

onde θ é o ângulo formado pelo fio condutor com o vetor $\vec{B}$. A força $\vec{F}$ é perpendicular ao fio.

Exemplo

Um fio CD, de 30 cm de comprimento, está suspenso horizontalmente, por meio de uma mola, dentro de um campo magnético uniforme $B = 0{,}10$ T, como mostra a figura 6.27.

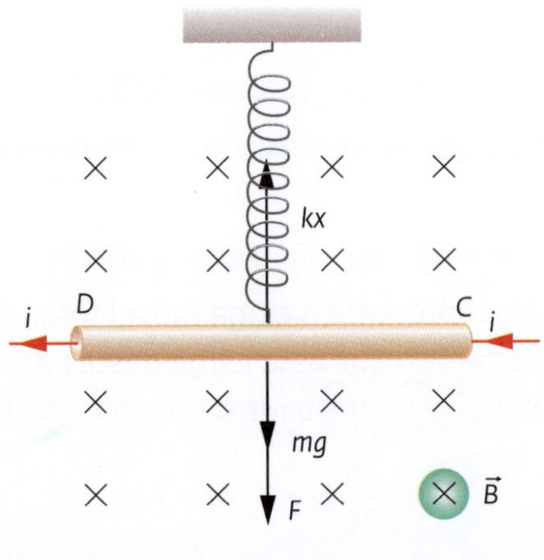

Figura 6.27. Para o exemplo da seção 6.5.

a) Fazendo-se passar no fio uma corrente $i = 10$ A, dirigida de C para D, qual será o sentido e o valor da força magnética $\vec{F}$ que atuará sobre o fio?

Usando a regra descrita ao longo do capítulo, verificamos que a força magnética $\vec{F}$ está dirigida verticalmente para baixo, como está indicado na figura.

Observando que a direção do fio é perpendicular a $\vec{B}$ ($\theta = 90°$), teremos o seguinte valor para a força $\vec{F}$:

$$F = BiL = 0{,}10 \cdot 10 \cdot 0{,}30 \quad \text{ou} \quad F = 0{,}30 \text{ N}$$

b) Sabendo que a massa do fio é $m = 20$ g e que a constante elástica da mola é $k = 20$ N/m, determine a deformação apresentada pela mola. (Considerar $g = 10$ m/s².)

Como o peso do fio e a força magnética sobre ele estão ambos dirigidos para baixo, a mola sofrerá um alongamento x. Na posição de equilíbrio, a força exercida pela mola (kx) estará equilibrando o peso do fio (mg) e a força magnética (F).

Logo, poderemos escrever:

$$kx = mg + F$$

Mas:

$$mg = (20 \cdot 10^{-3}) \cdot 10 = 20 \cdot 10^{-2} \text{ ou } mg = 0{,}20 \text{ N}$$

Então, lembrando que $F = 0{,}30$ N, teremos:

$$20x = 0{,}20 + 0{,}30 \quad \therefore \quad x = 2{,}5 \cdot 10^{-2} \text{ m} = 2{,}5 \text{ cm}$$

VERIFIQUE O QUE APRENDEU

20. Um fio CD, cujo comprimento é $L = 25$ cm, percorrido por uma corrente $i = 3{,}0$ A, está colocado em um campo magnético uniforme $B = 0{,}20$ T existente entre os polos de um ímã. Determine o valor e o sentido da força magnética $\vec{F}$ que atua no fio nos seguintes casos:

a) O fio está colocado na posição mostrada na figura **a**.

b) O fio está colocado na posição mostrada na figura **b** (a corrente está saindo da folha de papel).

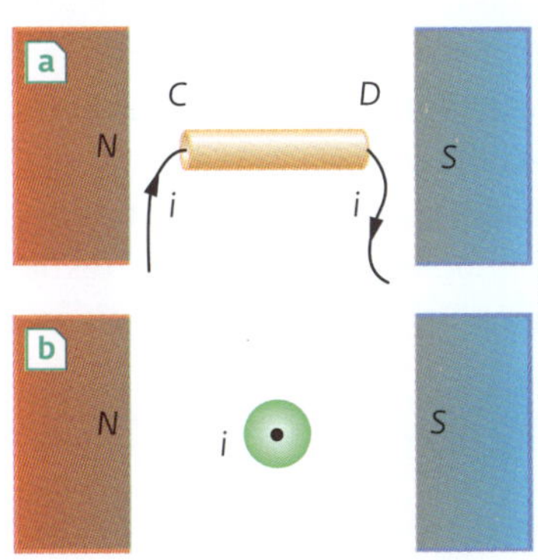

Ilustrações: Antonio Robson/Arquivo da editora

As ilustrações desta página estão representadas sem escala e em cores fantasia.

21. Na **figura 6.28**, diga o que ocorrerá com a rotação do motor, em cada item, se fizermos as seguintes modificações:

a) Trocarmos as posições dos polos N e S.

b) Invertermos o sentido da corrente de modo que ela passe a penetrar pela escova E'.

c) Efetuarmos simultaneamente as duas modificações descritas em **a** e **b**.

22. A figura a seguir mostra uma espira retangular $CDEG$, situada no plano da folha de papel, colocada entre os polos de um ímã.

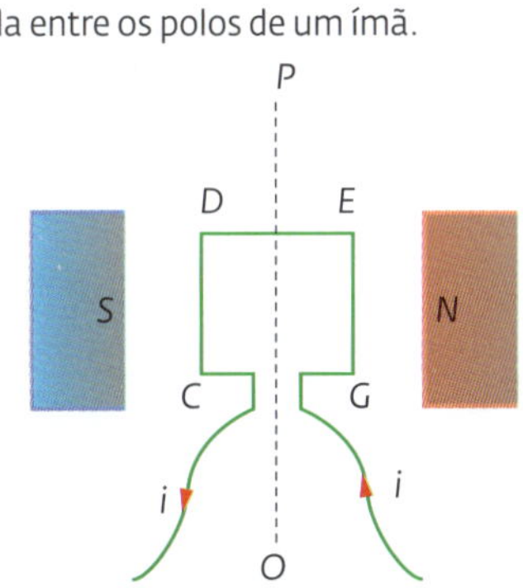

Observando o sentido da corrente que está passando na espira, faça o que se pede:

a) Qual é o sentido da força que atua em cada um dos lados GE, ED e DC da espira?

b) Descreva o movimento que a espira tende a adquirir.

23. Considere o exemplo desta seção, mas suponha que o campo magnético $\vec{B}$, na **figura 6.27**, esteja saindo da folha de papel. Nessas condições, responda:

a) Qual o módulo da força resultante que estaria atuando na mola?

b) A mola seria esticada ou comprimida?

c) Qual seria o valor da deformação x da mola?

APLICAÇÕES DA FÍSICA

O motor de corrente contínua

Grande parte dos motores elétricos que são usados atualmente funciona tendo por base o efeito de rotação das forças que atuam em espiras colocadas em um campo magnético. Vamos nos preocupar aqui em descrever apenas os de corrente contínua, como os motores de arranque dos automóveis ou os motores a pilha usados em carrinhos de brinquedo.

A **figura 6.28** é um modelo muito simples de um motor de corrente contínua. Entretanto, os fios *E* e *E'* que conduzem a corrente estão apenas encostados nas extremidades *C* e *G* da espira. Os fios *E* e *E'* são denominados **escovas do motor**. Quando a espira começa a girar, suas extremidades *C* e *G* perdem contato com as escovas, até que ela complete meia-volta. Nesse momento, a extremidade *C* entra em contato com a escova *E'*, e a extremidade *G* entra em contato com a escova *E*. Assim, a cada contato da espira com as escovas, as forças magnéticas atuam nela de modo que continue a girar sempre no mesmo sentido.

As ilustrações desta página estão representadas sem escala e em cores fantasia.

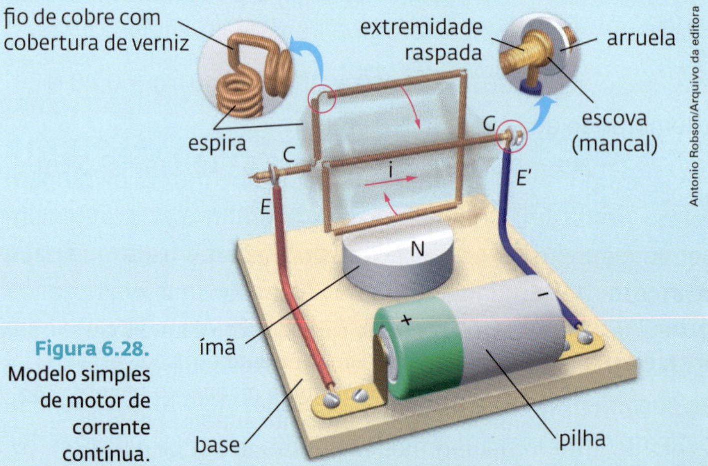

Figura 6.28. Modelo simples de motor de corrente contínua.

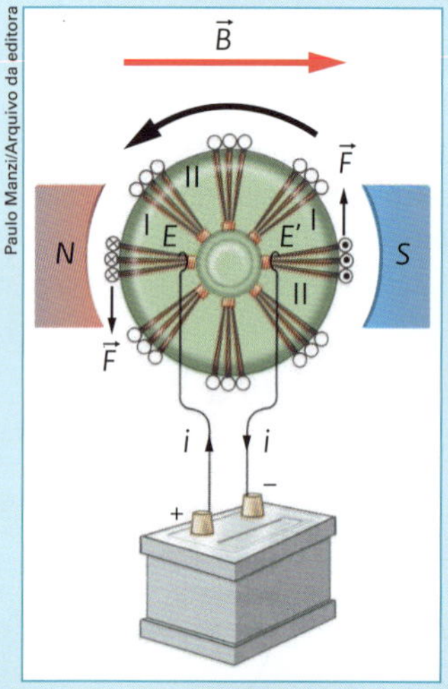

Figura 6.29. Motor de corrente contínua, construído com vários conjuntos de espiras.

Devemos observar, na **figura 6.29**, que só há corrente passando na espira quando suas extremidades entram em contato com as escovas; assim, as forças magnéticas só impulsionam a espira nesses momentos. Para aumentar a potência dos motores, eles geralmente são construídos com vários conjuntos de espiras, como mostra a **figura 6.29** (vista de frente do motor). Na posição mostrada na figura, as escovas *E* e *E'* estão em contato com as espiras I, sobre as quais estão atuando, então, as forças magnéticas que impulsionam o motor no sentido indicado. Logo em seguida, essas espiras perdem o contato com as escovas, sendo substituídas pelas espiras II, que recebem um impulso no mesmo sentido, e assim sucessivamente. Dessa maneira, em um motor como esse haverá maior continuidade no movimento de rotação.

A **figura 6.30** é uma fotografia de algumas partes de um pequeno motor de corrente contínua usado para demonstrações experimentais em aulas práticas de Física.

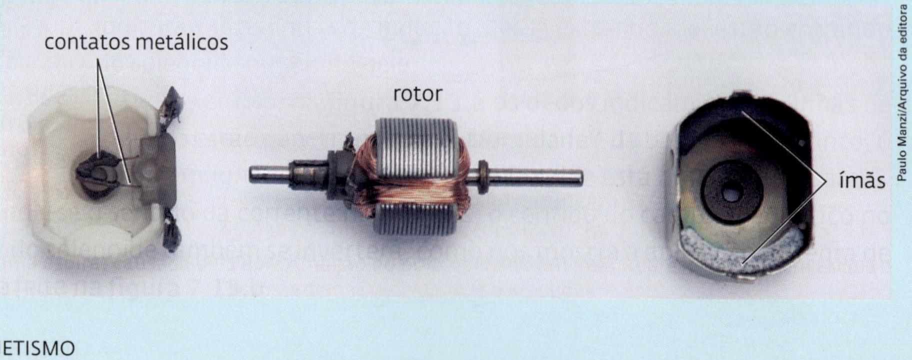

Figura 6.30. Partes internas que compõem um motor a pilha usado em carrinho de brinquedo: contatos metálicos, rotor e ímãs. É por meio dos contatos metálicos que a energia elétrica alimenta as bobinas do rotor.

FÍSICA NO CONTEXTO

Os cíclotrons

Ernest O. Lawrence (1901-1958), físico americano, passou boa parte de sua vida dedicando-se à construção de uma série de cíclotrons e outos aceleradores de partículas que foram utilizados inicialmente na área de Física e de Química. O primeiro cíclotron, construído em 1929 com a colaboração de N. E. Edlefsen, tinha 11 centímetros de diâmetro, cabia na palma da mão **(figura 6.31.a)** e era utilizado para acelerar íons de hidrogênio com energia de 80 keV.

O princípio básico de um cíclotron consiste no movimento de partículas carregadas que, quando submetidas a um campo magnético perpendicular à sua trajetória, descrevem um círculo. Os campos elétricos aceleram as partículas que percorrem um semicírculo em formato de D, conforme pode ser visto na **figura 6.31.b**. A cada volta que o íon atravessa o espaço que separa os semicírculos, o campo elétrico inverte sua polaridade, fornecendo novo incremento de energia que acelera a partícula. Após diversas voltas, o íon colide com um alvo, produzindo partículas de altas energias.

Curiosamente, na época em que esse equipamento estava sendo desenvolvido a Europa estava à beira da guerra e Lawrence, ao contrário dos físicos europeus que tinham ido para os Estados Unidos fugindo de Hitler e Mussolini, não acreditava que a energia atômica poderia ser utilizada para fins bélicos. Em seu laboratório, Lawrence e seus colaboradores continuavam a construir novos cíclotrons, cujas dimensões foram aumentando (consequentemente, os valores de energia empregados também). Somente após os Estados Unidos sofrerem com o ataque direto a Pearl Harbor, em 1941, Lawrence iria modificar radicalmente sua posição e colocaria seu laboratório para trabalhar no esforço de guerra. Sua principal contribuição foi a construção dos cálutrons, nome dado aos espectrômetros de massa que fizeram a separação do isótopo de urânio e que seriam empregados no triste episódio da bomba lançada sobre Hiroshima. No período pós-guerra, Lawrence, tendo M.S. Livingston como parceiro, voltaria a trabalhar na construção de cíclotrons gigantescos, como o da **figura 6.31.c**. Atualmente, os cíclotrons são usados em diversos países para a produção de materiais radioativos utilizados nas mais diversas áreas, como esterilização de materiais cirúrgicos, diagnóstico e terapia de doenças, conservação de alimentos, entre outros.

Randsc/Alamy/Latinstock

a

Reprodução/Wikimedia Commons

b

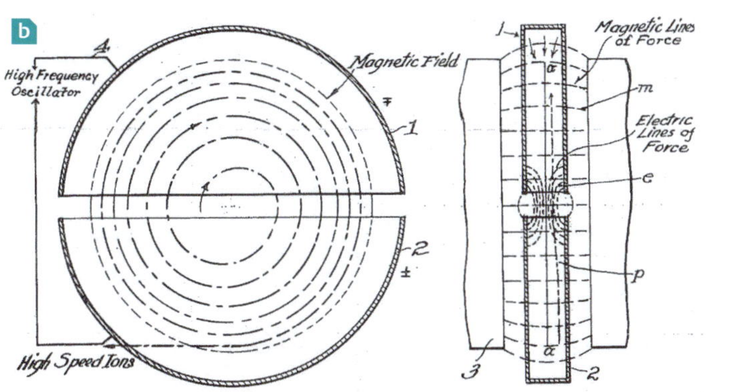

SPL/Latinstock

c

Figura 6.31. Primeiro cíclotron desenvolvido por Ernest O. Lawrence, em 1929 (**a**). Esquema de funcionamento do cíclotron patenteado por Lawrence, em 1934 (**b**). Um dos maiores cíclotrons construídos por Lawrence e inaugurado em 1946(**c**); tinha 184 polegadas (cerca de 4,7 metros).

PRATIQUE FÍSICA

EM EQUIPE

As ilustrações desta página estão representadas sem escala e em cores fantasia.

1. Para determinar os pontos cardeais, basta se posicionar de tal modo que o seu lado direito esteja voltado para o local onde o Sol surge, isto é, para o leste. Nessas condições, o seu lado esquerdo indicará o oeste, a sua frente estará voltada para o norte e o sul estará às suas costas.
   1º) Seguindo essa orientação, determine o norte e o sul do local onde você se encontra.
   2º) Pegue uma pequena bússola e observe a orientação adquirida pela agulha magnética. Indique, então, qual é a extremidade onde se localiza o polo norte da agulha.
   3º) Se você possuir um ímã cujos polos sejam desconhecidos, aproxime dele a agulha da bússola e determine qual dos polos do ímã é o polo norte e qual é o polo sul.
2. Você pode obter a configuração das linhas de indução de um campo magnético, como a mostrada na **figura 6.18**. Para isso, coloque uma folha de cartolina (ou mesmo de papel) sobre um ímã em forma de barra. Em seguida, espalhe cuidadosamente (salpicando) limalha de ferro sobre a cartolina. Observe a configuração assim obtida e compare com a da **figura 6.18**. (Você pode conseguir limalha de ferro em uma serralharia ou oficina mecânica.)
   Com um ímã em forma de U (semelhante ao da **figura 6.19**), procure mapear as linhas de indução do campo desse ímã usando o mesmo processo.
3. Vimos, na seção 6.5, que um fio percorrido por uma corrente, colocado em um campo magnético, fica sob a ação de uma força perpendicular a esse fio. É possível comprovar esse fato com a seguinte montagem: passe um fio bem fino horizontalmente entre os polos de um ímã (ou em frente a um dos polos de um ímã forte) e ligue uma de suas extremidades a um dos polos de uma pilha (veja a figura à esquerda). Faça o contato da outra extremidade do fio com o outro polo da pilha, estabelecendo uma corrente elétrica no condutor. Uma força magnética atuará sobre o fio e você poderá observar que ele se deslocará (para cima ou para baixo) sob a ação dessa força. Verifique se o deslocamento que você observou está de acordo com a regra do tapa estudada neste capítulo.
   Procure prever, usando a regra do tapa, qual deve ser o sentido do deslocamento do fio, se o sentido da corrente nele for invertido. Faça a experiência (inverta a polaridade da pilha) e verifique se a previsão estava correta. Invertendo, agora, o sentido do campo magnético (inverta as posições dos polos do ímã), refaça sua previsão usando a regra do tapa e verifique-a experimentalmente.

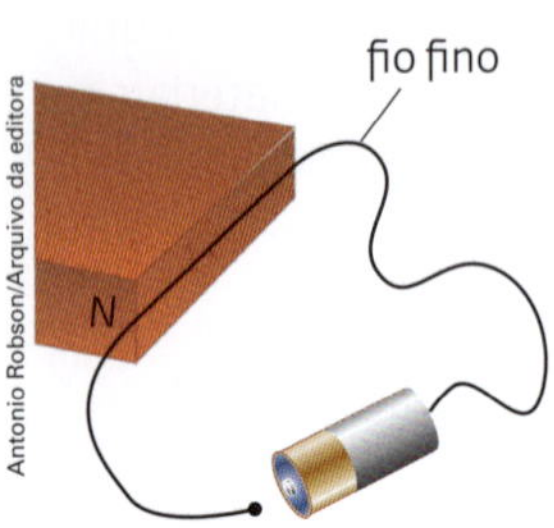

Antonio Robson/Arquivo da editora

4. Na experiência anterior foi observada a força magnética exercida por um ímã sobre uma corrente elétrica.
   É possível também observar essa força atuando sobre o filamento de uma lâmpada elétrica comum. Para isso, basta aproximar do bulbo da lâmpada acesa um dos polos de um ímã. Como a corrente que passa no filamento é alternada, isto é, como ela muda periodicamente de sentido, a força magnética sobre o filamento atua ora em um sentido, ora em sentido contrário. Por esse motivo, o filamento oscila, vibrando de maneira semelhante à corda de um violão. Se o bulbo da lâmpada for transparente, você poderá observar essas vibrações. Caso as vibrações não sejam visíveis com uma lâmpada comum, use um tipo de lâmpada de filamento reto, isto é, não espiralado.
5. As figuras desta experiência mostram um pequeno motor de corrente contínua e alguns detalhes que devem ser observados em sua montagem. Orientando-se por essas figuras, procure construir um motor semelhante. Para criar o campo magnético, poderão ser empregados ímãs do tipo utilizado para fechar portas de armários. Fornecendo corrente a esse motor por meio de uma ou mais pilhas, você verá que ele entrará em rotação muito rapidamente.

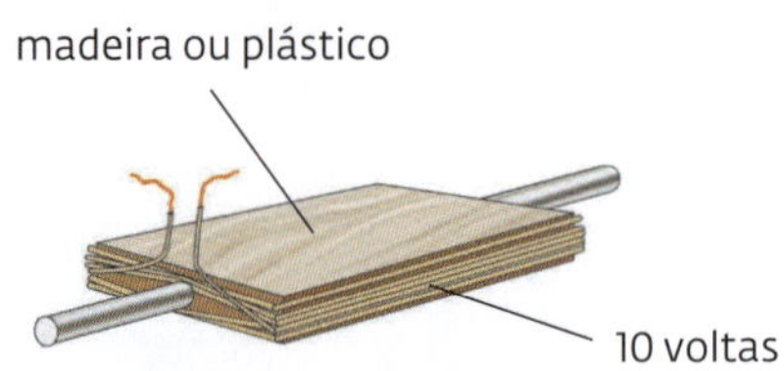

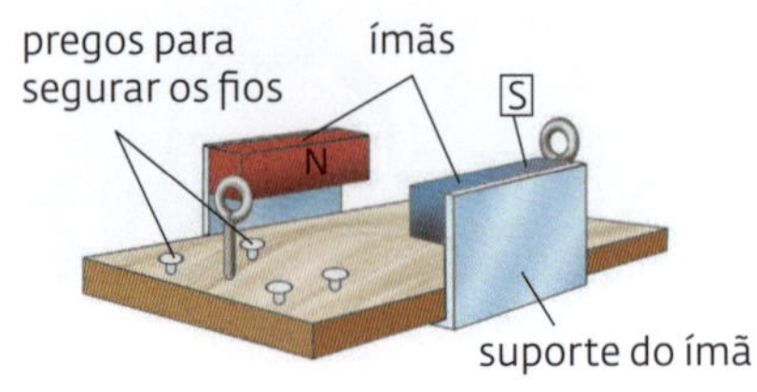

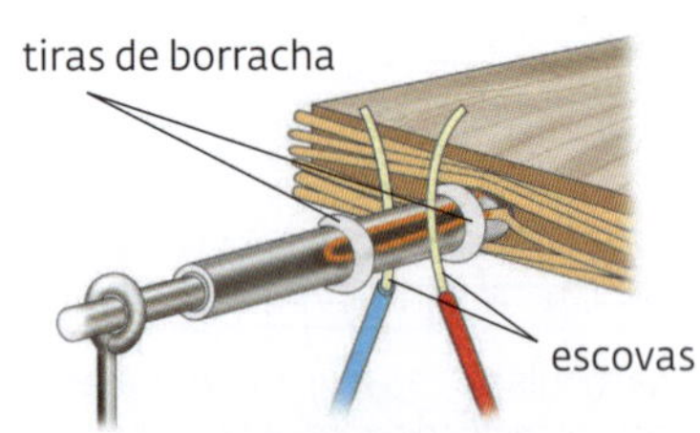

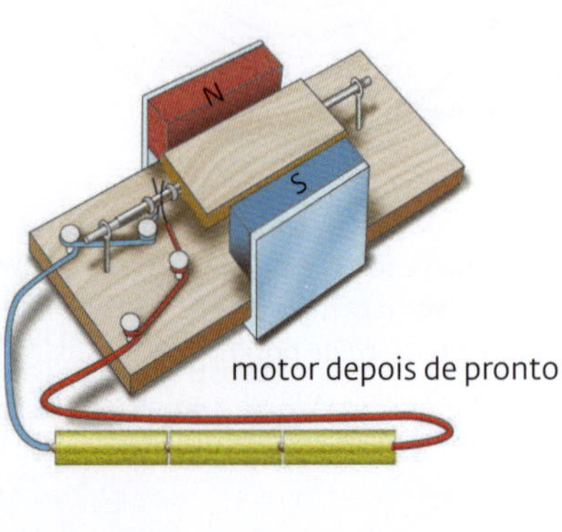

Ilustrações: Paulo César Pereira/Arquivo da editora

PROBLEMAS E TESTES

1. Uma agulha magnética é colocada entre os polos de um ímã. A figura abaixo mostra a orientação que a agulha teria se não existisse o ímã.

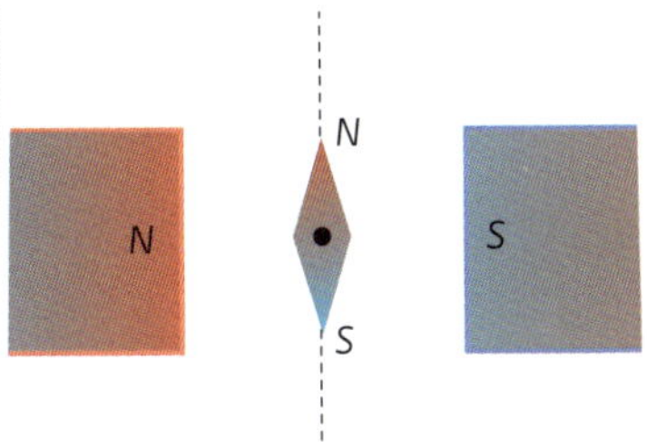

Ilustrações: Formato Comunicação/Arquivo da editora

Em uma cópia dessa figura, desenhe no caderno a orientação que a agulha vai adquirir nos seguintes casos:

a) O campo magnético da Terra é desprezível em relação ao do ímã.

b) O campo magnético da Terra não é desprezível em relação ao do ímã.

2. Uma partícula eletrizada positivamente é lançada horizontalmente para a direita, com uma velocidade $\vec{v}$, como mostra a figura abaixo. Deseja-se aplicar à partícula um campo magnético $\vec{B}$, perpendicular a $\vec{v}$, de tal modo que a força magnética equilibre o peso da partícula.

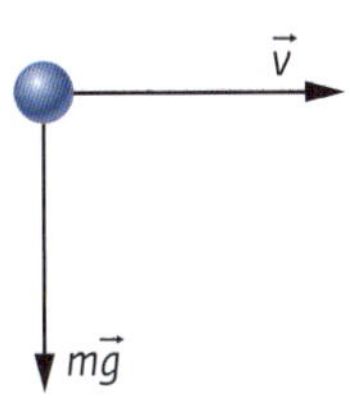

a) Quais devem ser a direção e o sentido do vetor $\vec{B}$ para que isso aconteça?

b) Supondo que a massa da partícula seja $m = 4{,}0$ mg, que sua carga seja $q = 2{,}0 \cdot 10^{-7}$ C e que sua velocidade seja $v = 100$ m/s, determine qual deve ser o módulo do vetor $\vec{B}$. (Considere $g = 10$ m/s^2.)

3. Explique por que as linhas de indução não devem ser chamadas de linhas de força do campo magnético.

4. Uma partícula de carga q, eletrizada negativamente, é lançada com velocidade v em um campo magnético uniforme, de forma que v seja paralela às linhas do campo. Supondo que nenhuma outra força, além daquela que poderia ser exercida pelo campo magnético, atue sobre a partícula, que tipo de movimento a partícula terá?

5. Uma placa metálica é ligada, nos pontos P e Q, aos polos de uma bateria (veja a figura deste problema). Aplicando-se à placa o campo magnético uniforme $\vec{B}$, verifica-se que uma diferença de potencial VMN aparece entre as laterais, M e N, da placa. Analise a situação apresentada e responda:

a) Qual é o sentido do movimento dos elétrons na placa em virtude da voltagem aplicada pela bateria?

b) Qual é o sentido do deslocamento dos elétrons causado pelo campo magnético $\vec{B}$?

c) O potencial de M é maior ou menor do que o de N?

As ilustrações desta página estão representadas sem escala e em cores fantasia.

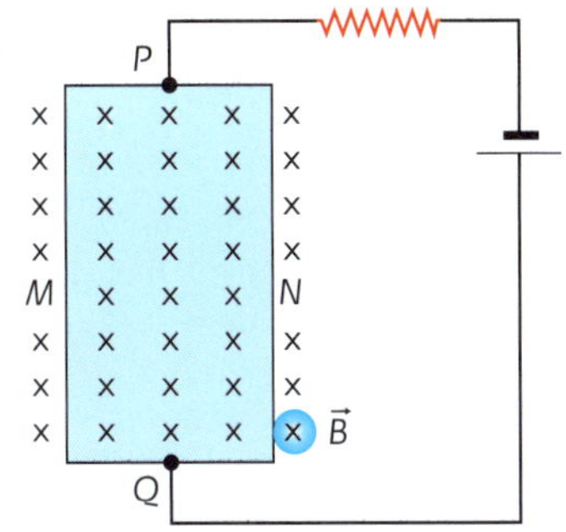

6. (**UFRGS**) Indique a alternativa que preenche corretamente o texto a seguir.

A figura 1 representa um anel condutor, em repouso, sobre o plano xyz de um sistema de coordenadas, com seu centro coincidindo com a origem O do sistema, e um ímã em forma de barra que é movimentado sobre o eixo dos x, entre o anel e o observador.

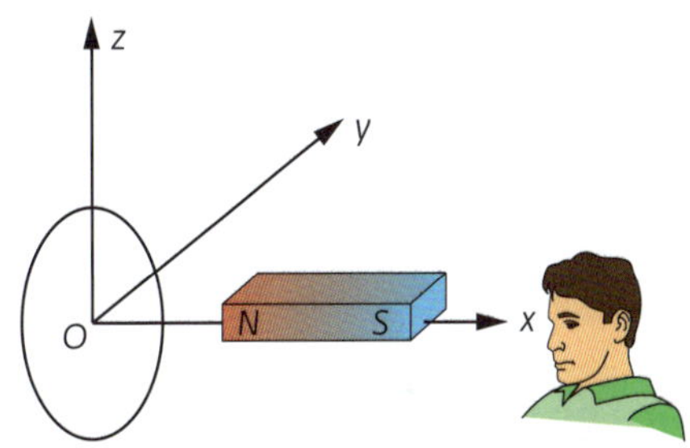

figura 1

O gráfico a seguir (figura 2) representa a velocidade v desse ímã em função do tempo t, em três intervalos consecutivos, designados por I, II e III.

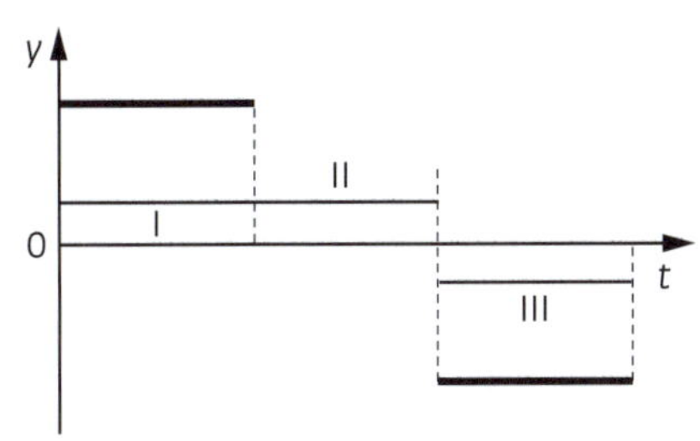

figura 2

(Nesse gráfico, $v > 0$ significa movimento no sentido $+x$ e $v < 0$ significa movimento no sentido $-x$.)

Com base nas informações apresentadas anteriormente, é correto afirmar que, durante o intervalo ///////////////, o campo magnético induzido em O tem o sentido ////////////// e a corrente elétrica induzida no anel tem, para o observador, o sentido ////////////////.

a) I; $-x$; horário

b) I; $+x$; anti-horário

c) II; $-x$; anti-horário

d) III; $+x$; horário

e) III; $-x$; anti-horário

As abelhas da espécie *Apis mellifera* possuem dois diferentes tamanhos de partículas de magnetita em seu abdômen.

CAPÍTULO 7

Alterações do campo magnético

A Física se relaciona com outras áreas do conhecimento, tendo inúmeras aplicações na área da saúde (raios X, radioterapia, *laser*, etc.) e, também, ao comportamento de animais, como o da abelha da foto acima.

As abelhas da espécie *Apis mellifera* possuem partículas de magnetita em seu abdômen. Isso levou cientistas de renome, como Karl von Frisch (prêmio Nobel em 1973), a estudar seu comportamento.

O magnetismo também foi aplicado na área médica: em 1778, em Paris, o médico austríaco Franz Mesmer ofereceu como tratamento para doenças como a paralisia e o escorbuto imersões em fluidos magnéticos (para Mesmer todos os seres vivos seriam constituídos por um "fluido magnético"). A intenção era "equilibrar" um fluido humano que tinha propriedades magnéticas iguais às do ímã (cabeça – norte; pés – sul) por meio de um campo magnético gerado por uma cuba contendo ácido sulfúrico diluído e barras de ferro.

As técnicas de "cura pelo magnetismo" existem até hoje: colchões, jarras de água com ímãs, aplicação direta de objetos imantados sobre a região doente, entre outras, mas são consideradas terapias de medicina alternativa, ficando a critério de quem as procura avaliar os benefícios de sua aplicação.

PARA INICIAR A CONVERSA

Na concepção médica de Mesmer – e também na de outros médicos contemporâneos e anteriores –, a doença era vista como um "desequilíbrio" das funções vitais. Como, então, a saúde era restabelecida?

Franz Mesmer em seu tempo não poderia imaginar que seres vivos são capazes de gerar minúsculos campos magnéticos. Existem duas áreas da Biologia que estudam esses fenômenos: magnetobiologia e biomagnetismo. Pesquise qual a diferença entre elas.

Como seria possível criar um campo magnético com uma cuba contendo ácido sulfúrico diluído e barras de ferro?

7.1 Campo magnético de um condutor retilíneo

No capítulo anterior vimos que a experiência de Oersted levou à conclusão que uma corrente elétrica cria um campo magnético no espaço em torno dela. Agora, vamos analisar a relação entre o campo magnético e a corrente elétrica que o origina.

Direção e sentido do vetor $\vec{B}$

Consideremos um condutor retilíneo *AC*, bastante comprido, percorrido por uma corrente, como mostra a **figura 7.1**. Em torno desse condutor existe um campo magnético $\vec{B}$. Para isso, vamos colocar uma agulha magnética em diversas posições em torno de *AC*. A orientação da agulha nos indicará a direção e o sentido do campo magnético em cada ponto.

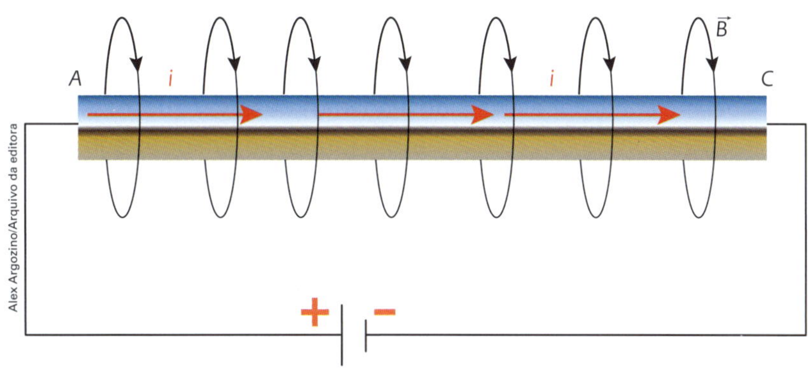

Figura 7.1. Fio retilíneo, comprido, conduzindo uma corrente elétrica de intensidade *i*. Representação sem escala e em cores fantasia.

Na **figura 7.2.a** vemos um corte transversal do condutor *AC*, com a corrente *i*, que o percorre, saindo da placa de madeira, e agulhas magnéticas colocadas em alguns pontos próximos ao condutor. Observando a orientação que a agulha toma em cada ponto, podemos traçar o vetor $\vec{B}$ que representa o campo magnético criado pelo condutor naqueles pontos. Assim, a experiência nos mostra que a corrente no fio cria um campo magnético cujas linhas de indução envolvem o condutor, apresentando uma forma circular, com centro sobre ele **(figura 7.2.b)**.

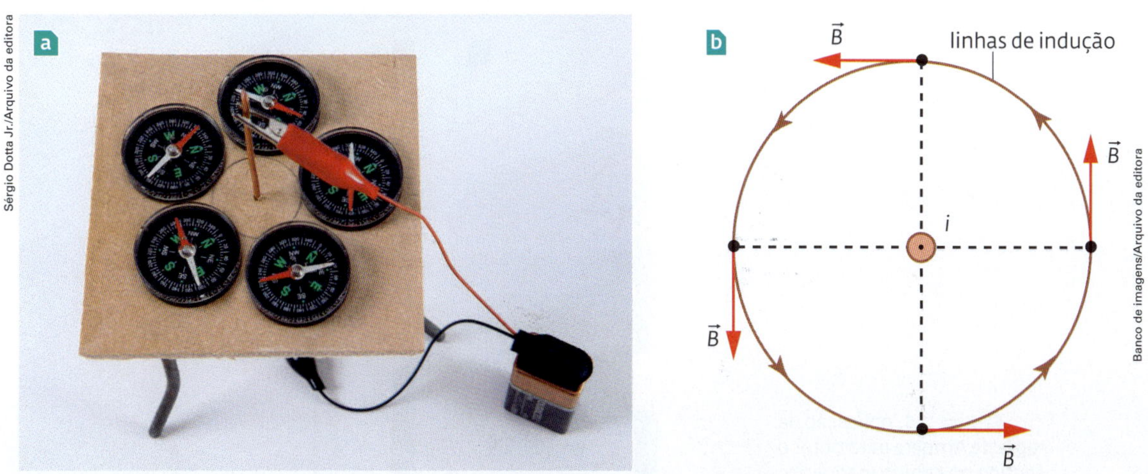

Figura 7.2. Em **a** um condutor visto em direção perpendicular à placa de madeira. Em **b** os vetores $\vec{B}$ que a corrente cria em torno do fio.

As ilustrações desta página estão representadas sem escala e em cores fantasia.

Podemos traçar várias linhas de indução para representar o campo magnético a diversas distâncias do condutor, como mostra a **figura 7.3.a**. Para enxergar essas linhas de indução, podemos usar limalha de ferro. A **figura 7.3.b** é uma fotografia das linhas de indução do campo criado por um fio reto e comprido, obtidas dessa maneira.

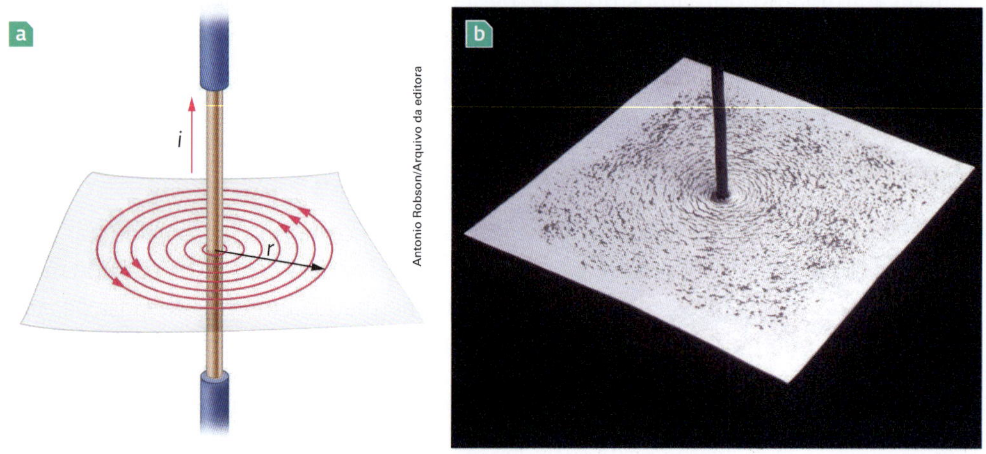

Figura 7.3. Linhas de indução do campo magnético criado por um condutor retilíneo, perpendicular à folha de papel e saindo dela (**a**). Fotografia das linhas de indução gerada por um fio reto e comprido (**b**).

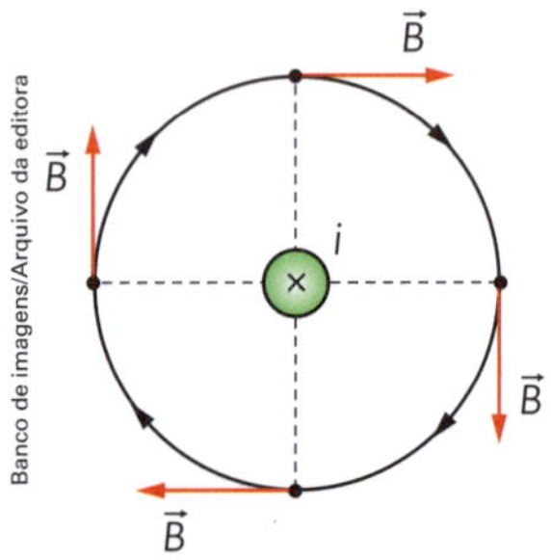

Figura 7.4. Linhas de indução do campo magnético criado por um condutor retilíneo, perpendicular à folha de papel e penetrando nela.

A **figura 7.4** nos mostra o que acontece quando o sentido da corrente (penetrando na folha de papel) no condutor é invertido. Podemos observar que, nessas condições, as linhas de indução continuam com a mesma forma, porém o sentido do vetor $\vec{B}$ se inverte (compare a **figura 7.4** com a **figura 7.2.b**).

Regra de Ampère para determinar o sentido de $\vec{B}$

As linhas de indução em torno de um condutor retilíneo são sempre circulares, mas o seu sentido (o sentido de $\vec{B}$) depende do sentido da corrente no fio. Uma regra prática muito usada, denominada **regra de Ampère**, nos permite obter o sentido do campo magnético em torno do fio.

A **figura 7.5.a** ilustra o uso dessa regra: dispondo o polegar da **mão direita** ao longo do condutor, no sentido da corrente, e os demais dedos envolvendo o condutor, esses dedos nos indicarão o sentido das linhas de indução (observe a figura). Na **figura 7.5.b**, a mesma regra está sendo usada com a corrente no condutor em sentido contrário ao da **figura 7.5.a**. Observe que a regra de Ampère nos indica que a orientação das linhas de indução é contrária àquela da **figura 7.5.a**.

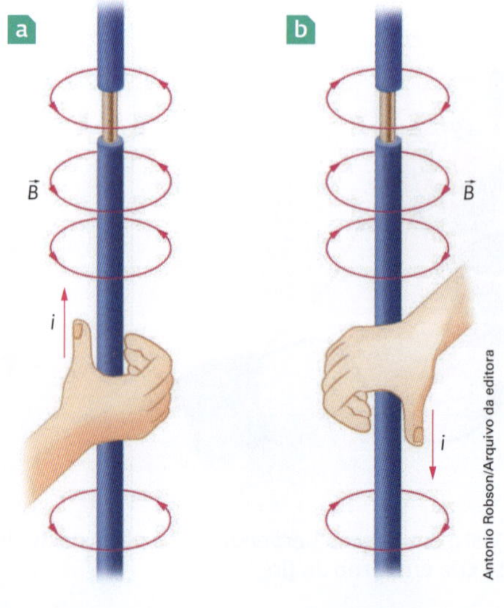

Figura 7.5. Aplicação da regra de Ampère para obter o sentido do campo magnético criado em torno de um fio que conduz uma corrente elétrica.

Fatores que influenciam o módulo de $\vec{B}$

Uma vez conhecida a maneira de determinar a direção e o sentido do campo magnético criado por um condutor retilíneo, os cientistas procuraram realizar experiências que lhes fornecessem informações sobre o **módulo** desse campo.

Para apresentar as conclusões, consideremos a figura 7.6. Sendo B o módulo do campo magnético que a corrente i estabelece a uma distância r do condutor, eles verificaram que:

1º) B é diretamente proporcional a i:

$$B \propto i$$

2º) B é inversamente proporcional a r:

$$B \propto \frac{1}{r}$$

Logo, podemos escrever:

$$B \propto \frac{i}{r}$$

Assim, em resumo, temos:

As linhas de indução do campo magnético criado pela corrente em um fio condutor reto e comprido são círculos com centro sobre o condutor e orientadas com um sentido que pode ser determinado pela regra de Ampère (figura 7.5). O módulo B desse campo, em um ponto, é diretamente proporcional à intensidade da corrente i no fio e inversamente proporcional à distância do ponto ao condutor, isto é:

$$B \propto \frac{i}{r}$$

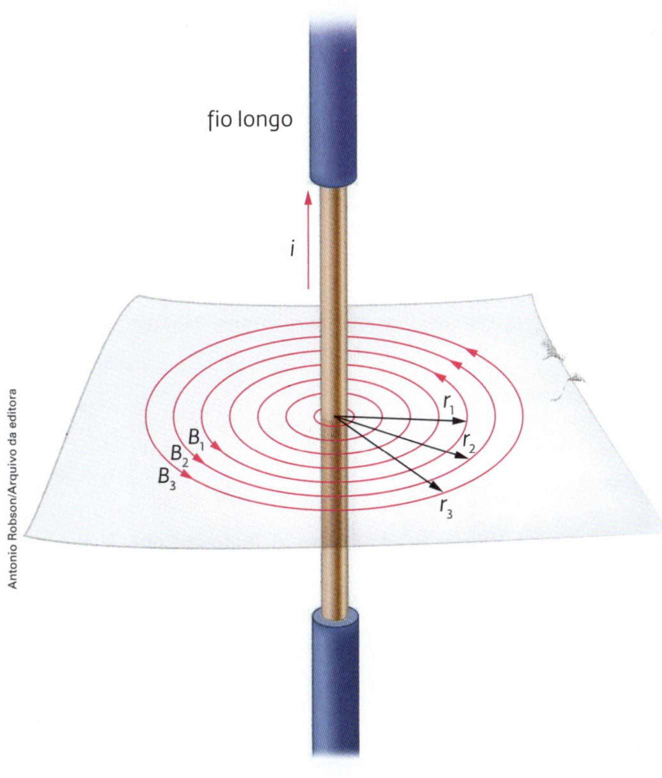

Figura 7.6. O campo magnético $\vec{B}$, criado por uma corrente i, a uma distância r do fio é tal que $B \propto i$ e $B \propto \left(\frac{1}{r}\right)$. À medida que r aumenta ($r_1 < r_2 < r_3$), o campo magnético diminui ($B_1 > B_2 > B_3$).

Exemplo

Um fio retilíneo transporta uma corrente *i* com o sentido indicado na figura 7.7.a.

a) Indique, na figura, a direção e o sentido do campo magnético criado pelo fio nos pontos *M* e *N*.

Aplicando a regra de Ampère, concluímos que em *M* temos um campo magnético perpendicular à folha de papel e penetrando nela, como mostra a figura 7.7.b. Vemos, ainda, que no ponto *N* o vetor $\vec{B}$ está saindo da folha de papel.

b) Sabendo-se que o módulo do campo magnético nos pontos *M* e *N* é $B = 4{,}0 \cdot 10^{-4}$ T, quais serão o módulo, a direção e o sentido do campo magnético nos pontos *P* e *Q*?

A própria regra de Ampère nos mostra que em *P* e *Q* teremos o vetor $\vec{B}$ com as orientações mostradas na figura 7.7.b.

Observemos, agora, que os pontos *P* e *Q* estão situados a uma distância do fio duas vezes maior do que os pontos *M* e *N*. Como $B \propto \frac{1}{r}$, concluímos que em *P* e *Q* o módulo de $\vec{B}$ será duas vezes menor do que em *M* e *N*. Logo, em *P* e *Q* teremos:

$$B = \frac{4{,}0 \cdot 10^{-4}}{2} \quad \text{ou} \quad B = 2{,}0 \cdot 10^{-4}\ \text{T}$$

As ilustrações desta página estão representadas sem escala e em cores fantasia.

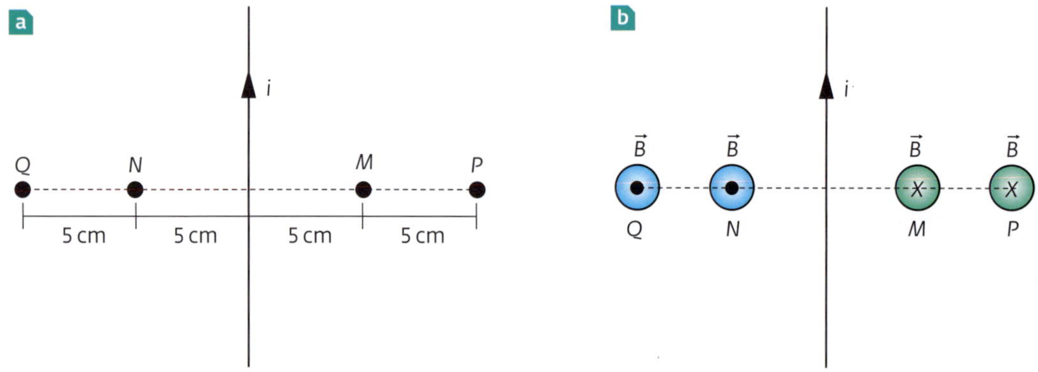

Figura 7.7. Para o exemplo da seção 7.1.

Ilustrações técnicas desta página: Banco de imagens/Arquivo da editora

Verifique o que aprendeu

1. Considerando a figura deste exercício, indique a direção e o sentido do campo magnético criado pelo fio *AC* nos pontos *P*, *Q*, *M* e *R*.

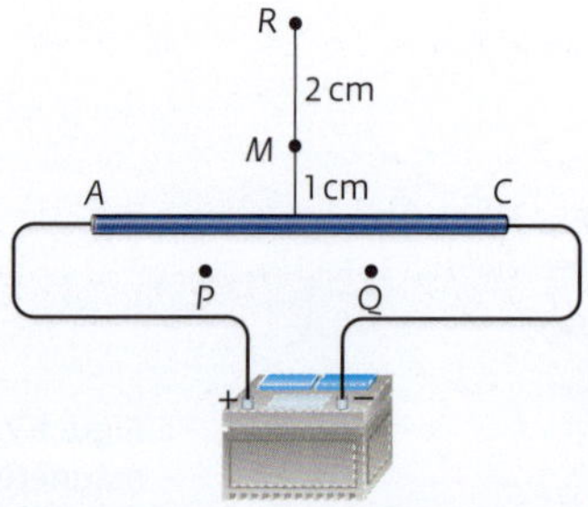

Formato/Arquivo da editora

2. No exercício anterior, considere que o valor do campo magnético em *M* seja $B_M = 6{,}0 \cdot 10^{-4}$ T. Supondo que a intensidade da corrente no fio *AC* tenha sido duplicada, responda qual será, então:

a) o valor do campo magnético em *M*.

b) o valor do campo magnético em *R*.

3. A figura deste exercício representa dois condutores retilíneos horizontais, **(1)** e **(2)**, vistos em corte, transportando as correntes $i_1 = 30$ A e $i_2 = 15$ A com os sentidos ali indicados. Considerando o ponto *P* da figura:

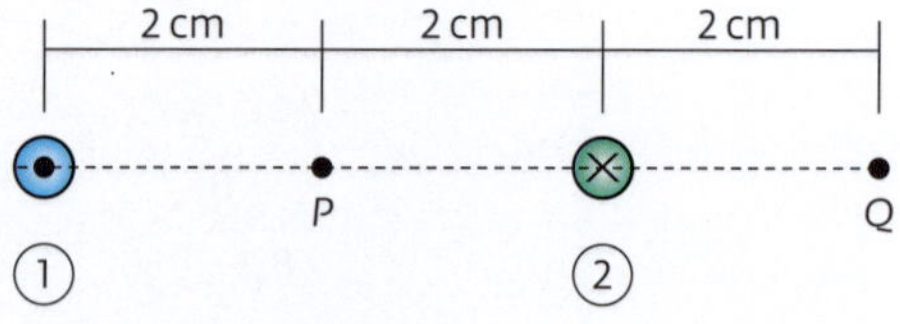

a) Indique a direção e o sentido de cada um dos campos magnéticos $\vec{B}_1$ e $\vec{B}_2$ criados pelos fios **(1)** e **(2)** nesse ponto.

b) Sabendo-se que $B_1 = 3{,}0 \cdot 10^{-4}$ T, qual será, então, o módulo de $\vec{B}_2$?

c) Determine o módulo, a direção e o sentido do campo magnético resultante, $\vec{B}$, estabelecido pelos dois fios no ponto *P*.

7.2 Campo magnético no centro de uma espira circular

As ilustrações desta página estão representadas sem escala e em cores fantasia.

Direção e sentido do vetor $\vec{B}$

Consideremos um fio condutor ao qual foi dada a forma de uma circunferência, denominada **espira circular**. Se essa espira for percorrida por uma corrente elétrica, como mostra a **figura 7.8**, essa corrente irá estabelecer um campo magnético no espaço em torno da espira. Entretanto, vamos examinar apenas o campo magnético em seu centro.

Para fazer esse estudo, coloquemos uma pequena agulha magnética no centro da espira. Observando sua orientação, verificamos que o vetor $\vec{B}$ nesse ponto é perpendicular ao plano da espira e tem o sentido indicado na **figura 7.8**.

A regra prática de Ampère pode ser usada também aqui para determinar o sentido do campo magnético. Na **figura 7.9**, usando essa regra, vemos que ela nos fornece corretamente o sentido do vetor $\vec{B}$, que coincide com o sentido indicado na **figura 7.8**. Se invertermos o sentido da corrente, verificaremos que o vetor $\vec{B}$ continua perpendicular ao plano da espira, porém tem o seu sentido invertido.

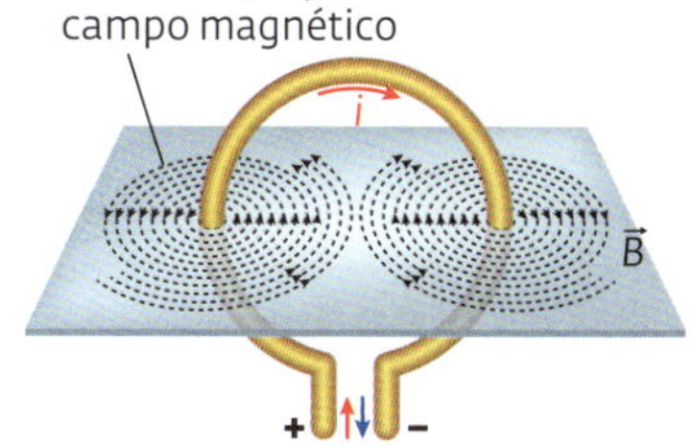

Figura 7.8. Campo magnético criado no centro de uma espira circular na qual passa uma corrente elétrica.

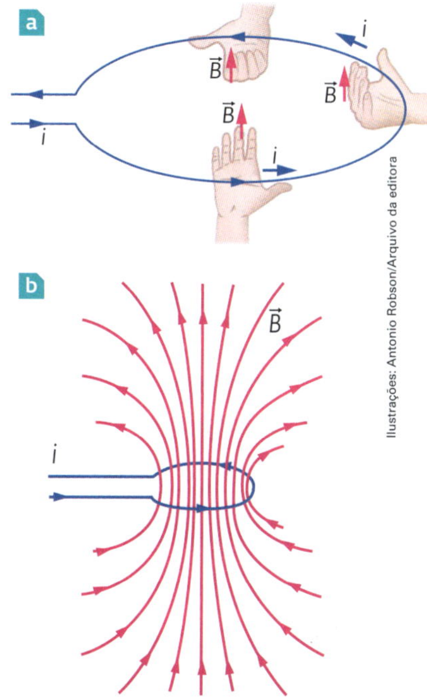

Figura 7.9. A regra de Ampère pode ser usada para determinar o sentido de $\vec{B}$ também neste caso (**a**) e para mapear a disposição das linhas de indução (**b**).

Fatores que influenciam o módulo de $\vec{B}$

Analisando o módulo B do campo magnético, no centro de uma espira circular, verificou-se que o seu valor é proporcional à intensidade da corrente na espira, como acontecia no caso de um condutor retilíneo. Além disso, constatou-se que, quanto maior é a espira, menor é o valor do campo magnético em seu centro, ou seja, verificou-se que B é inversamente proporcional ao raio R da espira. Assim, em resumo, temos:

1º) B é diretamente proporcional a i: $B \propto i$.

2º) B é inversamente proporcional a R: $B \propto \frac{1}{R}$.

Assim, podemos concluir que a seguinte relação é válida para o valor do campo magnético no centro de uma espira circular:

$$B \propto \frac{i}{R}$$

VERIFIQUE O QUE APRENDEU

4. Observe a figura para solucionar os itens abaixo.
   a) Uma espira circular, colocada sobre uma mesa horizontal, está ligada a uma bateria, como mostra a figura deste exercício. Usando a regra de Ampère, determine a direção e o sentido do campo magnético no centro C da espira.
   b) Suponha que o módulo do campo magnético no ponto C fosse $B = 2{,}0 \cdot 10^{-4}$ T. Qual seria o valor desse campo se a intensidade da corrente no fio fosse duplicada e o raio da espira fosse reduzido à metade?

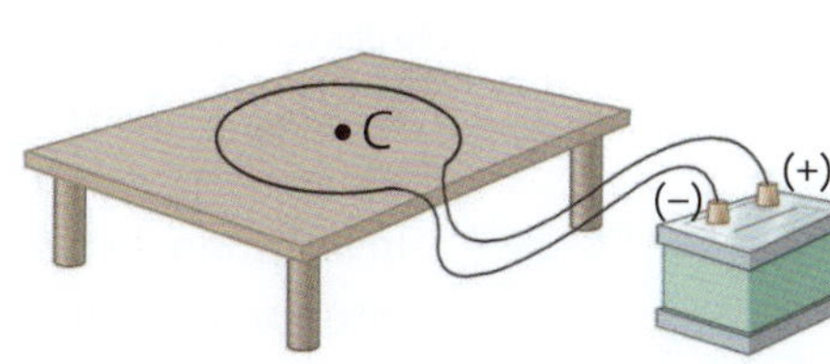

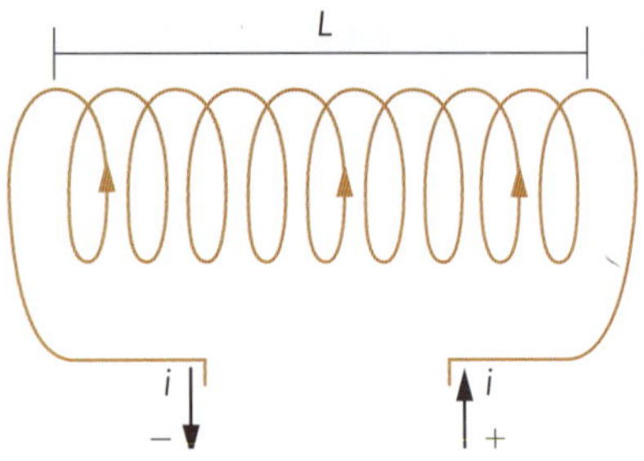

Figura 7.10. Um solenoide é constituído por um condutor enrolado de modo que forme espiras sucessivas.

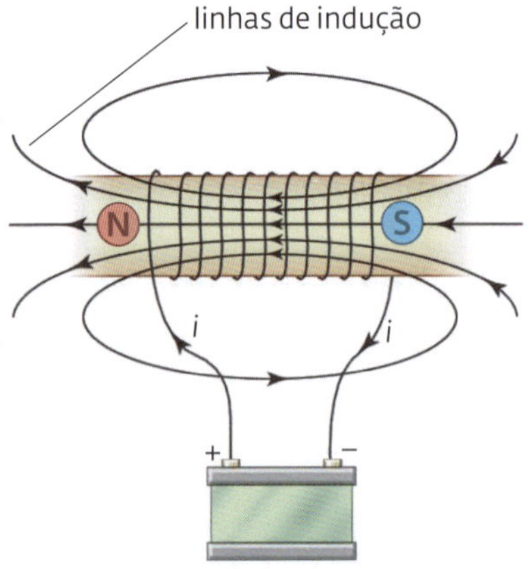

Ilustrações: Paulo César Pereira/Arquivo da editora

Figura 7.11. Linhas de indução do campo magnético criado por uma corrente que passa por um solenoide.

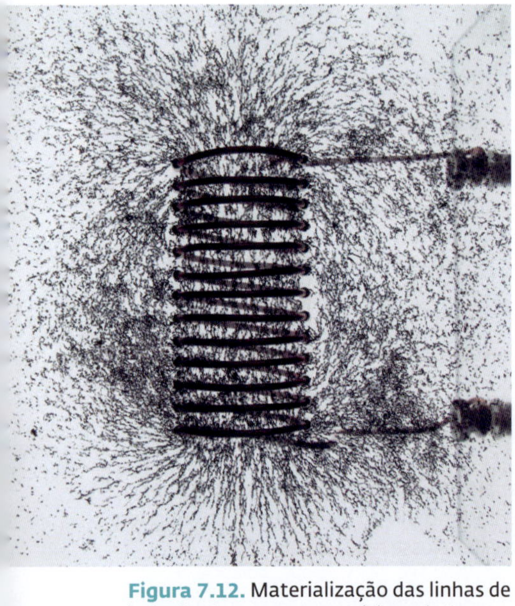

Reprodução/<https://sharepoint.umich.edu>

Figura 7.12. Materialização das linhas de indução do campo magnético criado por um solenoide, usando limalhas de ferro.

7.3 Campo magnético de um solenoide

O que é um solenoide

Um condutor enrolado de modo que forme um conjunto de *N* espiras sucessivas, praticamente circulares, como o mostrado na figura 7.10, é denominado **solenoide**. A palavra "bobina" pode ser usada como sinônimo de solenoide, embora, na realidade, bobina seja um termo mais geral, que designa qualquer tipo de enrolamento.

Ligando-se o solenoide a uma bateria, uma corrente elétrica circulará por suas espiras, estabelecendo um campo magnético em pontos tanto do interior quanto do exterior da bobina. Na figura 7.11 estão apresentadas algumas linhas de indução desse campo magnético.

Na fotografia mostrada na figura 7.12 podemos observar essas linhas de indução, obtidas por meio de limalhas de ferro distribuídas no campo magnético.

Comparando as figuras 7.11 e 6.18, observamos que o campo magnético de um solenoide apresenta uma configuração muito semelhante à de um ímã em forma de barra. Portanto, um solenoide possui praticamente as mesmas propriedades magnéticas de um ímã. Por exemplo, um solenoide percorrido por uma corrente, suspenso de maneira que possa girar livremente, orienta-se na direção norte-sul.

Além disso, suas extremidades se comportam como os polos de um ímã, como está representado na figura 7.11; a extremidade da qual as linhas de indução estão emergindo se comporta como um polo norte e a extremidade na qual elas penetram no solenoide se comporta como um polo sul. Por esse motivo, podemos dizer que o solenoide constitui um **eletroímã**, isto é, um ímã obtido por meio de uma corrente elétrica.

Direção e sentido de $\vec{B}$ no interior do solenoide

Conforme podemos perceber pela fotografia da figura 7.12, as linhas de indução no interior do solenoide são paralelas ao seu eixo, isto é, o vetor $\vec{B}$, em qualquer ponto do interior do solenoide, tem aquela direção.

Para determinar o sentido de $\vec{B}$ nesses pontos, podemos usar a regra de Ampère. Considerando a espira de uma das extremidades da bobina e dispondo o polegar no sentido da corrente, os demais dedos indicarão se as linhas de indução, nessa extremidade, estão entrando no solenoide ou saindo dele.

Por exemplo, na figura 7.13.a os dedos indicam que as linhas de indução estão penetrando na extremidade *F* da bobina e, portanto, o campo magnético no interior do solenoide está dirigido de *F* para *G*. Invertendo-se o sentido da corrente nas espiras, o sentido do campo magnético no interior do solenoide também se inverterá, como nos mostra a aplicação da regra de Ampère feita na figura 7.13.b.

As ilustrações desta página estão representadas sem escala e em cores fantasia.

Antonio Robson/Arquivo da editora

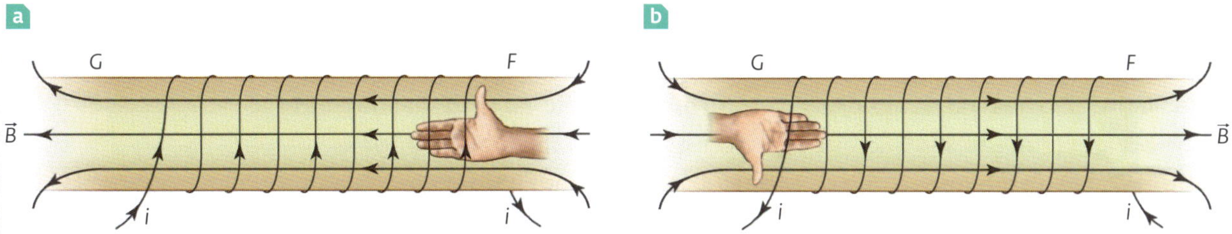

Figura 7.13. Aplicação da regra de Ampère para determinação do sentido das linhas de indução do campo magnético de um solenoide. Representação sem escala e em cores fantasia.

Fatores que influenciam o módulo de $\vec{B}$

Consideremos um solenoide bastante comprido em comparação com o diâmetro de suas espiras. Verifica-se que em pontos do interior desse solenoide, não muito próximos de suas extremidades, o campo magnético é uniforme, isto é, o vetor $\vec{B}$ é praticamente o mesmo em qualquer um desses pontos.

Como ocorre com os campos magnéticos estudados nas seções anteriores, observamos que o módulo de $\vec{B}$ no interior do solenoide é proporcional à intensidade da corrente que circula em suas espiras. Além disso, um outro fator importante tem influência no valor de $\vec{B}$: o número de espiras por unidade de comprimento, que vamos representar por n. Esse número é obtido dividindo-se o número total, N, de espiras pelo comprimento, L, do solenoide **(figura 7.10)**, isto é, $n = N/L$. Verifica-se que o valor de $\vec{B}$ no interior do solenoide é proporcional a n. Então, temos:

1º) B é diretamente proporcional a i: $B \propto i$.

2º) B é diretamente proporcional a n: $B \propto n$.

Logo, podemos escrever:

$$B \propto ni$$

Chamamos a atenção para o fato de que o valor de $\vec{B}$ no interior de um solenoide comprido não é influenciado pelo raio de suas espiras.

Sérgio Dotta Jr./Arquivo da editora

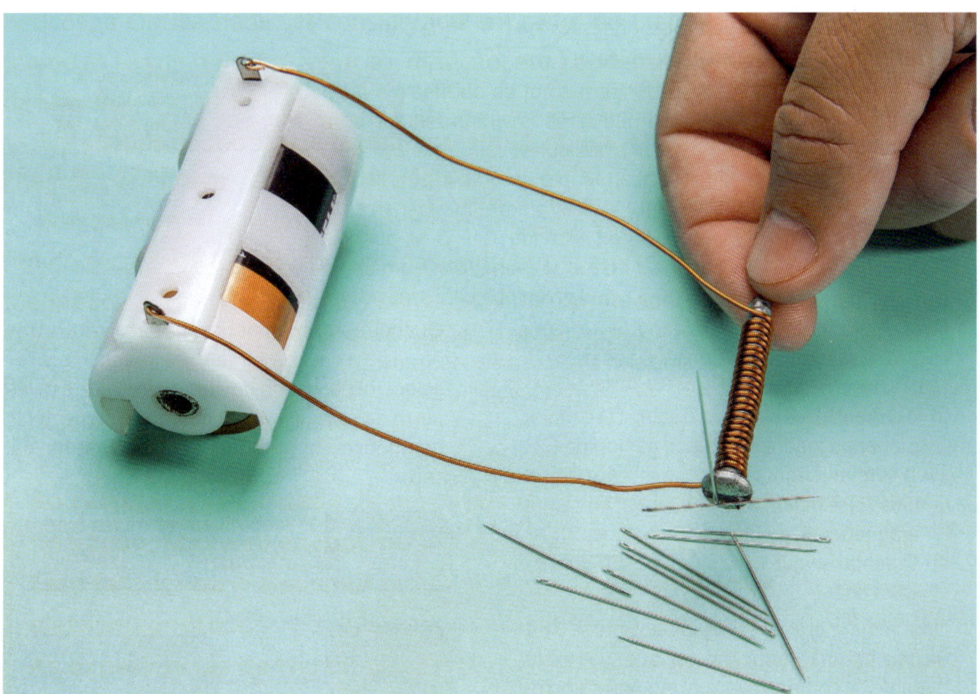

Figura 7.14. Podemos construir um solenoide enrolando um fio de cobre em um prego de ferro, que será o núcleo da bobina. Ao ligarmos o circuito, a corrente elétrica atravessa o fio transformando-o em um ímã que atrai objetos metálicos.

Em resumo, podemos destacar:

O campo magnético no interior de um solenoide comprido (em pontos afastados de suas extremidades) é uniforme, paralelo ao eixo do solenoide e orientado com um sentido que pode ser obtido pela regra de Ampère (figura 7.13). O módulo, *B*, desse campo é proporcional à intensidade da corrente, *i*, nas espiras e ao número de espiras por unidade de comprimento, *n*, do solenoide, isto é:

$$B \propto ni$$

As ilustrações desta página estão representadas sem escala e em cores fantasia.

EXEMPLO

Um solenoide *FG* é percorrido por uma corrente elétrica no sentido indicado na figura 7.15. Aproximando-se da extremidade *F* do solenoide o polo sul de um ímã *I*, esse polo será atraído ou repelido por aquela extremidade?

Aplicando a regra de Ampère a uma espira da extremidade do solenoide, determinaremos o sentido do campo magnético em seu interior.

Na figura 7.15, essa regra foi aplicada à espira da extremidade *G*, mostrando que as linhas de indução estão saindo desta extremidade. Então, *G* se comporta como um polo norte e, consequentemente, *F* se comportará como um polo sul. Nessas condições, concluímos que o ímã será repelido ao ter o seu polo sul aproximado de *F*.

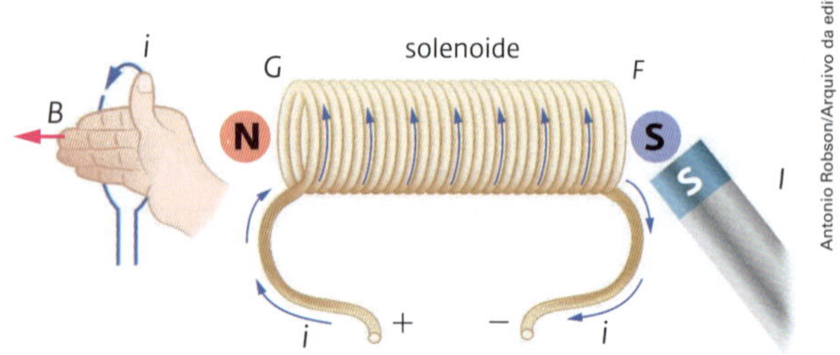

Figura 7.15. Para o exemplo da seção 7.3.

VERIFIQUE O QUE APRENDEU

5. Um solenoide *FG*, percorrido por uma corrente elétrica, foi suspenso para poder girar livremente. Observou-se que ele se orientava na direção norte-sul, com sua extremidade *F* voltada para o norte geográfico da Terra.

a) A extremidade *F* desse eletroímã está se comportando como um polo norte ou como um polo sul?

b) Então, o campo magnético no interior do solenoide está dirigido de *G* para *F* ou de *F* para *G*?

6. Duas bobinas, (1) e (2), cada uma com 100 espiras e cujos comprimentos são $L_1 = 20$ cm e $L_2 = 40$ cm, são ligadas em série aos polos de uma bateria.

a) A corrente que passa na bobina (1) é maior, menor ou igual à que passa na bobina (2)?

b) O campo magnético B_1, no interior da bobina (1), é maior, menor ou igual ao campo magnético B_2 no interior da bobina (2)?

c) Sabendo-se que $B_1 = 6{,}0 \times 10^{-3}$ T, qual é o valor de B_2?

7. Uma mola metálica foi ligada aos polos *C* e *D* de uma bateria, verificando-se que suas extremidades se comportavam como polos norte e sul, como está indicado na figura deste exercício. Determine, então, qual é o polo positivo da bateria.

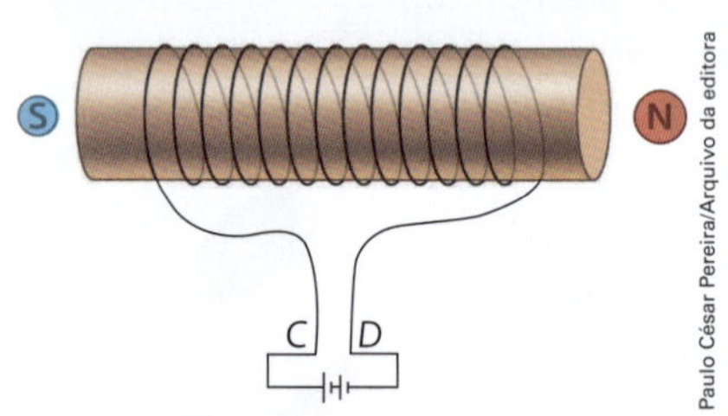

8. Quando aproximamos um ímã da caixa mostrada na figura, o ímã e a caixa se atraem ou se repelem, dependendo do polo do ímã que estiver perto da caixa. Qual (ou quais) componente(s) magnético(s) pode(m) existir no interior da caixa?

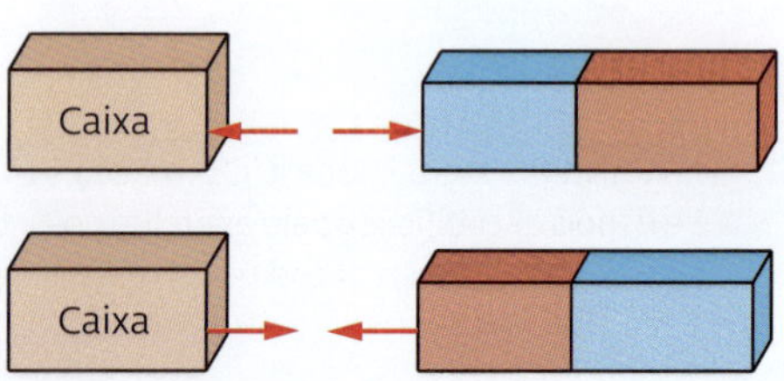

APLICAÇÕES DA FÍSICA

Como se forma a imagem em um tubo de TV

Em breve as futuras gerações só ouvirão falar das TVs de tubo nos livros e museus. Entretanto, as TVs de tubo com imagens em preto e branco já foram um dos objetos de consumo mais cobiçados pela sociedade brasileira. Inventadas na década de 1920, as TVs de tubo comandariam a vida das famílias brasileiras por meio de sua programação e dos intervalos comerciais nas décadas de 1960 e 1970, quando os preços se tornaram acessíveis devido à expansão e à produção em larga escala dos eletrodomésticos. A **figura 7.16** mostra o esquema de um desses tubos, que é constituído essencialmente das seguintes partes:

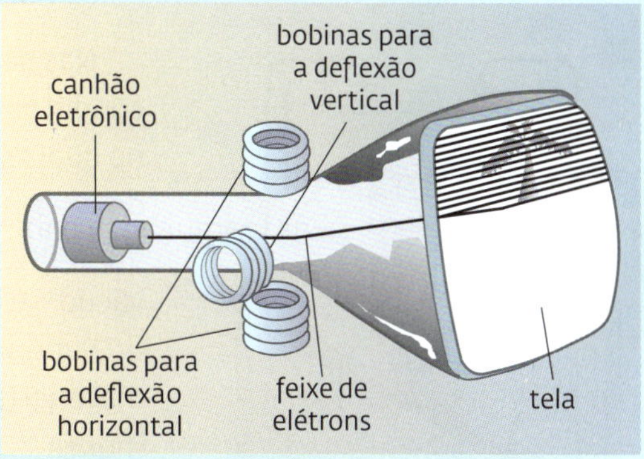

Figura 7.16. A imagem, em um aparelho de TV, é formada em virtude do impacto de elétrons sobre a tela fluorescente. Representação sem escala e em cores fantasia.

- um canhão eletrônico, situado no extremo posterior do tubo, que é um dispositivo que emite um feixe de elétrons, acelerados por uma alta-tensão de vários milhares de volts;
- um par de bobinas, que cria um campo magnético horizontal, e outro par, que cria um campo magnético vertical. O feixe de elétrons **(figura 7.16)** passa entre essas bobinas, sendo, então, defletido horizontal e verticalmente pelas forças exercidas por esses campos magnéticos (quando não há corrente nas bobinas, o feixe atinge o centro da tela);
- uma tela, coberta com material fluorescente, que é atingido pelo feixe de elétrons, após ser defletido pelos campos magnéticos.

O impacto dos elétrons contra a tela produz uma pequena mancha luminosa em cada ponto atingido.

Os campos magnéticos das bobinas defletoras mudam periodicamente de sentido, fazendo o feixe de elétrons percorrer, com enorme velocidade, toda a tela, de cima para baixo e da direita para a esquerda (dizemos que o feixe de elétrons varre toda a tela). Quando o aparelho de TV não está sintonizado em nenhum canal, essa varredura dá origem a um brilho praticamente uniforme na tela.

Ao sintonizarmos um determinado canal, os sinais captados pela antena modificam a varredura, fazendo com que certas partes da tela fiquem mais claras (recebam mais elétrons) e outras fiquem mais escuras (recebam menor número de elétrons). Com essas gradações de intensidade luminosa sobre a tela, são formadas as imagens em preto e branco, emitidas pelo canal sintonizado.

Com a evolução tecnológica, as TVs de tubo foram substituídas por aparelhos mais modernos. Atualmente as TVs são de tela plana de cristal líquido e LED (do inglês *Light Emitting Diode*), que utilizam técnicas diferentes para compor a imagem na tela. Em vez de criar a imagem linha por linha, essas TVs possuem uma grade com pontos que se acendem ou apagam um de cada vez, como as das TVs de tubo, porém sem a necessidade de uma varredura completa da tela. Com isso, é possível obter uma qualidade de imagem muito superior.

QUESTÕES

1. Explique a diferença entre a formação da imagem em um aparelho de TV com tubo e nas TVs de LCD, plasma e LED.
2. No sistema digital, toda a informação é transformada em código binário (interpretado por 0 e 1), e depois decodificada pelo aparelho de TV transmissor. Com essa mudança, os aparelhos que possuem somente um decodificar analógico necessitam de um decodificar digital. Pesquise a finalidade e o funcionamento desse decodificador.

As ilustrações desta página estão representadas sem escala e em cores fantasia.

7.4 Influência do meio no valor do campo magnético

Nas seções anteriores analisamos os campos magnéticos criados por condutores de formas diversas sem, entretanto, nos referirmos ao **meio** no qual esses fios condutores estavam inseridos. O estudo foi feito supondo os condutores situados no ar (rigorosamente falando, os condutores deveriam estar no vácuo, mas a diferença entre as duas situações – ar e vácuo – é insignificante).

Suponhamos, agora, que o condutor esteja mergulhado em um meio material (figura 7.17.a) ou que um objeto qualquer seja aproximado dele (figura 7.17.b). Verifica-se que, nesses casos, o valor do campo magnético em torno do fio é diferente daquele que existiria se o condutor estivesse situado no ar. Portanto, a presença de um meio material provoca modificações no campo magnético criado por uma corrente elétrica. A seguir, faremos uma análise dessas modificações, procurando entender como e por que elas ocorrem.

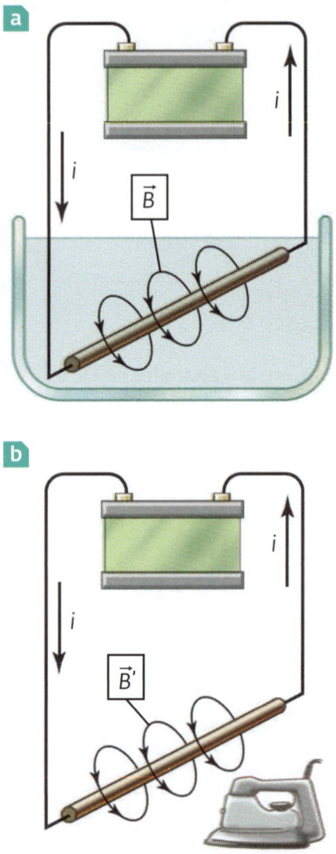

Ilustrações: Paulo César Pereira/Arquivo da editora

Figura 7.17. A presença de um meio material (**a**) ou de um objeto (**b**) provoca alterações no valor do campo magnético criado por uma corrente elétrica.

Imantação de um material

Quando um campo magnético atua em um meio material qualquer, esse meio sofre uma modificação e dizemos que ele se magnetiza ou se **imanta**.

Para entendermos em que consiste essa magnetização, sob uma perspectiva semiclássica, supõe-se a existência de correntes elétricas elementares internas à estrutura da matéria. Essas correntes elétricas seriam responsáveis pela origem do campo magnético, em um modelo em que se admitisse a possibilidade de ímãs elementares; similarmente à proposição de Ampère no século XIX.

No interior de um material em seu estado normal (não magnetizado), esses ímãs elementares encontram-se orientados inteiramente ao acaso (figura 7.18.a), de modo que os campos magnéticos criados pelos átomos da substância tendem a se anular. Sendo nulo o campo magnético resultante estabelecido pela totalidade desses ímãs elementares, a substância não apresentará nenhum efeito magnético.

Entretanto, se esse material for colocado dentro de um campo magnético $\vec{B}$, este atuará sobre os ímãs elementares, tendendo a orientá-los, como está mostrado na figura 7.18.b. Em virtude dessa orientação, os campos magnéticos elementares dos átomos se reforçam e o material passa a apresentar efeitos magnéticos externos perceptíveis.

Nessas condições, dizemos que a substância está imantada ou magnetizada, isto é, o material passa a ser um ímã com os polos norte e sul localizados nas posições indicadas na figura 7.18.b. Assim, a transformação de um pedaço de ferro comum em um ímã ocorre em razão da orientação dos ímãs elementares constituídos pelos átomos do pedaço de ferro.

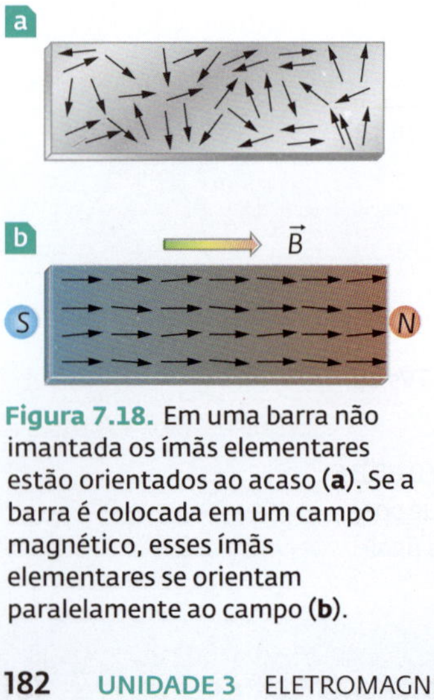

Figura 7.18. Em uma barra não imantada os ímãs elementares estão orientados ao acaso (**a**). Se a barra é colocada em um campo magnético, esses ímãs elementares se orientam paralelamente ao campo (**b**).

Podemos, agora, entender por que, nas duas situações apresentadas na figura 7.17, o campo magnético em torno do fio foi alterado pela presença dos meios materiais. De fato, o campo magnético criado pela corrente provoca magnetização do meio material.

Consequentemente, o campo magnético em torno do fio passa a ser uma superposição do campo criado pela corrente e o criado pelo material magnetizado. Como no vácuo (ou no ar) o campo magnético se deve apenas à corrente elétrica, fica entendido por que a presença do meio material modifica o campo magnético em torno do fio.

Materiais paramagnéticos e diamagnéticos

Experiências realizadas mostraram que a presença de grande parte das substâncias existentes na natureza provoca alteração muito pequena no campo magnético. Isso ocorre porque, ao serem colocadas em um campo magnético, essas substâncias se magnetizam fracamente. Materiais como o papel, o cobre, o alumínio, o chumbo, etc. comportam-se dessa maneira, e é por isso que não conseguimos construir ímãs com esses materiais.

Uma análise mais cuidadosa permitiu verificar que essas substâncias podem ser separadas em dois grupos distintos:

1º) **Substâncias paramagnéticas** — são aquelas que, ao serem colocadas em um campo magnético, magnetizam-se de maneira a provocar um pequeno **aumento** no valor desse campo em um ponto qualquer. Nessas substâncias, os ímãs elementares tendem a se orientar no mesmo sentido do campo aplicado (figura 7.18.b). Portanto, o campo magnético estabelecido por elas terá o mesmo sentido desse campo aplicado, fazendo com que o campo resultante tenha um valor um pouco **maior** do que o inicial. O alumínio, o magnésio, a platina, o sulfato de cobre, etc. são exemplos conhecidos de substâncias paramagnéticas.

2º) **Substâncias diamagnéticas** — essas substâncias, ao serem colocadas em um campo magnético, têm seus ímãs elementares orientados em sentido **contrário** ao do campo aplicado. Dessa maneira, elas estabelecem um campo magnético em sentido contrário ao desse campo aplicado, fazendo com que o campo resultante tenha um valor um pouco **menor** do que o inicial. Podemos citar, como exemplos típicos de substâncias diamagnéticas, o bismuto, o cobre, a água, a prata, o ouro, o chumbo, etc.

Materiais ferromagnéticos

Um pequeno grupo de substâncias na natureza apresenta um comportamento bastante diferente daqueles que acabamos de descrever. Essas substâncias, denominadas substâncias ferromagnéticas, ao serem colocadas em um campo magnético, se magnetizam fortemente, de modo que o campo magnético que elas estabelecem é muitas vezes maior do que o campo aplicado. Verifica-se que, em virtude da presença de uma substância ferromagnética, o campo magnético resultante pode se tornar centenas e até mesmo milhares de vezes maior do que o inicial.

Exemplos de substâncias ferromagnéticas são o ferro, o cobalto, o níquel e as ligas que contêm esses elementos. Essa propriedade das substâncias ferromagnéticas é aproveitada quando desejamos obter campos magnéticos de valores elevados. Por exemplo: é comum colocar um pedaço de ferro no interior de uma bobina, como está mostrado na figura 7.19.

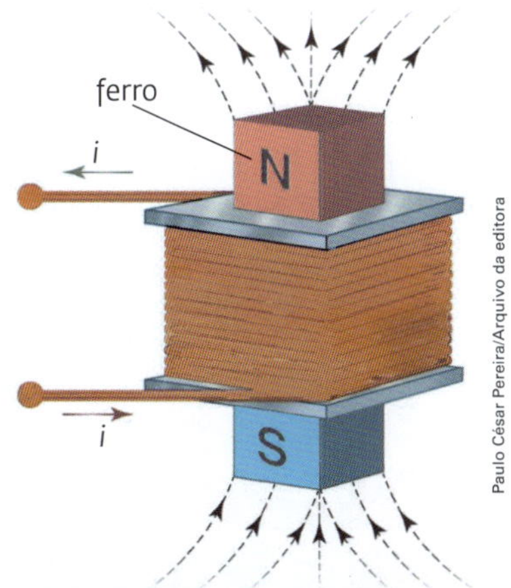

Figura 7.19. Uma bobina com núcleo de ferro constitui um eletroímã. Representação sem escala e em cores fantasia.

Em virtude da magnetização desse pedaço de ferro, o campo magnético resultante é muitas vezes maior do que o criado apenas pela corrente que passa na bobina. Esse conjunto (bobina + pedaço de ferro) constitui, então, um eletroímã muito forte, sendo o pedaço de ferro denominado **núcleo do eletroímã**.

Figura 7.20. Um guindaste de eletroímã pode transportar cargas muito pesadas.

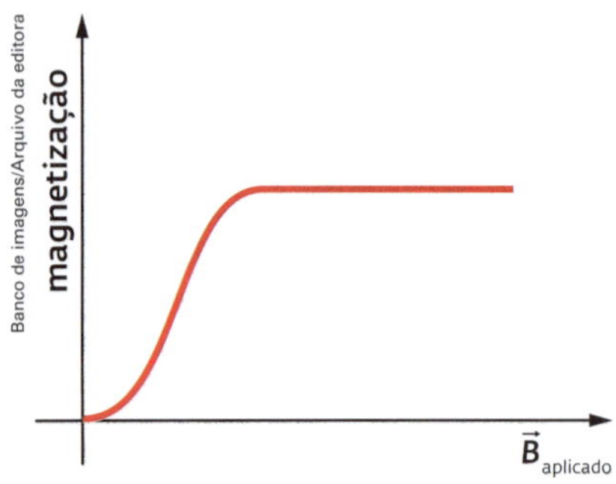

Figura 7.21. Diagrama mostrando o aumento da magnetização de uma substância ferromagnética em razão do aumento do campo magnético $\vec{B}$.

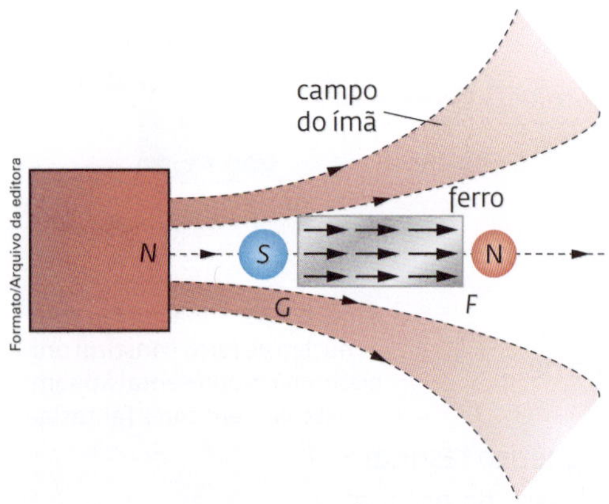

Figura 7.22. Pedaço de ferro colocado nas proximidades do polo norte de um ímã. Representação sem escala e em cores fantasia.

Os eletroímãs encontram uma série de aplicações na ciência e na tecnologia. Uma dessas aplicações é mostrada na fotografia da figura 7.20: este guindaste, constituído por um poderoso eletroímã, é usado no transporte de cargas muito pesadas.

O grande aumento que uma substância ferromagnética provoca no campo magnético ao se magnetizar é causado pelo elevado grau de alinhamento que ocorre em seus ímãs elementares. Esse alinhamento, isto é, a magnetização da substância, é tanto maior quanto maior for o campo aplicado nela, podendo chegar a uma situação na qual praticamente todos os seus ímãs elementares fiquem alinhados.

Nesta situação, a magnetização da substância atinge seu valor máximo; a partir daí, ela permanece constante, mesmo que seja aumentado o valor do campo magnético aplicado. Esse comportamento de uma substância ferromagnética está ilustrado no gráfico da figura 7.21.

A magnetização de um material ferromagnético é tanto menor quanto maior for a sua temperatura. A elevação da temperatura do material provoca um aumento na agitação térmica de seus átomos, dificultando, então, o alinhamento dos ímãs elementares por eles constituídos. Portanto, a elevação da temperatura de um material ferromagnético dificulta a sua magnetização.

Podemos resumir o comportamento magnético das substâncias da seguinte maneira:

A grande maioria das substâncias na natureza é paramagnética ou diamagnética:
substâncias paramagnéticas — são aquelas que, na presença de um campo magnético, se magnetizam muito fracamente, fazendo com que o valor desse campo seja ligeiramente aumentado.

substâncias diamagnéticas — são aquelas que, em presença de um campo magnético, se magnetizam também fracamente, fazendo, porém, com que o valor desse campo se torne ligeiramente menor.

O ferro, o cobalto, o níquel e suas ligas são substâncias ferromagnéticas — sob a ação de um campo magnético, essas substâncias se magnetizam fortemente, fazendo com que o campo magnético resultante seja muitas vezes maior do que o aplicado.

Atração entre um ímã e um pedaço de ferro

Um pedaço de ferro qualquer, como um prego, por exemplo, é atraído pelos polos de um ímã. Para entender por que isso ocorre, considere que um pedaço de ferro *FG*, inicialmente não magnetizado, seja colocado próximo ao polo norte de um ímã, como mostra a figura 7.22.

O campo magnético do ímã magnetiza esse pedaço de ferro de tal modo que seus ímãs elementares ficam alinhados no sentido do campo aplicado (**figura 7.22**). Em outras palavras, o pedaço de ferro se transforma em um ímã, cujos polos norte e sul estão localizados, respectivamente, nas extremidades *F* e *G*. Assim, o pedaço de ferro é atraído pelo polo norte do ímã porque sua extremidade *G*, situada mais próxima desse polo, é um polo sul.

Suponha, agora, que uma barra de uma substância diamagnética fosse aproximada do polo norte do ímã. Nesse caso, a substância se magnetizaria com seus ímãs elementares orientados em sentido contrário ao do campo aplicado, como mostram as **figuras 7.23** e **7.24**. Assim, a extremidade *G* se comportaria como um polo norte e a barra seria **repelida** pelo ímã.

Esse comportamento foi observado pela primeira vez por Michael Faraday, no século XIX. Aproximando uma amostra de bismuto (substância diamagnética) de um dos polos de um ímã, Faraday verificou que ela era **repelida** por esse polo, ao contrário do que acontecia com pedaços de ferro, como ele estava acostumado a observar.

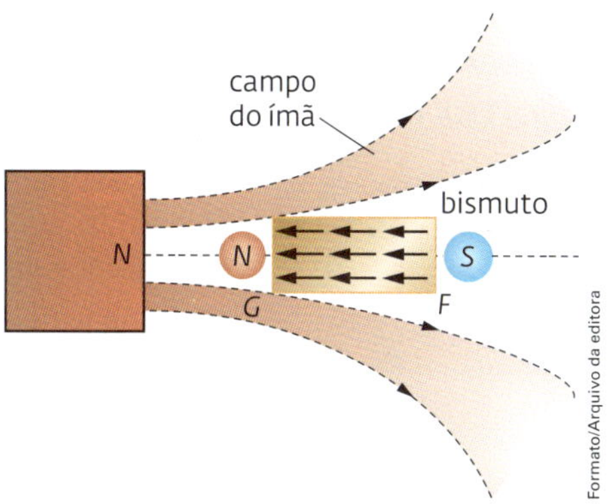

Figura 7.23. Amostra de bismuto colocada nas proximidades do polo norte de um ímã.

As ilustrações desta página estão representadas sem escala e em cores fantasia.

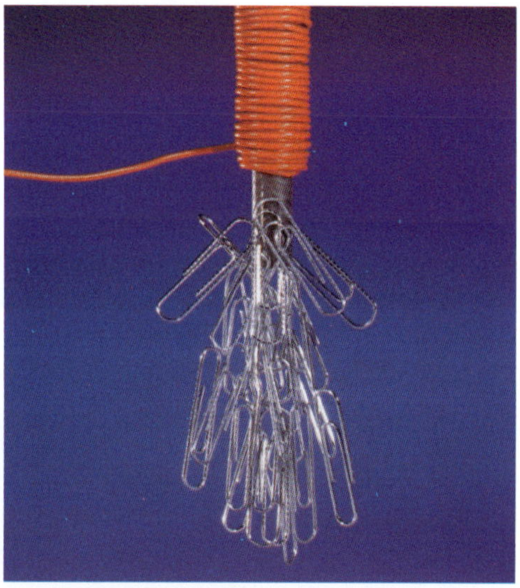

Figura 7.24. Por ação do campo magnético do ímã, os clipes situados próximo a seu polo norte se magnetizam e seus ímãs elementares se orientam. Então, eles se comportam como ímãs, com os polos na sequência indicada, cada um atraindo o seguinte, e permanecendo suspensos na barra magnética.

VERIFIQUE O QUE APRENDEU

9. Um pedaço de ferro *FG* é colocado próximo ao polo sul de um ímã, como mostra a figura deste exercício.

a) Trace, em uma cópia da figura, no caderno, algumas linhas de indução do campo magnético criado pelo ímã.

b) Desenhe no caderno alguns ímãs elementares do pedaço de ferro, mostrando sua orientação.

c) Então, a extremidade *G* do pedaço de ferro será um polo norte ou um polo sul?

d) O pedaço de ferro será atraído ou repelido pelo ímã?

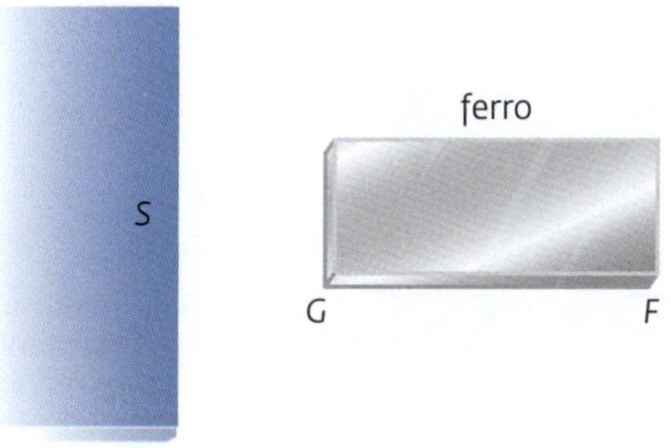

10. Responda às questões **b**, **c** e **d** do exercício anterior, supondo, agora, que a barra *FG* seja feita de um material diamagnético.

11. Como vimos, podemos obter um eletroímã se enrolarmos um fio condutor em torno de uma barra de ferro e fizermos passar uma corrente contínua nesse fio. Na figura deste exercício, que apresenta um eletroímã assim obtido, diga onde se localizam os seus polos norte e sul.

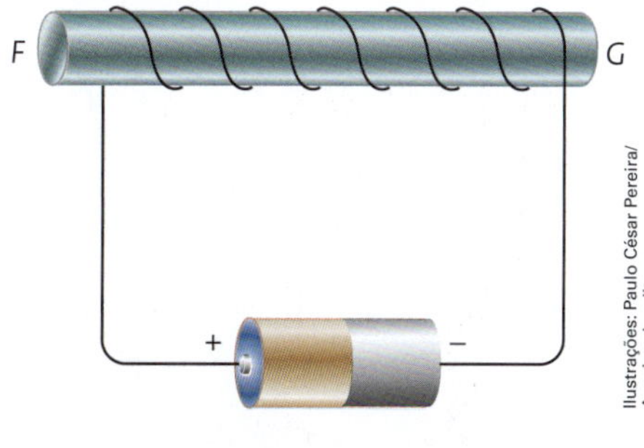

12. Um ímã permanente pode perder totalmente sua imantação se for muito aquecido. Por quê?

FÍSICA NO CONTEXTO

A MAGNETOSFERA

A partir da exploração espacial foi possível descobrir a existência dos cinturões de Van Allen ao redor do planeta Terra. Esses cinturões são formados por nuvens de partículas carregadas e estão localizados, de maneira não uniforme, na faixa de 1 000 km a 60 000 km da Terra. Os satélites artificiais que foram lançados mostraram ainda que a magnetosfera terrestre (figura 7.25), região do campo magnético que envolve a Terra, cria um escudo protetor (em azul) para o planeta, pois afasta a radiação da região equatorial concentrando uma maior intensidade de partículas carregadas nos polos. A magnetosfera ainda sofre influência do movimento da própria Terra e do fluxo de partículas carregadas que emanam do Sol, conhecido como "vento" solar. Com isso, a compressão da magnetosfera pode afetar o funcionamento de satélites e sistemas GPS, além de ser responsável por blecautes de rádio, falhas em circuitos elétricos, comportamento errático de bússolas e auroras boreais e austrais.

Steele Hill/NASA/SPL/Latinstock

Figura 7.25. Efeito do vento solar sobre a magnetosfera da Terra. Concepção artística.

Aurora boreal e aurora austral

A aurora boreal e a austral são belos espetáculos de luz e cores, que podem ser observados na atmosfera, nas proximidades dos polos norte e sul da Terra (figura 7.26).

Os termos "aurora boreal" e "aurora austral" significam, respectivamente, "luzes do norte" e "luzes do sul". Esses fenômenos são conhecidos desde a Antiguidade, sendo mencionados na mitologia dos esquimós e de outros povos, que lhes atribuíam origem sobrenatural. Podem apresentar-se com variadas formas (cortinas, arcos, raios, etc.) e cores.

Design Pics Inc/Alamy/Latinstock

Figura 7.26. A aurora boreal e a aurora austral são fenômenos atmosféricos que constituem um belo espetáculo de luz e de cores. Fotografia de aurora boreal no Alasca (Estados Unidos), 2015.

A causa das auroras está relacionada com o campo magnético da Terra e uma explicação bem elaborada desse fenômeno só foi possível após o lançamento dos primeiros satélites artificiais. Instrumentos de observação, colocados nesses satélites, permitiram concluir que feixes de partículas eletrizadas (elétrons e prótons), emitidos pelo Sol, são "capturados" pelo campo magnético terrestre ao passarem nas proximidades da Terra e descrevem trajetórias espiraladas nesse campo, como mostra a figura 7.27.

Grande número dessas partículas são defletidas em direção aos polos magnéticos da Terra (onde o campo magnético é mais intenso).

Ao atingirem a atmosfera, as partículas colidem principalmente com os átomos e as moléculas de oxigênio e nitrogênio, fazendo com que eles emitam a luz que constitui a aurora.

As ilustrações desta página estão representadas sem escala e em cores fantasia.

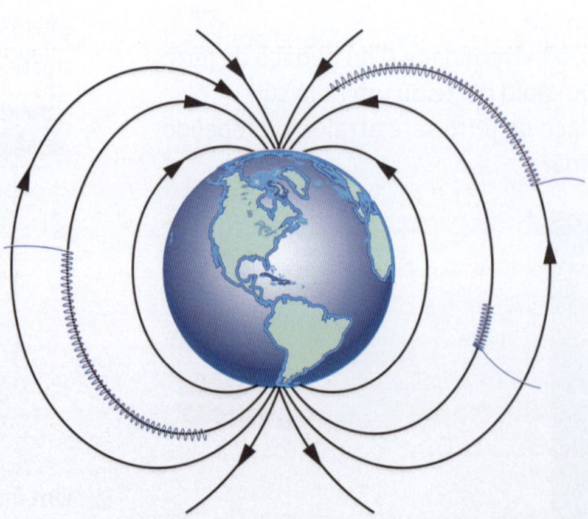

Paulo César Pereira/Arquivo da editora

Figura 7.27. Partículas eletrizadas, provenientes do Sol, são "capturadas" pelo campo magnético da Terra.

PRATIQUE FÍSICA

EM EQUIPE

1. Nesta experiência você repetirá as observações feitas por Oersted sobre o desvio de uma agulha magnética quando colocada nas proximidades de uma corrente elétrica. Para fazer previsões sobre o sentido do desvio da agulha, será usada a regra de Ampère, que foi apresentada neste capítulo.

1º) Disponha um fio sobre uma bússola, paralelamente à agulha magnética, e ligue uma de suas extremidades a um dos polos de uma pilha (veja a figura).

Ilustrações: Paulo César Pereira/Arquivo da editora

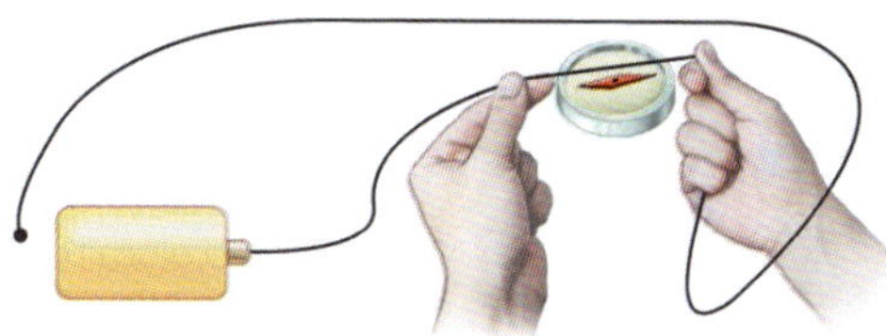

As ilustrações desta página estão representadas sem escala e em cores fantasia.

2º) Suponha que a extremidade livre do fio seja encostada no outro polo da pilha (não faça isso por enquanto). Nessas condições, responda:

a) Qual será o sentido do campo magnético, criado pela corrente no fio, no local onde se encontra a bússola? (Use a regra de Ampère.)

b) Então, para qual lado desviará o polo norte da agulha se você fechar o circuito? Feche o circuito e verifique se a previsão estava correta.

c) Inverta o sentido da corrente e repita os procedimentos indicados anteriormente. O desvio da agulha está de acordo com a previsão?

d) Faça o mesmo colocando a bússola, agora, sobre o fio. A agulha desviou no sentido que você havia previsto?

2. Para comparar o campo magnético de um ímã em forma de barra com o criado por uma bobina (solenoide), você poderá proceder da seguinte maneira:

1º) Coloque o ímã sobre uma folha de papel e marque, nessa folha, alguns pontos situados aproximadamente nas posições indicadas na figura **a** desta experiência. Ponha uma pequena bússola sucessivamente em cada um desses pontos. Observando a orientação da agulha magnética, desenhe o vetor $\vec{B}$ criado pelo ímã nos pontos indicados.

2º) Tome uma bobina com cerca de cem (ou mais) espiras, ligada a uma bateria de pilhas secas (três ou quatro pilhas). Disponha essa bobina sobre uma folha de papel e marque, nessa folha, alguns pontos, de maneira semelhante ao que foi feito para o ímã (veja a figura **b** desta experiência). Com o auxílio da pequena bússola, desenhe o vetor $\vec{B}$ criado pelo solenoide em cada um desses pontos.

Compare as direções e os sentidos dos vetores $\vec{B}$ obtidos nas duas partes desta experiência. Os campos magnéticos criados por um solenoide e por um ímã em forma de barra são realmente semelhantes, como foi afirmado na seção 7.3?

a

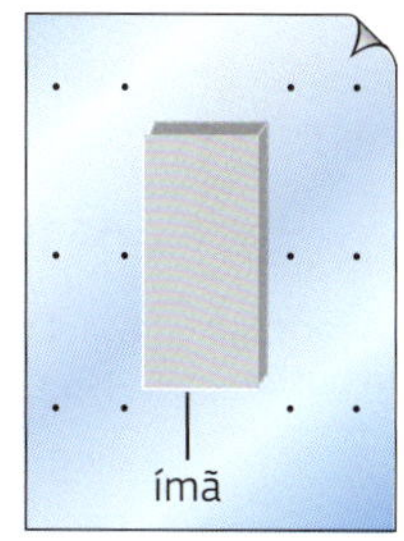

b

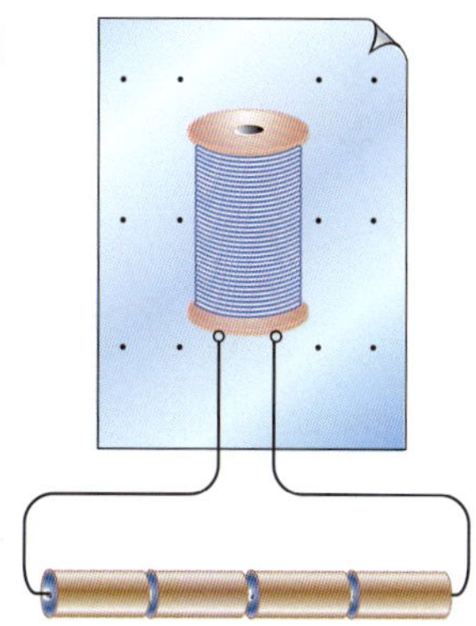

3. Podemos verificar se uma substância é ferromagnética aproximando dela o polo de um ímã. Como vimos neste capítulo, se a substância for ferromagnética, ela se magnetizará fortemente e será atraída pelo ímã.

Por outro lado, se a substância for paramagnética, ou diamagnética, sua magnetização será tão fraca que a força de atração ou repulsão que o ímã exerce sobre ela não será percebida.

Aproxime um ímã de várias coisas existentes à sua volta: um pedaço de papel, um objeto de plástico, um pedaço de madeira, uma colher, um recipiente de alumínio, a maçaneta de uma porta, um fio de cobre, objetos metálicos de decoração, etc. Baseando-se em suas observações:

a) Indique, entre os objetos observados, aqueles que são ferromagnéticos.

b) Cite quais os metais (ou ligas) testados que não são ferromagnéticos.

Enrole um fio fino (capeado ou esmaltado) em torno de um prego grande, de ferro, de modo a formar uma bobina com cerca de cinquenta espiras. Ligue as extremidades do fio aos polos de uma ou duas pilhas.

INTEGRANDO A FÍSICA E A FORMA COMO OS SERES VIVOS SE ORIENTAM NO ESPAÇO

AfriPics.com/Alamy/Other Images

Figura 7.28. A formiga do deserto em busca de alimento.

Para a maioria dos animais, a locomoção é imprescindível para a sobrevivência. Dependem dela para buscar alimento, fugir de predadores e encontrar melhores condições para se reproduzir **(figura 7.28)**. Surpreendentemente, alguns animais se orientam de uma forma que, para nós, seres humanos, seria possível apenas com o uso de aparatos tecnológicos, como a bússola ou o GPS.

As formigas do deserto...

Dizemos que a luz emitida pelo Sol é não polarizada, pois seus campos elétrico e magnético podem oscilar em qualquer direção perpendicular ao raio de luz. Entretanto, ao passar pela atmosfera e refletir em suas moléculas, os raios de luz que chegam do Sol sofrem polarização, ou seja, seus campos passam a oscilar em poucas ou em uma única direção **(figura 7.29)**.

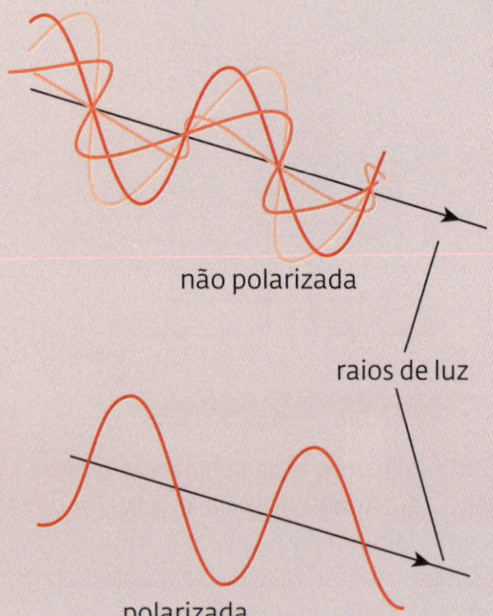

Figura 7.29. Diferença entre luz não polarizada e polarizada.

Nós, seres humanos, não enxergamos a diferença entre luz polarizada e não polarizada, mas as formigas do deserto, por exemplo, percebem. Assim, mesmo em dias nublados, elas sabem qual é a posição do Sol no céu. Combinando essa informação com outras informações sobre o percurso, elas conseguem se orientar com precisão até seu formigueiro, mesmo depois de horas caminhando em direções aleatórias em busca de alimento.

Os morcegos e os pássaros...

Apesar de os morcegos não serem cegos como algumas pessoas acreditam, sua visão tem pouca utilidade nas cavernas escuras onde vivem. Para voar sem colisões, um morcego emite um ultrassom e ouve seu eco: a partir da informação do tempo de ida e volta, é capaz de localizar os obstáculos em que o som foi refletido **(figura 7.30)**. Esse mecanismo de localização ficou conhecido como **ecolocalização**, e também é utilizado por outros seres vivos, como a baleia e o golfinho.

Mas a ecolocalização não explica de que forma os morcegos são capazes de voltar ao ponto de partida após se locomover por grandes distâncias em uma noite. Para tentar entender isso, pesquisadores elaboraram um experimento simples, após conhecerem a rota de um grupo de morcegos. Parte dos morcegos foi colocada em um campo magnético orientado a 90° em relação ao campo magnético terrestre. Esses morcegos, quando liberados, dirigiram-se 90° em relação à rota de costume, "errando" o caminho. Já os morcegos que não foram submetidos ao campo magnético alterado, quando soltos, rumaram diretamente para o local de costume.

Esse resultado sugere que os morcegos são capazes de captar o campo magnético terrestre e utilizar essa informação para decidir em que direção voar, como se tivessem uma bússola interna à sua disposição. Um mecanismo semelhante foi observado em aves. Algumas aves migratórias, por exemplo, voltam ao lugar de origem depois de passar meses em outro continente **(figura 7.31)**. Parece que elas combinam imagens memorizadas com informações da "bússola interna".

As ilustrações desta página estão representadas sem escala e em cores fantasia.

Ilustrações: Formato/Arquivo da editora

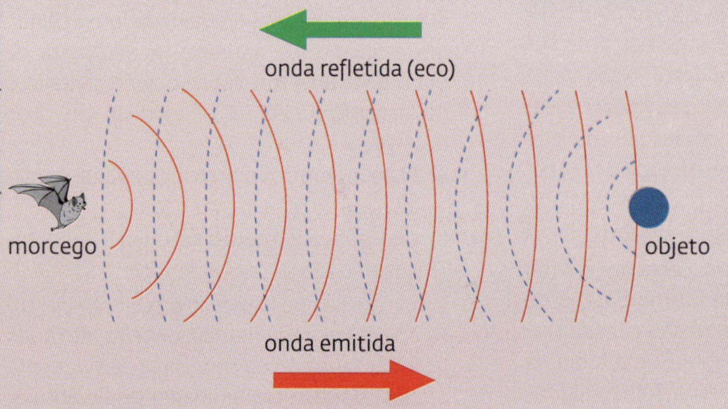

Figura 7.30. Esquema que ilustra o mecanismo da ecolocalização.

Delmas Lehman/View Portfolio/Shutterstock/Glow Images

Figura 7.31. Aves migratórias se orientam pelas linhas de indução do campo magnético terrestre.

O funcionamento desse sensor magnético ainda não é bem compreendido, mas existem alguns indícios. Cristais de ferro foram encontrados no bico de algumas dessas aves. Pesquisadores observaram que esses cristais magnetizados mudam de orientação, dependendo da posição do animal em relação às linhas de indução do campo magnético terrestre, ou seja, esses cristais parecem funcionar como bússolas. Entretanto, não se sabe ao certo como essa informação é percebida e interpretada pelo sistema sensorial da ave.

As bactérias magnetotácticas...

Essas bactérias, assim como ocorre com outros seres vivos, são capazes de precipitar bioquimicamente diferentes minerais. Um deles, a magnetita, é um ferromagnético e, portanto, tende a se alinhar ao campo magnético local. Uma cadeia linear de cristais ferromagnéticos está acondicionada ao longo do comprimento do corpo da bactéria (figura 7.32).

Quando submetidas ao campo magnético terrestre, as forças magnéticas que atuam nessa cadeia provocam um torque que gira o corpo da bactéria, de modo a alinhá-la às linhas de indução deste campo (figura 7.33).

Diferentemente das aves migratórias, diz-se que a resposta da bactéria ao campo magnético é passiva, pois, como a agulha de uma bússola, elas não resistem ao torque provocado por esse campo, girando até que se alinhem as suas linhas de indução. Em virtude da pouca massa que têm, as forças magnéticas da Terra são suficientemente intensas para orientar o corpo da bactéria ponto a ponto de sua trajetória dentro do lago ou pântano em que vive.

Dennis Kunkel Microscopy, Inc./Visuals Unlimited/Corbis/Latinstock

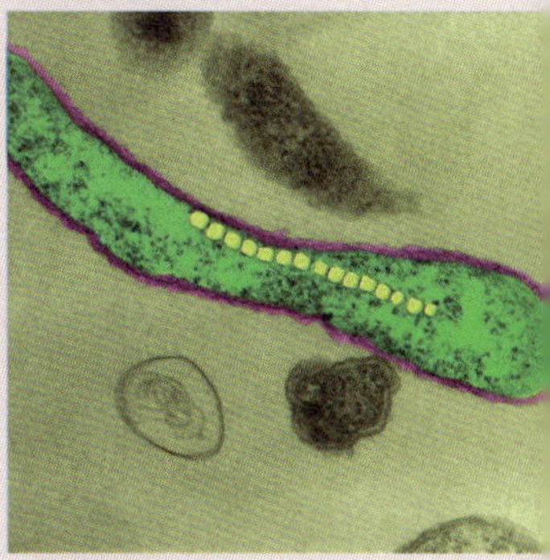

Figura 7.32. Fotomicrografia colorida artificialmente de bactéria magnetotáctica, em que é possível visualizar a cadeia de cristais de magnetita.

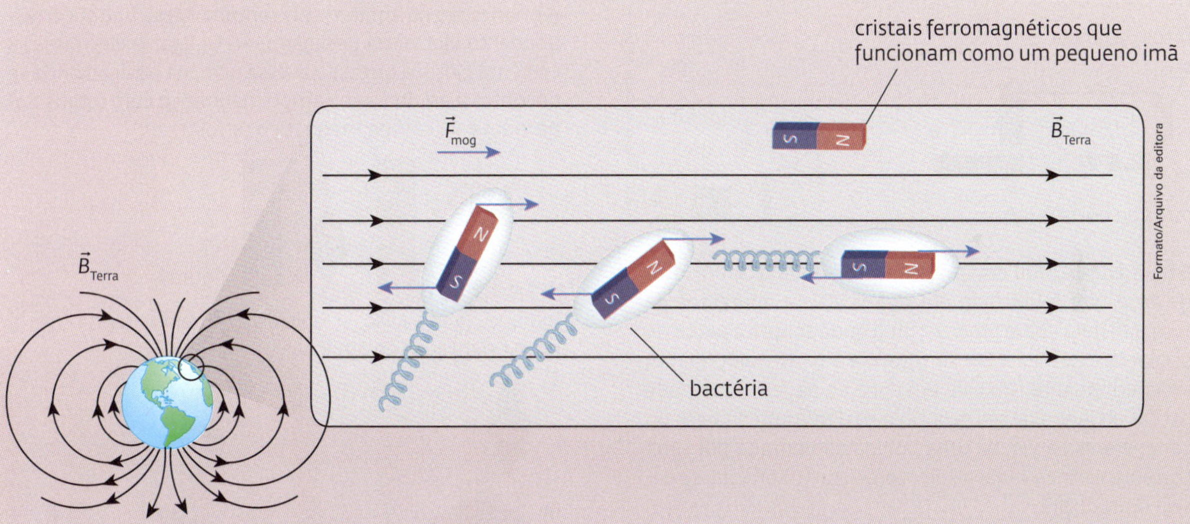

Figura 7.33. A bactéria magnetotáctica se orienta segundo as linhas de indução do campo magnético. Representação sem escala e em cores fantasia.

Pesquise e responda

1. Com base na inclinação do campo magnético terrestre que aprendemos nesta unidade, compare a direção do movimento de bactérias magnetotácticas que vivem em rios e lagos próximo dos polos, com a direção do movimento daquelas que vivem próximo ao equador.

2. O campo magnético terrestre, apesar de interpenetrar e envolver todo o planeta, tem baixa intensidade. Com base nessa informação e recordando seu aprendizado sobre forças e as leis de Newton, discuta com seus colegas se a orientação passiva, como aquela que direciona as bactérias magnetotácticas, seria viável para animais de maior massa, como aves ou morcegos.

Veja no próximo Integrando...

O papel da Física e dos físicos no mundo contemporâneo.

PROBLEMAS E TESTES

1. Nos motores elétricos, em geral, o campo magnético é produzido por eletroímãs. A figura abaixo mostra um motor em série, isto é, um motor no qual o circuito das espiras que entram em rotação está em série com a bobina do eletroímã. Invertendo-se a polaridade da bateria que alimenta o motor, o que acontecerá com seu sentido de rotação?

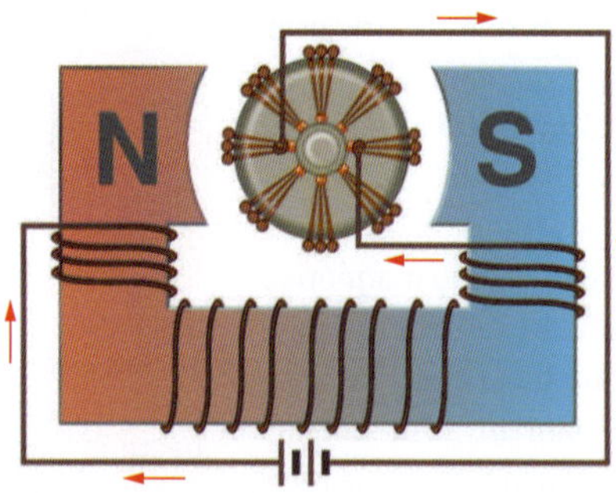

Antonio Robson/Arquivo da editora

2. O diagrama do circuito de um alarme contra roubo, próprio para residências, é apresentado na figura deste problema. Examine os circuitos mostrados no diagrama e explique como funciona esse tipo de alarme.

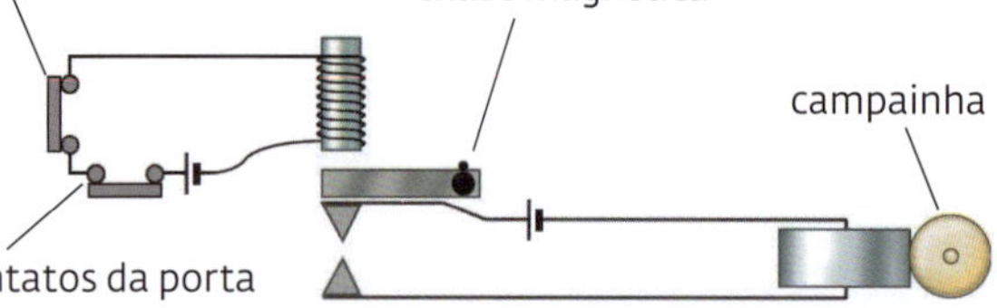

Antonio Robson/Arquivo da editora

3. A figura deste problema apresenta o esquema de um alto-falante que é utilizado em rádios, TVs e aparelhos de som, em geral, para produzir uma onda sonora a partir de oscilações elétricas. Em síntese, ele é constituído de um ímã permanente fixo e de um cone de papelão que pode oscilar ao longo de seu próprio eixo. Em torno da base do cone, e presa a ela, há uma bobina alimentada por uma corrente elétrica variável (de acordo com o som que se deseja reproduzir).

a) Descreva o que acontece com o cone de papelão quando uma corrente alternada é estabelecida na bobina. Explique por que isso acontece.

b) A onda gerada pelo cone é transversal ou longitudinal?

c) A frequência do som produzido é maior, menor ou igual à frequência da corrente da bobina?

d) Ao se variar a intensidade média da corrente na bobina, qual a característica da onda sonora emitida que é alterada?

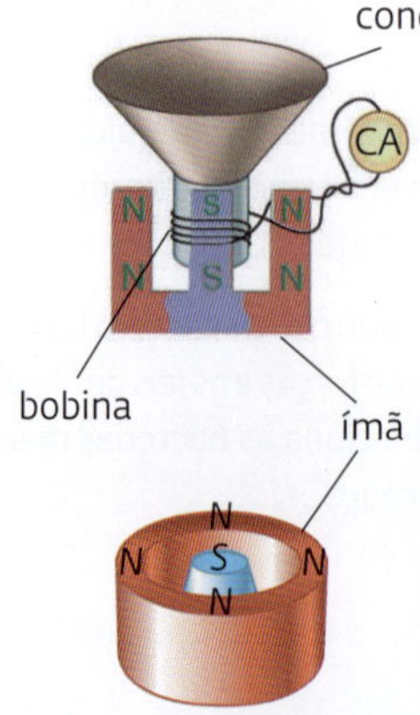

Antonio Robson/Arquivo da editora

4. Uma pessoa, tentando construir um eletroímã, enrolou um fio em torno de um núcleo de ferro em forma de U, de modo a obter várias espiras em cada ramo desse U, da maneira mostrada na figura deste problema. Ao ligar as extremidades do fio a uma bateria (em bom estado), observou que o campo magnético obtido era praticamente nulo. Observando com atenção a figura, procure explicar por que a pessoa não obteve êxito em sua experiência.

As ilustrações desta página estão representadas sem escala e em cores fantasia.

João X. Campos/Arquivo da editora

5. (**UFF-RJ**) A figura 1 representa a vista de cima de uma agulha de bússola colocada sobre uma mesa horizontal e situada na região central de um eletroímã com polos N e S. A orientação da agulha representada nessa figura corresponde ao eletroímã desligado. Ao se ligar o eletroímã, a corrente elétrica que o atravessa gera, na posição onde se encontra a agulha, um campo magnético com intensidade igual à do campo magnético terrestre.

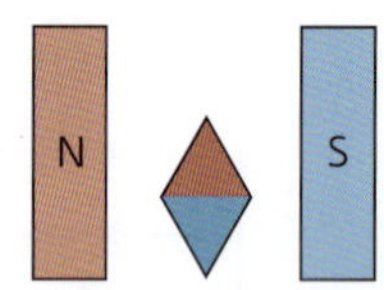

figura 1

Indique, nesse caso, a opção que melhor representa a nova orientação da agulha.

a) 

b) 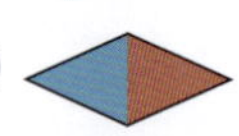

c) 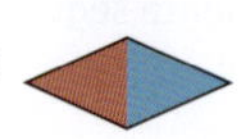

d) 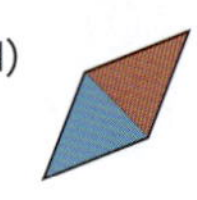

e) 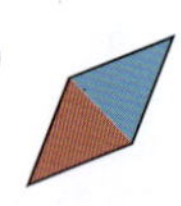

6. (**Uece**) A figura representa dois fios bastante longos (1 e 2) perpendiculares ao plano do papel, percorridos por correntes de sentido contrário, i_1 e i_2, respectivamente.

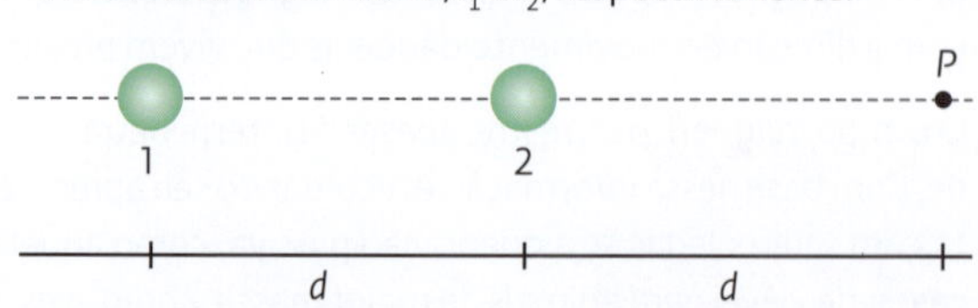

A condição para que o campo magnético resultante, no ponto P, seja zero é:

a) $i_1 = i_2$ b) $i_1 = 2i_2$ c) $i_1 = 3i_2$ d) $i_1 = 4i_2$

Stefan Kolumban/Pulsar Imagens

Antenas de transmissão utilizadas em telecomunicações, na cidade de Guaratiba (RJ).

CAPÍTULO 8

Indução eletromagnética – Ondas eletromagnéticas

Em 1938, o cineasta americano George Orson Welles (1915-1985), inspirado pelo romance *A Guerra dos Mundos* (1898), de Herbert G. Wells (1866-1946), anunciou, durante a transmissão de uma novela radiofônica, que discos voadores haviam invadido a Terra. No anúncio, Welles afirmou que se tratava de naves marcianas e que se dirigiam para a região de Nova Jersey, nos Estados Unidos. A população americana que acompanhava a novela ficou em pânico. Esse fato marcou a grande importância do rádio como meio de comunicação na sociedade daquele tempo.

As ondas de rádio são ondas eletromagnéticas que se propagam no ar com velocidades próximas à da luz (300 000 km/s). Seus comprimentos variam de poucos milímetros a alguns quilômetros. Dessa forma, a transmissão do acontecimento fictício citado acima aconteceu praticamente em tempo real. A TV, a telefonia celular e a internet são exemplos de meios de comunicação que se valem da transmissão das ondas eletromagnéticas para propagar suas informações.

PARA INICIAR A CONVERSA

- Você acredita que algum outro cineasta conseguiria produzir o mesmo impacto que Welles conseguiu nos dias de hoje?
- As ondas eletromagnéticas de TV, celular e rádio possuem comprimentos diferentes. O que elas têm em comum?
- Podemos enxergar a luz, mas não conseguimos ver as ondas de rádio. Por quê?

As imagens desta página estão representadas fora de proporção.

8.1 Força eletromotriz induzida

A produção de corrente elétrica requer o consumo de uma forma qualquer de energia. Até a época de Michael Faraday, porém, somente a energia química era transformada em energia elétrica, de maneira aproveitável, por meio de pilhas ou baterias. Mas esse processo não é adequado para produzir grandes quantidades de energia elétrica, como as necessárias para iluminar nossas cidades (**figura 8.1**) ou alimentar as indústrias.

Rubens Chaves/Pulsar Imagens

Figura 8.1. A enorme quantidade de energia elétrica usada para iluminar as cidades é gerada graças ao fenômeno da indução eletromagnética. Belo Horizonte (MG), 2014.

Em 1831, Faraday descobriu o fenômeno da indução eletromagnética, que provocou uma verdadeira revolução no estudo do Eletromagnetismo. Graças a essa descoberta, foi possível construir os **dínamos**, que são aparelhos cujo funcionamento se baseia no fenômeno da indução eletromagnética e que transformam energia mecânica de uma queda-d'água, por exemplo, em energia elétrica. A fotografia da **figura 8.2.a** mostra um grande dínamo, de uma moderna usina hidrelétrica, capaz de gerar enormes quantidades de energia elétrica.

Na **figura 8.2.b** um ciclista, ao pedalar, produz eletricidade para acender uma lanterna com um dínamo. O dínamo, que está acoplado à roda da bicicleta, faz um eixo girar produzindo a oscilação dos polos norte e sul. Por meio de indução eletromagnética, ocorre a geração de energia elétrica que possibilita acender a lanterna.

Ismar Ingber/Pulsar Imagens

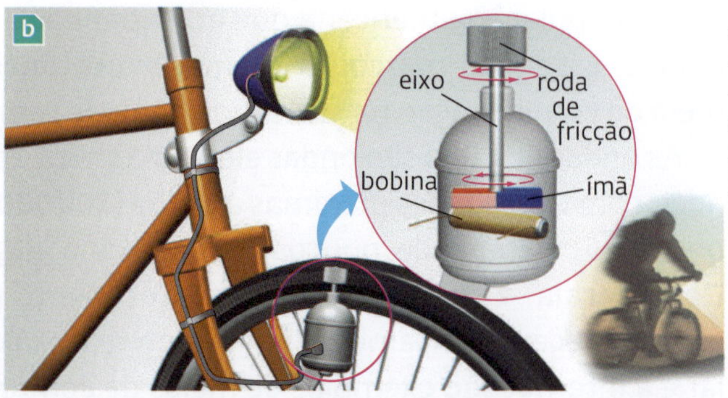

Antonio Robson/Agruivo da editora

Figura 8.2. Em **a** temos parte da Usina Hidrelétrica de Itaipu. Eletroímãs potentes giram gerando corrente de acordo com o fenômeno de indução eletromagnética. Em **b**, utilizando um dínamo acoplado à roda de uma bicicleta, é possível acender uma lanterna (energia elétrica) enquanto o ciclista estiver pedalando (energia mecânica). Representação sem escala e em cores fantasia.

Condutor em movimento dentro de um campo magnético

Consideremos um condutor metálico, movimentando-se com uma velocidade $\vec{v}$, perpendicularmente às linhas de indução de um campo magnético $\vec{B}$. A figura 8.3.a ilustra essa situação: a barra metálica *CD* está sendo deslocada dentro do campo magnético criado pelo ímã mostrado na figura. Na figura 8.3.b, essa mesma situação é apresentada em corte: o vetor $\vec{B}$ penetrando no papel e a barra *CD* deslocando-se para a direita.

A barra metálica possui elétrons livres. Como esses elétrons estão em movimento, em razão do movimento da barra, eles ficarão sujeitos à ação de uma força magnética exercida pelo campo $\vec{B}$. Podemos verificar, usando a regra da mão direita na figura 8.3.b, que essa força tende a deslocar os elétrons para a extremidade *C* da barra. Como estão livres, eles se deslocam, acumulando-se em *C*. Consequentemente, teremos uma separação de cargas na barra *CD*, isto é, a extremidade *D* ficará eletrizada positivamente e a extremidade *C*, negativamente. Essa diferença de potencial será mantida entre as extremidades *C* e *D* enquanto a barra estiver se movimentando dentro do campo, pois essa separação de cargas permanecerá.

Podemos, então, concluir que essa barra se comporta como um gerador de f.e.m, que é equivalente a uma pilha ou a uma bateria. Essa f.e.m. que aparece na barra, em razão de seu movimento em um campo magnético, é denominada **força eletromotriz induzida**.

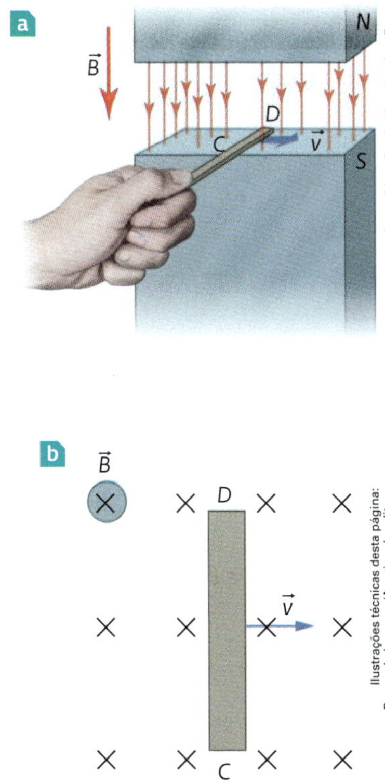

Paulo César Pereira/Arquivo da editora

Ilustrações técnicas desta página: Banco de imagens/Arquivo da editora

Figura 8.3. Barra metálica sendo deslocada dentro de um campo magnético.

As ilustrações desta página estão representadas sem escala e em cores fantasia.

Corrente induzida em um circuito

Suponha que a barra *CD* da figura 8.3.b, ao se deslocar, esteja apoiada sobre o trilho metálico *GEFH*, como mostra a figura 8.4. Dessa maneira, teremos um circuito elétrico fechado, constituído pela barra e pelo trilho. Em virtude da diferença de potencial existente entre os extremos da barra, uma corrente passará nesse circuito no sentido *CEFD* (figura 8.4). Como essa corrente foi estabelecida pela f.e.m. induzida na barra, ela é denominada **corrente induzida**.

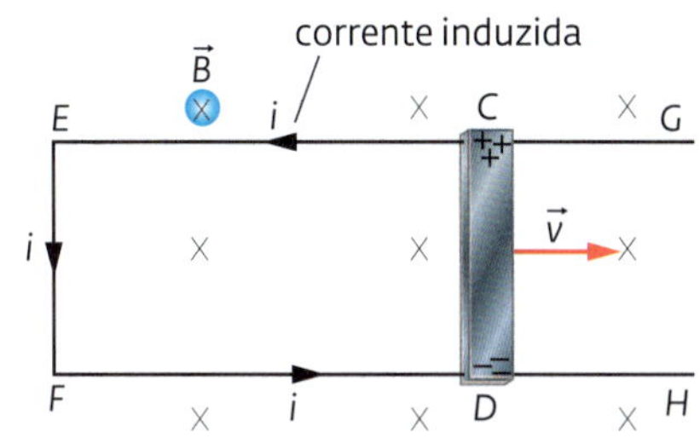

Figura 8.4. Uma corrente induzida, no sentido indicado, é estabelecida no trilho *GEFH* quando a barra *CD* se desloca sobre ele para a direita.

Se a barra *CD* for deslocada para a esquerda, como mostra a figura 8.5, haverá uma inversão na separação de cargas, isto é, a extremidade *D* se comportará como o polo positivo de uma pilha e a extremidade *C*, como o polo negativo. A corrente induzida, então, passará a circular no sentido *DFEC*, contrário ao sentido da figura 8.4. Assim, se movimentarmos a barra sucessivamente para a direita e para a esquerda, teremos, no circuito, uma corrente ora em um sentido, ora em sentido contrário.

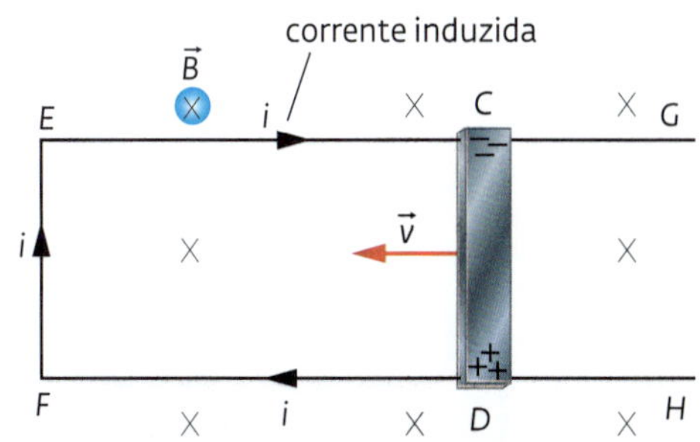

Figura 8.5. Se a barra *CD* se deslocar para a esquerda, a corrente induzida no trilho *GEFH* terá o sentido indicado.

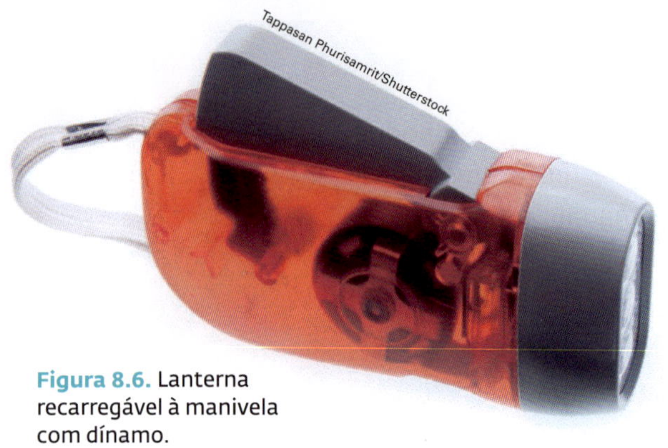

Figura 8.6. Lanterna recarregável à manivela com dínamo.

Essa corrente que muda periodicamente de sentido é uma **corrente alternada**. Portanto, movimentando-se a barra para um lado e para o outro, dentro do campo magnético, teremos um **gerador de corrente alternada**. A abreviação de corrente alternada é CA (AC em inglês). No Brasil a rede elétrica está configurada para operar com corrente alternada na frequência de 60 Hz, ou seja, a corrente elétrica muda o sentido 60 vezes por segundo. Em alguns países, essa frequência é de 50 Hz, como no Paraguai e em alguns países da comunidade europeia. Os geradores de corrente alternada usados na prática, embora se baseiem no mesmo princípio, funcionam de maneira diferente, como veremos na seção seguinte. Existem alguns tipos de lanternas recarregáveis (figura 8.6) à manivela com lâmpadas de LED (diodo emissor de luz, do inglês *Light-Emitting Diode*) que usam dínamos para carregar a bateria. O mesmo tipo de dínamo pode ser utilizado para carregar celulares em casos de emergência, onde não haja energia elétrica.

Outros exemplos de f.e.m. induzida

O cientista inglês M. Faraday, realizando um número muito grande de experiências no século XIX, verificou que existem várias outras situações nas quais se observa o aparecimento de uma f.e.m. induzida em um circuito.

Na figura 8.7, mostramos uma situação em que isso ocorre. Ao aproximarmos o polo de um ímã de uma espira que se encontra em repouso, observamos o aparecimento de uma corrente nessa espira, que é detectada pelo amperímetro A. Se interrompermos o movimento do ímã, a corrente desaparecerá imediatamente; ao afastarmos o ímã, a corrente tornará a aparecer na espira, porém em sentido contrário ao anterior.

Se uma corrente aparece na espira, é porque existe uma f.e.m. responsável por ela. Assim, o fato de o ímã ser aproximado ou afastado da espira fez com que uma f.e.m. aparecesse nessa espira.

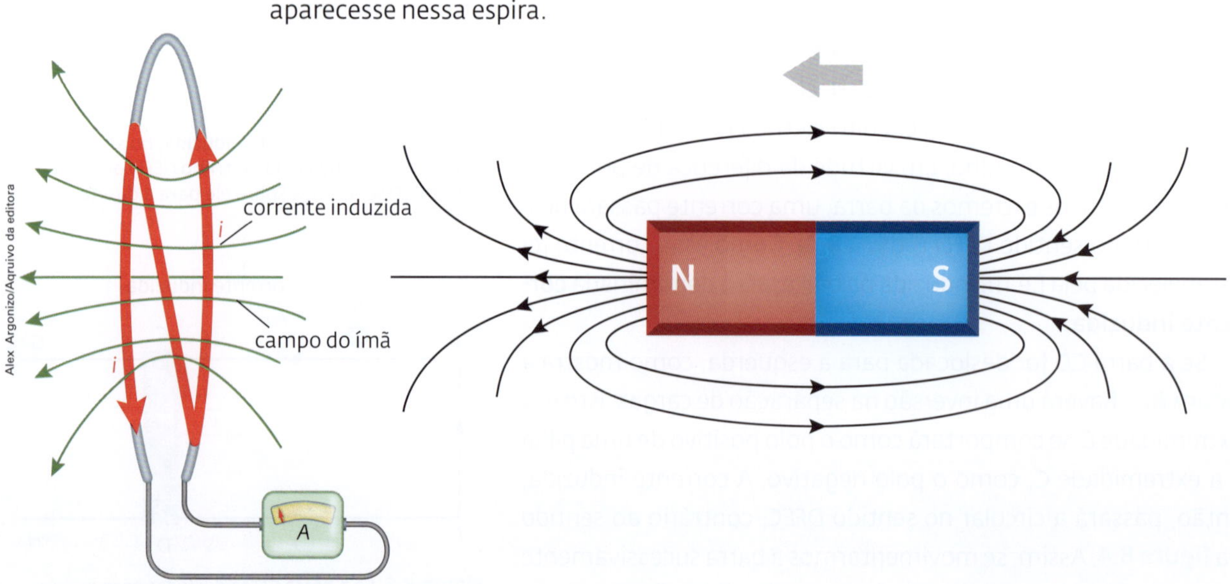

Figura 8.7. Corrente induzida em uma espira, causada pela aproximação do polo norte de um ímã. Representação sem escala e em cores fantasia.

Por analogia com o que ocorre no exemplo da **figura 8.4**, Faraday chamou essa f.e.m. na espira de **f.e.m. induzida**.

A **figura 8.8** também ilustra um caso em que Faraday observou o aparecimento de uma f.e.m. induzida. No instante em que a chave *C* é fechada, estabelecendo uma corrente na bobina *F*, o amperímetro *A* acusa o aparecimento de uma corrente induzida na bobina *G*. Enquanto *C* permanece fechada, isto é, enquanto existe uma corrente estável em *F*, não se observa corrente induzida em *G*. Entretanto, no instante em que se desliga a chave *C*, a corrente induzida reaparece na bobina *G*, em sentido contrário ao anterior.

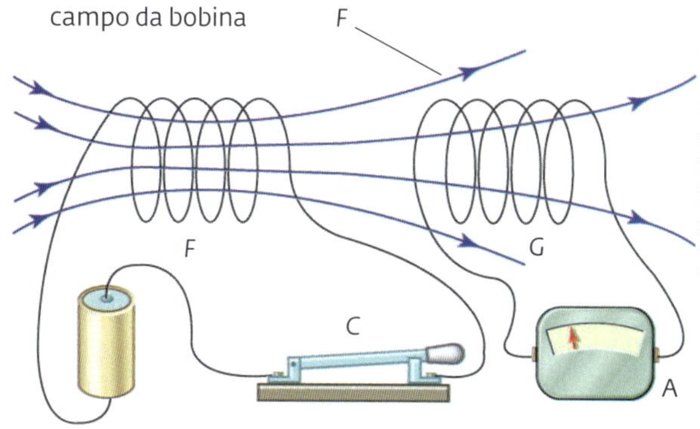

Figura 8.8. No instante em que a chave *C* é aberta ou fechada, aparece, na bobina *G*, uma corrente induzida.

Analisando inúmeras outras experiências semelhantes a essas que descrevemos, Faraday conseguiu descobrir que havia um fato comum em todos os casos em que aparece uma f.e.m. induzida. O resultado de suas observações foi expresso em uma lei básica do Eletromagnetismo, que estudaremos na seção seguinte.

As ilustrações desta página estão representadas sem escala e em cores fantasia.

VERIFIQUE O QUE APRENDEU

1. Considere uma barra metálica *CD* deslocando-se com velocidade $\vec{v}$, dentro de um campo magnético $\vec{B}$ saindo do papel (veja a figura).

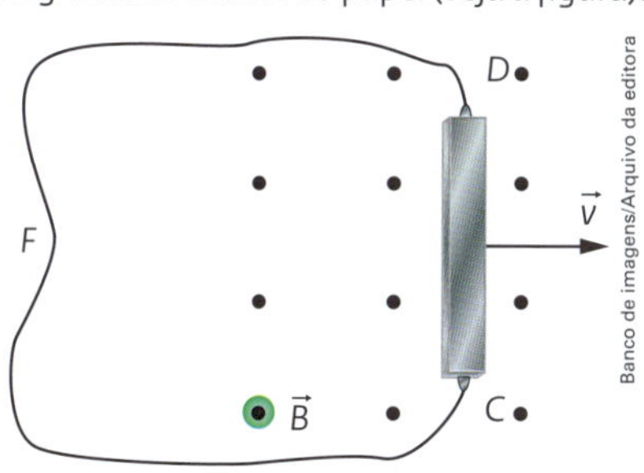

a) Qual é o sentido da força magnética que atua nos elétrons livres dessa barra?

b) Qual das extremidades da barra ficará eletrizada positivamente e qual ficará eletrizada negativamente?

c) Ligando-se *C* e *D* por um fio condutor, como mostra a figura, qual será o sentido da corrente induzida nesse fio?

2. Se a barra *CD*, na figura abaixo, fosse deslocada verticalmente para cima, haveria nela uma separação de cargas? Por quê?

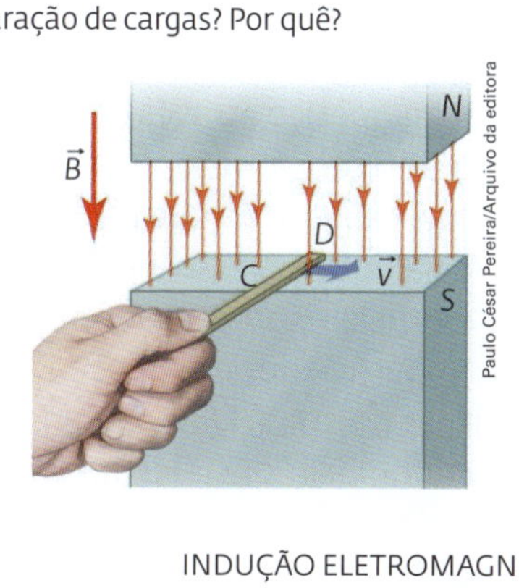

3. A figura abaixo representa uma espira retangular *CDFG* que gira em torno do eixo *EE'*, no sentido indicado pela seta curva (no instante mostrado, *CD* está entrando no plano da folha e *FG* está saindo dela). A espira gira dentro de um campo magnético $\vec{B}$, orientado da esquerda para a direita. Considerando o instante mostrado na figura, faça o que se pede a seguir.

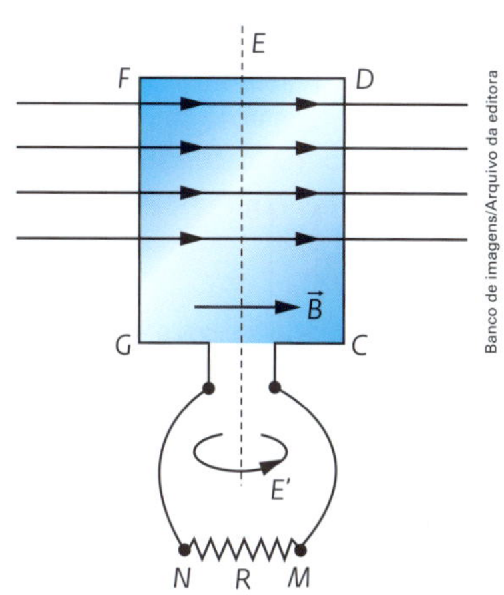

a) Indique qual das extremidades do lado *CD* fica positiva e qual fica negativa.

b) Faça o mesmo para o lado *FG*.

c) Nessas condições, os lados *CD* e *FG* são equivalentes a duas baterias. Essas baterias estão ligadas em série ou em paralelo?

d) Então, qual é o sentido da corrente induzida que passa na resistência *R* ligada às extremidades da espira?

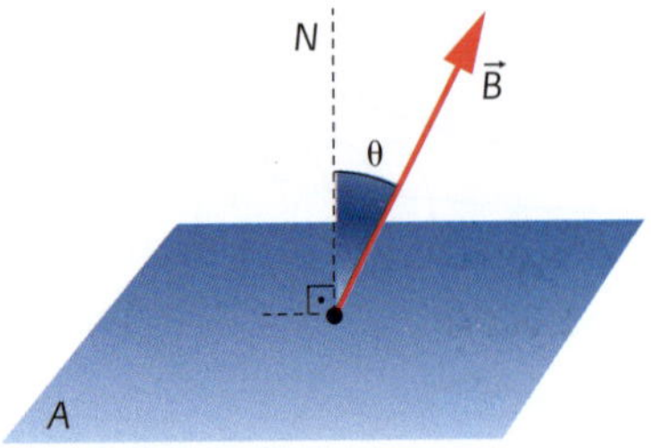

Figura 8.9. O fluxo magnético, φ, através da superfície *A*, é dado pela expressão $\varphi = BA\cos\theta$.

As ilustrações desta página estão representadas sem escala e em cores fantasia.

8.2 A lei de Faraday

O que é fluxo magnético

Consideremos uma superfície plana, de área *A*, colocada dentro de um campo magnético uniforme $\vec{B}$. Traçando uma perpendicular à superfície, designemos por θ o ângulo formado por essa normal *N* com o vetor $\vec{B}$ (veja a **figura 8.9**). O fluxo magnético através dessa superfície é representado pela letra grega φ (fi) e definido pela seguinte expressão:

$$\varphi = BA\cos\theta$$

No SI, a unidade de fluxo magnético é denominada 1 weber = 1 Wb, em homenagem ao físico alemão do século XIX W. Weber (1804-1891). Então, medindo-se *B* em tesla (T) e *A* em metro quadrado (m^2), teremos:

$$1\ \text{Wb} = 1\ \text{T} \cdot \text{m}^2$$

O conceito de fluxo magnético através de uma superfície pode ser interpretado em termos do número de linhas de indução que atravessam essa superfície: quanto maior for esse número, maior será o valor de φ. Por exemplo, na **figura 8.10** temos duas superfícies de áreas iguais, colocadas em campos magnéticos diferentes. Em **a** temos um campo magnético mais intenso do que em **b**, porque as linhas de indução do campo $\vec{B}_1$ estão mais próximas umas das outras do que as do campo $\vec{B}_2$.

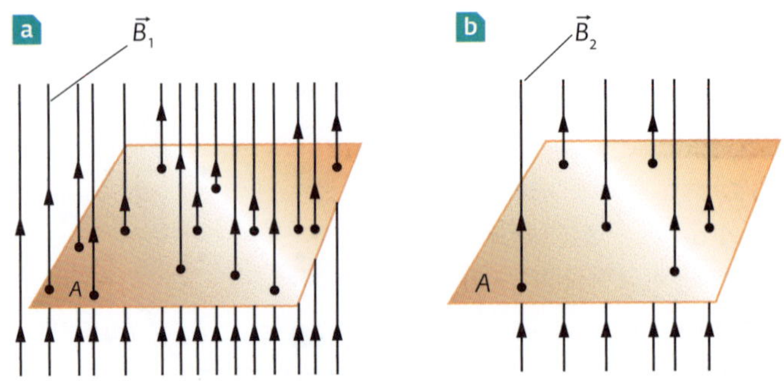

Figura 8.10. O fluxo magnético φ_1 em **a** é maior do que o fluxo φ_2 em **b**.

Ilustrações técnicas desta página: Banco de imagens/Arquivo da editora

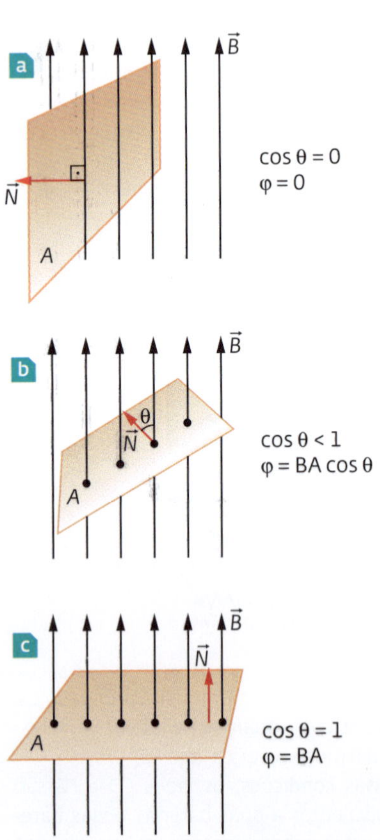

Figura 8.11. O fluxo magnético através de uma superfície depende da inclinação desta em relação ao vetor $\vec{B}$.

O número de linhas que furam a superfície, na **figura 8.10.a**, é maior do que na **figura 8.10.b**, isto é, o valor do fluxo φ_1 é maior do que φ_2. Observe que esse resultado está de acordo com a expressão $\varphi = BA\cos\theta$, a qual nos mostra que quanto maior for o valor de *B*, maior será o valor do fluxo φ.

Quanto maior for a área da superfície colocada em um dado campo $\vec{B}$, maior será o número de linhas de indução que furam a superfície, isto é, maior será o valor do fluxo. Esse resultado também está de acordo com a relação $\varphi = BA\cos\theta$, ou seja, quanto maior for *A*, maior será φ.

Finalmente, devemos observar que o valor de φ depende do ângulo θ, isto é, o fluxo magnético através de uma superfície depende da inclinação desta em relação ao vetor $\vec{B}$. A **figura 8.11** ilustra esse fato em termos das linhas de indução que passam através de uma determinada superfície *A*: na **figura 8.11.a**, nenhuma linha de indução está atravessando a superfície e, portanto, temos $\varphi = 0$; na **figura 8.11.b**, a inclinação da superfície foi modificada e já temos um certo fluxo φ através dela; já na **figura 8.11.c**, estando a superfície perpendicular a $\vec{B}$, temos um valor máximo para o fluxo φ.

A lei de Faraday

Faraday percebeu que havia um fato comum em todas as situações nas quais aparecia uma f.e.m. induzida. Analisando o grande número de experimentos que ele mesmo realizou, Faraday verificou que **sempre que uma f.e.m. induzida aparecia em um circuito, estava ocorrendo uma variação do fluxo magnético através desse circuito**.

De fato, na experiência mostrada na **figura 8.4**, em virtude do movimento da barra para a direita, a área do circuito dentro do campo magnético está aumentando. Assim, o fluxo φ através do circuito está aumentando e há uma f.e.m. induzida nesse circuito. Quando o movimento da barra é interrompido, embora exista um fluxo magnético através do circuito, esse fluxo não está variando; nessas condições, não há f.e.m. induzida. Na **figura 8.5**, observamos uma diminuição do fluxo através do circuito (área diminuindo) e, novamente, observamos o aparecimento de uma f.e.m. induzida.

Da mesma forma, quando o ímã é aproximado ou afastado da espira mostrada na **figura 8.7**, o fluxo magnético através dessa espira está variando e, mais uma vez, uma f.e.m. é induzida no circuito.

No caso mostrado na **figura 8.8**, quando a chave C é fechada, a corrente estabelecida na bobina F cria um campo magnético que causa um fluxo através da bobina G. Portanto, o fluxo φ através de G aumenta de zero até um certo valor e uma f.e.m. induzida aparece nessa bobina. Enquanto a chave C permanece fechada, a corrente em F mantém-se constante e, portanto, é também constante o fluxo através da bobina G. Nessas condições, não há f.e.m. induzida em G. No instante em que a chave C é aberta, o fluxo que existia em F desaparece (o fluxo em G diminui) e verifica-se, novamente, o aparecimento de uma f.e.m. induzida.

Portanto, a f.e.m. induzida apareceu em todos os casos nos quais estava havendo uma variação do fluxo magnético. Além disso, Faraday observou que o valor da f.e.m. induzida era tanto maior quanto mais rapidamente se processasse a variação do fluxo através do circuito. Mais precisamente, ele verificou que, se durante um intervalo de tempo Δt o fluxo magnético através de um circuito variar de $\Delta\varphi$, haverá, nesse circuito, uma f.e.m. induzida dada por:

$$\varepsilon = \frac{\Delta\varphi}{\Delta t}$$

O fenômeno do aparecimento de uma f.e.m. induzida foi denominado **indução eletromagnética** e o resultado que acabamos de estudar tornou-se conhecido como **lei de Faraday da indução eletromagnética**. Essa lei, fundamental para o estudo dos fenômenos eletromagnéticos, pode ser assim resumida:

Lei de Faraday (da indução eletromagnética)

Sempre que ocorrer uma variação do fluxo magnético através de um circuito, aparecerá, nesse circuito, uma f.e.m. induzida. O valor dessa f.e.m., ε, é dado por:

$$\varepsilon = \frac{\Delta\varphi}{\Delta t}$$

em que $\Delta\varphi$ é a variação do fluxo observada no intervalo de tempo Δt.

Reprodução/Arquivo da editora

WILHELM EDUARD WEBER (1804-1891)

Físico alemão que, junto com o físico Gauss, estudou o magnetismo terrestre. Em 1833 desenvolveu o telégrafo eletromagnético. A unidade de fluxo magnético recebeu o seu nome em virtude dos inúmeros trabalhos que desenvolveu no campo da ciência do magnetismo.

Exemplo 1

Suponha que na figura 8.7, o ímã, a uma certa distância da espira, esteja estabelecendo através dela um fluxo $\varphi_1 = 1{,}2 \cdot 10^{-2}$ Wb. Aproximando rapidamente o ímã da espira, o fluxo passa a valer $\varphi_2 = 4{,}6 \cdot 10^{-2}$ Wb.

Se essa variação ocorrer em um intervalo de tempo $\Delta t = 0{,}10$ s:

a) Determine o valor da f.e.m. induzida na espira.

O valor dessa f.e.m. será dado pela lei de Faraday. Então, teremos:

$$\varepsilon = \frac{\Delta\varphi}{\Delta t} = \frac{\varphi_2 - \varphi_1}{\Delta t} = \frac{4{,}6 \cdot 10^{-2} - 1{,}2 \cdot 10^{-2}}{0{,}10} = 0{,}34 \text{ V}$$

b) Sabendo-se que a resistência da espira vale 2,0 Ω, calcule a intensidade da corrente induzida indicada pelo amperímetro.

A intensidade dessa corrente será dada pela equação do circuito, isto é:

$$i = \frac{\varepsilon}{R} = \frac{0{,}34}{2{,}0} \quad \therefore \quad i = 0{,}17 \text{ A}$$

Exemplo 2

Considere uma barra metálica *CD* deslocando-se com velocidade $\vec{v}$ dentro de um campo magnético uniforme $\vec{B}$. A barra desloca-se apoiando-se em dois trilhos, também metálicos, separados de uma distância *L*, como mostra a figura 8.12. Usando a lei de Faraday, determine, em função de *B*, *L* e *v*, a f.e.m. induzida na barra.

De acordo com a lei de Faraday, a f.e.m. induzida é dada por $\varepsilon = \frac{\Delta\varphi}{\Delta t}$. Suponhamos que, durante o intervalo de tempo Δt, a barra se desloque de uma distância Δx, passando para a posição *C'D'* (veja a figura).

As ilustrações desta página estão representadas sem escala e em cores fantasia.

Então, nesse intervalo de tempo, como o campo magnético é perpendicular à área do circuito ($\theta = 0°$), a variação do fluxo através desse circuito será dada por:

$$\Delta\varphi = B \cdot (\text{variação na área do circuito})$$

ou

$$\Delta\varphi = B \cdot (\text{área } CDD'C') = B \cdot (L\Delta x)$$

Logo, teremos:

$$\varepsilon = \frac{\Delta\varphi}{\Delta t} = \frac{BL\Delta x}{\Delta t}$$

Como $\frac{\Delta x}{\Delta t} = v$, virá:

$$\varepsilon = BLv$$

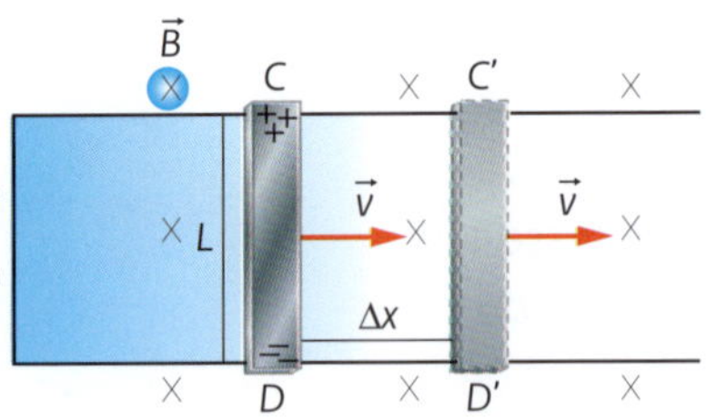

Banco de imagens/Arquivo da Editora

Figura 8.12. Para o exemplo 2 da seção 8.2.

O gerador de corrente alternada

Um dínamo é constituído, basicamente, por uma espira que gira dentro de um campo magnético. A **figura 8.13** representa uma espira metálica nessa situação, girando em torno do eixo *EE'* entre os polos de um ímã. Nas extremidades da espira existem dois anéis, *C* e *D*, que deslizam sobre os contatos *F* e *G*, os quais ligam a espira a um circuito externo qualquer. Na figura, esse circuito externo é um amperímetro, usado para indicar a presença de corrente induzida.

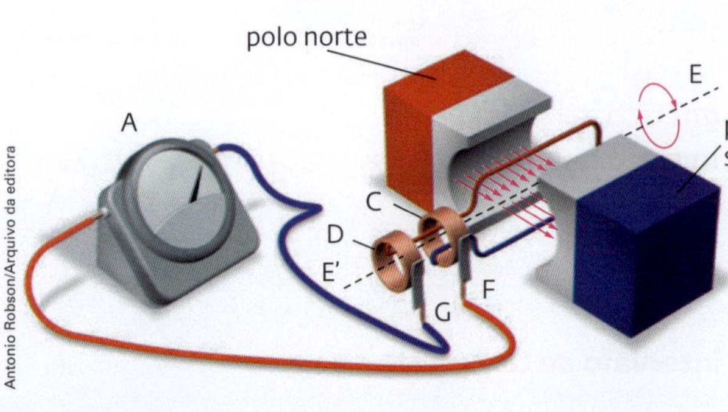

Antonio Robson/Arquivo da editora

Figura 8.13. Uma espira girando dentro de um campo magnético produz uma corrente alternada.

Enquanto a espira gira, há uma variação do fluxo magnético através dela. Isso ocorre porque a inclinação da espira, em relação ao vetor $\vec{B}$, está variando continuamente, conforme vimos ao analisar a **figura 8.11**. Então, uma f.e.m. é induzida na espira, gerando uma corrente indicada pelo amperímetro. Durante uma meia-volta da espira, o fluxo magnético através dela aumenta e, na meia-volta seguinte, ele diminui. Por esse motivo, a corrente induzida aparecerá no circuito ora em um sentido, ora em sentido contrário. Em outras palavras, a espira girando dentro de um campo magnético gera uma **corrente alternada**, como se pode perceber pela indicação do amperímetro.

Os grandes geradores de corrente alternada **(figura 8.14)** encontrados nas turbinas eólicas funcionam de maneira semelhante à que acabamos de descrever. A energia do vento é aproveitada para colocar em rotação as pás da hélice que, por meio de um eixo, aciona o gerador. Este, por indução eletromagnética, transforma grandes quantidades de energia mecânica em energia elétrica.

Antonio Robson/Arquivo da editora

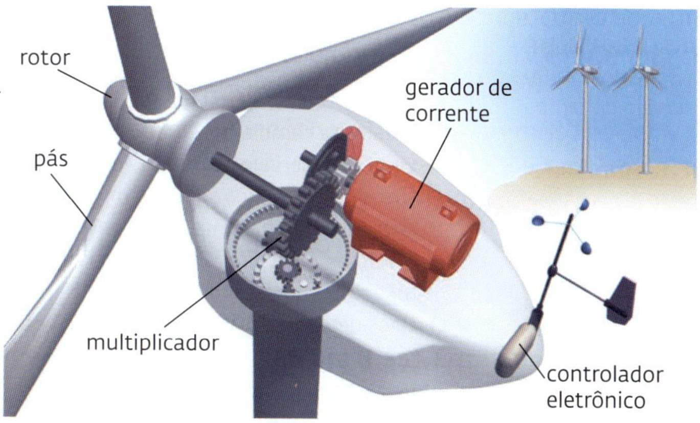

As ilustrações desta página estão representadas sem escala e em cores fantasia.

Figura 8.14. Esquema do funcionamento de um gerador eólico. Atualmente, 3% da matriz energética brasileira deve-se à energia eólica.

Comentário

O gráfico da **figura 8.15** mostra como a corrente alternada, gerada na espira, varia com o tempo, à medida que ela gira dentro do campo magnético.

Vamos analisar essa variação, supondo uma lâmpada ligada à espira de um gerador de corrente alternada, como mostra a **figura 8.16**. No instante $t = 0$, no qual a espira se encontra na posição mostrada na **figura 8.16.a**, a lâmpada está apagada, mostrando que, nesse instante, não há corrente no circuito. Observe que o gráfico da **figura 8.15** está de acordo com essa observação, pois, para $t = 0$, temos $i = 0$. Enquanto a espira gira, até alcançar a posição mostrada na **figura 8.16.b**, a corrente cresce, atingindo seu valor máximo (instante t_1 no gráfico da **figura 8.15**).

Consequentemente, a lâmpada adquire seu maior brilho nesse momento. Continuando a girar, a espira alcança a posição mostrada na **figura 8.16.c**, onde, novamente, a corrente é nula e, portanto, a lâmpada se apaga (instante t_2 no gráfico da **figura 8.15**). A partir de t_2, a corrente induzida muda de sentido, como está indicado no gráfico (por convenção, a intensidade i passa a ser considerada negativa).

No instante t_3 **(figura 8.16.d)**, o módulo da corrente alcança novamente seu valor máximo e a lâmpada brilha com a mesma intensidade mostrada na **figura 8.16.b**. Finalmente, no instante t_4 **(figura 8.16.e)** a espira retorna à sua posição inicial, completando uma volta (1 ciclo). A corrente é novamente nula (a lâmpada está apagada) e, daí em diante, o processo se repete.

Banco de imagens/Arquivo da editora

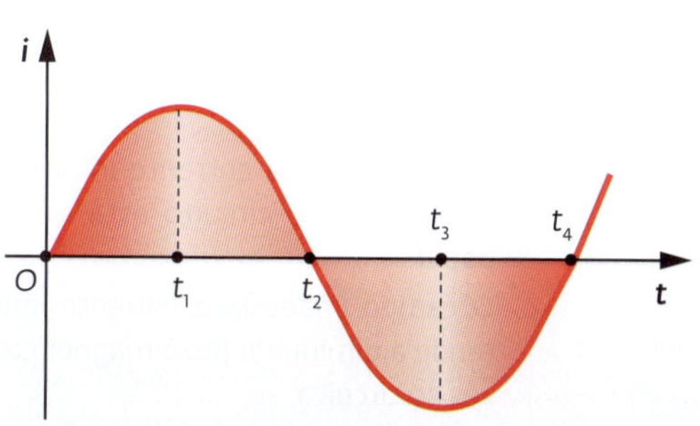

Figura 8.15. O gráfico mostra como a intensidade da corrente alternada gerada na espira varia com o tempo.

Antonio Robson/Arquivo da editora

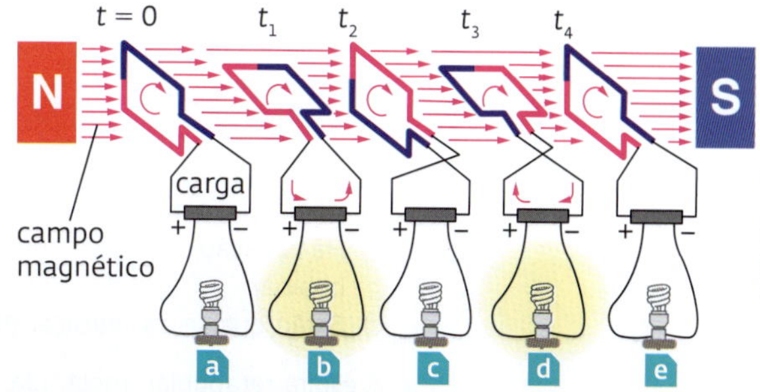

Figura 8.16. O brilho da lâmpada indica a intensidade da corrente alternada gerada na espira, à medida que ela gira.

VERIFIQUE O QUE APRENDEU

As ilustrações desta página estão representadas sem escala e em cores fantasia.

4. Na figura 8.11.c considere que o campo magnético tenha o valor $B = 3{,}5 \cdot 10^{-2}$ T e que a superfície mostrada tenha uma área $A = 60\ cm^2$.

a) Qual é o valor do ângulo θ formado pelo vetor $\vec{B}$ com a normal à superfície? (Considere a normal orientada para cima.)

b) Calcule o valor do fluxo magnético φ através da superfície mostrada.

5. a) Responda às questões **a** e **b** do exercício anterior para o caso da figura 8.11.a.

b) A resposta à questão **b** concorda com o que foi afirmado no texto em relação a essa figura?

6. Suponha que a superfície mostrada na figura 8.11 fosse contornada por um fio metálico formando uma espira retangular de área *A*. Suponha, ainda, que a espira passasse da posição (a) para a posição (c) em um intervalo de tempo $\Delta t = 0{,}03$ s.

Considerando as respostas dos exercícios 4 e 5, determine:

a) a variação do fluxo magnético, através da espira, nesse intervalo de tempo;

b) o valor da f.e.m. induzida na espira.

7. Observe a figura a seguir e suponha que tanto o ímã quanto a espira estejam em repouso.

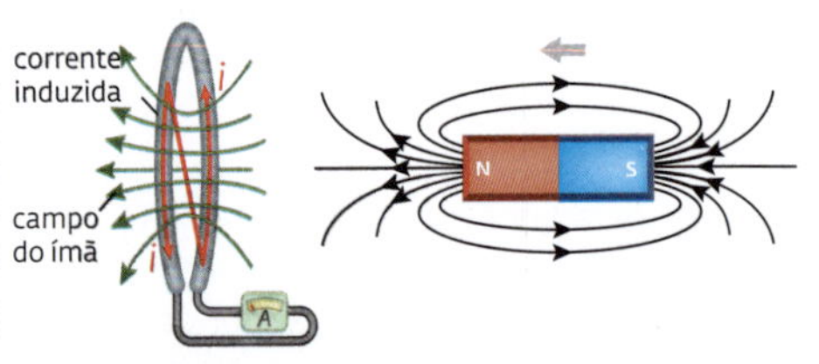

Alex Argozino/Arquivo da editora

Nessas condições:

a) Há um fluxo magnético através da espira?

b) Há variação de fluxo magnético através da espira?

c) Então, há f.e.m. induzida na espira?

8. O ímã e a bobina mostrados na figura abaixo estão ambos se deslocando com a mesma velocidade $\vec{v}$.

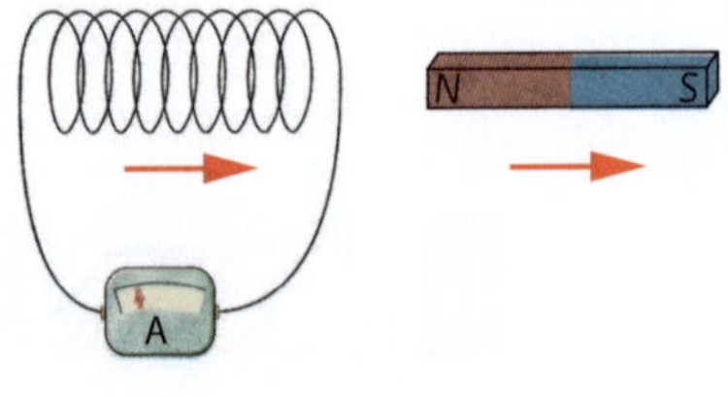

Paulo César Pereira/Arquivo da editora

a) Há um fluxo magnético através da bobina?

b) Há variação de fluxo magnético através da bobina?

c) Então, qual será a indicação do amperímetro?

9. A espira retangular, mostrada na figura, está sendo puxada com uma velocidade v = 6,0 m/s, emergindo de um campo magnético B = 0,50 T.

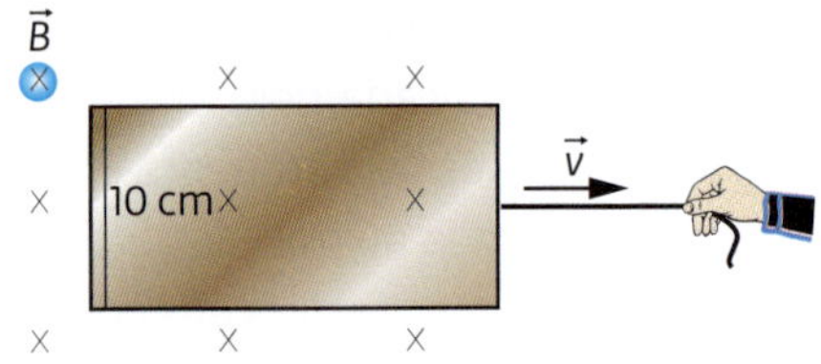

Paulo César Pereira/Arquivo da editora

Lembrando-se da resposta encontrada no exemplo 2 desta seção, determine:

a) a f.e.m. induzida na espira;

b) a intensidade da corrente induzida que circula na espira, sabendo-se que sua resistência é de 0,40 Ω.

10. Na figura 8.16 suponha que esteja sendo gerada uma corrente alternada de frequência *f* = 60 hertz.

a) Quanto tempo a espira gasta para efetuar uma volta completa?

b) Qual é o intervalo de tempo decorrido entre os instantes nos quais a lâmpada apresenta dois brilhos máximos consecutivos (posições da espira mostradas nas figuras (b) e (d))?

c) Considerando a resposta da questão anterior, você acha que seus olhos perceberiam flutuações no brilho dessa lâmpada?

11. O conjunto mostrado na figura abaixo está colocado dentro de um campo magnético externo $\vec{B}$, perpendicular à folha de papel, cujo sentido não é conhecido. Deslocando-se a barra *GH* para a direita, observa-se que uma corrente induzida *i* percorre o circuito no sentido indicado na figura.

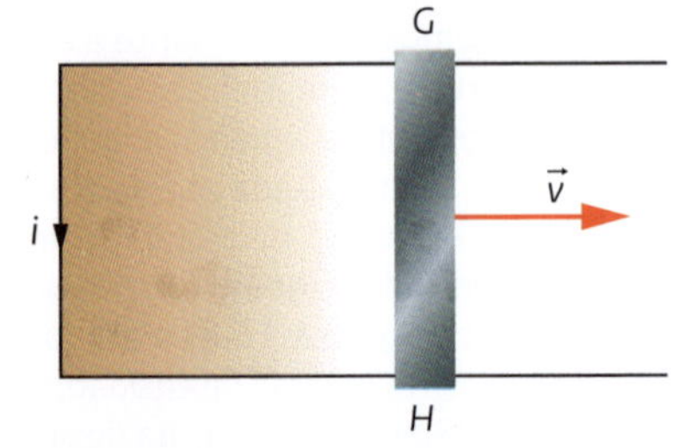

Paulo César Pereira/Arquivo da editora

Indique, entre as afirmativas seguintes, aquelas que estão corretas:

a) O fluxo magnético através do circuito está aumentando.

b) O campo que a corrente induzida cria no interior do circuito está saindo do papel.

c) O campo criado pela corrente induzida tende a diminuir o fluxo magnético através do circuito.

d) O campo magnético externo $\vec{B}$ está entrando na folha de papel.

FÍSICA NO CONTEXTO

USINAS GERADORAS DE ENERGIA ELÉTRICA

As ilustrações desta página estão representadas sem escala e em cores fantasia.

No Brasil, as fontes de energia não renováveis (petróleo e seus derivados, gás natural, carvão mineral e minérios radioativos) totalizam cerca de 54% da matriz energética nacional. Por outro lado, as energias renováveis (hidrelétricas, produtos da cana-de-açúcar, lenha e carvão vegetal) correspondem a cerca de 43% e apenas 3% destas correspondem a outras fontes de energia renovável como energia eólica e energia solar.

As centrais que fornecem energia para os centros consumidores são geralmente de grande porte, gerando potências elevadíssimas (milhares de kW).

Seus geradores funcionam, em princípio, de maneira idêntica ao alternador que acabamos de analisar.

Conforme o tipo de energia usada para fazer girar a espira (ou ímã) do gerador, podemos ter, entre outras, as usinas **hidrelétrica**, **termelétrica** e **nuclear**.

- **Usina hidrelétrica** (figura 8.17) – nessas usinas, a energia potencial gravitacional da água armazenada em uma represa se transforma em energia cinética durante sua queda pela tubulação. Essa energia é usada para fazer girar uma turbina, e seu movimento de rotação é transmitido ao gerador, produzindo corrente elétrica.

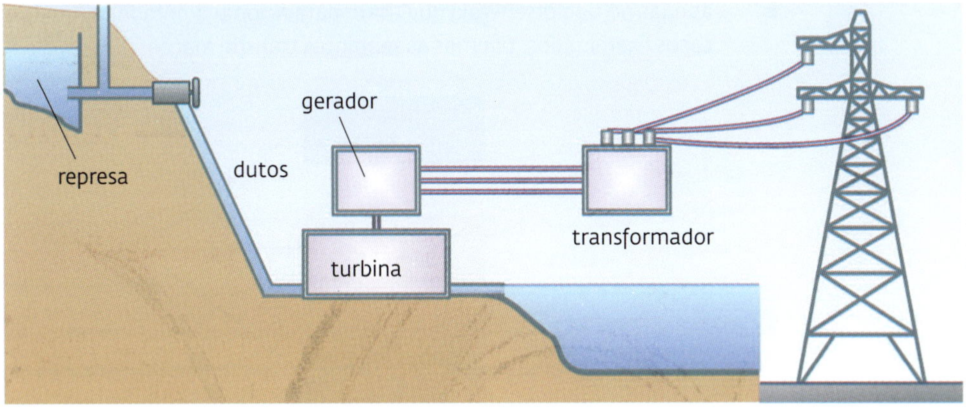

Figura 8.17. Na usina hidrelétrica, a energia mecânica da queda-d'água se transforma em energia elétrica.

- **Usina termelétrica** (figura 8.18) – a energia utilizada nessas usinas é a térmica, obtida pela combustão de madeira, carvão ou petróleo (ou gás natural, no caso do nosso país). A energia térmica desprendida na combustão provoca a vaporização da água contida em uma caldeira. Esse vapor, a alta pressão, faz girar uma turbina e essa rotação é transmitida ao gerador.

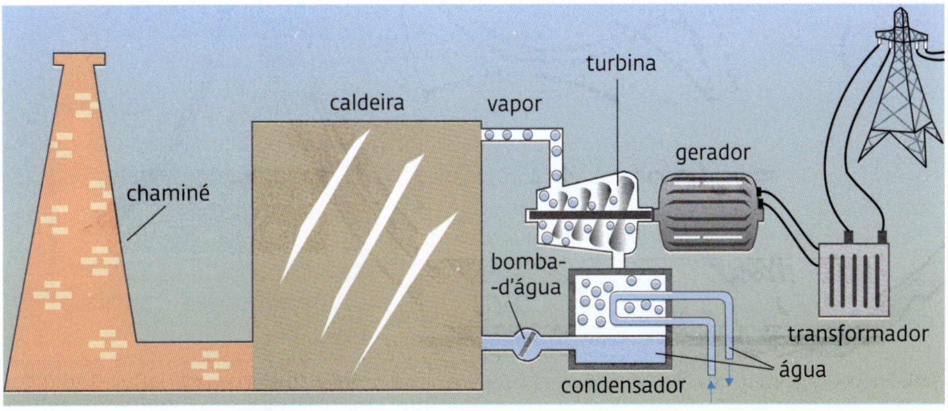

Figura 8.18. Na usina termelétrica, a energia liberada pelo combustível se transforma em energia elétrica.

- **Usina nuclear** (figura 8.19) – as usinas nucleares funcionam de maneira semelhante a uma usina termelétrica, mas o calor utilizado para produzir o vapor a alta pressão é proveniente de reações nucleares que ocorrem em um reator atômico (fissões dos núcleos de alguns elementos, como o urânio).

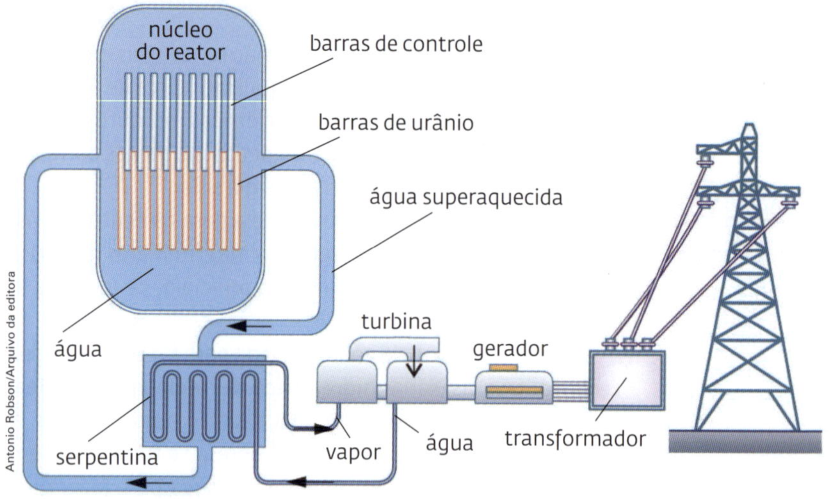

Figura 8.19. Esquema do funcionamento de uma usina nuclear. A grande quantidade de calor liberada pelas reações nucleares que ocorrem no reator provoca o superaquecimento da água que nele circula. Essa água entra em contato com uma serpentina, fazendo evaporar a água nela contida. O vapor formado é usado para acionar a turbina que coloca o gerador em rotação. Observe que a água superaquecida (que passa pelo reator) circula isoladamente, sem contato direto com qualquer outra parte do conjunto, para evitar contaminação radioativa. Representação sem escala e em cores fantasia.

Deve-se observar que todas essas centrais funcionam de maneira semelhante, diferindo apenas no tipo de energia que usam para acionar o gerador a fim de obter energia elétrica. Nos casos examinados, tivemos as seguintes transformações:

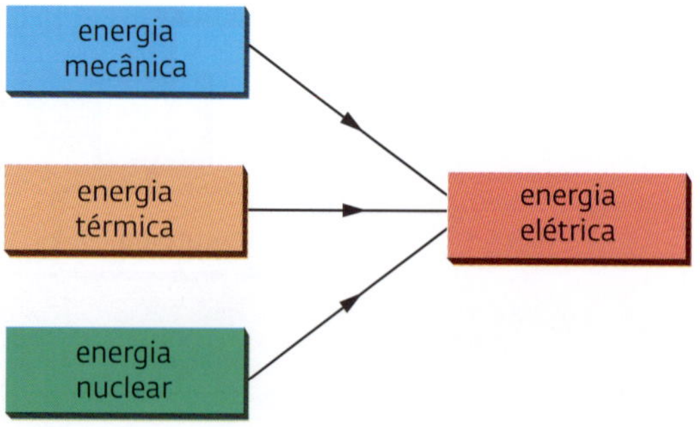

Em razão do aumento do consumo de energia elétrica em vários países, o uso de outras formas, como energia eólica (dos ventos (figura 8.20)), energia das marés, energia solar, energia geotérmica, etc., tem sido incentivado.

Na seção 8.7, no final desse capítulo, são analisadas várias outras informações relacionadas a esse assunto.

Figura 8.20. Esse dispositivo, que costuma ser denominado turbina de vento, aciona um gerador de energia elétrica de 3 000 kWh. Portanto, ele transforma energia mecânica do vento (energia eólica) em energia elétrica (cada lâmina do cata-vento chega a ter 30 m de comprimento). Na foto, cata-ventos instalados na orla marítima de Fortaleza (CE).

8.3 A lei de Lenz

O sentido da corrente induzida

Já analisamos diversas situações nas quais a corrente induzida aparece no circuito, ora em um sentido, ora em sentido contrário. Por exemplo, para condições como a mostrada na **figura 8.21** dissemos que, quando o ímã se aproxima da espira, a corrente aparece em um determinado sentido **(figura 8.21.a)** e, quando o ímã se afasta, a corrente aparece na espira em sentido contrário ao anterior **(figura 8.21.b)**.

Embora Faraday tivesse percebido esse fenômeno, ele não conseguiu chegar a uma lei que indicasse como determinar o sentido da corrente induzida. Entretanto, em 1834, alguns anos após a divulgação dos trabalhos de Faraday, o cientista H. Lenz apresentou uma "regra", hoje conhecida como **lei de Lenz**, que permite resolver esse problema.

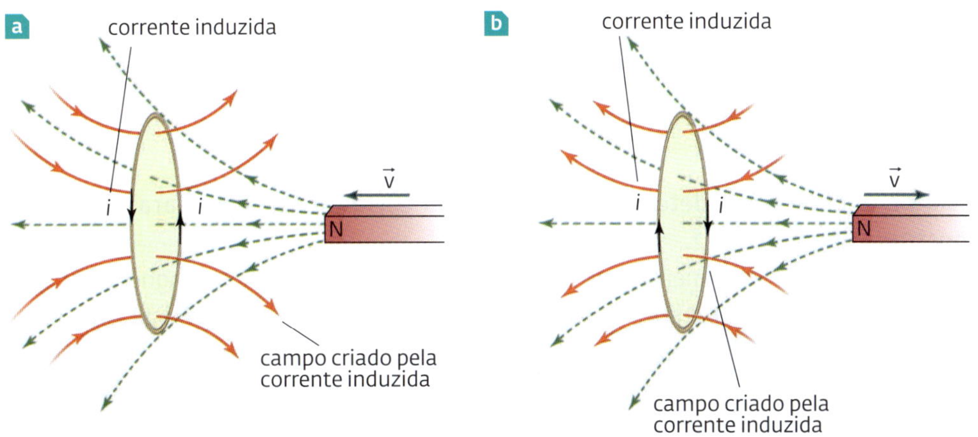

Antonio Robson/Arquivo da editora

Figura 8.21. A corrente induzida na espira aparece com sentido tal que o campo magnético que ela cria tende a contrariar a variação de fluxo através dessa espira. Representação sem escala e em cores fantasia.

A lei de Lenz

Consideremos novamente a **figura 8.21**. Quando o ímã é aproximado da espira, verifica-se que a corrente nela induzida aparece com o sentido indicado na figura. Essa corrente cria um campo magnético cujo sentido pode ser determinado pela regra de Ampère. Aplicando essa regra, verificamos que o campo magnético criado pela corrente induzida tem, no interior da espira, o sentido mostrado na **figura 8.21.a**. Observe que o sentido desse campo é contrário ao do campo magnético do ímã.

Considerando, agora, a **figura 8.21.b**, vemos que, quando o ímã é afastado da espira, a corrente induzida aparece em sentido contrário ao anterior. Usando novamente a regra de Ampère, verificamos que o campo magnético criado pela corrente induzida tem, nesse caso, o mesmo sentido do campo magnético do ímã (veja a figura).

Podemos resumir essas observações da seguinte maneira:

1º) Quando o fluxo magnético através da espira está **aumentando** **(figura 8.21.a)**, a corrente induzida tem um sentido tal que o campo magnético por ela criado tende a **diminuir** o fluxo através da espira (o campo da corrente induzida, **dentro da espira**, tem sentido contrário ao campo magnético do ímã).

2º) Quando o fluxo magnético através da espira está **diminuindo** **(figura 8.21.b)**, a corrente induzida tem um sentido tal que o campo magnético por ela criado tende a **aumentar** o fluxo através da espira (o campo da corrente induzida, **dentro da espira**, tem o mesmo sentido do campo magnético do ímã).

Reprodução/Arquivo da editora

HEINRICH F. E. LENZ (1804-1865)

Físico báltico-alemão nascido no império russo que enunciou a lei que permite estabelecer o sentido das correntes induzidas. Lenz estudou também a dependência da resistência elétrica em relação à temperatura.

As ilustrações desta página estão representadas sem escala e em cores fantasia.

Após realizar uma série de experiências semelhantes a essa, Lenz chegou à conclusão de que esse comportamento da corrente induzida era observado em todos os casos analisados. Ele sintetizou, então, suas observações da seguinte maneira:

Lei de Lenz

A corrente induzida em um circuito aparece sempre com um sentido tal que o campo magnético que ela cria tende a contrariar a variação do fluxo magnético que a originou.

Em outras palavras, a lei de Lenz nos diz que[1]:

1º) Quando a corrente induzida é estabelecida em virtude de um aumento do fluxo magnético, o seu sentido é tal que o campo por ela criado tem sentido contrário ao campo magnético existente no interior do circuito.

2º) Quando a corrente induzida é estabelecida em virtude de uma diminuição do fluxo magnético, o seu sentido é tal que o campo por ela criado tem o mesmo sentido do campo magnético existente no interior do circuito.

[1] Estamos supondo a normal à superfície orientada de tal modo que o fluxo magnético seja sempre positivo.

Os exemplos seguintes ilustrarão como podemos empregar a lei de Lenz para determinar o sentido da corrente induzida em um circuito.

Exemplo 1

Usando a lei de Lenz, determine o sentido da corrente induzida para a situação mostrada na figura 8.22.

Estando a barra em movimento para a direita, há um aumento de fluxo magnético através do circuito *CEFD*, pois a área do circuito situada dentro do campo magnético está aumentando. Então, o campo criado pela corrente induzida (no interior do circuito) deve ter sentido contrário ao do campo magnético mostrado na figura 8.22, pois, assim, ele tende a diminuir o fluxo magnético através do circuito. Portanto, o campo magnético criado pela corrente induzida está saindo da folha de papel (no interior do circuito). Usando a regra de Ampère, verificamos que, para criar um campo magnético nesse sentido, a corrente induzida deve estar circulando no sentido *CEFD*.

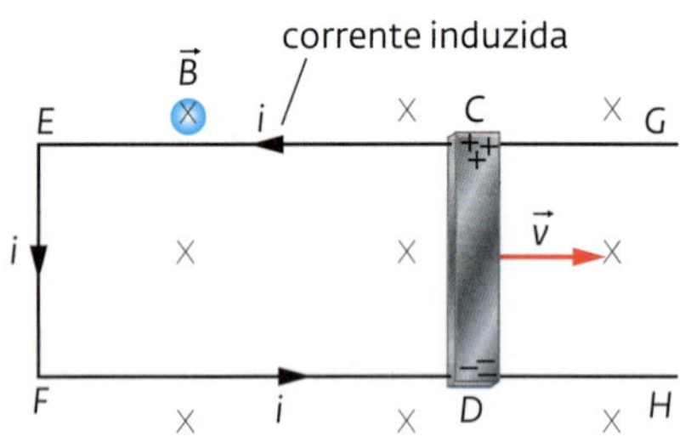

Figura 8.22. Para o exemplo 1 da seção 8.3.

Observe que esse resultado está de acordo com o sentido da corrente mostrado na figura 8.22 e que foi obtido por outro processo (sem o uso da lei de Lenz).

Exemplo 2

A figura 8.23 mostra um circuito elétrico 1, no qual circula a corrente i_1 fornecida por uma bateria. Ao lado desse circuito existe uma espira metálica retangular. No momento em que a chave C do circuito 1 é aberta, uma corrente induzida i_2, de duração muito curta, aparece na espira. Determine o sentido da corrente i_2.

A corrente i_1 cria, no espaço em torno dela, um campo magnético $\vec{B}_1$. A regra de Ampère nos mostra que, no interior da espira, esse campo $\vec{B}_1$ está saindo da folha de papel, como está indicado na figura. Logo, existe um fluxo magnético através da espira. Quando a chave C é aberta, a corrente i_1 é interrompida e esse fluxo diminui (tende a zero). Então, na espira aparece uma corrente induzida i_2 e o campo magnético $\vec{B}_2$ por ela criado, no interior da espira, deve ter o mesmo sentido do campo $\vec{B}_1$ (tendendo a aumentar o fluxo através do circuito). Usando a regra de Ampère, vemos que, para criar no interior da espira um campo $\vec{B}_2$, saindo da folha de papel, o sentido da corrente induzida i_2 deve ser o mostrado na figura.

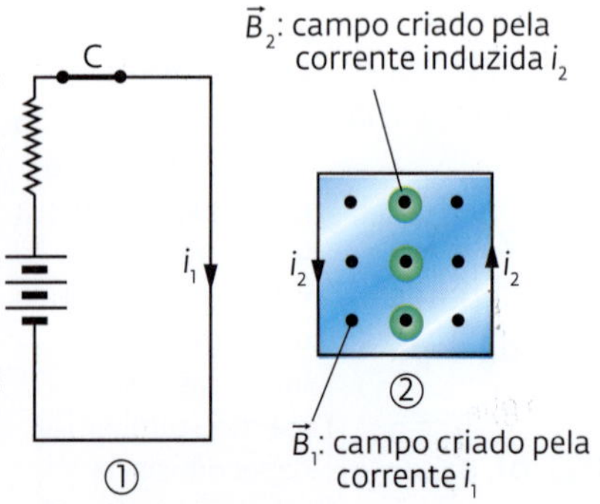

Ilustrações técnicas: Banco de imagens/Arquivo da editora

Figura 8.23. Para o exemplo 2 da seção 8.3.

VERIFIQUE O QUE APRENDEU

As ilustrações desta página estão representadas sem escala e em cores fantasia.

12. Suponha que a chave C, na figura abaixo, esteja inicialmente aberta. Se, em certo instante, essa chave for fechada, uma corrente i_1 será estabelecida pela bateria no circuito (1).

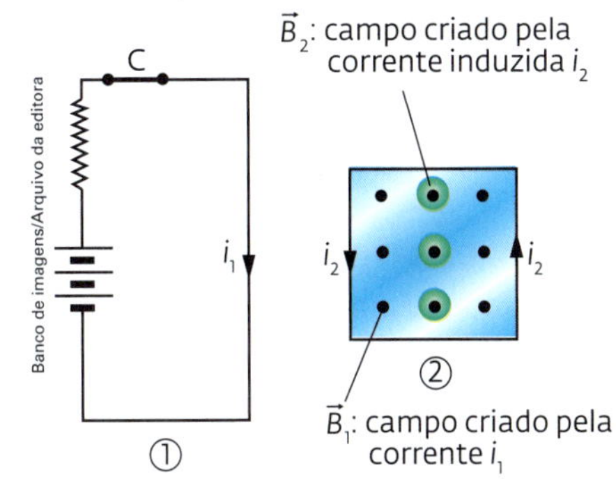

a) O campo magnético $\vec{B}_1$ que essa corrente cria no interior da espira (2) está entrando na folha de papel ou saindo dela?

b) O fluxo magnético através da espira (2) aumentou ou diminuiu?

c) Então, o campo magnético $\vec{B}_2$, que a corrente induzida na espira (2) cria no seu interior, deve estar entrando na folha de papel ou saindo dela?

13. a) Considere sua resposta à questão **c** do exercício anterior e use a regra de Ampère para determinar o sentido da corrente induzida i_2.

b) Decorrido um certo tempo após o fechamento da chave C, haverá corrente induzida na espira (2)? Explique.

14. A figura abaixo mostra uma espira condutora *CDFG*, colocada sobre uma mesa horizontal. Um ímã é afastado verticalmente da espira da maneira indicada na figura.

a) O campo magnético estabelecido pelo ímã em pontos do interior da espira está dirigido para baixo ou para cima?

b) O fluxo magnético através da espira está aumentando ou diminuindo?

c) Então, o campo magnético que a corrente induzida cria no interior da espira deve estar dirigido para baixo ou para cima?

d) Usando a regra de Ampère, determine o sentido da corrente induzida na espira.

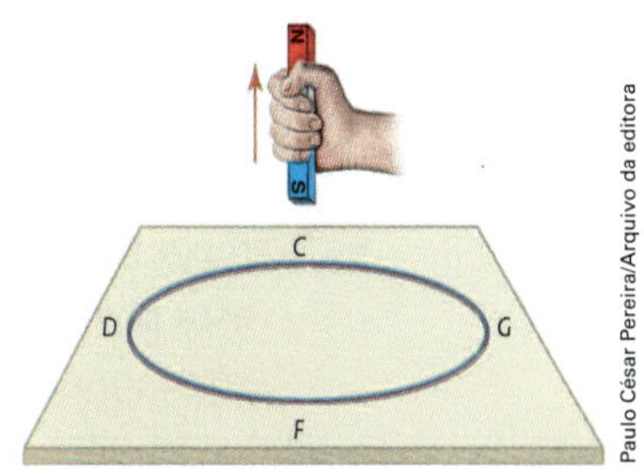

8.4 O transformador

O que é um transformador

Em diversas instalações elétricas e até mesmo em nossas residências tem-se, muitas vezes, necessidade de aumentar ou diminuir a tensão fornecida pelas companhias de eletricidade. O dispositivo que nos permite resolver esse problema é denominado **transformador**.

O transformador é um aparelho bastante simples e está representado esquematicamente na **figura 8.24.a**. É constituído de uma peça de ferro, denominada **núcleo**, em torno do qual são enroladas duas bobinas. Em uma dessas bobinas é aplicada a tensão V_1 que desejamos transformar, isto é, que desejamos aumentar ou diminuir. Essa bobina é denominada **enrolamento primário** (ou simplesmente primário).

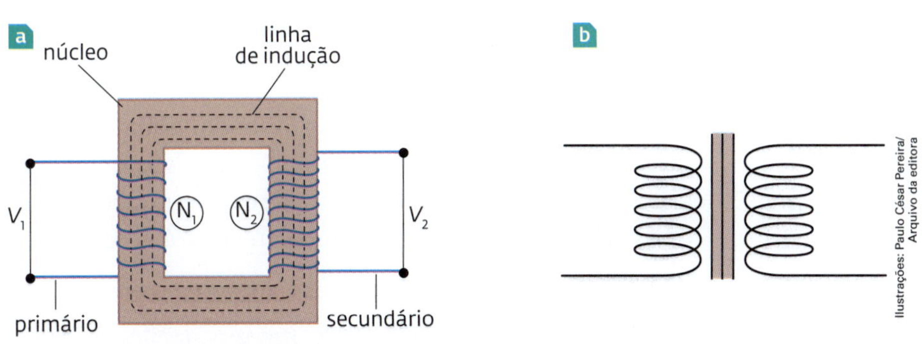

Figura 8.24. Esquema de um transformador simples (**a**) e maneira de representá-lo em um diagrama de circuito elétrico (**b**).

Sérgio/Quim/SQI Studios

Figura 8.25. Foto de um transformador simples usado em laboratórios de ensino.

Após a transformação, a tensão, apresentando um valor V_2, será estabelecida nas extremidades da outra bobina, denominada **enrolamento secundário** (ou simplesmente secundário). Nos diagramas de circuitos elétricos, um transformador é representado da maneira mostrada na figura 8.24.b. Na figura 8.25 mostramos um transformador desse tipo, usado para experiências em laboratórios de ensino.

Como funciona um transformador

Suponhamos que uma tensão constante V_1 seja aplicada ao primário do transformador, por exemplo, ligando-se os extremos da bobina do primário aos polos de uma bateria. Essa tensão fará com que uma corrente contínua (constante) circule pelas espiras do primário. Então, um campo magnético será estabelecido no interior dessa bobina, fazendo com que o núcleo de ferro seja magnetizado. As linhas de indução do campo magnético criado por essa magnetização, no interior da peça de ferro, têm o aspecto mostrado na figura 8.24.

Como essas linhas estão passando através da bobina do secundário, teremos um fluxo magnético através das espiras dessa bobina. Entretanto, como a corrente que está passando no primário, provocando a magnetização do núcleo, é constante, o fluxo magnético através do secundário não sofrerá variações. Nessas condições, não haverá f.e.m. induzida nas espiras do secundário e a tensão nos extremos dessa bobina será nula, isto é, $V_2 = 0$.

Por outro lado, se a tensão V_1 aplicada no primário for **alternada**, a corrente que percorrerá as espiras do primário será, também, alternada. Então, o campo magnético estabelecido no núcleo de ferro estará sofrendo flutuações sucessivas e, consequentemente, o fluxo magnético através do secundário estará aumentando e diminuindo periodicamente no decorrer do tempo. Por esse motivo, uma f.e.m. será induzida nas espiras do secundário, fazendo aparecer uma tensão V_2 nos extremos dessa bobina. Em resumo:

Quando uma tensão constante V_1 é aplicada ao primário de um transformador, o fluxo magnético através do secundário é também constante, não havendo, portanto, uma tensão induzida nessa bobina. Quando a tensão aplicada ao primário é alternada, um fluxo magnético variável atravessa as espiras do secundário e uma tensão induzida V_2 aparece nos extremos dessa bobina.

Relação entre as voltagens no primário e no secundário

Vamos estudar como um transformador pode ser usado para aumentar ou diminuir uma tensão de corrente alternada. Para isso, designemos por N_1 o número de espiras no primário e por N_2 o número de espiras no secundário. A partir da lei de Faraday é possível demonstrar que a seguinte relação é válida:

$$\frac{V_2}{V_1} = \frac{N_2}{N_1}$$

Com essa expressão podemos concluir que, se o número de espiras no secundário for maior do que no primário, isto é, se $N_2 > N_1$, teremos $V_2 > V_1$. Então, o transformador estará sendo usado para elevar a tensão. Por outro lado, se tivermos $N_2 < N_1$, teremos $V_2 < V_1$, ou seja, o transformador estará sendo usado para diminuir a tensão.

É importante observar que o transformador (figuras 8.26 e 8.27) não pode criar energia. Portanto, quando um aparelho é ligado ao secundário durante certo tempo, a energia fornecida a ele não pode ser maior do que a fornecida ao primário. Em outras palavras, a potência obtida no secundário **não** pode ser superior à fornecida ao primário do transformador.

Gabor Nemes/<www.kino.com.br>. Acesso em: 26 maio 2013.

Figura 8.26. Foto de transformador usado nos postes de rua.

SPL/Latinstock

Figura 8.27. Na foto, vemos um conjunto moderno de transformadores, montados sobre base de concreto, para evitar "fugas" de corrente elétrica para a Terra.

As imagens desta página estão representadas fora de proporção.

Exemplo

Um transformador foi construído com um primário constituído por uma bobina de 400 espiras e um secundário com 2 000 espiras. Aplica-se ao primário uma tensão alternada de 120 V.

a) Qual a tensão que será obtida no secundário?

A tensão, V_2, no secundário poderá ser obtida através da relação $\frac{V_2}{V_1} = \frac{N_2}{N_1}$. Como temos: $V_1 = 120\,V$; $N_1 = 400$; $N_2 = 2\,000$, vem:

$$\frac{V_2}{V_1} = \frac{N_2}{N_1} \quad \text{ou} \quad \frac{V_2}{120} = \frac{2000}{400} \quad \therefore \quad V_2 = 600\,V$$

b) Suponha que esse transformador esteja sendo usado para alimentar uma lâmpada fluorescente ligada ao seu secundário. Sabendo-se que a corrente no primário vale i_1 = 1,5 A, qual é o valor da corrente i_2 que passa pela lâmpada? (Suponha que não haja dissipação de energia no transformador.)

A potência desenvolvida em um aparelho elétrico, que é percorrido por uma corrente i ao ser submetido a uma tensão V, é dada por $P = Vi$. Então, a potência P_1 fornecida ao primário é $P_1 = V_1 i_1$ e a potência P_2 obtida no secundário (na lâmpada) é $P_2 = V_2 i_2$. Como não há dissipação de energia no transformador (transformador ideal), devemos ter $P_2 = P_1$. Logo:

$$V_2 i_2 = V_1 i_1 \quad \text{ou} \quad 600\, i_2 = 120 \cdot 1{,}5 \quad \therefore \quad i_2 = 0{,}30\,A$$

Observe que, se o transformador está sendo usado para aumentar a tensão, a corrente no secundário será forçosamente menor do que a corrente no primário. O contrário ocorre com um transformador que abaixa a tensão.

Verifique o que aprendeu

15. Suponha que uma bateria de automóvel esteja ligada ao primário de um transformador.

a) Haverá fluxo magnético através das espiras do secundário?

b) Esse fluxo será constante ou variável? Por quê?

c) Então, existirá uma tensão nas extremidades da bobina do secundário?

16. Considerando a situação do exemplo resolvido acima, suponha que a tensão de 120 V tenha sido aplicada à bobina de 2 000 espiras, e uma corrente i_2 = 3,5 A esteja passando em uma lâmpada ligada à bobina de 400 espiras. Orientando-se pela solução do exemplo resolvido nesta seção, determine a intensidade da corrente que está passando no primário do transformador.

Hulton Archive/Getty Images

JAMES CLERK MAXWELL (1831-1879)

Físico escocês, cuja importância no estudo da Eletricidade e do Magnetismo é comparada àquela que Newton teve na Mecânica, em virtude do caráter fundamental das leis que ele estabeleceu. Maxwell deu também contribuições importantes a outros campos da Física, entre elas um estudo da percepção das cores pela nossa visão (produziu uma das primeiras fotografias coloridas) e uma teoria sobre os anéis de Saturno. Entretanto, foi no campo do Eletromagnetismo que seus trabalhos tiveram maior realce, devendo-se destacar a previsão da existência das ondas eletromagnéticas e um dos triunfos dessa teoria: o estabelecimento da natureza eletromagnética da luz.

8.5 Ondas eletromagnéticas

Um trabalho notável desenvolvido no campo do Eletromagnetismo foi realizado na segunda metade do século XIX pelo físico escocês James C. Maxwell. Apoiando-se nas leis experimentais descobertas por Coulomb, Ampère e Faraday, e acrescentando a elas uma nova concepção criada por ele próprio, Maxwell estruturou um conjunto de equações, atualmente denominadas **equações de Maxwell**, que sintetizam todos os conhecimentos sobre Eletromagnetismo adquiridos até aquela época. Podemos dizer que as equações de Maxwell, no estudo da Eletricidade e do Eletromagnetismo, desempenham o mesmo papel que as leis de Newton na Mecânica.

A consequência mais importante obtida através dessas equações foi a previsão da existência das **ondas eletromagnéticas**, amplamente empregadas no cotidiano, na ciência e na tecnologia. Mostraremos a seguir, de maneira bastante simplificada, como Maxwell chegou a essa conclusão e como, mais tarde, suas ideias foram confirmadas experimentalmente.

Campo elétrico induzido

Na figura 8.28 mostramos uma espira metálica circular colocada em um campo magnético $\vec{B}$ entrando na folha de papel. Provocando-se uma variação nesse campo, o fluxo magnético através da espira variará e, uma corrente induzida será estabelecida na espira, isto é, os elétrons livres existentes nela, que estavam inicialmente em repouso, entrarão em movimento. Somos, portanto, levados a concluir que um **campo elétrico** atuou nesses elétrons, colocando-os em movimento, o qual só pode ter surgido graças à variação do campo magnético. Na figura estão mostradas algumas linhas de força desse campo elétrico, denominado **campo elétrico induzido**, criado pela variação do campo magnético.

Destacando a nossa conclusão, podemos dizer que:

Se um campo magnético, existente em uma certa região do espaço, sofrer variação no decorrer do tempo, essa variação faz aparecer, nessa região, um campo elétrico induzido.

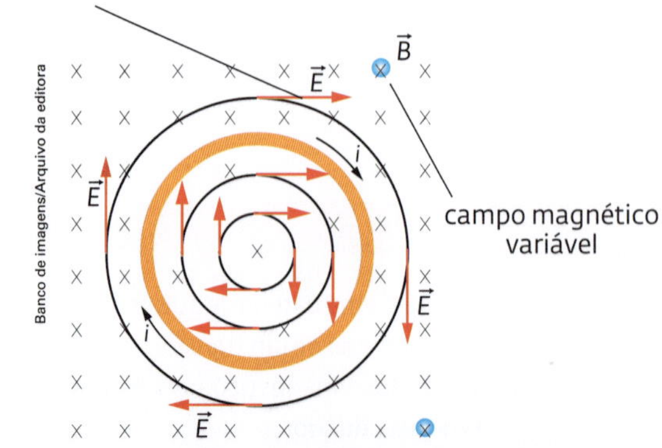

Figura 8.28. Variação de campo magnético gerando campo elétrico induzido. Representação sem escala e em cores fantasia.

Esse fato constitui um dos princípios básicos do Eletromagnetismo, em que um campo elétrico pode ser produzido não só por cargas elétricas em repouso, mas também por um campo magnético variável.

Observe que não é necessária a existência de uma espira metálica, como na **figura 8.28**, para que o campo elétrico apareça. A espira nos mostra que esse campo está presente, pois, se ele não existisse, não haveria corrente induzida na espira.

Campo magnético induzido

Maxwell teve a ideia de que, talvez, o fenômeno inverso fosse verdadeiro. Em outras palavras, lançou a hipótese de que **um campo elétrico variável pudesse dar origem a um campo magnético**.

Para esclarecer o significado dessa ideia, consideremos duas placas metálicas, separadas por certa distância, no ar, ligadas a uma bateria, como mostra a **figura 8.29**. Quando essa ligação é feita, a placa ligada ao polo positivo da bateria vai adquirindo uma carga positiva, enquanto a outra placa vai se carregando negativamente. As cargas nas placas criam um campo elétrico no espaço entre elas. À medida que o valor das cargas nas placas vai aumentando, a intensidade desse campo elétrico também cresce, isto é, temos entre as placas um campo elétrico variável no tempo.

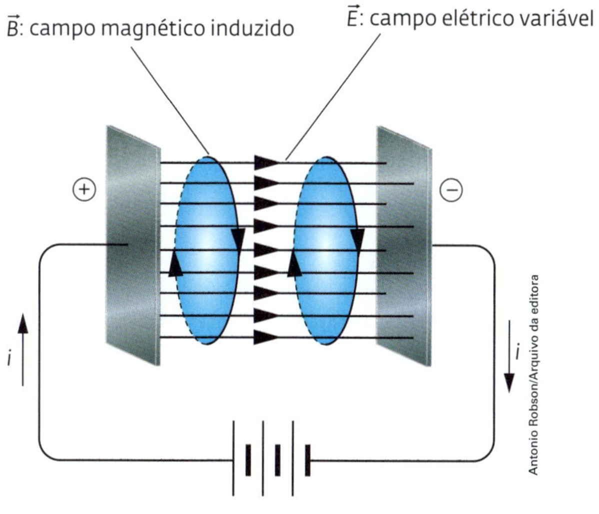

Figura 8.29. Variação de campo elétrico gerando campo magnético induzido. Representação sem escala e em cores fantasia.

Nessas condições, segundo Maxwell, deverá aparecer na região entre as placas um campo magnético, denominado **campo magnético induzido**. Na **figura 8.29** estão representadas algumas linhas do campo elétrico variável e do campo magnético induzido em virtude dessa variação do campo elétrico.

Portanto, a hipótese de Maxwell nos diz que:

> **Se um campo elétrico, existente em uma certa região do espaço, sofrer uma variação no decorrer do tempo, essa variação fará aparecer, nessa região, um campo magnético induzido.**

Portanto, de acordo com as ideias lançadas por Maxwell, um campo magnético poderia ser produzido não só por uma corrente elétrica (cargas elétricas em movimento), como também por um campo elétrico variável.

O que é uma onda eletromagnética

Suponha que em uma certa região do espaço exista um campo magnético $\vec{B}$ variável no tempo. Considere, por exemplo, o campo entre os polos de um eletroímã, cujas espiras são alimentadas por um gerador de corrente alternada (de alta frequência), como mostra a **figura 8.30**. Esse campo $\vec{B}$, sendo gerado por uma corrente alternada, será oscilante, isto é, seu módulo e seu sentido variarão periodicamente no decorrer do tempo. Em razão dessa variação, aparecerá nas vizinhanças do eletroímã um campo elétrico induzido $\vec{E}$.

As ilustrações desta página estão representadas sem escala e em cores fantasia.

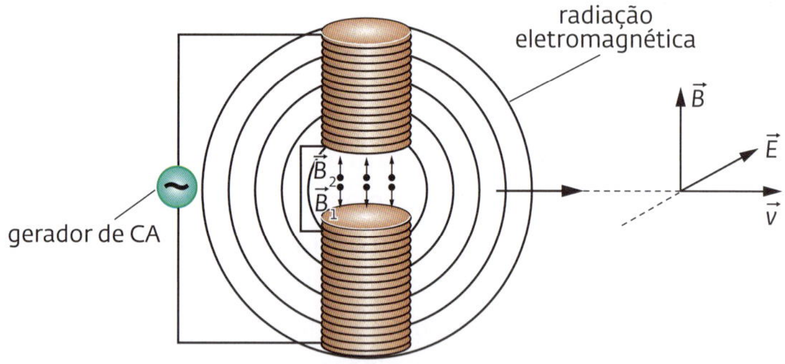

Figura 8.30. Representação do campo magnético no interior do eletroímã. Como a corrente é alternada, o campo magnético apresenta variação ora na configuração do vetor $\vec{B}_1$, ora na configuração do vetor $\vec{B}_2$.

Esse campo, por sua vez, estará variando no tempo e, de acordo com a hipótese de Maxwell, dará origem a um campo magnético induzido. Este, também variável, fará aparecer outro campo elétrico induzido, e assim sucessivamente. Dessa maneira, devemos ter a propagação, através do espaço, de um distúrbio constituído pelos campos variáveis $\vec{E}$ e $\vec{B}$ que se irradia em todas as direções a partir do eletroímã. Na **figura 8.31** procuramos dar a ideia da irradiação desses campos, mostrando, também, os vetores $\vec{E}$ e $\vec{B}$ em certo ponto e a velocidade $\vec{v}$ com que eles se propagam através do espaço.

Maxwell mostrou, por meio de suas equações, que esse distúrbio eletromagnético, ao se propagar, deveria apresentar todas as características de um movimento ondulatório. Portanto, de acordo com Maxwell, essa radiação eletromagnética deveria sofrer reflexão, refração, difração e interferência, exatamente como acontece com uma onda. Por esse motivo, o distúrbio constituído pela propagação de campos elétricos e magnéticos foi denominado **onda eletromagnética**.

Na **figura 8.31** procuramos representar uma onda eletromagnética se propagando para a direita. Observe que ela é constituída pelos campos $\vec{E}$ e $\vec{B}$ que oscilam periodicamente, de maneira semelhante aos pontos de uma corda na qual se propaga uma onda mecânica. Note que os vetores $\vec{E}$ e $\vec{B}$ são perpendiculares entre si e ambos são perpendiculares à direção de propagação da onda.

Ilustrações: Antonio Robson/Arquivo da editora

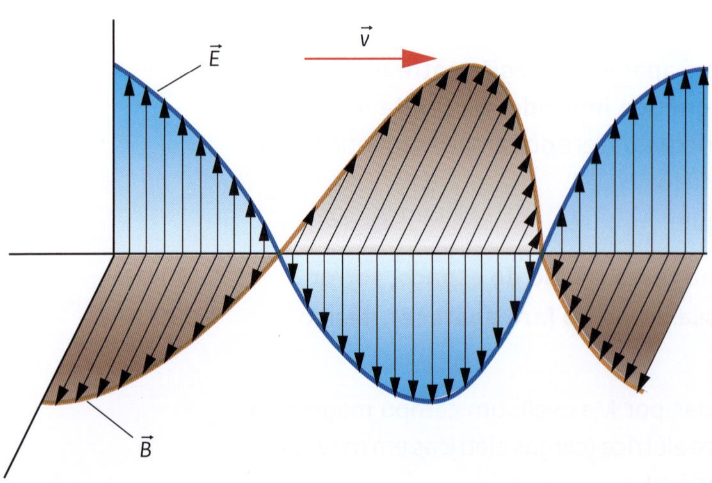

Figura 8.31. Onda eletromagnética propagando-se para a direita. ($\vec{E}$ no plano da folha e $\vec{B}$ em plano perpendicular à folha.)

Velocidade de propagação de uma onda eletromagnética

É importante salientar que, ao contrário das ondas mecânicas, como o som, por exemplo, uma onda eletromagnética **não** necessita de um meio material para se propagar. Como um campo elétrico e um campo magnético podem ser estabelecidos mesmo em um espaço vazio, uma onda eletromagnética pode se propagar no vácuo.

Um dos resultados de maior repercussão obtidos por Maxwell, usando suas equações, foi a determinação do valor da velocidade de propagação de uma onda eletromagnética. Seus cálculos mostraram que, no vácuo ou no ar, essas ondas deveriam se propagar com uma velocidade *v* cujo valor é:

$$v = 3{,}0 \cdot 10^8 \text{ m/s}$$

A importância desse resultado se deve ao fato de que esse valor coincide com a velocidade de propagação da luz no vácuo. Essa concordância levou Maxwell a suspeitar de que a luz fosse uma onda eletromagnética.

Os cientistas do século XIX já haviam estabelecido que a luz é um fenômeno ondulatório. Entretanto, eles não sabiam responder de que tipo de onda se tratava, isto é, qual era a natureza da onda luminosa.

Atualmente, sabemos que a suspeita de Maxwell era plausível: **a luz se comporta como uma onda eletromagnética**.

O estabelecimento da natureza eletromagnética da luz é considerado um dos grandes triunfos da teoria de Maxwell, pois esse fato veio unificar a Óptica e o Eletromagnetismo.

Então, já que os fenômenos luminosos têm sua origem em fenômenos eletromagnéticos, a Óptica pode ser considerada um ramo do Eletromagnetismo e suas leis (como as leis da reflexão, refração, difração, etc.) podem ser deduzidas das equações de Maxwell.

Em virtude de sua morte prematura, em 1879, aos 48 anos de idade, Maxwell não chegou a ver suas previsões confirmadas.

A existência das ondas eletromagnéticas só foi verificada experimentalmente no fim do século XIX, por Hertz. Ele conseguiu obter, em seu laboratório, ondas eletromagnéticas (ondas hertzianas) com todas as propriedades previstas por Maxwell. Suas experiências, além de confirmarem as hipóteses de Maxwell, contribuíram para estabelecer que a luz se comporta como uma onda eletromagnética.

É, então, importante destacar que:

Ao calcular a velocidade de propagação de uma onda eletromagnética, no vácuo, Maxwell encontrou um resultado igual à velocidade da luz. Esse fato levou-o a suspeitar de que a luz fosse uma onda eletromagnética.
As experiências de Hertz, e outras posteriores, mostraram que as ideias de Maxwell condiziam com os dados experimentais.

VERIFIQUE O QUE APRENDEU

17. Suponha que, na **figura 8.28**, o módulo do campo magnético $\vec{B}$ esteja aumentando no tempo. Nessas condições, responda:

a) Haverá um campo elétrico induzido naquela região?

b) Usando a lei de Lenz, determine o sentido da corrente induzida na espira.

c) Então, qual é o sentido das linhas de força do campo elétrico induzido?

18. A figura a seguir mostra duas placas metálicas carregadas com cargas de mesmo módulo, mas de sinais contrários.

Ilustrações: Banco de imagens/Arquivo da editora

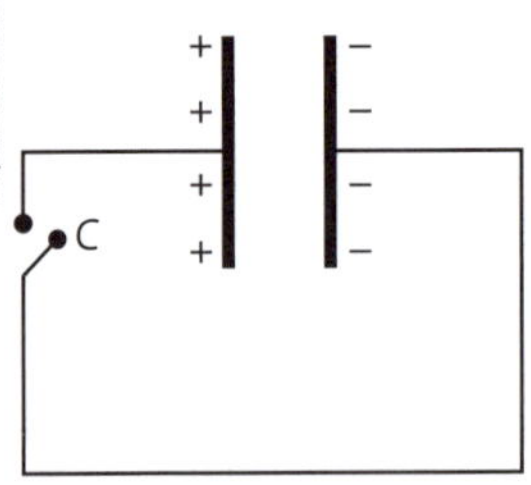

Considerando que a chave C permaneça aberta:

a) Existe um campo elétrico no espaço entre as placas?

b) Esse campo elétrico fará aparecer entre as placas um campo magnético induzido? Por quê?

19. Considere o circuito do exercício anterior logo após a chave C ter sido fechada.

a) O valor da carga em cada placa está aumentando, diminuindo ou não está se alterando?

b) O módulo do campo elétrico entre as placas está aumentando, diminuindo ou não está se alterando?

c) Então, haverá um campo magnético induzido na região entre as placas?

20. Um gerador de voltagem alternada é ligado às extremidades *F* e *H* de uma antena metálica, como mostra a figura a seguir. Em virtude disso, estabelece-se entre *F* e *H* um campo elétrico $\vec{E}$ que oscila periodicamente no tempo.

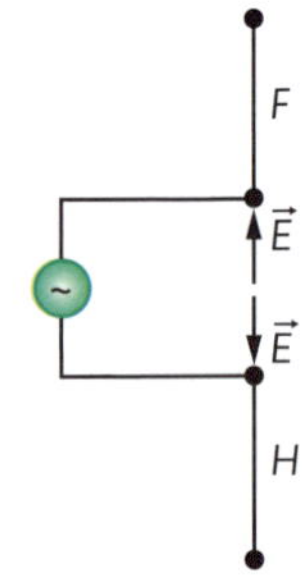

a) Haverá um campo magnético induzido nas proximidades da antena?

b) Por analogia com a **figura 8.30**, diga o que ocorre no espaço em torno dessa antena.

FÍSICA NO CONTEXTO

AS UNIFICAÇÕES DAS TEORIAS FÍSICAS

Dois importantes ramos dessa ciência, a Óptica e a Eletricidade, que eram estudados com base em princípios independentes, passaram a ser descritos com base em uma única teoria, sintetizada pelas equações de Maxwell. Ocorreu, então, a **unificação** (ou a síntese) desses dois grandes campos da Física.

Em outros momentos da história da Física foram, também, observadas unificações tão importantes quanto essa e, ainda na atualidade, novas sínteses continuam a ser propostas e pesquisadas, buscando-se descrever o maior número possível de fenômenos naturais com um número cada vez menor de princípios fundamentais. Analisaremos, a seguir, de maneira sucinta, as grandes unificações que os físicos estabeleceram até hoje ao longo da evolução dessa área de conhecimento.

A primeira grande unificação que citaremos, denominada **síntese newtoniana**, estabeleceu a universalidade das leis da Mecânica. A Física aristotélica afirmava que as leis referentes aos movimentos dos corpos celestes eram diferentes daquelas que eram obedecidas pelos corpos na superfície da Terra. Ao publicar os *Principia*, Newton mostrou que as leis básicas por ele estabelecidas poderiam ser usadas para descrever os movimentos de quaisquer corpos (celestes ou terrestres).

As experiências de Oersted, e estudos posteriores desenvolvidos por Ampère e Faraday, mostraram que os fenômenos elétricos e magnéticos tinham a mesma origem. A Eletricidade e o Magnetismo foram unificados, originando um novo campo de estudos mais abrangente, denominado Eletromagnetismo. Cerca de cinquenta anos depois os trabalhos de Maxwell tornariam o campo do Eletromagnetismo muito mais amplo, incorporando também a Óptica a essa área.

No início do século XX, após terem ocorrido as sínteses mencionadas, tudo parecia indicar que apenas dois tipos de força estavam presentes em qualquer fenômeno natural: a força de origem gravitacional e a força de origem eletromagnética. Durante grande parte de sua vida, Albert Einstein tentou estabelecer a unificação dessas forças, procurando uma teoria que pudesse descrevê-las com base em um mesmo princípio fundamental. A busca da teoria do campo unificado, como ela foi denominada, até hoje não teve êxito, apesar de muitos cientistas da atualidade continuarem a realizar pesquisas nesse sentido.

Com o desenvolvimento da Física Nuclear, os cientistas constataram a existência de dois outros tipos de força, que se manifestam somente entre partículas que constituem o núcleo atômico. Essas forças foram denominadas **força nuclear fraca** e **força nuclear forte**. A força nuclear fraca entre duas partículas é cerca de 100 mil vezes menor que a força eletromagnética que também se manifesta entre elas, e seu alcance é muito pequeno, pois ela não atua quando as partículas se encontram separadas por distâncias superiores a 10^{-16} cm. Essa força se manifesta praticamente entre todos os tipos de partículas. Por outro lado, a força nuclear forte se manifesta apenas entre partículas nucleares, mas seu alcance é consideravelmente maior, manifestando-se para distâncias de até 10^{-13} cm.

Modernamente, graças aos trabalhos liderados pelo físico paquistanês, radicado na Inglaterra, Abdus Salam, foi obtida uma grande vitória relacionada com a unificação das forças da natureza. Apesar de as tentativas de unificação das forças eletromagnéticas e gravitacionais terem fracassado, esse cientista conseguiu estabelecer uma teoria na qual se chega à síntese entre a força eletromagnética e a força nuclear fraca. Essas ideias puderam ser comprovadas experimentalmente nos aceleradores de partículas do Cern, do francês *Conseil Européen pour la Recherche Nucléaire*. A importância do trabalho de Abdus Salam fez com que ele recebesse o Prêmio Nobel de Física em 1979.

Outras tentativas para unificar as forças da natureza continuam sendo desenvolvidas e há indícios, segundo alguns pesquisadores, de que a unificação total possa ser alcançada dentro de algum tempo. A teoria responsável por essa unificação é conhecida pela sigla TOE, do inglês *theory of everything*, isto é, "teoria de todas as coisas".

No quadro da **figura 8.32**, você poderá ter uma visão global das principais unificações ocorridas no campo da Física que acabamos de abordar.

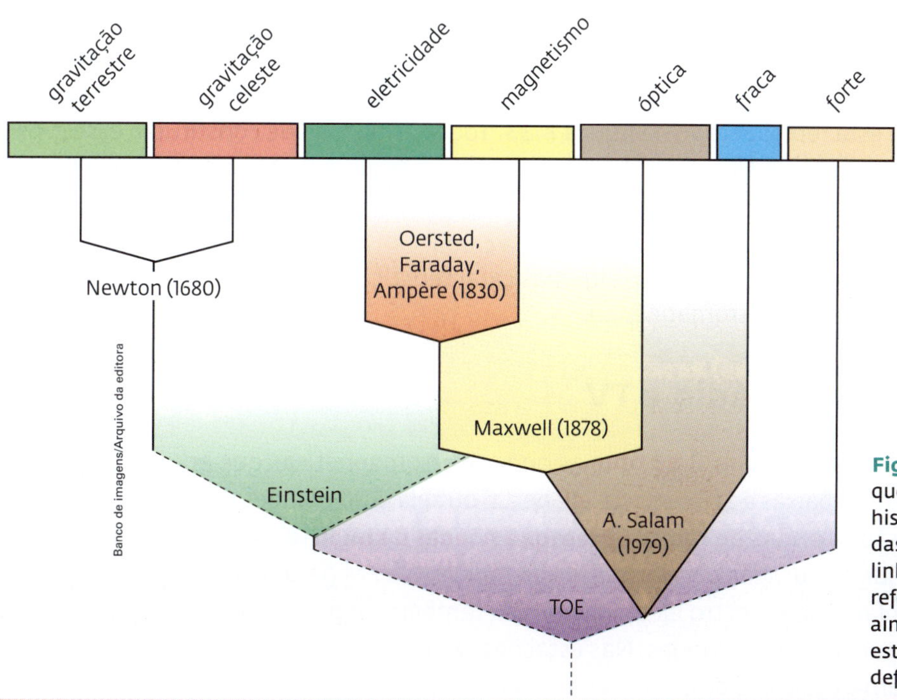

Figura 8.32. Diagrama que mostra a história da unificação das teorias físicas. As linhas pontilhadas se referem a teorias ainda não estabelecidas definitivamente.

8.6 O espectro eletromagnético

O que é espectro eletromagnético

Desde a época de Maxwell até nossos dias, houve um grande progresso nos conhecimentos relacionados com as ondas eletromagnéticas. Assim, sabemos atualmente que existem vários tipos dessas ondas, as quais, apesar de serem todas constituídas pelos campos $\vec{E}$ e $\vec{B}$, que oscilam no tempo e se propagam no espaço, apresentam características bastante diferentes.

Os diversos tipos de ondas eletromagnéticas diferem pelo valor de sua frequência e, também, pela maneira como elas são produzidas, como descreveremos mais adiante.

Na **figura 8.33** estão apresentados os diversos tipos de ondas eletromagnéticas conhecidos. Observe que, conforme o valor da frequência, elas recebem denominações especiais: ondas de rádio, infravermelho, TV, micro-ondas, luz visível, ultravioleta, raios X e raios gama.

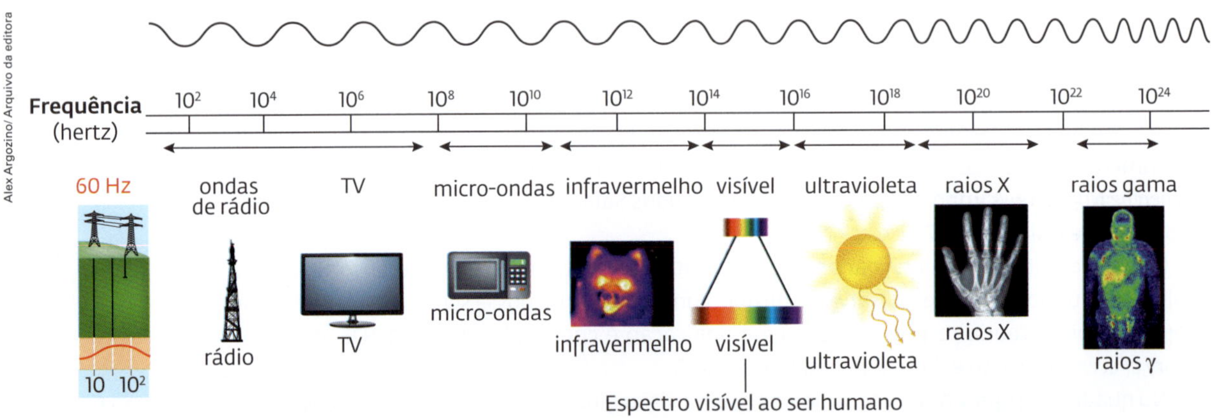

Figura 8.33. Os diversos tipos de ondas eletromagnéticas conhecidas constituem o espectro eletromagnético (os limites dos intervalos mostrados não devem ser considerados com rigidez). Representações sem escala e em cores fantasia.

O conjunto de todos esses tipos de ondas é denominado **espectro eletromagnético**, e está representado na **figura 8.33**. Todas as ondas que constituem esse espectro propagam-se, no vácuo, com a velocidade da luz, $v = 3{,}0 \cdot 10^8$ m/s. Então, sempre que uma carga elétrica é acelerada, ela irradia certo tipo de onda eletromagnética, o que vai depender do valor da aceleração da carga.

Examinaremos, a seguir, algumas características de cada tipo de onda que constitui o espectro eletromagnético.

Ondas de rádio e TV

Vimos, na **figura 8.33**, que as ondas eletromagnéticas que apresentam frequências mais baixas e até cerca de 10^8 hertz, ou seja, 100 milhões de vibrações por segundo, são as **ondas de rádio**. Apesar de as ondas de rádio receberem essa denominação porque são usadas pelas estações de rádio AM e FM para realizar suas transmissões, essa faixa do espectro eletromagnético também engloba as ondas de TV, celular, ondas curtas e ondas longas. Nas estações existem circuitos elétricos especiais que provocam a oscilação de elétrons na antena emissora.

Esses elétrons estão sendo continuamente acelerados e, por isso, emitem as ondas de rádio que transportam as mensagens da estação (figura 8.34).

As ondas de rádio são divididas em três bandas de frequência:

- HF – *High Frequency* (3 MHz a 30 MHz), ondas que são utilizadas para comunicações de longo alcance em transportes marítimos, aéreos e por rádios amadores. Estas ondas são transmitidas através da reflexão da onda na ionosfera, o que possibilita que sejam captadas em pontos distantes da estação emissora.
- VHF – *Very High Frequency* (30 MHz a 300 MHz), ondas que são utilizadas para comunicações de médio alcance, como na navegação costeira, por exemplo.
- UHF – *Ultrahigh Frequency* (300 MHz a 3000 MHz), ondas que são utilizadas para comunicações de curto alcance, como nos carros de polícia, rádios portáteis, telefones celulares, TV e nave espacial para comunicações terrestres.

Paulo César Pereira/Arquivo da editora

Syda Productions/Shutterstock

Figura 8.34. Com a antena do celular é possível sintonizar a frequência de uma rádio AM ou FM que é emitida por elétrons acelerados na antena da emissora.

As ondas eletromagnéticas usadas pelas emissoras de TV têm as mesmas características das ondas de rádio. Entretanto, como vemos na figura 8.33, elas apresentam frequências mais elevadas do que aquelas normalmente usadas pelas estações de rádio.

Os canais de 2 a 13 estão na faixa de frequência VHF e os canais de 14 a 83 estão na faixa da UHF, por exemplo. Nessas faixas de frequência as ondas de TV não são refletidas pela ionosfera, necessitando de estações repetidoras para a transmissão do sinal de um local para outro (figura 8.35). Em alguns casos, utilizam-se satélites estacionários para a transmissão do sinal.

As imagens desta página estão representadas fora de proporção.

As ilustrações desta página estão representadas sem escala e em cores fantasia.

Antonio Robson/Arquivo da editora

Figura 8.35. As ondas emitidas na banda de frequência HF são refletidas pela ionosfera, que é a camada ionizada da atmosfera situada entre 90 km e 140 km da superfície terrestre. As ondas VHF e UHF necessitam de estações repetidoras para serem transmitidas.

Os aparelhos celulares surgiram no Brasil na década de 1980. Nesta época, os aparelhos eram enormes e ficaram conhecidos como "tijolões", conforme podemos observar na figura 8.36. Nesta época a transmissão do sinal era feita de forma analógica (1G), uma tecnologia que permitia apenas a comunicação entre duas pessoas, da mesma forma que utilizamos o telefone fixo presente nas residências.

Shutterstock/Montagem Cesar Wolf

Figura 8.36. Evolução tecnológica dos aparelhos de telefonia móvel.

As imagens desta página estão representadas fora de proporção.

As ilustrações desta página estão representadas sem escala e em cores fantasia.

Por volta da década de 1990, as operadoras de telefonia móvel começaram a operar com sinal digital (2G), o que possibilitou incorporar novas tecnologias ao aparelho celular, como o acesso à internet, por exemplo. A faixa de frequências de cada aparelho celular depende de cada uma das operadoras de telefonia móvel que existe no país onde operam. Algumas operadoras utilizam as frequências de 850 MHz e 1900 MHz, que é o padrão americano, enquanto outras operadoras utilizam frequências de 900 MHz e 1800 MHz, que é o padrão europeu e é a frequência mais utilizada no mundo.

Atualmente são empregadas novas faixas de frequências, como 3G, que corresponde às frequências de 850 MHz e de 2100 MHz, e 4G, com frequência de 2500 MHz. Entretanto, estes valores não são padronizados mundialmente, o que significa dizer que devemos tomar cuidado ao comprar um aparelho celular em outro país. Nos Estados Unidos, por exemplo, o 4G opera na faixa de 700 MHz e 2100 MHz, logo, este aparelho pode não se conectar adequadamente na faixa do 4G no Brasil.

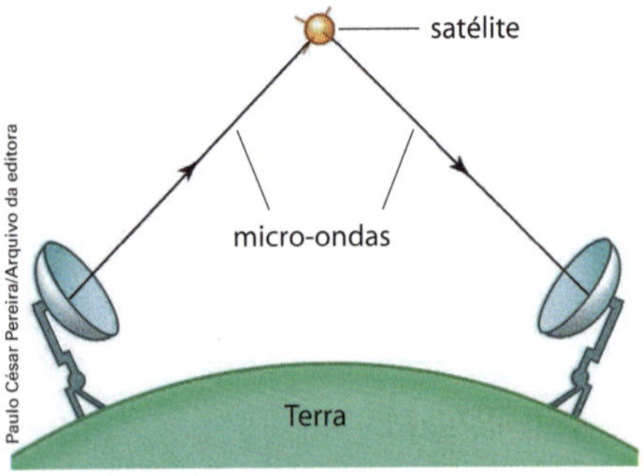

Figura 8.37. As micro-ondas são utilizadas para transmissões de TV ou telefonia através de satélites estacionários.

Micro-ondas

Considerando frequências mais elevadas do que as ondas de rádio, encontramos ondas eletromagnéticas denominadas **micro-ondas**. Elas têm frequências compreendidas, aproximadamente, entre 10^8 hertz e 10^{11} hertz, como indica a **figura 8.33**.

Hoje em dia as micro-ondas são usadas amplamente, em quase todo o mundo, nas telecomunicações, seja transportando sinais de TV via satélite ou transmissões telefônicas, seja ligando cidades e países **(figuras 8.37 e 8.38)** e em alguns eletrodomésticos **(figura 8.39)**.

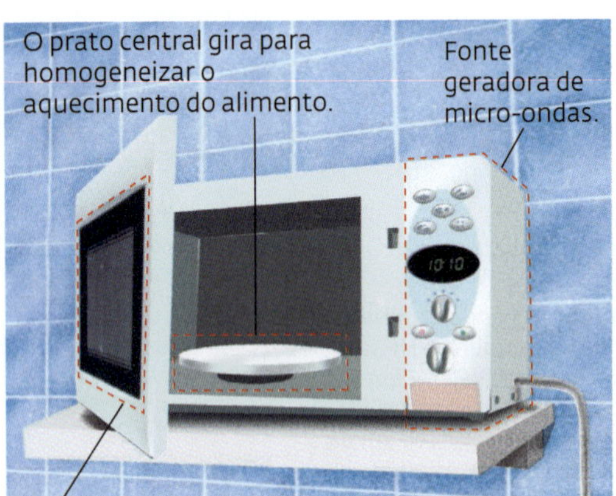

Figura 8.39. O forno de micro-ondas é muito usado para cozinhar e aquecer alimentos. As micro-ondas emitidas têm frequência de 2450 MHz, que corresponde à frequência de ressonância da molécula da água. As micro-ondas são absorvidas pelas moléculas de água existentes nos alimentos, o que provoca aumento da agitação molecular, causando, então, elevação da temperatura do alimento. Recipientes de vidro, cerâmica e outros materiais nos quais os alimentos estão contidos possuem frequência de ressonância diferente da água e por isso não são aquecidos pelas micro-ondas.

Figura 8.38. Telescópio de micro-ondas ALMA (*Atacama Large Millimeter Array*), na planície Chajnantor, no deserto do Atacama, Chile, 2013.

Radiação visível

As ondas eletromagnéticas cujas frequências estão compreendidas entre $4,0 \cdot 10^{14}$ hertz e $7,5 \cdot 10^{14}$ hertz constituem uma região do espectro eletromagnético importante para nós. Essas radiações são capazes de estimular a visão humana; são as **radiações luminosas** (luz visível).

Observe, na **figura 8.33**, que as radiações luminosas constituem uma faixa muito pequena do espectro eletromagnético. Portanto, nossos olhos não são capazes de perceber a grande maioria das radiações integrantes desse espectro. As menores frequências das radiações visíveis nos dão a sensação de vermelho. Aumentando a frequência das radiações, teremos, sucessivamente, as radiações correspondentes às cores laranja, amarelo, verde, azul, anil e, no final da região visível, a radiação violeta **(figura 8.40)**. Pode-se perceber, agora, que a denominação **infravermelho** foi usada porque as frequências dessa radiação estão situadas em uma faixa logo abaixo da frequência correspondente à cor vermelha.

Luz	Comprimento de onda (10^{-7}m)	Frequência (10^4 Hz)
Violeta	4,0 – 4,5	6,7 – 7,5
Anil	4,5 – 5,0	6,0 – 6,7
Azul	5,0 – 5,3	5,7 – 6,0
Verde	5,3 – 5,7	5,3 – 5,7
Amarelo	5,7 – 5,9	5,0 – 5,3
Alaranjado	5,9 – 6,2	4,8 – 5,0
Vermelho	6,2 – 7,5	4,0 – 4,8

Figura 8.40. Espectro da luz visível com radiações luminosas identificadas por suas cores.

Radiação ultravioleta

As radiações eletromagnéticas com frequências imediatamente superiores às da região visível são denominadas **radiações ultravioleta**. Essa denominação indica que as frequências dessas ondas são superiores à frequência da luz violeta. Observe, na **figura 8.33**, que a região ultravioleta alcança frequências desde o visível até 10^{18} hertz, com comprimento de onda entre 200 mm e 400 mm **(figura 8.41)**.

Os raios ultravioleta são emitidos por átomos excitados, como em lâmpadas de vapor de Hg acompanhando a emissão de luz. Essas radiações não são visíveis e até podem danificar os tecidos do olho humano. A radiação ultravioleta está dividida em três faixas **(figura 8.41)**: as radiações UVA, UVB e UVC.

A luz solar contém uma quantidade apreciável dessas radiações, que são, em grande parte, absorvidas pela camada de ozônio (O_3) da atmosfera terrestre. A destruição dessa camada (que origina os "buracos da camada de ozônio") pode fazer com que o câncer de pele se torne um sério problema. Em contrapartida, o fato de a radiação ultravioleta ser capaz de matar células vivas torna essa radiação útil no combate às bactérias. As lâmpadas de ultravioleta são, então, largamente empregadas para esterilizar dependências hospitalares, cozinhas de hotéis, restaurantes e até mesmo sistemas de ar condicionado.

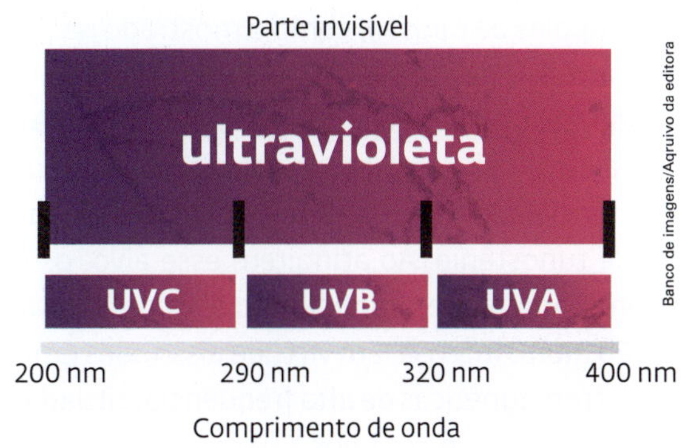

Figura 8.41. Espectro eletromagnético correspondente à radiação ultravioleta.

Na **figura 8.42**, podemos observar como as radiações UVA e UVB penetram na pele em comparação com a radiação IV. Em excesso, a radiação UVA é responsável por provocar o fotoenvelhecimento, enquanto a radiação UVB pode provocar queimaduras solares e até o desenvolvimento de câncer. O câncer de pele é o tipo de câncer mais frequente no Brasil, correspondendo a 25% dos tumores malignos registrados no país. A radiação UVC é bloqueada pela camada de ozônio. Para alertar a população dos riscos da radiação UV, foi criado um índice UV que tem o papel de informar o nível de radiação solar na superfície da Terra **(figura 8.43)**. Observe que a intensidade de radiação UV varia de acordo com o horário do dia em que as pessoas estão expostas à radiação solar. Ao meio-dia, por exemplo, o risco de danos à pele causados pela exposição à radiação UV é maior.

As ilustrações desta página estão representadas sem escala e em cores fantasia.

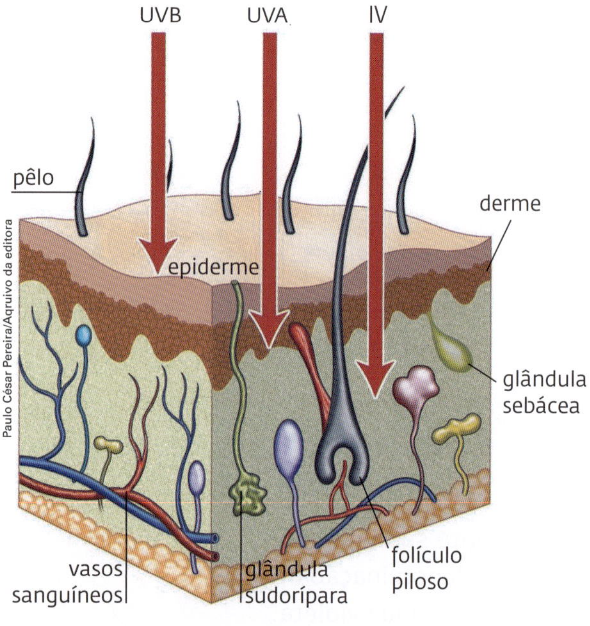

Figura 8.42. Penetração da radiação UV e IV na pele. Representação sem escala e em cores fantasia.

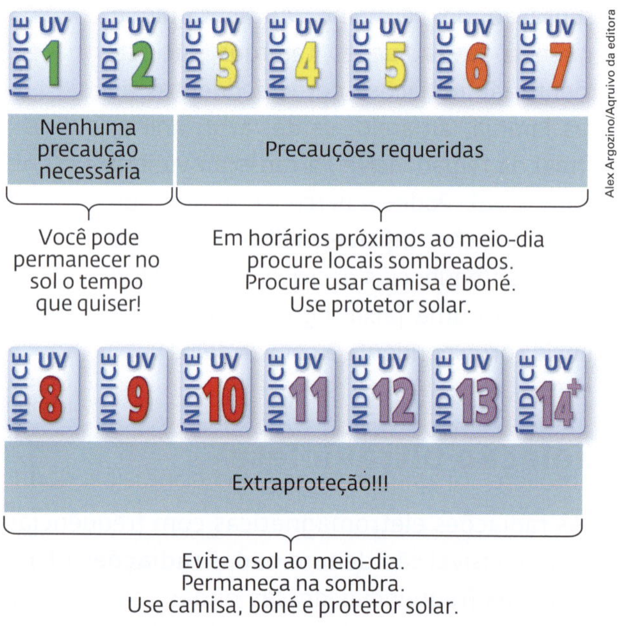

Figura 8.43. Índice UV.

Raios X

Esse tipo de radiação é constituído pelas ondas eletromagnéticas de frequências superiores às radiações ultravioleta (veja a **figura 8.33**). Os raios X foram descobertos em 1895 pelo físico alemão W. Röntgen, e por isso no início eram chamados de raios Röntgen.

Esses raios podem ser produzidos em tubos apropriados (ampolas de raios X), como o mostrado na fotografia da **figura 8.44.a**. Nesses tubos, um feixe de elétrons é emitido pela placa marrom indicada na **figura 8.44.b**. Esses elétrons são acelerados por meio de uma diferença de potencial elevada, existente entre o filamento e um alvo de tungstênio. Ao atingirem esse alvo, os elétrons são bruscamente retardados, isto é, sofrem uma desaceleração muito intensa. Em virtude disso, eles emitem ondas eletromagnéticas de alta frequência, situadas na faixa correspondente aos raios X (veja a **figura 8.44.b**).

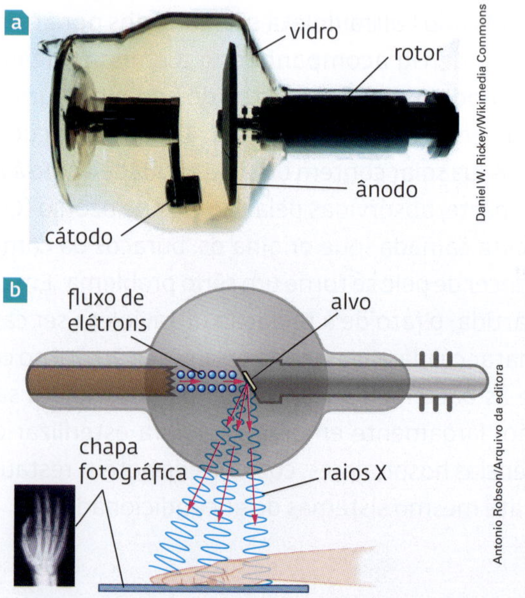

Figura 8.44. Ampola de raios X (**a**) e representação, sem escala e em cores fantasia, do mecanismo que permite a produção desse tipo de raio (**b**).

Röntgen verificou que os raios X têm a propriedade de atravessar, com certa facilidade, os materiais de baixa densidade, como os músculos de uma pessoa, e de ser mais bem absorvidos por materiais de densidade mais elevada, como os ossos do corpo humano. Em virtude dessa propriedade, logo após a sua descoberta, os raios X passaram a ser amplamente usados para se obter radiografias (figura 8.45). O próprio Röntgen foi o primeiro a fazer uso dessas radiações com essa finalidade, conseguindo obter a radiografia dos ossos da mão de uma pessoa.

Modernamente, os raios X encontram um campo muito vasto de aplicações além do seu emprego em diagnóstico por radiografias (figura 8.45) e tomografias em seres humanos e de uso veterinário. Eles também são utilizados no tratamento de câncer (radioterapia), na odontologia, na inspeção de bagagens e cargas nas fronteiras (figura 8.46), na inspeção de fraturas em materiais (fuselagem de aeronaves, por exemplo), na pesquisa científica, na inspeção alimentar e na indústria.

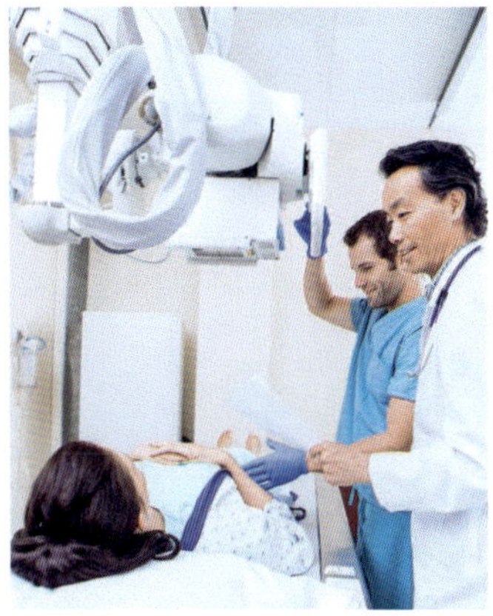

Figura 8.45. Paciente sendo preparado para exame de raios X.

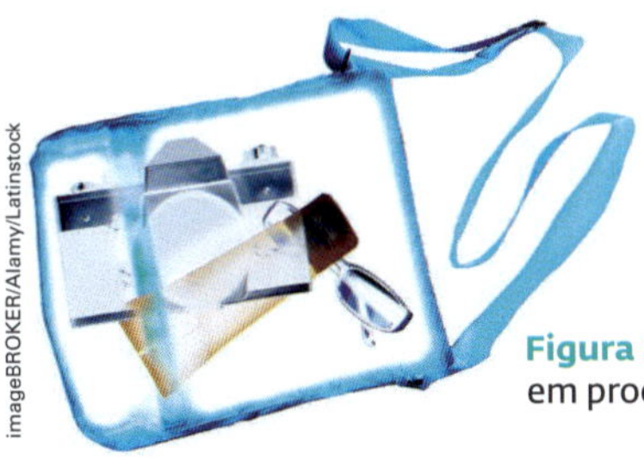

Figura 8.46. Equipamento de raios X utilizado em processos de fiscalização nos aeroportos.

Todos os ambientes que utilizam radiação devem estar devidamente sinalizados (figuras 8.47.a e b) indicando a presença de radiação ionizante.

As imagens desta página estão representadas fora de proporção.

Raios gama (raios γ)

Na figura 8.33 vimos que as ondas eletromagnéticas que apresentam as frequências mais altas conhecidas são os **raios gama**. Essa radiação é emitida pelos núcleos atômicos dos elementos quando eles se desintegram. Esses elementos são denominados **elementos radioativos**.

Um núcleo atômico, ao se desintegrar, pode emitir até três tipos de radiações: α, β e γ. Fazendo essas radiações passarem dentro de um campo elétrico, como mostra a figura 8.48, verifica-se que elas se separam. Os raios α desviam-se para um lado (são partículas positivas), os raios β desviam-se para o outro (são partículas negativas) e os raios γ não sofrem desvio, pois não possuem carga elétrica e, assim, não interagem com o campo elétrico.

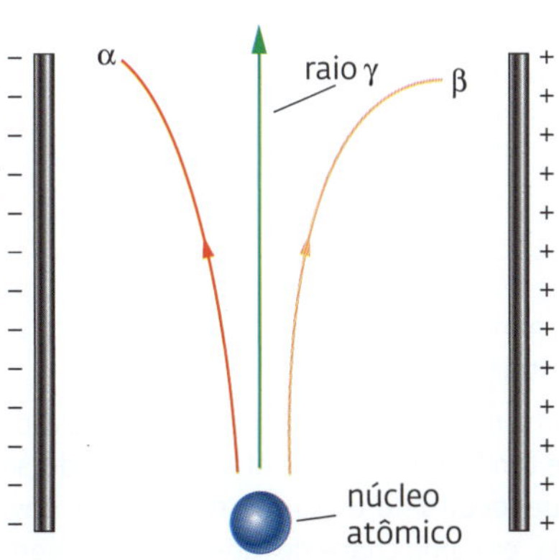

Figura 8.48. Radiações α, β e γ separadas pela ação de um campo elétrico.

As ilustrações desta página estão representadas sem escala e em cores fantasia.

a

b

Figura 8.47. Em **a**, Trifólio – símbolo usado internacionalmente para alertar as pessoas sobre radiações ionizantes nas proximidades que podem constituir risco para os seres vivos. Em **b** símbolo que alerta contra radiação ionizante, mas que não substitui o trifólio. Ambos são utilizados em hospitais e clínicas de radiologia, por exemplo.

WILHELM CONRAD RÖNTGEN (1845-1923)

Físico alemão, descobriu os raios X, que também costumam ser chamados de raios Röntgen. Em 1895, lecionando na Universidade de Wurzburg, na Alemanha, ao realizar experiências com tubos de raios catódicos, percebeu a existência das radiações de natureza desconhecida que denominou raios X. Essa descoberta lhe valeu o Prêmio Nobel de Física em 1901.

Do mesmo modo que os raios X, os raios γ podem causar danos irreparáveis às células animais. Apesar de ser conhecida por causa da explosão de bombas atômicas que foram jogadas em Hiroshima e Nagasaki, no Japão, durante a 2ª Guerra Mundial, atualmente a radiação γ é largamente empregada em Medicina Nuclear tanto para diagnóstico quanto para terapia **(figura 8.49)**. Outras aplicações dos raios γ envolvem a esterilização de materiais (fraldas, injeções, etc.), na irradiação de alimentos **(figura 8.50)**, em telescópios astronômicos e na inspeção de peças e tubulações na indústria.

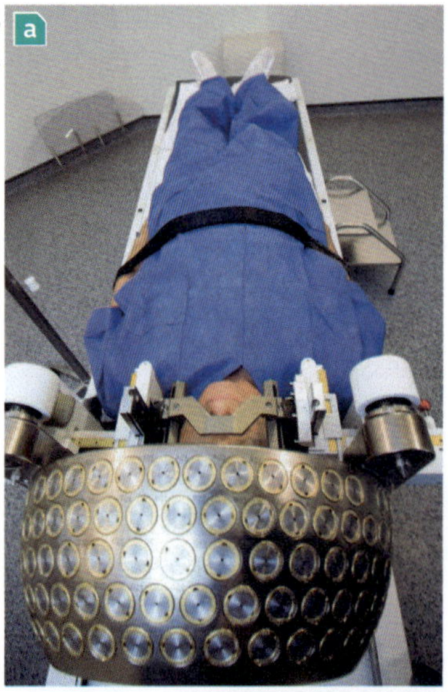

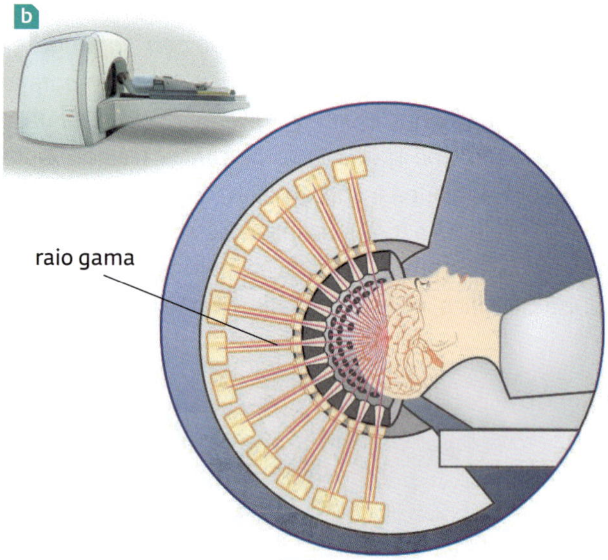

Figura 8.49. Fotografia (**a**) e representação, sem escala e em cores fantasia (**b**), de um paciente sendo submetido a uma neurocirurgia com Gamma Knife para remoção de um tumor localizado no cérebro. O equipamento utiliza 192 fontes do elemento radioativo cobalto-60. A radiação gama produzirá danos nas células tumorais.

As imagens desta página estão representadas fora de proporção.

Figura 8.50. A irradiação é uma técnica utilizada para conservar os alimentos. O processo de irradiação evita o brotamento nas leguminosas, retardando o envelhecimento dos alimentos. Ela não torna o alimento radioativo, apenas atua sobre bactérias, fungos e leveduras que estão presentes nos alimentos.

VERIFIQUE O QUE APRENDEU

21. Considere um feixe de micro-ondas e um feixe de luz verde, ambos propagando-se no vácuo.

a) A velocidade de propagação das micro-ondas é maior, menor ou igual à da luz verde?

b) O comprimento de onda das micro-ondas é maior, menor ou igual ao da luz verde?

22. Medindo-se o comprimento de onda de uma radiação eletromagnética, propagando-se no vácuo, encontrou-se o valor $\lambda = 7{,}5 \cdot 10^{-9}$ m. Determine que tipo de onda eletromagnética constitui essa radiação.

23. Em uma radiografia, os ossos aparecem claros sobre um fundo escuro. Então, lembrando-se do que foi dito no texto sobre os raios X, responda: em uma chapa de radiografia, a quantidade de raios X que incide nas regiões claras é maior ou menor do que a quantidade que incide sobre as regiões escuras?

APLICAÇÕES DA FÍSICA

DENSITOMETRIA ÓSSEA

A osteoporose (figura 8.51.a) é uma doença caracterizada pela redução de massa óssea, o que aumenta o risco de fraturas que podem ocorrer tipicamente em pessoas idosas. Entre os principais fatores de risco que podem levar à osteoporose estão a predisposição genética para a doença, o uso de medicamentos à base de cortisona, alimentação deficiente em cálcio e vitamina D, sedentarismo, tabagismo, consumo de álcool, entre outros. O diagnóstico pode ser obtido através de um exame denominado densitometria óssea que emprega raios X de baixa intensidade. Esta técnica mede a atenuação do feixe de raios X quando este atravessa o osso, ou seja, uma fonte emite raios X (figura 8.51.b), que são colimados em um feixe estreito que atravessa o paciente até alcançar o detector, onde é registrada a intensidade do feixe transmitido. O equipamento se movimenta de um lado para o outro ao longo de toda a mesa. Um computador calcula a Densidade Mineral Óssea (BMD, do inglês *bone mineral density*), em g/cm^2, que é comparada com valores de referência.

a

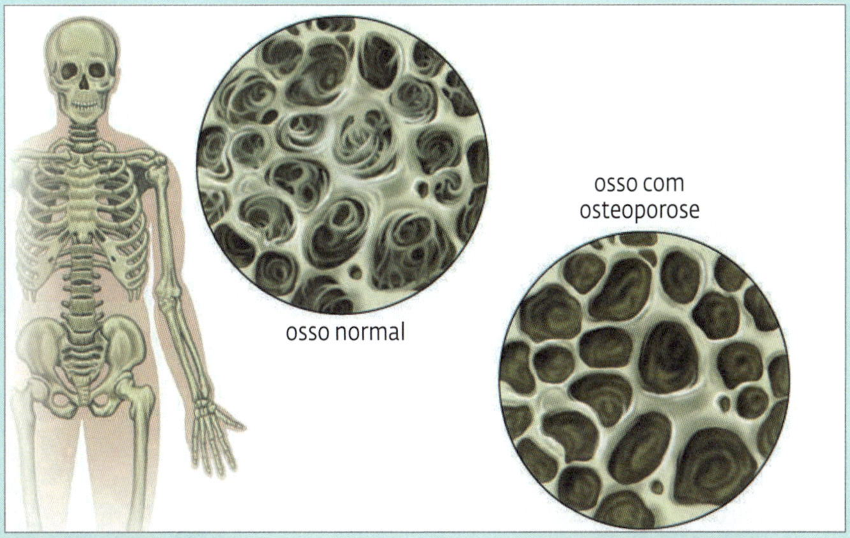

Paulo Cesar/Arquivo da editora

b

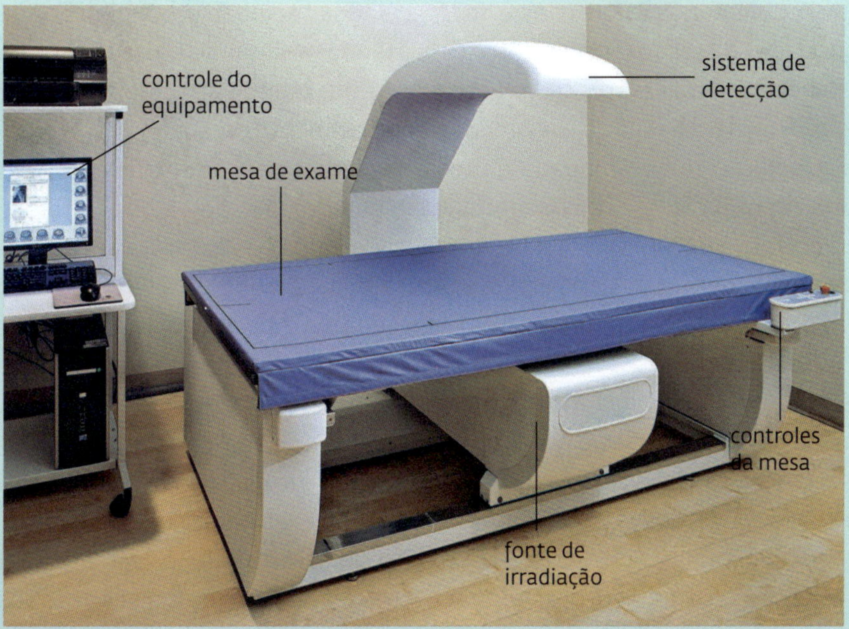

Dwight Arthur/<http://www.camisrd.com/>

Figura 8.51. Representação, sem escala e em cores fantasia, do osso normal e do osso com osteoporose (**a**). Equipamento de diagnóstico para o exame de densitometria óssea (**b**).

QUESTÕES

1. Cite uma vantagem da densitometria óssea.
2. Explique por que é possível identificar osteoporose no osso utilizando os raios X.

8.7 Transmissão e distribuição de energia elétrica

Por que a transmissão da energia elétrica é feita com alta tensão

Ilustrações: Antonio Robson/Arquivo da editora

Figura 8.52. A potência fornecida pelo gerador é em parte dissipada nos fios que conduzem a corrente até o local onde ela será utilizada. Representação sem escala e em cores fantasia.

Qualquer que seja o tipo de usina escolhido para a produção de energia elétrica, em qualquer parte do mundo, ela será sempre construída para gerar corrente alternada.

Um dos principais motivos dessa escolha está relacionado com as perdas de energia, por efeito Joule, que ocorrem nos fios que transportam a corrente elétrica a longas distâncias. Para analisar esse fato, consideremos a figura 8.52, na qual temos um gerador produzindo corrente elétrica, que é transportada pelos fios *AC* e *BD*, para ser utilizada na rede elétrica de uma residência.

Sendo V_{AB} a tensão entre os polos do gerador e i a corrente nos fios, a potência fornecida pelo gerador é $P_1 = iV_{AB}$. Mas, sendo r a resistência total dos fios transportadores, a potência desenvolvida nesses fios sob a forma de calor (efeito Joule) será $P_2 = ri^2$. Assim, a potência P, que é recebida na residência, será:

$$P = P_1 - P_2 \quad \text{ou} \quad P = iV_{AB} - ri^2$$

A perda por efeito Joule nos fios ($P_2 = ri^2$) deve ser a menor possível. Para isso, devemos procurar diminuir os valores de r e de i. O valor de r só pode ser diminuído se for aumentada a área da seção reta dos fios, isto é, usando-se fios mais grossos. Entretanto, existe um limite para esse procedimento, pois cabos muito grossos, além de terem custo elevado, tornam a rede de transmissão extremamente pesada.

Assim, a solução mais adequada é procurar reduzir o valor da corrente i a ser transmitida. A potência $P_1 = iV_{AB}$, fornecida pelo gerador, não pode sofrer alteração; se o valor de i for reduzido, teremos de aumentar o valor de V_{AB} para manter inalterado o valor dessa potência. Concluímos assim que, para reduzir as perdas por aquecimento nos fios transportadores, a energia elétrica deve ser transmitida com baixa corrente e alta tensão.

Essa é exatamente a solução adotada pelos engenheiros eletricistas ao projetarem as linhas de transmissão. O valor da alta tensão em cada caso depende da potência a ser transmitida e da distância entre a usina e o local de consumo. Assim, são usadas tensões de 100 000 V, 250 000 V, 480 000 V, etc. e, atualmente, já são projetadas transmissões com até 1 000 000 V. Não é possível, entretanto, elevar indefinidamente o valor dessas altas tensões, porque acima de certos valores o ar em volta do fio torna-se condutor, permitindo o escoamento de eletricidade, o que constitui outra forma de perda de potência.

A tensão alternada pode ser facilmente elevada ou reduzida

Figura 8.53. Turbinas que são acionadas por vapor a alta pressão para usinas termelétricas ou nucleares.

As altas tensões necessárias para a transmissão de energia elétrica não podem ser fornecidas diretamente por um gerador, seja ele de corrente alternada, seja de corrente contínua. De fato, os maiores geradores (figura 8.53) das grandes usinas fornecem tensões em torno de 10 000 V. Então, torna-se necessário, para a transmissão, elevar consideravelmente os valores das tensões fornecidas pelos geradores.

Se o gerador fosse de corrente contínua, não haveria condições de resolver esse problema, pois, conforme estudamos na seção 8.4, um **elevador de tensão**, isto é, um transformador, **não funciona** com corrente contínua. Por outro lado, se o gerador for de corrente alternada, será relativamente fácil elevar a tensão produzida usando-se aquele aparelho.

Além disso, devemos nos lembrar de que, ao chegar aos centros de consumo, a alta tensão deverá ser reduzida antes de ser distribuída, pois seria fora de propósito um consumidor receber em sua casa tensões de valores tão elevados como aqueles da transmissão. Com a escolha da corrente alternada, esse problema também é resolvido com um transformador, que reduz os valores da alta tensão.

Essa facilidade de elevar ou reduzir uma tensão alternada é o fator preponderante que levou os engenheiros a darem preferência aos sistemas de produção, transmissão e distribuição de energia elétrica por meio de corrente alternada.

A utilidade do transformador na transmissão de energia elétrica

Na figura 8.54 apresentamos um esquema da distribuição de energia elétrica, mostrando as sucessivas transformações de tensão que ocorrem desde a geração na usina até sua utilização pelo consumidor.

Observe que logo após a tensão alternada ser produzida em um gerador (com cerca de 10 000 V), o seu valor é elevado (para 300 000 V, por exemplo) por meio de transformadores existentes na subestação próxima à usina. Com essa alta-tensão, a energia elétrica é transportada a longas distâncias até chegar ao centro consumidor (uma cidade, por exemplo), nas proximidades do qual se localiza uma outra subestação. Neste local, os transformadores reduzem a tensão para valores (cerca de 13 000 V) com os quais ela é distribuída aos consumidores industriais e pelas ruas da cidade. Finalmente, nas proximidades das residências existem transformadores (nos postes das ruas) que reduzem ainda mais a tensão (para 110 V ou 220 V), de modo que a energia elétrica possa ser utilizada, sem riscos, pelo consumidor residencial.

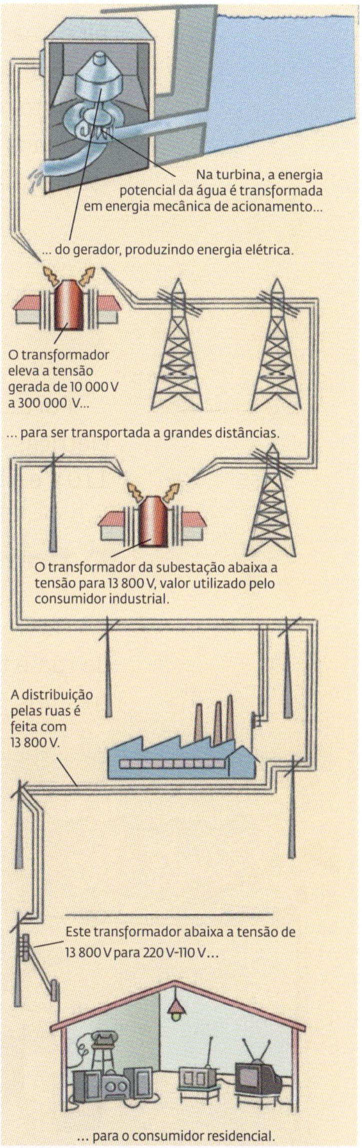

Figura 8.54. Enquanto a energia elétrica é transportada desde a usina até as residências, ela sofre várias alterações em sua tensão. Representações sem escala e em cores fantasia.

Tensão de pico e tensão eficaz

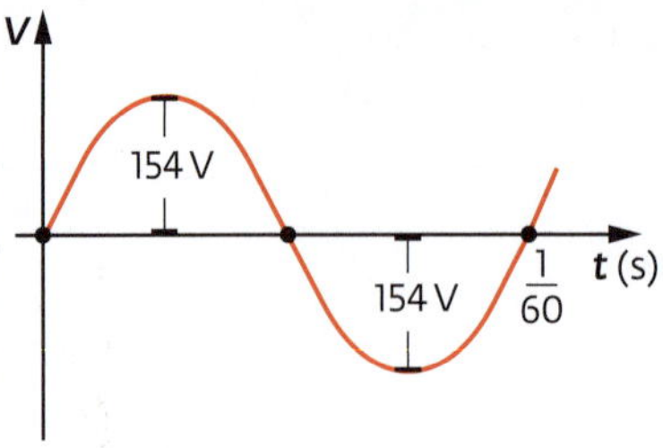

Figura 8.55. Diagrama mostrando a variação da tensão da corrente alternada com o tempo.

A tensão que recebemos em nossas residências, proveniente do transformador de rua, é uma tensão alternada, isto é, o seu sentido é invertido periodicamente, como mostra o gráfico da **figura 8.55**. Essas inversões de sentido são muito rápidas, pois a sua frequência é de 60 hertz, isto é, a tensão muda de sentido 120 vezes por segundo.

Vemos, pelo gráfico, que a tensão não é constante, como acontece com uma corrente contínua. O seu valor varia rapidamente: passa por um valor máximo, decresce, chega a zero, inverte de polaridade, atinge um valor igual ao máximo, porém com polaridade contrária, torna a se anular, e assim sucessivamente.

O valor máximo atingido pela tensão alternada é denominado valor de pico (para o caso mostrado na **figura 8.55**, esse valor é de 154 V). Entretanto, quando fornecemos o valor de uma voltagem alternada, estamos normalmente nos referindo não à **tensão de pico**, mas a uma quantidade denominada **valor eficaz da tensão**.

Esse valor eficaz seria o valor de uma tensão constante (contínua) que dissipasse, durante o tempo de um período, em uma resistência *R*, a mesma energia térmica que é dissipada em *R* pela tensão alternada, durante o mesmo intervalo de tempo. Pode-se mostrar que entre a tensão eficaz e a tensão de pico existe a seguinte relação:

$$V\,(\text{eficaz}) = \frac{V\,(\text{de pico})}{\sqrt{2}}$$

Então, para o caso da **figura 8.55**, o valor da tensão eficaz é:

$$V\,(\text{eficaz}) = \frac{154}{\sqrt{2}} = \frac{154}{1{,}4} \quad \text{ou} \quad V\,(\text{eficaz}) = 110\text{ V}$$

Portanto, o gráfico da **figura 8.55** representa exatamente a tensão nas tomadas elétricas das residências em um grande número de cidades, nas quais o valor eficaz é 110 V e o valor de pico é 154 V.

O fio neutro e os fios de fase

Na **figura 8.56** mostramos como usualmente a tensão obtida no transformador de rua é transferida para uma residência. Essa transferência é realizada por meio de três fios: um deles, denominado **fio neutro**, sai do ponto central do secundário do transformador que está ligado à Terra; os outros dois são denominados **fios de fase** e saem dos pontos extremos desse secundário.

Figura 8.56. Passagem da corrente elétrica dos fios de rua para uma residência, vendo-se o fio neutro e os fios de fase. Representação sem escala e em cores fantasia.

Entre cada fase e o neutro existe uma tensão eficaz de 110 V. Assim, na **figura 8.56** temos $V_{AB} = 110$ V e $V_{BC} = 110$ V. Entre as duas fases há uma tensão eficaz de 220 V; portanto, temos $V_{AC} = 220$ V. Então, na residência mostrada nessa figura, é possível instalar tomadas de 110 V (usando-se uma fase e um neutro) e tomadas de 220 V (usando-se as duas fases).

Em algumas instalações elétricas, entretanto, a residência é ligada ao transformador de rua apenas por uma das fases e pelo neutro. Nessas residências só poderão ser instaladas tomadas de 110 V.

VERIFIQUE O QUE APRENDEU

24. Na figura 8.52, suponha que a pequena usina elétrica esteja gerando uma potência $P_1 = 2\,400$ W, com uma tensão $V_{AB} = 120$ V, sendo $r = 3{,}0\ \Omega$ a resistência total dos cabos *AC* e *BD* usados para transportar a energia até a residência.

a) Qual a corrente que está sendo conduzida pelos cabos de transmissão?

b) Qual a potência que está sendo dissipada, por efeito Joule, nesses cabos?

c) Qual a porcentagem da energia gerada que é dissipada na transmissão?

d) Qual é a potência elétrica que está sendo entregue à residência?

25. Percebendo que a dissipação de energia na transmissão, analisada no exercício anterior, era muito elevada, o proprietário da residência tomou a seguinte medida: como o gerador era de CA (corrente alternada), instalou um transformador na saída desse gerador, elevando a tensão de 120 V para 600 V, e outro transformador na entrada da residência, reduzindo a tensão novamente para 120 V.

Supondo que a usina estivesse gerando a mesma potência $P_1 = 2\,400$ W, responda às questões do exercício anterior nessa nova situação.

26. a) No exercício anterior, se o gerador da usina fosse de corrente contínua, seria possível reduzir as perdas usando a mesma solução ali apresentada? Por quê?

b) Faça uma pesquisa em lojas especializadas para obter o custo aproximado da solução do problema dada pelo proprietário. Procure saber o preço de 1 kWh de energia elétrica na região onde você mora e calcule quanto tempo, aproximadamente, seria necessário para que a economia de energia fosse equivalente ao gasto naquelas instalações.

27. a) Explique o porquê de as transmissões de energia elétrica serem feitas sob alta-tensão.

b) Então, qual é o fator preponderante que leva a corrente alternada a ser adotada nessas transmissões?

28. Observe a figura 8.54, que mostra as diversas fases de produção, transmissão e distribuição da energia elétrica, e faça o que se pede.

a) Quantas vezes o valor da tensão foi alterado por meio de transformadores?

b) Diga onde estão localizados esses transformadores e se cada um é usado para elevar ou reduzir a tensão.

c) Em cada caso mencionado em **b**, diga se o valor da corrente na transmissão aumenta, diminui ou não se altera.

PRATIQUE FÍSICA

EM EQUIPE

As ilustrações desta página estão representadas sem escala e em cores fantasia.

1. As duas bobinas mostradas na figura abaixo devem possuir cerca de 300 espiras cada uma. Ligue uma das extremidades da bobina *F* a um dos polos de uma bateria constituída de três ou quatro pilhas secas. A bobina *G* deve ser ligada a um microamperímetro sensível. Coloque as duas bobinas próximas uma da outra, da maneira mostrada na figura.

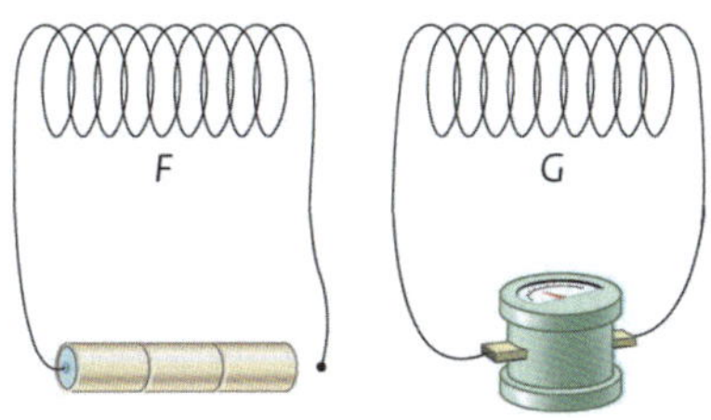

1º) Faça o contato da extremidade livre de *F* com a bateria, fechando o circuito dessa bobina. Observe que, nesse instante, o microamperímetro acusa a passagem de uma corrente na bobina *G*. Explique por que isso acontece (veja a seção 8.2).

2º) Mantenha fechado o circuito da bobina *F*. Nessas condições, há fluxo magnético através da bobina *G*? Esse fluxo varia? Observe, então, se o microamperímetro indica a passagem de corrente induzida em *G*.

3º) Desligue o circuito da bobina *F* e verifique, no microamperímetro, que aparece novamente uma corrente induzida em *G*. Essa corrente possui o mesmo sentido ou sentido contrário ao da corrente observada na 1ª parte?

2. Um motor elétrico pode ser usado como um dínamo, isto é, como um gerador de corrente. Para isso, desligue as pilhas do motor e ligue-o a um microamperímetro sensível, como mostra a figura abaixo. Gire as espiras, em um determinado sentido, com suas próprias mãos. Enquanto as espiras estão girando, o fluxo magnético através delas varia continuamente e, portanto, uma corrente induzida é estabelecida no circuito. Observe que o microamperímetro indica a passagem dessa corrente.

Gire as espiras, agora, em sentido contrário ao anterior. Observe o que ocorre com o sentido da corrente indicada no microamperímetro.

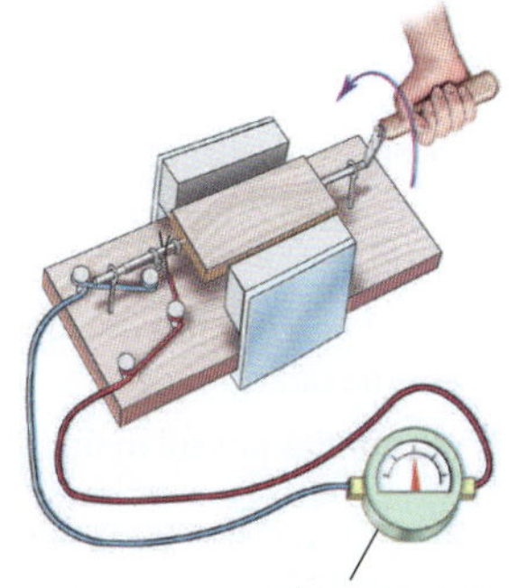

Ilustrações: Paulo César Pereira/Arquivo da editora

PROBLEMAS E TESTES

1. A distância entre as extremidades das asas metálicas de um avião é 20 m. Esse avião está voando horizontalmente, com uma velocidade de 300 m/s, em uma região onde o campo magnético da Terra tem uma componente vertical, dirigida para cima, cujo valor é $6{,}0 \cdot 10^{-5}$ T.

a) Em virtude da separação de cargas, de que lado do avião o potencial é mais elevado?

b) Qual o valor da f.e.m. induzida entre as extremidades das asas do avião?

2. A figura abaixo mostra uma espira retangular abandonando, com uma velocidade $\vec{v}$, uma região onde existe um campo magnético $\vec{B}$.

As ilustrações desta página estão representadas sem escala e em cores fantasia.

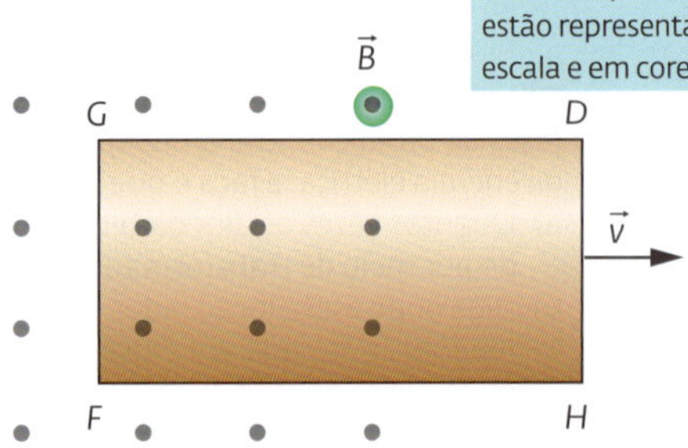

a) O fluxo magnético através da espira está aumentando ou diminuindo?

b) Usando a lei de Lenz, determine o sentido da corrente induzida na espira.

3. Um transformador está sendo usado para abaixar a tensão de 120 V para 12 V. Esse transformador tem 200 espiras no primário e verifica-se que uma potência de 60 W está sendo dissipada em uma lâmpada ligada ao seu secundário. Supondo que não haja perda de energia no transformador (transformador ideal), determine:

a) o número de espiras no secundário;

b) a corrente no secundário;

c) a corrente no primário.

4. Um aparelho de radar é usado para localizar um objeto distante (um avião, por exemplo) por meio de ondas eletromagnéticas que são emitidas pelo aparelho, refletidas pelo objeto e captadas, na volta, pelo aparelho. As radiações eletromagnéticas usadas nesse dispositivo têm, no ar, um comprimento de onda de, aproximadamente, 1 cm. Qual é, então, o tipo de onda eletromagnética utilizado nos aparelhos de radar?

5. Comumente ouvimos dizer que uma estação de rádio está transmitindo em ondas longas, em ondas médias ou em ondas curtas.

a) Procure explicar a origem das denominações dadas a essas ondas de rádio.

b) Qual dessas ondas possui maior frequência?

6. A figura a seguir representa o circuito de um carregador de bateria, alimentado por uma voltagem de 120 V. Analise o circuito e explique como funciona o aparelho.

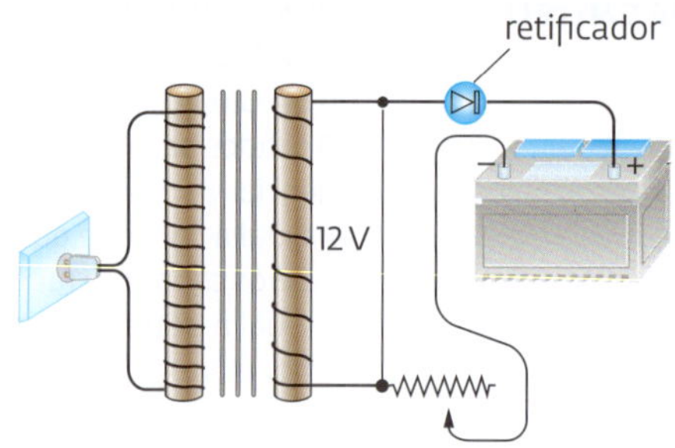

Ilustrações: Antonio Robson/Arquivo da editora

7. Uma espira circular de prata é colocada em um campo magnético uniforme, com seu plano perpendicular ao vetor $\vec{B}$. A área da seção reta do fio de prata é $A = 2{,}0$ mm^2 e o raio da espira é $a = 30$ cm. Supondo que o campo magnético esteja variando com uma taxa de 0,050 T/s, determine a intensidade da corrente na espira.

8. Um pequeno gerador de corrente contínua é acionado manualmente por meio de uma manivela. Um estudante, que está girando a manivela, percebe que, estando o gerador em circuito aberto (sem nenhum aparelho ligado a ele), é fácil provocar essa rotação (o gerador parece leve). Entretanto, quando um aparelho é ligado ao gerador, o estudante percebe que há uma resistência muito maior para mantê-lo em rotação (o gerador parece pesado). Explique por que isso ocorre.

9. Considere as seguintes situações:

I. Elétrons livres em um fio condutor, no qual foi estabelecida uma corrente alternada de alta frequência.

II. Elétrons em movimento circular uniforme, no interior de um acelerador de partículas.

III. Elétrons em movimento, a partir do repouso, em um campo elétrico uniforme de grande intensidade.

a) Em quais dessas situações os elétrons estarão emitindo radiações eletromagnéticas? Explique.

b) Na situação III, a energia cinética adquirida pelo elétron, após percorrer uma certa distância, é maior, menor ou igual ao trabalho que o campo realiza sobre ele? Por quê?

10. Duas barras metálicas, *GF* e *DH*, estão se deslocando com a mesma velocidade em um campo magnético uniforme, como mostra a figura abaixo. As barras estão ligadas pelos fios condutores *GD* e *FH*.

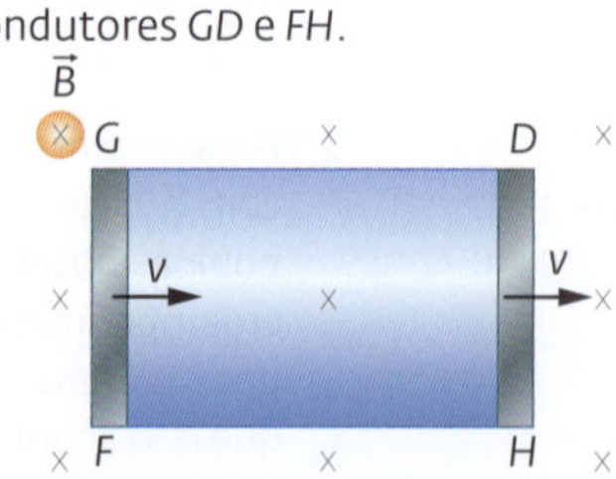

Analise as afirmativas seguintes e indique aquelas que estão corretas:

a) Em ambas as barras há uma separação de cargas.

b) A extremidade *G* fica positiva e a *F* fica negativa.

c) A extremidade *D* fica positiva e a *H* fica negativa.

d) A f.e.m. induzida em *GF* é igual à induzida em *DH*.

e) Não há corrente induzida nos fios condutores porque as f.e.m. nas duas barras são opostas.

11. Uma espira circular, de raio $R = 10$ cm, está colocada perpendicularmente a um campo magnético uniforme de módulo $B = 0{,}10$ T. Reduzindo-se uniformemente o valor de $\vec{B}$ para zero, observa-se que uma f.e.m. induzida $\varepsilon = 0{,}02$ V aparece na espira. Quanto tempo decorreu até que o valor de $\vec{B}$ se reduzisse a zero?

12. O transformador representado na figura abaixo possui 2 000 espiras no primário e 100 espiras no secundário. Aplicando-se uma voltagem alternada de 4 400 V no primário, determine a leitura de um voltímetro supondo que ele seja ligado:

a) entre *A* e *C*;

b) entre *C* e *D*;

c) entre *A* e *D*.

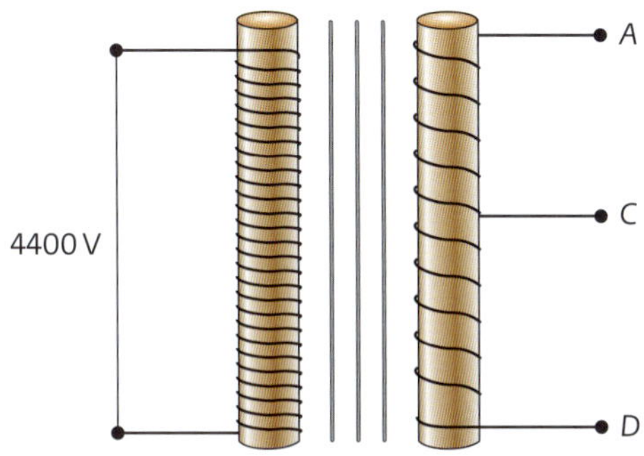

13. Próximo a um fio, percorrido por uma corrente *i*, são colocadas duas espiras, *A* e *B*, da maneira mostrada na figura deste problema.

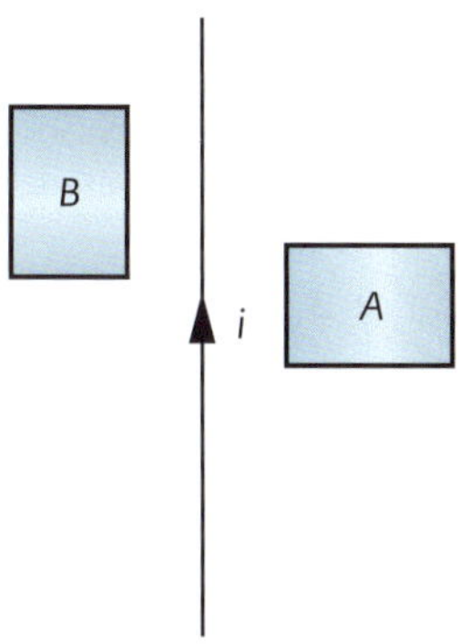

Supondo que a corrente no fio esteja aumentando com o tempo, diga se a corrente induzida tem o sentido horário ou anti-horário:

a) na espira *A*;

b) na espira *B*.

14. A figura deste problema mostra um fio reto e comprido, percorrido por uma corrente *i*, tendo ao seu lado uma espira circular de cobre, que pode se movimentar de cinco maneiras diferentes:

I. A espira se movimenta com velocidade $\vec{v}$, paralela ao fio.

II. A espira se movimenta com velocidade $\vec{v}$, perpendicular ao fio, afastando-se dele.

III. A espira gira em torno de um eixo, perpendicular ao seu plano, passando pelo seu centro com velocidade angular ω.

IV. A espira gira em torno de um eixo *MN*, paralelo ao fio, situado no plano da espira e passando por seu centro.

V. Uma haste rígida, isolante, está fixada nos pontos *M* e *N* da espira e o conjunto gira em torno de um ponto *P* do fio.

Diga em quais dessas situações haverá uma corrente induzida na espira.

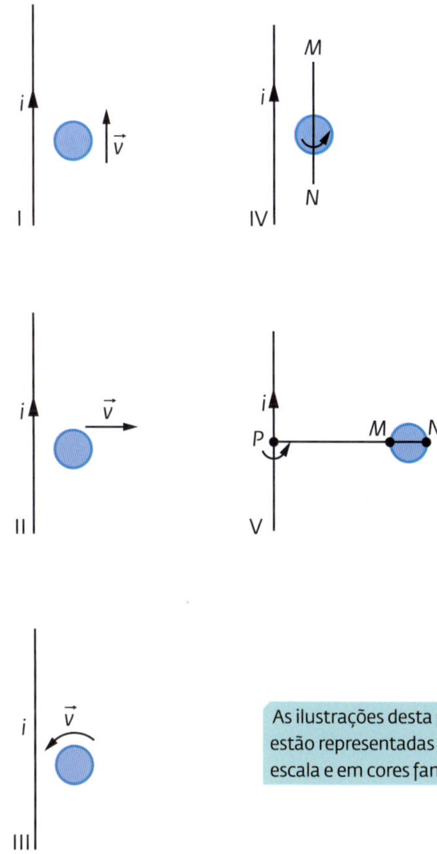

As ilustrações desta página estão representadas sem escala e em cores fantasia.

15. Um ímã está oscilando verticalmente, preso a uma mola, passando pelo centro de um anel de cobre, como mostra a figura deste problema. Tendo em vista o princípio de conservação da energia, diga se a amplitude de oscilação do ímã aumenta, diminui ou não se modifica, enquanto ele oscila. Explique sua resposta supondo que as forças de atrito sejam desprezíveis.

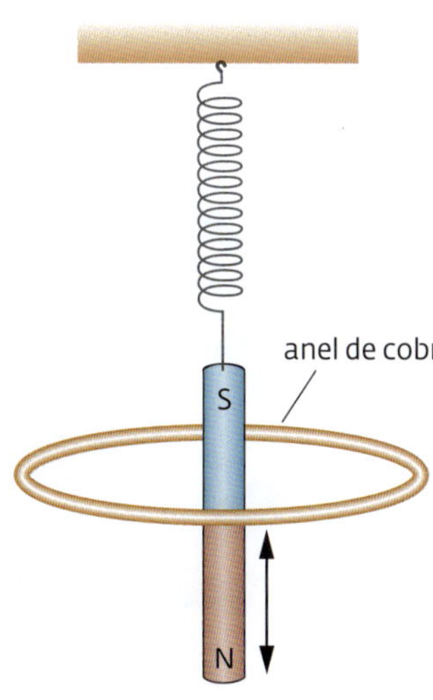

Ilustrações: Antonio Robson/Arquivo da editora

Apêndice F

F.1 Capacitores

O que é um capacitor

As imagens desta página estão representadas fora de proporção.

O **capacitor** é um dispositivo capaz de armazenar cargas elétricas e descarregá-las em um momento oportuno, quando solicitado. Essa propriedade faz com que ele possa ser empregado em circuitos de rádio, TV, máquinas de calcular, desfibriladores cardíacos e uma variedade enorme de aparelhos elétricos e eletrônicos do nosso cotidiano (figura f.1).

Bondarchuk/Shutterstock/Glow Images

ChaosMaker/Shutterstock/Glow Images

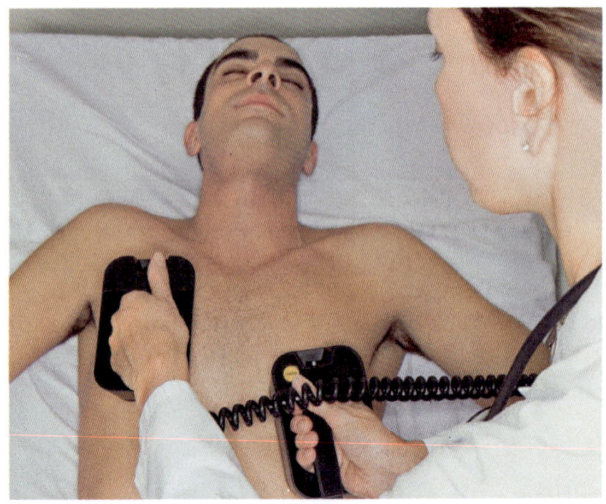
AISPIX/Image Source/Shutterstock/Glow Images

Figura f.1. Alguns dos aparelhos que usam capacitores durante seu funcionamento.

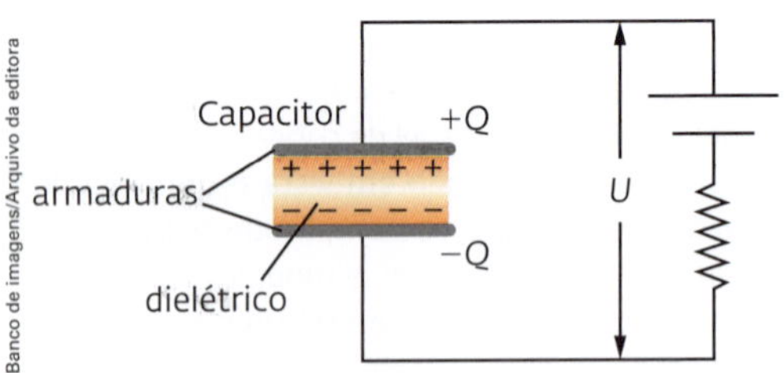

Banco de imagens/Arquivo da editora

Figura f.2. Um capacitor é constituído por duas superfícies condutoras separadas por um dielétrico. Representação sem escala e em cores fantasia.

Eles são constituídos por dois condutores separados por um isolante: os condutores são chamados **armaduras** (ou placas) e o isolante é o **dielétrico**. Costuma-se dar nome a esses aparelhos de acordo com a forma de suas armaduras. Assim temos **capacitor plano** (figura f.2), **capacitor cilíndrico** (figura f.3), **capacitor esférico**, etc.

Gavran333/Shutterstock
Mikekh/Dreamstime.com/Isuzu Imagens

Figura f.3. Em **a**, capacitores cilíndricos. Em **b**, capacitores de diferentes formatos.

O dielétrico pode ser um isolante qualquer, como o vidro, a parafina, o papel; muitas vezes, é o próprio ar. Nos diagramas de circuitos elétricos, o capacitor é representado da maneira mostrada na figura f.4.

Um dos primeiros capacitores cilíndricos, construído na cidade holandesa de Leyden, recebeu o nome de **garrafa de Leyden**. Suas armaduras são folhas metálicas que envolvem o recipiente interna e externamente e o dielétrico é o próprio vidro da garrafa. Esses aparelhos antigos ocupavam um volume muito grande em comparação com os modernos capacitores atuais.

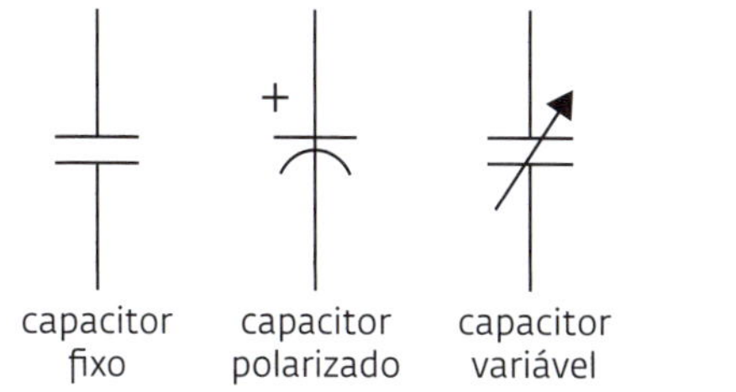

Figura f.4. Em um diagrama de um circuito elétrico, os diferentes tipos de capacitores são representados conforme a figura acima.

Capacitância de um capacitor

Consideremos um capacitor qualquer, com as armaduras planas, por exemplo, e liguemos essas armaduras aos polos de uma bateria, como mostra a figura f.5. Em virtude dessa ligação, as armaduras receberão cargas: a armadura A, ligada ao polo positivo, recebe uma carga $+Q$ e a armadura B, ligada ao polo negativo, recebe uma carga $-Q$. Dizemos, então, que o capacitor ficou carregado com carga Q. Nessas condições, há entre as armaduras do capacitor uma diferença de potencial V_{AB}, igual àquela entre os polos da bateria.

Pode-se perceber também que, se o capacitor for ligado a outra bateria de maior diferença de potencial, a carga que as placas vão adquirir será maior. Entretanto, verifica-se que, para um dado capacitor, a relação entre a carga Q adquirida e a diferença de potencial V_{AB} aplicado é constante. Essa constante, denominada **capacitância**, é característica do capacitor e é representada pelo símbolo C. Assim, temos:

$$C = \frac{Q}{V_{AB}}$$

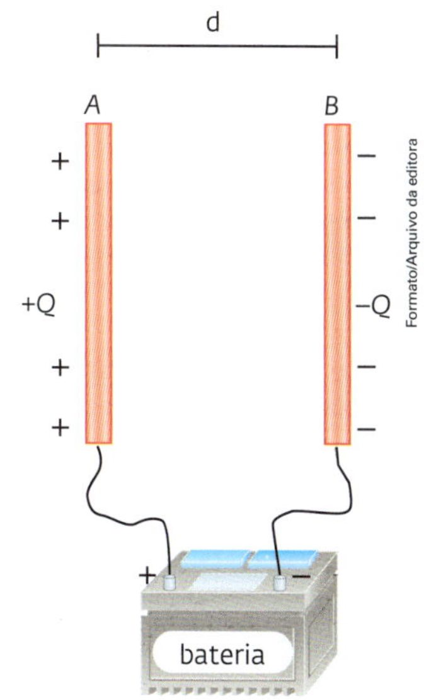

Figura f.5. As armaduras de um capacitor recebem cargas elétricas ao serem ligadas aos polos de uma bateria. Representação sem escala e em cores fantasia.

No SI, medindo-se a carga em coulombs e a diferença de potencial em volts, a capacitância é medida em farads, que se representa por F. Então, temos:

$$1\,\text{F} = \frac{1\,\text{coulomb}}{1\,\text{volt}} \quad \text{ou} \quad 1\,\text{F} = 1\,\frac{\text{C}}{\text{V}}$$

Em resumo, podemos escrever:

A capacitância C de um capacitor é obtida dividindo-se a carga Q, distribuída em suas armaduras, pela diferença de potencial aplicada a elas. A expressão matemática desta grandeza é:

$$C = \frac{Q}{V_{AB}}$$

A unidade de medida de C no SI é o farad ($1\ \text{F} = 1\ \text{C/V}$).

Comentários

As ilustrações desta página estão representadas sem escala e em cores fantasia.

1) Quando dizemos que um capacitor possui uma carga Q, estamos nos referindo à carga em uma das armaduras apenas. A carga total é nula, pois temos uma carga +Q em uma armadura e uma carga −Q na outra.
2) A unidade 1 farad (1 F = 1 C/V) é muito grande, pois dificilmente poderíamos obter um capacitor que, recebendo a carga de 1 coulomb em suas armaduras, adquirisse o potencial de 1 volt apenas. A unidade mais usada na prática, isto é, na medida de capacitâncias mais comuns nos laboratórios e oficinas, é o microfarad, que é representado por 1 μF. O microfarad é um submúltiplo do farad, tal que 1 μF = 10^{-6} F.
3) Devemos observar pela expressão que define a capacitância, $\frac{Q}{V_{AB}}$, que, para uma dada diferença de potencial aplicada nas armaduras, quanto maior for a capacitância, maior será a carga acumulada nestas armaduras. Por esse motivo dizemos que o capacitor é um "armazenador" de cargas elétricas e quanto maior for sua capacitância, maior será a carga que ele é capaz de armazenar.

Fatores que influenciam na capacitância

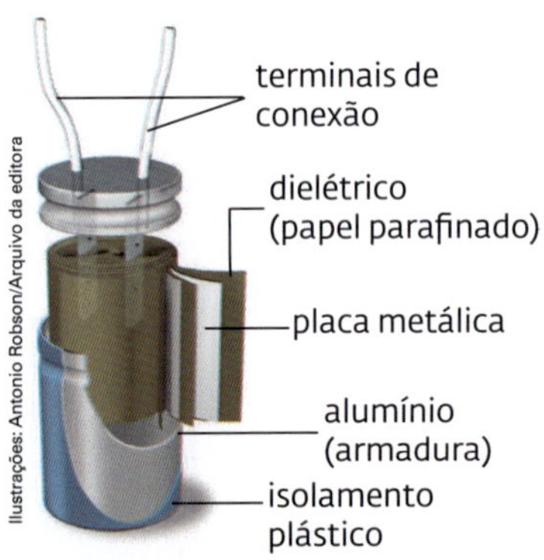

Figura f.6. Os capacitores cilíndricos apresentam capacitâncias relativamente grandes, ocupando pequenos volumes.

A capacitância de um capacitor é uma constante característica do aparelho. Assim, ela vai depender de certos fatores próprios do capacitor, que examinaremos a seguir.

A área das armaduras, por exemplo, influi na capacitância, que é tanto maior quanto maior for o valor dessa área. Em outras palavras, a capacitância C é proporcional à área *A* de cada armadura, ou seja:

$$C \propto A$$

Então, para aumentarmos a capacitância de um capacitor, devemos aumentar a área de suas armaduras. Nos capacitores antigos, como a garrafa de Leyden, para se obter esse efeito, tinha-se que aumentar muito o volume ocupado por eles, o que tornava seu uso incômodo. Capacitores mais modernos, como o mostrado na figura f.6, apresentam grande capacitância e ocupam volume relativamente pequeno. Usando-se folhas de alumínio compridas como armaduras, separadas por papel parafinado e enroladas da maneira mostrada na figura, o volume ocupado é pequeno, embora a área das placas seja grande.

O fato de a capacitância depender da área das armaduras é aproveitado na construção de certos tipos de aparelhos, denominados **capacitores variáveis**. Na figura f.7 mostramos um esquema desse capacitor. O conjunto das armaduras do aparelho é móvel, podendo girar em torno de um eixo. À medida que giramos esse conjunto, há uma variação na área das armaduras que se defrontam e, assim, a capacitância do aparelho também varia. Capacitores como esses são encontrados nos sintonizadores dos rádios.

Outro fator que influencia na capacitância é a distância *d* entre as armaduras, assim, quanto maior for a capacitância C do aparelho, menor deverá ser a distância *d*, isto é:

$$C \propto \frac{1}{d}$$

Nos capacitores modernos, são utilizados dielétricos de grande poder de isolamento, com espessura bastante reduzida, com o fim de obter grandes capacitâncias.

Figura f.7. Esquema de capacitores variáveis.

Influência do dielétrico na capacitância

Consideremos um capacitor plano tal que o dielétrico entre as armaduras seja o ar. Carregando-se o capacitor com uma carga Q, uma diferença de potencial V_{AB} será estabelecida nessas armaduras.

Sabe-se que se houvesse vácuo entre elas, teríamos condições praticamente iguais àquelas observadas quando existe ar.

Então, com vácuo ou ar entre as armaduras, a carga Q estabelece entre elas uma diferença de potencial V_{AB} e a capacitância C_0 desse capacitor é, como sabemos, $C_0 = \dfrac{Q}{V_{AB}}$ (figura f.8.a).

Nessas condições, temos no espaço entre as armaduras um campo elétrico uniforme $\vec{E}_0$, criado pelas cargas $+Q$ e $-Q$ existentes nas placas.

Entretanto, ao introduzirmos entre as armaduras um dielétrico qualquer (mica, parafina, papel, etc.), mantendo nelas a mesma carga, o campo elétrico no interior desse dielétrico será inferior a $\vec{E}_0$ (figura f.8.b).

Sendo K a constante dielétrica do isolante em questão, o campo passará a valer $E = \dfrac{E_0}{K}$, como vimos no capítulo 1.

Consequentemente, a diferença de potencial entre as armaduras também ficará dividida por K (pois $V_{AB} = E \cdot d$), isto é, passará a valer $\dfrac{V_{AB}}{K}$. Se Q não varia e a diferença de potencial é reduzida, então a capacitância aumenta, isto é, se torna K vezes maior.

Portanto, se um capacitor sem dielétrico entre as armaduras (vácuo ou ar) tem capacitância C_0, ao introduzirmos entre elas um dielétrico de constante K, sua capacitância passará a ser:

$$C = KC_0$$

Em outras palavras, um capacitor com dielétrico entre as armaduras é melhor armazenador de carga do que sem ele, pois a introdução do dielétrico faz crescer a capacitância (uma vez que $K > 1$ para qualquer isolante).

Podemos, então, destacar, em relação aos fatores que influem na capacitância:

A capacitância C é uma constante que caracteriza a capacidade de um capacitor de armazenar carga. O valor de C é diretamente proporcional à área A das armaduras, isto é:

$$C \propto A$$

e é inversamente proporcional à distância d entre placas (espessura do dielétrico), ou seja:

$$C \propto \frac{1}{d}$$

Além disso, o valor de C depende da natureza do dielétrico: C_0 corresponde à capacitância de um capacitor sem dielétrico; quando introduzimos entre as armaduras um isolante de constante dielétrica K, sua capacitância passa a ser:

$$C = KC_0$$

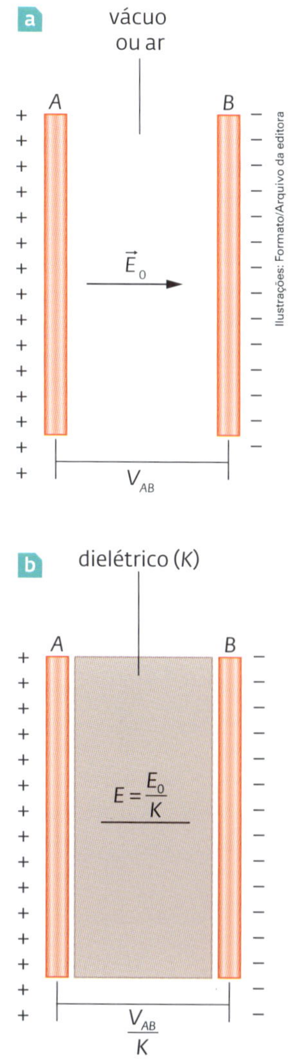

Figura f.8. Quando um isolante, de constante dielétrica K, é introduzido entre as armaduras de um capacitor, sua capacitância torna-se K vezes maior.

Exemplo

Na figura f.5 mostramos um capacitor ligado aos polos de uma bateria. Suponha que a diferença de potencial entre os polos dessa bateria seja 300 V e que a carga transferida às placas do capacitor seja $Q = 1,2 \cdot 10^{-3}$ C.

a) Determine a capacitância C desse capacitor.

Sabemos que $C = \frac{Q}{V_{AB}}$ e temos $Q = 1,2 \cdot 10^{-3}$ C e $V_{AB} = 300$ V, pois a voltagem entre os polos da bateria é a mesma estabelecida nas placas do capacitor. Então:

$$C = \frac{Q}{V_{AB}} = \frac{1,2 \cdot 10^{-3}\,C}{300\,V}$$

$$C = 4,0 \cdot 10^{-6}\,F = 4,0\,\mu F$$

b) Mantendo-se o capacitor ligado à bateria e afastando-se as placas de modo que a distância entre elas se torne duas vezes maior, qual será o valor da diferença de potencial V_{AB} entre as placas?

Como as placas continuam ligadas à bateria, o valor de V_{AB} não será alterado, isto é, $V_{AB} = 300$ V.

c) Nas condições mencionadas em b, qual é a capacitância do capacitor?

Já sabemos que $C \propto \frac{1}{d}$. Como a variação de *d* foi a única alteração sofrida pelo capacitor, sua nova capacitância deverá ser duas vezes menor (pois o valor de *d* foi duplicado), isto é, o novo valor de *C* será:

$$C = \frac{4,0\,\mu F}{2} \quad \text{ou} \quad C = 2,0\,\mu F$$

d) Ainda nas condições consideradas em b, qual será a carga Q nas armaduras?

Sendo $C = \frac{Q}{V_{AB}}$, teremos $Q = CV_{AB}$.

Sabendo que $V_{AB} = 300$ V e que $C = 2,0\,\mu F = 2,0 \cdot 10^{-6}$ F, teremos:

$$Q = CV_{AB} = 300 \cdot 2,0 \cdot 10^{-6}$$

$$Q = 6,0 \cdot 10^{-4}\,C$$

Devemos observar, então, que, embora a diferença de potencial permaneça a mesma, a carga nas armaduras diminui quando elas são afastadas.

VERIFIQUE O QUE APRENDEU

1. As armaduras de um capacitor possuem uma carga $Q = 1,5 \cdot 10^{-4}$ C. Nessas condições, a diferença de potencial entre elas é de 50 V. Determine a capacitância deste capacitor em farad e em μF.
2. Ligando-se o capacitor do exercício anterior a uma bateria cuja diferença de potencial entre os polos é $V_{AB} = 250$ V, responda:
   a) Qual é, então, a capacitância do aparelho?
   b) Qual o valor da carga elétrica que agora existe nas armaduras?
3. Um capacitor plano é carregado ligando-se suas armaduras aos polos de uma bateria. Mantendo-se a ligação com essa bateria e reduzindo-se a distância entre as placas, a diferença de potencial entre as armaduras aumenta, diminui ou não se altera?
4. Um capacitor plano, com ar entre as placas, possui uma capacitância $C = 2,5\,\mu F$. Quando a carga nas placas é $Q = 4,0 \cdot 10^{-4}$ C, existe entre elas uma diferença de potencial $V_{AB} = 160$ V e um campo elétrico $E = 40\,000$ N/C. Supondo que o capacitor não esteja ligado a nenhuma bateria e introduzindo-se entre as armaduras um dielétrico de constante $K = 5,0$, determine quais serão os novos valores:
   a) da capacitância do capacitor;
   b) da carga em suas armaduras;
   c) da diferença de potencial entre as armaduras;
   d) do campo elétrico entre as armaduras.

F.2 Energia em um capacitor

Um capacitor armazena energia

Consideremos um capacitor carregado com uma carga Q, apresentando uma voltagem V_{AB} entre suas armaduras (figura f.9.a). Se ligarmos essas armaduras por um condutor (figura f.9.b), o capacitor se descarregará. Essa descarga provoca um aquecimento no condutor e, muitas vezes, quando a voltagem V_{AB} é muito alta, a descarga vem acompanhada de uma faísca que salta entre os extremos do condutor e a armadura.

Haverá, pois, manifestação de energia sob a forma de calor, luz ou som (estalido que costuma acompanhar a faísca).

Portanto, quando o capacitor se descarrega, há liberação de certa quantidade de energia, o que pode ser esperado, pois nesse processo há transporte de carga elétrica entre dois pontos (as placas do capacitor) que apresentam uma diferença de potencial. Essa energia encontra-se armazenada no capacitor e é fornecida pela bateria enquanto o aparelho está sendo carregado por ela.

De fato, quando o capacitor é ligado à bateria (para ser carregado), esta retira cargas negativas de uma placa (que fica carregada positivamente) e fornece quantidade igual de cargas negativas à outra placa (que se carrega negativamente). Nesse processo, a bateria tem de realizar um trabalho que é responsável pelo armazenamento de energia no capacitor.

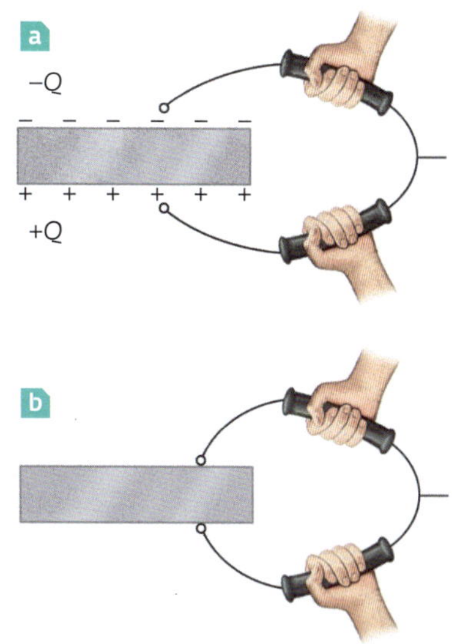

Ilustrações: Paulo César Pereira/Arquivo da editora

Figura f.9. Um capacitor carregado se descarrega quando suas armaduras são ligadas por um condutor. Representação sem escala e em cores fantasia.

Como calcular a energia no capacitor

Quando uma carga elétrica Q é transportada entre dois pontos cuja diferença de potencial V_{AB} é mantida constante, o trabalho realizado no transporte é dado por $\tau = QV_{AB}$. Na descarga do capacitor, porém, a diferença de potencial entre as armaduras não se mantém constante. À medida que a carga é transportada de uma placa para outra, a diferença de potencial vai diminuindo, passando do valor inicial *VAB* para um valor final nulo.

Nesse caso, não podemos usar a expressão citada para calcular o trabalho no processo da descarga. Esse trabalho é dado pela expressão:

$$\tau = \frac{1}{2} Q V_{AB}$$

O trabalho realizado pela bateria ao carregar o capacitor será dado pela mesma expressão e a energia potencial armazenada no capacitor terá também o mesmo valor. Isto é:

$$E = \frac{1}{2} Q V_{AB}$$

Como $C = \frac{Q}{V_{AB}}$, podemos expressar essa energia em função de C e V_{AB} (substituindo Q por CV_{AB}): $E = \frac{1}{2} CV_{AB}^2$, ou, em função de C e Q (substituindo V_{AB} por $\frac{Q}{C}$): $E = \frac{1}{2} \cdot \frac{Q^2}{C}$. Podemos, então, destacar:

Um capacitor carregado com carga Q, apresentando entre as armaduras uma diferença de potencial V_{AB}, armazena energia que é liberada na sua descarga. Essa energia é igual ao trabalho realizado pela bateria no processo de carga do capacitor e é fornecida pela relação:

$$E = \frac{1}{2}QV_{AB}$$

Exemplo

Um capacitor plano, carregado, mas desligado da bateria, tem uma capacitância $C = 9{,}0\ \mu F$, havendo entre suas armaduras uma diferença de potencial $V_{AB} = 200\ V$.

a) Qual a energia que será liberada na descarga desse capacitor?

Sabemos que a energia liberada por um capacitor ao ser descarregado (igual à energia que ele armazena) é dada pela relação: $E = \frac{1}{2}QV_{AB}$. Temos $V_{AB} = 200\ V$ e o valor de Q pode ser calculado, pois $Q = CV_{AB}$. Como $C = 9{,}0\ \mu F = 9{,}0 \cdot 10^{-6}\ F$, virá:

$$Q = 9{,}0 \cdot 10^{-6} \cdot 200 \quad \text{ou} \quad Q = 1{,}8 \cdot 10^{-3}\ C$$

Então, a energia procurada é:

$$E = \frac{1}{2}QV_{AB} = \frac{1}{2} \cdot 1{,}8 \cdot 10^{-3} \cdot 200 \quad \text{ou} \quad E = 0{,}18\ J$$

b) Afastando-se uma armadura da outra, para triplicar a distância entre elas, qual será a nova energia que o capacitor armazenará?

Devemos usar a mesma expressão $E = \left(\frac{1}{2}\right)QV_{AB}$ para calcular essa energia. A carga Q não sofreu alteração; portanto: $Q = 1{,}8 \cdot 10^{-3}\ C$.

Entretanto, sendo $C \propto \frac{1}{d}$, quando a distância entre as armaduras for triplicada, a capacitância ficará dividida por 3. Logo, a nova capacitância será:

$$C' = \frac{C}{3} = \frac{9{,}0 \cdot 10^{-6}}{3} \quad \text{ou} \quad C' = 3{,}0 \cdot 10^{-6}\ F$$

Consequentemente, teremos nova voltagem nas placas, pois $V_{AB} = \frac{Q}{C}$. Como Q não variou e C tornou-se 3 vezes menor, teremos, para a voltagem, um valor 3 vezes maior. A nova voltagem V'_{AB} será, portanto:

$$V'_{AB} = 200 \cdot 3 \quad \text{ou} \quad V'_{AB} = 600\ V$$

Então, a nova energia E' armazenada no capacitor será:

$$E' = \frac{1}{2}QV'_{AB} = \frac{1}{2} \cdot 1{,}8 \cdot 10^{-3} \cdot 600 \quad \text{ou} \quad E' = 0{,}54\ J$$

c) Qual o trabalho que foi realizado no afastamento das armaduras do capacitor?

O trabalho realizado no afastamento das armaduras foi transferido para o capacitor, que, por isso, teve sua energia aumentada. Então, tendo em vista o princípio de conservação da energia, esse trabalho é igual ao aumento de energia no capacitor, isto é:

$$\tau = E' - E = 0{,}54 - 0{,}18 \quad \text{ou} \quad \tau = 0{,}36\ J$$

VERIFIQUE O QUE APRENDEU

5. Um capacitor, carregado com uma carga de $2{,}8 \cdot 10^{-3}\ C$, apresenta entre suas armaduras uma diferença de potencial $V_{AB} = 500\ V$.
   a) Qual a energia armazenada nesse capacitor?
   b) Qual foi o trabalho realizado para carregar esse capacitor?

6. Mantendo o capacitor mencionado no exercício 5 desligado da bateria, afastamos suas armaduras, de modo que a distância entre elas se torne 2 vezes maior.
   a) Haverá realização de trabalho nesse afastamento?
   b) Então, a energia do capacitor aumentará, diminuirá ou não se alterará?

PROBLEMAS E TESTES

1. Em um capacitor plano, de capacitância $C = 4{,}0\ \mu F$, a distância entre as armaduras é $d = 1{,}5$ mm e o campo elétrico entre elas vale $E = 2{,}0 \cdot 10^5$ N/C. Calcule:
   a) a diferença de potencial entre as armaduras;
   b) a carga armazenada no capacitor.

2. Dois capacitores, de capacitâncias C_1 e C_2, estão ligados a uma bateria da maneira mostrada na figura abaixo. Sejam V_1 e V_2 as tensões entre as placas desses capacitores e Q_1 e Q_2 as cargas adquiridas por eles. Sabendo-se que $C_1 > C_2$, indique, entre as alternativas seguintes, aquela que está correta.

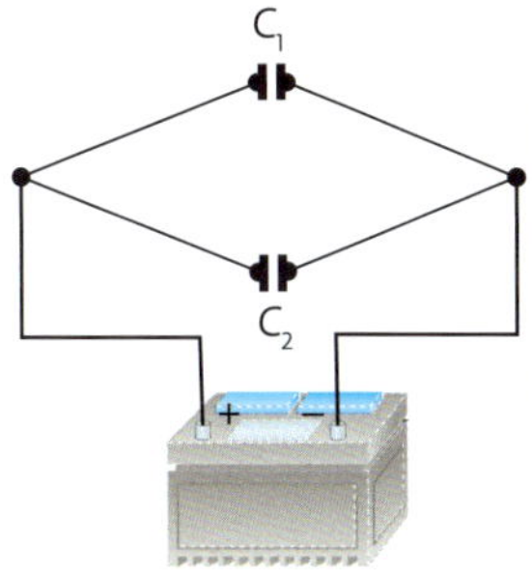

Representação sem escala e em cores fantasia.

   a) $V_1 > V_2$ e $Q_1 = Q_2$
   b) $V_1 < V_2$ e $Q_1 = Q_2$
   c) $V_1 = V_2$ e $Q_1 > Q_2$
   d) $V_1 < V_2$ e $Q_1 < Q_2$
   e) $V_1 > V_2$ e $Q_1 < Q_2$

3. Um capacitor plano está carregado e suas armaduras estão desligadas da bateria. Suponha que a distância entre as armaduras seja reduzida. Nessas condições indique, entre as afirmativas seguintes, aquela que está **errada**:
   a) A diferença de potencial entre as armaduras diminui.
   b) A capacitância do capacitor aumenta.
   c) A carga nas armaduras não varia.
   d) A energia armazenada no capacitor aumenta.

4. Um capacitor plano, com ar entre as armaduras, está desligado da bateria. Supondo que esse capacitor seja totalmente mergulhado na água, indique, entre as afirmativas seguintes, aquelas que estão corretas:
   a) A carga nas armaduras não se altera.
   b) O campo elétrico entre as armaduras diminui.
   c) A diferença de potencial entre as armaduras diminui.
   d) A capacitância do capacitor aumenta.
   e) A energia armazenada no capacitor diminui.

5. No problema anterior, suponha que as armaduras do capacitor tenham permanecido ligadas à bateria quando ele foi introduzido na água. Nessas condições, quais são as afirmativas apresentadas naquele problema que estão corretas?

6. Uma nuvem eletrizada está situada a 200 m de altura, paralelamente à superfície da Terra, formando com essa superfície um capacitor plano de $0{,}50\ \mu F$. Quando o campo elétrico no ar (entre a nuvem e a Terra) atinge o valor de $3{,}0 \cdot 10^6$ N/C, observa-se a ocorrência de um relâmpago.

   Calcule a quantidade de carga elétrica que se encontrava acumulada na nuvem naquele instante.

7. No problema anterior, determine a quantidade de energia que é liberada na descarga elétrica, isto é, no raio que salta da nuvem para a Terra.

8. A tensão entre as placas de um capacitor de $6{,}0\ \mu F$ é 200 V. Liga-se cada uma de suas armaduras às de um outro capacitor de $3{,}0\ \mu F$, inicialmente descarregado. Calcule:
   a) a energia inicialmente armazenada no primeiro capacitor;
   b) a energia armazenada na associação dos dois capacitores;
   c) a energia 2 dissipada em virtude da ligação.

9. **(Enem)** O manual de funcionamento de um captador de guitarra elétrica apresenta o seguinte texto:

   Esse captador comum consiste de uma bobina, fios condutores enrolados em torno de um ímã permanente. O campo magnético do ímã induz o ordenamento dos polos magnéticos na corda da guitarra, que está próxima a ele. Assim, quando a corda é tocada, as oscilações produzem variações, com o mesmo padrão, no fluxo magnético que atravessa a bobina. Isso induz uma corrente elétrica na bobina, que é transmitida até o amplificador e, daí, para o alto-falante.

   Um guitarrista trocou as cordas originais de sua guitarra, que eram feitas de aço, por outras feitas de náilon. Com o uso dessas cordas, o amplificador ligado ao instrumento não emitia mais som, porque a corda de náilon:
   a) isola a passagem de corrente elétrica da bobina para o alto-falante.
   b) varia seu comprimento mais intensamente do que ocorre com o aço.
   c) apresenta uma magnetização desprezível sob a ação do ímã permanente.
   d) induz correntes elétricas na bobina mais intensas que a capacidade do captador.
   e) oscila com uma frequência menor do que a que pode ser percebida pelo captador.

10. **(Enem)** Nossa pele possui células que reagem à incidência de luz ultravioleta e produzem uma substância chamada melanina, responsável pela pigmentação da pele. Pensando em se bronzear, uma garota vestiu um biquíni, acendeu a luz de seu quarto e deitou-se exatamente abaixo da lâmpada incandescente. Após várias horas ela percebeu que não conseguiu resultado algum. O bronzeamento não ocorreu porque a luz emitida pela lâmpada incandescente é de:
    a) baixa intensidade.
    b) baixa frequência.
    c) um espectro contínuo.
    d) amplitude inadequada.
    e) curto comprimento de onda.

11. **(UFC-CE)** O fluxo magnético que atravessa cada espira de uma bobina cilíndrica com 50 espiras, em função do tempo, é dado pela expressão $\Phi = 2t$, entre os tempos $t = 1$ e $t = 10$ s, em que o fluxo é dado em Wb. Para esse intervalo de tempo, determine:
    a) o módulo da força eletromotriz média induzida;
    b) o sentido da corrente induzida, considerando que o campo magnético está "entrando" no plano do papel, e o plano transversal da bobina é o próprio plano do papel.

INFOGRÁFICO

O infográfico desta unidade apresenta as principais informações sobre o impacto ambiental da construção de uma usina hidrelétrica. Antes de responder às questões, faça a leitura deste infográfico observando como os textos e as imagens se relacionam e permitem a compreensão das informações abordadas neste capítulo.

1. Cite alguns impactos ambientais e sociais que surgem na área que recebe o lago que serve de reservatório para uma usina hidrelétrica.

2. Qual é a função das escadas nos lagos das usinas?

3. O nível do reservatório das hidrelétricas precisa ser mantido num patamar constante. Como isso é feito e quais os problemas decorrentes desse procedimento?

4. Quais são as consequências para a fauna da região onde foi criado o lago do reservatório?

5. Quais são os principais problemas com a flora na região alagada para a criação do reservatório? Como esses problemas podem ser amenizados?

6. O apodrecimento da madeira das árvores submersas libera gás metano. Cite alguns problemas causados por esse gás.

QUAL O IMPACTO AMBIENTAL DA INSTALAÇÃO DE UMA HIDRELÉTRICA?

CAOS CLIMÁTICO
O que antes era uma floresta vira, de uma hora para outra, um **lago**. Essa mudança aumenta a quantidade de água que evapora e, por consequência, mexe em outros três fatores climáticos: o total de chuvas, a umidade e a temperatura, que sofre variações de até 3 °C. Com todas essas alterações, as plantações que sobreviveram à inundação podem ser prejudicadas.

BOLHAS PERIGOSAS
Submersas no lago por vários anos, árvores e plantas apodrecem e liberam bolhas de **gás metano**, um poluente que corrói turbinas, impede a reprodução de alguns peixes e permite a proliferação de algas, causando desequilíbrio aquático. Algumas bolhas de metano são tão grandes que chegam a virar um barco pequeno de alumínio!

SALVAMENTO IMPROVISADO
Parte da fauna que ocupava a região do lago fica ilhada com a inundação. Quando o lago da barragem de Itaipu foi formado, por exemplo, 30 mil animais foram resgatados e levados a áreas de reserva. Alguns morreram por não se adaptar ao novo *habitat*. O salvamento ocorre até hoje: quando as turbinas param para manutenção, os peixes que entram nos dutos são retirados.

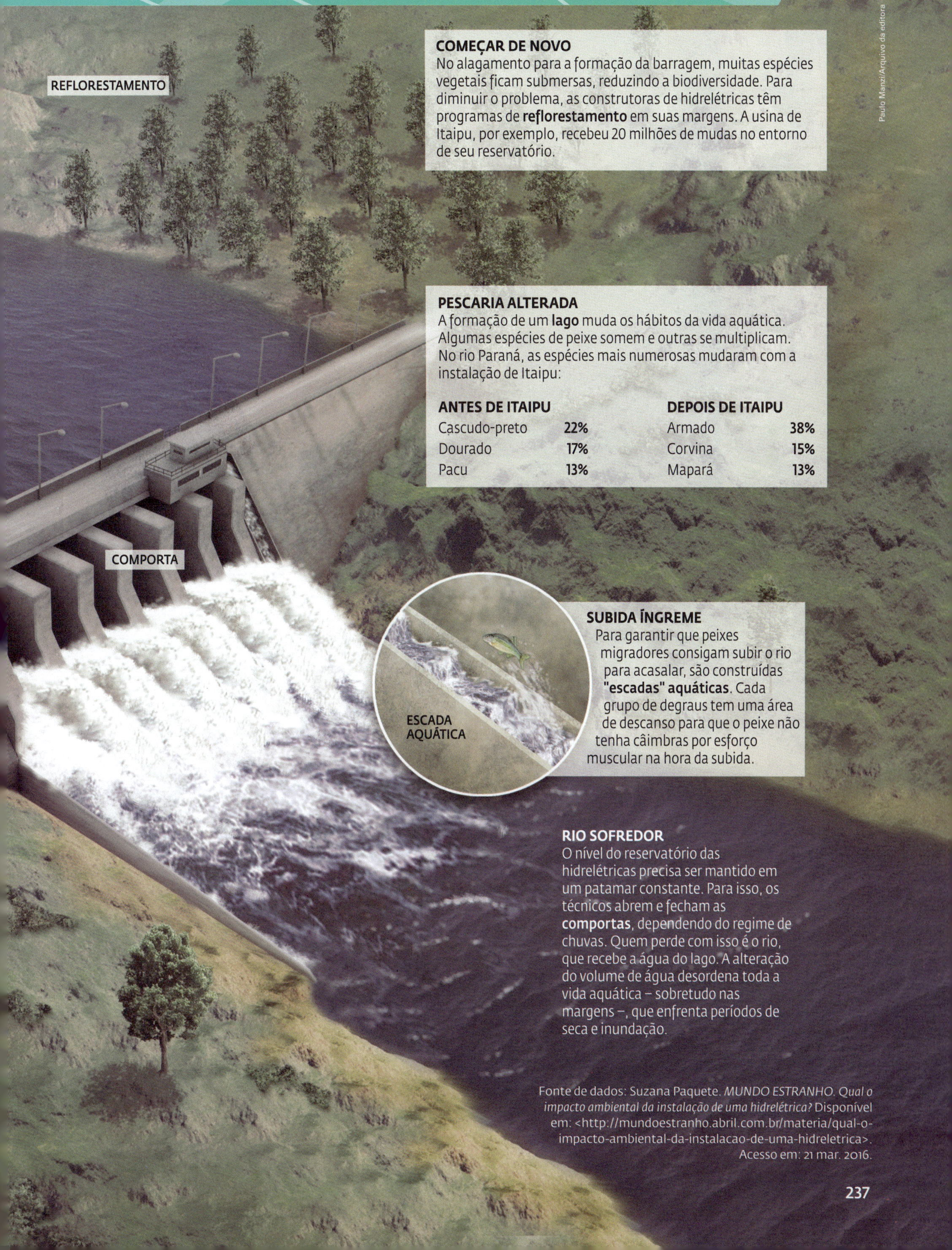

Paulo Manzi/Arquivo da editora

COMEÇAR DE NOVO

No alagamento para a formação da barragem, muitas espécies vegetais ficam submersas, reduzindo a biodiversidade. Para diminuir o problema, as construtoras de hidrelétricas têm programas de **reflorestamento** em suas margens. A usina de Itaipu, por exemplo, recebeu 20 milhões de mudas no entorno de seu reservatório.

PESCARIA ALTERADA

A formação de um **lago** muda os hábitos da vida aquática. Algumas espécies de peixe somem e outras se multiplicam. No rio Paraná, as espécies mais numerosas mudaram com a instalação de Itaipu:

ANTES DE ITAIPU		DEPOIS DE ITAIPU	
Cascudo-preto	22%	Armado	38%
Dourado	17%	Corvina	15%
Pacu	13%	Mapará	13%

SUBIDA ÍNGREME

Para garantir que peixes migradores consigam subir o rio para acasalar, são construídas **"escadas" aquáticas**. Cada grupo de degraus tem uma área de descanso para que o peixe não tenha câimbras por esforço muscular na hora da subida.

RIO SOFREDOR

O nível do reservatório das hidrelétricas precisa ser mantido em um patamar constante. Para isso, os técnicos abrem e fecham as **comportas**, dependendo do regime de chuvas. Quem perde com isso é o rio, que recebe a água do lago. A alteração do volume de água desordena toda a vida aquática – sobretudo nas margens –, que enfrenta períodos de seca e inundação.

Fonte de dados: Suzana Paquete. *MUNDO ESTRANHO. Qual o impacto ambiental da instalação de uma hidrelétrica?* Disponível em: <http://mundoestranho.abril.com.br/materia/qual-o-impacto-ambiental-da-instalacao-de-uma-hidreletrica>. Acesso em: 21 mar. 2016.

UNIDADE

4 Física contemporânea

De acordo com a lei da gravitação de Newton, o campo gravitacional de um corpo pode atrair outros corpos materiais. Segundo a teoria da relatividade geral, proposta por Einstein, o campo gravitacional modifica a geometria do espaço-tempo localmente, de forma que, uma vez que o espaço se curva, a luz também se curvará no espaço ao redor de um objeto massivo.

Os estudos sobre os modelos atômicos no final do século XIX e início do século XX formam a base de pesquisa que possibilitou a elaboração da teoria da relatividade, que contribuiu para o desenvolvimento de novas interpretações da natureza, como a determinação da massa e da natureza da matéria escura e a descoberta de novos planetas.

Sistema de galáxias "Gato de Cheshire", denominação dada pelo fato de a imagem lembrar o Gato Que Ri, personagem do livro *Alice no País das Maravilhas*, de Lewis Carrol. Na imagem temos o fenômeno das lentes gravitacionais previsto pela teoria da relatividade geral, de Einstein.

SPL DC/Latinstock

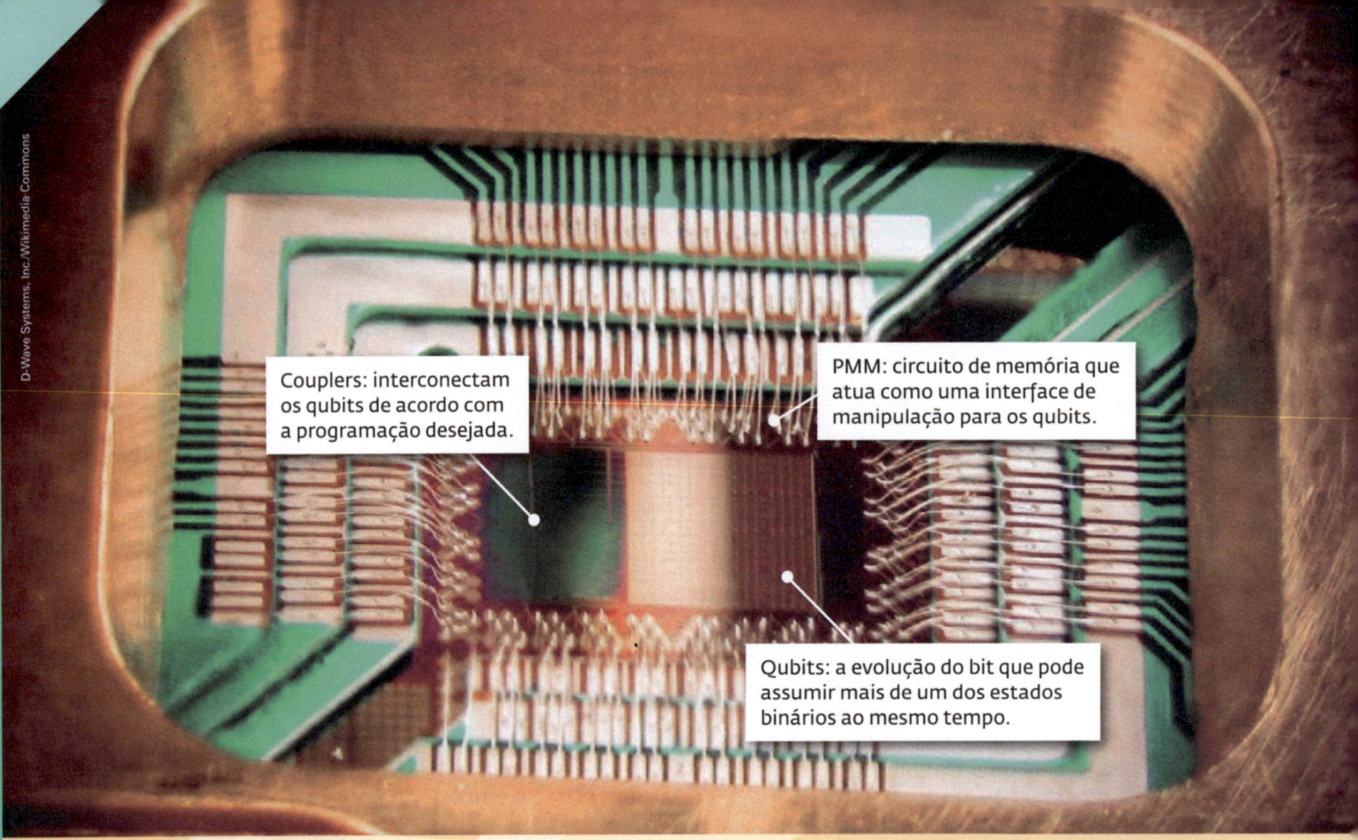

Versão 2.0 de um processador quântico que possui 512 qubits.

CAPÍTULO 9

Teoria da relatividade e Física quântica

O computador quântico é um recurso tecnológico moderno que está cada vez mais próximo da realidade, devido à redução do tamanho dos componentes eletrônicos até alcançar dimensões atômicas. O computador tradicional é uma aplicação da teoria de Alan Turing, que foi desenvolvida na década de 1930, segundo a qual um computador pode operar com sequências lógicas de bits e só pode adquirir um entre dois valores: 0 e 1. Isso significa que toda informação em um computador é armazenada, processada e transmitida sob a forma de sequências de bits. A leitura numérica dos bits é feita pelos transistores, que compõem os chips do processador e das memórias. Mas, como um transistor interpreta um bit por vez, isso limita muito a capacidade de processamento. Para ser veloz, um processador tem que ter 40 milhões de transistores. Na computação quântica, o bit deixa de ser descrito pelas leis da Física clássica, pois pode ser representado por um único átomo. Os bits quânticos (qubits) podem simultaneamente adquirir os valores 0 e 1, devido à propriedade da superposição da mecânica quântica. Essa propriedade permite realizar milhões de cálculos ao mesmo tempo.

PARA INICIAR A CONVERSA

Cite uma das principais diferenças entre bit e qubit.

Pesquise: qual é a principal dificuldade para que um computador quântico se torne realidade?

Qual será a vantagem de utilizar um computador quântico?

9.1 Relatividade: antecedentes históricos

A ideia de o espaço ser preenchido por um fluido puro e transparente é antiga e vem da época dos gregos. Aristóteles, por exemplo, acreditava que tudo o que existia na Terra era constituído por quatro elementos (terra, fogo, ar e água) e que o **éter** era a substância pura, imutável e transparente que preenchia o espaço celeste. Essa ideia sobre o éter só viria a sofrer modificações no século XVII, com os trabalhos de Descartes, Huygens e Newton.

Em 1678, Huygens, ao ampliar a teoria da ondulatória da luz com base nas ideias de Robert Hooke, usou como referência no comportamento das ondas sonoras para dar sua definição de éter. Huygens, por exemplo, sabia que as ondas sonoras se propagam em meios materiais líquidos, sólidos e gasosos. Entretanto, ele também sabia que o som não se propaga no vácuo, mas as ondas luminosas sim. Dessa forma, era natural para ele que a luz só conseguia se propagar no vácuo se este fosse preenchido por um fluido, que foi batizado de éter luminífero. Essa ideia de o vácuo ser preenchido por um fluido chamado de éter vai perdurar até 1817, quando Young e Fresnel, ao explicarem a luz como sendo uma onda transversal, esbarraram no problema de o éter ser um fluido. Para eles, o éter seria um sólido elástico, pois ondas transversais não se propagam em fluidos, entretanto o éter também seria tênue para não oferecer resistência aos objetos nele imersos, como os planetas, por exemplo. Apesar de ter propriedades contraditórias, a ideia do éter manteve sua existência por longos anos, chegando a ganhar notória credibilidade após Maxwell, em 1860, demonstrar que a luz era uma onda eletromagnética. Na teoria eletromagnética da luz, o éter de Maxwell era um meio mais tênue que os gases mais leves, inerte e perfeitamente elástico e que possibilitava a propagação de ondas elétricas e magnéticas.

No final do século XIX, a hipótese do éter foi questionada quando apareceram indícios perturbadores de que a velocidade de propagação da luz no vácuo era a mesma qualquer que fosse o referencial utilizado para medi-la. E isso era um problema, pois as velocidades até aquele momento eram dependentes dos referenciais adotados em suas medidas.

As equações do Eletromagnetismo de Maxwell apresentam uma solução ondulatória em que as ondas eletromagnéticas viajam numa velocidade constante no vácuo, igual a $c = 3{,}0 \cdot 10^8$ m/s. Uma análise mais cuidadosa das equações mostra que essa velocidade é independente do movimento da fonte ou do observador, entrando em desacordo com a Mecânica newtoniana, na qual as velocidades das ondas são relativas, dependendo do referencial. Curiosamente, Maxwell acreditava na existência do "éter", apesar de suas equações serem capazes de descrever a propagação das ondas eletromagnéticas sem depender desse hipotético meio elástico tênue.

O interferômetro de Michelson (figura 9.1) é um instrumento baseado na interferência da luz. Ele divide uma onda luminosa monocromática proveniente da fonte F em duas direções que seguem caminhos por bra-

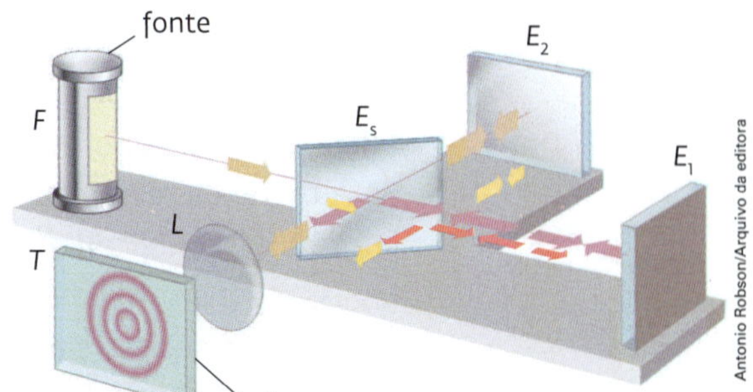

Figura 9.1. No interferômetro de Michelson um raio de luz é dividido pelo espelho semirreflexivo E_S, seguindo dois caminhos pelos braços perpendiculares entre si. Esses dois raios refletem nos espelhos E_1 e E_2 e voltam a E_S, onde se superpõem, atravessam a lente L e são detectados sobre a tela T. Ao se superporem, os dois raios podem apresentar interferência construtiva ou destrutiva no detector. O interferômetro permite comparar as velocidades dos raios de luz nas direções dos dois braços perpendiculares. Representação sem escala e em cores fantasia.

ços perpendiculares, dirigindo-se para os espelhos E_1 e E_2, onde se refletem, voltam ao espelho E_S e se superpõem. Após atravessarem a lente L, projetam-se sobre a tela T, dando origem a franjas de interferência construtiva ou destrutiva. É um instrumento extremamente preciso, que permite comparar a velocidade da luz em duas direções perpendiculares entre si.

A ideia do físico polonês Albert Abraham Michelson (1853-1931) era verificar a existência de um vento de "éter" passando pela Terra durante seu movimento orbital a 30 km/s em torno do Sol. Se um dos braços do instrumento estivesse alinhado com a direção do vento de "éter" e um tipo de franja sendo observada, após girar o interferômetro 90° haveria um deslocamento dessa franja. As primeiras tentativas não obtiveram sucesso, mas com a ajuda do químico estadunidense Edward Williams Morley (1838-1923) foi possível melhorar a sensibilidade do instrumento.

As experiências se repetiram durante o decorrer do ano, na esperança de o movimento orbital da Terra se alinhar de maneira favorável com a direção do vento de "éter". Várias medições foram realizadas entre 1881 e 1887, sem sucesso em detectar uma variação da velocidade da luz com a direção de propagação. No entanto, os cálculos baseados na velocidade orbital da Terra e os cuidados experimentais de Michelson e Morley indicavam que o instrumento tinha sensibilidade suficiente para detectar o vento de "éter", caso existisse.

Sendo assim, apesar do questionamento da existência do éter ter partido dos resultados experimentais de Michelson-Morley quando verificaram que não havia alteração no efeito da velocidade do referencial do observador (Terra) na medida da velocidade da luz viajando no éter, o conceito de éter se manteve estável, principalmente quando H. A. Lorentz, em 1892, apresentou sua teoria eletromagnética da qual o éter fazia parte e ainda justificou os resultados negativos dos experimentos de Michelson-Morley, acrescentando à sua teoria a chamada hipótese da contração. Apenas em 1905 a polêmica do éter seria reaberta, quando Albert Einstein apresentou sua teoria da relatividade desconsiderando a hipótese da existência do éter na sua formulação.

Relatividade: uma teoria feita em duas etapas

Apesar de a teoria do eletromagnestimo de Maxwell ser bastante recente se comparada com a Mecânica newtoniana, Einstein teve a intuição de que ela era correta, mas seria preciso corrigir o fato de que suas leis seriam alteradas por uma mudança de referencial. Para isso, seria necessário modificar a Mecânica newtoniana.

A teoria da relatividade foi elaborada por Einstein em duas etapas. Inicialmente, em 1905, ele publicou a teoria da relatividade especial, ou teoria da relatividade restrita. Essa teoria sofria da restrição de só valer para referenciais inerciais, isto é, aqueles que, como o das estrelas fixas, não estão sujeitos a acelerações.

Posteriormente, Einstein procurou estender sua teoria aos referenciais acelerados. Essa tarefa foi árdua, e ele só conseguiu concluí-la em 1915. Para tanto, foi importante perceber, por volta de 1908, que as forças inerciais sentidas por um observador num referencial acelerado são da mesma natureza que as forças causadas por um campo gravitacional. Com essa equivalência entre os efeitos de um referencial acelerado e os efeitos gravitacionais, sua nova teoria, denominada teoria da relatividade geral, permitiu um melhor entendimento da gravidade, englobando a teoria da gravitação de Newton.

FÍSICA NO CONTEXTO

MATÉRIA E ANTIMATÉRIA

De tempos em tempos vemos renascer nos cientistas o sonho de encontrar os elementos fundamentais que expliquem como tudo se originou. Atualmente, uma das mais aceitas teorias que descrevem o Universo prevê que cerca de 71,4% dele é feito de energia escura, 24% de matéria escura, sendo que apenas 4,6% é o que conhecemos. Mas afinal o que é que conhecemos?

Demócrito, no século V a.C., já buscava maneiras de explicar que as coisas eram feitas de matéria, e esta era uma combinação de poucos tipos de átomos. Galileu apontou seu telescópio para o céu e descobriu não só que o Universo tinha mais do que cinco planetas, conforme lhe ensinaram, mas havia matéria fora da Terra. Newton criou a lei da gravitação, com base nos trabalhos de Kepler e Galileu, e explicou o funcionamento do Universo. Sua teoria foi testada imediatamente por Halley, que previu a aparição do cometa que receberia o seu nome e demonstrou experimentalmente que o Universo era dinâmico e estava em expansão. Daí surgiu a teoria do *big-bang* para explicar o início do Universo. Paralelamente, Einstein também iria contrariar Newton, ao afirmar que os raios de luz, mesmo não tendo massa, sofreriam a influência da gravidade e se curvariam ao atravessar o espaço próximo a grandes massas, como são os corpos celestes. O efeito da distorção no espaço-tempo provocada pela presença de uma grande massa ficou conhecido como lente gravitacional de Einstein e teve sua comprovação experimental em 1919. Os cientistas não tinham dúvidas de que a matéria existia e de que o Universo é composto dela – afinal era possível medir ondas eletromagnéticas como luz, ondas de rádio, raios X e raios gama emitidos por ela. A antimatéria foi prevista em 1928, quando Dirac juntou a teoria quântica e a relatividade de Einstein e concluiu que a resposta do problema em que trabalhava apresentava duas soluções – uma em que a energia do elétron era positiva, o que era um resultado esperado, e outra em que a energia era negativa, que a princípio não fazia o menor sentido físico. Assim, Dirac sugeriu existir um estado complementar à matéria que denominou antimatéria. Sua hipótese seria confirmada experimentalmente em 1932 por Carl Anderson, que descobriria o pósitron, partícula com massa igual à do elétron, porém com carga positiva, que corresponde à antimatéria do elétron. Atualmente consegue-se produzir em aceleradores diversas partículas que correspondem à antimatéria de partículas que conhecemos, como o antipróton. Os cientistas acreditam que no princípio do Universo matéria e antimatéria foram criadas em igual quantidade, entretanto não se sabe o que aconteceu com a antimatéria que desapareceu do Universo.

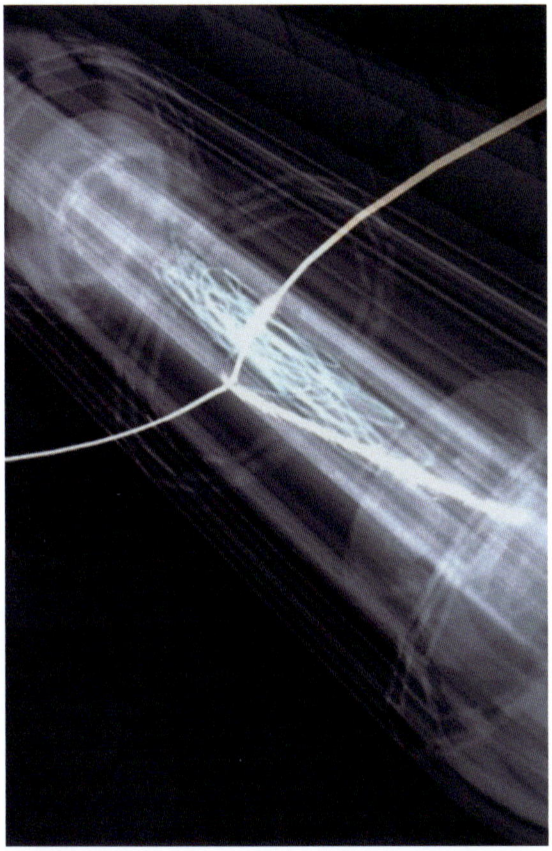

Chukman So/Berkeley Lab/University of California

Figura 9.2. Cientistas conseguiram capturar e produzir átomos inteiros feitos de antimatéria no Cern (Centro Europeu de Pesquisa Nuclear). Concepção artística da captura de átomos anti-hidrogênio.

VERIFIQUE O QUE APRENDEU

1. Considere-se em um veículo, numa estrada reta, com a pavimentação lisa e em bom estado. Se a velocidade do veículo for constante, o motor silencioso e as janelas estiverem fechadas para não sentir o vento, você é capaz de estimar a velocidade se estiver de olhos fechados?

2. Critique a seguinte afirmação: "A teoria da relatividade especial só se aplica a objetos com velocidades comparáveis à da luz, não valendo no nosso cotidiano, porque este obedece às leis de Newton".

9.2 A teoria da relatividade especial

A relatividade especial ou restrita, publicada em 1905, é uma teoria válida apenas para os referenciais inerciais, ou seja, para aqueles que não sofrem aceleração **(figura 9.3)**. Isso não significa que não se possa estudar o movimento de um objeto acelerado. Apenas o observador (referencial) é que não pode estar sujeito a acelerações. Para se compatibilizar com a teoria eletromagnética desenvolvida no século XIX, de modo que ambas fossem válidas em todos os referenciais inerciais, essa teoria modificou a Mecânica newtoniana.

Figura 9.3. Não se distingue um referencial inercial de outro: o avião supersônico *Concorde* (Reino Unido, 2003) voava regularmente a duas vezes a velocidade do som, numa altitude de cerca de 17 km, na estratosfera, onde praticamente não existe turbulência (**a**). Nessas condições, para um voo em linha reta, o referencial do avião pode ser considerado inercial.
A comissária de bordo serve, naturalmente, uma refeição como se o avião estivesse parado em terra, mostrando que não se distingue um referencial inercial de outro (**b**). O mesmo não acontece para um referencial acelerado. Caso o avião enfrentasse turbulência, a situação seria diferente, e os passageiros deveriam se prender com cintos de segurança.

Einstein conseguiu basear a teoria em dois postulados. O primeiro traduz o fato de não sentirmos, em termos de forças, um movimento retilíneo uniforme, apesar de sentirmos quando estamos sofrendo acelerações. Esse resultado já era conhecido por Galileu. Além disso, esse primeiro postulado está em conformidade com o fato de Michelson e Morley não conseguirem determinar um referencial para o hipotético "éter". O segundo postulado decorre da constância da velocidade da luz, que aparece na teoria eletromagnética de Maxwell e no fato de a experiência de Michelson e Morley não indicar variações na velocidade da luz à medida que o interferômetro era girado.

Postulados da teoria da relatividade especial

1º) As leis físicas são as mesmas para quaisquer observadores em movimento uniforme.

Assim, não há na natureza um referencial inercial privilegiado, como seria o "éter", caso essa substância existisse, e não faz sentido o conceito de repouso absoluto. É impossível detectar, por meio das leis físicas da Dinâmica, o estado de movimento de um referencial inercial. O mesmo não acontece para um observador num referencial acelerado (não inercial), onde as forças inerciais se fazem sentir. O objetivo desse postulado é garantir que as leis do Eletromagnetismo não se alterem por uma mudança de referencial, como acontecia com as leis da Mecânica.

2º) A velocidade da luz no vácuo possui sempre o mesmo valor para qualquer observador.

Tal valor, $c = 3{,}00 \cdot 10^8$ m/s, independe do movimento da fonte emissora de luz ou da direção de propagação. A teoria da relatividade especial mostra que a velocidade da luz no vácuo é também uma velocidade-limite, que não pode ser atingida e muito menos ultrapassada por qualquer partícula material.

Cinemática relativística

Einstein percebeu que a única maneira de dois observadores, com um movimento relativo entre si, conseguirem medir o mesmo valor para a velocidade de um raio de luz seria se um deles achasse que a régua ou o relógio do outro não estava coincidindo com o seu. Apenas dessa maneira o segundo observador, ao dividir a distância percorrida pelo raio de luz pelo tempo de percurso, poderia obter o mesmo valor que o primeiro para a velocidade da luz **(figura 9.4)**.

Figura 9.4. Se a velocidade da luz fosse de algumas dezenas de quilômetros por hora, vivenciaríamos efeitos relativísticos no nosso cotidiano. Na ilustração do astrofísico George Gamow, o personagem Mr. Tompkins vê um ciclista a cerca de 90% da velocidade da luz, sofrendo contração na direção de seu movimento. O personagem se pergunta como veria a cidade se estivesse no lugar do ciclista. Em razão do primeiro postulado da teoria da relatividade especial, se existe uma lei dizendo que objetos em movimento contraem na direção do movimento, essa contração também deve se aplicar ao referencial do ciclista.

Einstein, usando os postulados por ele propostos, demonstrou que um observador, ao perceber um relógio em movimento, notará também que, para ele, o ritmo desse relógio será mais lento. De maneira semelhante, se um observador perceber uma régua em movimento, notará que a dimensão dela será reduzida na direção do movimento **(figura 9.4)**. Esse efeito é chamado de contração de Lorentz em homenagem ao físico holandês Hendrik Antoon Lorentz (1853-1928). O fator numérico que nos fornece a contração da régua e quanto o relógio atrasa é o mesmo, sendo dado pelo fator γ de Lorentz.

Na verdade, esses efeitos não ocorrem apenas com os relógios e as réguas em movimento. Qualquer objeto observado em movimento apresentará essa contração, além de ter o ritmo de todos os seus processos físicos e químicos acontecendo com maior lentidão. Podemos considerar que são o tempo e o espaço que sofrem esses efeitos, quando observados de outro referencial em movimento. A teoria da relatividade é em essência uma teoria do espaço-tempo.

SUGESTÃO DE LEITURA

GAMOW, G. *O incrível mundo da Física moderna*. 3. ed. São Paulo: Ibrasa, 1980.

Uma experiência foi realizada em 1964 no acelerador de partículas do Cern (**figuras 9.5.a** e **b**), em Genebra, Suíça, utilizando uma partícula chamada píon. O píon é instável e, em repouso, decai depois de um tempo de vida da ordem de $8{,}7 \cdot 10^{-17}$ s, emitindo dois fótons que viajam na velocidade da luz. No experimento realizado no acelerador, píons viajando com velocidade de 0,9975*c*, ao decairem, emitiram os fótons que tiveram suas velocidades determinadas experimentalmente, e os resultados mostraram que a velocidade dos fótons foi igual à velocidade da luz, concordando perfeitamente com a teoria da relatividade.

A partir das deformações do espaço e do tempo, pode-se deduzir a equação relativística da composição de velocidades:

$$v = \frac{v_B + v_C}{1 + \frac{v_B v_C}{c^2}}$$

a

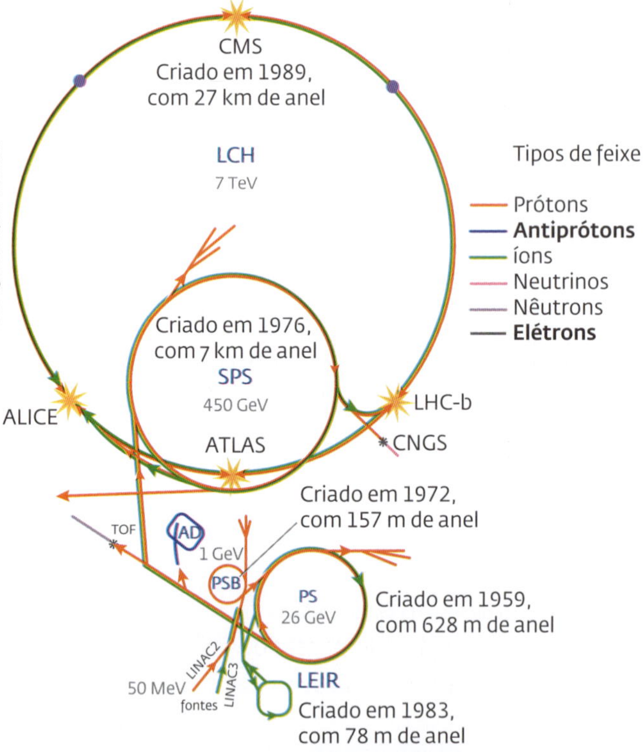

Alex Argozino/Arquivo da editora

Figura 9.5. Em **a** desenho esquemático sem escala e em cores fantasia do complexo de aceleradores de partículas do Cern. O acelerador Proton Synchrotron (PS), de 1959, foi utilizado para estudar o píon. Os prótons e íons usados nas colisões dos aceleradores são inicialmente acelerados nos aceleradores lineares. Em **b** acelerador de partículas Proton Synchrotron (PS), do Cern (Genébra, 1959). Na época, ele acelerou prótons a uma energia recorde de 24 GeV. Nos dias de hoje ele pode atingir energias de 26 GeV.

Cern/SPL/Latinstock

b

Assim, a teoria da relatividade é uma teoria que deve ser entendida em quatro dimensões: as três dimensões do espaço e uma quarta dimensão, que é o tempo. Esse tipo de "geometria" quadridimensional é chamada de espaço-tempo.

Um professor de Einstein, o matemático Hermann Minkowski (1864-1909), foi quem teve a ideia de formular a relatividade em termos geométricos. Por esse motivo, essa formulação da teoria da relatividade especial é denominada **espaço-tempo de Minkowski**. No espaço-tempo, a grandeza análoga ao ponto da geometria do espaço é o **evento**, um acontecimento ocorrido num dado instante, em determinado ponto do espaço.

Na geometria do espaço-tempo um conceito comumente usado é o **cone de luz**. Para entendê-lo, imagine uma superfície como a da água, sobre a qual é gerado um pulso ondulatório.

Esse pulso se expandirá na forma de um círculo. Acrescentando o tempo como uma dimensão extra, os círculos concêntricos formarão a superfície de um cone. No caso de um pulso de luz, tal superfície cônica representada no espaço-tempo é denominada cone de luz (**figuras 9.6** e **9.7**).

As ilustrações desta página estão representadas sem escala e em cores fantasia.

Antonio Robson/Arquivo da editora

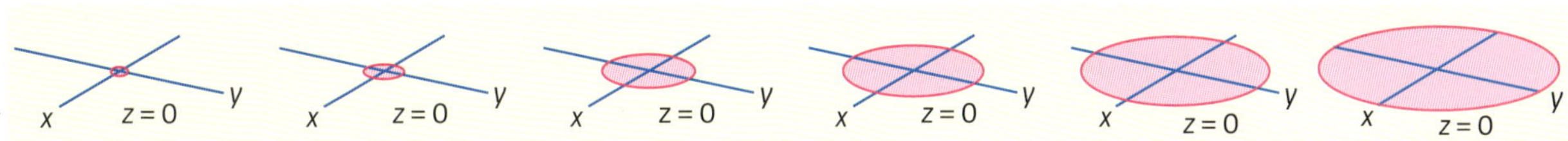

Figura 9.6. Ilustração da expansão de um pulso circular numa superfície plana representada por uma sucessão de instantes.

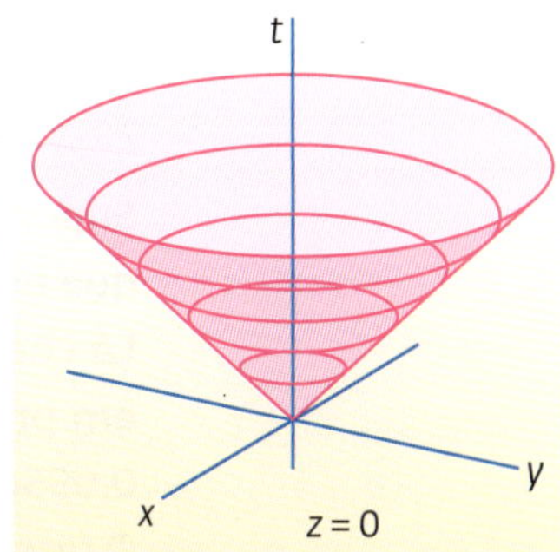

Figura 9.7. Ao acrescentar o eixo do tempo, o pulso em expansão descreve um cone no espaço-tempo. O caso de um pulso esférico expandindo-se no espaço tridimensional é análogo, mas, para desenhá-lo no espaço-tempo, somos obrigados a omitir uma coordenada, fixando seu valor em $z = 0$. Ao passarmos dos três eixos (*x*, *y* e *t*) para os quatro eixos do espaço-tempo (*x*, *y*, *z* e *t*), o cone de luz, que foi desenhado como uma superfície bidimensional, passa a ser uma hipersuperfície de três dimensões, um conceito abstrato, pois não conseguimos visualizar quatro eixos perpendiculares entre si no espaço tridimensional em que vivemos.

Todos os raios de luz emitidos a partir do evento presente se propagam ao longo da superfície do cone de luz do futuro. Todos os raios de luz que nos atingem no presente propagam-se ao longo do cone de luz do passado. Assim, não devemos estranhar o fato de que, ao olharmos o Sol, a 8 minutos-luz de distância, estamos vendo uma imagem ocorrida há 8 minutos, pois o cone de luz mistura espaço com tempo. No caso de Sírio, a estrela mais brilhante e distante 8 anos-luz da Terra, estamos tendo uma imagem de 8 anos atrás. Assim, uma imagem instantânea não é uma projeção na retina do espaço tridimensional à nossa volta e sim uma projeção do cone de luz do passado, que nas quatro dimensões do espaço-tempo é denominada **hipersuperfície** de três dimensões **(figura 9.8)**.

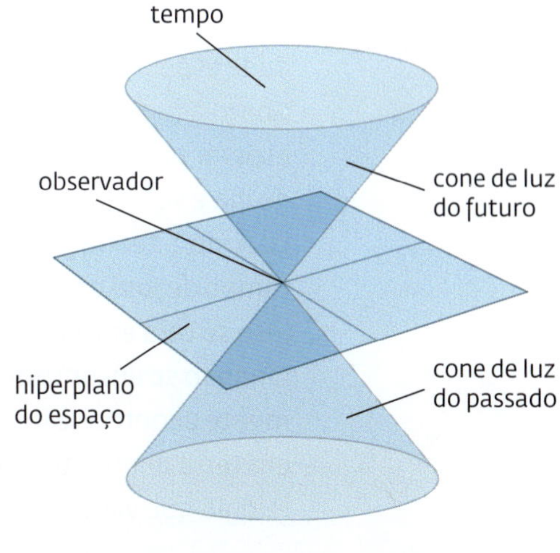

Antonio Robson/Arquivo da editora

Figura 9.8. Espaço-tempo de Minkowski. Presente no hiperplano do espaço, passado e futuro nos cones de luz. Sugere-se representar a escala do eixo temporal dessa forma. Nesse caso, um raio de luz se propaga no espaço-tempo, formando um ângulo de 45° com os eixos.

O "paradoxo" dos gêmeos

A teoria da relatividade restrita só vale para referenciais inerciais, e a tentativa de aplicá-la a um referencial acelerado pode levar a situações paradoxais, como é o caso do chamado "paradoxo" dos gêmeos.

Consideremos a situação de dois gêmeos, João e José, em que José embarca numa nave capaz de atingir em pouco tempo uma altíssima velocidade, viajando em direção à Próxima de Centauro, que é uma estrela distante 4,3 anos-luz da Terra. Lá chegando, a nave retorna à Terra trazendo José. Podemos concluir, usando a teoria da relatividade especial, que, devido ao rápido movimento da nave, do ponto de vista de João, José envelhece mais lentamente, mas para José é João que envelhece menos. O "paradoxo" surge se aplicarmos esse raciocínio à viagem completa, pois ao mesmo tempo teríamos José mais novo que João e João mais novo que José.

A falha nesse raciocínio provém do fato de o referencial da nave não ser inercial todo o tempo, pois ela precisa acelerar na partida da Terra, frear em Próxima do Centauro, dar novamente a partida nos motores para a viagem de volta e frear na chegada à Terra. Já o referencial da Terra é inercial. Assim, podemos usar a teoria da relatividade especial apenas no referencial inercial da Terra e concluir que José envelhece mais devagar. Para entender o problema no referencial acelerado da nave precisamos usar a teoria da relatividade geral.

Exemplo

Suponhamos que os gêmeos João e José tenham 3 anos de idade e que José embarque numa nave em direção à Próxima de Centauro, numa jornada de 4,3 anos-luz. Lá chegando, depois de uma breve estadia, José retorna à Terra. A nave mantém, em praticamente todo o tempo da viagem de ida e de volta, uma velocidade de 0,995c. Quais as idades dos gêmeos quando se encontrarem depois da viagem?

O fator de Lorentz é:

$$\gamma = \frac{1}{\sqrt{1 - \frac{v^2}{c^2}}}$$

$$\gamma = \frac{1}{\sqrt{1 - 0{,}995^2}}$$

$$\gamma = 10$$

Como apenas o referencial da Terra é inercial, só podemos aplicar a teoria da relatividade especial nesse referencial.

Como a luz demora 4,3 anos para fazer o trajeto da viagem, o tempo que João deve esperar para a nave de José fazer a travessia é 4,3 anos/0,995 ($\approx$ 4,3 anos). Na viagem de ida e volta João terá envelhecido $2 \cdot 4{,}3$ anos $= 8{,}6$ anos.

Usando a teoria da relatividade especial no referencial inercial da Terra, para João, o tempo de José caminha 10 vezes mais devagar. Assim, durante a viagem de ida e volta, José só terá envelhecido $2 \cdot 4{,}3$ anos/10 ($\approx$ 0,9 anos).

Quando se encontrarem, João terá 11,6 anos e José, apenas 3,9 anos. Esse efeito realmente acontece e foi observado utilizando-se dois relógios atômicos. Um deles ficou em terra enquanto o outro deu uma volta de avião em torno do globo. No retorno, o relógio que viajou estava um pouco atrasado.

Dinâmica relativística

Todas as consequências dos dois postulados da teoria da relatividade especial, que citamos, são vistas na Cinemática, eles envolvem os conceitos de espaço e tempo que estão na base de toda a Física. Com essas revisões de conceitos básicos, a Dinâmica também sofreu mudanças, e as equações para a quantidade de movimento e energia de uma partícula tiveram que ser reescritas. Assim, a quantidade de movimento e a energia de uma partícula passaram a ser dadas pelas equações $\vec{q} = \gamma m \vec{v}$ e $E = \gamma mc^2$.

Essas expressões mostram por que é impossível colocar uma partícula material na velocidade da luz; o fator de Lorentz nessas condições tenderia ao infinito e necessitaríamos de uma energia infinita para que tal acontecesse.

Einstein chegou à equação $E_0 = mc^2$ relacionando a massa de um objeto com uma nova forma de energia, a energia de repouso, que engloba todas as formas de energia contidas no objeto, e descobriu serem equivalentes os conceitos de energia e massa. Assim, $1\ kg = (3,0 \cdot 10^8)^2\ J = 0,9 \cdot 10^{17}\ J$. Existem reações em que uma quantidade de matéria pode desaparecer, surgindo energia em seu lugar. Existem também reações que criam matéria, caso tenhamos um suprimento adequado de energia **(figura 9.9)**. A energia continua se conservando, e o desaparecimento de uma pequena massa acarreta enorme liberação de energia.

A expressão relativística da energia cinética passa a ser dada, então, subtraindo-se da energia relativística a energia do repouso, ou seja: $E_C = (\gamma - 1)mc^2$.

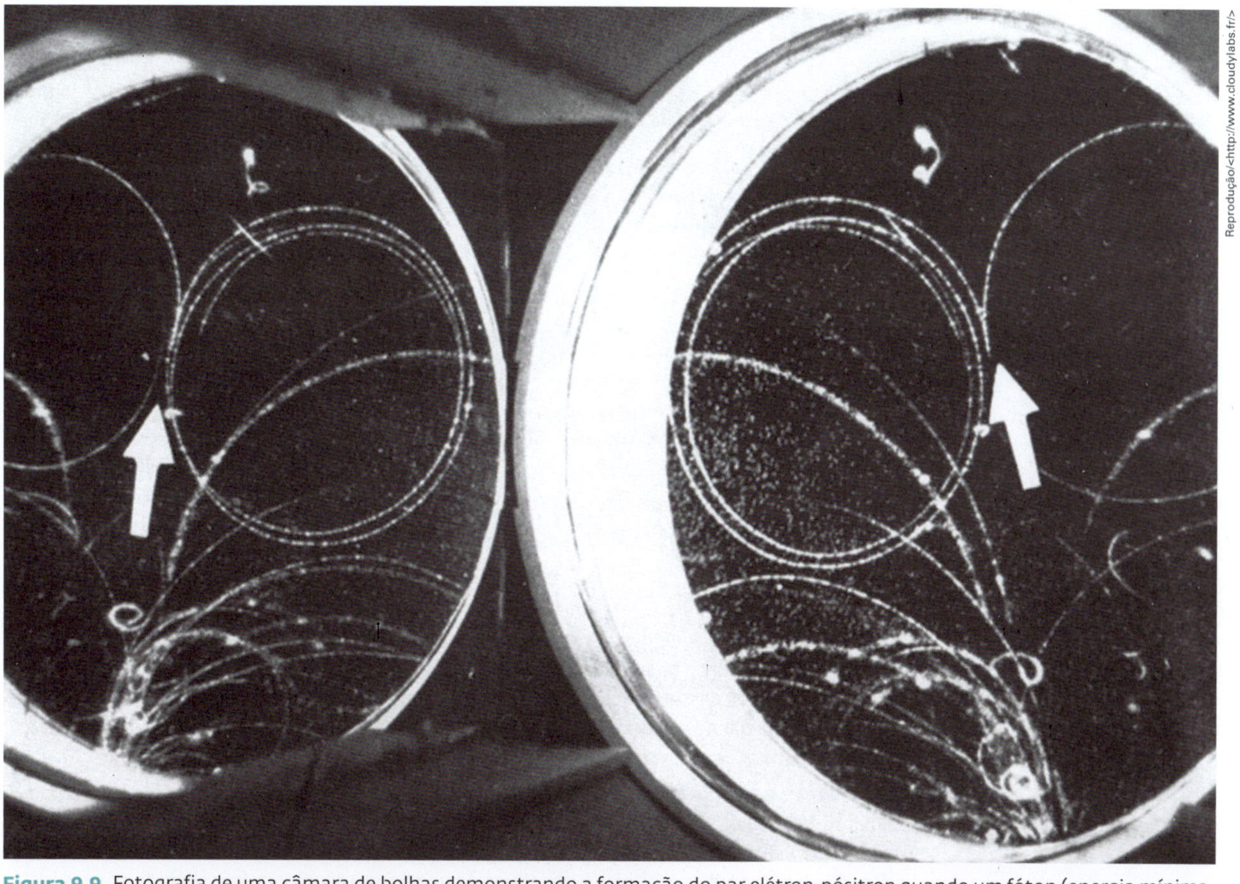

Figura 9.9. Fotografia de uma câmara de bolhas demonstrando a formação do par elétron-pósitron quando um fóton (energia mínima de 1,022 MeV) interage com um núcleo, cedendo toda a sua energia para ele. O campo magnético que é aplicado à câmara de bolhas, nesse caso perpendicular ao plano da fotografia, faz com que as trajetórias das partículas espiralem em direções opostas.

APLICAÇÕES DA FÍSICA

GPS – SISTEMA DE POSICIONAMENTO GLOBAL

A teoria da relatividade é aplicada nos aparelhos GPS (*Global Position System*) que estão presentes nos *smartphones*, automóveis, aviões, navios, entre outros. O GPS permite localizar sua posição na Terra com alta precisão (figura 9.10). Cada satélite emite um sinal de onda de rádio e seu tempo de propagação é medido por relógios atômicos através das informações enviadas por diversos satélites estacionários que orbitam o planeta. Pelo fato de os satélites terem altas velocidades (10.000 km/h), seus relógios internos são atrasados diariamente quando comparados com os relógios que estão na Terra. Além disso, como os satélites estão posicionados a 20.000 km acima da superfície da Terra, eles sofrem menos influência da força da gravidade, e por isso são necessários cálculos relativísticos para corrigir a diferença do tempo entre um relógio situado na Terra e outro no espaço. O erro de localização seria maior do que 11 quilômetros por dia caso não fossem aplicadas as correções relativísticas.

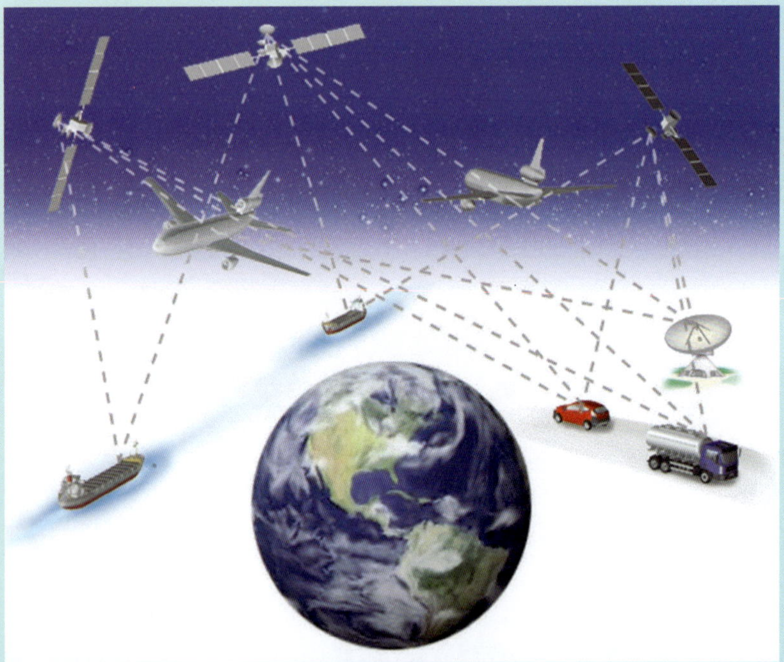

Antonio Robson/Arquivo da editora

Figura 9.10. Os aparelhos GPS definem com precisão sua localização a partir de correções de tempo introduzidas pela teoria da relatividade. Representação sem escala e em cores fantasia.

QUESTÕES

1. O GPS é uma tecnologia relativamente recente quando comparada historicamente ao surgimento dos meios de transporte, tais como o carro, o avião e o navio. Ainda assim, mesmo quando não havia GPS, os usuários desses meios de transporte conseguiam (e conseguem mesmo hoje em dia) traçar rotas e chegar ao seu destino utilizando distintas formas de orientação. Faça uma pesquisa sobre essas formas de orientação para viagens de longa distância e as compare com o GPS.
2. Cada vez mais é comum ver receptores de GPS integrados a dispositivos de uso pessoal, tais como celulares e *notebooks*, e a tendência é de que essa integração continue aumentando. Contudo, isso traz uma questão polêmica: a preocupação de perda da privacidade das pessoas. Pensando nisso, discuta os pontos positivos e negativos do uso dessa tecnologia, imaginando como seria possível manter a privacidade dos usuários.

Nota sobre o conceito de massa

Uma tendência atual é chamar a massa de repouso, $m \approx m_0$, ou seja, aquela medida com o objeto em repouso, que traduz a quantidade de matéria desse objeto. Cada tipo de partícula elementar, como um elétron ou um nêutron, é caracterizado pela sua massa de repouso e outras propriedades, como carga elétrica, por exemplo. Essas propriedades não devem mudar se a partícula é observada num referencial em movimento. Quando uma grandeza não varia quando se muda de referencial, se diz que ela é **invariante**.

Para entendermos melhor a utilização atual de conceitos equivalentes, como de energia e massa, faremos o seguinte cálculo:

$$E^2 - c^2q^2 = (\gamma mc^2)^2 - c^2(\gamma mv^2)^2 = \gamma^2 m^2c^4(1 - v^2/c^2) = m^2c^4$$

Se repetíssemos esse cálculo em outro referencial em que a partícula de massa m tivesse outra energia E' e outra quantidade de movimento q', o resultado seria:

$$E'^2 - c^2q'^2 = E^2 - c^2q^2 = m^2c^4$$

Nos dois primeiros membros dessa expressão temos duas grandezas, energia e quantidade de movimento, que variam quando se muda de referencial. No entanto, o último membro é invariante, não depende do referencial. De início, a teoria da relatividade mostra uma equivalência entre massa e energia (de repouso). Então estaríamos tentados a eliminar um desses conceitos, por serem redundantes. Mas na teoria da relatividade, em que várias grandezas dependem dos referenciais, quando encontramos uma grandeza invariante ela é preciosa. Assim, optou-se por designar a grandeza invariante associada a determinada partícula como **massa**. Energia passa a ser a grandeza equivalente à massa para uma partícula em repouso, mas dependente do referencial no caso geral.

Massa de um feixe de luz

Pode parecer estranho que o fator de Lorentz, γ, que aparece nessas equações, tenda ao infinito para $v = c$. Analisemos, por exemplo, o caso da energia de uma partícula de massa m e velocidade v. A energia é dada por:

$$E = \gamma mc^2 = \frac{mc^2}{\sqrt{1 - \frac{v^2}{c^2}}}$$

No caso de um feixe de luz, no entanto, E é finito, mas γ é infinito. A única possibilidade é a massa de repouso m ser nula. Nesse caso, temos zero dividido por zero, que é indeterminado; pode ser qualquer valor. Assim, a teoria impõe a condição de que a massa de repouso de um feixe de luz, ou de um fóton, seja identicamente nula. Deve-se frisar que essa massa de repouso não pode ser apenas muito pequena: ela deve ser exatamente zero.

O termo "massa de repouso nula" pode causar um certo mal-estar, mas lembre-se de que a mesma teoria impede que o raio de luz fique em repouso para que essa medida de massa seja realizada. Finalizando nossa análise da equação da energia de uma partícula, $E = \gamma m c^2$, vemos que ela depende de duas grandezas, m e v. Para as partículas materiais, os valores de m e v determinam a sua energia. Para a luz, $v \equiv c$ e $m \equiv 0$, mas a equação fica indeterminada, permitindo ao feixe de luz possuir qualquer energia.

Apesar de a energia ou a quantidade de movimento da luz serem indeterminadas, existe uma relação entre elas. No tópico "Nota sobre o conceito de massa", vimos uma relação que podemos aplicar ao caso da luz: $E^2 - c^2q^2 = m^2c^4 = 0$, logo $E = cq$.

Resumindo, para um feixe de luz, temos:

$$v \equiv c \Leftrightarrow m \equiv 0 \text{ e } |\vec{q}| = \frac{E}{c} \text{ (para a luz)}$$

VERIFIQUE O QUE APRENDEU

3. Se astronautas numa estação espacial observarem uma nave passar em alta velocidade, acharão que o comprimento, na direção do movimento da nave, ficou encurtado. Consequentemente, podemos dizer que os tripulantes da nave observarão o comprimento da estação espacial, na direção do seu movimento, parecer dilatado? Justifique sua resposta em termos dos postulados da teoria da relatividade especial.

4. Se um observador *A* nota que o relógio de outro observador *B*, em movimento retilíneo uniforme em relação a ele, movimenta-se em ritmo mais lento, podemos concluir que, para o observador *B*, o relógio de *A* caminha num ritmo mais rápido? Que argumento da teoria da relatividade especial você pode usar para resolver essa questão?

5. Um astronauta numa futura estação espacial nota uma nave aproximando-se a 60% da velocidade da luz. Em sentido oposto e numa trajetória paralela, ele observa um meteoroide indo de encontro à nave a 80% da velocidade da luz. Com que velocidade os tripulantes da nave observariam o meteoroide segundo a Mecânica newtoniana? E de acordo com a teoria da relatividade?

6. Um elétron está a 99,5% da velocidade da luz. A massa do elétron vale $9{,}1 \cdot 10^{-31}$ kg. Calcule:
   a) a energia de repouso do elétron;
   b) sua energia relativística;
   c) a energia cinética do elétron de acordo com a Mecânica newtoniana e de acordo com a teoria da relatividade;
   d) a quantidade de movimento do elétron de acordo com a Mecânica newtoniana e de acordo com a teoria da relatividade.

9.3 A teoria da relatividade geral

A teoria da relatividade especial formulada em 1905 não podia ser aplicada a referenciais acelerados (não inerciais); assim, nos anos seguintes, Einstein procurou estendê-la a esse tipo de referencial. Uma ideia importante para essa nova teoria é o chamado **princípio de equivalência**, formulado por Einstein em 1908. Quando um elevador começa a subir rapidamente, somos empurrados contra o piso e sentimos como se sofrêssemos um pequeno aumento de peso. O oposto acontece quando o elevador desacelera bruscamente. O que Einstein percebeu foi que a sensação de aumento de peso, sentida pelos passageiros no referencial acelerado do elevador, é realmente **equivalente** ao efeito de um campo gravitacional **(figura 9.11)**.

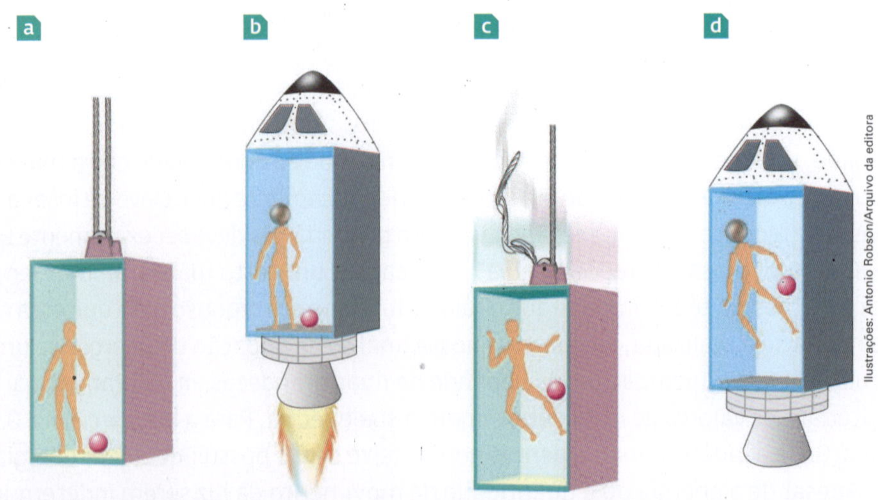

Figura 9.11. De acordo com o princípio de equivalência, não se podem distinguir os efeitos sentidos em um referencial acelerado, numa pequena região do espaço, dos efeitos produzidos por um campo gravitacional. As leis físicas dentro de um elevador parado, num campo gravitacional (**a**), são equivalentes às leis em uma nave acelerada com aceleração *g*, no espaço vazio, livre de campo gravitacional (**b**). Da mesma forma, um elevador em queda livre acelerado para baixo (**c**) é equivalente a uma nave livre de campo gravitacional (**d**). Representação sem escala e em cores fantasia.

Em decorrência da equivalência, esse efeito em um referencial acelerado pode ser utilizado para cancelar a sensação de peso causada pela gravidade. Assim, se o elevador estiver em queda livre, os passageiros flutuarão em seu interior como se estivessem na ausência da gravidade.

Depois de descobrir o princípio de equivalência, Einstein constatou que poderia formular matematicamente sua nova teoria em termos de espaços curvos e geometrias não euclidianas. Essas formas de geometrias haviam sido desenvolvidas por alguns matemáticos do século XIX, entre eles Georg Friedrich Bernhard Riemann.

A grande novidade introduzida por Einstein, em relação ao trabalho dos matemáticos, foi utilizar-se de uma geometria de quatro dimensões, na qual, como vimos, o tempo era a quarta dimensão. A ideia, a ser desenvolvida matematicamente, era a de que uma grande massa criaria uma curvatura no espaço-tempo **(figuras 9.12 e 9.13)**.

A nova lei da gravitação decorreria do comportamento das partículas ao descreverem trajetórias nesse espaço-tempo, curvado por uma grande massa **(figura 9.14)**.

Depois de aprender toda a matemática necessária e enfrentar grandes dificuldades na elaboração da teoria, Einstein a concluiu em 1915. A expressão matemática sintetizando todas as ideias a respeito da relatividade e substituindo o conceito newtoniano de gravitação passou a ser conhecida como equação de campo de Einstein.

As ilustrações desta página estão representadas sem escala e em cores fantasia.

Ilustrações: Antonio Robson/Arquivo da editora

Figura 9.12. Devido ao fato de vivermos nas três dimensões do espaço, não conseguimos conceber um espaço tridimensional curvo. O artifício, então, é trabalhar com um espaço bidimensional curvo, descobrir suas propriedades e estendê-las ao caso das três dimensões. As figuras ilustram duas dessas propriedades: o paralelismo de retas e a soma dos ângulos internos de um triângulo. A primeira das figuras ilustra um espaço, chamado de euclidiano porque duas paralelas nunca se encontram. No espaço euclidiano, a soma dos ângulos internos de um triângulo é igual a 180°. Nas outras figuras são exemplificados dois tipos de espaços curvos em que essas propriedades têm um comportamento diferente. No caso dos raios de luz inicialmente paralelos, ou eles se aproximam ou se distanciam cada vez mais.

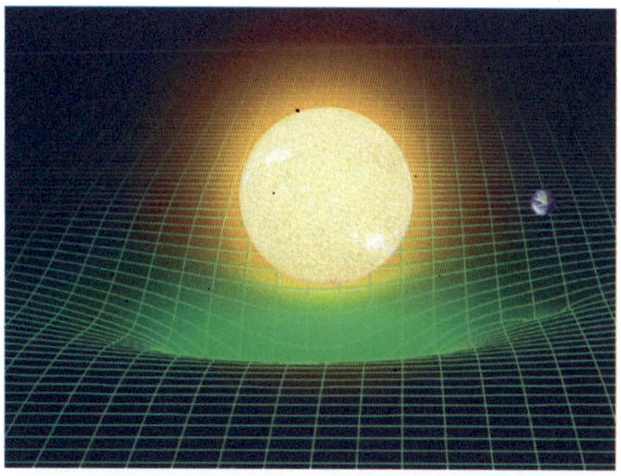

Ligo/T. Pyle/SPL/Latinstock

Figura 9.13. Nesta figura está representada uma superfície bidimensional, e a curvatura do espaço é causada por uma grande massa, como o Sol ou a Terra. Para nós, que observamos de fora, a trajetória de uma partícula se curva nas vizinhanças da grande massa ao procurar seguir o caminho mais curto. Uma hipotética criatura bidimensional vivendo nessa superfície, sem poder olhar para fora, não perceberá a curvatura de seu espaço. No entanto, notará que a trajetória da partícula se aproximou da grande massa, ao passar em sua vizinhança. Como Newton, a criatura concluirá que existe uma força atraindo a partícula a distância.

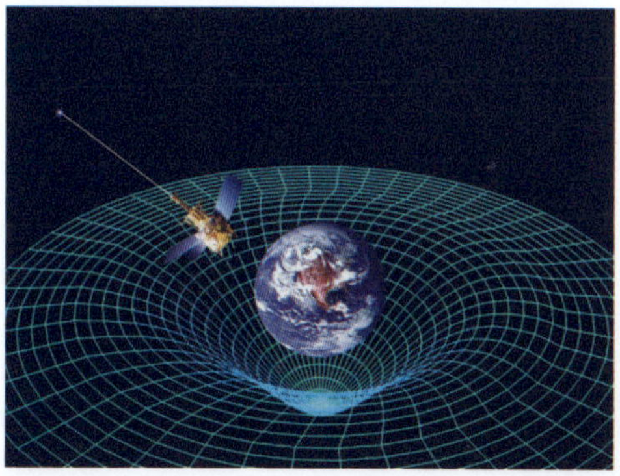

Reprodução/NASA

Figura 9.14. A Nasa, em 2004, lançou a sonda Gravity Probe B, que possuía quatro giroscópios capazes de detectar a movimentação de uma determinada estrela. Com essa sonda foi possível confirmar a curvatura do espaço-tempo prevista por Einstein.

SPL/Latinstock

GEORG FRIEDRICH BERNHARD RIEMANN (1826-1866)

É considerado o matemático que verdadeiramente deu início à Topologia (do grego *topos* = lugar + *logos* = estudo), ramo da Matemática que estuda objetos sujeitos a mudanças contínuas e suaves em suas formas. Criou a Geometria riemanniana, com as ferramentas matemáticas necessárias ao tratamento dos espaços curvos, a qual foi essencial na elaboração da teoria geral da relatividade. Ambicionava, com suas ideias de espaço curvo, dar um tratamento geométrico ao eletromagnetismo e à gravitação, incorporando noções como as de linhas de força. O que ele não sabia na época é que tal tratamento, para obter êxito, necessitava da inclusão do tempo como uma quarta dimensão.

O astrofísico alemão Karl Schwarzschild (1873-1916) aplicou as equações de campo de Einstein, recém-descobertas, aos dados de uma estrela. Sua solução mostrava a existência de um raio-limite, conhecido como raio de Schwarzschild. Se a estrela fosse comprimida até esse raio, não existiria força na natureza capaz de sustentá-la contra a atração gravitacional a que estaria sujeita e ela sofreria um colapso, transformando-se num buraco negro (**figura 9.15**).

As imagens desta página estão representadas fora de proporção.

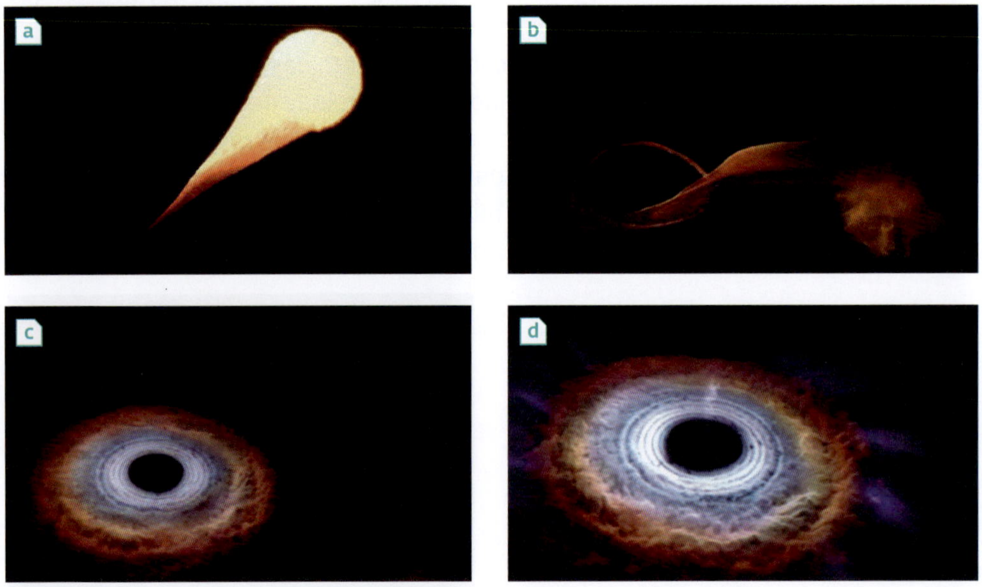

Figura 9.15. Esta sequência de imagens, feitas por estudos em raios x, ilustra uma estrela sendo engolida por um buraco negro na galáxia PGC043234, a 290 milhões de anos-luz da Terra.

Einstein nunca acreditou que as suposições decorrentes da aplicação de suas equações pudessem de fato acontecer.

Hoje, no entanto, temos diversas evidências da existência dos buracos negros, provenientes das observações astronômicas. A teoria mostra que na proximidade de um buraco negro a deformação do espaço-tempo gerado faz com que o **cone de luz do futuro** de uma partícula aponte para dentro do próprio buraco negro. Assim, é tão impossível deter a queda dessa partícula em direção ao buraco negro quanto é impossível deter a marcha do tempo em direção ao futuro.

As ilustrações desta página estão representadas sem escala e em cores fantasia.

O raio a partir do qual o cone de luz se volta para dentro do buraco negro e não permite que nem a luz escape é o chamado raio de Schwarzschild. Em analogia ao horizonte terrestre, que nos impede de ver além, a superfície esférica com o raio de Schwarzschild é denominada **horizonte de eventos** (**figura 9.16**).

As equações de campo de Einstein também foram aplicadas ao Universo como um todo. A solução mostrava que o Universo não poderia ser estacionário, ou seja, aparentar ser sempre o mesmo. Ele deveria ser dinâmico, sujeito à gravidade, e se encontrar expandindo ou contraindo. Novamente Einstein não acreditou nesse resultado e acrescentou um termo extra à sua equação, chamado de **constante cosmológica**, cuja função era a de se contrapor à gravidade.

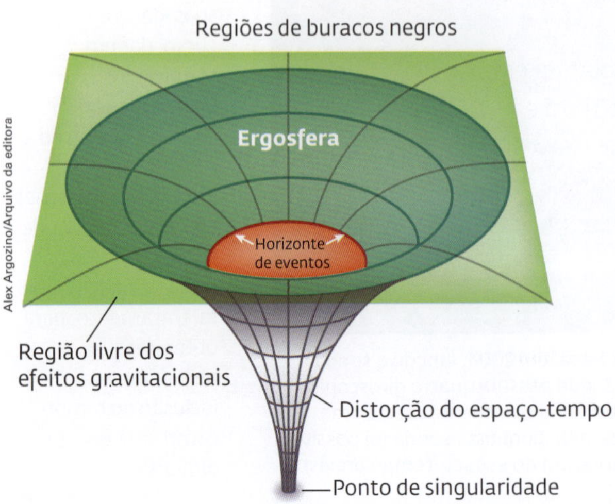

Figura 9.16. A curvatura do espaço-tempo na vizinhança de um buraco negro faz com que o cone de luz do futuro de uma partícula aponte totalmente para o seu interior, depois que a partícula cruza o horizonte de eventos. Assim, nem a partícula nem um sinal luminoso que ela venha a emitir conseguem sair.

Posteriormente, em 1929, o astrônomo Edwin Hubble (1889-1953) descobriu, ao analisar a luz de galáxias distantes, que o Universo está em expansão. Einstein lamentou ter acrescentado o termo extra a sua equação, dizendo ter sido esse o maior erro de sua vida. Perdeu, com isso, a chance de ter previsto a expansão do Universo a partir do *big-bang* **(figura 9.17)**.

As ilustrações desta página estão representadas sem escala e em cores fantasia.

Representação da expansão do Universo a partir do *big-bang*

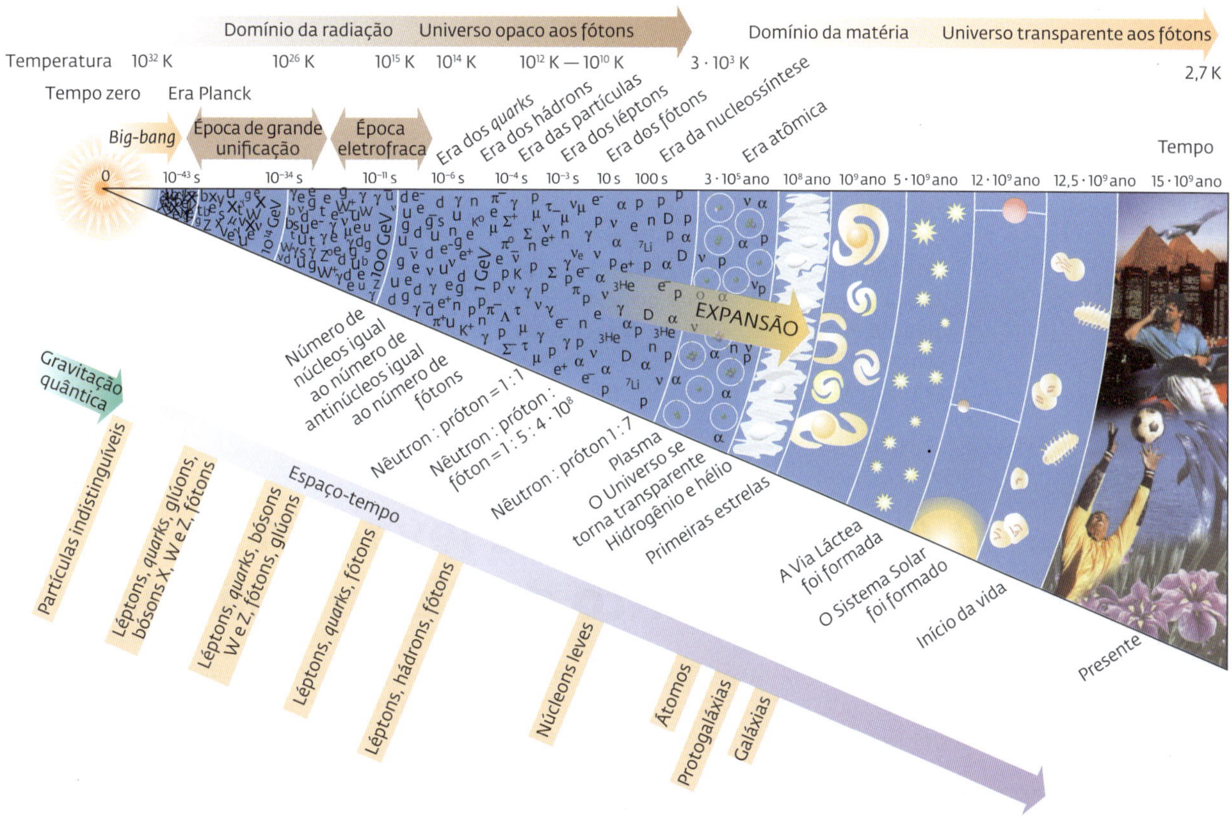

Figura 9.17. A teoria da relatividade geral é essencial na teoria do *big-bang*. Outras áreas, como a Física de partículas, fornecem detalhes sobre o comportamento da matéria em condições extremas. A descrição do Universo nas frações de segundo iniciais ainda depende de um tratamento quântico da gravidade, uma união entre Física quântica e teoria da relatividade geral que se espera que aconteça neste século.

Da mesma forma que a teoria da relatividade especial, a teoria geral da relatividade tem passado por vários testes. Em 2002, ela foi submetida a um teste em que foi utilizada a sonda espacial Cassini, durante sua jornada a caminho de Saturno, depois de passar por Júpiter. Naquela época a Terra e a sonda estavam em lados opostos do Sol. Um sinal de micro-onda tangenciando a superfície solar foi enviado da Terra para a sonda e da sonda novamente para a Terra e foi observado o desvio da frequência nas ondas de rádio para a nave. O experimento permitiu uma precisão de vinte partes por milhão, e o resultado teórico baseado na teoria da relatividade geral confirmou a medida **(figura 9.18)**.

Figura 9.18. Teste da teoria da relatividade geral: um experimento utilizando a nave Cassini na sua rota em direção a Saturno confirmou as previsões da teoria geral da relatividade com uma precisão de vinte partes por milhão. Ele foi realizado em 2002, quando um sinal de rádio retornou à Terra proveniente da nave, que estava do lado oposto do Sol, a mais de um bilhão de quilômetros de distância. Concepção artística.

VERIFIQUE O QUE APRENDEU

7. Uma das diferenças entre a teoria da relatividade geral e a especial diz respeito às suas condições de validade.
   a) A que tipo de restrição estava sujeita a teoria da relatividade especial de 1905 e que desapareceu na teoria da relatividade geral de 1915?
   b) Qual foi o princípio usado por Einstein na relatividade geral que permitiu a inclusão de referenciais acelerados?
   c) O que diferencia as duas teorias na maneira de conceber o espaço-tempo?
8. Critique a seguinte afirmação: "A teoria geral da relatividade só se aplica a objetos extremamente densos, como estrelas de nêutrons ou buracos negros, não valendo para massas como a da Terra, que obedece à lei da gravitação de Newton".
9. Quando fazem manobras muito bruscas, os pilotos de caça usam uma vestimenta especial que comprime suas pernas, impedindo que o sangue flua para elas e provoque desmaios. Com essas vestimentas eles conseguem suportar acelerações da ordem de 9"*g*"s. Comente o significado da última frase, sob o ponto de vista do princípio da equivalência.
10. Na teoria da relatividade especial vimos que uma pessoa que observa um relógio em movimento percebe um atraso quando compara com a marcação de seu próprio relógio. Na teoria da relatividade geral, além desse feito, o ritmo de avanço do tempo é influenciado pela gravidade. Como se comparam os ritmos de avanço do tempo de dois relógios em repouso, um no nível do mar e outro numa altitude elevada? (Lembre-se de que a aceleração da gravidade varia com a altitude.)

9.4 Problemas que levaram ao surgimento da Física quântica

No final do século XIX, surgiram vários resultados de experiências que os físicos da época, usando as teorias existentes, não conseguiam explicar, como a radiação emitida por um objeto negro, o efeito fotoelétrico e o espectro de linhas emitidas pelos gases incandescentes. Hoje sabemos que seria impossível solucionar esses problemas na época, pois somente a **Física quântica** pode resolvê-los. E essa teoria surgiu somente no início do século XX com o físico alemão Max Planck.

A Física quântica foi tomando forma aos poucos, sendo construída por vários cientistas. Seu surgimento foi diferente do surgimento da teoria da relatividade, que nasceu da tentativa de corrigir a Mecânica de Newton e torná-la compatível com o Eletromagnetismo de Maxwell, duas teorias que já eram descritas por formalismos matemáticos bem estabelecidos.

A Física quântica foi sendo revelada aos poucos. O primeiro fato com o qual os cientistas depararam foi o de algumas grandezas físicas, que até então só apresentavam valores contínuos, como a energia, passarem a apresentar valores discretos[1]. Isso motivou o nome Física quântica, pois a palavra *quantum*, que em latim significa "quantidade" e cujo plural é *quanta*, foi usada para designar as unidades discretas das grandezas que deixavam de se comportar como contínuas.

A carga elétrica também é uma grandeza quantizada, seu *quantum* de carga vale $1{,}6 \cdot 10^{-19}$ C. Outro exemplo de quantização é o da própria matéria, que já se sabia ser constituída de átomos. Se você partisse uma barra de alumínio ao meio, depois outra vez, ficando com a metade da metade e assim sucessivamente, não poderia continuar, em princípio, indefinidamente, pois depararia com um átomo de alumínio, que, se fosse partido, deixaria de ser a mesma substância.

A concepção teórica da Física quântica foi elaborada durante as primeiras décadas do século XX. Apresentaremos numa sequência histórica os problemas que marcaram o surgimento dessa nova teoria.

[1] No contexto da Física quântica, ou da Matemática, a palavra "discreto" é usada em oposição a "contínuo". Por exemplo, os números naturais constituem um conjunto discreto, enquanto os números reais formam um conjunto contínuo. Entre dois números naturais consecutivos não existe um terceiro número, mas entre dois números reais quaisquer existe uma infinidade de outros números reais.

Teoria do corpo negro

Desde a época medieval os ferreiros já sabiam que objetos quentes incandescem **(figura 9.19)**. Em 1792, Thomas Wedgwood observou que existia relação entre a temperatura e a cor da luz irradiada por objetos aquecidos, como um pedaço de ferro "em brasa". Para ele, a cor da luz emitida era dependente apenas da temperatura e não de outros parâmetros, como material, formato ou tamanho.

No século XIX, alguns cientistas, como os austríacos Josef Stefan (1835-1893), Ludwig Boltzmann (1844-1906) e o alemão Wilhelm Wien (1864-1928), haviam estudado experimentalmente o espectro eletromagnético emitido por um radiador térmico ideal, chamado de **corpo negro**. Do ponto de vista teórico, a explicação da emissão de radiação por um objeto numa dada temperatura deveria seguir, pela Termodinâmica, um esquema simples: quanto mais quente, maior seria a vibração de seus átomos.

Por outro lado, o Eletromagnetismo mostrava que cargas aceleradas irradiavam ondas eletromagnéticas. Um átomo sujeito a agitação térmica estaria sofrendo continuamente acelerações e, como os átomos possuem cargas elétricas, deveria irradiar. No entanto, os cálculos teóricos feitos por vários físicos da época utilizando essas ideias falhavam, e as curvas teóricas não reproduziam a curva experimental.

Planck foi um dos cientistas que tentaram solucionar o problema. Para simplificar, ele considerou que os átomos constituintes do objeto aquecido eram osciladores harmônicos, vibrando em torno de um ponto de equilíbrio estável. Os vários osciladores do objeto teriam suas energias distribuídas estatisticamente, de acordo com a temperatura. Mas Planck não conseguiu sucesso inicialmente, pois o espectro calculado divergia do experimental. Ele percebeu que, se a energia de cada oscilador só pudesse adquirir valores discretos, a curva teórica se comportaria conforme indicava o resultado experimental. Então ele ajustou o valor de uma constante h, que constava de sua expressão, para que a curva teórica coincidisse com o espectro experimental. Essa constante, chamada de **constante de Planck**, vale $h = 6{,}63 \cdot 10^{-34}\ \text{J} \cdot \text{s}$.

Sua solução do problema da radiação térmica mostrou que a energia dos osciladores era quantizada. O oscilador só poderia ser encontrado em determinados **níveis de energia** e, no caso específico de osciladores harmônicos, os níveis de energia são igualmente espaçados, separados de uma energia igual a hf, em que f é a frequência do oscilador.

Planck, apesar de ter encontrado a solução do problema, relutou em publicá-la, temendo ser criticado por chegar a um resultado que divergia dos seus princípios fundamentados na Mecânica clássica. Contudo, seu resultado foi publicado em 1900 e marcou o nascimento da Física quântica. A ideia da quantização da energia viria a ser utilizada para resolver outros problemas da época, e a constante de Planck passaria a ser a marca da nova Física que estava surgindo.

Figura 9.19. A figura representa um ferreiro forjando uma espada a cerca de 1100 K. Antes do século XV, quando as armas de fogo foram inventadas, a espada era a principal arma de combate dos samurais, dos cavaleiros medievais e dos beduínos.

Efeito fotoelétrico

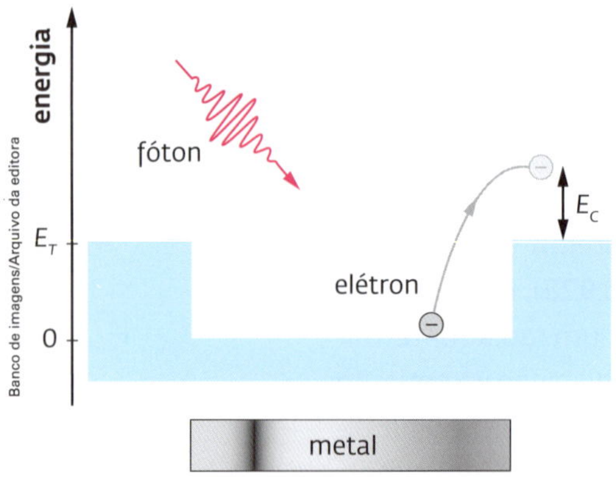

Figura 9.20. A luz arranca elétrons de um metal quando a energia de seus fótons, ***hf***, é maior que a função trabalho, E_T, que mantém os elétrons presos no metal. A escala vertical do gráfico representa a energia. Representação sem escala e em cores fantasia.

Outro problema experimental sem explicação era o **efeito fotoelétrico**, em que se arrancam elétrons de metais por meio da luz. Apesar de haver elétrons livres num metal, eles não conseguem "escapar" devido à grande atração exercida pelas cargas elétricas positivas dos núcleos atômicos. O resultado combinado de todas as forças envolvidas pode ser obtido supondo cada elétron preso numa barreira de energia potencial, como mostrado na figura 9.20.

Para arrancar um elétron de um metal, deve-se realizar um trabalho sobre ele, fornecendo uma quantidade de energia denominada função trabalho do metal, E_T. Se essa energia for de origem térmica, temos a chamada **emissão termiônica**. É por emissão termiônica, por exemplo, que elétrons saem de um filamento de tungstênio aquecido para formar a imagem no tubo de imagens de uma TV.

Aparentemente, não haveria problema na explicação do efeito fotoelétrico, em que os elétrons são arrancados pela luz, pois esta forneceria a energia necessária para arrancá-los. No entanto, observações experimentais mostravam que o ato de arrancar elétrons dependia da cor da luz utilizada e não de sua intensidade. E isso era problemático porque a teoria da onda eletromagnética mostrava que a intensidade dessa onda só dependia do quadrado das amplitudes dos campos elétrico e magnético. Assim, de acordo com o Eletromagnetismo de Maxwell, se jogássemos luz vermelha num metal e notássemos que os elétrons não estavam sendo arrancados, bastaria usar um feixe de luz vermelha mais intenso para arrancá-los. Mas isso não funcionava. Por outro lado, se passássemos a usar luz violeta, os elétrons poderiam ser arrancados, mesmo que a intensidade fosse baixa. Essa dependência da energia de um feixe de luz com sua frequência não aparece na teoria da onda eletromagnética de Maxwell.

Albert Einstein relacionou a necessidade de uma dependência da energia da luz com sua frequência. Somando isso à conclusão de Planck, de que a energia de um oscilador harmônico era quantizada em unidades de hf (ideia de um *quantum* de luz), Einstein lançou a hipótese de que uma luz monocromática de frequência f era constituída de unidades indivisíveis, os *quanta* de luz, posteriormente denominados **fótons**, cujas energias eram dadas pela equação $E = hf$. Assim, num artigo de março de 1905, conseguiu explicar a experiência do efeito fotoelétrico, três meses antes de publicar o artigo sobre a teoria da relatividade restrita.

No efeito fotoelétrico um feixe monocromático de luz de frequência f é direcionado a determinado metal. Se, individualmente, os fótons possuírem energia $E = hf$ maior que a função trabalho do metal E_T, ao colidirem contra os elétrons poderão fornecer a energia necessária para arrancá-los (figura 9.20). Os elétrons arrancados adquirem uma energia cinética E_C. Pela conservação da energia podemos escrever:

$$hf = E_T + E_C$$

Uma hipótese por trás disso é a de que um elétron só consegue absorver um fóton de cada vez, num processo instantâneo.

Hoje em dia, o efeito fotoelétrico está presente em nosso cotidiano. Com sensores fotoelétricos é possível acender ou desligar automaticamente a iluminação nas ruas e abrir e fechar portas. Além disso, esses sensores podem controlar o tamanho de peças em uma linha de produção e até auxiliar o diagnóstico de doenças em imagens médicas, pois durante um exame radiográfico os raios X que são emitidos por um aparelho interagem com o corpo humano através do efeito fotoelétrico, permitindo distinguir estruturas e tecidos com diferentes densidades.

Espectro de linhas

No início do século XIX, o cientista alemão Joseph von Fraunhofer (1787-1826) descobriu linhas escuras em posições específicas do espectro solar. Posteriormente, percebeu que um gás incandescente emite o mesmo tipo de linhas no espectro. Se estiver aquecido, ele emite luz e as linhas são brilhantes. Mas, se for atravessado por luz branca em baixa temperatura, ele absorve luz, produzindo linhas escuras de absorção.

Para um mesmo elemento químico, a posição das linhas de emissão ou absorção no espectro é a mesma. O mais importante é que cada elemento químico possui um conjunto de linhas no espectro que o caracterizam. É como se fosse a impressão digital desse elemento químico **(figura 9.21)**. Isso permite analisar a composição química dos gases de uma chama ou da atmosfera de uma estrela a milhões de anos-luz de distância. Esse ramo da ciência, com muita aplicação prática e enorme precisão nas medidas, é denominado Espectroscopia.

No caso dos átomos de hidrogênio, o suíço Johann Jakob Balmer (1825-1899) descobriu empiricamente, em 1885, uma expressão matemática capaz de dar a posição das linhas no espectro visível. Suas previsões coincidiam com os valores medidos para essas linhas, que possuíam na época uma precisão melhor que uma parte em mil. Em seguida, vários cientistas trabalharam buscando expressões empíricas similares, estendendo os resultados de Balmer a outras faixas do espectro e a outros elementos químicos. Johannes Rydberg (1854-1919) conseguiu sintetizar numa equação, dependente de números inteiros, esses resultados empíricos.

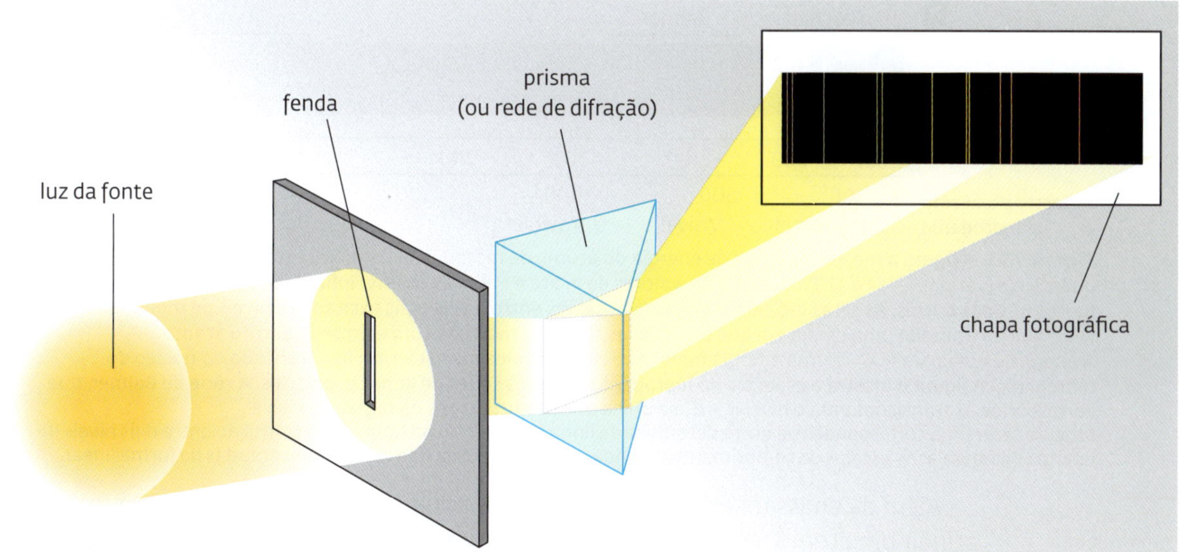

Figura 9.21. A luz emitida por um gás incandescente é colimada por uma fenda e depois decomposta por um prisma ou rede de difração, mostrando as linhas de emissão do espectro que podem ser vistas na chapa fotográfica. O espectro apresentado na ilustração é do gás mercúrio. Representação sem escala e em cores fantasia.

No início do século XX, a questão era entender por que um átomo de um gás só emite luz em algumas poucas frequências do espectro, formando um conjunto discreto, e não contínuo, de linhas. Quem permitiu entender o espectro discreto da luz emitida pelos átomos foi Niels Bohr. Guiado pela ideia da quantização da energia descoberta por Planck e conhecendo a fórmula empírica de Rydberg, em 1913 Bohr conseguiu mostrar que a energia do elétron orbitando o núcleo do átomo de hidrogênio era quantizada. O elétron só poderia permanecer em níveis de energia dados por um número inteiro maior que zero, chamado número quântico n. Os valores da energia eram dados pela fórmula:

$$E_n = -\frac{1}{n^2} 2{,}18 \cdot 10^{-18}\ \text{J},\ \text{em que } n = 1, 2, 3, \ldots$$ [2]

Bohr lançou a hipótese de que, enquanto o elétron permanecesse nos níveis de energia do átomo, ele não irradiaria. Quando caísse de um nível de energia mais alto para um mais baixo, a energia liberada seria usada para criar um fóton, processo denominado **emissão espontânea**. A partir dos níveis de energia encontrados e usando a expressão para a energia do fóton, foi possível verificar que o espectro do hidrogênio seria constituído de linhas discretas, coincidindo com as medidas experimentais **(figura 9.22)**.

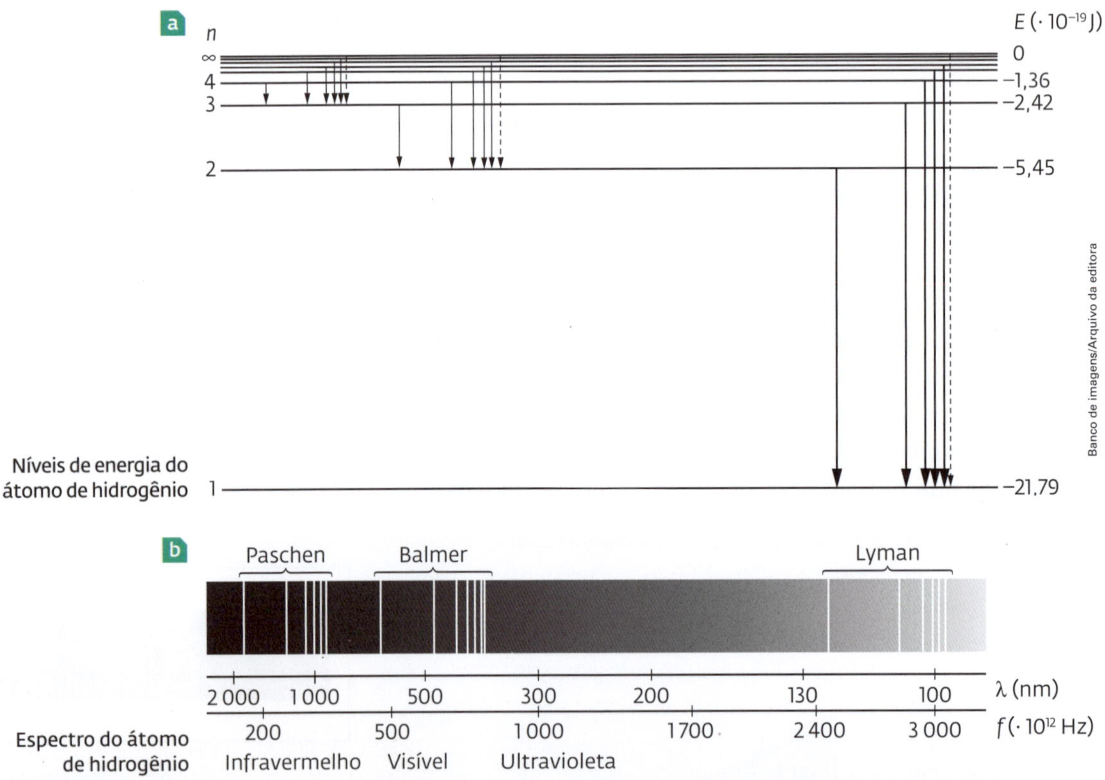

Figura 9.22. A figura **a** mostra os níveis de energia do átomo de hidrogênio. Os níveis estão indicados pelo número quântico n (variando de 1 a 4). Para os outros valores de n, até $n = \infty$, temos uma infinidade de níveis cada vez mais juntos uns dos outros. As setas indicam algumas transições entre níveis mais excitados e níveis de menor energia. Note que foi utilizada uma escala em que as energias são negativas para um elétron ligado ao átomo.
A energia é nula para $n = \infty$ e uma energia maior que zero significa que o elétron foi arrancado do núcleo de hidrogênio. A figura **b** mostra o espectro do hidrogênio com três séries de linhas espectrais. A série de Balmer, que corresponde às transições para o nível $n = 2$, é a única que produz fótons na região do visível.
Procure fazer uma correspondência entre determinada linha do espectro na figura **b** e a transição entre dois níveis de energia na figura **a**. As escalas de comprimento de onda ou de frequência não estão representadas de forma linear.

Além da emissão, existe o processo denominado **absorção**, em que um fóton, ao atingir um átomo, poderá ser absorvido, desde que sua energia coincida com a separação de energia entre o nível inicial do elétron e um segundo nível de energia mais alto. Caso o átomo não possua um segundo nível de energia cuja separação coincida com a energia do fóton, este não poderá ser absorvido.

[2] É comum a utilização do elétron-volt na equação para os níveis de energia. Nesse caso, a equação é escrita como: $E_n = -13{,}6\ \text{eV}/n^2$.

PRATIQUE FÍSICA

EM EQUIPE

1. Construa um acelerômetro usando uma bolinha de isopor (ou uma rolha), linha de costura e um vidro com tampa cuja boca seja larga o suficiente para colocar a bolinha em seu interior. Prenda a linha na bolinha e faça um pêndulo colando a linha na parte interna da tampa do vidro. O pêndulo deve poder oscilar no interior do vidro tampado. Dessa maneira, carregando o pêndulo, se você acelerar para a frente, notará que ele vai para trás, como esperado. Agora encha o vidro totalmente com água e tampe-o, mantendo o pêndulo em seu interior.

Observação

Se você tiver um líquido transparente viscoso, como óleo mineral ou glicerina, para encher o vidro, o resultado será melhor.

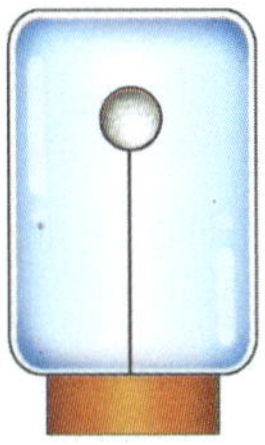

Paulo César Pereira/ Arquivo da editora

Você acabou de construir um acelerômetro. Agora, movimente-se com o vidro de boca para baixo, a fim de manter o pêndulo livre em seu interior (veja a figura deste exercício). Note que nesse caso a bolinha de isopor aponta no sentido da aceleração. Explique o comportamento da bolinha do ponto de vista de um observador parado e do ponto de vista de quem está caminhando com o acelerômetro.

2. Consiga uma bola grande e um transferidor com escala em graus, para medir ângulos. Utilizando um barbante, construa alguns triângulos de diferentes tamanhos sobre a superfície da bola. Utilize fita adesiva para fixar os seus vértices de cada triângulo e para determinar os lados do triângulo. No espaço curvo da superfície da bola, meça os ângulos internos dos vários triângulos, calculando a soma desses ângulos. Verifique os valores dessa soma para triângulos bem pequenos e para triângulos maiores.

3. Corte tiras de papel com cerca de meio centímetro de largura e cole-as sobre a superfície de uma maçã ou outro fruto que possua uma concavidade próxima do talo. É conveniente que a cola usada não amoleça muito a tira de papel, deformando-a. Note o comportamento de tiras inicialmente paralelas, indo em direção à concavidade próxima ao talo. Associe suas observações com a abordagem de Einstein para a gravitação. Nessa abordagem, qual a analogia entre o talo, a concavidade e o traçado seguido pela tira de papel?

ATENÇÃO!
Tome cuidado ao lidar com fogo ou objetos e substâncias quentes.

As ilustrações desta página estão representadas sem escala e em cores fantasia.

PROBLEMAS E TESTES

1. (**Enem**) A falta de conhecimento em relação ao que vem a ser um material radioativo e quais os efeitos, consequências e usos da irradiação pode gerar o medo e a tomada de decisões equivocadas, como a apresentada no exemplo a seguir.

"Uma companhia aérea negou-se a transportar material médico por este portar um certificado de esterilização por irradiação."

Física na Escola, v. 8, n. 2. 2007 (adaptado).

A decisão tomada pela companhia é equivocada, pois:

a) o material é incapaz de acumular radiação, não se tornando radioativo por ter sido irradiado.

b) a utilização de uma embalagem é suficiente para bloquear a radiação emitida pelo material.

c) a contaminação radioativa do material não se prolifera da mesma forma que as infecções por micro-organismos.

d) o material irradiado emite radiação de intensidade abaixo daquela que ofereceria risco à saúde.

e) o intervalo de tempo após a esterilização é suficiente para que o material não emita mais radiação.

2. (**ITA-SP**) Um feixe de *laser* com energia E incide sobre um espelho de massa m dependurado por um fio. Sabendo que o *momentum* do feixe de luz *laser* é E/c, em que c é a velocidade da luz, calcule a que altura h o espelho subirá.

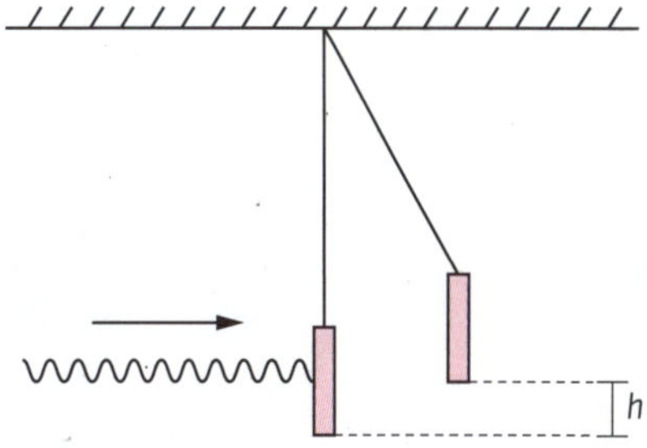

Banco de imagens/Arquivo da editora

3. (**UFG-GO**) O efeito fotoelétrico, explorado em sensores, células fotoelétricas e outros detectores eletrônicos de luz, refere-se à capacidade da luz de retirar elétrons da superfície de um metal. Quanto a esse efeito, pode-se afirmar que:

a) a energia dos elétrons ejetados depende da intensidade da luz incidente.

b) a energia dos elétrons ejetados é discreta, correspondendo aos *quanta* de energia.

c) a função trabalho depende do número de elétrons ejetados.

d) a velocidade dos elétrons ejetados depende da cor da luz incidente.

e) o número de elétrons ejetados depende da cor da luz incidente.

APLICAÇÕES DA FÍSICA

Amplificação da luz por emissão estimulada de radiação – *Laser*

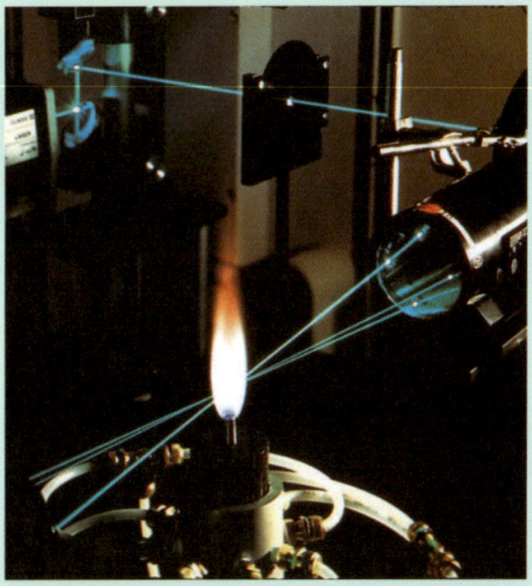

U.S. Dept. of Energy/SPL/Latinstock

Figura 9.23. Os feixes de raios *laser* mostrados na foto estão sendo usados para analisar a chama proveniente da queima de uma substância combustível. Esse estudo conduzirá à fabricação de motores de combustão mais eficientes e não tão poluentes como os atuais.

David Parker/SPL/Latinstock

Figura 9.24. Os raios *laser* são usados para cortar e soldar metais e, também, para cortar papel e tecidos.

O QUE É UM RAIO *LASER*

O *laser* é um tipo especial de radiação eletromagnética visível, cujas aplicações tecnológicas e científicas vêm crescendo dia a dia.

O termo *laser* é constituído pelas iniciais das seguintes palavras inglesas: *light amplification by stimulated emission of radiation*, que significam "amplificação da luz por emissão estimulada de radiação". Um feixe de raios *laser* distingue-se da luz comum por apresentar algumas características próprias, que analisaremos a seguir.

Um feixe de *laser* apresenta-se sempre com intensidade muito elevada, isto é, há grande concentração de energia em áreas muito pequenas (feixes muito finos). Por exemplo, um *laser* de potência baixa, em torno de alguns miliwatts, apresenta brilho considerável, muito superior ao da luz emitida por uma lâmpada de 60 watts. Além disso, esse intenso feixe é constituído de raios praticamente paralelos, que podem se propagar por distâncias muito grandes sem se dispersar (os raios se mantêm quase paralelos, com divergência muito baixa).

A luz do *laser* é monocromática, isto é, ela é constituída de radiações que apresentam uma única frequência, de valor bem determinado. Com a luz comum seria muito difícil obter esse grau de monocromaticidade, pois ela se apresenta como uma mistura de radiações de várias frequências (figura 9.25).

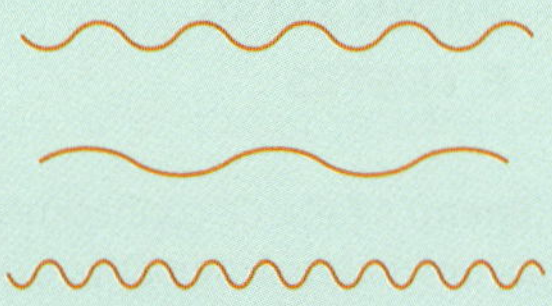

Figura 9.25. A luz comum é constituída por uma mistura de radiações de diversas frequências.

A luz de um feixe de *laser* é coerente, enquanto um feixe de luz comum é incoerente. Essa denominação indica que, na luz comum, as cristas e os vales das ondas luminosas se distribuem aleatoriamente uns em relação aos outros, isto é, estão defasadas entre si, como mostra a figura 9.26, e essa defasagem não permanece constante no decorrer do tempo.

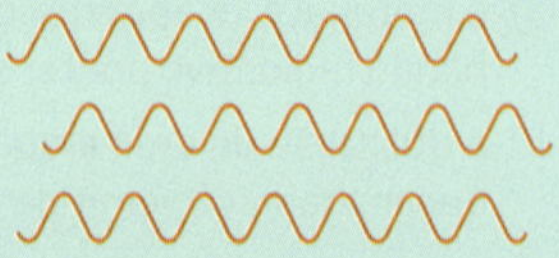

Figura 9.26. A luz comum, mesmo quando é monocromática, apresenta-se incoerente.

Por outro lado, as diversas radiações que constituem um feixe de *laser* estão rigorosamente em fase, havendo coincidência entre as cristas e, em consequência, entre os vales, como mostra a figura 9.27. Dizemos, então, que a luz do *laser* é coerente.

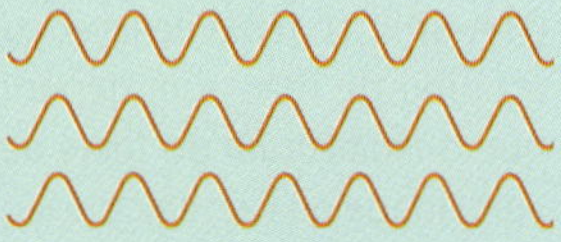

Figura 9.27. A luz do *laser* é coerente.

A expressão "emissão estimulada", que aparece no termo *laser*, indica uma maneira incomum pela qual um átomo emite radiação. Geralmente, essa emissão é feita por um processo denominado **emissão espontânea**, representada na figura 9.28.a: um elétron, que foi transferido para um nível de energia mais elevado em um átomo, tende naturalmente a voltar para um nível de energia mais baixo (mais estável). A energia perdida pelo elétron, nessa transição, é irradiada sob a forma de um pulso de luz, denominado **fóton**. Na figura 9.28.b, o elétron é **induzido** a sofrer a transição pela passagem de um fóton no interior do átomo. Como consequência dessa transição, há a emissão de um fóton exatamente em fase com o fóton incidente. Dizemos que essa é uma emissão estimulada de radiação na qual dois fótons em fase abandonam o átomo. Em uma substância que está emitindo um *laser*, esse processo ocorre com um número enorme de átomos, que foram previamente excitados. Por exemplo, mesmo em um *laser* de baixa potência temos a emissão de, no mínimo, 10^{15} fótons por segundo.

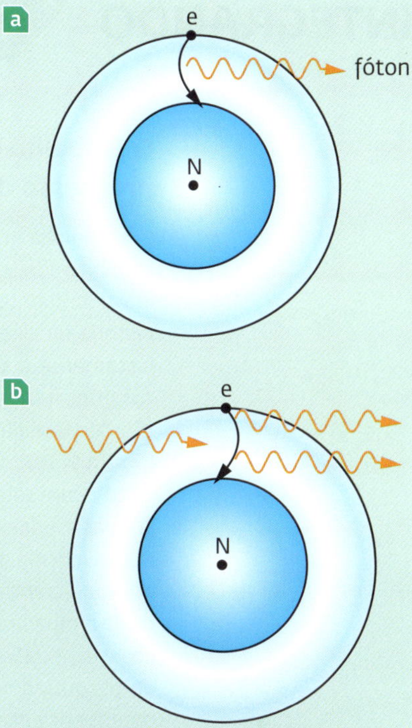

Ilustrações técnicas desta página: Banco de imagens/Arquivo da editora

Figura 9.28. Em **a** o átomo emite espontaneamente um fóton. Em **b** temos a emissão estimulada de radiação (dois fótons em fase deixam o átomo). Representação sem escala e em cores fantasia.

Aplicações do *laser*

São inúmeras as aplicações dos raios *laser* em diversos setores da ciência, da tecnologia e de nosso cotidiano. Entre elas podemos citar:

- leitura do código universal de produtos, para conferir preços de mercadorias em supermercados (figura 9.29);
- em telecomunicações, utilizando cabo de fibra óptica, para transportar sinais de TV e telefone;
- para soldar e cortar metais;
- para medir, com precisão, distâncias muito grandes, como a distância da Terra à Lua;
- para furar orifícios muito pequenos e bem definidos, em substâncias duras;
- em CDs, DVDs e nos *Blu-rays*, para o armazenamento digital de alta densidade de informações, músicas e vídeos, sem perdas ou ruídos;
- na holografia, para obtenção de fotografias tridimensionais de um objeto (hologramas);
- na Medicina, em cirurgias substituindo os bisturis, na endoscopia e para colar retinas descoladas.

As aplicações do *laser* vêm se tornando tão amplas e diversificadas que é praticamente impossível relacionar todas elas.

0 11260 240799

Banco de imagens/Arquivo da editora

Figura 9.29. Este diagrama representa, por meio de um código de barras, o preço de uma mercadoria. Sua leitura é feita com um aparelho que emite raios *laser*.

Questões

1. Em todos os dispositivos que utilizam a luz *laser* de alguma forma, existe um aviso indicando que se deve tomar cuidado com os olhos ao manuseá-los.
   a) Qual o motivo de existir tal aviso?
   b) Atualmente, já é possível produzir *lasers* nas cores verde e azul. Por que esses *lasers* são mais perigosos para a visão que os vermelhos?
2. Existem três principais tecnologias de armazenamento de dados que utilizam raios *laser* para a leitura e gravação: CD-ROM, DVD-ROM e *Blu-ray*. Pesquise qual a diferença entre essas três tecnologias, explicando por que um DVD consegue armazenar sete vezes mais dados que um CD e um *Blu-ray* consegue armazenar cerca de cinco vezes mais dados que um DVD.

O trabalho em equipe e o progresso da ciência

Ainda há quem enxergue a ciência como um conjunto de conhecimentos que decorre de ideias brilhantes e da genialidade de alguns. A história da ciência, entretanto, vem mostrando justamente o contrário: com frequência, avanços importantes acontecem a partir da integração de habilidades e conhecimentos de muitos (**figura 9.30**).

Procure saber como se deu o surgimento da lâmpada, por exemplo. Provavelmente você ficará convencido de que Edison, diferentemente do que diz a crença popular, não foi o inventor isolado da lâmpada. Ele contava com a ajuda de técnicos e especialistas e, antes dele, outras equipes de pesquisadores já haviam elaborado versões menos eficientes da lâmpada elétrica. O que ele e sua equipe fizeram foi aperfeiçoá-la, viabilizando seu uso e produção em larga escala.

O mesmo é verdade para a relatividade de Einstein. Ele não chegou às teorias que lhe deram fama de forma totalmente isolada. Ele estava ciente dos problemas que a Física enfrentava em sua época, bem como das opiniões de outros cientistas. A teoria da relatividade é fruto não apenas de sua capacidade lógica, mas também da capacidade de reunir, de uma maneira sintética e organizada, o que outros cientistas já afirmavam. Aliás, a ideia central do primeiro postulado da teoria da relatividade especial, que estudamos neste capítulo, já havia sido proposta séculos antes, de uma maneira um pouco menos abrangente, por Galileu. A contração do espaço, que neste capítulo chamamos de *contração de Lorentz*, recebeu esse nome porque já havia sido concebida pelo físico Hendrik Lorentz e também pelo físico George Fitzgerald, apesar de eles terem dado interpretações bem diferentes das de Einstein. As transformações de coordenadas entre referenciais, uma das ferramentas mais importantes dessa teoria, são feitas com o auxílio de equações que já haviam sido deduzidas por Lorentz. Além desses, Poincaré, Minkowski, Besso e muitos outros cientistas tiveram participação direta ou indireta no desenvolvimento da teoria da relatividade, tanto da especial como da geral.

No livro *Algumas razões para ser um cientista*, o físico inglês Michael Berry, ao fazer referência à comunidade de pesquisadores, comenta:

"Nós cooperamos simplesmente porque os modos de funcionamento da natureza ficam tão sutilmente ocultados que nenhum pesquisador ou pesquisadora individual pode descobri-los sozinho. Somos muito mais espertos em conjunto do que separadamente, portanto faz sentido cooperar [...]".

Atualmente, o trabalho em equipe vem sendo valorizado e integrado no dia a dia de indústrias e corporações. Grandes inovações comerciais, assim como descobertas científicas, raramente são obtidas por criações isoladas. A criatividade vem sendo encarada, na visão atual da psicologia e da educação, como um fenômeno social.

SSPL/Getty Images

Figura 9.30. Participantes da 5ª Conferência de 1927, no Instituto Internacional de Física Solvay, Bélgica.

A comunicação multidisciplinar

Além do trabalho em equipe, a comunicação entre disciplinas vem se destacando como habilidade importante para a pesquisa em Ciências, principalmente quando o trabalho tem como objetivo o desenvolvimento de tecnologias ou a solução de problemas complexos. A relação entre a Física, a Química, a Biologia e outras ciências afins proporciona uma visão mais ampla do assunto, ajudando cada membro da equipe a expor sua opinião com mais clareza. É bem provável que a solução para problemas contemporâneos, como a fome, a poluição ou a pobreza, surja da cooperação de pesquisadores que saibam transmitir sua opinião técnica para profissionais de outras áreas. Essa comunicação interdisciplinar facilita a cooperação e ajuda a equipe a chegar a soluções às quais, isoladamente, nenhum de seus membros chegaria (**figura 9.31**).

O futuro da ciência

É verdade que a ciência já conseguiu muito e que, às vezes, seus produtos e processos parecem ter saído de um filme de ficção. Contudo, exatamente por já ter alcançado tanto, o próximo passo se torna cada vez mais difícil. Assim, a dependência do trabalho em equipe e da comunicação multidisciplinar será cada vez maior. Se é notável o que já se conseguiu, é ainda mais surpreendente o que está por vir. As pesquisas modernas não pararam nos tópicos apresentados neste capítulo.

Existe uma equipe de cientistas na Universidade de Harvard, nos Estados Unidos, por exemplo, que estuda o quão pequena uma gota de água pode chegar a ser e qual a relação de seu formato com as características da superfície na qual ela se apoia. Outra equipe da Universidade de Chicago, usando sensores e supercâmeras, mediu o tempo e a velocidade de deformação de uma folha de papel por um bloco pesado colocado sobre ela. Por mais espantoso que possa parecer, o papel pode ser comprimido por semanas antes de atingir uma espessura final.

Outras tecnologias modernas já em uso, como a levitação magnética, continuam a ser desenvolvidas e aprimoradas por equipes de pesquisadores em todo o mundo. A levitação magnética, no ambiente de laboratório, já é feita inclusive com seres vivos. Sapos e rãs flutuaram no ar pela força magnética invisível que contrabalanceava o peso desses anfíbios. O último feito da levitação magnética foi o de suspender no ar um lutador de sumô de mais de cem quilos. Mas, para quem acha a levitação surpreendente, é igualmente espantoso que a invisibilidade, graças ao desenvolvimento dos *metamateriais*, se torne viável em um futuro não muito distante. Esse tipo de material, por possuir índice de refração negativo, direciona a trajetória da luz de tal modo que ela seria capaz de contornar o objeto e sair do outro lado, na mesma direção para a qual ela teria se dirigido caso o objeto não estivesse lá (**figura 9.32**). Assim, um observador na frente de um objeto poderia ver tudo o que estivesse atrás dele, fazendo com que o objeto em si desaparecesse.

Figura 9.31. A multidisciplinaridade contribui para o entendimento e a solução de problemas complexos.

As ilustrações desta página estão representadas sem escala e em cores fantasia.

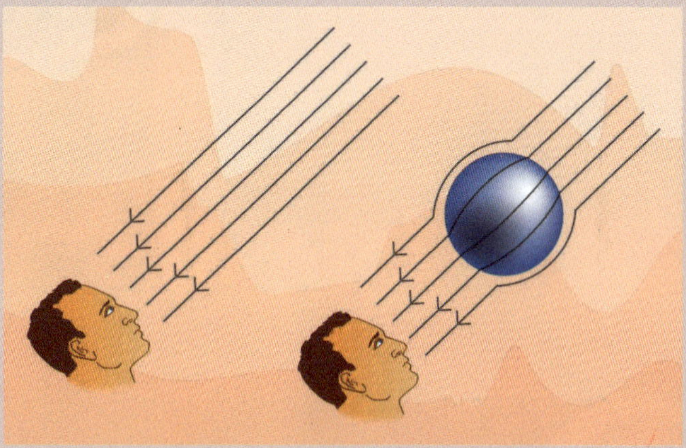

Ilustrações: Tânia Ricci/Arquivo da editora

Figura 9.32. O metamaterial faz com que a luz contorne o objeto (direita) e chegue aos olhos do observador como se o objeto não estivesse presente (esquerda).

Pesquise e responda

1. A afirmação "A pilha foi inventada por Alessandro Volta" pode passar a ideia de que ela foi concebida única e exclusivamente por esse pesquisador, sem cooperação com outros pesquisadores e sem que ele tivesse utilizado resultados de pesquisas anteriores. Com base no texto e em uma pesquisa na internet, redija um parágrafo que expresse a participação de Volta na concepção da pilha elétrica.

2. Relacione a frase de Newton "Se pude enxergar mais longe do que outros, foi porque me apoiei nos ombros de gigantes" com as ideias apresentadas no texto.

INFOGRÁFICO

O infográfico desta unidade apresenta as principais informações sobre o destino do rejeito radioativo das usinas nucleares brasileiras. Antes de responder às questões, faça a leitura deste infográfico observando como os textos e as imagens se relacionam e permitem a compreensão das informações referentes à reciclagem e ao armazenamento do rejeito radioativo.

1. De que maneira os rejeitos radioativos são classificados?
2. Quais tipos de rejeito nuclear podem ser reciclados e quais não podem?
3. Qual é a função da piscina em uma usina nuclear?
4. Qual é o destino dos rejeitos de média atividade (RMA)?
5. Qual é a técnica mais utilizada para a reciclagem do urânio e quais são os subprodutos desse processo?
6. O que é MOX e qual é sua utilidade?
7. Como o combustível atômico reciclado é transportado?

DESTINO DO REJEITO RADIOATIVO DAS USINAS BRASILEIRAS

A disposição dos rejeitos varia de acordo com a atividade e com o tempo de meia-vida.

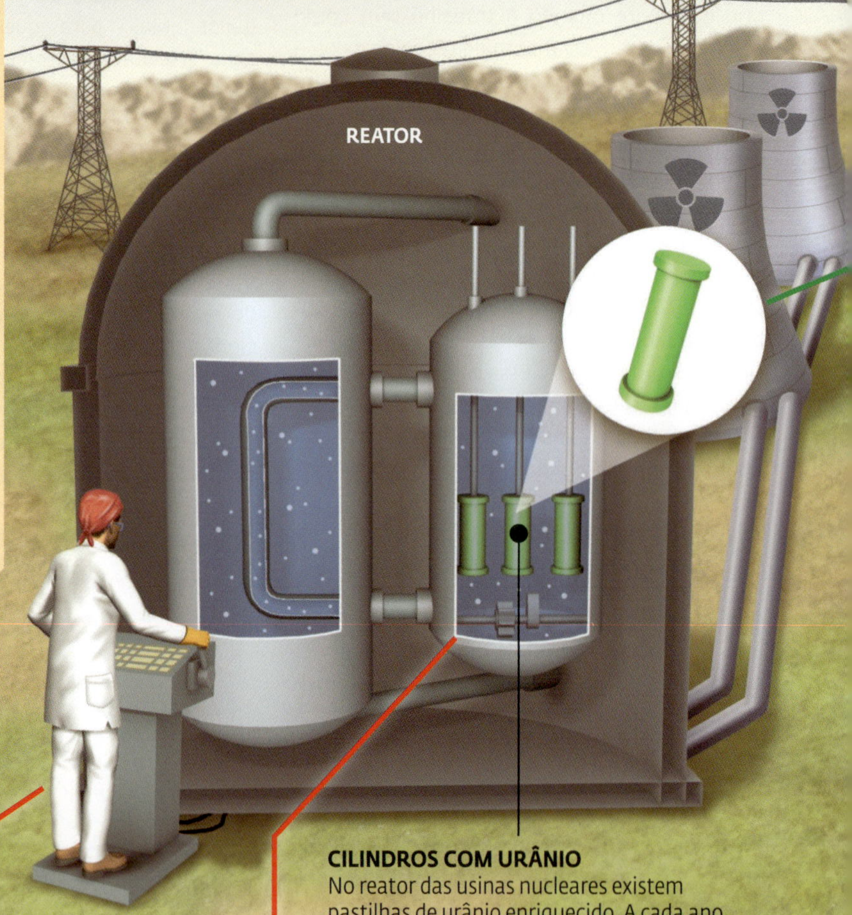

CILINDROS COM URÂNIO
No reator das usinas nucleares existem pastilhas de urânio enriquecido. A cada ano, um terço desse combustível precisa ser trocado. Esse material é o rejeito de alta atividade (RAA), que tem alto risco de contaminação.

Equipamentos da usina que têm contato direto com o RAA são contaminados e se tornam rejeitos de média atividade (RMA). Esse rejeito é concretado dentro de barris metálicos.

O que tem contato indireto com o RAA, como as roupas de proteção, pode ter um nível de contaminação baixo. Esse resíduo de baixa atividade (RBA) pode ser lavado para reúso, mas depois de algumas lavagens também vai para os barris.

Paulo Manzi/Arquivo da editora

RECICLAGEM RADIOATIVA

Veja como o combustível nuclear pode ser reprocessado para reaproveitar o rejeito inicial dos reatores.

DE VOLTA PARA CASA
Só há três unidades capazes de reciclar combustível radioativo no mundo. Após a reciclagem, o material reciclado e o material radioativo são devolvidos ao país de origem. Por motivo de segurança, o transporte é feito em navios parecidos com petroleiros, com forte esquema de segurança.

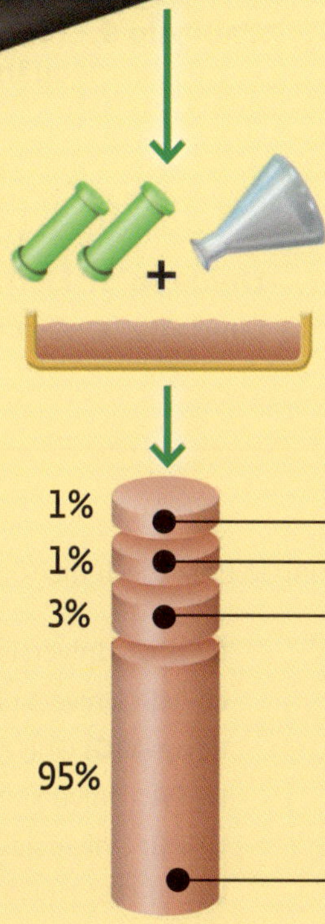

TUDO SE APROVEITA
O urânio usado no reator pode ser reciclado com algumas tecnologias. A mais usada é a que o mistura com ácido nítrico, numa reação que fornece três produtos: urânio, plutônio e rejeitos radioativos.

PLUTÔNIO
O plutônio obtido na reciclagem na forma de óxido pode ser misturado com urânio para formar o MOX, um tipo de combustível nuclear que pode ser usado nas usinas movidas a urânio.

SEGUNDA MÃO
Apenas 1% do produto da reação é o isótopo de urânio pronto para ser reaproveitado.

LIXO SEM REMÉDIO
Cerca de 3% do produto da reciclagem é o rejeito inútil e altamente radioativo. Esse é solidificado em uma mistura com vidro especial e colocado em cilindros de aço para armazenagem em depósitos geológicos especiais.

URÂNIO NÃO ENRIQUECIDO
O principal produto da reciclagem é o urânio, que precisa ser enriquecido para ser reutilizado.

O RAA não serve de combustível, mas será fonte de radiação e calor por séculos. Por isso, é guardado dentro da própria usina, em uma piscina especial, feita para resfriá-lo e conter a radiação. Quando as usinas de Angra forem desativadas, esse material irá para um depósito geológico.

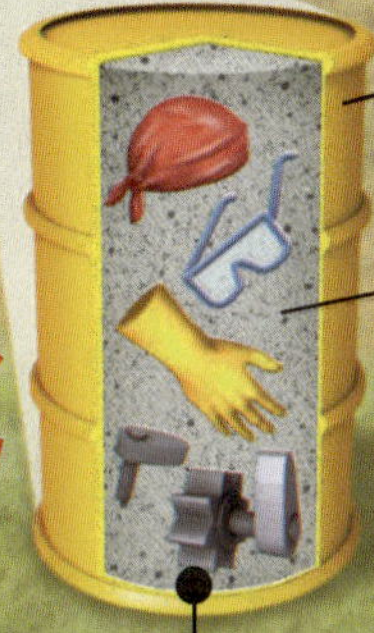

Selados, os barris são guardados na usina e depois levados para um dos quatro depósitos intermediários de Itaorna, a 2 km da usina. Eles são vedados com concreto e resinas isolantes para garantir nível zero de radiação mesmo no pátio externo do depósito.

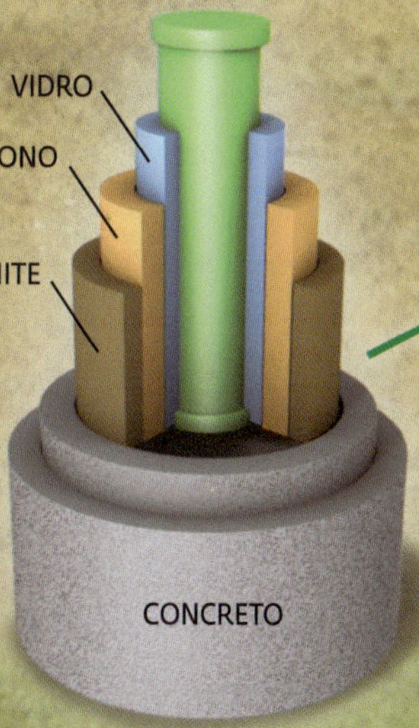

Por fim, os rejeitos radioativos seguem para depósitos geológicos de longa duração, que podem armazenar também o lixo vitrificado produzido no reprocessamento de combustível (ver quadro Reciclagem radioativa).

Fonte de dados: Tarso Araújo. MUNDO ESTRANHO. *Onde é guardado o lixo nuclear das usinas brasileiras*. Disponível em: <http://mundoestranho.abril.com.br/materia/onde-e-guardado-o-lixo-nuclear-das-usinas-brasileiras>. Acesso em: 23 mar. 2016.

Exercícios de aprofundamento e revisão

Sumário

Organize e amplie as ideias

Enem e vestibulares

Siglas de vestibular e Enem

A seguir, encontram-se questões do Exame Nacional do Ensino Médio (Enem) e dos seguintes vestibulares:

Famema-SP: Faculdade de Medicina de Marília
FGV-SP: Fundação Getúlio Vargas
FMJ-SP: Faculdade de Medicina de Jundiaí
FMP-RJ: Faculdade de Medicina de Petrópolis
Fuvest-SP: Fundação Universitária para o Vestibular
IME-RJ: Instituto Militar de Engenharia
ITA-SP: Instituto Tecnológico de Aeronáutica
Mack-SP: Universidade Presbiteriana Mackenzie
PUC: Pontifícia Universidade Católica
PUCC-SP: Pontifícia Universidade Católica de Campinas
Udesc: Universidade do Estado de Santa Catarina
Uece: Universidade Estadual do Ceará
UEG-GO: Universidade Estadual de Goiás
UEL-PR: Universidade Estadual de Londrina
UEM-PR: Universidade Estadual de Maringá
Uema: Universidade Estadual do Maranhão
UEMG: Universidade Estadual de Minas Gerais
UEPG-PR: Universidade Estadual de Ponta Grossa
Uerj: Universidade do Estado do Rio de Janeiro
Uern: Universidade do Estado do Rio Grande do Norte
Ufes: Universidade Federal do Espírito Santo
UFG-GO: Universidade Federal de Goiás
UFJF-MG: Universidade Federal de Juiz de Fora
UFMG: Universidade Federal de Minas Gerais
UFMS: Universidade Federal de Mato Grosso do Sul
Ufop-MG: Universidade Federal de Ouro Preto
UFPA: Universidade Federal do Pará
UFPE: Universidade Federal de Pernambuco
Ufpel-RS: Universidade Federal de Pelotas
UFPR: Universidade Federal do Paraná
UFRGS-RS: Universidade Federal do Rio Grande do Sul
UFRJ: Universidade Federal do Rio de Janeiro
UFSC: Universidade Federal de Santa Catarina
Ufscar-SP: Universidade Federal de São Carlos
UFSM-RS: Universidade Federal de Santa Maria
UFTM-MG: Universidade Federal do Triângulo Mineiro
UFU-MG: Universidade Federal de Uberlândia
UFV-MG: Universidade Federal de Viçosa
Uneb-BA: Universidade do Estado da Bahia
Unesp: Universidade Estadual Paulista "Júlio de Mesquita Filho"
Unicamp-SP: Universidade Estadual de Campinas
Unifesp: Universidade Federal de São Paulo
Unigranrio: Universidade do Grande Rio
Unisc-RS: Universidade de Santa Cruz do Sul
UPE: Universidade de Pernambuco
UPF-RS: Universidade de Passo Fundo

Organize e amplie as ideias

Capítulo 1 – Carga elétrica

1. a) Pesquise onde e quando foram feitas as primeiras referências e observações de fenômenos elétricos. Descreva os fenômenos observados naquela época.

b) Qual foi a principal contribuição de Gilbert para o estudo desses fenômenos?

c) De onde se originaram os termos eletrizar, eletricidade, etc.?

2. a) Quantos tipos de carga elétrica existem na natureza? Como se denominam?

b) Em que condições temos atração entre duas cargas elétricas? E em que condições elas se repelem?

3. a) Qual é a relação entre o número total de prótons e o número total de elétrons existentes em um objeto neutro?

b) Atritando dois objetos diferentes, inicialmente neutros, ambos se eletrizam?

c) Que partícula é transferida de um objeto para o outro no processo de eletrização por atrito?

d) Qual dos dois objetos ficará eletrizado positivamente? Qual deles ficará eletrizado negativamente?

4. a) O que é um condutor de eletricidade? Dê exemplos de substâncias condutoras.

b) O que é um isolante (ou dielétrico)? Dê exemplos de substâncias isolantes.

5. a) Por que não é aconselhável usar o vidro como suporte isolante, apesar de ele ser um dielétrico?

b) Por que, em dias úmidos, um objeto eletrizado perde sua carga com relativa rapidez?

6. a) Descreva, com suas palavras, o processo de indução eletrostática.

b) Faça o mesmo para o processo de polarização de um dielétrico.

7. a) Como você procederia para eletrizar positivamente, por indução, uma barra metálica? Explique o que se passa em cada fase do processo.

b) E como você procederia para eletrizar a barra negativamente?

8. a) Explique por que um objeto leve, não eletrizado, é atraído por um bastão carregado.

b) Por que, após tocar o bastão, o objeto leve é repelido?

9. a) O que é um eletroscópio?

b) Descreva dois tipos de eletroscópio.

10. a) Como usamos um eletroscópio de folhas para verificar se um objeto está eletrizado (descreva o que ocorre no eletroscópio)?

b) Descreva como esse aparelho pode ser usado para se determinar o sinal da carga em um objeto.

11. a) O que se entende por carga puntual?

b) Escreva a expressão matemática da lei de Coulomb (no vácuo) explicando o significado de cada símbolo que nela aparece.

c) O que ocorre com o valor da força elétrica entre duas cargas, inicialmente no vácuo, quando elas são mergulhadas em um meio material?

d) O que é a constante dielétrica de um meio material?

12. Considere um pequeno bloco de cobre cuja massa é 127 g. Suponha que, em cada átomo, um elétron não esteja ligado ao núcleo, isto é, tem-se um elétron livre por átomo dessa substância.

a) Quantos gramas de cobre constituem um mol dessa substância? (Consulte seu livro-texto de Química.)

b) Então, quantos átomos de cobre existem no bloco citado? (Considere o número de Avogadro igual a $6 \cdot 10^{23}$.)

c) Portanto, qual é o número de elétrons livres no bloco?

13. a) Usando a lei de Coulomb, determine a unidade de medida em que deve ser expressa a constante k_0, no SI.

b) Para se certificar de que 1 C corresponde a uma unidade de carga muito grande, calcule a força entre duas cargas puntuais, de 1 C cada uma, separadas, no ar, pela distância de 1 m.

c) Qual seria a massa de um objeto cujo peso fosse igual à força calculada em **b**? (Considere $g = 10\ m/s^2$.)

14. Duas cargas puntuais, Q_1 e Q_2, estão se atraindo, no ar, com uma certa força $\vec{F}$. Suponha que o valor de Q_1 seja duplicado e o de Q_2 se torne 8 vezes maior. Para que o valor da força $\vec{F}$ permaneça invariável, a distância r entre Q_1 e Q_2 deverá tornar-se:

a) 32 vezes maior.

b) 4 vezes maior.

c) 16 vezes maior.

d) 4 vezes menor.

e) 16 vezes menor.

15. Uma pequena esfera, *A*, eletrizada positivamente, está suspensa, no ar, em um suporte por meio de um fio isolante. Uma outra esfera, *B*, de massa igual a 10 g, com carga igual e oposta à da esfera *A*, é colocada 10 cm abaixo desta, como mostra a figura deste problema. Nessas condições, verifica-se que *B* permanece em repouso ao ser abandonada.

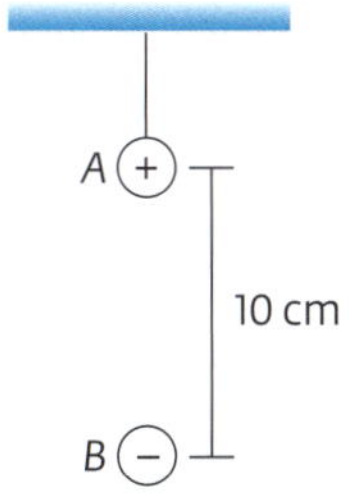

a) Qual é o valor da força elétrica com que *A* atrai *B*? (Considere $g = 10\ m/s^2$.)

b) Qual é o módulo da carga existente em cada uma das esferas?

c) Qual é o número de elétrons em excesso na esfera *B*?

16. Três cargas elétricas, Q_1, Q_2 e q, estão dispostas, como mostra a figura deste problema, nos vértices de um triângulo isósceles. Sabendo-se que os módulos das cargas Q_1 e Q_2 são iguais, indique, entre os vetores mostrados na figura, aquele que melhor representa a força elétrica resultante que atua sobre q.

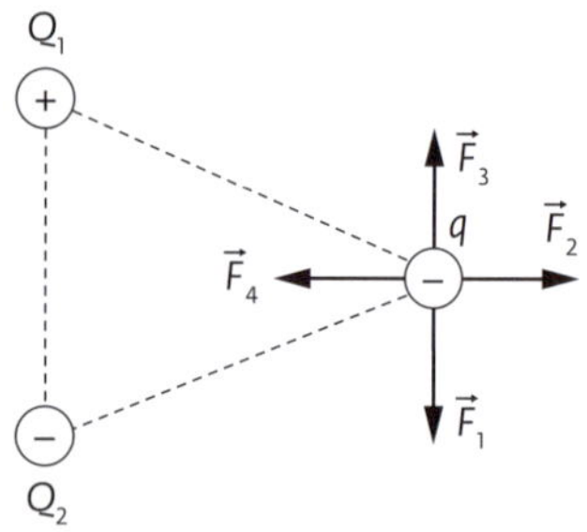

17. A figura deste problema mostra duas cargas puntuais, $Q_1 = 4,0\ \mu C$ e $Q_2 = -1,5\ \mu C$. Uma carga positiva $q = 2,0 \times 10^{-7}$ C é colocada no ponto P_1 situado a 5,0 cm de Q_2. Supondo que essas cargas estejam no ar, responda:

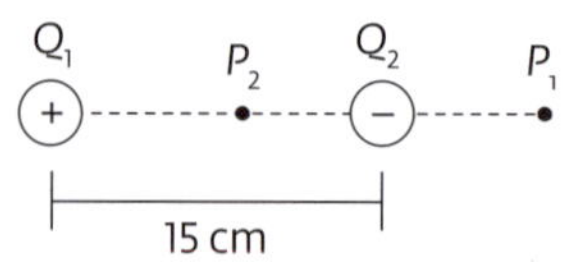

a) Quais são o módulo e o sentido da força exercida por Q_1 sobre q?

b) Quais são o módulo e o sentido da força exercida por Q_2 sobre q?

c) Quais são o módulo e o sentido da força elétrica resultante que atua sobre q?

18. Duas cargas elétricas puntuais, situadas no ar, se repelem com uma certa força $\vec{F}$.

a) Se essas cargas forem mergulhadas na água (mantendo-se constante sua separação), a força entre elas aumentará ou diminuirá? Quantas vezes?

b) Para que, ao serem mergulhadas na água, a força entre as cargas não sofra alteração, a distância entre elas deverá ser aumentada ou diminuída? Quantas vezes?

19. Em um cristal de cloreto de sódio, a distância entre dois íons adjacentes Na^+ e Cl^- é de, aproximadamente, $3 \cdot 10^{-10}$ m.

a) Supondo que o cristal se encontre no ar, calcule o valor da força elétrica na atração entre esses íons.

b) Se o cristal for mergulhado na água, o que ocorrerá com o valor dessa força de atração?

c) Explique, então, por que a água é um bom solvente para o cloreto de sódio.

20. Sobre uma mesa lisa, isolante, nos vértices de um quadrado de lado igual a 10 cm, estão fixadas as cargas puntuais $Q_1 = 5,0\ \mu C$, $Q_2 = -5,0\ \mu C$ e $Q_3 = 5,0\ \mu C$, mostradas na figura deste problema. No quarto vértice do quadrado é abandonada uma pequena esfera de massa $m = 100$ g e eletrizada com uma carga $q = 2,0\ \mu C$. Determine o módulo, a direção e o sentido da aceleração que será adquirida por essa esfera.

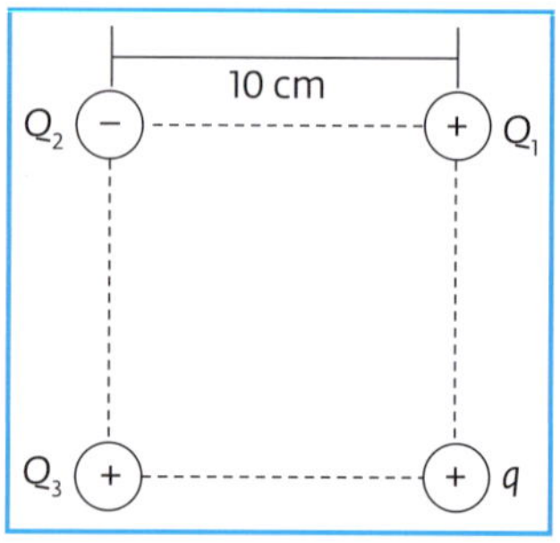

21. Na figura deste problema a pequena esfera *A* e o pêndulo *B* possuem cargas de mesmo módulo e de sinais contrários. Sabendo-se que *B* está em equilíbrio e que sua massa vale 10 g, determine o módulo da carga em cada um desses objetos. (Considere $g = 10\ m/s^2$.)

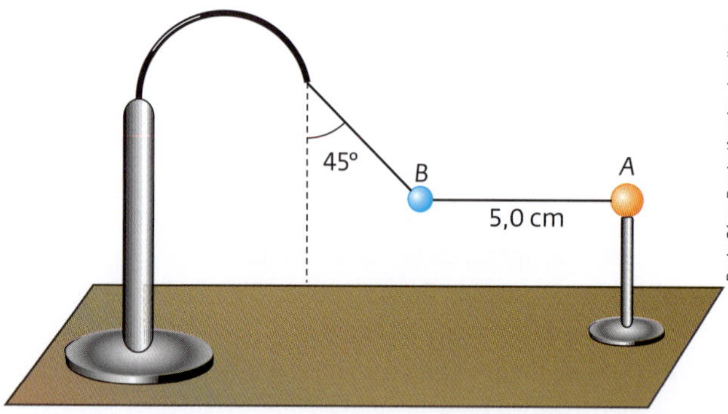

Paulo César Pereira/Arquivo da editora

22. Em um átomo de hidrogênio, o elétron gira em torno do próton em uma órbita circular cujo raio vale aproximadamente $r = 5 \cdot 10^{-11}$ m. Considerando que a massa do elétron é $m = 9 \cdot 10^{-31}$ kg, calcule a velocidade com que ele está girando em torno do próton (lembre-se de que a força centrípeta no elétron é proporcionada pela atração elétrica do próton sobre ele).

23. Uma carga elétrica puntual $+Q$ encontra-se fixada sobre uma mesa isolante (veja a figura deste problema). Um pequeno objeto *C*, eletrizado com uma carga também positiva $+q$, é abandonado sobre a mesa, nas proximidades de $+Q$. Considere que a força resultante que atua sobre *C* é devida apenas à carga *Q*. Enquanto *C* se desloca:

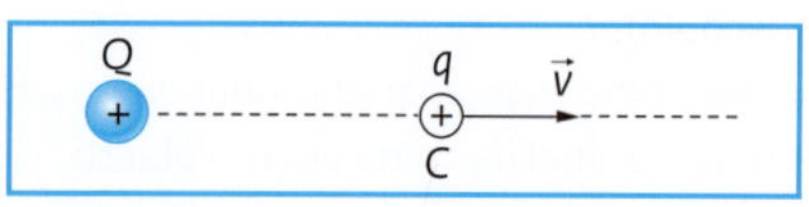

a) o módulo de sua aceleração aumenta, diminui ou não se altera?

b) e o módulo de sua velocidade?

24. Uma barra isolante P, eletrizada positivamente, é colocada nas proximidades de uma barra metálica B, não eletrizada, como mostra a figura deste problema. A pequena esfera condutora E está também descarregada, suspensa por um fio isolante, próxima de uma das extremidades de B.

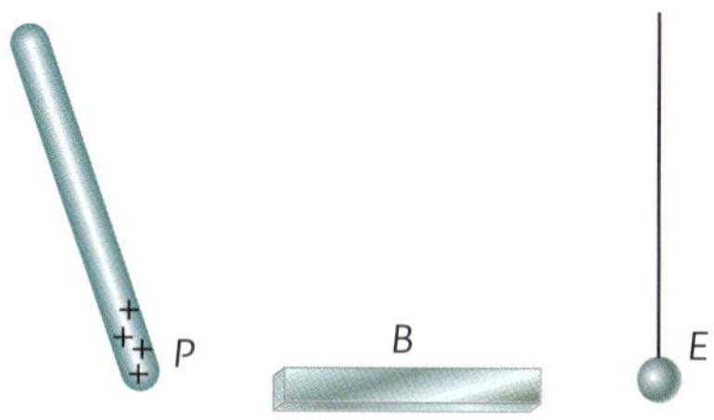

a) Descreva a distribuição de cargas nos objetos B e E no momento em que o objeto P é aproximado de B.

b) A esfera E se desloca? Explique.

25. Um bastão eletricamente carregado atrai uma bolinha condutora X, mas repele uma bolinha condutora Y. Na ausência do bastão, verifica-se que X e Y se atraem (as atrações e repulsões mencionadas são todas de origem elétrica). Responda, justificando sua resposta:

a) A bolinha X poderia estar descarregada?

b) A bolinha X poderia estar eletrizada?

c) A bolinha Y poderia estar descarregada?

26. Duas cargas elétricas puntuais, de mesmo módulo e mesmo sinal, são mantidas a uma distância fixa uma da outra e estão se repelindo com uma força $\vec{F}$. Uma terceira carga, igual às anteriores, é colocada no ponto médio entre elas. A força $\vec{F}$ entre as duas primeiras cargas é alterada pela presença da terceira? Explique.

27. Calcule a carga elétrica total existente em 1 kg de elétrons.

28. Um núcleo de U^{238} emite uma partícula α (núcleo do átomo de He), dando origem a um núcleo de Th^{234}. Imediatamente após a emissão, a distância entre o núcleo de Th^{234} e a partícula α é $9 \cdot 10^{-15}$ m. Calcule nesse instante:

a) o valor da força elétrica que atua na partícula α.

b) a aceleração dessa partícula.

29. Duas pequenas esferas condutoras idênticas A e B, de mesma massa $m = 0{,}30$ g, encontram-se no ar suspensas por dois fios leves, isolantes, ambos medindo 1,0 m de comprimento e presos em um mesmo ponto de suspensão O. Uma das esferas é eletrizada com uma carga Q e, em seguida, é colocada em contato com a outra esfera. Elas se repelem, então, atingindo a posição de equilíbrio quando estiverem separadas por uma distância de 1,0 m (veja a figura deste problema). Determine o valor da carga Q, considerando $g = 10$ m/s^2.

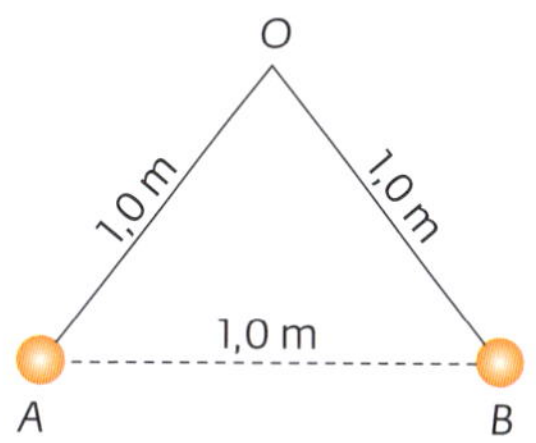

30. Uma partícula de massa $m = 10$ g e carga $q = -2{,}0$ μC é presa a uma mola de massa desprezível. O período de oscilação desse sistema é $T = (0{,}40\pi)$ s. Uma outra partícula, de carga $q' = 0{,}20$ μC, é fixada a uma distância d da posição de equilíbrio O da carga q.

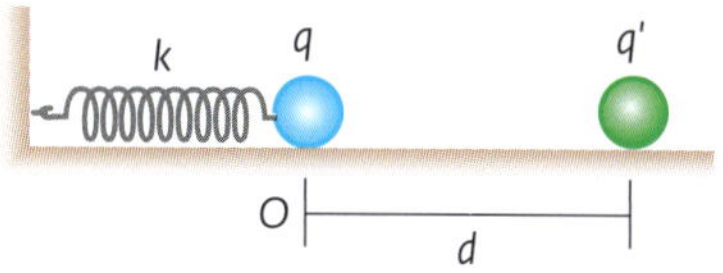

Verifica-se que a nova posição de equilíbrio de q está situada a uma distância $x = 40$ cm do ponto O. Calcule o valor da distância d.

31. Uma pequena esfera de massa m e carga $+q$, suspensa por um fio de comprimento L, gira em movimento circular uniforme em torno de outra carga fixa igual a ela, da maneira mostrada na figura deste problema. Calcule a velocidade angular ω da esfera, considerando os seguintes valores: $m = 65$ g, $q = 1{,}5$ μC, $L = 1{,}0$ m, $g = 10$ m/s^2 e ângulo do fio com a vertical $\theta = 30°$.

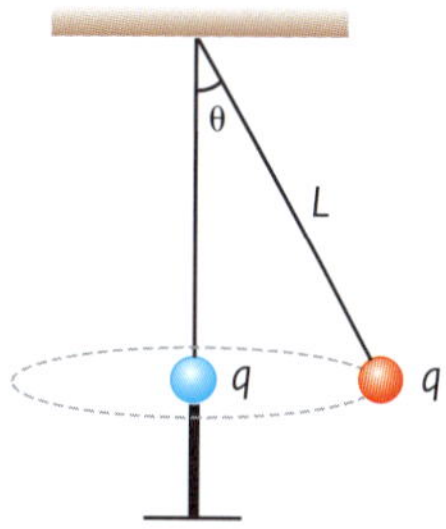

32. Três pequenos objetos eletrizados, com cargas q_1, q_2 e q_3, estão sobre uma mesa horizontal sem atrito. Esses objetos encontram-se em equilíbrio nas posições mostradas na figura deste problema.

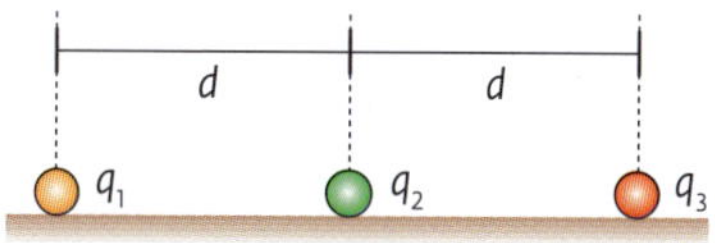

Sendo $q_2 = +1{,}5$ μC, determine:

a) os sinais das cargas q_1 e q_3;

b) o valor dessas cargas.

Capítulo 2 – **Campo elétrico**

1. Explique como devemos proceder para verificar se existe um campo elétrico em um certo ponto do espaço.

2. **a)** Defina, em módulo, direção e sentido, o vetor campo elétrico $\vec{E}$ em um certo ponto do espaço.
b) Qual é, no SI, a unidade de medida da intensidade do campo elétrico?
c) Conhecendo-se a intensidade $\vec{E}$ do campo elétrico em um ponto e o valor de uma carga q colocada nesse ponto, como podemos calcular o valor da força elétrica que atua em q?

3. Suponha que seja conhecido o vetor $\vec{E}$ em um ponto. Diga em que sentido uma carga elétrica, colocada nesse ponto, tende a se movimentar, se o sinal dessa carga for:
a) positivo; **b)** negativo.

4. **a)** Escreva a expressão que nos permite calcular a intensidade do campo elétrico criado por uma carga puntual. Explique o significado de cada símbolo que aparece nessa expressão.
b) Descreva como devemos proceder para calcular o campo elétrico $\vec{E}$ criado, em um ponto P, por várias cargas puntuais.

5. **a)** Conhecendo-se uma linha de força de um campo elétrico, explique como podemos determinar a direção e o sentido do vetor $\vec{E}$ em cada ponto dessa linha.
b) Como podemos obter informações sobre a intensidade de um campo elétrico observando um diagrama de suas linhas de força?

6. **a)** O que é um campo elétrico uniforme?
b) Faça um desenho mostrando uma distribuição de cargas que nos fornece um campo elétrico uniforme.
c) Mostre, no desenho feito no item **b**, a direção e o sentido do vetor $\vec{E}$.

7. Faça um desenho mostrando o aspecto das linhas de força:
a) do campo elétrico criado por uma carga puntual positiva;
b) do campo elétrico criado por uma carga puntual negativa;
c) de um campo uniforme.

8. Considere um condutor eletrizado em equilíbrio eletrostático.
a) O que significa dizer que o condutor está em equilíbrio eletrostático?
b) Onde estão distribuídas as cargas elétricas nesse condutor?
c) Qual é a intensidade do campo elétrico no interior desse condutor?
d) Qual é a direção do vetor $\vec{E}$ em pontos exteriores ao condutor, próximos à sua superfície?

9. **a)** Explique com suas palavras o que você entende por blindagem eletrostática.
b) Descreva a experiência da "gaiola de Faraday".

10. Deseja-se determinar o campo elétrico que deve ser aplicado a um elétron de tal modo que a força exercida pelo campo equilibre o peso dessa partícula.
a) Sabendo-se que a massa do elétron é $9,1 \cdot 10^{-31}$ kg, qual é o seu peso? (Considere $g = 10$ m/s^2.)
b) Quais devem ser a direção e o sentido do campo elétrico procurado?
c) Calcule a intensidade que deve ter esse campo elétrico (sabe-se que a carga do elétron vale $1,6 \cdot 10^{-19}$ C).

11. Uma partícula com carga positiva é abandonada entre duas placas planas, verticais, eletrizadas, como mostra a figura ao lado. Considerando que o peso dessa partícula não é desprezível, a trajetória que ela irá descrever será mais bem representada por:

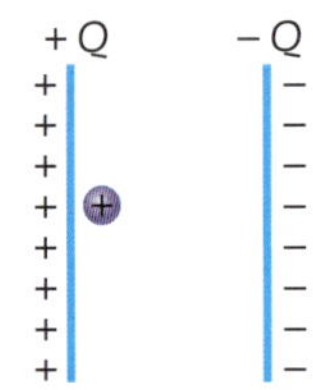

a)

d)

b)

e)
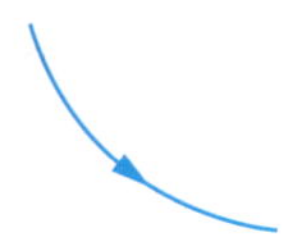

c)

12. Em uma repetição das experiências de Millikan, para determinar a carga do elétron, foi usada uma pequena gota de óleo, eletrizada negativamente, cuja massa era de $2,4 \cdot 10^{-15}$ kg. Verificou-se que, para equilibrar o peso dessa gota, era necessário aplicar a ela um campo elétrico vertical de $5,0 \cdot 10^4$ N/C. Quantos elétrons havia, em excesso, nessa gota de óleo? (Considere $g = 10$ m/s^2.)

13. Um pêndulo simples está oscilando em uma região em que existe um campo elétrico uniforme, vertical, dirigido de cima para baixo. Inicialmente, a esfera do pêndulo não está eletrizada. Diga se o período desse pêndulo aumentará, diminuirá ou não sofrerá alteração se sua esfera for eletrizada com uma carga:
a) positiva; **b)** negativa.

14. Uma placa isolante muito grande, uniformemente eletrizada (representada na figura deste problema), cria, em pontos próximos a ela, um campo elétrico uniforme perpendicular à sua superfície. Suponha que essa placa esteja na posição vertical, tendo presa a ela, por meio de um fio, uma pequena esfera eletrizada, em equilíbrio, na posição indicada na figura. Sendo 10 g a massa da esfera e 3,0 μC a sua carga, calcule a intensidade do campo criado pela placa. (Considere $g = 10$ m/s^2.)

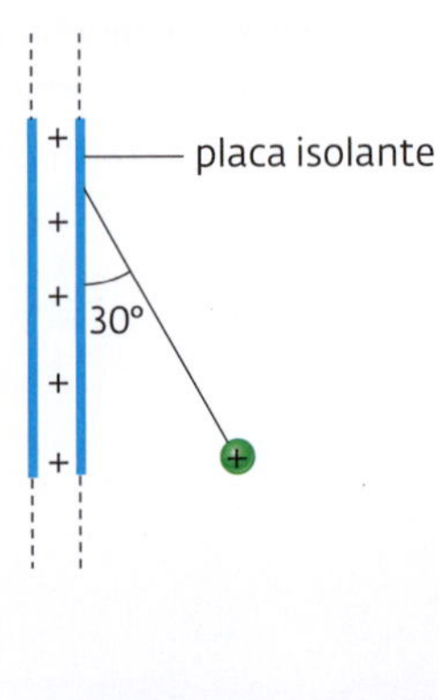

15. Um estudante representou duas linhas de força de um mesmo campo elétrico, da maneira mostrada na figura deste problema. Há um erro nesse diagrama. Qual é esse erro? Por quê?

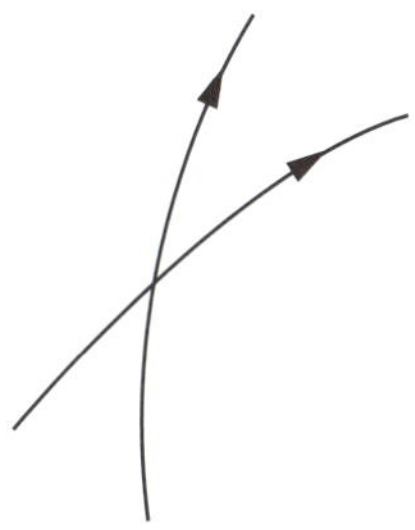

16. Duas cargas puntuais positivas, $Q_1 = 1{,}5 \cdot 10^{-8}$ C e $Q_2 = 6{,}0 \cdot 10^{-8}$ C, estão separadas 15 cm uma da outra. Determine a posição do único ponto em que o campo elétrico criado pelas duas cargas é nulo.

17. Na figura deste problema estão representadas as linhas de força do campo elétrico criado por duas cargas puntuais. Observe e responda:

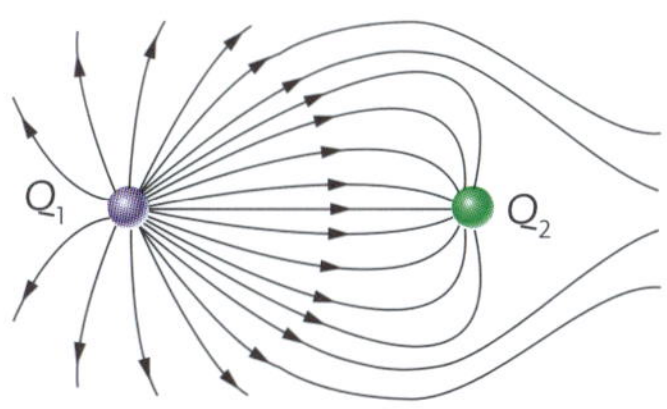

a) Quais os sinais das cargas Q_1 e Q_2?
b) O módulo de Q_1 é maior, menor que Q_2 ou igual a ele?
c) A intensidade do campo elétrico nas proximidades de Q_1 é maior, menor do que nas proximidades de Q_2 ou igual a ela?

18. Suponha que um elétron tenha sido abandonado em uma região em que existe um campo elétrico uniforme, cujo valor é $E = 5{,}0 \cdot 10^3$ N/C. Sabe-se que a razão q/m (carga/massa) do elétron vale $1{,}76 \cdot 10^{11}$ C/kg. Usando apenas esses dados, diga quais das grandezas seguintes, referentes ao elétron, você poderá calcular e determine os seus valores:
- sua massa;
- a força que atua sobre ele;
- sua carga;
- a aceleração que ele adquire.

19. Duas placas condutoras eletrizadas de comprimento $L = 6{,}0$ cm, cada uma, estão dispostas como mostra a figura deste problema. O campo elétrico no espaço entre as placas vale $E = 1{,}8 \cdot 10^4$ N/C. Um elétron é lançado paralelamente às placas, com velocidade $v_0 = 3{,}0 \cdot 10^7$ m/s.

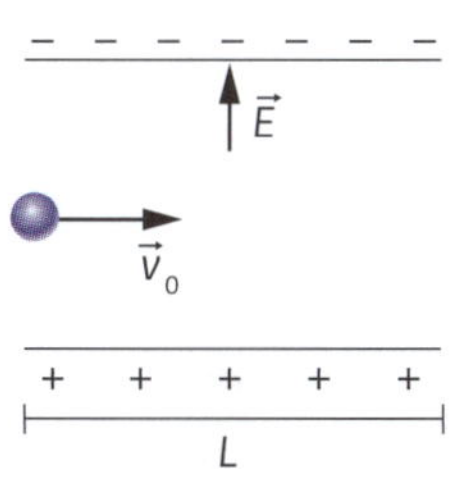

a) Esboce a trajetória descrita pelo elétron enquanto ele atravessa o espaço entre as placas.
b) Quanto tempo o elétron gasta para se deslocar desde o ponto de lançamento até emergir do outro lado?
c) Calcule o desvio transversal sofrido pelo elétron ao atravessar o espaço entre as placas.

20. As três cargas elétricas puntuais mostradas na figura deste problema estão situadas nos vértices de um triângulo equilátero de lado L. Determine a intensidade do campo elétrico que elas estabelecem no ponto M, indicado na figura (ponto médio do lado). Apresente a resposta em termos de k_0, Q e L.

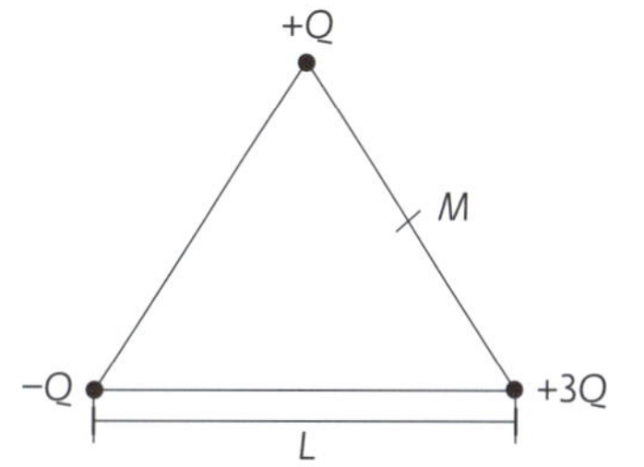

21. Duas esferas condutoras, A e B, eletrizadas positivamente, de raios R_A e R_B, sendo $R_A > R_B$, criam campos elétricos de mesma intensidade em pontos igualmente distantes de seus respectivos centros.
a) A carga na esfera A é maior, menor que a carga na esfera B ou igual a ela?
b) A densidade superficial de carga (carga total/área da esfera) da esfera A é maior, menor que a da esfera B ou igual a ela?
c) Sendo E_A e E_B as intensidades dos campos nas proximidades das superfícies das esferas A e B, diga se E_A é maior, menor que E_B ou igual a ela.

22. Considere um anel, de raio R (de espessura desprezível), carregado com uma carga elétrica Q, como mostra a figura deste problema.

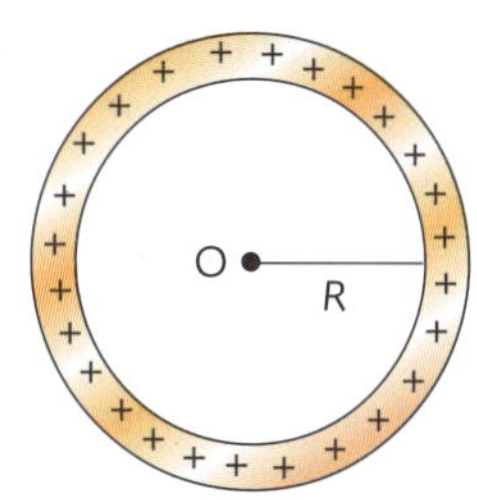

a) Supondo que a carga Q esteja distribuída uniformemente no anel, determine o valor do campo elétrico no centro O desse anel.
b) Se a carga Q não estivesse distribuída uniformemente (de maneira que parte dessa carga estivesse mais concentrada em uma certa região do anel), o campo elétrico em O teria o mesmo valor que o determinado no item **a**?

23. Na figura deste problema, que mostra um anel eletrizado uniformemente com uma carga Q, a reta OX representa um eixo perpendicular ao plano do anel, passando pelo seu centro O. Pode-se mostrar que em um ponto P desse eixo, situado a uma distância x de O, o valor do campo elétrico criado pela carga Q é dado por:

$$E = k_0 \frac{Q \cdot x}{(R^2 + x^2)^{\frac{3}{2}}}$$

A direção e o sentido de $\vec{E}$ estão mostrados na figura.

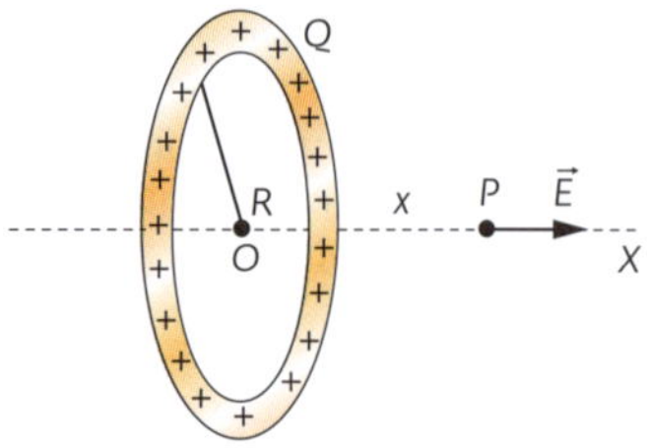

a) Usando a equação fornecida, determine o valor de $\vec{E}$ no centro O do anel e verifique se esse resultado confirma a resposta do problema anterior.

b) Se você já possuir, de seu curso de Matemática, conhecimentos de cálculo diferencial (máximos e mínimos), determine em que posição do eixo OX o valor do campo elétrico é máximo.

24. No problema anterior, considere pontos do eixo OX muito próximos de O, de tal maneira que x seja muito menor do que R. Para esses pontos, o valor de x^2 poderá ser desprezado em comparação com R^2 e, assim, o valor de $\vec{E}$ será dado por:

$$E = k_0 \frac{Qx}{R^3}$$

a) Se uma carga q negativa for abandonada, no eixo OX, bem próxima de O, ela oscilará em torno desse ponto, supondo-se que a única força que atua sobre ela seja a força devida à carga do anel. Procure entender por que isso ocorre.

b) O movimento oscilatório da carga q é harmônico simples? Explique.

c) Sendo m a massa da carga q, determine seu período de oscilação.

25. Um elétron é lançado entre duas placas eletrizadas, como mostra a figura deste problema. Sejam $v_0 = 6{,}0 \cdot 10^6$ m/s, $\theta = 45°$, $E = 2{,}0 \cdot 10^3$ N/C, $d = 3{,}0$ cm e $L = 12$ cm.

a) O elétron atinge a placa negativa?

b) Determine a posição em que o elétron atinge uma das placas.

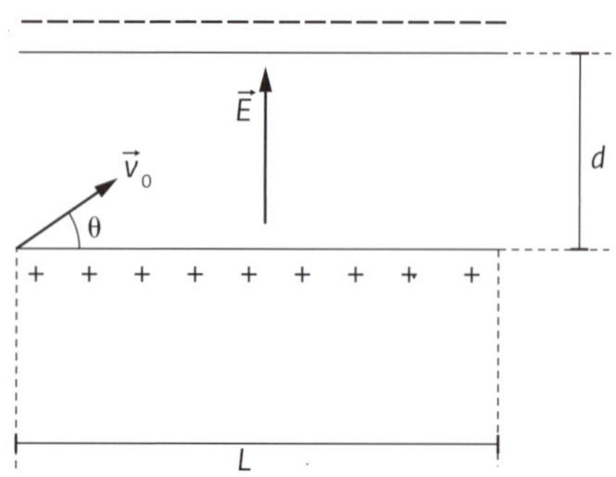

CAPÍTULO 3 – **Potencial elétrico**

1. a) Escreva a equação que define a diferença de potencial (ou voltagem) entre dois pontos. Explique o significado dos símbolos que aparecem nessa equação.

b) Qual é, no SI, a unidade de medida da diferença de potencial?

c) A diferença de potencial é uma grandeza escalar ou vetorial?

2. a) A força elétrica é uma força conservativa ou dissipativa? Explique.

b) Então, o valor da voltagem entre dois pontos depende do caminho seguido pela carga de prova usada para o cálculo dessa grandeza?

3. a) Uma carga positiva tende a se deslocar para regiões onde o potencial é maior ou menor?

b) E uma carga negativa?

c) Dê um exemplo ilustrando suas respostas anteriores.

4. a) Escreva a expressão que fornece a diferença de potencial em um campo uniforme. Explique o significado dos símbolos que aparecem nessa expressão.

b) Faça um desenho mostrando o aspecto do gráfico $V_{AB} \times d$ em um dado campo uniforme.

c) O que representa a inclinação desse gráfico?

d) Qual a unidade de medida de E (equivalente a 1 N/C), obtida da expressão $V_{AB} = Ed$?

5. Explique, com suas palavras, o que se entende por potencial em um ponto em relação a um dado nível.

6. a) Escreva a expressão que fornece o potencial em um ponto no campo de uma carga puntual. Explique o significado dos símbolos que aparecem nessa expressão.

b) Descreva como se calcula o potencial em um ponto estabelecido por várias cargas puntuais.

7. Explique como se calcula o potencial estabelecido por uma esfera metálica eletrizada em pontos:

a) exteriores a ela;

b) de sua superfície;

c) de seu interior.

8. a) Diga, com suas palavras, o que se entende por uma superfície equipotencial.

b) Faça um desenho mostrando algumas superfícies equipotenciais em um campo uniforme.

c) Faça o mesmo para o campo criado por uma carga puntual.

9. Explique por que, se conhecermos o potencial de um ponto qualquer de um condutor em equilíbrio eletrostático, podemos determinar o potencial de qualquer outro ponto desse condutor.

10. Sendo V_1 e V_2 os potenciais de dois objetos metálicos:

a) Se eles forem ligados entre si por meio de um condutor, em que condições haverá passagem de cargas elétricas de um para o outro?

b) Ocorrendo a passagem de cargas, qual será o sentido do fluxo de elétrons entre esses dois objetos?

c) Quando esse fluxo de cargas se interromper, qual será a relação entre V_1 e V_2?

11. Suponha que uma lâmpada seja ligada em uma tomada de 120 V durante 1,0 hora.

a) Se em cada segundo passa uma carga de 1,0 C pela lâmpada, qual é o valor da carga total que passou através dela?

b) Qual o trabalho total realizado sobre essa carga pelo campo elétrico existente entre os terminais da tomada?

12. A energia elétrica geralmente é medida em uma unidade denominada 1 quilowatt-hora (1 kWh), cujo valor é $1\ kWh = 3{,}6 \cdot 10^6\ J$. Considerando o problema anterior:

a) expresse em kWh o trabalho realizado pelo campo elétrico;

b) supondo que 1 kWh de energia elétrica esteja custando R$ 0,50, calcule o preço que deverá ser pago pelo funcionamento da lâmpada.

13. Uma carga de prova positiva $q = 2{,}0\ \mu C$ é transportada de *A* para *B* sob a ação de um campo elétrico e de uma força externa (veja a figura deste problema). Sabendo-se que essa força externa realiza sobre a carga um trabalho de 0,70 J e que sua energia cinética aumenta de 1,20 J nesse deslocamento, determine:

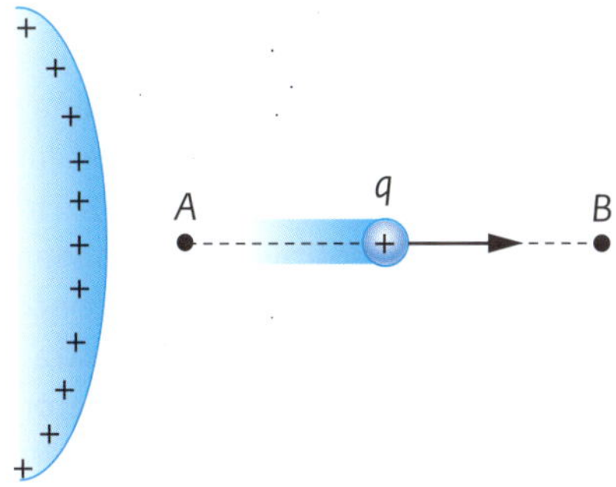

a) o trabalho realizado pelo campo elétrico sobre a carga de prova;

b) a diferença de potencial entre os pontos *A* e *B*.

14. A figura deste problema representa as linhas de força de um campo elétrico.

a) Observando essas linhas de força, diga se a intensidade do campo em *A* é maior, menor que a intensidade do campo em *B* ou igual a ela.

b) Imaginando uma carga positiva abandonada entre *A* e *B*, diga se o potencial de *A* é maior, menor que o de *B* ou igual a ele.

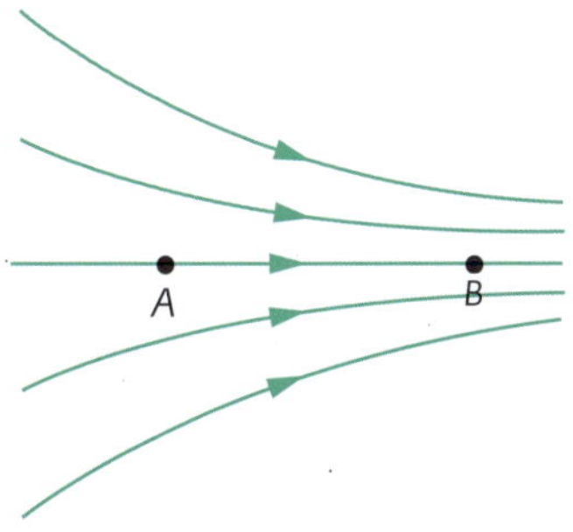

15. As unidades 1 N/C e 1 V/m, usadas para medir a intensidade do campo elétrico, são equivalentes. Procure mostrar que essa afirmação é verdadeira, isto é, mostre que 1 V/m = 1 N/C. (Lembre-se das definições de 1 V e 1 J.)

16. Os pontos *A* e *B* mostrados na figura deste problema estão situados entre duas grandes placas paralelas, eletrizadas com cargas de mesmo valor e de sinais contrários.

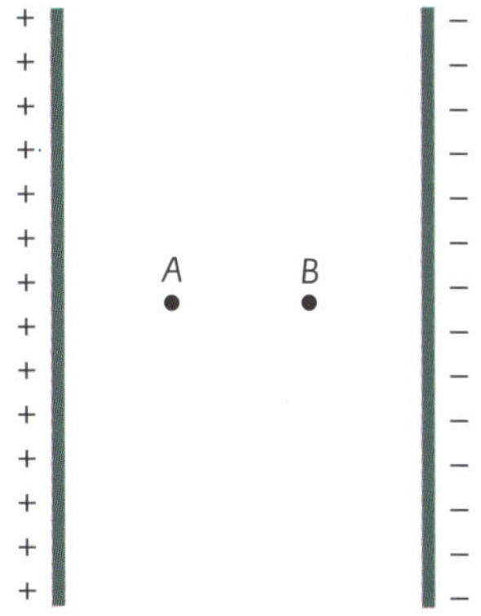

Sabendo-se que os potenciais de *A* e *B* valem (ambos em relação a um mesmo nível) $V_A = 500\ V$ e $V_B = 100\ V$ e que a distância de *A* até *B* é de 2,0 cm, concluímos que as intensidades do campo elétrico em *A* e *B* valem, respectivamente:

a) 500 V/m e 100 V/m.

b) 500 V/m e 250 V/m.

c) 800 V/m e 800 N/C.

d) $2{,}0 \cdot 10^4$ V/m e $2{,}0 \cdot 10^4$ N/C.

e) $2{,}5 \cdot 10^4$ V/m e $5{,}0 \cdot 10^3$ V/m.

17. No problema anterior, suponha que uma partícula, eletrizada positivamente com uma carga $q = 1{,}5\ \mu C$, fosse abandonada (em repouso) no ponto *A*. Considere atuando sobre a partícula apenas a força devida ao campo elétrico e calcule:

a) o trabalho realizado sobre ela, pela força elétrica, no deslocamento de *A* para *B*;

b) a energia cinética com que a partícula chega a *B*;

c) a velocidade da partícula ao passar por *B*, sabendo-se que sua massa é $m = 3{,}0$ mg.

18. Duas esferas metálicas, 1 e 2, de raios R_1 e R_2, sendo $R_1 > R_2$, estão ambas eletrizadas positivamente (veja a figura deste problema). Ligam-se as esferas por meio de um fio condutor. Após ser atingido o equilíbrio eletrostático, denominemos Q_1 e Q_2 as cargas em cada esfera e por V_1 e V_2 o potencial de cada uma. Podemos, então, afirmar que:

a) $V_1 > V_2$ e $Q_1 > Q_2$.

b) $V_1 > V_2$ e $Q_1 = Q_2$.

c) $V_1 = V_2$ e $Q_1 > Q_2$.

d) $V_1 = V_2$ e $Q_1 = Q_2$.

e) $V_1 < V_2$ e $Q_1 = Q_2$.

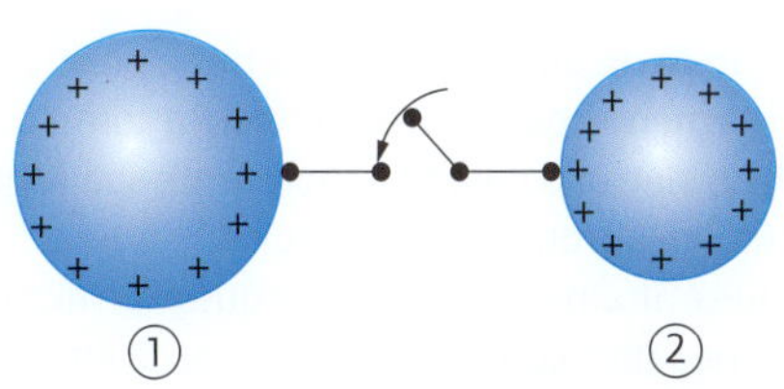

19. Costuma-se medir a energia de partículas atômicas em uma unidade denominada 1 elétron-volt (1 eV). A unidade 1 eV é igual à energia adquirida por um elétron ao ser acelerado entre dois pontos entre os quais existe uma diferença de potencial de 1 V. Considerando essa informação, diga qual será, em eV, a energia adquirida pelas partículas seguintes ao passarem entre dois pontos, *A* e *B*, entre os quais existe uma voltagem $V_A - V_B = 20$ kV:

a) Um elétron, ao passar de *B* para *A*.

b) Um próton, ao passar de *A* para *B*.

c) Um nêutron, ao passar de *A* para *B*.

d) Uma partícula alfa (dois prótons e dois nêutrons), ao passar de *A* para *B*.

20. Em um tubo de TV existem um filamento *f* e uma placa *p* (veja a figura deste problema), entre os quais é estabelecida uma certa voltagem V_{pf}. Ao ser aquecido, o filamento emite elétrons (com velocidade praticamente nula) que são acelerados pela diferença de potencial em direção à placa *p*, passando por um orifício nela existente e deslocando-se até atingir a tela.

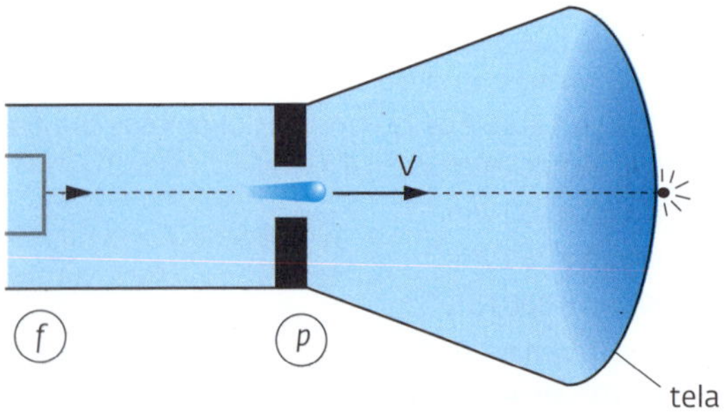

a) Determine a expressão que fornece a velocidade *v* do elétron ao passar pelo orifício existente na placa (dê sua resposta em função da carga *q* do elétron, de sua massa *m* e da voltagem V_{pf}).

b) Em um tubo de TV, um elétron, acelerado por uma voltagem $V_{pf} = 15\,000$ V, atingiu a placa com uma velocidade *v*. Qual deveria ser o valor da voltagem entre a placa e o filamento para que o elétron atingisse a placa com uma velocidade duas vezes maior?

21. No problema 20, suponha que a potência elétrica usada para acelerar os elétrons entre *f* e *p* (canhão eletrônico) seja de 30 W. Considerando $V_{pf} = 15\,000$ V, determine quantos elétrons atingem a tela por segundo.

22. Em uma lâmpada de gás neônio (tubo de neônio), os eletrodos estão distanciados em 120 cm e a diferença de potencial entre eles é de $8{,}0 \cdot 10^3$ V.

a) Calcule a aceleração de um íon de neônio cuja massa é $3{,}2 \cdot 10^{-26}$ kg e cuja carga, em módulo, é igual à do elétron (suponha que o campo elétrico entre os eletrodos seja uniforme).

b) Se o íon parte do repouso no eletrodo positivo e move-se livremente, qual a energia cinética com a qual ele alcança o eletrodo negativo? Apresente sua resposta em keV (quiloelétron-volt) e em joules.

c) Por que é altamente improvável que o íon alcance o eletrodo negativo com a energia calculada em **b**?

23. Dois condutores esféricos, *A* e *B*, de raios $R_A = R$ e $R_B = 2R$, estão isolados e distantes um do outro. As cargas das duas esferas são de mesmo sinal e a densidade superficial de carga de *A* é duas vezes maior do que a de *B*. Ligando-se as duas esferas por um fio condutor, verifique se haverá passagem de carga de uma para a outra. Explique.

24. Duas cargas elétricas puntuais $-Q$ estão a uma distância *a* do ponto *A*, como mostra a figura.

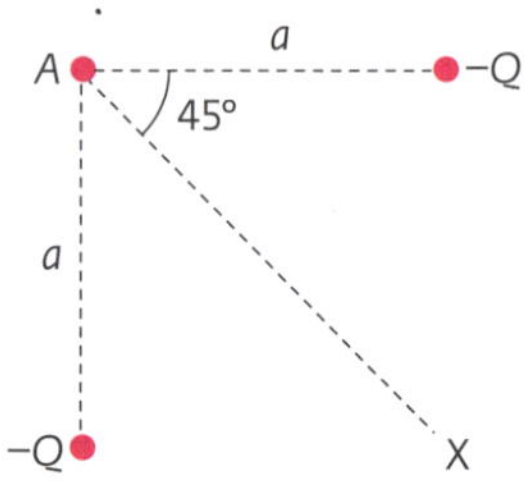

a) A que distância *x* de *A*, sobre a reta *AX*, devemos colocar uma carga elétrica puntual $+Q$, para que o potencial em *A* (em relação ao infinito) seja nulo?

b) Existem outros pontos do plano da figura nos quais a carga $+Q$ poderia ser colocada para se obter o mesmo resultado?

25. O núcleo de um átomo de ouro possui uma carga positiva, correspondente a 79 prótons ali presentes. Em suas famosas experiências, Rutherford (1871-1937) enviava partículas α (carga positiva correspondente a 2 prótons), com energia cinética de 5 MeV (cinco milhões de elétron-volt = 5 megaelétron-volt) contra uma lâmina de ouro muito fina. Suponha que a trajetória das partículas α estivesse dirigida diretamente para um núcleo de ouro. Sabendo-se que o raio do núcleo de ouro é igual a $5{,}0 \cdot 10^{-15}$ m, verifique se essa partícula vai penetrar no núcleo, vai apenas tocar sua superfície ou vai se deter (voltando sobre si mesma) a uma distância grande do núcleo.

26. Uma carga puntual $q = -1{,}0\ \mu C$ é colocada em repouso a uma distância $r = 6{,}0$ cm de uma carga puntual fixa $Q = -2{,}0\ \mu C$.

a) Qual é a energia potencial elétrica da carga *q* em relação ao infinito?

b) Abandonando-se *q*, à medida que ela se desloca, sua E_p aumenta, diminui ou não se altera?

c) Na ausência de atrito, quando a carga *q* chega ao infinito, ela possui alguma energia? Explique.

27. Uma bolha de sabão, de raio $r = 10$ cm e espessura $e = \left(\frac{10}{3}\right) \cdot 10^{-6}$ cm, está eletrizada, sendo seu potencial $V = 20$ V. A bolha se arrebenta, formando uma gota com a mesma massa e a mesma carga da bolha original. Considerando a bolha e a gota condutoras, calcule o potencial da gota formada (o volume da película esférica da bolha é dado pela fórmula: volume $= 4\pi r^2 \cdot e$).

28. Duas placas paralelas, eletrizadas com cargas iguais e de sinais contrários, estão separadas de 10 cm. Um elétron, abandonado próximo à placa negativa, gasta $5{,}0 \cdot 10^{-8}$ s para atingir a placa positiva. Calcule a diferença de potencial entre as duas placas.

29. Qual o máximo potencial que pode ser alcançado por uma esfera condutora, de raio $R = 0{,}50$ m, no ar?

30. Considere uma esfera metálica, de raio R, eletrizada com a carga negativa $-Q$.

a) À medida que nos afastamos da superfície da esfera, os potenciais dos pontos pelos quais estamos passando são crescentes ou decrescentes?

b) Onde se localiza o ponto de potencial máximo e qual o valor desse potencial?

c) Faça um desenho mostrando o aspecto do gráfico $V \times r$, em que r é a distância de um ponto qualquer ao centro da esfera (de $r = 0$ até $r \to \infty$).

31. A figura deste problema mostra uma esfera A, condutora, carregada com uma carga positiva Q_A, envolvida por uma esfera oca, B, também condutora, carregada com uma carga positiva Q_B.

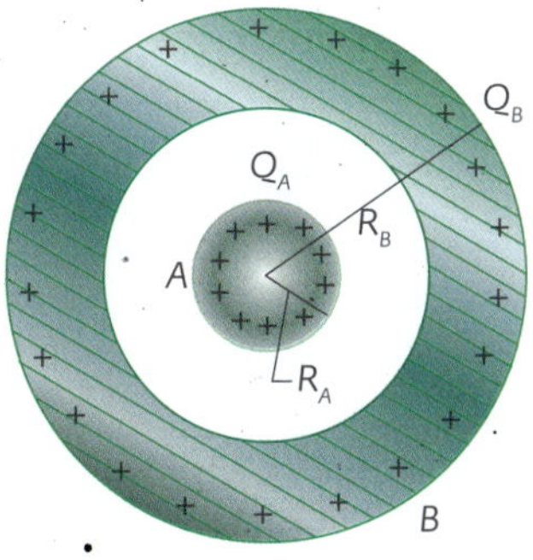

Sendo R_A e R_B os raios das duas esferas:

a) determine o potencial V_A da esfera A;

b) determine o potencial V_B da esfera B.

c) Usando as respostas dos itens **a** e **b**, explique o que ocorre com a carga Q_A quando as duas esferas são ligadas por um fio condutor.

d) Cite um aparelho cujo funcionamento utiliza o fato analisado no item **c**.

32. Em um tubo de TV, um elétron é acelerado horizontalmente, a partir do repouso, por uma diferença de potencial de 10 000 V. Em seguida ele é lançado entre duas placas horizontais, com 5,0 cm de comprimento, separadas de 1,0 cm (veja a figura deste problema). Sabendo-se que entre as placas existe uma diferença de potencial de 200 V, ao emergir das placas, o elétron apresenta um ângulo de deflexão θ, em relação à direção inicial de seu movimento. Determine o valor do ângulo θ.

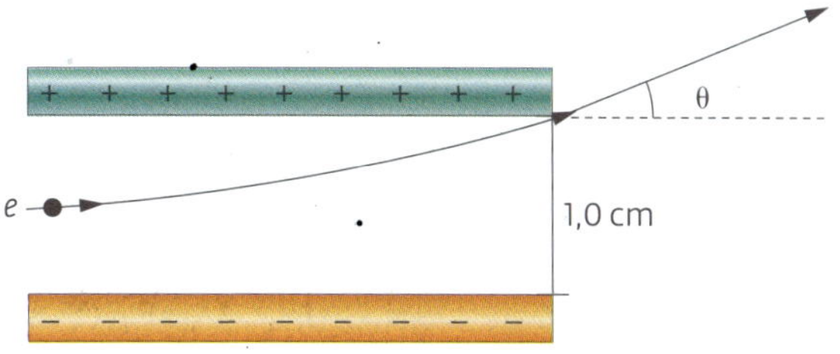

33. a) Um próton, após ser acelerado por uma voltagem V_{AB}, é usado para bombardear os átomos de uma lâmina de ferro. Qual deve ser o mínimo valor de V_{AB} para que o próton consiga penetrar no núcleo de um átomo de ferro? (O raio desse núcleo é $4 \cdot 10^{-15}$ m e o número atômico do ferro é 26.)

b) Qual deveria ser o valor de V_{AB} se a partícula a ser acelerada fosse uma partícula α?

34. Três cargas positivas, Q_1, Q_2 e Q_3, são colocadas nas posições mostradas na figura deste problema e mantidas nessas posições. Calcule a energia potencial armazenada nesse sistema em relação a um nível no infinito. (Considere os seguintes valores: $Q_1 = 1{,}0$ μC, $Q_2 = 3{,}0$ μC, $Q_3 = 6{,}0$ μC, $r_1 = 3{,}0$ cm, $r_2 = 5{,}0$ cm e $r_3 = 6{,}0$ cm.)

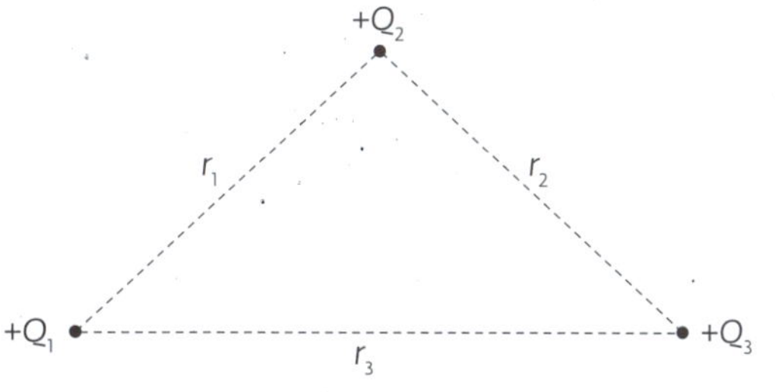

Observação

A energia potencial do sistema (a energia que o sistema poderá liberar se as cargas forem abandonadas) pode ser obtida calculando-se o trabalho que deve ser feito para trazer as cargas do infinito até a configuração mostrada (suponha as cargas transportadas uma de cada vez).

Capítulo 4 – Corrente elétrica

1. **a)** O que é uma corrente elétrica?
b) Descreva a corrente elétrica nos metais, nos líquidos e nos gases, dizendo, em cada caso, quais são as cargas livres que se movimentam.

2. **a)** O que se entende por corrente convencional?
b) Essa corrente tem o mesmo sentido do campo aplicado no condutor ou sentido contrário ao dele?

3. **a)** O que é uma corrente contínua? Dê exemplos de dispositivos que fornecem esse tipo de corrente.
b) O que é uma corrente alternada?
c) Qual é o tipo de corrente fornecida pelas companhias elétricas às nossas residências?
d) O que é um retificador?

4. **a)** O que se entende por polo negativo e polo positivo de uma pilha?
b) Faça um desenho mostrando como devemos associar várias pilhas para obter uma voltagem mais elevada.
c) Descreva como é montada uma bateria de automóvel (oriente-se pela figura 4.12).

5. **a)** Quando ligamos os polos de uma bateria por meio de um fio condutor, qual é o sentido da corrente convencional que passa nesse fio?
b) Critique a seguinte afirmativa: "Uma lâmpada elétrica acesa consome corrente elétrica".

6. **a)** Qual é a relação entre a resistência elétrica R de um fio e o seu comprimento L? E entre R e a área A da seção reta desse fio?
b) Escreva a equação que relaciona R com L e A. Como se denomina o coeficiente de proporcionalidade que aparece nessa equação?
c) Um valor elevado da resistividade de um material indica que esse material é bom ou mau condutor de eletricidade?
d) O que é um reostato? Descreva como funciona o reostato mostrado na figura 4.20.a.

7. **a)** Enuncie com suas palavras a lei de Ohm.
b) A relação $V_{AB} = Ri$ pode ser usada para um material que não obedece à lei de Ohm?
c) Faça um desenho mostrando o aspecto do gráfico $V_{AB} \times i$ para um condutor ôhmico.

8. **a)** Faça um desenho mostrando três resistências ligadas, em série, entre os polos de uma bateria.
b) Em qual dessas resistências passa a maior corrente?
c) Em qual dessas resistências está aplicada a maior voltagem?
d) Como se calcula a resistência equivalente dessa associação?

9. **a)** Faça um desenho mostrando três resistências ligadas, em paralelo, entre os polos de uma bateria.
b) Em qual dessas resistências passa a maior corrente?
c) Em qual dessas resistências está aplicada a maior voltagem?
d) Escreva a equação que nos fornece a resistência equivalente dessa associação.

10. **a)** Dê exemplos de aparelhos nos quais a energia elétrica se transforma em outras formas de energia.
b) Escreva a expressão que nos fornece a potência desenvolvida em um aparelho elétrico, submetido a uma voltagem V_{AB} e percorrido por uma corrente i.

11. Para medirmos o valor de uma resistência R desconhecida, com auxílio de um voltímetro e de um amperímetro, podemos usar a montagem (a) ou a (b) mostradas na figura deste problema. Considere, entretanto (ao contrário do que normalmente ocorre), que a resistência interna do amperímetro e a corrente que passa no voltímetro não sejam desprezíveis.

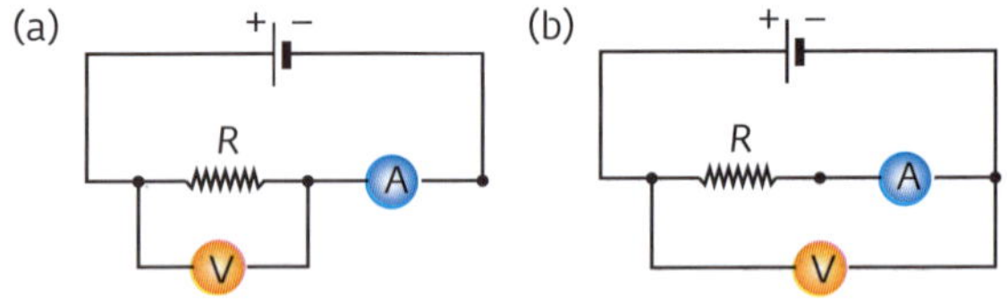

Nessas condições, responda:
a) Na montagem (a) a leitura do amperímetro será maior, menor ou igual à corrente que passa em R?
b) Então, usando a montagem (a), o valor que obteremos para R será maior, menor ou igual ao seu valor real?
c) Na montagem (b) a leitura do voltímetro será maior, menor que a voltagem aplicada em R ou igual a ela?
d) Então, usando a montagem (b), o valor que obteremos para R será maior, menor que o seu valor real ou igual a ele?

12. Um tipo de chuveiro muito comum apresenta um circuito semelhante ao mostrado na figura deste problema. Entre os pontos A e F é mantida uma voltagem constante e, através da chave L, é possível estabelecer contato nos pontos B, C, D e E.

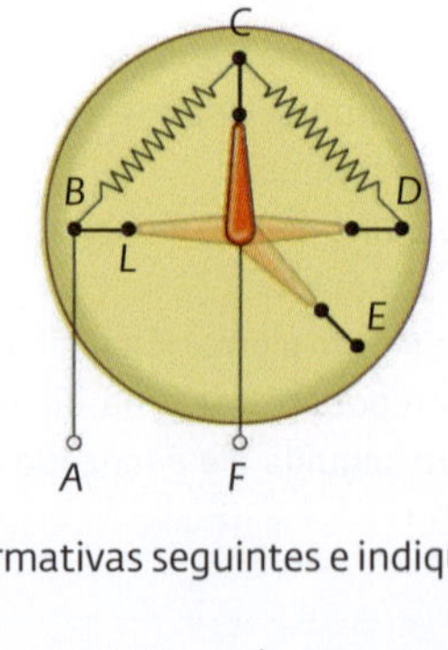

Analise as afirmativas seguintes e indique quais estão corretas:
a) Com a chave em B, haverá um curto-circuito.
b) Com a chave em C, o chuveiro estará no inverno.
c) Com a chave em D, o chuveiro estará no verão.
d) Com a chave em E, o chuveiro estará desligado.

13. Para aquecer a água contida em um recipiente, você dispõe de três resistências, R_1, R_2 e R_3, e de uma bateria que fornece uma voltagem constante. Entre as montagens mostradas na figura deste problema, indique aquela que você deveria usar para que a água fosse aquecida mais rapidamente.

a) c) d) b) e)

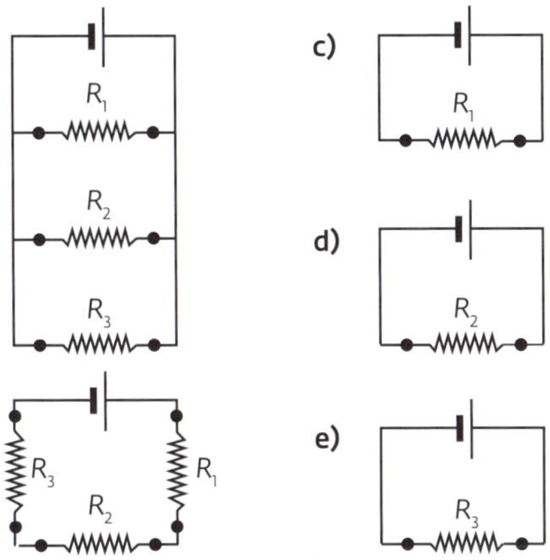

14. Uma pessoa que morava em Brasília, em que a voltagem é 220 V, mudou-se para o Rio de Janeiro, em que a voltagem é 110 V. Para que a potência do chuveiro que ela levou na mudança não se altere, que modificação deverá ser feita em sua resistência?

a) Reduzir à metade a resistência original.

b) Duplicar a resistência original.

c) Quadruplicar a resistência original.

d) Reduzir à quarta parte a resistência original.

e) Não será necessário modificar a resistência original.

15. Sabe-se que a resistência elétrica dos materiais geralmente varia com a temperatura. Um filamento metálico, por exemplo, tem resistência tanto maior quanto mais elevada for sua temperatura. Por outro lado, a resistência de um filamento de carbono diminui quando sua temperatura aumenta. Levando em conta essas informações, resolva a seguinte questão: um fabricante de lâmpadas, tomando um filamento cuja resistência à temperatura ambiente é 240 Ω, construiu uma lâmpada na qual ele imprimiu a seguinte especificação: 60 W; 120 V. Essa lâmpada, ao ser ligada na voltagem especificada, dissipará uma potência maior, menor que 60 W ou igual? Considere que:

a) o filamento da lâmpada é metálico;

b) o filamento da lâmpada é de carbono.

16. Analise o gráfico da figura 4.28.b e responda:

a) A resistência do condutor (1) aumenta ou diminui quando a corrente que passa por ele é aumentada?

b) E a resistência do condutor (2)?

17. Um estudante deseja projetar um ebulidor que seja capaz de elevar a temperatura de 1 L de água, inicialmente a 20 °C, até sua temperatura de ebulição, em 10 minutos. Suponha que todo o calor desenvolvido no ebulidor seja usado para elevar a temperatura da água.

a) Qual deve ser a potência desse ebulidor? (Considere 1 cal = 4,2 J.)

b) Se o ebulidor for projetado para ser ligado em 120 V, qual deve ser o valor de sua resistência?

18. Em uma tabela encontramos que um comprimento igual a 1 000 pés (cerca de 305 m) de um fio de cobre nº 8 tem uma resistência elétrica de 0,63 Ω. Qual é a resistência de 1 000 pés de um fio de alumínio nº 8 (mesmo diâmetro)?

19. Um fio cilíndrico de cobre de resistência R é esticado de modo que seu comprimento torna-se duas vezes maior. Supondo que não haja mudança no volume do fio, determine sua resistência após ter sido esticado.

20. Na figura deste problema os pontos C e D estão ligados por um fio de resistência desprezível (curto-circuito).

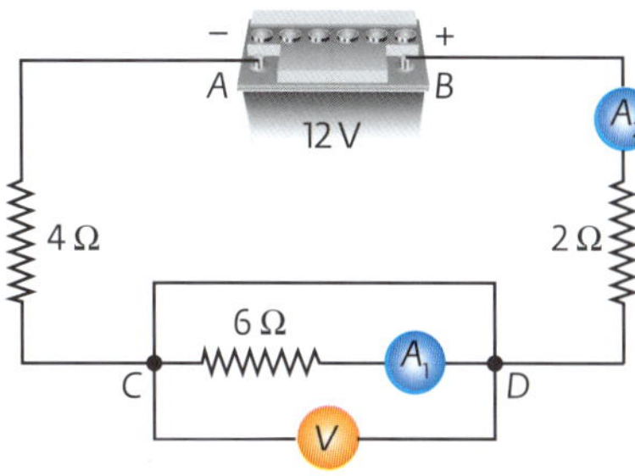

Paulo César Pereira/Arquivo da editora

Sabendo-se que a bateria aplica ao circuito uma voltagem V_{AB} = 12 V, qual será a leitura:

a) do amperímetro A_1?

b) do voltímetro V?

c) do amperímetro A_2?

21. Duas lâmpadas, uma de 60 W, 120 V, e outra de 30 W, 120 V, são ligadas em série em uma tomada de 220 V. Supondo que as lâmpadas não se queimem, responda:

a) O brilho que cada uma delas apresenta é maior, menor que o seu brilho normal (quando submetidas a 120 V, cada uma) ou igual a ele?

b) O brilho da primeira é maior, menor que o da segunda ou igual a ele?

22. Três lâmpadas elétricas, projetadas para funcionar em 110 V, precisam ser ligadas em uma tomada de 220 V. As potências indicadas nas lâmpadas são: 75 W, 75 W e 150 W. Mostre, em um diagrama, como essas lâmpadas devem ser associadas para que possam ser ligadas à tomada de 220 V, apresentando cada uma seu brilho normal (sem utilizar outros dispositivos, a não ser fios de ligação).

23. Uma resistência elétrica desconhecida R pode ser medida, com certa precisão, usando-se o circuito representado na figura deste problema, o qual é denominado ponte de Wheatstone. As resistências R_1, R_2, R_3 e R são dispostas da maneira mostrada na figura, e os pontos C e D são ligados através de um galvanômetro G (microamperímetro). Quando a chave I é fechada, todos os ramos do circuito são percorridos por correntes, e o galvanômetro G indica a passagem de corrente em CD. R_1 e R_2 são resistências fixas conhecidas e R_3 é uma resistência variável (reostato ou outro dispositivo). Alterando convenientemente o valor de R_3, é possível fazer a corrente em CD se anular (o galvanômetro indica zero). Nesse momento, dizemos que "a ponte está em equilíbrio" e o valor de R_3 é fornecido pelo dispositivo mencionado.

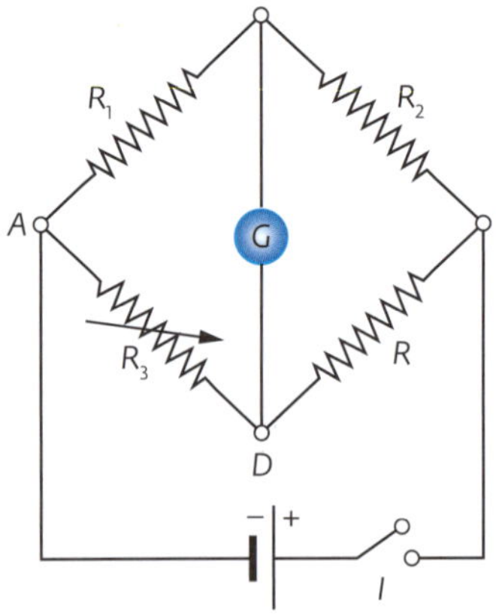

Supondo que a ponte de Wheatstone, apresentada na figura, esteja equilibrada:

a) O potencial V_C é maior, menor que o potencial V_D ou igual a ele?

b) Tendo em vista a resposta do item **a**, mostre que $R \cdot R_1 = R_2 \cdot R_3$.

c) Supondo que $R_1 = 15\ \Omega$, $R_2 = 10\ \Omega$ e que o equilíbrio da ponte ocorreu quando $R_3 = 7{,}5\ \Omega$, determine o valor da resistência desconhecida R.

24. Suponha que uma pessoa tivesse comprado um grande rolo de fio de cobre capeado, cuja área da seção reta era conhecida, e desejasse verificar se o comprimento do fio correspondia ao valor pelo qual ela pagou.

a) Não querendo ter o trabalho de desenrolar o fio, para fazer a medida diretamente, mostre como a pessoa poderia resolver o problema, se ela dispusesse de uma bateria, de um voltímetro e de um amperímetro (faça um desenho ilustrando sua resposta).

b) Considerando que a pessoa tivesse resolvido o problema satisfatoriamente, calcule qual seria o comprimento do fio, supondo os seguintes resultados por ela obtidos:
- seção reta do fio: $A = 2{,}5\ mm^2$
- leitura do voltímetro: $V_{AB} = 6{,}0\ V$
- leitura do amperímetro: $i = 3{,}0\ A$

25. Suponha que a deflexão máxima do ponteiro de um amperímetro corresponda a uma corrente de 5 A. Diz-se que o fundo de escala do amperímetro é de 5 A. Esse mesmo amperímetro pode ser usado para medir correntes mais elevadas, ou seja, é possível alterar o valor do seu fundo de escala, por exemplo, para 20 A, da seguinte maneira: adapta-se, em paralelo com a resistência interna R do amperímetro, uma outra resistência R_S, denominada *shunt* (palavra inglesa que significa "desvio"), como mostra a figura deste problema. O valor de R_S deve ser tal que, quando uma corrente de 20 A chegar ao aparelho (agora alterado), parte dela seja desviada, de modo que em R passem apenas 5 A (correspondentes à deflexão total do ponteiro).

a) Calcule o valor do *shunt* R_S para esse caso, supondo que $R = 1{,}5\ \Omega$.

b) Considere o aparelho assim modificado, ligado em um fio, e que sua escala original esteja indicando 3 A. Quais serão, então, a corrente i_S do *shunt* e a corrente total i no fio?

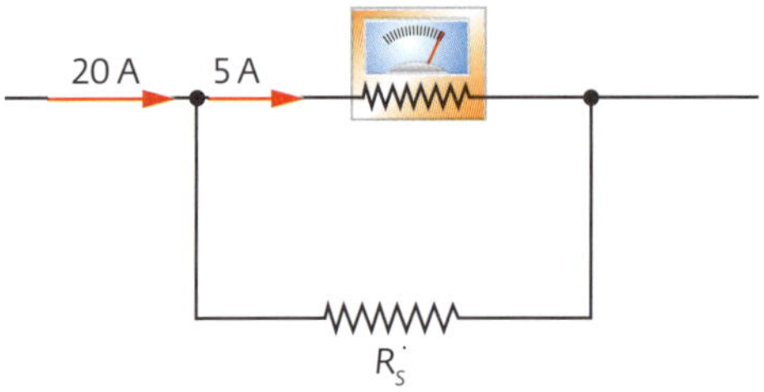

26. Um voltímetro, cujo fundo de escala é de 10 V, tem uma resistência interna $R = 2 \cdot 10^5\ \Omega$. É possível modificar o fundo de escala desse aparelho para, por exemplo, 100 V ligando-se, em série com R, uma resistência R' tal que, ao se aplicar 100 V à associação, obtém-se a deflexão total do ponteiro.

a) Calcule o valor de R' para esse caso.

b) Considere o aparelho, assim modificado, sendo usado para medir a voltagem nos polos de uma bateria. Se a escala original indicar 6 V, qual é a voltagem V' em R' e qual é a voltagem V na bateria?

27. Ligam-se os polos de uma bateria aos pontos A e B do circuito mostrado na figura deste problema. Sendo $V_{AB} = 12\ V$, determine a intensidade da corrente que a bateria fornece ao circuito.

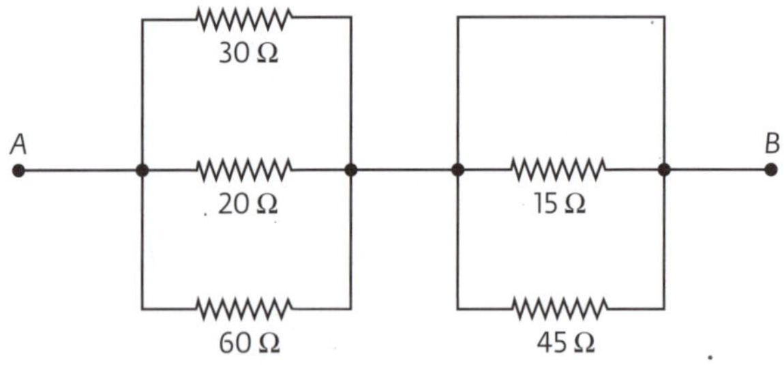

28. As duas lâmpadas L_1 e L_2, mostradas na figura deste problema, funcionam normalmente quando submetidas a uma tensão de 12 V. As figuras da página seguinte representam modos diferentes de ligação das lâmpadas à bateria, experimentadas por uma pessoa. Em quais delas as lâmpadas funcionaram normalmente?

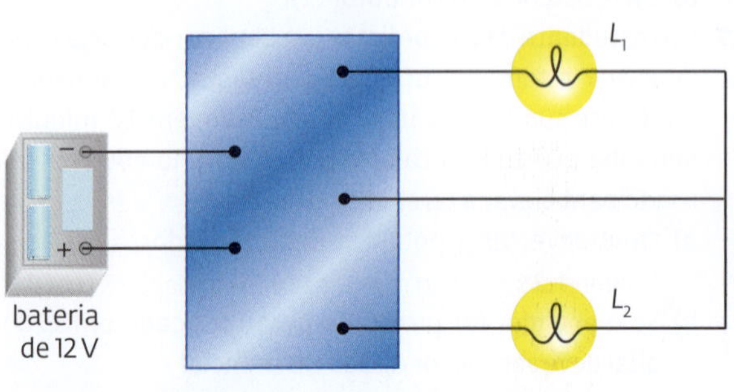

Ilustrações: Paulo César Pereira/Arquivo da editora

a) 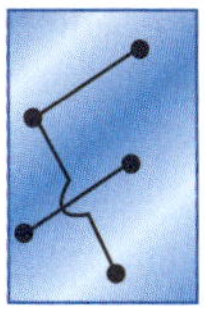

c) 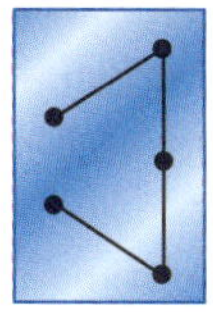

b) 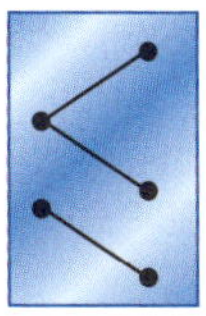

d) 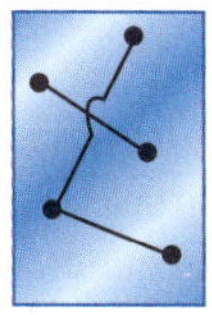

Ilustrações: Paulo César Pereira/Arquivo da editora

29. a) A resistividade de um material é determinada por uma equação. Indique no SI qual é a unidade dessa grandeza (verifique se sua resposta coincide com a unidade apresentada na tabela 4.3).

b) No estudo de resistência elétrica, costuma-se trabalhar com uma grandeza, denominada condutividade, que é representada pela letra grega σ (sigma). Essa grandeza é definida como o inverso da resistividade: $\sigma = 1/\rho$. Consultando a tabela 4.3, calcule a condutividade do melhor material condutor que ali foi apresentado. (Em sua resposta, apresente a unidade de σ no SI.)

30. Um resistor é constituído de um material cujo coeficiente de variação da resistência com a temperatura é $\alpha = 5{,}0 \cdot 10^{-3}\ °C^{-1}$. Sendo constante a voltagem entre os terminais desse resistor e sabendo-se que, a 20 °C, ele dissipa uma potência de 120 W, determine a potência que ele dissipará à temperatura de 60 °C.

CAPÍTULO 5 – **Força eletromotriz – Equação do circuito**

1. a) O que você entende por gerador de f.e.m.? Cite alguns exemplos.

b) Escreva a equação que define a f.e.m. de um gerador. Explique o significado de cada termo que aparece nessa equação.

c) Qual é, no SI, a unidade de medida de f.e.m.?

2. a) O que você entende por gerador de f.c.e.m.? Cite alguns exemplos.

b) Escreva a equação que define a f.c.e.m. de um receptor. Explique o significado de cada termo que aparece nessa equação.

3. Descreva como devemos proceder para dar carga a uma bateria.

4. a) Procure reproduzir o raciocínio para se chegar à expressão da potência que um gerador de f.e.m. transfere às cargas que passam através dele.

b) A expressão que você obteve em **a** pode ser usada para calcular a potência transferida a um receptor pelas cargas que passam através dele? Explique.

5. a) O que é resistência interna de um gerador ou receptor?

b) Analise a figura 5.8 e diga em quais elementos do circuito as cargas ganham energia e em quais elementos elas perdem energia.

6. a) Escreva as expressões matemáticas das quantidades de energia recebidas ou perdidas pelas cargas ao passarem pelos diversos elementos do circuito da figura 5.8.

b) Lembrando-se do princípio de conservação da energia, obtenha a expressão da equação do circuito (para o circuito da figura 5.8).

c) Escreva a expressão generalizada da equação do circuito e explique o significado dos termos que aparecem nessa equação.

7. a) Procure reproduzir o raciocínio feito na seção 5.3 para se obter a relação $V_{AB} = \varepsilon - ri$ (explique claramente o significado de cada termo dessa expressão).

b) Você acha que a voltagem entre os polos de um gerador é sempre igual à sua f.e.m.? Explique.

c) Cite duas situações nas quais a voltagem entre os polos de um gerador seja igual ao valor de sua f.e.m.

8. A bateria que alimenta o circuito da figura deste problema tem $\varepsilon = 18$ V e $r = 0{,}2\ \Omega$. Se $R_1 = 1{,}5\ \Omega$ e $R_2 = 3{,}0\ \Omega$, quais serão as leituras dos amperímetros e voltímetros ligados no circuito?

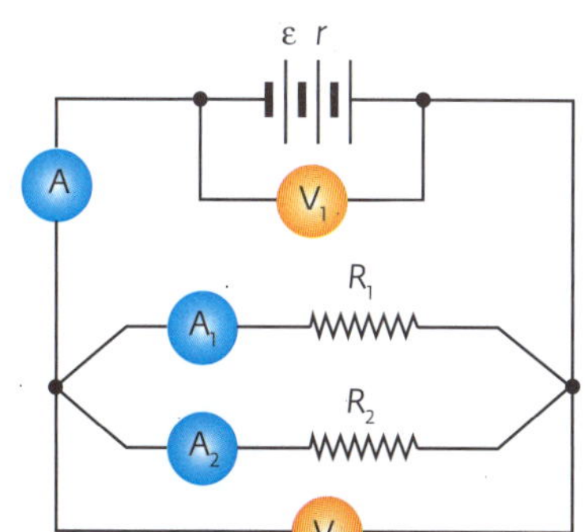

9. A leitura do amperímetro mostrado no circuito a seguir é 0,80 A. Analise as afirmativas seguintes, relativas a este circuito, e indique aquelas que estão corretas.

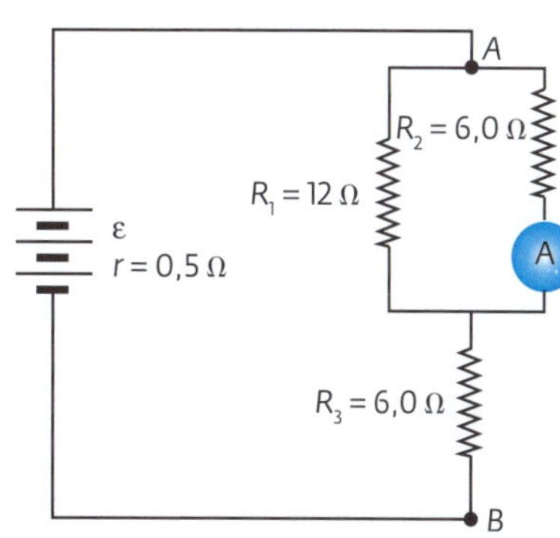

a) A corrente em R_1 vale 1,6 A.

b) A corrente em R_3 vale 1,2 A.

c) A potência gerada, por efeito Joule, no circuito externo é 12 W.

d) A voltagem V_{AB} vale 12 V.

e) A f.e.m. da bateria vale 12 V.

10. No circuito mostrado na figura deste problema temos: $\varepsilon = 36$ V, $R_1 = R_2 = R_3 = 60\ \Omega$ e $R_4 = 100\ \Omega$. Considere desprezível a resistência interna da bateria. Entre as afirmativas seguintes, indique aquelas que estão corretas.

a) R_1, R_2 e R_3 estão ligadas em paralelo.

b) A resistência total do circuito vale 120 Ω.

c) A leitura do amperímetro A_1 é 0,30 A.

d) A voltagem entre *A* e *B* vale 6,0 V.

e) A leitura do amperímetro A_2 é 0,10 A.

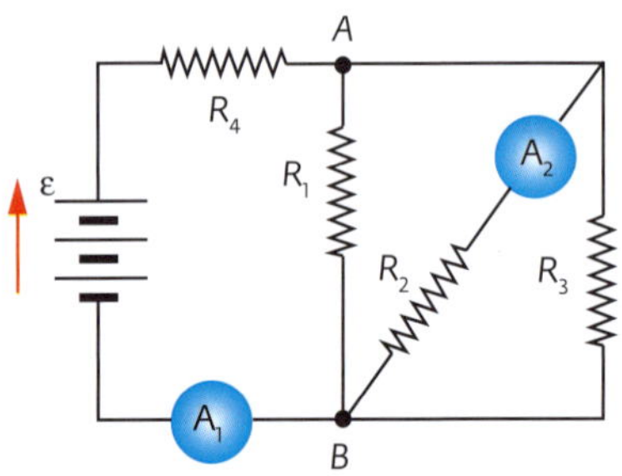

11. No circuito mostrado na figura deste problema, a f.e.m. da bateria é desconhecida e sua resistência interna é nula. Observando o circuito, responda:

a) Em qual das resistências há maior dissipação de potência por efeito Joule?

b) Supondo que em nenhuma das resistências a potência dissipada possa ser superior a 20 W, qual o valor máximo que poderia ter a f.e.m. da bateria?

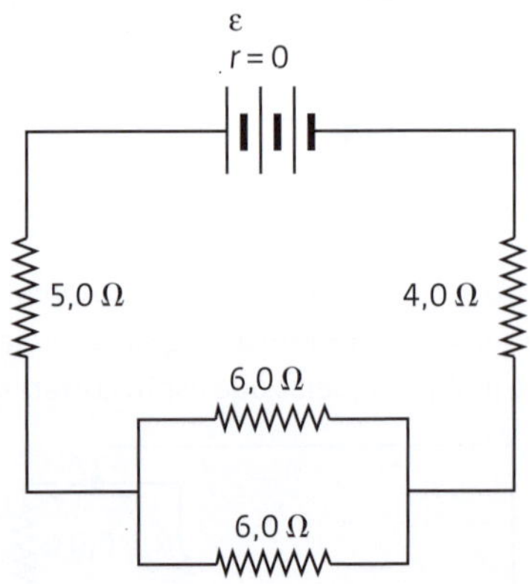

12. Uma bateria, de f.e.m. $\varepsilon = 12$ V e resistência interna $r = 0,5\ \Omega$, é ligada em série com uma resistência $R = 4,0\ \Omega$ e com um motor elétrico de f.c.e.m. $\varepsilon' = 6,0$ V cuja resistência interna é $r' = 1,5\ \Omega$.

a) Faça um esquema desse circuito.

b) Qual o valor da corrente que passa no motor?

c) Qual a potência dissipada, por efeito Joule, no motor?

13. Suponha que, em virtude de um defeito mecânico, o motor mencionado no problema anterior parasse de girar (no entanto, a corrente elétrica continuasse passando no motor).

a) Qual seria, nessas condições, o valor da corrente que iria passar no motor?

b) Qual seria, então, a potência dissipada por efeito Joule nesse motor?

c) Comparando as respostas deste problema com as do problema anterior, explique por que um motor elétrico pode se queimar quando é impedido de girar (sem que a corrente seja desligada).

14. O gráfico deste problema representa a voltagem entre os polos de uma bateria em função da corrente que ela fornece quando ligada a diferentes resistências externas. A partir dessas informações, determine:

a) a f.e.m. da bateria;

b) a resistência interna da bateria.

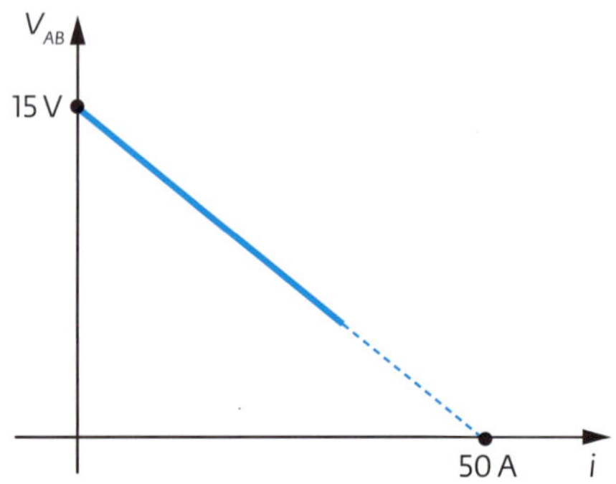

15. Na figura deste problema, o motor *M*, de f.c.e.m. ε_2, é alimentado por uma bateria de f.e.m. ε_1. Observando os dados fornecidos na figura e que a bateria de f.e.m. ε_3 está em circuito aberto, calcule a diferença de potencial, V_{AB}, entre os pontos *A* e *B*.

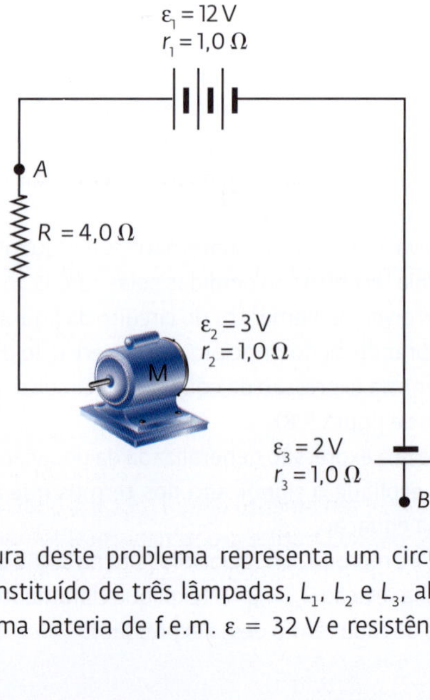

Paulo César Pereira/Arquivo da editora

16. A figura deste problema representa um circuito elétrico constituído de três lâmpadas, L_1, L_2 e L_3, alimentadas por uma bateria de f.e.m. $\varepsilon = 32$ V e resistência interna

$r = 0{,}50\ \Omega$. Observa-se, ao fechar-se o circuito através da chave S, que as lâmpadas dissipam as seguintes potências: $P_1 = 30\ W$, $P_2 = 45\ W$ e $P_3 = 45\ W$. Sabendo-se que, em cada 10 s, a bateria transforma 1 280 J de sua energia interna em energia elétrica das cargas, calcule a corrente i_3 que passa na lâmpada L_3 e o valor da resistência, R_3, dessa lâmpada.

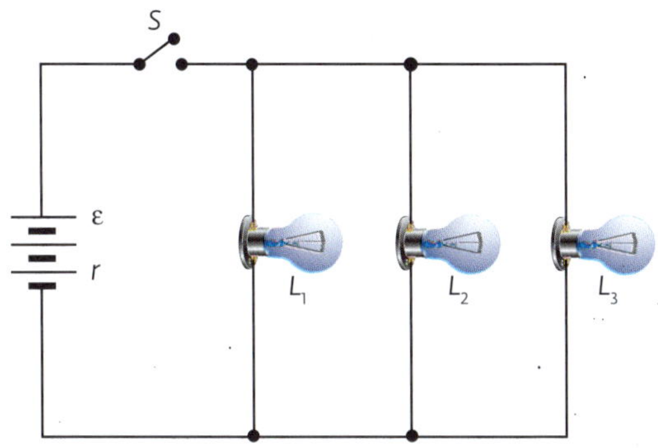

17. No circuito da figura deste problema, B_1 e B_2 são baterias de automóvel e M é um motor elétrico, todos de resistência interna nula. A corrente circula no sentido indicado. Diga se, em cada um dos trechos seguintes do circuito, as cargas perdem, ganham ou não perdem nem ganham energia:

a) na bateria B_1.

b) na bateria B_2.

c) na resistência R.

d) no motor M.

e) no fio entre C e D.

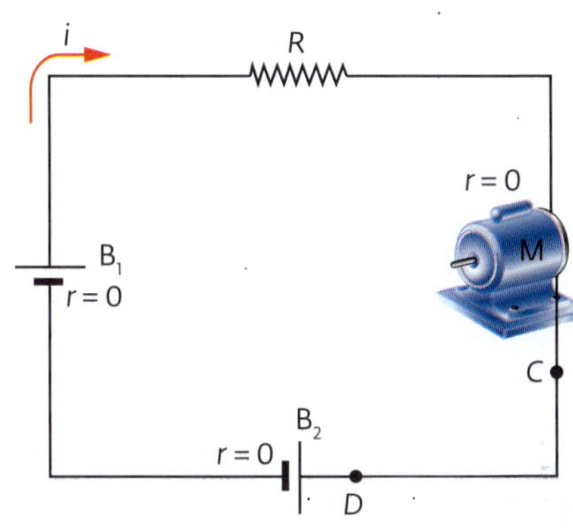

18. Uma bateria, de f.e.m. $\varepsilon_1 = 220\ V$ e resistência interna $r_1 = 10\ \Omega$, está em um circuito, ligada em série com um motor de f.c.e.m. $\varepsilon_2 = 180\ V$ e resistência interna $r_2 = 10\ \Omega$.

a) Determine a potência útil do motor, isto é, a potência elétrica que ele converte em trabalho mecânico.

b) Qual é a potência total fornecida ao motor pela bateria?

c) Chama-se rendimento de um motor o quociente entre a sua potência útil e a potência total fornecida a ele. Determine o rendimento desse motor, expressando-o sob forma percentual.

d) Chama-se rendimento de um gerador de f.e.m. o quociente entre sua potência útil (potência que ele entrega ao circuito) e sua potência total (potência que ele transfere às cargas). Calcule o rendimento da bateria que está alimentando o circuito, expressando-o sob forma percentual.

19. Na figura deste problema temos duas baterias, de f.e.m. igual a ε e resistências internas r_1 e r_2, associadas em paralelo. A f.e.m. da associação é igual à f.e.m. de uma das baterias, isto é, seu valor é igual a ε. Portanto, essa associação não é feita com o objetivo de obter uma f.e.m. maior (como é o caso da ligação em série).

a) Você consegue perceber alguma vantagem na associação de baterias, de mesma f.e.m., em paralelo?

b) Na figura, considere $\varepsilon = 12\ V$, $r_1 = 4\ \Omega$, $r_2 = 6\ \Omega$ e $R = 7{,}6\ \Omega$. Determine o valor da corrente na resistência R.

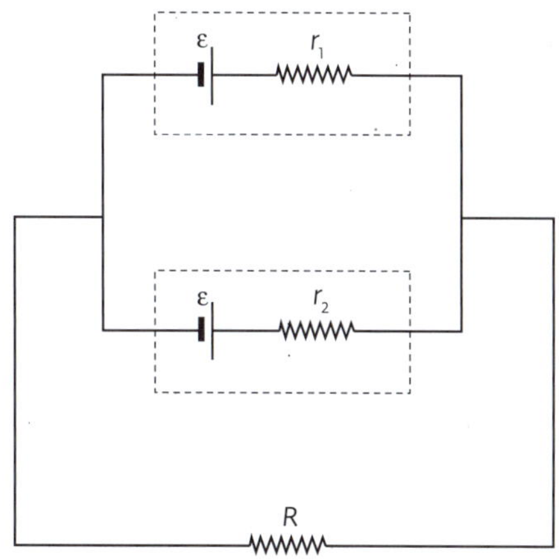

20. Seis pilhas secas idênticas, cada uma de f.e.m. igual a 1,5 V e resistência interna 0,4 Ω, são associadas da maneira mostrada na figura deste problema. Essa associação é usada para fazer funcionar um pequeno motor de f.c.e.m. igual a 1,5 V e resistência interna 1,4 Ω (você já deve ter tido oportunidade de ver uma associação como essa em brinquedos, gravadores, etc.). Tendo em vista o que você aprendeu no problema 19, determine a intensidade da corrente que passa no motor.

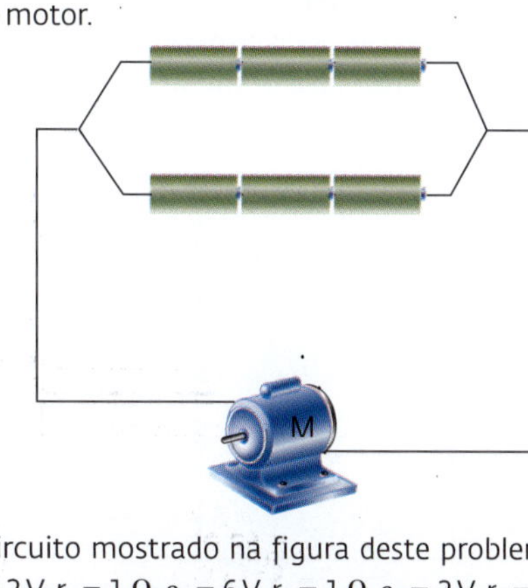

Ilustrações: Paulo César Pereira/Arquivo da editora

21. No circuito mostrado na figura deste problema, tem-se: $\varepsilon_1 = 12\ V$, $r_1 = 1\ \Omega$, $\varepsilon_2 = 6\ V$, $r_2 = 1\ \Omega$, $\varepsilon_3 = 2\ V$, $r_3 = 0$ e $R = 2\ \Omega$. O circuito foi aterrado no ponto P, que será considerado como nível de potencial (esse procedimento é usual na análise dos circuitos elétricos). Qual será então:

a) o potencial do ponto *A*?

b) o potencial do ponto *B*?

c) o potencial do ponto *C*?

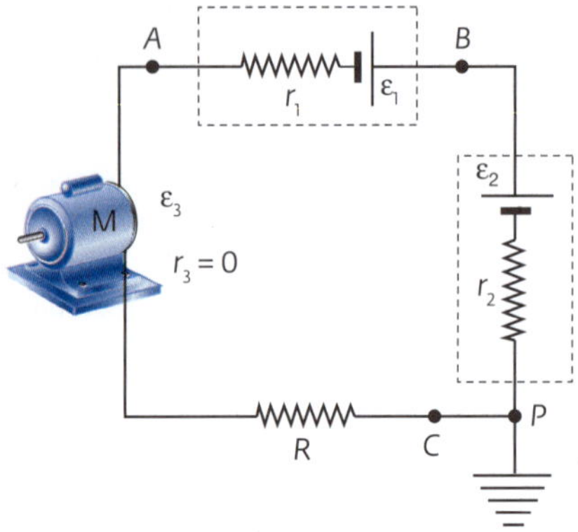

Ilustrações: Paulo César Pereira/Arquivo da editora

22. Um certo tipo de "peixe elétrico" é capaz de aplicar um choque com uma voltagem de 60 V e uma corrente de 16 A, durante 5 ms. Em cada célula desse peixe existe uma diferença de potencial de aproximadamente 100 mV. Geralmente, ele aplica uma série de choques sucessivos, com uma frequência média de 75 hertz (isto é, 75 choques por segundo).

a) Quantas células do peixe estão ligadas em série para proporcionar a voltagem que ele é capaz de aplicar?

b) Qual é a energia que o peixe transfere para a vítima em cada 1 s?

c) Quantas lâmpadas de 60 W e 60 V poderiam ser mantidas acesas por esse peixe?

23. Um motor elétrico, ligado a uma tomada de 120 V, é percorrido por uma corrente de 2 A. Travando-se o motor, de modo que ele seja impedido de girar, a corrente nele aumenta para 20 A. Calcule, para esse motor:

a) o valor de sua resistência interna;

b) o valor de sua f.c.e.m.

24. Um estudante desejava medir a tensão entre os pontos *A* e *B* mostrados na figura deste problema. Para isso, ele ligou entre esses pontos um voltímetro de resistência interna igual a 1 kΩ. Considerando os dados constantes na figura, determine o valor do erro cometido nessa medida, expressando-o em forma percentual.

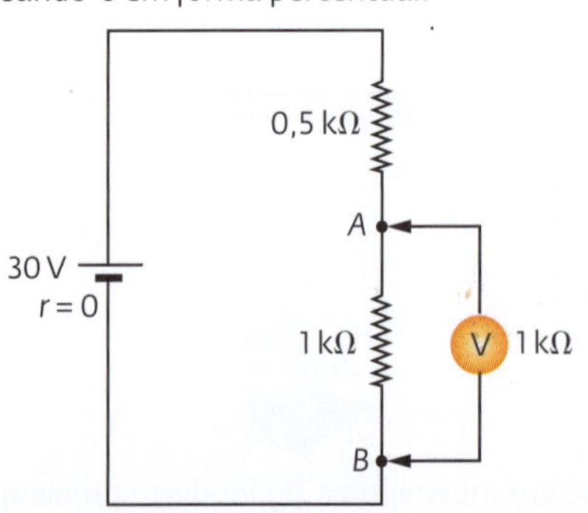

25. Uma pessoa tem à disposição os elementos mostrados na figura deste problema. Ela deve montar um circuito em que a lâmpada funcione de acordo com suas especificações e o amperímetro indique a corrente que passa por ela.

a) Qual a corrente que será indicada pelo amperímetro?

b) Desenhe o circuito que a pessoa deve montar.

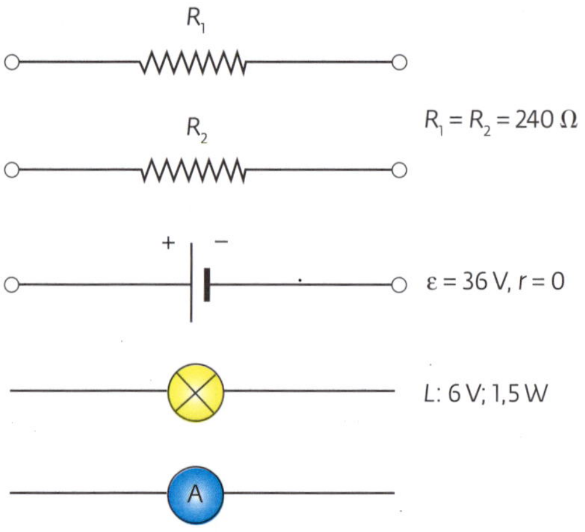

26. A figura deste problema representa o circuito elétrico de uma enceradeira em funcionamento. A potência elétrica total dissipada por ela é de 60 W e sua f.c.e.m. é $\varepsilon = 110$ V. Determine a resistência interna da enceradeira.

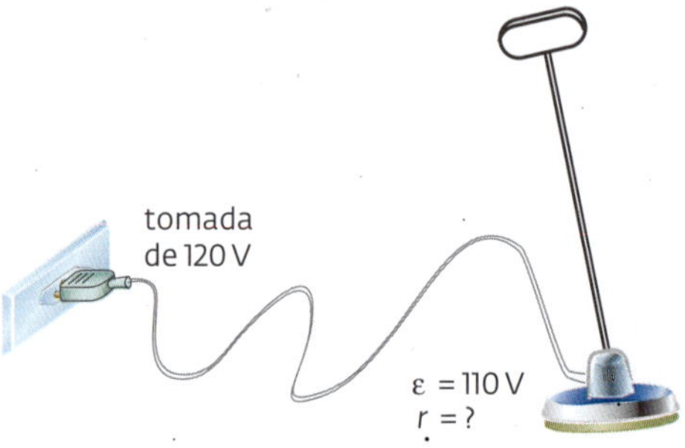

Paulo César Pereira/Arquivo da editora

27. Uma bateria, de f.e.m. $\varepsilon = 12$ V e resistência interna $r = 20\ \Omega$, fornece corrente ao condutor cilíndrico mostrado na figura deste problema. Sabendo que a leitura do miliamperímetro é de 100 mA, determine a resistividade do condutor cilíndrico.

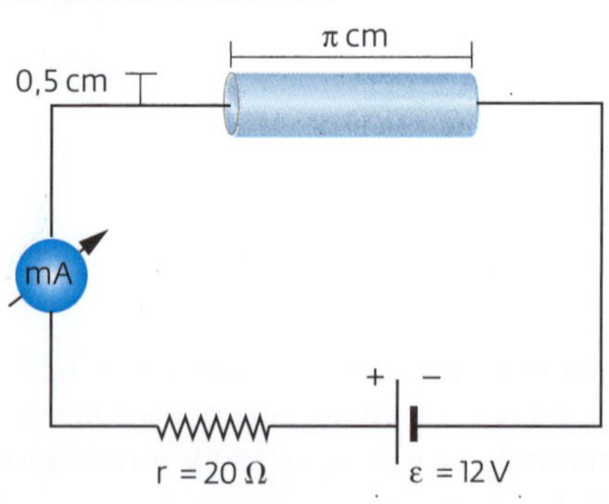

28. Um motor, ligado a uma bateria de f.e.m. $\varepsilon = 10$ V e resistência interna desprezível, está levantando um peso $P = 4{,}0$ N com uma velocidade constante $v = 2{,}0$ m/s. A potência dissipada por efeito Joule, no motor, é 2,0 W. Determine, para esse motor:

a) a corrente que passa por ele;

b) sua resistência interna;

c) sua f.c.e.m.

29. Um circuito elétrico muito comum em residências é o circuito de um interruptor, denominado *three-way* ou interruptor paralelo, usado para que seja possível ligar ou desligar uma lâmpada *L*, tanto utilizando um interruptor *A* quanto um interruptor *B*, situados em posições distanciadas uma da outra. Analise os circuitos apresentados na figura deste problema e indique aquele que corresponde ao *three-way*.

Antonio Robson/Arquivo da editora

O *three-way* ou interruptor paralelo nos permite apagar e acender a lâmpada, quer estejamos no alto, quer no pé da escada.

I)

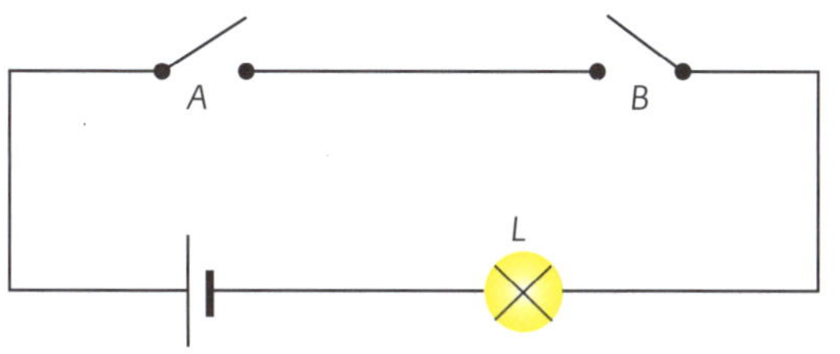

II)

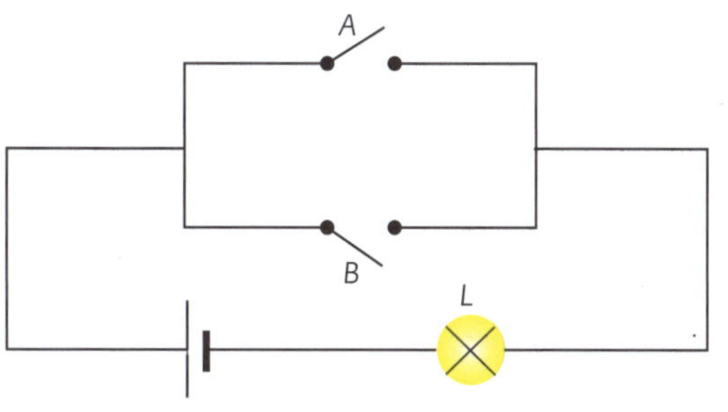

III)

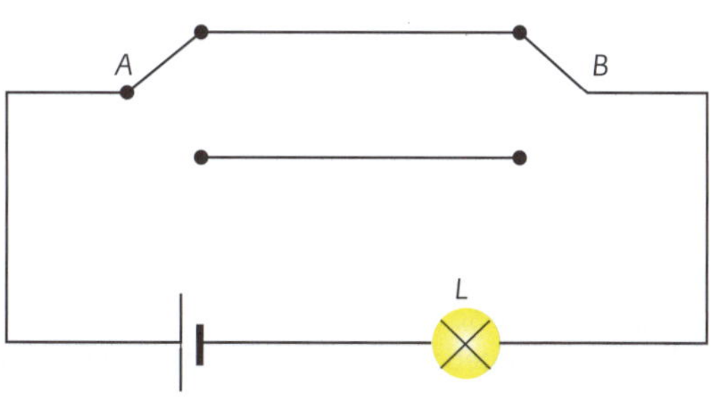

30. O circuito mostrado na figura deste problema, denominado circuito do potenciômetro, é um dispositivo que nos permite medir com precisão a f.e.m. ε_x, de uma bateria *X*, comparando-a com a f.e.m. ε_P de uma bateria padrão *P*. Para realizar essa medida, procede-se da seguinte maneira:

1º) Liga-se apenas a chave C_1 e desloca-se o cursor *C* ao longo do fio uniforme *AB* (reostato), até que a leitura do galvanômetro G se anule. Seja L_x o valor do comprimento *AC* nessa situação.

2º) Abre-se a chave C_1 e fecha-se a C_2. Desloca-se novamente o cursor C até que a leitura de G torne a se anular. Seja L_P o comprimento de *AC* nessa nova situação.

Supondo que em uma experiência foram obtidos os valores $\varepsilon_P = 1{,}48$ V, $L_P = 32{,}0$ cm e $L_x = 48{,}0$ cm, determine o valor de ε_x.

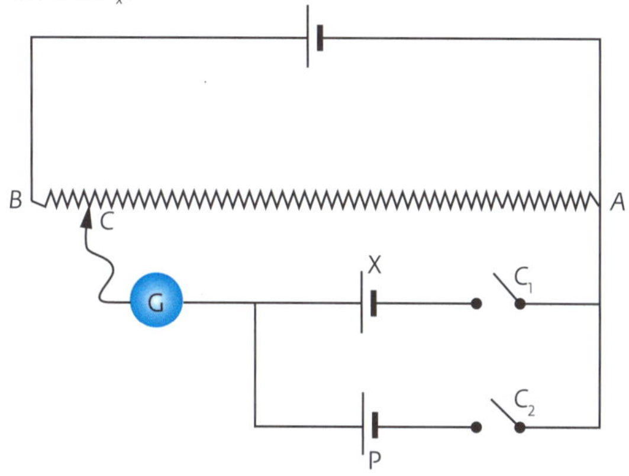

31. No circuito mostrado na figura deste problema, o gerador de f.e.m. ε = 10 V tem resistência interna nula e a bateria, de f.e.m. ε' desconhecida, tem resistência interna $r' = 1{,}5\ \Omega$. O fio *AB* é homogêneo e de seção reta constante. Sabendo-se que o amperímetro A não indica passagem de corrente em uma posição *X* tal que $BX = (2/5)\,AB$, determine o valor da f.e.m. ε'.

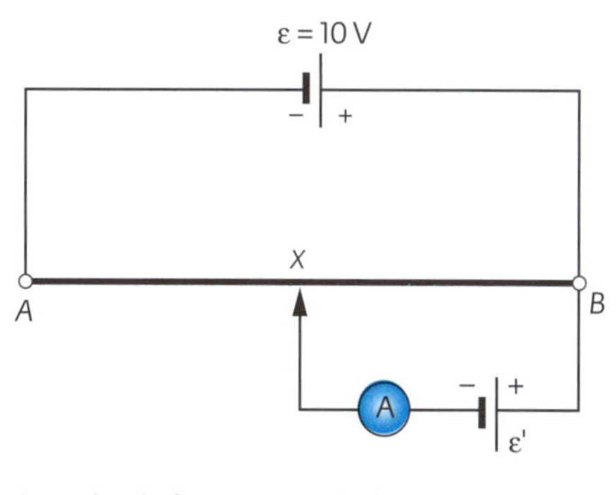

32. Uma bateria, de f.e.m. ε e resistência interna *r*, está ligada a uma resistência externa *R* variável.

a) Qual deve ser a relação entre *R* e *r* para que a potência dissipada na resistência externa seja máxima?

b) Qual é o rendimento da bateria nas condições do item **a**?

Observação

Para resolver este problema, você poderá usar conhecimentos de cálculo diferencial (máximos e mínimos) ou relembrar o estudo do trinômio do 2º grau.

Capítulo 6 – O campo magnético

1. a) O que se entende por um ímã natural? E por um ímã artificial?
   b) O que são polos de um ímã?
2. a) Por que uma agulha magnética pode ser usada como bússola?
   b) O que é o polo norte de um ímã? E o polo sul?
3. a) Entre os polos de dois ímãs existe uma força de atração? E uma força de repulsão?
   b) Qual a explicação dada por Gilbert para o fato de uma agulha magnética se orientar na direção norte-sul?
   c) É possível obter um ímã que possua apenas um polo (norte ou sul)? Explique.
4. a) Descreva a experiência de Oersted, ilustrando sua explicação com um diagrama.
   b) Qual a importante conclusão que foi possível tirar dessa experiência?
   c) Diga com suas palavras o que se entende por Eletromagnetismo.
5. Em que condições existirá uma força magnética entre duas cargas elétricas?
6. a) Como se deve proceder para criar um campo magnético em uma região do espaço?
   b) Um campo magnético atua em uma carga em repouso?
7. Explique como se determina, usando uma pequena agulha magnética, a direção e o sentido do vetor campo magnético, $\vec{B}$, em um ponto.
8. a) Escreva a expressão matemática que fornece o valor da força que atua em uma carga elétrica em movimento dentro de um campo magnético. Explique o significado de cada um dos símbolos que aparecem nessa expressão.
   b) Explique como você pode determinar a direção e o sentido dessa força.
   c) Qual é a unidade de medida do módulo de $\vec{B}$ no SI?
9. a) Explique o que são as linhas de indução de um campo magnético.
   b) Faça um desenho mostrando como se pode obter experimentalmente um campo magnético uniforme.
   c) No desenho do item **b**, trace algumas linhas de indução desse campo magnético.
10. a) Em que condições uma carga elétrica descreverá uma trajetória circular dentro de um campo magnético?
   b) Lembrando que a força magnética representa a força centrípeta, mostre como se obtém a expressão $R = mv/Bq$ que nos fornece o raio da trajetória circular.
11. a) Escreva a expressão matemática que nos permite calcular a força que um campo magnético exerce sobre um condutor percorrido por uma corrente, colocado nesse campo. Explique o significado de cada um dos símbolos que aparecem nessa expressão.
   b) Mostre como devemos proceder para determinar a direção e o sentido dessa força que atua no condutor.
12. Observando as figuras 6.28 e 6.29, descreva com suas palavras como funciona o motor de corrente contínua.
13. Suponha que uma pessoa tenha em mãos duas barras de ferro idênticas, sendo uma delas um ímã e a outra um pedaço de ferro não imantado. A pessoa não sabe qual das duas barras é o ímã. Descreva pelo menos duas maneiras pelas quais ela poderá esclarecer essa dúvida.
14. Um astronauta, ao descer na Lua, verifica que não existe campo magnético na superfície do satélite. Ele poderia, então, usar uma bússola magnética para se orientar em seus deslocamentos sobre a superfície lunar? Explique.
15. Uma partícula α (núcleo do átomo de He) penetra em uma região *EFGH* onde existe um campo magnético uniforme. Observa-se que a partícula é, então, desviada da maneira mostrada na figura deste problema.

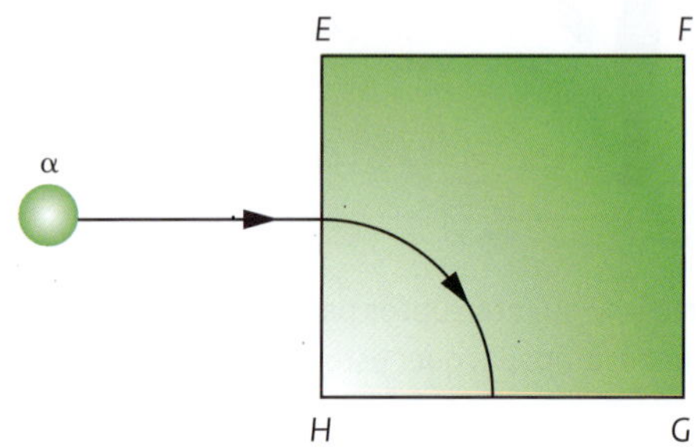

   Nessas condições, poderemos concluir que a orientação do vetor $\vec{B}$ na região *EFGH* deve ser:
   a) De *E* para *F*.
   b) De *E* para *H*.
   c) De *E* para *G*.
   d) Saindo da folha de papel e perpendicular a ela.
   e) Entrando na folha de papel e perpendicular a ela.
16. Seja $\vec{F}$ a força exercida por um campo magnético $\vec{B}$ sobre uma partícula que se move nesse campo com uma velocidade $\vec{v}$. Diga se cada uma das afirmativas seguintes é certa ou errada.
   a) $\vec{F}$ é sempre perpendicular a $\vec{B}$.
   b) $\vec{F}$ é sempre perpendicular a $\vec{v}$.
   c) $\vec{v}$ é sempre perpendicular a $\vec{B}$.
17. Um elétron foi lançado em um campo magnético $\vec{B}$, existente em uma certa região, com uma velocidade inicial $\vec{v}_0$ não paralela a $\vec{B}$. Após se deslocar naquela região durante um certo tempo, o elétron abandonou o campo com uma velocidade $\vec{v}$. Supondo que a única força que atuou no elétron tenha sido a força magnética, assinale, entre as afirmativas seguintes, aquelas que estão corretas.
   a) A força magnética atuou sempre perpendicularmente à velocidade do elétron.
   b) A força magnética provocou variações na direção da velocidade do elétron.
   c) O trabalho realizado pela força magnética sobre o elétron foi nulo.

d) A ação da força magnética não provocou alteração na energia cinética do elétron.

e) O módulo da velocidade $\vec{v}$ com que o elétron abandonou o campo é igual ao módulo de $\vec{v}_0$.

18. A figura deste problema representa esquematicamente uma câmara de bolhas, isto é, um dispositivo que torna visíveis as trajetórias de partículas atômicas. Um feixe de partículas, todas com a mesma velocidade, constituído por elétrons, pósitrons (elétrons positivos), prótons, nêutrons e dêuterons (partículas formadas por um próton e um nêutron), penetra nessa câmara, à qual está aplicado um campo magnético perpendicular ao plano do desenho. Observa-se que as partículas do feixe se desviam, dando origem a cinco feixes distintos, como é mostrado na figura. Diga quais as partículas que constituem cada um dos feixes indicados.

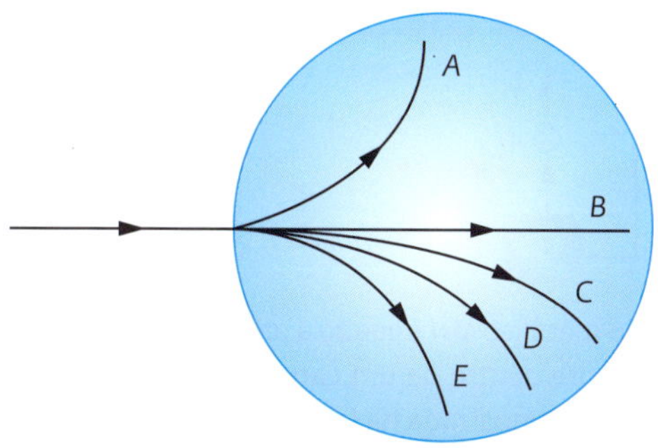

19. Um feixe de partículas ionizadas está descrevendo uma trajetória circular em um campo magnético uniforme $B = 0{,}10\ T$.

a) Qual deve ser, então, o ângulo entre o vetor $\vec{B}$ e a velocidade das partículas?

b) Sabendo-se que a carga de cada partícula é $q = 8{,}0 \cdot 10^{-19}$ C e que elas se movem com uma velocidade $v = 2{,}0 \cdot 10^5$ m/s, determine o valor da força magnética $\vec{F}$ que atua em cada partícula.

c) Qual é, então, o valor da força centrípeta F_c que está atuando em cada partícula?

d) Sendo $m = 6{,}0 \cdot 10^{-26}$ kg a massa de cada partícula, calcule o raio da circunferência descrita pelo feixe.

20. Um campo elétrico $\vec{E}$ e um campo magnético $\vec{B}$ atuam sobre um próton que se movimenta penetrando nesta folha de papel. Verifica-se que a resultante das forças elétrica e magnética que atuam sobre o próton é nula. Entre as alternativas apresentadas na figura deste problema, assinale aquela que mostra corretamente os campos $\vec{E}$ e $\vec{B}$ que atuam no próton.

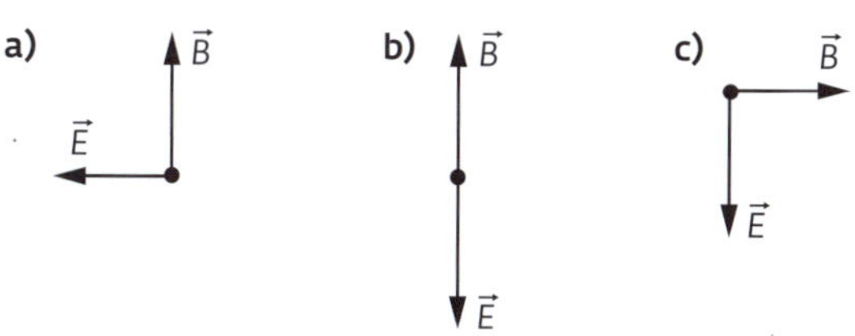

21. Em um laboratório de Física moderna, um dispositivo emite íons positivos que se deslocam com uma velocidade $\vec{v}$ muito elevada. Desejando medir o valor dessa velocidade, um cientista aplicou na região onde os íons se deslocam os campos $\vec{E}$ e $\vec{B}$ mostrados na figura deste problema.

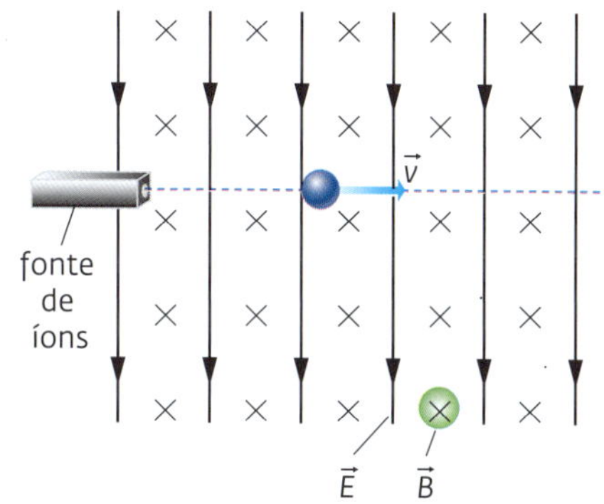

Fazendo variar os valores de $\vec{E}$ e $\vec{B}$, ele verificou que, quando $E = 1{,}0 \cdot 10^3$ N/C e $B = 2{,}0 \cdot 10^{-2}$ T, os íons atravessavam os dois campos em linha reta, como está indicado na figura. Com esses dados, o cientista conseguiu determinar o valor de $\vec{v}$. Qual foi o valor encontrado por ele?

22. Suponha que o dispositivo mencionado no problema anterior emita íons que possuem sempre a mesma carga, apresentando, porém, diversas velocidades. Considere, então, que os íons emitidos deram origem a três feixes distintos, (1), (2) e (3), como está mostrado na figura deste problema.

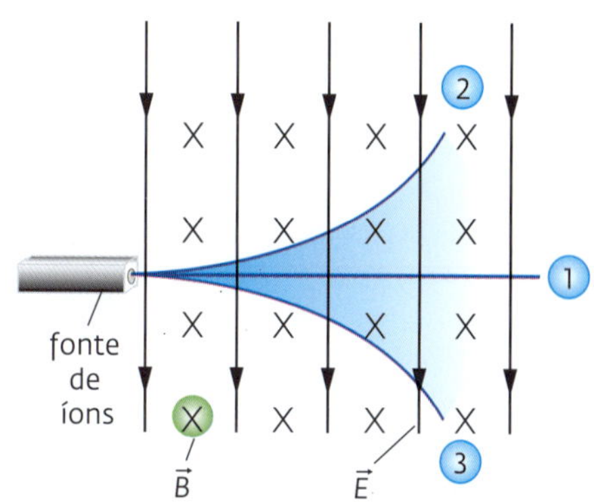

Analise as afirmativas seguintes e assinale aquela que está **errada**.

a) As forças elétricas que atuam nos íons dos feixes (1), (2) e (3) são iguais.

b) Nos íons do feixe (2) atua uma força magnética maior do que a força elétrica.

c) A velocidade dos íons do feixe (2) é maior do que a dos íons do feixe (1).

d) A força magnética sobre os íons do feixe (2) é igual à força magnética sobre os íons do feixe (3).

e) A velocidade dos íons do feixe (3) é menor do que a dos íons do feixe (1).

23. Na figura deste problema, suponha que o fio horizontal AC tenha 20 cm de comprimento e 5,0 g de massa e que o campo magnético do ímã seja uniforme e igual a 0,10 T. Sabendo-se que o fio está suspenso, em equilíbrio, na posição mostrada, determine a intensidade e o sentido da corrente que está passando através dele. (Considere $g = 10\ m/s^2$.)

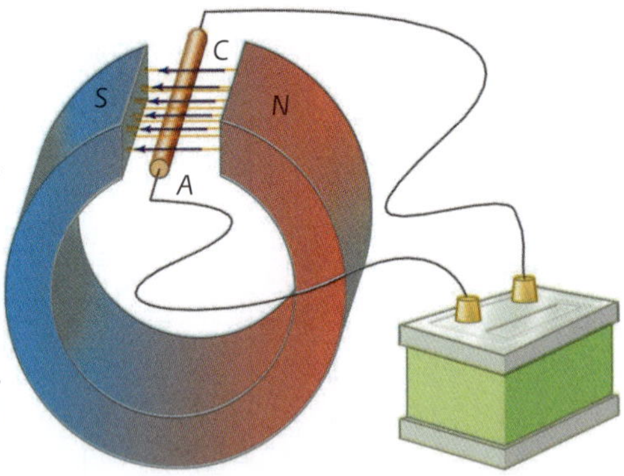

Ilustrações: Paulo César Pereira/Arquivo da editora

24. Uma barra CD, de massa $m = 200\ g$, está apoiada sobre dois fios horizontais, separados por uma distância $d = 30$ cm, como mostra a figura deste problema. Nessa figura, R representa um reostato, e o campo magnético mostrado vale $B = 0{,}20\ T$. Sabe-se que o coeficiente de atrito estático entre a barra CD e os fios horizontais é $\mu_e = 0{,}30$.

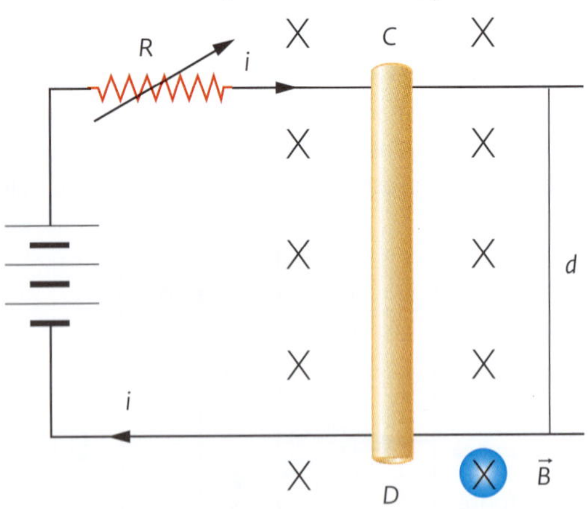

Aumentando-se, através do reostato, a intensidade da corrente que passa na barra, para qual valor dessa corrente a barra começará a se mover? (Considere $g = 10\ m/s^2$.)

25. A figura deste problema apresenta um aparelho denominado espectrômetro de massa, muito usado na Química e na Física moderna para se medir a massa de uma amostra. Uma fonte F promove a ionozação dos átomos ou molécula da amostra, com carga $+q$, praticamente em repouso, que são acelerados por uma voltagem V, adquirindo uma velocidade v. Esses íons penetram em uma região onde existe um campo magnético uniforme $\vec{B}$, na qual descrevem uma trajetória semicircular de raio R, atingindo um detector eletrônico.

a) Mostre que a velocidade v com que um íon penetra no campo magnético é dada por $v = \sqrt{2qV/m}$.

b) Observou-se que um feixe de íons, de mesma carga $+q$, constituído por isótopos de um mesmo elemento, ao penetrar na região onde existe o campo magnético, dividiu-se em dois feixes, como mostra a figura. Explique por que ocorreu essa separação.

c) Deduza uma expressão que forneça a massa m de cada isótopo quando é conhecido o valor da carga q e são medidos B, R e V.

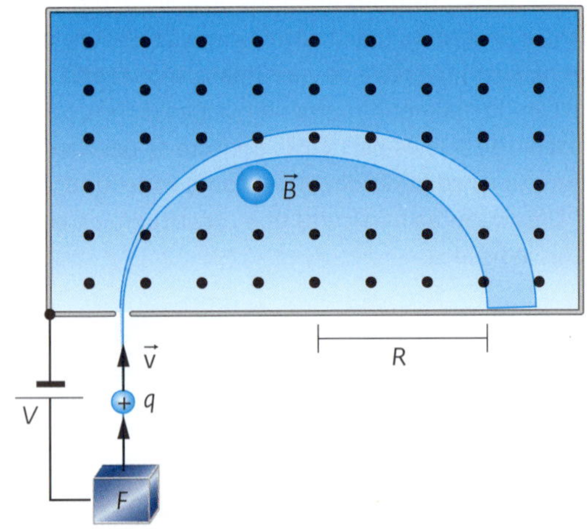

26. Um fio metálico MN é ligado a uma bateria e colocado verticalmente dentro de um campo magnético uniforme $\vec{B}$, da maneira mostrada na figura deste problema.

a) Trabalhando com a corrente convencional, determine a direção e o sentido da força magnética $\vec{F}$ que atua no fio MN.

b) Como sabemos, a corrente real que existe em MN é constituída por elétrons em movimento. Qual é o sentido da corrente de elétrons em MN?

c) Trabalhando com a corrente de elétrons, determine a direção e o sentido da força magnética $\vec{F}$ que atua em MN.

d) Sua resposta ao item **c** concorda com a resposta encontrada no item **a**?

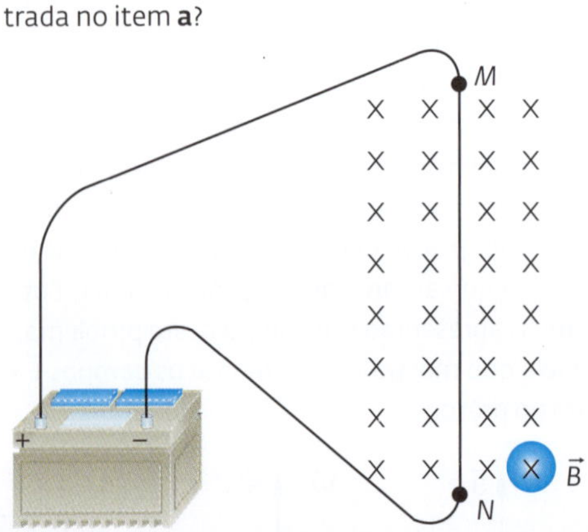

Observação

A solução desse problema é uma confirmação do que foi dito anteriormente: a corrente de elétrons em um fio é equivalente à corrente convencional.

27. Um próton é lançado com velocidade $\vec{v}$, dentro de um campo magnético uniforme, $\vec{B}$, vertical, para cima. A velocidade $\vec{v}$ do próton forma um ângulo θ com a horizontal e, nessas condições, a partícula descreve uma trajetória helicoidal (em forma de hélice), como a mostrada na figura deste problema. (Apresente as respostas das questões seguintes em função de v, θ, B e da massa m e da carga q do próton.)

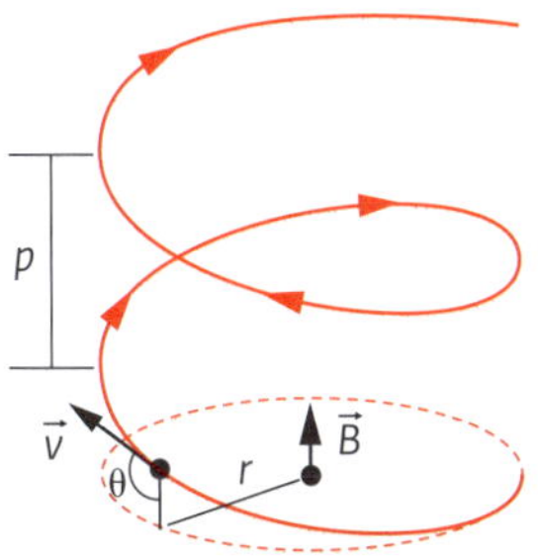

a) Determine o raio r da trajetória helicoidal.

b) Calcule o período do movimento do próton.

c) A distância p, mostrada na figura, é denominada passo da hélice. Determine seu valor.

28. Uma partícula neutra (carga total nula) está em repouso em um campo magnético uniforme $\vec{B}$. Em um dado instante, ela se desintegra em duas partículas eletrizadas, P_1 e P_2, de mesma massa m, que partem em sentidos opostos com velocidades perpendiculares a $\vec{B}$. Decorrido um intervalo de tempo Δt após a desintegração, P_1 e P_2 colidirão, sem ter saído do campo. Obtenha a fórmula que fornece Δt em termos de B, de m e do módulo q da carga de cada partícula.

29. Uma barra condutora metálica MN está apoiada sobre dois trilhos, também condutores, separados por uma distância $\ell = 1{,}0$ m (veja a figura deste problema). Os trilhos são muito lisos e formam com a horizontal um ângulo $\theta = 45°$. Existe na região um campo magnético vertical, para cima, de módulo $B = 0{,}20$ T. A bateria fornece uma corrente i à barra, de forma que ela permanece em equilíbrio na posição mostrada. Sabendo que a massa da barra é $m = 100$ g, determine a intensidade e o sentido da corrente i. (Considere $g = 10$ m/s^2.)

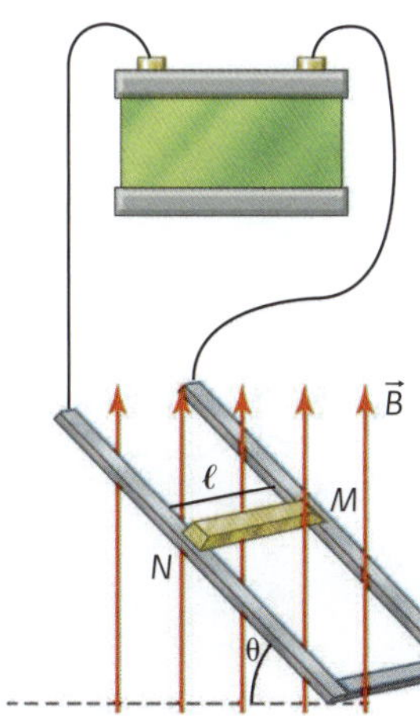

Paulo César Pereira/Arquivo da editora

30. Uma barra metálica, de comprimento $\ell = 20$ cm e de massa $m = 60$ g, é articulada sem atrito em um ponto O, como mostra a figura deste problema. Na região onde a barra se encontra há um campo magnético de módulo $B = 0{,}20$ T (veja a figura). Quando a barra toca a superfície do Hg contido no recipiente mostrado, uma corrente i, fornecida pela bateria, é estabelecida nessa barra. Verifica-se, então, que ela fica em equilíbrio nessa posição, formando um ângulo $\theta = 30°$ com a vertical. Considerando $g = 10$ m/s^2, calcule o valor de i.

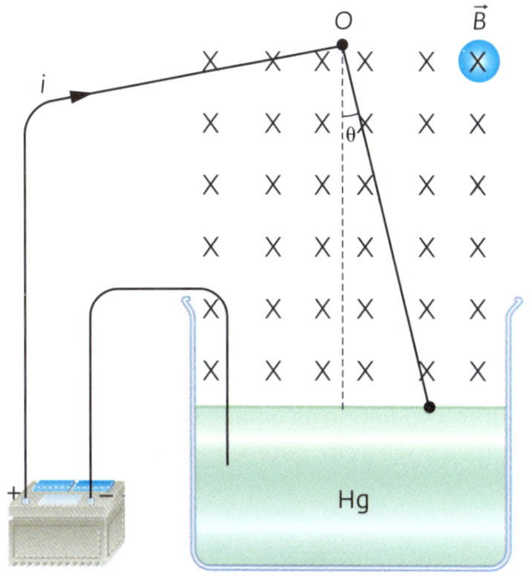

31. Uma barra condutora, de 1,0 m de comprimento e 2,0 N de peso, encontra-se suspensa em uma mola vertical, mergulhada em um campo magnético $B = 0{,}10$ T, como mostra a figura deste problema. Nessas condições, a mola está deformada de 0,20 m. Ao fazer passar uma corrente $i = 10$ A pela barra, ela é levada para uma nova posição de equilíbrio, situada abaixo da anterior. Desligando-se a corrente, qual será a amplitude do movimento harmônico simples que a barra passará a executar?

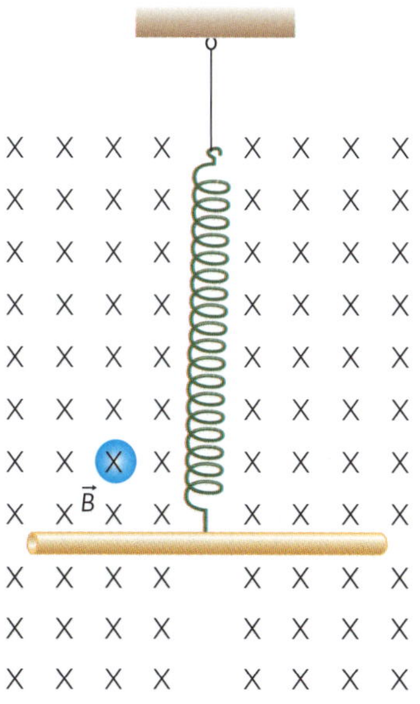

Ilustrações: Paulo César Pereira/Arquivo da editora

32. Suponha que uma espira de forma quadrada, transportando uma corrente, seja colocada em um campo magnético uniforme, com seu plano paralelo ao vetor $\vec{B}$.

a) Ao ser abandonada, a espira começa a girar, mas devido a forças de atrito ela tende a chegar ao repouso em uma certa posição. Qual é o ângulo entre $\vec{B}$ e o plano da espira nessa posição?

b) Supondo que a espira seja flexível, qual seria a forma que ela tenderia a tomar naquela posição de repouso sob a ação das forças magnéticas?

33. A figura deste problema apresenta um dispositivo com o qual se consegue medir a intensidade de um campo magnético com grande precisão. Resolvendo este problema, você entenderá como essa medida é feita.

Na figura, o retângulo suspenso em um dos pratos da balança é, na realidade, constituído por dez espiras superpostas, cada uma percorrida por uma corrente $i = 0{,}10$ A. A parte inferior das espiras está mergulhada no campo magnético $\vec{B}$, que se deseja medir, e a balança foi equilibrada nessas condições. Invertendo o sentido da corrente nas espiras, verifica-se que uma massa $m = 8{,}6$ g deve ser colocada no prato da esquerda para restaurar o equilíbrio da balança. Sabendo que a largura da espira é $a = 10$ cm, determine o módulo de B. (Considere $g = 10$ m/s².)

Ilustrações: Paulo César Pereira/Arquivo da editora

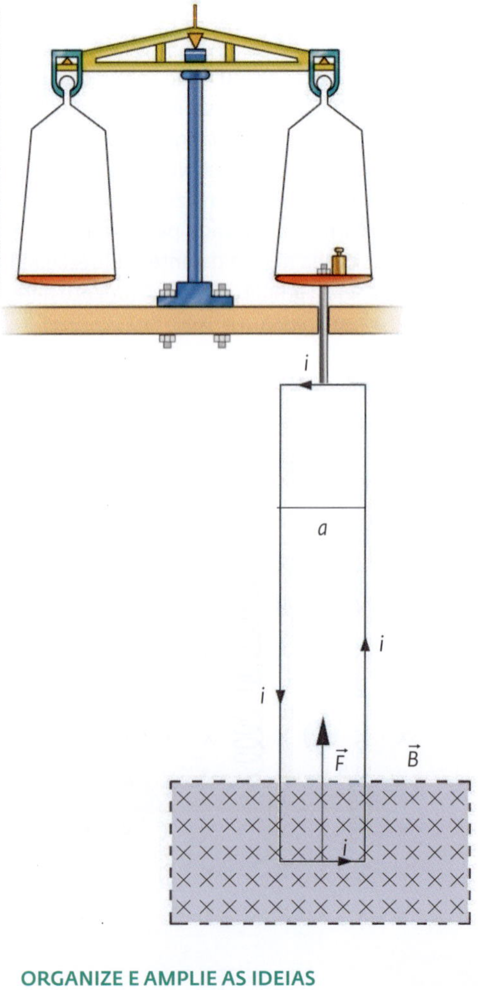

34. Na linha do equador, o campo magnético da Terra é praticamente horizontal, aponta para o norte, e seu módulo é cerca de $1{,}0 \cdot 10^{-4}$ T. Um trecho retilíneo de uma linha de transmissão, situada nas proximidades do equador, com 100 m de comprimento, transporta uma corrente contínua de 700 A, dirigida de leste para oeste. Determine o módulo, a direção e o sentido da força exercida pelo campo magnético da Terra sobre esse trecho da linha de transmissão.

35. Uma espira rígida, em forma de um triângulo retângulo isósceles, encontra-se imersa em um campo magnético uniforme $\vec{B}$, perpendicular ao seu plano, como mostra a figura deste problema. Sabe-se que $B = 0{,}10$ T, que o lado menor da espira vale $L = 30$ cm e que ela é percorrida por uma corrente $i = 10$ A.

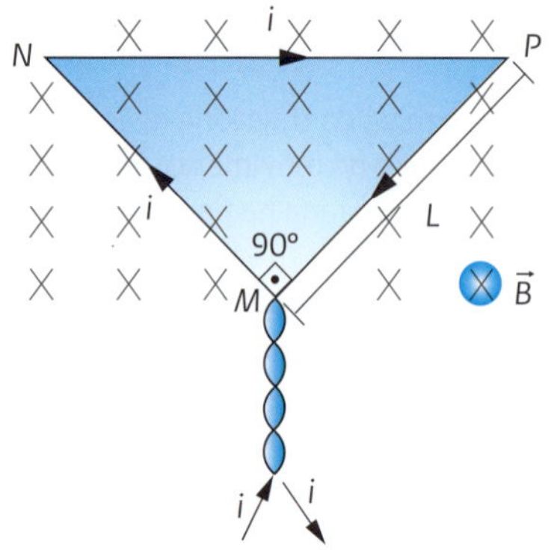

a) Determine o módulo de cada uma das forças magnéticas que atuam nos lados menores MN e MP da espira.

b) Qual é o módulo da força magnética que atua no lado maior NP?

c) Calcule o módulo da resultante das forças magnéticas que atuam na espira.

36. Uma gominha elástica flexível e coberta com uma camada de tinta condutora de eletricidade é colocada em um campo magnético uniforme, da maneira mostrada na figura deste problema. Por meio de conexões elétricas, faz-se passar uma corrente na gominha com o sentido indicado na figura. Qual a forma adquirida pela gominha sob a ação das forças magnéticas que nela atuam?

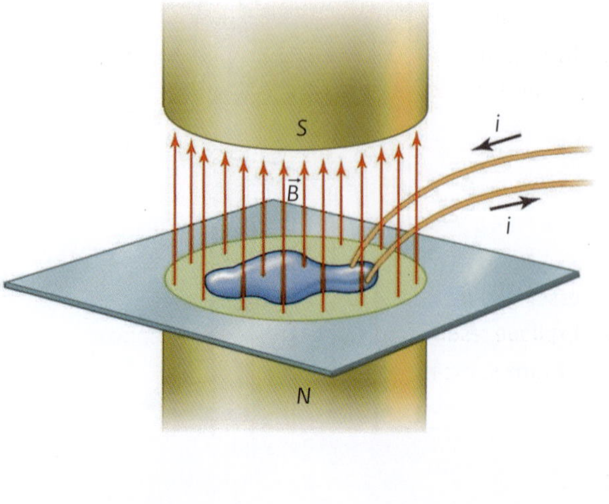

Capítulo 7 – **Alterações do campo magnético**

1. **a)** Como são as linhas de indução do campo magnético criado pela corrente que passa em um condutor reto e comprido? Faça um desenho representando-as.

b) Descreva a regra de Ampère, que nos permite determinar o sentido do campo magnético em torno do fio.

2. Seja *B* o módulo do campo magnético criado por uma corrente *i*, que passa em um fio reto e comprido, em um ponto situado a uma distância *r* desse fio.

a) Qual é a relação entre *B* e *i*?

b) Qual é a relação entre *B* e *r*?

c) Expresse matematicamente essas relações.

3. **a)** Qual é a direção do vetor $\vec{B}$ criado no centro de uma espira circular por uma corrente que passa nessa espira?

b) Explique como podemos determinar o sentido do vetor $\vec{B}$ usando a regra de Ampère.

4. Seja *B* o módulo do campo magnético no centro de uma espira circular de raio *R*, criado por uma corrente *i* que passa nessa espira.

a) Qual é a relação entre *B* e *i*?

b) Qual é a relação entre *B* e *R*?

c) Expresse matematicamente essas relações.

5. **a)** O que é um solenoide (ou bobina)? Faça um desenho para ilustrar sua resposta.

b) Suponha uma corrente passando no solenoide que você desenhou. Trace algumas linhas de indução do campo magnético criado por essa corrente em pontos interiores do solenoide e exteriores a ele.

c) Indique qual é a extremidade do eletroímã assim obtido que se comporta como um polo norte.

6. Seja *B* o módulo do campo magnético criado no interior de um solenoide percorrido por uma corrente *i* que apresenta *n* espiras por unidade de comprimento.

a) Qual é a relação entre *B* e *i*?

b) Qual é a relação entre *B* e *n*?

c) Expresse matematicamente essas relações.

7. **a)** Explique o que se entende por ímã elementar em um material.

b) Faça um desenho mostrando como os ímãs elementares estão distribuídos em uma substância não imantada.

c) Mostre, em um desenho, como estão dispostos os ímãs elementares de uma substância magnetizada.

8. Explique por que o campo magnético no espaço em torno de um fio, percorrido por uma corrente, se altera quando esse fio é envolvido por um meio material.

9. Explique resumidamente o que é e dê exemplos de:

a) uma substância paramagnética;

b) uma substância diamagnética;

c) uma substância ferromagnética.

10. Um fio metálico *FG* tem suas extremidades presas a dois suportes isolantes, como mostra a figura deste problema. O fio está eletrizado uniformemente com uma carga positiva. Esse fio estabelecerá no espaço em torno dele:

a) Um campo elétrico?

b) Um campo magnético?

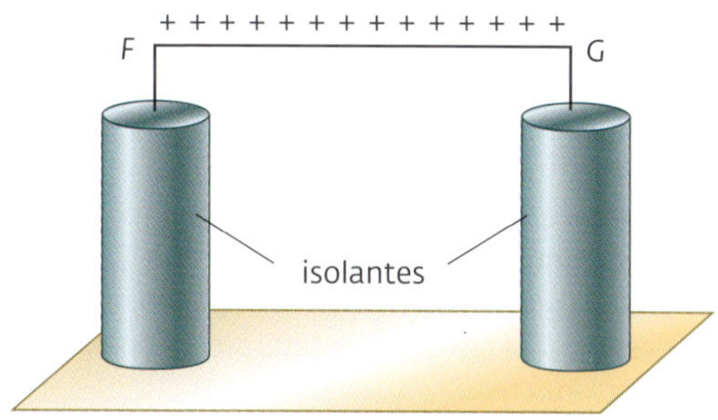

11. Um elétron é lançado com uma velocidade *v* paralelamente a um fio reto e comprido ligado a uma bateria (veja a figura ao lado).

a) Quais serão a direção e o sentido da força magnética que atuará no elétron?

b) Responda à questão anterior, supondo, agora, que o elétron fosse lançado penetrando em uma folha de papel.

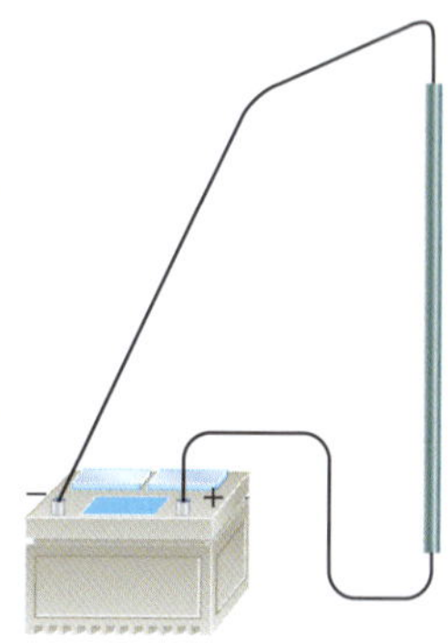

12. A figura deste problema representa o chão de uma sala, na qual estão indicadas as direções norte-sul e leste-oeste. Um fio reto é colocado verticalmente nessa sala, conduzindo uma corrente *i* dirigida para cima. Suponha que uma pequena agulha magnética seja colocada no ponto *P* indicado na figura. Diga qual orientação que a agulha tomará nos seguintes casos:

a) a intensidade da corrente no fio é muito elevada;

b) o campo magnético da corrente tem um valor aproximadamente igual ao campo magnético terrestre.

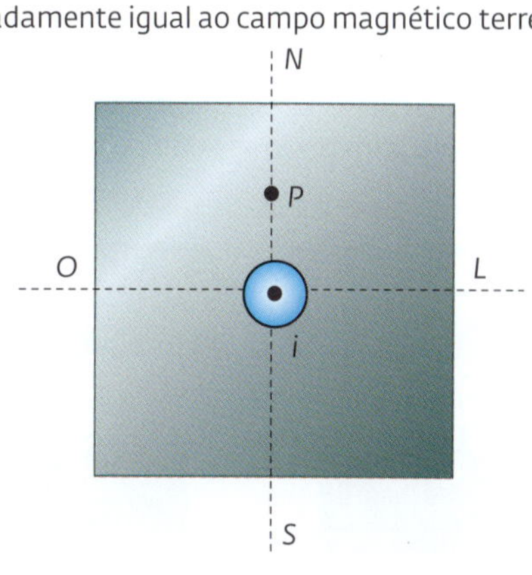

13. Dois fios retilíneos, (1) e (2), percorridos pelas correntes i_1 e i_2, são perpendiculares à folha de papel, como está mostrado em corte na figura deste problema. O campo magnético no ponto *P* só poderá ser nulo se i_1 e i_2 forem tais que:

a) $i_1 = i_2$ e tiverem sentidos opostos.

b) $i_1 > i_2$ e tiverem ambos o mesmo sentido.

c) $i_1 > i_2$ e tiverem sentidos opostos.

d) $i_1 < i_2$ e tiverem ambos o mesmo sentido.

e) $i_1 < i_2$ e tiverem sentidos opostos.

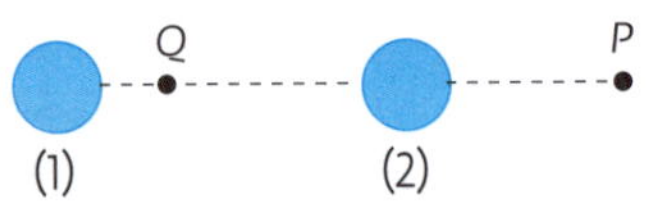

14. No problema anterior, assinale a opção que poderia resultar em um campo magnético nulo no ponto *Q*.

15. Dois fios retos e paralelos, (1) e (2), são percorridos pelas correntes i_1 e i_2, de mesmo sentido, como mostra a figura deste problema.

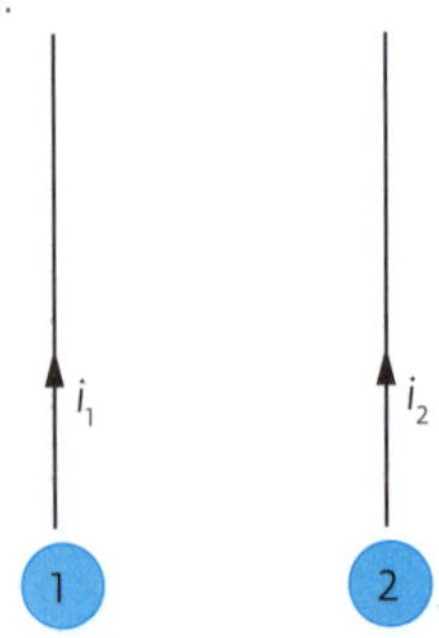

a) Desenhe, em uma cópia da figura, o campo magnético $\vec{B}_1$ que a corrente i_1 cria nos pontos onde está situado o fio (2).

b) Desenhe o campo magnético $\vec{B}_2$ que a corrente i_2 cria nos pontos onde está situado o fio (1).

c) Qual é o sentido da força que o campo $\vec{B}_1$ exerce sobre o fio (2)?

d) Qual é o sentido da força que o campo $\vec{B}_2$ exerce sobre o fio (1)?

e) Então, quando dois condutores paralelos são percorridos por correntes de mesmo sentido, eles se atraem ou se repelem?

16. Suponha que, no problema anterior, a corrente i_2 tenha sentido contrário ao mostrado na figura. Nessas condições, responda novamente às questões formuladas naquele problema.

17. Ao fecharmos as chaves C_1 e C_2, mostradas na figura deste problema, os eletroímãs vão se atrair ou se repelir?

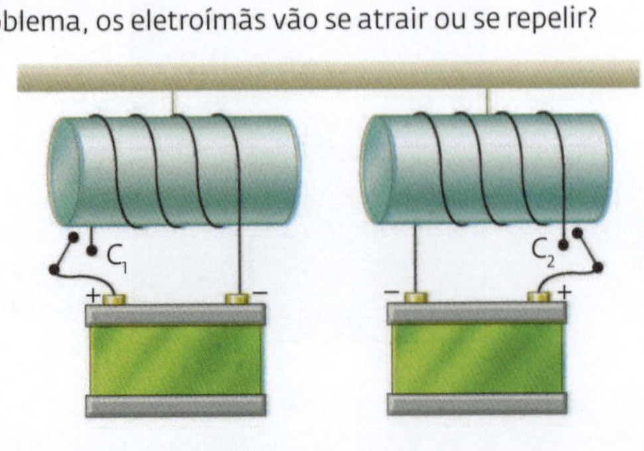

Ilustrações: Paulo César Pereira/Arquivo da editora

18. Duas bobinas, (1) e (2), de mesmo diâmetro e de mesmo comprimento *L*, são feitas com um mesmo tipo de fio e estão ligadas a uma bateria, como mostra a figura deste problema. O número de espiras na bobina (1) é o dobro do número de espiras da bobina (2). Analise as alternativas seguintes e assinale aquelas que são corretas.

a) As duas bobinas estão submetidas à mesma voltagem.

b) A resistência elétrica da bobina (1) é duas vezes maior do que a da bobina (2).

c) A corrente elétrica da bobina (1) é duas vezes menor do que a corrente da bobina (2).

d) O número de espiras, por unidade de comprimento, da bobina (1) é duas vezes maior do que o da bobina (2).

e) O valor do campo magnético no interior da bobina (1) é igual ao do campo no interior da bobina (2).

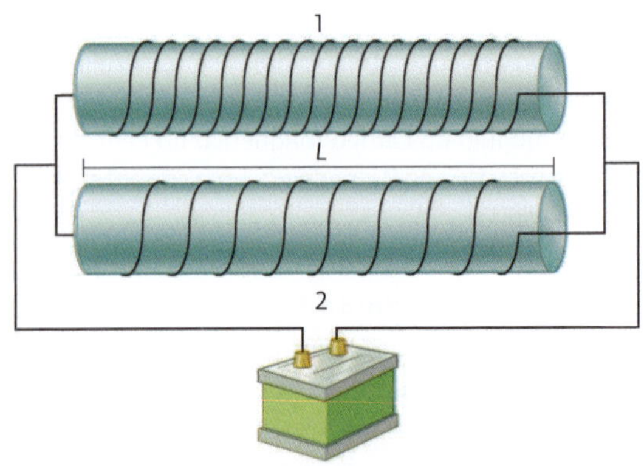

19. Considere um cilindro oco, de ferro, apresentando uma fenda, como o mostrado em corte na figura deste problema. Um condutor retilíneo, conduzindo uma corrente *i* que penetra na folha de papel, é colocado ao longo do eixo do cilindro (veja a figura). O campo magnético da corrente provocará a imantação do cilindro, e as faces *F* e *G* da fenda se comportarão como os polos de um ímã. Diga qual dessas faces é o polo norte e qual é o polo sul.

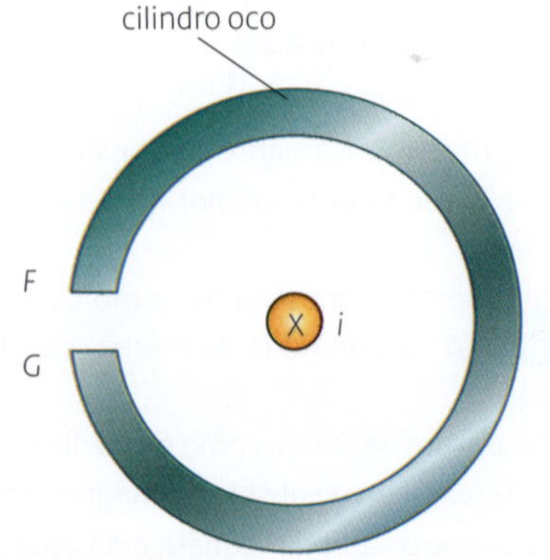

20. O circuito de uma campainha de corrente contínua está mostrado esquematicamente na figura deste problema. Nesse circuito, *P* é uma plaqueta de ferro e *C* é um contato que abre ou fecha o circuito quando *P* se encosta ou se afasta dele. Acompanhando a corrente fornecida pela bateria, explique como funciona essa campainha elétrica.

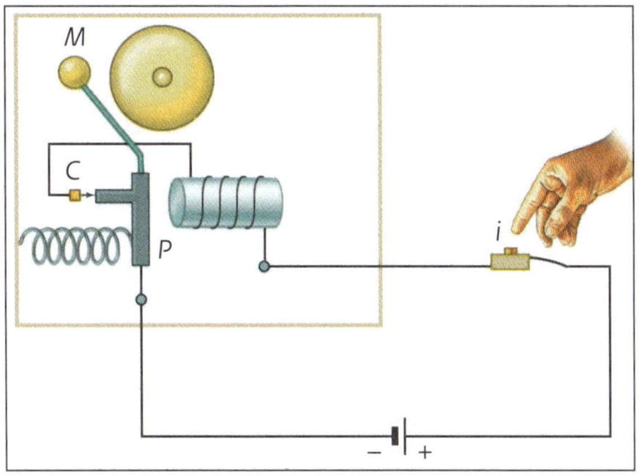

Ilustrações: Paulo César Pereira/Arquivo da editora

21. Em uma região onde o campo magnético da Terra é horizontal, é colocado um fio, também horizontal, conduzindo uma corrente de oeste para leste. Verifica-se que em certos pontos, próximos ao fio, o campo magnético é nulo. Onde estão situados esses pontos?

22. *P*, *Q* e *R* são fios retilíneos, longos e paralelos, conduzindo as correntes indicadas na figura deste problema. Quais são o módulo, a direção e o sentido da resultante das forças magnéticas que *P* e *Q* exercem sobre *R*?

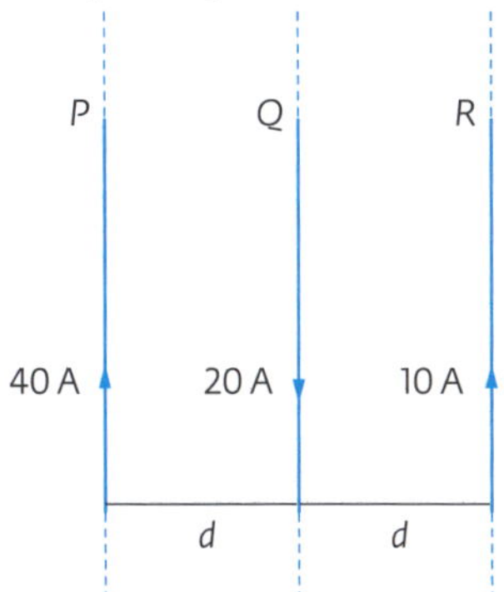

23. Três fios, *M*, *N* e *P*, retos e compridos, paralelos entre si, estão dispostos perpendicularmente ao plano da figura deste problema, nas posições mostradas. O valor e o sentido da corrente em cada fio estão também indicados na figura. Sabendo-se que o campo magnético que o fio *M* cria na posição onde está colocado o fio *N* vale $2{,}0 \cdot 10^{-5}$ T, calcule a força por unidade de comprimento que atua em *N*, causada pelas correntes em *M* e *P*.

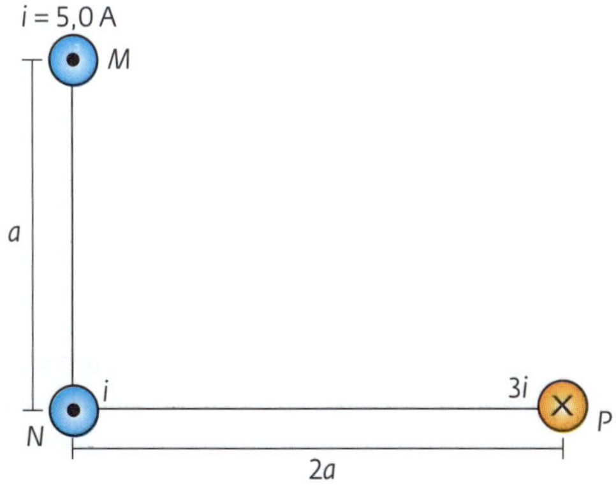

24. Uma mola metálica é suspensa verticalmente, distendida por um pequeno peso também metálico que, nessas condições, está em contato com a superfície do mercúrio contido em um recipiente. Ligando-se a mola em uma bateria, da maneira mostrada na figura, verifica-se que ela passa a oscilar verticalmente, com o peso abrindo e fechando o circuito através do mercúrio. Explique por que isso acontece.

Sugestão: Observe o sentido da corrente em duas espiras adjacentes.

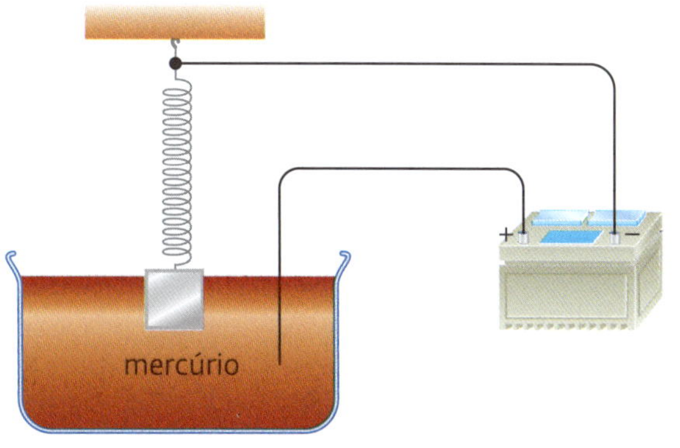

25. Em um automóvel, o funcionamento do motor de arranque exige uma corrente de grande intensidade (100 A ou mais), que deve, então, ser transportada por fios grossos e curtos (pequena resistência). Por esse motivo, para ligar esse motor, utiliza-se um outro circuito (de fios mais finos e longos), que é percorrido por corrente de pequena intensidade e faz funcionar uma chave magnética, denominada relé.

A figura deste problema mostra o circuito de um motor de arranque e do relé usado para acioná-lo (quando o motorista gira a chave do carro, para dar a partida do motor).

a) Os dois circuitos mencionados estão ligados em série ou em paralelo à bateria?

b) Observando a figura, explique como funciona o relé para ligar e desligar o motor de arranque.

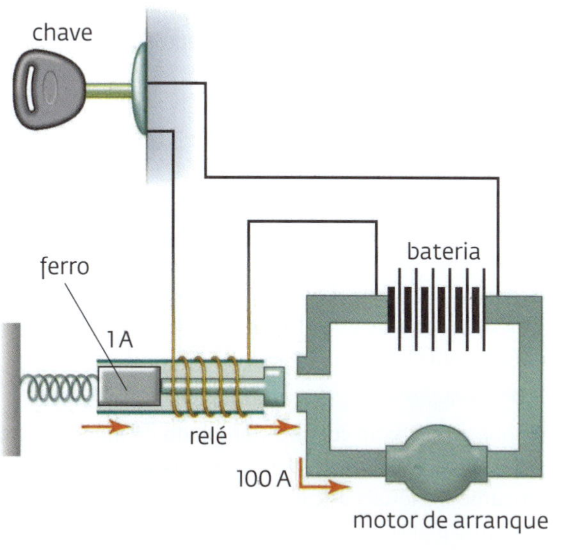

26. Na figura deste problema estão representados dois elementos de corrente: $\Delta\ell_1$ (percorrido por uma corrente i_1) e $\Delta\ell_2$ (percorrido por uma corrente i_2).

a) Quais são a direção e o sentido da força $\Delta\vec{F}_{12}$ que o elemento $\Delta\ell_1$ exerce sobre o elemento $\Delta\ell_2$?

b) Qual o módulo do campo magnético $\Delta\vec{B}_2$ que $\Delta\ell_2$ estabelece na posição ocupada por $\Delta\ell_1$? Então, o que se pode dizer da força $\Delta\vec{F}_{21}$?

c) Uma lei fundamental da Física clássica está sendo violada nessa interação entre os elementos de corrente. Qual é essa lei?

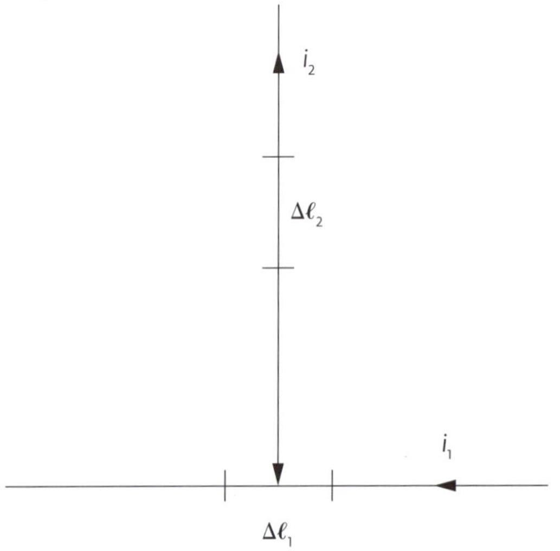

27. A figura deste problema representa parte de um circuito elétrico, percorrido por uma corrente i, constituída por dois trechos retilíneos e uma semicircunferência de raio R. Determine o módulo do campo magnético que essa parte do circuito estabelece em C.

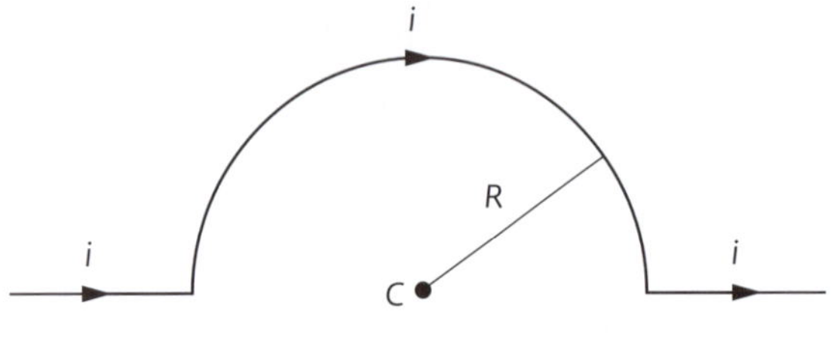

28. Um solenoide comprido, enrolado com 20 espiras/cm, é percorrido por uma corrente de 0,30 A. Uma bobina chata, com 15 espiras circulares de raio igual a 10 cm, é colocada envolvendo a parte central do solenoide, de modo que o eixo deste seja perpendicular ao plano da bobina e passe pelo seu centro C. Qual deve ser a intensidade da corrente na bobina para que o campo magnético resultante em seu centro C seja nulo (suponha que os campos do solenoide e da bobina tenham, em C, sentidos contrários).

Observação

Bobina plana: fio condutor enrolado de modo a formar N espiras circulares superpostas, todas com raios praticamente iguais a R e situadas aproximadamente no mesmo plano.

29. Um problema experimental: medida do campo magnético da Terra. Para medir o valor do campo magnético terrestre em sua cidade, um estudante construiu uma bobina chata, de raio $R = 15$ cm, tendo $N = 20$ espiras. No centro dessa bobina, sobre um suporte nela adaptado, colocou uma pequena agulha imantada (bússola).

A bobina foi posicionada de tal modo que seu plano coincidisse com a orientação da agulha magnética, isto é, aproximadamente na direção norte-sul (veja a figura (a) deste problema). Nessas condições, a bobina foi ligada a um circuito, contendo um reostato, um amperímetro e uma bateria, que lhe fornecia uma corrente i e estabelecia um campo magnético $\vec{B}$ em seu centro, onde se encontrava a agulha. Esta se orientava, então, na direção do campo magnético $\vec{B}_R$, resultante dos campos magnéticos da Terra ($\vec{B}_T$) e da bobina ($\vec{B}$), como mostra a figura (b) deste problema. Por meio do reostato, o estudante fez variar a corrente na bobina, até que o ângulo θ mostrado na figura (b) fosse igual a 45°. Quando isso ocorreu, o amperímetro indicava uma corrente $i = 0{,}40$ A. Qual o valor encontrado pelo estudante para o campo magnético da Terra no local da experiência?

(a)

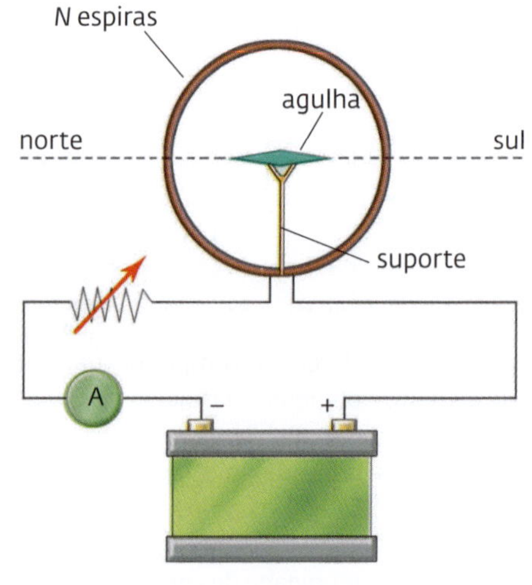

(b)

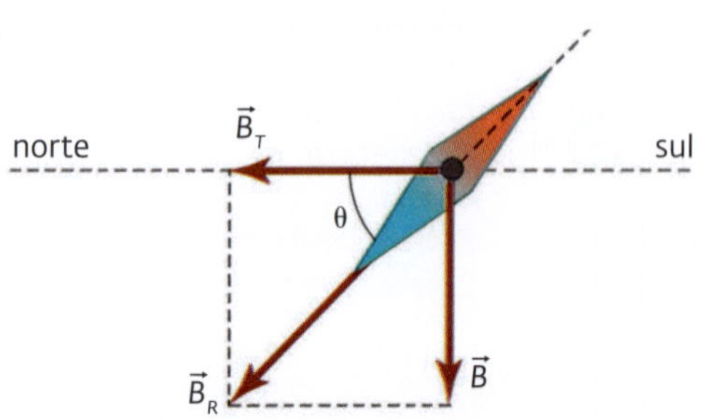

Ilustrações: Paulo César Pereira/Arquivo da editora

30. Duas espiras circulares, no ar, de mesmo raio $R = 2\pi$ cm e mesmo centro C, são dispostas de tal modo que seus planos sejam perpendiculares (veja a figura deste problema). Se as espiras são percorridas pelas correntes $i_1 = 3{,}0$ A e $i_2 = 4{,}0$ A, determine o módulo do campo magnético que elas estabelecem em C.

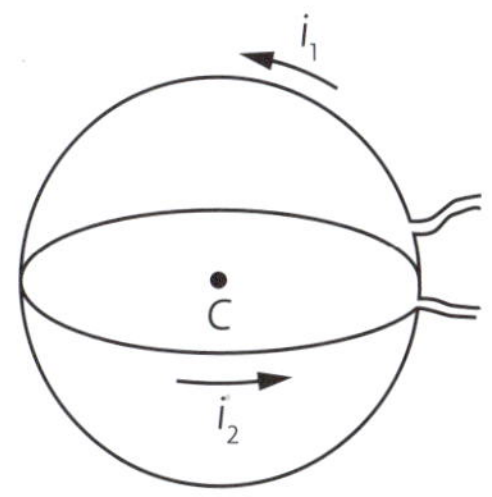

31. Em um átomo de hidrogênio (modelo de Bohr), o elétron gira em torno do núcleo numa trajetória circular de raio $R = 5{,}1 \cdot 10^{-11}$ m, com uma frequência $f = 6{,}8 \cdot 10^{15}$ hertz.

a) O elétron em movimento equivale a uma corrente elétrica. Qual é a intensidade i dessa corrente? (Carga do elétron $= 1{,}6 \cdot 10^{-19}$ C.)

b) Qual o módulo do campo magnético estabelecido pelo elétron no centro do átomo? (Somente a título de comparação, informamos que ímãs muito fortes estabelecem campos magnéticos da ordem de 10 T.)

32. Tentando reproduzir a experiência de Oersted, um estudante, em sua residência, montou um circuito igual ao mostrado na figura deste problema. Sabia que no circuito estava passando uma corrente de, aproximadamente, 1 A e, apesar disso, não percebeu nenhum desvio da agulha magnética colocada nas proximidades do fio orientado na direção norte-sul (veja a figura). Por que razão o desvio esperado pelo estudante não ocorreu? Procure reproduzir essa experiência e observe se o resultado está de acordo com o que foi relatado.

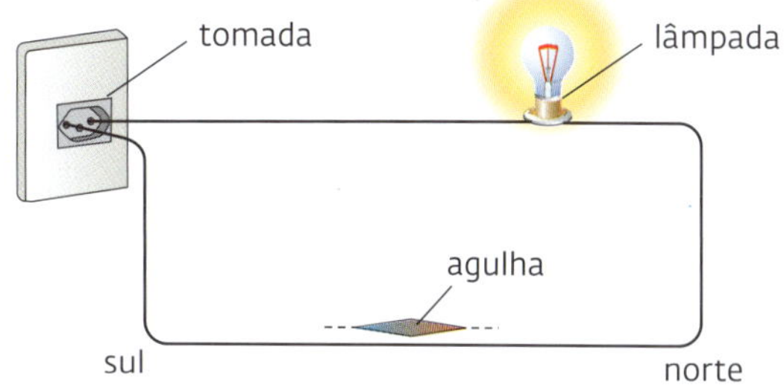

Paulo César Pereira/Arquivo da editora

Capítulo 8 – **Indução eletromagnética – Ondas eletromagnéticas**

1. **a)** Explique por que houve separação de cargas na barra CD mostrada na figura 8.3.

b) Como se denomina a f.e.m. que aparece na barra em razão dessa separação de cargas?

2. Descreva como devemos proceder para que a corrente induzida mostrada na figura 8.5 seja alternada.

3. **a)** Escreva a expressão matemática que define o fluxo magnético φ através de uma superfície, explicando o significado de cada símbolo que aparece nessa expressão.

b) Qual é a unidade de fluxo magnético no SI?

c) Qual a relação entre o número de linhas de indução que furam uma superfície e o valor do fluxo magnético através dela?

d) Descreva três maneiras de fazer variar o fluxo magnético através de um circuito elétrico.

4. Enuncie e expresse matematicamente a lei de Faraday da indução eletromagnética.

5. **a)** Usando a lei de Faraday, explique por que aparece uma f.e.m. induzida na espira da figura 8.7.

b) Faça o mesmo para a bobina G da figura 8.8.

6. Analisando a figura 8.13, explique, resumidamente, como funciona um gerador de corrente alternada.

7. **a)** Enuncie a lei de Lenz.

b) Diga qual será o sentido do campo magnético, criado pela corrente induzida em um circuito, quando o fluxo magnético através dele estiver aumentando.

c) Faça o mesmo para o caso em que o fluxo magnético através do circuito estiver diminuindo.

d) Analise e procure entender claramente os exemplos 1 e 2 da seção 8.3.

8. **a)** Diga com suas palavras o que é um capacitor.

b) O que são as armaduras de um capacitor?

c) Faça um desenho de um capacitor plano.

d) Indique a figura deste capítulo que apresenta um capacitor cilíndrico.

e) Mostre como os capacitores são representados em diagramas elétricos.

9. **a)** Escreva a equação que define a capacitância de um capacitor. Explique o significado de cada um dos símbolos que aparecem nessa equação.

b) Qual é, no SI, a unidade de capacitância?

10. **a)** Qual é a relação entre a capacitância de um capacitor e a área de suas armaduras?

b) E entre a capacitância e a distância entre as armaduras?

c) Explique o que é um capacitor variável.

11. Um capacitor plano carregado, tendo o ar como dielétrico, está desligado da bateria. Introduzindo-se entre suas armaduras um isolante cuja constante dielétrica é K, diga o que ocorre com:

a) a carga nas armaduras;

b) o campo elétrico entre as armaduras;

c) a voltagem entre as armaduras;

d) a capacitância do capacitor.

12. **a)** Na seção F. 2 foram feitas algumas observações que nos permitem concluir que um capacitor armazena energia. Descreva com suas palavras essas observações.

b) Escreva a expressão que nos fornece a energia armazenada em um capacitor. Explique o significado de cada símbolo que aparece nessa expressão.

13. Uma espira retangular penetra em uma região onde existe um campo magnético $\vec{B}$, passando sucessivamente pelas posições (1), (2) e (3) mostradas na figura deste problema. Indique, entre as afirmativas seguintes, aquela que está **errada**:

a) Quando a espira está passando pela posição (1), o fluxo magnético através dela está aumentando.

b) Quando a espira está passando pela posição (2), o fluxo magnético através dela não está variando.

c) Quando a espira está passando pela posição (3), o fluxo magnético através dela está diminuindo.

d) O sentido da corrente induzida é o mesmo, tanto na posição (1) quanto na posição (3).

e) Não há corrente induzida na espira quando ela passa pela posição (2).

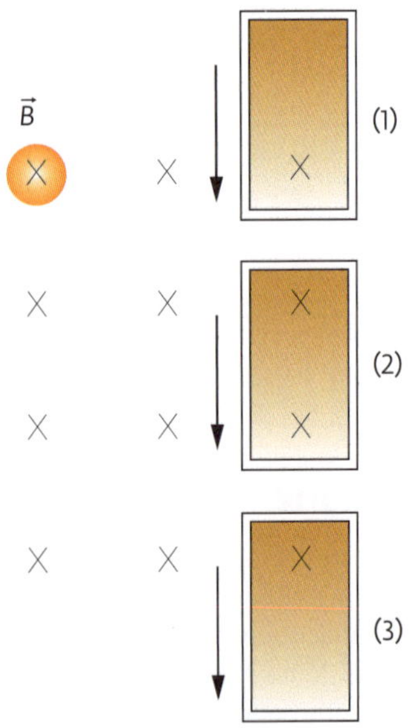

14. Considere os circuitos (1) e (2) mostrados na figura deste problema. Entre as afirmativas seguintes, indique aquelas que estão corretas:

a) A corrente no fio *GH* estabelece um campo magnético $\vec{B}$ que está entrando no interior da espira (2).

b) Com o cursor fixo na posição *C*, o fluxo magnético através da espira (2) é nulo.

c) Enquanto o cursor estiver se deslocando de *C* para *F*, o fluxo magnético através da espira (2) estará aumentando.

d) Enquanto o cursor estiver se deslocando de *C* para *D*, haverá uma corrente induzida na espira (2).

e) Deslocando-se o cursor sucessivamente para *D* e para *F*, teremos uma corrente alternada na espira (2).

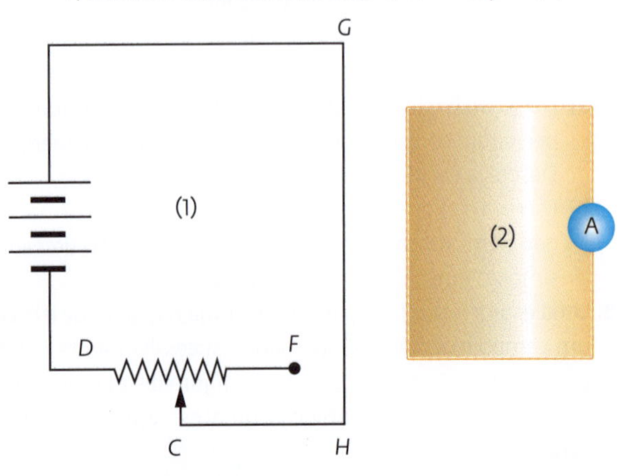

15. O polo sul de um ímã é aproximado de uma bobina da maneira indicada na figura deste problema.

a) Qual é o sentido da corrente induzida na resistência *R*?

b) O polo sul do ímã será repelido ou atraído pela bobina?

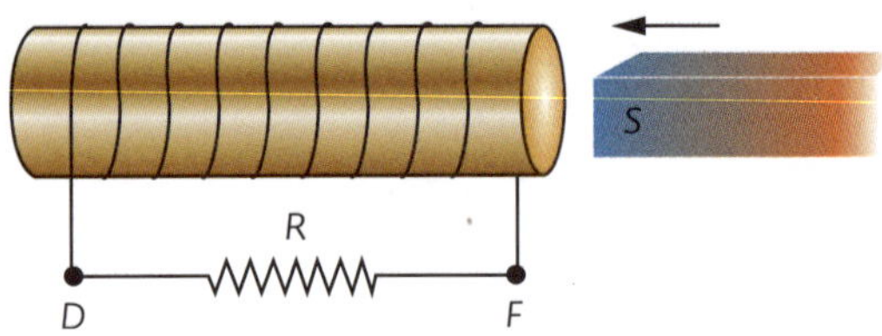

Ilustrações: Antonio Robson/Arquivo da editora

16. Para se obter voltagem elevada quando se dispõe apenas de uma fonte de corrente contínua (uma bateria, por exemplo), usa-se uma bobina de indução. Esse tipo de bobina é empregada nos sistemas de ignição dos automóveis, para fornecer alta voltagem às velas. O circuito esquemático de uma bobina de indução está mostrado na figura a seguir, na qual *P* é uma placa de ferro e *C* é um contato que está apenas encostado na mola de aço. Analise o circuito e descreva o funcionamento dessa bobina.

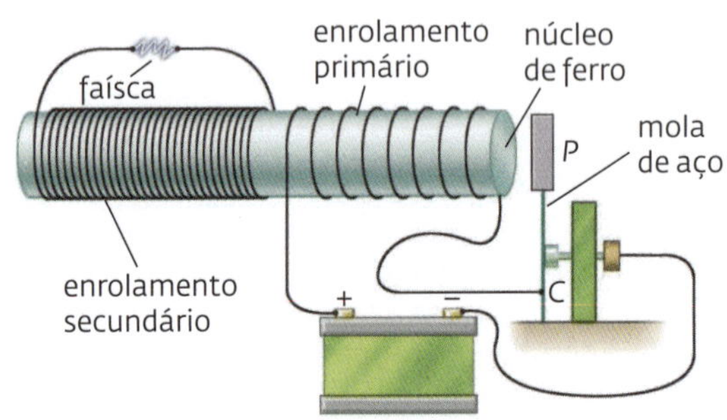

17. O fluxo magnético através de uma bobina varia com o tempo de acordo com o gráfico deste problema. Sabe-se que a bobina constitui um circuito fechado, cuja resistência é igual a 10 Ω.

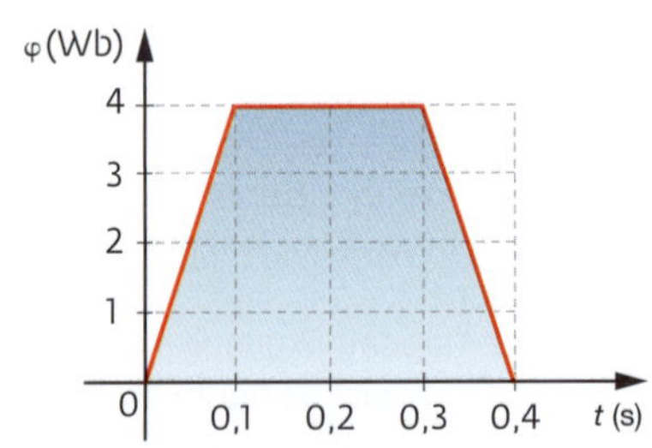

a) Calcule o valor da corrente elétrica na bobina, entre $t = 0$ e $t = 0{,}1$ s.

b) Faça o mesmo para o intervalo entre $t = 0{,}1$ s e $t = 0{,}3$ s.

c) Qual é o valor da corrente no intervalo entre $t = 0{,}3$ s e $t = 0{,}4$ s? Essa corrente tem as mesmas características da calculada no item **a**?

18. Na figura deste problema, a barra condutora *MN* se desloca com velocidade constante $v = 4{,}0$ m/s, apoiada em trilhos condutores paralelos, puxada por um objeto suspenso, de massa $m = 200$ g. A resistência total do circuito é $R = 1\ \Omega$. (Considere $g = 10$ m/s^2.)

a) Qual é o valor da f.e.m. induzida em *MN*?

b) Determine o valor da f.e.m. ε do gerador ligado ao circuito.

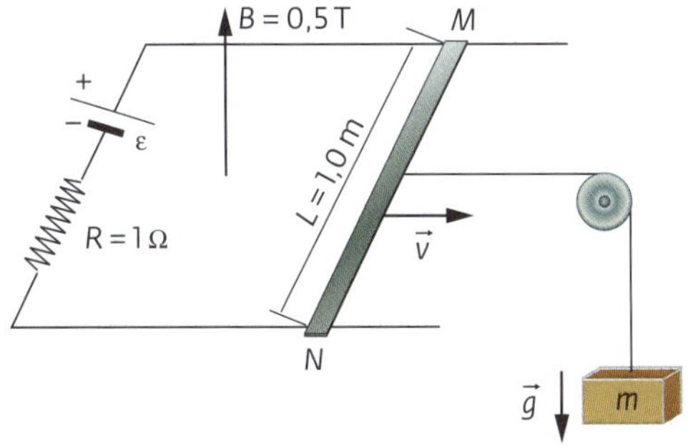

19. As bobinas I e II, enroladas no mesmo núcleo de ferro, estão isoladas uma da outra e desse núcleo (veja a figura deste problema).

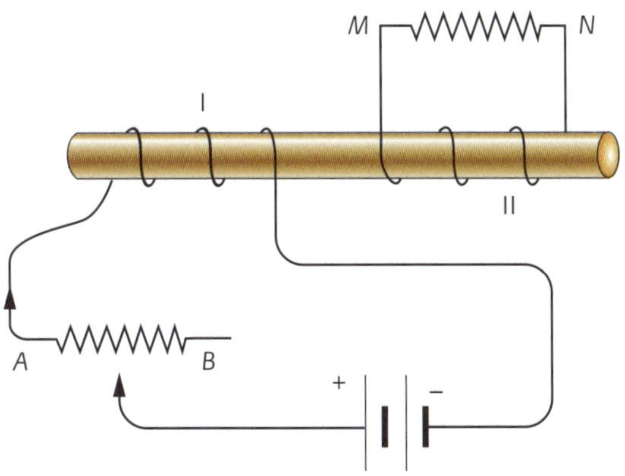

Ilustrações: Paulo César Pereira/Arquivo da editora

a) Qual é o sentido da corrente no resistor *MN*, supondo que o cursor do reostato mostrado esteja se deslocando de *A* para *B*?

b) Se o cursor do reostato permanecer fixo na posição mostrada na figura, haverá fluxo magnético através da bobina II? Haverá corrente em *MN*?

20. Medindo-se a intensidade das radiações eletromagnéticas emitidas pelo Sol, ao atingirem a atmosfera da Terra, foi encontrado o valor de 1 400 W/m² (com a radiação incidindo perpendicularmente à superfície). Considerando a distância da Terra ao Sol igual a $1,5 \cdot 10^{11}$ m, calcule a potência total das radiações eletromagnéticas emitidas pelo Sol.

21. Na figura deste problema, uma diferença de potencial $V_{AB} = 200$ V foi aplicada entre os pontos *A* e *B*. Determine:

a) a capacitância equivalente da associação;

b) a carga total armazenada na associação.

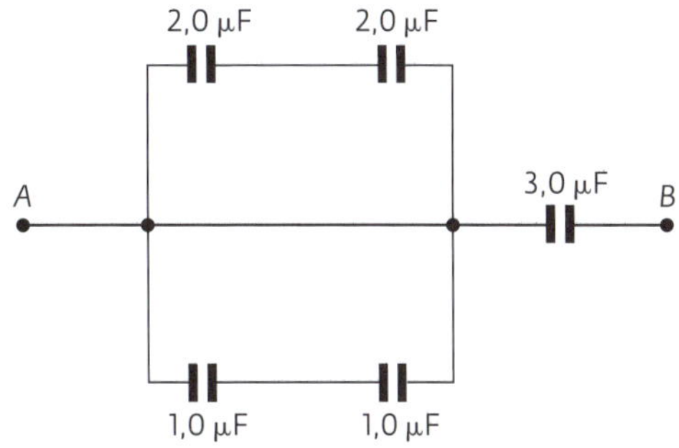

22. Analise o circuito apresentado na figura deste problema e indique, entre as afirmativas seguintes, aquela que está correta.

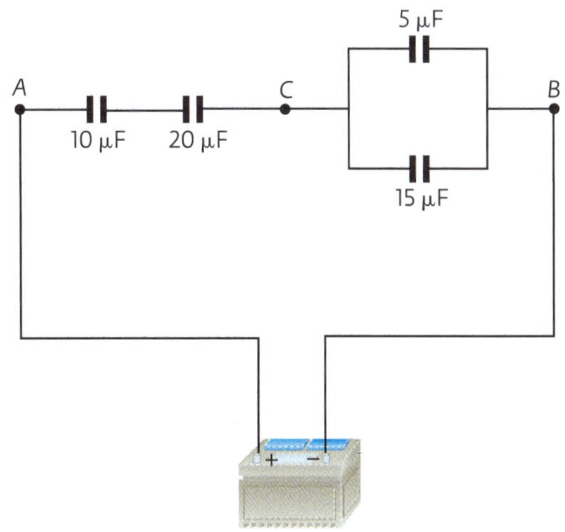

a) A voltagem entre *A* e *C* é menor do que entre *C* e *B*.

b) A carga do capacitor de 10 μF é menor do que a do de 20 μF.

c) A voltagem do capacitor de 5 μF é menor do que a do de 15 μF.

d) A energia armazenada no capacitor de 5 μF é maior do que a armazenada no de 15 μF.

e) A energia armazenada no capacitor de 10 μF é maior do que a armazenada no de 20 μF.

Capítulo 9 – Teoria da relatividade e Física quântica

1. Os raios cósmicos são partículas de alta energia provenientes do espaço. Suas energias podem superar as obtidas nos maiores aceleradores de partículas e são de origem ainda desconhecida. Uma das maiores energias observadas em raios cósmicos atingiu o valor da ordem de 50 J, concentrada em uma única partícula subatômica (isso é da ordem de grandeza da energia de uma bola de futebol). Suponha que tal partícula seja um próton, que tem massa igual a $1{,}7 \cdot 10^{-27}$ kg.

a) Calcule o fator de Lorentz, γ, para esse raio cósmico.

b) Do ponto de vista do raio cósmico a Terra sofreria uma contração de Lorentz, em que seu diâmetro (cerca de $12 \cdot 10^3$ km) na direção do movimento do raio cósmico ficaria dividido pelo fator de Lorentz. Calcule o diâmetro terrestre visto no referencial do raio cósmico.

2. O aniquilamento de um elétron por um pósitron (parceiro de antimatéria do elétron) num meio material é utilizado na Medicina em, por exemplo, alguns exames de tomografia da tireoide ou do coração. No exame cardíaco utiliza-se como marcador o radiofármaco flúor-desoxiglicose. Essa molécula de glicose é sintetizada com um isótopo de flúor radioativo, o ^{18}F, de vida média um pouco inferior a 2 horas. As células sadias absorvem a glicose marcada e, quando o ^{18}F decai, emite um pósitron que percorre a célula até encontrar e aniquilar algum de seus elétrons. No processo de aniquilamento são gerados em sentidos opostos dois fótons iguais de raios gama, que, ao serem detectados pelo tomógrafo, indicam a região sadia do músculo cardíaco. A massa de repouso do elétron (ou do pósitron) vale $m_e = 9{,}11 \cdot 10^{-31}$ kg.

a) Calcule a energia de cada fóton emitido, supondo desprezíveis as velocidades do pósitron e do elétron aniquilados.

b) Calcule a frequência e o comprimento de onda de cada um dos fótons gerados. Verifique que o fóton emitido está na faixa dos raios gama (veja o espectro na figura 8.33).

3. O píon neutro, cuja massa vale $m_\pi = 2{,}4 \cdot 10^{-28}$ kg, é uma partícula instável que decai emitindo dois fótons de raios gama, depois de uma vida média igual a $8{,}7 \cdot 10^{-17}$ s. Em 1964 foi realizada uma célebre experiência no acelerador de partículas do Cern, onde píons neutros, viajando na velocidade $v = 0{,}99975\ c$, decaíam emitindo os dois fótons de raios gama.

a) Calcule a energia do fóton emitido.

b) Calcule a frequência e o comprimento de onda do fóton emitido por um píon em repouso. Verifique que o fóton emitido está na faixa dos raios gama (veja o espectro na figura 8.33).

c) No referencial do acelerador, onde o píon em alta velocidade decai, qual a velocidade de um fóton de raios gama emitido para a frente?

4. A seção 8.6 explica que se produzem raios X quando elétrons de alta energia cinética são bruscamente desacelerados ao colidirem contra uma placa metálica no interior de uma ampola na qual é feito vácuo (veja a figura 8.44). Vamos dar o exemplo de uma típica chapa de raios X dentário, no qual os elétrons, antes de colidir contra a placa metálica, foram acelerados por uma diferença de potencial de 57 kV e corrente elétrica igual a 5 mA. Para um paciente adulto o tempo de exposição foi de 0,65 s.

a) Calcule a energia de um fóton criado pela colisão de um elétron contra a placa metálica. Suponha que toda a energia cinética do elétron foi usada para criar o fóton.

b) Calcule a frequência e o comprimento de onda do fóton criado. Identifique o tipo da radiação eletromagnética criada, usando a figura 8.33.

c) Calcule a potência e o número de fótons emitidos por segundo. Suponha que cada elétron bruscamente desacelerado conseguiu criar um fóton.

d) Calcule o número total de fótons emitidos.

5. O LED é um dispositivo semicondutor formado pela junção de um semicondutor tipo *n* com um do tipo *p* (veja a seção 5.4). Quando o LED está em funcionamento, sujeito a uma diferença de potencial mínima V_0, os elétrons que passam pela junção são jogados para um estado excitado, ganhando uma energia mínima igual a $\Delta E_0 = e \cdot V_0$. Em seguida, cada um desses elétrons decai para o estado de menor energia, emitindo um fóton.

Estime a energia e o comprimento de onda do fóton emitido por cada um dos LEDs abaixo.

Nota: Os LEDs normalmente trabalham numa voltagem ligeiramente superior ao limiar V_0.

a) Para um LED vermelho temos $V_0 = 1{,}9$ volt.

b) Para um LED amarelo temos $V_0 = 2{,}1$ volt.

c) Para um LED verde temos $V_0 = 2{,}2$ volt.

6. Nenhum microscópio consegue distinguir detalhes cujo tamanho seja da ordem de grandeza do comprimento de onda utilizado na formação da imagem, e muito menos detalhes menores que o comprimento de onda. Assim, os microscópios ópticos baseados em comprimentos de onda do visível não conseguem ver detalhes menores que $1\ \mu m = 1 \cdot 10^{-6}$ m. O microscópio eletrônico utiliza um feixe de elétrons em substituição à luz. Lentes baseadas em campos elétricos ou magnéticos substituem as lentes comuns. Os elétrons são acelerados por uma diferença de potencial *V*; adquirem uma velocidade *v*, na qual possuem determinado comprimento de onda de De Broglie, , e são focalizados pelas lentes sobre a amostra. Em seguida são novamente focalizados por lentes num anteparo semelhante à tela da TV, onde formam a imagem. Na prática, são os problemas de focalização das lentes que limitam a qualidade das imagens nos atuais microscópios eletrônicos.

a) Escreva uma expressão relacionando a velocidade v do elétron com a diferença de potencial V, utilizada para acelerá-lo. Suponha não ser necessária a utilização da teoria da relatividade nesse cálculo.

b) Partindo do resultado anterior escreva uma expressão não relativística que forneça o comprimento de onda de De Broglie, , em termos da diferença de potencial V.

c) Em um microscópio eletrônico a diferença de potencial que acelera os elétrons é de $5 \cdot 10^3$ volt. Utilizando a expressão do item **a**, calcule o fator de Lorentz, γ, do elétron e mostre não ser necessária a utilização da teoria da relatividade em cálculos com 1 algarismo significativo.

d) Para o microscópio eletrônico citado no item anterior calcule o comprimento de onda de De Broglie , λ, de um elétron. Em princípio, sem levar em conta possíveis defeitos das lentes, esse microscópio eletrônico conseguiria fornecer imagens com detalhes de um vírus, como o da aids, com um tamanho da ordem de 0,1 μm?

7. Considere o caso de um projétil de massa 0,03 kg e de um elétron ($m_e = 9 \cdot 10^{-31}$ kg), ambos viajando numa velocidade de 1 000 m/s, medida com uma incerteza de 0,1%. Qual a melhor precisão com que poderíamos localizar a posição das duas partículas, no instante da medida de suas velocidades?

8. **Decaimento alfa:** um núcleo de rádio $^{88}Ra_{226}$ decai emitindo uma partícula α (núcleo de hélio $^{2}He_{4}$, de massa $6{,}7 \cdot 10^{-27}$ kg), produzindo o radônio $^{86}Rn_{222}$. Antes da desintegração, a partícula α está confinada no núcleo de rádio, presa por uma barreira de energia potencial. Podemos aproximar essa barreira por um potencial unidimensional, como mostra a figura deste problema, com duas paredes cercando o núcleo de rádio, separadas de $1{,}8 \cdot 10^{-14}$ m. Suponha que a energia cinética da partícula α no interior do núcleo seja igual a $7{,}8 \cdot 10^{-13}$ J. A partir da teoria, pode-se mostrar que a probabilidade de a partícula α tunelar a barreira nuclear é igual a $3 \cdot 10^{-32}$.

Decaimento alfa

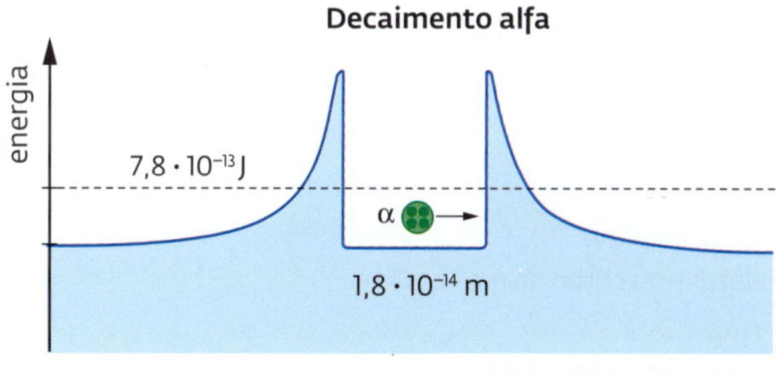

a) Comente o comportamento da função de onda da partícula α no interior da região da barreira de energia. Como esse comportamento se relaciona com o fenômeno do tunelamento?

b) A partir da probabilidade de tunelamento, estime quantas tentativas de escapar a partícula realiza, em média, antes de obter sucesso.

c) A partir de sua energia cinética, calcule a velocidade da partícula α no interior do núcleo de rádio. (Não é necessário utilizar a teoria da relatividade nesse caso.)

d) Qual é o tempo entre duas colisões sucessivas da partícula α contra as paredes do núcleo?

e) A partir do resultado anterior e do número de tentativas antes de a partícula α conseguir tunelar, obtido no item **b**, faça uma estimativa da vida média do núcleo de rádio. Expresse seu resultado em anos.

9. Calcule, a partir da equação de Bohr para os níveis de energia, qual a energia necessária para ionizar o átomo de hidrogênio, inicialmente no estado fundamental. Compare com a energia de ionização do hidrogênio na tabela abaixo.

ENERGIA DE IONIZAÇÃO DE ALGUNS ÁTOMOS*

Átomo	Energia de ionização ($\cdot 10^{-18}$ J)
Hidrogênio	2,1787
Hélio	3,9393
Carbono	1,8041
Nitrogênio	2,3286
Oxigênio	2,1819
Sódio	0,82337
Fósforo	1,6802
Enxofre	1,6599
Césio	0,62387
Selênio	1,5625

* Os valores de energia de ionização desta tabela se referem à energia necessária para arrancar apenas o primeiro elétron de cada um dos átomos neutros.

10. Um fóton é absorvido ao atingir um átomo de hidrogênio no estado fundamental, provocando nele uma transição para o segundo nível de energia.

a) Calcule a energia desse fóton.

b) Calcule a frequência e o comprimento de onda do fóton. Qual o tipo de radiação (veja o espectro eletromagnético na figura 8.33) desse fóton?

11. Como um oscilador pode ser útil num modelo para explicar a radiação térmica? Como é gerada essa radiação? Que suposição feita por Planck, na energia de um oscilador harmônico, conseguiu explicar o espectro emitido por um corpo negro?

Enem e vestibulares

Unidade 1 – Campo e potencial elétrico

Cargas elétricas	Só existem dois tipos de cargas elétricas, positivas e negativas. Corpos com mesmo sinal de carga se repelem e com sinais contrários se atraem. Os corpos que perdem elétrons, ou seja, têm falta de elétrons, estão eletrizados positivamente. Os que ganham elétrons, ou seja, têm excesso de elétrons, estão eletrizados negativamente. Um corpo é neutro quando não está eletrizado.
Quantidade de carga elétrica	1 C corresponde a $6{,}25 \cdot 10^{18}$ elétrons em excesso ou em falta.
Estrutura atômica	**Próton:** localizado no núcleo do átomo, possui carga elétrica positiva. **Elétron:** localizado na eletrosfera do átomo, possui carga elétrica negativa. **Nêutron:** localizado no núcleo do átomo, não tem carga elétrica.
Condutores e isolantes	Os sólidos que possuem elétrons livres permitem o deslocamento de carga elétrica através deles e são denominados condutores de eletricidade. Os sólidos que não possuem elétrons livres são denominados isolantes elétricos ou dielétricos.
Lei de Coulomb	$F = k_0 \dfrac{Q_1 \cdot Q_2}{r^2}$ F: módulo da força de atração ou repulsão entre as cargas elétricas (N); k_0: constante eletrostática $= 9 \cdot 10^9\ N \cdot m^2/C^2$; Q_1 e Q_2: módulos das cargas elétricas envolvidas (C); r: distância que separa as cargas (m).
Campo elétrico	Região no espaço ao redor de uma carga elétrica em que a força elétrica se manifesta ao aproximarmos uma carga de prova.
Módulo do vetor campo elétrico	$E = \dfrac{F}{q}$ E: módulo do vetor campo elétrico (N/C); F: força elétrica sobre a carga de prova (N); q: quantidade de carga elétrica do corpo de prova (C).

Campo elétrico criado por uma carga puntual	$E = k_0 \frac{Q}{r^2}$ E: módulo do vetor campo elétrico (N/C); k_0: constante eletrostática $= 9 \cdot 10^9$ N $\cdot$ m^2/C^2; Q: módulo da carga elétrica que cria o campo elétrico (C); r: distância que separa a carga do ponto estudado (m).
Linhas de força	São as linhas traçadas de tal modo que indicam a direção e o sentido da força elétrica que atua sobre uma carga de prova, colocada em qualquer ponto do campo.
Campo elétrico uniforme	Se em qualquer ponto de uma dada região do espaço o campo elétrico apresenta mesmo módulo, mesma direção e mesmo sentido, dizemos que esse campo é uniforme.
Distribuição de cargas em um condutor	A carga elétrica distribui-se na superfície de um condutor eletrizado de tal maneira que o campo elétrico no interior do condutor é nulo.
Blindagem eletrostática	O interior de um condutor fica "blindado" contra influências elétricas provenientes de cargas situadas em seu exterior.
Poder das pontas	A carga elétrica distribuída na superfície de um metal tem a tendência de se acumular nas regiões pontiagudas, tornando o ar próximo a elas um condutor e escoando a carga elétrica do metal.
Diferença de potencial (ou voltagem ou tensão)	Grandeza relacionada à energia empregada no movimento das cargas elétricas em um fio condutor. $V_{AB} = \frac{\tau_{AB}}{q}$ V_{AB}: diferença de potencial entre os pontos A e B de um circuito elétrico (V); τ_{AB}: trabalho ou energia realizado sobre a carga (J); q: módulo da carga elétrica (C).
Voltagem em um campo elétrico uniforme	$V_{AB} = Ed$ V_{AB}: diferença de potencial entre as placas A e B que criam o campo elétrico uniforme (V); E: módulo do vetor campo elétrico (N/C); d: distância entre as placas (m).
Voltagem no campo de uma carga puntual	$V = k_0 \frac{Q}{r}$ V: potencial eletrostático (V); k_0: constante elétrica no vácuo ($k_0 = 9 \cdot 10^9$ N $\cdot$ m^2/C^2); Q: módulo da carga elétrica (C); r: distância que separa a carga do ponto estudado (m).
Energia potencial elétrica	$E_p = qV$ E_p: energia potencial elétrica (J); q: módulo da carga elétrica (C); V: potencial eletrostático (V).

1. (Acafe-SC) Utilizado nos laboratórios didáticos de Física, os eletroscópios são aparelhos geralmente usados para detectar se um corpo possui carga elétrica ou não.

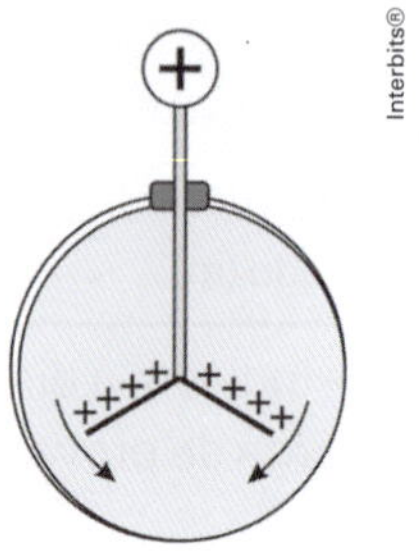

Considerando o eletroscópio da figura anterior, carregado positivamente, assinale a alternativa correta que completa a lacuna da frase a seguir.

Tocando-se o dedo na esfera, verifica-se que as lâminas se fecham, porque o eletroscópio ______.

a) perde elétrons
b) ganha elétrons
c) ganha prótons
d) perde prótons

2. (UFJF-MG) Em uma experiência realizada em sala de aula, o professor de Física usou três esferas metálicas, idênticas e numeradas de 1 a 3, suspensas por fios isolantes em três arranjos diferentes, como mostra a figura abaixo:

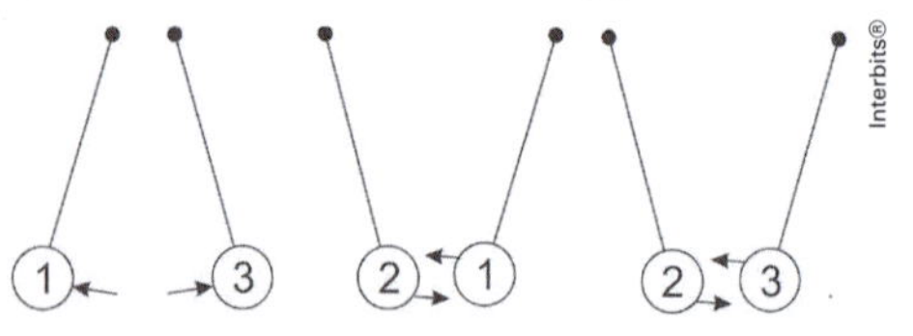

Inicialmente, o professor eletrizou a esfera 3 com carga negativa. Na sequência, o professor aproximou a esfera 1 da esfera 3 e elas se repeliram. Em seguida, ele aproximou a esfera 2 da esfera 1 e elas se atraíram. Por fim, aproximou a esfera 2 da esfera 3 e elas se atraíram. Na tentativa de explicar o fenômeno, 6 alunos fizeram os seguintes comentários:

João: A esfera 1 pode estar eletrizada negativamente, e a esfera 2, positivamente.

Maria: A esfera 1 pode estar eletrizada positivamente e a esfera 2 negativamente.

Letícia: A esfera 1 pode estar eletrizada negativamente, e a esfera 2 neutra.

Joaquim: A esfera 1 pode estar neutra e a esfera 2 eletrizada positivamente.

Marcos: As esferas 1 e 2 podem estar neutras.

Marta: As esferas 1 e 2 podem estar eletrizadas positivamente.

Assinale a alternativa que apresenta os alunos que fizeram comentários corretos com relação aos fenômenos observados:

a) somente João e Maria.
b) somente João e Letícia.
c) somente Joaquim e Marta.
d) somente João, Letícia e Marcos.
e) somente Letícia e Maria.

3. (UPF-RS) Durante uma experiência didática sobre eletrostática, um professor de Física eletriza uma esfera metálica oca suspensa por um fio isolante. Na sequência, faz as seguintes afirmações:

I. A carga elétrica transferida para a esfera se distribui na superfície externa desta.
II. O campo elétrico no interior da esfera é nulo.
III. O campo elétrico na parte exterior da esfera tem direção perpendicular à superfície desta.
IV. A superfície da esfera, na situação descrita, apresenta o mesmo potencial elétrico em todos os pontos.
V. A carga elétrica acumulada na esfera é positiva, pois lhe foram transferidas cargas positivas.

Está correto o que se afirma em:

a) I apenas.
b) I e II apenas.
c) I, II e III apenas.
d) I, II, III e IV apenas.
e) I, II, III, IV e V.

4. (UFRGS-RS) Em uma aula de Física, foram utilizadas duas esferas metálicas idênticas, *X* e *Y*: *X* está suspensa por um fio isolante na forma de um pêndulo e *Y* fica sobre um suporte isolante, conforme representado na figura abaixo. As esferas encontram-se inicialmente afastadas, estando *X* positivamente carregada e *Y* eletricamente neutra.

Considere a descrição abaixo de dois procedimentos simples para demonstrar possíveis processos de eletrização e, em seguida, assinale a alternativa que preenche corretamente as lacunas dos enunciados, na ordem em que aparecem.

I. A esfera *Y* é aproximada de *X*, sem que elas se toquem. Nesse caso, verifica-se experimentalmente que a esfera *X* é ________ pela esfera *Y*.
II. A esfera *Y* é aproximada de *X* sem que elas se toquem. Enquanto mantida nessa posição, faz-se uma ligação da esfera *Y* com a terra, usando um fio condutor. Ainda nessa posição próxima de *X*, interrompe-se o contato de *Y* com a terra e, então, afasta-se novamente *Y* de *X*. Nesse caso, a esfera *Y* fica ________.

a) atraída – eletricamente neutra
b) atraída – positivamente carregada
c) atraída – negativamente carregada
d) repelida – positivamente carregada
e) repelida – negativamente carregada

5. (PUC-RJ) Dois bastões metálicos idênticos estão carregados com a carga de 9,0 μC. Eles são colocados em contato com um terceiro bastão, também idêntico aos outros dois,

mas cuja carga líquida é zero. Após o contato entre eles ser estabelecido, afastam-se os três bastões.

Qual é a carga líquida resultante, em μC, no terceiro bastão?

a) 3,0
b) 4,5
c) 6,0
d) 9,0
e) 18

6. (Mack-SP) Uma esfera metálica *A* eletrizada com carga elétrica igual a −20,0 μC é colocada em contato com outra esfera idêntica *B* eletricamente neutra. Em seguida, encosta-se a esfera *B* em outra *C*, também idêntica eletrizada com carga elétrica igual a 50,0 μC. Após esse procedimento, as esferas *B* e *C* são separadas.

A carga elétrica armazenada na esfera *B*, no final desse processo, é igual a

a) 20,0 μC
b) 30,0 μC
c) 40,0 μC
d) 50,0 μC
e) 60,0 μC

7. (FGV-SP) Deseja-se eletrizar um objeto metálico, inicialmente neutro, pelos processos de eletrização conhecidos, e obter uma quantidade de carga negativa de 3,2 μC. Sabendo-se que a carga elementar vale $1{,}6 \cdot 10^{-19}$ C, para se conseguir a eletrização desejada será preciso

a) retirar do objeto 20 trilhões de prótons.
b) retirar do objeto 20 trilhões de elétrons.
c) acrescentar ao objeto 20 trilhões de elétrons.
d) acrescentar ao objeto cerca de 51 trilhões de elétrons.
e) retirar do objeto cerca de 51 trilhões de prótons.

8. (UFRGS-RS) Considere dois balões de borracha, *A* e *B*. O balão *B* tem excesso de cargas negativas; o balão *A*, ao ser aproximado do balão *B*, é repelido por ele. Por outro lado, quando certo objeto metálico isolado é aproximado do balão *A*, este é atraído pelo objeto.

Assinale a alternativa que preenche corretamente as lacunas do enunciado abaixo, na ordem em que aparecem.

A respeito das cargas elétricas líquidas no balão *A* e no objeto, pode-se concluir que o balão *A* só pode ________ e que o objeto só pode ________.

a) ter excesso de cargas negativas – ter excesso de cargas positivas
b) ter excesso de cargas negativas – ter excesso de cargas positivas ou estar eletricamente neutro
c) ter excesso de cargas negativas – estar eletricamente neutro
d) estar eletricamente neutro – ter excesso de cargas positivas ou estar eletricamente neutro
e) estar eletricamente neutro – ter excesso de cargas positivas

9. (Mack-SP) Três pequenas esferas idênticas *A*, *B* e *C* estão eletrizadas com cargas elétricas Q_A, Q_B e Q_C, respectivamente, encontram-se em equilíbrio eletrostático sobre um plano horizontal liso, como mostra a figura a seguir.

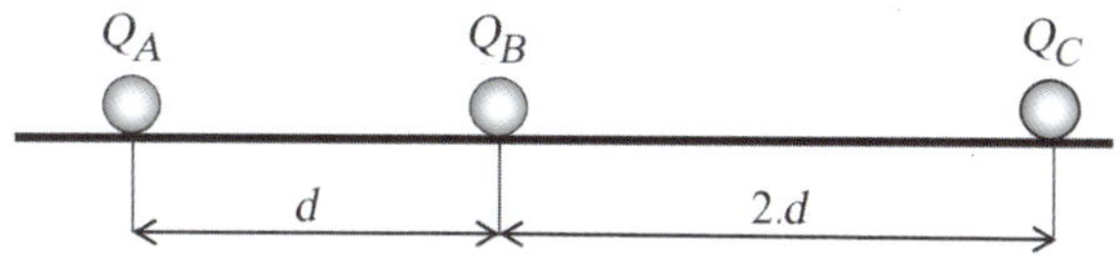

Quanto aos sinais das cargas elétricas de cada esfera eletrizada, podemos afirmar que

a) todas as esferas estão eletrizadas com cargas elétricas de mesmo sinal.
b) as esferas *A* e *B* estão eletrizadas com cargas elétricas positivas e a esfera *C* está eletrizada com cargas elétricas negativas.
c) as esferas *A* e *B* estão eletrizadas com cargas elétricas negativas e a esfera *C* está eletrizada com cargas elétricas positivas.
d) as esferas *B* e *C* estão eletrizadas com cargas elétricas negativas e a esfera *A* está eletrizada com cargas elétricas positivas.
e) as esferas *A* e *C* estão eletrizadas com cargas elétricas positivas e a esfera *B* está eletrizada com cargas elétricas negativas.

10. (Esc. Naval-RJ) Analise a figura abaixo.

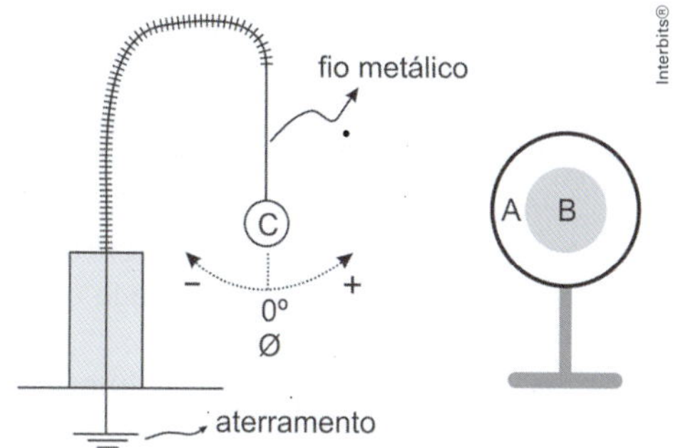

Na figura acima temos uma esfera *AB* maciça, de material isolante elétrico, dividida em duas regiões concêntricas, *A* e *B*. Em *B* há um excesso de carga elétrica Q de sinal desconhecido. A região *A* está eletricamente neutra. No pêndulo eletrostático temos a esfera metálica *C* aterrada por um fio metálico. Ao se aproximar a esfera isolante *AB* da esfera metálica *C* pela direita, conforme indica a figura, qual será a inclinação ∅ do fio metálico?

a) Negativa, se $Q < 0$.
b) Nula, se $Q < 0$.
c) Positiva, independente do sinal de Q.
d) Negativa, se $Q > 0$.
e) Nula, independente do sinal de Q.

11. (EEAR-SP) Duas cargas são colocadas em uma região onde há interação elétrica entre elas. Quando separadas por uma distância *d*, a força de interação elétrica entre elas tem módulo igual a *F*. Triplicando-se a distância entre as cargas, a nova força de interação elétrica em relação à força inicial, será

a) diminuída 3 vezes.
b) diminuída 9 vezes.
c) aumentada 3 vezes.
d) aumentada 9 vezes.

12. (UFJF-MG) Em 1785, Charles Augustin de Coulomb, com auxílio de uma balança de torção, investigou a interação entre cargas elétricas. A balança é composta por uma haste isolante, com duas esferas em suas extremidades, sendo uma isolante (contrapeso) e outra condutora, como mostram as figuras abaixo. Todo o conjunto é suspenso por um fio de torção. Quando o sistema entra em equilíbrio, a esfera condutora é carregada com uma carga q_1 e outra esfera, com carga q_2, é aproximada da esfera metálica. O sistema sofre uma torção, que depende do sinal e intensidade das cargas. Com isso, é possível determinar a força de interação entre as esferas carregadas em função do ângulo de rotação. Assim, assinale a alternativa que descreve a Lei de Coulomb.

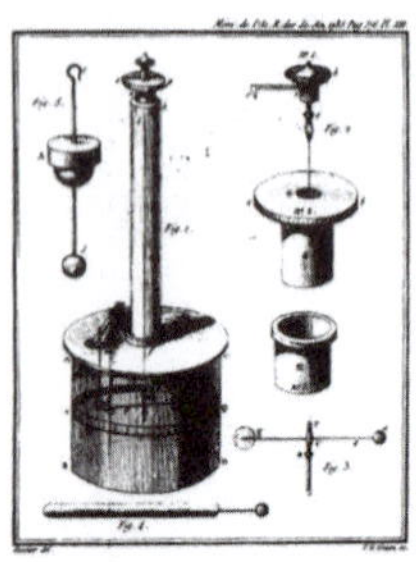

A balança de torção de Coulomb, *Mémoires de l'Académie des Sciences*, 1784.

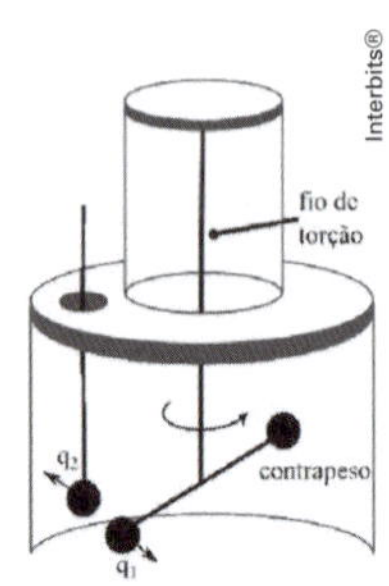

Esquema simplificado da balança de torção de Coulomb.

a) A força elétrica é proporcional ao produto das cargas e inversamente proporcional ao quadrado da distância entre elas.
b) A força elétrica é proporcional ao produto das massas e inversamente proporcional ao quadrado da distância entre elas.
c) A força elétrica é proporcional ao somatório das cargas e inversamente proporcional à distância entre elas.
d) Independentemente dos sinais das cargas, a torsão no fio não irá mudar de direção.
e) Quanto maior a massa das esferas, maior a aceleração causada pela força Coulombiana.

13. (Unesp) Em um experimento de eletrostática, um estudante dispunha de três esferas metálicas idênticas, *A*, *B* e *C*, eletrizadas, no ar, com cargas elétricas 5*Q*, 3*Q*, −2*Q*, respectivamente.

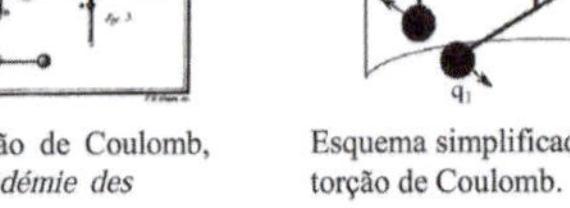

Utilizando luvas de borracha, o estudante coloca as três esferas simultaneamente em contato e, depois de separá-las, suspende *A* e *C* por fios de seda, mantendo-as próximas. Verifica, então, que elas interagem eletricamente, permanecendo em equilíbrio estático a uma distância *d* uma da outra. Sendo *k* a constante eletrostática do ar, assinale a alternativa que contém a correta representação da configuração de equilíbrio envolvendo as esferas *A* e *C* e a intensidade da força de interação elétrica entre elas.

a) 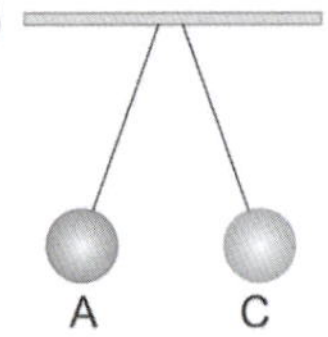

e $F = \dfrac{10kQ^2}{d^2}$

b) 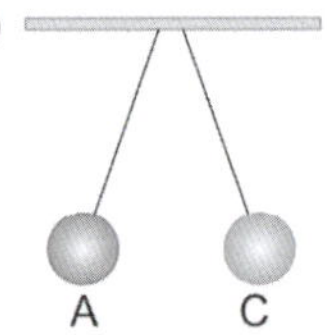

e $F = \dfrac{4kQ^2}{d^2}$

c) 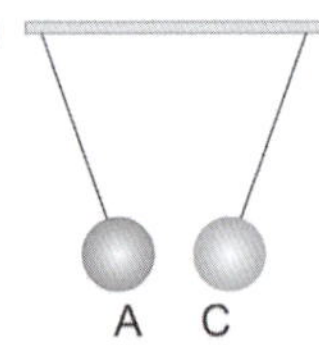

e $F = \dfrac{10kQ^2}{d^2}$

d) 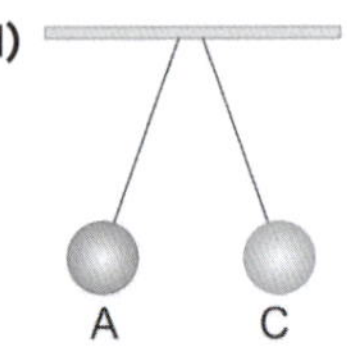

e $F = \dfrac{2kQ^2}{d^2}$

e) 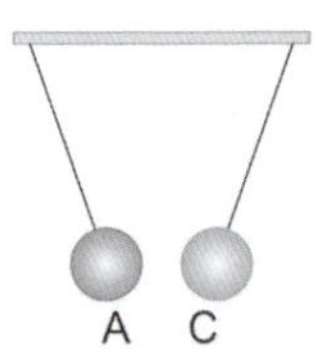

e $F = \dfrac{4kQ^2}{d^2}$

14. (EEAR-SP) Duas esferas idênticas e eletrizadas com cargas elétricas q_1 e q_2 se atraem com uma força de 9 N. Se a carga da primeira esfera aumentar cinco vezes e a carga da segunda esfera for aumentada oito vezes, qual será o valor da força, em newtons, entre elas?
a) 40
b) 49
c) 117
d) 360

15. (UFJF/Pism-MG) Duas pequenas esferas condutoras idênticas estão eletrizadas. A primeira esfera tem uma carga de 2Q e a segunda uma carga de 6Q. As duas esferas estão separadas por uma distância *d* e a força eletrostática entre elas é F_1. Em seguida, as esferas são colocadas em contato e depois separadas por uma distância 2*d*. Nessa nova configuração, a força eletrostática entre as esferas é F_2.
Pode-se afirmar sobre a relação entre as forças F_1 e F_2, que:
a) $F_1 = 3F_2$
b) $F_1 = \dfrac{F_2}{12}$
c) $F_1 = \dfrac{F_2}{3}$
d) $F_1 = 4F_2$
e) $F_1 = F_2$

16. (PUC-RJ) Duas cargas pontuais q_1 e q_2 são colocadas a uma distância R entre si. Nesta situação, observa-se uma força de módulo F_0 sobre a carga q_2.

Se agora a carga q_2 for reduzida à metade e a distância entre as cargas for reduzida para $\frac{R}{4}$, qual será o módulo da força atuando em q_1?

a) $\frac{F_0}{32}$

b) $\frac{F_0}{2}$

c) $2F_0$

d) $8F_0$

e) $16F_0$

17. (Unicamp-SP) Sabe-se atualmente que os prótons e nêutrons não são partículas elementares, mas sim partículas formadas por três *quarks*. Uma das propriedades importantes do *quark* é o sabor, que pode assumir seis tipos diferentes: *top*, *bottom*, *charm*, *strange*, *up* e *down*. Apenas os *quarks up* e *down* estão presentes nos prótons e nos nêutrons. Os *quarks* possuem carga elétrica fracionária. Por exemplo, o *quark up* tem carga elétrica igual a $q_{up} = -2e/3$ e o *quark down* $q_{down} = -1e/3$, onde e é o módulo da carga elementar do elétron.

a) Quais são os três *quarks* que formam os prótons e os nêutrons?

b) Calcule o módulo da força de atração eletrostática entre um *quark up* e um *quark down* separados por uma distância $d = 0,2 \times 10^{-15}$ m. Caso necessário, use $k = 9 \times 10^0$ Nm²/C² e $e = 1,6 \times 10^{-19}$ C.

18. (Cefet-MG) Quatro objetos condutores esféricos e de mesmas dimensões estão inicialmente isolados e carregados com cargas $Q_1 = q$, $Q_2 = 2q$, $Q_3 = 3q$ e $Q_4 = 4q$, respectivamente. A seguinte sequência de ações é executada sobre esses condutores:

I. Os condutores 1 e 2 são colocados em contato e depois separados e isolados.

II. Os condutores 2 e 3 são colocados em contato e depois separados e isolados.

III. Os condutores 3 e 4 são colocados em contato e depois separados e isolados.

Após a execução da sequência descrita acima, seja F_{ij} a força eletrostática que o objeto j exerce sobre o objeto i quando estes estão separados por uma mesma distância d.

Considerando a situação apresentada, pode-se afirmar que

a) $F_{23} < F_{14}$ e $F_{13} > F_{24}$.

b) $F_{41} = F_{13}$ e $F_{34} > F_{23}$.

c) $F_{12} = F_{34}$ e $F_{42} = F_{31}$.

d) $F_{32} > F_{41}$ e $F_{24} = F_{21}$.

e) $F_{14} > F_{31}$ e $F_{12} > F_{32}$.

19. (UPE) Duas cargas elétricas pontuais, $Q = 2,0$ mC e $q = 0,5$ mC, estão amarradas à extremidade de um fio isolante. A carga q possui massa $m = 10$ g e gira em uma trajetória de raio $R = 10$ cm, vertical em torno da carga Q que está fixa.

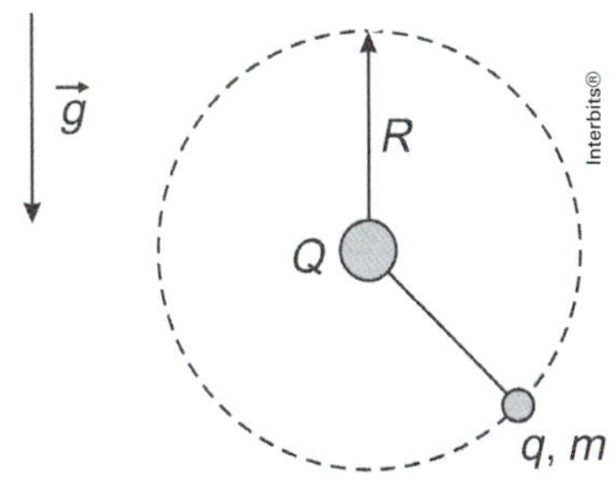

Sabendo que o maior valor possível para a tração no fio durante esse movimento é igual a $T = 11$ N, determine o módulo da velocidade tangencial quando isso ocorre.

A constante eletrostática do meio é igual a 9×10^9 Nm²/C².

a) 10 m/s

b) 11 m/s

c) 12 m/s

d) 14 m/s

e) 20 m/s

20. (UFPR) Uma esfera condutora, indicada pelo número 1 na figura, tem massa $m = 20$ g e carga negativa $-q$. Ela está pendurada por um fio isolante de massa desprezível e inextensível. Uma segunda esfera condutora, indicada pelo número 2 na figura, com massa $M = 200$ g e carga positiva $Q = 3$ μC está sustentada por uma haste isolante. Ao aproximar a esfera 2 da esfera 1 ocorre atração. Na situação de equilíbrio estático, o fio que sustenta a esfera 1 forma um ângulo $\theta = 27°$ com a vertical e a distância entre os centros das esferas é de 10 cm. Calcule a carga $-q$ da esfera 1.

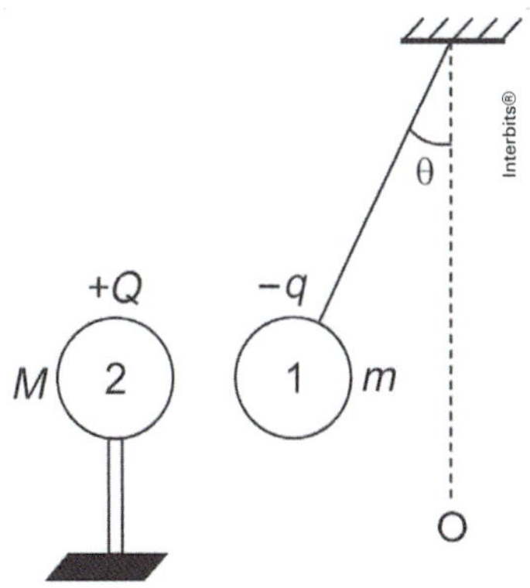

Para a resolução deste problema considere $g = 10$ m/s², $k = 9 \times 10^9$ Nm²/C² e tg 27° = 0,5.

21. (Epcar-MG/AFA-SP) Uma pequena esfera C com carga elétrica de $+5 \cdot 10^{-4}$ C é guiada por um aro isolante e semicircular de raio R igual a 2,5 m, situado num plano horizontal, com extremidades A e B, como indica a figura abaixo.

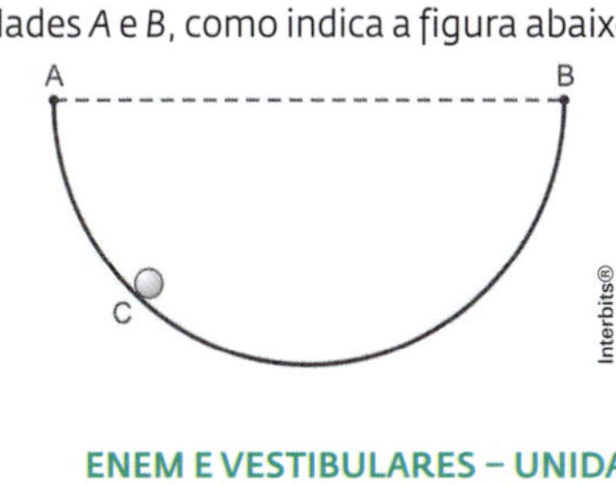

A esfera pode se deslocar sem atrito tendo o aro como guia. Nas extremidades A e B deste aro são fixadas duas cargas elétricas puntiformes de $+8 \cdot 10^{-6}$ C e $+1 \cdot 10^{-6}$ C, respectivamente. Sendo a constante eletrostática do meio igual a $4\sqrt{5} \cdot 10^9 \frac{N \cdot m^2}{C^2}$, na posição de equilíbrio da esfera C, a reação normal do aro sobre a esfera, em N tem módulo igual a

a) 1
b) 2
c) 4
d) 5

22. (ITA-SP) Uma carga q ocupa o centro de um hexágono regular de lado d tendo em cada vértice uma carga idêntica q. Estando todas as sete cargas interligadas por fios inextensíveis, determine as tensões em cada um deles.

23. (ITA-SP) A figura mostra parte de uma camada de um cristal tridimensional infinito de sal de cozinha, em que a distância do átomo de Na ao de seu vizinho Cl é igual a a.

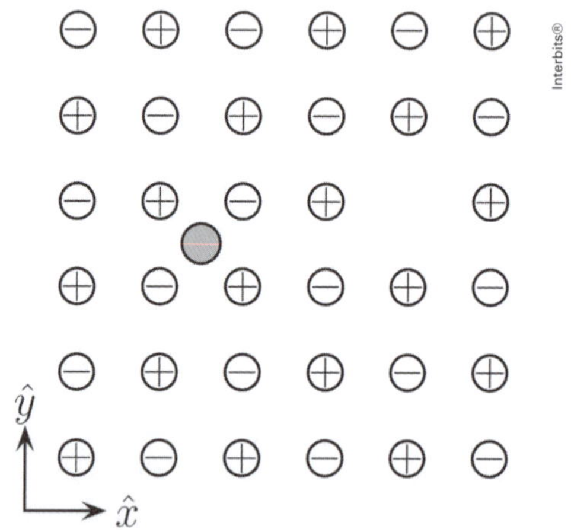

Considere a existência dos seguintes defeitos neste cristal: ausência de um átomo de Cl e a presença de uma impureza de lítio (esfera cinza), cuja carga é igual à fundamental $+e$, situada no centro do quadrado formado pelos átomos de Na e Cl. Obtenha as componentes F_x e F_y da força eletrostática resultante $\vec{F} = F_x\hat{x} + F_y\hat{y}$ que atua no átomo de lítio. Dê sua resposta em função de e, a e da constante de Coulomb k_0.

24. (ITA-SP) Considere um tubo horizontal cilíndrico de comprimento l no interior do qual encontram-se respectivamente fixadas em cada extremidade de sua geratriz inferior as cargas q_1 e q_2, positivamente carregadas. Nessa mesma geratriz, numa posição entre as cargas, encontra-se uma pequena esfera em condição de equilíbrio, também positivamente carregada. Assinale a opção com as respostas corretas na ordem das seguintes perguntas:

I. Essa posição de equilíbrio é estável?
II. Essa posição de equilíbrio seria estável se não houvesse o tubo?
III. Se a esfera fosse negativamente carregada e não houvesse o tubo, ela estaria em equilíbrio estável?

a) Não. Sim. Não.
b) Não. Sim. Sim.
c) Sim. Não. Não.
d) Sim. Não. Sim.
e) Sim. Sim. Não.

25. (UPE) Duas esferas isolantes, A e B, possuem raios iguais a R_A e R_B e cargas, uniformemente distribuídas, iguais a Q_A e Q_B, respectivamente.
Sabendo-se que $5Q_A = 2Q_B$ e ainda que $10R_A = 3R_B$, qual a relação entre suas densidades volumétricas de cargas ρ_A/ρ_B?

a) $\frac{100}{9}$
b) $\frac{15}{8}$
c) $\frac{200}{6}$
d) $\frac{400}{27}$
e) $\frac{280}{9}$

26. (Fuvest-SP) Duas pequenas esferas, E_1 e E_2, feitas de materiais isolantes diferentes, inicialmente neutras, são atritadas uma na outra durante 5 s e ficam eletrizadas. Em seguida, as esferas são afastadas e mantidas a uma distância de 30 cm muito maior que seus raios. A esfera E_1 ficou com carga elétrica positiva de 0,8 nC. Determine

a) a diferença N entre o número de prótons e o de elétrons da esfera E_1 após o atrito;
b) o sinal e o valor da carga elétrica Q de E_2 após o atrito;
c) a corrente elétrica média I entre as esferas durante o atrito;
d) o módulo da força elétrica F que atua entre as esferas depois de afastadas.

Note e adote:
$1 \text{ nC} = 10^{-9}$ C
Carga do elétron $= -1,6 \times 10^{-19}$ C
Constante eletrostática: $k_0 = 9,0 \times 10^9 \text{ N} \cdot \text{m}^2/\text{C}^2$
Não há troca de cargas entre cada esfera e o ambiente.

27. (Enem) Durante a formação de uma tempestade, são observadas várias descargas elétricas, os raios, que podem ocorrer: das nuvens para o solo (descarga descendente), do solo para as nuvens (descarga ascendente) ou entre uma nuvem e outra. As descargas ascendentes e descendentes podem ocorrer por causa do acúmulo de cargas elétricas positivas ou negativas, que induz uma polarização oposta no solo.
Essas descargas elétricas ocorrem devido ao aumento da intensidade do(a)

a) campo magnético da Terra.
b) corrente elétrica gerada dentro das nuvens.
c) resistividade elétrica do ar entre as nuvens e o solo.
d) campo elétrico entre as nuvens e a superfície da Terra.
e) força eletromotriz induzida nas cargas acumuladas no solo.

28. (Enem) Em museus de ciências, é comum encontrarem-se máquinas que eletrizam materiais e geram intensas descargas elétricas. O gerador de Van de Graaff (Figura 1) é um exemplo, como atestam as faíscas (Figura 2) que ele produz. O experimento fica mais interessante quando se aproxima do gerador em funcionamento, com a mão, uma lâmpada fluorescente (Figura 3). Quando a descarga atinge a lâmpada, mesmo desconectada da rede elétrica, ela brilha por breves instantes. Muitas pessoas pensam que é o fato de a descarga atingir a lâmpada que a faz brilhar. Contudo, se a lâmpada for aproximada dos corpos da situação (Figura 2), no momento em que a descarga ocorrer entre eles, a lâmpada também brilhará, apesar de não receber nenhuma descarga elétrica.

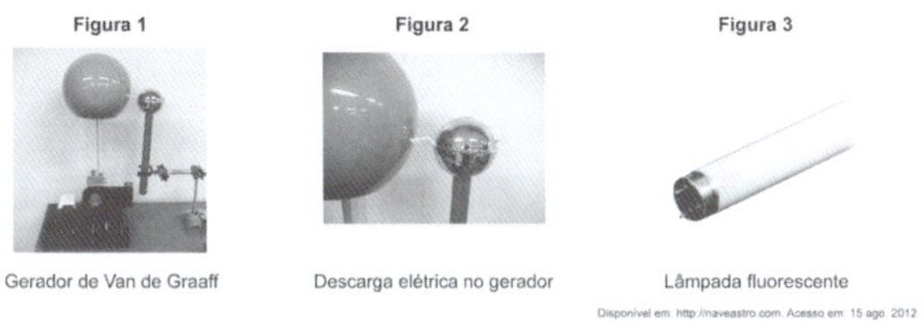

A grandeza física associada ao brilho instantâneo da lâmpada fluorescente, por estar próxima a uma descarga elétrica, é o(a)

a) carga elétrica.
b) campo elétrico.
c) corrente elétrica.
d) capacitância elétrica.
e) condutividade elétrica.

29. (EsPCEx-SP/Aman-RJ) Uma partícula de carga q e massa 10^{-6} kg foi colocada num ponto próximo à superfície da Terra onde existe um campo elétrico uniforme, vertical e ascendente de intensidade $E = 10^5$ N/C.

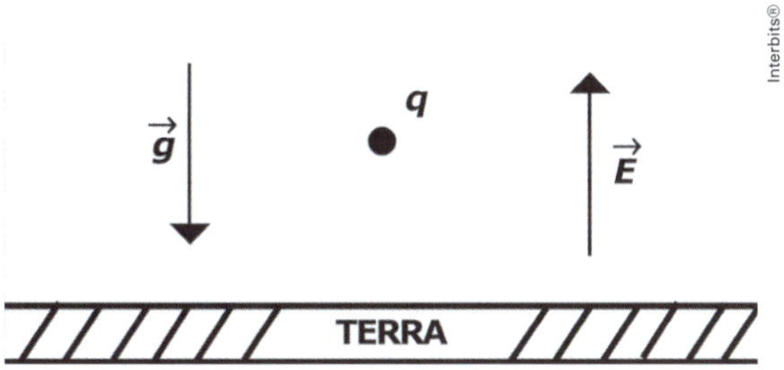

Sabendo que a partícula está em equilíbrio, considerando a intensidade da aceleração da gravidade $g = 10$ m/s², o valor da carga q e o seu sinal são respectivamente:

a) 10^{-3} μC, negativa
b) 10^{-5} μC, positiva
c) 10^{-5} μC, negativa
d) 10^{-4} μC, positiva
e) 10^{-4} μC, negativa

30. (Uece) Precipitador eletrostático é um equipamento que pode ser utilizado para remoção de pequenas partículas presentes nos gases de exaustão em chaminés industriais. O princípio básico de funcionamento do equipamento é a ionização dessas partículas, seguida de remoção pelo uso de um campo elétrico na região de passagem delas. Suponha que uma delas tenha massa m, adquira uma carga de valor q e fique submetida a um campo elétrico de módulo E. A força elétrica sobre essa partícula é dada por

a) mqE
b) mE/q
c) q/E
d) qE

31. (Acafe-SC) Na figura abaixo temos o esquema de uma impressora jato de tinta que mostra o caminho percorrido por uma gota de tinta eletrizada negativamente, numa região onde há um campo elétrico uniforme. A gota é desviada para baixo e atinge o papel numa posição P.

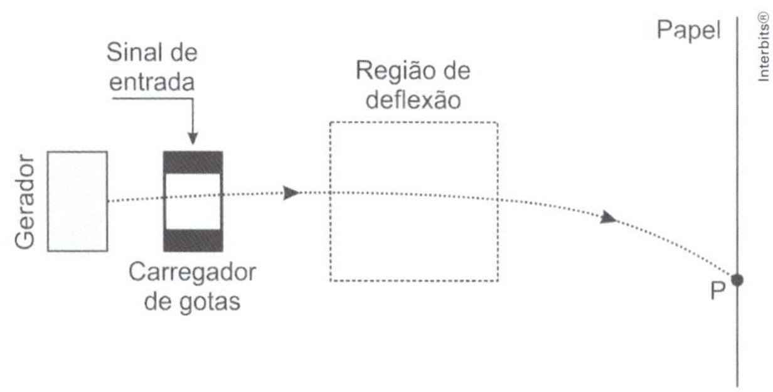

O vetor campo elétrico responsável pela deflexão nessa região é:

a) ↑
b) ↓
c) →
d) ←

32. (Uern) Os pontos P, Q, R e S são equidistantes das cargas localizadas nos vértices de cada figura a seguir:

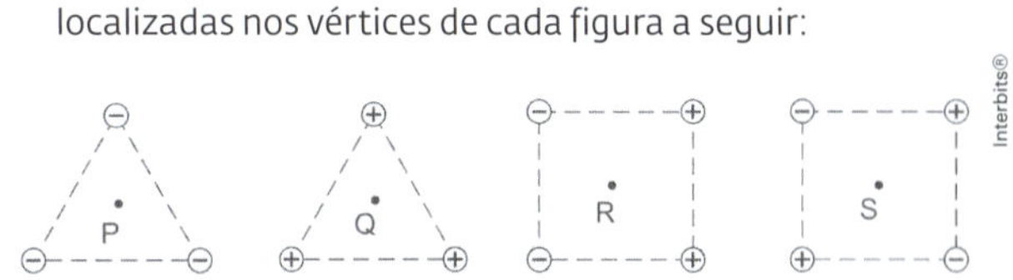

Sobre os campos elétricos resultantes, é correto afirmar que

a) é nulo apenas no ponto R.
b) são nulos nos pontos P, Q e S.
c) são nulos apenas nos pontos R e S.
d) são nulos apenas nos pontos P e Q.

33. (Uece) Imediatamente antes de um relâmpago, uma nuvem tem em seu topo predominância de moléculas com cargas elétricas positivas, enquanto sua base é carregada negativamente. Considere um modelo simplificado que trata cada uma dessas distribuições como planos de carga paralelos e com distribuição uniforme. Sobre o vetor campo elétrico gerado por essas cargas em um ponto entre o topo e a base, é correto afirmar que

a) é vertical e tem sentido de baixo para cima.
b) é vertical e tem sentido de cima para baixo.
c) é horizontal e tem mesmo sentido da corrente de ar predominante no interior da nuvem.
d) é horizontal e tem mesmo sentido no norte magnético da Terra.

34. (Fuvest-SP) Em uma aula de laboratório de Física, para estudar propriedades de cargas elétricas, foi realizado um experimento em que pequenas esferas eletrizadas são injetadas na parte superior de uma câmara, em vácuo, onde há um campo elétrico uniforme na mesma direção e sentido da aceleração local da gravidade. Observou-se que, com campo elétrico de módulo igual a 2×10^3 V/m, uma das esferas, de massa $3{,}2 \times 10^{-15}$ kg, permanecia com velocidade constante no interior da câmara. Essa esfera tem

a) o mesmo número de elétrons e de prótons.
b) 100 elétrons a mais que prótons.
c) 100 elétrons a menos que prótons.
d) 2 000 elétrons a mais que prótons.
e) 2 000 elétrons a menos que prótons.

Note e adote:
Carga do elétron $= -1{,}6 \times 10^{-19}$ C
Carga do próton $= +1{,}6 \times 10^{-19}$ C
Aceleração da gravidade: $g = 10{,}0$ m/s².

35. (UEG-GO) A figura a seguir descreve um anel metálico, de raio a, carregado positivamente com carga Q, no ponto P, o campo elétrico dado pela expressão.

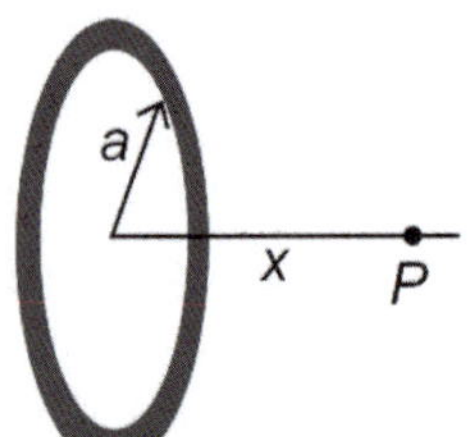

Interbits®

$$E_p = \frac{kQx}{(a^2 + x^2)^{\frac{3}{2}}}$$

No limite de $x >> a$ (leia-se x muito maior que a) a expressão do campo elétrico E_p é equivalente

a) ao campo elétrico de uma carga pontual com a carga do anel.
b) a aproximação de $a >> x$, que leva a um valor nulo nas duas situações.
c) à mesma expressão apresentada no enunciado do problema.
d) à equação E_p, salvo uma correção necessária no valor de Q.

36. (UPF-RS) Uma lâmpada muito fina e minúscula de cobre, contendo uma carga elétrica q, flutua em equilíbrio numa região do espaço onde existe um campo elétrico uniforme de 20 kN/C, cuja direção é vertical e cujo sentido se dá de cima para baixo. Considerando que a carga do elétron seja de $1{,}6 \times 10^{-19}$ C e a aceleração gravitacional seja de 10 m/s² e sabendo que a massa da lâmina é de 3,2 mg, é possível afirmar que o número de elétrons em excesso na lâmina é:

a) $3{,}0 \times 10^{12}$
b) $1{,}0 \times 10^{13}$
c) $1{,}0 \times 10^{10}$
d) $2{,}0 \times 10^{12}$
e) $3{,}0 \times 10^{11}$

37. (UEM-PR) Uma pequena massa m com carga q se encontra em equilíbrio, como mostrado a seguir.

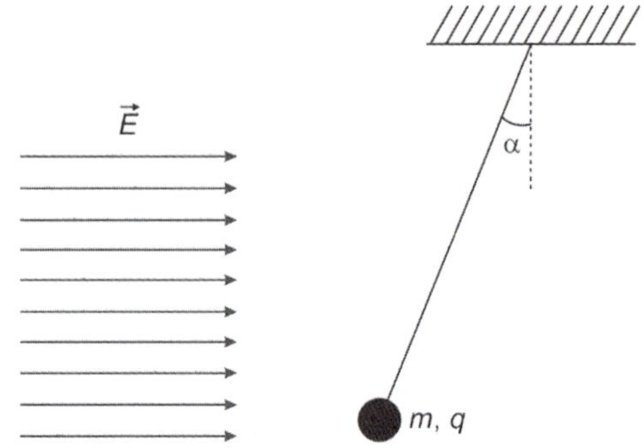

Interbits®

O campo elétrico $\vec{E}$ é uniforme e constante. A aceleração da gravidade é g. Assinale o que for correto.

01) A carga q é positiva.
02) O ângulo α é dado por $\alpha = \arctan\frac{|q|E}{mg}$.
04) O módulo da tensão no fio vale $T = \sqrt{q^2E^2 + m^2g^2}$.
08) Se quisermos colocar a partícula na horizontal $\left(\alpha \to \frac{\pi}{2}\right)$, devemos aplicar um campo elétrico infinito.
16) Se o fio se romper, a coordenada horizontal da partícula varia linearmente com o tempo t.

38. (IME-RJ)

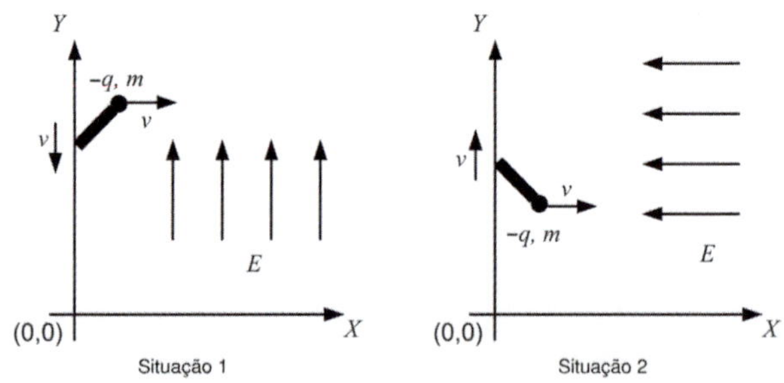

Interbits®

Um canhão movimenta-se com velocidade constante ao longo do eixo Y de um sistema de coordenadas e dispara continuamente um feixe de elétrons com vetor velocidade inicial constante e paralelo ao eixo X. Ao deixar o canhão, o feixe de elétrons passa a sofrer exclusivamente a ação do campo elétrico indicado nas duas situações das figuras.

a) Na situação 1, sabendo que, em $t = 0$, o canhão está em $y = y_0$, determine a equação da curva de y em função de x e t do feixe de elétrons que é observada momentaneamente no instante t, resultante do disparo contínuo de elétrons.
b) Na situação 1, determine a máxima coordenada y da curva observada no instante t.
c) Repita o item (a) para o campo elétrico em conformidade com a situação 2, determinando a equação da curva de x em função de y e t.

Dados:
- módulo do campo elétrico do plano XY: E;
- massa do elétron: m;
- carga do elétron: $-q$;
- velocidade escalar do canhão e velocidade de saída do feixe: v.

39. (Epcar-MG/AFA-SP) Uma partícula de massa *m* e carga elétrica $-q$ é lançada com um ângulo θ em relação ao eixo *x*, com velocidade igual a $\vec{v}_0$, numa região onde atuam um campo elétrico $\vec{E}$ e um campo gravitacional $\vec{g}$, ambos uniformes e constantes, conforme indicado na figura abaixo.

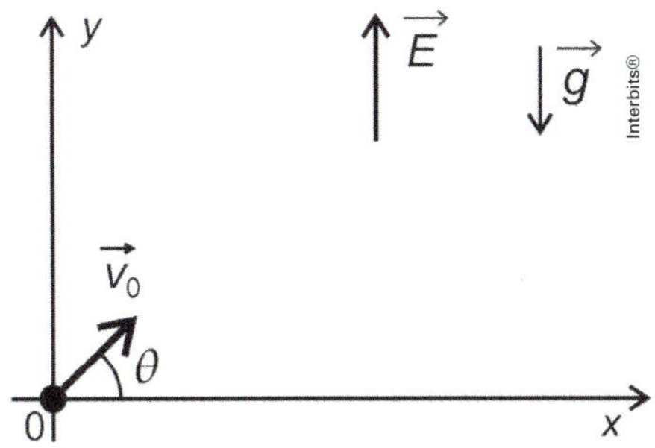

Desprezando interações de quaisquer outras naturezas com essa partícula, o gráfico que melhor representa a variação de sua energia potencial (ΔE_p) em função da distância (*d*) percorrida na direção do eixo *x*, é

a)

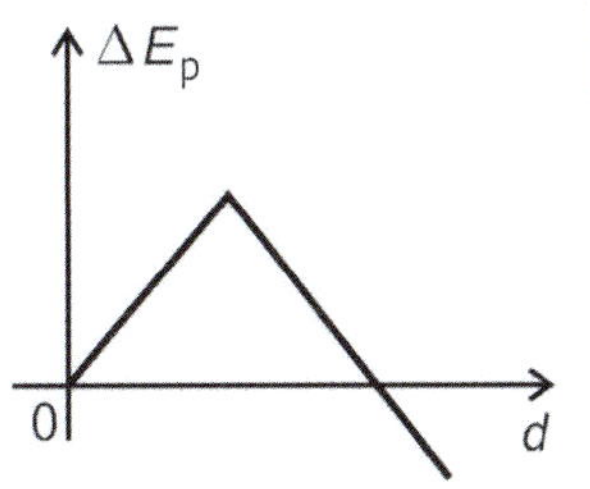

b)

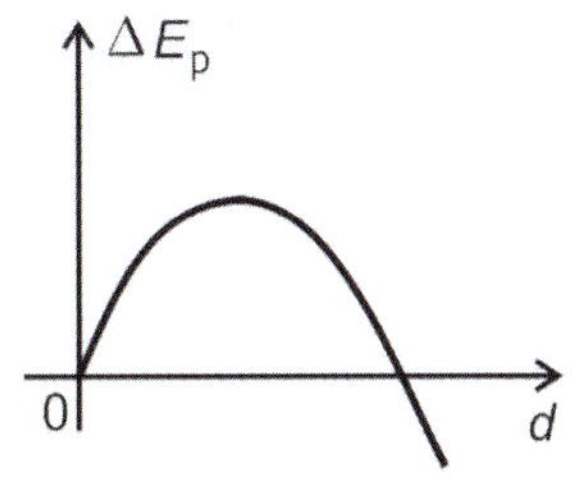

c)

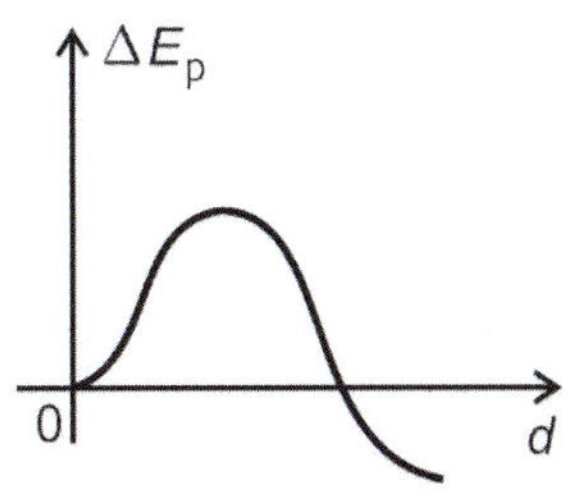

d)

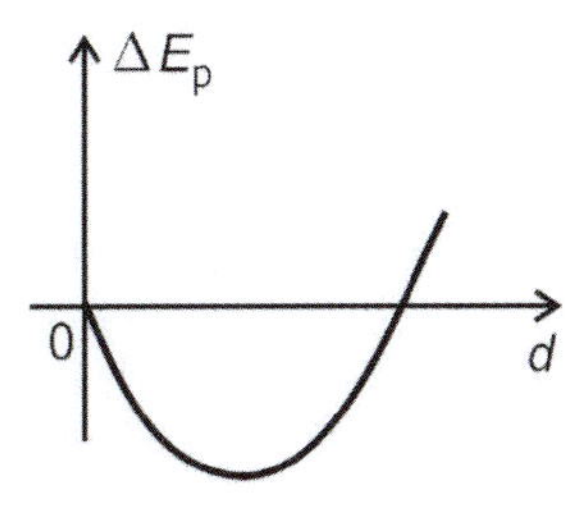

40. (PUC-RS) Para responder à questão, considere a figura abaixo, que representa as linhas de força do campo elétrico gerado por duas cargas puntuais Q_A e Q_B.

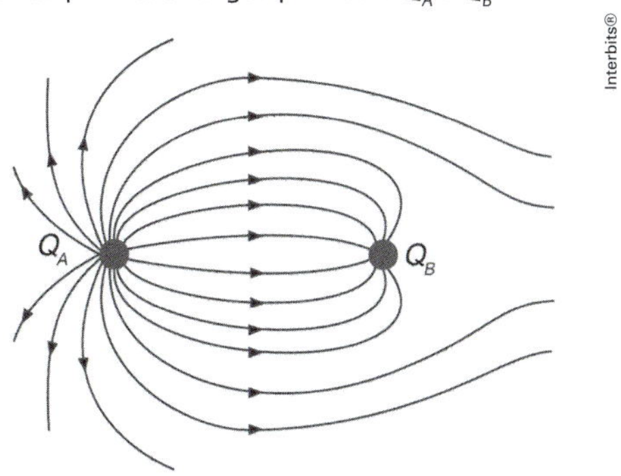

A soma Q_A e Q_B é necessariamente um número

a) par.

b) ímpar.

c) inteiro.

d) positivo.

e) negativo.

41. (UFRGS-RS) Na figura abaixo, está mostrada uma série de quatro configurações de linhas de campo elétrico.

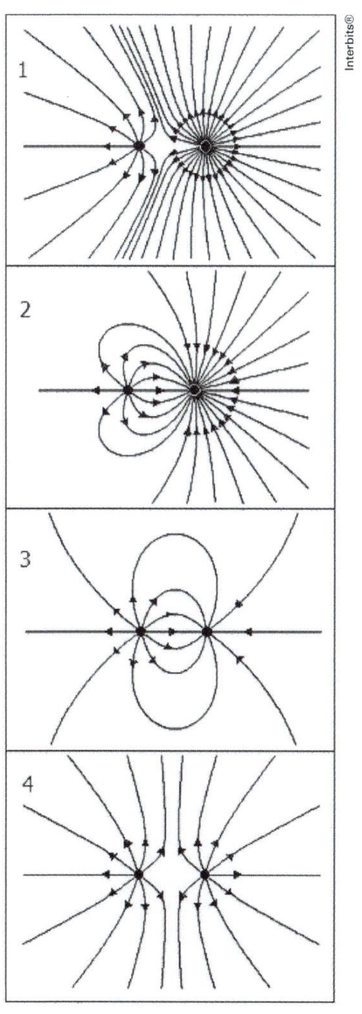

Assinale a alternativa que preenche corretamente as lacunas da sentença abaixo, na ordem em que aparecem.

Nas figuras ________, as cargas são de mesmo sinal e, nas figuras ________, as cargas têm magnitudes distintas.

a) 1 e 4 – 1 e 2
b) 1 e 4 – 2 e 3
c) 3 e 4 – 1 e 2
d) 3 e 4 – 2 e 3
e) 2 e 3 – 1 e 4

42. (Fuvest-SP) Os centros de quatro esferas idênticas, I, II, III e IV, com distribuições uniformes de carga, formam um quadrado. Um feixe de elétrons penetra na região delimitada por esse quadrado, pelo ponto equidistante dos centros das esferas III e IV, com velocidade inicial $\vec{v}$ na direção perpendicular à reta que une os centros de III e IV, conforme representado na figura.

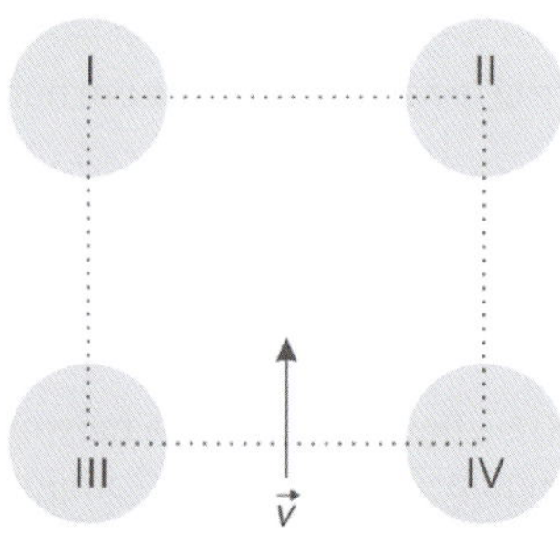

A trajetória dos elétrons será retilínea, na direção de $\vec{v}$ e eles serão acelerados com velocidade crescente dentro da região plana delimitada pelo quadrado, se as esferas I, II, III e IV estiverem, respectivamente, eletrizadas com cargas

Note e adote:
Q é um número positivo.

a) +Q, –Q, –Q, +Q
b) +2Q, –Q, +Q, –2Q
c) +Q, +Q, –Q, –Q
d) –Q, –Q, +Q, +Q
e) +Q, +2Q, –2Q, –Q

43. (UFU-MG) A Gaiola de Faraday nada mais é do que uma blindagem eletrostática, ou seja, uma superfície condutora que envolve e delimita uma região do espaço. A respeito desse fenômeno, considere as seguintes afirmativas.

I. Se o comprimento de onda de uma radiação incidente na gaiola for muito menor do que as aberturas da malha metálica, ela não conseguirá o efeito de blindagem.
II. Se o formato da gaiola for perfeitamente esférico, o campo elétrico terá o seu valor máximo no ponto central da gaiola.
III. Um celular totalmente envolto em um pedaço de papel alumínio não receberá chamadas, uma vez que está blindado das ondas eletromagnéticas que o atingem.
IV. As cargas elétricas em uma Gaiola de Faraday se acumulam em sua superfície interna.

Assinale a alternativa que apresenta apenas afirmativas corretas.

a) I e II.
b) I e III.
c) II e III.
d) III e IV.

44. (UFJF-MG) Duas cargas elétricas, $q_1 = +1\ \mu C$ e $q_2 = -4\ \mu C$, estão no vácuo, fixas nos pontos 1 e 2, e separadas por uma distância $d = 60$ cm, como mostra a figura abaixo.

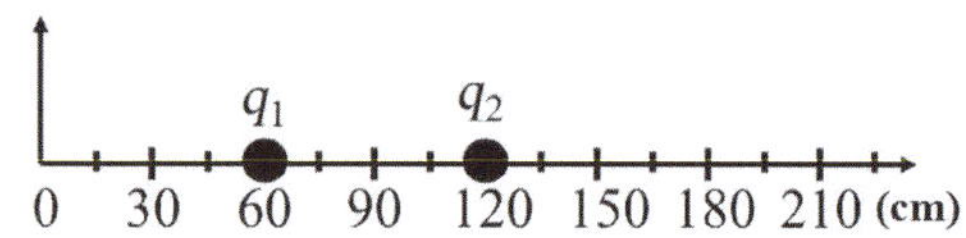

Com base nas informações, determine:

Dado: constante eletrostática: $9{,}0 \cdot 10^9\ N \cdot m^2/C^2$

a) A intensidade, a direção e o sentido do vetor campo elétrico resultante no ponto médio da linha reta que une as duas cargas.
b) O ponto em que o campo elétrico resultante é nulo à esquerda de q_1.

45. (Esc. Naval-RJ) Analise a figura abaixo.

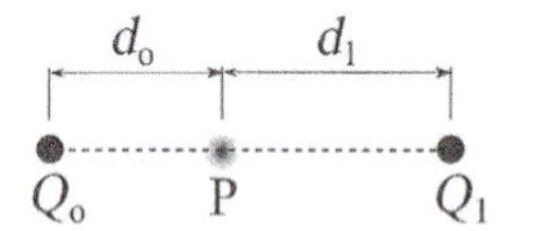

Duas cargas puntiformes desconhecidas (Q_0, Q_1) estão fixas em pontos distantes, d_0 e d_1, do ponto P, localizado sobre a reta que une as cargas (ver figura). Supondo que, se um elétron é cuidadosamente colocado em P e liberado do repouso, ele se desloca para direita (no sentido da carga Q_1), sendo assim, pode-se afirmar que, se Q_0 e Q_1

a) são positivas, então $d_1 < d_0$.
b) são negativas, então $d_0 < d_1$.
c) têm sinais contrários, Q_1 é a carga negativa.
d) têm sinais contrários, Q_0 é a carga positiva.
e) têm o mesmo sinal, o campo elétrico resultante em P aponta para a esquerda.

46. (EsPCEx-SP/Aman-RJ) Uma pequena esfera de massa M igual a 0,1 kg e carga elétrica $q = 1{,}5\ \mu C$ está, em equilíbrio estático, no interior de um campo elétrico uniforme gerado por duas placas paralelas verticais carregadas com cargas elétricas de sinais opostos. A esfera está suspensa por um fio isolante preso a uma das placas conforme o desenho abaixo. A intensidade, a direção e o sentido do campo elétrico são, respectivamente,

Dados: $\cos\theta = 0{,}8$ e $\text{sen}\,\theta = 0{,}6$
intensidade da aceleração da gravidade: $g = 10\ m/s^2$

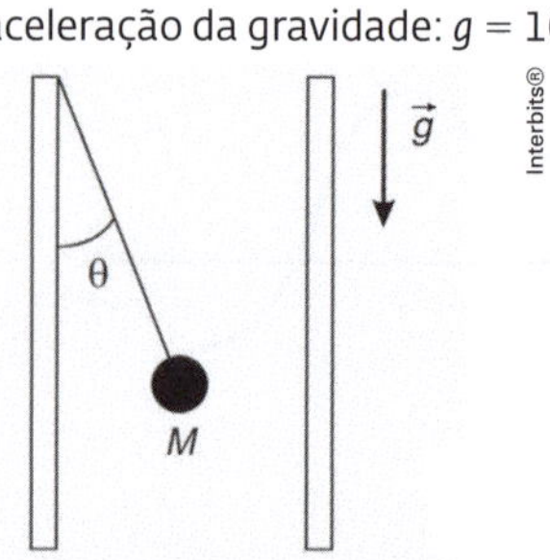

desenho ilustrativo - fora de escala

a) $5 \cdot 10^5$ N/C, horizontal, da direita para a esquerda.
b) $5 \cdot 10^5$ N/C, horizontal, da esquerda para a direita.
c) $9 \cdot 10^5$ N/C, horizontal, da esquerda para a direita.
d) $9 \cdot 10^5$ N/C, horizontal, da direita para a esquerda.
e) $5 \cdot 10^5$ N/C, vertical, de baixo para cima.

47. (Cefet-MG) Duas cargas elétricas fixas estão separadas por uma distância d conforme mostra o esquema seguinte.

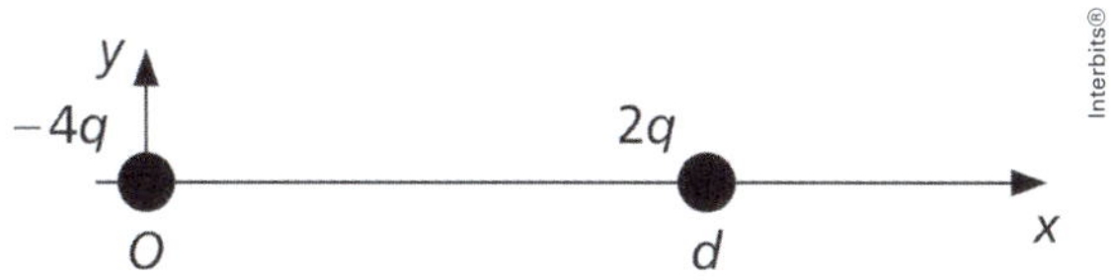

Os pontos sobre o eixo x, onde o campo elétrico é nulo, estão localizados em

a) $x = (2 - \sqrt{2}) \cdot d$ e $x = (2 + \sqrt{2}) \cdot d$.

b) $x = -(2 - \sqrt{2}) \cdot d$ e $x = -(2 + \sqrt{2}) \cdot d$.

c) $x = -(2 - \sqrt{2}) \cdot d$ e $x = (2 + \sqrt{2}) \cdot d$.

d) $x = (2 - \sqrt{2}) \cdot d$.

e) $x = (2 + \sqrt{2}) \cdot d$.

48. (FGV-SP) Muitos experimentos importantes para o desenvolvimento científico ocorreram durante o século XIX. Entre eles, destaca-se a experiência de Millikan, que determinou a relação entre a carga q e a massa m de uma partícula eletrizada e que, posteriormente, levaria à determinação da carga e da massa das partículas elementares. No interior de um recipiente cilíndrico, em que será produzido alto vácuo, duas placas planas e paralelas, ocupando a maior área possível, são mantidas a uma curta distância d, e entre elas é estabelecida uma diferença de potencial elétrico constante U. Variando-se d e U, é possível fazer com que uma partícula de massa m eletrizada com carga q fique equilibrada, mantida em repouso entre as placas. No local da experiência, a aceleração da gravidade é constante de intensidade g.

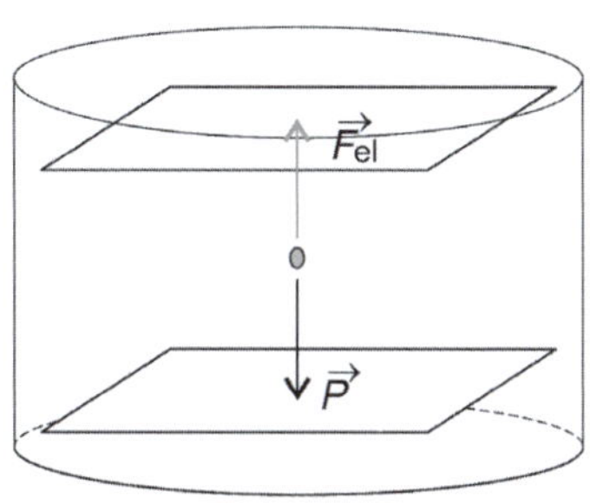

Nessas condições, a relação $\frac{q}{m}$ será dada por

a) $\frac{d \cdot U^2}{g}$.

b) $\frac{g \cdot U^2}{d}$.

c) $\frac{d \cdot g}{U^2}$.

d) $\frac{d \cdot U}{g}$.

e) $\frac{d \cdot g}{U}$.

49. (UFPA) Uma partícula de massa m e carga q (negativa) penetra num capacitor plano com velocidade V paralela, no ponto médio entre as placas que são quadradas de área A e separadas de uma distância d, conforme mostra a figura a seguir. O capacitor está carregado com uma tensão U, com cargas positivas na placa de cima e negativas na de baixo. Considere o efeito da força gravitacional da Terra sobre a massa m, como sendo desprezível diante do efeito da força elétrica.

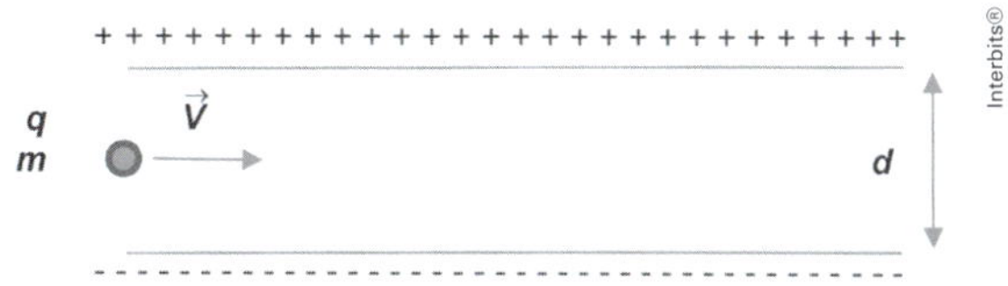

Com base nos dados, a alternativa que contém a relação correta para velocidade de maneira que a carga q atravesse o capacitor sem tocar nas placas é:

a) $V > \frac{1}{d}\sqrt{\frac{UqA}{m}}$

b) $V > \frac{1}{d^2}\sqrt{\frac{UqA}{m}}$

c) $V > \frac{U}{d}\sqrt{\frac{qA}{m}}$

d) $V > \frac{A}{d}\sqrt{\frac{Uq}{m}}$

e) $V > \frac{1}{dm}\sqrt{UqA}$

50. (Uneb-BA)

Desde que médicos começaram a solicitar regularmente exames de tomografia computadorizada, cientistas se preocupam que o procedimento de imageamento médico possa aumentar o risco de o paciente desenvolver câncer. O aparelho bombardeia o organismo com feixes de raios X, que podem danificar o DNA e provocar mutações que estimulam as células a formar tumores. Médicos sempre declararam, no entanto, que os benefícios superam os riscos. Os raios X, que giram em torno da cabeça, tórax ou outra região do corpo, ajudam a criar uma imagem tridimensional muito mais detalhada que as produzidas por um aparelho padrão de raios X, mas uma única tomografia submete o corpo humano à radiação de 150 a 1 100 vezes mais intensa que os raios X convencionais, ou o equivalente a um ano de exposição à radiação de origens naturais e artificiais no ambiente.

(STORRS. 2013. p.24-25).

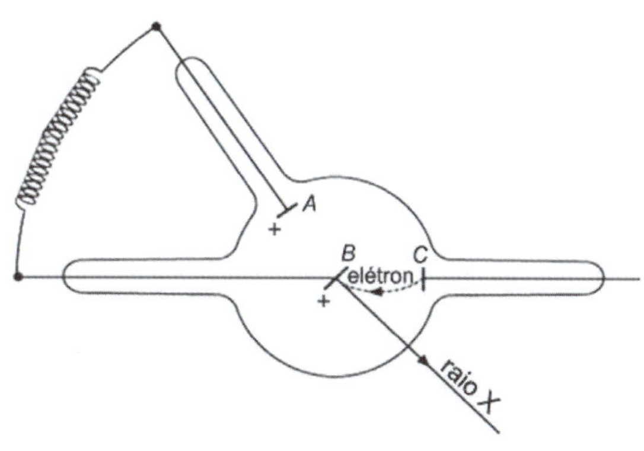

Os raios X utilizados nos exames de tomografia computadorizada podem ser produzidos no tubo de gás, conforme representado na figura. Sabe-se que, no esquema simplificado, o eletrodo C é o cátodo, o eletrodo A é o ânodo, o B é o alvo, e a diferença de potencial entre o cátodo e o ânodo é de 30 000 a 50 000 volts. Considerando-se que o módulo da carga elétrica e a massa do elétron são, respectivamente, iguais a $1,6 \cdot 10^{-19}$ C e $9,1 \cdot 10^{-31}$ kg, que o índice de refração médio do corpo humano como sendo igual ao da água, 1,33, e que a velocidade da luz no vácuo é igual a $3,0 \cdot 10^8$ m/s, analise, com base nas informações e nos conhecimentos de Física, as afirmativas, marcando com V as verdadeiras e com F, as falsas.

( ) Os elétrons se movem entre os eletrodos C e B, uma região de um campo elétrico, aproximadamente, uniforme, com o módulo da velocidade praticamente constante.

( ) Os elétrons imediatamente antes de colidirem perpendicularmente com o eletrodo B têm energia cinética máxima de $8,0 \cdot 10^{-15}$ J.

( ) A ordem de grandeza do comprimento de onda de raios X que se propaga no organismo humano com frequência $5,0 \cdot 10^{19}$ Hz é igual a 10^{-11} m.

( ) A velocidade mínima de um elétron, imediatamente antes da colisão com o eletrodo B, é, aproximadamente igual, a $1,0 \cdot 10^8$ m/s.

A alternativa que indica a sequência correta, de cima para baixo, é a

01) V F V V
02) V V V F
03) V F F V
04) F V F F
05) F V V V

51. (Fuvest-SP) Um equipamento, como o esquematizado na figura abaixo, foi utilizado por J. J. Thomson, no final do século XIX, para o estudo de raios catódicos em vácuo. Um feixe fino de elétrons (cada elétron tem massa *m* e carga *e*) com velocidade de módulo v_0, na direção horizontal *x*, atravessa a região entre um par de placas paralelas, horizontais, de comprimento *L*. Entre as placas, há um campo elétrico de módulo constante *E* na direção vertical *y*. Após saírem da região entre as placas, os elétrons descrevem uma trajetória retilínea até a tela fluorescente *T*.

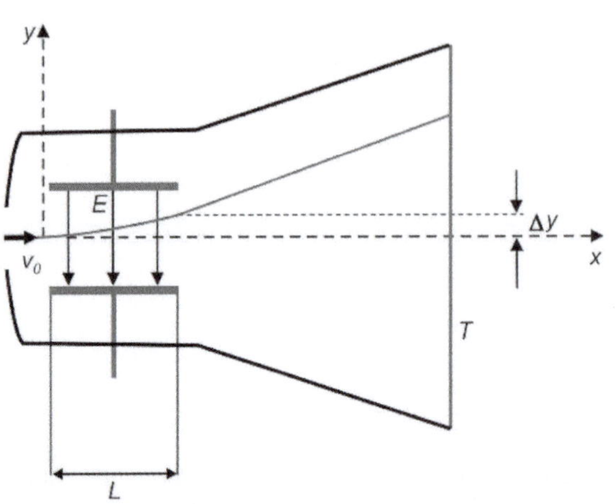

Determine

a) o módulo *a* da aceleração dos elétrons enquanto estão entre as placas;

b) o intervalo de tempo Δt que os elétrons permanecem entre as placas;

c) o desvio Δy na trajetória dos elétrons, na direção vertical, ao final de seu movimento entre as placas;

d) a componente vertical v_y da velocidade dos elétrons ao saírem da região entre as placas.

Note e adote:

Ignore os efeitos de borda no campo elétrico.

Ignore efeitos gravitacionais.

52. (Mack-SP) A intensidade do campo elétrico ($\vec{E}$) e do potencial elétrico (*V*) em um ponto *P* gerado pela carga puntiforme Q são, respectivamente, 50 N/C e 100 V. A distância *d* que a carga puntiforme se encontra do ponto *P*, imersa no ar, é

a) 1,0 m
b) 2,0 m
c) 3,0 m
d) 4,0 m
e) 5,0 m

53. (EEAR-SP) São dadas duas cargas, conforme a figura:

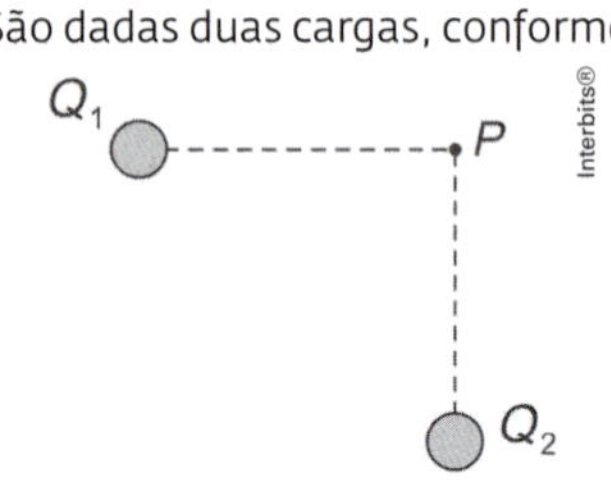

Considerando E_1 o módulo do campo elétrico devido à carga Q_1, E_2 o módulo do campo elétrico devido à carga Q_2, V_1 o potencial elétrico devido à carga Q_1 e V_2 o potencial elétrico devido à carga Q_2. Considere E_p o campo elétrico e V_p o potencial resultantes no ponto *P*.

Julgue as expressões abaixo como verdadeiras (V) ou falsas (F).

( ) $E_p = E_1 + E_2$
( ) $V_p = V_1 + V_2$
( ) $\vec{E}_p = \vec{E}_1 + \vec{E}_2$
( ) $\vec{V}_p = \vec{V}_1 + \vec{V}_2$

Assinale a alternativa que apresenta a sequência correta.

a) V – V – F – F
b) V – F – F – V
c) F – F – V – V
d) F – V – V – F

54. (Uece) Os aparelhos de televisão que antecederam a tecnologia atual, de LED e LCD, utilizavam um tubo de raios catódicos para produção da imagem. De modo simplificado, esse dispositivo produz uma diferença de potencial da ordem de 25 kV entre pontos distantes de 50 cm um do outro. Essa diferença de potencial gera um campo elétrico que acelera elétrons até que estes se choquem com a frente do monitor, produzindo os pontos luminosos que compõem a imagem.

Com a simplificação acima, pode-se estimar corretamente que o campo elétrico por onde passa esse feixe de elétrons é

a) 0,5 kV/m
b) 25 kV
c) 50 000 V/m
d) 1,250 kV · cm

55. (UEM-PR) Uma molécula é formada por dois íons, um positivo e outro negativo, separados por uma distância de $3{,}00 \times 10^{-10}$ m. Os módulos da carga elétrica do íon positivo e do íon negativo são iguais a $1{,}60 \times 10^{-19}$ C. Considere $K = 9{,}00 \times 10^9$ N · m²/C² e assinale a(s) alternativa(s) correta(s).

01) A força elétrica de atração entre estes íons é de 2,56 nN ($n = 10^{-9}$).

02) Se a molécula é inserida em um campo elétrico externo uniforme de intensidade $2{,}00 \times 10^{10}$ V/m, a intensidade da força elétrica sobre a carga positiva devido a este campo é de aproximadamente 3,20 nN.

04) O módulo do campo elétrico na posição do íon negativo, devido à carga do íon positivo, é de $1{,}60 \times 10^{10}$ N/C.

08) Se o módulo da carga elétrica do íon positivo e a distância entre os íons dobrarem, a força entre os íons dobra.

16) Se a molécula for deslocada 1,0 μ em um caminho perpendicular ao campo elétrico uniforme de intensidade $2{,}00 \times 10^{10}$ V/m, o trabalho realizado será de 1,0 mJ.

56. (Uerj) O esquema abaixo representa um campo elétrico uniforme $\vec{E}$ no qual as linhas verticais correspondem às superfícies equipotenciais. Uma carga elétrica puntiforme, de intensidade 400 μC, colocada no ponto *A*, passa pelo ponto *B* após algum tempo.

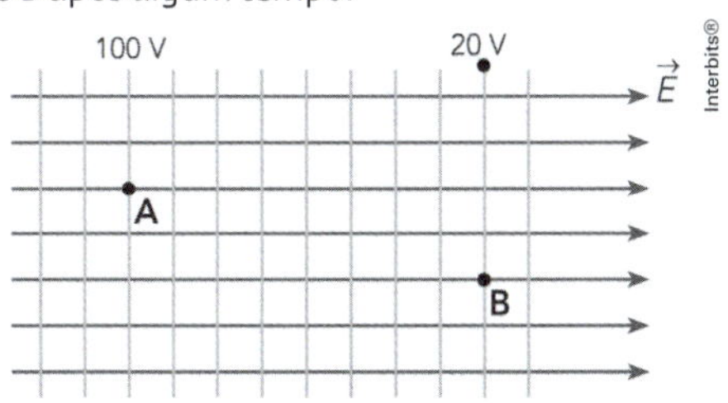

Determine, em joules, o trabalho realizado pela força elétrica para deslocar essa carga entre os pontos *A* e *B*.

57. (Fuvest-SP) A região entre duas placas metálicas, planas e paralelas está esquematizada na figura abaixo. As linhas tracejadas representam o campo elétrico uniforme existente entre as placas. A distância entre as placas é 5 mm e a diferença de potencial entre elas é 300 V. As coordenadas dos pontos *A*, *B* e *C* são mostradas na figura. Determine

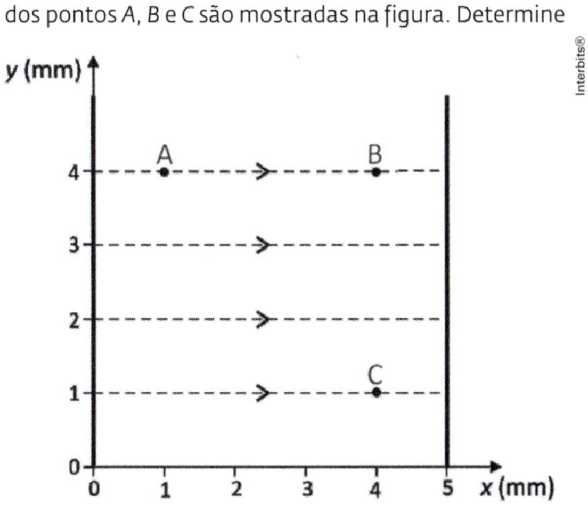

a) os módulos E_A, E_B e E_C do campo elétrico nos pontos *A*, *B* e *C*, respectivamente;

b) as diferenças de potencial V_{AB} e V_{BC} entre os pontos *A* e *B* e entre os pontos *B* e *C*, respectivamente;

c) o trabalho τ realizado pela força elétrica sobre um elétron que se desloca do ponto *C* ao ponto *A*.

Note e adote:

O sistema está em vácuo.

Carga do elétron $= -1{,}6 \times 10^{-19}$ C

58. (Mack-SP)

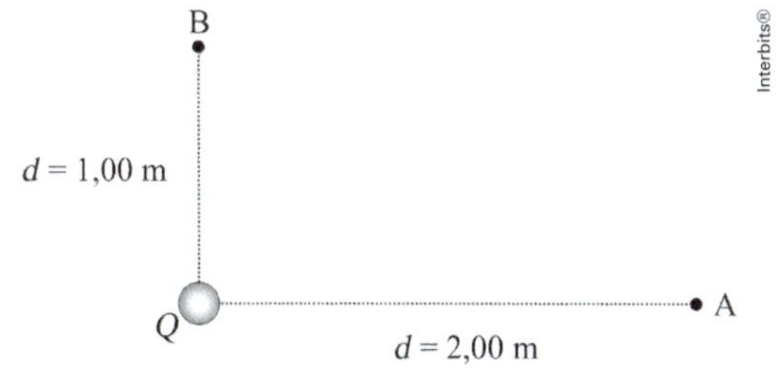

Uma carga elétrica de intensidade Q = 10,0 μC, no vácuo, gera um campo elétrico em dois pontos *A* e *B*, conforme figura acima. Sabendo-se que a constante eletrostática do vácuo é $K_0 = 9 \cdot 10^9$ Nm²/C² o trabalho realizado pela força elétrica para transferir uma carga *q* = 2,00 μC do ponto *B* até o ponto *A* é, em mJ, igual a

a) 90,0

b) 180

c) 270

d) 100

e) 200

59. (UFSC) A figura 1 mostra um caminhão-tanque que pode ser utilizado no transporte de combustível das refinarias para os postos de combustível. O tanque usado para o transporte de combustível é todo metálico, com aberturas em cima para a colocação do combustível e inspeção e com saídas na parte de baixo para a transferência do combustível – figura 2 – para os postos de combustível. A transferência do combustível do caminhão para o posto segue uma norma de procedimentos que servem para garantir a segurança de todos, principalmente no sentido de evitar fagulhas que possam dar início a uma explosão. Um dos principais procedimentos é aterrar o tanque ao solo.

Figura 1

Disponível em: <http://veiculo.mercadolivre.com.br/MLB-49928 8089-tanque-de-10-m-para-caminhao- pipa-ou-combustivel-_JM> Acesso em: 25 ago. 2013.

Figura 2

Disponível em: <http://www.inteligenciaambiental.com. br/noticias-integra.asp?noticia=2381--> Acesso em: 25 ago. 2013.

Considerando o exposto acima, assinale a(s) proposição(ões) correta(S).

01) O potencial elétrico no interior do tanque eletricamente carregado pode ser analisado como um condutor metálico eletricamente carregado. Representa-se graficamente o potencial elétrico, dentro e fora do tanque, da seguinte forma:

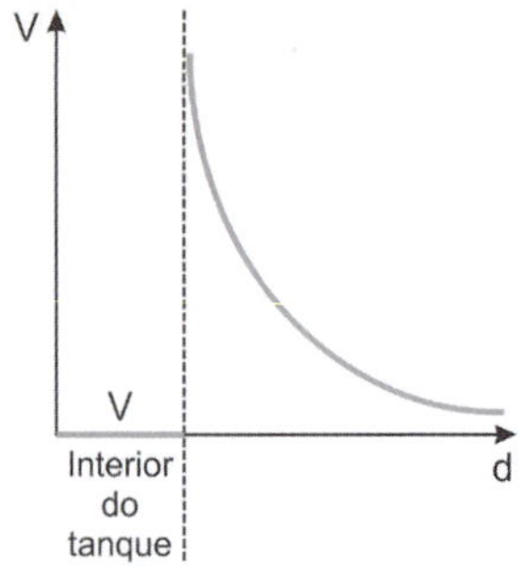

02) Estando o tanque eletricamente neutro, ele não possui cargas elétricas.

04) Durante uma viagem, o tanque adquire uma carga elétrica de módulo 270 μC. O valor do campo elétrico e do potencial elétrico a 200,0 m do tanque vale, aproximada e respectivamente, $1{,}21 \cdot 10^4$ N/C e 60,75 V.

08) O aterramento do tanque visa fazer com que o caminhão-tanque fique com uma carga elétrica resultante igual a zero, porque, em função dos pneus, feitos de borracha, e do seu atrito com o ar, o caminhão pode ficar eletricamente carregado.

16) Admitindo que o caminhão-tanque esteja carregado eletricamente, o campo elétrico no interior do tanque é zero e o potencial elétrico é constante, pois as cargas elétricas se encontram em repouso na superfície externa do tanque.

60. (UFSM-RS) A tecnologia dos aparelhos eletroeletrônicos está baseada nos fenômenos de interação das partículas carregadas com campos elétricos e magnéticos. A figura representa as linhas de campo de um campo elétrico.

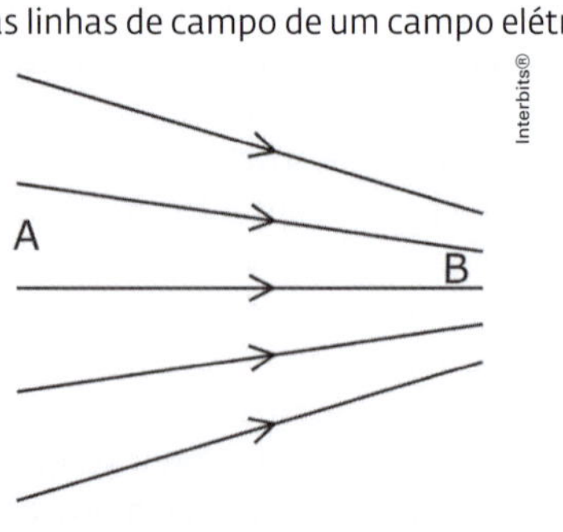

Assim, analise as afirmativas:

I. O campo é mais intenso na região *A*.

II. O potencial elétrico é maior na região *B*.

III. Uma partícula com carga negativa pode ser a fonte desse campo.

Está(ão) correta(s)

a) apenas I.
b) apenas II.
c) apenas III.
d) apenas II e III.
e) I, II e III.

61. (ITA-SP) Considere as afirmações a seguir:

I. Em equilíbrio eletrostático, uma superfície metálica é equipotencial.

II. Um objeto eletrostaticamente carregado induz uma carga uniformemente distribuída numa superfície metálica próxima quando em equilíbrio eletrostático.

III. Uma carga negativa desloca-se da região de maior para a de menor potencial elétrico.

IV. É nulo o trabalho para se deslocar uma carga teste do infinito até o ponto médio entre duas cargas pontuais de mesmo módulo e sinais opostos.

Destas afirmações, é (são) correta(s) somente

a) I e II.
b) I, II e III.
c) I, II e IV.
d) I e IV.
e) III.

62. (IME-RJ)

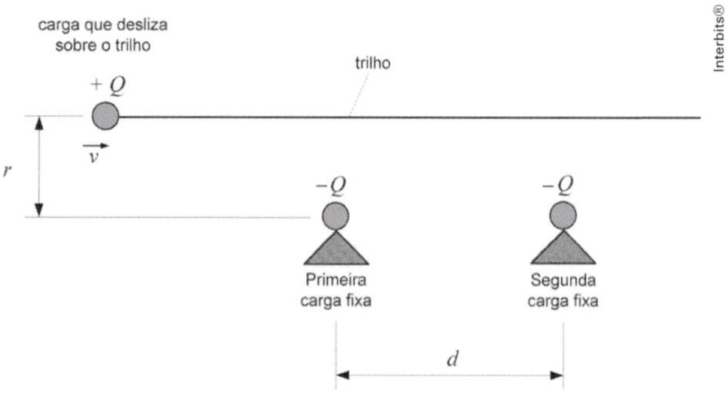

Sobre um trilho sem atrito, uma carga $+Q$ vem deslizando do infinito na velocidade inicial v, aproximando-se de duas cargas fixas de valor $-Q$. Sabendo que $r << d$, pode-se afirmar que

a) a carga poderá entrar em oscilação apenas em torno de um ponto próximo à primeira carga fixa, dependendo do valor de *v*.

b) a carga poderá entrar em oscilação apenas em torno de um ponto próximo à segunda carga fixa, dependendo do valor de *v*.

c) a carga poderá entrar em oscilação apenas em torno de um ponto próximo ao ponto médio do segmento formado pelas duas cargas, dependendo do valor de *v*.

d) a carga poderá entrar em oscilação em torno de qualquer ponto, dependendo do valor de *v*.

e) a carga passará por perto das duas cargas fixas e prosseguirá indefinidamente pelo trilho.

63. (EsPCEx-SP/Aman-RJ) Duas esferas metálicas de raios R_A e R_B, com $R_A < R_B$, estão no vácuo e isoladas eletricamente uma da outra. Cada uma é eletrizada com uma mesma quantidade de carga positiva. Posteriormente, as esferas são interligadas por meio de um fio condutor de capacitância desprezível e, após atingir o equilíbrio eletrostático, a esfera *A* possuirá uma carga Q_A e um potencial V_A, e a esfera *B* uma carga Q_B e um potencial V_B. Baseados nas informações anteriores, podemos, então, afirmar que

a) $V_A < V_B$ e $Q_A = Q_B$
b) $V_A = V_B$ e $Q_A = Q_B$
c) $V_A < V_B$ e $Q_A < Q_B$
d) $V_A = V_B$ e $Q_A < Q_B$
e) $V_A > V_B$ e $Q_A = Q_B$

64. (UFRGS-RS) Considere que U é a energia potencial elétrica de duas partículas com cargas $+2Q$ e $-2Q$ fixas a uma distância R uma da outra. Uma nova partícula de carga $+Q$ é agregada a este sistema entre as duas partículas iniciais, conforme representado na figura a seguir.

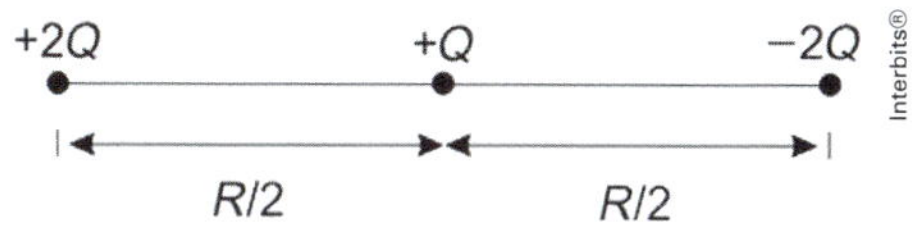

A energia potencial elétrica desta nova configuração do sistema é

a) zero.
b) $U/4$.
c) $U/2$.
d) U.
e) $3U$.

65. (PUC-RJ) Ao colocarmos duas cargas pontuais $q_1 = 5{,}0\ \mu C$ e $q_2 = 2{,}0\ \mu C$ a uma distância $d = 30{,}0$ cm, realizamos trabalho. Determine a energia potencial eletrostática, em joules, deste sistema de cargas pontuais.
Dado: $k_0 = 9 \times 10^9\ Nm^2/C^2$.

a) 1
b) 10
c) $3{,}0 \times 10^{-1}$
d) $2{,}0 \times 10^{-5}$
e) $5{,}0 \times 10^{-5}$

66. (UFPE) O gráfico mostra a dependência do potencial elétrico criado por uma carga pontual, no vácuo, em função da distância à carga. Determine o valor da carga elétrica. Dê a sua resposta em unidades de 10^{-9} C.

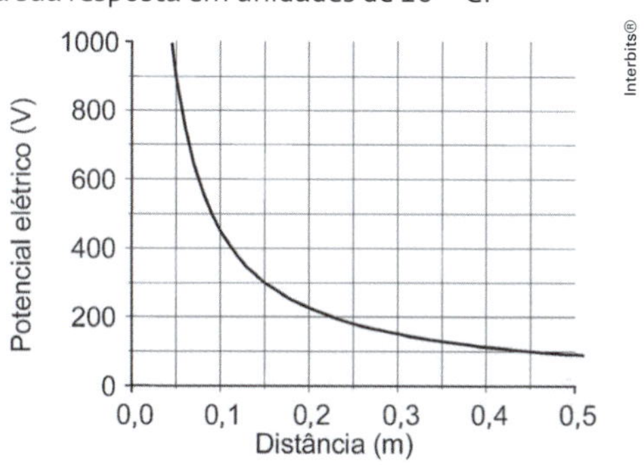

67. (UPE) Considere a Terra como uma esfera condutora, carregada uniformemente, cuja carga total é 6,0 μC, e a distância entre o centro da Terra e um ponto P na superfície da Lua é de aproximadamente 4×10^8 m. A constante eletrostática no vácuo é de aproximadamente $9 \times 10^9\ Nm^2/C^2$. É CORRETO afirmar que a ordem de grandeza do potencial elétrico nesse ponto P, na superfície da Lua vale, em volts,

a) 10^{-2}
b) 10^{-3}
c) 10^{-4}
d) 10^{-5}
e) 10^{-12}

68. (Unesp) Três esferas puntiformes, eletrizadas com cargas elétricas $q_1 = q_2 = +Q$ e $q_3 = -2Q$, estão fixas e dispostas sobre uma circunferência de raio r e centro C, em uma região onde a constante eletrostática é igual a k_0, conforme representado na figura.

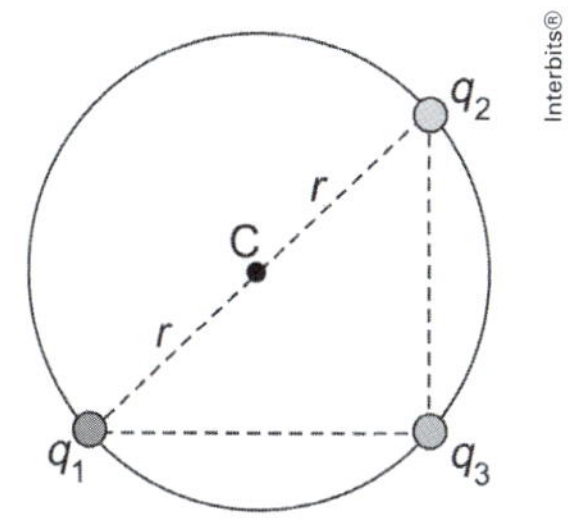

Considere V_C o potencial eletrostático e E_C o módulo do campo elétrico no ponto C devido às três cargas. Os valores de V_C e E_C são, respectivamente,

a) zero e $\dfrac{4 \cdot k_0 \cdot Q}{r^2}$

b) $\dfrac{4 \cdot k_0 \cdot Q}{r}$ e $\dfrac{k_0 \cdot Q}{r^2}$

c) zero e zero

d) $\dfrac{2 \cdot k_0 \cdot Q}{r}$ e $\dfrac{2 \cdot k_0 \cdot Q}{r^2}$

e) zero e $\dfrac{2 \cdot k_0 \cdot Q}{r^2}$

69. (Epcar-MG/AFA-SP) Um sistema é composto por quatro cargas elétricas puntiformes fixadas nos vértices de um quadrado, conforme ilustrado na figura abaixo.

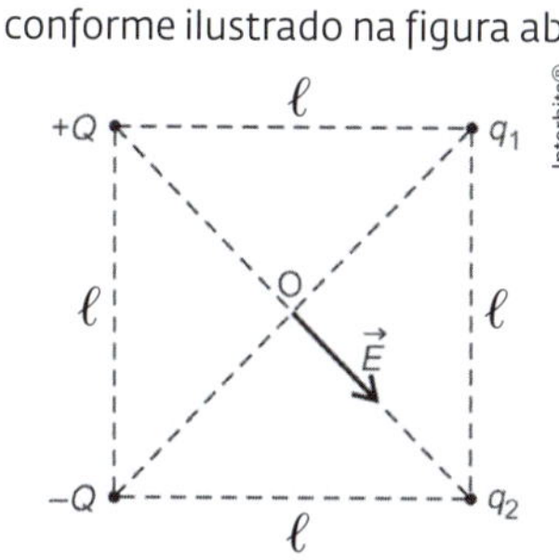

As cargas q_1 e q_2 são desconhecidas. No centro O do quadrado o vetor campo elétrico $\vec{E}$, devido às quatro cargas, tem a direção e o sentido indicados na figura.
A partir da análise deste campo elétrico, pode-se afirmar que o potencial elétrico em O

a) é positivo.
b) é negativo.
c) é nulo.
d) pode ser positivo.

70. (PUC-PR) Um sistema de cargas pontuais é formado por duas cargas positivas $+q$ e uma negativa $-q$, todas de mesma intensidade, cada qual fixa em um dos vértices de um triângulo equilátero de lado r. Se substituirmos a carga negativa por uma positiva de mesma intensidade, qual será a variação da energia potencial elétrica do sistema? A constante de Coulomb é denotada por k.

a) $2kq^2/r$
b) $-2kq^2/r$
c) $-4kq^2/r$
d) $4kq^2/r$
e) kq^2/r

71. (UEPG-PR) Uma carga elétrica puntiforme Q produz um campo elétrico de módulo 36×10^3 N/C em um ponto situado a 1 cm de distância desta carga. Sobre o assunto, assinale o que for correto.

01) A força elétrica sobre uma carga de prova $q = 2 \times 10^{-6}$ C, situada a 2 cm da carga Q é 5,4 N.

02) O trabalho da força elétrica atuante na carga de prova quando ela se desloca do ponto situado a 1 cm da carga Q ao ponto situado a 2 cm é $0{,}54 \times 10^{-3}$ J.

04) O potencial elétrico produzido pela carga Q num ponto situado a 2 cm de distância da carga é 90 V.

08) O campo elétrico gerado pela carga Q em um ponto situado a 2 cm dela é 9×10^3 N/C.

16) O potencial elétrico produzido pela carga Q num ponto situado a 1 cm de distância da carga é 360 V.

72. (UEPG-PR) Com relação a um condutor esférico eletricamente carregado e em equilíbrio eletrostático, assinale o que for correto.

01) O campo elétrico resultante nos pontos internos do condutor é nulo.

02) O potencial elétrico em todos os pontos internos e superficiais do condutor é constante.

04) Nos pontos da superfície do condutor, o vetor campo elétrico tem direção perpendicular à superfície.

08) As cargas elétricas em excesso distribuem-se uniformemente no interior do condutor.

16) A intensidade do vetor campo elétrico para pontos externos ao condutor é constante.

73. (UFPR)

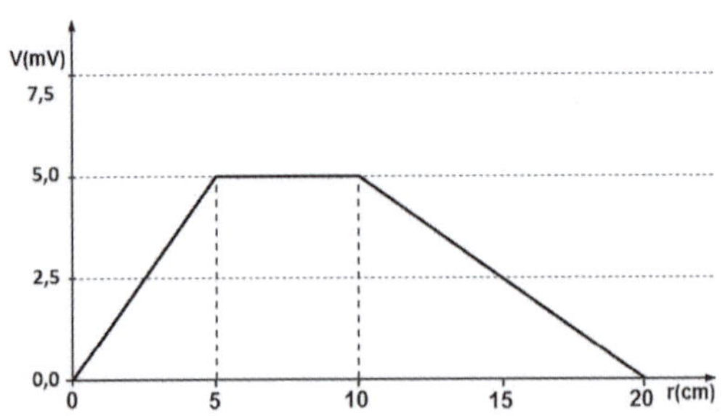

Verificou-se que, numa dada região, o potencial elétrico V segue o comportamento descrito pelo gráfico $V \times r$ acima. (Considere que a carga elétrica do elétron é $-1{,}6 \cdot 10^{-19}$ C)

Baseado nesse gráfico, considere as seguintes afirmativas:

1. A força elétrica que age sobre uma carga $q = 4$ μC colocada na posição $r = 8$ cm vale $2{,}5 \cdot 10^{-7}$ N.
2. O campo elétrico, para $r = 2{,}5$ cm, possui módulo $E = 0{,}1$ N/C.
3. Entre 10 cm e 20 cm, o campo elétrico é uniforme.
4. Ao se transferir um elétron de $r = 10$ cm, para $r = 20$ cm, a energia potencial elétrica aumenta de $8{,}0 \cdot 10^{-22}$ J.

Assinale a alternativa correta.

a) Somente as afirmativas 1 e 3 são verdadeiras.
b) Somente as afirmativas 2 e 4 são verdadeiras.
c) Somente as afirmativas 1, 3 e 4 são verdadeiras.
d) Somente as afirmativas 2, 3 e 4 são verdadeiras.
e) As afirmativas 1, 2, 3 e 4 são verdadeiras.

74. (UFSC) O ato de eletrizar um corpo consiste em gerar uma desigualdade entre o número de cargas positivas e negativas, ou seja, em gerar uma carga resultante diferente de zero. Em relação aos processos de eletrização e às características elétricas de um objeto eletrizado, é correto afirmar que:

01) em qualquer corpo eletrizado, as cargas se distribuem uniformemente por toda a sua superfície.

02) no processo de eletrização por atrito, as cargas positivas são transferidas de um corpo para outro.

04) em dias úmidos, o fenômeno da eletrização é potencializado, ou seja, os objetos ficam facilmente eletrizados.

08) dois objetos eletrizados por contato são afastados um do outro por uma distância *D*. Nesta situação, podemos afirmar que existe um ponto entre eles onde o vetor campo elétrico resultante é zero.

16) o meio em que os corpos eletrizados estão imersos tem influência direta no valor do potencial elétrico e do campo elétrico criado por eles.

75. (Unifesp) Uma carga elétrica puntiforme $Q > 0$ está fixa em uma região do espaço e cria um campo elétrico ao seu redor. Outra carga elétrica puntiforme *q*, também positiva, é colocada em determinada posição desse campo elétrico, podendo mover-se dentro dele. A malha quadriculada representada na figura está contida em um plano *xy*, que também contém as cargas.

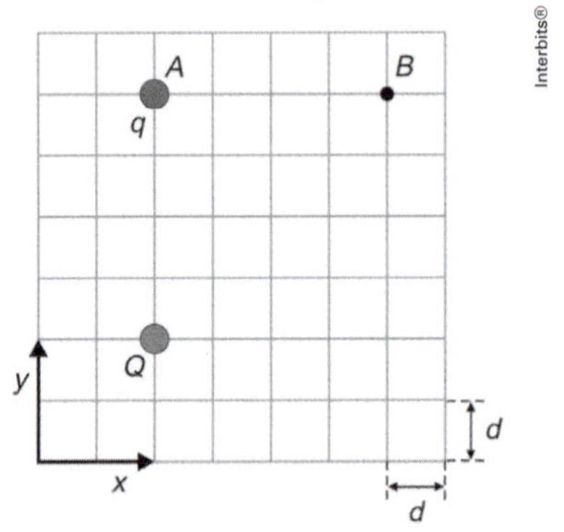

Quando na posição *A*, *q* fica sujeita a uma força eletrostática de módulo *F* exercida por Q.

a) Calcule o módulo da força eletrostática entre Q e *q*, em função apenas de *F*, quando *q* estiver na posição *B*.

b) Adotando $\sqrt{2} = 1{,}4$ e sendo *K* a constante eletrostática do meio onde se encontram as cargas, calcule o trabalho realizado pela força elétrica quando a carga *q* é transportada de *A* para *B*.

76. (UEG-GO) Uma carga Q está fixa no espaço, a uma distância *d* dela existe um ponto *P*, no qual é colocada uma carga de prova q_0. Considerando-se esses dados, verifica-se que no ponto *P*

a) o potencial elétrico devido a Q diminui com inverso de *d*.
b) a força elétrica tem direção radial e aproximando de Q.
c) o campo elétrico depende apenas do módulo da carga Q.
d) a energia potencial elétrica das cargas depende com o inverso de d^2.

77. (Esc. Naval-RJ) Analise a figura abaixo.

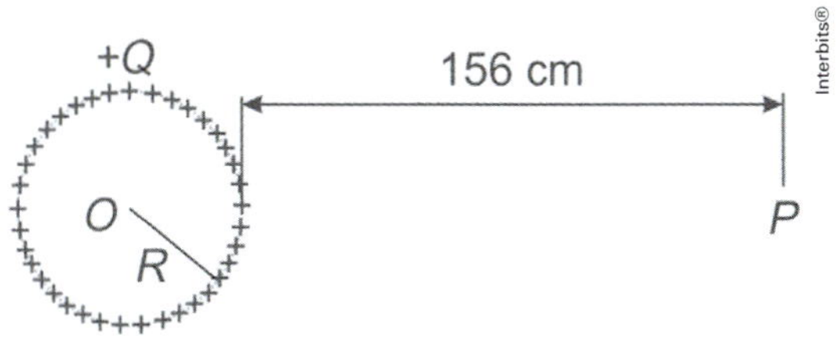

Uma casca esférica metálica fina, isolada, de raio $R = 4{,}00$ cm e carga Q, produz um potencial elétrico igual a 10,0 V no ponto P, distante 156 cm da superfície da casca (ver figura). Suponha agora que o raio da casca esférica foi alterado para um valor quatro vezes menor. Nessa nova configuração, a ddp entre o centro da casca e o ponto P, em quilovolts, será

a) 0,01
b) 0,39
c) 0,51
d) 1,59
e) 2,00

78. (UEG-GO) Considere uma esfera condutora carregada com carga Q, que possua um raio R. O potencial elétrico dividido pela constante eletrostática no vácuo dessa esfera em função da distância *d*, medida a partir do seu centro, está descrito no gráfico a seguir.

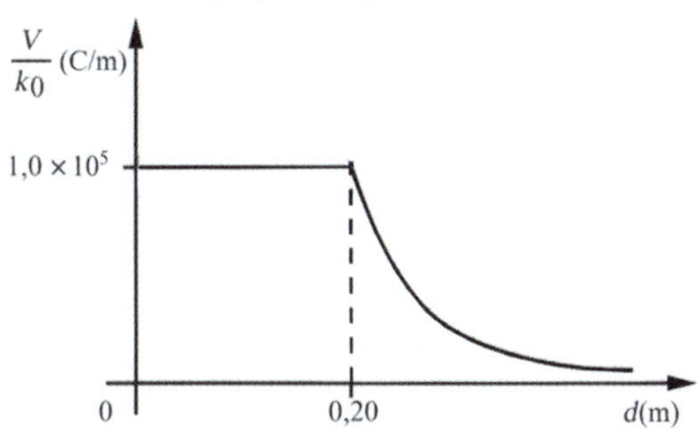

Qual é o valor da carga elétrica Q, em Coulomb?

a) $2{,}0 \times 10^4$
b) $4{,}0 \times 10^3$
c) $0{,}5 \times 10^6$
d) $2{,}0 \times 10^6$

79. (UFRGS-RS) Na figura, estão representadas, no plano *XY*, linhas equipotenciais espaçadas entre si de 1 V.

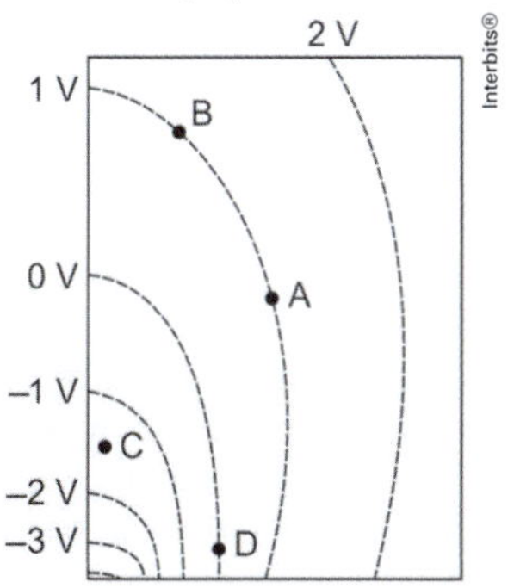

Considere as seguintes afirmações sobre essa situação.

I. O trabalho realizado pela força elétrica para mover uma carga elétrica de 1 C de *D* até *A* é de –1 J.
II. O módulo do campo elétrico em *C* é maior do que em *B*.
III. O módulo do campo elétrico em *D* é zero.

Quais estão corretas?

a) Apenas I.
b) Apenas II.
c) Apenas I e II.
d) Apenas II e III.
e) I, II e III.

80. (UFPR) Um próton é injetado no ponto O e passa a se mover no interior de um capacitor plano de placas paralelas, cujas dimensões estão indicadas na figura abaixo.

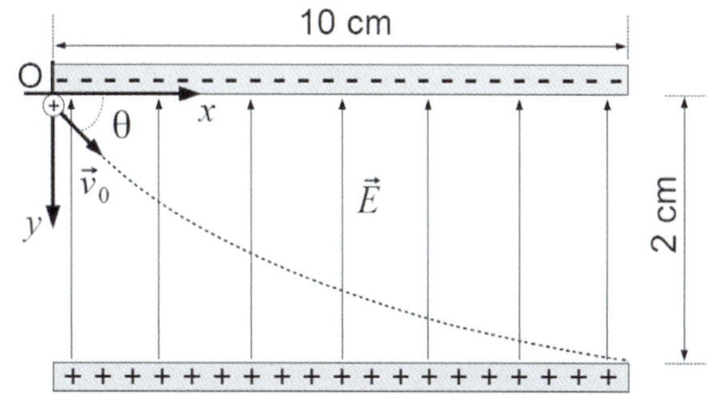

O próton tem velocidade inicial $\vec{v}_0$ com módulo $1{,}0 \times 10^5$ m/s e direção formando um ângulo θ igual a 45° com o eixo *x* horizontal. O campo elétrico está orientado na direção do eixo *y* conforme mostrado na figura. Considere a massa do próton igual a $1{,}6 \times 10^{-27}$ kg e sua carga igual a $1{,}6 \times 10^{-19}$ C. Supondo que somente o campo elétrico uniforme no interior do capacitor atue sobre o próton, calcule qual deve ser o mínimo módulo deste campo para que o próton não colida com a placa inferior.

81. (UFRGS-RS) Seis cargas elétricas iguais a Q estão dispostas, formando um hexágono regular de aresta R, conforme mostra a figura abaixo.

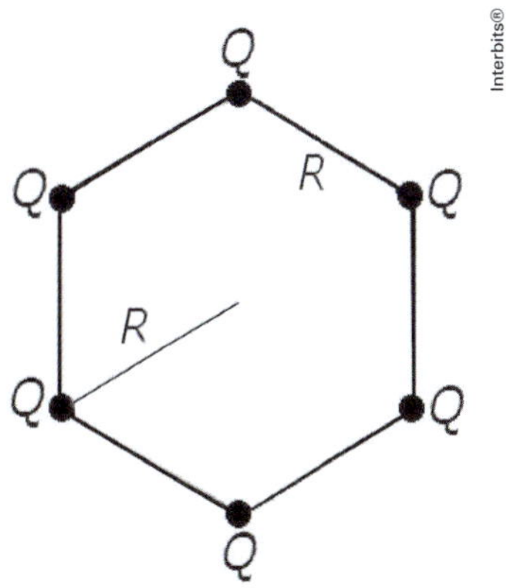

Com base nesse arranjo, sendo *k* a constante eletrostática, considere as seguintes afirmações.

I. O campo elétrico resultante no centro do hexágono tem módulo igual a $6Q/R^2$.

II. O trabalho necessário para se trazer uma carga q, desde o infinito até o centro do hexágono, é igual a $6kQ/R$.

III. A força resultante sobre uma carga de prova q, colocada no centro do hexágono, é nula.

Quais estão corretas?

a) Apenas I.

b) Apenas II.

c) Apenas I e III.

d) Apenas II e III.

e) I, II e III.

82. (IME-RJ)

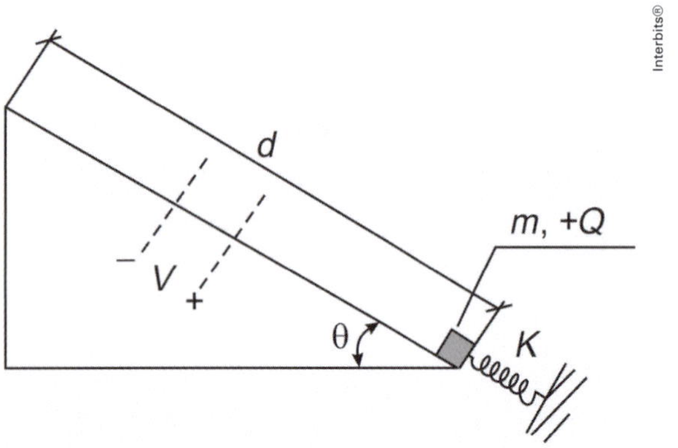

Um corpo de carga positiva, inicialmente em repouso sobre uma rampa plana isolante com atrito, está apoiado em uma mola, comprimindo-a. Após ser liberado, o corpo entra em movimento e atravessa uma região do espaço com diferença de potencial V, sendo acelerado. Para que o corpo chegue ao final da rampa com velocidade nula, a distância d indicada na figura é

Dados:

- deformação inicial da mola comprimida: x;
- massa do corpo: m;
- carga do corpo: $+Q$;
- aceleração da gravidade: g;
- coeficiente de atrito dinâmico entre o corpo e a rampa: μ;
- ângulo de inclinação da rampa: θ;
- constante elástica da mola: K.

Considerações:

- despreze os efeitos de borda;
- a carga do corpo permanece constante ao longo da trajetória.

a) $\dfrac{Kx^2 + 2QV}{2(1 + \mu)mg\text{sen}(\theta)}$

b) $\dfrac{Kx^2 + QV}{2(1 + \mu)mg\text{sen}(\theta)}$

c) $\dfrac{\frac{Kx^2}{2} + QV}{2(1 + \mu)mg\cos(\theta)}$

d) $\dfrac{Kx^2 - 2QV}{2mg(\text{sen}(\theta) + \mu\cos(\theta))}$

e) $\dfrac{Kx^2 + 2QV}{2mg(\text{sen}(\theta) + \mu\cos(\theta))}$

83. (UFRGS) Uma esfera condutora e isolada, de raio R, foi carregada com uma carga elétrica Q. Considerando o regime estacionário, assinale o gráfico a seguir que melhor representa o valor do potencial elétrico dentro da esfera, como função da distância $r < R$ até o centro da esfera.

a)
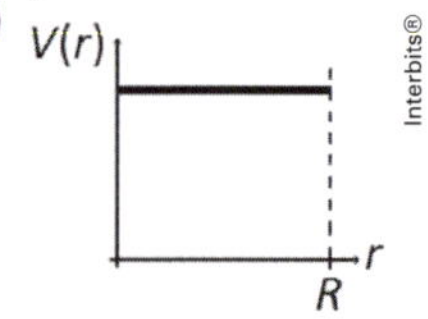

d)
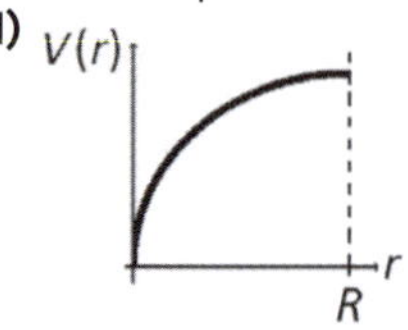

b)
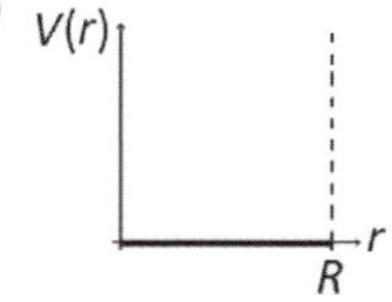

e)
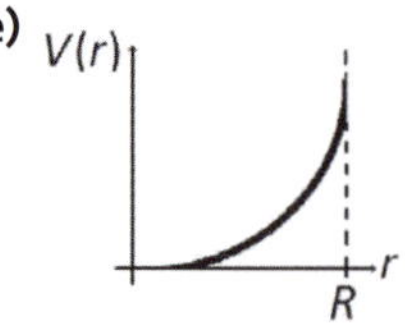

c)
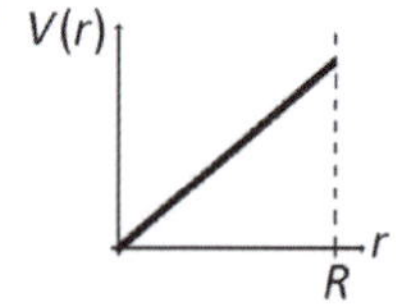

84. (EFOMM-RJ) Considere que o gerador de Van de Graaff da figura está em funcionamento, mantendo constante o potencial elétrico de sua cúpula esférica de raio R_0 metros. Quando, então, é fechada a chave $CH1$, uma esfera condutora de raio $R_1 = R_0/4$ metros, inicialmente descarregada, conecta-se à cúpula por meio de fios de capacidade desprezível (também é desprezível a indução eletrostática). Atingido o equilíbrio eletrostático, a razão σ_1/σ_0, entre as densidades superficiais de carga elétrica da esfera e da cúpula, vale

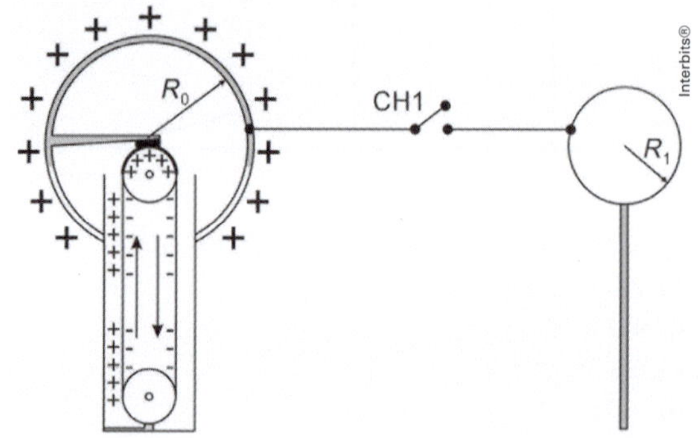

a) 4

b) 2

c) 1

d) 1/2

e) 1/4

85. (PUC-RJ) Quatro cargas (Q, $2Q$, $-Q$ e $-2Q$) estão colocadas nos vértices de um quadrado de lado L.

a) Faça um desenho da configuração das 4 cargas de modo que o sistema possua a mais baixa energia eletrostática. Calcule essa energia.

b) Na situação do item anterior, calcule o módulo da resultante das forças eletrostáticas agindo sobre a carga $+Q$.

86. (Esc. Naval-RJ) Observe a figura a seguir.

A figura acima mostra uma região de vácuo onde uma partícula puntiforme, de carga elétrica positiva q_1 e massa m, está sendo lançada com velocidade v_0 em sentido ao centro de um núcleo atômico fixo de carga q_2. Sendo K_0 a constante eletrostática no vácuo e sabendo que a partícula q_1 está muito longe do núcleo, qual será a distância mínima de aproximação, x, entre as cargas?

a) $\frac{K_0 q_1 q_2}{m v_0^2}$

b) $\frac{2K_0 q_1 q_2}{m v_0^2}$

c) $\frac{K_0 q_1 q_2}{2m v_0^2}$

d) $\sqrt{\frac{K_0 q_1 q_2}{m v_0^2}}$

e) $\sqrt{\frac{K_0 q_1 q_2}{2m v_0^2}}$

87. (UFG-GO) Um capacitor de placas paralelas é formado por duas placas metálicas grandes ligadas a um gerador que mantém uma diferença de potencial tal que o campo elétrico uniforme gerado no interior do capacitor seja $E = 20\,000$ N/C. Um pêndulo simples, formado por um fio de massa desprezível e uma esfera de massa $m = 6$ g eletricamente carregada com carga $q \simeq \sqrt{3}$ μC, é colocado entre as placas, como ilustra a figura a seguir.

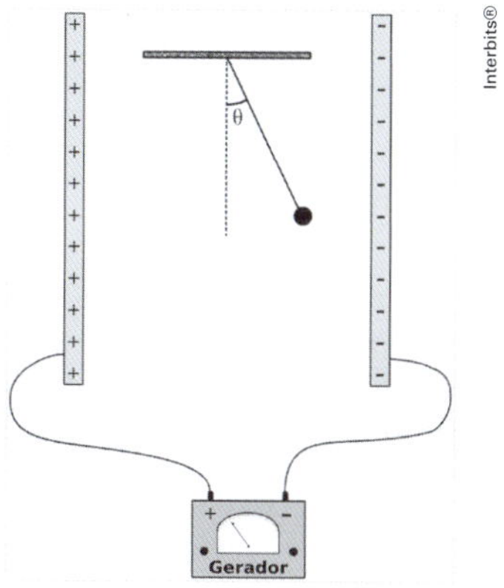

Considerando que a carga q não altera o campo elétrico entre as placas do capacitor, responda:

a) Para qual ângulo θ entre o fio e a vertical o sistema estará em equilíbrio estático?

b) Se a diferença de potencial fornecida pelo gerador fosse triplicada, para que ângulo θ entre o fio e a vertical haveria equilíbrio estático?

88. (ITA-SP) A figura mostra duas cascas esféricas condutoras concêntricas no vácuo, descarregadas, em que a e c são, respectivamente, seus raios internos, e b e d seus respectivos raios externos. A seguir, uma carga pontual negativa é fixada no centro das cascas. Estabelecido o equilíbrio eletrostático, a respeito do potencial nas superfícies externas das cascas e do sinal da carga na superfície de raio d, podemos afirmar, respectivamente, que

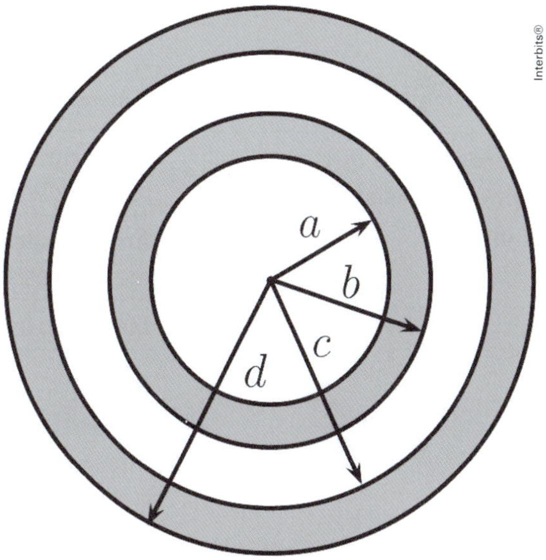

a) $V(b) > V(d)$ e a carga é positiva.
b) $V(b) < V(d)$ e a carga é positiva.
c) $V(b) = V(d)$ e a carga é negativa.
d) $V(b) > V(d)$ e a carga é negativa.
e) $V(b) < V(d)$ e a carga é negativa.

Unidade 2 – Circuitos elétricos de corrente contínua

Corrente elétrica	Movimento ordenado de cargas livres em um condutor, produzido pela ação do campo elétrico.
Intensidade da corrente elétrica	$i = \frac{\Delta Q}{\Delta t}$ i: intensidade da corrente elétrica (A); ΔQ: quantidade de carga elétrica que atravessa uma seção reta do fio (C); Δt: tempo associado à passagem das cargas elétricas pela seção do fio (s).
Resistência elétrica	Grandeza relacionada à dificuldade encontrada pelos elétrons-livres em percorrer um condutor elétrico. $R = \frac{V_{AB}}{i}$ R: resistência elétrica do fio condutor (Ω); V_{AB}: diferença de potencial entre os pontos A e B de um circuito elétrico (V); i: intensidade da corrente elétrica (A).
Fatores físicos que definem a resistência de um fio	**Comprimento:** quanto maior for o tamanho do fio, maior a resistência elétrica. **Área da seção reta:** quanto menor for a área do fio (mais fino), maior a resistência elétrica. **Material:** os materiais apresentam resistividades diferentes. $R = \rho\frac{L}{A}$ R: resistência elétrica do fio condutor (Ω); ρ: resistividade elétrica do material que forma o fio ($\Omega \cdot m$); L: comprimento do fio elétrico (m); A: área da seção reta do fio (m^2).
Lei de Ohm	Para um grande número de condutores, o valor da resistência permanece constante, não dependendo da diferença de potencial aplicada ao condutor. $R = \frac{V_{AB}}{i} = \text{constante}$
Associação de resistências	**Em série** A corrente elétrica tem o mesmo valor em todas as resistências da associação. $R = R_1 + R_2 + R_3 + \ldots$ **Em paralelo** A corrente elétrica divide-se por todas as resistências da associação. $\frac{1}{R} = \frac{1}{R_1} + \frac{1}{R_2} + \frac{1}{R_3} + \ldots$

Potência de um elemento do circuito	$P = iV_{AB}$ P: potência do aparelho elétrico (W); i: intensidade da corrente elétrica (A); V_{AB}: diferença de potencial (V).
Medida da energia elétrica utilizada em residências	$E = Pt$ E: energia elétrica (J ou kWh); P: potência dos aparelhos elétricos (W); t: tempo (s ou h).
Efeito Joule	Aquecimento da resistência elétrica pela passagem da corrente elétrica. $P = Ri^2$ P: potência desenvolvida pelo aparelho elétrico (W); R: resistência elétrica associada ao aparelho (Ω); i: intensidade da corrente elétrica que atravessa o aparelho (A).
Força eletromotriz	$\varepsilon = \frac{\mathcal{T}}{\Delta q}$ ε: força eletromotriz (V); $\mathcal{T}$: trabalho das cargas elétricas (J); Δq: quantidade de carga elétrica (C).
Força contraeletromotriz	De maneira geral, qualquer aparelho em que a energia elétrica se transforma em outro tipo de energia – que não seja térmica – é denominado gerador de força contraeletromotriz (receptor).
Potência fornecida por um gerador	$P = \varepsilon i$ P: potência (W); ε: força eletromotriz (V); i: intensidade de corrente elétrica (A).
Equação do circuito	$i = \frac{\Sigma\varepsilon}{\Sigma R}$ i: intensidade de corrente elétrica (A); $\Sigma\varepsilon$: soma algébrica das eletromotâncias (tomadas com sinal positivo) e das contraeletromotâncias (consideradas com sinal negativo), volt (V); R: resistência equivalente total do circuito (incluindo as resistências internas dos geradores) (Ω).
Diferença de potencial nos terminais de um gerador	$V_{AB} = \varepsilon - ri$ V_{AB}: diferença de potencial entre os terminais do gerador (V); ε: força eletromotriz (V); r: resistência interna do gerador (Ω); i: intensidade da corrente elétrica (A).

1. (Unigranrio) Dependendo da intensidade da corrente elétrica que atravessa o corpo humano, é possível sentir vários efeitos, como dores, contrações musculares, parada respiratória, entre outros, que podem ser fatais. Suponha que uma corrente de 0,1 A atravesse o corpo de uma pessoa durante 2,0 minutos. Qual o número de elétrons que atravessa esse corpo, sabendo que o valor da carga elementar do elétron é $1,6 \cdot 10^{-19}$ C?

a) $1,2 \cdot 10^{18}$
b) $1,9 \cdot 10^{20}$
c) $7,5 \cdot 10^{19}$
d) $3,7 \cdot 10^{19}$
e) $3,2 \cdot 10^{19}$

2. (Esc. Naval-RJ) A maior parte da luz emitida por descargas atmosféricas é devido ao encontro de cargas negativas descendentes com cargas positivas ascendentes (raio de retorno). Supondo que, durante um raio desse tipo, uma corrente elétrica constante de 30 kA transfere da nuvem para a terra uma carga negativa total de 15 C, a duração desse raio, em milissegundos, será

a) 3,0 b) 2,0 c) 1,5 d) 1,0 e) 0,5

3. (Unicamp-SP) Tecnologias móveis como celulares e *tablets* têm tempo de autonomia limitado pela carga armazenada em suas baterias. O gráfico abaixo apresenta, de forma simplificada, a corrente de recarga de uma célula de bateria de íon de lítio, em função do tempo.

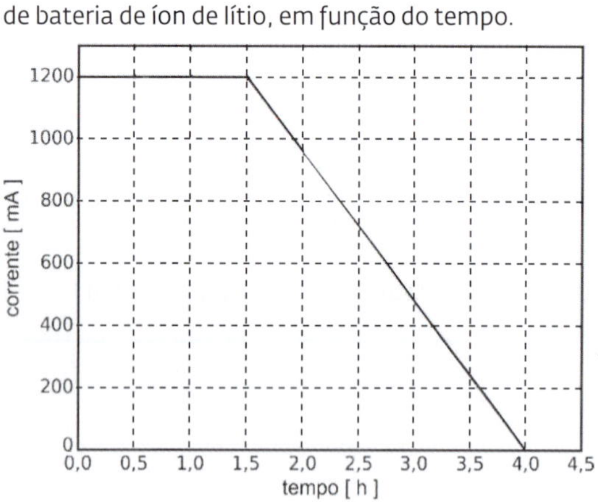

Interbits®

Considere uma célula de bateria inicialmente descarregada e que é carregada seguindo essa curva de corrente. A sua carga no final da recarga é:

a) 3,3 C
b) 11 880 C
c) 1 200 C
d) 3 300 C

4. (Fuvest-SP) Em células humanas, a concentração de íons positivos de sódio (Na^+) é menor no meio intracelular do que no meio extracelular, ocorrendo o inverso com a concentração de íons positivos de potássio (K^+). Moléculas de proteína existentes na membrana celular promovem o transporte ativo de íons de sódio para o exterior e de íons de potássio para o interior da célula. Esse mecanismo é denominado bomba de sódio-potássio. Uma molécula de proteína remove da célula três íons de Na^+ para cada dois de K^+ que ela transporta para o seu interior. Esse transporte ativo contrabalança processos passivos, como a difusão, e mantém as concentrações intracelulares de Na^+ e de K^+ em níveis adequados. Com base nessas informações, determine

a) a razão R entre as correntes elétricas formadas pelos íons de sódio e potássio que atravessam a membrana da célula, devido à bomba de sódio-potássio;
b) a ordem de grandeza do módulo do campo elétrico E dentro da membrana da célula quando a diferença de potencial entre suas faces externa e interna é 70 mV e sua espessura é 7 nm;
c) a corrente elétrica total I através da membrana de um neurônio do cérebro humano, devido à bomba de sódio-potássio.

Note e adote:
$1 \text{ nm} = 10^{-9}$ m
A bomba de sódio-potássio em neurônio do cérebro humano é constituída por um milhão de moléculas de proteínas e cada uma delas transporta, por segundo, 210 Na^+ para fora e 140 K^+ para dentro da célula.
Carga do elétron: $= -1,6 \cdot 10^{-19}$ C

5. (Uerj) Aceleradores de partículas são ambientes onde partículas eletricamente carregadas são mantidas em movimento, como as cargas elétricas em um condutor. No Laboratório Europeu de Física de Partículas – CERN, está localizado o mais potente acelerador em operação no mundo. Considere as seguintes informações para compreender o seu funcionamento:

- os prótons são acelerados em grupos de cerca de 3 000 pacotes, que constituem o feixe do acelerador;
- esses pacotes são mantidos em movimento no interior e ao longo de um anel de cerca de 30 km de comprimento;
- cada pacote contém, aproximadamente, 10^{11} prótons que se deslocam com velocidades próximas à da luz no vácuo;
- a carga do próton é igual a $1,6 \times 10^{-19}$ C e a velocidade da luz no vácuo é igual a $3 \times 10^8 \text{ m} \cdot \text{s}^{-1}$.

Nessas condições, o feixe do CERN equivale a uma corrente elétrica, em ampères, da ordem de grandeza de:

a) 10^0 b) 10^2 c) 10^4 d) 10^6

6. (Unesp) O mecanismo de formação das nuvens de tempestade provoca a separação de cargas elétricas no interior da nuvem, criando uma diferença de potencial elétrico U entre a base da nuvem e o solo. Ao se atingir certo valor de potencial elétrico, ocorre uma descarga elétrica, o raio.

(http://pt.wikipedia.org. Adaptado.)

Suponha que, quando a diferença de potencial entre a nuvem e o solo atingiu o valor de $1,8 \times 10^8$ V, ocorreu um raio que transferiu uma carga elétrica de 30 C, em módulo, da nuvem para o solo, no intervalo de 200 m. Calcule a intensidade média da corrente elétrica, em ampères, estabelecida pelo raio. Considerando que uma bateria de capacidade de 50 A · h acumula energia para fornecer uma corrente de 50 A durante uma hora, calcule quantas baterias de 10 V e capacidade 50 A · h poderiam ser totalmente carregadas supondo que toda a quantidade de energia desse raio pudesse ser transferida a elas. Apresente os cálculos.

7. (Unesp-SP) *As companhias de energia elétrica nos cobram pela energia que consumimos. Essa energia é dada pela expressão $E = V \cdot i \cdot \Delta t$, em que V é a tensão que alimenta nossa residência, i a intensidade de corrente que circula por determinado aparelho, Δt é o tempo em que ele fica ligado e a expressão $V \cdot i$ é a potência P necessária para dado aparelho funcionar.*

Assim, em um aparelho que suporta o dobro da tensão e consome a mesma potência P, a corrente necessária para seu funcionamento será a meta. Mas as perdas de energia que ocorrem por efeito joule (aquecimento em virtude da resistência R) são medidas por $E = R \cdot i^2 \cdot \Delta t$.

Então, para um mesmo valor de R e Δt, quando i diminui, essa perda também será reduzida.

Além disso, sendo menor a corrente, podemos utilizar condutores de menor área de secção transversal, o que implicará, ainda, economia de material usado na confecção dos condutores.

(Regina Pinto de Carvalho, *Física do dia a dia*, 2003, Adaptado.)

Baseando-se nas informações contidas no texto, é correto afirmar que:

a) se a resistência elétrica de um condutor é constante, em um mesmo intervalo de tempo, as perdas por efeito joule em um condutor são inversamente proporcionais à corrente que o atravessa.

b) é mais econômico usarmos em nossas residências correntes elétricas sob tensão de 110 V do que de 220 V.

c) em um mesmo intervalo de tempo, a energia elétrica consumida por um aparelho elétrico varia inversamente com a potência desse aparelho.

d) uma possível unidade de medida de energia elétrica é o kV · A (quilovolt-ampère), que pode, portanto, ser convertida para a unidade correspondente do Sistema Internacional, o joule.

e) para um valor constante de tensão elétrica, a intensidade de corrente que atravessa um condutor será tanto maior quanto maior for a área de sua secção transversal.

8. (Enem) O choque elétrico é uma sensação provocada pela passagem de corrente elétrica pelo corpo. As consequências de um choque vão desde um simples susto até a morte. A circulação das cargas elétricas depende da resistência do material. Para o corpo humano, essa resistência varia de 1 000 Ω, quando a pele está molhada, até 100 000 Ω, quando a pele está seca. Uma pessoa descalça, lavando sua casa com água, molhou os pés e, acidentalmente, pisou em um fio desencapado, sofrendo uma descarga elétrica em uma tensão de 120 V.

Qual a intensidade máxima de corrente elétrica que passou pelo corpo da pessoa?

a) 1,2 mA

b) 120 mA

c) 8,3 A

d) 833 A

e) 120 kA

9. (Uema) Poraquê é o nome popular do peixe elétrico da Amazônia. Seu nome vem da língua tupi e significa "o que coloca pra dormir". Ele é comparado com uma pilha e pode produzir descarga de até 1 500 volts, a denominação não podia ser mais apropriada.

http://educacao.uol.com.br/disciplinas/biologia/poraque-como-vive-o-peixe-eletrico-da-amazonia.htm#fotoNav=

Caso uma pessoa mergulhe a uma distância de 20 cm desse peixe, considerando uma descarga elétrica de 1 500 V, calcule a intensidade

a) do campo elétrico produzido por esse peixe para essa distância.

b) da corrente elétrica, considerando a resistência elétrica da água desse local de 120 V.

10. (Esc. Naval-RJ) Analise a figura abaixo.

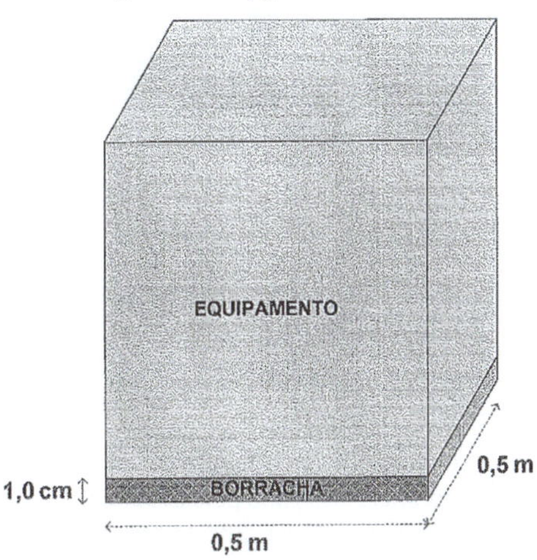

Interbits®

A figura acima mostra um equipamento metálico que está eletricamente isolado do solo por meio de uma base quadrada de borracha com 0,5 m de lado, 1,0 cm de espessura e resistividade 10^{13} Ω · m. A máxima ddp entre o equipamento e o solo é obtida para uma corrente máxima de 0,5 μA, fluindo uniformemente através da área da base. O valor da ddp máxima, em quilovolts, é

a) 200

b) 150

c) 100

d) 50

e) 25

11. (Acafe-SC) Sejam dois resistores ôhmicos R_X e R_Y associados em paralelo e ligados a uma bateria ideal de 12 V. A figura abaixo mostra as curvas que caracterizam esses resistores.

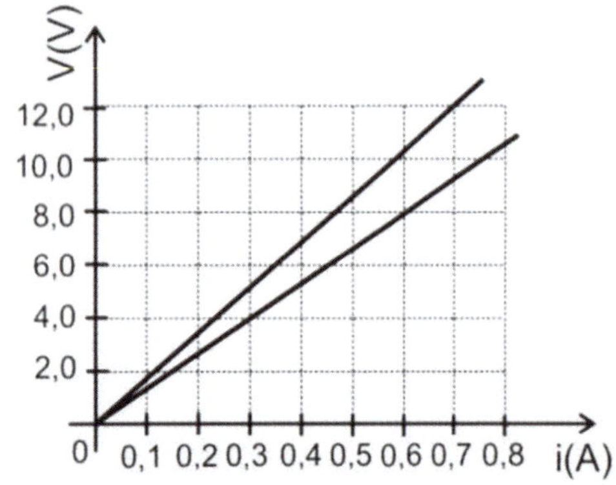

Interbits®

A intensidade de corrente elétrica em **ampères**, fornecida pelo gerador ao circuito, é:

a) 16
b) 0,8
c) 8
d) 1,6

12. (PUC-RJ) Considere o circuito da figura abaixo, em que as resistências são dadas em kΩ e a bateria é considerada ideal com uma força eletromotriz de 12 volts.

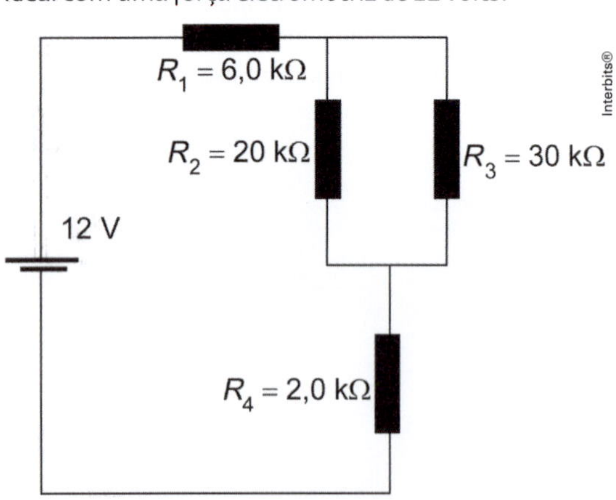

Interbits®

a) Qual é a diferença de potencial no resistor R_2?
b) Qual é a potência dissipada pelo circuito?
c) A resistência R_3 agora é retirada do circuito e substituída por um fio sem resistência. Qual é a nova corrente que passa por R_1?

13. (EEAR-SP) Um aparelho continha as seguintes especificações de trabalho: Entrada 9 V – 500 mA. A única fonte para ligar o aparelho era de 12 V. Um cidadão fez a seguinte ligação para não danificar o aparelho ligado à fonte:

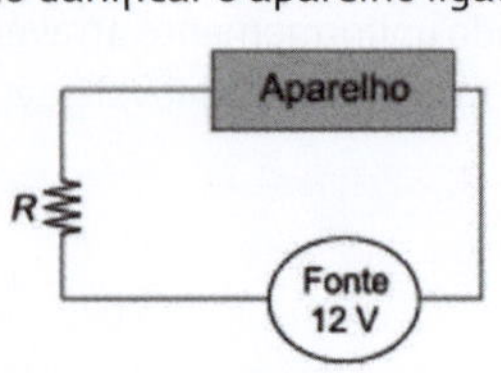

Interbits®

Considerando a corrente do circuito igual a 500 mA, qual deve ser o valor da resistência R, em Ω, para que o aparelho não seja danificado?

a) 4
b) 5
c) 6
d) 7

14. (FMP-RJ) Numa instalação elétrica de um escritório, são colocadas 3 lâmpadas idênticas em paralelo conectadas a uma fonte de tensão.

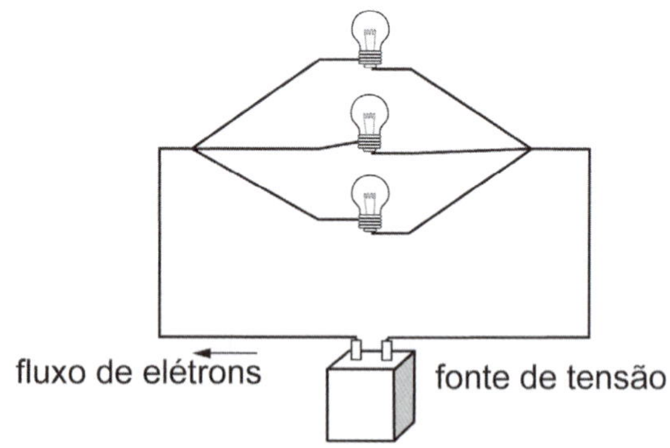

Interbits®

Se uma das lâmpadas queimar, o que acontecerá com a corrente nas outras lâmpadas?

a) Aumentará por um fator 1,5.
b) Aumentará por um fator 2.
c) Diminuirá por um fator 1,5.
d) Diminuirá por um fator 2.
e) Permanecerá a mesma.

15. (Mack-SP)

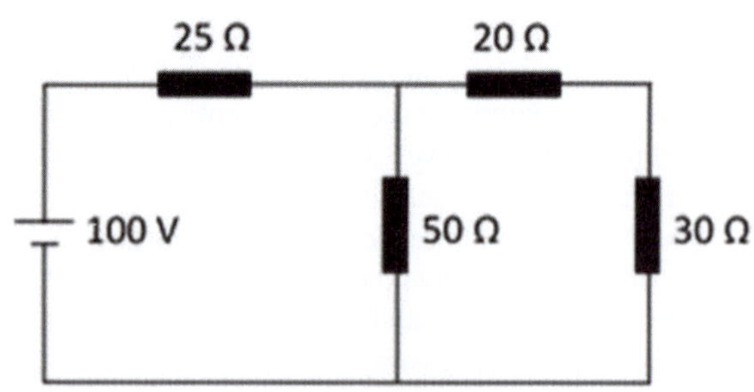

Interbits®

A figura acima representa um circuito elétrico constituído de uma fonte de tensão contínua de 100 V alimentando quatro resistores. Pode-se afirmar que a tensão elétrica nas extremidades do resistor de resistência elétrica 30 Ω vale

a) 20 V
b) 30 V
c) 40 V
d) 50 V
e) 100 V

16. (PUCC-SP) O mostrador digital de um amperímetro fornece indicação de 0,40 A em um circuito elétrico simples contendo uma fonte de força eletromotriz ideal e um resistor ôhmico de resistência elétrica 10 Ω.

Se for colocado no circuito um outro resistor, de mesmas características, em série com o primeiro, a nova potência elétrica dissipada no circuito será, em watts,

a) 0,64
b) 0,32
c) 0,50
d) 0,20
e) 0,80

17. (PUC-RJ) Um circuito elétrico é composto de um conjunto de dois resistores de mesma resistência R e uma bateria regulável V. Ao medirmos a corrente no circuito em função da tensão aplicada, obtemos a curva apresentada na figura abaixo.

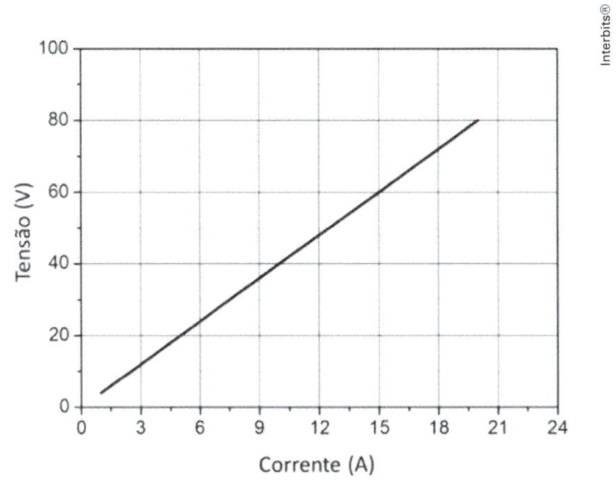

a) A partir do gráfico, determine a resistência equivalente do circuito.
b) Sabendo que, nesse circuito, as resistências estão em série, determine qual seria a corrente em um circuito, cuja tensão aplicada fosse de 12 V, conectado a essas resistências colocadas em paralelo.

18. (UFU-MG) Dispondo de algumas pilhas idênticas, de resistência interna desprezível, fios e pequenas lâmpadas de mesma potência, um estudante monta alguns tipos diferentes de circuitos elétricos, conforme a figura a seguir.

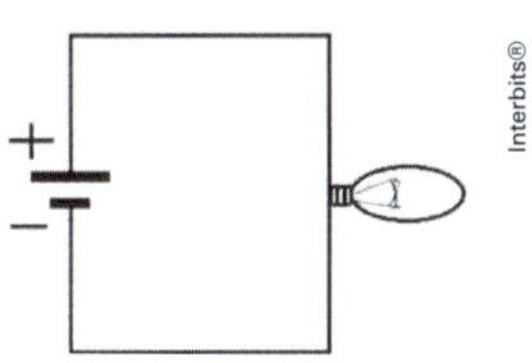

Circuito 1

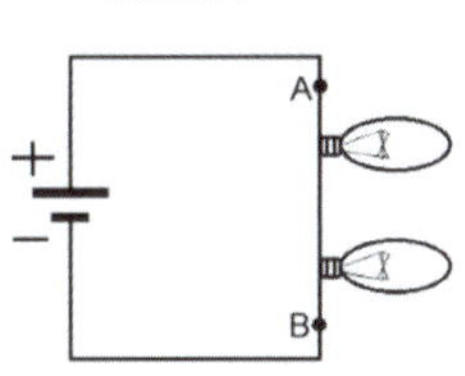

Circuito 2

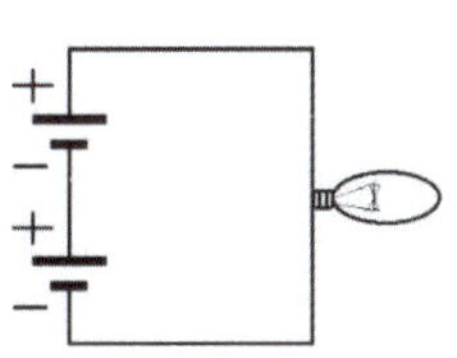

Circuito 3

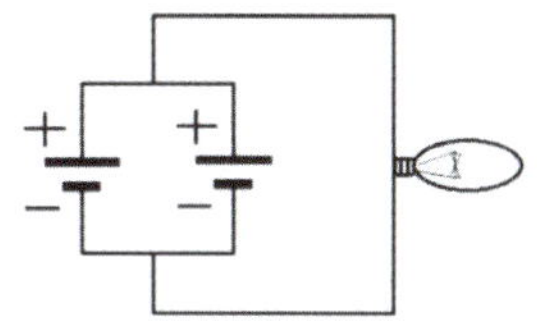

Circuito 4

Em relação aos fios ideais, considere as afirmativas sobre a corrente que circula pelos círculos.

I. A corrente que circula pelo circuito 2 é menor que a do circuito 4.
II. A corrente que circula pelo circuito 1 é menor que a do circuito 3.
III. A corrente que circula pelo circuito 1 é menor que a do circuito 4.
IV. No circuito 2, quando a corrente passa pelo ponto A, ela é maior do que quando passa pelo ponto B.

Assinale a alternativa que apresenta apenas afirmativas corretas.

a) I e II.
b) II e III.
c) I e IV.
d) III e IV.

19. (Enem) Três lâmpadas idênticas foram ligadas no circuito esquematizado. A bateria apresenta resistência interna desprezível, e os fios possuem resistência nula. Um técnico fez uma análise do circuito para prever a corrente elétrica nos pontos A, B, C, D e E; e rotulou essas correntes de I_A, I_B, I_C, I_D e I_E, respectivamente.

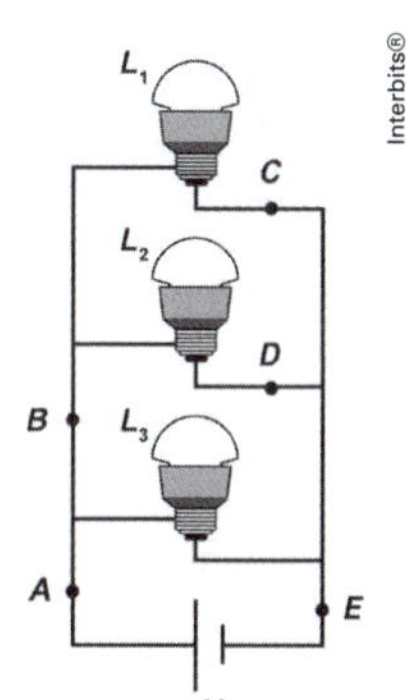

O técnico concluiu que as correntes que apresentam o mesmo valor são

a) $I_A = I_E$ e $I_C = I_D$.
b) $I_A = I_B = I_E$ e $I_C = I_D$.
c) $I_A = I_B$, apenas.
d) $I_A = I_B = I_E$, apenas.
e) $I_C = I_B$, apenas.

20. (Unicamp-SP) Um osciloscópio é um instrumento muito útil no estudo da variação temporal dos sinais elétricos em circuitos. No caso de um circuito de corrente alternada, a diferença de potencial (U) e a corrente do circuito (i) variam em função do tempo. Considere um circuito com dois resistores R_1 e R_2 em série, alimentados por uma fonte de tensão alternada. A diferença de potencial nos terminais de cada resistor observada na tela do osciloscópio é representada pelo gráfico abaixo.

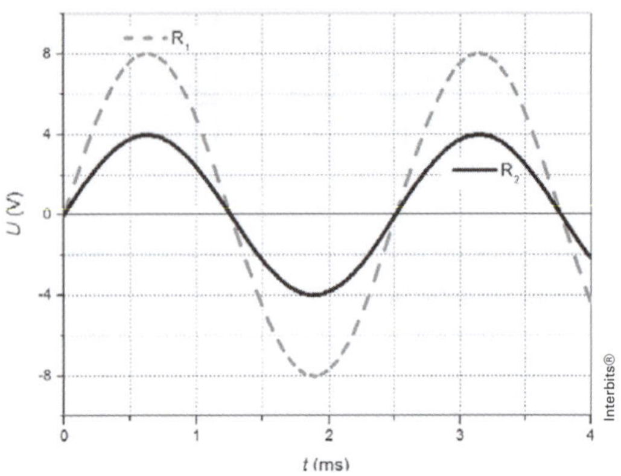

Analisando o gráfico, pode-se afirmar que a amplitude e a frequência da onda que representa a diferença de potencial nos terminais do resistor de maior resistência, são, respectivamente, iguais a

a) 4 V e 2,5 Hz.
b) 8 V e 2,5 Hz.
c) 4 V e 400 Hz.
d) 8 V e 400 Hz.

21. (Enem) Por apresentar significativa resistividade elétrica, o grafite pode ser utilizado para simular resistores elétricos em circuitos desenhados no papel, com o uso de lápis e lapiseiras. Dependendo da espessura e do comprimento das linhas desenhadas, é possível determinar a resistência elétrica de cada traçado produzido. No esquema foram utilizados três tipos de lápis diferentes (2H, HB e 6B) para efetuar três traçados distintos.

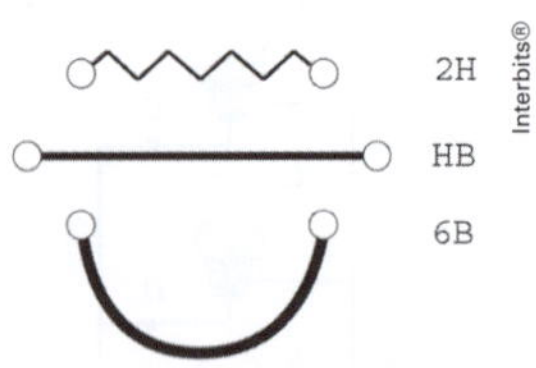

Munido dessas informações, um estudante pegou uma folha de papel e fez o desenho de um sorvete de casquinha utilizando-se desses traçados. Os valores encontrados nesse experimento, para as resistências elétricas (R), medidas com o auxílio de um ohmímetro ligado nas extremidades das resistências, são mostrados na figura. Verificou-se que os resistores obedecem à Lei de Ohm.

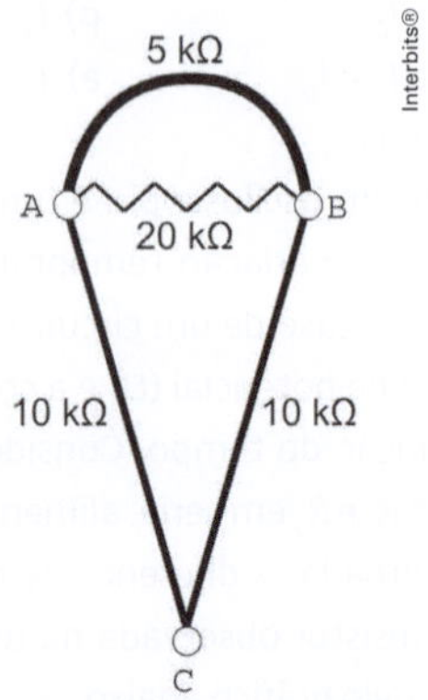

Na sequência, conectou o ohmímetro nos terminais *A* e *B* do desenho e, em seguida, conectou-o nos terminais *B* e *C*, anotando as leituras R_{AB} e R_{BC}. Ao estabelecer a razão R_{AB}/R_{BC} qual resultado o estudante obteve?

a) 1
b) 4/7
c) 10/27
d) 14/81
e) 4/81

22. (UFPR) Quatro resistores, cada um deles com valor *R*, estão conectados por meio de fios condutores ideais, seguindo o circuito representado na figura abaixo. O circuito é alimentado por um gerador ideal que fornece uma tensão elétrica constante. Inicialmente, o circuito foi analisado segundo a situação 1 e, posteriormente, os pontos *A* e *B* foram interligados por meio de um fio condutor, de acordo com a situação 2.

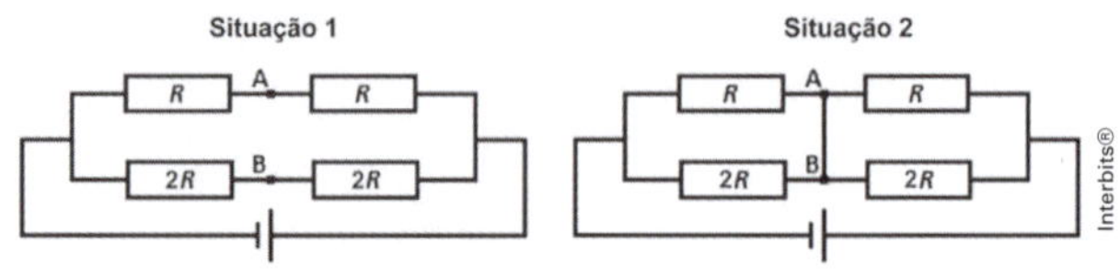

Com base nessas informações, identifique como verdadeiras (V) ou falsas (F) as seguintes afirmativas:

( ) A intensidade de corrente elétrica no gerador é a mesma para as duas situações representadas.
( ) Ao se conectar o fio condutor entre os pontos *A* e *B*, a resistência elétrica do circuito diminui.
( ) Na situação 2, a intensidade de corrente elétrica no gerador aumentará em relação à situação 1.
( ) A diferença de potencial elétrico entre os pontos *A* e *B*, na situação 1, é maior que zero.

Assinale a alternativa que apresenta a sequência correta, de cima para baixo:

a) F – V – V – F.
b) F – V – F – V.
c) V – F – V – F.
d) V – F – F – F.
e) V – V – V – V.

23. (ITA-SP)

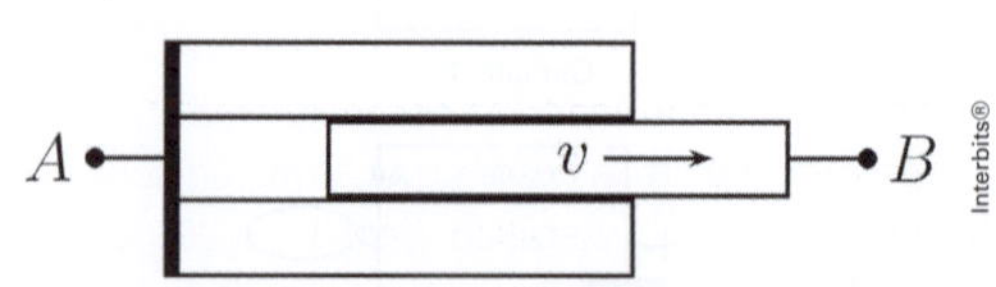

Considere superpostas três barras idênticas de grafite com resistividade $\rho = 1{,}0 \cdot 10^{-4}\ \Omega m$, 15 cm de comprimento e seção quadrada com 2,0 cm de lado. Inicialmente as três barras têm as suas extremidades em contato com a chapa ligada ao contato *A*. Em seguida, a barra do meio desliza sem atrito com velocidade constante $v = 1{,}0$ cm/s, movimentando igualmente o contato *B*, conforme a figura. Obtenha a expressão da resistência *R* medida entre *A* e *B* como função do tempo e esboce o seu gráfico.

24. (PUCC-SP) Há alguns anos a iluminação residencial era predominantemente feita por meio de lâmpadas incandescentes. Atualmente, dando-se a atenção à política de preservação de bens naturais, estas lâmpadas estão sendo trocadas por outros tipos de lâmpadas muito mais econômicas, como as fluorescentes compactas e de LED.
Numa residência usavam-se 10 lâmpadas incandescentes de 100 W que ficavam ligadas em média 5 horas por dia. Estas lâmpadas foram substituídas por 10 lâmpadas fluorescentes compactas que consomem 20 W cada uma e também ficam ligadas em média 5 horas por dia.
Adotando o valor R$ 0,40 para o preço do quilovolt-hora, a economia que esta troca proporciona em um mês de trinta dias é de

a) R$ 18,00
b) R$ 48,00
c) R$ 60,00
d) R$ 120,00
e) R$ 248,00

25. (UFU-MG) Um chuveiro pode ser regulado para funcionar liberando água em três temperaturas distintas: "fria", "morna" e "quente". Quando o chuveiro é ligado na opção "fria", a água passa pelo aparelho e não sofre nenhum aquecimento; na opção "morna", sofre um aquecimento leve; e na opção "quente", um aquecimento maior. Este chuveiro possui uma resistência elétrica constituída por um fio fino enrolado e quatro pontos de contato (*A*, *B*, *C* e *D*). Uma fonte de tensão, de voltagem constante, é ligada com um de seus polos no ponto *D*, enquanto o outro polo é ligado a uma chave que pode assumir as posições *A*, *B* ou *C*, conforme mostrado no esquema.

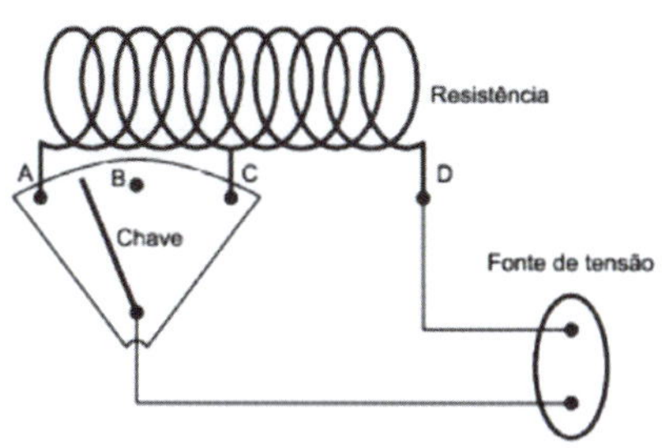

a) Identifique em qual posição (*A*, *B* ou *C*) a chave estará ligada para cada temperatura de funcionamento do chuveiro. Justifique sua resposta.
b) A fonte de tensão é de 220 V e a potência do chuveiro é de 4 400 W quando ligado na opção "quente". Qual o valor da resistência elétrica nesta situação de funcionamento?

26. (UEPG-PR) Um fio metálico, de 100 m de comprimento, resistividade igual a $1,7 \times 10^{-2}$ $\Omega mm^2/m$ e área da seção transversal de 3,4 mm^2, tem suas extremidades ligadas a uma bateria de 12 V. Em função do exposto, assinale o que for correto.

01) A resistência elétrica do fio é 0,5 V.
02) Desprezando a variação da resistividade com a temperatura, a potência elétrica dissipada por efeito Joule no fio é 288 W.
04) Se aumentarmos o comprimento do fio e mantivermos todos os outros parâmetros constantes, a corrente elétrica e a potência dissipada no fio irão diminuir.
08) A resistência elétrica de um resistor não depende do material que o constitui, depende apenas de suas dimensões.
16) Se aumentarmos a área da seção transversal do fio e mantivermos todos os outros parâmetros constantes, a corrente elétrica e a potência dissipada no fio irão aumentar.

27. (Unesp) Um resistor ôhmico foi ligado a uma fonte de tensão variável, como mostra a figura.

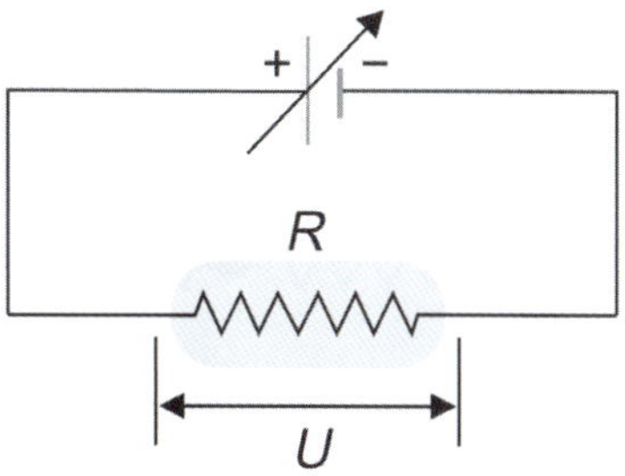

Suponha que a temperatura do resistor não se altere significativamente com a potência dissipada, de modo que sua resistência não varie. Ao se construir o gráfico da potência dissipada pelo resistor em função da diferença de potencial *U* aplicada a seus terminais, obteve-se a curva representada em:

a)
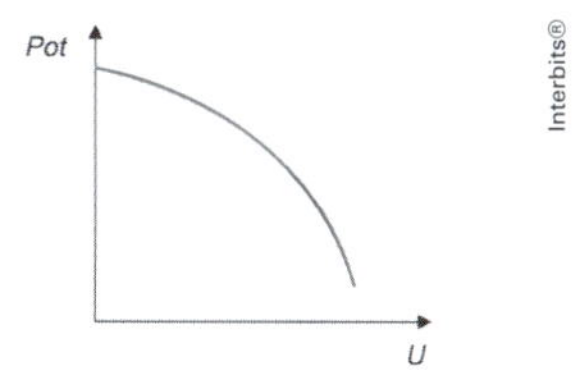

b)
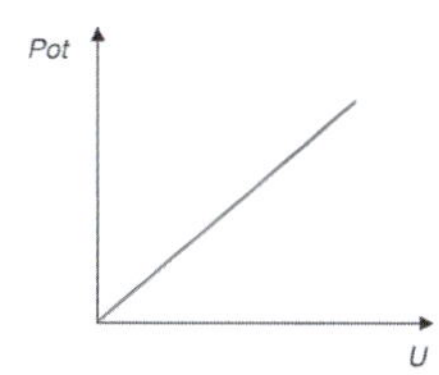

c)
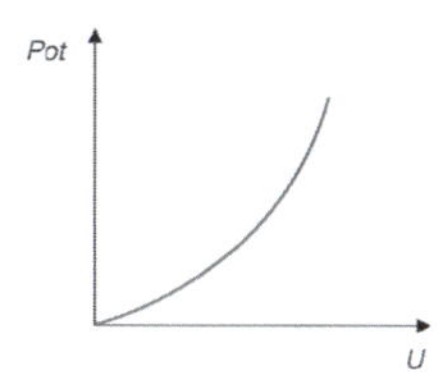

d)
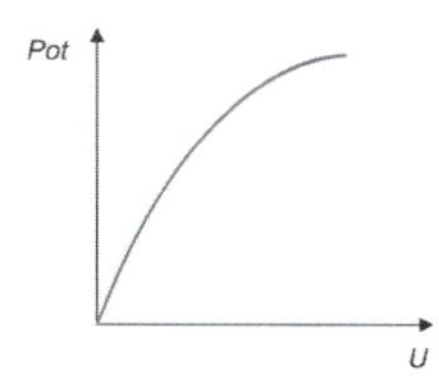

e)
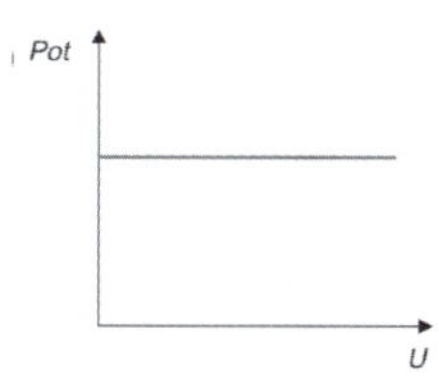

28. (Unicamp-SP) Muitos dispositivos de aquecimento usados em nosso cotidiano usam resistores elétricos como fonte de calor. Um exemplo é o chuveiro elétrico, em que é possível escolher entre diferentes opções de potência usadas no aquecimento da água, por exemplo, morno (*M*), quente (*Q*) e muito quente (*MQ*). Considere um chuveiro que usa a associação de três resistores, iguais entre si, para oferecer essas três opções de temperatura. A escolha é feita por uma chave que liga a rede elétrica entre o ponto indicado pela letra N e um outro ponto indicado por *M*, *Q* ou *MQ*, de acordo com a opção de temperatura desejada. O esquema que representa corretamente o circuito equivalente do chuveiro é

a)

b)

c)

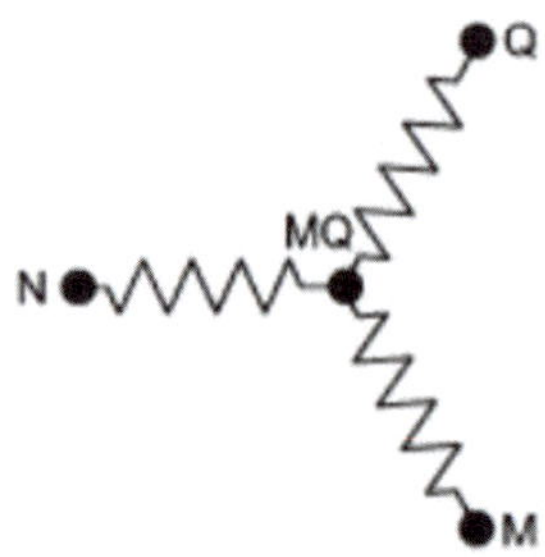

d)

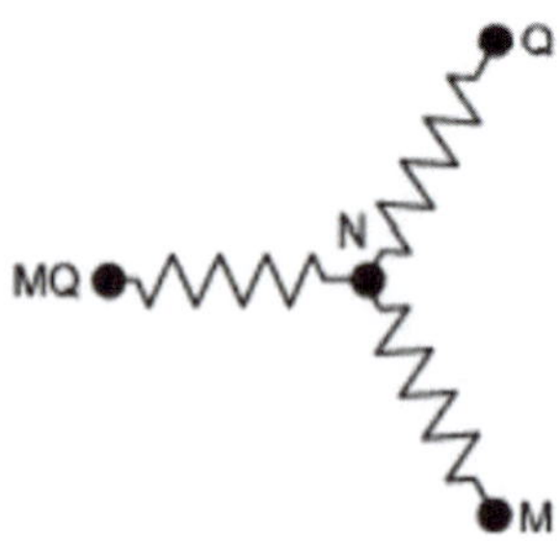

29. (Fuvest-SP) Na bateria de um telefone celular e em seu carregador, estão registradas as seguintes especificações:

BATERIA
1650 mAh
3,7 V
6,1 Wh

CARREGADOR
Entrada AC: 100 - 240 V
50 - 60 Hz
0,2 A
Saída DC: 5 V; 1,3 A

Com a bateria sendo carregada em uma rede de 127 V, a potência máxima que o carregador pode fornecer e a carga máxima que pode ser armazenada na bateria são, respectivamente, próximas de

a) 25,4 W e 5 940 C.
b) 25,4 W e 4,8 C.
c) 6,5 W e 21 960 C.
d) 6,5 W e 5 940 C.
e) 6,1 W e 4,8 C.

Note e adote:
- AC: corrente alternada.
- DC: corrente contínua.

30. (Unesp) O circuito representado é constituído por quatro resistores ôhmicos, um gerador ideal, uma chave *Ch* de resistência elétrica desprezível e duas lâmpadas idênticas, L_1 e L_2, que apresentam valores nominais de tensão e potência iguais a 40 V e 80 W cada. A chave pode ser ligada no ponto *A* ou no ponto *B*, fazendo funcionar apenas uma parte do circuito de cada vez.

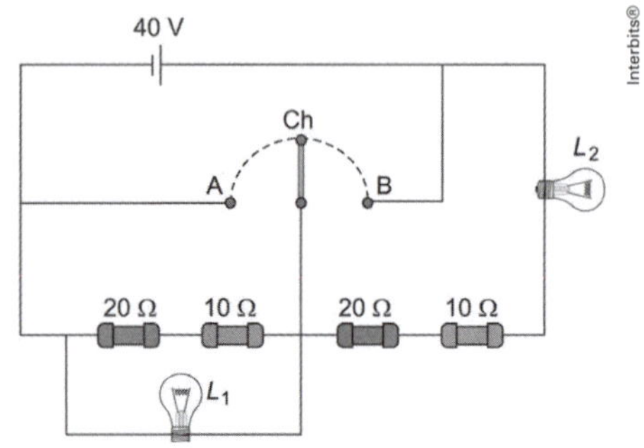

Considerando desprezíveis as resistências elétricas dos fios de ligação e de todas as conexões utilizadas, calcule as potências dissipadas pelas lâmpadas L_1 e L_2, quando a chave é ligada no ponto *A*. Em seguida, calcule as potências dissipadas pelas lâmpadas L_1 e L_2, quando a chave é ligada no ponto *B*.

31. (Fuvest-SP)

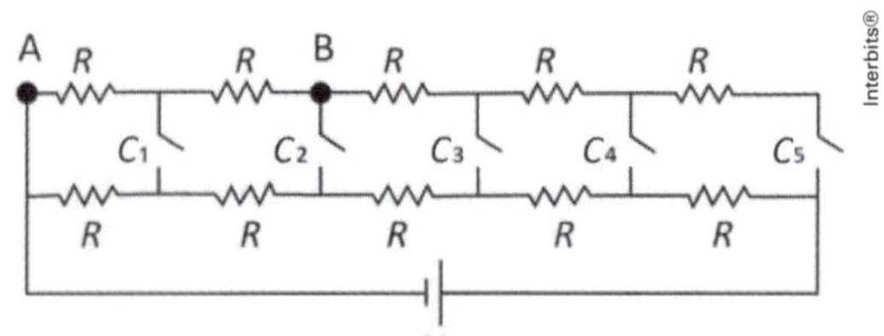

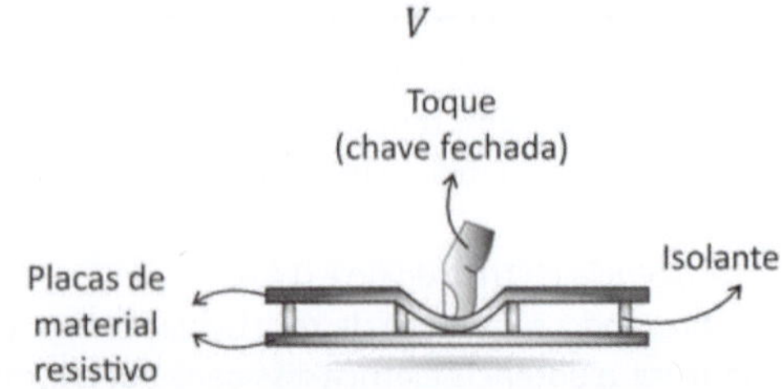

Telas sensíveis ao toque são utilizadas em diversos dispositivos. Certos tipos de tela são constituídos, essencialmente, por duas camadas de material resistivo, separadas por espaçadores isolantes. Uma leve pressão com o dedo, em algum ponto da tela, coloca as placas em contato nesse ponto, alterando o circuito elétrico do dispositivo. As figuras mostram um esquema elétrico do circuito equivalente à tela e uma ilustração da mesma. Um toque na tela corresponde ao fechamento de uma das chaves C_n, alterando a resistência equivalente do circuito.

A bateria fornece uma tensão $V = 6$ V e cada resistor tem 0,5 kΩ de resistência. Determine, para a situação em que apenas a chave C_2 está fechada, o valor da

a) resistência equivalente R_E do circuito;

b) tensão V_{AB} entre os pontos *A* e *B*;

c) corrente *i* através da chave fechada C_2;

d) potência *P* dissipada no circuito.

Note e adote:

Ignore a resistência interna da bateria e dos fios de ligação.

32. (UFJF-MG) Em uma aula de Física, o professor apresenta para seus alunos três lâmpadas com as seguintes especificações: L_1: 20 W – 120 V, L_2: 40 W – 120 V e L_3: 15 W – 120 V. Em seguida faz duas ligações com as lâmpadas, montando os circuitos *A* e *B*, como mostram as figuras abaixo.

Circuito A

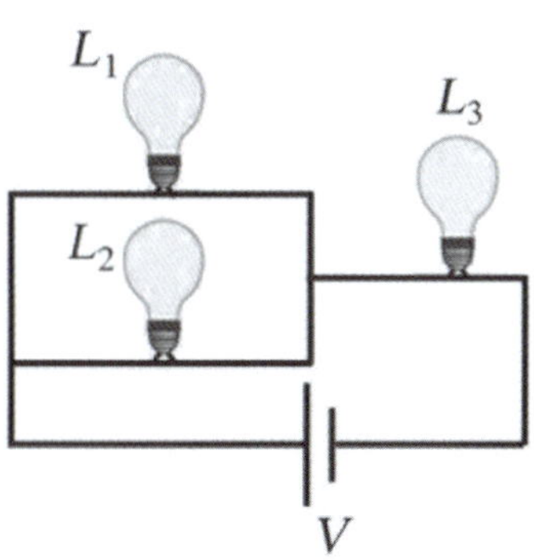

Circuito B

Interbits®

Com base nas informações, responda às seguintes questões:

a) Calcule a resistência equivalente de cada circuito.

b) Qual lâmpada terá o maior brilho em cada circuito? Justifique a sua resposta.

c) Alimentando os circuitos com $V = 120$ V, qual a corrente em cada um dos circuitos no caso de a lâmpada L_1 se queimar? Justifique sua resposta.

33. (UEMG) O dímer é um aparelho usado para controlar o brilho de uma lâmpada ou a potência de um outro aparelho, como um ventilador. Um dímer foi usado para controlar o brilho de uma lâmpada cujas especificações são 24,0 W e 12,0 V. A lâmpada foi associada em série ao dímer e ligada a uma bateria de 12,0 V, conforme representado no diagrama.

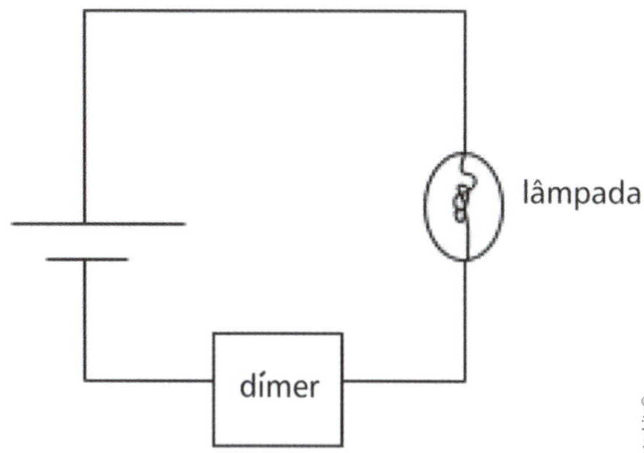

Interbits®

Sabendo-se que o dímer foi regulado para que a lâmpada dissipasse 81% de sua potência, a potência que ele dissipa, em W, é

a) 2,16

b) 4,56

c) 19,4

d) 21,6

34. (UEM/PAS-PR) Três resistores, de mesmas características, são colocados em série e esse arranjo A_1 é submetido a uma tensão de 12 V. Nessas condições, observa-se que o conjunto dissipa 3 W. Um dos resistores é retirado e colocado em paralelo com outros dois remanescentes, configurando o arranjo A_2, que também é submetido a 12 V. Finalmente, os três resistores são colocados em paralelo formando o arranjo A_3 sujeito a 12 V.

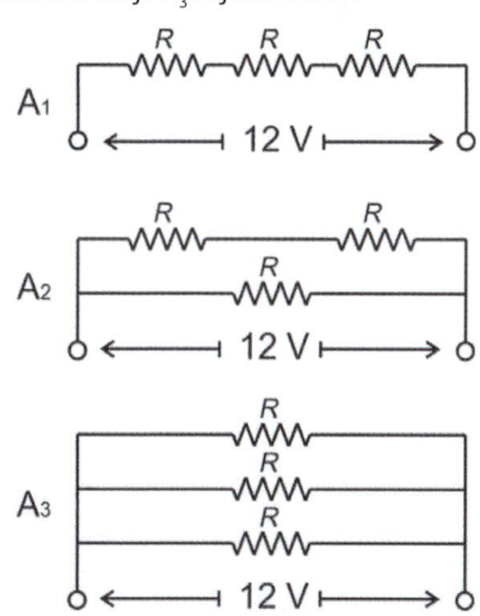

Sobre o exposto, assinale o que for correto.

01) A resistência equivalente no arranjo A_1 é 48 Ω.

02) A corrente total que passa pelo arranjo A_2 é de aproximadamente 0,2 A.

04) O arranjo A_2 dissipa aproximadamente 1,2 W.

08) A corrente total que passa pelo arranjo A_3 vale 1,0 A.

16) As potências dissipadas nos três arranjos satisfazem $P_{A1} < P_{A2} < P_{A3}$.

35. (Unifesp) Um fio metálico homogêneo tem comprimento *L* e área de secção transversal constante. Quando submetido a uma diferença de potencial de 12 V, esse fio é percorrido por uma corrente elétrica de intensidade 0,1 A, conforme a figura 1. Esse fio é dividido em três partes, *A*, *B* e *C*, de comprimentos *L*/6, *L*/3 e *L*/2, respectivamente, as quais, por meio de fios de resistências desprezíveis, são conectadas entre si e submetidas à mesma diferença de potencial constante de 12 V, conforme a figura 2.

Figura 1

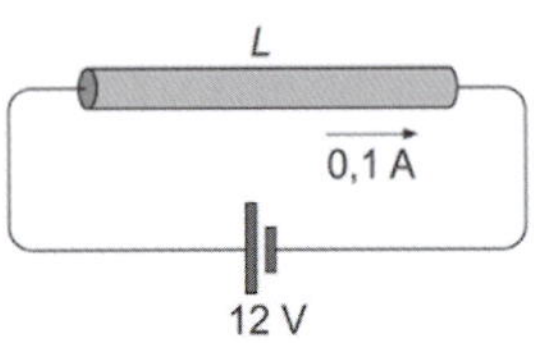

Figura 2

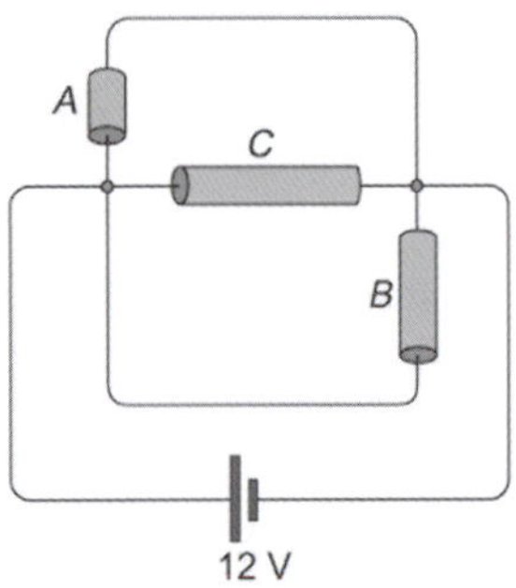

Com base no circuito representado na figura 2, calcule:

a) a resistência equivalente, em Ω.

b) a potência total dissipada, em W.

36. (UFRGS-RS) O gráfico abaixo apresenta a curva corrente elétrica *i versus* diferença de potencial *V* para uma lâmpada de filamento.

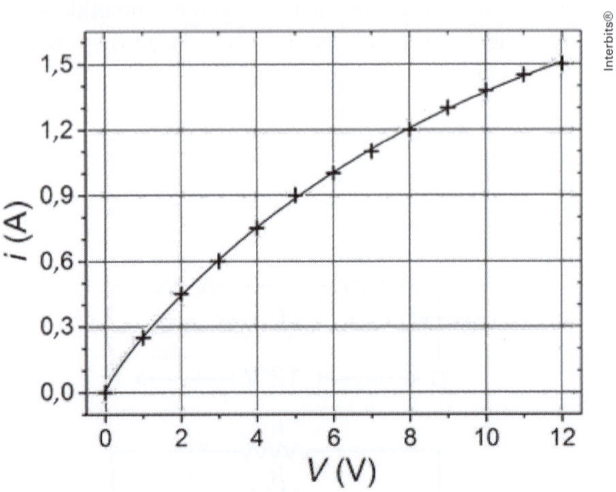

Sobre essa lâmpada, considere as seguintes afirmações:

I. O filamento da lâmpada é ôhmico.

II. A resistência elétrica do filamento, quando ligado em 6 V, é 6 V.

III. A potência dissipada pelo filamento, quando ligado em 8 V, é 0,15 W.

Quais estão corretas?

a) Apenas I.

b) Apenas II.

c) Apenas III.

d) Apenas I e III.

e) I, II e III.

37. (Fuvest-SP) Em um circuito integrado (CI), a conexão elétrica entre transistores é feita por trilhas de alumínio de 500 nm de comprimento, 100 nm de largura e 50 nm de espessura.

a) Determine a resistência elétrica de uma dessas conexões, sabendo que a resistência, em ohms, de uma trilha de alumínio é dada por $R = 3 \times 10^{-8}\ L/A$, em que *L* e *A* são, respectivamente, o comprimento e a área da seção reta da trilha em unidades do SI.

b) Se a corrente elétrica em uma trilha for de 10 μA, qual é a potência dissipada nessa conexão?

c) Considere que um determinado CI possua 10^6 dessas conexões elétricas. Determine a energia E dissipada no CI em 5 segundos de operação.

d) Se não houvesse um mecanismo de remoção de calor, qual seria o intervalo de tempo Δt necessário para a temperatura do CI variar de 300 °C?

Note e adote:

$1\ \text{nm} = 10^{-9}\ \text{m}$

Capacidade térmica do CI $= 5 \times 10^{-5}$ J/K

Considere que as trilhas são as únicas fontes de calor no CI.

38. (Fuvest-SP) O arranjo experimental representado na figura é formado por uma fonte de tensão *F*, um amperímetro *A*, um voltímetro *V*, três resistores, R_1, R_2 e R_3, de resistências iguais, e fios de ligação.

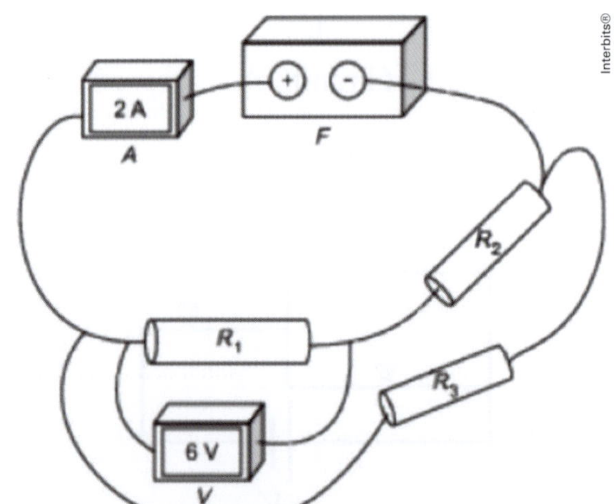

Quando o amperímetro mede uma corrente de 2 A, e o voltímetro, uma tensão de 6 V, a potência dissipada em R_2 é igual a

a) 4 W

b) 6 W

c) 12 W

d) 18 W

e) 24 W

Note e adote:

- A resistência interna do voltímetro é muito maior que a dos resistores (voltímetro ideal).
- As resistências dos fios de ligação devem ser ignoradas.

39. (UEPG-PR) Dois resistores de valores R e $2R$ são associados em paralelo e mantidos sob uma diferença de potencial V. Sobre o assunto, assinale o que for correto.

01) O valor da corrente elétrica no resistor R é o dobro da corrente elétrica no resistor $2R$.

02) A potência elétrica dissipada no resistor $2R$ é a metade da dissipada no resistor R.

04) A potência elétrica dissipada no resistor R é o quádruplo da dissipada no resistor $2R$.

08) A soma das correntes elétricas no resistor R e $2R$ é igual a $2V/3R$.

16) A resistência elétrica equivalente do circuito é igual a $2R/3$.

40. (UFPA) A figura a seguir representa o esquema das resistências elétricas de um certo aparelho, no qual o valor de cada resistência está indicado.

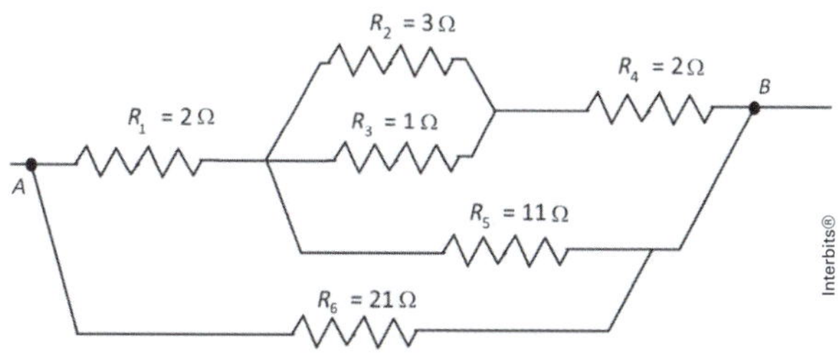

Sabendo-se que a corrente elétrica na resistência $R_2 = 3\ \Omega$ é de $i_2 = 1$ A, pode-se afirmar que a potência elétrica dissipada no resistor R_1, em watts, é de

a) 20
b) 30
c) 40
d) 50
e) 60

41. (Unioeste-PR) Uma pessoa deixou um aquecedor elétrico portátil (ebulidor) dentro de um recipiente com dois litros de água que estavam inicialmente à temperatura de 20 °C. O aquecedor é composto por um único resistor que opera em uma tensão de 110 V. A pessoa voltou após um intervalo de tempo de 20 minutos e verificou que 40% da água já havia evaporado do recipiente. Considere que toda a energia fornecida pelo aquecedor é absorvida pela água e que toda a evaporação é somente devido à ação do ebulidor, ou seja, não houve nenhuma evaporação espontânea da água para o meio ambiente. Despreze também a capacidade térmica do recipiente e do aquecedor.

Dados:

calor específico da água = 1,0 cal/g °C;
calor latente de vaporização da água = 540 cal/g;
densidade absoluta da água = 1,0 kg/L;
1 cal = 4,2 J;
temperatura de ebulição da água = 100 °C.

A partir de tais informações, assinale a alternativa CORRETA.

a) O calor latente consumido no processo de evaporação é igual a $1{,}08 \times 10^6$ cal.

b) A quantidade de calor total absorvida pela água foi inferior a $2{,}0 \times 10^6$ J.

c) A potência fornecida pelo aquecedor é de 1 000 W.

d) A resistência do aquecedor é superior a 5,00 Ω.

e) A corrente elétrica consumida pelo aquecedor é igual a 10 A.

42. (Unicamp-SP) O controle de temperatura da água e de ambiente tem oferecido à sociedade uma grande gama de confortos muito bem-vindos. Como exemplo podemos citar o controle da temperatura de ambientes fechados e o aquecimento da água usada para o banho.

a) O sistema de refrigeração usado em grandes instalações, como centros comerciais, retira o calor do ambiente por meio da evaporação da água. Os instrumentos que executam esse processo são usualmente grandes torres de refrigeração vazadas, por onde circula água, e que têm um grande ventilador no topo. A água é pulverizada na frente do fluxo de ar gerado pelo ventilador. Nesse processo, parte da água é evaporada, sem alterar a sua temperatura, absorvendo calor da parcela da água que permaneceu líquida. Considere que 110 litros de água a 30 °C circulem por uma torre de refrigeração e que, desse volume, 2 litros sejam evaporados. Sabendo que o calor latente de vaporização da água é $L = 540$ cal/g e que seu calor específico é $c = 1{,}0$ cal/g · °C, qual é a temperatura final da parcela da água que não evaporou?

b) A maioria dos chuveiros no Brasil aquece a água do banho por meio de uma resistência elétrica. Usualmente a resistência é constituída de um fio feito de uma liga de níquel e cromo de resistividade $\rho = 1{,}1 \times 10^{-6}\ \Omega \cdot$ m. Considere um chuveiro que funciona com tensão de $U = 220$ V e potência $P = 5500$ W. Se a área da seção transversal do fio da liga for $A = 2{,}5 \times 10^{-7}$ m², qual é o comprimento do fio da resistência?

43. (Unifesp) A figura representa o esquema de uma panela elétrica, na qual existe uma chave seletora C que pode ser ligada em dois pontos, A e B, que definem qual circuito será utilizado para dissipar, por efeito joule, a energia térmica necessária para o funcionamento da panela.

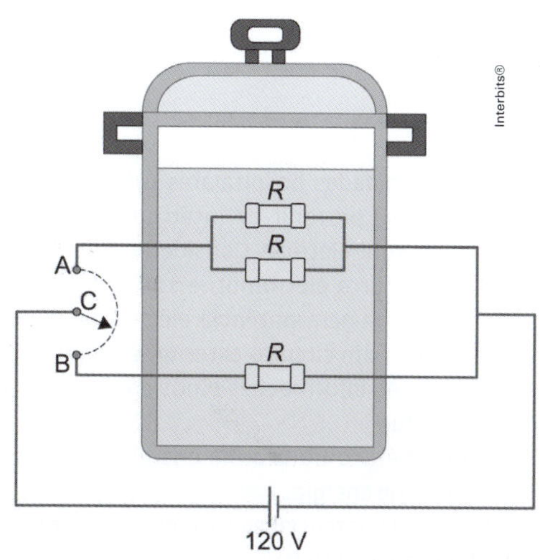

Uma pessoa deseja utilizar essa panela para elevar a temperatura de quatro litros de água de 20 °C para 80 °C. Considerando que o calor específico da água seja 4×10^3 J/(kg · °C), que a densidade da água seja 1 kg/L, que toda a energia térmica dissipada pelos resistores seja absorvida pela água e, ainda, que a água não perca calor durante o processo, calcule:

a) o valor da razão P_A/P_B, em que P_A e P_B são, respectivamente, as potências dissipadas pelos resistores quando a chave C está ligada no ponto *A* e no ponto *B*.

b) o valor da resistência elétrica *R*, em ohms, para que se consiga produzir o aquecimento desejado dessa massa de água, no intervalo de tempo de 10 minutos, com a chave C ligada no ponto *A*.

44. (UEG-GO) Considere uma bateria de força eletromotriz ε e resistência interna desprezível. Qual dos gráficos a seguir melhor representa a bateria?

a)
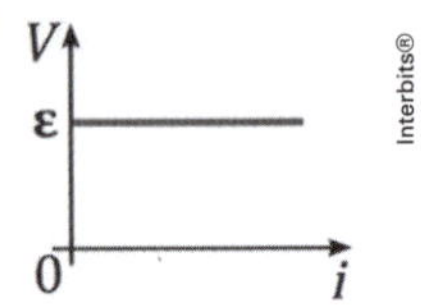

b)
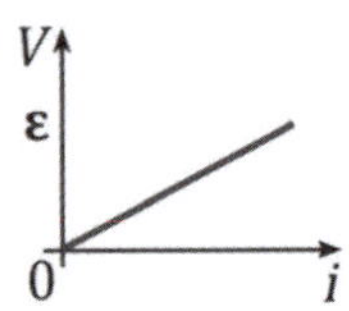

c)
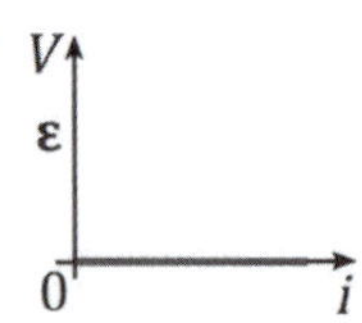

d)
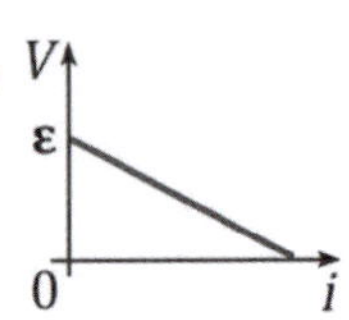

e)
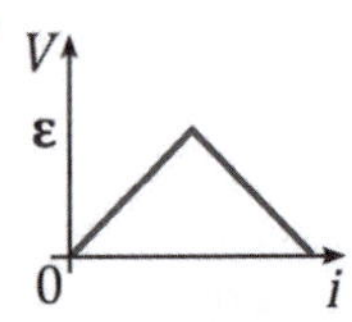

45. (EBMSP-BA) Unidades hospitalares utilizam geradores elétricos para se prevenir de interrupções no fornecimento de energia elétrica. Considerando-se um gerador elétrico de força eletromotriz 120,0 V e resistência interna 4,0 Ω que gera potência elétrica de 1 200,0 W, quando ligado a um circuito externo, é correto afirmar, com base nessas informações e nos conhecimentos de eletricidade, que

a) o gerador elétrico transforma energia elétrica em outras formas de energia.

b) a diferença de potencial elétrico entre os terminais do gerador é igual a 110,0 V.

c) a intensidade da corrente elétrica que circula através do gerador é igual a 8,0 A.

d) a potência dissipada em outras formas de energia no interior do gerador é igual a 512,0 W.

e) a potência elétrica que o gerador lança no circuito externo para alimentar as instalações é igual a 800,0 W.

46. (UFPR) Foi feito um estudo, com uma associação de resistores de acordo com a figura a seguir, e esta associação foi conectada a uma fonte de tensão com força eletromotriz 7,5 V e resistência interna "r". Os valores dos resistores da associação estão indicados na figura.

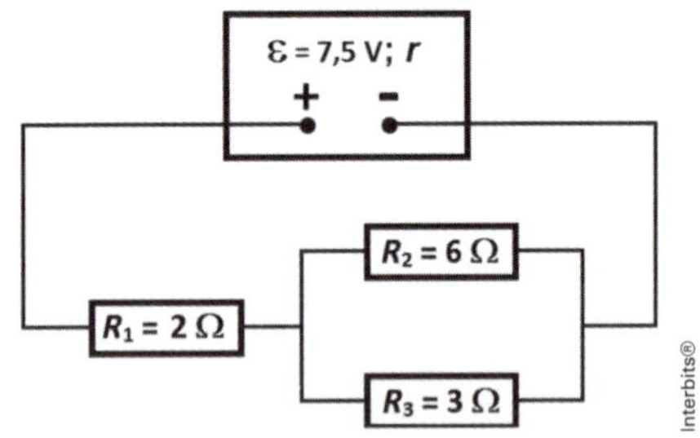

Todos os fios condutores são ideais e os resistores são ôhmicos. Foi verificado que a intensidade de corrente elétrica no resistor de R_2 era de 0,5 A, determine:

a) O resistor equivalente da associação.

b) A tensão elétrica nos extremos da associação de resistores.

c) A resistência interna do gerador.

47. (ITA-SP) O experimento mostrado na figura foi montado para elevar a temperatura de certo líquido no menor tempo possível, dispendendo uma quantidade de calor Q. Na figura, G é um gerador de força eletromotriz ε, com resistência elétrica interna *r*, e R é a resistência externa submersa no líquido.

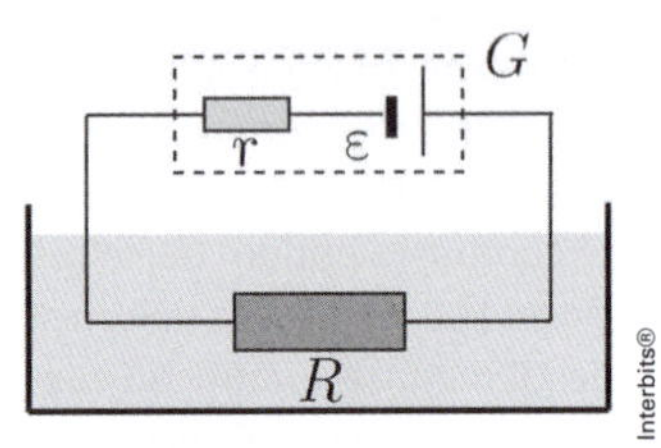

Desconsiderando trocas de calor entre o líquido e o meio externo,

a) Determine o valor de R e da corrente *i* em função de ε e da potência elétrica *P* fornecida pelo gerador nas condições impostas.

b) Represente graficamente a equação característica do gerador, ou seja, a diferença de potencial *U* em função da intensidade da corrente elétrica *i*.

c) Determine o intervalo de tempo transcorrido durante o aquecimento em função de Q, *i* e ε.

48. (EsPCEx-SP/Aman-RJ) A pilha de uma lanterna possui uma força eletromotriz de 1,5 V e resistência interna de 0,05 Ω. O valor da tensão elétrica nos polos dessa pilha quando ela fornece uma corrente elétrica de 1,0 A a um resistor ôhmico é de

a) 1,45 V
b) 1,30 V
c) 1,25 V
d) 1,15 V
e) 1,00 V

49. (Mack-SP) No laboratório de Física, um aluno observou que ao fechar a chave *ch* do circuito a seguir, o valor fornecido pelo voltímetro ideal passa a ser 3 vezes menor. Analisando esse fato, o aluno determinou que a resistência interna do gerador vale:

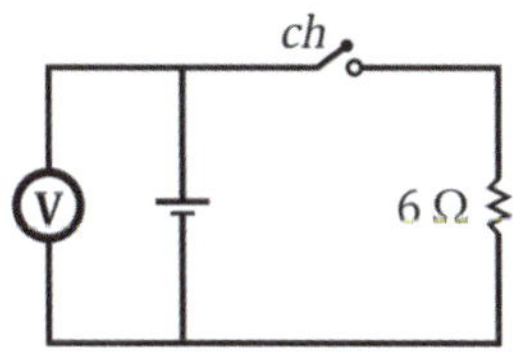

a) 4 Ω
b) 6 Ω
c) 8 Ω
d) 10 Ω
e) 12 Ω

50. (UFPE) No circuito a seguir qual o valor da força eletromotriz ε, em volts, se a corrente fornecida pela bateria for igual a 9,0 A? Considere desprezível a resistência interna da bateria.

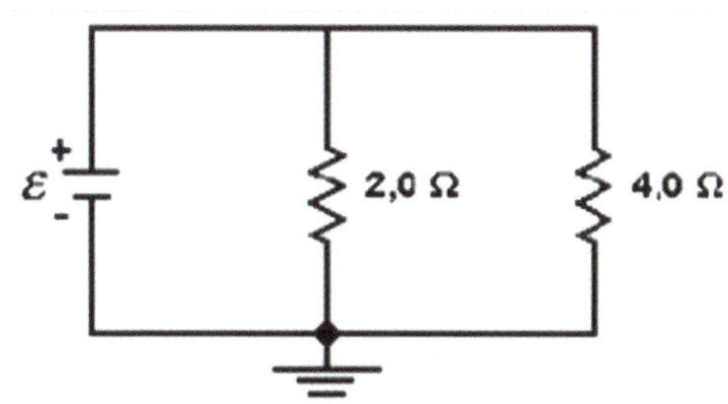

51. (Esc. Naval-RJ) Analise a figura abaixo.

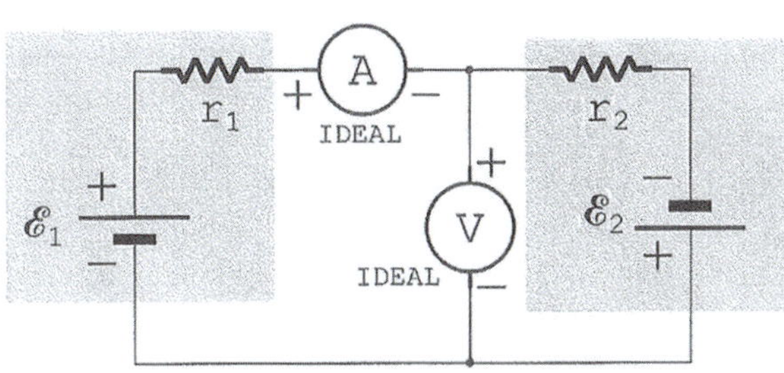

Interbits®

A figura acima mostra um circuito contendo dois geradores idênticos, sendo que cada um deles possui força eletromotriz de 10 V e resistência interna de 2,0 Ω. A corrente *I*, em amperes, medida pelo amperímetro ideal e a ddp, em volts, medida pelo voltímetro ideal, valem, respectivamente:

a) zero e 2,5
b) zero e 5,0
c) 2,5 e zero
d) 5,0 e zero
e) zero e zero

52. (EsPCEx-SP/Aman-RJ) No circuito elétrico desenhado abaixo, todos os resistores ôhmicos são iguais e têm resistência $R = 1{,}0\ \Omega$. Ele é alimentado por uma fonte ideal de tensão contínua de $E = 5{,}0$ V. A diferença de potencial entre os pontos *A* e *B* é de:

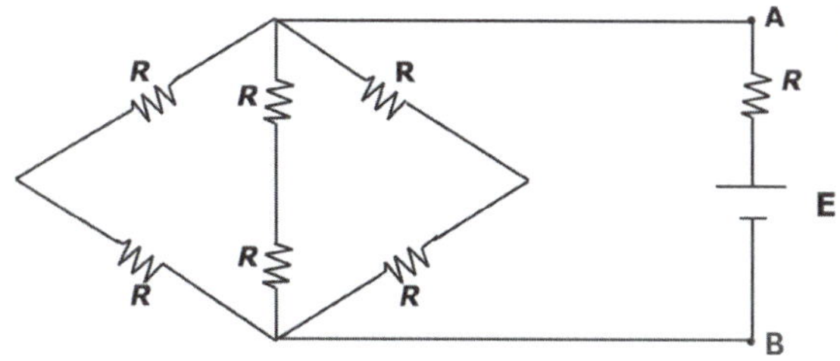

Interbits®

desenho ilustrativo - fora de escala

a) 1,0 V
b) 2,0 V
c) 2,5 V
d) 3,0 V
e) 3,3 V

53. (UEM-PR) Fios metálicos, apesar de serem bons condutores de corrente elétrica, possuem resistência elétrica. Portanto, quando submetidos a uma tensão elétrica, estes fios podem dissipar energia na forma de calor. Esta característica é considerada, por exemplo, na construção de chuveiros, aquecedores elétricos e lâmpadas incandescentes. Considerando a resistência elétrica dos materiais, assinale a(s) alternativas(s) correta(s).

01) Uma lâmpada incandescente possui um fio de tungstênio de área de secção transversal quadrada de aresta 50,0 μm e 10,0 cm de comprimento. Sendo assim, como a resistividade do tungstênio é de aproximadamente $5{,}00 \times 10^{-8}\ \Omega \cdot$ m, a resistência elétrica deste fio é de 25,0 Ω.
02) Um fio de ferro de $4{,}00 \times 10^{-8}$ m^2 de área de secção transversal e 60,0 cm de comprimento, quando uma tensão de 6,00 V é aplicada nos seus terminais, dissipa uma potência de 4,00 W. Considere a resistividade do ferro como sendo $10{,}0 \times 10^{-8}\ \Omega \cdot$ m.
04) Um resistor ôhmico, feito com um fio metálico, tem resistência elétrica de 10,0 Ω. Quando ele é atravessado por uma corrente de 2,00 A, a potência dissipada é de 20,0 W.
08) Um fio metálico é conectado aos terminais de um gerador de força eletromotriz 120 V e resistência elétrica interna de 2,00 Ω. Se a potência elétrica gerada pelo gerador é de 600 W, então a corrente elétrica no fio será de 5,00 A.
16) Uma lâmpada de filamento de tungstênio é conectada aos terminais de um gerador, o qual fornece uma tensão de 100 V e gera 1,00 A de corrente elétrica no filamento da lâmpada. Se o rendimento do gerador for de 80%, então a força eletromotriz do mesmo será de 125 V.

54. (Enem PPL) Em um laboratório, são apresentados aos alunos uma lâmpada, com especificações técnicas de 6 V e 12 W, e um conjunto de 4 pilhas de 1,5 V cada. Qual associação de geradores faz com que a lâmpada produza maior brilho?

a)

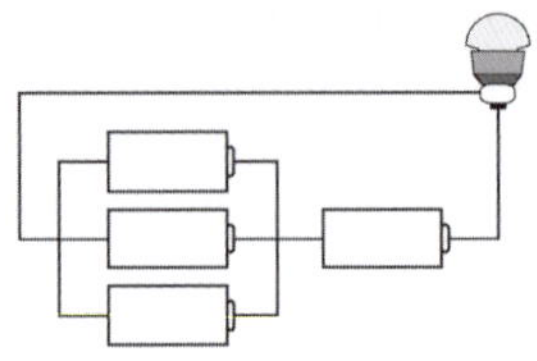

b)

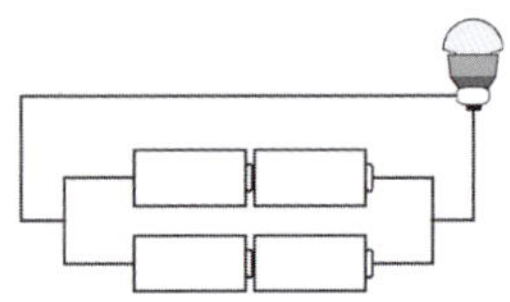

c)

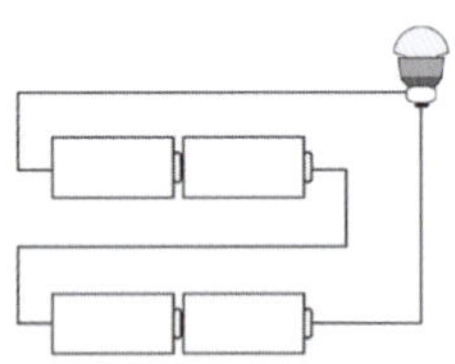

d)

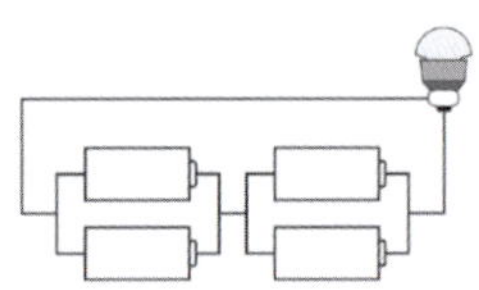

e)

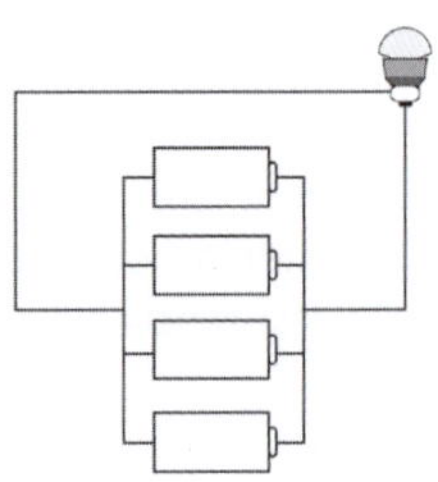

Interbits®

55. (Uneb-BA)

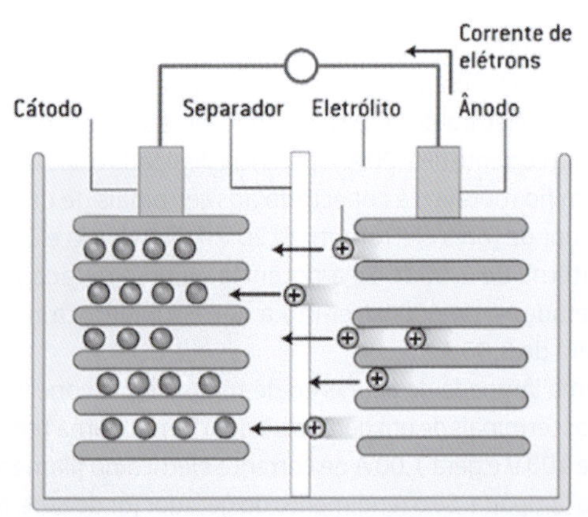

A reação química gera a energia da bateria. O lítio mantido no ânodo ioniza no eletrólito (um sal de lítio) e migra para o cátodo através do separador plástico poroso. A reação libera elétrons, que fluem como uma corrente externa. Aplicando uma voltagem externa ao cátodo, os íons são "empurrados" de volta ao ânodo, recarregando a bateria.

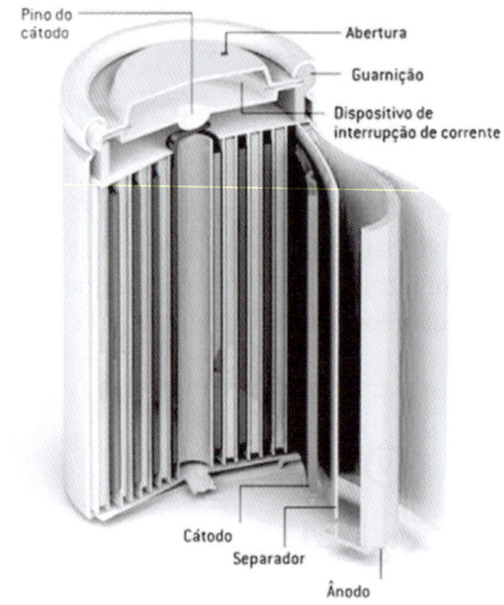

Grandes recalls de fabricantes de baterias de íons de lítio para notebooks suscitaram questões sobre como essas fontes de energia podem aquecer a ponto de pegar fogo. Igualmente válida é a dúvida sobre por que os acidentes não são mais frequentes: são poucos proporcionalmente às centenas de milhões de baterias vendidas anualmente.

As células eletroquímicas de íons de lítio empregam vários materiais, mas quase todas são recarregáveis, como as usadas em câmeras fotográficas e telefones celulares, que utilizam óxido de lítio-cobalto no cátodo e grafite no ânodo.

Embora essa formulação seja "de certo modo inerentemente insegura", a fabricação cuidadosa e os dispositivos de segurança embutidos limitaram os acidentes a poucas ocorrências. Mesmo assim, os fabricantes de baterias têm aumentado a capacidade de carga em determinada célula devido à demanda dos fabricantes de eletrônicos por maior durabilidade. Portanto, agora a margem de erros é ainda menor. Aumentando o número de íons na célula, os fabricantes quadruplicaram a capacidade energética desde seu lançamento comercial em 1991.

(FISCHETTI. 2013. p. 10-11).

O cátodo da célula eletroquímica é formado por óxido de lítio e de cobalto, $LiCoO_2(s)$, e o ânodo, por grafite, quando a bateria está descarregada. Durante a recarga, a corrente elétrica é invertida, e os íons de lítio são reduzidos no eletrodo do grafite. Na descarga, os íons de lítio, Li^+, deixam o grafite, após reação e voltam a formar óxido de lítio e de cobalto. Com base nas informações do texto, das figuras e considerando-se o funcionamento de célula eletroquímica e a força eletromotriz de célula igual a 3,7 V, é correto afirmar:

a) O eletrólito é uma solução aquosa de sal de lítio.

b) O óxido de $LiCoO_2$ é oxidado a CoO_2, na recarga da pilha.

c) A oxidação e a redução ocorrem, respectivamente, no cátodo e no ânodo, durante a descarga da pilha.

d) A voltagem de bateria, formada a partir da ligação em paralelo de quatro células eletroquímicas de óxido de lítio-cobalto, é, aproximadamente, 15 V.

e) A ligação entre o cátodo e o ânodo através do separador, por meio de partículas metálicas, desvia o fluxo de corrente elétrica e causa resfriamento da célula eletroquímica.

56. (UFJF-MG) Uma bateria de automóvel tem uma força eletromotriz $\varepsilon = 12$ V e resistência interna r desconhecida. Essa bateria é necessária para garantir o funcionamento de vários componentes elétricos embarcados no automóvel. Na figura a seguir, é mostrado o gráfico da potência útil P em função da corrente i para essa bateria, quando ligada a um circuito elétrico externo.

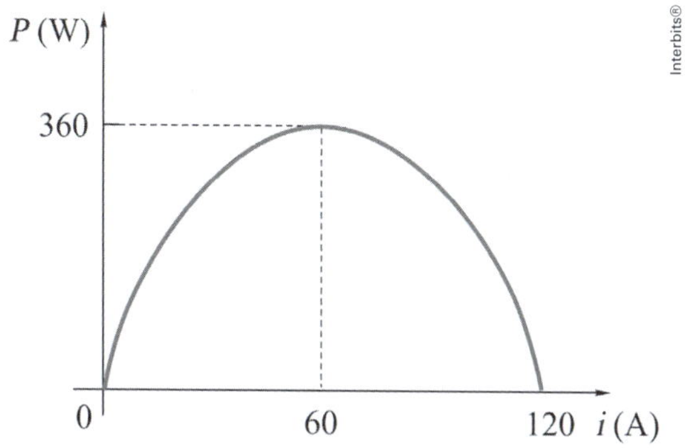

a) Determine a corrente de curto-circuito da bateria e a corrente na condição de potência útil máxima. Justifique sua resposta.
b) Calcule a resistência interna r da bateria.
c) Calcule a resistência R do circuito externo nas condições de potência máxima.
d) Sabendo que a eficiência η de uma bateria é a razão entre a diferença de potencial V fornecida pela bateria ao circuito e a sua força eletromotriz ε, calcule a eficiência da bateria nas condições de potência máxima.
e) Faça um gráfico que representa a curva característica da bateria. Justifique sua resposta.

57. (Mack-SP) Quando as lâmpadas L_1, L_2 e L_3 estão ligadas ao gerador de f.e.m. ε, conforme mostra a figura abaixo, dissipam, respectivamente, as potências 1,00 W, 2,00 W e 2,00 W, por efeito Joule. Nessas condições, se o amperímetro A, considerado ideal, indica a medida 500 mA, a força eletromotriz do gerador é de:

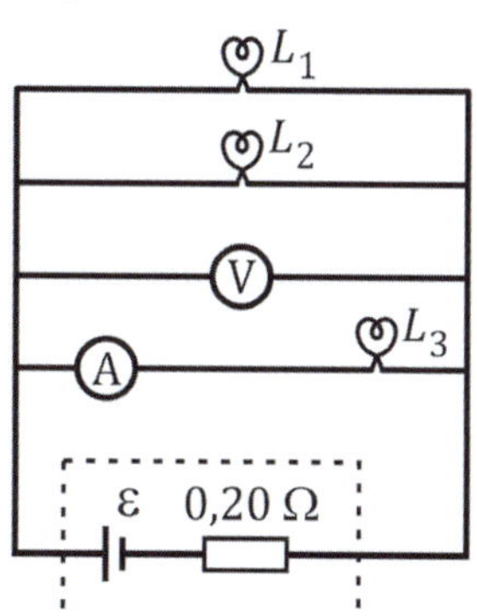

a) 2,25 V
b) 3,50 V
c) 3,75 V
d) 4,00 V
e) 4,25 V

58. (Uerj) Na tabela abaixo, são apresentadas as resistências e as d.d.p. relativas a dois resistores, quando conectados, separadamente, a uma dada bateria.

resistência (Ω)	d.d.p. (V)
5,8	11,6
3,8	11,4

Considerando que os terminais da bateria estejam conectados a um resistor de resistência igual a 11,8 Ω, calcule a energia elétrica dissipada em 10 segundos por esse resistor.

59. (UFMG) Observe este circuito, constituído de três resistores de mesma resistência R; um amperímetro A; uma bateria ε; e um interruptor S:

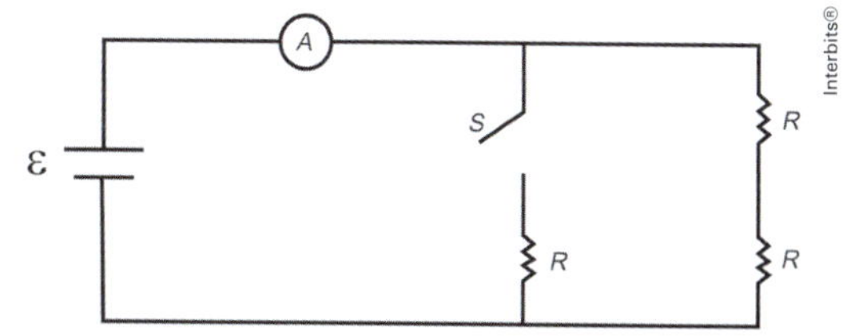

Considere que a resistência interna da bateria e a do amperímetro são desprezíveis e que os resistores são ôhmicos. Com o interruptor S inicialmente desligado, observa-se que o amperímetro indica uma corrente elétrica I. Com base nessas informações, é correto afirmar que, quando o interruptor S é ligado, o amperímetro passa a indicar uma corrente elétrica:

a) $2I/3$.
b) $I/2$.
c) $2I$.
d) $3I$.

60. (PUCC-SP) Hoje, ninguém consegue imaginar uma residência sem eletrodomésticos (aparelho de TV, aparelho de som, geladeira, máquina de lavar roupa, máquina de lavar louça, etc.). Uma enceradeira possui força contraeletromotriz de 100 V. Quando ligada a uma tomada de 120 V ela dissipa uma potência total de 40 W. Nestas condições, a resistência interna da enceradeira, em ohms, vale

a) 2,0
b) 3,0
c) 5,0
d) 10
e) 20

61. (UFPA) Na Figura 1 estão representados três objetos que utilizam eletricidade. Os gráficos da Figura 2 mostram o comportamento desses objetos por meio de suas características tensão (U) *versus* intensidade de corrente (I).

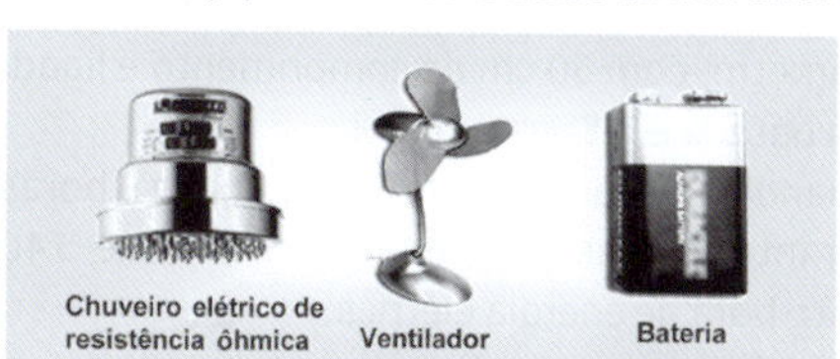

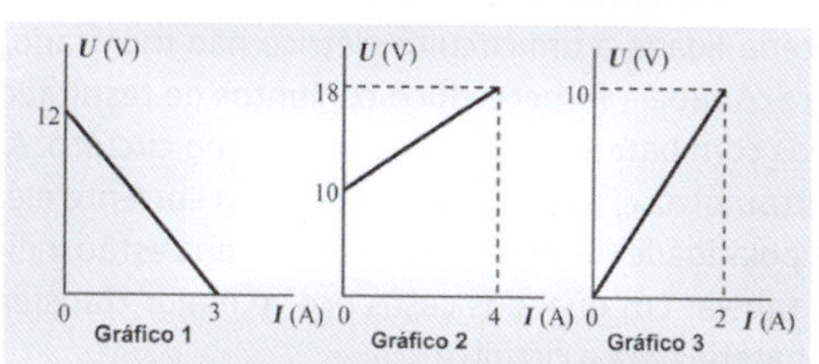

a) Levando-se em conta o comportamento elétrico desses objetos, associe cada um deles com o gráfico correspondente que o caracteriza.

b) Para uma corrente de 2 A, calcule o rendimento do objeto que se comporta como receptor.

62. (PUCC-SP) Considere o circuito esquematizado a seguir constituído por três baterias, um resistor ôhmico, um amperímetro ideal e uma chave comutadora. Os valores característicos de cada elemento estão indicados no esquema.

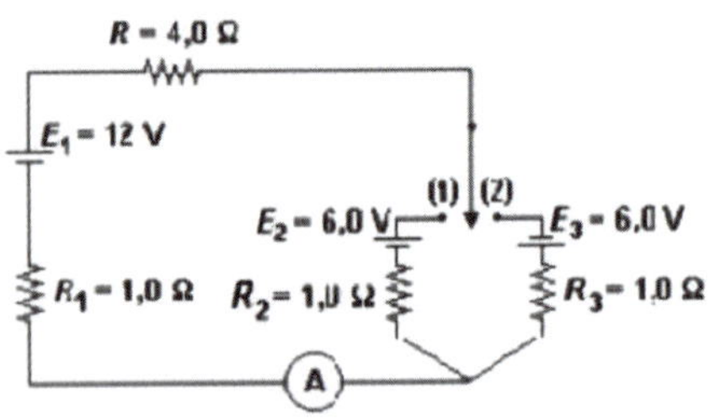

As indicações do amperímetro conforme a chave estiver ligada em (1) ou em (2) serão, em ampères, respectivamente,

a) 1,0 e 1,0
b) 1,0 e 3,0
c) 2,0 e 2,0
d) 3,0 e 1,0
e) 3,0 e 3,0

63. (Ufpel-RS) Com base em seus conhecimentos sobre Eletricidade, assinale a alternativa correta.

a) Com três resistores de 10 Ω, 20 Ω e 30 Ω ligados em série e após submetidos a uma ddp de 120 V aplicada aos extremos da associação, o resistor de 10 Ω ficará sob uma ddp de 40 V.

b) Se uma bateria com força eletromotriz de 12 V e uma resistência interna de 1,0 Ω ligada a um circuito elétrico estabelece uma corrente elétrica de 2,0 A, então a ddp entre os polos da bateria assume um valor de 14 V.

c) Dois resistores de 100 Ω e dois de 200 Ω podem ser associados de maneira a obter uma resistência elétrica de 150 Ω.

d) Se a potência dissipada em um fio de 20 cm de comprimento é de 80 W quando seus extremos estão conectados a uma bateria ideal de 12 V, então a potência dissipada por outro fio, de mesmo material e mesmo diâmetro, com 50 cm de comprimento e ligado à mesma bateria é 2,5 vezes maior.

e) Quando uma lâmpada de 60 W é ligada 3 horas por dia, durante 30 dias, ocorre um consumo de 5 400 quilowatt-hora de energia elétrica.

64. (UFPE) A figura representa a corrente *I*, que atravessa uma bateria ligada a um circuito elétrico não mostrado na figura. A tabela fornece cinco conjuntos de resultados obtidos com baterias diferentes e o mesmo circuito. A força eletromotriz ε, a resistência interna *r*, a corrente elétrica *I* e a polaridade (terminal 1) de cada bateria estão indicadas na tabela. Em qual dos casos ocorre maior transferência de bateria para o circuito?

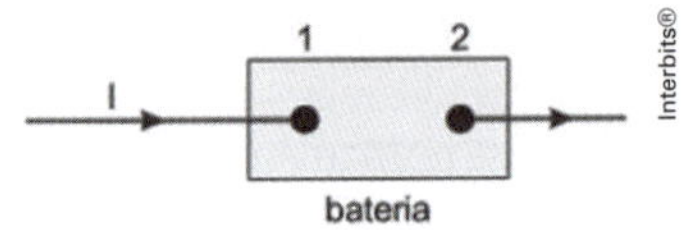

	ε (V)	r (Ω)	I (A)	Polaridade (terminal 1)
a)	15	0	1	negativo
b)	12	0	1	negativo
c)	10	0	2	positivo
d)	10	1	1	positivo
e)	10	1	2	negativo

65. (UFRGS-RS) O circuito a seguir representa três pilhas ideais de 1,5 V cada uma, um resistor *R* de resistência elétrica 1,0 Ω e um motor, todos ligados em série. (Considere desprezível a resistência elétrica dos fios de ligação do circuito.)

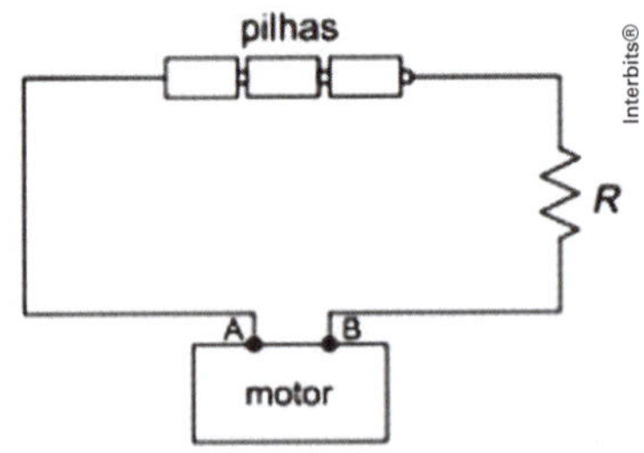

A tensão entre os terminais *A* e *B* do motor é 4,0 V. Qual é a potência elétrica consumida pelo motor?

a) 0,5 W.
b) 1,0 W.
c) 1,5 W.
d) 2,0 W.
e) 2,5 W.

66. (UFU-MG) O circuito elétrico (fig. 1) é utilizado para a determinação da resistência interna *r* e da força eletromotriz ε do gerador. Um resistor variável R (também conhecido como reostato) pode assumir diferentes valores, fazendo com que a corrente elétrica no circuito também assuma valores diferentes para cada valor escolhido de R. Ao variar os valores de R, foram obtidas leituras no voltímetro *V* e no amperímetro *A*, ambos ideais, resultando no gráfico (fig. 2).

Figura 1

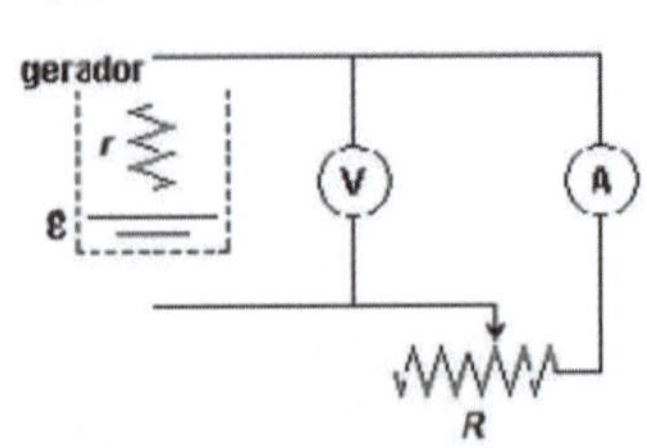

Figura 2

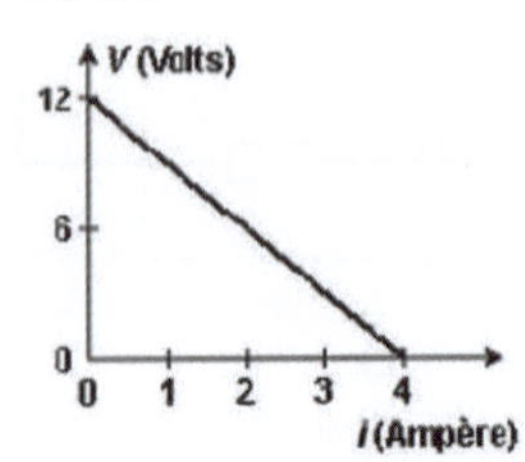

Com base nessas informações, assinale a alternativa que corresponde aos valores corretos, respectivamente, da resistência interna e da força eletromotriz do gerador.

a) 2 Ω e 7 V.
b) 1 Ω e 4 V.
c) 3 Ω e 12 V.
d) 4 Ω e 8 V.

67. (UFMS) Uma bateria *B*, de força eletromotriz $E = 12$ V e resistência interna *r* desconhecida, é conectada a um circuito elétrico, conforme a figura abaixo, que contém um resistor de resistência $R = 3{,}5\ \Omega$ e uma chave *S*. Com o resistor *R* imerso em 240 g de água, a chave *S* é ligada, permitindo que o circuito seja atravessado por uma corrente elétrica de intensidade igual a 3,0 A. Considere que não há dissipação de energia nos fios de ligação e que a energia liberada no resistor é utilizada integralmente para aquecer a água. (Dados: calor específico da água = 1,0 cal/g · °C; 1,0 J = 0,24 cal.)

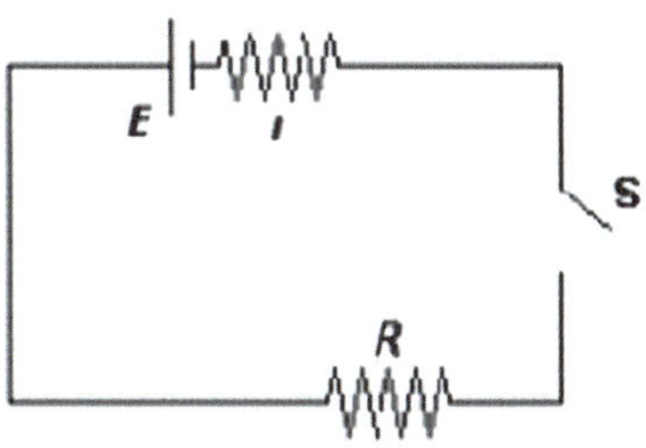

Assinale a(s) alternativa(s) correta(s).

(01) a resistência interna da bateria é de 0,5 Ω.
(02) a diferença de potencial nos terminais da bateria é de 12 V.
(04) a potência útil da bateria é de 31,5 W.
(08) a energia absorvida pela água, durante os 10 min que sucedem à ligação da chave *S*, é de 315 J.
(16) a variação da temperatura da água, 10 min após a chave *S* ser ligada, é de 9,45 °C.

68. (Fuvest-SP) Uma bateria possui força eletromotriz ε e resistência interna R_0. Para determinar essa resistência, um voltímetro foi ligado aos dois polos da bateria, obtendo-se $V_0 = \varepsilon$ (situação I). Em seguida, os terminais da bateria foram conectados a uma lâmpada. Nessas condições, a lâmpada tem resistência $R = 4\ \Omega$ e o voltímetro indica V_A (situação II), de tal forma que $V_0/V_A = 1{,}2$. Dessa experiência, conclui-se que o valor de R_0 é

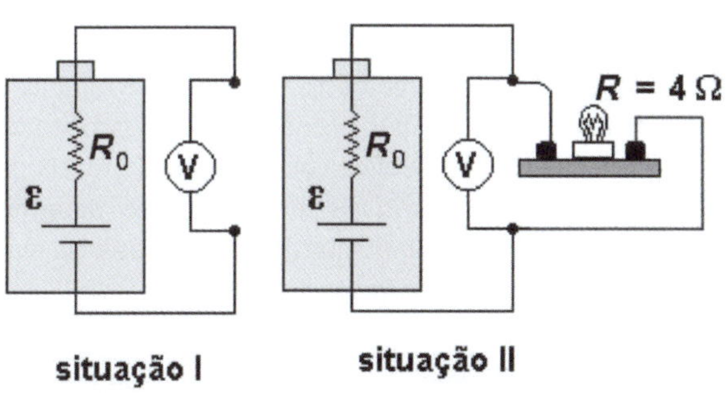

a) 0,8 Ω
b) 0,6 Ω
c) 0,4 Ω
d) 0,2 Ω
e) 0,1 Ω

69. (UFRJ) Uma bateria comercial de 1,5 V é utilizada no circuito esquematizado a seguir, no qual o amperímetro e o voltímetro são considerados ideais. Varia-se a resistência *R*, e as correspondentes indicações do amperímetro e do voltímetro são usadas para construir o seguinte gráfico de voltagem (*V*) *versus* intensidade de corrente (*I*).

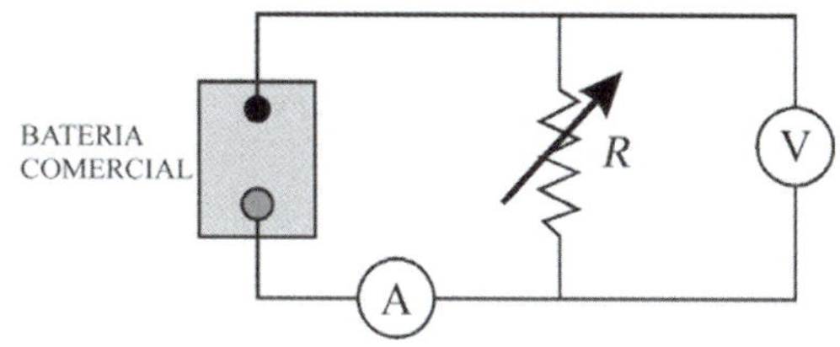

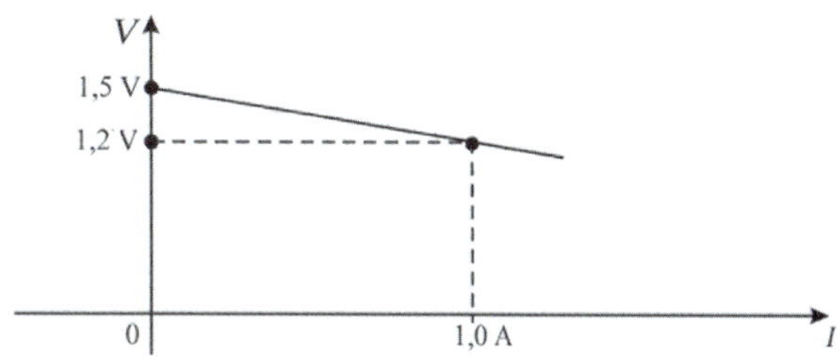

Usando as informações do gráfico, calcule:

a) o valor da resistência interna da bateria;
b) a indicação do amperímetro quando a resistência *R* tem o valor 1,7 Ω.

70. (IME-RJ)

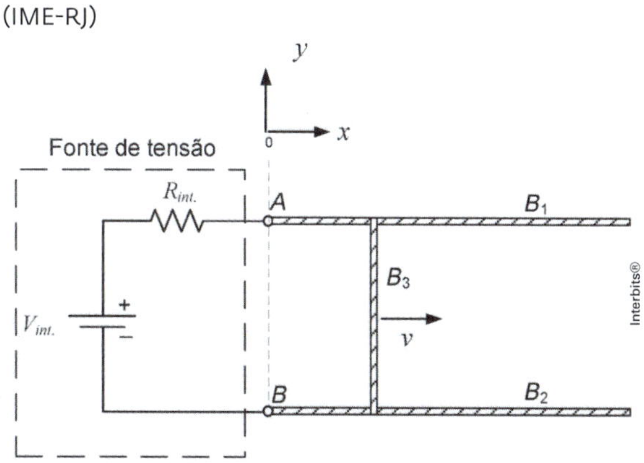

Figura 1

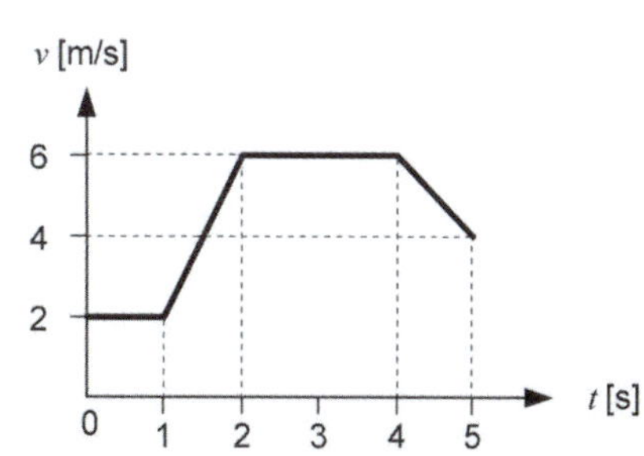

Figura 2

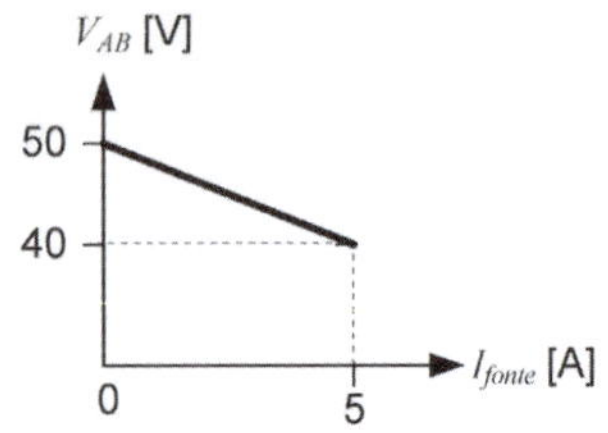

Figura 3

Uma fonte de tensão com uma resistência interna, $R_{int.}$, tem as barras B_1 e B_2 condutoras conectadas aos seus terminais A e B, conforme apresentado na Figura 1. A barra B_3, de 30 m de comprimento, pode mover-se sem atrito sobre as barras B_1 e B_2 e inicialmente encontra-se em repouso na posição $x = 0$ m.

No instante $t = 0$, a barra B_3 começa a deslocar-se para a direita, com velocidade $v(t)$ dada pelo gráfico apresentado na Figura 2.

A fonte de tensão possui característica terminal dada pelo gráfico apresentado na Figura 3, em que I_{fonte} é a corrente fornecida pela fonte de tensão e V_{AB} é a tensão medida entre os seus terminais A e B.

Diante do exposto, determine:

a) O valor da resistência $R_{int.}$ da fonte de tensão (que é desprezível quando comparado com o da barra B_3);

b) A distância percorrida pela barra B_3 no instante em que a tensão entre suas extremidades for igual à metade da tensão $V_{int.}$;

c) Em que instante de tempo a barra atingirá a distância percorrida no item (b);

d) A corrente I_{fonte} no instante calculado no item (c).

71. (Fuvest-SP) Em uma aula de laboratório, os alunos determinaram a força eletromotriz ε e a resistência interna r de uma bateria. Para realizar a tarefa, montaram o circuito representado na figura abaixo e, utilizando o voltímetro, mediram a diferença de potencial V para diferentes valores da resistência R do reostato. A partir dos resultados obtidos, calcularam a corrente I no reostato e construíram a tabela apresentada logo abaixo.

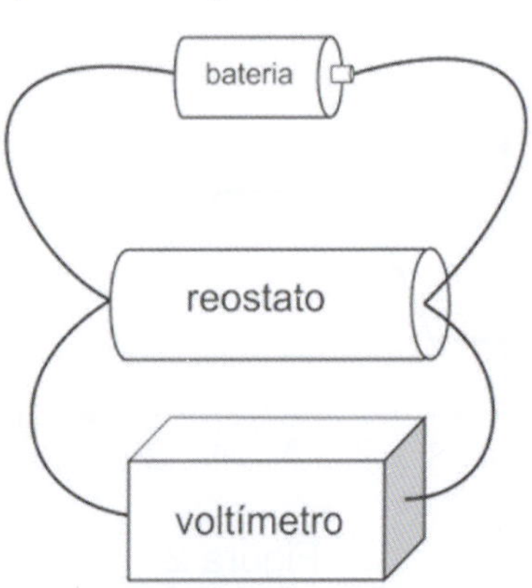

a) Complete a tabela abaixo com os valores da corrente I.

V (V)	R (Ω)	I (A)
1,14	7,55	0,15
1,10	4,40	
1,05	2,62	0,40
0,96	1,60	
0,85	0,94	0,90

b) Utilizando os eixos abaixo, faça o gráfico de V em função de I.

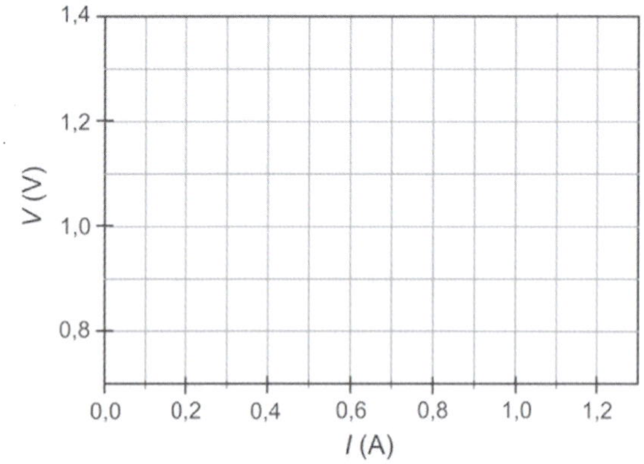

c) Determine a força eletromotriz ε e a resistência interna r da bateria.

Note e adote: Um reostato é um resistor de resistência variável; ignore efeitos resistivos dos fios de ligação do circuito.

72. (Epcar-MG/AFA-SP) Um estudante dispõe de 40 pilhas, sendo que cada uma delas possui fem igual a 1,5 V e resistência interna de 0,25 Ω. Elas serão associadas e, posteriormente, ligadas num resistor de imersão de resistência elétrica igual a 2,5 Ω. Desejando-se elevar a temperatura em 10 °C de 1 000 g de um líquido cujo calor específico é igual a 4,5 J/g °C no menor tempo possível, este estudante montou uma associação utilizando todas as pilhas. Sendo assim, o tempo de aquecimento do líquido, em minutos, foi, aproximadamente, igual a

a) 5

b) 8

c) 12

d) 15

73. (UFTM-MG) Quando uma bateria, sem resistência interna, de tensão igual a 10 V é conectada a um farolete de corrente contínua, o farolete consome uma potência de 100 W. Desprezando possíveis perdas na fiação, determine, para o menor gerador (o que desenvolve potência máxima) capaz de manter o farolete aceso, a sua

a) força eletromotriz.

b) resistência interna.

74. (Unesp) Uma espécie de peixe-elétrico da Amazônia, o Poraquê, de nome científico *Electrophorous electricus*, pode gerar diferenças de potencial elétrico (ddp) entre suas extremidades, de tal forma que seus choques elétricos matam ou paralisam suas presas. Aproximadamente metade do corpo desse peixe consiste de células que funcionam como eletrocélulas. Um circuito elétrico de corrente contínua, como o esquematizado na figura, simularia o circuito gerador de ddp dessa espécie. Cada eletrocélula consiste em um resistor de resistência $R = 7,5\ \Omega$ e de uma bateria de *f.e.m.* ε.

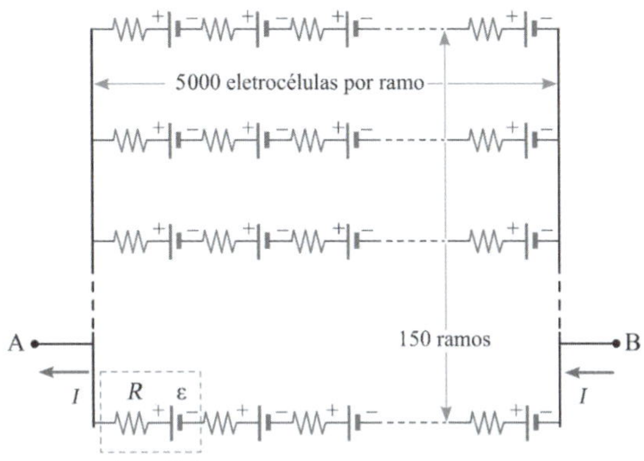

Sabendo-se que, com uma ddp de 750 V entre as extremidades *A* e *B*, o peixe gera uma corrente $I = 1,0$ A, a *f.e.m.* ε em cada eletrocélula, em volts, é

a) 0,35.
b) 0,25.
c) 0,20.
d) 0,15.
e) 0,05.

75. (UPE) No circuito elétrico a seguir, estão representados dois geradores idênticos, com $\varepsilon = 12$ V e $r = 1\ \Omega$. O amperímetro e o voltímetro são ideais.

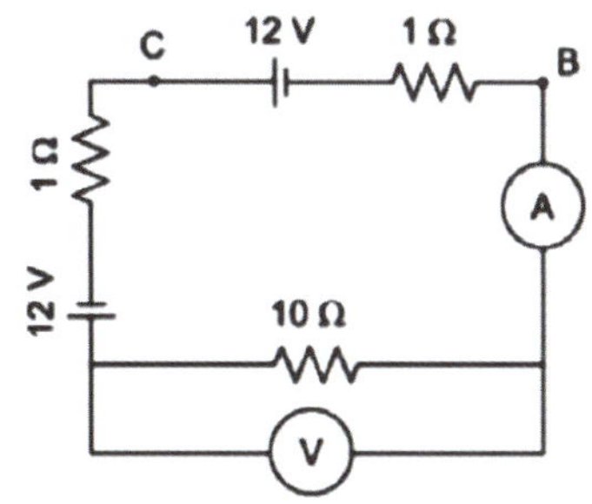

Interbits®

Analise as proposições a seguir e conclua.

( ) A leitura do amperímetro é de 2 A.
( ) A leitura do voltímetro é de 10 V.
( ) A resistência equivalente do circuito é de 12 Ω.
( ) A potência dissipada no resistor de 10 Ω é de 40 W.
( ) O rendimento do gerador entre os pontos C e B é de aproximadamente 83,33%.

76. (ITA-SP) Considere um circuito constituído por um gerador de tensão $E = 122,4$ V, pelo qual passa uma corrente $I = 12$ A, ligado a uma linha de transmissão com condutores de resistência $r = 0,1\ \Omega$. Nessa linha encontram-se um motor e uma carga de 5 lâmpadas idênticas, cada qual com resistência $R = 99\ \Omega$, ligadas em paralelo, de acordo com a figura. Determinar a potência absorvida pelo motor, P_M, pelas lâmpadas, P_L, e a dissipada na rede, P_R.

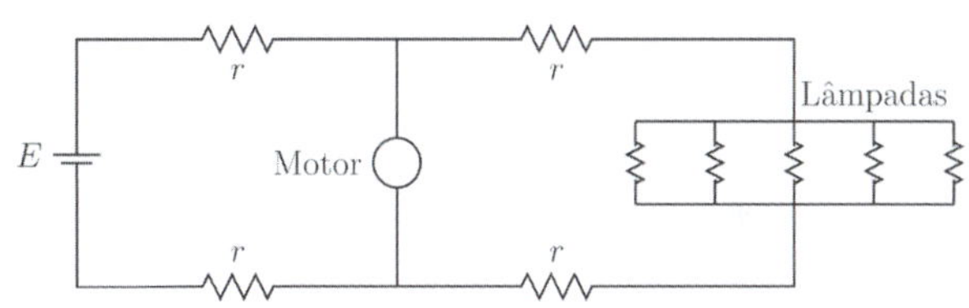

Unidade 3 - Eletromagnetismo

Magnetismo	Estudo dos fenômenos relacionados com as propriedades dos ímãs.
Polos do ímã	Região em que os fenômenos magnéticos são mais intensos. São inseparáveis. Recebem o nome de norte e sul por se alinharem aproximadamente com a direção norte-sul terrestre. Nota-se que polos iguais se repelem e que polos contrários se atraem.

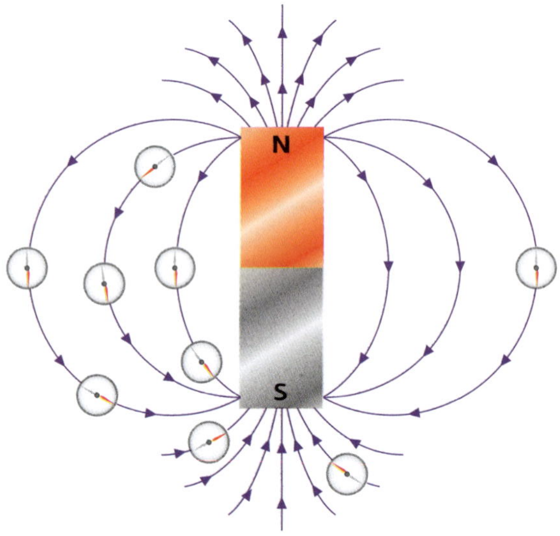

Ilustrações: Casa de Tipos/Arquivo da editora

Magnetismo terrestre	O polo norte geográfico corresponde aproximadamente ao polo sul magnético do ímã. O polo sul geográfico corresponde aproximadamente ao polo norte magnético do ímã.

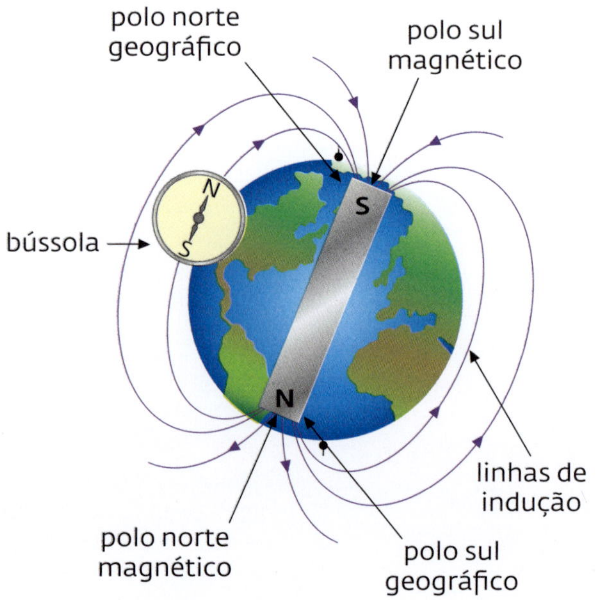

Campo magnético	Espaço ao redor do ímã que pode ser detectado por meio da agulha de uma bússola pela ação das forças magnéticas.
Experiência de Oersted	Cargas elétricas em movimento (corrente elétrica) criam, no espaço em torno delas, um campo magnético.
Força magnética	$F = q \cdot v \cdot B \operatorname{sen} \theta$ F: módulo do vetor força magnética (N); q: carga elétrica (C); v: módulo do vetor velocidade (m/s); B: módulo do vetor campo magnético (T); sen θ: seno do ângulo entre o vetor velocidade e o vetor campo magnético.
Direção e sentido da força magnética	Regra prática do tapa da mão direita. 1º Abra a sua mão direita, com o polegar aberto e os demais dedos unidos. 2º Disponha a mão de modo que o polegar aponte na direção e no sentido da corrente elétrica no fio, e os demais dedos, na direção e no sentido das linhas de indução do campo magnético. 3º Com a mão assim disposta, imagine que você vai "dar um tapa" no ar. A direção e o sentido do tapa indicam a direção e o sentido da força magnética.
Linhas de indução	São linhas traçadas de tal modo que o campo magnético é sempre tangente a elas em qualquer ponto. Nas regiões em que o campo magnético é mais intenso, as linhas de indução são mais próximas. As linhas de indução do campo magnético são sempre fechadas: elas emergem do polo norte e penetram no polo sul.
Movimento circular de uma carga em um campo magnético uniforme	$R = \dfrac{m \cdot v}{q \cdot B}$ R: raio de curvatura da trajetória da partícula no campo magnético (m); m: massa da partícula que penetra no campo magnético (kg); v: módulo do vetor velocidade (m/s); q: carga elétrica da partícula que penetra no campo magnético (C); B: módulo do vetor campo magnético (T).
Força magnética em um condutor	$F = B \cdot i \cdot L \cdot \operatorname{sen} \theta$ F: módulo do vetor força magnética (N); B: módulo do vetor campo magnético (T); i: intensidade da corrente elétrica (A); L: comprimento do fio (m); sen θ: seno do ângulo entre o fio retilíneo e o vetor campo magnético.

Regra de Ampère	Dispondo o polegar da mão direita ao longo do condutor, no sentido da corrente, e os demais dedos envolvendo o condutor, esses dedos nos indicarão o sentido das linhas de indução.
Módulo do campo magnético criado por um condutor retilíneo	$B = \frac{\mu_0 i}{2\pi d}$ *B*: módulo do vetor campo magnético (T); μ_0: constante da permeabilidade magnética no vácuo: $4 \cdot 10^{-7}$ N/A²; *i*: intensidade da corrente elétrica (A); *d*: distância entre o condutor retilíneo e o ponto em que se quer medir a intensidade do campo magnético (m).
Módulo do campo magnético criado por uma espira circular	$B = \frac{m_0 i}{2R}$ *B*: módulo do vetor campo magnético (T); m_0: constante de permeabilidade magnética do vácuo: $4 \cdot 10^{-7}$ N/A²; *i*: intensidade da corrente elétrica (A); *R*: raio da espira (m).
Solenoide (ou bobina)	Fio enrolado várias vezes até adquirir uma forma cilíndrica. Cada uma das voltas do fio do solenoide é denominada espira.
Eletroímã	Comportamento adquirido pelo solenoide quando percorrido por uma corrente elétrica.
Módulo do campo magnético de um solenoide	$B = \mu_0 \cdot n \cdot i$ *B*: módulo do vetor campo magnético (T); *n*: razão entre o número de espiras *N* por unidade de comprimento *L*: $n = \frac{N}{L}$; μ_0:constante da permeabilidade magnética no vácuo: $4 \cdot 10^{-7}$ N/A²; *i*: intensidade da corrente elétrica (A).
Indução eletromagnética	Fenômeno que se caracteriza pelo estabelecimento, por intermédio de efeitos magnéticos, de uma corrente elétrica em um circuito.
Força eletromotriz induzida	$\varepsilon = \frac{\Delta\varphi}{\Delta t}$ ε: força eletromotriz induzida (V); $\Delta\varphi$: variação do fluxo magnético (Wb); Δt: variação de tempo (s).

Lei de Faraday	Sempre que ocorrer uma variação do fluxo magnético através de um circuito fechado, será estabelecida nesse circuito uma corrente induzida. $\varphi = B \cdot A \cdot \cos\theta$ φ: fluxo magnético através da superfície estudada (Wb); B: módulo do vetor campo magnético (T); A: área da superfície estudada (m^2); $\cos\theta$: cosseno do ângulo entre o vetor campo magnético e o vetor normal à superfície estudada.
Lei de Lenz	A corrente induzida em um circuito aparece sempre com um sentido tal que o campo magnético que ela cria tende a contrariar a variação do fluxo magnético que a originou. Assim: • Quando a corrente induzida é estabelecida em virtude de um aumento do fluxo magnético, o seu sentido é tal que o campo por ela criado tem sentido contrário ao campo magnético existente no interior do circuito. • Quando a corrente induzida é estabelecida em virtude de uma diminuição do fluxo magnético, o seu sentido é tal que o campo por ela criado tem o mesmo sentido do campo magnético existente no interior do circuito.
Equação do transformador	$\frac{V_2}{V_1} = \frac{N_2}{N_1}$ N_1: número de espiras na bobina primária; N_2: número de espiras na bobina secundária; V_1: tensão ou voltagem aplicada à bobina primária (V); V_2: tensão ou voltagem aplicada à bobina secundária (V).
Capacitores	$C = \frac{Q}{V_{AB}}$ C: capacitância do capacitor (F); Q: quantidade de carga acumulada (C); V_{AB}: diferença de potencial entre as placas (V).
Energia em um capacitor	$E = \frac{QV_{AB}}{2}$ E: energia armazenada no capacitor (J); Q: quantidade de carga acumulada (C); V_{AB}: diferença de potencial entre as placas (V).

1. (ITA-SP)

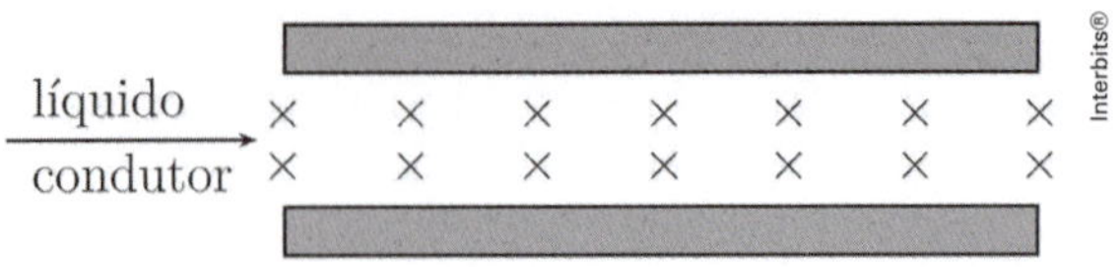

Um líquido condutor (metal fundido) flui no interior de duas chapas metálicas paralelas, interdistantes de 2,0 cm, formando um capacitor plano, conforme a figura. Toda essa região interna está submetida a um campo homogêneo de indução magnética de 0,01 T, paralelo aos planos das chapas, atuando perpendicularmente à direção da velocidade do escoamento. Assinale a opção com o módulo dessa velocidade quando a diferença de potencial medida entre as placas for de 0,40 mV.

a) 2 cm/s
b) 3 cm/s
c) 1 m/s
d) 2 m/s
e) 5 m/s

2. (UFRGS-RS) Dois campos, um elétrico e o outro magnético, antiparalelos, coexistem em certa região do espaço. Uma partícula eletricamente carregada é liberada, a partir do repouso, em um ponto qualquer dessa região. Assinale a alternativa que indica a trajetória que a partícula descreve

a) Circunferencial
b) Elipsoidal
c) Helicoidal
d) Parabólica
e) Retilínea

3. (UFPA) Uma carga elétrica q (negativa) entra, com velocidade $\vec{V}$, numa região onde existe um campo magnético $\vec{B}$, que está indicado com os símbolos X (que representam um vetor entrando no plano desta folha).

A alternativa que indica o vetor (direção e sentido) da força magnética $\vec{F}_m$, no exato instante no qual a carga entra na região do campo magnético, com o vetor velocidade na posição horizontal, conforme está indicado na figura acima, é:

a) 
b) 
c) 
d) 
e) 

4. (UEPG-PR) Uma partícula de carga q e massa m está se movendo, em linha reta, com uma velocidade constante v, numa região onde existem campos elétrico e magnético uniformes. O campo elétrico $\vec{E}$ e o vetor indução magnética $\vec{B}$ são perpendiculares entre si e cada um deles é perpendicular ao vetor velocidade da partícula. Analise a situação e assinale o que for correto.

01) Na presente situação, o módulo da velocidade da partícula é $\frac{E}{B}$.
02) Se o campo elétrico for desligado, a trajetória da partícula será uma espiral com raio $r = \frac{qv_0}{mB}$
04) Na situação descrita no enunciado, a força elétrica não realiza trabalho sobre a partícula.
08) A trajetória da partícula não depende da direção do vetor velocidade, mas apenas de seu módulo.
16) Se a partícula estivesse em repouso, a força resultante sobre ela seria nula.

5. (UPF-RS) No estudo de eletricidade e do magnetismo, são utilizadas as linhas de campo. As linhas de campo elétrico ou magnético são linhas imaginárias cuja tangente em qualquer ponto é paralela à direção do vetor campo. Sobre as linhas de campo, assinale a afirmativa correta.

a) As linhas de campo magnético e os vetores força magnética são sempre paralelos.
b) As linhas de campo elétrico numa região do espaço onde existem cargas elétricas se dirigem de um ponto de menor potencial para um de maior potencial.
c) As linhas de campo magnético no interior de um imã se dirigem do polo norte do imã para seu polo sul.
d) As linhas de campo elétrico que representam o campo gerado por uma carga elétrica em repouso são fechadas.
e) As linhas de força de um campo elétrico uniforme são linhas retas paralelas igualmente espaçadas e todas têm o mesmo sentido.

6. (UFJF/Pism-MG) João, em suas experiências de laboratório, resolve construir uma balança de indução magnética. Essa balança é composta de uma barra que equilibra de um lado um prato com uma massa m e de outro um circuito por onde circula uma corrente $i = 0,5$ A. Parte do circuito contendo dois segmentos de mesmo tamanho $L = 20$ cm está imersa numa região de campo magnético uniforme e de módulo igual a 10 mT. O campo magnético uniforme está confinado na região tracejada e aponta perpendicularmente para fora do plano da folha de papel, de acordo com a figura mostrada a seguir.

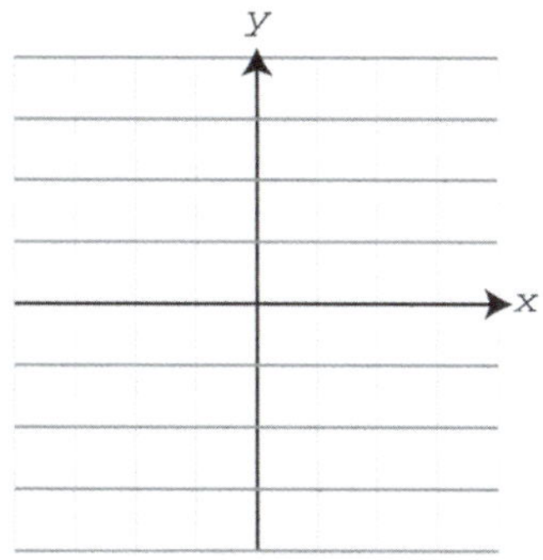

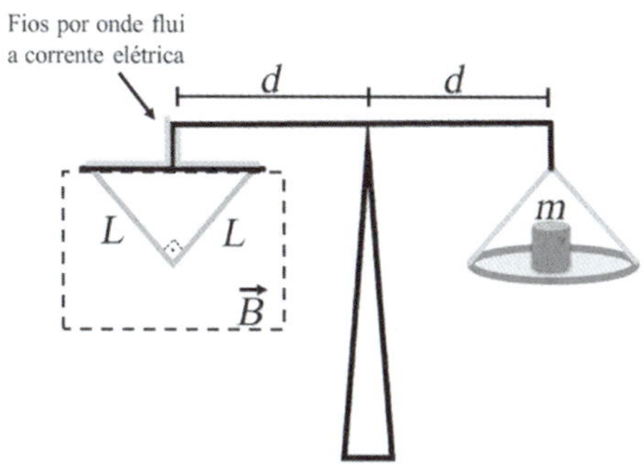

a) Usando o sistema de coordenadas abaixo, especifique a direção e o sentido das forças induzidas em cada segmento do circuito, indicando o ângulo segundo os eixos desse sistema. Considere que o centro deste sistema é o vértice do circuito. Desenhe também diretamente no triângulo da figura da balança o sentido da corrente elétrica.

b) Qual o valor da massa que essa balança equilibra?

7. (Unesp) Um motor elétrico é construído com uma espira retangular feita com um fio de cobre esmaltado semirraspado em uma extremidade e totalmente raspado na outra, apoiada em dois mancais soldados aos polos *A* e *B* de uma pilha. Presa a essa espira, uma hélice leve pode girar livremente no sentido horário ou anti-horário. Um ímã é fixo à pilha com um de seus polos magnéticos (*X*) voltado para cima, criando o campo magnético responsável pela força magnética que atua sobre a espira, conforme ilustrado na figura.

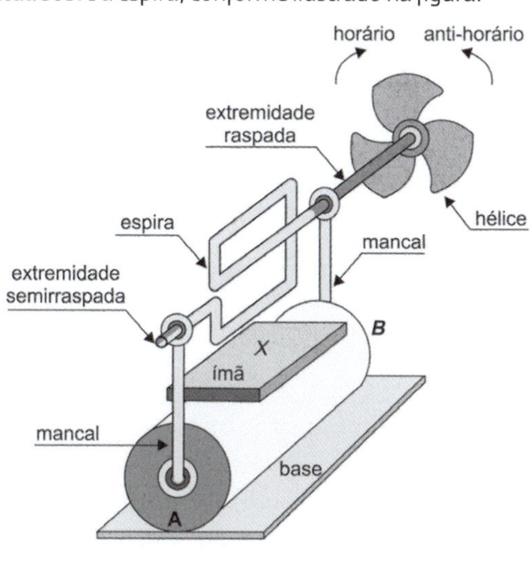

Se *A* for um polo ________, *B* um polo ________ e *X* um polo ________, dado um impulso inicial na espira, ela mantém-se girando no sentido ________. Assinale a alternativa que completa, correta e respectivamente, as lacunas do texto.

a) negativo – positivo – sul – horário
b) negativo – positivo – norte – anti-horário
c) positivo – negativo – sul – anti-horário
d) positivo – negativo – norte – horário
e) negativo – positivo – norte – horário

8. (Famema-SP) Uma mesma espira retangular, de massa desprezível, foi parcialmente imersa em um mesmo campo magnético constante e uniforme $\vec{B}$ de duas maneiras distintas. Na primeira, a espira é mantida em equilíbrio sob ação apenas da força vertical $\vec{F}_1$ e da força magnética gerada pela circulação de uma corrente elétrica contínua pela espira, conforme figura 1.

FIGURA 1

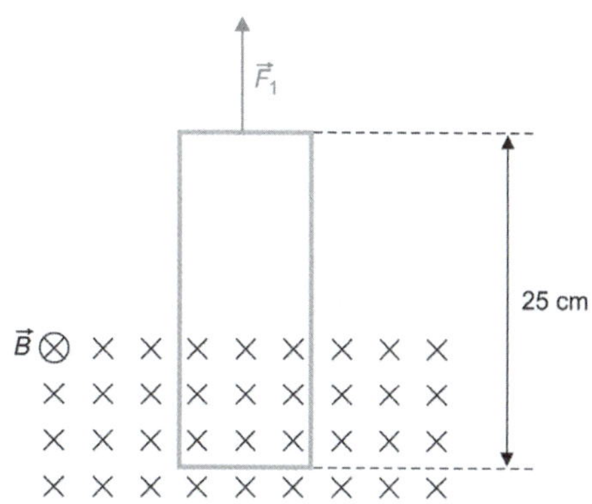

Na segunda, a espira é mantida em equilíbrio sob ação apenas da força vertical $\vec{F}_2$ e da força magnética gerada pela circulação de uma corrente elétrica contínua pela espira, conforme figura 2.

FIGURA 2

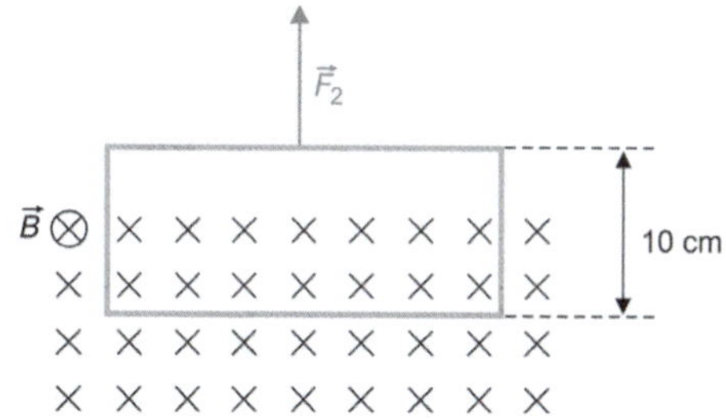

Sabendo que nas duas situações a intensidade da corrente elétrica que circula pela espira é a mesma, que a intensidade de $\vec{F}_1$ é 10 N e considerando as informações contidas nas figuras, é correto afirmar que a intensidade de $\vec{F}_2$ é igual a

a) 50 N.
b) 10 N.
c) 75 N
d) 20 N.
e) 25 N.

9. (UFRGS-RS) A figura (i) abaixo esquematiza um tubo de raios catódicos. Nele, um feixe de elétrons é emitido pelo canhão eletrônico, é colimado no sistema de foco e incide sobre uma tela transparente que se ilumina no ponto de chegada. Um observador posicionado em frente ao tubo vê a imagem representada em (ii). Um ímã é então aproximado da tela, com velocidade constante e vertical, conforme mostrado em (iii).

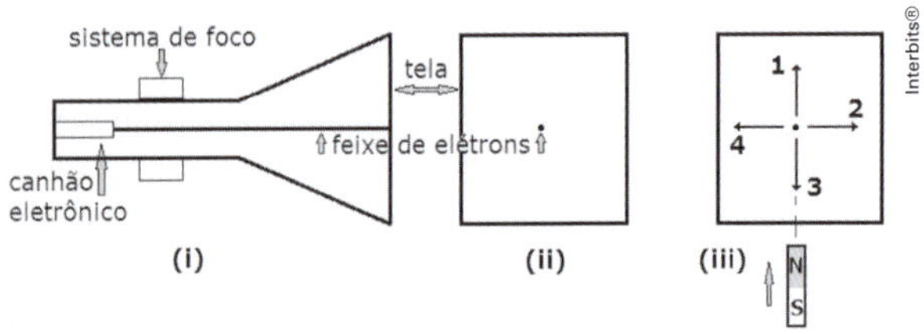

Assinale a alternativa que descreve o comportamento do feixe após sofrer a influência do ímã.

a) O feixe será desviado seguindo a seta 1.
b) O feixe será desviado seguindo a seta 2.
c) O feixe será desviado seguindo a seta 3.
d) O feixe será desviado seguindo a seta 4.
e) O feixe não será desviado.

10. (FMJ-SP) Duas placas longas, planas e eletrizadas com sinais opostos e de mesmo módulo, dispostas paralelamente e distanciadas de 20 cm uma da outra, apresentam entre si diferença de potencial 200 V. Uma carga elétrica q, de sinal negativo e peso desprezível, é mantida em movimento entre as placas, paralelamente a elas e com velocidade v igual a 100 m/s, como mostra a figura.

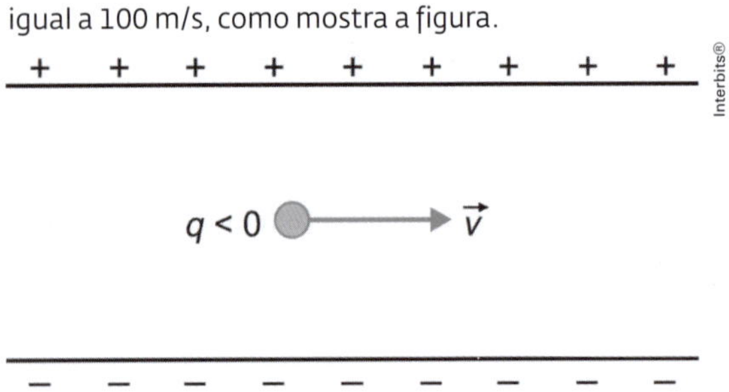

a) Represente os vetores campo elétrico e força elétrica atuantes na carga, enquanto ela estiver na região central entre as duas placas.

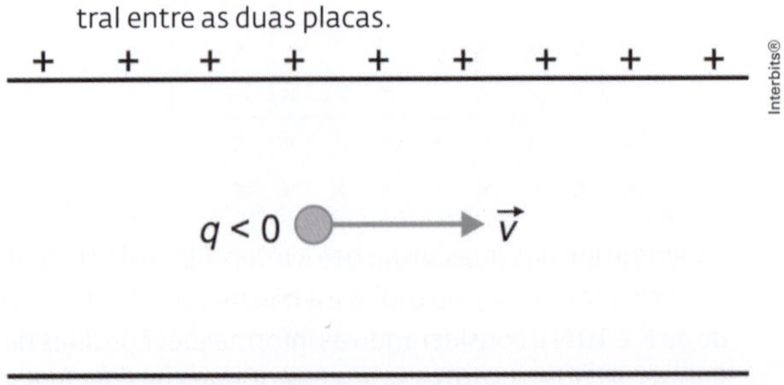

b) Considere desprezíveis os efeitos de bordas das placas eletrizadas e que a intensidade da força magnética atuante na carga q seja dada por $F_{mag} = Bqv\text{sen}\,\theta$, em que B é a intensidade do campo magnético e θ é o ângulo formado entre as linhas do campo magnético com a direção de v. Determine o módulo, em tesla, e o sentido do vetor campo magnético B que deve ser aplicado na região central entre as placas e perpendicularmente ao plano da figura, para manter a velocidade da carga constante em módulo e direção.

11. (UFU-MG) O esquema a seguir representa, ainda que resumidamente, o funcionamento do disco rígido de um computador, utilizado para armazenamento de dados. O conjunto é constituído por um braço giratório, sendo que, em uma de suas extremidades, há um cabeçote de leitura e gravação, que fica sobre o disco de armazenamento de dados. Na outra extremidade desse braço, há fios enrolados em formato de espira, que se encontram sobre um ímã. Dependendo da direção que a corrente assume na espira, esse braço pode girar em torno de um eixo em sentido horário ou anti-horário, posicionando o cabeçote sobre o disco de armazenamento de dados no local desejado.

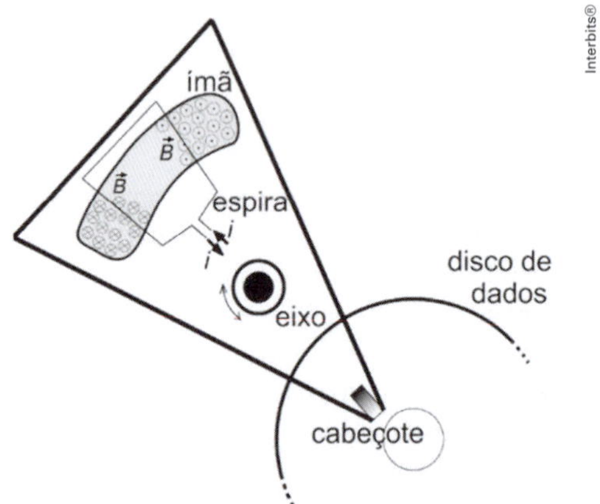

Com base nas informações, responda:

a) Se a corrente que percorre a espira tiver a direção indicada no esquema, o braço giratório se moverá em sentido horário ou anti-horário? Justifique sua resposta.
b) Sem alterar os componentes e a estrutura do disco rígido indicados na figura, qual medida pode ser tomada para que o braço giratório gire mais rapidamente em torno de seu eixo?

12. (UFRGS-RS) No esquema da figura abaixo, o fio F, horizontalmente suspenso e fixo nos pontos de suporte P, passa entre os polos de um ímã, em que o campo magnético é suposto horizontal e uniforme. O ímã, por sua vez, repousa sobre uma balança B, que registra seu peso.

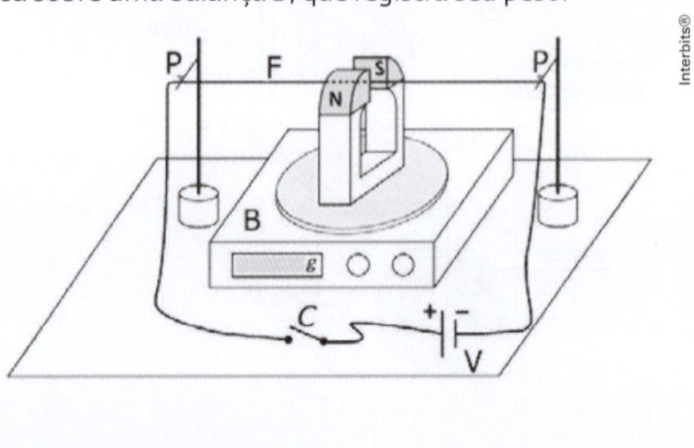

Assinale a alternativa que preenche corretamente as lacunas do enunciado abaixo, na ordem em que aparecem.

Em dado instante, a chave *C* é fechada, e uma corrente elétrica circula pelo fio. O fio sofre uma força vertical, __________, e o registro na balança __________.

a) para baixo - não se altera.
b) para baixo - aumenta.
c) para baixo - diminui.
d) para cima - aumenta.
e) para cima - diminui.

13. (USF-SP) Em uma experiência realizada por um cientista de medicina nuclear, partículas eletrizadas negativamente de massas não desprezíveis são lançadas num campo magnético cuja orientação é perpendicular ao plano desta página de prova, com linhas de indução magnética entrando no plano. Verifica-se que as cargas elétricas se movem com velocidade de módulo constante e em trajetória retilínea. Sabendo que elas se movem no plano desta folha de prova, o vetor velocidade dessas partículas está orientado:

a) horizontalmente para a direita.
b) horizontalmente para a esquerda.
c) verticalmente para cima.
d) verticalmente para baixo.
e) perpendicular ao plano desta página, entrando neste plano.

14. (Unesp) Em muitos experimentos envolvendo cargas elétricas, é conveniente que elas mantenham sua velocidade vetorial constante. Isso pode ser conseguido fazendo a carga movimentar-se em uma região onde atuam um campo elétrico $\vec{E}$ e um campo magnético $\vec{B}$, ambos uniformes e perpendiculares entre si. Quando as magnitudes desses campos são ajustadas convenientemente, a carga atravessa a região em movimento retilíneo e uniforme.

A figura representa um dispositivo cuja finalidade é fazer com que uma partícula eletrizada com carga elétrica $q > 0$ atravesse uma região entre duas placas paralelas P_1 e P_2, eletrizadas com cargas de sinais opostos, seguindo a trajetória indicada pela linha tracejada. O símbolo × representa um campo magnético uniforme $B = 0{,}004$ T, com direção horizontal, perpendicular ao plano que contém a figura e com sentido para dentro dele. As linhas verticais, ainda não orientadas e paralelas entre si, representam as linhas de força de um campo elétrico uniforme de módulo $E = 20$ N/C.

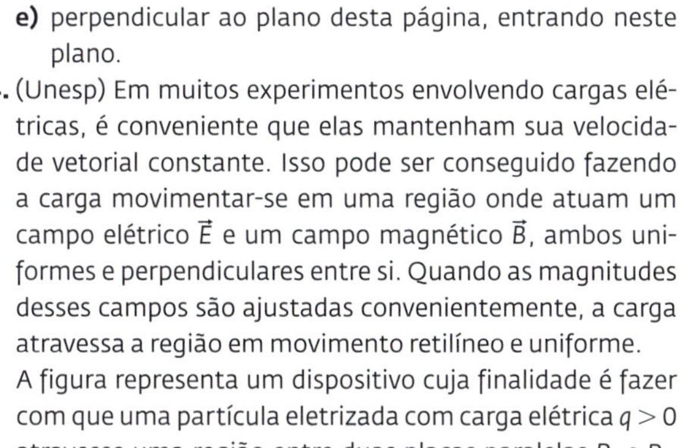

Desconsiderando a ação do campo gravitacional sobre a partícula e considerando que os módulos de $\vec{B}$ e $\vec{E}$ sejam ajustados para que a carga não desvie quando atravessar o dispositivo, determine, justificando, se as linhas de força do campo elétrico devem ser orientadas no sentido da placa P_1 ou da placa P_2 e calcule o módulo da velocidade *v* da carga, em m/s.

15. (Unisc-RS) Uma partícula com carga *q* e massa *M* move-se ao longo de uma reta com velocidade *v* constante em uma região onde estão presentes um campo elétrico de $1{,}0 \times 10^6$ mV/m e um campo de indução magnética de 0,10 T. Sabe-se que ambos os campos e a direção de movimento da partícula são perpendiculares entre si. Determine a velocidade da partícula.

a) $1{,}0 \times 10^3$ m/s
b) $1{,}0 \times 10^7$ m/s
c) $1{,}0 \times 10^4$ m/s
d) $1{,}0 \times 10^{-7}$ m/s
e) $1{,}0 \times 10^{-3}$ m/s

16. (UEM-PR) Sobre os conceitos de eletroquímica, de eletricidade e de magnetismo, assinale o que for correto. (Dadas as resistividades do cobre e do tungstênio a 20 °C como $1{,}68 \times 10^{-6}$ Ωm e $5{,}60 \times 10^{-6}$ Ωm, respectivamente).

01) Em geral, as borrachas são polímeros maus condutores de corrente elétrica.
02) Quando um corpo condutor é percorrido por uma corrente elétrica, se estabelece ao seu redor um campo magnético.
04) Considerando-se fios metálicos de mesmo comprimento e mesma espessura, podemos afirmar que os fios de cobre são menos eficientes do que os fios de tungstênio na geração de campos eletromagnéticos.
08) O número de oxidação do cobre metálico é −1.
16) A geração de corrente elétrica ocasionada por reações de oxirredução em uma pilha é capaz de magnetizar um corpo composto por ferro.

17. (IME-RJ)

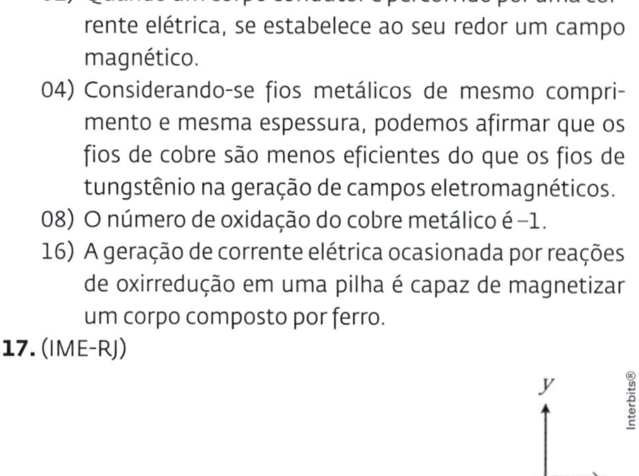

Uma partícula de carga positiva +Q penetra numa região de comprimento d_1 sujeita a um campo magnético de baixa intensidade e ortogonal ao plano da figura acima. Em seguida, penetra numa região de comprimento d_2, onde não existe campo magnético. Ao longo das regiões de comprimento d_1 e d_2, a partícula percorre a trajetória indicada pela linha tracejada da figura acima.

Dadas as informações a seguir, a distância *a*, indicada na figura entre a origem e o ponto de passagem da partícula pelo eixo Y, é aproximadamente:

Dados:

- velocidade inicial da partícula: ortogonal ao eixo Y e de módulo v;
- módulo do campo magnético da região: B;
- distância entre o fim da região do campo magnético e o eixo Y; d_2;
- massa da partícula: m;
- $d_2 >> d_1$;
- deslocamento vertical da partícula dentro da região magnetizada $<< d_1$.

a) $\frac{d_1 d_2 QB}{mv}$

b) $\frac{d_2 mv}{QBd_1}$

c) $\frac{2d_1 d_2 QB}{mv}$

d) $\frac{d_2 mv}{2QBd_1}$

e) $\frac{d_1 d_2 QB}{2mv}$

18. (EsPCEx-SP/Aman-RJ) A figura abaixo representa um fio condutor homogêneo rígido, de comprimento L e massa M, que está em um local onde a aceleração da gravidade tem intensidade g. O fio é sustentado por duas molas ideais, iguais, isolantes e, cada uma, de constante elástica k. O fio condutor está imerso em um campo magnético uniforme de intensidade B, perpendicular ao plano da página e saindo dela, que age sobre o condutor, mas não sobre as molas. Uma corrente elétrica i passa pelo condutor e, após o equilíbrio do sistema, cada mola apresentará uma deformação de:

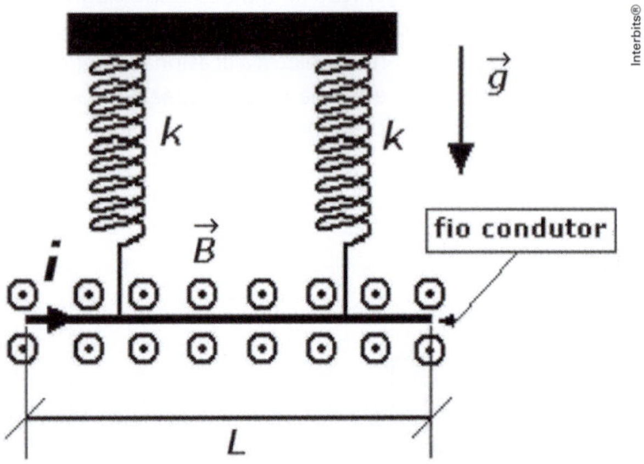

Desenho ilustrativo fora de escala

a) $\frac{Mg + 2k}{BiL}$

b) $\frac{BiL}{Mg + 2k}$

c) $\frac{k}{2(Mg + BiL)}$

d) $\frac{Mg + BiL}{2k}$

e) $\frac{2k + BiL}{Mg}$

19. (UEL-PR) Analise a figura a seguir, que representa o esquema de um circuito com a forma da letra U, disposto perpendicularmente à superfície da Terra.

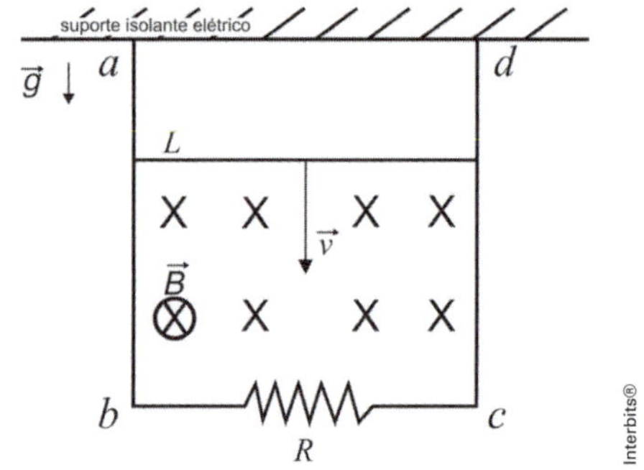

Esse circuito é composto por condutores ideais (sem resistência) ligados por um resistor de resistência 5 Ω. Uma barra L também condutora ideal, com massa $m = 1$ kg e comprimento $L = 1$ m, encaixada por guias condutoras ideais em suas extremidades, desliza sem atrito e sempre perpendicularmente aos trilhos ab e cd. Todo o conjunto está imerso em um campo magnético constante, no espaço e no tempo, de módulo $B = 1$ T, com direção perpendicular ao plano do circuito e cujo sentido é entrando na folha. A barra é abandonada iniciando o seu movimento a partir do repouso.

Desprezando a resistência do ar e considerando que $g = 10$ m/s^2, calcule

a) a corrente elétrica induzida no circuito após o equilíbrio;

b) a força eletromotriz após o equilíbrio. Justifique sua resposta apresentando todos os cálculos realizados.

20. (UEG-GO) Uma partícula de $9,0 \times 10^{-30}$ kg carregada com carga elétrica de $1,0 \times 10^{-16}$ C penetra perpendicularmente em um campo magnético uniforme de $1,0 \times 10^{-6}$ T, quando sua velocidade está em $1,0 \times 10^{6}$ m/s. Ao entrar no campo magnético, a carga passa a descrever um círculo. O raio desse círculo, em metros, é

a) $9,0 \times 10^{0}$

b) $9,0 \times 10^{1}$

c) $9,0 \times 10^{-1}$

d) $9,0 \times 10^{-2}$

21. (EEAR-SP) Um corpúsculo de 10 g está eletrizado com carga de 20 μC e penetra perpendicularmente em um campo magnético uniforme e extenso de 400 T a uma velocidade de 500 m/s, descrevendo uma trajetória circular. A força centrípeta (F_{cp}), em N, e o raio da trajetória (r_t), em m, são:

a) $F_{cp} = 1$; $r_t = 78$

b) $F_{cp} = 2$; $r_t = 156$

c) $F_{cp} = 3$; $r_t = 312$

d) $F_{cp} = 4$; $r_t = 625$

22. (EFOMM-RJ) Uma partícula com carga elétrica de $5,0 \times 10^{-6}$ C é acelerada entre duas placas planas e paralelas, entre as quais existe uma diferença de potencial de 100 V. Por um orifício na placa, a partícula escapa e penetra em um campo magnético de indução magnética uniforme de valor igual a $2,0 \times 10^{-2}$ T, descrevendo uma trajetória circular de raio igual a 20 cm. Admitindo que a partícula parte do repouso de uma das placas e que a força gravitacional seja desprezível, qual é a massa da partícula?

a) $1,4 \times 10^{-14}$ kg
b) $2,0 \times 10^{-14}$ kg
c) $4,0 \times 10^{-14}$ kg
d) $2,0 \times 10^{-13}$ kg
e) $4,0 \times 10^{-13}$ kg

23. (UEM-MG) Em uma extensa região do espaço existe um campo magnético constante $\vec{B}$ perpendicular e entrando no plano da página, como mostra a figura:

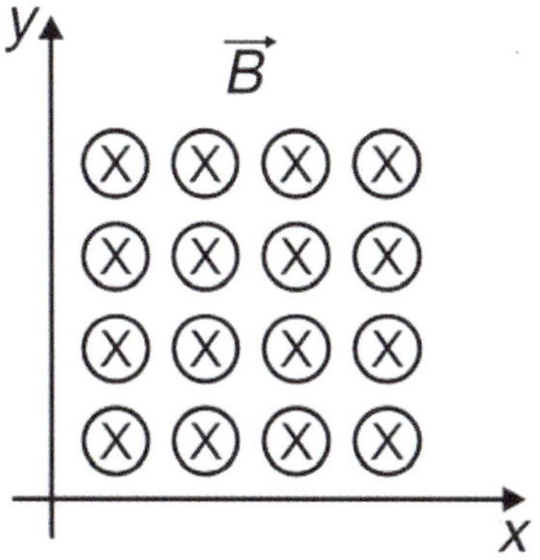

Interbits®

Assinale o que for correto.

01) Se uma carga q é positiva com velocidade $\vec{v}$ perpendicular a $\vec{B}$, na região em que o campo atua, o movimento dessa carga será circular e uniforme no sentido horário.
02) Tanto para cargas positivas como para negativas, se $\vec{v}$ for perpendicular a $\vec{B}$, a trajetória circular de uma partícula de massa m terá raio dado por $v = \frac{mv}{|q|B}$.
04) Quando $\vec{v}$ for oblíqua a $\vec{B}$, a trajetória será uma hélice cilíndrica.
08) No caso da trajetória ser circular, o período de revolução depende do valor de $\vec{v}$.
16) Se a carga penetrar paralelamente à $\vec{B}$, ela não sofrerá deflexão.

24. (UEPG-PR) Uma partícula de carga elétrica q e massa m realiza um movimento circular uniforme, de raio R, sob a ação de um campo de indução magnética uniforme B. Sobre o assunto, assinale o que for correto.

01) A velocidade angular da partícula é qB/m.
02) A aceleração da partícula é nula.
04) A energia cinética da partícula é $(qBR)^2/2m$.
08) O trabalho realizado pela força magnética sobre a partícula é $2\pi RqvB$.
16) O período do movimento é $2\pi m/qB$.

25. (Acafe-SC) O LHC fica na periferia da cidade de Genebra, na Suíça, sendo formado por um enorme tubo circular com circunferência de 26,7 km e diâmetro de 7 m; é subterrâneo, ficando a cerca de 100 m abaixo do solo. Ele é um dos experimentos do CERN (Organização Europeia para Pesquisa Nuclear), onde a internet foi inventada.

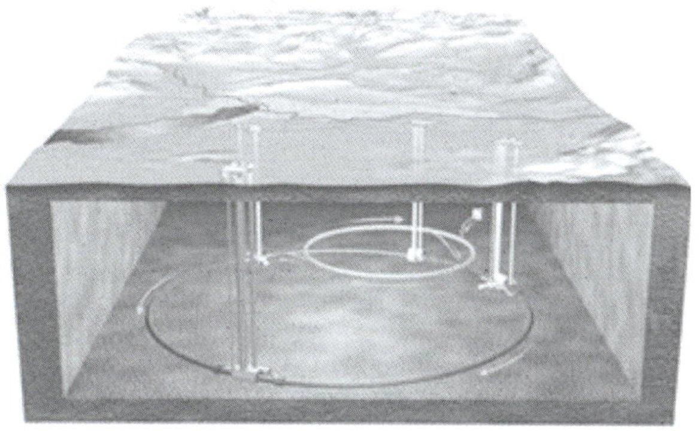

O diagrama acima mostra o tubo em forma de anel, onde um feixe de partículas elétricas (prótons ou íons) é acelerado por um campo elétrico e passa a rodar sob poderosos campos magnéticos (perpendiculares aos planos das órbitas dos feixes) em um sentido do anel, enquanto outro feixe acelerado roda no sentido oposto do mesmo anel. Até que, no momento certo, eles entram em rota de colisão, onde as forças elétricas e nucleares serão tão intensas que partículas poderão ser criadas.

Com base no exposto, analise as afirmações a seguir.

( ) A função do campo magnético é apenas mudar a direção da velocidade do feixe de prótons.
( ) A força magnética aplicada em cada próton possui direção tangente à trajetória.
( ) A força magnética tem a mesma direção do campo magnético.
( ) A função do campo magnético é aumentar a energia cinética dos prótons.
( ) A força magnética aplicada em cada próton não realiza trabalho.

A sequência correta, de cima para baixo, é:

a) V – F – F – F – V
b) V – V – V – F – F
c) F – V – F – F – V
d) F – F – F – V – F

26. (Uema) A formação de imagem em um tubo de uma televisão é uma importante aplicação da força magnética que atua sobre uma carga elétrica em movimento. Suponha que uma partícula carregada penetre num tubo de imagem em que existe um campo magnético uniforme com velocidade "v", perpendicular às linhas de campo. A partir daí, realiza um movimento circular uniforme de raio R = 1,0 cm, cujo período é $T = 3,14 \times 10^{-6}$ s.

a) Ilustre por meio de um desenho "esquema" o fenômeno descrito acima.
b) Explique o porquê de a carga descrever um MCU.
c) Determine a intensidade do campo, considerando a carga da partícula $q = 2,0 \times 10^{-15}$ C e sua massa $m = 6,0 \times 10^{-25}$ kg.
d) Calcule o módulo da velocidade da partícula para os valores de: $q = 4,0 \times 10^{-15}$ C, $B = 4 \times 10^{-4}$ T e $m = 8,0 \times 10^{-25}$ kg.

27. (UFJF-MG) Em um laboratório de Física experimental, um pesquisador realiza o bombardeio de uma amostra desconhecida com um laser de alta potência de forma a quebrar as ligações entre os átomos deste material. Os fragmentos do espalhamento são partículas que podem ser carregadas eletricamente. Com a intenção de saber algumas propriedades deste material, três fragmentos passam por um filtro de velocidades de forma que todos os três fragmentos, ao deixar o filtro, tenham exatamente a mesma velocidade $v = 2{,}0 \times 10^3$ m/s. Três fragmentos, identificados como 1, 2 e 3, ao deixarem o filtro de velocidades, entram em uma região de campo magnético constante, de módulo $B = 0{,}5$ T que está entrando no plano da folha, assim como mostra a figura abaixo. As linhas com setas representam a trajetória de cada fragmento. Considerando $\Delta x = \Delta y = 2{,}0$ mm, DETERMINE:

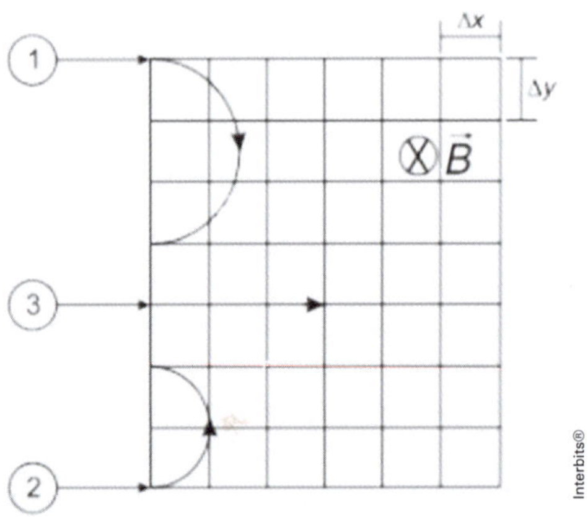

a) O sinal de cada carga. Justifique sua resposta.

b) A aceleração que cada fragmento sente devido à ação do campo magnético.

c) A frequência angular de cíclotron do movimento circular de cada fragmento.

28. (Udesc) Um elétron com velocidade $\vec{v}$ se movimenta na presença de um campo magnético $\vec{B}$, conforme mostra a figura, saindo do plano do papel.

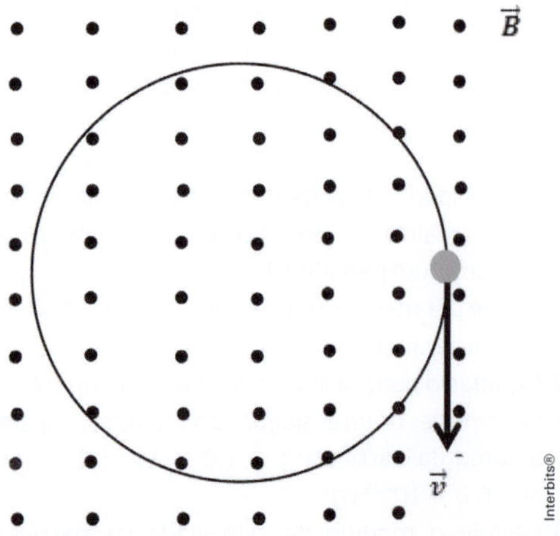

Considerando a magnitude da velocidade do elétron igual a um décimo da velocidade da luz, e a magnitude do campo magnético igual a 1,0 T, o raio da órbita circular desse elétron é, aproximadamente, igual a:

a) $1{,}7 \times 10^{-4}$ m

b) $1{,}7 \times 10^{-3}$ m

c) $1{,}7 \times 10^{-2}$ m

d) $1{,}0 \times 10^{-4}$ m

e) $1{,}0 \times 10^{-3}$ m

29. (IME-RJ)

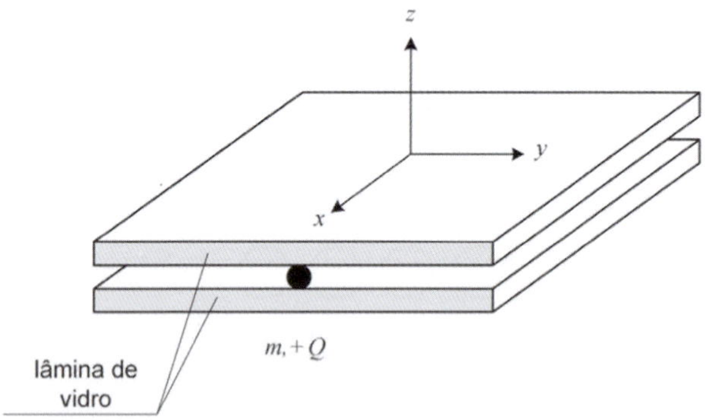

Uma partícula de massa m e carga $+Q$ encontra-se confinada no plano XY entre duas lâminas infinitas de vidro, movimentando-se sem atrito com vetor velocidade $(v,0,0)$ no instante $t = 0$, quando um dispositivo externo passa a gerar um campo magnético dependente do tempo, cujo vetor é $(f(t), f(t), B)$, onde B é uma constante. Pode-se afirmar que a força normal exercida sobre as lâminas é nula quando t é

Consideração:

- desconsidere o efeito gravitacional.

a) $\left(\frac{m}{QB}\right)\frac{\pi}{8}$

b) $\left(\frac{m}{QB}\right)\frac{\pi}{4}$

c) $\left(\frac{m}{QB}\right)\frac{\pi}{2}$

d) $\left(\frac{m}{QB}\right)\pi$

e) $2\left(\frac{m}{QB}\right)\pi$

30. (Fuvest-SP) As figuras representam arranjos de fios longos, retilíneos, paralelos e percorridos por correntes elétricas de mesma intensidade. Os fios estão orientados perpendicularmente ao plano desta página e dispostos segundo os vértices de um quadrado. A única diferença entre os arranjos está no sentido das correntes: os fios são percorridos por correntes que entram (⊗) ou saem do (⊙) plano da página.

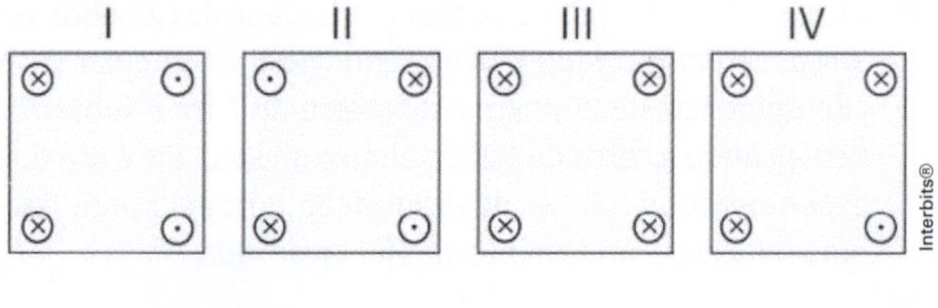

O campo magnético total é nulo no centro do quadrado apenas em

a) I.
b) II.
c) I e II.
d) II e III.
e) III e IV.

31. (UFPR) Em uma câmara com vácuo, um acelerador de elétrons emite partículas que saem dele em movimento retilíneo uniforme com trajetória horizontal. Um dispositivo composto por um núcleo de ferro, um solenoide e uma bateria, conforme mostrado na figura abaixo, produz um campo magnético uniforme de 0,03 T no entreferro do núcleo de ferro. O sistema tem dimensionamento tal que o campo magnético é significativo apenas no entreferro.

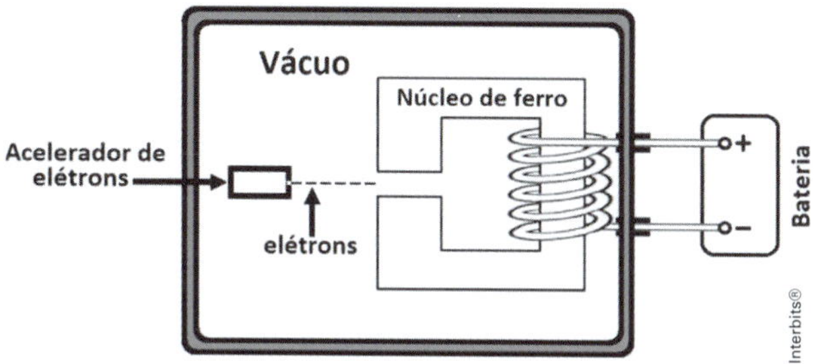

a) Represente, no entreferro do núcleo de ferro da figura, as linhas de campo magnético. Justifique a sua resposta.

b) Qual é, por ação do campo magnético, o comportamento da trajetória a ser descrita pelos elétrons no núcleo de ferro no início do movimento no entreferro? Indicar também o sentido do movimento a ser executado. Justifique a sua resposta.

c) Considerando os valores aproximados, por conveniência de cálculo, para algumas das grandezas físicas mostradas abaixo, determine a aceleração de cada elétron que penetra no entreferro do núcleo de ferro se a velocidade deles, ao iniciarem o movimento no entreferro, for de 400 m/s.

Dados:

$m_{elétron} = 9 \cdot 10^{-31}$ kg

$q_{elétron} = 1,5 \cdot 10^{-19}$ C

$F = q \cdot v \cdot B \cdot \text{sen}\ \theta$

32. (Uema) A Copa do Mundo de 2014, no Brasil, pôde ser vista por milhões de pessoas pelos aparelhos de televisão que transmitiram sons e imagens por meio de novas tecnologias desenvolvidas com base nos conhecimentos de ondas e de campos magnéticos. A expressão para calcular a intensidade de campo magnético é a razão entre o(a)

a) intensidade de corrente pelo produto da força pelo comprimento.
b) força pelo produto da carga pela velocidade.
c) carga pelo produto da força pela velocidade.
d) velocidade pelo produto da força pela carga.
e) comprimento pelo produto da força pela intensidade de corrente.

33. (Unesp) *A figura é o esquema simplificado de um disjuntor termomagnético utilizado para a proteção de instalações elétricas residenciais. O circuito é formado por um resistor de baixa resistência R; uma lâmina bimetálica L, composta pelos metais X e Y; um eletroímã E; e um par de contatos C. Esse par de contatos tende a abrir pela ação da mola M_2, mas o braço atuador A impede, com ajuda da mola M_1. O eletroímã E é dimensionado para atrair a extremidade do atuador A somente em caso de corrente muito alta (curto circuito) e, nessa situação, A gira no sentido indicado, liberando a abertura do par de contatos C pela ação de M_2.*

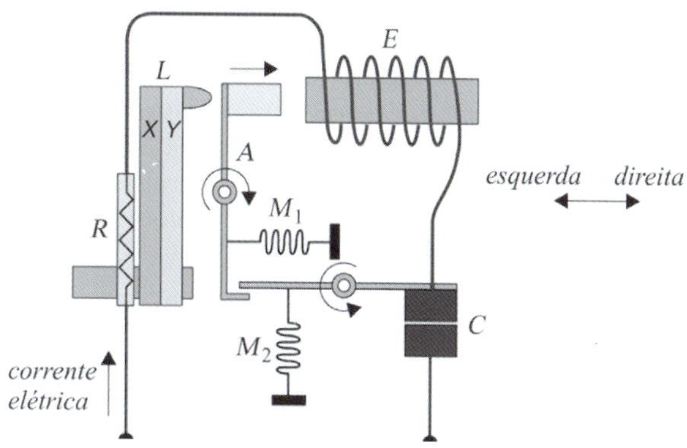

De forma similar, R e L são dimensionados para que esta última não toque a extremidade de A quando o circuito é percorrido por uma corrente até o valor nominal do disjuntor. Acima desta, o aquecimento leva o bimetal a tocar o atuador A, interrompendo o circuito de forma idêntica à do eletroímã.

(www.mspc.eng.br. Adaptado.)

Na condição de uma corrente elevada percorrer o disjuntor no sentido indicado na figura, sendo α_X e α_Y os coeficientes de dilatação linear dos metais X e Y, para que o contato C seja desfeito, deve valer a relação__________ e, nesse caso, o vetor que representa o campo magnético criado ao longo do eixo do eletroímã apontará para a ____________ . Os termos que preenchem as lacunas estão indicados correta e respectivamente na alternativa

a) $\alpha_X > \alpha_Y$ ... esquerda.
b) $\alpha_X < \alpha_Y$ ... esquerda.
c) $\alpha_X > \alpha_Y$ ... direita.
d) $\alpha_X = \alpha_Y$ ... direita.
e) $\alpha_X < \alpha_Y$ ... direita.

34. (Uerj) Em um campo magnético uniforme $\vec{B}$ de intensidade igual a $2,0 \times 10^{-3}$ T, um fio condutor com 50 cm de comprimento é posicionado perpendicularmente à direção do campo, conforme mostra o esquema.

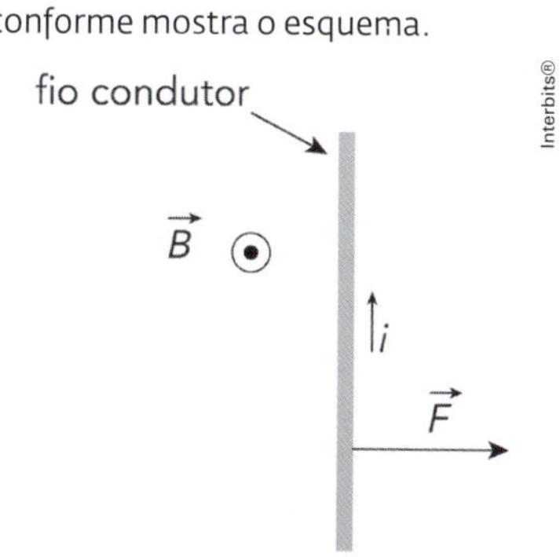

Sabendo que a corrente elétrica *i* estabelecida no condutor é contínua e igual a 300 mA, determine, em newtons, a intensidade da força $\vec{F}$ que age no condutor.

35. (EBMSP-BA)

O Prêmio Nobel de Química em 2016 foi para os cientistas Jean-Pierre Sauvage, Sir J. Fraser Stoddart e Bernard L. Feringa pelo desenvolvimento de máquinas moleculares que possibilitam a "miniaturização" de tecnologias e pode representar uma revolução científica no campo da nanotecnologia. Segundo a Academia Real de Ciências da Suécia, que concedeu o prêmio Nobel de Química 2016, em termos de desenvolvimento, o motor molecular está no mesmo estágio que o motor elétrico estava no ano 1830, quando os cientistas exibiam várias rodas e manivelas rodando, sem saber que elas levariam ao desenvolvimento de trens elétricos e outros equipamentos que se tornaram essenciais na atualidade.

Disponível em: <http://g1.globo.com/ciencia-e-saude>. Acesso em: 8 out. 2016. Adaptado.

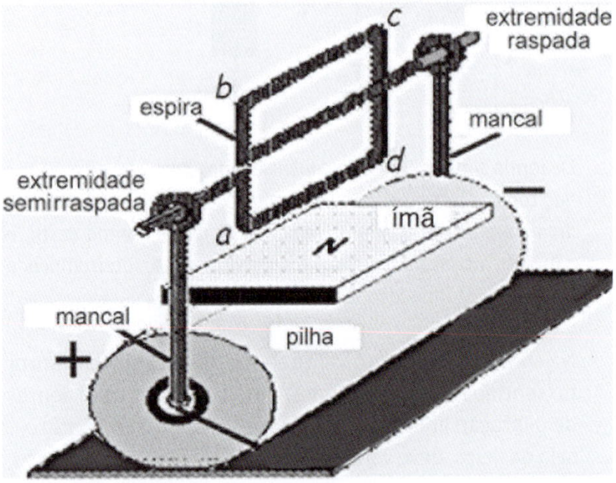

A figura representa o princípio de funcionamento de um motor elétrico, uma máquina que converte energia elétrica em energia mecânica. Considerando-se a intensidade da corrente elétrica que percorre o circuito igual a *i*, o sentido da corrente elétrica como sendo convencional e o campo de indução magnético da região, onde a espira retangular descreve o movimento de rotação, como sendo uniforme de módulo *B* e desprezando-se os efeitos gravitacionais, com base nos conhecimentos de Física, é correto afirmar:

a) O sentido da rotação da espira retangular pode ser invertido caso a pilha, representada na figura, seja associada em série com uma outra pilha idêntica.

b) O módulo de cada uma das forças magnéticas aplicadas nos lados *ad* e *bc* da espira retangular imersa no campo de indução magnética do imã é igual a zero.

c) A intensidade máxima do momento do binário aplicado à espira retangular do circuito é igual a $2Bixy$, sendo x o comprimento do lado *bc* e y o comprimento do lado *ab*.

d) O momento do binário das forças magnéticas se anula quando os lados *ab* e *cd* da espira alinham-se perpendicularmente às linhas de indução magnética do ímã.

e) A força magnética que produz a rotação da espira retangular atua nos lados *ab* e *cd* com módulo igual a Biy, sendo y o comprimento dos lados *ab* e *cd*.

36. (UFPR) Em 1820, Hans Cristian Oersted aproximou de uma bússola um fio condutor percorrido por uma corrente elétrica e não observou qualquer alteração na direção da agulha dessa bússola. Mais tarde, ao refazer o experimento, porém agora com o fio condutor posicionado em outra direção, ele constatou que ocorria uma alteração na direção da agulha da bússola. Essa experiência histórica fez a conexão entre a eletricidade e o magnetismo, criando o que nós conhecemos hoje por eletromagnetismo. Suponha uma bússola posicionada sobre esta folha de papel com sua agulha apontando para a parte superior da folha, o que corresponde à direção norte. Utilizando a figura a seguir, desenhe a direção em que deverá ser posicionado o fio condutor, passando exatamente sobre o centro da bússola, para que se obtenha o maior desvio possível da sua agulha. Escolha um sentido para a corrente no fio, marcando-o com uma seta na figura. Indique na figura para qual lado ocorrerá esse desvio, se para leste ou para oeste, de modo compatível com o sentido da corrente escolhido. Justifique suas respostas.

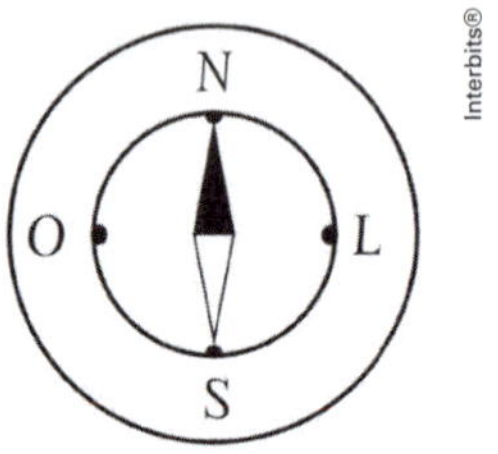

37. (Unesp) Dois fios longos e retilíneos, 1 e 2, são dispostos no vácuo, fixos e paralelos um ao outro, em uma direção perpendicular ao plano da folha. Os fios são percorridos por correntes elétricas constantes, de mesmo sentido, saindo do plano da folha e apontando para o leitor, representadas, na figura, pelo símbolo (⊙). Pelo fio 1 circula uma corrente elétrica de intensidade $i_1 = 9$ A e, pelo fio 2, uma corrente de intensidade $i_2 = 16$ A. A circunferência tracejada, de centro C, passa pelos pontos de intersecção entre os fios e o plano que contém a figura.

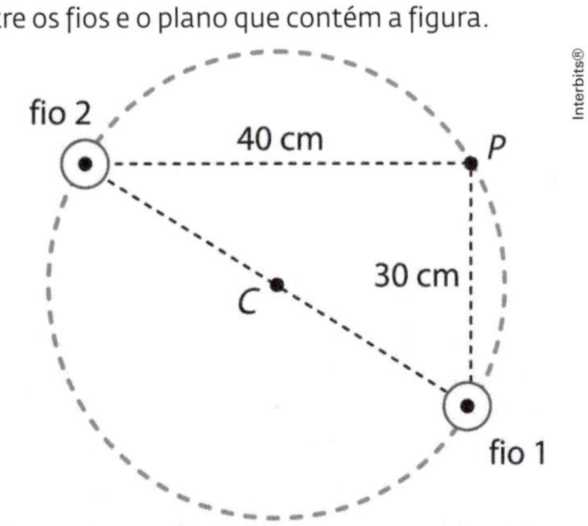

Considerando $\mu_0 = 4 \cdot \pi \cdot 10^{-7}$ T · m/A, calcule o módulo do vetor indução magnética resultante, em tesla, no centro C da circunferência e no ponto P sobre ela, definido pelas medidas expressas na figura, devido aos efeitos simultâneos das correntes i_1 e i_2.

38. (ITA-SP) Considere as seguintes proposições sobre campos magnéticos:

I. Em um ponto *P* no espaço, a intensidade do campo magnético produzido por uma carga puntiforme *q* que se movimenta com velocidade constante ao longo de uma reta só depende da distância entre *P* e a reta.

II. Ao aproximar um ímã de uma porção de limalha de ferro, esta se movimenta porque o campo magnético do ímã realiza trabalho sobre ela.

III. Dois fios paralelos por onde passam correntes uniformes num mesmo sentido se atraem.

Então,

a) apenas I é correta.
b) apenas II é correta.
c) apenas III é correta.
d) todas são corretas.
e) todas são erradas.

39. (UFG-GO) Os campos magnéticos produzidos pelo corpo humano são extremamente tênues, variando tipicamente entre 10^{-15} T e 10^{-9} T. O neuromagnetismo estuda as atividades cerebrais, registrando basicamente os sinais espontâneos do cérebro e as respostas aos estímulos externos. Para obter a localização da fonte dos sinais, esses registros são feitos em diversos pontos. Na região ativa do cérebro, um pequeno pulso de corrente circula por um grande número de neurônios, o que gera o campo magnético na região ativa. As dificuldades em medir e localizar esse campo são inúmeras.

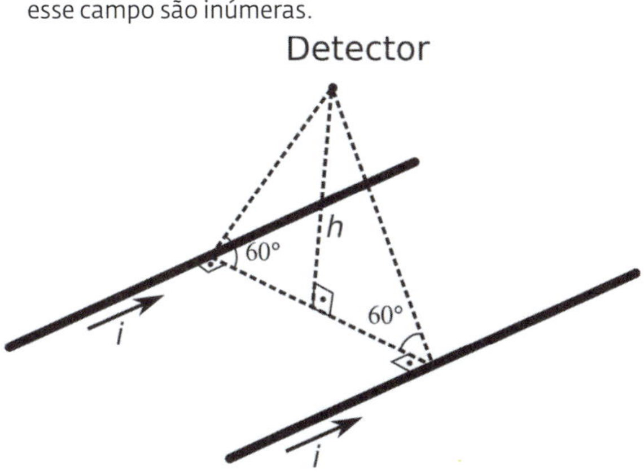

Para se compreender essas dificuldades, considere dois fios muito longos e paralelos, os quais são percorridos por correntes de mesma intensidade *i*, conforme ilustrado no arranjo da figura acima. Desconsidere o campo magnético terrestre. Com base no exposto,

a) calcule o módulo do campo magnético gerado pela corrente de cada fio no ponto em que se encontra o detector, em função de *h*, *i* e μ_0;
b) determine a intensidade da corrente *i*, em função de *h*, de μ_0 e do módulo do campo magnético *B* medido pelo detector.

40. (Fuvest-SP) Para estimar a intensidade de um campo magnético B_0, uniforme e horizontal, é utilizado um fio condutor rígido, dobrado com a forma e as dimensões indicadas na figura, apoiado sobre suportes fixos, podendo girar livremente em torno do eixo *OO'*. Esse arranjo funciona como uma "balança para forças eletromagnéticas". O fio é ligado a um gerador, ajustado para que a corrente contínua fornecida seja sempre $i = 2{,}0$ A, sendo que duas pequenas chaves, *A* e *C*, quando acionadas, estabelecem diferentes percursos para a corrente. Inicialmente, com o gerador desligado, o fio permanece em equilíbrio na posição horizontal. Quando o gerador é ligado, com a chave *A*, aberta e *C*, fechada, é necessário pendurar uma pequena massa $M_1 = 0{,}008$ kg, no meio do segmento P_3P_4, para restabelecer o equilíbrio e manter o fio na posição horizontal.

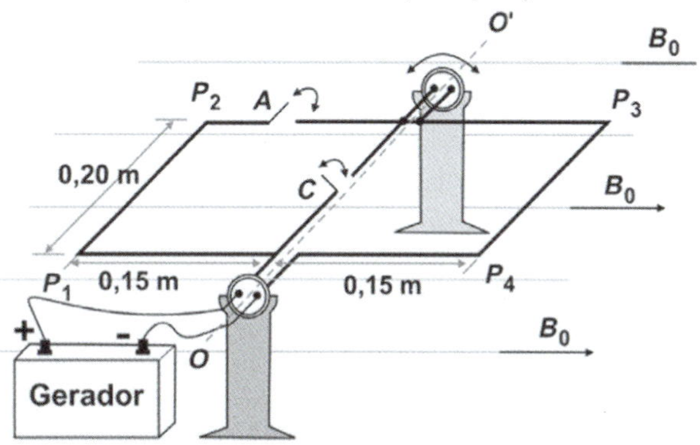

a) Determine a intensidade da força eletromagnética F_1, em newtons, que age sobre o segmento P_3P_4 do fio, quando o gerador é ligado com a chave *A*, aberta e *C*, fechada.
b) Estime a intensidade do campo magnético B_0, em teslas.
c) Estime a massa M_2, em kg, necessária para equilibrar novamente o fio na horizontal, quando a chave *A* está fechada e *C*, aberta. Indique onde deve ser colocada essa massa, levando em conta que a massa M_1 foi retirada.

Note e adote:
$F = iBL$
Desconsidere o campo magnético da Terra.
As extremidades P_1, P_2, P_3 e P_4 estão sempre no mesmo plano.

41. (Epcar-MG/AFA-SP) Desejando-se determinar a intensidade do campo magnético no interior de um solenoide longo percorrido por uma corrente elétrica constante, um professor de Física construiu um aparato experimental que consistia, além do solenoide, de uma balança de braços isolantes e iguais a d_1 e d_2, sendo que o prato em uma das extremidades foi substituído por uma espira quadrada de lado ℓ, conforme indicado na figura abaixo.

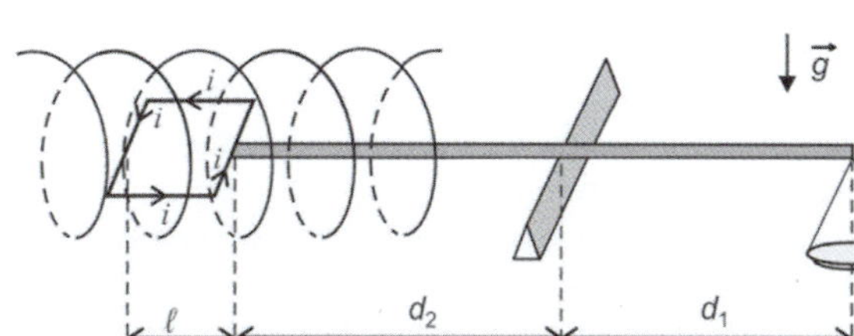

Interbits®

Quando não circula corrente na espira, a balança se encontra em equilíbrio e o plano da espira está na horizontal. Ao fazer passar pela espira uma corrente elétrica constante i, o equilíbrio da balança é restabelecido ao colocar no prato uma massa m. Sendo g o módulo do campo gravitacional local, o campo magnético no interior do solenoide é dado pela expressão

a) $\frac{mgd_1 + i(\ell + d_2)}{\ell + d_2}$

b) $\frac{mgd_1 i}{\ell(\ell + d_2)}$

c) $\frac{mg(d_1 + d_2)}{i\ell^2 d_2}$

d) $\frac{mgd_1}{i\ell^2}$

42. (UFPR) Michael Faraday foi um cientista inglês que viveu no século XIX. Através de suas descobertas foram estabelecidas as bases do eletromagnetismo, relacionando fenômenos da eletricidade, eletroquímica e magnetismo. Suas invenções permitiram o desenvolvimento do gerador elétrico, e foi graças a seus esforços que a eletricidade tornou-se uma tecnologia de uso prático. Em sua homenagem uma das quatro leis do eletromagnetismo leva seu nome e pode ser expressa como: $\varepsilon = \frac{\Delta\Phi}{\Delta t}$ em que ε é a força eletromotriz induzida em um circuito, Φ é o fluxo magnético através desse circuito e t é o tempo.

Considere a figura abaixo, que representa um ímã próximo a um anel condutor e um observador na posição O. O ímã pode se deslocar ao longo do eixo do anel e a distância entre o polo norte e o centro do anel é d. Tendo em vista essas informações, identifique as seguintes afirmativas como verdadeiras (V) ou falsas (F):

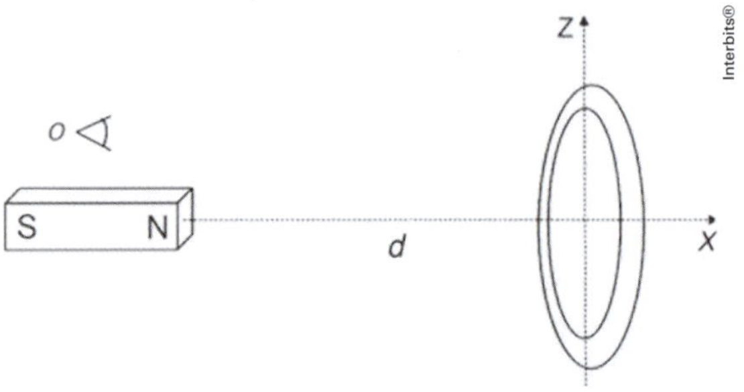

( ) Mantendo-se a distância d constante se observará o surgimento de uma corrente induzida no anel no sentido horário.

( ) Durante a aproximação do ímã à espira, observa-se o surgimento de uma corrente induzida no anel no sentido horário.

( ) Durante o afastamento do ímã em relação à espira, observa-se o surgimento de uma corrente induzida no anel no sentido horário.

( ) Girando-se o anel em torno do eixo z, observa-se o surgimento de uma corrente induzida.

Assinale a alternativa que apresenta a sequência correta, de cima para baixo.

a) F – F – V – V.
b) F – V – F – V.
c) V – V – F – F.
d) V – F – V – V.
e) F – F – V – F.

43. (UFSC) Um estudante de Física realizou um experimento no laboratório para medir a variação da intensidade da corrente elétrica em um fio condutor retilíneo extenso em função do tempo, além de outras propriedades físicas. No gráfico abaixo, é mostrado um dos resultados do experimento.

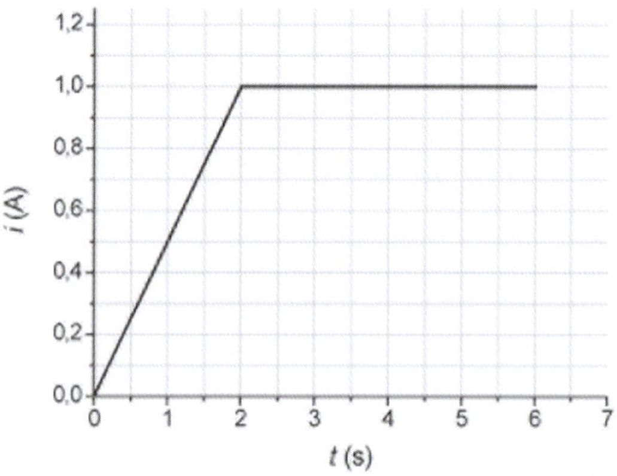

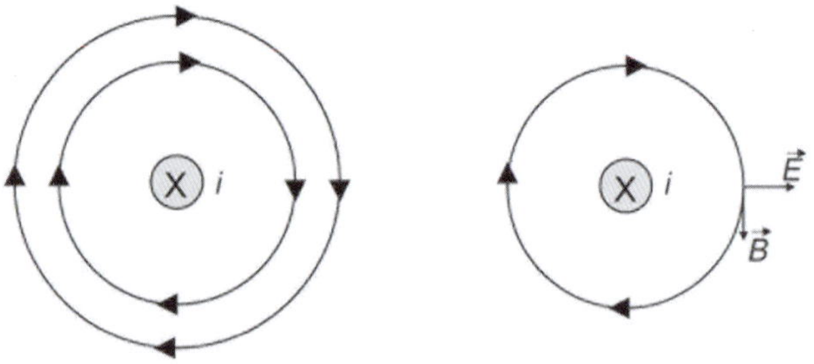

Figura 1 Figura 2

Com base no enunciado e nas duas figuras acima, assinale a(s) proposição(ões) CORRETA(S).

01) A carga elétrica que atravessa uma seção transversal do fio condutor entre os instantes 2 s e 4 s é de 4 C.

02) A figura 1 representa corretamente as linhas de campo magnético produzidas pela corrente elétrica i, no instante 4 s.

04) Os elétrons se deslocam no fio condutor com velocidade próxima à da luz.

08) O número de elétrons que atravessam uma seção transversal do fio condutor entre os instantes 2 s e 6 s é de $2{,}5 \times 10^{19}$ elétrons.

16) A figura 2 representa corretamente os vetores campo elétrico e campo magnético produzido pela corrente elétrica i, em um ponto próximo ao fio condutor, no instante 4 s.

32) A intensidade do vetor campo magnético a 1,0 m do fio condutor, no instante 5 s, é de 2×10^{-7} T.

64) A intensidade média da corrente elétrica no fio condutor entre os instantes 0,0 s e 6,0 s é de 0,5 A.

44. (EsPCEx-SP/Aman-RJ) Dois fios A e B retos, paralelos e extensos, estão separados por uma distância de 2 m. Uma espira circular de raio igual a $\pi/4$m encontra-se com seu centro O a uma distância de 2 m do fio B, conforme desenho abaixo.

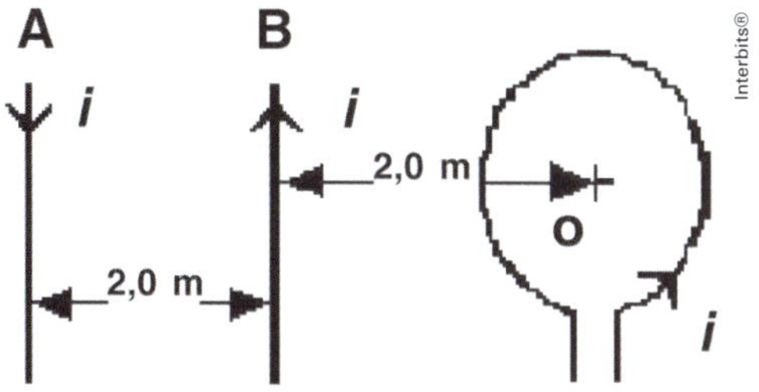

Desenho ilustrativo - fora de escala

A espira e os fios são coplanares e se encontram no vácuo. Os fios A e B e a espira são percorridos por correntes elétricas de mesma intensidade $i = 1$ A com os sentidos representados no desenho. A intensidade do vetor indução magnética resultante originado pelas três correntes no centro O da espira é:

Dado: Permeabilidade magnética do vácuo:
$\mu_0 = 4\pi \cdot 10^{-7}$ T · m/A

a) $3{,}0 \cdot 10^{-7}$ T
b) $4{,}5 \cdot 10^{-7}$ T
c) $6{,}5 \cdot 10^{-7}$ T
d) $7{,}5 \cdot 10^{-7}$ T
e) $8{,}0 \cdot 10^{-7}$ T

45. (ITA-SP) As figuras mostram três espiras circulares concêntricas e coplanares percorridas por correntes de mesma intensidade I em diferentes sentidos.

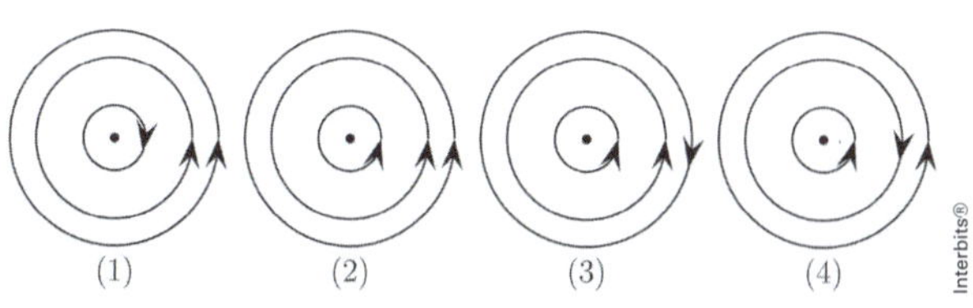

Assinale a alternativa que ordena corretamente as magnitudes dos respectivos campos magnéticos nos centros B_1, B_2, B_3 e B_4.

a) $B_2 > B_4 > B_3 > B_1$.
b) $B_1 > B_4 > B_3 > B_2$.
c) $B_2 > B_3 > B_4 > B_1$.
d) $B_3 > B_2 > B_4 > B_1$.
e) $B_4 > B_3 > B_2 > B_1$.

46. (Uneb-BA) *Atualmente, a comunidade científica admite que certos animais detectam e respondem a campos magnéticos, e que para muitos deles essa capacidade é útil para a sobrevivência. Um sentido magnético tem sido, de fato, bem documentado em muitas espécies — desde migrantes sazonais, como tordos e borboletas-monarcas, até mestres navegadores, como pombos-correios e tartarugas marinhas; desde invertebrados, como lagostas, abelhas e formigas, a mamíferos, como toupeiras e focas-elefante; e de minúsculas bactérias a corpulentas baleias.*
Nos anos 70, pesquisadores demonstraram que certas bactérias contêm filamentos de partículas microscópicas de magnetitas — uma forma fortemente magnética de óxido de ferro que orienta o organismo inteiro.

(CASTELVECCHI. 2012. p. 29-33).

Tratando-se de fenômenos físicos oriundos de um ímã natural, a magnetita, como encontrado em certas bactérias, é correto afirmar:

a) As linhas de indução magnética e as linhas de força são linhas contínuas e fechadas que formam círculos concêntricos em torno de magnetita.
b) Os elétrons e prótons em repouso, ao serem expostos a campos magnéticos, serão submetidos a uma força magnética.
c) Um campo magnético pode ser usado como acelerador de partículas porque esse campo aumenta o módulo da velocidade dessas partículas.
d) Uma bobina chata percorrida por uma corrente elétrica forma no seu eixo uma região de campo magnético com as propriedades idênticas às de um ímã natural.
e) As partículas eletrizadas, ao serem lançadas paralelamente às linhas de indução magnéticas com velocidade constante, interagem com o campo magnético, submetidas às forças magnéticas atrativas ou repulsivas.

47. (ITA-SP) Uma espira circular de raio R é percorrida por uma corrente elétrica i criando um campo magnético. Em seguida, no mesmo plano da espira, mas em lados opostos, a uma distância $2R$ do seu centro colocam-se dois fios condutores retilíneos, muito longos e paralelos entre si, percorridos por correntes i_1 e i_2 não nulas, de sentidos opostos, como indicado na figura.

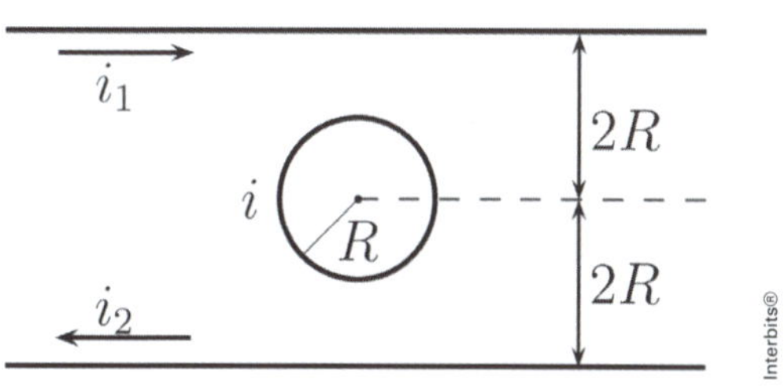

O valor de i e o seu sentido para que o módulo do campo de indução resultante no centro da espira não se altere são respectivamente

a) $i = (1/2\pi)(i_1 + i_2)$ e horário.
b) $i = (1/2\pi)(i_1 + i_2)$ e anti-horário.
c) $i = (1/4\pi)(i_1 + i_2)$ e horário.
d) $i = (1/4\pi)(i_1 + i_2)$ e anti-horário.
e) $i = (1/\pi)(i_1 + i_2)$ e horário.

48. (EsPCEx-SP/Aman-RJ) Dois fios retilíneos, muito longos e paralelos entre si são percorridos por correntes elétricas de intensidade distintas, i_1 e i_2, de sentidos opostos. Uma espira circular condutora de raio R é colocada entre os dois fios e é percorrida por uma corrente elétrica i. A espira e os fios estão no mesmo plano. O centro da espira dista de 3R de cada fio, conforme o desenho a seguir.

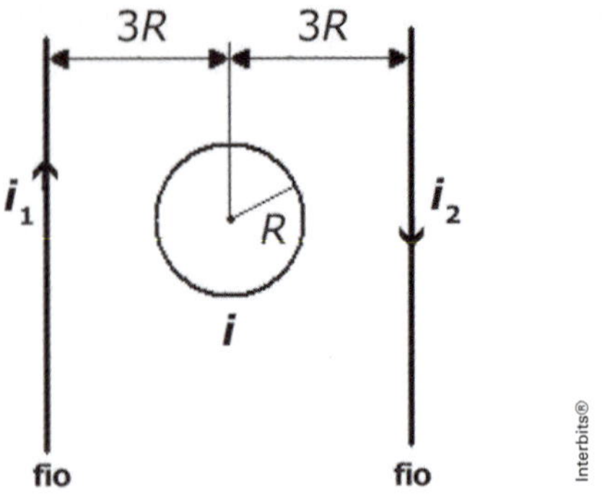

Desenho ilustrativo - fora de escala

Para que o vetor campo magnético resultante, no centro da espira, seja nulo, a intensidade da corrente elétrica i e seu sentido, tomando como referência o desenho, são respectivamente:

a) $\frac{i_1 + i_2}{3}$ e horário.

b) $\frac{i_1 - i_2}{3\pi}$ e anti-horário.

c) $\frac{i_1 - i_2}{3\pi}$ e horário.

d) $\frac{i_1 + i_2}{3\pi}$ e horário.

e) $\frac{i_1 + i_2}{3\pi}$ e anti-horário.

49. (UEPG-PR) Em relação ao campo magnético, assinale o que for correto.

01) O campo magnético num ponto, próximo a um fio longo percorrido por uma corrente elétrica contínua, é diretamente proporcional à intensidade da corrente e inversamente proporcional ao quadrado da distância do ponto ao fio.

02) O campo magnético no centro de uma espira circular de raio R, percorrida por uma corrente elétrica contínua é nulo.

04) No interior de um solenoide longo, percorrido por uma corrente elétrica contínua, as linhas de campo magnético são circulares e paralelas ao plano das espiras.

08) A experiência realizada por Oersted mostrou que correntes elétricas produzem um campo magnético.

16) O funcionamento dos geradores elétricos baseia-se principalmente na lei de indução de Faraday.

50. (UEG-GO) Duas espiras circulares, concêntricas e coplanares, de raios R_1 e R_2, onde $R_2 = 5R_1$, são percorridas pelas correntes de intensidades i_1 e i_2, respectivamente. O campo magnético resultante no centro das espiras é nulo. Qual é a razão entre as intensidades de correntes i_2 e i_1?

a) 0,2 **c)** 1,0 **e)** 10
b) 0,8 **d)** 5,0

51. (PUC-RS) Para uma espira circular condutora, percorrida por uma corrente elétrica de intensidade i, é registrado um campo magnético de intensidade B no seu centro. Alterando-se a intensidade da corrente elétrica na espira para um novo valor i_{final} observa-se que o módulo do campo magnético, no mesmo ponto, assumirá o valor $5B$. Qual é a razão entre as intensidades das correntes elétricas final e inicial final (i_{final}/i)?

a) 1/5 **c)** 5 **e)** 25
b) 1/25 **d)** 10

52. (Esc. Naval-RJ) Analise a figura abaixo.

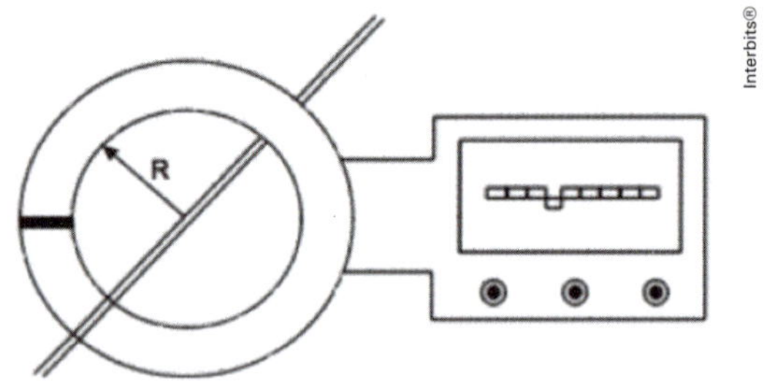

Um instrumento denominado amperímetro de alicate é capaz de medir a corrente elétrica em um ou mais condutores apenas os envolvendo com suas garras (ver figura). Quando essas são fechadas, o campo magnético produzido pelas correntes envolvidas pode ser medido por um sensor. Considere que dois condutores retilíneos, muito próximos um do outro atravessam o centro da área circular, de raio R, entre as garras do medidor. Sendo assim, o campo magnético medido pelo sensor será

a) zero, se as correntes nos fios forem de mesmo módulo I e tiverem sentidos contrários.

b) $\frac{\mu_0 I}{\pi R^2}$, se as correntes forem de mesmo módulo I e tiverem o mesmo sentido.

c) $\frac{\mu_0 I}{2\pi R}$, se as correntes forem de mesmo módulo I e tiverem o mesmo sentido.

d) $\frac{\mu_0 I}{4\pi R}$, se as correntes forem de mesmo módulo I e tiverem sentidos contrários.

e) sempre zero.

53. (Esc. Naval-RJ) Na figura abaixo, e_1 e e_2 são duas espiras circulares, concêntricas e coplanares de raios $r_1 = 8{,}0$ m e $r_2 = 2{,}0$ m, respectivamente. A espira e_2 é percorrida por uma corrente $i_2 = 4{,}0$ A, no sentido anti-horário. Para que o vetor campo magnético resultante no centro das espiras seja nulo, a espira e_1 deve ser percorrida, no sentido horário, por uma corrente i_1, cujo valor, em amperes, é de

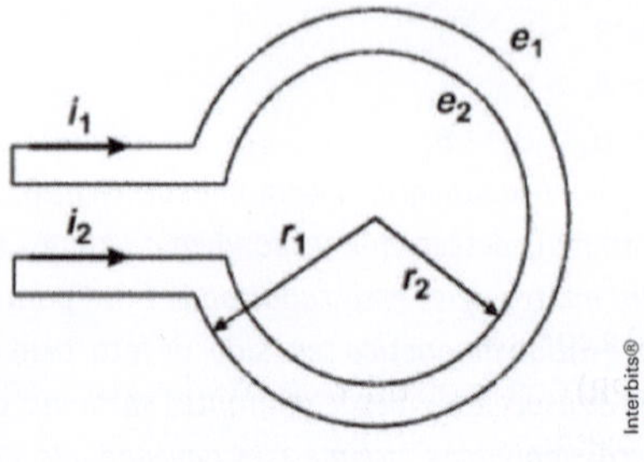

a) 4,0 **c)** 12 **e)** 20
b) 8,0 **d)** 16

54. (PUC-SP) A figura representa dois fios condutores retilíneos e muito compridos, paralelos e percorridos por correntes elétricas de mesma intensidade (i_F), porém, de sentidos contrários. Entre os fios há uma espira circular de raio R percorrida por uma corrente elétrica de intensidade (i_E). Determine a razão i_F/i_E e o sentido da corrente elétrica na espira circular para que o campo de indução magnética resultante no centro da espira seja nulo. Os fios condutores e a espira circular estão situados no mesmo plano.

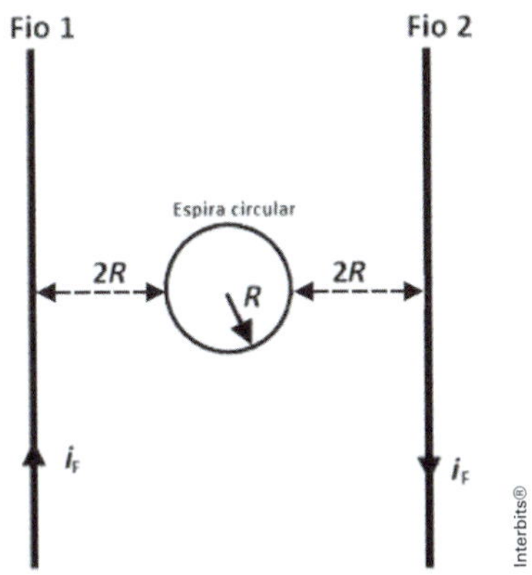

a) π e o sentido da corrente na espira deve ser anti-horário.

b) π e o sentido da corrente na espira deve ser horário.

c) $1,5\pi$ e o sentido da corrente na espira deve ser horário.

d) $1,5\pi$ e o sentido da corrente na espira deve ser anti-horário.

55. (Esc. Naval-RJ) Observe a figura a seguir.

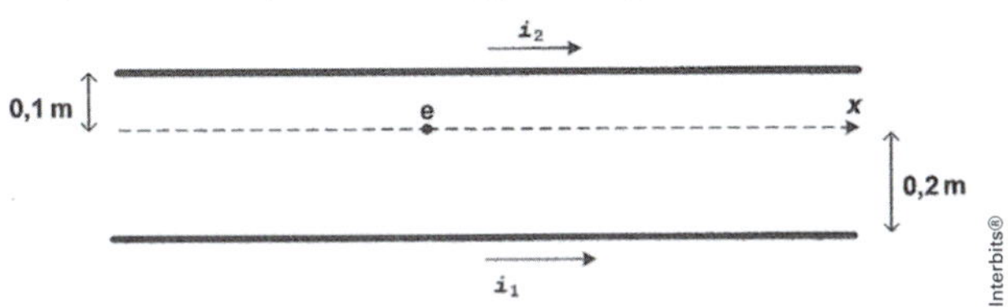

Paralelo ao eixo horizontal x, há dois fios muito longos e finos. Conforme indica a figura acima, o fio 1 está a 0,2 m de distância do eixo x, enquanto o fio 2 está a 0,1 m. Pelo fio 1, passa uma corrente $i_1 = 7,0$ mA e pelo fio $i_2 = 6,0$ mA, ambas no sentido positivo de x. Um elétron (carga = e, massa = m_e) se desloca sobre o eixo x com velocidade constante. Sabendo que os dois fios e a trajetória do elétron estão no mesmo plano, qual o módulo, em mm/s, e o sentido do vetor velocidade do elétron em relação ao sentido das correntes i_1 e i_2?

Dados:

$g = 10 \text{ m/s}^2$

$\mu = 4\pi \cdot 10^{-7} \text{ T} \cdot \text{m/A}$

$e/m_e = 2 \cdot 10^{11}$ C/kg

a) 10 e contrário.

b) 20 e igual.

c) 30 e contrário.

d) 40 e igual.

e) 50 e contrário.

56. (UEL-PR) Com o objetivo de estudar a estrutura da matéria, foi projetado e construído no CERN (Centro Europeu de Pesquisas Nucleares) um grande acelerador (LHC) para fazer colidir dois feixes de prótons, ou íons pesados. Nele, através de um conjunto de ímãs, os feixes de prótons são mantidos em órbita circular, com velocidades muito próximas à velocidade da luz c no vácuo. Os feixes percorrem longos tubos, que juntos formam um anel de 27 km de perímetro, onde é feito vácuo. Um desses feixes contém $N = 2,0 \times 10^{14}$ prótons distribuídos uniformemente ao longo dos tubos. Os prótons são mantidos nas órbitas circulares por horas, estabelecendo, dessa forma, uma corrente elétrica no anel.

a) Calcule a corrente elétrica i, considerando o tubo uma espira circular de corrente.

b) Calcule a intensidade do campo magnético gerado por essa corrente no centro do eixo de simetria do anel do acelerador LHC (adote $\pi = 3$).

57. (Udesc) Considere um longo solenoide ideal composto por 10 000 espiras por metro, percorrido por uma corrente contínua de 0,2 A. O módulo e as linhas de campo magnético no interior do solenoide ideal são, respectivamente:

a) Nulo, inexistentes.

b) $8\pi \times 10^{-4}$ T, circunferências concêntricas.

c) $4\pi \times 10^{-4}$ T, hélices cilíndricas.

d) $8\pi \times 10^{-3}$ T, radiais com origem no eixo do solenoide.

e) $8\pi \times 10^{-4}$ T, retas paralelas ao eixo do solenoide.

58. (Uema) Um professor de física, para construir um eletroímã, montou um circuito com as seguintes características: valor da resistência $R = 15\ \Omega$, solenoide com $8\pi \times 10^{-2}$ m de comprimento, 5 000 espiras e resistência $r = 85\ \Omega$, conforme ilustrado:

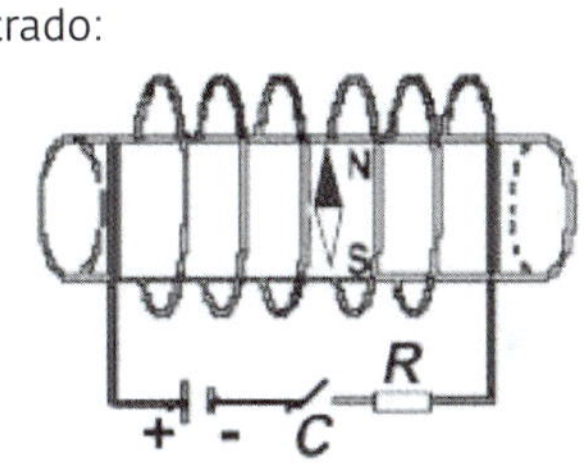

Determine o módulo do vetor indução magnética no interior do solenoide quando a ddp for de 60 V, considerando $\mu_0 = 4\pi \times 10^{-7} \text{ T} \cdot \text{m/A}$.

59. (Udesc) Com relação aos fenômenos eletromagnéticos, analise as proposições:

I. Corrente elétrica induzida, em um circuito fechado, por um campo magnético variável no tempo sempre gera um campo magnético que se opõe à mudança desse campo.

II. Correntes elétricas, em circuitos fechados, podem formar dipolos magnéticos, mas nunca monopolos magnéticos.

III. Ao dividir-se um ímã ao meio, formam-se dois monopolos magnéticos, um polo sul e outro polo norte.

IV. Força magnética atua em cargas elétricas em repouso e em movimento.

Assinale a alternativa correta:

a) Somente as afirmativas II e III são verdadeiras.

b) Somente as afirmativas I, III e IV são verdadeiras.

c) Somente as afirmativas II e IV são verdadeiras.

d) Somente as afirmativas I e II são verdadeiras.

e) Somente as afirmativas I e IV são verdadeiras.

60. (Ifsul-RS) Uma espira quadrada de lado *a* atravessa com velocidade constante uma região quadrada de lado *b*, $b < a$, onde existe um campo magnético no tempo e no espaço. A espira se move da esquerda à direita e o campo magnético aponta para cima, como mostrado na figura abaixo.

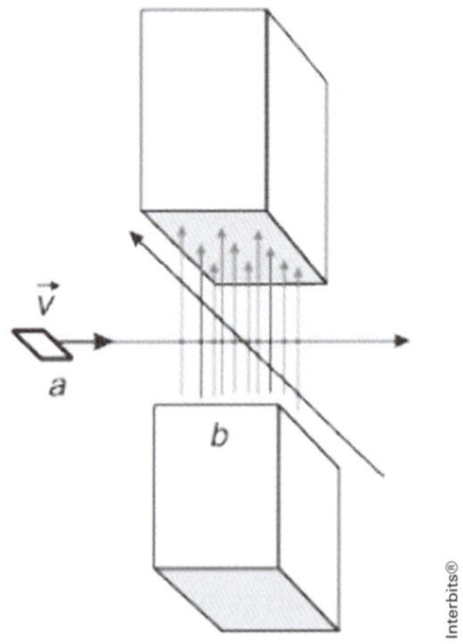

Segundo um observador que olha de cima para baixo, o sentido da corrente na espira (horário ou anti-horário) quando ela estiver entrando na região do campo magnético e quando estiver saindo da região desse campo será

a) anti-horário e horário.
b) horário e anti-horário.
c) sempre horário, pois não há força eletromotriz nem corrente elétrica induzida.
d) sempre anti-horário, pois há força eletromotriz e corrente elétrica induzida.

61. (UPE) Uma partícula de carga positiva se move com velocidade de módulo *v*, em uma região do espaço que possui um campo magnético de módulo *B*. Nessa situação, uma força magnética de módulo *F* surge. Um conjunto de diagramas foi construído representando todas essas grandezas vetoriais. Observe os diagramas a seguir:

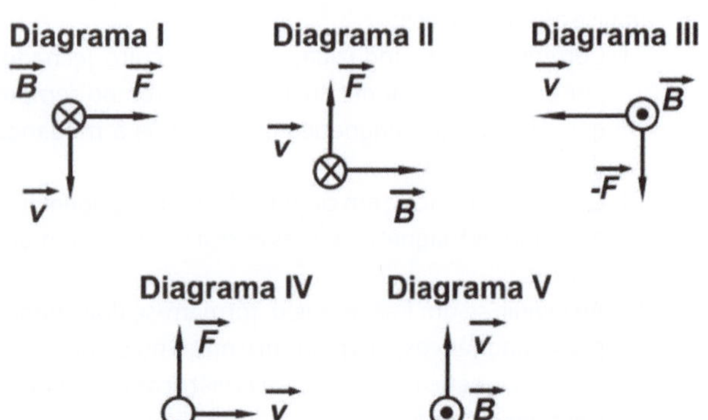

Está(ão) CORRETO(S), apenas,

a) I.
b) V.
c) I e III.
d) II e V.
e) III e IV.

62. (UFSM-RS) A tecnologia das grandes usinas hidroelétricas depende de extensas linhas de transmissão. As linhas de transmissão usualmente transportam energia elétrica em _____ tensão. O transformador é um dispositivo que permite transformar baixa tensão e _____ corrente em alta tensão e _____ corrente e vice-versa. No transformador, o fluxo magnético associado ao campo criado pela corrente _____ no primário gera uma corrente no secundário, conforme a lei de Faraday.

A alternativa que completa, corretamente, as lacunas é

a) alta – alta – baixa – contínua.
b) alta – baixa – alta – alternada.
c) baixa – baixa – baixa – contínua.
d) alta – alta – baixa – alternada.
e) baixa – baixa – alta – contínua.

63. (PUC-RS) Considere as afirmativas a seguir.

I. O campo magnético terrestre induz correntes elétricas na fuselagem de alumínio de um avião que esteja voando.
II. Um ímã colocado dentro de um solenoide induz uma diferença de potencial elétrico entre as extremidades deste solenoide, quer esteja parado, quer em movimento em relação ao mesmo.
III. O fluxo magnético através de uma superfície é diretamente proporcional ao número de linhas de indução que a atravessam.
IV. Um dínamo e um transformador são equipamentos projetados para empregar a indução eletromagnética e por isso geram energia elétrica.

Analisando as afirmativas, conclui-se que somente estão corretas

a) I, II e III
b) I, II e IV
c) II, III e IV
d) I e III
e) II e IV

64. (UFSM-RS) A figura apresenta uma porção de um fio condutor percorrido por uma corrente *i*, porção essa que, no campo gravitacional, fica sujeita à força peso *P*. Essa força pode ser equilibrada por uma força magnética originada pela corrente *i* em presença do campo magnético uniforme representado por:

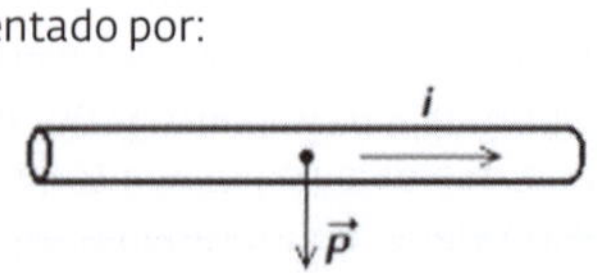

a) 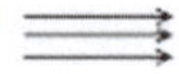

b) 

c) 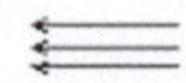

d) 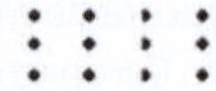

e)
x x x x
x x x x
x x x x

65. (ITA-SP) Elétrons com energia inicial de 2 MeV são injetados em um dispositivo (bétatron) que os acelera em uma trajetória circular perpendicular a um campo magnético cujo fluxo varia a uma taxa de 1000 Wb/s. Assinale a energia cinética final alcançada pelos elétrons após 500 000 revoluções.

a) 498 MeV
b) 500 MeV
c) 502 MeV
d) 504 MeV
e) 506 MeV

66. (UFRGS-RS) Um capo magnético uniforme *B* atravessa perpendicularmente o plano do circuito representado abaixo, direcionado para fora desta página. O fluxo desse campo através do circuito aumenta à taxa de 1 Wb/s.

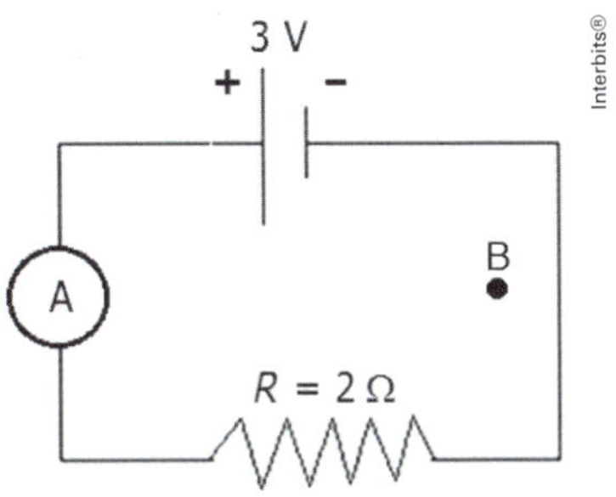

Nessa situação, a leitura do amperímetro *A* apresenta em ampères,

a) 0,0.
b) 0,5.
c) 1,0.
d) 1,5.
e) 2,0.

67. (UFSM-RS) O crescimento populacional e as inovações tecnológicas do século XX criaram uma grande demanda de energia elétrica. Para produzi-la, escavamos o chão em busca de carvão ou óleo para alimentar as usinas termelétricas, extraímos, enriquecemos e fissionamos urânio para aquecer a água nas usinas nucleares, inundamos grandes extensões de terra para armazenar a água que move as turbinas das hidrelétricas, ou erguemos torres com imensos cata-ventos para utilizarmos a energia eólica. Em comum, todas essas formas de produção de energia elétrica baseiam-se na lei da indução de Faraday, descoberta ainda no século XIX, a qual expressa o fato de que

a) o aquecimento de uma bobina condutora induz o movimento de agitação térmica dos elétrons do condutor.
b) o movimento de rotação de uma bobina condutora induz uma força mecânica que movimenta os elétrons do condutor.
c) o movimento de rotação de uma bobina condutora induz uma força eletromotriz que movimenta os elétrons do condutor.
d) a variação do fluxo elétrico através de uma bobina condutora induz uma força eletromotriz que movimenta os elétrons do condutor.
e) a variação do fluxo magnético através de uma bobina condutora induz uma força eletromotriz que movimenta os elétrons do condutor.

68. (UEL-PR) Vivemos num mundo em que a eletricidade faz parte da nossa experiência diária. A energia elétrica é facilmente transformada em outras formas de energia como, por exemplo, nos aquecedores, nos liquidificadores, nos aparelhos de som, nos elevadores etc. Um dispositivo utilizado para obtenção da energia elétrica é o alternador. Em sua forma mais simples um alternador consiste numa espira em forma de retângulo que fica imersa num campo magnético, girando em torno de um eixo perpendicular às linhas desse campo. É correto afirmar que a energia elétrica obtida no alternador, num certo intervalo de tempo:

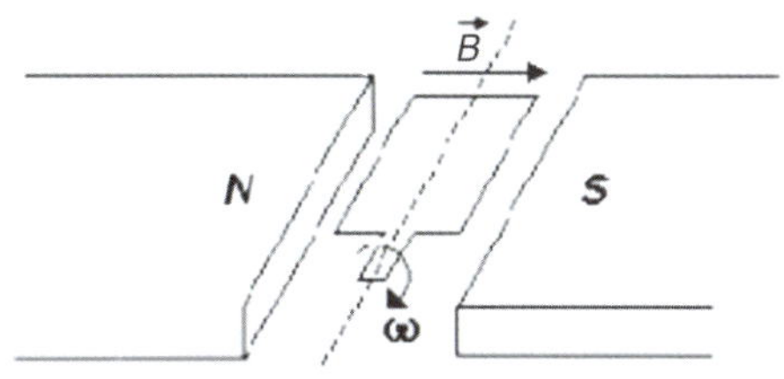

a) não depende da velocidade de rotação ω da espira.
b) varia na razão inversa da variação da intensidade do campo magnético.
c) não depende da intensidade do campo magnético.
d) cresce com o aumento da velocidade de rotação ω da espira.
e) não depende das dimensões da espira.

69. (UFV-MG) Uma bobina metálica quadrada move-se com velocidade constante, da região 1 até a região 2, regiões nas quais o campo magnético é nulo. Durante o movimento a bobina passa através da região sombreada, onde existe um campo magnético uniforme e constante *B*. O gráfico que melhor representa a variação da força eletromotriz induzida (f.e.m.) na bobina, em função da coordenada *x*, é:

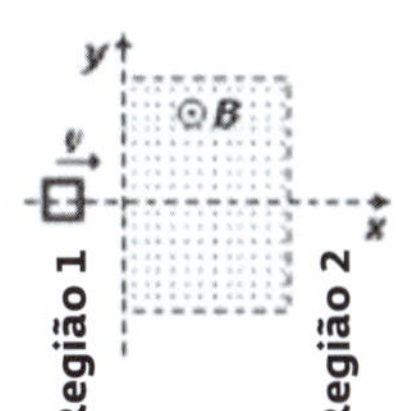

a)
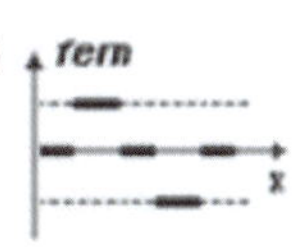

b)
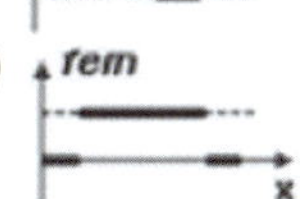

c)
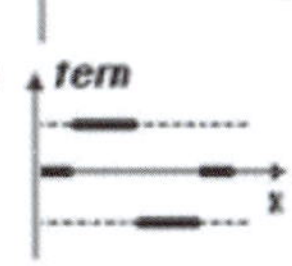

d)
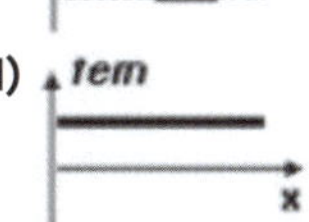

e)
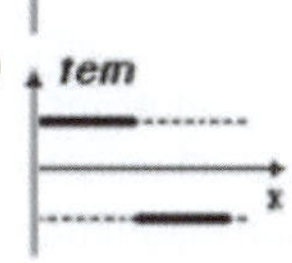

70. (Acafe-SC) A principal aplicação da Indução Magnética, ou Eletromagnética, é a sua utilização na obtenção de energia. Podem-se produzir pequenas *f.e.m.* com um experimento bem simples. Considere uma espira quadrada com 0,4 m de lado que está totalmente imersa num campo magnético uniforme (intensidade $B = 5{,}0\ Wb/m^2$) e perpendicular às linhas de indução. Girando a espira até que ela fique paralela às linhas de campo.

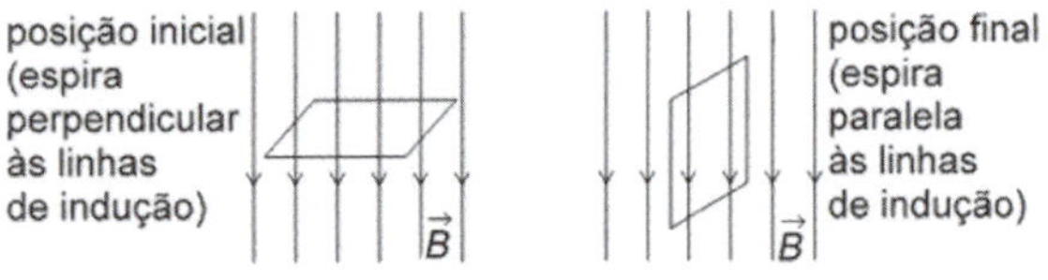

Sabendo-se que a espira acima levou 0,2 segundo para ir da posição inicial para a final, a alternativa correta que apresenta o valor em módulo da *f.e.m.* induzida na espira, em volts, é:

a) 1,6
b) 8
c) 4
d) 0,16

71. (Cefet-MG) Referindo-se à interação de correntes elétricas com campos magnéticos, assinale (V) para as afirmativas verdadeiras ou (F), para as falsas.

I. O funcionamento de um gerador de corrente elétrica pode ser explicado pela lei de Faraday.
II. Ao girar o eixo de um motor de corrente contínua, com as mãos, ele funcionará como um gerador de corrente elétrica.
III. Um fio percorrido por uma corrente elétrica e colocado em um campo magnético uniforme sofrerá a ação de uma força magnética, independente da sua orientação no campo.

A afirmativa correta encontrada é

a) V, V, F.
b) V, F, V.
c) F, V, V.
d) F, F, V.
e) F, V, F.

72. (UEM-PR) Uma haste metálica pode deslizar livremente (sem atrito) sobre duas outras hastes metálicas, paralelas entre si, conforme ilustra a figura.

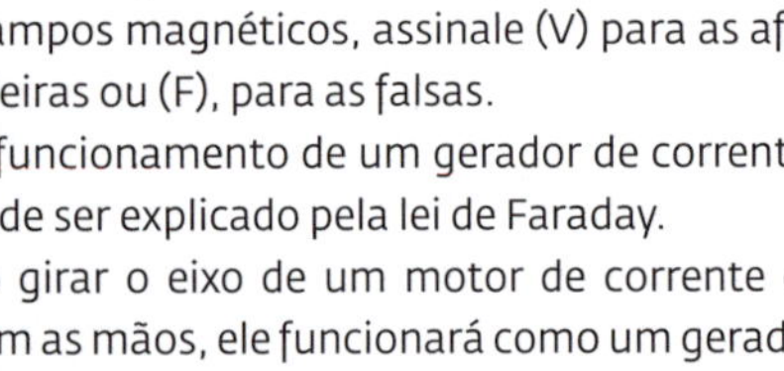

$B = 3\ T$
$u = 1\ m/s$
$R = 2\ \Omega$

Considere as hastes metálicas, os fios condutores e o amperímetro com resistências desprezíveis. O resistor R tem resistência $2\ \Omega$, a intensidade do campo magnético $\vec{B}$ é de 3 T, perpendicular e saindo do plano da página, e a velocidade da haste livre tem módulo $u = 1\ m/s$. Sobre o exposto, assinale o que for correto.

01) O sentido convencional da corrente que percorre o circuito é horário.
02) A força magnética que atua sobre a haste móvel é contrária a seu movimento.
04) A força eletromotriz induzida vale 0,6 V.
08) A potência dissipada no resistor R é 0,18 W.
16) Para a haste se deslocar com velocidade constante, é necessário que um agente externo aplique uma força variável sobre ela.

73. (Ufop-MG) Para escoar a energia elétrica produzida em suas turbinas, a hidrelétrica de Itaipu eleva a tensão de saída para aproximadamente 700 000 V. Em sua residência, as tomadas apresentam uma tensão de 127 V e/ou 220 V. O equipamento que realiza essa tarefa de elevar e abaixar a tensão é o transformador. É correto afirmar que:

a) o princípio de funcionamento de um transformador exige que a tensão/corrente seja contínua.
b) o princípio de funcionamento de um transformador exige que a tensão/corrente seja alternada.
c) o transformador irá funcionar tanto em uma rede com tensão/corrente alternada quanto em uma com tensão/corrente contínua.
d) o transformador irá funcionar quando, no enrolamento primário, houver uma tensão/corrente contínua e, no secundário, uma alternada.

74. (UFPR) Sabe-se que em um transformador não há, necessariamente, ligação elétrica entre o condutor do enrolamento primário e o do secundário. Entretanto, a energia elétrica é transmitida do primário para o secundário. A partir destes fatos e dos conhecimentos sobre eletromagnetismo, é correto afirmar que:

01) a corrente elétrica do enrolamento secundário não influi no funcionamento do primário.
02) o transformador só funciona com corrente elétrica variável.
04) é a variação do fluxo do campo magnético nos enrolamentos que permite a transmissão da energia elétrica.
08) a diferença de potencial nos terminais do enrolamento secundário é sempre menor que a diferença de potencial nos terminais do primário.
16) a corrente elétrica é sempre a mesma nos enrolamentos primário e secundário.

75. (Ufscar-SP) No final do século XIX, uma disputa tecnológica sobre qual a corrente elétrica mais adequada para transmissão e distribuição da energia elétrica, gerada em usinas elétricas, tornou clara a vantagem do uso da corrente alternada, em detrimento da corrente contínua. Um dos fatores decisivos para essa escolha foi a possibilidade da utilização de transformadores na rede de distribuição de eletricidade. Os transformadores podem aumentar ou diminuir a tensão a eles fornecida, permitindo a adequação dos valores da intensidade da corrente transmitida e reduzindo perdas por efeito Joule, mas só funcionam em corrente alternada. O princípio físico em que se baseia o funcionamento dos transformadores e a característica da corrente alternada que satisfaz a esse princípio são, respectivamente,

a) a conservação da carga e o movimento oscilante dos portadores de carga elétrica.
b) a indução eletrostática e o movimento contínuo dos portadores de carga elétrica.
c) a indução eletrostática e o movimento oscilante dos portadores de carga elétrica.
d) a indução eletromagnética e o movimento contínuo de portadores de carga elétrica.
e) a indução eletromagnética e o movimento oscilante dos portadores de carga elétrica.

76. (Acafe-SC) O carregador de celular é um dispositivo que consegue transferir energia elétrica da rede elétrica residencial para as baterias do aparelho. No entanto, para realizar essa transferência utiliza um equipamento bastante conhecido, o transformador. Na figura abaixo, recortamos o esquema do transformador de um carregador de celular que é igual à de qualquer transformador comum.

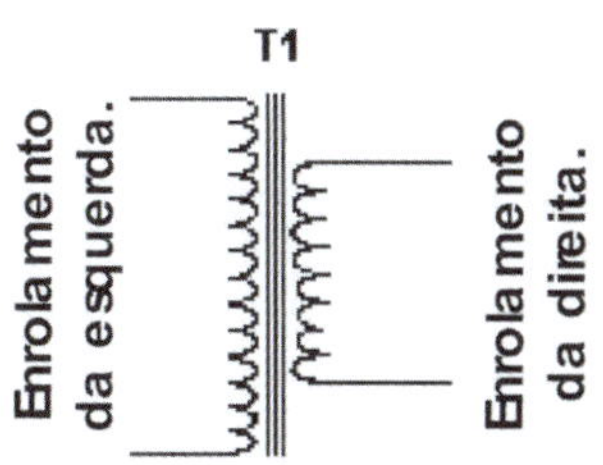

Considere a figura e assinale a alternativa correta que completa as lacunas da frase a seguir. O princípio de funcionamento do transformador é ________. Com base na figura, deduzimos que a tensão do enrolamento da _______ é ________ que a tensão do enrolamento da _________.

a) a indução eletromagnética – direita – igual – esquerda.
b) a indução eletrostática – esquerda – menor – direita.
c) a indução eletromagnética - esquerda - maior - direita.
d) a indução eletrostática – direita – maior – esquerda.

77. (Ufop-MG) Um transformador tem os seguintes valores nominais: 110 V, 220 V e 2 200 W. Sabendo que o enrolamento cujos terminais indicam 110 V tem 250 espiras, determine:

a) o número de espiras do enrolamento correspondente à força eletromotriz de 220 V;
b) a intensidade da corrente em cada terminal quando se utiliza esse transformador para ligar uma televisão, com valores nominais de 220 V e 880 W, a uma tomada que fornece 110 V;
c) a intensidade máxima da corrente em cada terminal.

78. (UFSC) Na transmissão de energia elétrica das usinas até os pontos de utilização, não bastam fios e postes. Toda a rede de distribuição depende fundamentalmente dos transformadores, que ora elevam a tensão, ora a rebaixam. Nesse sobe e desce, os transformadores não só resolvem um problema econômico, como melhoram a eficiência do processo. O esquema a seguir representa esquematicamente um transformador ideal, composto por dois enrolamentos (primário e secundário) de fios envoltos nos braços de um quadro metálico (núcleo), e a relação entre as voltagens no primário e no secundário é dada por $V_p/V_s = N_p/N_s$.

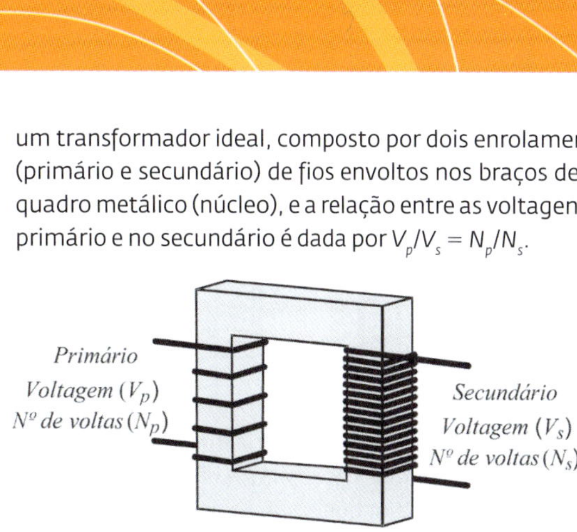

Em relação ao exposto, assinale a(s) proposição(ões) CORRETA(S).

01) O princípio básico de funcionamento de um transformador é o fenômeno conhecido como indução eletromagnética: quando um circuito fechado é submetido a um campo magnético variável, aparece no circuito uma corrente elétrica cuja intensidade é proporcional às variações do fluxo magnético.
02) No transformador, pequenas intensidades de corrente no primário podem criar grandes intensidades de fluxo magnético, o que ocasionará uma indução eletromagnética e o aparecimento de uma voltagem no secundário.
04) O transformador apresentado pode ser um transformador de elevação de tensão. Se ligarmos uma bateria de automóvel de 12 V em seu primário (com 48 voltas), iremos obter uma tensão de 220 V em seu secundário (com 880 voltas).
08) Podemos usar o transformador invertido, ou seja, se o ligarmos a uma tomada em nossa residência (de corrente alternada) e aplicarmos uma tensão de 220 V em seu secundário (com 1 000 voltas), obteremos uma tensão de 110 V no seu primário (com 500 voltas).
16) Ao acoplarmos um transformador a uma tomada e a um aparelho elétrico, como não há contato elétrico entre os fios dos enrolamentos primário e secundário, o que impossibilita a passagem da corrente elétrica entre eles, não haverá transformação dos valores da corrente elétrica, somente da tensão.
32) O fluxo magnético criado pelo campo magnético que aparece quando o transformador é ligado depende da área da secção reta do núcleo metálico.

79. (UFPR) O fenômeno da indução eletromagnética permite explicar o funcionamento de diversos aparelhos, entre eles o transformador, o qual é um equipamento elétrico que surgiu no início do século 19, como resultado da união entre o trabalho de cientistas e engenheiros, sendo hoje um componente essencial na tecnologia elétrica e eletrônica. Utilizado quando se tem a necessidade de aumentar ou diminuir a tensão elétrica, o transformador é constituído por um núcleo de ferro e duas bobinas, conforme ilustra a figura a seguir. Uma das bobinas (chamada de primário) tem N_1 espiras e sobre ela é aplicada a tensão U_1, enquanto que a outra (chamada de secundário) tem N_2 espiras e fornece a tensão U_2.

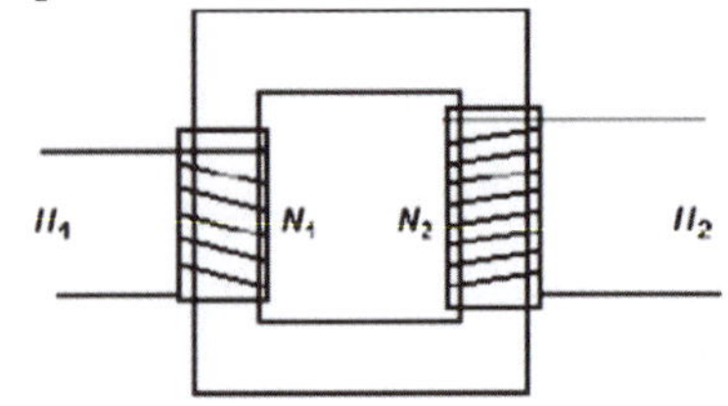

Sobre o transformador, é correto afirmar:

a) Quando o número de espiras N_1 é menor que N_2, a tensão U_2 será maior que a tensão aplicada U_1.

b) É utilizado para modificar a tensão tanto em sistemas de corrente contínua quanto nos de corrente alternada.

c) Só aparece a tensão U_2 quando o fluxo do campo magnético produzido pelo primário for constante.

d) Num transformador ideal, a potência fornecida ao primário é diferente da potência fornecida pelo secundário.

e) Quando o número de espiras N_1 é menor que N_2, a corrente no secundário é maior que a corrente no primário.

80. (UFU-MG) Tem se tornado cada vez mais comum o desenvolvimento de veículos de transporte de passageiros que flutuam sobre o solo. Um dos princípios que permite a esses veículos "flutuarem" sobre os trilhos é chamado de levitação eletrodinâmica, que ocorre quando há o movimento de um campo magnético nas proximidades de um material condutor de eletricidade. Segundo essa tecnologia, a levitação do veículo ocorre porque

a) o movimento relativo de um material condutor gera força elétrica sobre o material magnético, criando um campo elétrico, o qual, com base na Lei de Coulomb, gerará em efeito repulsivo entre trem e trilhos, permitindo a "flutuação".

b) a corrente elétrica gerada pelo material condutor cria um campo magnético sobre o material magnético, que estabelece uma diferença de potencial entre os trilhos e o trem, com base na Lei de Ohm, o que gera a repulsão.

c) o movimento relativo de um material magnético gera correntes em um material condutor, que criará um campo magnético, o qual, com base na Lei de Lenz, irá se opor à variação do campo criado pelo material magnético, gerando a repulsão.

d) a corrente elétrica induzida no material magnético irá criar um campo magnético no material condutor, o qual, com base na Lei de Faraday, gerará uma força elétrica repulsiva sobre o material magnético, permitindo a "flutuação".

81. (PUC-PR) O dispositivo tecnológico mostrado na figura a seguir é um gerador elétrico simples e sua criação é devida à aplicação da Lei de Faraday e da Lei de Lenz. Nesse dispositivo, a espira, imersa num campo magnético $\vec{B}$, gira com velocidade angular ω em torno do eixo de rotação e está acoplada aos anéis coletores. Sobre esses anéis estão as escovas de carvão, que fornecem uma força eletromotriz ao circuito externo. O campo magnético entre os polos é uniforme e a área da espira é igual a A.

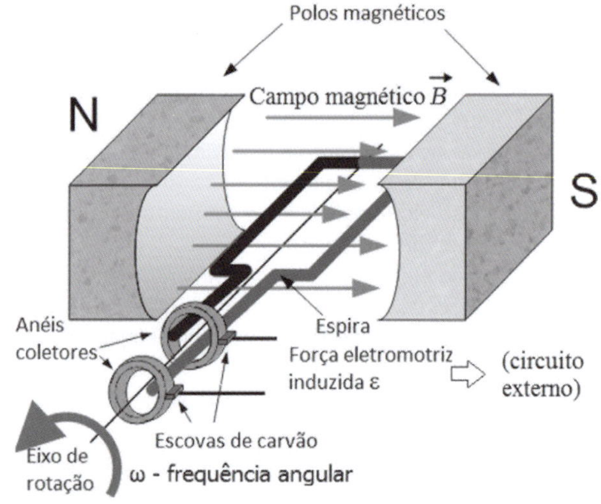

Considerando o dispositivo da figura acima, é CORRETO afirmar que:

a) o fluxo do campo magnético através da espira é constante.

b) o sentido da corrente induzida na espira é horário e independe do tempo.

c) a força eletromotriz induzida e produzida pelo gerador é alternada.

d) a frequência de oscilação produzida pelo gerador e fornecida ao circuito externo é ω.

e) o valor da força eletromotriz gerada é $B\omega$.

82. (UFSM-RS) A corrente induzida em uma espira por um fluxo magnético variável tem um sentido tal que o campo magnético que ela cria tende a contrariar a variação do fluxo magnético através da espira. A Lei de Lenz citada é a aplicação do princípio de conservação do(a)

a) carga elétrica.

b) massa.

c) energia.

d) quantidade de movimento.

e) momento angular.

83. (UFSC) Uma espira retangular de fio condutor é posta a oscilar, no ar, atravessando em seu movimento um campo magnético uniforme, perpendicular ao seu plano de oscilação, conforme está representado na figura abaixo. Ao oscilar, a espira não sofre rotação (o plano da espira é sempre perpendicular ao campo magnético) e atravessa a região do campo magnético nos dois sentidos do seu movimento.

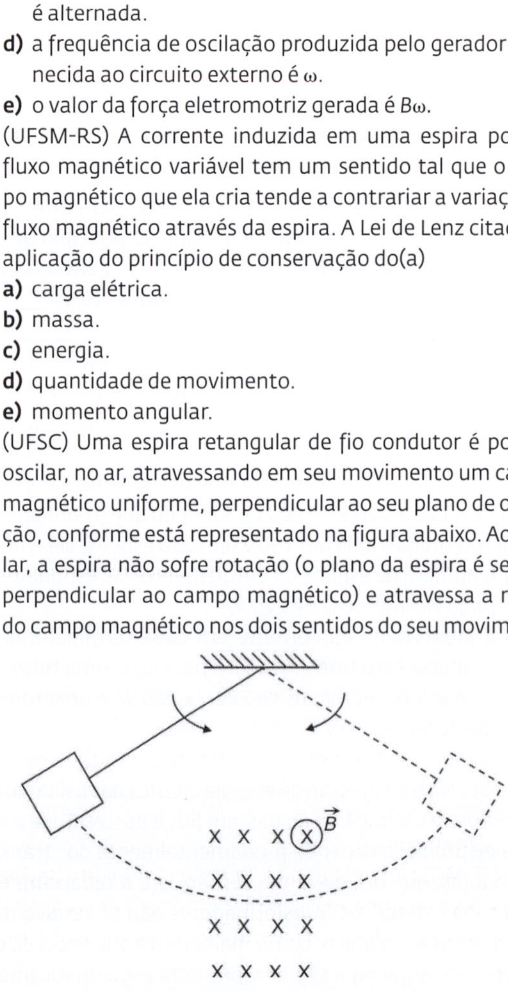

Assinale a(s) proposição(ões) correta(s):

01) Como a espira recebe energia do campo magnético, ela levará mais tempo para atingir o repouso do que se oscilasse na ausência dos ímãs.

02) O campo magnético não influencia o movimento da espira.

04) Parte da energia mecânica será convertida em calor por efeito Joule.

08) A espira levará menos tempo para atingir o repouso, pois será freada pelo campo magnético.

16) O sentido da corrente induzida enquanto a espira está entrando na região do campo magnético é oposto ao sentido da corrente induzida enquanto a espira está saindo da região do campo magnético.

32) Os valores das correntes induzidas não se alteram se substituímos a espira retangular por uma espira circular, cujo raio seja a metade do lado maior da espira retangular.

64) As correntes induzidas que aparecem na espira têm sempre o mesmo sentido.

84. (UFRGS-RS) O observador, representado na figura, observa um imã que se movimenta em sua direção com velocidade constante. No instante representado, o ímã encontra-se entre duas espiras condutoras, 1 e 2, também mostradas na figura.

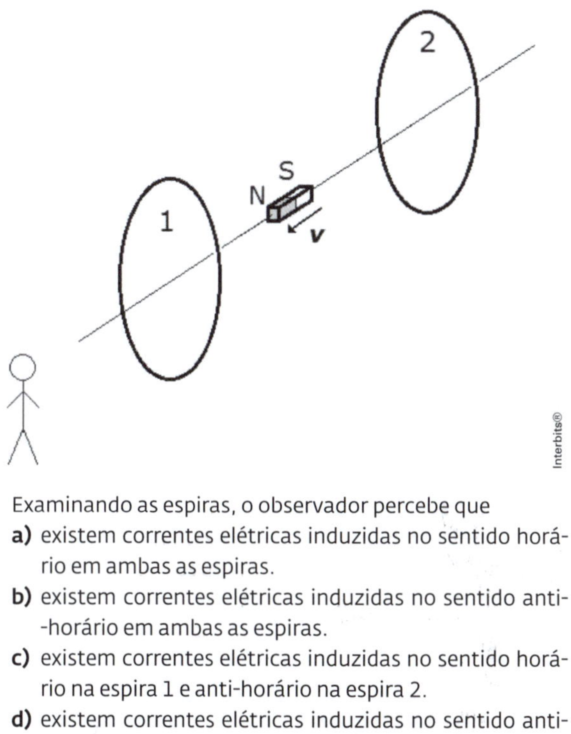

Examinando as espiras, o observador percebe que

a) existem correntes elétricas induzidas no sentido horário em ambas as espiras.

b) existem correntes elétricas induzidas no sentido anti-horário em ambas as espiras.

c) existem correntes elétricas induzidas no sentido horário na espira 1 e anti-horário na espira 2.

d) existem correntes elétricas induzidas no sentido anti-horário na espira 1 e horário na espira 2.

e) existe apenas corrente elétrica induzida na espira 1, no sentido horário.

85. (UFJF-MG) Um anel metálico cai verticalmente devido ao seu peso em uma região de campo magnético constante saindo perpendicularmente ao plano da folha, de acordo com a figura a seguir.

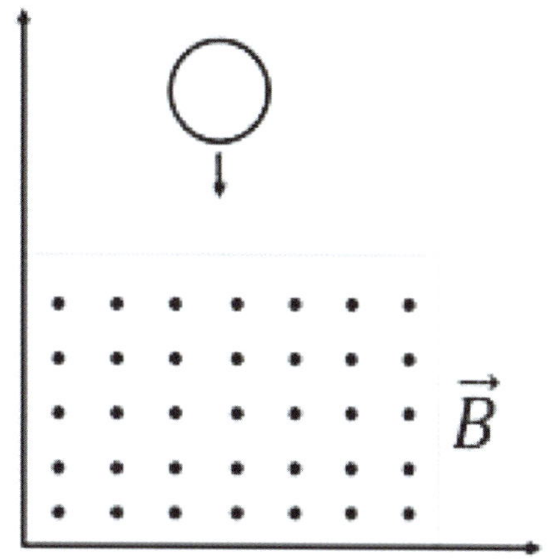

Assinale a alternativa correta sobre a corrente induzida no anel.

a) não existe corrente induzida no anel durante o percurso da queda, pois o campo é constante.

b) a corrente induzida no anel é no sentido horário quando o anel entra na região do campo.

c) a corrente induzida no anel é no sentido anti-horário quando o anel entra na região do campo.

d) existe uma corrente induzida durante todo o instante de queda devido a variação da posição do anel em relação ao campo.

e) existe uma corrente induzida somente quando o anel encontra-se totalmente imerso no campo.

86. (Uema) Uma das aplicações dos capacitores é no circuito eletrônico de um *flash* de máquina fotográfica. O capacitor acumula carga elétrica por um determinado tempo (alguns segundos) e, quando o botão para tirar a foto é acionado, toda carga acumulada é "despejada" sobre a lâmpada do *flash*, daí o seu brilho intenso, porém de curta duração.

Se nesse circuito houver um capacitor de dados nominais 315 V e 100 μF, corresponderá a uma carga, em coulomb, máxima, acumulada de

a) 3,1500.

b) 0,3175.

c) 0,3150.

d) 0,0315.

e) 3,1750.

87. (Enem) Um cosmonauta russo estava a bordo da estação espacial MIR quando um de seus rádios de comunicação quebrou. Ele constatou que dois capacitores do rádio de 3 μF e 7 μF ligados em série estavam queimados. Em função da disponibilidade, foi preciso substituir os capacitores defeituosos por um único capacitor que cumpria a mesma função. Qual foi a capacitância, medida em μF, do capacitor utilizado pelo cosmonauta?

a) 0,10

b) 0,50

c) 2,1

d) 10

e) 21

88. (ITA-SP)

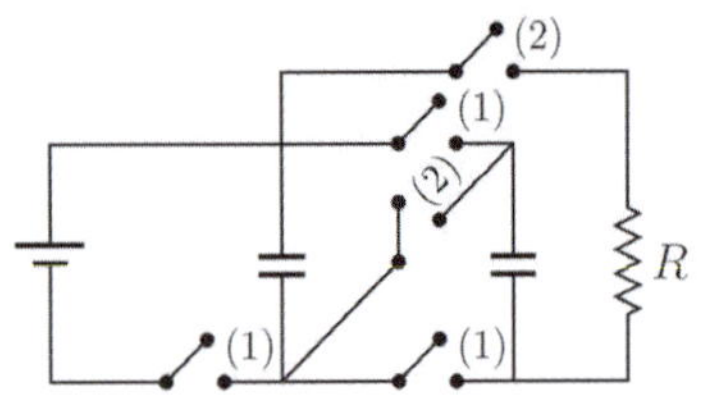

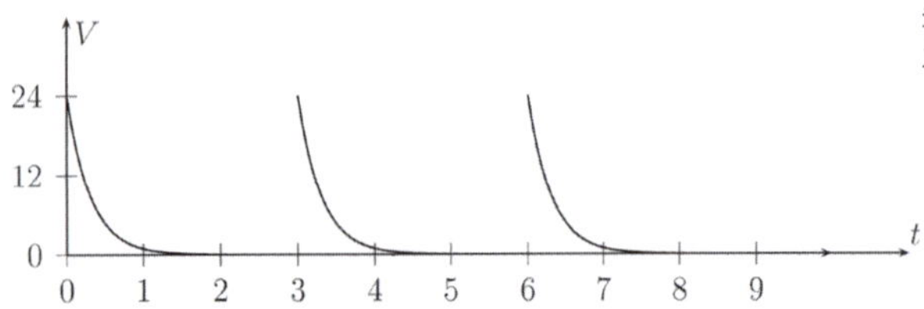

Interbits®

No circuito da figura há três capacitores iguais, com $C = 1\,000\ \mu F$, inicialmente descarregados. Com as chaves (2) abertas e as chaves (1) fechadas, os capacitores são carregados. Na sequência, com as chaves (1) abertas e as chaves (2) fechadas, os capacitores são novamente descarregados e o processo se repete. Com a tensão no resistor R variando segundo o gráfico da figura, a carga transferida pelos capacitores em cada descarga é igual a

a) $4{,}8 \times 10^{-2}$ C
b) $2{,}4 \times 10^{-2}$ C
c) $1{,}2 \times 10^{-2}$ C
d) $0{,}6 \times 10^{-2}$ C
e) $0{,}3 \times 10^{-2}$ C

89. (PUC-PR) Fibrilação ventricular é um processo de contração desordenada do coração que leva à falta de circulação sanguínea no corpo, chamada parada cardiorrespiratória. O desfibrilador cardíaco é um equipamento que aplica um pulso de corrente elétrica através do coração para restabelecer o ritmo cardíaco. O equipamento é basicamente um circuito de carga e descarga de um capacitor (ou banco de capacitores). Dependendo das características da emergência, o médico controla a energia elétrica armazenada no capacitor dentro de uma faixa de 5 a 360 J. Suponha que o gráfico dado mostra a curva de carga de um capacitor de um desfibrilador. O equipamento é ajustado para carregar o capacitor através de uma diferença de potencial de 4 kV. Qual o nível de energia acumulada no capacitor que o médico ajustou?

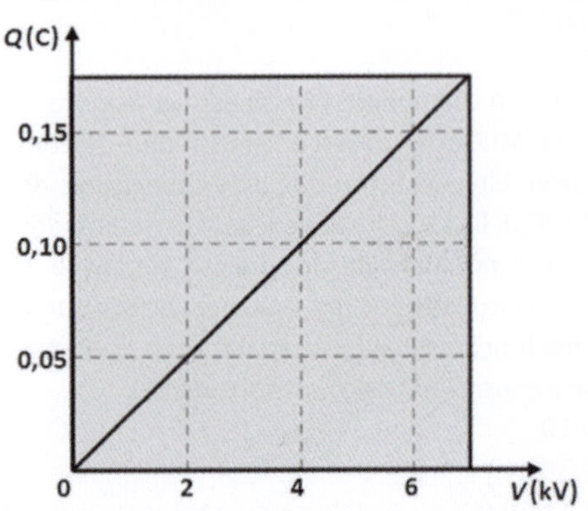

Interbits®

a) 100 J.
b) 150 J.
c) 200 J.
d) 300 J.
e) 400 J.

90. (Unicamp-SP) O sistema de imagens *street view* disponível na internet permite a visualização de vários lugares do mundo através de fotografias de alta definição, tomadas em 360 graus, no nível da rua.

a) Em uma câmera fotográfica tradicional, como a representada na figura abaixo, a imagem é gravada em um filme fotográfico para posterior revelação. A posição da lente é ajustada de modo a produzir a imagem no filme colocado na parte posterior da câmera. Considere uma câmera para a qual um objeto muito distante fornece uma imagem pontual no filme em uma posição $p = 5$ cm. O objeto é então colocado mais perto da câmera, em uma posição $p = 100$ cm e a distância entre a lente e o filme é ajustada até que uma imagem nítida real invertida se forme no filme, conforme mostra a figura. Obtenha a variação da posição da imagem p' decorrente da troca de posição do objeto.

b) Nas câmeras fotográficas modernas, a captação da imagem é feita normalmente por um sensor tipo CCD (*charge-coupled-device*). Esse tipo de dispositivo possui trilhas de capacitores que acumulam cargas elétricas proporcionalmente à intensidade da luz incidente em cada parte da trilha. Considere um conjunto de 3 capacitores de mesma capacitância $C = 0{,}6$ pF, ligados em série conforme a figura abaixo. Se o conjunto de capacitores é submetido a uma diferença de potencial $V = 5{,}0$ V, qual é a carga elétrica total acumulada no conjunto?

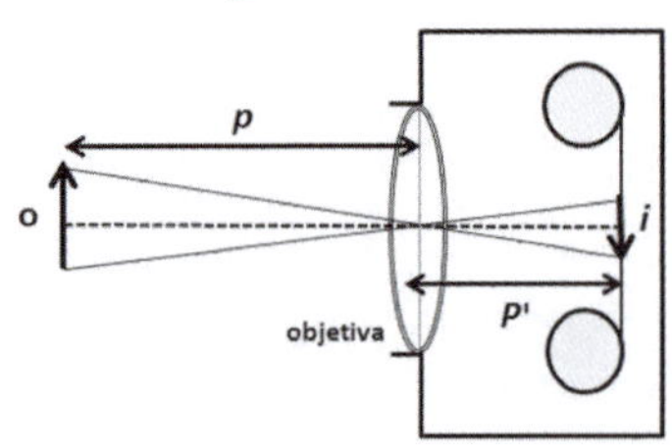

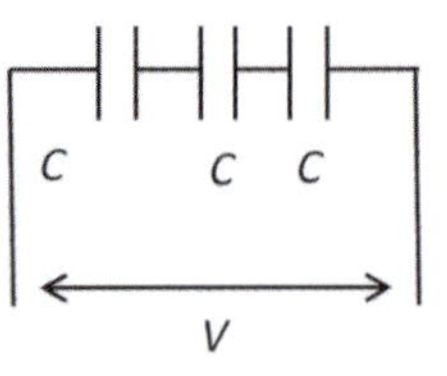

91. (Acafe-SC) É comum vermos em filmes ou séries de TV a utilização de um equipamento elétrico capaz de estimular os batimentos do coração após uma parada cardíaca. Tal equipamento é o desfibrilador, aparelho provido de dois eletrodos que aplica um choque no paciente, a fim de provocar a passagem de uma grande corrente variável pelo coração em um curto intervalo de tempo, estabelecendo assim o ritmo normal das contrações. A descarga acontece porque o desfibrilador libera a energia elétrica acumulada em um capacitor.

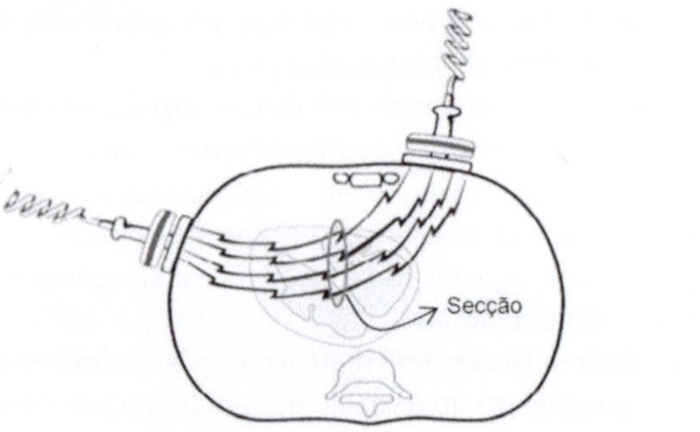

Fonte: BIT Boletim Informativo de Tecnovigilância. Brasília. Número 01. jan/fev/mar 2011 – ISSN 2176-440x. (Adaptado).

Imagine que um desses aparelhos possua uma tensão de 3 kV entre os eletrodos e que o capacitor esteja carregado com 300 J de energia. Despreze as resistências elétricas dos componentes do desfibrilador e também do paciente. A alternativa correta que apresenta o módulo da corrente média, em ampère, que atravessa o tórax do paciente se a descarga ocorre no tempo de 10 ms é:

a) 20
b) 30
c) 10
d) 40

92. (UFPR) No circuito esquematizado abaixo, deseja-se que o capacitor armazene uma energia elétrica de 125 μJ.

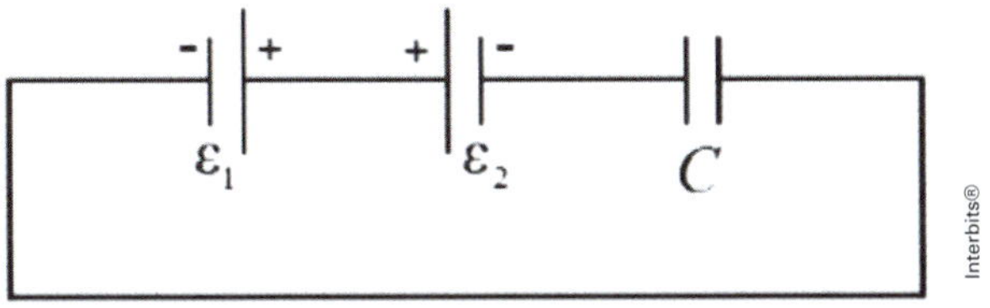

As fontes de força eletromotriz são consideradas ideais e de valores $\varepsilon_1 = 10$ V e $\varepsilon_2 = 5$ V. Assinale a alternativa correta para a capacitância C do capacitor utilizado.

a) 10 μF.
b) 1 μF.
c) 25 μF.
d) 12,5 μF.
e) 50 μF.

93. (Esc. Naval) Observe a figura a seguir.

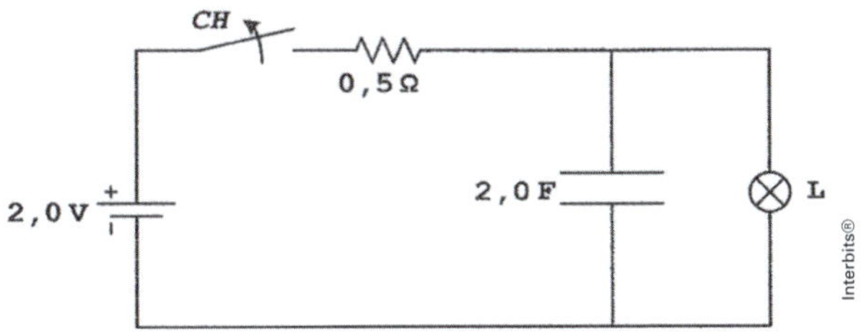

Até o instante da abertura da chave *CH*, o circuito representado na figura acima se encontrava em regime permanente. Desde o instante da abertura da chave até a lâmpada se apagar completamente, observa-se que a energia armazenada no capacitor de capacitância 2,0 F sofre uma variação de 0,25 J. Considerando a lâmpada como uma resistência R, qual é o valor de R, em ohms?

a) 1/2
b) 1/3
c) 1/4
d) 1/5
e) 1/6

94. (UEM-PR) O capacitor equivalente de uma associação em série, constituída por 3 capacitores iguais, tem capacitância 2 μF. Utilizando-se 2 destes capacitores para montar uma associação em paralelo, a mesma apresentará uma capacitância de

a) 3 μF.
b) 6 μF.
c) 12 μF.
d) 18 μF.

95. (Unicamp-SP) Em 1963, Hodgkin e Huxley receberam o prêmio Nobel de Fisiologia por suas descobertas sobre a geração de potenciais elétricos em neurônios. Membranas celulares separam o meio intracelular do meio externo à célula, sendo polarizadas em decorrência do fluxo de íons. O acúmulo de cargas opostas nas superfícies interna e externa faz com que a membrana possa ser tratada, de forma aproximada, como um capacitor.

a) Considere uma célula em que íons, de carga unitária $e = 1{,}6 \cdot 10^{-19}$ C, cruzam a membrana e dão origem a uma diferença de potencial elétrico de 80 mV. Quantos íons atravessaram a membrana, cuja área é $A = 5 \cdot 10^{-5}$ cm², se sua capacitância por unidade de área é $C_{área} = 0{,}8 \cdot 10^{-6}$ F / cm² V?

b) Se uma membrana, inicialmente polarizada, é despolarizada por uma corrente de íons, qual a potência elétrica entregue ao conjunto de íons no momento em que a diferença de potencial for 20 mV e a corrente for $5 \cdot 10^8$ íons/s, sendo a carga de cada íon $e = 1{,}6 \cdot 10^{-19}$ C?

96. (ITA-SP) Carregada com um potencial de 100 V, flutua no ar uma bolha de sabão condutora de eletricidade, de 10 cm de raio e $3{,}3 \times 10^{-6}$ cm de espessura. Sendo a capacitância de uma esfera condutora no ar proporcional ao seu raio, assinale o potencial elétrico da gota esférica formada após a bolha estourar.

a) 6 kV
b) 7 kV
c) 8 kV
d) 9 kV
e) 10 kV

97. (UFJF-MG) Uma garrafa de Leyden é um um capacitor de alta-tensão, inventado por volta do ano de 1745. Consiste num pote cilíndrico de material altamente isolante com folhas metálicas fixadas nas superfícies interna e externa do frasco, como mostra a figura. Um terminal elétrico, atravessando a tampa do pote, faz contato com a folha interior; e um terminal externo faz contato com a folha exterior. Ligando os terminais a uma bateria, pode-se acumular carga nas superfícies metálicas. A ideia de usar pote tampado veio da teoria antiga de que a eletricidade era um fluido, e que poderia ser armazenado na garrafa. Num experimento de eletrostática, Ana quer construir garrafas de Leyden com frascos de vidro. Ela usa dois frascos de maionese, *A* e *B*, de tamanhos iguais, mas a espessura das paredes de vidro do frasco *A* é 4,0 mm e a espessura das paredes do frasco *B* é de 2,0 mm. Os terminais dos dois frascos são submetidos a uma tensão de 12,0 V, com o uso de baterias, durante bastante tempo. Considere que a área total das folhas metálicas em cada uma das garrafas é de 0,02 m².

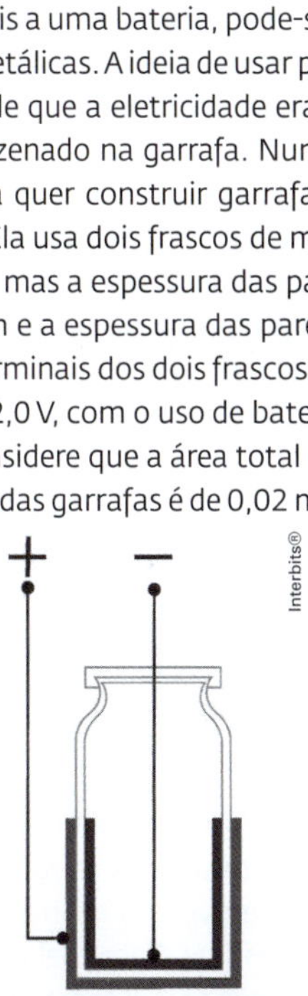

a) Considerando a garrafa de Leyden como capacitores de placas paralelas, CALCULE o campo elétrico entre as paredes dos condutores para as garrafas *A* e *B*.

b) Sabe-se que o campo elétrico entre as placas do capacitor é calculado aproximadamente por $E = \sigma/\varepsilon$. Nesta equação, σ é a densidade superficial de carga acumulada no capacitor e tem unidades de Coulomb por metro quadrado, e $\varepsilon = 4{,}5 \times 10^{-11}\ C^2/Nm^2$ é a permeabilidade elétrica do meio. Com base nestas informações, CALCULE a capacitância de cada garrafa.

c) Depois disso, Ana montou um circuito em série com os dois capacitores de Layden *A* e *B*. CALCULE a capacitância equivalente do circuito.

98. (EFOMM-RJ) Os capacitores planos C_1 e C_2 mostrados na figura têm a mesma distância *d* e o mesmo dielétrico (ar) entre suas placas. Suas cargas iniciais eram Q_1 e Q_2, respectivamente, quando a chave *CH1* foi fechada. Atingido o equilíbrio eletrostático, observou-se que a tensão V_1 mostrada na figura não sofreu nenhuma variação com o fechamento da chave. Podemos afirmar que os dois capacitores possuem

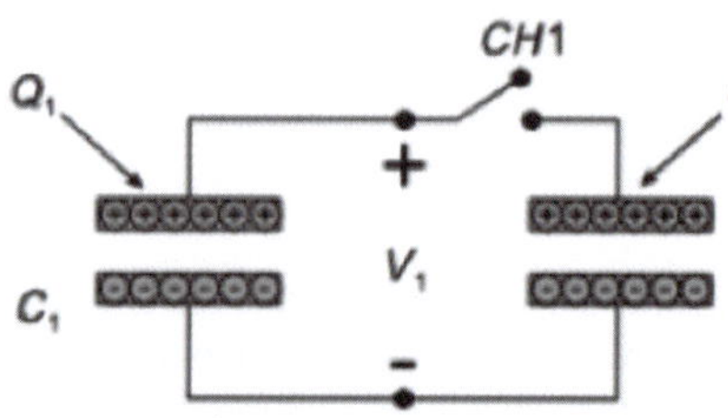

Interbits®

a) a mesma energia potencial elétrica armazenada.
b) a mesma carga elétrica positiva na placa superior.
c) a mesma carga elétrica, em módulo, na placa superior.
d) a mesma capacitância.
e) o mesmo valor do campo elétrico uniforme presente entre as placas.

99. (UEM-PR) Assinale a(s) alternativa(s) correta(s).

01) Duas chapas metálicas planas de formato retangular são posicionadas de forma paralela entre si e mantidas a uma distância *d*, no vácuo. Estas duas chapas são conectadas a uma bateria de 12 V. Uma é conectada ao polo positivo e a outra é conectada ao polo negativo da bateria. Em seguida, uma carga de $-4{,}0\ \mu C$ é abandonada nas proximidades da chapa ligada ao polo negativo da bateria e se desloca para a chapa ligada no polo positivo da bateria. Para que este deslocamento ocorresse, a força elétrica realizou um trabalho de $+48\ \mu J$.

02) Um capacitor está inicialmente conectado a uma bateria de 6,0 V. Este capacitor é desconectado desta bateria e então conectado a uma bateria de 12 V e, por isso, dobra a sua capacitância.

04) Em um determinado experimento é necessário quadruplicar a capacitância de um capacitor de placas paralelas. Para que isso ocorra deve-se reduzir a distância entre as suas placas pela metade.

08) Um material que possui constante dielétrica *k* é inserido entre as placas de um capacitor que está conectado a uma bateria. Após a inserção do material a carga elétrica armazenada pelo capacitor aumenta.

16) Três capacitores com capacitâncias C_1, C_2 e C_3 são associados em paralelo e ligados a uma bateria. Com esta configuração todos os capacitores possuem a mesma diferença de potencial.

100. (IME-RJ)

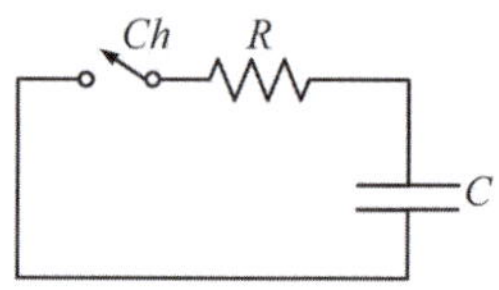

Figura 1

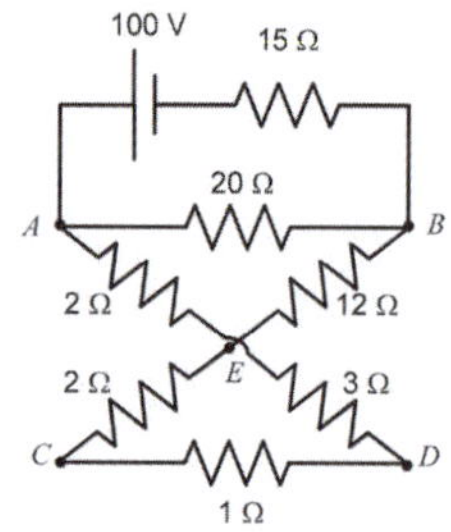

Figura 2

Interbits®

No circuito da figura 1, após o fechamento da chave *Ch*, o resistor *R* dissipa uma energia de $8 \cdot 10^{-6}$ Wh (watts-hora). Para que essa energia seja dissipada, o capacitor *C* de 100 μF deve ser carregado completamente pelo circuito da figura 2, ao ser ligado entre os pontos:

a) *A* e *B*.
b) *B* e *C*.
c) *C* e *E*.
d) *C* e *D*.
e) *B* e *E*.

101. (ITA-SP) Duas placas condutoras de raio *R* e separadas por uma distância $d << R$ são polarizadas com uma diferença de potencial *V* por meio de uma bateria. Suponha que sejam uniformes a densidade superficial de carga nas placas e o campo elétrico gerado no vácuo entre elas. Um pequeno disco fino, condutor, de massa *m* e raio *r*, é colocado no centro da placa inferior. Com o sistema sob a ação da gravidade *g*, determine, em função dos parâmetros dados, a diferença de potencial mínima fornecida pela bateria para que o disco se desloque ao longo do campo elétrico na direção da placa superior.

102. (UFG-GO) Em dias secos, algumas pessoas podem perceber descargas elétricas quando se aproximam de superfícies metálicas. Numa condição específica, o corpo humano pode ficar eletrizado estaticamente com uma diferença de potencial de 30 kV. Neste caso, a pele humana funciona como as placas de um capacitor de 300 pF, e o estrato córneo (a camada mais externa da pele) funciona como o dielétrico, podendo armazenar energia elétrica. Considerando-se o exposto:

a) Calcule a energia eletrostática armazenada pelo corpo e a respectiva carga elétrica.

b) Ao aproximar um dedo a 1,0 cm de uma superfície metálica, forma-se um arco voltaico visível de 200 μm de diâmetro que descarrega totalmente o corpo em 10 μs. Calcule a resistividade do ar no arco voltaico (considere $\pi = 3$).

103. (UFG-GO) O sistema composto de duas placas metálicas circulares, móveis e de diâmetro 20 cm, formam um capacitor, conforme ilustrado na figura a seguir.

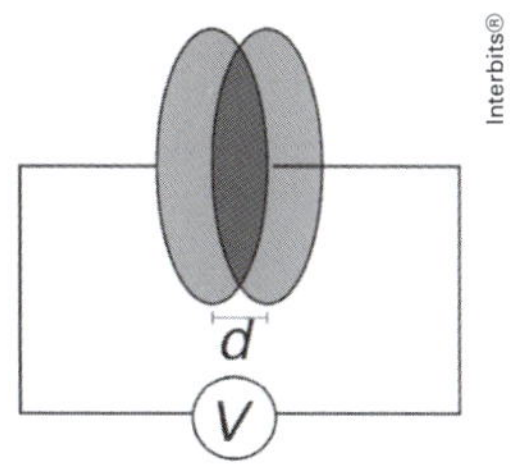

Quando a distância d entre as placas é da ordem de um milésimo do diâmetro das placas, este é, com boa aproximação, um capacitor plano de placas paralelas. Nessas condições, esse sistema é usado para medir o campo elétrico atmosférico. Considerando-se que $\pi = 3$, $\varepsilon_0 = 8{,}85 \cdot 10^{-12}\ N \cdot m^2/C^2$ e que a ddp medida é de 20 mV, calcule:

a) O campo elétrico atmosférico estabelecido entre as placas.

b) O módulo da carga elétrica em cada placa.

104. (ITA-SP) Dois capacitores em série, de capacitância C_1 e C_2, respectivamente, estão sujeitos a uma diferença de potencial V. O capacitor de capacitância C_1 tem carga Q_1 e está relacionado com C_2 através de $C_2 = xC_1$, sendo x um coeficiente de proporcionalidade. Os capacitores carregados são então desligados da fonte e entre si, sendo a seguir religados com os respectivos terminais de carga de mesmo sinal. Determine o valor de x para que a carga Q_2 final do capacitor de capacitância C_2 seja $Q_1/4$.

105. (Fuvest-SP) O fluxo de íon através de membranas celulares gera impulsos elétricos que regulam ações fisiológicas em seres vivos. A figura abaixo ilustra o comportamento do potencial elétrico V em diferentes pontos no interior de uma célula, na membrana celular e no líquido extracelular. O gráfico desse potencial sugere que a membrana da célula pode ser tratada como um capacitor de placas paralelas com distância entre as placas igual à espessura da membrana, $d = 8$ nm.

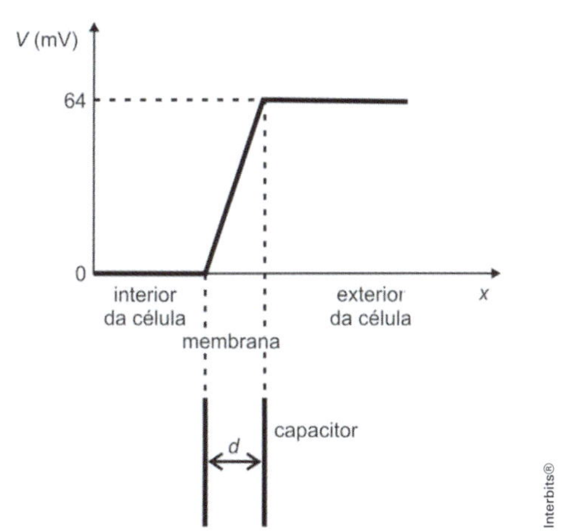

No contexto desse modelo, determine

a) o sentido do movimento — de dentro para fora ou de fora para dentro da célula — dos íons de cloro (Cl^-) e de cálcio (Ca^{2+}), presentes nas soluções intra e extracelular;

b) a intensidade E do campo elétrico no interior da membrana;

c) as intensidades F_{Cl} e F_{Ca} das forças elétricas que atuam, respectivamente, nos íons Cl^- e Ca^{2+} enquanto atravessam a membrana;

d) o valor da carga elétrica Q na superfície da membrana em contato com o exterior da célula, se a capacitância C do sistema for igual a 12 pF.

Note e adote

Carga do elétron $= -1{,}6 \cdot 10^{-19}$ C.

1 pF $= 10^{-12}$ F.

1 nm $= 10^9$ m.

$C = Q/V$.

106. (ITA-SP) Um capacitor de placas paralelas de área a e distância $3h$ possui duas placas metálicas idênticas, de espessuras h e área A cada uma. Compare a capacidade C deste capacitor com a capacitância C_0 que ele teria sem as duas placas metálicas.

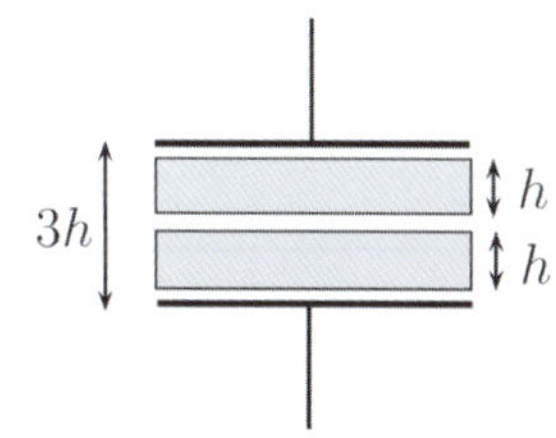

a) $C = C_0$.

b) $C > 4C_0$.

c) $0 < C < C_0$.

d) $C_0 < C < 2C_0$.

e) $2C_0 < C < 4C_0$.

107. (Epcar-MG) Duas grandes placas metálicas idênticas, P_1 e P_2, são fixadas na face dianteira de dois carrinhos, de mesma massa, A e B. Essas duas placas são carregadas eletricamente, constituindo, assim, um capacitor plano de placas paralelas. Lançam-se, simultaneamente, em sentidos opostos, os carrinhos A e B, conforme indicado na figura abaixo.

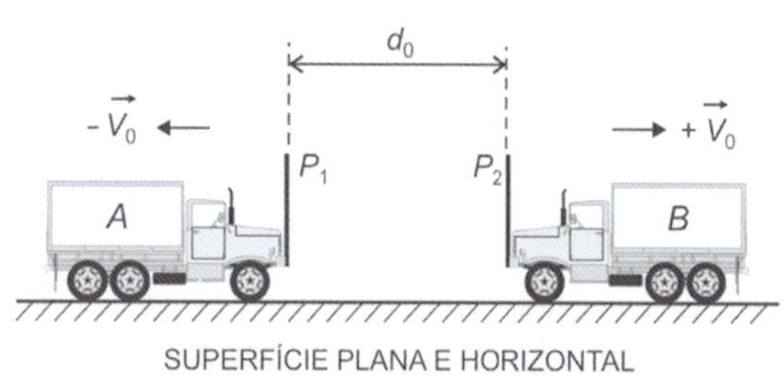

Desprezadas quaisquer resistências ao movimento do sistema e considerando que as placas estão eletricamente isoladas, o gráfico que melhor representa a ddp, U, no capacitor, em função do tempo t, contado a partir do lançamento, é

a)

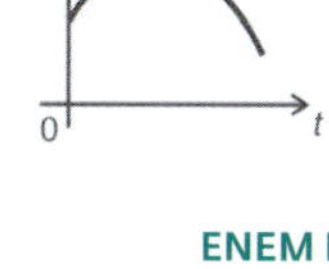

b) 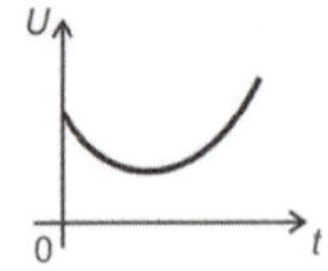

c) 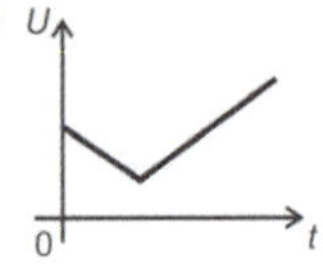

d) 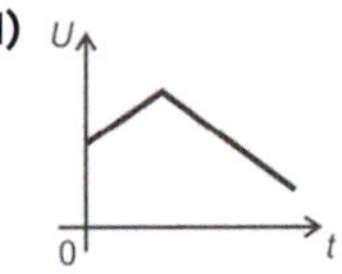

108. (UEG-GO) A quantidade de carga armazenada em um capacitor em função do tempo é dada pelo gráfico a seguir, no qual a letra C representa a capacitância do capacitor e V a diferença de potencial entre as suas placas.

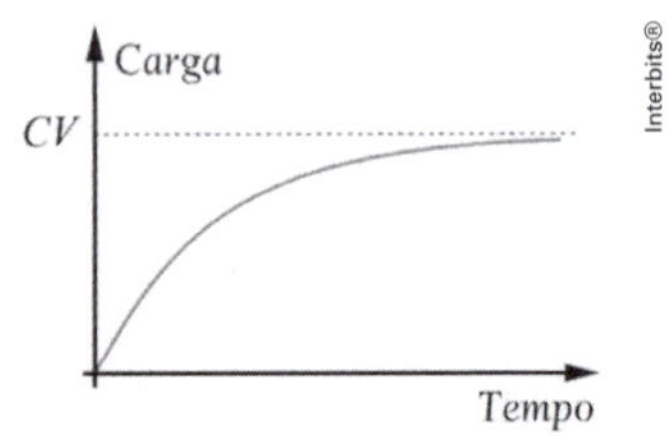

Qual é o gráfico que representa a diferença de potencial no capacitor no processo de carga?

a) 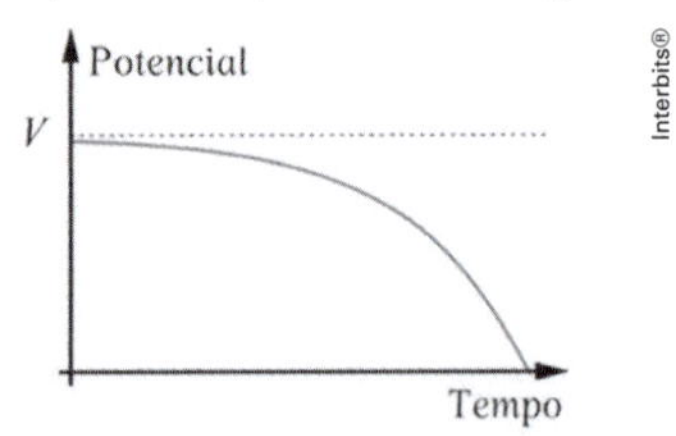

b) 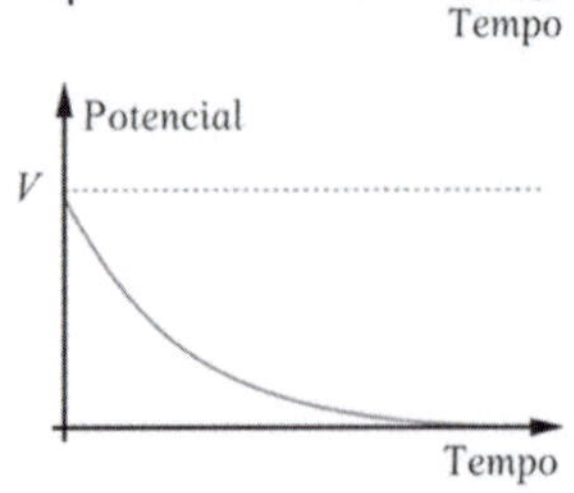

c) 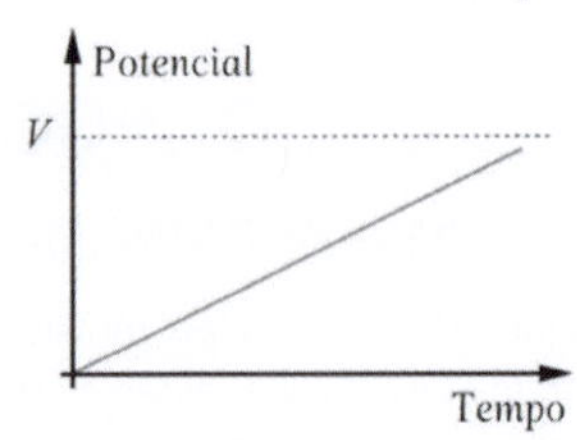

d) 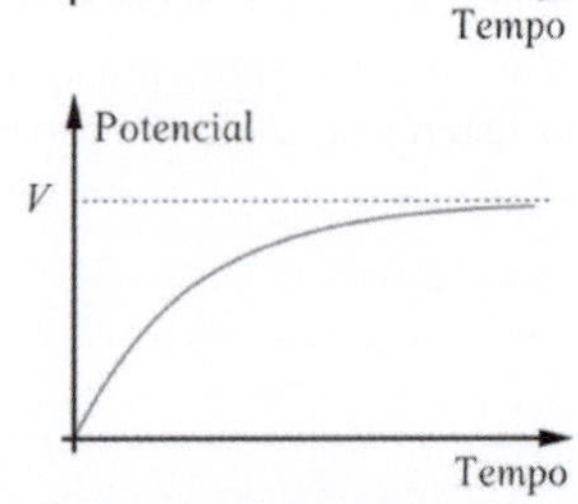

109. (ITA-SP) Um capacitor de placas planas paralelas de área A, separadas entre si por uma distância inicial r_0 muito menor que as dimensões dessa área, tem sua placa inferior fixada numa base isolante e a superior suspensa por uma mola (figura (1)). Dispondo-se uma massa m sobre a placa superior, resultam pequenas oscilações de período T do conjunto placa superior + massa m. Variando-se m, obtém-se um gráfico de T^2 *versus* m, do qual, após ajuste linear, se extrai o coeficiente angular α. A seguir, após remover a massa m da placa superior e colocando entre as placas um meio dielétrico sem resistência ao movimento, aplica-se entre elas uma diferença de potencial V e monitora-se a separação r de equilíbrio (figuras (2) e (3)).

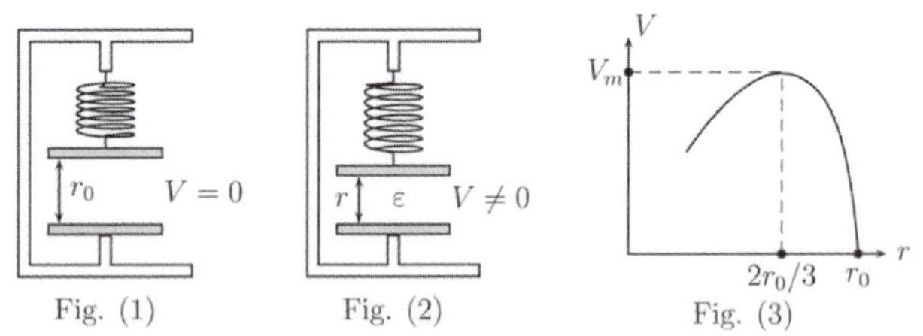

Nestas condições, a permissividade ε do meio entre as placas é

a) $32\pi^2 r_0^3/(27\alpha A V_m^2)$.
b) $16\pi^2 r_0^3/(27\alpha A V_m^2)$.
c) $8\pi^2 r_0^3/(27\alpha A V_m^2)$.
d) $4\pi^2 r_0^3/(\alpha A V_m^2)$.
e) $16\pi^2 r_0^3/(27\alpha A V^2)$.

110. (Epcar-MG) A região entre as placas de um capacitor plano é preenchida por dois dielétricos de permissividades ε_1 e ε_2, conforme ilustra a figura a seguir.

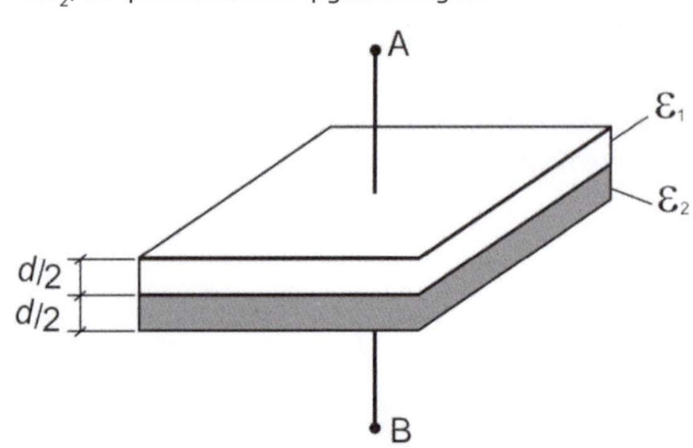

Sendo A a área da placa, d a distância que as separa e U a ddp entre os pontos A e B, quando o capacitor está totalmente carregado, o módulo da carga Q de cada placa é igual a

a) $\dfrac{2A}{d(\varepsilon_1 + \varepsilon_2)} \cdot U$

b) $\dfrac{2A(\varepsilon_1 + \varepsilon_2)}{d} \cdot U$

c) $\dfrac{2A\varepsilon_1\varepsilon_2}{d(\varepsilon_1 + \varepsilon_2)} \cdot U$

d) $\dfrac{d(\varepsilon_1 + \varepsilon_2)}{2Ad\varepsilon_1\varepsilon_2} \cdot U$

Unidade 4 – Física contemporânea

Física clássica	Estudos de Física realizados até o século XX, baseados na Mecânica newtoniana.
Física contemporânea	Estudos de Física realizados após o século XX, tendo como principais representantes a Física quântica e a relativística.
Princípios da relatividade especial (ou restrita)	As leis da Física são as mesmas em todos os referenciais inerciais. A velocidade da luz no vácuo, $c = 3 \cdot 10^8$ m/s, é a mesma em todas as direções e em todos os referenciais inerciais e não depende do movimento da fonte ou do observador.
Fator de Lorentz (γ)	$\gamma = \dfrac{1}{\sqrt{1 - \dfrac{v^2}{c^2}}}$ γ: é o fator de Lorentz. Por se tratar de uma divisão entre velocidades, não apresenta unidade (adimensional); v: velocidade do móvel (m/s); c: velocidade da luz no vácuo (m/s).
Composição da velocidade para eventos relativísticos	$v_c = \dfrac{v_A + v_B}{1 + \dfrac{v_A \cdot v_B}{c^2}}$
Energia relativística (E_o)	$E_0 = mc^2$ (energia de repouso)
Energia cinética relativística (E_C)	$E_C = E - E_0 = (\gamma - 1)\,mc^2$
Constante de Planck (h)	$h = 6{,}63 \cdot 10^{-34}$ J · s
Energia quantizada (para um único fóton) (E)	$E = hf$ E: energia quantizada (J); h: constante de Planck; f: frequência de onda (Hz).
Efeito fotoelétrico	$hf = E_T + E_C$ h: constante de Planck (J · s); f: frequência da luz incidente (Hz); E_T: função trabalho do metal (J); E_C: energia cinética dos elétrons ejetados (J).
Energia associada aos níveis de energia no átomo de hidrogênio (E_n)	$E_n = \dfrac{-2{,}18 \cdot 10^{-18}}{n^2}$ E_n: energia associada ao número quântico (J); n: número quântico.

1. (UFJF-MG) A velocidade é uma grandeza relativa, ou seja, a sua determinação depende do referencial a partir do qual está sendo medida. A Teoria da Relatividade Especial, elaborada em 1905, pelo físico alemão Albert Einstein, afirma que o comprimento e a massa de um objeto são grandezas que também dependem da velocidade e, consequentemente, são relativas.

Sobre a Teoria da Relatividade Especial, julgue os itens abaixo e marque a alternativa correta.

I. A massa de um objeto é independente da velocidade do mesmo, medida por qualquer referencial inercial.
II. A velocidade da luz é um limite superior para a velocidade de qualquer objeto.
III. Intervalos de tempo e de espaço são grandezas absolutas e independentes dos referenciais.
IV. As leis da Física são as mesmas em todos os sistemas de referência inercial.
V. Massa e energia são quantidades que não possuem nenhuma relação.

a) somente II e III estão corretas.
b) somente I e II estão corretas.
c) somente I e V estão corretas.
d) somente I e III estão corretas.
e) somente II e IV estão corretas.

2. (Fuvest-SP) O elétron e sua antipartícula, o pósitron, possuem massas iguais e cargas opostas. Em uma reação em que o elétron e o pósitron, em repouso, se aniquilam, dois fótons de mesma energia são emitidos em sentidos opostos.

A energia de cada fóton produzido é, em MeV, aproximadamente,

No processo de aniquilação, toda a massa das partículas é transformada em energia dos fótons.

a) 0,3
b) 0,5
c) 0,8
d) 1,6
e) 3,2

Note e adote:

Relação de Einstein entre energia (*E*) e massa (*m*): $E = mc^2$
Massa do elétron $= 9 \times 10^{-31}$ kg
Velocidade da luz $c = 3{,}0 \times 10^8$ m/s
$1 \text{ eV} = 1{,}6 \times 10^{-19}$ J
$1 \text{ MeV} = 10^6$ eV

3. (ITA-SP) No espaço sideral, luz incide perpendicular e uniformemente numa placa de gelo inicialmente a -10 °C e em repouso, sendo 99% refletida e 1% absorvida. O gelo então derrete pelo aquecimento, permanecendo a água aderida à placa. Determine a velocidade desta após a fusão de 10% do gelo.

a) 3 mm/s.
b) 3 cm/s.
c) 3 dm/s.
d) 3 m/s.
e) 3 dam/s.

4. (Fuvest-SP) Na estratosfera, há um ciclo constante de criação e destruição do ozônio. A equação que representa a destruição do ozônio pela ação da luz ultravioleta solar (UV) é

$$O_3 \xrightarrow{UV} O_2 + O$$

O gráfico representa a energia potencial de ligação entre um dos átomos de oxigênio que constitui a molécula de O_3 e os outros dois, como função da distância de separação *r*.

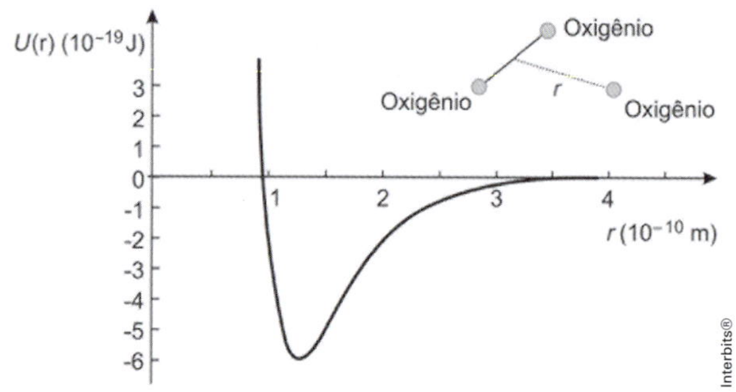

A frequência dos fótons da luz ultravioleta que corresponde à energia de quebra de uma ligação da molécula de ozônio para formar uma molécula de O_2 e um átomo de oxigênio é, aproximadamente,

Note e adote:

- $E = hf$
- *E* é a energia do fóton.
- *f* é a frequência da luz.
- Constante de Planck, $h = 6 \times 10^{-34}$ J · s

a) 1×10^{15} Hz
b) 2×10^{15} Hz
c) 3×10^{15} Hz
d) 4×10^{15} Hz
e) 5×10^{15} Hz

5. (UEG-GO) Recentemente, os noticiários divulgaram a descoberta de ondas gravitacionais, previstas teoricamente por Albert Einstein. Essa descoberta reforça a teoria

a) da radiação de corpo negro.
b) do efeito fotoelétrico.
c) do efeito Compton.
d) da relatividade.
e) das cordas.

6. (UEG-GO) A Unesco declarou que 2015 é o Ano Internacional da Luz. Essa data coincide com vários trabalhos e tecnologias associadas à luz. Algumas das principais descobertas são citadas a seguir:

I. o comportamento ondulatório da Luz, por Augustin Jean Fresnel em 1815;
II. a teoria eletromagnética, por James Clerk Maxwell em 1865;
III. o efeito fotoelétrico, por Albert Einstein em 1905.

Em que situação os elétrons são ejetados da superfície de um metal?

a) Com o ajuste de uma frequência moderada e alta intensidade da radiação.
b) Através de controle de baixas frequências para altas intensidades de radiação.
c) A partir de uma frequência mínima da radiação eletromagnética incidente.
d) Com o aumento crescente da intensidade da radiação eletromagnética no metal.

7. (UPE) Considere as afirmações a seguir com relação ao efeito fotoelétrico.

I. A energia cinética do elétron emitido pelo material depende da intensidade da radiação incidente.

II. Somente ocorre quando há incidência de elétrons sobre uma superfície metálica.

III. A quantidade de elétrons emitidos pelo material depende da intensidade da luz incidente.

IV. A menor energia cinética do elétron emitido pelo material é igual a zero.

Estão corretas apenas

a) I, II e IV.

b) II e III.

c) III e IV.

d) I e III.

e) II e IV.

8. (Uema)

"Um dos físicos mais populares do mundo, Stephen Hawking, sugere que os buracos negros não são tão vorazes. Eles devoram tudo, mas regurgitam alguma coisa". O artigo *foi divulgado numa palestra, durante uma reunião, no Instituto Kavli de Física Teórica, nos Estados Unidos, em agosto de 2012. Seu modelo ainda não foi demonstrado matematicamente nem aprovado por outros físicos. Por enquanto, sabe-se, apenas, que se sustenta também em equações já conhecidas da física moderna.*

Fonte: Revista *Época*. Ed. 818, fevereiro de 2014. Rio de Janeiro: Editora Globo.

Com base na equação de energia de Einstein e da energia de um fóton, portanto da equação $c = \lambda \cdot f$, demonstre a expressão que determinará o comprimento de onda, λ, de uma partícula em função da constante de Planck (h), massa (m), e velocidade (c) da mesma.

9. (Fuvest-SP) Os primeiros astronautas a pousar na Lua observaram a existência de finas camadas de poeira pairando acima da superfície lunar. Como não há vento na Lua, foi entendido que esse fenômeno estava ligado ao efeito fotoelétrico causado pela luz solar: elétrons são extraídos dos grãos de poeira do solo lunar ao receberem energia da radiação eletromagnética proveniente do Sol e, assim, os grãos tornam-se positivamente carregados. O mesmo processo também arranca elétrons da superfície lunar, contribuindo para a carga positiva do lado iluminado da superfície da Lua. A altura de equilíbrio acima da superfície lunar dessas camadas depende da massa e da carga dos grãos. A partir dessas informações, determine

a) o módulo F_e da força eletrostática que age sobre cada grão em equilíbrio da camada, sabendo que um grão de poeira tem massa $m = 1{,}2 \times 10^{-14}$ kg e que a aceleração da gravidade nas proximidades da superfície da Lua é $g_L = 1{,}6$ m/s^2;

b) o módulo E do campo elétrico na posição dessa camada de poeira, sabendo que a carga adquirida por um grão é $Q = 1{,}9 \times 10^{-15}$ C.

Uma característica do efeito fotoelétrico é a necessidade de os fótons da luz incidente terem uma energia mínima, abaixo da qual nenhum elétron é arrancado do material. Essa energia mínima está relacionada à estrutura do material e, no caso dos grãos de poeira da superfície lunar, é igual a 8×10^{-19} J.

c) Determine a frequência mínima f dos fótons da luz solar capazes de extrair elétrons dos grãos de poeira.

Na superfície da Lua, 5×10^5 é o número de fótons por segundo incidindo sobre cada grão de poeira e produzindo emissão de elétrons.

d) Determine a carga q emitida em 2 s por um grão de poeira, devido ao efeito fotoelétrico, considerando que cada fóton arranque apenas um elétron do grão.

Note e adote:

Carga do elétron: $-1{,}6 \times 10^{-19}$ C

Energia do fóton: $\varepsilon = hf$; f é a frequência e $h \simeq 6 \times 10^{-34}$ J · s é a constante de Planck.

Desconsidere as interações entre os grãos e a influência eletrostática dos elétrons liberados.

10. (ITA-SP) Uma placa é feita de um metal cuja função trabalho W é menor que $h\nu$, sendo ν uma frequência no intervalo do espectro eletromagnético visível e h a constante de Planck. Deixada exposta, a placa interage com a radiação eletromagnética proveniente do Sol absorvendo uma potência P. Sobre a ejeção de elétrons da placa metálica nesta situação é correto afirmar que os elétrons

a) não são ejetados instantaneamente, já que precisam de um tempo mínimo para acúmulo de energia.

b) podem ser ejetados instantaneamente com uma mesma energia cinética para qualquer elétron.

c) não podem ser ejetados, pois a placa metálica apenas reflete toda a radiação.

d) podem ser ejetados instantaneamente, com energia que depende da frequência da radiação absorvida e da energia do elétron no metal.

e) não podem ser ejetados instantaneamente e a energia cinética após a ejeção depende da frequência da radiação absorvida e da energia do elétron no metal.

11. (IME-RJ)

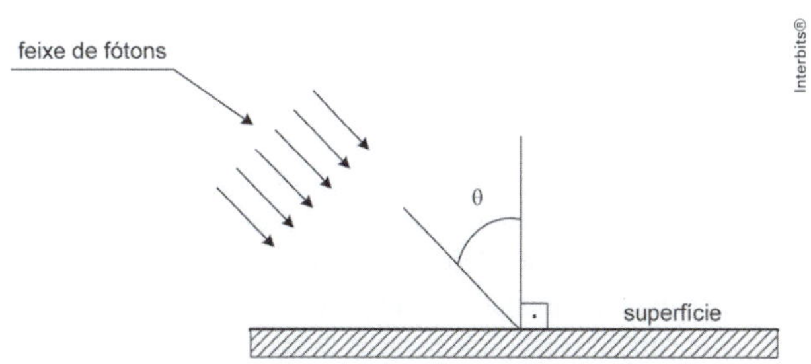

Um feixe de fotóns de frequência f incide obliquamente, fazendo um ângulo θ com a vertical, sobre uma superfície plana especular parcialmente absorvedora. A fração do número de fótons refletidos em relação ao número de fótons incidentes é igual a $k(0 < k < 1)$, o número de fótons por volume no feixe incidente é igual a n. Calcule a pressão exercida pelos fótons sobre a superfície.

Dados:

- constante de Planck: h; e
- velocidade da luz: c.

12. (Fuvest-SP) *Lasers* pulsados de altíssima potência estão sendo construídos na Europa. Esses *lasers* emitirão pulsos de luz verde, e cada pulso terá 10^{15} W de potência e duração de cerca de 30×10^{15} s. Com base nessas informações, determine

a) o comprimento de onda λ da luz desse *laser*;

b) a energia E contida em um pulso;

c) o intervalo de tempo Δt durante o qual uma lâmpada LED de 3 W deveria ser mantida acesa, de forma a consumir uma energia igual à contida em cada pulso;

d) o número N de fótons em cada pulso.

Note e adote:

Frequência da luz verde: $f = 0{,}6 \times 10^{15}$ Hz

Velocidade da luz $= 3 \times 10^8$ m/s

Energia do fóton $= hf$

$h = 6 \times 10^{-34}$ J · s

13. (Enem)

A telefonia móvel no Brasil opera com celulares cuja potência média de radiação é cerca de 0,6 W. Por recomendação do ANSI/IEEE, foram estipulados limites para exposição humana à radiação emitida por esses aparelhos. Para o atendimento dessa recomendação, valem os conselhos: segurar o aparelho a uma pequena distância do ouvido, usar fones de ouvido para as chamadas de voz e utilizar o aparelho no modo viva voz ou com dispositivos bluetooth. Essas medidas baseiam-se no fato de que a intensidade da radiação emitida decai rapidamente conforme a distância aumenta, por isso, afastar o aparelho reduz riscos.

COSTA, E. A. F. Efeitos na saúde humana da exposição aos campos de radiofrequência. Disponível em: www.ced.ufsc.br. Acesso em: 16 nov. 2011 (adaptado).

Para reduzir a exposição à radiação do celular de forma mais eficiente, o usuário deve utilizar

a) fones de ouvido, com o aparelho na mão.

b) fones de ouvido, com o aparelho no bolso da calça.

c) fones *bluetooth*, com o aparelho no bolso da camisa.

d) o aparelho mantido a 1,5 cm do ouvido, segurado pela mão.

e) o sistema viva voz, com o aparelho apoiado numa mesa de trabalho.

14. (Ufes) Dois metais foram submetidos a experimentos característicos do efeito fotoelétrico. As energias cinéticas máximas dos fotoelétrons emitidos foram medidas em função da frequência da radiação incidente sobre os metais, conforme a figura a seguir. Determine

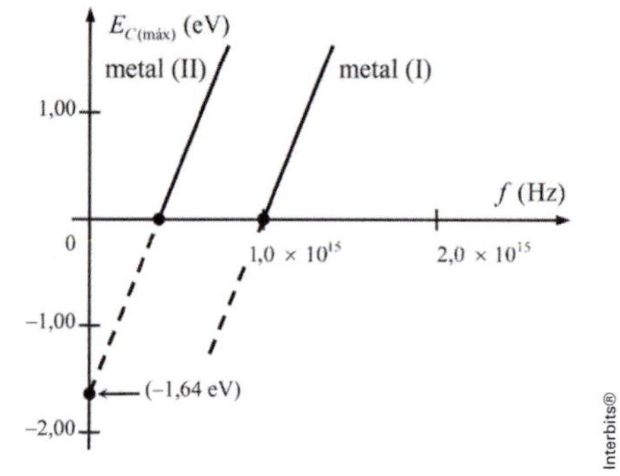

a) o valor da função trabalho, em eV (elétrons-volt), do metal I;

b) o valor da frequência mínima, em Hz, para que ocorra emissão fotoelétrica a partir do metal II;

c) a energia cinética máxima dos fotoelétrons emitidos quando da incidência, sobre o metal II, de uma radiação de comprimento de onda $\lambda = 1{,}5 \times 10^{-7}$ m.

[Considere $h = 4{,}1 \times 10^{-15}$ eV · s.]

15. (Cefet-MG) No núcleo das estrelas, como o Sol, a energia é produzida pela fusão de átomos de hidrogênio em hélio, em que quatro prótons (núcleo de H) se fundem em uma partícula alfa (núcleo de He) liberando dois pósitrons, dois neutrinos e energia, conforme a seguinte equação:

$4H_1^1 \rightarrow He_2^4 + 2e^+ + 2v^0$

onde e^+ é um pósitron e v^0, um neutrino. Sabe-se que a massa atômica do hidrogênio é 1,0078 u, a massa do hélio é 4,0026 u e $u = 1{,}66 \times 10^{-27}$ kg. Desprezando-se as contribuições dos pósitrons e neutrinos e mantendo-se a conservação de energia nesse processo, a energia liberada em cada reação de conversão de hidrogênio em hélio, é, em joules, igual a

Velocidade da luz no vácuo: $c = 3{,}0 \times 10^8$ m/s

a) $2{,}86 \times 10^{-2}$.

b) $4{,}75 \times 10^{-2}$.

c) $8{,}58 \times 10^{-6}$.

d) $2{,}57 \times 10^{-12}$.

e) $4{,}27 \times 10^{-12}$.

16. (Unicamp-SP)

Era o dia 6 de agosto de 1945. O avião B-29, Enola Gay, comandado pelo coronel Paul Tibbets, sobrevoou Hiroshima a 9 448 metros de altitude e, quando os ponteiros do relógio indicaram 8h16, bombardeou-a com uma bomba de fissão nuclear de urânio, com 3 m de comprimento e 71,1 centímetros de diâmetro e 4,4 toneladas de peso. A bomba foi detonada a 576 metros do solo. Um colossal cogumelo de fumaça envolveu a região. Corpos carbonizados jaziam por toda parte. Atônitos, sobreviventes vagavam pelos escombros à procura de comida, água e abrigo. Seus corpos estavam dilacerados, queimados, mutilados. Cerca de 40 minutos após a explosão, caiu uma chuva radioativa. Muitos se banharam e beberam dessa água. Seus destinos foram selados.

Adaptado de Sidnei J. Munhoz, "O pior dos fins". *Revista de História da Biblioteca Nacional*, maio 2015. Disponível em: http://www.revistadehistoria.com.br/secao/capa/o-pior-dos-fins. Acessado em: 23/08/2016.

A explosão da bomba mencionada no texto

a) ocorre a partir da desintegração espontânea do núcleo de urânio enriquecido em núcleos mais leves, liberando uma enorme quantidade de energia. Esse bombardeio significou o início da corrida armamentista entre EUA e União Soviética.

b) ocorre devido à desintegração do núcleo de urânio em núcleos mais leves, a partir do bombardeamento com nêutrons, liberando uma enorme quantidade de energia. Esse ataque é considerado um símbolo do final da II Guerra Mundial.

c) ocorre a partir da combinação de núcleos de urânio enriquecido com nêutrons, formando núcleos mais pesados e liberando uma enorme quantidade de energia. Esse bombardeio foi uma resposta aos ataques do Japão a Pearl Harbor.

d) ocorre devido à desintegração do núcleo de urânio em núcleos mais leves, a partir do bombardeamento com nêutrons, liberando uma enorme quantidade de energia. Esse ataque causou perplexidade por ser desferido contra um país que havia permanecido neutro na II Guerra Mundial.

17. (UEL-PR) No modelo padrão da física das partículas elementares, o próton e o nêutron são partículas compostas constituídas pelas combinações de partículas menores chamadas de *quarks u* (*up*) e *d* (*down*). Nesse modelo, o próton (p) e o nêutron (n) são compostos, cada um, de três *quarks*, porém com diferentes combinações, sendo representados por $p = (u, u, d)$ e $n = (u, d, d)$. Os prótons e os nêutrons comportam-se, na presença de um campo magnético, como se fossem minúsculos ímãs, cujas intensidades são denominadas de momento magnético e medidas em magnetons nucleares (mn). Para o próton, o momento magnético é dado por

$$\mu_p = \frac{4}{3}\mu_u - \frac{1}{3}\mu_d$$

enquanto que, para o nêutron, o momento magnético é dado por

$$\mu_n = \frac{4}{3}\mu_d - \frac{1}{3}\mu_u$$

O momento magnético dos *quarks u* e *d* é dado por

$$\mu_u = \frac{e_u}{M} \text{ e } \mu_d = \frac{e_d}{M}$$

em que $e_u = \frac{+2}{3}$ e $e_d = \frac{-1}{3}$.

A partir dessas informações, responda aos itens a seguir.

a) Determine o valor da razão entre o momento magnético dos *quarks u* e *d*.

b) Determine o valor adimensional da razão $\frac{\mu_n}{\mu_p}$.

TEXTO PARA A PRÓXIMA QUESTÃO:

Leia a charge a seguir e responda à(s) questão(ões).

(Disponível em: <http://tirinhasdefisica.blogspot.com.br/>. Acesso em: 27 abr. 2016.)

18. (UEL-PR) Considere que as lâmpadas descritas na charge emitem luz amarela que incide na superfície de uma placa metálica colocada próxima a elas.

Com base nos conhecimentos sobre o efeito fotoelétrico, assinale a alternativa correta.

a) A quantidade de energia absorvida por um elétron que escapa da superfície metálica é denominada de fótons e tem o mesmo valor para qualquer metal.

b) Se a intensidade luminosa for alta e a frequência da luz incidente for menor que a frequência-limite, ou de corte, o efeito fotoelétrico deve ocorrer na placa metálica.

c) Se a frequência da luz incidente for menor do que a frequência-limite, ou de corte, nenhum elétron da superfície metálica será emitido.

d) Quando a luz incide sobre a superfície metálica, os núcleos atômicos próximos da superfície absorvem energia suficiente e escapam para o espaço.

e) Quanto maior for a função trabalho da superfície metálica, menor deverá ser a frequência-limite, ou de corte, necessária para a emissão de elétrons.

19. (UEM-PR) Em 1905, Albert Einstein propôs mudanças no estudo do movimento relativo entre corpos. A proposta de Einstein ficou conhecida como a Teoria da Relatividade Especial. Sobre a Teoria da Relatividade Especial de Einstein é correto afirmar que:

01) As leis da física mudam quando se muda o referencial inercial.

02) A velocidade da luz no vácuo tem o mesmo valor em todos os referenciais inerciais. Não depende do movimento da fonte de luz e tem igual valor em todas as direções.

04) A massa de um corpo é constante, independente da velocidade desse corpo.

08) A energia total (E, em Joules) de um corpo de massa (m, em quilogramas) é o produto de sua massa pelo quadrado da velocidade da luz no vácuo (c, em metros por segundo), ou seja, $E = mc^2$.

16) Na natureza não podem ocorrer interações com velocidade menor do que a velocidade da luz.

Respostas

Capítulo 1
Carga elétrica

Verifique o que aprendeu

1. Quando dois corpos, feitos de uma mesma substância, são atritados, não há transferência de elétrons de um para o outro; logo, eles não se eletrizam.

2. a) sim
   b) positiva
   c) a borracha
   d) a lã

3. igual

4. a) O algodão ficará eletrizado positivamente e o papel ficará eletrizado negativamente.
   b) o algodão

5. a) Repelir.
   b) Atrair.

6. A barra perde sua carga para a terra através do corpo da pessoa.

7. a) Sim; os pneus (isolantes) impedem que o ônibus perca sua carga para a terra.
   b) Porque o ônibus perde sua carga para a terra através do corpo da pessoa e isso provoca o "choque elétrico".
   c) Porque nosso clima é geralmente úmido e o ônibus não chega a adquirir carga elétrica apreciável.

9. a) não
   b) Há alinhamento das moléculas de maneira semelhante à figura 1.18.b, porém com as cargas orientadas de maneira inversa.
   c) positiva em *A* e negativa em *B*
   d) polarização do dielétrico

10. a) Os elétrons do corpo metálico se deslocarão para a terra, através do fio condutor.
    b) Sim; positiva.

11. a) carga positiva na extremidade mais próxima de *B* e carga negativa na extremidade mais afastada
    b) A extremidade mais próxima de *B* seria atraída e a mais afastada, repelida.
    c) Sim, porque a força de atração é maior do que a de repulsão.
    d) A carga positiva de *C* seria neutralizada por parte da carga de *B*; então *C* seria repelido por *B*, pois ambos estariam, agora, com carga negativa.

12. a) Não, porque ela também seria atraída se estivesse neutra.
    b) sim

13. a) positiva na esfera e negativa nas folhas
    b) sim
    c) Os elétrons do indutor seriam transferidos para a esfera, neutralizando sua carga positiva.
    d) negativa

14. a) Negativa, porque o indutor repele elétrons para as folhas.
    b) Diminuiria, porque o indutor atrairia elétrons livres para a esfera e a carga nas folhas reduziria.

15. a) para a direita e igual a 0,86 N
    b) para a esquerda e igual a 0,86 N

16. a) multiplicado por 5
    b) 4,3 N

17. a) Ficará 25 vezes menor.
    b) Ficará 4 vezes maior.

18. a) Ficará 43 vezes menor.
    b) $2 \cdot 10^{-2}$ N

Problemas e testes

1. e
2. negativo
3. a) Elétrons livres se deslocam para as extremidades dos blocos *A* e *C*, próximo dos bastões.
   b) *A* negativo, *B* positivo e *C* negativo.
4. Em virtude do atrito com o ar e da gasolina com as paredes do tanque, o caminhão pode adquirir uma carga elétrica durante o percurso até o posto. Essa carga, atingindo certo valor, poderia dar origem a uma centelha elétrica, o que teria consequências desastrosas.
5. c
6. a) 3 vezes maior
   b) Diminuiu 9 vezes.
   c) $3,0 \cdot 10^{-4}$ N
7. d
8. 02 + 04 + 08 = 14
9. e
10. a
11. b
12. d

Capítulo 2
Campo elétrico

Verifique o que aprendeu

1. **a)** Porque atuará uma força elétrica em q.
   b) Q
   c) carga de prova
   d) sim
2. **a)** $4,0 \cdot 10^5$ N/C
   b) vertical para baixo
3. **a)** negativo
   b) $4,0\ \mu C$
4. **a)** $4,5 \cdot 10^5$ N/C
   b) 2 vezes maior
   c) $9,0 \cdot 10^5$ N/C
5. **a)** 3 vezes maior
   b) 9 vezes menor
   c) $1,0 \cdot 10^5$ N/C
6. **a)** 80 vezes menor
   b) $1,1 \cdot 10^4$ N/C
7. **a)** para a direita
   b) $7,2 \cdot 10^5$ N/C
8. **a)** para a direita
   b) $7,2 \cdot 10^5$ N/C
   c) $1,44 \cdot 10^6$ N/C
9. **a)** negativo
   b) 2 vezes menor
   c) 4 vezes maior
   d) $6,0 \cdot 10^4$ N/C
10. $8,0 \cdot 10^3$ N/C
11. $E = E_0/8$
12. $Q_2 = 4Q_1$
14. **a)** Não, pois essa expressão só é válida para calcular o campo criado por uma carga puntual.
    b) Sim, essa relação é válida em qualquer situação.
15. **a)** da placa positiva para a negativa
    b) Igual, porque o módulo da carga do próton é igual ao do elétron.
    c) Permaneceria constante.
    d) retilíneo uniformemente acelerado
16. **a)** O feixe *A* é constituído de elétrons; o feixe *B*, de nêutrons; e o feixe *C*, de prótons.
    b) Porque o elétron, tendo menor massa, adquire maior aceleração ao penetrar no campo.
17. **a)** Eletriza-se positivamente.
    b) Não, porque não há carga elétrica na superfície interna do recipiente.
18. **a)** Porque *A* se eletriza em contato com a superfície externa da gaiola.
    b) Por causa da blindagem eletrostática produzida pela gaiola, no seu interior.
19. Deveria ter envolvido *P* com a cúpula metálica.
20. Não, porque a borracha é isolante.
21. **a)** A mica possui rigidez dielétrica elevada.
    b) Não, pois ao ser submetido ao campo elétrico citado, o pirex se torna condutor e não poderia ser usado como isolante.
22. **a)** A rigidez dielétrica do ar diminui quando aumenta a umidade do ar.
    b) É maior do que a do ar.
23. **a)** Pela ponta *A*, porque o campo elétrico é mais intenso próximo à ponta mais aguda.
    b) Maior, porque a esfera não possui pontas, e para que a rigidez dielétrica do ar em torno dela seja atingida, será necessário fornecer à esfera uma carga maior.
24. Apenas a pessoa a 80 m da torre, porque a ação protetora de um para-raios se estende a uma distância aproximadamente igual ao dobro de sua altura.
25. **a)** Quando é aplicado a ele um campo elétrico suficiente para tornar livres alguns elétrons dos átomos de sua estrutura.
    b) É o maior valor do campo elétrico que pode ser aplicado ao isolante sem que ele se torne um condutor.
26. **a)** Escoa para o ar.
    b) É superior à rigidez dielétrica do ar.

Problemas e testes

1. ponto *D*
2. c
3. **a)** zero
   b) zero
   c) $4,5 \cdot 10^5$ N/C
   d) $2,0 \cdot 10^5$ N/C

4. a) negativo
   b) $4 \cdot 10^5$ C
5. 3,3 μC
6. a) em *A*, carga negativa e, em *B*, carga positiva
   b) maior
   c) $\vec{F}_A$ para a esquerda e $\vec{F}_B$ para a direita
   d) Tenderá a se deslocar para a esquerda.
7. a) $E = 9{,}0 \cdot 10^5$ N/C, horizontal para a esquerda.
   b) O vetor campo elétrico resultante no seu interior é nulo.
8. c
9. a) $t' = \sqrt{\frac{8H}{g}}$
   b) $t_T = \sqrt{\frac{18H}{g}}$
   c) $t = \sqrt{\frac{2H}{g}}$
   d) $D = 8\,\frac{qEH}{mg}$

Capítulo 3
Potencial elétrico

Verifique o que aprendeu

1. a) 220 volts
   b) 5,0 C
2. a) igual
   b) $-1{,}5 \cdot 10^{-3}$ J
   c) zero
3. a) para *A*
   b) Menor, porque uma carga positiva tende sempre a se deslocar para regiões onde o potencial é menor.
4. a) perpendicular às placas e dirigido de *M* para *N*
   b) $6{,}0 \cdot 10^3$ N/C
5. a) 750 V
   b) zero
   c) 750 V
6. a) sim
   b) a intensidade do campo
7. a) 50 V/mm
   b) $5{,}0 \cdot 10^4$ V/m $= 5{,}0 \cdot 10^4$ N/C
8. a) 2 vezes menor
   b) 3 vezes menor
9. a) $V_A = -18 \cdot 10^4$ V
   b) $V_B = -6{,}0 \cdot 10^4$ V
   c) $V_{BA} = 12 \cdot 10^4$ V
10. a) $V_1 = 9{,}0 \cdot 10^5$ V
    b) $V_2 = -3{,}0 \cdot 10^5$ V
    c) $V = 6{,}0 \cdot 10^5$ V
11. a) zero
    b) diferente de zero
    c) nula
12. a) $V_C = 4{,}5 \cdot 10^4$ V
    b) $V_P = V_{P'} = 4{,}5 \cdot 10^4$ V
13. a) de S_1 para S_2
    b) linhas perpendiculares a S_1 e S_2 e dirigidas de S_1 para S_2
    c) $V_{AB} = 0$ e $V_{AC} = 200$ V
14. a) $V_B = 800$ V
    b) $V_C = 800$ V
    c) $\mathcal{T}_{AB} = 0$
15. $V_{AB} = 5 \cdot 10^7$ V (50 milhões de volts)
16. a) igual
    b) menor
17. a) $2 \cdot 10^{-3}$ C
    b) não
18. 40 s
19. 500 W

Problemas e testes

1. a) 01; 04; 08 e 16
2. $Q_1 = 1$ μC e $Q_2 = 2$ μC
3. e
4. Todas estão corretas.
5. a; e.
6. $E = 0$ nessa região
7. a) $V_A = 5{,}4 \cdot 10^5$ V
   b) $V_B = 3{,}6 \cdot 10^5$ V
   c) $V_{AB} = 1{,}8 \cdot 10^5$ V
8. a) Aumentará.
   b) 1,2 mm
9. b
10. a

11. As cargas positivas em vértices opostos e as cargas negativas também (por exemplo, cargas positivas em *A* e *C* e negativas em *B* e *D*).

12. a) $2{,}4 \cdot 10^{6}$ J

b) 12 km

13. e

CAPÍTULO 4
Corrente elétrica

VERIFIQUE O QUE APRENDEU

1. a) para a direita

b) para a esquerda

2. a) $\Delta Q = 32$ C

b) $i = 3{,}2$ A

3. a) 240 C

b) $1{,}5 \cdot 10^{21}$ elétrons

4. a) 4 pilhas

b) de maneira semelhante à da figura **4.11.a**

5. a) não

b) $V_{AB} = 3{,}0$ V

6. a) $V_{BC} = 0$; $V_{DE} = 0$ e $V_{FG} = 0$

b) Aumenta 6 V.

c) Diminui 6 V.

7. a) $V_{AE} = 12$ V

b) $V_{AH} = 12$ V

8. a) $V_{BA} = -12$ V

b) $V_A = 22$ V

c) $V_A = 12$ V

9. a) de *A* para *B*

b) de *C* para *D*

c) do polo negativo para o positivo

10. a) 1,2 A

b) 1,2 A

c) 1,2 A

11. a) 3,0 Ω

b) 0,50 A

c) 4,5 V

12. a) *AB*, *CD* e *EF*.

b) *BC* e *DE*

c) $V_{AB} = V_{CD} = V_{EF} = 0$

13. a) 0,30 A em ambas

b) $V_{BC} = 4{,}5$ V; $V_{DE} = 7{,}5$ V

c) $V_{AD} = 4{,}5$ V; $V_{AF} = 12$ V

14. a) 4 vezes menor

b) 8,0 A

15. a) o cobre

b) a prata

16. a) sim

b) 40 Ω

17. a) Também duplica.

b) Não se altera.

c) 80 V

18. a) não

b) 100 Ω

c) 75 Ω

19. Com a pele seca: 1,2 mA; com a pele molhada: 120 mA; ou seja, há risco de morte se uma pessoa tocar uma rede elétrica com a pele molhada.

20. a) igual

b) maior

c) 12 V

21. a) 6 V em ambas

b) menor

22. a) As três lâmpadas se apagam.

b) As três lâmpadas se apagam.

c) As três lâmpadas se apagam.

23. a) Apenas L_1 se apaga.

b) Apenas L_2 se apaga.

c) As três lâmpadas se apagam.

24. a) 6,0 Ω

b) 2,0 A em cada uma

c) 4,0 A

25. a) 0,50 A

b) Diminuirá.

c) 1,0 A

d) 60 lâmpadas

26. a) 2,0 Ω

b) 5,0 Ω

c) 0,30 A

27. a) Perdem.

b) para o motor da bomba

c) 300 W

d) $1{,}8 \cdot 10^{5}$ J

28. a) Diminui.
b) Aumenta.
c) não
d) sim

29. 4,0 Ω

30. a) Aumentada.
b) Diminuir.
c) Aumentando.

31. a) $R = 11\ \Omega$
b) $\Delta E = 44$ kWh

32. a) igual
b) Em R_1

33. a) Em paralelo com a pilha, entre *A* e *B*.
b) Em paralelo com a associação, entre *A* e *D*.
c) O amperímetro colocado em *G* medirá tanto a corrente que passa em R_1 quanto em R_2.
d) em *E* ou em *F*
e) Em *A*, *M* ou *N*.

34. b) $R = 15\ \Omega$

35. a) Amperímetro.
b) Voltímetro.
c) Veja a figura.

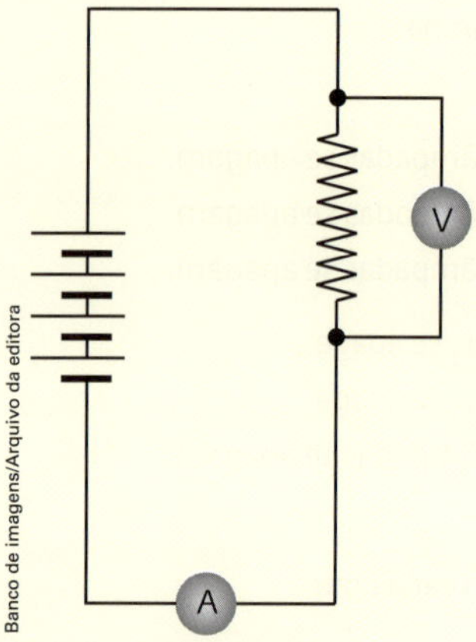

Banco de imagens/Arquivo da editora

36. 5,0 Ω

37. a) zero
b) material supercondutor

38. a) Há perdas, por efeito Joule, na rede de transmissão.
b) praticamente 700 000 kW
c) Manter os cabos abaixo de sua temperatura de transição (temperaturas muito baixas).

39. Será praticamente zero, porque a resistência do voltímetro é muito grande.

40. a) igual
b) menor
c) Em R_2.

PROBLEMAS E TESTES

1. a) 0,60 A
b) 0,40 A
c) 0,30 A

2. de cobre

3. c

4. a) 1,5 A
b) Aproximadamente 147 Ω

5. b

6. a) 0,90 V em R_1; 0,60 V em R_2 e R_3.
b) 0,30 A em R_1; 0,20 A em R_2; 0,10 A em R_3.

7. a) 4,0 Ω
b) 6,0 A
c) $i_1 = 4{,}0$ A; $i_2 = i_3 = i_4 = i_5 = 2{,}0$ A

8. b, d

9. Posição (1). Pois a resistência inferior fica ligada em paralelo com a superior. Assim, temos uma diminuição na resistência total do chuveiro e isto acarreta um aumento de sua potência.

10. c

11. a) 60 W
b) 5 W
c) 55 W

12. a) $V_1 = 110$ V; $V_2 = 0$
b) na de 100 W
c) Diminui; aumenta.

13. d

14. e

15. a

16. c

Capítulo 5
Força eletromotriz – Equação do circuito

Verifique o que aprendeu

1. a) no sentido *ABCD*
b) Ganham.
c) Perdem.

2. **a)** energia mecânica
   b) Energia elétrica se transforma em energia química.

3. **a)** 15 J
   b) 12 J
   c) 3 J

4. **a)** 75 W
   b) 60 W
   c) 15 W

5. Veja a figura.

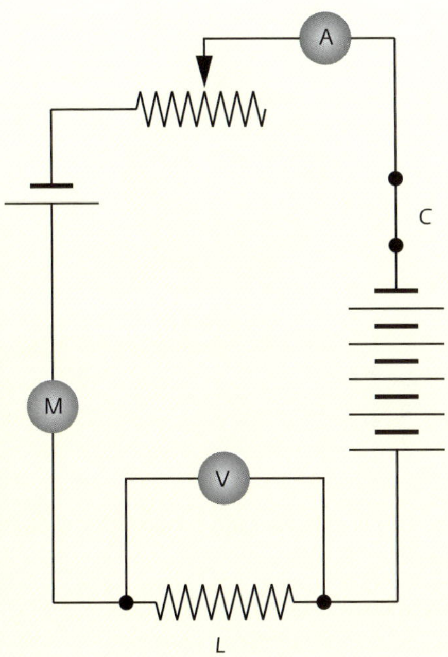

Ilustrações técnicas desta página: Banco de imagens/Arquivo da editora

6. Geradores: pilha e bateria; resistências: chuveiro e ferro de passar; receptores: liquidificador e ventilador.

7. **a)** Os portadores de carga elétrica da corrente do circuito.
   b) O gerador de eletricidade.

8. **a)** 30 W
   b) 5,0 W
   c) 25 W

9. **a)** 4,0 Ω
   b) 2,4 A
   c) 9,6 V
   d) $i_1 = 1,2$ A; $i_2 = 0,80$ A; $i_3 = 0,40$ A

10. **a)** 0,5 A
    b) $V_1 = 3,5$ V; $V_2 = 4,5$ V

11. **a)** 1,5 V
    b) 1,3 V
    c) 1,1 V

12. **a)** Veja a figura.

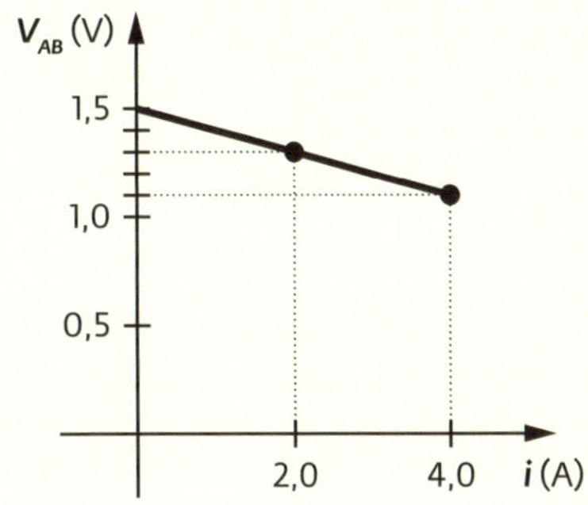

   b) Veja a figura.

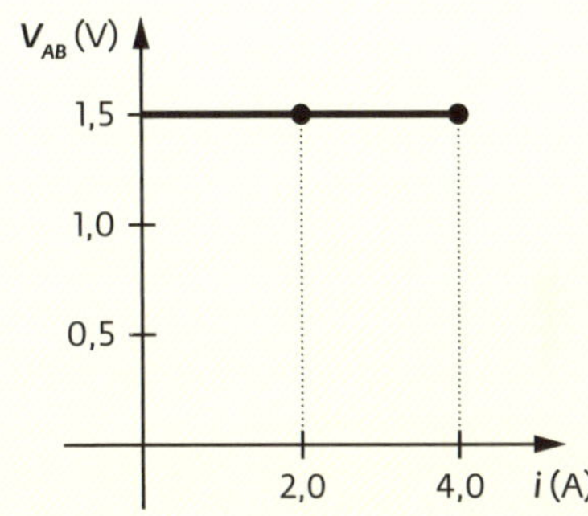

13. **a)** Não se alterou.
    b) Aumentou.
    c) Diminuiu.
    d) Diminuiu.

14. **a)** $\varepsilon = 4,5$ V
    b) $r = 0,2\ \Omega$

PROBLEMAS E TESTES

1. **a)** $P = 0,30$ W
   b) $T = 5,4 \cdot 10^3$ J

2. **a)** igual
   b) igual
   c) a pilha grande

3. Amperímetro: 0,60 A; voltímetro: 5,7 V.

4. Todas estão corretas.

5. b

6. **a)** Não se altera.
   b) Não se altera.
   c) Aumenta.

7. e

8. 50 A

Capítulo 6
O campo magnético

Verifique o que aprendeu

1. **a)** *M*

b) *A* é o polo norte e *B* é o sul.

2. polo sul

3. *A*: norte; *C*: sul; *D*: norte; *E*: sul; *F*: norte; *B*: sul.

4. **a)** Atraído

b) polo sul magnético

5. Aproximadamente 90°

6. A agulha deveria estar orientada perpendicularmente ao fio e não paralelamente a ele, como mostra a figura.

7. Não, pois a corrente no fio fará a agulha se desviar da direção norte-sul.

8. Verificando se a agulha se desvia ao ser aproximada da região da parede onde está o fio.

9. **a)** Existirá apenas a força eletrostática.

b) Existirá apenas a força eletrostática.

c) Existirá uma força eletrostática e uma força magnética.

10. Entrando, porque o norte geográfico é um polo sul magnético.

11. Veja a figura.

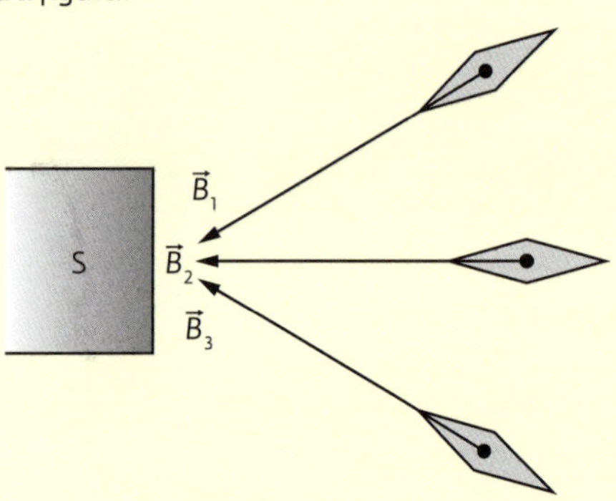

12. vetor orientado de *P* para *D*

13. **a)** $\theta = 0°$ ou $\theta = 180°$

b) $\theta = 90°$

14. **a)** $F = 0$

b) $F = 1{,}5 \cdot 10^{-3}$ N

c) $F = 3{,}0 \cdot 10^{-3}$ N

d) $F = 0$

15. **a)** O primeiro é gerado por cargas elétricas, enquanto o segundo é gerado por cargas elétricas em movimento.

b) As primeiras podem ser abertas; as segundas são sempre fechadas.

16. **a)** perpendicular a $\vec{v}$, para a esquerda

b) perpendicular a $\vec{B}$, para baixo

c) perpendicular a $\vec{v}$, para a esquerda

17. Veja a trajetória **I** na figura abaixo.

18. Veja a trajetória **II** na figura abaixo.

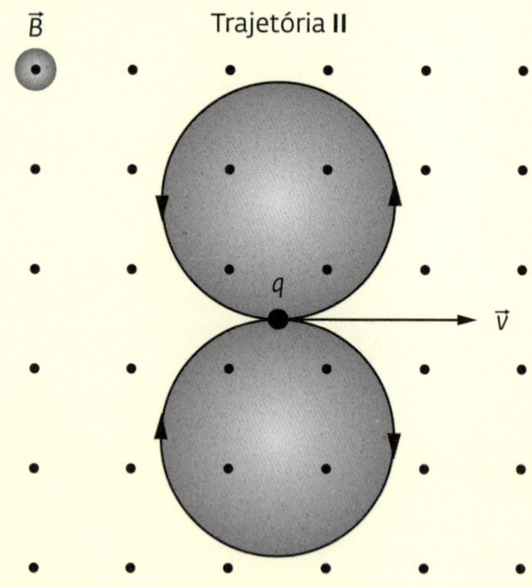

Ilustrações técnicas desta página: Banco de imagens/Arquivo da editora

19. **a)** $R' = 2R$; $T' = T$

b) $R' = \dfrac{R}{2}$; $T' = \dfrac{T}{2}$

20. **a)** $F = 0$

b) $F = 0{,}15$ N, dirigida para o lado de cima da folha de papel.

21. **a)** O sentido de rotação será invertido.

b) O sentido de rotação será invertido.

c) O sentido de rotação não se modificará.

22. **a)** Em *GE* a força está saindo da folha; em *ED* a força é nula; em *DC* a força está penetrando na folha.

b) Tende a girar em torno do eixo.

23. **a)** 0,10 N

b) comprimida

c) 5,0 mm do eixo *OP*.

Problemas e testes

1. **a)** Veja a figura.

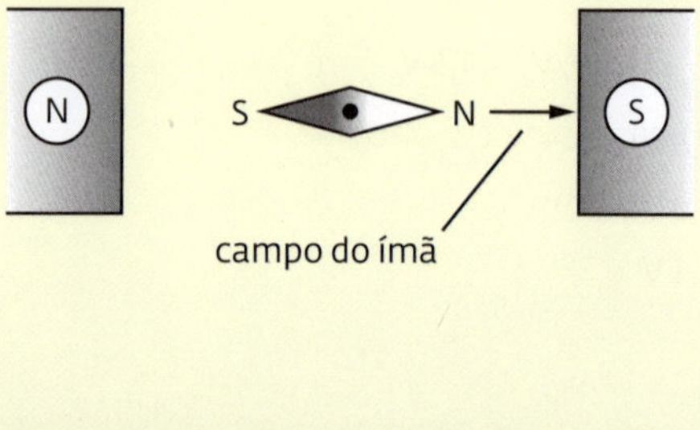

b) Veja a figura.

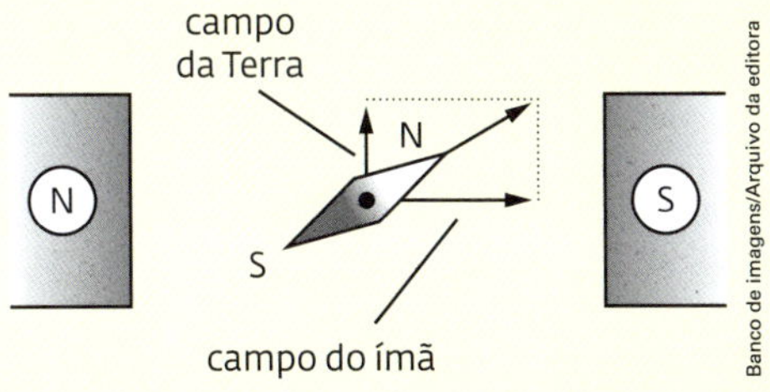

2. a) Perpendicular à folha de papel, penetrando nela.
b) $B = 2{,}0\ T$

3. Porque elas não são tangentes às forças magnéticas que atuam nas cargas elétricas em movimento.

4. a) movimento retilíneo uniformemente acelerado
b) movimento retilíneo uniforme
c) Inicialmente o movimento será retilíneo uniformemente retardado e, depois, retilíneo uniformemente acelerado.

5. a) de *P* para *Q*
b) de *N* para *M*
c) menor

6. a

Capítulo 7
Alterações do campo magnético

Verifique o que aprendeu

1. Em *P* e *Q*: entrando na folha de papel; em *M* e *R*: saindo da folha de papel.

2. a) $1{,}2 \cdot 10^{-3}\ T$
b) $4{,}0 \cdot 10^{-4}\ T$

3. a) Ambos são verticais, dirigidos para cima.
b) $B_2 = 1{,}5 \cdot 10^{-4}\ T$
c) $B = 4{,}5 \cdot 10^{-4}\ T$, vertical, para cima.

4. a) Vertical, para cima.
b) $8{,}0 \cdot 10^{-4}\ T$

5. a) polo norte
b) de *G* para *F*

6. a) igual
b) maior
c) $B_2 = 3{,}0 \cdot 10^{-3}\ T$

7. D

8. Um ímã, bobina ou solenoide.

9. a) Semelhante à figura **7.22**, mas as linhas entram no polo sul do ímã.
b) Orientados de *F* para *G*.
c) polo norte
d) Atraído.

10. b) Orientado de *G* para *F*.
c) polo sul
d) Repelida.

11. polo norte em *G* e polo sul em *F*

Problemas e testes

1. Não modificará.

2. Ao se abrir a porta ou a janela, o relé é desarmado, fechando-se o circuito da campainha.

3. a) Como a corrente é alternada, a extremidade da bobina oscila, para a frente e para trás, ao longo do seu eixo.
b) longitudinal
c) igual
d) amplitude

4. O sentido da corrente nas espiras mostra que, em cada ramo do U, os campos magnéticos têm sentidos contrários.

5. d

6. b

Capítulo 8
Indução eletromagnética – Ondas eletromagnéticas

Verifique o que aprendeu

1. a) de *C* para *D*
b) *C*, positivamente, e *D*, negativamente
c) sentido *CFD*

2. Não, porque a força magnética sobre os elétrons seria nula.

3. a) *C*, positiva, e *D*, negativa
b) *F*, positiva, e *G*, negativa
c) em série
d) de *M* para *N*

4. a) $\theta = 0°$
b) $\varphi = 2{,}1 \cdot 10^{-4}\ Wb$

5. a) $\theta = 90°$; $\varphi = 0$
b) sim

6. **a)** $\Delta\varphi = 2{,}1 \cdot 10^{-4}$ Wb
   b) $\varepsilon = 7 \cdot 10^{-3}$ V

7. **a)** sim
   b) não
   c) não

8. **a)** sim
   b) não
   c) zero

9. **a)** 0,30 V
   b) 0,75 A

10. **a)** 0,017 s
    b) 0,008 s
    c) não

11. Todas estão corretas.

12. **a)** Saindo.
    b) Aumentou.
    c) Entrando.

13. **a)** Contrário ao mostrado na figura **8.23**.
    b) Não, pois o fluxo através da espira permanece constante.

14. **a)** para cima
    b) Diminuindo.
    c) para cima
    d) sentido *CDFG*

15. **a)** sim
    b) Constante, pois a corrente no primário é constante.
    c) não

16. 0,70 A

17. **a)** sim
    b) Contrário ao sentido indicado na figura **8.28**.
    c) Contrário ao sentido indicado na figura **8.28**.

18. **a)** sim
    b) Não, pois o campo elétrico não está variando no tempo.

19. **a)** Diminuindo.
    b) Diminuindo.
    c) sim

20. **a)** sim
    b) Há uma onda eletromagnética se propagando a partir da antena.

21. **a)** igual
    b) maior

22. radiação ultravioleta

23. menor

24. **a)** 2,0 A
    b) 1 200 W
    c) 50%
    d) 1 200 W

25. **a)** 4,0 A
    b) 48 W
    c) 2%
    d) 2 352 W

26. Não, pois o transformador não funciona com corrente contínua.

27. **a)** Significa "voltagem elevada", que tem como consequência a redução da corrente, diminuindo as perdas por efeito Joule na transmissão.
    b) A facilidade com que sua voltagem pode ser aumentada ou diminuída, por meio de transformadores.

28. **a)** 3 vezes
    b) Subestação da usina – elevação; subestação da cidade – redução; transformador do poste – redução.
    c) Diminui; aumenta; aumenta.

PROBLEMAS E TESTES

1. **a)** lado direito
   b) 0,36 V

2. **a)** Diminuindo.
   b) sentido *GFHD*

3. **a)** 20 espiras
   b) 5,0 A
   c) 0,50 A

4. micro-ondas

5. **a)** Essas denominações se referem aos valores dos comprimentos de onda: λ (onda longa) $> \lambda$ (onda média) $> \lambda$ (onda curta).
   b) onda curta

6. O transformador reduz a voltagem alternada para 12 V e o retificador faz com que a bateria receba corrente contínua (o reostato serve apenas para controlar o valor da corrente).

7. 1,0 A

8. Com o circuito fechado, aparece uma força magnética que se opõe à rotação do gerador.

9. **a)** Nas três situações, porque todas estão com a carga acelerada.
   b) menor

10. Todas estão corretas.

11. 0,157 s

12. a) 110 V
b) 110 V
c) 220 V

13. a) anti-horário
b) horário

14. Em **II** e em **IV**

15. diminui

Apêndice F

Verifique o que aprendeu

1. $C = 3{,}0 \cdot 10^{-6}\ F = 3{,}0\ \mu F$

2. a) $C = 3{,}0 \cdot 10^{-6}\ F$
b) $7{,}5 \cdot 10^{-4}\ C$

3. Não se altera.

4. a) 12,5 μF
b) $4{,}0 \cdot 10^{-4}\ C$
c) 32 V
d) 8 000 N/C

5. a) 0,70 J
b) 0,70 J

6. a) sim
b) Aumentará.

Problemas e testes

1. a) $3{,}0 \cdot 10^{2}\ V$
b) $1{,}2 \cdot 10^{-3}\ C$

2. c

3. d

4. Todas estão corretas.

5. d

6. 300 C

7. $9{,}0 \cdot 10^{10}\ J$

8. a) 0,12 J
b) 0,08 J
c) 0,04 J

9. c

10. b

11. a) 100 V
b) A corrente induzida deve ter um sentido anti-horário na bobina.

Capítulo 9

Teoria da relatividade e Física quântica

Verifique o que aprendeu

1. Não, pois o que se sente é um movimento retilíneo uniforme.

2. Para as velocidades do nosso dia a dia não é necessária a utilização da relatividade, a menos que se queira uma grande precisão.

3. De acordo com o primeiro postulado, as leis físicas são as mesmas para quaisquer referenciais inerciais. Assim, se existe uma lei que faz com que se observe o encurtamento do comprimento na direção do movimento, ela também se aplicará à estação espacial.

4. De acordo com o primeiro postulado, as leis físicas são as mesmas para quaisquer referenciais inerciais. Assim, se existe uma lei que faz com que se observe um relógio em movimento caminhar num ritmo mais lento, a mesma será aplicada para os dois observadores.

5. De acordo com a mecânica newtoniana: $v = 1{,}40\ c$. De acordo com a teoria da relatividade: $v = 0{,}95\ c$.

6. a) $8{,}2 \cdot 10^{-14}\ J$
b) $8{,}2 \cdot 10^{-13}\ J$
c) $4{,}1 \cdot 10^{-14}\ J$ e $74 \cdot 10^{-14}\ J$
d) $2{,}7 \cdot 10^{-22}\ kg \cdot m/s$ e $2{,}7 \cdot 10^{-21}\ kg \cdot m/s$

7. a) A teoria de 1905 só vale para referenciais inerciais. Já a teoria de 1915 é geral, valendo também para referenciais acelerados.
b) o princípio da equivalência
c) A relatividade geral trabalha com o espaço-tempo curvo.

8. A teoria geral da relatividade, por englobar a Física newtoniana, também vale para a gravidade de massas como a da Terra.

9. Os efeitos da aceleração são equivalentes aos efeitos gravitacionais. Essa frase já contém a ideia do princípio de equivalência.

10. Quanto mais forte é o campo gravitacional, mais devagar um relógio anda. Assim, o menor ritmo de avanço de tempo acontece para um relógio que se encontra a uma altitude mais elevada.

Problemas e testes

1. a

2. $h = \dfrac{2E^2}{m^2c^2g}$

3. d

Organize e amplie as ideias

Capítulo 1

12. a) 63,5 g

b) $1,2 \cdot 10^{24}$ átomos

c) $1,2 \cdot 10^{24}$ elétrons livres

13. a) Nm^2/C^2

b) $9 \cdot 10^9$ N

c) $9 \cdot 10^5$ toneladas (900 mil toneladas)

14. b

15. a) 0,10 N **c)** $2,06 \cdot 10^{12}$ elétrons

b) $\pm 0,33\ \mu C$

16. $\vec{F}_3$

17. a) 0,18 N para a direita

b) 1,08 N para a esquerda

c) 0,90 N para a esquerda

18. a) Ficará 81 vezes menor.

b) Diminuída de 9 vezes.

19. a) $2,5 \cdot 10^{-9}$ N

b) Ficará 81 vezes menor.

c) Porque as forças de ligação entre os íons tornam-se muito pequenas quando o sal é colocado na água.

20. 81 m/s^2, ao longo da diagonal que une Q_2 a q e no sentido de Q_2 para q.

21. $1,6 \cdot 10^{-7}$ C

22. $2,2 \cdot 10^6$ m/s

23. a) diminui **b)** aumenta

24. a) Veja a figura.

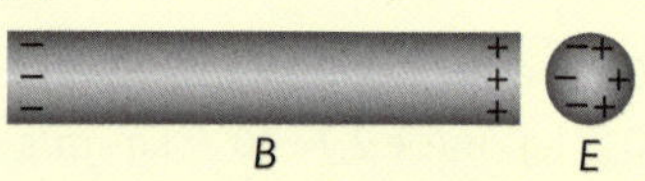

b) É atraída pela extremidade de B e, a seguir, repelida.

25. a) sim **b)** sim **c)** não

26. não

27. $1,7 \cdot 10^{11}$ C

28. a) 510 N **b)** $7,6 \cdot 10^{28}$ m/s^2

29. $Q = 0,87\ \mu C$

30. $d = 59$ cm

31. $\omega = 3,0$ rad/s

32. a) Ambas são negativas.

b) $q_1 = q_3 = -6,0\ \mu C$

Capítulo 2

10. a) $9,1 \cdot 10^{-30}$ N **c)** $5,7 \cdot 10^{-11}$ N/C

b) vertical, para baixo

11. a

12. três elétrons

13. a) diminuirá **b)** aumentará

14. $1,9 \cdot 10^4$ N/C

15. Duas linhas de força de um mesmo campo elétrico não se cruzam.

16. No segmento que une as cargas, a 5,0 cm de distância da carga menor.

17. a) Q_1 é positiva e Q_2 é negativa.

b) maior

c) maior

18. apenas a aceleração;
$a = 8,8 \cdot 10^{14}$ m/s^2

19. a) parábola com concavidade voltada para baixo

b) $2,0 \cdot 10^{-9}$ s

c) 6,4 mm

20. $E = 8,1 \dfrac{k_0 Q}{L^2}$

21. a) igual

b) menor

c) menor

22. a) $E = 0$ **b)** não ($E \neq 0$)

23. a) $E = 0$

b) $x = \pm R \dfrac{\sqrt{2}}{2}$

24. b) sim

c) $T = 2\pi \sqrt{mR^3 / k_0 Qq}$

25. a) não

b) Atinge a placa positiva a 10 cm do ponto de lançamento.

Capítulo 3

11. a) $3,6 \cdot 10^3$ C

b) $4,32 \cdot 10^5$ J

12. a) 0,12 kWh **b)** R$ 0,06

13. a) 0,50 J

b) $2,5 \cdot 10^5$ V

14. a) menor

b) maior

16. d

17. a) $6,0 \cdot 10^{-4}$ J **b)** $6,0 \cdot 10^{-4}$ J **c)** 20 m/s

18. c

19. a) 20 000 eV **c)** zero

b) 20 000 eV **d)** 40 000 eV

20. a) $v = \sqrt{2qV_{pf} / m}$

b) 60 000 V

21. $1,25 \cdot 10^{16}$ elétrons/s

22. a) $3,3 \cdot 10^{10}$ m/s^2

b) 8,0 keV ou $1,28 \cdot 10^{-15}$ J

c) Em virtude das colisões com os átomos do gás no tubo.

23. Não haverá passagem de carga.

24. a) $x = a/2$

b) Qualquer ponto de uma circunferência de centro A e raio $a/2$.

25. A partícula se detém (e volta) a uma distância $r = 4,5 \cdot 10^{-14}$ m do centro do núcleo ($r = 9$ raios do núcleo do átomo de ouro).

26. a) $E_p = 0,3$ J

b) diminui

c) Sim, possui $E_c = 0,3$ J.

27. $2 \cdot 10^3$ V

28. 45 V

29. $1,5 \cdot 10^6$ V

30. a) crescentes

b) O valor máximo de V é igual a zero em $r \to \infty$.

c) Veja a figura.

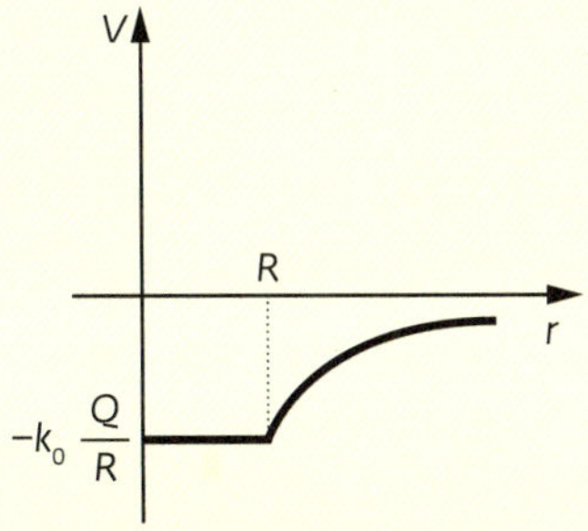

31. a) $V_A = k_0(Q_A/R_A) + k_0(Q_B/R_B)$

b) $V_B = k_0(Q_A/R_B) + k_0(Q_B/R_B)$

c) Q_A se transfere integralmente para B.

d) o gerador de Van de Graaff

32. cerca de 3°

33. a) V_{AB} deve ser maior do que $9{,}3 \cdot 10^6$ V.

b) $V_{AB} > 9{,}3 \cdot 10^6$ V (independe da carga e da massa da partícula).

34. 5,0 J

Capítulo 4

11. a) maior **b)** menor **c)** maior **d)** maior

12. Todas estão corretas.

13. a

14. d

15. a) menor **b)** maior

16. a) diminui **b)** aumenta

17. a) 560 W

b) 26 Ω

18. 0,96 Ω

19. 4R

20. a) zero **b)** zero **c)** 2 A

21. a) lâmpada de 60 W, 120 V: brilho menor
lâmpada de 30 W, 120 V: brilho maior

b) menor

22. As lâmpadas de 75 W ligadas em paralelo, e esse conjunto em série com a de 150 W.

23. a) $V_C = V_D$ **b)** $RR_1 = R_2R_3$ **c)** $R = 5{,}0\ \Omega$

24. b) 294 m

25. a) $R_s = 0{,}50\ \Omega$ **b)** $i_s = 9$ A e $i = 12$ A

26. a) $R' = 1{,}8 \cdot 10^6\ \Omega$

b) $V' = 54$ V e $V = 60$ V

27. $i = 1{,}2$ A

28. a, d

29. a) 1 Ω m

b) $\sigma = 6{,}6 \cdot 10^7\ \Omega^{-1}\ \text{m}^{-1}$ (prata)

30. 100 W

Capítulo 5

8. $A = 15$ A; $A_1 = 10$ A; $A_2 = 5{,}0$ A;
$V_1 = V_2 = 15$ V

9. b, d

10. Todas estão corretas.

11. a) na resistência de 5,0 Ω

b) 24 V

12. a) Diagrama semelhante à figura 5.8.

b) 1,0 A

c) 1,5 W

13. a) 2,0 A

b) 6,0 W

c) Porque a potência dissipada por efeito Joule no motor torna-se muito maior.

14. a) 15 V **b)** 0,30 Ω

15. 8,5 V

16. $i_3 = 1{,}5$ A; $R_3 = 20\ \Omega$

17. a) ganham

b) perdem

c) perdem

d) perdem

e) não perdem nem ganham

18. a) 360 W **b)** 400 W **c)** 90% **d)** 91%

19. a) redução no valor da resistência interna

b) 1,2 A

20. 1,5 A

21. a) $V_A = -4$ V **b)** $V_B = 7$ V **c)** $V_C = 0$

22. a) 600 células

b) 360 J

c) 6 lâmpadas

23. a) 6,0 Ω **b)** 108 V

24. 25%

25. a) 0,25 A

b) Veja a figura.

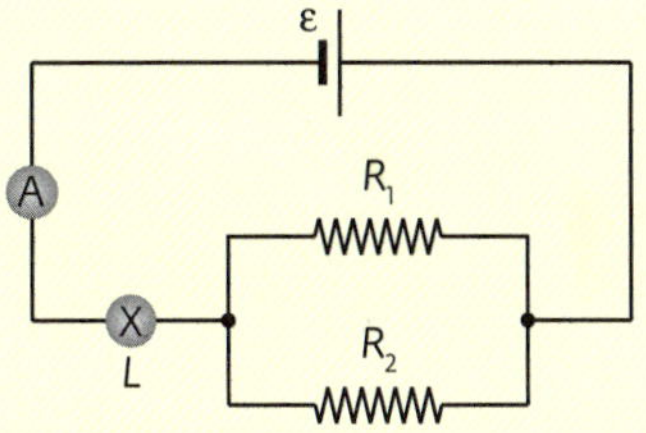

26. 20 Ω

27. 0,25 Ω m

28. a) 1,0 A **c)** 8,0 V

b) 2,0 Ω

29. circuito III

30. $\varepsilon_x = 2{,}22$ V

31. $\varepsilon' = 4$ V

32. a) $R = r$ **b)** 50%

Capítulo 6

13. 1ª maneira: suspendendo cada barra pelo seu centro; aquela que for o ímã se orientará na direção norte-sul.
2ª maneira: aproximando cada barra de um objeto de ferro (não imantado); aquela que atrair o objeto será o ímã.

14. Não, pois não há campo magnético na superfície da Lua.

15. d

16. a) certa **b)** certa **c)** errada

17. Todas estão corretas.

18. *A*: elétrons; *B*: nêutrons; *C*: dêuterons; *D*: prótons; *E*: pósitrons

19. a) 90°
c) $1{,}6 \cdot 10^{-14}$ N
b) $1{,}6 \cdot 10^{-14}$ N
d) 15 cm

20. a

21. $5{,}0 \cdot 10^4$ m/s

22. d

23. 2,5 A; de *A* para C

24. $i > 10$ A

25. b) Os isótopos têm massas diferentes.
c) $m = B^2qR^2/2V$

26. a) horizontal, para a direita
b) de *N* para *M*
c) horizontal, para a direita
d) sim

27. a) $r = mv\cos\theta/Bq$
c) $p = 2\pi mv\,\text{sen}\,\theta/Bq$
b) $T = 2\pi m/Bq$

28. $\Delta t = \pi m/Bq$

29. $i = 5{,}0$ A de *M* para *N*

30. $i = 7{,}5$ A

31. 10 cm

32. a) 90° b) forma circular

33. $B = 0{,}43$ T

34. $F = 7{,}0$ N; vertical, para baixo

35. a) 0,30 N b) 0,42 N c) zero

36. forma circular

Capítulo 7

10. a) sim b) não

11. a) perpendicular ao fio, para a direita
b) Não haverá força magnética sobre o elétron.

12. a) O polo norte da agulha ficará voltado para o oeste.
b) O polo norte da agulha ficará voltado para o noroeste.

13. c

14. d

15. a) $\vec{B}_1$ "entra" no papel
b) $\vec{B}_2$ "sai" do papel
c) para a esquerda
d) para a direita
e) se atraem

16. a) $\vec{B}_1$ "entra" no papel
b) $\vec{B}_2$ "entra" do papel
c) para a direita
d) para a esquerda
e) se repelem

17. Vão se repelir.

18. Todas são corretas.

19. *G* é o polo norte e *F* é o polo sul.

20. Acionando-se o interruptor *I*, estabelece-se uma corrente no circuito, e o núcleo do eletroímã se imanta. A plaqueta *P* é atraída, provocando uma batida do martelo *M*. Então, o contato em *C* se desfaz, o eletroímã deixa de atrair *P*, e a mola, puxando a plaqueta, restabelece o contato em *C*. A partir daí o processo se repete.

21. São pontos de uma reta situada acima do fio e paralela a ele.

22. A resultante é nula.

23. $1{,}8 \cdot 10^{-4}$ N/m

24. As espiras se atraem mutuamente, desfazendo o contato com o mercúrio, e voltam, então, a se distender (e assim sucessivamente).

25. a) em paralelo
b) Quando o circuito do relé é fechado, a pequena barra de ferro é atraída pela bobina, ocasionando o fechamento do circuito do motor; quando é aberto, a pequena barra é puxada pela mola, desligando o motor.

26. a) horizontal, para a esquerda
b) $\Delta B_2 = 0$; $\Delta F_{21} = 0$
c) terceira lei de Newton

27. $B = \mu_0 i/4R$

28. 8,0 A

29. $B_T = 3{,}3 \cdot 10^{-5}$ T

30. $B = 5{,}0 \cdot 10^{-5}$ T

31. a) $i = 1{,}1 \cdot 10^{-3}$ A b) $B = 13{,}5$ T

32. A corrente no fio é alternada (60 hertz).

Capítulo 8

13. d

14. d, e

15. a) de *F* para *D* b) Repelido.

16. O circuito do primário é semelhante ao de uma campainha. Como esse circuito se abre e se fecha sucessivamente no contato C, haverá um fluxo variável no secundário. Então aparecerá, no secundário, uma voltagem induzida de valor elevado, porque N_2 é muito maior do que N_1.

17. a) 4,0 A
b) zero
c) 4,0 A em sentido contrário à corrente calculada em **a**.

18. a) 2,0 V b) 2,0 V

19. a) de *N* para *M* b) sim; não

20. $3{,}9 \cdot 10^{26}$ W

Capítulo 9

1. a) $3{,}3 \cdot 10^{11}$ b) $3{,}6 \cdot 10^{-5}$ m

2. a) $8{,}20 \cdot 10^{-14}$ J
b) $1{,}2 \cdot 10^{20}$ Hz; $2{,}5 \cdot 10^{-12}$ m

3. a) $1{,}1 \cdot 10^{-11}$ J
b) $1{,}6 \cdot 10^{22}$ Hz; $1{,}9 \cdot 10^{-14}$ m
c) De acordo com o segundo postulado, a velocidade é *c*.

4. a) $9{,}1 \cdot 10^{-15}$ J
b) $1{,}4 \cdot 10^{19}$ Hz; $2{,}1 \cdot 10^{-11}$ m; raios X
c) $2{,}9 \cdot 10^2$ W; $3{,}1 \cdot 10^{16}$ fóton/s
d) $2 \cdot 10^{16}$ fótons

5. a) $3{,}0 \cdot 10^{-19}$ J; $6{,}6 \cdot 10^{-7}$ m
b) $3{,}4 \cdot 10^{-19}$ J; $5{,}9 \cdot 10^{-7}$ m
c) $3{,}5 \cdot 10^{-19}$ J; $5{,}7 \cdot 10^{-7}$ m

6. a) $v = (2eV/m)^{1/2}$
b) $\lambda = h/(2meV)^{1/2}$
c) $v = 1{,}3 \cdot 10^8$ m/s; $\gamma = 1{,}1$
d) $\lambda = 5{,}6 \cdot 10^{-12}$ m; em princípio, isso permitiria ver detalhes muito menores que os 0,1 μm.

7. Para o projétil: $2 \cdot 10^{-32}$ m
Para o elétron: $7 \cdot 10^{-4}$ m

8. **a)** A função de onda penetra em cada uma das barreiras, tentando evitar quinas. Ao ultrapassar as barreiras ela permite à partícula escapar.
b) $3 \cdot 10^{31}$ tentativas.
c) $1,5 \cdot 10^{7}$ m/s
d) $1,2 \cdot 10^{-21}$ s
e) A vida média é dada pelo número médio de tentativas, antes de conseguir escapar, multiplicado pelo tempo gasto em cada tentativa. É igual a: $3 \cdot 10^{31} \cdot 1,2 \cdot 10^{-21}$ s $\approx$ $\approx 4 \cdot 10^{10}$ s $= 1 \cdot 10^{3}$ ano.

9. $2,18 \cdot 10^{-18}$ J

10. a) $1,64 \cdot 10^{-18}$ J
b) $2,47 \cdot 10^{15}$ Hz; $1,21 \cdot 10^{-7}$ m; ultravioleta

11. A temperatura é entendida como uma agitação dos átomos. Um oscilador harmônico vibrando em torno da posição de equilíbrio pode representar a agitação de um átomo. Os elétrons do átomo, ao ser acelerados, irradiam energia com o aumento da temperatura. Planck supôs que os níveis de energia que os elétrons ocupariam relacionavam-se com a função do oscilador harmônico quantizado com o espaçamento igual a hf.

Enem e Vestibulares

Unidade 1

1. b	**6.** a	**11.** b
2. b	**7.** c	**12.** a
3. d	**8.** b	**13.** b
4. c	**9.** e	**14.** d
5. c	**10.** c	**15.** a

16. d
17. a) $q_n = 0$ e $q_p = e$ **b)** 1 280 N
18. b
19. a
20. $q = 37\ \mu C$
21. b
22. $2,8 \cdot \frac{kq^2}{d^2}$
23. $F = -\frac{5\sqrt{26} \cdot k_0 e^2}{169 \cdot a^2}\hat{x} - \frac{\sqrt{26} \cdot k_0 e^2}{169 \cdot a^2}\hat{y}$
24. c
25. d
26. a) $5 \cdot 10^{9}$ **c)** $1,6 \cdot 10^{-10}$ A
b) $-8 \cdot 10^{-9}$ C **d)** $6,4 \cdot 10^{-8}$ N
27. d
28. b
29. d
30. d
31. a
32. b
33. b
34. b
35. a
36. c
37. 02 + 04 + 08 = 14
38. a) $y = -\frac{qE}{2mv^2}x^2 + x + y_0 - vt$
b) $y_{máx} = \frac{mv^2}{2qE} + y_0 - vt$
c) $x = vt - y + y_0 + \frac{qEvt - y + y_0^2}{2mv^2}$
39. b
40. d
41. a
42. c
43. b
44. a) $5 \cdot 10^{5}$ N/C **b)** $x = 0$
45. e
46. b
47. e
48. e
49. a
50. 05
51. a) $a = \frac{|e|E}{m}$ **c)** $\Delta y = \frac{|e|\ E\ L}{2\ m\ v_0}$
b) $\Delta t = \frac{L}{v_0}$ **d)** $v_y = \frac{|e|E\ L}{m\ v_0}$
52. b
53. d
54. c
55. 01 + 02 + 04 = 07
56. $3,2 \cdot 10^{-2}$ J
57. a) $6 \cdot 10^{4}$ V/m **c)** $2,88 \cdot 10^{-17}$ J
b) $V_{AB} = 180$ V; $V_{BC} = 0$ V
58. a
59. 08 + 16 = 24
60. c
61. d
62. e
63. d
64. d
65. c
66. $5 \cdot 10^{-9}$ C
67. c
68. e
69. b
70. d
71. 08 + 16 = 24
72. 01 + 02 + 04 = 07
73. d
74. 08 + 16 = 24
75. a) $\frac{F}{2}$ **b)** $\frac{3kQq}{40d}$
76. a
77. d
78. a
79. c
80. $8 \cdot 10^{2}$ N/C
81. d
82. e
83. a
84. a

85. a)

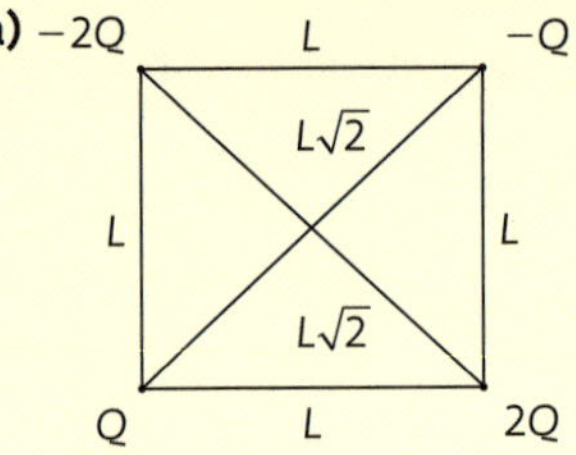

$E_p = \frac{5\sqrt{2}}{2}\frac{k_0Q^2}{L}$

b) $F_r = \frac{\sqrt{33}}{2}k_0\frac{Q^2}{L^2}$

86. b

87. a) 30° **b)** 60°

88. e

Unidade 2

1. c

2. e

3. b

4. a) $\frac{3}{2}$ **c)** $1{,}12 \cdot 10^{-11}$ A

b) 10^7 V/m

5. a

6. $i = 150$ A; $n_1 = 3\,000$; $n_2 = 1\,500$

7. e

8. b

9. a) 7 500 V/m **b)** 12,5 A

10. a

11. d

12. a) 7,2 V **c)** $1{,}5 \cdot 10^{-3}$ A

b) 7,2 mW

13. c

14. e **15.** b **16.** e

17. a) 4 Ω **b)** 12 A

18. a

19. a **20.** d **21.** b

22. d

23. $R_{eq} = (1{,}25 + 0{,}292 \cdot t) \cdot 10^{-2}$ Ω

24. b

25. a) A: morno; B: frio; C: quente

b) R = 11 Ω

26. 01 + 02 + 04 + 16 = 23

27. c

28. a

29. d

30. $P_{1A} = 0$ W; $P_{2A} = 12{,}8$ W; $P_{1B} = 80$ W; $P_{2B} = 0$ W

31. a) 2 kΩ **c)** 1,5 mA

b) 1,5 V **d)** 18 mW

32. a) $R_A = 1080$ Ω; $R_B = 1200$ Ω;

b) Circuito *A*: L_1; Circuito *B*: L_3;

c) $i_A = 0$ A; $i_B = 0{,}91$ A

33. a

34. 01 + 16 = 17

35. a) $\frac{120}{11}$ Ω **b)** 13,2 W

36. b

37. a) 3 Ω **c)** $1{,}5 \cdot 10^{-3}$ J;

b) $3 \cdot 10^{-10}$ W **d)** 50 s

38. a

39. 01 + 02 + 16 = 19

40. d

41. d

42. a) 20 °C **b)** 2 m

43. a) $\frac{P_A}{P_B} = 2$ **b)** 18 Ω

44. a

45. e

46. a) 4 Ω **b)** 6 V **c)** 1 Ω

47. a) $i = \frac{2P}{3}$; $R = \frac{\varepsilon}{4P}$ **c)** $\Delta t = \frac{2Q}{i\varepsilon}$

48. a

49. e **51.** d **53.** 16

50. 12 V **52.** b **54.** c

55. b

56. a) $i_{cc} = 120$ A; $P_{máx} = 360$ W

b) 0,1 Ω **d)** 50%

c) 0,1 Ω **e)** $V = 12 - 0{,}1i$

57. e

58. 118 J

59. d

60. d

61. a) Chuveiro: gráfico 3; ventilador: gráfico 2; bateria: gráfico 1;

b) 71,4 %

62. b **64.** e **66.** c

63. c **65.** d **67.** 01 + 04 = 05

68. a

69. a) 0,30 Ω; **b)** 0,75 A

70. a) 2 Ω **c)** 3,5 s;

b) 15 m **d)** $4{,}2 \cdot 10^{-6}$ A

71. a) $i = 0{,}25$ A; i = 0,60 A **c)** r = 0,4 Ω; ε = 1,2 V

72. b

73. a) 20 V **b)** 1 Ω

74. c

75. VFVVV

76. $P_L = 712{,}8$ W; $P_M = 720{,}0$ W; $P_R = 36{,}0$ W

Unidade 3

1. d **2.** e **3.** b

4. 01 + 04 = 05

5. e

6. a) A força magnética faz um ângulo normal com os segmentos de lado L e tem sentido para fora do triângulo; a corrente elétrica circula no sentido anti-horário.

b) $m = \frac{\sqrt{2}BiL}{g} = 1{,}4 \cdot 10^{-4}$ kg

7. e

8. e

9. b

10. a) Campo elétrico vertical para baixo, força elétrica vertical para cima

b) 10 T

11. a) Força magnética horizontal para a direita, rotação no sentido anti-horário.

b) Aumentar a corrente.

12. d **13.** b **14.** $5 \cdot 10^3$ m/s
15. c
16. 01 + 02 + 16 = 19
17. a
18. d
19. a) 10 A **b)** 50 V
20. d **21.** d **22.** e
23. 02 + 04 + 16 = 22
24. 01 + 04+ 16 = 21
25. a
26. b) $F_m = F_c$ **d)** $2 \cdot 10^4$ m/s
c) $6 \cdot 10^{-4}$ T
27. a) $Q_1 < 0$; $Q_2 = 0$; $Q_3 > 0$
b) $a_1 = 1{,}33 \cdot 10^9$ m/s²; $a_2 = 2{,}00 \cdot 10^9$ m/s²; $a_3 = 0$ m/s²
c) $\omega_1 = 6{,}7 \cdot 10^5$ rad/s; $\omega_2 = 1{,}0 \cdot 10^6$ rad/s; $\omega_3 = 0$ rad/s;
28. a
29. b
30. d
31. a) Campo magnético vertical para baixo
b) Vetor de força magnética perpendicular à folha entrando no papel.
c) $2 \cdot 10^{12}$ m/s²
32. b **33.** c
34. $3{,}0 \cdot 10^{-4}$ N
35. d
36. Corrente entrando: desvio para a direita; corrente saindo: desvio para a esquerda.
37. $B_C = 5{,}6 \cdot 10^{-6}$ T; $B_P = 1{,}0 \cdot 10^{-5}$ T
38. c
39. a) $B_A = B_B = \dfrac{\sqrt{3}\mu_0 i}{4\pi h}$ **b)** $i = \dfrac{4\pi h B}{3\mu_0}$
40. a) 0,08 N **b)** 0,20 T **c)** 0,016 kg
41. d
42. a
43. 02 + 08 + 32 = 41
44. d **48.** e **52.** a
45. c **49.** 08 + 16 = 24 **53.** d
46. d **50.** d **54.** d
47. d **51.** c **55.** a
56. a) 0,36 A **b)** $4{,}8 \cdot 10^{-11}$ T
57. e
58. 0,015 T
59. d
60. b **64.** e **68.** d
61. c **65.** c **69.** a
62. d **66.** c **70.** c
63. d **67.** e **71.** a
72. 02 + 04 + 08 = 14
73. b
74. 02 + 04 = 06
75. e
76. c
77. a) 500
b) $i_1 = 8$ A; $i_2 = 4$ A
c) $i_1 = 20$ A; $i_2 = 10$ A
78. 01 + 08 + 32 = 41
79. e **80.** c **81.** c
82. c
83. 08 + 16 + 64 = 88
84. c **86.** d **88.** c
85. b **87.** c **89.** c
90. a) $p'' - p' = \dfrac{5}{19}$ cm **b)** 1 pC
91. a
92. a
93. e
94. c
95. a) $2 \cdot 10^7$ **b)** $1{,}6 \cdot 10^{-12}$ W
96. e
97. a) $E_A = 3 \cdot 10^3$ V/m; $E_B = 6 \cdot 10^3$ V/m
b) $C_A = 2{,}25 \cdot 10^{-10}$ F; $C_B = 4{,}50 \cdot 10^{-10}$ F
c) $1{,}5 \cdot 10^{-10}$ F
98. e
99. 01 + 08 + 16 = 25
100. e
101. $V = \dfrac{d}{r}\sqrt{\dfrac{mg}{\varepsilon_0 \pi}}$
102. a) $Q = 9 \cdot 10^{-6}$ C; $E = 0{,}135$ J
b) $0{,}1\ \Omega \cdot$ m
103. a) 100 V/m **b)** $2{,}65 \cdot 10^{-11}$ C
104. $x = \dfrac{1}{7}$
105. a) Íons de cloro movem-se de dentro para fora e íons de cálcio movem-se de fora para dentro
b) $8 \cdot 10^6$ V/m;
c) $F_{Cl} = 1{,}28 \cdot 10^{-12}$ N; $F_{Ca} = 2{,}56 \cdot 10^{-12}$ N
d) $7{,}68 \cdot 10^{-13}$ C
106. e **108.** d **110.** c
107. a **109.** a

Unidade 4

1. e **3.** b **5.** d
2. b **4.** a **6.** c
7. c
8. $\lambda = \dfrac{h}{mv}$
9. a) $1{,}92 \cdot 10^{-14}$ N **c)** $1{,}33 \cdot 10^{15}$ Hz
b) 10 N/C **d)** $-1{,}6 \cdot 10^{-13}$ C
10. d
11. $P = (1 + k)nhf \cos^2 \theta$
12. a) $5 \cdot 10^{-7}$ m **c)** 10 s
b) 30 J **d)** Aproximadamente $8{,}33 \cdot 10^{19}$
13. e
14. a) 4,1 eV
b) $4{,}0 \cdot 10^{14}$ Hz
c) 6,56 eV
15. e
16. b
17. a) −2 **b)** $-\dfrac{2}{3}$
18. c
19. 02 + 08 = 10

Sugestões de leitura

A lista apresentada a seguir é sugerida para tentar ampliar seus conhecimentos e incentivá-lo a fazer outras leituras além do livro didático. Seu professor poderá orientá-lo por onde começar, como ir adquirindo cada obra, como incorporá-las à biblioteca de sua escola e como desenvolver o hábito de ler.
Boa leitura!

ARRIBAS, S. D. *Experiências de Física ao alcance da escola*. Passo Fundo: UPF, 1987.

BERNAL, J. D. *Ciência na História*. Lisboa: Livros Horizonte, 1969. v. 1 a 7.

CAMPOS, C. A. S. *Brasil 3D:* estereogramas tupiniquins. São Paulo: Imagica, 1995.

CARVALHO, R. P. *Física do dia a dia*. Belo Horizonte: Autêntica, 2011.

DAOU, L.; CARUSO, F. *Tirinhas de Física*. Rio de Janeiro: Centro Brasileiro de Ensino de Física, 2001. v. 1 a 4.

FEYNMAN, R. P. *Está a brincar, Sr. Feynman?*. Rio de Janeiro: Campus, 2006.

FIOLHAIS, C. *Física divertida*. Lisboa: Gradiva, 2007.

GILMORE, R. *Alice no país do* quantum. Rio de Janeiro: Jorge Zahar, 1998.

______. *O mágico dos* quarks. Rio de Janeiro: Jorge Zahar, 2002.

GONICK, L.; HUFFMAN, A. *Introdução ilustrada à Física*. São Paulo: Harbra, 1994.

HEWITT, P. G. *Física conceitual*. Porto Alegre: Artmed, 2002.

PANZERA, Á. C. *Estrelas e planetas*. Belo Horizonte: Ed. da UFMG, 2008.

PAULINO, J. O. S. *Raios e trovões*. Belo Horizonte: Ed. da UFMG, 1997.

PERELMAN, I. *Física recreativa*. Moscou: Mir, 1980.

PRICE, D. S. *O homem e a ciência*: a ciência desde a Babilônia. Belo Horizonte: Itatiaia, 1976.

QUINN, S. *Marie Curie:* uma vida. São Paulo: Scipione, 1997.

SAGAN, C. *O mundo assombrado pelos demônios*. São Paulo: Companhia das Letras, 1997.

STRATHERN, P. *Aristóteles em 90 minutos*. Rio de Janeiro: Jorge Zahar, 1997.

______. *Arquimedes e a alavanca em 90 minutos*. Rio de Janeiro: Jorge Zahar, 1998.

______. *Böhr e a teoria quântica em 90 minutos*. Rio de Janeiro: Jorge Zahar, 1999.

______. *Galileu e o Sistema Solar em 90 minutos*. Rio de Janeiro: Jorge Zahar, 1999.

______. *Hawking e os buracos negros em 90 minutos*. Rio de Janeiro: Jorge Zahar, 1998.

VALADARES, E. C. *Física mais que divertida*. Belo Horizonte: Ed. da UFMG, 2012.

WALKER, J. *O grande circo da Física*. Lisboa: Gradiva, 1990.

ZIMAN, J. *A força do conhecimento*. São Paulo: Edusp, 1981.

Bibliografia

BARTHEM, R. *Temas atuais de Física:* a luz. São Paulo: Livraria da Física, 2005.

BENSON, H. *University Physics.* New York: Wiley, 1991.

BOLTON, L. *Hidden Pictures.* New York: Penguin, 1993.

CARVALHO, R. P. *Física do dia a dia.* Belo Horizonte: Autêntica, 2011.

______. *Temas atuais de Física:* micro-ondas. São Paulo: Livraria da Física, 2005.

CHALMERS, A. F. *O que é Ciência afinal?.* São Paulo: Brasiliense, 2011.

CHILDRESS, D. H. *As fantásticas invenções de Nikola Tesla.* São Paulo: Madras, 2004.

DAWKINS, R. *Desvendando o arco-íris.* São Paulo: Companhia das Letras, 2000.

DURAN, J. E. R. *Biofísica:* conceitos e aplicações. São Paulo: Pearson, 2011.

EISBERG, R.; RESNICK, R. *Física quântica:* átomos, moléculas, sólidos, núcleos e partículas. Rio de Janeiro: Elsevier, 1979.

ERNST, B. *Adventure with Impossible Figures.* Norfolk: Taschen, 2000.

FEYNMAN, R. P.; LEIGHTON, R. B.; SANDS, M. *Lectures on Physics:* the New Millennium Edition. London: Addison Wesley, 2011. 3 v.

GENNES, P. G. *Os objetos frágeis.* Campinas: Ed. da Unicamp, 1997.

GOLDEMBERG, J.; LUCON, O. *Energy, Environment and Development.* London: Earthscan, 2010.

GRIBBIN, J. *História da Ciência.* Porto: Europa América, 2005.

HALLIDAY, D.; RESNIC, R.; WALKER, J. *Fundamentals of Physics.* New York: Wiley, 2010.

HAWKING, S. *Os gênios da Ciência:* sobre os ombros de gigantes. Rio de Janeiro: Campus, 2005.

HEWITT, P. G. *Fundamentos de Física conceitual.* Porto Alegre: Bookman, 2009.

HOUAISS, A.; VILLAR, M. S. *Dicionário Houaiss da Língua Portuguesa.* Rio de Janeiro: Objetiva, 2011.

INGRAM, J. *As ilusões da vida:* a estranha ciência do extremamente comum. Rio de Janeiro: Ediouro, 2005.

KAKU, M. *Física do impossível.* Rio de Janeiro: Rocco, 2010.

LIVINGSTON, J. D. *Rising Force:* the Magic of Magnet. Cambridge: Harvard, 2011.

MARINHO, F. C.; DORIA, M. M. *Temas atuais de Física:* ondas e *bits*. São Paulo: Livraria da Física, 2005.

MINISTÉRIO DA CIÊNCIA E TECNOLOGIA. *Algumas razões para ser um cientista.* Rio de Janeiro: CBPF, 2005.

MOSCOVICH, I. *Magic Cylinder Book.* Stradbroke: Tarquin, 1991.

NASSAU, K. *The Physics and Chemistry of Color:* the Fifteen Causes of Color. Hoboken: Wiley Inter-Science, 2001.

NUSSENZVEIG, H. M. *Curso de Física básica.* São Paulo: Edgar Blücher, 1983. 3 v.

OKUNO, E.; CALDAS, I. L.; CHOW, C. *Física para Ciências Biológicas e Biomédicas.* São Paulo: Harbra, 1982.

OSTERMANN, F.; PUREUR, P. *Temas atuais de Física:* supercondutividade. São Paulo: Livraria da Física, 2005.

PAULA, H. F.; MATEUS, A. L.; ALVES, E. G. *Quântica para iniciantes.* Belo Horizonte: Ed. da UFMG, 2011.

PIRES, A. S. T. *Evolução das ideias da Física.* São Paulo: Livraria da Física, 2011.

RETONDO, C. G.; Faria, P. *Química das sensações.* Campinas: Átomo, 2009.

SMITH, A. *The Usborne Big Book of Experiments.* London: Usborne, 1996.

TIPPLER, P. A.; LLEWELLYN, R. A. *Física moderna.* Rio de Janeiro: LTC, 2010.

VALADARES, E. C. *Física mais que divertida.* Belo Horizonte: Ed. da UFMG, 2012.

______; CHAVES, A.; ALVES, E. G. *Temas atuais de Física:* aplicações da Física quântica – do transistor à nanotecnologia. São Paulo: Livraria da Física, 2005.

Índice remissivo